W0097051

Aussonderung der FHB Düsseldorf

15 TBM 8 (7) +03

020044803

Mathematik für Ingenieure

des Maschinenbaus und der Elektrotechnik

Von
Prof. Dr. rer. nat. Wolfgang Brauch
Fachhochschule Ravensburg-Weingarten

Prof. Dr.-Ing. Hans-Joachim Dreyer
Fachhochschule Hamburg

Prof. Dr. rer. nat. Wolfhart Haacke
Universität-Gesamthochschule Paderborn

7., überarbeitete und erweiterte Auflage
Mit 485 Bildern, 532 Beispielen, 366 Aufgaben
und einer Formelsammlung im Anhang

 B. G. Teubner Stuttgart 1985

CIP-Kurztitelaufnahme der Deutschen Bibliothek

Brauch, Wolfgang
Mathematik für Ingenieure des Maschinenbaus
und der Elektrotechnik / von Wolfgang Brauch ;
Hans-Joachim Dreyer ; Wolfhart Haacke. – 7.,
überarb. u. erw. Aufl. – Stuttgart : Teubner,
1985.
  ISBN - 3-519-26500-1
NE: Dreyer, Hans-Joachim;; Haacke, Wolfhart:

Das Werk ist urheberrechtlich geschützt. Die dadurch begründeten Rechte, besonders
die der Übersetzung, des Nachdrucks, der Bildentnahme, der Funksendung, der
Wiedergabe auf photomechanischem oder ähnlichem Wege, der Speicherung und
Auswertung in Datenverarbeitungsanlagen, bleiben, auch bei Verwertung von Teilen
des Werkes, dem Verlag vorbehalten.
Bei gewerblichen Zwecken dienender Vervielfältigung ist an den Verlag gemäß
§ 54 UrhG eine Vergütung zu zahlen, deren Höhe mit dem Verlag zu vereinbaren ist.
© B. G. Teubner, Stuttgart 1985
Printed in Germany
Satz: Schmitt u. Köhler, Würzburg
Druck und Binderei: Passavia Druckerei GmbH, Passau
Umschlaggestaltung: W. Koch, Sindelfingen

Vorwort

Die neubearbeitete 5. Auflage der „Mathematik für Ingenieure" hat bei den Lesern gute Aufnahme gefunden, so daß deren Konzept auch für die vorliegende 7., überarbeitete Auflage beibehalten wurde.

Nach wie vor ist es die Aufgabe dieses Buches, die Ingenieurstudenten in die Denkweise der Mathematik einzuführen und die Verbindung zur Technik aufzuzeigen. Deshalb wird in allen Abschnitten besonderer Wert darauf gelegt, den Zusammenhang zwischen der Mathematik und ihrer Anwendung in der Technik herzustellen.

Auf formalisierte Strukturmathematik wurde verzichtet, soweit nicht Grundbegriffe der mathematischen Logik eine für die Ingenieurpraxis nützliche Schreibweise bieten. In diesem Zusammenhang wurde der Abschnitt 1 neu bearbeitet. Um das Verständnis der mathematischen Aussagen zu vertiefen, werden die meisten Sätze ausführlich bewiesen. Das Ende eines Beweises wird jeweils durch das Zeichen □ gekennzeichnet.

Die Numerik hat sich, besonders auch im Hinblick auf die Ingenieurwissenschaften, in den letzten Jahren erheblich weiterentwickelt. Daher werden numerische Methoden vielfach hervorgehoben, und aus diesem Grunde sind in der 7. Auflage die Abschnitte über Interpolation und über Iterationsverfahren zur Lösung linearer Gleichungssysteme hinzugefügt worden. Als Rechenhilfsmittel wird daher ein Taschenrechner vorausgesetzt. Bei numerischen Rechnungen werden gerundete Zwischenergebnisse gedruckt, intern wird aber mit dem genauen Wert weitergerechnet. Für weitergehende Fragen der Numerik verweisen wir auf [17] (Weiterführende Literatur).

Der „Mathematik für Ingenieure" ist eine umfangreiche Formelsammlung angefügt, die einerseits den Stoff des Buches und auch weitergehende Bereiche abdeckt, andererseits in gewissem Umfang noch Schulstoff enthält, um dadurch den Übergang vom Schulwissen zum Stoff der ersten Abschnitte zu erleichtern. Der besseren Übersicht wegen ist die Formelsammlung an das Ende des Buches gestellt worden. Diese Seiten werden gesondert unter Voranstellung von „F" gezählt.

Zur 6. Auflage haben viele Fachkollegen Stellung genommen, wofür ihnen hier herzlich gedankt sei. Die meisten Anregungen konnten bei der vorliegenden Auflage berücksichtigt werden. Insbesondere danken wir für Hinweise bei elektrotechnischen Anwendungen der Mathematik den Herren Prof. Dipl.-Ing. H. Linse, Esslingen und Prof. Dr.-Ing. P. Vaske, Hamburg. Darüber hinaus sind wir für zahlreiche anwendungsbezogene Beispiele aus dem Maschinenbau, die z.T. schon in diese Auflage aufgenommen werden konnten, Herrn Prof. Dr.-Ing. L. Schwarz, Hamburg, dankbar. Dem Verlag B.G. Teubner danken wir für das großzügige Eingehen auf alle Verbesserungswünsche.

Ravensburg, Hamburg, Paderborn im Herbst 1984   Die Verfasser

DIN-Normen (Auswahl)

- 461 Graphische Darstellung in Koordinatensystemen
- 1301 Einheiten
- 1302 Mathematische Zeichen
- 1303 Schreibweise von Tensoren (Vektoren)
- 1304 Allgemeine Formelzeichen
- 1311 Schwingungslehre
  - Teil 1: Kinematische Begriffe
  - Teil 2: Einfache Schwinger
  - Teil 3: Schwingungssysteme mit endlich vielen Freiheitsgraden
  - Teil 4: Schwingende Kontinua. Wellen
- 1313 Physikalische Größen und Gleichungen
- 1315 Winkel
- 1319 Grundbegriffe der Meßtechnik
  - Teil 1: Messen. Prüfen. Zählen
  - Teil 2: Begriffe für die Anwendung von Meßgeräten
  - Teil 3: Begriffe für die Meßunsicherheit und für die Beurteilung von Meßgeräten und Meßeinrichtungen
- 1323 Elektrische Spannung. Potential. Zweipolquelle. Elektrische Kraft
- 1333 Zahlenangaben
  - Teil 1: Dezimalschreibweise
  - Teil 2: Runden
- 1338 Formelschreibweise und Formelsatz
- 5473 Zeichen der Mengenlehre
- 5474 Zeichen der mathematischen Logik
- 5476 Zeitbezogene Größen. Bilden von Benennungen
- 5477 Prozent, Promille und Partes per millionem
- 5478 Maßstäbe in graphischen Darstellungen
- 5483 Zeitabhängige Größen
  - Teil 1: Benennung der Zeitabhängigkeit
  - Teil 2: Formelzeichen
  - Teil 3: Komplexe Darstellung sinusförmiger zeitabhängiger Größen
- 5486 Schreibweise von Matrizen
- 5487 Fourier-Transformation und Laplace-Transformation
- 5489 Vorzeichen- und Richtungsregeln für elektrische Netze
- 13302 Mathematische Strukturen. Zeichen und Begriffe
- 13303 Stochastik
  - Teil 1: Wahrscheinlichkeitstheorie. Gemeinsame Grundbegriffe der mathematischen und beschreibenden Statistik. Begriffe und Zeichen
  - Teil 2: Mathematische Statistik
- 13317 Mechanik starrer Körper. Begriffe, Größen, Formelzeichen
- 40110 Wechselstromgrößen
- 44300 Informationsverarbeitung. Begriffe
- 55302 Statistische Auswertungsverfahren: Häufigkeitsverteilung, Mittelwert und Streuung
  - Teil 1: Grundbegriffe und allgemeine Rechenverfahren
  - Teil 2: Rechenverfahren in Sonderfällen
- 58122 Größen. Einheiten. Formelzeichen

Der Normenausschuß gibt das Taschenbuch 22, Normen für Größen und Einheiten in Naturwissenschaft und Technik, 5. Aufl., Berlin: Beuth 1978, heraus, in dem alle wesentlichen Grundnormen zusammengefaßt sind. Weiter sei auf Klein, Einführung in die DIN-Normen, 8. Aufl. Stuttgart: Teubner; Berlin: Beuth 1980, hingewiesen.

Inhalt

1 Grundlagen und Hilfsmittel

- 1.1 Aussagenlogik und Beweisverfahren 14
  - 1.1.1 Ausdruck. Aussage. Definition. Axiom 14
  - 1.1.2 Aussagenverknüpfung 17
  - 1.1.3 Aussagenlogische Ausdrücke und Gesetze 20
  - 1.1.4 Mathematische Beweisverfahren 26
  - 1.1.5 Aufgaben zu Abschnitt 1.1 31
- 1.2 Zahlen und Zahlensysteme 32
  - 1.2.1 Einteilung der Zahlen 32
  - 1.2.2 Zahlensysteme 37
  - 1.2.3 Kombinatorik 39
  - 1.2.4 Aufgaben zu Abschnitt 1.2 44

2 Abbildungen. Funktionen

- 2.1 Abbildungen 46
  - 2.1.1 Aufgaben zu Abschnitt 2.1 49
- 2.2 Gleichungen. Ungleichungen 50
  - 2.2.1 Gleichungen 50
  - 2.2.2 Ordnungsrelation. Ungleichungen 51
  - 2.2.3 Signum. Betrag 52
  - 2.2.4 Rechnen mit Ungleichungen 53
  - 2.2.5 Aufgaben zu Abschnitt 2.2 58
- 2.3 Folgen. Stetigkeit 58
  - 2.3.1 Zahlenfolgen 58
  - 2.3.2 Rechnen mit Grenzwerten 64
  - 2.3.3 Funktionenfolgen. Stetigkeit 67
  - 2.3.4 Aufgaben zu Abschnitt 2.3 72
- 2.4 Reihen 73
  - 2.4.1 Unendliche geometrische Reihe 73
  - 2.4.2 Sätze über unendliche Reihen 74
  - 2.4.3 Potenzreihen 78
  - 2.4.4 Aufgaben zu Abschnitt 2.4 81
- 2.5 Darstellung von Funktionen 81
  - 2.5.1 Funktionsgleichung 82
  - 2.5.2 Funktionstafel 85
  - 2.5.3 Funktionsdiagramm 89
  - 2.5.4 Aufgaben zu Abschnitt 2.5 95

2.6 Weitere Grundbegriffe der Funktionslehre 96
    2.6.1 Aufgelöste Form. Umkehrfunktion 96
    2.6.2 Koordinatentransformation 98
    2.6.3 Charakteristische Eigenschaften von Funktionen 102
    2.6.4 Aufgaben zu Abschnitt 2.6 105

3 Spezielle Funktionen

3.1 Ganze rationale Funktionen 107
    3.1.1 Lineare Funktion 107
    3.1.2 Quadratische Funktion 110
    3.1.3 Ganze rationale Funktion dritten und höheren Grades 114
    3.1.4 Aufgaben zu Abschnitt 3.1 121

3.2 Gebrochene rationale Funktionen 122
    3.2.1 Aufgaben zu Abschnitt 3.2 126

3.3 Algebraische Funktionen 127
    3.3.1 Potenzfunktion 128
    3.3.2 Allgemeine Gleichung 2. Grades. Kegelschnitte 129
    3.3.3 Aufgaben zu Abschnitt 3.3 137

3.4 Trigonometrische Funktionen 138
    3.4.1 Definitionen. Periodizität. Graph 138
    3.4.2 Beziehungen zwischen den Winkelfunktionen 142
    3.4.3 Darstellung periodischer Vorgänge 145
    3.4.4 Arcusfunktionen 151
    3.4.5 Nullstellen. Goniometrische Gleichungen 153
    3.4.6 Aufgaben zu Abschnitt 3.4 156

3.5 Exponential- und Logarithmusfunktionen 157
    3.5.1 Exponentialfunktion 157
    3.5.2 Logarithmusfunktion 159
    3.5.3 Logarithmische Funktionspapiere 162
    3.5.4 Hyperbelfunktionen 165
    3.5.5 Areafunktionen 168
    3.5.6 Aufgaben zu Abschnitt 3.5 169

3.6 Funktionen von zwei unabhängigen Variablen 170
    3.6.1 Funktionsgleichungen 171
    3.6.2 Funktionstafeln 171
    3.6.3 Geometrische Darstellungen 174
    3.6.4 Aufgaben zu Abschnitt 3.6 176

4 Lineare Algebra

4.1 Determinanten 178
    4.1.1 Grundbegriffe. Entwicklungssatz 178
    4.1.2 Definition. Rechenregeln 182
    4.1.3 Anwendungen 185
    4.1.4 Aufgaben zu Abschnitt 4.1 186

4.2 Vektoren 187
4.2.1 Grundbegriffe. Definitionen 187
4.2.2 Komponenten. Koordinaten. Richtungswinkel 190
4.2.3 Rechenregeln 192
4.2.4 Linearer Vektorraum 198
4.2.5 Aufgaben zu Abschnitt 4.2 202
4.3 Matrizen 204
4.3.1 Grundbegriffe. Definitionen 204
4.3.2 Rechenregeln 206
4.3.3 Anwendungen in der Technik 209
4.3.4 Aufgaben zu Abschnitt 4.3 212
4.4 Lineare Gleichungssysteme 213
4.4.1 Determinanten 216
4.4.2 Eliminationsverfahren 218
4.4.3 Verketteter Gauß-Algorithmus 222
4.4.4 Austauschverfahren 227
4.4.5 Verkürztes Austauschverfahren 233
4.4.6 Homogene und abhängige inhomogene Systeme 237
4.4.7 Iterationsverfahren 241
4.4.8 Kondition. Vergleich der Verfahren 244
4.4.9 Aufgaben zu Abschnitt 4.4 246

5 Differentialrechnung

5.1 Einführung 249
5.1.1 Ableitung 249
5.1.2 Anwendungen in der Technik 253
5.1.3 Grundregeln des Differenzierens 255
5.1.4 Ableitung einiger Grundfunktionen 256
5.1.5 Tangente und Normale 264
5.1.6 Mittelwertsatz. Höhere Ableitungen 269
5.1.7 Aufgaben zu Abschnitt 5.1 273
5.2 Rechenregeln der Differentialrechnung 274
5.2.1 Produkt- und Quotientenregel 274
5.2.2 Kettenregel 277
5.2.3 Funktionen in impliziter Form 279
5.2.4 Differenzieren mit Hilfe der aufgelösten Form 281
5.2.5 Unbestimmte Ausdrücke 284
5.2.6 Aufgaben zu Abschnitt 5.2 287

6 Integralrechnung

6.1 Bestimmtes Integral 289
6.1.1 Flächenberechnung durch Grenzwertbildung 289
6.1.2 Mittelwertsatz 296
6.1.3 Integration der Potenzfunktion 297
6.1.4 Numerische Integration 302
6.1.5 Aufgaben zu Abschnitt 6.1 308

6.2 Unbestimmtes Integral 309
    6.2.1 Integral mit veränderlicher Grenze. Integrationskonstante 309
    6.2.2 Differentiation des Integrals mit veränderlicher Grenze 311
    6.2.3 Hauptsatz der Differential- und Integralrechnung 315
    6.2.4 Grundintegrale 316
    6.2.5 Uneigentliche Integrale 318
    6.2.6 Graphische Integration 320
    6.2.7 Aufgaben zu Abschnitt 6.2 323
6.3 Rechenmethoden 324
    6.3.1 Produktintegration 325
    6.3.2 Substitution 327
    6.3.3 Integration rationaler Integranden 331
    6.3.4 Integrale, die auf rationale Integranden zurückzuführen sind . . . 337
    6.3.5 Aufgaben zu Abschnitt 6.3 344

7 Anwendungen der Differential- und Integralrechnung

7.1 Differentialrechnung 345
    7.1.1 Iteration. Newton-Verfahren 345
    7.1.2 Extremwerte. Wendepunkte 350
    7.1.3 Kurvendiskussion 355
    7.1.4 Schubkurbelgetriebe 359
    7.1.5 Freie Schwingungen 361
    7.1.6 Erzwungene Schwingungen 364
    7.1.7 Aufgaben zu Abschnitt 7.1 366
7.2 Integralrechnung 368
    7.2.1 Volumen. Schwerpunkt. Moment 368
    7.2.2 Bogenlänge. Oberfläche. Guldin-Regeln 383
    7.2.3 Biegung 387
    7.2.4 Gasgesetze 391
    7.2.5 Radioaktiver Zerfall 394
    7.2.6 Seilreibung 395
    7.2.7 Anwendungen in der Elektrotechnik 397
    7.2.8 Aufgaben zu Abschnitt 7.2 400

8 Differentialgeometrie

8.1 Parameterform 402
    8.1.1 Differenzieren 402
    8.1.2 Integrieren 404
    8.1.3 Anwendungen in der Technik 406
    8.1.4 Aufgaben zu Abschnitt 8.1 408
8.2 Polarkoordinaten 409
    8.2.1 Differenzieren 409
    8.2.2 Integrieren 410
    8.2.3 Aufgaben zu Abschnitt 8.2 412

8.3 Krümmung. Evolute 412
    8.3.1 Krümmung. Krümmungsradius 412
    8.3.2 Evolute. Evolvente 416
    8.3.3 Aufgaben zu Abschnitt 8.3 419

8.4 Vektorfunktionen 420
    8.4.1 Differenzieren und Integrieren in rechtwinkligen Koordinaten 420
    8.4.2 Ableitung in natürlichen Koordinaten 424
    8.4.3 Aufgaben zu Abschnitt 8.4 427

9 Taylor-Reihen

9.1 Satz von Taylor 430
    9.1.1 Herleitung. Konvergenz 430
    9.1.2 Rechnen mit Reihen 432

9.2 Reihen der elementaren transzendenten Funktionen 434
    9.2.1 Winkel- und Hyperbelfunktionen 434
    9.2.2 Exponentialfunktion und Logarithmus 439
    9.2.3 Binomische Reihe 442
    9.2.4 Arcusfunktionen 444

9.3 Integrieren durch Reihenentwicklung 445

9.4 Aufgaben zu Abschnitt 9 446

10 Funktionen mehrerer Variablen

10.1 Grundbegriffe 448
    10.1.1 $\mathbb{R}^n$-Raum 448
    10.1.2 Funktion. Grenzwert. Stetigkeit 449

10.2 Differenzieren 450
    10.2.1 Partielle Ableitungen 450
    10.2.2 Taylor-Reihe. Totales Differential. Funktionen in impliziter Form 456
    10.2.3 Differenzieren eines Integrals nach einem Parameter 461
    10.2.4 Aufgaben zu Abschnitt 10.2 462

10.3 Integrieren 463
    10.3.1 Bestimmtes Integral 463
    10.3.2 Unbestimmtes Integral 466
    10.3.3 Aufgaben zu Abschnitt 10.3 469

10.4 Skalare und vektorielle Felder 469
    10.4.1 Skalares Feld. Gradient 469
    10.4.2 Vektorielles Feld. Divergenz. Rotation 471
    10.4.3 Linienintegral 475
    10.4.4 Aufgaben zu Abschnitt 10.4 479

11 Fourier-Reihen

11.1 Approximation durch trigonometrische Summen 480
11.2 Satz von Fourier 485
11.3 Rechenregeln 485
11.4 Numerische harmonische Analyse 490
11.5 Fourier-Integral 493
11.6 Aufgaben zu Abschnitt 11 497

12 Komplexe Zahlen und Funktionen

12.1 Komplexe Zahlen 498
    12.1.1 Rechenregeln 499
    12.1.2 Gaußsche Zahlenebene 501
    12.1.3 Komplexe Zahl. Vektor. Zeiger 502
12.2 Transzendente Funktionen 502
    12.2.1 Euler-Gleichung 502
    12.2.2 Exponentialfunktion. Logarithmus. Potenzen 506
    12.2.3 Trigonometrische und hyperbolische Funktionen
           mit komplexem Argument 510
    12.2.4 Aufgaben zu Abschnitt 12.2 515
12.3 Komplexe Funktionen einer reellen Veränderlichen 516
    12.3.1 Symbolische Rechnung in der Wechselstromtechnik 518
    12.3.2 Ortskurven 524
    12.3.3 Aufgaben zu Abschnitt 12.3 535
12.4 Komplexe Funktionen einer komplexen Veränderlichen 536
    12.4.1 Stetigkeit und Differenzierbarkeit 536
    12.4.2 Konforme Abbildung 538
    12.4.3 Aufgaben zu Abschnitt 12.4 543

13 Gewöhnliche Differentialgleichungen

13.1 Analytische Lösungsmethoden 544
    13.1.1 Begriffe. Einteilung 544
    13.1.2 Trennung der Veränderlichen 546
    13.1.3 Lineare Differentialgleichungen 548
    13.1.4 Lineare Differentialgleichungen mit konstanten Koeffizienten . . 553
    13.1.5 Systeme von linearen Differentialgleichungen mit konstanten
           Koeffizienten 558
    13.1.6 Aufgaben zu Abschnitt 13.1 561
13.2 Numerische Verfahren 562
    13.2.1 Anfangswertaufgaben 562
    13.2.2 Differenzenverfahren für Rand- und Eigenwertaufgaben . . . 568
    13.2.3 Aufgaben zu Abschnitt 13.2 572

13.3 Anwendungen in der Technik 573
    13.3.1 Euler-Knickgleichung 573
    13.3.2 Schwingungen 576
    13.3.3 Scheibe unter Zentrifugalkräften 587
    13.3.4 Aufgaben zu Abschnitt 13.3 592

14 Laplace-Transformation

14.1 Begriffe der Laplace-Transformation 593
    14.1.1 Aufgaben zu Abschnitt 14.1 596
14.2 Eigenschaften der Laplace-Transformation 597
    14.2.1 Linearität 597
    14.2.2 Lineare Substitution (Verschiebungssatz. Ähnlichkeitssatz) 598
    14.2.3 Dämpfungssatz 602
    14.2.4 Differenzieren und Integrieren im Originalraum 603
    14.2.5 Differenzieren im Bildraum 604
    14.2.6 Faltung und Produkt 605
    14.2.7 Aufgaben zu Abschnitt 14.2 607
14.3 Anwendungen 608
    14.3.1 Lineare Differentialgleichungen mit konstanten Koeffizienten . . . 608
    14.3.2 Mechanische Schwingung 610
    14.3.3 Elektrisches Netzwerk 611
    14.3.4 Aufgaben zu Abschnitt 14.3 614

15 Statistik. Wahrscheinlichkeitsrechnung

15.1 Auswertung einer Stichprobe 616
    15.1.1 Häufigkeitsverteilung. Häufigkeitssumme 616
    15.1.2 Kennwerte der Stichprobe 619
    15.1.3 Aufgaben zu Abschnitt 15.1 622
15.2 Wahrscheinlichkeitsrechnung 622
    15.2.1 Grundbegriffe und Definitionen 623
    15.2.2 Zusammengesetzte Wahrscheinlichkeiten 627
    15.2.3 Aufgaben zu Abschnitt 15.2 632
15.3 Verteilungsfunktionen 633
    15.3.1 Grundbegriffe. Definitionen 633
    15.3.2 Wahrscheinlichkeitsverteilungen einer Variablen 638
    15.3.3 Wahrscheinlichkeitsverteilungen mehrerer Variablen 645
    15.3.4 Aufgaben zu Abschnitt 15.3 648
15.4 Statistische Prüfverfahren 648
    15.4.1 Schätzen von Parametern der Grundgesamtheit 648
    15.4.2 Prüfen von Hypothesen 651
    15.4.3 Aufgaben zu Abschnitt 15.4 653

16 Fehler- und Ausgleichungsrechnung

16.1 Direkte Beobachtung einer Meßgröße 654

16.2 Fehlerfortpflanzungsgesetz 656

16.3 Ausgleichungsrechnung 660

    16.3.1 Aufstellen der Normalgleichungen 661
    16.3.2 Fehler der Koeffizienten 664
    16.3.3 Linearisierung von Funktionen 667

16.4 Aufgaben zu Abschnitt 16 668

17 Interpolation

17.1 Interpolationsaufgabe 672

17.2 Newton-Interpolationsverfahren 673

17.3 Kubische Splines 680

17.4 Aufgaben zu Abschnitt 17 684

Anhang

Lösungen zu den Aufgaben 686

Weiterführende Literatur 726

Sachverzeichnis 728

Formelsammlung . . . . F 1

1 Grundlagen und Hilfsmittel

Mancher Leser wird erwarten, daß am Anfang eines Mathematikbuches erklärt wird, was denn nun Mathematik eigentlich sei. Es ist nicht möglich, eine kurze, allgemeingültige Definition dieses Begriffs zu geben. Die folgenden Aussprüche bekannter Mathematiker beleuchten einige wesentliche Aspekte dieser Wissenschaft.

Mathematik ist
> die Wissenschaft der formalen Systeme (Hilbert)
> die Wissenschaft vom Unendlichen (Weyl)
> ein buntes Gemisch von Beweistechniken (Wittgenstein).

Alle Mathematiker sind sich allerdings darin einig, daß diese Wissenschaft ein Teil der Geistes- und nicht etwa der Naturwissenschaften ist. Das im Vorwort dieses Buches aufgestellte Lehrziel, die Darstellung und Erläuterung mathematischer Methoden, die zur Lösung technischer Probleme dienen, ist also keineswegs eine Selbstverständlichkeit. Es setzt vielmehr voraus, daß die primär geisteswissenschaftlichen Methoden der Mathematik in Naturwissenschaft und Technik anwendbar sind. Warum dies der Fall ist, kann nur mit naturphilosophischen Betrachtungen erläutert werden, die über den Rahmen dieses Buches hinausgehen. Eine weitere Konsequenz der Tatsache, daß die Mathematik eine Geisteswissenschaft ist, besteht darin, daß insbesondere in den ersten Abschnitten des Buches mathematisch-logische Probleme behandelt werden, deren Anwendungsbezug zur Technik nicht unmittelbar ersichtlich ist.

Ein kurzer Rückblick auf die Geschichte der Mathematik zeigt, daß ihre ersten Anfänge im Altertum auf Grund naturwissenschaftlich-technischer Probleme entstanden: die Auswertung astronomischer Messungen in Mesopotamien, Probleme der Vermessungskunde und der Bau der Pyramiden in Ägypten. Aber bereits in der Geometrie des Euklid findet die erste Wendung zum abstrakten Denken statt. Die griechische Mathematik wurde im Mittelalter vorwiegend von den Arabern weiterentwickelt. In Europa beschränkte sich die Anwendung der Mathematik im wesentlichen auf die Lösung kommerzieller und fiskalischer Aufgaben (Währungsumrechnungen, Berechnung von Zinsen, Steuern und Zöllen). Die ohnehin bescheidene technische Entwicklung fand weitgehend ohne die Benutzung mathematischer Methoden statt. Ein tiefgreifender Umbruch der Rechentechnik erfolgte im 12. und 13. Jahrhundert, als durch die Kreuzzüge das indisch-arabische Zahlensystem nach Europa gelangte und das bis dahin benutzte römische Zahlensystem ablöste (Adam Riese).

Erst seit Beginn der Neuzeit gibt es berühmte europäische Mathematiker. Bei Kepler, Galilei, Newton und Gauß findet man wieder enge Verbindungen zu den Naturwissenschaften, während Forscher wie Leibniz, Pascal und Laplace mehr die abstrakte Richtung vertraten. Erst im letzten Jahrhundert beginnt der endgültige Durchbruch des abstrakten Denkens. Mathematiker wie Cantor, Dedekind, Gödel und Hilbert betonen die Unabhängigkeit der Mathematik von der empirischen Forschung, Einstein sagte: Alles, was in der Mathematik sicher ist, stammt nicht von der realen Welt und alles, was von der realen Welt stammt, ist nicht sicher.

1.1 Aussagenlogik und Beweisverfahren

1.1.1 Ausdruck. Aussage. Definition. Axiom

Bei der Begründung jeder Wissenschaft entsteht das Problem, einen gesicherten Ausgangspunkt, einen „richtigen" Anfang zu finden. In der heutigen Wissenschaftstheorie löst man dieses Problem, indem man zunächst unbefangen mit der Einführung von Begriffen beginnt, von denen vorausgesetzt werden kann, daß deren Bedeutung aus der geschichtlichen Entwicklung der Sprache zumindest ungefähr bekannt ist. Derartige Begriffe werden primitive Ausdrücke genannt. Sie müssen nun präzisiert werden. Dazu wird zunächst eine Reihe weiterer Ausdrücke geschaffen, die bereits ein höheres Abstraktionsniveau haben, die definierten Ausdrücke. Als letzter Schritt werden dann in einer Reihe von Sätzen, den sog. Axiomen, die Eigenschaften der primitiven Ausdrücke exakt definiert. Es findet also eine Art von Rückkoppelungsprozeß statt.

Beispiel 1

Mathematische Theorie	primitive Ausdrücke	definierte Ausdrücke
Geometrie	Punkt, Gerade	Viereck, Ellipse
Algebra	Zahl, Addition	Primzahl, Quadratwurzel
Mengenlehre	Element, Menge	Teilmenge, Vereinigung

Die in der Mathematik als Ausdruck (Term) bezeichneten Zusammensetzungen von Ziffern, Buchstaben und mathematischen Operationszeichen zählen im Sinne dieser Betrachtungen ebenfalls zu den definierten Ausdrücken. Alle Arten von Ausdrücken werden nun zu Sätzen einer Umgangssprache oder zu mathematischen Formeln zusammengesetzt, die unter der folgenden Voraussetzung Aussagen genannt werden.

Definition Eine Aussage ist die Beschreibung eines Sachverhaltes, von dem eindeutig entschieden werden kann, ob er wahr (richtig) oder falsch ist.

Beispiel 2

Aussagen sind:
1. Durch zwei verschiedene Punkte gibt es genau eine Gerade.
2. Eins ist eine natürliche Zahl.
3. Wenn a und b die Katheten und c die Hypotenuse eines rechtwinkligen Dreiecks sind, dann gilt $a^2 + b^2 = c^2$.
4. Jede an einer Stelle x_1 stetige Funktion ist dort auch differenzierbar.
5. Morgen wird es regnen.

Die beiden ersten Aussagen sind richtig, weil sie Axiome sind (s. S. 15). Die Richtigkeit der 3. Aussage muß bewiesen werden. Die 4. Aussage ist falsch. Auch der 5. Satz ist eine Aussage, obwohl jetzt noch nicht entschieden werden kann, ob sie richtig ist.

Keine Aussagen sind:
Wie spät ist es?
Susi ist ein hübsches Mädchen.

Beim ersten Satz ist es offenbar sinnlos, nach seinem Wahrheitsgehalt zu fragen. Beim zweiten Satz gibt es keine allgemein anerkannten Kriterien, mit denen sein Wahrheitsgehalt festgestellt werden kann. Es ist ein beliebter Trick bei Diskussionen, auf derartige Sätze, die keine Aussagen sind, die Regeln der Aussagenlogik anzuwenden und damit die erstaunlichsten Sachverhalte zu „beweisen".

Eine mathematische Theorie besteht aus einer Menge wahrer Aussagen.

Diese Menge besteht aus zwei Teilmengen:

Definition Wahre Aussagen, die ohne Beweis an den Anfang einer Theorie gestellt werden, heißen Axiome oder Postulate. Aussagen, die aus den Axiomen folgen, die also bewiesen werden müssen, heißen Lehrsätze oder Theoreme. In diesem Buch werden sie kurz als Sätze bezeichnet.

Diese Möglichkeit der eindeutigen Einteilung aller Aussagen über ein Sachgebiet in Axiome und Lehrsätze wird manchmal als das entscheidende Kriterium für eine exakte Wissenschaft angesehen. Da es zweifelhaft ist, ob bei dieser Definition Gebiete wie Geschichte oder Psychologie als exakte Wissenschaften bezeichnet werden dürfen, sollte man zurückhaltender definieren: Wenn sich die vorstehende Einteilung bei einer Menge von Aussagen durchführen läßt, bildet diese Menge ein formales System, das betreffende Sachgebiet ist formalisierbar. Das klassische Beispiel für ein formales System ist die Mathematik.

Schwierige Probleme ergeben sich bereits mit der Frage, welche Eigenschaften die Axiome haben müssen. Offensichtlich kann nicht jede beliebige Aussage als Axiom gesetzt werden. An ein formales System werden folgende Forderungen gestellt:

1. Es muß widerspruchsfrei sein. Sämtliche aus den Axiomen hergeleiteten Ausdrücke müssen allgemeingültig sein. Dieser Begriff wird auf S. 24 erläutert.

2. Es muß vollständig sein. Es darf keine allgemeingültigen Ausdrücke geben, die nicht aus den Axiomen herleitbar sind.

3. Die Axiome müssen voneinander unabhängig sein. Es darf sich kein Axiom aus den anderen herleiten lassen.

4. Alle hergeleiteten Ausdrücke müssen entscheidbar sein. Es muß sich formal feststellen lassen, ob sie wahr oder falsch sind.

Die sog. Elementarmathematik beruht im wesentlichen auf einem geometrischen und einem algebraischen Axiomensystem.

Zur vollständigen Begründung der Euklidischen Geometrie benötigt man etwa 15 Axiome, die Ende des vorigen Jahrhunderts von Hilbert zusammengestellt wurden. Davon lauten einige:

1. Durch zwei verschiedene Punkte gibt es genau eine Gerade.

2. Auf jeder Geraden liegen wenigstens zwei Punkte.

3. Es gibt wenigstens drei Punkte, die nicht auf einer Geraden liegen.

4. Durch je drei Punkte, die nicht auf einer Geraden liegen, gibt es genau eine Ebene.

5. In jeder Ebene liegt mindestens ein Punkt.

6. Es gibt mindestens vier Punkte, die nicht in einer Ebene liegen.

7. Durch jeden nicht auf einer Geraden g liegenden Punkt A gibt es in der durch A und g bestimmten Ebene genau eine Gerade g', die mit der Geraden g keinen Punkt gemeinsam hat.

Das zuletzt genannte Axiom heißt das Parallelenaxiom. Es hat in der Geschichte der Mathematik eine besondere Rolle gespielt: Einmal wurde lange bezweifelt, ob dies ein Axiom sei oder ob es sich aus den anderen Axiomen herleiten ließe (s. Ziffer 3 der vorstehenden Forderungen an ein formales System). Zum anderen wurde dieses Axiom durch Riemann abgeändert: Durch einen Punkt, der außerhalb einer Geraden liegt, lassen sich beliebig viele Gerade ziehen, die zur ersten parallel sind. Dadurch gelangt man zur nicht mehr vorstellbaren Riemannschen Geometrie, die in der modernen Physik eine wichtige Rolle spielt.

Es war ein wesentliches Verdienst Hilberts, darauf hingewiesen zu haben, daß durch derartige Axiome die primitiven Ausdrücke „Punkt", „Gerade" und „Ebene" ohne jede anschauliche Vorstellung exakt definiert werden. Diskussionen über die Frage, was ein Punkt „eigentlich" sei, entbehren damit jeder Grundlage.

Die Algebra der natürlichen Zahlen beruht auf den folgenden 5 Axiomen, die im vorigen Jahrhundert von Peano aufgestellt wurden:

1. Eins ist eine natürliche Zahl.

2. Zu jeder natürlichen Zahl gibt es genau einen Nachfolger, der wieder eine natürliche Zahl ist.

3. Es gibt keine natürliche Zahl, deren Nachfolger Eins ist.

4. Verschiedene natürliche Zahlen haben verschiedene Nachfolger.

5. Enthält eine Menge natürlicher Zahlen die Zahl Eins und mit jeder natürlichen Zahl n auch deren Nachfolger $n' = n + 1$, so enthält sie alle natürlichen Zahlen.

Auf dem letzten Axiom beruht ein wichtiges Beweisverfahren, die vollständige Induktion, das auf S. 29 erläutert wird.

Beispiel 3 Dieses Beispiel zeigt, daß die auf S. 14 gegebene Definition des Begriffs „Aussage" nicht unproblematisch ist. Sind die folgenden Sätze Aussagen?

Es gibt einen persönlichen Gott.

Die übereinstimmende Meinung aller nicht-marxistischen Philosophen besteht darin, daß es nie allgemein akzeptierte Kriterien geben wird, mit denen sein Wahrheitsgehalt festgestellt werden kann. Dann wäre dieser Satz keine Aussage. Andererseits behauptet bekanntlich die marxistische Philosophie, daß dieser Satz nachweislich falsch sei. Dann wäre er eine Aussage.

Die Gleichung $a^n + b^n = c^n$ mit $a, b, c, n \in \mathbb{N}$
hat keine Lösung für $n > 2$.

Dies ist die sog. Fermatsche Vermutung, deren Richtigkeit noch nicht bewiesen wurde, die aber auch noch nicht widerlegt werden konnte. (Fermat behauptet in einem Brief, er habe einen Beweis gefunden.) Die Mathematiker sind zwar der Meinung, daß dieser Satz eines Tages bewiesen werden wird, aber auch das ist nur eine Vermutung.

Es gibt also Sätze, von denen nicht eindeutig zu entscheiden ist, ob sie Aussagen sind oder nicht. Damit stößt man an Grenzen der klassischen Aussagenlogik. Die logische Analyse derartiger Sätze bildet ein Grenzgebiet zwischen Linguistik und Prädikatenlogik.

1.1.2 Aussagenverknüpfung

Beim Aufbau einer mathematischen Theorie werden, ausgehend von den Axiomen, durch Verknüpfung von richtigen Aussagen neue richtige Aussagen gewonnen. Die Wissenschaft, die sich mit Aussagenverknüpfungen befaßt, ist die Logik. Sie wurde von Aristoteles begründet und zunächst der Philosophie zugeordnet. Seit der Mitte des vorigen Jahrhunderts wurde die Logik aber, beginnend mit den Arbeiten von Boole, de Morgan und Frege zunehmend formalisiert und kann deshalb heute als eine mathematische Theorie betrachtet werden, die mathematische Logik genannt wird [1]. Ein Teilgebiet ist die hier behandelte Aussagenlogik. Sie ist eine zweiwertige Logik, weil jede Aussage nur zwei Werte annehmen kann. Sie befaßt sich mit der formalen Ermittlung von Wahrheitswerten von Aussagen, die durch die Verknüpfung anderer Aussagen entstehen. Sie bildet nicht nur die Grundlage mathematischer Beweisverfahren, sondern findet auch Anwendung in der Digitaltechnik und wird dort als Schaltalgebra bezeichnet. In der Aussagenlogik wird eine Aussage als ein nicht weiter zerlegbares Gebilde betrachtet, das nur durch seinen Wahrheitswert gekennzeichnet ist. Insbesondere wird die innere Struktur einer Aussage nicht untersucht. Die z.B. auf S. 20 durchgeführte Zerlegung der Aussage: „Jeder Mensch ist sterblich" in die beiden Aussagen „Er ist ein Mensch" und „Er ist sterblich" und die dann folgende Verknüpfung dieser beiden Aussagen überschreitet streng genommen bereits den Rahmen der Aussagenlogik. Die Analyse der inneren Struktur einer Aussage gehört zur (hier nicht behandelten) Prädikatenlogik. Sie befaßt sich u.a. mit der Untersuchung sog. „All-Sätze", von denen die vorstehende Aussage ein Beispiel ist.

Die Formalisierung der Aussagenlogik beginnt mit dem Abstrahieren vom speziellen Inhalt der Aussagen. Auch die Feststellung des Wahrheitswertes einer Aussage ist nicht Aufgabe der mathematischen Logik, sondern der betreffenden Fachwissenschaft, aus der die Aussage stammt. Die Aussagen werden, wie in der Arithmetik die Zahlen, durch Buchstaben ersetzt und damit abgekürzt. Diese „Platzhalter" der Aussagen heißen Aussagenvariable. In der Digitaltechnik werden sie Schaltvariable, in den höheren Programmiersprachen logische Variable genannt. In diesem Abschnitt wird kurz von Variablen oder auch von Operanden gesprochen. Im Unterschied zu den Variablen reeller Funktionen können die Aussagenvariablen nur zwei Werte annehmen, die hier mit W (wahr) und F (falsch), in der Digitaltechnik mit H (high) und L (low) und in den Programmiersprachen mit T (true) und F (false) bezeichnet werden.

Ordnet man einer Aussagenvariablen einen Wert zu, so erhält man eine Aussage (die falsch oder wahr sein kann). A sei eine Aussagevariable, dann ist $A = W$ eine Aussage.

Im folgenden werden nun einige Verknüpfungen definiert (s. DIN 5474, Zeichen der mathematischen Logik), die den Grundrechnungsarten der Arithmetik entsprechen und auch Analogien zu den Verknüpfungen der Mengenlehre aufweisen. In der Arithmetik ist es eine triviale Erkenntnis, daß das Ergebnis einer Verknüpfung nur von den Werten der Operanden abhängig ist. Die Übertragung dieses Gedankens in die Aussagenlogik bereitet erfahrungsgemäß dem Anfänger erhebliche Schwierigkeiten. Deshalb sei nochmals darauf hingewiesen, daß auch hier das Ergebnis einer Verknüpfung nur vom Wahrheitswert der Operanden, und nicht etwa vom sachlichen Inhalt der Aussagen abhängt.

Die Definitionen der verschiedenen Verknüpfungen erfolgen mit Wahrheitstafeln. In ihnen wird für sämtliche möglichen Werte der Variablen (Operanden) $x_1, x_2, \ldots, x_n$ einer Verknüpfung deren Ergebnis z dargestellt. Ein wesentlicher Unterschied zu den Tafeln reeller Funktionen besteht darin, daß bei jenen stets nur eine endliche Teilmenge der möglichen Werte der Variablen dargestellt werden kann.

Die einfachste Operation mit nur einem Operanden x_1 heißt

$\qquad$ **Negation** $\qquad z = \neg x_1$ oder $z = \overline{x_1}$ (gesprochen: z ist nicht x_1) $\qquad$ (18.1)

x_1	z
F	W
W	F

Das Ergebnis z hat den zu x_1 entgegengesetzten Wert.

Mit zwei Operanden spielen folgende Verknüpfungen eine Rolle:

$\qquad$ **Konjunktion** $\qquad z = x_1 \wedge x_2$ (gesprochen: z ist x_1 und x_2) $\qquad$ (18.2)

x_1	x_2	z
F	F	F
F	W	F
W	F	F
W	W	W

Das Ergebnis z ist nur dann wahr, wenn sowohl x_1 als auch x_2 wahr sind.

Das Symbol $\wedge$ stammt vom Anfangsbuchstaben des englischen AND. Diese Verknüpfung entspricht der Durchschnittsbildung zweier Mengen.

$\qquad$ **Disjunktion** $\qquad z = x_1 \vee x_2$ (gesprochen: z ist x_1 oder x_2) $\qquad$ (18.3)

x_1	x_2	z
F	F	F
F	W	W
W	F	W
W	W	W

Das Ergebnis ist nur dann wahr, wenn entweder x_1 oder x_2 oder beide wahr sind.

Das Symbol $\vee$ stammt vom Anfangsbuchstaben des lateinischen vel. Diese Verknüpfung entspricht der Vereinigung zweier Mengen.

Setzt man in der letzten Zeile der Tafel der Disjunktion $z = F$, so wird damit eine weitere Verknüpfung, das sog. exklusive Oder (Antivalenz) definiert. Bei Diskussionen hat man sehr darauf zu achten, welches der beiden „Oder" gemeint ist.

Die Negation, Konjunktion und Disjunktion spielen vor allem in der Schaltalgebra eine Rolle. Deutet man z. B. F als Dualziffer 0 und W als Dualziffer 1, so ergibt die Konjunktion eine Multiplikationstafel der einstelligen Dualzahlen. In den höheren Programmiersprachen gibt es für diese Verknüpfungen Operationszeichen. Technisch können diese Verknüpfungen durch Transistorschaltungen realisiert werden. Zum Bau von Rechnern werden allerdings meist statt Konjunktion und Disjunktion Verknüpfungen verwendet, bei denen das Ergebnis die Negation der z-Werte der gezeigten Tafeln ist. Diese Verknüpfungen werden als NAND- und NOR-Verknüpfung bezeichnet.

In diesem Zusammenhang stellt sich die Frage, wieviele Verknüpfungen es mit zwei Operanden überhaupt gibt. Bei zwei Operanden gibt es die in den Tafeln gezeigten $2^2 = 4$ Kombinationen von Wahrheitswerten. Deutet man die z-Werte als 4-stellige Dualzahlen, so ergeben sich $2^4 = 16$ verschiedene Verknüpfungen, von denen bis jetzt zwei in Tafeln dargestellt wurden. Allgemein gilt:

Bei n Operanden gibt es 2^n Kombinationen von Wahrheitswerten und $2^{(2^n)}$ Verknüpfungen.

Es kann gezeigt werden, daß man mit den im Abschn. 1.1.3 erläuterten Umformungen alle zweistelligen Verknüpfungen auf die Negation und eine weitere (weitgehend beliebige) Verknüpfung zurückführen kann (s. auch Beispiel 6, S. 21). Aus Zweckmäßigkeitsgründen werden meist mehrere zweistellige Verknüpfungen benutzt. Mehrstellige Verknüpfungen können auf zweistellige zurückgeführt werden.

Die beiden folgenden Verknüpfungen spielen bei mathematischen Beweisen eine wichtige Rolle.

Implikation (Subjunktion) $\qquad z = x_1 \to x_2 \qquad\qquad (19.1)$

(gesprochen: aus x_1 folgt x_2; wenn x_1, dann x_2; x_1 impliziert x_2)

x_1	x_2	z
F	F	W
F	W	W
W	F	F
W	W	W

Das Ergebnis z ist nur dann falsch, wenn x_1 wahr und x_2 falsch ist.

Die beiden ersten Zeilen der Wahrheitstafel erscheinen in bezug auf ihre Anwendung zum „logischen Schließen" zunächst unsinnig. Im folgenden Beispiel wird gezeigt, daß diese Definition vernünftig ist.

Beispiel 4 Implikationen

$\qquad x_1$: Jeder Hund hat sechs Beine.

$\qquad x_2$: $2 + 2 = 5$

Offensichtlich sind x_1 und x_2 falsch. Trotzdem ist der Satz: „Wenn jeder Hund 6 Beine hat, dann ist Zwei plus Zwei gleich Fünf" eine wahre Aussage!

Bedeutet x_2: $2 + 2 = 4$, so ergibt die Implikation $x_1 \to x_2$ ebenfalls eine wahre Aussage. Nur im Falle x_1: $2 + 2 = 4$; x_2: Jeder Hund hat sechs Beine, ist: „Wenn Zwei plus Zwei gleich Vier ist, dann hat jeder Hund sechs Beine" eine falsche Aussage.

Weitere Implikationen findet man in Gl. (27.1) und auf S. 199.

Aus der Wahrheitstafel und diesem Beispiel ergibt sich, daß bei einer Implikation die beiden Operanden nicht vertauscht werden dürfen. Die unerlaubte Vertauschung läßt manche Scheinbeweise zunächst als richtig erscheinen. In der Umgangssprache treten oft Implikationen auf, die schwierig als solche zu erkennen sind. So sind z. B. die häufigen „All-

Sätze" Implikationen. Die Aussage „Jeder Mensch ist sterblich" bedeutet ausführlich „Wenn er ein Mensch ist, dann ist er sterblich". Entsprechend bedeutet „In jedem ebenen Dreieck beträgt die Winkelsumme 180°", ausführlich „Wenn es ein ebenes Dreieck ist, dann ist die Winkelsumme 180°". Beide Beispiele zeigen, daß diese Sätze nicht umkehrbar sind.

Bei den Sätzen der Mathematik wird meist stillschweigend vorausgesetzt, daß x_1 und x_2 richtig sind, d.h., es wird nur die letzte Zeile der Wahrheitstafel betrachtet. x_1 wird oft die **Bedingung** (Voraussetzung, Prämisse) und x_2 die **Folgerung** (Konklusion) genannt. Hier gibt es nun viele Fälle, in denen auch dann eine richtige Aussage entsteht, wenn x_1 und x_2 vertauscht werden. Dann gelten also beide Implikationen $x_1 \to x_2$ und $x_2 \to x_1$ (s. letzter Teil von Beispiel 6, S. 21). Für diesen Sachverhalt wird eine eigene Verknüpfung, die Äquivalenz, definiert.

Äquivalenz (Bijunktion) $\qquad z = x_1 \leftrightarrow x_2 \qquad\qquad$ (20.1)

(gesprochen: aus x_1 folgt x_2 und umgekehrt; x_1 genau dann wenn x_2; x_1 ist äquivalent zu x_2)

x_1	x_2	z
F	F	W
F	W	F
W	F	F
W	W	W

Das Ergebnis z ist nur dann wahr, wenn x_1 und x_2 die gleichen Wahrheitswerte haben. Man beachte die unterschiedliche Bedeutung von Gleichheits- und Äquivalenzzeichen.

Beispiel 5 Äquivalenzen

$\qquad x_1$: In einem Viereck sind je zwei Gegenseiten parallel.

$\qquad x_2$: Im gleichen Viereck wie in x_1 sind je zwei Gegenseiten gleich lang.

In der Geometrie wird bewiesen, daß die Äquivalenz $x_1 \leftrightarrow x_2$ besteht. Der Satz „In jedem Parallelogramm sind die Gegenseiten gleich lang" beschreibt nur die Implikation $x_1 \to x_2$. Die Aussagen „In einem Dreieck sind zwei Winkel gleich" und „In einem Dreieck sind zwei Seiten gleich" sind ebenfalls äquivalent, d.h. aus der einen folgt jeweils die andere. Weitere Äquivalenzen findet man in Gl. (28.3) und (315.1).

Diese Wahrheitstafeln liefern nur formale Beschreibungen. Insbesondere ist es Sache der einzelnen Fachwissenschaften, den Nachweis zu führen, welche Aussagen durch eine der beschriebenen Verknüpfungen verbunden werden dürfen. Der Nachweis einer Äquivalenz erfolgt oft dadurch, daß getrennt beide Implikationen bewiesen werden.

1.1.3 Aussagenlogische Ausdrücke und Gesetze

Die in Abschn. 1.1.2 behandelten Verknüpfungen können auch untereinander verknüpft werden. Dadurch entsteht ein **aussagenlogischer Ausdruck**

$$z = f(x_1, x_2, \ldots, x_n, \mathbf{W}, \mathbf{F}) \qquad\qquad (20.2)$$

1.1.3 Aussagenlogische Ausdrücke und Gesetze

Außer den Variablen x_i dürfen in einem Ausdruck auch die Wahrheitswerte (Konstanten) W und F vorkommen. Ferner bezeichnet man bereits eine einzelne Variable oder Konstante als Ausdruck. Wenn der z-Wert eines Ausdrucks für eine gegebene Belegung der Variablen x_i berechnet wird, ist z eine Aussage. Um die Berechnung eines Ausdrucks durchführen zu können, müssen noch Prioritäten für die Grundverknüpfungen definiert werden. In der folgenden Liste bedeutet 1. die höchste Priorität. Es gelten folgende **Prioritäten der Grundverknüpfungen**

1. Negation
2. Konjunktion und Disjunktion
3. Implikation und Äquivalenz

Ferner werden in Ausdrücken Klammern in der gleichen Bedeutung wie in der Arithmetik benutzt. Insbesondere müssen ggf. durch Klammern die gleichrangigen Prioritäten der Ziffern 2 und 3 geklärt werden. So ist z.B. der Ausdruck $x_1 \land x_2 \lor x_3$ nicht definiert. (Bei Rechenanlagen wird in diesem Fall von links nach rechts gerechnet). Es sollte entweder $(x_1 \land x_2) \lor x_3$ oder $x_1 \land (x_2 \lor x_3)$ heißen (s. Aufgabe 3, S. 31). Im Zweifelsfall dürfen überflüssige Klammern gesetzt werden. Die Berechnung von Ausdrücken geschieht im einfachsten Fall durch Aufstellen von Wahrheitstafeln. Dabei wird der Ausdruck für sämtliche Werte der Variablen berechnet. Beim manuellen Rechnen berechnet man zweckmäßigerweise die Grundverknüpfungen spaltenweise. Die in diesem Buch nicht behandelte Weiterführung der Aussagenlogik liefert elegantere Möglichkeiten zur Auswertung von Ausdrücken. Insbesondere können komplizierte Ausdrücke in einfachere umgeformt werden.

Beispiel 6 Berechnung von Ausdrücken

$z = \neg x_1 \lor x_2$

x_1	$\neg x_1$	x_2	z
F	W	F	W
F	W	W	W
W	F	F	F
W	F	W	W

Die z-Werte stimmen mit der Definition der Implikation überein. Damit ist bewiesen, daß die Implikation durch die vorstehende Verknüpfung von Negation und Disjunktion ersetzt werden kann und umgekehrt.

$z = \neg(\neg x_1 \lor \neg x_2)$

x_1	x_2	$\neg x_1$	$\neg x_2$	( )	z
F	F	W	W	W	F
F	W	W	F	W	F
W	F	F	W	W	F
W	W	F	F	F	W

Die z-Werte stimmen mit der Definition der Konjunktion überein. Damit ist bewiesen, daß die

Konjunktion durch die vorstehende Verknüpfung von Negation und Disjunktion ersetzt werden kann und umgekehrt. Derartige Umformungen spielen in der Schaltalgebra eine wichtige Rolle.

$$z = (x_1 \to x_2) \wedge (x_2 \to x_1)$$

x_1	x_2	$(x_1 \to x_2)$	$(x_2 \to x_1)$	z
F	F	W	W	W
F	W	W	F	F
W	F	F	W	F
W	W	W	W	W

Die z-Werte stimmen mit denen der Äquivalenz überein. Damit ist gezeigt, daß diese durch zwei Implikationen ersetzt werden kann.

Die folgenden Tafeln zeigen Beweise zweier in Tafel **24.1** genannter aussagenlogischer Gesetze. Für alle möglichen Belegungen der x_i ist der z-Wert wahr.

$$z = [(x_1 \to x_2) \wedge x_1] \to x_2 \qquad \text{Abtrennung}$$

x_1	x_2	$x_1 \to x_2$	[ ]	z
F	F	W	F	W
F	W	W	F	W
W	F	F	F	W
W	W	W	W	W

$$z = (x_1 \to x_2) \leftrightarrow (\neg x_2 \to \neg x_1) \qquad \text{Kontraposition}$$

x_1	x_2	$x_1 \to x_2$	$\neg x_2$	$\neg x_1$	$\neg x_2 \to \neg x_1$	z
F	F	W	W	W	W	W
F	W	W	F	W	W	W
W	F	F	W	F	F	W
W	W	W	F	F	W	W

Vergleich von Ausdrücken

Definition Die Menge aller n-Tupel der x_i-Werte, bei denen $z = f(x_1, x_2, \ldots, F, W) = W$ gilt, heißt die **Erfüllungsmenge** E dieses Ausdrucks.

Beispiele: Die Erfüllungsmenge von $x_1 \wedge x_2$ ist {W, W}, die Erfüllungsmenge von $x_1 \vee x_2$ ist {F, W; W, F; W, W} (s. S. 18). Zwei verschiedene Ausdrücke werden i. allg. verschiedene Erfüllungsmengen haben. Es gibt nun zwei wichtige Spezialfälle:

1. Die Erfüllungsmengen zweier Ausdrücke z_1 und z_2 sind gleich. Dafür schreibt man in der Schaltalgebra einfach $z_1 = z_2$. In der mathematischen Logik wird ein neues Symbol eingeführt. Man schreibt

$$z_1 \Leftrightarrow z_2 \quad \text{(gesprochen: } z_1 \text{ ist äquivalent zu } z_2\text{)} \tag{22.1}$$

Wird nämlich auf z_1 und z_2 die Äquivalenzverknüpfung angewandt, so erhält man $z_1 \leftrightarrow z_2$ = W für sämtliche Belegungen der x_i. Mit diesem Symbol $\Leftrightarrow$ lauten die Ergebnisse des vorigen Beispiels

$$(\neg x_1 \vee x_2) \Leftrightarrow (x_1 \to x_2) \qquad (\neg(\neg x_1 \vee \neg x_2)) \Leftrightarrow (x_1 \wedge x_2)$$
$$((x_1 \to x_2) \wedge (x_2 \to x_1)) \Leftrightarrow (x_1 \leftrightarrow x_2) \qquad (x_1 \to x_2) \Leftrightarrow (\neg x_2 \to \neg x_1)$$

2. Die Erfüllungsmenge von z_1 ist eine Teilmenge der Erfüllungsmenge von z_2. Dann schreibt man

$$z_1 \Rightarrow z_2 \quad \text{(gesprochen: aus } z_1 \text{ folgt } z_2\text{)} \tag{23.1}$$

Wird nämlich auf die Ausdrücke z_1 und z_2 die Implikationsverknüpfung angewandt, so erhält man $z_1 \rightarrow z_2 = \text{W}$ für sämtliche Belegungen der x_i.

Beispiel 7 Es seien $z_1 = x_1 \wedge x_2$; $z_2 = x_1 \vee x_2$.

x_1	x_2	z_1	z_2	$z_1 \rightarrow z_2$
F	F	F	F	W
F	W	F	W	W
W	F	F	W	W
W	W	W	W	W

Die Erfüllungsmenge von z_1 ist $E(z_1) = \{\text{W, W}\}$.
Die Erfüllungsmenge von z_2 ist $E(z_2) = \{\text{F, W; W, F; W, W}\}$.
Damit ist $E(z_1) \subset E(z_2)$, und man kann schreiben $(x_1 \wedge x_2) \Rightarrow (x_1 \vee x_2)$. In Worten: Wenn eine Konjunktion vorliegt, dann ist auch eine Disjunktion vorhanden.

Es seien $z_1 = x_1 \leftrightarrow x_2$; $z_2 = x_1 \rightarrow x_2$.

x_1	x_2	z_1	z_2	$z_1 \rightarrow z_2$
F	F	W	W	W
F	W	F	W	W
W	F	F	F	W
W	W	W	W	W

Die Erfüllungsmenge von z_1 ist $E(z_1) = \{\text{F, F; W, W}\}$.
Die Erfüllungsmenge von z_2 ist $E(z_2) = \{\text{F, F; F, W; W, W}\}$.
Damit ist $E(z_1) \subset E(z_2)$, und man kann schreiben $(x_1 \leftrightarrow x_2) \Rightarrow (x_1 \rightarrow x_2)$. In Worten: Wenn eine Äquivalenz vorliegt, dann ist auch eine Implikation vorhanden. Es gilt auch $(x_1 \leftrightarrow x_2) \Rightarrow (x_2 \rightarrow x_1)$.

In der mathematischen Logik werden die den Zeichen $\Rightarrow$ und $\rightarrow$ bzw. die den Zeichen $\Leftrightarrow$ und $\leftrightarrow$ zugrundeliegenden Bedeutungen streng unterschieden. Die Begriffe „Äquivalenz" und „Implikation" werden dann nur auf die Beziehungen der Gl. (22.1) und (23.1) angewendet. Die entsprechenden Verknüpfungen Gl. (20.1) und (19.1) werden Bijungat bzw. Subjungat genannt. Der Unterschied aber auch der Zusammenhang zwischen der Bedeutung von $\Leftrightarrow$ und $\leftrightarrow$ bzw. der von $\Rightarrow$ und $\rightarrow$ wird durch einen Vergleich mit der Arithmetik deutlich. Die in Abschn. 1.1.2 beschriebenen Verknüpfungen entsprechen den Rechenoperationen (z. B. Addition, Multiplikation) und die Beziehungen der Gl. (22.1) und (23.1) entsprechen den Ordnungsrelationen (z. B. größer als, kleiner als). Wie in einem arithmetischen Ausdruck sowohl Operationszeichen als auch Ordnungsrelationen auftreten können, z. B. $(a + b) < c$, so können auch in logischen Ausdrücken beide Arten von Symbolen vorkommen, siehe z. B. Tafel **24.1**. Wertet man aber einen Ausdruck der Art der Gl. (22.1) oder (23.1) in der Form von Beispiel 7, S. 23 mit einem Rechner aus, so werden nur noch Verknüpfungen ausgeführt. In der Schaltalgebra werden deshalb die Zeichen $\rightarrow$ und $\Rightarrow$ bzw. $\leftrightarrow$ und $\Leftrightarrow$ nicht unterschieden.

Die Beziehungen Gl. (22.1) und (23.1) haben die bedeutsame Eigenschaft, daß sie für sämtliche Belegungen der x_i (d.h. unabhängig von ihrem Wahrheitsgehalt) einen wahren Ausdruck ergeben. Daraus ergibt sich die folgende

Definition Sind in einem Ausdruck für sämtliche Belegungen der x_i alle z-Werte wahr, so ist dies ein allgemeingültiger Ausdruck, eine Tautologie oder ein aussagenlogisches Gesetz. Wenn der Ausdruck für einige Belegungen der x_i wahre Werte ergibt, ist er teilgültig oder eine Kontingenz. Wenn er für keine Belegung der x_i wahr ist, so ist er ungültig oder eine Kontradiktion.

Das logische Schließen besteht in der Anwendung von aussagenlogischen Gesetzen auf wahre Aussagen, um daraus weitere wahre Aussagen zu erhalten. Viele aussagenlogische Gesetze sind in sprachlicher Formulierung bereits seit Aristoteles bekannt und tragen bekannte Namen. Die wichtigsten sind in der folgenden Tafel zusammengestellt. Die Beweise der Richtigkeit können durch Aufstellen von Wahrheitstafeln erfolgen (s. Beispiel 6, S. 21 letzter Teil, und Aufgabe 4, S. 31).

Tafel **24**.1 Aussagenlogische Gesetze

Formale Schreibweise	Name
$x_1 \vee (\neg x_1)$	ausgeschlossenes Drittes
$\neg(x_1 \wedge \neg x_1)$	Widerspruch (Kontradiktion)
$[(x_1 \to x_2) \wedge x_1] \Rightarrow x_2$	Abtrennung (modus ponens)
$[(x_1 \to x_2) \wedge \neg x_2] \Rightarrow \neg x_1$	Widerlegung (modus tollens)
$[(x_1 \to x_2) \wedge (x_2 \to x_3)] \Rightarrow [x_1 \to x_3]$	Kettenschluß (Syllogismus)
$x_1 \Leftrightarrow [\neg(\neg x_1)]$	doppelte Verneinung
$[x_1 \to x_2] \Leftrightarrow [\neg x_2 \to \neg x_1]$	Kontraposition
$[\neg(x_1 \wedge x_2)] \Leftrightarrow [\neg x_1 \vee \neg x_2]$	1. de Morgan-Gesetz
$[\neg(x_1 \vee x_2)] \Leftrightarrow [\neg x_1 \wedge \neg x_2]$	2. de Morgan-Gesetz

Bei der Anwendung dieser Gesetze zum Führen mathematischer oder anderer Beweise ist bei den Implikationen zunächst die Richtigkeit des Ausdrucks vor dem Zeichen $\Rightarrow$ durch die jeweilige Fachwissenschaft nachzuweisen, die logische Folgerung besteht in der Aussage rechts vom Implikationszeichen. Bei den Äquivalenzen ist eine beliebige Seite des Zeichens $\Leftrightarrow$ fachwissenschaftlich zu begründen, die andere ist der logische Schluß.

Beispiel 8 Sprachliche Formulierungen aussagenlogischer Gesetze

Ausgeschlossenes Drittes: Eine Aussage kann nur entweder wahr oder falsch sein.

Widerspruch: Eine Aussage kann nicht zugleich wahr und falsch sein.

Abtrennung: Wenn eine Implikation und ihr Vorderglied richtig sind, dann ist auch das Hinterglied richtig.

Widerlegung: Wenn eine Implikation richtig und ihr Hinterglied falsch sind, dann ist auch das Vorderglied falsch.

Die weiteren Gesetze in Tafel **24**.1 werden durch je ein Beispiel erläutert. Es seien

x_1: Es ist ein Pferd.

x_2: Es ist ein Säugetier.

x_3: Es legt keine Eier.

Kettenschluß: Durch die Biologie wird die links stehende Erfüllungsmenge als richtig erwiesen. Die logische Schlußfolgerung lautet: „Ein Pferd legt keine Eier."

Ein typischer Fehler beim Kettenschluß wäre
$$[(x_1 \to x_2) \land (x_3 \to x_2)] \Rightarrow [x_1 \to x_3]$$
Setzt man z.B. x_3: Es ist ein Hund; dann lautet die linke Seite „Sowohl Pferd als auch Hund sind Säugetiere." Die rechte Seite: „Wenn es ein Pferd ist, dann ist es ein Hund" ist offensichtlich falsch.

Kontraposition:

x_1: Es ist ein Pferd.

x_2: Es ist ein Säugetier.

Daraus folgt: „Wenn es kein Säugetier ist, dann ist es kein Pferd".

Ein typischer Fehler bei der Kontraposition wäre
$$[(x_1 \to x_2)] \Leftrightarrow [\neg x_1 \to \neg x_2]$$
Die Aussage „Wenn es kein Pferd ist, dann ist es kein Säugetier" ist nicht allgemeingültig, d.h. sie kann richtig, aber auch falsch sein.

Erstes de Morgan-Gesetz:

x_1: Es ist ein Pferd.

x_2: Es ist weiß.

Dann lautet die linke Seite kurz: „Es ist kein Schimmel". Daraus folgt logisch: „Es ist kein Pferd oder nicht weiß." Man beachte das „oder".

Obwohl die Aussagenlogik hier im Hinblick auf mathematische Anwendungen behandelt wird, seien einige Bemerkungen zu ihrer Anwendung in der Umgangssprache gemacht. Das logische Schließen mittels umgangssprachlicher Sätze setzt voraus, daß diese im Sinne der Aussagenlogik korrekt formuliert sind. Dies ist keineswegs immer der Fall. Unkorrektheiten bestehen häufig in einer falschen Bildung der Negation oder der unklaren Verknüpfung von „und" mit „oder" sowie in der Verwechslung von Disjunktion mit dem exklusiven Oder. Ferner fehlt bei einer Implikation oft eine Aussage für den Fall, daß das Vorderglied der Implikation falsch ist. Wird dann „sinngemäß" die in Beispiel 8, S. 24 gezeigte falsche Anwendung der Kontraposition durchgeführt, ist dies nicht nur logisch falsch, sondern die Quelle vieler Enttäuschungen und Rechtsstreitigkeiten.

Beispiel 9 Die folgenden Sätze der Umgangssprache sind logisch nicht korrekt.
„Der Gewinner erhält ein wertvolles Geschenk und eine Ferienreise oder einen Geldpreis."
Es fehlt die Klammerung. Erhält der Gewinner in jedem Falle das Geschenk und hat zwischen einer Ferienreise und dem Geldpreis zu wählen; oder hat er zwischen dem Geschenk plus Ferienreise und dem Geldpreis zu wählen?
„Heute abend werde ich lesen oder fernsehen."
Ist die Disjunktion oder das exklusive Oder gemeint? Die Disjunktion wird in solchen Fällen oft mit den Worten „oder/und" zum Ausdruck gebracht.
Amtliche Umgangssprache: Bei rotem und gelbem Licht hier halten. Gemeint ist: bei rotem oder gelbem Licht. Sonst dürfte man bei rotem Licht weiterfahren.
A sagt zu B: „Wenn Du meine Bedingungen nicht erfüllst, geht es Dir schlecht." Damit hat A nicht zum Ausdruck gebracht, daß es B gut gehen wird, wenn er die Bedingungen erfüllt! Logisch folgt nur: „Wenn es Dir gut geht, hast Du meine Bedingungen erfüllt."
Der folgende Satz zeigt das Bilden der Negation. Aussage: „Alle Menschen sind sterblich." Negation: „Wenigstens ein Mensch ist unsterblich." Falsch wären die Negationen: „Kein Mensch ist sterblich" oder „Alle Menschen sind unsterblich."

1.1.4 Mathematische Beweisverfahren

Definition Ein Beweis besteht in der Begründung eines Satzes aus den Axiomen mit Hilfe logischer Schlüsse.

Nach der Abtrennungsregel (s. Tafel **24**.1) muß die Beweiskette in der Richtung Axiome → Satz erfolgen. Weil die Axiome richtig sind, folgt daraus die Richtigkeit des Satzes. Hingegen kann die „Zurückführung" eines Satzes auf die Axiome, d.h. eine Beweiskette Satz → Axiome zu Fehlschlüssen führen.

Zunächst werden zwei Begriffe aussagenlogisch untersucht, die in vielen mathematischen Sätzen gebraucht werden.

Notwendige und hinreichende Bedingungen Es sei bewiesen, daß ein Sachverhalt S nur unter bestimmten Bedingungen (Prämissen) B gilt. Bei der Anwendung des Satzes kann aber nur geprüft werden, ob die Bedingung erfüllt (richtig) ist. Was kann daraus über die Gültigkeit des Sachverhaltes geschlossen werden?

Eine notwendige Bedingung bedeutet $\qquad S \Rightarrow B$.

Zunächst darf also nur der (selten interessierende) Schluß gezogen werden: wenn S gilt, dann gilt auch B. Erst das Kontrapositionsgesetz liefert: $\neg B \Rightarrow \neg S$. Wenn die Bedingung nicht erfüllt ist, dann gilt auch der Sachverhalt nicht. Ist hingegen die Bedingung erfüllt, kann keine Aussage über die Gültigkeit des Sachverhaltes gemacht werden!

Eine hinreichende Bedingung bedeutet $\qquad B \Rightarrow S$

Hier kann bei Gültigkeit der Bedingung auch auf die Gültigkeit des Sachverhaltes geschlossen werden. Es ist aber keine Aussage über die Gültigkeit des Sachverhaltes möglich, wenn die Bedingung nicht erfüllt ist; denn von $B \Rightarrow S$ auf $\neg B \Rightarrow \neg S$ zu schließen, ist falsch (s. Beispiel 8, S. 24, vorletzter Fall).

Eine notwendige und hinreichende Bedingung bedeutet $\qquad B \Leftrightarrow S$

Erst hier ist der gewünschte Zweck voll erreicht: Wenn die Bedingung erfüllt ist, dann gilt auch der Sachverhalt, und wenn die Bedingung nicht erfüllt ist, gilt der Sachverhalt nicht. Es sei bemerkt, daß das Aufstellen von notwendigen und hinreichenden Bedingungen oft nicht möglich ist.

Beispiel 10 Notwendige und hinreichende Bedingungen

Eine notwendige Bedingung für die Aufnahme in eine FH für Technik ist die Kenntnis der Arithmetik und Trigonometrie, sie ist aber nicht hinreichend. Eine hinreichende Bedingung ist eine Abiturnote 1,0, sie ist aber nicht notwendig.

Eine notwendige Bedingung für die Existenz eines Extremwertes einer stetig differenzierbaren Funktion an der Stelle x_1 lautet: $y'(x_1) = 0$. Bei der Funktion $y = x^3$ ist diese Bedingung für $x_1 = 0$ erfüllt, es liegt aber kein Extremwert vor (s. S. 352).

Eine hinreichende Bedingung für die Existenz eines Extremwertes einer stetig differenzierbaren Funktion an der Stelle x_1 lautet: $y'(x_1) = 0 \wedge y''(x_1) \neq 0$. Bei der Funktion $y = x^4$ ist diese Bedingung für $x_1 = 0$ nicht erfüllt, es liegt trotzdem ein Extremwert vor.

Die notwendige und hinreichende Bedingung für diesen Sachverhalt lautet: $y'(x_1) = 0 \wedge$ „Die nächst höhere Ableitung an der Stelle x_1, die verschieden von Null ist, ist von gerader Ordnung."

Direkter und indirekter Beweis Diese beiden Begriffe geben eine Grobeinteilung der Beweisverfahren. Eine strenge Typologie ist nicht möglich, weil viele Beweise so sehr dem jeweiligen Problem angepaßt sind, daß sich keine allgemeinen Regeln aufstellen lassen. In der Terminologie der Aussagenlogik besteht ein Beweis im Aufstellen einer allgemeingültigen Implikation Bedingung $B \Rightarrow$ Sachverhalt S oder der entsprechenden Äquivalenz $B \Leftrightarrow S$. Bevor der Beweis erbracht wird, nennt man diesen Zusammenhang eine Vermutung (Hypothese). Es sei ausdrücklich betont, daß im Aufstellen neuer richtiger Hypothesen die weitaus größere geistige Leistung liegt als in der Durchführung des Beweises. Es gibt zahlreiche Vermutungen, die über lange Zeiten erfolgreich zum praktischen Rechnen benutzt wurden, ehe es gelang, sie zu beweisen (z. B. der Fundamentalsatz der Algebra, s. S. 332).

Bei einem Beweis ist durch Verknüpfung von B mit bereits bewiesenen Sätzen und/oder Axiomen die Allgemeingültigkeit der Implikation oder der Äquivalenz zu zeigen. Es gibt keine allgemeinen Regeln, wie eine solche Beweiskette konstruiert wird. Oft kann ein Beweis auf verschiedene Arten durchgeführt werden. Eine Schwierigkeit besteht auch in der begrifflichen Trennung der Verknüpfungsgesetze der Aussagenlogik vom Inhalt der Aussagen, denn diese Aussagen bestehen meist aus Verknüpfungsgesetzen anderer mathematischer Gebiete. Insbesondere wird das Gleichheitszeichen oft in der Bedeutung einer Äquivalenz zweier Aussagen benutzt. Auch in den bewiesenen Sätzen ist die aussagenlogische Struktur nicht immer sofort zu erkennen.

Beispiel 11 Aussagenlogische Struktur mathematischer Sätze

Satz: $\quad \sum_{i=1}^{n} i = n(n+1)/2 \quad$ (s. Aufgabe 7, S. 31)

Das Gleichheitszeichen bedeutet hier, daß die linke Seite durch die rechte Seite ausgedrückt (berechnet) werden kann. Hingegen wird kaum der Bruch durch die Summe ersetzt werden. Also liegt eine Implikation vor. Die Summe ist die Bedingung, der Bruch der Sachverhalt.

Lehrsatz des Pythagoras: $\quad a^2 + b^2 = c^2$

Hier ist es sinnvoll, die gesamte Gleichung als Sachverhalt zu betrachten. Die Bedingung lautet: a und b sind die Katheten und c ist die Hypotenuse eines rechtwinkligen Dreiecks.

Satz: Die Summe der Innenwinkel eines ebenen Dreiecks beträgt 180°.

Auch dies ist eine Implikation. Bedingung: die Figur ist ein Dreieck, Sachverhalt: die Summe der Innenwinkel beträgt 180°.

Beim direkten Beweis wird die Bedingung als wahr angenommen. Die benutzten aussagenlogischen Gesetze sind vorwiegend die Abtrennung und der mehrfach angewandte Kettenschluß. Im Prinzip hat ein direkter Beweis die folgende Form

$$[(B \to X_1) \wedge (X_1 \to X_2) \wedge \ldots \wedge (X_n \to S)] \Rightarrow [B \to S] \tag{27.1}$$

Wenn alle Glieder der linken Seite richtig sind, gilt der Schluß. Die Schwierigkeit besteht im Finden geeigneter Zwischenglieder X_i. Bei Beweisen in der Geometrie entstehen oft nach dem Einfügen von sog. Hilfslinien (die tatsächlich die entscheidende Beweisidee bilden) neue Aussagen X_i. Bei Beweisen aus der Algebra und Analysis sind die Zwischenglieder Umformungen, deren Zweckmäßigkeit häufig durch Probieren gefunden wird. Die manchmal gestellte Frage: „Warum wird gerade dies gerechnet?" kann nur damit beantwortet werden, daß manche andere Umformungen nicht zum Ziel geführt haben und deshalb in der durchgeführten Umformung die entscheidende Beweisidee liegt. Das Aufstellen und Beweisen neuer Sätze gleicht technischen Erfindungen, bei denen ebenfalls nicht immer formal begründet werden kann, warum gerade dies oder jenes getan wurde.

1.1 Aussagenlogik und Beweisverfahren

Beispiel 12 Es wird ein direkter Beweis für einen Satz der Mengenlehre durchgeführt. Dazu werden zunächst einige Begriffe wiederholt. Es wird vorausgesetzt, daß eine Grundmenge G existiert, von der die folgenden Mengen M_i Teilmengen sind.

Definitionen Ist M eine Teilmenge von G, so nennt man die Mengendifferenz $G\setminus M = M^*$ das Komplement von M in bezug auf G.

Die Durchschnittsmenge von n Mengen M_1, M_2, ..., M_n ist die Menge aller Elemente m_i, die Element von jeder Menge M_k sind. Geschrieben

$$\bigcap_{k=1}^{n} M_k = \{m_i \mid m_i \in M_1 \wedge m_i \in M_2 \wedge \ldots \wedge m_i \in M_n\} \tag{28.1}$$

Die Vereinigungsmenge von n Mengen M_1, M_2, ..., M_n ist die Menge aller Elemente m_i, die Elemente mindestens einer der Mengen M_k sind. Geschrieben

$$\bigcup_{k=1}^{n} M_k = \{m_i \mid m_i \in M_1 \vee m_i \in M_2 \vee \ldots \vee m_i \in M_n\} \tag{28.2}$$

Es bestehen folgende Analogien zwischen den Operationen der Mengenlehre und den Verknüpfungen der mathematischen Logik: Komplement bilden entspricht der Negation, Durchschnittsmenge bilden der Konjunktion, Vereinigungsmenge bilden der Disjunktion. Auch die beiden folgenden Sätze entsprechen den in Tafel **24**.1 gezeigten aussagenlogischen Gesetzen gleichen Namens.

Es gelten die beiden Sätze von de Morgan
1. Das Komplement der Durchschnittsmenge ist gleich der Vereinigung der Komplementmengen.
2. Das Komplement der Vereinigungsmenge ist gleich dem Durchschnitt der Komplementmengen.

$$\left[\bigcap_{k=1}^{n} M_k\right]^* \Leftrightarrow \bigcup_{k=1}^{n} (M_k^*) \qquad \left[\bigcup_{k=1}^{n} M_k\right]^* \Leftrightarrow \bigcap_{k=1}^{n} (M_k^*) \tag{28.3}$$

Hier wird der 1. Satz bewiesen, der Beweis des 2. Satzes ist der Inhalt von Aufgabe 6, S. 31. Der Einfachheit halber werden im folgenden die Indizes bei den Operationszeichen weggelassen. Es wird auf Bild **28**.1 verwiesen. Die Richtigkeit der gemachten Aussagen ergibt sich aber auch ohne dieses Bild.

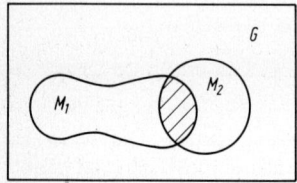

28.1

Das Komplement der Durchschnittsmenge von M_1 und M_2 entspricht dem Gebiet außerhalb der schraffierten Fläche. Für ein Element m dieser Menge gilt

$$(m \in [\bigcap M_k]^* \quad \to \quad m \notin \bigcap M_k) \wedge$$
$$(m \notin \bigcap M_k \quad \to \quad m \in M_k^* \text{ für mindestens ein } k) \wedge$$
$$(m \in M_k^* \text{ für mindestens ein } k, \quad \to \quad m \in \bigcup (M_k^*)).$$

Damit gilt $[\bigcap M_k]^* \Rightarrow \bigcup (M_k^*)$. Damit ist eine Implikation bewiesen. Um die Äquivalenz zu beweisen, kann in diesem Fall die Beweiskette rückwärts durchlaufen werden, auch dann ergeben sich Schritt für Schritt richtige Aussagen. Im allgemeinen sind für eine Äquivalenz $B \Leftrightarrow S$ zwei getrennte Beweise für die Implikationen $B \Rightarrow S$ und $S \Rightarrow B$ erforderlich (s. Aufgabe 5, S. 31).

Ein weiterer direkter Beweis findet sich auf S. 61 für die Existenz eines Häufungspunktes.

Beim häufiger vorkommenden **indirekten Beweis** besteht der zulässige Kunstgriff darin, daß der Beweis mit der negierten Bedingung $\neg B$ beginnt und dann gezeigt wird, daß dadurch die Negation einer bereits als richtig bewiesenen Aussage entsteht. Nach dem Satz des Widerspruchs muß deshalb B richtig sein. Hier spielen vor allem die Sätze der Widerlegung und der Kontraposition eine Rolle. Oft wird auch die alleinige Anwendung der Kontraposition als indirekter Beweis bezeichnet.

Es ist auf das richtige Bilden der Negation zu achten. Beispiel: Eine Aussage laute: „Alle Lösungen von $f(x) = 0$ sind reell." Die Negation lautet: „Wenigstens eine Lösung von $f(x) = 0$ ist nicht reell" und nicht etwa: „Alle Lösungen von $f(x) = 0$ sind komplex."

Beispiel 13 Mit einem indirekten Beweis wird gezeigt, daß $\sqrt{2}$ eine irrationale Zahl ist. Jede Zahl, die sich als $z = p/q$ mit $p \in \mathbb{Z} \wedge q \in \mathbb{Z} \wedge$ „p und q sind teilerfremd" darstellen läßt, heißt rationale Zahl ($\mathbb{Z}$ ist die Menge der ganzen Zahlen, s. Abschn. 1.2.1). Behauptung: Es gibt Zahlen, bei denen diese Darstellung nicht möglich ist, sie heißen irrational. Diese Behauptung wurde in der Geschichte der Mathematik lange bezweifelt. Daher kommt der nicht sehr glücklich gewählte Name „irrational", deutsch „unvernünftig".

Für $\sqrt{2}$ wird beim indirekten Beweis angenommen $\neg B$: „$\sqrt{2}$ ist rational", d.h. $\sqrt{2} = p/q$ mit den vorstehenden Bedingungen für p und q.

$(\sqrt{2} = p/q \rightarrow 2 = p^2/q^2) \wedge (2 = p^2/q^2 \rightarrow p^2 = 2q^2) \wedge$
$(p^2 = 2q^2 \rightarrow p^2$ ist eine gerade Zahl$) \wedge$
$(p^2$ ist gerade $\rightarrow p$ ist gerade (dies wäre in einem getrennten Beweis zu zeigen, s. Aufgabe 5 b, S. 31)$) \wedge$
$(p$ ist gerade $\rightarrow p = 2p') \wedge (p = 2p' \rightarrow p^2 = 4p'^2 = 2q^2 \rightarrow 2p'^2 = q^2) \wedge$
$(2p'^2 = q^2 \rightarrow q^2$ gerade$) \wedge (q^2$ gerade $\rightarrow q$ gerade$)$.

Damit ist bewiesen: p ist gerade $\wedge$ q ist gerade. Damit läßt sich p/q durch 2 teilen und ist nicht teilerfremd.

Die letzte Aussage steht im Widerspruch zur Voraussetzung $\neg B$. Damit ist $\neg B$ falsch und B: „$\sqrt{2}$ ist eine irrationale Zahl" ist richtig.

Vollständige Induktion. Rekursion Das häufig benutzte Beweisverfahren der vollständigen Induktion ähnelt dem direkten Beweis. Es wird verwendet, wenn in den zu beweisenden Sätzen Aussagen über natürliche Zahlen vorkommen und basiert auf der im 5. Axiom von Peano (s. S. 16) enthaltenen Implikation:

Wenn eine Menge natürlicher Zahlen die Zahl 1 und mit jeder natürlichen Zahl n auch deren Nachfolger $n' = n + 1$ enthält, dann enthält sie alle natürlichen Zahlen.

Der Beweis verläuft nach folgendem Schema:

1. Der zu beweisende Satz wird für ein beliebiges n formuliert.
2. Die Richtigkeit des Satzes wird für einen Anfangswert $n = n_0$ gezeigt. Oft ist $n_0 = 1$ oder $n_0 = 2$.
3. Der Satz wird für $n + 1$ formuliert.
4. Nun ist zu zeigen, daß mit $n' = n + 1$ die Sätze von Ziffer 1 und Ziffer 3 übereinstimmen.

Damit ist bewiesen, daß der Satz für alle $n \geq n_0$ gilt.

Beispiel 14 Mittels vollständiger Induktion wird der Binomische Satz für $n \in \mathbb{N}$ bewiesen. (Im Abschn. 9.2.3 wird gezeigt, daß dieser Satz auch für $n \in \mathbb{R}$ formuliert werden kann.)

1.1 Aussagenlogik und Beweisverfahren

Dieser Satz lautet

$$(a+b)^n = a^n + \binom{n}{1}a^{n-1}b + \binom{n}{2}a^{n-2}b^2 + \binom{n}{3}a^{n-3}b^3 +$$
$$+ \ldots + \binom{n}{n-1}ab^{n-1} + b^n = \sum_{i=0}^{n}\binom{n}{i}a^{n-i}b^i \qquad (30.1)$$

Dabei gilt laut Definition für die Binomialkoeffizienten

$$\binom{n}{i} = \frac{n(n-1)(n-2)\ldots(n-(i-1))}{i!} \qquad \text{mit } i! = 1 \cdot 2 \cdot 3 \cdot \ldots \cdot i \qquad (30.2)$$

Zusatzdefinitionen: $\binom{n}{0} = 1$ und $0! = 1$

Für die Summe zweier „benachbarter" Binomialkoeffizienten gilt

$$\binom{n}{i} + \binom{n}{i-1} = \binom{n+1}{i} \qquad (30.3)$$

Der Beweis ergibt sich aus algebraischen Umformungen der Definitionsgleichungen dieser drei Ausdrücke. (Für weitere Umformungen mit Binomialkoeffizienten s. F2.)
Für $n = 1$ und $n = 2$ ergibt sich sowohl aus Gl. (30.1) als auch durch unmittelbares Ausmultiplizieren

$$(a+b)^1 = a + b$$
$$(a+b)^2 = a^2 + 2ab + b^2$$

Damit ist die Richtigkeit des Satzes sogar für zwei Anfangswerte gezeigt, nun wird er für $n+1$ formuliert:

$$(a+b)^{n+1} = (a+b)^n(a+b)$$
$$= a^{n+1} + \binom{n}{1}a^n b + \binom{n}{2}a^{n-1}b^2 + \ldots + ab^n + a^n b$$
$$+ \binom{n}{1}a^{n-1}b^2 + \cdots + \binom{n}{n-1}ab^n + b^{n+1} = a^{n+1} + (n+1)a^n b$$
$$+ \left[\binom{n}{2} + \binom{n}{1}\right]a^{n-1}b^2 + \left[\binom{n}{3} + \binom{n}{2}\right]a^{n-2}b^3 + \cdots + b^{n+1} \qquad (30.4)$$

In den eckigen Klammern des letzten Teils von Gl. (30.4) tritt die Summe zweier Binomialkoeffizienten von der Form $\binom{n}{i} + \binom{n}{i-1}$ auf. Nach Gl. (30.3) ist diese Summe aber $\binom{n+1}{i}$. Damit hat mit $n' = n + 1$ Gl. (30.4) die gleiche Form wie Gl. (30.1), und die Gültigkeit der Gl. (30.1) für jedes $n \in \mathbb{N}$ ist bewiesen. □

Die Rekursion hängt eng mit der vollständigen Induktion zusammen. Benutzt man sie als Beweisverfahren, so ist zu zeigen, in welcher Form ein Ausdruck $A(n)$ mit dem als bekannt vorausgesetzten Ausdruck $A(n-1)$ zusammenhängt und daß dieser Zusammenhang für alle $n \geq n_0$ gilt. Beim praktischen Rechnen mit einer bereits bewiesenen Rekursionsformel erhält man den Ausdruck $A(n)$, indem man nacheinander von $k = n_0$ bis $k = n - 1$ alle $A(k+1)$ aus $A(k)$ berechnet.

Beispiel 15 Rekursionsformel für einen Binomialkoeffizienten. Schreibt man in der Definitionsgleichung (30.2) den letzten Faktor in Zähler und Nenner getrennt, so ergibt sich

$$\binom{n}{i} = \frac{n(n-1)(n-2)\cdot\ldots\cdot(n-(i-2))}{1\cdot 2\cdot 3\cdot\ldots\cdot(i-1)}\cdot\frac{(n-(i-1))}{i} = \binom{n}{i-1}\frac{n-(i-1)}{i}$$

Damit kann in einfacher Weise $\binom{n}{i}$ berechnet werden, wenn $\binom{n}{i-1}$ bekannt ist. Man beginnt mit

$$\binom{n}{1} = \binom{n}{0}\frac{n}{1} = n.$$

Eine weitere Rekursionsformel findet sich in Beispiel 4, S. 326.

Häufig benötigt man die Bernoulli-Ungleichung

$$(1+\varepsilon)^n > 1 + n\varepsilon \quad \text{für} \quad \varepsilon \neq 0,\ \varepsilon > (-1),\ n \in \mathbb{N} \setminus \{1\} \tag{31.1}$$

Beweis durch vollständige Induktion: Für $n = 2$ gilt

$$(1+\varepsilon)^2 = 1 + 2\varepsilon + \varepsilon^2 > 1 + 2\varepsilon.$$

Sei Gl. (31.1) für n gültig, so folgt

$$(1+\varepsilon)^{n+1} = (1+\varepsilon)^n(1+\varepsilon) > (1+n\varepsilon)(1+\varepsilon)$$
$$= 1 + (n+1)\varepsilon + n\varepsilon^2 > 1 + (n+1)\varepsilon \qquad \square$$

1.1.5 Aufgaben zu Abschnitt 1.1

1. Welche der folgenden Sätze sind Aussagen?
a) Im Jahre 2100 wird die Weltbevölkerung doppelt so groß wie heute sein.
b) Die Mathematik ist eine liebenswerte Wissenschaft.
c) Wenn bei einer Funktion $y'(x) = 0$ gilt, hat sie bei x einen relativen Extremwert.

2. A_1: Wenn eine Funktion bei x einen relativen Extremwert hat, dann gilt $y'(x) = 0$.
A_2: Es gilt $y'(x) = 0$.
Die Aussagen A_1 und A_2 seien wahr. Kann daraus geschlossen werden:
A_3: Die Funktion hat bei x einen relativen Extremwert.
Die Antwort ist aussagenlogisch zu begründen.

3. Man berechne Wahrheitstafeln für
a) $z = (x_1 \wedge x_2) \vee x_3$
b) $z = x_1 \wedge (x_2 \vee x_3)$

4. Man beweise durch Aufstellen von Wahrheitstafeln die aussagenlogischen Gesetze:
a) Widerlegung $z = [(x_1 \to x_2) \wedge \neg x_2] \to \neg x_1 = W$
b) Kettenschluß $z = [(x_1 \to x_2) \wedge (x_2 \to x_3)] \to (x_1 \to x_3) = W$

5. a) Man zeige durch einen direkten Beweis: „Ist eine Zahl gerade, so ist auch deren Quadrat gerade."
b) Man zeige durch Kontraposition: „Ist eine Quadratzahl gerade, so ist auch die Zahl gerade."

6. Man beweise das in Beispiel 12, S. 28 formulierte zweite de Morgansche Gesetz der Mengenlehre.

7. Man beweise durch vollständige Induktion $\sum_{i=1}^{n} i = n(n+1)/2$

1.2 Zahlen. Zahlensysteme

Über den Begriff der Zahl ist viel philosophiert worden. Auch eine Betrachtung der geschichtlichen Entwicklung dieses Begriffs wäre sehr reizvoll, überschreitet aber den Rahmen dieses Buches. Hier wird „Zahl" als primitiver Ausdruck betrachtet, dessen exakte Definition durch Axiome erfolgt (s. Abschn. 1.1.1).

1.2.1 Einteilung der Zahlen

Der Zahlbegriff entwickelte sich aus den beiden folgenden Problemen, die auch heute noch in der Datenverarbeitung eine wichtige Rolle spielen:

1. Zählen von Elementen einer Menge. Diese Anzahlen heißen Kardinalzahlen.
2. Ordnen (Sortieren) von Elementen einer Menge. Deren Platznummern heißen Ordinalzahlen.

In beiden Fällen entstehen die gleichen Zahlen; dies ist keineswegs selbstverständlich. Sie sind ganz und positiv, die Zahl Null ist nicht in ihnen enthalten. (Der Begriff der leeren Menge wurde erst am Ende des vorigen Jahrhunderts entwickelt.) Diese Zahlen bilden die Menge $\mathbb{N}$ der natürlichen Zahlen. Ihre Eigenschaften werden durch die Axiome von Peano (s. S. 16) vollständig beschrieben. Der Anfänger sei vor der irrigen Meinung gewarnt, daß die natürlichen Zahlen besonders einfach und anschaulich wären. Das Gebiet der Mathematik, das sich mit natürlichen Zahlen befaßt, heißt Zahlentheorie. Es gehört zu den abstraktesten Teilen der Mathematik und enthält noch viele ungelöste Probleme (s. z. B. Beispiel 3, S. 16). Ein Teilgebiet der Zahlentheorie, das z. B. in der Statistik (Abschn. 15) gebraucht wird, ist die Kombinatorik und wird in Abschn. 1.2.3 behandelt.

Ausgehend von den Axiomen sowie Definitionen der Begriffe Addieren, Multiplizieren und Potenzieren werden nun die Rechengesetze der natürlichen Zahlen entwickelt. Dabei ergibt sich folgender

Satz. Die drei direkten Rechnungsarten Addieren, Multiplizieren und Potenzieren sind im Bereich der natürlichen Zahlen unbeschränkt ausführbar, d. h. wenn die Operanden natürliche Zahlen sind, dann ist auch das Ergebnis eine natürliche Zahl.

Sind bei einer direkten Rechnungsart das Ergebnis sowie ein Operand gegeben und der andere Operand gesucht, so entsteht beim Auflösen dieser Gleichung nach dem gesuchten Operanden die entsprechende umgekehrte Rechnungsart.

Beispiel 1 Umgekehrte Rechnungsarten. Die Operanden a, c, n seien gegeben, x ist gesucht.

direkte Rechnungsart

Addieren	$a + x = c$	Subtrahieren	$x = c - a$
Multiplizieren	$a \cdot x = c$	Dividieren	$x = c/a = c : a$
Potenzieren	$x^n = c$	Wurzelziehen	$x = \sqrt[n]{c} = c^{1/n}$
	$a^x = c$	Logarithmieren	$x = \log_a c$

Beim Potenzieren entstehen zwei Umkehrungen, weil im Unterschied zum Addieren und Multiplizieren die Reihenfolge der Operanden nicht vertauscht werden darf.

Bei jeder umgekehrten Rechnungsart können als Ergebnis Zahlen entstehen, die in den bisher definierten Mengen nicht enthalten sind, so hat z.B. die Gleichung $x = 3 - 7$ keine natürliche Zahl als Lösung. Deshalb müssen zu jeder umgekehrten Rechnungsart eine neue Menge von Zahlen und entsprechende Rechengesetze definiert werden. Die jeweils neue Menge und die bisher definierte Menge werden zu einer Vereinigungsmenge (bei den komplexen Zahlen zu einer Produktmenge) zusammengefaßt. Bei der Definition der Rechengesetze wird folgender Grundsatz beachtet:

Permanenzprinzip. Die Rechengesetze der Vereinigungsmenge (Produktmenge) werden so definiert, daß sie sowohl die Gesetze für die neu hinzugekommenen Zahlen, als auch als Spezialfall die bereits früher definierten Rechengesetze enthalten.

Die Rechengesetze der Bruchrechnung z.B. enthalten im Spezialfall, daß der Nenner gleich Eins ist, die Rechengesetze der ganzen Zahlen.

Bei der Subtraktion entstehen die Zahl Null und die negativen Zahlen. Die Entdeckung der Zahl Null war eine wissenschaftliche Leistung ersten Ranges. Im römischen Zahlensystem ist diese Zahl z.B. nicht vorhanden. Die Menge der natürlichen Zahlen vereinigt mit diesen neuen Zahlen ergibt die Menge $\mathbb{Z}$ der ganzen Zahlen.

Bei der Division von ganzen Zahlen entsteht die Menge der gebrochenen Zahlen. Die Vereinigungsmenge der ganzen und gebrochenen Zahlen ist die Menge $\mathbb{Q}$ der rationalen Zahlen.

Jede rationale Zahl ist als Bruch zweier ganzer Zahlen darstellbar.

Faßt man die ganzen Zahlen als Bruch mit dem Nenner Eins auf, so wird der vorstehende Satz zur Definition des Begriffs „rationale Zahl". Er braucht also nicht bewiesen zu werden.

Zu den rationalen Zahlen gehören die unendlichen Dezimalbrüche mit einer Periode. Man hat lange Zeit angenommen, daß sämtliche Zahlen rational sind. Zwei diesbezügliche Argumente lauten vereinfacht: Da es nur eine endliche Anzahl von Ziffern gibt, muß jeder Dezimalbruch irgendwann eine Periode aufweisen. Oder: zwischen zwei rationale Zahlen kann stets wieder eine neue rationale Zahl eingefügt werden (z.B. als arithmetisches Mittel). Die rationalen Zahlen liegen deshalb beliebig dicht beisammen und dazwischen kann es keine weiteren Zahlen geben. Dieser Fehlschluß wirkt besonders überzeugend, wenn man die geometrische Darstellung auf der Zahlengeraden hinzuzieht. In Beispiel 13, S. 29 ist gezeigt, daß es Zahlen gibt, die sich nicht als Buch zweier ganzer Zahlen darstellen lassen. Sie treten beim Wurzelziehen und Logarithmieren mit positiven Operanden auf und heißen irrationale Zahlen.

Die Vereinigungsmenge der rationalen und irrationalen Zahlen ergibt die Menge $\mathbb{R}$ der reellen Zahlen.

Da in diesem Buch vorwiegend die Analysis reeller Funktionen behandelt wird, werden die Eigenschaften der reellen Zahlen etwas ausführlicher behandelt. Die folgenden Gesetze können mit dem Permanenzprinzip aus den Axiomen der natürlichen Zahlen entwickelt werden. Es ist aber einfacher und nach Auffassung der modernen Mathematik auch zulässig, diese Gesetze unmittelbar als Axiome zu betrachten [7]. Alle mathematischen Objekte, die den ersten fünf Axiomen genügen, heißen Körper. Man nennt deshalb diese Axiome die Körperaxiome und spricht vom Körper der reellen Zahlen.

1.2 Zahlen. Zahlensysteme

Axiome der reellen Zahlen

Körperaxiome

1. Kommutativgesetze: $\quad a + b = b + a\quad$ und $\quad ab = ba$
2. Assoziativgesetze: $\quad a + (b + c) = (a + b) + c\quad$ und $\quad a(bc) = (ab)c$
3. Distributivgesetz: $\quad a(b + c) = ab + ac$
4. Existenz neutraler Elemente: Es gibt eine reelle Zahl 0 und eine davon verschiedene reelle Zahl 1, so daß für jedes $a \in \mathbb{R}$ gilt

$$a + 0 = a \quad \text{und} \quad a \cdot 1 = a$$

5. Existenz inverser Elemente: Zu jedem von Null verschiedenen a gibt es zwei reelle Zahlen $-a$ und $1/a = a^{-1}$, so daß gilt

$$a + (-a) = 0 \quad \text{und} \quad a \cdot (1/a) = a\,a^{-1} = 1$$

Ordnungsaxiome (näheres s. Abschn. 2.2.2)

6. Trichotomiegesetz: Für je zwei reelle Zahlen a und b gilt genau eine der drei Beziehungen

$$a < b \quad \text{oder} \quad a = b \quad \text{oder} \quad a > b$$

7. Transitivitätsgesetz: $\quad [(a \leqq b) \wedge (b \leqq c)] \Rightarrow [a \leqq c]$
8. Monotoniegesetze: $\quad [a \leqq b] \Rightarrow [(a + c) \leqq (b + c)]$
und $\quad [(a \leqq b) \wedge (c > 0)] \Rightarrow [(a\,c) \leqq (b\,c)]$

Das folgende Axiom hängt mit dem Problem der irrationalen Zahlen zusammen. Obwohl die rationalen Zahlen beliebig dicht zusammenliegen, liegen zwischen zwei rationalen Zahlen noch weitere, die irrationalen Zahlen. Um diese unvorstellbare Aussage zu verstehen, erfand Dedekind den nach ihm benannten Schnitt. Es wird auf Bild **34.1** verwiesen. Die folgenden Aussagen gelten aber auch ohne dieses Bild. Ein Dedekindscher Schnitt liegt vor, wenn folgendes gilt:

a) A und B sind nichtleere Teilmengen von $\mathbb{R}$
b) $A \cup B = \mathbb{R}$
c) für alle $a \in A$ und alle $b \in B$ gilt $a < b$
d) Eine Zahl t heißt die Trennungszahl des Schnitts, wenn $a \leqq t \leqq b$ für alle $a \in A$ und alle $b \in B$ ist.

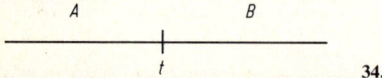

34.1

Damit lautet das Schnittaxiom

9. Jeder Dedekindsche Schnitt besitzt genau eine Trennungszahl t.

Aus diesen Axiomen lassen sich sämtliche Rechengesetze für reelle Zahlen herleiten.

Beispiel 2 Man beweise $(-a)(-b) = ab$.
Zunächst sind einige andere Regeln zu beweisen. Es gilt

$$a = -(-a) \tag{34.1}$$

Beweis. Mit den Axiomen des inversen Elements und des kommutativen Gesetzes erhält man

$$[a + (-a) = (-a) + a = 0] \Rightarrow \text{„}a \text{ ist das inverse Element von } -a\text{"}$$

als Formel ergibt sich Gl. (34.1). □

Ferner gilt $\qquad [a + b = a + c] \Leftrightarrow [b = c] \qquad (35.1)$

Beweis. Die Implikation von rechts nach links ist das Monotoniegesetz, das besagt, daß bei einer Gleichung oder Ungleichung beiderseits der gleiche Summand addiert werden darf. Diese Operation wird bei sehr vielen Beweisen, z.B. dem folgenden, verwendet. Die Implikation von links nach rechts ergibt sich wie folgt

$$[a + b = a + c] \Rightarrow [(-a) + a + b = (-a) + a + c] \Rightarrow [0 + b = 0 + c] \Rightarrow [b = c] \qquad \square$$

Ferner gilt: $\qquad\qquad\qquad\qquad\qquad\qquad\qquad\qquad\qquad\qquad\qquad\qquad\qquad\qquad (35.2)$

$$-a = a \cdot (-1)$$

Beweis. Es gelten

$$a + (-a) = 0$$

und $\quad a + a \cdot (-1) = a \cdot (1) + a \cdot (-1) = a \cdot (1 + (-1)) = a \cdot 0 = 0$

Die erste Umformung der zweiten Gleichungskette besteht in der Einfügung eines neutralen Elements, die zweite in der Anwendung des Distributivgesetzes. Dies sind zwei Gleichungsketten (und keine Implikationen), deshalb dürfen die beiden Glieder links gleichgesetzt werden. Damit folgt mit Gl. (35.1)

$$[a + (-a) = a + a \cdot (-1)] \Rightarrow [-a = a \cdot (-1)] \qquad \square$$

Damit lautet der eigentliche Beweis

$$(-a)(-b) = (-a)[b(-1)] = [(-a)b](-1) = -(-a)b = ab$$

Der erste Umformung erfolgt nach Gl. (35.2) für b, die nächste ist das Assoziativgesetz. Nun wird Gl. (35.2) auf die eckige Klammer angewandt, und mit Gl. (34.1) erhält man den Ausdruck auf der rechten Seite. □

Rechenpraxis mit reellen Zahlen Bei der Addition und Multiplikation werden häufig das Summen- und Produktzeichen benutzt. Gemäß Definition gilt

$$\sum_{i=1}^{n} a_i = a_1 + a_2 + a_3 + \ldots + a_n \qquad (35.3)$$

$$\prod_{i=1}^{n} a_i = a_1 \, a_2 \, a_3 \ldots a_n \qquad (35.4)$$

Im Zusammenhang mit den Axiomen gelten für das Summen- und Produktzeichen folgende Rechengesetze:

$$\sum_{i=m}^{n} a_i = a_m + a_{m+1} + a_{m+2} + \ldots + a_{n-1} + a_n \quad \text{mit } m < n$$

$$\sum_{i=1}^{n} a_i + \sum_{i=1}^{n} b_i = \sum_{i=1}^{n} (a_i + b_i) \qquad \text{wegen des Kommutativgesetzes}$$

$$\sum_{i=1}^{n} k \, a_i = k \sum_{i=1}^{n} a_i \qquad \text{wegen des Distributivgesetzes}$$

1.2 Zahlen. Zahlensysteme

$\sum_{i=1}^{n} a_i = n\,a$ wenn $a_i = a$ für alle i.   Dies ist die Definition der Multiplikation.

$\prod_{i=1}^{n} a_i \cdot \prod_{i=1}^{n} b_i = \prod_{i=1}^{n} (a_i\,b_i)$ wegen des Kommutativgesetzes

$\prod_{i=1}^{n} a_i = a^n$ wenn $a_i = a$ für alle i.   Dies ist die Definition der Potenz.

$\prod_{i=1}^{n} (k\,a_i) = k^n \prod_{i=1}^{n} a_i$ Ergibt sich aus den beiden vorstehenden Gleichungen.

Das Ergebnis der Multiplikation zweier natürlicher Zahlen in einem Stellenwertsystem mit der Basis B (s. Abschn. 1.2.2) wird durch die folgende **Produktformel von Cauchy** dargestellt

$$\left(\sum_{i=0}^{m} a_i B^i\right)\left(\sum_{j=0}^{n} b_j B^j\right) = \sum_{k=0}^{m+n} c_k B^k \quad \text{mit } c_k = \sum_{l=0}^{k} a_l b_{k-l} \tag{36.1}$$

Die Axiome des kommutativen, distributiven und assoziativen Gesetzes (s. S. 34) gelten zunächst nur für die Verknüpfungen der Addition und Multiplikation reeller Zahlen. Für alle anderen Fälle müssen sie ausdrücklich definiert oder bewiesen werden. Der Anfänger halte sich an die Regel

Im allgemeinen ist die Reihenfolge von Rechenoperationen nicht vertauschbar.

Beispiel 3 Die linke Spalte zeigt zulässige und die rechte unzulässige Vertauschungen von Rechenoperationen.

Kommutatives Gesetz

$\vec{a} \cdot \vec{b} = \vec{b} \cdot \vec{a}$ $\vec{a} \times \vec{b} \neq \vec{b} \times \vec{a}$

Assoziatives Gesetz

$\vec{a} + (\vec{b} + \vec{c}) = (\vec{a} + \vec{b}) + \vec{c}$ $(a^b)^c \neq a^{(b^c)} = a^{b^c}$

Distributives Gesetz

$(a\,b)^c = a^c\,b^c$ $(a + b)^c \neq a^c + b^c$

$\int [f_1(x) + f_2(x)]\,dx$ $\int [f_1(x) \cdot f_2(x)]\,dx$

$= \int f_1(x)\,dx + \int f_2(x)\,dx$ $\neq \int f_1(x)\,dx \cdot \int f_2(x)\,dx$

Zur Schreibweise von Dezimalbrüchen wird auf DIN 1333, Zahlenangaben, verwiesen. Danach bedeuten nicht geschriebene Ziffern am Ende des Bruchs nicht etwa die Ziffer Null, sondern unbekannte Ziffern. Es ist also ein Unterschied, ob man 0,67 oder 0,670 schreibt. Die erste Zahl ist auf zwei, die zweite auf drei Stellen hinter dem Komma bekannt. Wenn nach der letzten geschriebenen Ziffer nur noch Nullen folgen, ist diese Ziffer zu unterstreichen oder fett zu drucken. Nur in Fällen, in denen es sich offensichtlich um einen endlichen Bruch handelt, sollte man von dieser Regel abweichen. Näheres hierzu s. Abschn. 16.

Beispiel 4 Rundungsfehler. Im Speicher eines Rechners kann eine Zahl nur mit einer endlichen Anzahl von Ziffern dargestellt werden. Die am weitesten rechts stehenden Ziffern werden also gegebenenfalls weggelassen, oder es wird gerundet. Dabei können erhebliche Fehler entstehen. Der Einfachheit halber wird im folgenden angenommen, daß ein Rechner mit 6 gültigen Ziffern rechnet. Es wird gezeigt, daß die Rechenoperationen

$$x_1 = (a+b) - (c+d) \quad \text{und} \quad x_2 = (a-c) + (b-d)$$

zu unterschiedlichen Ergebnissen führen, obwohl nach dem Assoziativgesetz $x_1 = x_2$ ist.
Mit $a = 5{,}00000$, $b = -4{,}99996$ und $c = d = 1{,}6 \cdot 10^{-5}$ erhält man $x_1 = 0{,}00004 - 3{,}2 \cdot 10^{-5} = 4 \cdot 10^{-5} - 3{,}2 \cdot 10^{-5} = 0{,}8 \cdot 10^{-5}$.

Wird bei der Berechnung von x_2 bei c und d vor der Subtraktion die letzte Stelle abgeschnitten, ergibt sich für $x_2 = 4{,}99999 - 4{,}99997 = 0{,}00002 = 2 \cdot 10^{-5}$ ein relativer Fehler von 150 %.

Werden jedoch c und d vor der Subtraktion gerundet, erhält man für $x_2 = 4{,}99998 - 4{,}99998 = 0$ ein besonders kritisches Ergebnis, wenn z. B. im weiteren Verlauf der Rechnung durch x_2 dividiert werden muß.

Die Rechengesetze der reellen Zahlen unterliegen noch der Einschränkung, daß das Wurzelziehen und Logarithmieren nur mit positiven Operanden zulässig ist. Bei gewissen Operationen, z. B. $\sqrt{-a}$ mit $a > 0$ entstehen **imaginäre Zahlen**.

Die Produktmenge der reellen und imaginären Zahlen ist die Menge $\mathbb{C}$ der komplexen Zahlen.

Die Definitionen und Rechengesetze dieser Menge werden in Abschn. 12 ausführlich behandelt. Mit einer Zahl $z \in \mathbb{C}$ sind sämtliche Rechnungsarten ohne Einschränkung durchführbar.

1.2.2 Zahlensysteme

Wieviele verschiedene Symbole, Ziffern genannt, benötigt man, um die unendlich vielen verschiedenen Zahlen darzustellen? Nach welchen Gesetzen wird aus den Ziffern eine Zahl gebildet? Diese Fragen sind im Laufe der Geschichte und in den verschiedenen Kulturkreisen sehr unterschiedlich beantwortet worden. In Europa wurde bis zum 13. Jahrhundert das römische Zahlensystem verwendet. In diesem System wurden bereits komplizierte Rechnungen wie Zinseszins-Rechnung und Lösen von Bestimmungsgleichungen durchgeführt. Das heute benutzte indisch-arabische System gelangte als Folge der Kreuzzüge nach Europa und benötigte etwa 100 Jahre, um sich durchzusetzen. Im Unterschied zum römischen System ist es ein Stellenwertsystem.

Definition In einem **Stellenwertsystem** lautet eine positive reelle Zahl Z mit den Ziffern z_i und der Basiszahl B

$$Z = \sum_{i=n}^{0} z_i B^i + \sum_{i=-1}^{-\infty} z_i B^i \Leftrightarrow Z = z_n z_{n-1} \cdots z_0 \, , \, z_{-1} z_{-2} \cdots \tag{37.1}$$

Man beachte, daß hier der Summenindex laufend verkleinert wird. Das Nebeneinanderschreiben der Ziffern ist eine abgekürzte Schreibweise für eine Summe von Potenzen einer Basiszahl, wobei jede Potenz mit einem Faktor, der Ziffer z_i der i-ten Stelle, multipliziert wird. Der Index i bedeutet also die Stelle, und es gilt nicht $z_i = i$. Die Stelle hinter der Potenz mit dem Exponenten Null wird durch den **Radixpunkt** gekennzeichnet. In der deutschen Literatur wird leider noch vorwiegend das Radixkomma verwendet.

Satz. Die Anzahl der Ziffern ist gleich der Basiszahl. Es gilt also $0 \leq z_i < B$.

1.2 Zahlen. Zahlensysteme

Mit dem indisch-arabischen System hat sich $B = 10$ durchgesetzt. Diese Wahl ist keineswegs glücklich. Das praktische Rechnen wäre mit $B = 8$ oder $B = 12$ erheblich einfacher. Den Winkel- und Zeiteinheiten liegt ein System mit $B = 60$ zugrunde. Es stammt von den Babyloniern und wurde bis zum Mittelalter insbesondere für astronomische Berechnungen benutzt. In der Datenverarbeitung spielen Systeme mit $B = 2$, $B = 8$ und $B = 16$ eine Rolle. In der Informatik wird bewiesen, daß $B = e$, gerundet $B = 3$, die optimale Basis wäre. Die Zahlensysteme tragen den lateinischen Namen der Basiszahl. Insbesondere heißen die Systeme mit

$B = 2$	Dualsystem	$B = 8$	Oktalsystem
$B = 10$	Dezimalsystem	$B = 16$	Sedezimalsystem

Für $B > 10$ müssen neue Ziffern eingeführt werden. In der Datenverarbeitung ist es üblich, hierfür die ersten Buchstaben des Alphabets zu nehmen. Insbesondere bedeuten im Sedezimalsystem: A = 10, B = 11, C = 12, D = 13, E = 14 und F = 15. Wenn die Basis einer Zahl nicht selbstverständlich ist, wird sie als tiefgestellte Zahl im Dezimalsystem hinter die in Klammern gesetzte Zahl geschrieben, so ist $(10)_{16} = 1 \cdot 16^1 + 0 \cdot 16^0 = (16)_{10}$.

Die Definitionsgleichung (37.1) liefert eine einfache Methode, Zahlen aus einem System mit $B \neq 10$ in das Dezimalsystem umzuwandeln. Ganze Zahlen können auch mit dem in Abschn. 3.1.1 behandelten Horner-Schema in das Dezimalsystem umgeformt werden, weil der Aufbau der Zahl dem eines Polynoms gleicht. Die Ziffern z_i entsprechen den Koeffizienten a_i, die Basis der Variablen x.

Beispiel 5 Umrechnen von Zahlen in das Dezimalsystem

$$(23{,}2)_8 = 2 \cdot 8^1 + 3 \cdot 8^0 + 2 \cdot 8^{-1} = (19{,}25)_{10}$$
$$(1011{,}01)_2 = 1 \cdot 2^3 + 0 \cdot 2^2 + 1 \cdot 2^1 + 1 \cdot 2^0 + 0 \cdot 2^{-1} + 1 \cdot 2^{-2} = (11{,}25)_{10}$$
$$(AFFE)_{16} = 10 \cdot 16^3 + 15 \cdot 16^2 + 15 \cdot 16^1 + 14 \cdot 16^0 = (45054)_{10}$$

Für die Umrechnung einer Zahl aus dem Dezimalsystem in ein System mit $B \neq 10$ wird ohne Beweis folgendes Verfahren angegeben. Der ganzzahlige und der gebrochene Teil der Zahl sind getrennt umzurechnen.

Ganze Zahlen: Die Dezimalzahl wird durch B dividiert. Es entsteht eine ganze Zahl und ein Rest. Dieser Rest ist die letzte Ziffer der gesuchten Zahl im neuen System.
Die ganze Zahl wird wieder durch B dividiert. Der Divisionsrest ist die nächste Ziffer im neuen System. Dieses Verfahren wird wiederholt, bis die ganze Zahl im Quotienten Null ist. Der Rest ist die erste Ziffer im neuen System.

Gebrochene Zahlen: Der Dezimalbruch wird mit B multipliziert. Es entsteht eine ganze Zahl (Null oder größer als Null) und ein Bruch. Die ganze Zahl ist die erste Ziffer nach dem Radixpunkt im neuen System. Der verbleibende Dezimalbruch wird wieder mit B multipliziert. Die entstehende ganze Zahl ist die nächste Ziffer im neuen System. Dieses Verfahren wird wiederholt, bis eine Periode entsteht, oder bei einer Multiplikation der Bruch Null wird. Dann ist der Bruch im neuen System endlich.

Aus dem folgenden Beispiel ergibt sich, daß Brüche in einem System endlich und im anderen periodisch sein können.

Beispiel 6 Umwandlung von Dezimalzahlen in Zahlen eines anderen Systems

$(1000)_{10} = (3E8)_{16}$ $(1000)_{10} = (1750)_8$ $(100)_{10} = (1100100)_2$

$1000 : 16 = 62\,R\,8$ $1000 : 8 = 125\,R\,0$ $100 : 2 = 50\,R\,0$
$62 : 16 = 3\,R\,14$ $125 : 8 = 15\,R\,5$ $50 : 2 = 25\,R\,0$
$3 : 16 = 0\,R\,3$ $15 : 8 = 1\,R\,7$ $25 : 2 = 12\,R\,1$
                                    $1 : 8 = 0\,R\,1$ $12 : 2 = 6\,R\,0$
                                                                        $6 : 2 = 3\,R\,0$
                                                                        $3 : 2 = 1\,R\,1$
                                                                        $1 : 2 = 0\,R\,1$

$(0{,}1)_{10} = (0{,}1\overline{9})_{16}$ $(0{,}1)_{10} = (0{,}0\overline{6314})_8$ $(0{,}125)_{10} = (0{,}001)_2$

$0{,}1 \cdot 16 = 1 + 0{,}6$ $0{,}1 \cdot 8 = 0 + 0{,}8$ $0{,}125 \cdot 2 = 0 + 0{,}25$
$0{,}6 \cdot 16 = 9 + 0{,}6$ $0{,}8 \cdot 8 = 6 + 0{,}4$ $0{,}25 \cdot 2 = 0 + 0{,}5$
$0{,}6 \cdot 16 = 9 + 0{,}6$ $0{,}4 \cdot 8 = 3 + 0{,}2$ $0{,}5 \cdot 2 = 1 + 0{,}0$
.... $0{,}2 \cdot 8 = 1 + 0{,}6$
                                       $0{,}6 \cdot 8 = 4 + 0{,}8$
                                       $0{,}8 \cdot 8 = 6 + 0{,}4$
                                       ....

Die Darstellung einer Zahl in zwei Systemen mit $B \neq 10$ kann dadurch erfolgen, daß man sie zunächst in das Dezimal- und von dort in das zweite System überträgt. Für den in der Datenverarbeitung wichtigen Spezialfall der Darstellung ganzer Zahlen im Dual-, Oktal und Sedezimalsystem gilt folgende Regel:

Man erhält die Zahl im Dualsystem, indem jede Oktalziffer als dreistellige und jede Sedezimalziffer als vierstellige Dualzahl geschrieben wird. Umgekehrt entstehen aus einer Dualzahl aus den von rechts nach links gebildeten Dreier- oder Vierergruppen (sog. Halbbytes oder Tetraden) von Dualziffern die entsprechenden Oktal- oder Sedezimalziffern.

Beispiel 7 Ganze Zahlen im Dual- Oktal- und Sedezimalsystem. Der Deutlichkeit halber werden im ersten Teil des Beispiels die Gruppen durch Zwischenräume getrennt und die Zahl auch im Dezimalsystem angegeben.

$(20)_{10} = (14)_{16} = (0001\,0100)_2$
$(100)_{10} = (64)_{16} = (0110\,0100)_2$
$(20)_{10} = (24)_8 = (010\,100)_2$
$(100)_{10} = (144)_8 = (001\,100\,100)_2$
$(28)_{10} = (11100)_2 = (1\,C)_{16} = (34)_8$
$(51)_{10} = (110011)_2 = (33)_{16} = (63)_8$

1.2.3 Kombinatorik

Die Kombinatorik ist ein Teilgebiet der Zahlentheorie. Sie behandelt die Gesetzmäßigkeiten der verschiedenen Anordnungen (Reihenfolgen) der Elemente einer endlichen Menge. Derartige Problemstellungen treten z. B. in der Statistik (s. Abschn. 15) und in der Informatik auf. Ferner bilden sie die Grundlage für die Theorie der Glücksspiele. In Erweiterungen der üblichen Definitionen über Mengen werden hier folgende Vereinbarungen getroffen:

1. Eine Menge darf mehrere gleiche Elemente enthalten.
2. Zwei Mengen können sich bereits dadurch unterscheiden, daß die Anordnung (Reihenfolge) ihrer Elemente verschieden ist.

Diese Zusatzdefinitionen könnten vermieden werden, wenn man die betrachteten Mengen auf andere abbildet. Da aber der Abbildungsbegriff erst in Abschn. 2.1 behandelt wird, und die dann hier vorzunehmenden Abbildungen teilweise sehr abstrakt sind, wird stattdessen mit den vorstehenden Zusatzdefinitionen gearbeitet.

Permutationen Gegeben ist eine Menge mit m verschiedenen Elementen, die hier der Einfachheit halber durch die natürlichen Zahlen gekennzeichnet werden. Gefragt ist, auf wieviele verschiedene Arten diese Elemente angeordnet werden können. Eine derartige Anordnung heißt eine Permutation. Die Anzahl der Permutationen für m Elemente wird mit P_m bezeichnet.

Offensichtlich ist $P_1 = 1$ und $P_2 = 2$. Zwei Elemente können nur die Anordnungen 1, 2 und 2, 1 bilden. Um P_3 zu erhalten, bildet man drei Gruppen von Permutationen. Die erste enthält alle Permutationen, die mit dem 1. Element, die zweite alle die mit dem 2. Element und die dritte alle, die mit dem 3. Element beginnen. Jede dieser Gruppen enthält alle Permutationen der restlichen beiden Elemente. Man erhält also

1. Gruppe	1, 2, 3	1, 3, 2
2. Gruppe	2, 1, 3	2, 3, 1
3. Gruppe	3, 1, 2	3, 2, 1

Daraus folgt, daß $P_3 = P_2 \cdot 3 = 2 \cdot 3 = 3!$ ist. Entsprechend erhält man für P_4 vier Gruppen mit den vorstehenden 6 Permutationen der restlichen drei Elemente, also ist $P_4 = P_3 \cdot 4 = 4!$. Durch das Verfahren der vollständigen Induktion wird dieses Bildungsgesetz auf jedes beliebige m erweitert, es ist $P_m = P_{m-1} \cdot m$, daraus folgt als Anzahl der Permutationen von m verschiedenen Elementen, oder wie man hier kürzer sagt für die Anzahl der Permutationen ohne Wiederholung

$$P_m = m! \tag{40.1}$$

Beispiel 8 In der Statistik (s. Abschn. 15) tritt folgende Frage auf: In einer verdeckten Urne befinden sich m verschiedene Kugeln (die z.B. numeriert sind). Sie werden der Reihe nach gezogen und nebeneinandergelegt. Wieviele verschiedene „Ziehungen" sind möglich?

Antwort: $m!$ (s. auch Beispiel 11, S. 42).

Häufig kann jedem Element ein Wert zugeordnet werden, so daß bei zwei Elementen zwischen einem „niedrigen" und einem „höheren" Element unterschieden werden kann. Beispiele: Ziffern, Buchstaben, Spielkarten.

Definition Steht von zwei beliebigen (also nicht notwendig benachbarten) Elementen einer Permutation links das niedrigere und rechts das höhere, so stehen sie in ihrer natürlichen Anordnung. Stehen sie umgekehrt, so bilden sie eine Inversion.

Jede Permutation enthält eine bestimmte Anzahl von Inversionen. Z.B. enthält das Wort *UND* in bezug auf die natürliche Anordnung *DNU* die drei Inversionen *UN*, *UD* und *ND*. Je nachdem, ob die Anzahl der Inversionen gerade oder ungerade ist, spricht man von einer geraden oder ungeraden Permutation. Vertauscht man zwei benachbarte Elemente einer Permutation, so erhöht bzw. erniedrigt sich die Anzahl der Inversionen um Eins, je nachdem, ob diese Elemente vorher in ihrer natürlichen Anordnung standen oder nicht.

1.2.3 Kombinatorik

Zur Lösung der Aufgabe, sämtliche Permutationen von m Elementen hinzuschreiben, kann man sich des folgenden Verfahrens bedienen:

1. Alle Elemente so hinschreiben, daß keine Inversionen auftreten.
2. Die Folge der Elemente wird von rechts nach links durchlaufen, bis man auf das erste Paar benachbarter Elemente trifft, das in natürlicher Anordnung steht. Es heiße A, B.
3. Man sucht das nächst höhere aller rechts von A stehenden Elemente (also ggf. B) und schreibt es unmittelbar links neben A.
4. Die Elemente links von A bleiben in dieser neuen Anordnung stehen. Das Element A sowie die rechts von ihm stehenden werden so geordnet, daß keine Inversionen auftreten. Dies ist die „nächste" Permutation.
5. Fortsetzung bei Ziffer 2. Wenn kein Paar in natürlicher Anordnung steht, ist das Verfahren beendet.

Die in dieser Reihenfolge erhaltenen Permutationen bilden eine sog. lexikographische Anordnung wie z.B. die Worte in einem Lexikon.

Beispiel 9 Wie lauten alle Permutationen der Elemente 1, 2, 3, 4? Die Paare nach Ziffer 2 des vorstehenden Verfahrens sind jeweils fett gedruckt. Entsprechend S. 40 sind die Permutationen zeilenweise geschrieben.

1, 2, **3, 4**	1, 2, 4, 3	1, **3, 2**, 4	1, 3, **4, 2**	1, 4, **2, 3**	**1, 4**, 3, 2
2, 1, **3, 4**	2, 1, 4, 3	2, **3, 1**, 4	2, 3, **4, 1**	2, 4, **1, 3**	**2, 4**, 3, 1
3, 1, **2, 4**	3, 1, 4, 2	3, **2, 1**, 4	3, 2, **4, 1**	3, 4, **1, 2**	**3, 4**, 2, 1
4, 1, **2, 3**	4, 1, 3, 2	4, **2, 1**, 3	4, 2, **3, 1**	4, 3, **1, 2**	4, 3, 2, 1

Besteht die Menge nicht aus lauter verschiedenen Elementen, sondern aus r Teilmengen mit jeweils $m_1, m_2 \cdots m_r$ gleichen Elementen, so spricht man von Permutationen mit Wiederholung. Ihre Anzahl ist

$$\bar{P} = \frac{(m_1 + m_2 + m_3 + \ldots + m_r)!}{m_1! \, m_2! \, m_3! \ldots m_r!} = \frac{\left(\sum_{i=1}^{r} m_i\right)!}{\prod_{i=1}^{r} (m_i!)} \tag{41.1}$$

Beweis. Die Herleitung von Gl. (41.1) beruht auf folgendem Gedanken: Zunächst stellt man sich wieder m verschiedene Elemente vor. Nach Gl. (40.1) erhält man $P_m = m!$. Die m_1 gleichen Elemente der 1. Teilmenge bilden aber für sich $m_1!$ identische Anordnungen und dadurch verbleiben nur $m!/m_1!$ Permutationen. Ersetzt man z.B. im Schema auf S. 40 das Element 3 durch 2, so verbleiben $3!/2! = 3$ (und nicht etwa $3! - 2! = 4$) unterschiedliche Anordnungen, nämlich 1, 2, 2 2, 1, 2 und 2, 2, 1. Die gleiche Überlegung gilt auch für die anderen Teilmengen. □

Beispiel 10 Wieviele verschiedene Kartenverteilungen sind beim Skatspiel möglich? Die Hauptschwierigkeit bei der Lösung derartiger Aufgaben besteht darin, zunächst zu erkennen, daß es sich überhaupt um eine Aufgabe aus der Kombinatorik handelt und dann aber vor allem in der Entscheidung, ob es sich um eine Permutation oder eine der im folgenden behandelten Variationen oder Kombinationen handelt. Wenn diese Frage geklärt ist, braucht meist nur noch die entsprechende Formel benutzt zu werden (s. auch Beispiel 14, S. 43).

Bekanntlich erhält beim Skatspiel jeder der drei Spieler 10 Karten und 2 kommen in den „Skat". Die Reihenfolge, in der ein Spieler seine Karten erhält, ist belanglos. Deshalb lautet die obige

Frage in der hier angemessenen Terminologie: Eine Menge besteht aus je 10 roten, grünen und blauen, sowie zwei gelben Elementen. Wieviele Permutationen sind möglich? Jetzt erkennt man, daß es sich um Permutationen mit Wiederholung handelt, und nach Gl. (41.1) ergibt sich

$$\bar{P} = \frac{(10 + 10 + 10 + 2)!}{10!\ 10!\ 10!\ 2!} = 2{,}75 \cdot 10^{15}$$

Variationen Gegeben ist eine Menge mit m verschiedenen Elementen. Daraus werden Teilmengen mit jeweils $k \leq m$ Elementen gebildet. Zwei Teilmengen gelten bereits dann als verschieden, wenn sie die gleichen Elemente in verschiedener Anordnung enthalten. Wieviele derartige Teilmengen gibt es? Man nennt sie die Variationen der k-ten Klasse ohne Wiederholung. Ihre Anzahl heißt $V_{m,k}$.

Die Variationen der 1. Klasse sind die Elemente selbst, also ist $V_{m,1} = m$. Für $k = 2$ kann jedes der m Elemente mit einem anderen kombiniert werden, nur nicht mit sich selbst, da Wiederholungen verboten sind. Es ist also $V_{m,2} = m(m-1) = V_{m,1}(m-1)$. Für $k = 3$ kann man sich wie bei den Permutationen wieder Gruppen vorstellen, von denen jede sämtliche Variationen der 2. Klasse enthält. Das dritte Element kann aber keines der beiden anderen sein, deshalb gibt es $(m-2)$ solcher Gruppen, und es ist $V_{m,3} = V_{m,2}(m-2) = m(m-1)(m-2)$. In der k-ten Klasse gibt es $m - (k-1) = m - k + 1$ solcher Gruppen mit sämtlichen Variationen der $(k-1)$-ten Klasse. Deshalb ist die Anzahl der Variationen der k-ten Klasse ohne Wiederholung

$$V_{m,k} = m(m-1)(m-2)(m-3)\ldots(m-k+1)$$
$$= \frac{m!}{(m-k)!} \tag{42.1}$$

Die Richtigkeit der letzten Umformung der vorstehenden Gleichung erkennt man, wenn beiderseits mit dem Nenner des rechten Ausdrucks multipliziert wird.

Beispiel 11 Eine anschauliche Deutung der Variationen ohne Wiederholung gibt der folgende Versuch: Aus einer verdeckten Urne mit m verschiedenen Kugeln werden der Reihe nach k Kugeln gezogen und nebeneinandergelegt. Die Anzahl der möglichen Ziehungen ist $V_{m,k}$. In der Statistik heißt ein solcher Versuch eine Stichprobe und das beschriebene Verfahren geordnete Stichprobe ohne Zurücklegen. Wenn die gezogene Kugel vor jeder neuen Ziehung in die Urne zurückgelegt wird, entspricht das den nachstehend beschriebenen Variationen mit Wiederholung.

Bei den Variationen mit Wiederholung, ihre Anzahl heißt $\bar{V}_{m,k}$, darf das gleiche Element bis zu k-mal vorkommen, wobei bei manchen Anwendungen auch $k > m$ sein kann (s. Beispiel 12). Die Variationen der 1. Klasse sind auch hier die Elemente selbst. Die Anzahl der Variationen der 2. Klasse ist m^2, weil nun auch jedes Element mit sich selbst kombiniert werden darf. Entsprechend ist $\bar{V}_{m,3} = \bar{V}_{m,2} \cdot m = m^3$. Auf diese Weise erhält man auch hier durch die Anwendung des Verfahrens der vollständigen Induktion die Anzahl der Variationen der k-ten Klasse mit Wiederholung

$$\bar{V}_{m,k} = m^k \tag{42.2}$$

Beispiel 12 In einem Zahlensystem mit der Basiszahl $B = m$, also m verschiedenen Ziffern, gibt es (bei Einbeziehung führender Nullen) $\bar{V}_{m,k}$ ganze Zahlen mit k Stellen. Für das Dezimalsystem erscheint diese Aussage trivial. Im Dualsystem gibt es z.B. $2^3 = 8$ dreistellige Zahlen, nämlich 000, 001, 010, 011, 100, 101, 110, 111.

Kombinationen Im Unterschied zu den Variationen spielt hier die Anordnung der Elemente keine Rolle. Bei den Kombinationen ohne Wiederholung, ihre Anzahl heißt $C_{m,k}$, sind demnach die üblichen Voraussetzungen über Mengen erfüllt. Deshalb entstehen jetzt im Vergleich zu den Variationen in der k-ten Klasse nach Gl. (40.1) $k!$ Anordnungen, die nicht gezählt werden dürfen. Analog zu den Überlegungen auf S. 42 verbleiben dann $C_{m,k} = V_{m,k}/k!$ Kombinationen. $V_{m,k}$ ergibt sich aus Gl. (42.1) und daraus die Anzahl der Kombinationen ohne Wiederholung

$$C_{m,k} = \frac{m!}{k!\,(m-k)!} = \binom{m}{k} \tag{43.1}$$

Beispiel 13 In dem Urnen-Beispiel entsprechen die Kombinationen der Ziehung von k Kugeln mit einem Griff, dadurch spielt ihre Anordnung keine Rolle. Man spricht hier von einer **ungeordneten Stichprobe ohne Zurücklegen**.

Beispiel 14 Wieviele verschiedene Kartenverteilungen sind beim Skatspiel für einen Spieler vor dem Aufnahmen des Skats möglich? (s. Beispiel 10, S. 41). Hier interessiert die Verteilung der anderen Karten nicht. Jede Karte kann nur einmal vorkommen, die Reihenfolge ist belanglos. Deshalb liegt eine Kombination der 10. Klasse von 32 Elementen ohne Wiederholung vor. Nach Gl. (43.1) ist

$$C_{32,10} = \binom{32}{10} = 6{,}45 \cdot 10^7$$

Beispiel 15 Wieviele verschiedene Teilmengen können aus einer Menge von m Elementen gebildet werden? Die Teilmengen mit k Elementen bilden die Kombinationen der k-ten Klasse, es muß über alle Klassen summiert werden, also ist die Summe der Teilmengen gleich $\sum_{k=0}^{m} \binom{m}{k} = 2^m$. Die letzte Umformung ergibt sich aus dem binomischen Satz Gl. (30.1) mit $a = b = 1$. Der Summand für $k = 0$ entspricht der leeren Menge und der für $k = m$ der Menge selbst.

Die Herleitung der Formel für die Anzahl der **Kombinationen mit Wiederholung** ist aufwendig. Es gilt

$$\overline{C}_{m,k} = \binom{m+k-1}{k} = \frac{((m-1)+k)!}{(m-1)!\,k!} \tag{43.2}$$

Die rechte Seite dieser Gleichung ergibt sich formal aus der bekannten Gleichung

$$\binom{n}{k} = \frac{n!}{k!\,(n-k)!} \tag{43.3}$$

wenn $n = m + k - 1$ ist, F 2. Außerdem kann diese rechte Seite aber auch nach Gl. (41.1) als Anzahl der Permutationen mit Wiederholung zweier Teilmengen mit $(m-1)$ und k jeweils gleichen Elementen gedeutet werden. Beispiel 19, S. 44 zeigt diese beiden verschiedenen Deutungen.

Beispiel 16 Für das Urnen-Beispiel ergibt sich hier die Schwierigkeit, daß einerseits die Kugeln mit einem Griff gezogen werden sollen, andererseits aber das gleiche Element mehrfach in einer Stichprobe vorkommen kann. Man hilft sich mit der Vorstellung, daß von jeder Sorte beliebig viele Kugeln in der Urne vorhanden sind. Bei praktischen Anwendungen der Statistik, z.B. der Qualitätskontrolle von Massenartikeln ist diese Vorstellung durchaus realistisch. In Analogie zu den Variationen spricht man in diesem Fall auch von einer **ungeordneten Stichprobe mit Zurücklegen**.

Beispiel 17 Wieviele verschiedene Würfe sind mit 3 Würfeln möglich? Da die Reihenfolge der Augen keine Rolle spielt und die gleiche Zahl mehrfach vorkommen kann, handelt es sich um eine Kombination der 3. Klasse von 6 Elementen mit Wiederholung. Nach Gl. (43.2) ist

$$\overline{C}_{6,3} = \binom{6+3-1}{3} = \binom{8}{3} = 56$$

Beispiel 18 Man bilde alle Kombinationen der 3. Klasse von den Elementen 1, 2, 3, 4 mit Wiederholung.

Lösung:

111	112	113	114	122	123	124	133	134	144
				222	223	224	233	234	244
							333	334	344
									444

Beispiel 19 Das folgende Verteilungsproblem tritt in zahlreichen Varianten auf. In einem Hotel sind 8 Personen in 6 Zimmer zu verteilen. Wieviele verschiedene Möglichkeiten gibt es? Es werden zwei Lösungen gezeigt.

Die Verteilung kann so vorgenommen werden, daß aus einer Urne mit $m = 6$ Kugeln mit den Zimmernummern $k = 8$ mal mit Zurücklegen gezogen wird. So erhält jeder Gast seine Zimmernummer. Mit der linken Gl. (43.2) ergibt sich

$$\overline{C}_{6,8} = \binom{13}{8} = 1287$$

44.1

Eine zweite Lösung ergibt sich aus Bild **44.1**. Es zeigt eine Permutation mit Wiederholungen von $(m-1) = 5$ Trennwänden und $k = 8$ Personen. Jede andere Verteilung der Personen bedeutet eine andere Permutation. Aus der rechten Gl. (43.2) erhält man

$$\overline{P}_{5,8} = \frac{13!}{5!\,8!} = 1287$$

1.2.4 Aufgaben zu Abschnitt 1.2

1. Wie lauten die Namen der folgenden Mengen?

a) $\mathbb{Q} \setminus \mathbb{Z}$,   b) $\mathbb{R} \setminus \mathbb{Q}$

2. Man beweise mit Hilfe der Axiome für reelle Zahlen

a) $(a^{-1})^{-1} = a$, wenn $a \neq 0$;   b) $a \cdot 0 = 0$

3. Wie lauten die folgenden Zahlen im Dezimalsystem?

a) $(1000{,}0001)_2$,   b) $(111{,}111)_2$,   c) $(44{,}4)_8$,   d) $(44{,}4)_{16}$

4. Man verwandle die folgenden Zahlen aus dem Dezimal- in das Dual- und Sedezimalsystem

a) $88{,}8$,   b) $33{,}\overline{3}$,   c) $3{,}14159$

5. Wieviele Variationen der *m*-ten Klasse von *m* Elementen ohne Wiederholung gibt es?

6. Beim Zahlenlotto werden von 49 Zahlen 6 „richtige" gewählt. Wieviele verschiedene Tips sind möglich?

7. Beim Fußballtoto wird bei einem Tip für 12 Spiele jeweils entweder 0, 1 oder 2 eingetragen. Wieviele verschiedene Tips sind möglich?

8. Eine Lochkarte enthält in einer (senkrechten) Spalte 12 Lochstellen. In jeder Spalte wird ein Zeichen verschlüsselt. In einem bestimmten Code werden für jedes Zeichen entweder 0 oder 1 oder 2 oder 3 Löcher pro Spalte gestanzt. Wieviele verschiedene Zeichen kann man mit diesem Code verschlüsseln?

9. In einem anderen Code werden für jedes Zeichen in einer Spalte eine beliebige Anzahl (maximal 12) Löcher gestanzt. Wieviele Zeichen kann man mit diesem Code verschlüsseln?

10. 6 Wettkämpfer erhalten 3 verschiedene Preise, jeder höchstens einen. Auf wieviele verschiedene Arten können die Preise verteilt werden?

11. Auf wieviele verschiedene Arten kann aus 9 Personen ein Ausschuß von 3 Personen gebildet werden?

2 Abbildungen. Funktionen

2.1 Abbildungen

Häufig bestehen zwischen den Elementen zweier Mengen D und B Beziehungen (Relationen). So ist z.B. jedem Element der Menge aller Quadrate eine reelle Zahl als Flächeninhalt zugeordnet. Zwischen einem Quadrat der Seitenlänge m und der zugeordneten reellen Zahl r besteht die Beziehung: „Der Flächeninhalt beträgt $r = m^2$".
Bei einem Lineal kann man jedem Eichstrich e eine ganze Zahl n zuordnen. Die Elemente e und n stehen dann in der Beziehung: „e hat vom Nullpunkt den Abstand n cm". Die Beziehung: „Die erste Zahl ist kleiner als die zweite" trifft auf die geordneten Zahlenpaare (1, 2), (2, 3) und (1, 5) zu. Sie bilden eine Menge, eine Teilmenge aller geordneten Zahlenpaare.

Definition Eine Teilmenge K der Produktmenge $D \times B$, die eine Zuordnung zwischen den Elementen $x \in D$ und $y \in B$ beschreibt, heißt Relation.

Unter bestimmten Voraussetzungen nennt man solche Relationen zwischen den Elementen von Mengen Abbildungen oder Funktionen.

Definition Eine Abbildung oder Funktion einer Menge D (Definitionsmenge) in eine Menge B (Bildmenge) ist eine Relation, die jedem Element aus D genau ein Element aus B zuordnet. Das dem Element $x \in D$ zugeordnete Element $y \in B$ heißt Bild von x.

Gelegentlich wird das Element x der Definitionsmenge auch Urbild des Elementes y der Bildmenge genannt. Bei der vorstehenden Definition ist es möglich, daß verschiedenen Urbildern x das gleiche Bild y zugeordnet ist. Als Bezeichnungen für eine Funktion sind folgende Schreibweisen üblich:

$$\{(x, y) \mid x \in D \wedge y \in B \wedge y = f(x)\} \quad \text{oder} \quad f: D \to B$$

(gesprochen: D wird in B abgebildet)

oder einfach

$$y = f(x)$$

(gesprochen: y ist eine Funktion von x)

In diesem Buch wird hauptsächlich die letzte der genannten Formen verwendet. Weitere Ausführungen hierzu findet man in Abschn. 2.5.
In der Technik tritt häufig der Spezialfall auf, daß die Elemente von D und B physikalische Größen sind. Die Zuordnungsvorschrift kann in einer Tafel oder in der Angabe einer Rechenvorschrift (Funktionsgleichung) bestehen.

Wenn die Definitionsmenge und die Bildmenge die Menge der reellen Zahlen als Grundmenge hat, so schreibt man

$$f: x \to \frac{3x+2}{x^2+1} \qquad \text{oder} \qquad f(x) = \frac{3x+2}{x^2+1}$$

$$\text{oder} \qquad y = \frac{3x+2}{x^2+1}$$

Alle Aussagen bedeuten, daß man jedem Element $x \in \mathbb{R}$ der Definitionsmenge der reellen Zahlen das Element $(3x+2)/(x^2+1)$ der Bildmenge zuordnet, also z. B. dem Element $x = 2$ das Element

$$y = \frac{3 \cdot 2 + 2}{2^2 + 1} = \frac{8}{5}$$

Beispiel 1 Wie wird die Menge $D = \{-2, -1, 0, 1, 2, 3\}$ in die Menge $B = \{0, 1, 2, 3, 4, 5, 6, 7, 8, 9\}$ abgebildet, wenn die Abbildungsvorschrift lautet: Jedem $x \in D$ wird die Quadratzahl $y = x^2 \in B$ zugeordnet?

Lösung:

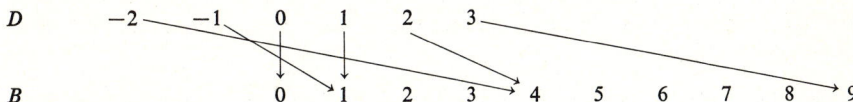

Es gibt Abbildungen mit speziellen Eigenschaften.

Definition Eine Abbildung heißt s u r j e k t i v, wenn jedes Element von B Bild eines Elementes von D ist. Man sagt dann, D wird a u f B abgebildet.

Weil mehrere Urbilder x das gleiche Bild y haben können, kann D mehr Elemente als B enthalten (mächtiger sein, s. S. 48), s. Bild **47.1** a.

Wenn zu verschiedenen Elementen von D stets v e r s c h i e d e n e Elemente von B gehören, heißt die Abbildung i n j e k t i v. Hier kann es Elemente von B geben, denen kein Urbild x zugeordnet ist (die Bildmenge kann mehr Elemente als die Definitionsmenge enthalten, mächtiger sein). Man sagt dann auch, daß D in B abgebildet wird (Bild **47.1** b). Eine Abbildung, die sowohl injektiv als auch surjektiv ist, heißt b i j e k t i v oder ein-eindeutig (umkehrbar eindeutig) (Bild **47.1** c).

Es gibt auch Abbildungen, die weder surjektiv noch injektiv sind, wie Beispiel 1 oder Bild **47.1** d zeigen.

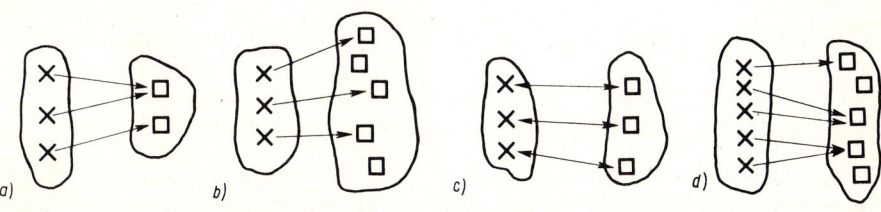

47.1

2.1 Abbildungen

Beispiel 2 Nimmt man eine Definitionsmenge wie in Beispiel 1 und die Bildmenge $B = \{0, 1, 4, 9\}$ und ordnet jedem Element $x \in D$ die Quadratzahl $y = x^2 \in B$ zu, so gibt es kein Element aus B, das nicht Bild eines Elementes aus D ist. Die Abbildung ist surjektiv.

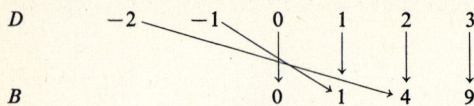

Die Abbildung $x \in D$, $y = x^2 \in B$ mit $D = \{1, 2\}$ und $B = \{1, 4, 9\}$ ist injektiv, weil jedes Bild nur ein Urbild hat und außerdem die Zahl 9 nicht Bild eines Elementes aus D ist.

```
D     1     2
      ↓     ↓
B     1     4     9
```

Die Abbildung $x \in D$, $y = x^2 \in B$ mit $D = \{0, 1, 2, 3\}$ und $B = \{0, 1, 4, 9\}$ schließlich ist bijektiv, denn von jedem Element einer der beiden Mengen zeigt ein Abbildungspfeil auf genau ein Element der anderen Menge.

```
D     0     1     2     3
      ↕     ↕     ↕     ↕
B     0     1     4     9
```

Die bijektiven Abbildungen sind in der Mathematik besonders wichtig, weil hier Umkehrabbildungen möglich sind.

Definition Bei einer Umkehrabbildung (Umkehrfunktion) werden die Mengen vertauscht, so daß $D' = B$ die Definitionsmenge und $B' = D$ die Bildmenge wird.

Beispiel 3 Man gebe die Umkehrabbildung zu $y = 1/(x + 1)$ mit $x \in D = \mathbb{R} \setminus \{-1\}$ und $y \in B = \mathbb{R} \setminus \{0\}$ an. Die Mengen D und B sind zu vertauschen. Die Zuordnungsvorschrift ist umzukehren. Man löst also die Gleichung $y = 1/(1 + x)$ nach x auf und erhält $x = (1 - y)/y$. Nennt man die Elemente der neuen Definitionsmenge $D' = \mathbb{R} \setminus \{0\}$ nun x^* und die Elemente der neuen Bildmenge $B' = \mathbb{R} \setminus \{-1\}$ nun y^*, so lautet die Umkehrabbildung

$$y^* = \frac{1 - x^*}{x^*} \quad \text{mit} \quad x^* \in D' \quad \text{oder} \quad y^* = f^{-1}(x^*) = \frac{1 - x^*}{x^*}$$

Mächtigkeit. Unendliche Mengen Die in Abschn. 1.2.3 genannten Zahlenmengen der natürlichen Zahlen, ganzen Zahlen, rationalen Zahlen und reellen Zahlen haben unendlich viele Elemente. Ebenso ist die Menge der Punkte einer Zahlengeraden und auch die Menge aller Punkte in einer Ebene unendlich groß.

Es erscheint zunächst plausibel, daß es mehr ganze Zahlen als gerade Zahlen geben müßte, denn die Menge der geraden Zahlen ist eine echte Teilmenge der Menge der ganzen Zahlen. Auch die Frage nach der Art der Unendlichkeit der Menge der Punkte einer Zahlengeraden im Vergleich zu der ebenfalls unendlichen Menge der Punkte einer Ebene ist sinnvoll.

Um unendliche Mengen miteinander vergleichen zu können, hat Cantor, der Begründer der Mengenlehre, den Begriff der Mächtigkeit eingeführt.

Definition Zwei Mengen M_1 und M_2 heißen gleich mächtig oder äquivalent, wenn eine umkehrbar eindeutige (bijektive) Abbildung zwischen ihnen möglich ist. Die Menge M_1 heißt mächtiger (oder von größerer Mächtigkeit) als die Menge M_2, wenn eine umkehrbar eindeutige Abbildung von M_2 auf eine Teilmenge von M_1, nicht aber auf M_1 selbst möglich ist.

Aus dieser Definition folgt zunächst, daß äquivalente endliche Mengen gleich viele Elemente haben.

Beispiel 4 Die Mengen $M_1 = \{a, b, c, d, e\}$ und $M_2 = \{A, B, C, D, E\}$, bei denen das Bild eines jeden Kleinbuchstaben der zugehörige Großbuchstabe ist, sind äquivalent.
Auch die Mengen $M_1 = \{a, b, c, d, e\}$ und $M_3 = \{A, B, Z, D, E\}$ sind äquivalent, wenn Z als Bild von c und die übrigen Großbuchstaben als Bilder der zugehörigen Kleinbuchstaben definiert werden.
Die Menge $M_1 = \{a, b, c, d, e\}$ ist mächtiger als die Menge $M_4 = \{A, B\}$.

Bei unendlichen Mengen kann der Fall eintreten, daß eine Menge einer ihrer Teilmengen äquivalent ist. Ordnet man nämlich jeder natürlichen Zahl ihren doppelten Wert als Bild zu, so hat man die unendliche Menge $M_1 = \{ n \mid n \in \mathbb{N} \}$ der natürlichen Zahlen auf die ebenfalls unendliche Menge $M_2 = \{ m \mid m = 2n \land n \in \mathbb{N} \}$ der geraden natürlichen Zahlen umkehrbar eindeutig abgebildet, denn zu jeder geraden natürlichen Zahl $2n$ gehört bei der inversen Abbildung genau eine natürliche Zahl n als Urbild.
Die Menge der natürlichen Zahlen und eine ihrer Teilmengen, die Menge aller positiven geraden Zahlen, sind daher gleich mächtig.

Eine Menge, die der Menge der natürlichen Zahlen äquivalent ist, nennt man **abzählbar**. Die Menge der rationalen Zahlen zwischen Null und Eins $\{ r \mid r = p/q \land p < q \land p \in \mathbb{N} \land q \in \mathbb{N} \land p \text{ und } q \text{ teilerfremd} \}$ ist der Menge der natürlichen Zahlen äquivalent, d.h. sie ist abzählbar. Man kann die rationalen Zahlen nach ihren Nennern und die Zahlen mit gleichen Nennern wieder nach ihren Zählern ordnen und folgende Abbildung finden:

1	2	3	4	5	6	7	8	9	10	11	12	13	14	15	···
$\frac{1}{2}$	$\frac{1}{3}$	$\frac{2}{3}$	$\frac{1}{4}$	$\frac{3}{4}$	$\frac{1}{5}$	$\frac{2}{5}$	$\frac{3}{5}$	$\frac{4}{5}$	$\frac{1}{6}$	$\frac{5}{6}$	$\frac{1}{7}$	$\frac{2}{7}$	$\frac{3}{7}$	$\frac{4}{7}$	···

Man kann zeigen, daß eine Abbildung zwischen den natürlichen Zahlen und den reellen Zahlen zwischen Null und Eins nicht möglich ist. Die Menge der reellen Zahlen zwischen Null und Eins ist mächtiger als die Menge der natürlichen Zahlen, sie ist nicht abzählbar.

2.1.1 Aufgaben zu Abschnitt 2.1

Welche der folgenden Relationen K zwischen den Mengen D und B sind Abbildungen? Gegebenenfalls prüfe man, ob diese surjektiv, injektiv oder bijektiv sind.

1. $D = B = \mathbb{R}$ $\quad K = \{(x, y) \mid (x, y) \in \mathbb{R}^2 \land y^2 = x\}$

2. $D = \{x \mid x \in \mathbb{R} \land x \geqq 0\}$ $\quad B = \mathbb{R}$ $\quad K = \{(x, y) \mid (x, y) \in D \times B \land y^2 = x\}$

3. $D = \{x \mid x \in \mathbb{R} \land x \geqq 0\}$ $\quad B = \{y \mid y \in \mathbb{R} \land y \geqq 0\}$
$K = \{(x, y) \mid (x, y) \in D \times B \land y^2 = x\}$

4. $D = B = \mathbb{R}$ $\quad K = \{(x, y) \mid (x, y) \in \mathbb{R}^2 \land y = x^2\}$

5. $D = \{x \mid x \in \mathbb{R} \land x \geqq 0\}$ $\quad B = \mathbb{R}$ $\quad K = \{(x, y) \mid (x, y) \in D \times B \land y = x^2\}$

Man untersuche, für welche Definitionsmengen und Bildmengen die folgenden Abbildungen bijektiv (ein-eindeutig) sind.

6. $y = 5x^5$
7. $y = \sqrt[5]{3x - 2}$
8. $y = \sqrt{9 - x^4}$
9. $y = x^6 - 1$
10. $y = 5^{2x}$
11. $y = \sqrt{3 - \dfrac{1}{x^3}}$

12. Welche Eigenschaft hat eine Abbildung einer Menge auf sich selbst?

2.2 Gleichungen. Ungleichungen

2.2.1 Gleichungen

Eine Gleichung entsteht durch Gleichsetzen zweier Ausdrücke, die im allgemeinen aus Zahlen, Buchstaben und Verknüpfungszeichen bestehen. Sie werden in der Mathematik und in der Technik in verschiedener Bedeutung benutzt.

Funktionsgleichung In Abschn. 2.1 wurde die Funktionsgleichung erklärt. Sie stellt eine Rechenvorschrift dar, mit der man zu jedem Element der Definitionsmenge das zugehörige Element der Bildmenge berechnen kann. Setzt man die Elemente x der Definitionsmenge (die unabhängige Variable) in die Funktionsgleichung ein, so ergeben sich die zugehörigen Werte y der Bildmenge (die Funktionswerte, die abhängige Variable).

Bestimmungsgleichung Wird in einer Funktionsgleichung zwischen zwei Variablen eine der Variablen (z. B. das Bildelement y) durch eine Konstante ersetzt, so entsteht aus der Funktionsgleichung eine Gleichung zur Bestimmung derjenigen Elemente x der Definitionsmenge, die diese Gleichung erfüllen, d.h., für die diese Gleichung eine richtige Aussage darstellt (Lösungsmenge X).
Aus der Funktionsgleichung $y = x^2$ entsteht durch Festlegen von $y = 4$ die Bestimmungsgleichung $4 = x^2$ für die Variable x, die für $x_1 = +2$ und $x_2 = -2$ richtige Aussagen, für alle anderen Zahlen aber falsche Aussagen ergibt. Die Lösungsmenge ist $X = \{-2, +2\}$.

Identitätsgleichung Gleichungen zwischen variablen Größen, die für jeden Wert der Variablen richtige Aussagen ergeben, heißen Identitätsgleichungen. Die Aussagen

$$a^2 + 2ab + b^2 = (a + b)^2$$

und $\quad a^2 - b^2 = (a + b)(a - b)$

sind für alle a und b erfüllt und damit Identitätsgleichungen.
Auch die Pythagorasgleichung

$$a^2 + b^2 = c^2$$

ist eine Identitätsgleichung. Die Richtigkeit einer Identität ist jeweils zu beweisen.

Definitionsgleichung Wird ein neues Formel- oder Funktionszeichen, das einen Term von Größen oder Zahlen beschreibt, erklärt, so geschieht dies durch eine Definitionsgleichung. Durch $\sin x = y/r$ wird z. B. der Sinus definiert, dies ist also eine Definitionsgleichung, während der spätere Gebrauch des Sinus durch $y = \sin x$ in einer Funktionsgleichung geschieht. Häufig definiert man auch Hilfsgrößen, um Rechnungen übersichtlicher durchführen zu können: Zum Lösen der quadratischen Gleichung

$$2\cos^2\beta - 0{,}5\cos\beta - 0{,}4 = 0$$

führt man z. B. u durch die Definitionsgleichung $u = \cos\beta$ ein.

2.2.2 Ordnungsrelation. Ungleichungen

Die reellen Zahlen sind auf der Zahlengeraden geordnet. Zwischen ihnen bestehen Ordnungsbeziehungen (Ordnungsrelationen). Man sagt, daß eine Zahl n größer als eine andere Zahl m ist, wenn n auf der Zahlengeraden rechts von m liegt, d. h., wenn man zu m eine positive Zahl addieren muß, damit sich n ergibt (**51.1**). Man schreibt

$$n > m \qquad (51.1)$$

(gesprochen: n größer als m) und nennt eine Relation der Form (51.1) eine Ungleichung. So ist z. B. nach Bild **51.2** $7 > 5$, $4 > 3$, $1 > -2$, dementsprechend gilt

$$\frac{1}{2} > \frac{1}{5} \quad \text{und} \quad -\frac{1}{5} > -\frac{1}{2}.$$

51.1
51.2

Ebenso schreibt man

$$m < n \qquad (51.2)$$

(gesprochen: m kleiner als n), wenn die Zahl m auf der Zahlengeraden links von n liegt. Man kann also die oben genannten Beziehungen auch in der Form

$$5 < 7 \qquad 3 < 4 \qquad -2 < 1 \qquad \frac{1}{5} < \frac{1}{2} \qquad -\frac{1}{2} < -\frac{1}{5}$$

schreiben.

Will man ausdrücken, daß eine Zahl n nicht links von m auf der Zahlengeraden liegt, aber zulassen, daß $n = m$ ist, so schreibt man

$$n \geqq m \qquad (51.3)$$

(gesprochen: n größer oder gleich m).
Soll m nicht größer als n sein, so schreibt man

$$m \leqq n \qquad (51.4)$$

(gesprochen: m ist kleiner oder gleich n).

2.2 Gleichungen. Ungleichungen

Sind die Zahlen n und m fest gewählt, so stellen die Ungleichungen (51.1) bis (51.4) Aussagen dar, die richtig oder falsch sein können. Die Aussage $7 > 3$ ist richtig. Dagegen ist $7 > 9$ falsch. Ist jedoch m oder n (dann häufig mit x bezeichnet) frei wählbar, so begrenzen die Ungleichungen (51.1) bis (51.4) den Bereich einer Veränderlichen.

Beispiel 1 Welche Menge natürlicher Zahlen erfüllt die Ungleichung $n < 3$?
Lösung: $M = \{1, 2\}$.

Beispiel 2 Welche natürlichen Zahlen erfüllen die Ungleichung $2 \leq n \leq 6$?
Diese Schreibweise enthält zwei Ungleichungen, einerseits $2 \leq n$, andererseits $n \leq 6$. Die Zahl 2 ist also das kleinste Element der Lösungsmenge. Die Zahl 6 beschränkt die Lösungsmenge nach oben, sie ist ihr größtes Element. Die Lösungsmenge ist also $M = \{2, 3, 4, 5, 6\}$.

2.2.3 Signum. Betrag

Elemente, die auf der Zahlengeraden rechts vom Koordinatennullpunkt liegen, die also der Relation $x > 0$ genügen, haben positives Vorzeichen, solche links des Koordinatennullpunktes mit $x < 0$ negatives Vorzeichen.

Gelegentlich ist es nützlich, nur die Vorzeichen einer Zahl x zu beachten. Man definiert deshalb folgende Vorzeichenfunktion (Signumfunktion, von lat. signum = Zeichen) **(52.1 a)**

$$\begin{matrix} \text{sgn } x \\ \text{sgn } x = \\ \text{sgn } x \end{matrix} \begin{cases} +1 \\ 0 \\ -1 \end{cases} \quad \text{wenn} \quad \begin{cases} x > 0 \\ x = 0 \\ x < 0 \end{cases}$$

Damit gilt

$$\text{sgn } (a \, b) = \text{sgn } a \cdot \text{sgn } b$$
$$\text{sgn } (a/b) = \text{sgn } a \cdot \text{sgn } b \qquad \text{für } b \neq 0$$

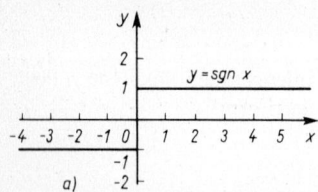
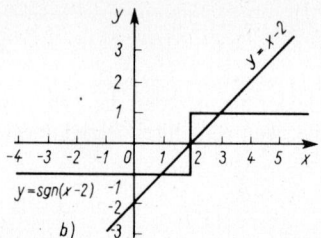

52.1

Beispiel 3 Es ist **(52.1 b)**

$$\text{sgn } (x - 2) = +1, \qquad \text{wenn } x - 2 > 0, \text{ also } x > 2$$
$$\text{sgn } (x - 2) = 0, \qquad \text{wenn } x - 2 = 0, \text{ also } x = 2$$
$$\text{sgn } (x - 2) = -1, \qquad \text{wenn } x - 2 < 0, \text{ also } x < 2$$
$$\text{sgn } x^2 = 0, \qquad \text{wenn } x = 0$$
$$\text{sgn } x^2 = +1 \qquad \text{für alle übrigen } x \in \mathbb{R}$$

$$\operatorname{sgn}(1+x^2) = +1 \qquad \text{für alle } x \in \mathbb{R}$$

$$\operatorname{sgn}\frac{x}{1+x^2} = \operatorname{sgn} x, \qquad \text{weil } \operatorname{sgn}(1+x^2) = +1$$

Betrag einer Zahl Bei der Angabe des Abstandes des Bildpunktes einer Zahl der Zahlengeraden vom Nullpunkt ist es gleichgültig, ob das Bild rechts oder links vom Nullpunkt liegt. In diesem Falle führt man einen neuen Begriff, den Betrag einer Zahl ein.

Definition Ein offenes Intervall auf der Zahlengeraden ist die Menge der Punkte x, die auf der Zahlengeraden zwischen zwei vorgegebenen Punkten a und b liegen.

Beispiel 4 $|2| = 2$. Hier ist $a = 2 > 0$. $|-3| = 3$, weil $a = -3$ negativ, also $-a = +3$ positiv und somit nach Definition der Betrag von -3 ist.

Beispiel 5 Die Beziehung $|x+1| = 5$ ist für $x = +4$ erfüllt, weil $|4+1| = |5| = 5$ ist, aber auch für $x = -6$, denn es gilt $|-6+1| = |-5| = 5$. Ebenso gilt die Gleichung $|4x+3| = 7$ sowohl für $4x + 3 = +7$, also $x = 1$, als auch für $-(4x+3) = +7$, d.h. für $4x = -10$, $x = -2,5$, weil $|4 \cdot (-2,5) + 3| = |-10 + 3| = |-7| = 7$ ist.

Mit Hilfe der Ordnungsrelationen kann man einzelne Punktmengen, die in der Analysis eine Rolle spielen, definieren.

Definition Unter der ε-Umgebung $U(x_0)$ eines Punktes $x_0 \in \mathbb{R}$ auf der Zahlengeraden versteht man die Menge aller Punkte x, die von x_0 einen Abstand haben, der kleiner als eine fest vorgegebene Zahl $\varepsilon > 0$ ist **(53.1)**.

$$U(x_0) = \{x \mid |x - x_0| < \varepsilon\} \qquad (53.1)$$

53.1

Definition Ein offenes Intervall auf der Zahlengeraden ist die Menge der Punkte x, die auf der Zahlengeraden zwischen zwei vorgegebenen Punkten a und b liegen.

$$I = (a, b) = \{x \mid a < x < b\} \qquad (53.2)$$

Ein abgeschlossenes Intervall enthält außer den Punkten zwischen a und b auch die Randpunkte a und b.

$$I = [a, b] = \{x \mid a \leqq x \leqq b\} \qquad (53.3)$$

Ein halboffenes Intervall enthält außer den zwischen a und b gelegenen Punkten einen Randpunkt a oder b.

$$I = (a, b] = \{x \mid a < x \leqq b\} \qquad I = [a, b) = \{x \mid a \leqq x < b\} \qquad (53.4)$$

2.2.4 Rechnen mit Ungleichungen

Gleichungen zwischen zwei Zahlen bleiben richtig, wenn man beide Seiten mit einem von Null verschiedenen positiven oder negativen Faktor multipliziert oder durch ihn dividiert.

2.2 Gleichungen. Ungleichungen

Auch kann man in einer Gleichung auf jeder Seite den Kehrwert bilden, ohne daß sich die Gleichheitsbeziehung ändert, wenn keine Seite gleich Null ist. Bei Ungleichungen treffen diese Gesetze nicht in jedem Falle zu, weil es sich bei Ungleichungen um Ordnungsrelationen handelt, die bei einigen arithmetischen Operationen ihre Richtung umkehren. Es muß deshalb für diese Operationen geprüft werden, ob die Ordnungsbeziehung (Ungleichung) erhalten bleibt.

Die Addition einer positiven oder negativen Zahl auf beiden Seiten einer Ungleichung ändert die Ordnungsrelation nicht. Wenn

$$a > b$$

richtig ist, dann gilt auch

$$a + x > b + x \qquad \text{für jedes } x \in \mathbb{R}.$$

Liegt nämlich a rechts von b auf der Zahlengeraden, so wird diese Beziehung durch die Verschiebung bei der Zahlen a und b um den Wert $|x|$ nach rechts oder links nicht geändert (**54.1**). Man kann sich die Ungleichung durch eine Waage mit verschieden stark belasteten Waagschalen veranschaulichen. Durch Hinzufügen oder Wegnehmen gleicher Gewichte auf beiden Seiten der Waage ändert sich die Tatsache nicht, daß die stärker belastete Schale stärker belastet bleibt.

54.1

54.2

Beispiel 6

$5 > 2$	$-3 < 2$	$2 < 7$
$5 + 4 > 2 + 4$	$-3 + 4 < 2 + 4$	$2 - 6 < 7 - 6$
$9 > 6$	$1 < 6$	$-4 < 1$

Das Multiplizieren mit positivem Faktor n ändert die Ordnung $a > b$ nicht.

Bei positiven a und b verschiebt nämlich die Multiplikation mit positiven n die größere Zahl a mehr nach rechts (bei $n > 1$) oder weniger nach links (bei $n < 1$) als die kleinere Zahl b (**54.2**a). Sind a und b beide negativ, so wird a weniger als b nach links ($n > 1$) oder mehr als b nach rechts ($n < 1$) verschoben (**54.2**b). Ist a positiv und b negativ, so bleibt die Ordnungsrelation deshalb erhalten, weil bei Multiplizieren mit positivem Faktor n die Zahl na positiv und die Zahl nb negativ ist. In jedem Falle gilt

$$na > nb \qquad \text{wenn } a > b \land n > 0 \tag{54.1}$$

Beispiel 7

$6 > 3$	$5 > -6$	$-7 < -2$
$4 \cdot 6 > 4 \cdot 3$	$2 \cdot 5 > 2 \cdot (-6)$	$0{,}8 \cdot (-7) < 0{,}8 \cdot (-2)$
$24 > 12$	$10 > -12$	$-5{,}6 < -1{,}6$

Bei der Multiplikation einer Ungleichung mit einem negativem Faktor werden die Relationen $>$ und $<$ ausgetauscht.

$$a > b \quad \Rightarrow \quad -a < -b$$
$$b < a \quad \Rightarrow \quad -b > -a$$

2.2.4 Rechnen mit Ungleichungen

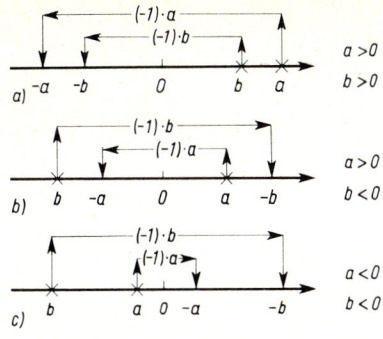

55.1

weil eine positive Zahl durch Multiplizieren mit -1 zu einer negativen wird und somit von der rechten Seite der Zahlengeraden auf die linke Seite zu bringen ist und umgekehrt. Für die verschiedenen Vorzeichenkombinationen von a und b kann man die Umkehrung der Ordnungsrelation aus Bild **55**.1 ablesen. Im Zusammenhang mit Gl. (54.1) folgt daraus

$$n\,a < n\,b \qquad \text{wenn } a > b \wedge n < 0 \qquad (55.1)$$

Beispiel 8

$7 > 3$	$-8 < -2$	$-6 < +5$
$(-1)\cdot 7 < (-1)\cdot 3$	$(-3)\cdot(-8) > (-3)\cdot(-2)$	$(-0,3)\cdot(-6) > (-0,3)\cdot 5$
$-7 < -3$	$+24 > +6$	$+1,8 > -1,5$

Bildet man auf jeder Seite einer Ungleichung den Kehrwert der dort stehenden Zahl, so kehrt sich die Relation um, wenn beide Seiten das gleiche Vorzeichen haben; sie bleibt erhalten, wenn beide Seiten verschiedene Vorzeichen haben ($a \neq 0 \wedge b \neq 0$).

Beweis. 1. a und b haben gleiche Vorzeichen und es sei $a > b$. Man multipliziert diese Ungleichung mit der positiven Zahl $1/ab$, die ja nach Gl. (54.1) das Vorzeichen der Ungleichung nicht ändert und erhält

$$\frac{1}{ab}\cdot a > \frac{1}{ab}\cdot b \qquad \frac{1}{b} > \frac{1}{a}$$

also $\qquad \dfrac{1}{a} < \dfrac{1}{b} \qquad$ wenn $a > b \wedge \operatorname{sgn} a = \operatorname{sgn} b \qquad (55.2)$

2. a habe positives und b negatives Vorzeichen. Dann ist $1/ab$ negativ und bei Multiplikation der Ungleichung $a > b$ mit diesem Faktor kehrt sich nach Gl. (55.1) die Relation um. Es ist also

$$a > b \qquad \frac{1}{ab}\cdot a < \frac{1}{ab}\cdot b \qquad \frac{1}{b} < \frac{1}{a}$$

also $\qquad \dfrac{1}{a} > \dfrac{1}{b} \qquad$ wenn $a > b \wedge \operatorname{sgn} a \neq \operatorname{sgn} b \qquad (55.3)$

Beispiel 9

$4 > 2$	$-5 < -3$	$7 > -8$
$\tfrac{1}{4} < \tfrac{1}{2}$	$-\tfrac{1}{5} > -\tfrac{1}{3}$	$\tfrac{1}{7} > -\tfrac{1}{8}$

Beispiel 10 Welche natürlichen Zahlen n erfüllen die Ungleichung $2n - 3 < 2$?
Man addiert auf jeder Seite die Zahl $+3$ und erhält $2n < 5$.
Division durch 2 ergibt $n < 2,5$. Die Lösung lautet $n_1 = 1$; $n_2 = 2$.

Beispiel 11 Welche reellen Zahlen x bilden die Lösungsmenge der Ungleichung

$$\frac{1}{2x+1} \geqq 4$$

2.2 Gleichungen. Ungleichungen

Lösungsbereich

56.1

Da die linke Seite größer als die positive Zahl 4 sein soll, muß auch sie positiv sein. Deshalb ergibt sich nach Gl. (55.2) beim Bilden des Kehrwertes eine Umkehrung der Ordnungsrelation

$$2x + 1 \leq \tfrac{1}{4} \qquad 2x \leq -\tfrac{3}{4} \qquad x \leq -\tfrac{3}{8}$$

Außerdem muß $2x + 1 > 0$, also $x > -\tfrac{1}{2}$ sein. Die Lösung lautet (**56.1**) $-\tfrac{1}{2} < x \leq -\tfrac{3}{8}$, die Lösungsmenge ist also $(-\tfrac{1}{2}, -\tfrac{3}{8}]$.

Beispiel 12 Man gebe die Menge aller reellen Zahlen x an, die die Ungleichung

$$\frac{1}{x+4} \geq \frac{1}{3x+2}$$

erfüllen.

Die Ungleichung ist nur sinnvoll, wenn $x \notin \{-\tfrac{2}{3}, -4\}$ ist.

Es wird zunächst vorausgesetzt, daß beide Seiten der Ungleichung das gleiche Vorzeichen haben. Dann ist

$$x + 4 \leq 3x + 2 \qquad 2 \leq 2x \qquad 1 \leq x$$

Weil für $x \geq 1$ die Brüche nicht negativ werden können, haben beide Seiten das positive Vorzeichen, und eine Teillösung lautet: für $x \geq 1$ ist die Ungleichung erfüllt. Nun muß noch der Fall untersucht werden, daß die Vorzeichen verschieden sind. Dann muß die linke Seite positiv und die rechte Seite negativ sein: $1/(x+4) > 0$, $x > -4$ und $1/(3x+2) < 0$, $x < -2/3$. Dann bleibt beim Bilden des Kehrwertes die Ordnungsbeziehung erhalten, und man erhält als Bedingung für x

$$x + 4 \geq 3x + 2$$
$$2 \geq 2x$$
$$1 \geq x$$

56.2

Die beiden Bedingungen $x > -4$ und $x < -2/3$ für die Verschiedenheit der Vorzeichen sind in der Bedingung $x \leq 1$ enthalten. Sie bilden also die schärfere Einschränkung. Die zweite Teillösung lautet also $-4 < x < -2/3$ und die Gesamtlösung (**56.2**)

$$\{x \mid -4 < x < -\tfrac{2}{3} \lor x \geq 1\} = (-4, -\tfrac{2}{3}) \cup [1, +\infty)$$

Beispiel 13 Welche reellen Zahlen x erfüllen die Ungleichung $|x - 2| \leq 3$?

Die obere Grenze ergibt sich, wenn $x - 2 = 3$, also $x = 5$ ist, die untere, wenn $x - 2 = -3$, also $x = -1$ ist. Damit lautet die Lösung $-1 \leq x \leq +5$ oder $x \in [-1, 5]$.

Beispiel 14 Welche Zahlen erfüllen die Ungleichung $x^2 - 1 \geq 3$?

Aus der gegebenen Ungleichung folgt durch Addieren von 1 die neue Ungleichung $x^2 \geq 4$, die durch alle Werte x zu erfüllen ist, deren Betrag größer als $\sqrt{4} = 2$ ist.

$$|x| \geq 2 \Rightarrow x \in (-\infty, -2] \cup [+2, +\infty)$$

Beispiel 15 Man gebe die Menge aller Punkte $(x; y)$ an, die die vier Ungleichungen

$$x \geq 0 \qquad\qquad y \geq 0$$
$$x + y \leq 8 \qquad 5x + 2y \leq 25$$

erfüllt.

2.2.4 Rechnen mit Ungleichungen

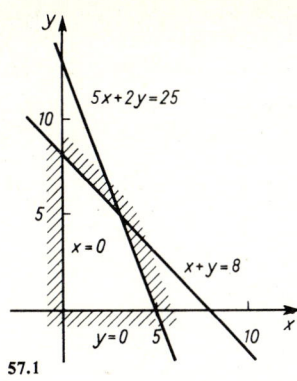

57.1

Die Lösungsmenge ist durch die vier Gleichungen

$$x = 0 \quad (y\text{-Achse}) \qquad y = 0 \quad (x\text{-Achse})$$
$$y = -x + 8 \qquad y = -2{,}5\,x + 12{,}5$$

begrenzt (57.1). Alle Lösungen liegen also im Innern oder auf dem Rand des durch Schraffur begrenzten Vierecks.

Mittelwerte. Das geometrische Mittel zweier verschiedener positiver reeller Zahlen ist stets kleiner als ihr arithmetisches Mittel

$$\sqrt{ab} < \frac{a+b}{2} \tag{57.1}$$

Beweis. Es ist für $a \neq b$ stets

$$(a-b)^2 = a^2 - 2ab + b^2 > 0$$

und nach Addition von $4ab$ auf beiden Seiten der Ungleichung

$$a^2 + 2ab + b^2 = (a+b)^2 > 4ab$$

Nach Dividieren durch 4 und Wurzelziehen ergibt sich die Behauptung. □

Dreiecksungleichung. Der Betrag der Summe zweier reeller Zahlen ist nicht größer als die Summe der Beträge dieser Zahlen.

$$|a+b| \leq |a| + |b| \tag{57.2}$$

Beweis: Falls $a > 0$ und $b > 0$ ist, gilt $|a| = a$ und $|b| = b$ und $|a+b| = a+b$ sowie $|a| + |b| = a + b$ also die Behauptung.
Falls $a < 0$ und $b < 0$ ist, gilt $|a+b| = -(a+b)$ und $|a| = -a$ und $|b| = -b$ also $|a+b| = -(a+b) = -a - b = |a| + |b|$.
Falls $a > 0$ und $b < 0$ ist[1]), gilt $|a| = a$ und $|b| = -b$. Nun muß man noch einmal unterscheiden:

1. $a + b > 0$. Dann ist $|a+b| = a+b$ und also $|a+b| = a+b < a - b = |a| + |b|$, denn bei negativem b gilt ja $-b > +b$.

2. $a + b < 0$. Dann ist $-(a+b) > 0$ und $|a+b| = -(a+b)$. Ferner ist $|a| = a$ und $|b| = -b$, also $|a+b| = -(a+b) = -a - b < a - b = |a| + |b|$, weil $a > -a$ bei positivem a.

Falls $a = 0$ oder $b = 0$ ist, gilt das Gleichheitszeichen.

Damit ist Gl. (57.2) durch sog. Fallunterscheidung allgemein bewiesen. □

Der Name Dreiecksungleichung ist wegen des entsprechenden geometrischen Satzes gewählt worden, der besagt, daß in einem Dreieck eine Seite nicht länger als die Summe der beiden anderen ist.

---

[1]) Der Beweis für $a < 0$ und $b > 0$ verläuft analog.

Erweiterung Für drei Summanden gilt
$$|a + b + c| \leq |a| + |b| + |c| \tag{58.1}$$
weil nach Gl. (57.2) die Ungleichung
$$|a + b + c| \leq |a + b| + |c| \leq |a| + |b| + |c|$$
besteht. Gl. (58.1) läßt sich in gleicher Weise auch auf mehr als drei Summanden erweitern.

2.2.5 Aufgaben zu Abschnitt 2.2

1. Man bestimme für $x \in \mathbb{R}$

a) sgn $[x(x + 1)]$ b) sgn $[x^2 - 3x + 2]$ c) sgn $\dfrac{x - 1}{x + 3}$

2. Wie lautet die Menge der natürlichen Zahlen n mit der Eigenschaft $1 < n \leq 2$?

3. Man gebe den Bereich der reellen Zahlen r an, die die Ungleichung $|3r - 1| \leq 2$ erfüllen.

4. Welche reellen Zahlen x erfüllen die Ungleichung $|1/(x + 2)| < 10$?

5. Welche reellen Zahlen x erfüllen die Ungleichung $1/(2x + 3) > 2$?

6. Man gebe die Menge aller $n \in \mathbb{N}$ an, die die Ungleichung
$$\frac{1}{4n + 5} \leq \frac{1}{3n + 7}$$
erfüllen.

7. Man gebe die Lösungsmenge der drei Ungleichungen
$$x \geq 0 \qquad x + y \leq 3 \qquad y \geq 2x - 1$$
als Gebiet in einem Diagramm an.

8. Welche Punkte der (x, y)-Ebene erfüllen die vier linearen Ungleichungen
$$x \geq 0 \qquad y \geq 0$$
$$x + 5y \leq 20 \qquad 2x - y \leq 4$$
Man gebe die Lösungsmenge als Gebiet in einem Diagramm an.

2.3 Folgen. Stetigkeit

2.3.1 Zahlenfolgen

Eine wichtige Abbildung ist die Abbildung der natürlichen Zahlen in eine Bildmenge B
$$f: \mathbb{N} \to B$$
Hierbei ist häufig $B \subset \mathbb{R}$. Jedem $i \in \mathbb{N}$ wird ein Element $a \in B$ zugeordnet. Diese Abbildung kennzeichnet man, indem man das Element der Definitionsmenge i als Index

dem Bild anfügt: a_i. Da $\mathbb{N}$ abzählbar ist, ist auch das Bild $\{a_i\}$ abzählbar. Man schreibt daher auch

$$a_1, a_2, a_3, \ldots a_i, \ldots,$$

oder kurz (a_i) und nennt diese Menge eine unendliche Folge. Die einzelnen Bilder a_i heißen Glieder der Zahlenfolge. Gibt man für ein beliebiges $i \in \mathbb{N}$ das Bild a_i an, so heißt a_i auch Bildungsgesetz der Zahlenfolge.

Gelegentlich wird der Begriff der Zahlenfolgen auf die Abbildung $f: \mathbb{Z} \to B$ oder $f: D \to B$ mit $D \subset \mathbb{Z}$ erweitert. Ist $B \subset \mathbb{C}$, so spricht man von einer komplexen Zahlenfolge. Stochastische Zahlenfolgen, die aus statistischen Experimenten oder Überlegungen entstehen, werden im folgenden nicht behandelt.

Beispiel 1 a) Die Zahlenfolge $1, 2, 3, 4, 5, \ldots$ hat das Bildungsgesetz $a_i = i$.

b) Die Zahlenfolge $1, -1/2, 1/3, -1/4, 1/5, -1/6, \ldots$ hat das Bildungsgesetz $a_i = (-1)^{i+1} (1/i)$.

c) Die Zahlenfolge $1/2, 2/3, 3/4, 4/5, 5/6, \ldots$ hat das Bildungsgesetz $a_i = \dfrac{i}{i+1}$.

d) Die Zahlenfolge $2, 4, 8, 16, 32, \ldots$ hat das Bildungsgesetz $a_i = 2^i$.

e) Die Zahlenfolge $\sqrt{10}, \sqrt[3]{10}, \sqrt[4]{10}, \sqrt[5]{10}, \ldots$ genügt dem Bildungsgesetz $a_i = \sqrt[i+1]{10}$.

f) Die Zahlenfolge $1/2, 2/3, 1/4, 4/5, 1/6, 6/7, \ldots$ genügt für gerade Indizes $i = 2m$, $m \in \mathbb{N}$, d.h. $i = 2, 4, 6, \ldots$ dem Bildungsgesetz

$$a_i = a_{2m} = \frac{2m}{2m+1} = \frac{i}{i+1}$$

für ungerade Indizes $i = 2m - 1$, $m \in \mathbb{N}$, d.h. $i = 1, 3, 5, \ldots$ dem Bildungsgesetz

$$a_i = a_{2m-1} = \frac{1}{2m} = \frac{1}{i+1}$$

Diese beiden Folgen heißen Teilfolgen.

g) Die Zahlenfolge $1, 1/2, 2, 1/3, 3, 1/4, \ldots$ genügt für gerade Indizes $i = 2m$, $m \in \mathbb{N}$, d.h. $i = 2, 4, 6, \ldots$ dem Bildungsgesetz

$$a_i = a_{2m} = \frac{1}{m+1} = \frac{1}{(i/2)+1}$$

und für ungerade Indizes $i = 2m - 1$, $m \in \mathbb{N}$, d.h. $i = 1, 3, 5, \ldots$ dem Bildungsgesetz

$$a_i = a_{2m-1} = m = \frac{i+1}{2}$$

Die Glieder einer Zahlenfolge mit $a_i \in \mathbb{R}$ sind als Punkte auf der Zahlengeraden darstellbar.

Definition Eine Zahlenfolge heißt beschränkt, wenn alle Glieder der Folge zwischen zwei festen Zahlen A und B liegen.

$$a_i \in [A, B] \subset \mathbb{R} \land i \in \mathbb{N} \tag{59.1}$$

Bei den Zahlen A und B braucht es sich nicht um die engsten Schranken zu handeln. Es genügt, wenn es irgend zwei Schranken gibt, die der Bedingung (59.1) für alle i genügen.

Von den in Beispiel 1 genannten Folgen sind die zweite (b), die dritte (c), die fünfte (e) und die sechste (f) beschränkt. Mögliche Schranken für die Folgen sind

b) $\quad A = -1/2 \quad\quad B = 1$
c) $\quad A = 1/2 \quad\quad B = 1$
e) $\quad A = 1 \quad\quad B = \sqrt{10}$
f) $\quad A = 0 \quad\quad B = 1$

Definition Eine Zahlenfolge heißt **monoton steigend**, wenn jedes Glied der Folge größer als das vorangegangene oder ihm mindestens gleich ist

$$a_{i+1} \geqq a_i \quad\quad \text{für alle } i \in \mathbb{N} \tag{60.1}$$

Die Folgen a), c) und d) in Beispiel 1 sind monoton steigend.
Bei der Folge c) aus Beispiel 1 soll die Monotonie nach Gl. (60.1) bewiesen werden.

Beweis. Es ist

$$a_i = \frac{i}{i+1} \quad\quad \text{und} \quad\quad a_{i+1} = \frac{i+1}{i+2}$$

Aus $i^2 + 2i + 1 > i^2 + 2i$ folgt $(i+1)^2 > i(i+2)$ oder

$$a_{i+1} = \frac{i+1}{i+2} > \frac{i}{i+1} = a_i \quad\quad \square$$

Definition Eine Zahlenfolge heißt **monoton fallend**, wenn jedes Glied der Folge kleiner als das vorangegangene oder ihm höchstens gleich ist

$$a_{i+1} \leqq a_i \quad\quad \text{für alle } i \in \mathbb{N} \tag{60.2}$$

Die Folge e) in Beispiel 1 ist monoton fallend. Dies erfordert nach Gl. (60.2)

$$\sqrt[i+2]{10} \leqq \sqrt[i+1]{10}$$

Ist $a > b > 0$, so gilt für $n \in \mathbb{N}$ auch $a^n > b^n > 0$.
Erhebt man also beide Seiten in die $(i+1) \cdot (i+2)$-te Potenz, so gilt

$$10^{i+1} \leqq 10^{i+2} \quad\quad 1 < 10$$

Damit ist die fallende Monotonie dieser Folge bewiesen.

Definition Zahlenfolgen mit wechselnden Vorzeichen benachbarter Glieder heißen **alternierende Folgen**.
Es gilt also

$$\operatorname{sgn} a_i = - \operatorname{sgn} a_{i+1} \quad\quad \text{für alle } i \in \mathbb{N}$$

Die Folge b) in Beispiel 1 ist eine alternierende Folge, nicht jedoch die Folge

$$1, +1/2, -1/3, -1/4, 1/5, 1/6, -1/7, -1/8, \ldots$$

da in dieser Folge benachbarte Glieder zum Teil gleiche Vorzeichen haben.

Intervallschachtelung Eine beschränkte Zahlenfolge sei durch die Schranken A und B eingeschlossen. Zwischen A und B liegen dann alle unendlich vielen Glieder der Folge. Einen solchen Bereich nennt man ein Intervall (s. Abschn. 2.2.3). Dieses Intervall wird nun halbiert (**61.1**). Es folgt zwingend, daß in mindestens einem dieser beiden Teilintervalle unendlich viele Elemente der Folge liegen, denn sonst läge keine unendliche Zahlenfolge vor. Im linken Teilintervall mögen unendlich viele Elemente der Folge liegen. Dann wird dieses Intervall wiederum halbiert. Auch in mindestens einem dieser Intervalle liegen unendlich viele Elemente der Folge. So kann man weiter fortfahren. Nach m-maligem Halbieren erhält man ein Intervall der Länge $(B - A)/2^m$, wobei m beliebig groß sein kann. Dieses Teilintervall kann man so klein machen, wie man es nur will. Immer liegen in diesem noch so kleinen Teilintervall unendlich viele Glieder der Folge.

$A\ a_1\,a_7\ \ a_3\ \ a_4\ \ \ b\ \ a_2\ \ \ \ \ \ a_5\,a_6\ B$ $b-\varepsilon\ \ \ b\ \ \ b+\varepsilon$
61.1   **61.2**

Damit gibt es einen Punkt $b \in \mathbb{R}$, so daß in jeder Umgebung $U(b) = \{x|\ |x - b| < \varepsilon\}$ von b, also für jedes vorgegebene noch so kleine $\varepsilon > 0$, unendlich viele Glieder der Folge liegen (**61.1, 61.2**). Es sei $I = [A, B]$, $I_1, I_2, \ldots$ die Folge der betrachteten Intervalle. Jedes Intervall ist eine echte Teilmenge des vorigen. Der Punkt b ist gemeinsamer Punkt aller Intervalle I_m.

Definition Ein Häufungspunkt b einer Zahlenfolge ist ein Punkt, bei dem in jeder Umgebung $U(b)$ unendlich viele Elemente der Folge liegen.

Auf Grund dieser Definition und der geschilderten Intervallschachtelung folgt (direkter, oft auch konstruktiver Beweis genannt):

Eine beschränkte Zahlenfolge hat mindestens einen Häufungspunkt.

Die Zahlenfolge g) in Beispiel 1, S. 59, zeigt, daß auch eine unbeschränkte Zahlenfolge einen Häufungspunkt (hier $b = 0$) besitzen kann.

Konvergenz. Grenzwert

Definition Hat eine beschränkte Zahlenfolge nur einen Häufungspunkt, so heißt dieser Häufungspunkt der Grenzwert der Zahlenfolge. Eine solche Zahlenfolge heißt konvergent. Jede andere Zahlenfolge heißt divergent.

Aus dieser Definition folgt: Divergente Zahlenfolgen haben mehrere Häufungspunkte oder sie sind unbeschränkt. Beispiele für mehrere Häufungspunkte findet man in Beispiel 1f, S. 59, und Beispiel 3, S. 66.

Ist eine Zahlenfolge (a_i) konvergent und besitzt sie den Grenzwert a, so schreibt man

$$\lim_{i \to \infty} a_i = a$$

(gesprochen: Limes i gegen unendlich a_i gleich a oder: für i gegen unendlich strebt die Folge (a_i) gegen a); oft schreibt man auch kurz

$$a_i \to a$$

Ist eine Folge ohne Häufungspunkt nur nach oben unbegrenzt, schreibt man kurz

$$\lim_{i \to \infty} a_i = \infty$$

Satz. Eine Zahlenfolge (a_i) konvergiert genau dann gegen a, wenn jede Umgebung $U(a)$ nur endlich viele Glieder der Folge nicht enthält.

Im folgenden werden die Begriffe notwendig und hinreichend benutzt. Bild **62.1** gibt zunächst ein Beispiel: Wenn $C \subset B \subset A$ (**62.1**), so ist $x \in A$ eine notwendige und $x \in C$ eine hinreichende Bedingung dafür, daß $x \in B$. Bei vielen Problemen ist es nicht möglich, Bedingungen anzugeben, die sowohl notwendig als auch hinreichend sind.

Ein Kriterium, ob Konvergenz herrscht, gibt der

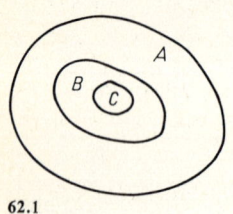

62.1

Satz von Cauchy. Eine Zahlenfolge (a_i) konvergiert genau dann, wenn es zu jedem $\varepsilon > 0$ ein $i_0 \in \mathbb{N}$ gibt, so daß

$$|a_i - a_{i0}| < \varepsilon \tag{62.1}$$

für alle $i > i_0$ gilt.

Beweis. Zunächst wird gezeigt, daß aus Gl. (62.1) Konvergenz folgt. Dazu wird bewiesen, daß außerhalb $[a_{i0} - \varepsilon, a_{i0} + \varepsilon]$ nur endlich viele Glieder der Folge liegen. Dann ist die Folge beschränkt. Die Annahme der Existenz mehr als eines Häufungspunktes führt auf einen Widerspruch (indirekter Beweis). Es gäbe zwei Häufungspunkte a und b. Die Zahl ε wird als $(b-a)/3$ gewählt. Falls in $[a_{i0} - \varepsilon, a_{i0} + \varepsilon]$ der Häufungspunkt a liegt, so kann b nicht darin liegen, denn die Intervallänge ist $2(b-a)/3$. Weil außerhalb dieses Intervalls nur endlich viele Glieder liegen, kann b kein Häufungspunkt sein.

Im zweiten Teil des Beweises wird die Konvergenz mit dem Grenzwert a vorausgesetzt und daraus Gl. (62.1) hergeleitet. Hieraus folgt, daß Gl. (62.1) eine notwendige Bedingung ist. Da (a_i) konvergiert, gilt für alle $i > i_1$ dann

$$|a_i - a| < \varepsilon' = \frac{\varepsilon}{3}$$

da ε beliebig gewählt werden darf. Nach der Dreiecksungleichung (57.2) gilt

$$|a_i - a_{i1}| \leq |a_i - a| + |a - a_{i1}| \leq \frac{2}{3}\varepsilon < \varepsilon$$

Damit ist Gl. (62.1) für alle $i > i_1 \in \mathbb{N}$ bewiesen, denn über die Größe des i_0 wird nichts vorausgesetzt, es muß nur eine solche Zahl existieren. □

Definition Eine konvergente Zahlenfolge, deren Grenzwert Null ist, heißt **Nullfolge**.

Die Zahlenfolge $1, \frac{1}{2}, \frac{1}{3}, \ldots, \frac{1}{i}, \ldots = \left(\frac{1}{i}\right)$ ist eine Nullfolge, denn bei hinreichend großem i unterscheidet sich $1/i$ beliebig wenig von Null

$$\lim_{i \to \infty} \frac{1}{i} = 0 \tag{62.2}$$

Dementsprechend ist auch die Folge b) aus Beispiel 1 eine Nullfolge.

Notwendig und hinreichend für die Konvergenz der Folge (a_i) gegen den Grenzwert a ist, daß die Zahlenfolge ($a - a_i$) eine Nullfolge ist.

Beweis. Einmal ist also zu zeigen: Aus

$$\lim_{i \to \infty} a_i = a \qquad \text{folgt} \qquad \lim_{i \to \infty} (a - a_i) = 0$$

Sodann muß gezeigt werden: Aus

$$\lim_{i \to \infty} (a - a_i) = 0 \qquad \text{folgt} \qquad \lim_{i \to \infty} a_i = a$$

Bei der Folge (a_i) liegen alle Glieder bis auf endlich viele in einer beliebig kleinen Umgebung von a. Für alle diese unendlich vielen Elemente der Folge ist daher die Differenz $a - a_i$ beliebig klein, d.h. aber, daß die Folge ($a - a_i$) Nullfolge ist. Ist andererseits ($a - a_i$) eine Nullfolge, so sind für hinreichend große Indizes i die Glieder dieser Folge $b_i = a - a_i$ beliebig klein. Daher liegen die Zahlen a_i beliebig nahe bei a, was genau die Konvergenz der Folge (a_i) gegen den Grenzwert a besagt. □

Das Bestimmen des Grenzwertes einer Zahlenfolge wird in den meisten Fällen auf den Beweis zurückgeführt, daß Nullfolgen auftreten. Für die Zahlenfolge c) aus Beispiel 1, S. 59 mit dem allgemeinen Glied $a_i = i/(i+1)$ gilt

$$a_i = \frac{i}{i+1} = \frac{i+1-1}{i+1} = 1 - \frac{1}{i+1}$$

Der zweite Summand ist nach Gl. (62.2) ein Glied einer Nullfolge. Daher gilt für den Grenzwert dieser Folge

$$\lim_{i \to \infty} \frac{i}{i+1} = 1$$

Wie vorstehend gezeigt wurde, sind die Folgen c) und e) aus Beispiel 1, S. 59, beschränkt und monoton. Nun gilt:

Eine beschränkte monotone Zahlenfolge ist konvergent.

Beweis. Der Satz wird hier nur für den Fall bewiesen, daß die Folge monoton steigend ist. Es ist zu zeigen, daß diese beschränkte Folge nicht zwei Häufungspunkte besitzen kann. Es seien zwei Häufungspunkte a und $b > a$ vorhanden. Da b ein Häufungspunkt ist, liegen in der Umgebung von b unendlich viele Glieder der Folge. Die Umgebung kann so klein gewählt werden, daß sie nicht bis zur Mitte des Intervalls $[a, b]$ reicht. Es sei a_n das Glied mit dem kleinsten Index, das in der genannten Umgebung des Häufungspunktes b liegt. Da die Folge monoton wächst, können links von a_n höchstens ($n - 1$) Glieder der Folge liegen. Dies ist eine endliche Anzahl, daher kann a kein Häufungspunkt der Folge sein. Die Annahme zweier Häufungspunkte ist also falsch. □

Aus diesem Satz folgt, daß der Grenzwert einer beschränkten monotonen Zahlenfolge rechts (bzw. links) aller Glieder der Folge liegt.

Die Folge e) in Beispiel 1, S. 59, ist beschränkt und monoton fallend. Da jede Wurzel aus einer Zahl größer als Eins ebenfalls größer als Eins ist, schreibt man zweckmäßig

$$a_i = \sqrt[i+1]{10} = 1 + b_i \qquad (63.1)$$

2.3 Folgen. Stetigkeit

Jetzt wird gezeigt, daß die b_i eine Nullfolge bilden. Aus Gl. (63.1) und der Bernoullischen Ungleichung (F 3) folgt

$$10 = (1 + b_i)^{i+1} > 1 + (i+1)\,b_i$$
$$9 > (i+1)\,b_i$$

Diese Ungleichung gilt für jedes noch so große i. Dies ist nur möglich, wenn (b_i) eine Nullfolge ist.
Daher gilt

$$\lim_{i\to\infty} \sqrt[i+1]{10} = 1$$

Allgemeiner erhält man

$$\lim_{i\to\infty} \sqrt[i]{a} = 1 \qquad (64.1)$$

Der Beweis verläuft in gleicher Weise.
Die Zahlenfolge f) aus Beispiel 1, S. 59, hat zwei Häufungspunkte. Diese Zahlenfolge ist aus zwei konvergenten Zahlenfolgen zusammengesetzt, den Folgen

$$(b_i) = \left(\frac{1}{i+1}\right) \qquad \text{und} \qquad (c_i) = \left(\frac{i}{i+1}\right)$$

Diese Folgen nennt man Teilfolgen. Eine Teilfolge entsteht, wenn man Glieder der Hauptfolge fortläßt, jedoch die Reihenfolge nicht ändert.
Allgemein gilt: Hat eine beschränkte Zahlenfolge mehrere Häufungspunkte, so läßt sie sich in ebenso viele konvergente Teilfolgen zerlegen.

Beispiel 2 Man bestimme den Grenzwert der Folge (a_i) bei $a_i = \sqrt[i]{i}$. Da Wurzeln aus Zahlen größer als Eins gezogen werden, wird wieder

$$a_i = \sqrt[i]{i} = 1 + b_i \qquad (64.2)$$

gesetzt und bewiesen, daß (b_i) eine Nullfolge bildet. Aus Gl. (64.2) erhält man

$$i = (1 + b_i)^i = 1 + i\cdot b_i + \frac{i\,(i-1)}{2} \cdot b_i^2 + \cdots$$
$$> 1 + i\cdot b_i + \frac{i\,(i-1)}{2} b_i^2 > 1 + \frac{i\,(i-1)}{2} b_i^2$$

da alle weiteren Summanden positiv sind. Durch Subtraktion von 1 ergibt sich

$$i - 1 > \frac{i\,(i-1)}{2} b_i^2 \qquad 2 > i \cdot b_i^2$$

Da diese Ungleichung für alle $i \in \mathbb{N} \setminus \{1\}$ gilt, ist b_i eine Nullfolge. Daher ist wegen Gl. (64.2)

$$\lim_{i\to\infty} \sqrt[i]{i} = 1 \qquad (64.3)$$

2.3.2 Rechnen mit Grenzwerten

Der Grenzwert einer Summe (Differenz) ist gleich der Summe (Differenz) der Grenzwerte der Summanden.

$$\lim_{i\to\infty}(a_i \pm b_i) = \lim_{i\to\infty} a_i \pm \lim_{i\to\infty} b_i = a \pm b \qquad (65.1)$$

wenn $\lim_{i\to\infty} a_i = a$ und $\lim_{i\to\infty} b_i = b$ existieren.

Beweis. Gl. (65.1) gilt nur, wenn die rechte Seite dieser Gleichung existiert, d.h. die beiden Einzelfolgen konvergieren. Die Summenfolge ist konvergent, wenn in einer gewählten beliebig kleinen Umgebung um $a + b$ unendlich viele Glieder der Summenfolge liegen, außerhalb dieser Umgebung jedoch nur endlich viele (65.1). Diese frei gewählte Umgebung um $a + b$ habe die Breite ε. Da die beiden Teilfolgen konvergieren, kann man um die Grenzwerte a und b je eine Umgebung der Breite $\varepsilon/2$ wählen, so daß außerhalb dieser Umgebung nur endlich viele Glieder der Teilfolgen liegen. Das Glied a_{n_1} sei das Glied der a-Folge mit dem größten Index, das außerhalb dieser Umgebung um a liegt. Entsprechend sei b_{n_2} das Glied der b-Folge mit dem größten Index, das außerhalb der b-Umgebung liegt. Man wählt nun den größeren der beiden Indizes n_1 und n_2. Dieser Index soll n genannt werden. Dann gilt: Alle a_i und alle b_i mit $i > n$ liegen in den in Bild 65.1 gezeigten Umgebungen um a und um b. Dann liegen aber auch alle Glieder $a_i + b_i$ der Summenfolge, deren Index $i > n$ ist, in der vorgegebenen Umgebung um $a + b$. Damit ist gezeigt, daß die Summenfolge konvergiert und den Grenzwert $a + b$ hat. Die Überlegung für die Differenzfolge verläuft entsprechend. □

65.1

Der Grenzwert der Folge $(c \cdot a_i)$, in der c eine feste Zahl ist, ist gleich dem mit c multiplizierten Grenzwert der Folge (a_i).

$$\lim_{i\to\infty}(c \cdot a_i) = c \cdot \lim_{i\to\infty} a_i = c \cdot a \qquad (65.2)$$

Beweis. Die Folge $(c \cdot a_i)$ konvergiert, wenn $(c \cdot a - c \cdot a_i)$ eine Nullfolge ist. Aus

$$c \cdot a - c \cdot a_i = c(a - a_i)$$

folgt dieser Satz, da $(a - a_i)$ nach Voraussetzung eine Nullfolge ist. Strebt $a - a_i$ mit wachsendem i gegen Null, so auch die mit einer Konstanten multiplizierte Folge $c(a - a_i)$. □

Der Grenzwert eines Produktes ist gleich dem Produkt der Grenzwerte der Faktoren.

$$\lim_{i\to\infty}(a_i \cdot b_i) = \lim_{i\to\infty} a_i \cdot \lim_{i\to\infty} b_i = a\,b \qquad (65.3)$$

wenn $\lim_{i\to\infty} a_i = a$ und $\lim_{i\to\infty} b_i = b$ existieren.

Beweis. Es ist zu zeigen, daß $(a\,b - a_i\,b_i)$ eine Nullfolge ist. Durch

$$a\,b - a_i\,b_i = a\,b - a_i\,b + a_i\,b - a_i\,b_i = (a - a_i)\,b + a_i(b - b_i)$$

erhält man die beiden Nullfolgen $(a - a_i)$ und $(b - b_i)$. Da b konstant und (a_i) beschränkt ist, ist auch $(a\,b - a_i\,b_i)$ eine Nullfolge. □

2.3 Folgen. Stetigkeit

Der Grenzwert eines Quotienten ist gleich dem Quotienten der Grenzwerte von Zähler und Nenner, sofern die Glieder der Nennerfolge und deren Grenzwert nicht gleich Null sind.

$$\lim_{i \to \infty} \left(\frac{a_i}{b_i}\right) = \frac{\lim\limits_{i \to \infty} a_i}{\lim\limits_{i \to \infty} b_i} = \frac{a}{b} \qquad (66.1)$$

wenn $\lim\limits_{i \to \infty} a_i = a$ und $\lim\limits_{i \to \infty} b_i = b \neq 0$ existieren.

Beweis. Es ist

$$\frac{a}{b} - \frac{a_i}{b_i} = \frac{a b_i - a_i b}{b b_i} = \frac{a b_i - a_i b_i + a_i b_i - a_i b}{b b_i} = \frac{(a - a_i) b_i - a_i (b - b_i)}{b b_i}$$

Die Folgen $(a - a_i)$ und $(b - b_i)$ sind Nullfolgen. Daher strebt der Zähler mit wachsendem i gegen Null. Wegen $b \neq 0$ und $b_i \neq 0$ strebt damit auch der Bruch gegen Null. □

Beispiel 3 Man prüfe die Beschränktheit, Monotonie und Konvergenz der Folge

$$a_i = \frac{2i - 1 + (-1)^i (i - 2)}{i}$$

Man kann a_i auch wie folgt schreiben

$$a_i = 2 - \frac{1}{i} + (-1)^i - 2\frac{(-1)^i}{i}$$

Nach Gl. (62.2) streben der zweite und der vierte Summand gegen Null. Daher unterscheidet sich a_i für hinreichend große i nur sehr wenig von $2 + (-1)^i = b_i$.
Die Folge (b_i) lautet jedoch 1, 3, 1, 3, 1, 3, 1, 3, ... Sie ist beschränkt, nicht monoton und hat zwei Häufungspunkte 1 und 3. Daher ist die Folge (a_i) divergent.

Beispiel 4 Man untersuche die Zahlenfolge (a_i) mit

$$a_i = \frac{3i^3 + 2\sqrt{i} - 7i}{2i^2 - 4i + \pi}$$

Zähler und Nenner in dieser Folge wachsen unbeschränkt. Daher werden Zähler und Nenner durch i^2 dividiert und Gl. (65.2), (65.3) und (66.1) angewandt

$$a_i = \frac{3i + \dfrac{2}{i^{3/2}} - \dfrac{7}{i}}{2 - \dfrac{4}{i} + \dfrac{\pi}{i^2}}$$

Der zweite und dritte Summand in Zähler und Nenner bilden Nullfolgen. Der Nenner strebt gegen 2, der Zähler dagegen wächst unbeschränkt. Daher ist diese Zahlenfolge divergent.

Beispiel 5 Man untersuche die Zahlenfolge (a_i) mit

$$a_i = \frac{2i - \sqrt{i^3}}{5\sqrt{i} - i + 2\sqrt{i^3}}$$

Auch hier wachsen wieder Zähler und Nenner unbeschränkt. Nach Division durch die höchste Potenz $\sqrt{i^3}$ in Zähler und Nenner erhält man

$$a_i = \frac{\dfrac{2}{\sqrt{i}} - 1}{\dfrac{5}{i} - \dfrac{1}{\sqrt{i}} + 2}$$

Drei Summanden bilden wiederum Nullfolgen. Daher gilt

$$\lim_{i \to \infty} \frac{2i - \sqrt{i^3}}{5\sqrt{i} - i + 2\sqrt{i^3}} = -\frac{1}{2}$$

Beispiel 6 Man untersuche die Zahlenfolge (a_i) mit

$$a_i = \frac{3i^2 - 7\sqrt{i}}{4i + 2i^3}$$

Dieser Bruch wird in Zähler und Nenner durch i^2 dividiert

$$a_i = \frac{3 - \dfrac{7}{\sqrt{i^3}}}{\dfrac{4}{i} + 2i}$$

Der Zähler dieses Bruches strebt mit wachsendem i gegen 3, der Nenner jedoch wächst unbeschränkt. Daher gilt

$$\lim_{i \to \infty} \frac{3i^2 - 7\sqrt{i}}{4i + 2i^3} = 0$$

Hierbei ist zu beachten, daß Zähler und Nenner vorher so zusammengefaßt sind, daß jeder Exponent nur einmal auftritt. Bei

$$\lim_{i \to \infty} \frac{3i^3 - 2i + \sqrt{i} - 3i^3}{7i - \sqrt{i}}$$

sind die höchsten Exponenten in Zähler und Nenner Eins, der Grenzwert daher $-2/7$, da sich die dritte Potenz im Zähler aufhebt.

Aus den vorstehenden drei Beispielen folgt:

Bei der Untersuchung der Grenzwerte von Quotienten, in denen Zähler und Nenner Potenzsummen mit positiven Exponenten sind, sind für $i \to \infty$ die größten Exponenten entscheidend. Steht der größte Exponent nur im Zähler, so ist die Folge unbeschränkt, steht der größte Exponent nur im Nenner, so handelt es sich um eine Nullfolge; haben Zähler und Nenner gleiche größte Exponenten, so hat die Folge einen von Null verschiedenen Grenzwert.

2.3.3 Funktionenfolgen. Stetigkeit

Definition Ist $(a - x_i)$ eine beliebige Nullfolge, so gilt

$$\lim_{i \to \infty} x_i = a$$

Ist weiter eine Funktion $y = f(x)$ gegeben, die für ein Intervall I reeller Zahlen $x \in I \subset \mathbb{R}$ erklärt ist und gilt für alle $i \in \mathbb{N}$ auch $x_i \in I$, so kann der Folge $(a - x_i)$ durch $y_i = f(x_i)$

2.3 Folgen. Stetigkeit

eine Folge $(f_i) = (y_i)$ zugeordnet werden. Ist diese Folge (y_i) für jede Nullfolge $(a - x_i)$ mit dem gleichen Grenzwert c konvergent, so schreibt man

$$\lim_{x \to a} f(x) = c \tag{68.1}$$

und versteht hierunter den Grenzwert einer (kontinuierlichen) Funktion im Gegensatz zu dem einer diskreten (abzählbaren) Zahlenfolge.

Beispiel 7 Man untersuche, ob der Grenzwert

$$\lim_{x \to 0} \frac{3x^2 - 7\sqrt{x}}{4x - 2x^3}$$

existiert. Gegebenenfalls bestimme man diesen Grenzwert.
Der Bruch wird im Zähler und Nenner für $x > 0$ durch $\sqrt{x}$ dividiert und ändert dadurch nicht seinen Wert

$$\lim_{x \to 0} \frac{3\sqrt{x^3} - 7}{4\sqrt{x} + 2\sqrt{x^5}}$$

Der Zähler dieses Quotienten strebt gegen -7, der Nenner jedoch gegen Null. Daher wächst der Quotient unbeschränkt. Es existiert kein endlicher Grenzwert.

Beispiel 8 Man untersuche, ob der Grenzwert

$$\lim_{x \to 0} \frac{7x + 3\sqrt{x}}{2x^2 - \sqrt{x} + x}$$

existiert. Gegebenenfalls bestimme man diesen Grenzwert.
Zähler und Nenner werden für $x > 0$ durch $\sqrt{x}$ dividiert. Damit ergibt sich

$$\lim_{x \to 0} \frac{7\sqrt{x} + 3}{2\sqrt{x^3} - 1 + \sqrt{x}} = -3$$

Beispiel 9 Man untersuche, ob der Grenzwert

$$\lim_{x \to 0} \frac{\pi \sqrt{x} + 2x}{2\sqrt{x} - \sqrt[3]{x}}$$

existiert. Gegebenenfalls bestimme man diesen Grenzwert.
Zähler und Nenner werden vor der Grenzwertbildung durch $\sqrt[3]{x}$ dividiert

$$\lim_{x \to 0} \frac{\pi \sqrt[6]{x} + 2\sqrt[3]{x^2}}{2\sqrt[6]{x} - 1}$$

Der Nenner strebt für $x \to 0$ gegen -1. Der Zähler strebt gegen Null. Daher gilt

$$\lim_{x \to 0} \frac{\pi \sqrt{x} + 2x}{2\sqrt{x} - \sqrt[3]{x}} = 0$$

Aus den Beispielen 7, 8 und 9 folgt: Bei der Untersuchung von Grenzwerten von Quotienten, deren Zähler und Nenner Potenzsummen mit positiven Exponenten sind, sind für $x \to 0$ die **kleinsten Exponenten** entscheidend. Steht der kleinste Exponent nur im

Nenner, so handelt es sich um eine Nullfolge. Steht der kleinste Exponent nur im Zähler, so wächst die Folge unbegrenzt. Steht der kleinste Exponent im Zähler und im Nenner, so erhält man einen von Null verschiedenen Grenzwert.

Häufig kann man erst nach einer Umformung erkennen, ob sich eine Potenz forthebt. Bei

$$\lim_{x \to 0} \frac{\sqrt{x+1} - 1}{x}$$

ist der niedrigste Exponent im Zähler Null, im Nenner Eins. Diese Potenz mit dem niedrigsten Exponenten $x^0 = 1$ steht jedoch an zwei Stellen im Zähler, nämlich unter der Wurzel und als letzter Summand. Diese Summanden werden voneinander subtrahiert. Treten in dieser Weise Differenzen mit Wurzeln auf, so ist eine Erweiterung des Bruchs mit dem Ziel der Vermeidung von Differenzen unter Ausnutzung von $(a+b)(a-b) = a^2 - b^2$ sinnvoll

$$\lim_{x \to 0} \left[\frac{\sqrt{x+1} - 1}{x} \cdot \frac{\sqrt{x+1} + 1}{\sqrt{x+1} + 1} \right] = \lim_{x \to 0} \frac{x}{x \left[\sqrt{x+1} + 1 \right]} = \lim_{x \to 0} \frac{1}{\sqrt{x+1} + 1} = \frac{1}{2}$$

Treten Grenzwertaufgaben der Art

$$\lim_{x \to -2} \frac{5\sqrt{x+2} + x^2 + 5x + 6}{\sqrt{x+2}\,(7x^2 - 4x + 3)}$$

auf, so setzt man zweckmäßig

$$z = x + 2$$

weil dann der Grenzwert leichter zu erkennen ist.

Damit ist $x^2 = (z-2)^2 = z^2 - 4z + 4$. Man erhält

$$\lim_{z \to 0} \frac{5\sqrt{z} + z^2 - 4z + 4 + 5z - 10 + 6}{\sqrt{z}\,(7z^2 - 28z + 28 - 4z + 8 + 3)} = \lim_{z \to 0} \frac{5\sqrt{z} + z^2 + z}{\sqrt{z}\,(7z^2 - 32z + 39)}$$

$$= \lim_{z \to 0} \frac{5 + \sqrt{z^3} + \sqrt{z}}{7z^2 - 32z + 39} = \frac{5}{39}$$

Manchmal kann man auch auf diese Zurückführung auf einen Grenzwert mit $z \to 0$ verzichten.

Beispiel 10 Man bestimme den Grenzwert

$$\lim_{x \to a} \frac{\sqrt[3]{a^2} - \sqrt[3]{x^2}}{a - x}$$

Hier kann man auf die Transformation $z = x - a$ verzichten, wenn man die nachfolgende Faktorzerlegung erkennt.

Man zerlegt

$$\frac{a^{2/3} - x^{2/3}}{a - x} = \frac{(a^{1/3} - x^{1/3})(a^{1/3} + x^{1/3})}{(a^{1/3} - x^{1/3})(a^{2/3} + a^{1/3} x^{1/3} + x^{2/3})}$$

2.3 Folgen. Stetigkeit

und kürzt den gemeinsamen Faktor. Dies ist für alle Glieder der Zahlenfolge zulässig, wenn $x \neq a$ gilt. Dann ist

$$\lim_{x \to a} \frac{\sqrt[3]{a^2} - \sqrt[3]{x^2}}{x - a} = \lim_{x \to a} \frac{a^{1/3} + x^{1/3}}{a^{2/3} + a^{1/3} x^{1/3} + x^{2/3}} = \frac{2 a^{1/3}}{3 a^{2/3}} = \frac{2}{3 \sqrt[3]{a}}$$

Die in den letzten Beispielen behandelten Ausdrücke, die die Gestalt

$$\frac{0}{0} \quad \text{oder} \quad \frac{\infty}{\infty}$$

hätten, wenn man formal zur Grenze übergehen würde, nennt man **unbestimmte Ausdrücke**. Weitere Methoden zur Ermittlung unbestimmter Ausdrücke werden in Abschn. 5.1 und 5.2.5 entwickelt.

Definition (x_i) sei eine beliebige unbeschränkte Zahlenfolge mit nur positiven Gliedern, die keinen Häufungspunkt hat. Wenn für jede solche Folge (x_i) der Grenzwert

$$\lim_{i \to \infty} f(x_i) = b$$

ist, heißt dieser Grenzwert der **Grenzwert der Funktion** $y = f(x)$, und man schreibt

$$\lim_{x \to \infty} f(x) = b$$

Gelegentlich wird auch die Schreibweise $f(\infty) = b$ benutzt.

Beispiel 11 Man bestimme den Grenzwert

$$\lim_{x \to \infty} \frac{2x - 1}{\sqrt{x^2 - 3}}$$

Es ist $\quad y = f(x) = \dfrac{2x - 1}{\sqrt{x^2 - 3}} = \dfrac{2 - \dfrac{1}{x}}{\sqrt{1 - \dfrac{3}{x^2}}} \quad$ für $x > 0$

Die Funktionen $1/x$ und $3/x^2$ streben für jede unbeschränkt wachsende Folge (x_i) ohne Häufungspunkt gegen Null. Daher gilt

$$\lim_{x \to \infty} \frac{2x - 1}{\sqrt{x^2 - 3}} = 2$$

Definition Es sei $I \subset \mathbb{R}$ ein Intervall $(x_0, b]$ oder $[a, x_0)$ mit $b - x_0 > 0$ bzw. $x_0 - a > 0$. Auf I sei die Funktion $y = f(x)$ erklärt und beschränkt, weiter sei $f(x_0)$ erklärt. Die Nullfolge $(x_0 - x_i)$ genüge für alle $i \in \mathbb{N}$ der Bedingung $x_i \in I$. Gilt für jede beliebige dieser Nullfolgen mit $x_i \in I$

$$\lim_{x \to x_0} f(x) = f(x_0) \tag{70.1}$$

so heißt die Funktion im ersten Fall in x_0 **rechtsseitig** und im zweiten Fall **linksseitig stetig**.

Ist eine Funktion in einem Punkte $x = x_0$ rechts- und linksseitig stetig und ist dieser Grenzwert $f(x_0)$, so heißt sie in diesem Punkte **stetig**.

Für die Stetigkeit sind also zwei Bedingungen zu erfüllen: einmal muß die Folge (y_i) für jede Nullfolge $(x_0 - x_i)$ konvergieren und den gleichen Grenzwert besitzen. Weiter muß dieser Grenzwert mit dem definierten Funktionswert $f(x_0)$ übereinstimmen.

Ist mindestens eine dieser Bedingungen nicht erfüllt, so ist die Funktion in x_0 unstetig.

Definition Ist eine Funktion $y = f(x)$ auf einem abgeschlossenen Intervall I definiert und für jedes $x \in I$ stetig, so heißt die Funktion auf I stetig.
Man schreibt dann $f \in C(I)$ oder $f \in C[a, b]$.

Beispiel 12 Die Funktion
$$f(x) = \left.\begin{matrix}1\\0\end{matrix}\right\} \text{ für } \begin{cases} x \in \mathbb{Q} \\ x \in \mathbb{R} \setminus \mathbb{Q} \end{cases}$$
ist in keinem Punkt stetig.

Die Funktion $y = \text{sgn } x$ ist für $x = 0$ unstetig. Sie ist in diesem Punkt weder rechts- noch linksseitig stetig.

Definition Es sei $y = f(x)$ auf $I \setminus \{x_0\}$ definiert, wobei x_0 ein innerer Punkt des Intervalls I sei. In diesem Punkte besitze die Funktion gleiche rechts- und linksseitige Grenzwerte c. Wird die Definition durch $f(x_0) = c$ erweitert, so heißt x_0 eine behebbare Unstetigkeitsstelle.

Beispiel 13 Die Funktion
$$y = \frac{(x-1)^2}{x^2 - 1}$$
ist für $\mathbb{R} \setminus \{+1, -1\}$ definiert.

Kürzt man den Bruch durch $(x - 1)$, so erhält man
$$y = \frac{x-1}{x+1}$$
Jetzt erkennt man, daß
$$\lim_{x \to 1} \frac{x-1}{x+1} = 0$$
gilt. Definiert man $y(1) = 0$, so ist diese Unstetigkeit behoben. Hingegen ist
$$\lim_{x \to -1} \frac{x-1}{x+1} = \infty$$
also liegt hier eine Unendlichkeitsstelle vor.

Aus der Stetigkeit einer Funktion folgt der

Satz von Bolzano. Ist eine Funktion in einem abgeschlossenen Intervall $[a, b]$ stetig und gilt
$$\text{sgn } f(a) = -\text{sgn } f(b)$$
so gibt es ein $x_0 \in (a, b)$ mit der Eigenschaft $f(x_0) = 0$.

Beweis. Durch Intervallhalbierung erkennt man: Entweder gilt für den Halbierungspunkt $x_1 = \dfrac{a+b}{2}$ bereits $f(x_1) = 0$ oder der Schluß kann auf eines der beiden Teilintervalle beschränkt werden. Für den Halbierungspunkt x_2 dieses Teilintervalls I_1 kann man genauso schließen und dann weiter halbieren. Diese Intervallschachtelung definiert einen gemeinsamen Punkt x_0. Daher liegen in jeder Umgebung $U(x_0)$ zugeordnete Ordinaten unterschiedlichen Vorzeichens. Aus der Definition der Stetigkeit in x_0 folgt damit $f(x_0) = 0$. □

Aus diesem Satz folgt: Ist die Funktion $y = f(x)$ in $[a, b]$ stetig und gilt $f(a) \neq f(b)$, so nimmt sie in diesem Intervall jeden Wert zwischen $f(a)$ und $f(b)$ an. In diesem Intervall besitzt die Funktion ein (absolutes) Maximum und ein (absolutes) Minimum (Zwischenwertsatz).

2.3.4 Aufgaben zu Abschnitt 2.3

1. Man berechne die Grenzwerte der Folgen

a) $a_i = \dfrac{i^2(1+i)}{3i^3 - i}$ b) $a_i = \dfrac{1 - 0{,}5^i}{1 - 0{,}5}$ c) $a_i = i^{0,8}$

d) $a_i = \dfrac{1}{i} \dfrac{(2i+1)^3 - 8i^3}{(2i+3)^2 - 4i^2}$ e) $a_i = \dfrac{1}{\sqrt{i(i+1)} - i}$

f) $a_i = \dfrac{\sqrt{4i(i-2)} - \sqrt{2i(i-1)}}{\sqrt{3i(i+3)} - \sqrt{i(i+5)}}$

2. Man bestimme folgende Grenzwerte

a) $\displaystyle\lim_{x \to 0} \dfrac{(1+x^2)^2 - (1-x^2)^2}{(1+x+x^2)(1-x+x^2) - 1}$ b) $\displaystyle\lim_{x \to -2} \dfrac{\sqrt{x+2}\,(x^3 + 3x^2 - 4)}{(x+2)^{3/2}(x^2 - x - 6)}$

c) $\displaystyle\lim_{x \to a} \dfrac{(x-a)^2}{x^2 - a^2}$ d) $\displaystyle\lim_{z \to 0} \dfrac{\sqrt[7]{x+z} - \sqrt[7]{x}}{z}$ Hinweis: Man verwende die binomische Näherungsformel

3. Man prüfe die Beschränktheit, Monotonie und Konvergenz der Folge

$$a_i = \begin{cases} \dfrac{(1-i)(1+i)}{i^2} \\ \sqrt[i]{-\pi} \end{cases} \text{für} \begin{cases} i = 2m \\ i = 2m - 1 \end{cases} \text{und } m \in \mathbb{N}$$

4. In welchen Intervallen sind die nachstehenden Funktionen stetig? Kann man durch geeignete Zusatzdefinitionen behebbare Unstetigkeiten beseitigen?

a) $y = \dfrac{x}{|x|}$ b) $y = \dfrac{x^2}{|x|}$ c) $y = x \cdot 2^{|x|/x}$

d) $y = \dfrac{x^7 - 128}{x^3 - 8}$ e) $y = 2^{-\frac{1}{(x-1)^2}}$ f) $y = \dfrac{1}{\sqrt{x^3 - 4x}}$

2.4 Reihen

Aus einer unendlichen Folge entsteht nach Verknüpfen der Glieder durch Addition eine unendliche Reihe.

Definition Die Summe der ersten n Glieder einer unendlichen Reihe heißt n-te Teilsumme oder Partialsumme[1])

$$s_1 = a_1, \qquad s_2 = a_1 + a_2, \qquad s_3 = a_1 + a_2 + a_3, \ldots, \qquad s_n = \sum_{i=1}^{n} a_i$$

Eine unendliche Reihe heißt konvergent, wenn die Folge ihrer (endlichen) Teilsummen konvergent ist. Der Grenzwert der Teilsummen heißt Summe der unendlichen Reihe

$$\lim_{n \to \infty} s_n = \lim_{n \to \infty} \sum_{i=1}^{n} a_i = \sum_{i=1}^{\infty} a_i = s \tag{73.1}$$

Eine unendliche Reihe ist nur dann sinnvoll, wenn ihre Summe endlich ist.

Mit Ausnahme der folgenden geometrischen Reihe ist es i. allg. nicht möglich, diese Summe mit einer Formel aus dem Bildungsgesetz a_i zu berechnen.

Existiert kein Grenzwert der Folge der Teilsummen, so heißt die unendliche Reihe divergent.

2.4.1 Unendliche geometrische Reihe

Die n-te Teilsumme der unendlichen geometrischen Reihe

$$s = a + a q + a q^2 + a q^3 + \cdots = a \sum_{i=0}^{\infty} q^i$$

ist

$$s_n = a \sum_{i=0}^{n-1} q^i = a \frac{1 - q^n}{1 - q} = \frac{a}{1 - q} - \frac{a q^n}{1 - q} \tag{73.2}$$

Der erste Summand von Gl. (73.2) hängt nicht von n ab. Die Konvergenz der Teilsumme wird also nur durch den zweiten Summanden bestimmt. Da q konstant ist, muß das Verhalten von q^n bei großen n untersucht werden.

Die Folge der q^n hat für $|q| > 1$ sicher keinen Grenzwert. Setzt man nämlich $|q| = 1 + k$ mit $k > 0$, so ist nach der Bernoullischen Ungleichung (F 3)

$$|q|^n = (1 + k)^n > 1 + n k \tag{73.3}$$

und dieser Ausdruck wächst mit n über alle Grenzen. Ist $q = 1$, so besteht die Summe aus n gleichen Summanden a mit $s_n = n a$. Die Teilsumme wird mit n beliebig groß. Für

---

[1]) In Abschn. 2.3 wird mit i der laufende Index der Folge, hier in Abschn. 2.4 der der Summanden einer Reihe bezeichnet. Daher muß für den Folgenindex der Teilsummen eine andere Bezeichnung, hier n, gewählt werden.

2.4 Reihen

$q = -1$ ergeben die Teilsummen abwechselnd Null oder a, streben also keinem Grenzwert zu. Für Quotienten q, deren Betrag kleiner als Eins ist, ist $|q|^n$ eine Nullfolge

$$\lim_{n \to \infty} q^n = 0 \qquad \text{für } |q| < 1 \tag{74.1}$$

Beweis. Für $|q| < 1$ ist $\bar{q} = \dfrac{1}{|q|} > 1$. Damit gilt wegen Gl. (73.3) und (66.1)

$$\lim_{i \to \infty} |q|^i = \lim_{i \to \infty} \frac{1}{\bar{q}^i} = \frac{1}{\lim_{i \to \infty} \bar{q}^i} = 0 \qquad \square$$

Damit wird der zweite Summand der rechten Seite von Gl. (73.2) für $|q| < 1$ ebenfalls eine Nullfolge. Die Folge der Teilsummen konvergiert gegen $a/(1-q)$. Die **unendliche geometrische Reihe** konvergiert gegen den Grenzwert

$$s = a \sum_{i=0}^{\infty} q^i = \frac{a}{1-q} \qquad \text{mit } |q| < 1 \tag{74.2}$$

Beispiel 1 Die unendliche geometrische Reihe mit dem Anfangsglied a und dem Quotienten $q = 1/2$

$$s = a\left(1 + \frac{1}{2} + \frac{1}{4} + \frac{1}{8} + \cdots\right) = a \sum_{i=0}^{\infty} \left(\frac{1}{2}\right)^i = \frac{a}{1 - 1/2} = 2a \tag{74.3}$$

mit endlicher Summe ist in Bild **74.1** anschaulich dargestellt. Addiert man zur Strecke a deren Hälfte, so stellt die Summe $a + a/2 = 1{,}5\,a$ die zweite Teilsumme der geometrischen Reihe dar. Die dritte Teilsumme beträgt $s_3 = a + (a/2) + (a/4) = 1{,}75\,a$, die vierte $s_4 = 1{,}875\,a$. Da das jeweils addierte Teilstück immer nur die Hälfte des bis $2a$ gemessenen Restes beträgt, kann die Teilsumme s_n den Wert $2a$ nicht überschreiten. Die Strecke $2a$ ist der Grenzwert der Folge der Teilsummen, denn von einem bestimmten n an unterscheiden sich diese nur noch beliebig wenig von dem Wert $s = 2a$.

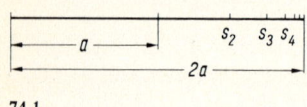

74.1

2.4.2 Sätze über unendliche Reihen

Satz 1. Eine Reihe $\sum_{i=1}^{\infty} a_i$ konvergiert genau dann, wenn es zu jedem vorgegebenen $\varepsilon > 0$ ein i_0 so gibt, daß für alle $k > i_0$

$$\left|\sum_{i=i_0+1}^{k} a_i\right| < \varepsilon$$

gilt.

Beweis. Die linke Seite der vorstehenden Ungleichung ist $s_k - s_{i_0}$. Damit folgt die Behauptung aus dem Satz von Cauchy für Zahlenfolgen (S. 62). $\square$

Dieses Kriterium ist notwendig und hinreichend, aber für praktische Rechnungen nicht sehr geeignet. Deshalb werden hieraus weitere Kriterien entwickelt.

Satz 2. Notwendige, aber nicht hinreichende Bedingung für die Konvergenz einer Reihe $\sum_{i=1}^{\infty} a_i$ ist, daß die Folge (a_i) eine Nullfolge ist

$$\lim_{i \to \infty} a_i = 0 \tag{74.4}$$

Beweis. Aus der Konvergenz der Reihe folgt die Konvergenz der Folge der Teilsummen gegen den gleichen Grenzwert. Wegen der Konvergenz der Folge (s_i) strebt aber die Differenz benachbarter Glieder

$$s_i - s_{i-1} = a_i$$

mit wachsendem i gegen Null. Also folgt aus der Konvergenz der Reihe, daß die Folge (a_i) eine Nullfolge ist. Diese Bedingung des Satzes 2 ist aber nicht hinreichend, denn z. B. ist die harmonische Reihe $\sum\limits_{i=1}^{\infty} (1/i)$ divergent, s. Aufgabe 5, S. 81, (Gegenbeweis). □

Definition Die Reihe $\sum\limits_{i=1}^{\infty} a_i$ heißt alternierend, falls für alle $i \in \mathbb{N}$

$$\operatorname{sgn} a_i = - \operatorname{sgn} a_{i+1}$$

Satz 3. Eine alternierende Reihe

$$\sum_{i=1}^{\infty} (-1)^{i+1} b_i \qquad (75.1)$$

konvergiert, wenn monoton

$$\lim_{i \to \infty} b_i = 0 \qquad (75.2)$$

Beweis. In Gl. (75.1) ist $a_i = (-1)^{i+1} b_i$. Alle b_i haben gleiche Vorzeichen, da durch $(-1)^{i+1}$ das Alternieren zum Ausdruck gebracht wird. Es ist keine Beschränkung der Allgemeinheit, wenn $b_i > 0$ für den Beweis vorausgesetzt wird. Es ist also

$$s = b_1 - b_2 + b_3 - b_4 + b_5 - + \cdots$$

Nun werden die Teilsummen mit geradem Index $i = 2n$ und mit ungeradem Index $i = 2n + 1$ verschieden zusammengefaßt. Es ist

$$s_{2n+1} = b_1 - (b_2 - b_3) - \cdots - (b_{2n} - b_{2n+1})$$
$$s_{2n} = (b_1 - b_2) + (b_3 - b_4) + \cdots + (b_{2n-1} - b_{2n})$$

Da die Folge (b_i) monoton ist, sind alle Klammerinhalte positiv. Daher gilt

$$0 \leq s_{2n} \leq s_{2n+2}$$

Die Folge der $s_1, s_3, s_5, \cdots, s_{2n+1}$ ist monoton fallend, also ist

$$b_1 \geq s_{2n+1} \geq s_{2n+3}$$

Durch Zusammenfassung dieser beiden Ungleichungsketten wird die Beschränktheit der Teilsummenfolgen gezeigt. Da die ungeradzahligen Summanden $a_{2n+1} = b_{2n+1}$ stets positiv sind, folgt

$$0 \leq s_{2n} \leq s_{2n+1} \leq b_1$$

$a_1 = b_1$ ist also eine obere Schranke der Folge beider Teilsummen. Daher sind die Folgen (s_{2n}) und (s_{2n+1}) beschränkt und monoton. Somit sind sie nach dem Satz S. 63 beide konvergent. Der gemeinsame Grenzwert folgt aus

$$s_{2n+1} - s_{2n} = a_{2n+1} = b_{2n+1}$$

Beweis. Nach der Dreiecksungleichung (57.2) gilt für alle $k > i_0$

$$\left| \sum_{i=i_0+1}^{k} a_i \right| \leq \sum_{i=i_0+1}^{k} |a_i|$$

Die rechte Seite der Ungleichung ist für alle $k > i_0$ kleiner ε, dann also auch die linke Seite. Damit folgt die Konvergenz aus Satz 1.

Satz 8. Ist $\sum_{i=1}^{\infty} a_i$ eine absolut konvergente Reihe mit s als Summe und entsteht die Reihe $\sum_{i=1}^{\infty} b_i$ durch – endlich oder unendlich viele – Vertauschungen der Glieder von $\sum_{i=1}^{\infty} a_i$, so konvergiert auch $\sum_{i=1}^{\infty} b_i$ gegen s.

Auf den Beweis wird hier verzichtet [7].

Aus den Rechenregeln über Folgen ergibt sich

Satz 9. Falls $\sum_{i=1}^{\infty} a_i$ und $\sum_{i=1}^{\infty} b_i$ konvergieren, dann konvergieren auch die Reihen

$$\sum_{i=1}^{\infty} (a_i + b_i) \qquad \sum_{i=1}^{\infty} (a_i - b_i) \qquad \sum_{i=1}^{\infty} (c \cdot a_i)$$

wobei $c \in \mathbb{R}$ gilt.

2.4.3 Potenzreihen

Definition Die Reihe $\sum_{i=0}^{\infty} c_i (x - x_0)^i$ heißt **Potenzreihe** mit der **Entwicklungsstelle** x_0; die c_i heißen **Koeffizienten** der Potenzreihe.

Häufig ist $x_0 = 0$.

Die Potenzreihe konvergiert gleichmäßig auf einem abgeschlossenen Intervall $I \subset \mathbb{R}$ gegen eine Funktion $f(x)$, wenn es für alle $x \in I$ zu jedem $\varepsilon > 0$ ein i_0 gibt, das von x unabhängig ist, so daß

$$|f(x) - s_i(x)| < \varepsilon$$

für alle $i \geq i_0$ gilt.

Beispiel 3 Die Potenzreihe $\sum_{i=0}^{\infty} x^i$ mit der Entwicklungsstelle 0 konvergiert absolut für jedes $x \in \{x \mid |x| < 1\}$. Sie konvergiert gleichmäßig in jedem abgeschlossenen Intervall $[a, b]$, für das

$$[a, b] \subset (-1, +1)$$

gilt. Außerhalb $(-1, +1)$ divergiert die Potenzreihe.

Satz 1. Die Potenzreihe $\sum_{i=0}^{\infty} c_i (x - x_0)^i$ konvergiere im Punkte $x = x_1$. Dann konvergiert sie absolut für jedes x, das der Bedingung

$$|x - x_0| < |x_1 - x_0| \qquad (78.1)$$

genügt.

Beweis. Die Reihe $\sum_{i=1}^{\infty} c_i (x_1 - x_0)^i$ konvergiert nach Voraussetzung. Daher sind ihre Glieder beschränkt

$$|c_i (x_1 - x_0)^i| \leq C \qquad \text{für alle } i$$

Wegen Gl. (78.1) gilt

$$\left|\frac{x - x_0}{x_1 - x_0}\right| = q < 1$$

Nun ist

$$|c_i (x - x_0)^i| = |c_i (x_1 - x_0)^i| \left|\frac{x - x_0}{x_1 - x_0}\right|^i \leq C \cdot q^i$$

Die geometrische Reihe $\sum_{i=0}^{\infty} C q^i$ ist Majorante von $\sum_{i=0}^{\infty} c_i (x - x_0)^i$, daher konvergiert diese absolut für alle x, die Gl. (78.1) erfüllen. □

Satz 2. Zu jeder Potenzreihe $\sum_{i=0}^{\infty} c_i (x - x_0)^i$ gibt es eindeutig einen Konvergenzradius ϱ mit $0 \leq \varrho \leq +\infty$, für den gilt:
1. Im Intervall $I = \{x \mid |x - x_0| < \varrho\}$ konvergiert die Reihe absolut, in jedem abgeschlossenen Teilintervall absolut und gleichmäßig.
2. Außerhalb $[x_0 - \varrho, x_0 + \varrho]$ divergiert die Potenzreihe.
Ist $\varrho = 0$, so ist $I = \emptyset$, ist $\varrho = +\infty$, so ist $I = \mathbb{R}$.

Dieser Satz folgt weitgehend aus Satz 1. Die Divergenz kann man entsprechend beweisen. Es gibt kein allgemeingültiges Verfahren, um einen Konvergenzradius zu berechnen.

Definition Hat eine beschränkte Zahlenfolge (a_i) mehrere Häufungspunkte, so wird deren größter Häufungspunkt $\overline{\lim}\, a_i$ geschrieben (gesprochen: Limes superior).

Satz 3. Es sei $\sum_{i=0}^{\infty} c_i (x - x_0)^i$ eine Potenzreihe mit dem Konvergenzradius ϱ.
1. Wenn $\overline{\lim} \sqrt[i]{|c_i|}$ existiert und positiv ist, gilt

$$\varrho = \frac{1}{\overline{\lim} \sqrt[i]{|c_i|}} \tag{79.1}$$

2. Ist $\overline{\lim} \sqrt[i]{|c_i|} = 0$, so ist $\varrho = +\infty$.
3. Wenn $\overline{\lim} \sqrt[i]{|c_i|}$ nicht existiert, ist $\varrho = 0$.

Beweis. Für hinreichend große i gilt $|x - x_0| < \dfrac{1}{\sqrt[i]{|c_i|}}$, also

$$\overline{\lim}\, (\sqrt[i]{|c_i|} \cdot |x - x_0|) < 1 \qquad \overline{\lim} \sqrt[i]{|c_i| \cdot |x - x_0|^i} < 1$$

Dann gibt es ein $q < 1$, so daß für fast alle i

$$\sqrt[i]{|c_i| \cdot |x - x_0|^i} < q$$

gilt. Damit ist gezeigt, daß die geometrische Reihe $\sum_{i=0}^{\infty} q^i$ Majorante ist, woraus die Behauptung folgt. Entsprechend folgt für $|x - x_0| > \varrho$, daß die Glieder keine Nullfolge bilden.

Ist $\overline{\lim} \sqrt[i]{|c_i|} \cdot |x - x_0|^i = 0$, so ist der Radikand eine Nullfolge, also gibt es wiederum für fast alle i ein $q < 1$ zur Majorantenbildung.

Existiert $\overline{\lim} \sqrt[i]{|c_i|}$ nicht, so wächst $\sqrt[i]{|c_i|}$ unbegrenzt. Für $x \neq x_0$ ist dann auch $\sqrt[i]{|c_i(x-x_0)^i|}$ und damit auch $|c_i(x-x_0)^i|$ unbegrenzt, woraus Divergenz folgt.

Beispiel 4 Man bestimme den Konvergenzradius der Potenzreihe $\sum_{i=0}^{\infty} \frac{x^i}{i!}$.

Es ist $\overline{\lim} \sqrt[i]{c_i} = \overline{\lim} \frac{1}{\sqrt[i]{i!}}$. Um den Nenner zu untersuchen, wird die größte ganze Zahl kleiner oder gleich $i/2$ mit m bezeichnet. Dann gilt

$$\ln \sqrt[i]{i!} = \frac{1}{i}(\ln 1 + \ln 2 + \cdots + \ln i) > \frac{1}{i}(\ln m + \ln(m+1) + \cdots + \ln i)$$

Setzt man für alle Summanden in der Klammer $\ln m$, so hat man den Ausdruck weiter verkleinert. Es handelt sich um $i - m$ Summanden. Daher ist

$$\frac{i-m}{i} \ln m = \left(1 - \frac{m}{i}\right) \ln m \geq \frac{1}{2} \ln m$$

Dieser Ausdruck wächst unbeschränkt, dann aber auch $\sqrt[i]{i!}$, also ist

$$\overline{\lim} \frac{1}{\sqrt[i]{i!}} = 0$$

damit ist $\varrho = +\infty$, die Potenzreihe konvergiert absolut und gleichmäßig für jedes $x \in \mathbb{R}$.

Oft ist es günstiger, das Quotientenkriterium des Abschnitts 2.4.2 statt Gl. (79.1) zum Bestimmen von ϱ zu verwenden.

Beispiel 5 Man bestimme den Konvergenzradius der Potenzreihe aus Beispiel 4 mit dem Quotientenkriterium.

Ist $\sum_{i=0}^{\infty} \frac{x^i}{i!}$ zu untersuchen, so lautet der Quotient aufeinander folgender Glieder

$$\frac{x^{i+1} i!}{(i+1)! x^i} = \frac{x}{i+1}$$

Zu jedem positiven $x \in \mathbb{R}$ gibt es dann ein i, so daß $i + 1 > 2x$ und damit

$$\frac{x}{i+1} < \frac{1}{2} = q$$

ist. Daher folgt $\varrho = +\infty$ und für alle $x \in \mathbb{R}$ absolute Konvergenz.

Satz 8 in Verbindung mit Satz 9 aus Abschn. 2.4.2 besagt, daß innerhalb des durch den Konvergenzradius bestimmten Intervalls Potenzreihen umgeordnet werden dürfen, ohne die Konvergenzeigenschaft zu verlieren oder den Grenzwert zu ändern. Weiter sei hier bereits darauf hingewiesen, daß diese Potenzreihen in ihrem Konvergenzbereich gliedweise differenziert und integriert werden dürfen. Sie ergeben dann die Ableitung bzw. das Integral der durch sie bestimmten Ausgangsfunktion. Es werden jedoch keine Aussagen über das Verhalten am Rand des Konvergenzbereiches gemacht, hier kann entweder Konvergenz oder auch Divergenz herrschen. Näheres hierüber findet man in Abschn. 9.

2.4.4 Aufgaben zu Abschnitt 2.4

1. Wie groß sind die ersten sechs Teilsummen der Reihe
$$s = 1 + 0{,}2 + 0{,}2^2 + \cdots ?$$

2. Wie groß ist die Summe der geometrischen Reihe
$$s = 0{,}875 - 0{,}875^2 + - \cdots ?$$

3. Wieviele Glieder der geometrischen Reihe
$$s = 1 + 0{,}8 + 0{,}8^2 + \cdots$$
muß man berücksichtigen, damit der Fehler zu s
a) kleiner als 10^{-3},
b) kleiner als $0{,}1\%$ wird?

4. Man untersuche die Konvergenz der Reihen

a) $\sum\limits_{i=1}^{\infty} \dfrac{i!}{i^i}$, b) $\sum\limits_{i=2}^{\infty} \dfrac{1}{(\ln i)^i}$, c) $\sum\limits_{i=1}^{\infty} \dfrac{(i!)^2}{(2i)!}$, d) $\sum\limits_{i=1}^{\infty} \dfrac{i^2}{2^i}$.

5. Man zeige die Divergenz der harmonischen Reihe
$$\sum_{i=1}^{\infty} \frac{1}{i}.$$

6. Man bestimme die Konvergenzradien folgender Potenzreihen:

a) $\sum\limits_{i=0}^{\infty} (i+1)\, x^i$, b) $\sum\limits_{i=1}^{\infty} \dfrac{x^i}{i}$, c) $\sum\limits_{i=0}^{\infty} \binom{a}{i} x^i$, d) $\sum\limits_{i=1}^{\infty} \dfrac{x^i}{i^2\, 2^i}$

mit $a \in \mathbb{R}$.

2.5 Darstellung von Funktionen

Im Anschluß an die allgemeine Behandlung des Funktionsbegriffes unter vorwiegend mathematischen Aspekten treten nun die Anwendungen in Naturwissenschaft und Technik mehr in den Vordergrund. Dabei ergeben sich eine Reihe neuer Gesichtspunkte. Bei einer beliebigen Abbildung sind die Elemente der Definitionsmenge und der Bildmenge frei wählbar. Hier tritt vorwiegend der Spezialfall auf, daß die Elemente beider Mengen die Zahlenwerte physikalischer Größen sind. Die Abbildungsvorschrift entspricht einem „Naturgesetz". Während nun in der Mathematik die Existenz einer Abbildungsvorschrift laut Definition vorausgesetzt wird, besteht bei den Anwendungen oft das Hauptproblem darin, überhaupt nachzuweisen, daß zwischen zwei Größen eine Ab-

2.5 Darstellung von Funktionen

bildung möglich ist, oder wie man hier sagt, daß eine Abhängigkeit zwischen ihnen besteht. Näheres zur Lösung dieses Problems findet man z.B. in Abschn. 16. Im folgenden wird vorausgesetzt, daß diese Abhängigkeit nachgewiesen wurde und die Abbildungsvorschrift bekannt ist. Jetzt geht es vorwiegend darum, sie mit mathematischen Methoden zu beschreiben. Ferner sei hier bereits erwähnt, daß in der Technik häufig Abhängigkeiten zwischen mehr als zwei Größen bestehen, näheres hierzu s. Abschn. 3.6.

Im folgenden wird die Darstellung von Funktionen in Form von Gleichungen, Tafeln und Diagrammen behandelt. Diese Reihenfolge wird in Anlehnung an den Schulunterricht gewählt und bedeutet nicht, daß in der Praxis üblicherweise eine Gleichung gegeben ist und daraus die anderen Formen entwickelt werden. Die umgekehrte Aufgabe, daß z.B. durch automatisch registrierende Meßinstrumente der Graph oder die Tafel einer Funktion aufgezeichnet werden und daraus eine Gleichung zu bestimmen ist, tritt häufiger auf. Die Lösung dieser Aufgabe wird im Prinzip auf S. 88 sowie bei den einzelnen Funktionstypen in Abschn. 3 und Abschn. 16 behandelt. Die in Abschn. 5 und 6 besprochenen Rechenverfahren der Differential- und Integralrechnung können ebenfalls nicht nur mit Gleichungen, sondern auch mit Tafeln oder Diagrammen durchgeführt werden. Daraus folgt:

Die Darstellungsformen Gleichung, Tafel und Diagramm sind gleichwertig.

2.5.1 Funktionsgleichung

Definition In einer **Funktionsgleichung** besteht die Abbildungsvorschrift aus einer Rechenvorschrift, aus der die Art der Zuordnung zweier beliebiger Elemente von Definitions- und Bildmenge ersichtlich ist.

Beispiel 1

$$l = l_0 (1 + \alpha \vartheta) \qquad y = a_0 + a_1 x$$

$$s = \frac{1}{2} g t^2 \qquad y = c x^2$$

$$p = c/V \qquad y = c/x$$

sind Funktionsgleichungen. Im folgenden wird vorwiegend diese abgekürzte Schreibweise gewählt. Die Gleichung $y = c/x$ bedeutet dasselbe wie die in den vorigen Abschnitten erläuterte Schreibweise

$$\{(x, y) \mid x, y \in \mathbb{R} \land y = c/x\}$$

Soll in einem Einzelfall eine Abhängigkeit zwischen bestimmten physikalischen Größen behandelt werden, so werden in den Funktionsgleichungen, Tafeln und Diagrammen die für diese Größen in DIN 1304, Allgemeine Formelzeichen, angegebenen Buchstaben benutzt wie z.B. in der linken Spalte des vorstehenden Beispiels. Zur Darstellung allgemeiner Gesetzmäßigkeiten ist es aber zweckmäßiger, Buchstaben ohne eine konkrete physikalische Bedeutung zu benutzen wie in der rechten Spalte des vorstehenden Beispiels. Im allgemeinen werden deshalb die Elemente der Definitionsmenge durch den Formelbuchstaben x und die der Bildmenge durch den Formelbuchstaben y dargestellt. x wird auch oft die **unabhängige Variable** (Veränderliche) oder das **Argument**, y die **abhängige Variable** (Veränderliche) oder der **Funktionswert** genannt. Die ersten Buchstaben des Alphabets bedeuten häufig die **Koeffizienten** (Konstanten) der Funktion.

2.5.1 Funktionsgleichung

Die Buchstaben sind Symbole für Größen und stehen für Zahlenwert und Einheit. Die Funktionsgleichungen sind Größengleichungen im Sinne von DIN 1313, Physikalische Größen und Gleichungen.

Es ist oft zweckmäßig, in einer Größengleichung zunächst gewisse Größen (meist die Variablen) durch konstante gleichartige „Normgrößen" zu dividieren. Die dadurch entstehenden Quotienten sind einheitenfrei und werden oft mit neuen Buchstaben bezeichnet. Es sei darauf hingewiesen, daß in manchen Lehrbüchern die Symbole x und y auf diese Weise definiert werden. Dieses Verfahren wird oft „normieren" genannt. Dazu sei bemerkt, daß dieser Begriff in der Mathematik und der Technik auch in anderer Bedeutung benutzt wird.

Ein Vorteil der normierten Gleichungen besteht z.B. darin, daß man hier die Koeffizienten und die Variablen der Funktion auf Grund ihrer formalen Schreibweise leicht unterscheiden kann. Werden hingegen die Symbole für physikalische Größen benutzt, so ist dieser sehr wichtige Unterschied keineswegs formal erkennbar, sondern ergibt sich erst aus der speziellen Aufgabenstellung. Eine Temperatur T oder ein elektrischer Widerstand R können konstant oder variabel sein, haben aber stets den gleichen Formelbuchstaben.

Wegen dieser Möglichkeit der Normierung werden in diesem Buch manchmal numerische Rechnungen nur mit Zahlenwerten durchgeführt, ohne daß die Normierung ausdrücklich erwähnt wird. Dies geschieht, um bestimmte mathematische Sachverhalte oder Rechenverfahren klarer zum Ausdruck zu bringen.

Beispiel 2 Die Durchbiegung y eines einseitig eingespannten Trägers der Länge l und der Biegesteifigkeit EI unter einer Einzellast F am freien Ende wird in der Entfernung x von der Einspannstelle durch die folgende Gleichung beschrieben

$$y = \frac{F}{6EI}(3lx^2 - x^3)$$

Um das Argument x zu normieren, wird wie folgt umgeformt

$$y = \frac{Fl^3}{6EI}\left[3\left(\frac{x}{l}\right)^2 - \left(\frac{x}{l}\right)^3\right]$$

Die maximale Durchbiegung am freien Ende des Trägers ($x = l$) beträgt $f = Fl^3/(3EI)$. Um den Funktionswert y zu normieren, wird die Gleichung durch f dividiert. Mit $u = x/l$ und $v = y/f$ erhält man in normierter Schreibweise $v = 1{,}5u^2 - 0{,}5u^3 = 0{,}5u^2(3-u)$.

Diese Gleichung ist offensichtlich einfacher zu behandeln als die Ausgangsgleichung und zudem unabhängig von bestimmten Werten von F, E, I und l. In Beispiel 11, S. 92, wird gezeigt, wie aus einem Diagramm dieser normierten Gleichung durch Neubeschriften der Achsen ein Diagramm für beliebige Werte von l und f gewonnen werden kann.

Explizite, implizite, Parameter-Form In gegebenen Gleichungen kann man mathematische Operationen durchführen, ohne die spezielle Bedeutung der Variablen und Koeffizienten zu kennen. Ein weiterer Abstraktionsschritt, dessen Verständnis dem Anfänger oft viel Mühe macht, besteht darin, daß man auch mit Gleichungen operieren kann, ohne ihre spezielle Form zu kennen: Für diesen Sachverhalt wird eine der folgenden symbolischen Schreibweisen benutzt

Explizite Form $\qquad y = f(x)$ \hfill (83.1)

In dieser Form steht auf der linken Seite nur die abhängige Variable y in der 1. Potenz und auf der rechten Seite die unabhängige Variable x sowie die Koeffizienten in beliebigen, nicht näher angegebenen Verknüpfungen. Das Symbol $f(x)$ bedeutet also eine allgemeine, noch nicht spezifizierte Abbildung, mit der aus einem vorgegebenen x-Wert der dazugehörige y-Wert berechnet werden kann. Auf Grund solcher Rechenvorschriften erfolgt die in Abschn. 3 erläuterte Einteilung der Funktionen in verschiedene Klassen.

Sollen verschiedene Funktionsgleichungen bezeichnet werden, so werden statt f auch andere Symbole benutzt, vorwiegend g oder h, oder das Symbol f wird indiziert, z.B. $f_1(x)$ und $f_2(x)$.

In der Technik wird die explizite Form manchmal noch weiter verkürzt, und statt der Gleichung $y = f(x)$ wird einfach $y(x)$ geschrieben. So bedeutet z.B. $v(t)$, die Existenz einer Abhängigkeit (Abbildungsvorschrift) der Geschwindigkeit v von der Zeit t.

Beispiel 1, S. 82, zeigt Funktionsgleichungen in der expliziten Form.

Implizite Form $\qquad F(x, y) = \text{const}$ \hfill (84.1)

Hier stehen beide Variablen und die Koeffizienten in beliebigen Verknüpfungen auf der linken Seite der Gleichung und auf der rechten Seite eine Konstante, die oft Null ist. Diese Form wird vorwiegend bei den in Abschn. 3.3 behandelten algebraischen Funktionen benutzt. Es ist nicht immer möglich, die implizite in die explizite Form zu überführen. Die Begriffe unabhängige und abhängige Variable bzw. Definitionsmenge und Bildmenge verlieren hier also bereits ihre ursprüngliche Bedeutung. Auch wenn eine implizite Gleichung nach einer Veränderlichen aufgelöst werden kann, ist dies keinesfalls immer zweckmäßig. Ferner sei erwähnt, daß die impliziten Gleichungen oft keine (eindeutige) Funktion, sondern eine (mehrdeutige) Relation darstellen. Erst durch zusätzliche Vorschriften, z.B. über das Vorzeichen einer Variablen, wird aus der Relation eine Funktion.

Beispiel 3

implizite Form	eine entsprechende explizite Form
$x^2 + y^2 = r^2$ ist eine Relation	$y = +\sqrt{r^2 - x^2}$ erst durch Festlegen des Vorzeichens vor der Wurzel wird daraus eine Funktion
$x^2 y^2 + x^7 y^5 = 1$	nicht möglich
$xy + \sin(xy) = a$	nicht möglich
$pV = nRT$ mit $n, R, T = \text{const}$	$p = nRT/V$

Parameterform $\qquad \begin{matrix} x = u(\lambda) \\ y = v(\lambda) \end{matrix} \quad \text{oder} \quad \begin{matrix} x(\lambda) \\ y(\lambda) \end{matrix}$ \hfill (84.2)

Hier wird der Zusammenhang zwischen x und y nicht unmittelbar angegeben, sondern jeweils in Abhängigkeit von einer Hilfsvariablen λ, dem Parameter (auf der 2. Silbe betont). Dies erscheint zunächst umständlich, erleichtert aber oft die Herleitung von

Funktionsgleichungen aus gegebenen Problemen. Ebenso wie x und y kann auch der Parameter eine physikalische Größe sein wie z. B. die Zeit oder ein Winkel. Die Parameterform kann oft in eine der beiden anderen Formen überführt werden, meist ist dies aber nicht zweckmäßig. In den folgenden Abschnitten wird gezeigt, wie auch aus dieser Form Tafeln und Diagramme erhalten werden können.

Beispiel 4 (Horizontaler Wurf) Mit der horizontalen Raumkoordinate x, der vertikalen Raumkoordinate y, der Anfangsgeschwindigkeit v_0, der Fallbeschleunigung g und der Zeit t ergeben sich aus dem Satz über die unabhängige Überlagerung zweier Bewegungen unmittelbar die Parametergleichungen

$$x = v_0 t \quad \text{und} \quad y = -\frac{1}{2} g t^2$$

mit dem Parameter t. Eine Umwandlung in die explizite Form kann hier durch Auflösen der ersten Gleichung nach t und Einsetzen in die zweite Gleichung erfolgen. Man erhält dann

$$y = -\frac{g}{2 v_0^2} x^2 = -c x^2 \quad \text{mit} \quad c = \frac{g}{2 v_0^2}$$

Es sei bereits hier bemerkt, daß der Graph dieser Funktion unabhängig von der Form der Gleichung eine Parabel ist. Daß dies bei der expliziten Schreibweise sofort erkannt wird, ist lediglich eine Frage der Gewohnheit.

Beispiel 5 (Kreisgleichung) Aus Bild **85**.1 ergeben sich unmittelbar die Koordinaten bzw. der Zusammenhang zwischen den Koordinaten x und y des auf einer beliebigen (variablen) Stelle des Kreisumfangs liegenden Punktes P.

Aus trigonometrischen Beziehungen erhält man die Parameterform	aus dem Lehrsatz des Pythagoras erhält man die implizite Form
$x = r \cos \varphi$	
$y = r \sin \varphi$	$x^2 + y^2 = r^2$

85.1

Die Elimination des Parameters φ kann hier erfolgen, indem die beiden linken Gleichungen quadriert und addiert werden. Mit der Beziehung $\sin^2 \varphi + \cos^2 \varphi = 1$ erhält man die implizite Form.

2.5.2 Funktionstafel

Definition Eine Funktionstafel enthält eine endliche Anzahl von Paaren der Elemente von Definitions- und Bildmenge, die auf Grund der betreffenden Abbildungsvorschrift einander zugeordnet sind.

Eine Tafel kann aus der zugehörigen Gleichung berechnet werden oder durch unmittelbare Messung der beiden Größen entstehen. Ehe hierauf näher eingegangen wird, zunächst einige Bemerkungen zur äußeren Form einer Tafel. Die Tafel enthält im Kopf immer das Formelzeichen und die Einheit der Größe, in den Spalten oder Zeilen die gemessenen oder berechneten Zahlenwerte. Häufig haben die Funktionswerte und Argumente verschiedene Größenordnungen. Dann schreibt man außer den Formelzeichen und Einheiten auch noch gemeinsame Zehnerpotenzen mit in den Tafelkopf. Die kinematische Zähigkeit v der atmosphärischen Luft ist eine Funktion der Temperatur ϑ. Sie liegt in der Größenordnung 10^{-6} bis 10^{-7} m²/s. Eine Funktionstafel kann in einer der nachstehenden Formen geschrieben werden:

Tafel **86.1**

$\dfrac{\vartheta}{°C}$	$\dfrac{10^6\,v}{\text{m}^2/\text{s}}$
−20	11,6
0	13,3
20	15,1
40	16,9

Tafel **86.2**

$\dfrac{\vartheta}{°C}$	$\dfrac{v}{10^{-6}\,\text{m}^2/\text{s}}$
−20	11,6
0	13,3
20	15,1
40	16,9

In Tafel **86.1** ist der 10^6-fache Wert der Größe v angegeben. Er ist mit der Einheit m²/s zu multiplizieren. Man entnimmt für $\vartheta = 20°C$ den Wert $10^6\,v = 15{,}1$ m²/s, also $v = 15{,}1 \cdot 10^{-6}$ m²/s. In Tafel **86.2** sind die v-Werte mit der Einheit 10^{-6} m²/s zu multiplizieren. Für $\vartheta = 20°C$ ist also $v = 15{,}1 \cdot 10^{-6}$ m²/s. In diesem Buch wird vorwiegend die rechte Form, Tafel **86.2**, benutzt.

Berechnung einer Tafel aus einer gegebenen Gleichung Zunächst wird vorausgesetzt, daß die Gleichung explizit vorliegt. Als erstes wird der gewünschte Bereich der x-Werte bestimmt, er ist i. a. kleiner als der mathematische Definitionsbereich der Funktion. Dann ist festzulegen, wieviele Werte die Tafel enthalten soll. Daraus ergibt sich die häufig konstante Differenz $\Delta x = x_{i+1} - x_i$ zweier aufeinanderfolgender x-Werte, der sog. Argumentschritt. Die Wahl dieser Werte ist meist eng mit dem Zweck der Tafel und dem betreffenden technischen Problem verbunden. Die Wichtigkeit und Schwierigkeit dieser Überlegungen werden vom Anfänger oft unterschätzt. Häufig ist eine Berechnung einer Tafel erst sinnvoll, wenn die in Abschn. 2.6.3 und in Abschn. 7.1.3 dargelegten Untersuchungen über die charakteristischen Eigenschaften der Funktion durchgeführt wurden.

Die Art der eigentlichen Berechnung hängt sehr vom benutzten Rechengerät ab. Man soll die Möglichkeiten eines vorhandenen Taschenrechners voll ausnutzen und insbesondere das Herausschreiben von überflüssigen Zwischenergebnissen vermeiden. Wenn nacheinander für jeden x_i-Wert unmittelbar der y_i-Wert berechnet werden kann, sagt man, die Tafel wird zeilenweise berechnet. Wenn dies nicht möglich ist, insbesondere wenn Zwischenergebnisse aus im Handel befindlichen Funktionstafeln [34] entnommen werden (z. B. Werte von Funktionen der Statistik), empfiehlt es sich, die Tafel zunächst für alle x_i-Werte nur bis zu diesem Zwischenergebnis zu rechnen. Man sagt dann, die Tafel wird spaltenweise gerechnet. Zur Berechnung von Tafeln aus komplizierten Gleichungen empfiehlt sich das Programmieren auf einer Rechenanlage.

Aus der impliziten Form einer Gleichung wird eine Tafel erhalten, indem für jeden vorgegebenen x_i-Wert der betreffende y_i-Wert als Unbekannte einer Bestimmungsgleichung berechnet wird. Die dazu erforderlichen Verfahren sind in Abschn. 7.1.1 beschrieben und setzen i. allg. eine Rechenanlage voraus.

2.5.2 Funktionstafel

Liegt die Gleichung in der Parameterform vor, so gilt das für die explizite Form Gesagte zunächst für den Parameter. Man erhält eine Tafel, deren 1. Spalte die Parameterwerte (meist mit konstanten Differenzen) enthält, in zwei weiteren Spalten stehen die mit den aus Gl. (84.2) berechneten x- und y-Werten. Fordert man von dieser Tafel „runde" x-Werte mit konstanten Differenzen, muß interpoliert werden. In diesem Falle ist allerdings zu überlegen, ob man nicht zunächst den Parameter eliminiert und die explizite Form erzeugt.

Beispiel 6 Aus der gegebenen Gleichung einer Zykloide ist der Anfang einer Tafel zu berechnen. Zunächst wird mit konstanten Differenzen des Parameters φ gerechnet, dann wird durch Interpolation eine Tafel mit konstanten x-Differenzen $\Delta x = 0{,}05$ erzeugt. Der Wert $\Delta \varphi = 0{,}5$ ist für eine praktische Anwendung der Tafel zu groß, er wurde gewählt, um das Rechenverfahren zu verdeutlichen.

$x = \varphi - \sin \varphi \qquad y = 1 - \cos \varphi$

φ	$\sin \varphi$	$\cos \varphi$	x	y
0,0	0,000	1,000	0,000	0,000
0,5	0,479	0,878	0,021	0,122
1,0	0,841	0,540	0,159	0,460

Benötigt man in der neuen Tafel nur die (x, y)-Werte, so genügen zum Interpolieren die beiden letzten Spalten der vorstehenden Tafel. Hier werden auch die entsprechenden φ-Werte berechnet. Ferner liegt hier der etwas ungewöhnliche Fall vor, daß zwischen die beiden letzten Werte der vorstehenden Tafel wegen $\Delta x = 0{,}05$ drei neue Werte interpoliert werden.

Für die lineare Interpolation gilt

$$\frac{\delta y}{\delta x} = \frac{\Delta y}{\Delta x} \qquad \text{sowie} \qquad \frac{\delta \varphi}{\delta x} = \frac{\Delta \varphi}{\Delta x}$$

Dabei sind die Δ-Werte die aus der vorstehenden Tafel zu entnehmenden Differenzen zwischen untereinanderstehenden Werten und die δ-Werte die Differenzen bis zum nächsten gewünschten bzw. zu berechnenden Wert. Für die beiden letzten Wertepaare der vorstehenden Tafel ist

$$\frac{\Delta y}{\Delta x} = \frac{0{,}338}{0{,}138} = 2{,}45 \qquad \text{und} \qquad \frac{\Delta \varphi}{\Delta x} = \frac{0{,}500}{0{,}138} = 3{,}62$$

In die 1. Spalte des folgenden Rechenschemas werden die gewünschten x-Werte geschrieben. Die weitere Rechnung ergibt sich aus den vorstehenden Proportionen.

x	δx	δy	y	$\delta \varphi$	φ
0,00			0,000		0,000
0,05	0,029	0,071	0,193	0,105	0,605
0,10	0,079	0,194	0,316	0,286	0,786
0,15	0,129	0,316	0,438	0,467	0,967

Zur Kontrolle von per Hand gerechneten Tafeln empfiehlt sich folgendes Verfahren. Man bildet die sog. 1. Differenzen $\Delta y_i = y_{i+1} - y_i$ zweier aufeinanderfolgender Funktionswerte. Von diesen Differenzen werden nach dem gleichen Verfahren wieder die Differenzen gebildet. Man nennt sie die 2. Differenzen. Das Bilden dieser Differenzen ist insbesondere mit Taschenrechnern leicht möglich. Dabei kann noch folgende Kontrolle benutzt werden: die Summe jeder Differenzenfolge ist gleich der Differenz aus der letzten und ersten Zahl der vorherigen Folge. Beweis: Jede zur Differenzbildung herangezogene Zahl außer der ersten und letzten kommt in der Summe je einmal mit positivem und negativem Vorzeichen vor.

Bei sehr vielen Funktionen nähern sich nun die 2. oder 3. Differenzen einem konstanten Wert. Insbesondere liegt meist ein Fehler vor, wenn in einer Differenzenfolge ein Wert stark von denen seiner Umgebung abweicht. Bei den in Abschn. 3.1 behandelten, in der Technik sehr wichtigen ganzen rationalen Funktionen gilt sogar der bemerkenswerte Satz:

Sind in einer Tafel einer ganzen rationalen Funktion n-ten Grades die Δx-Werte konstant, so ist auch die n-te Differenzenfolge konstant.

Dieser Satz kann nur mit Hilfe der in Abschn. 5 behandelten Differentialrechnung bewiesen werden. Mit ihm kann man sogar „rückwärts" aus den n-ten Differenzen einer gegebenen Tafel die Tafel erweitern, ohne die Funktionsgleichung zu kennen.

Beispiel 7 Tafel 88.1 zeigt die Funktionswerte und Differenzen der Funktion
$$y = x^3 - 15x^2 + 66x - 80$$

Tafel 88.2 zeigt einen Ausschnitt aus einer Tafel der Funktion $y = \sin x$. Bei $x = 0,50$ wurden die beiden letzten Ziffern des Funktionswertes vertauscht. Dies ist ein Fehler, der erfahrungsgemäß beim Ablesen von Tafeln oder Taschenrechnern häufig gemacht wird. Man erkennt ihn bereits deutlich in der 2. Differenzenfolge. Bei den Differenzen ist es üblich, nur die letzten Ziffern hinzuschreiben.

Tafel 88.1

x	y	1. Differenzen	2.	3.
0	−80	+52		
1	−28	+28	−24	
2	0	+10	−18	+6
3	+10	−2	−12	+6
4	+8	−8	−6	+6
5	0	−8	0	+6
6	−8			
Σ		+72	−60	+24

Tafel 88.2

x	y	1. Differenzen	2.
0,42	0,40776	1818	
0,44	0,42594	1801	−17
0,46	0,44395	1783	−18
0,48	0,46178	1756	−27
0,50	0,47934	1754	−2
0,52	0,49688	1726	−28
0,54	0,51414	1705	−21
0,56	0,53119		

Aufstellen einer Funktionsgleichung aus einer gegebenen Tafel Hier kann nur der prinzipielle Lösungsansatz dieser sehr wichtigen Aufgabe gezeigt werden. Dazu werden zwei einschränkende Voraussetzungen gemacht: 1. die Tafelwerte sind genau (z.B. nicht mit Meßfehlern behaftet), 2. der Typ der Funktionsgleichung (die Funktionsklasse) ist bekannt (z.B. die einer ganzen rationalen Funktion 2. Grades oder die einer Exponentialfunktion). Die zweite Voraussetzung ist erfüllt, wenn das einer Messung zugrunde liegende „Naturgesetz" bekannt ist. Beide Voraussetzungen können aber entfallen. Einschließlich der am Beginn dieses Abschnitts aufgeworfenen Frage, ob überhaupt eine funktionale Abhängigkeit zwischen zwei gemessenen Größen besteht, kann die Lösung dieses Problems erst in Abschn. 16 erfolgen, weil erst dann die notwendigen Kenntnisse vorausgesetzt werden können.

In jedem Falle besteht die Aufgabe darin, die **Koeffizienten** einer Funktionsgleichung zu bestimmen. Sie sind also die „Unbekannten", werden aber wie bisher mit den üblichen physikalischen Bezeichnungen oder mit den ersten Buchstaben des Alphabets bezeichnet. Bei den hier gemachten Voraussetzungen beschreiben laut Definition sowohl die Tafel als auch die Gleichung die gleiche Abhängigkeit (Abbildung). Deshalb gilt der Satz

Jedes Wertepaar der Tafel erfüllt die Gleichung.

Eine Anwendung dieses Satzes ist die bekannte „Einsetzprobe" bei der Berechnung von Tafeln. Hier bildet er den Lösungsansatz für die Bestimmung der Koeffizienten. Setzt man nämlich ein Wertepaar der Tafel in die Gleichung ein, erhält man eine Bestimmungsgleichung für die unbekannten Koeffizienten. Die Anzahl der Bestimmungsgleichungen muß mit der Anzahl der Unbekannten übereinstimmen (s. Abschn. 4.4). Man benötigt also soviele Wertepaare, wie Koeffizienten vorhanden sind. In vielen Fällen sind die entstehenden Bestimmungsgleichungen linear und können mit den in Abschn. 4.4 beschriebenen Methoden gelöst werden. Der einfachste Fall ist die bekannte „Zwei-Punkte-Formel" einer Geradengleichung, mit der aus zwei Wertepaaren die Koeffizienten a_0 und a_1 der Gleichung $y = a_0 + a_1 x$ berechnet werden.

Beispiel 8 Bei einer elektrischen Hochspannungsleitung sind in grober Näherung die Anlagekosten dem Leitungsquerschnitt x proportional und die Verlustkosten beim Betrieb wegen der Wärmeverluste dem Leitungsquerschnitt umgekehrt proportional. Die Summe y beider Kostenanteile führt auf den auch bei anderen Problemen vorkommenden Funktionstyp

$$y = a x + b/x$$

Aus zwei gemessenen Wertepaaren $(x_1; y_1)$ und $(x_2; y_2)$ sind die Koeffizienten a und b zu bestimmen.

Einsetzen der Meßwerte in die Funktionsgleichung liefert die beiden Bestimmungsgleichungen

$$y_1 = a x_1 + b/x_1 \qquad y_2 = a x_2 + b/x_2$$

Die 1. Gleichung wird mit x_1, die zweite mit x_2 multipliziert, und man erhält

$$x_1 y_1 = a x_1^2 + b \qquad x_2 y_2 = a x_2^2 + b$$

Aus der Differenz beider Gleichungen ergibt sich

$$a = \frac{x_1 y_1 - x_2 y_2}{x_1^2 - x_2^2}$$

Einsetzen dieses Wertes in eine der beiden Ausgangsgleichungen liefert nach einigen elementaren Umformungen

$$b = \frac{x_1 x_2 (x_1 y_2 - x_2 y_1)}{x_1^2 - x_2^2}$$

2.5.3 Funktionsdiagramm

Definition In einem Diagramm (Schaubild) wird jedes Paar von Elementen der Definitions- und Bildmenge, die auf Grund der betreffenden Abbildungsvorschrift einander zugeordnet sind, durch einen Punkt in der Ebene dargestellt.

Im Vergleich zu den anderen Darstellungsformen haben die Diagramme folgende Vorteile: Es gibt viele (sog. schreibende) Meßinstrumente, die diese Diagramme unmittelbar erzeugen; die Ablesung (Benutzung) von Diagrammen erfordert keine mathematischen Kenntnisse; aus den geometrischen Eigenschaften der Diagramme können oft technische Schlußfolgerungen gezogen werden. Ihr wesentlichster Nachteil ist ihre begrenzte Genauigkeit.

Entsprechend den Tafeln soll auch ein Diagramm stets die Formelbuchstaben, Zahlenwerte und Einheiten der betreffenden Größen enthalten. Nach DIN 461, Graphische Darstellung in Koordinatensystemen, wird bei Koordinatennetzen oder Teilungen an den Achsen ein Pfeil getrennt von der Achse entweder mit dem Quotienten aus Größe und Einheit oder nur mit der Größe beschriftet; im zweiten Fall wird dann die Einheit zwischen die beiden größten Zahlenwerte geschrieben. Wird die Achse nicht unterteilt, so wird diese mit einem Pfeil versehen und die Größe daneben geschrieben.

Geradlinige rechtwinklige Koordinaten Die Zahlenwerte der unabhängigen Variablen (Elemente der Definitionsmenge) werden durch Strecken auf einer waagerechten Geraden, der Abszissenachse, und die Zahlenwerte der abhängigen Variablen (Elemente der Bildmenge) auf einer dazu senkrechten Geraden, der Ordinatenachse, dargestellt. Das Wertepaar $(x_i; y_i)$ wird durch den Punkt $P_i(x_i; y_i)$ dargestellt, wie dies in Bild **90**.1 ersichtlich ist. In bezug auf das Diagramm wird x_i als Abszisse, y_i als Ordinate und beide als die Koordinaten des Punktes P_i bezeichnet.

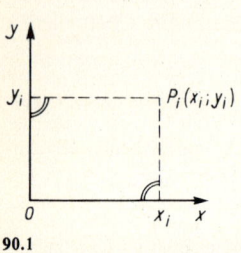

90.1

Um aus einer gegebenen Gleichung ein Diagramm zu erhalten, stellt man sich vor, daß beliebig viele Wertepaare mit beliebig kleinen Differenzen $\Delta x = x_{i+1} - x_i$ berechnet wurden. Die entsprechenden Punkte liegen dann (mit den in Abschn. 2.3 behandelten Ausnahmen) beliebig dicht und bilden den Graph dieser Funktion. Für viele Funktionen haben ihre Graphen Namen wie z. B. Gerade, Kreis, Parabel. Manchmal werden diese Namen mit dem Funktionsnamen gleichgesetzt, obwohl dies streng genommen nicht zulässig ist. In Wirklichkeit können die Wertepaare $(x_i; y_i)$ nur mit endlichen Differenzen Δx berechnet werden. Wie groß dieses Δx aber sein muß, damit aus den nun diskreten Punkten ein eindeutiger Graph entsteht, kann nicht allgemein angegeben werden. Bei der graphischen Darstellung von Funktionen mit Rechenanlagen treten hier bereits schwierige Probleme auf. Andererseits ist es bei Rechnungen per Hand bei Zuhilfenahme der in Abschn. 2.6.3 und Abschn. 7.1.3 beschriebenen Methoden der Kurvendiskussion oft verblüffend, mit wie wenig Wertepaaren der prinzipielle Verlauf auch komplizierter Graphen bestimmt werden kann.

Um aus einem gegebenen Diagramm eine Gleichung zu erhalten, ist zunächst eine geeignete Anzahl von Wertepaaren abzulesen, also eine Tafel herzustellen und daraus wie auf S. 88 beschriebene die Gleichung zu berechnen.

Einheitslänge. Maßstab In Diagrammen der Technik werden häufig auf beiden Koordinatenachsen verschiedene Größen oder/und verschiedene Zahlenbereiche dargestellt. Deshalb muß zwischen den Strecken ξ, η und den durch sie dargestellten Größen x, y unterschieden werden.

Definition. Einheitslänge $= \dfrac{\text{Streckendifferenz}}{\text{entsprechende Größendifferenz}}$ (90.1)

2.5.3 Funktionsdiagramm

Die Einheitslänge auf der Abszissenachse erhält das Formelzeichen l_x, die der Ordinatenachse l_y. Der Zahlenwert der Einheitslänge ist gleich dem Zahlenwert der Streckenlänge, durch die eine Einheit der betreffenden Größe dargestellt wird. Nach DIN 5478, Maßstäbe in graphischen Darstellungen, heißt diese Größe l der **Maßstab**. Vorwiegend im Maschinenbau wird aber manchmal noch mit dem Kehrwert des Maßstabes gearbeitet, der Maßstabsfaktor heißt. Der Kürze halber wird aber auch oft fälschlich dieser Kehrwert als „Maßstab" bezeichnet. Um Verwechslungen zu vermeiden, wird deshalb in diesem Buch der Begriff Einheitslänge verwendet.

Um ein Diagramm mit vorgeschriebenen Abmessungen aus einer Tafel mit gegebenen Zahlenwerten zu konstruieren, müssen Einheitslängen berechnet werden. Auch aus vorhandenen Diagrammen müssen für manche Verfahren (z.B. graphische Integration, s. Abschn. 6.2.6) die Einheitslängen entnommen werden. Die folgenden Beispiele zeigen die Lösung dieser beiden Grundaufgaben.

Beispiel 9 Aus dem Dehnung-Spannung-Diagramm Bild **91.1** entnimmt man nach Gl. (90.1) folgende Einheitslängen

$$l_\varepsilon = \frac{5 \text{ cm}}{0{,}2 \cdot 10^{-3}} = 25 \cdot 10^3 \text{ cm} \qquad l_\sigma = \frac{5 \text{ cm}}{50 \text{ N/mm}^2} = 0{,}1 \frac{\text{cm}}{\text{N/mm}^2}$$

Wie man ferner aus diesem Bild ersieht, ist bei technischen Diagrammen der gezeichnete Schnittpunkt der Koordinatenachsen nicht immer der sog. Koordinatenursprung mit den Koordinaten (0; 0).

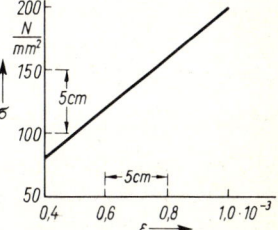

91.1 Dehnung-Spannung-Diagramm

Beispiel 10 Aus der Funktionsgleichung $y = x^3$ ist im Bereich $5 \leq x \leq 8$ mit $\Delta x = 1$ eine Tafel zu berechnen und ein Diagramm der Größe DIN A 6 Hochformat (105 mm × 148 mm) zu konstruieren.

Spalte 2 von Tafel **91.2** enthält die mit der Funktionsgleichung berechneten y-Werte. Die Ordinate des Diagramms wird mit glatten Zahlenwerten $\bar{y}$ beschriftet. Für den Wertebereich der Ordinatenbeschriftung wählt man aus der 2. Spalte $\bar{y}_{min} = 100 \leq \bar{y} \leq 600 = \bar{y}_{max}$ und $\Delta \bar{y} = 100$. Daraus erhält man mit Gl. (90.1) die Einheitslängen

$$l_x = \frac{105 \text{ mm}}{3} = 35 \text{ mm} \qquad \text{und} \qquad l_y = \frac{148 \text{ mm}}{500} = 0{,}296 \text{ mm}$$

Tafel **91.2**

1	2	3	4	5	6	7	8	9
x	y	$x - x_1$	ξ/mm	$y - \bar{y}_{min}$	η/mm	$\bar{y}$	$\bar{y} - \bar{y}_{min}$	$\bar{\eta}$/mm
5	125	0	0	25	7,4	100	0	0,0
6	216	1	35	116	34,3	200	100	29,6
7	343	2	70	243	71,9	300	200	59,2
8	512	3	105	412	122,0	400	300	88,8
						500	400	118,4
	$x_1 = 5$		$x_2 = 8$			600	500	148,0

2.5 Darstellung von Funktionen

Spalte 3 dient der Vorbereitung der Spalte 4, in der die Abszissenstrecken mit $\xi = l_x(x - x_1)$ berechnet werden. Nun kann die Abszissenachse beschriftet werden. Meist wird anschließend unmittelbar die Ordinatenachse mit den Werten $\bar{y}$ beschriftet. Hierzu dienen die Spalten 7, 8, 9 der Hilfstafel. Oft werden dann die den Wertepaaren entsprechenden Punkte direkt durch Interpolation mit dem Auge in das Diagramm eingetragen. Die Spalten 5 und 6 werden nur benötigt, wenn man auch die den Ordinatenwerten y der Spalte 2 entsprechenden Strecken mit $\eta = l_y(y - \bar{y}_{\min})$ berechnen will. Bild **92.1** zeigt das Diagramm im Verhältnis 1:3 verkleinert.

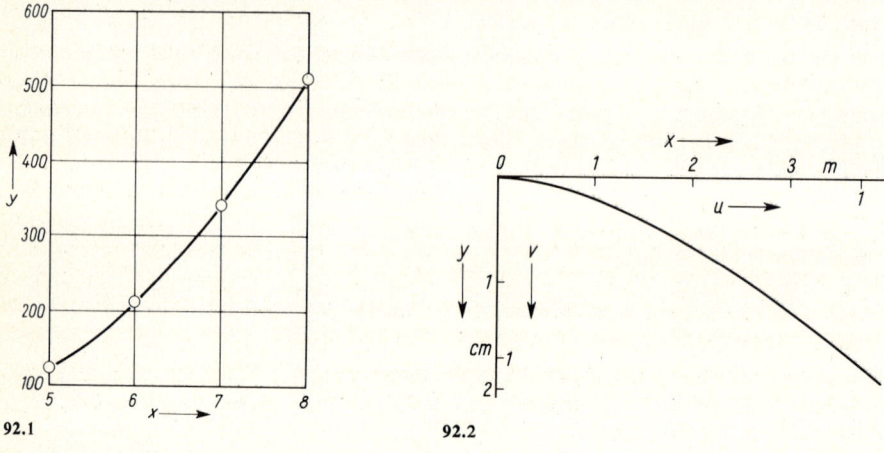

92.1 92.2

Beispiel 11 Eine B i e g e l i n i e hat die normierte Gleichung

$$v = 1{,}5\,u^2 - 0{,}5\,u^3$$

mit $u = x/l$ und $v = y/f$ (s. Beispiel 2, S. 83). Bild **92.2** zeigt das Diagramm im Verhältnis 1:2 verkleinert. In der Festigkeitslehre ist es üblich, die abhängige Variable positiv nach unten aufzutragen. Ein Träger hat die Länge $l = 3{,}75$ m und eine maximale Durchbiegung $f = 1{,}8$ cm. Das Diagramm ist mit glatten $(x;y)$-Werten zu beschriften.

Für $u = 1$ ist $x = l$. Aus dem Diagramm entnimmt man, daß $u = 1$ durch eine Strecke von 10 cm dargestellt wird. Daraus ergibt sich $l_x = 10$ cm$/3{,}75$ m $= 2{,}67$ cm/m. Entsprechend erhält man $l_y = 5$ cm$/1{,}8$ cm $= 2{,}78$. Hieraus ergibt sich die neue Beschriftung.

Parallelkoordinaten. Funktionsleiter Die Koordinatenachsen können nicht nur rechtwinklig, sondern auch parallel zueinander angeordnet werden. Bild **93.1**a zeigt den Übergang von der einen zur anderen Darstellung. Die Punkte der Abszissenachse werden auf den Graphen und von dort auf die Ordinatenachse projiziert. Bild **93.1**b zeigt die unmittelbare Darstellung dieser Funktion in Parallelkoordinaten. Dabei ist es üblich, die beiden parallelen Koordinatenachsen zu einer Geraden zusammenfallen zu lassen, die beiderseits beschriftet ist.

Definition Eine D o p p e l s k a l a enthält auf beiden Seiten Beschriftungen mit glatten x- und y-Werten. Gegenüberliegende Punkte der Skala ergeben zusammengehörige Wertepaare der Funktion. Für manche Anwendungen wird die y-Beschriftung nicht benötigt und deshalb weggelassen. Das Diagramm heißt dann eine F u n k t i o n s l e i t e r.

Doppelskalen und Funktionsleitern können ohne den Umweg über rechtwinklige Koordinaten unmittelbar aus der Funktionstafel konstruiert werden. Die Länge bis zu einem Punkt der Funktionsleiter ist dem Funktionswert y proportional, angeschrieben wird

2.5.3 Funktionsdiagramm

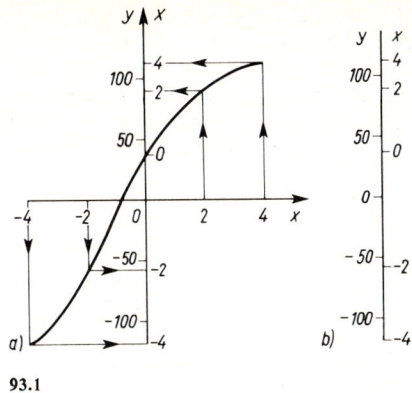

93.1

aber der betreffende Argumentwert x. Als Gleichung für eine Funktionsleiter[1]) gilt also

$$\eta = l_y f(x) \qquad (93.1)$$

Beispiele für Funktionsleitern sind die Skalen des Rechenschiebers. Die Grundskala ist eine Leiter der Funktion $y = \lg x$. Die Länge entspricht dem Logarithmus, angeschrieben ist der Numerus. Die Einheitslänge beträgt bei den üblichen Modellen 25 cm. Hier sieht man auch, daß für die meisten Anwendungen des Rechenschiebers die Zahlenwerte der Logarithmen nicht benötigt werden. Man findet sie auf der L-Skala, die die in diesem Fall auch räumlich getrennte Parallelkoordinate zur Grundskala bildet. In Abschn. 3.5.3 wird gezeigt, daß die Graphen mancher Funktionen zu Geraden werden, und deshalb sehr leicht konstruiert und abgelesen werden können, wenn man auf den Koordinatenachsen Funktionsleitern statt einer linearen Teilung aufträgt.

Das folgende Beispiel zeigt, daß die Berechnung einer Funktionsleiter oder Doppelskala mit dem gleichen Rechenschema durchgeführt wird, wie die Berechnung des Graphen in rechtwinkligen Koordinaten.

Beispiel 12 Aus der Gleichung $y = x^3$ ist im Bereich $5 \leq x \leq 8$ mit $\Delta x = 1$ eine Tafel zu berechnen und eine Doppelskala von 148 mm Länge zu konstruieren.

Da die Berechnung genauso verläuft wie in Beispiel 10, S. 91, wird wieder Tafel **91.2** benutzt. Bei einer Doppelskala wählt man wie bei der Ordinate in rechtwinkligen Koordinaten meist runde Werte für $\bar{y}_{min}$ und $\bar{y}_{max}$. Bei einer Funktionsleiter ist hingegen $y_{min} = f(x_1)$ und $y_{max} = f(x_2)$. In beiden Fällen gilt

$$l_y = \frac{\text{Länge der Leiter}}{\text{Differenz der Funktionswerte}}$$

Hier erhält man wie in Beispiel 10, S. 91, $l_y = 0,296$ mm. Nun erfolgt unmittelbar die Berechnung der Spalten 5 und 6. Die Strecken η werden aufgetragen und mit den entsprechenden x-Werten beschriftet. Damit ist bereits eine Funktionsleiter konstruiert. Zur Vervollständigung als Doppelskala benötigt man die Hilfstafel, insbesondere Spalte 9. Diese Strecken werden mit y-Werten beschriftet. Bild **93.2** zeigt die Doppelskala im Verhältnis 1 : 3 verkleinert.

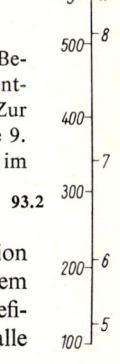

93.2

Polarkoordinaten Statt durch zwei Strecken kann ein Wertepaar einer Funktion auch durch einen Winkel φ_i und eine Strecke r_i dargestellt werden. Der dem Wertepaar entsprechende Punkt der Ebene ist dadurch ebenfalls eindeutig definiert. Dies ist die Darstellung in Polarkoordinaten (**94.1**). In diesem Falle

---

[1]) Der Faktor l_y in Gl. (93.1) wird in DIN 5478, Maßstäbe in graphischen Darstellungen, als Zeichnungseinheit bezeichnet. In diesem Buch wird nicht zwischen Maßstab und Zeichnungseinheit unterschieden.

2.5 Darstellung von Funktionen

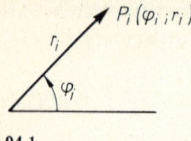

94.1

werden auch in der entsprechenden Funktionsgleichung die Variablen meist r und φ genannt, und man schreibt z. B. in der expliziten Form $r = f(\varphi)$. Die Gleichungen können aber auch in der impliziten Form oder der Parameterform vorliegen.

Im Diagramm hat ein Schenkel von φ im Prinzip eine beliebige Richtung, meist wird er in die Richtung der positiven x-Achse gelegt. Von dieser Geraden aus wird φ gegen den Uhrzeiger positiv gezählt. φ kann auch negative Werte annehmen. r hat hingegen laut Definition stets einen positiven Wert. Ergeben sich in einer Funktionsgleichung für bestimmte Winkel $\bar{\varphi}$ rechnerisch negative Werte für die betreffenden $\bar{r}$, so ist laut Vereinbarung der zu zeichnende Winkel φ für diesen Punkt

$$\varphi = \bar{\varphi} + 180° \qquad r = |\bar{r}| \tag{94.1}$$

Bei technischen Anwendungen kann r eine beliebige physikalische Größe sein und wird dann in der Gleichung auch mit dem entsprechenden Formelbuchstaben bezeichnet. In diesem Falle ist auch eine Einheitslänge für diese Größe zu bestimmen. φ tritt hingegen entweder unmittelbar als Winkel auf oder kann auf Grund einer einfachen Beziehung wie z. B. $\varphi = \omega t$ aus einer anderen Variablen (hier t) berechnet werden. In jedem Falle wird φ meist mit der Einheitslänge 1, also unverzerrt, aufgetragen. Polarkoordinaten werden z. B. in der Getriebelehre oder bei den Ortskurven der Nachrichtentechnik verwendet, weil hier die technischen Problemstellungen auf entsprechende Größen führen.

In geradlinigen rechtwinkligen Koordinaten bilden die Graphen der Gleichungen $x = $ const und $y = $ const zwei Scharen von sich senkrecht schneidenden Geraden, das rechtwinklige Koordinatennetz. In Polarkoordinaten sind die Graphen von $r = $ const konzentrische Kreise und von $\varphi = $ const ein durch den Ursprung gehendes Strahlenbüschel. Auch diese beiden Kurvenscharen stehen senkrecht aufeinander. Sie bilden das Polarkoordinatennetz. Entsprechend bedrucktes Papier ist im Handel erhältlich.

Gleichungen desselben formalen Aufbaus ergeben je nach Koordinatensystem verschiedene Graphen. So ergibt z. B. die Gleichung $y = x$ die Winkelhalbierende im 3. und 1. Quadranten und die Gleichung $r = \varphi$ eine Spirale. Entsprechend wird derselbe Graph durch verschiedene Gleichungen dargestellt, je nachdem, ob man Polar- oder geradlinige rechtwinklige Koordinaten benutzt.

Beispiel 13 Aus der Gleichung $r = 2 \text{ cm} \cdot \sin \varphi$ ist im Bereich $0° \leq \varphi \leq 180°$ mit $\Delta\varphi = 30°$ eine Tafel zu berechnen und daraus ein Graph zu zeichnen.

Um aus den in Bild **94.2** eingetragenen Punkten die Form des Graphen eindeutig zu erkennen, müßte $\Delta\varphi$ verkleinert werden. Es wird auf die entsprechenden Bemerkungen auf S. 90 verwiesen. Wie hier nicht bewiesen wird, ist der Graph ein **Kreis**.

φ/Grad	r/cm
0	0,00
30	1,00
60	1,73
90	2,00
120	1,73
150	1,00
180	0,00

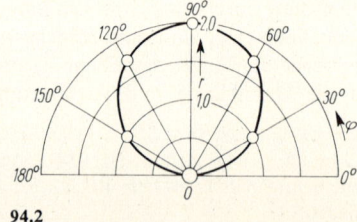

94.2

Die Beziehungen zwischen geradlinigen rechtwinkligen und Polarkoordinaten können Bild **95**.1 entnommen werden

$$\varphi = \arctan \frac{y}{x} \qquad r = +\sqrt{x^2 + y^2} \qquad (95.1)$$

$$x = r \cos \varphi \qquad y = r \sin \varphi \qquad (95.2)$$

Mit diesen Gleichungen können Koordinaten von Punkten oder auch Funktionsgleichungen von einem System ins andere umgerechnet werden. Dies ist ein Spezialfall der sog. Koordinatentransformation, die in Abschn. 2.6.2 behandelt wird. In der Praxis sind die Gleichungen bzw. die Punktkoordinaten meist in dem System gegeben, das für eine weitere Behandlung am zweckmäßigsten ist.

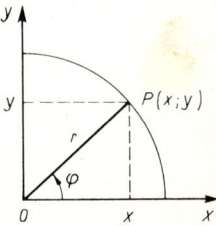

95.1

2.5.4 Aufgaben zu Abschnitt 2.5

1. Die folgenden Funktionsgleichungen sind in die explizite Form umzuwandeln.

a) Zissoide $\qquad x^3 - ax^2 + xy^2 + ay^2 = 0$

b) Kegelschnitt $\qquad Ax^2 + By^2 + Cxy + Dx + Ey + F = 0$

c) Kardioide $\qquad (x^2 + y^2) - (x^2 + y^2 - x)^2 = 0$

2. Von den folgenden Gleichungen ist für den angegebenen Bereich eine Tafel zu berechnen und daraus ein Graph der ungefähren Größe DIN A 6 zu zeichnen.

a) Die Ausströmgeschwindigkeit v eines kompressiblen Gases aus einem Behälter mit dem Innendruck p_0 beim Außendruck p mit v_S als Schallgeschwindigkeit und den normierten Größen $x = p/p_0$ und $y = v/v_S$ sowie dem Verhältnis der spezifischen Wärmekapazitäten $c_P/c_V = \varkappa$ genügt der Gleichung

$$y = \left[\frac{2}{\varkappa - 1}\left(1 - x^{\frac{\varkappa - 1}{\varkappa}}\right)\right]^{1/2} \qquad 0{,}0 \leq x \leq 1{,}0 \qquad \Delta x = 0{,}1$$

Für Luft von 20 °C ist $\varkappa = 1{,}4$.

b) Freie gedämpfte Schwingung

$$y = A \, e^{-\delta t} \cos(\omega t + \varphi) \qquad 0 \leq t \leq 20 \text{ ms} \qquad \Delta t = 1 \text{ ms}$$

y ist der Schwingungsausschlag, t die Zeit, $A = 10$ V der Maximalausschlag der entsprechenden ungedämpften Schwingung, $\delta = 0{,}1$ (ms)$^{-1}$ die Abklingkonstante, $\omega = 0{,}1 \pi$ (ms)$^{-1}$ ist die Eigenkreisfrequenz, $\varphi = -60°$ der Nullphasenwinkel.

c) Kreisevolvente

$$x = 2 \text{ cm } (\cos \varphi + \varphi \sin \varphi) \qquad 0 \leq \varphi \leq 4{,}0 \qquad \Delta \varphi = 0{,}2$$
$$y = 2 \text{ cm } (\sin \varphi - \varphi \cos \varphi)$$

d) Ellipse

$$r = 1{,}8 \text{ cm}/(1 - 0{,}8 \cos \varphi) \qquad 0° \leq \varphi \leq 360° \qquad \Delta \varphi = 15°$$

e) Hyperbel

$$r = 2{,}25 \text{ cm}/(1 - 1{,}25 \cos \varphi) \qquad 0° \leq \varphi \leq 360° \qquad \Delta \varphi = 15°$$

3. Von den folgenden Gleichungen ist für den angegebenen Wertebereich eine Tafel zu berechnen und daraus eine Doppelskala bzw. eine Funktionsleiter von genau 15,0 cm Länge zu konstruieren.

a) Temperaturabhängigkeit der Länge l eines Stabes

$$l = l_0 (1 + \alpha_0 \vartheta) \qquad 50\,°C \leq \vartheta \leq 100\,°C \qquad \Delta\vartheta = 10\,K$$

Temperaturkoeffizient $\alpha_0 = 2,5 \cdot 10^{-5}\,K^{-1}$; Nullänge $l_0 = 50,0$ cm

b) Die Strömungsgeschwindigkeit v bei turbulenter Strömung in einem Rohr im Abstand a von der Rohrachse, dem Rohrradius r, der mittleren Strömungsgeschwindigkeit $\bar{v}$ sowie den normierten Größen $x = a/r$ und $y = v/\bar{v}$, genügt der Gleichung

$$y = 1{,}19\,(1 - x^{5/4})^{1/7} \qquad 0{,}900\,000 \leq x \leq 1{,}000\,000$$

Hinweis: Aus der Tafel ergibt sich, daß hier ein konstantes Δx unzweckmäßig ist. Man finde ein Bildungsgesetz für die Δx, so daß die Δy-Werte ungefähr konstant werden.

c) Bei einer Schraubenfeder besteht nach DIN 2089, zylindrische Schraubenfedern aus runden Drähten und Stäben, folgender Zusammenhang zwischen dem Federdrahtdurchmesser d und dem Schraubenfederdurchmesser D_m

$$D_m = 0{,}78\,d^3$$

Diese Funktion ist im Bereich $1\,mm \leq d \leq 10\,mm$ durch eine Doppelskala darzustellen. Hinweis: Man logarithmiere diese Gleichung und stelle beide Größen als logarithmische Skalen dar (s. Rechenschieber und Gl. (162.2)).

2.6 Weitere Grundbegriffe der Funktionslehre

2.6.1 Aufgelöste Form. Umkehrfunktion

Diese Begriffe wurden bereits in Abschn. 2.1 erklärt. Hier wird auf die Besonderheiten eingegangen, die bei technischen Anwendungen auftreten. Statt des Abbildungsbegriffes tritt wieder der Begriff der Abhängigkeit mehr in den Vordergrund. Bei manchen Problemen wird die ursprünglich unabhängige Variable zur abhängigen und umgekehrt. So kann z. B. bei einem Festigkeitsversuch die Dehnung in Abhängigkeit von der Spannung interessieren oder aber auch die Spannung in Abhängigkeit von der Dehnung. Bei einem Fahrversuch kann die Geschwindigkeit in Abhängigkeit von der Zeit gesucht sein oder aber die Zeit in Abhängigkeit von der Geschwindigkeit.

Definition Wird in einer Abbildung die Definitionsmenge zur Bildmenge erklärt und umgekehrt, so heißt diese Abbildung die (nach der ursprünglichen unabhängigen Variablen) aufgelöste Form. Werden zusätzlich die Namen der Mengen vertauscht, also z.B. die neue Definitionsmenge als X und die neue Bildmenge als Y bezeichnet, so ist dies die Umkehrabbildung oder Umkehrfunktion.

Das Bilden der aufgelösten Form und der Umkehrfunktion wird nun für Funktionsgleichungen, Tafeln und Diagramme gezeigt. Bei Funktionsgleichungen muß vorausgesetzt werden, daß sie explizit nach beiden Variablen aufgelöst werden können. Bei Tafeln und Diagrammen entfällt diese Voraussetzung, sie sind also in dieser Hinsicht flexibler. Bei Funktionsgleichungen sind die Bezeichnungen und symbolische Schreibweisen von Seite 97 üblich.

Bezeichnung	Funktion	nach x aufgelöste Form	Umkehrfunktion
symbolische Schreibweise	$y = f(x)$	$x = f^{-1}(y)$	$y = f^{-1}(x)$
Beispiele	$y = x^3$	$x = \sqrt[3]{y}$	$y = \sqrt[3]{x}$
	$y = e^x$	$x = \ln y$	$y = \ln x$
	$y = 1/x$	$x = 1/y$	$y = 1/x$

Der Schritt von der Funktion zur aufgelösten Form beinhaltet eine arithmetische Umformung, bei der die Funktion erhalten bleibt. Erst der letzte Schritt, die willkürliche Umbenennung der Variablen, erzeugt i. allg. eine andere Funktion. Wie die letzte Zeile der vorstehenden Beispiele zeigt, können aber auch Funktion und ihre Umkehrfunktion identisch sein. Bei physikalischen Größen oder Polarkoordinaten als Variablen ist der letzte Schritt der Umbenennung sinnlos. Das Bilden der aufgelösten Form ist deshalb bei vielen Anwendungen die einzige Umformung. Nach Abschn. 2.1 ist das Bilden einer Umkehrfunktion nur bei bijektiven Abbildungen möglich. Andernfalls ist die aufgelöste Form und die Umkehr-„Funktion" eine Relation.

Aus einer Tafel erhält man die Werte der aufgelösten Form, indem die Tafel von rechts nach links abgelesen wird. Die Tafel der Umkehrfunktion entsteht also einfach durch Vertauschen der beiden Spalten. Im allg. muß hierbei interpoliert werden, weil es üblich ist, daß in einer Tafel die unabhängige Variable runde Werte und konstante Differenzen aufweist. Lediglich um dem Benutzer dieses Interpolieren zu ersparen, werden von den wichtigsten Funktionen sowohl Tafeln der Funktion als auch der Umkehrfunktion gedruckt.

Entsprechendes gilt für Diagramme. Eine Funktion und ihre aufgelöste Form haben den gleichen Graphen, nur die Ableserichtung ist verschieden (97.1). Eine wichtige Anwendung sind die zahlreichen Doppelskalen des Rechenschiebers. Ein Übergang von der Skala D auf die Skala A liefert z.B. die Werte der Funktion $y = x^2$ und die umgekehrte Ableserichtung von A nach D die Werte von $x = +\sqrt{y}$. In rechtwinkligen Koordinaten bedeutet die Umbenennung der Variablen, daß die nach rechts gerichtete positive x-Achse nun senkrecht nach oben und die ursprünglich senkrecht nach oben gerichtete positive y-Achse nun nach rechts verläuft. Entsprechendes gilt für die Koordinaten der Punkte des Graphen. Diese Operationen bedeuten bei gleichen Einheitslängen ein Spiegeln des Koordinatensystems und des Graphen an der 45°-Achse im 3. und 1. Quadranten. (97.2). Auf diese Weise ist es möglich, den Graphen der Umkehrfunktion zu konstruieren, wenn z.B. die Gleichung nicht nach der anderen Variablen aufgelöst werden kann.

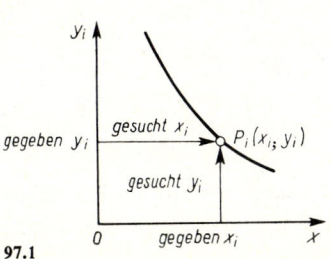

97.1

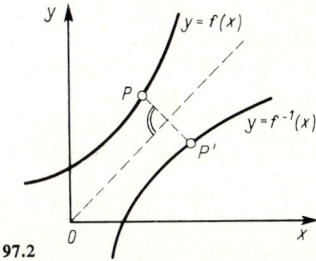

97.2

2.6.2 Koordinatentransformation

Bei vielen Problemen ist ein Koordinatensystem nicht unmittelbar gegeben, sondern muß erst festgelegt werden. Die Wahl eines geeigneten Koordinatensystems kann die Lösung sehr erleichtern. So hat die Mitte des Balkens in Bild **98.1** einen positiven Zahlenwert $u = l/2$, wenn der Koordinatenursprung in das linke Auflager gelegt wird, dagegen ist die x-Koordinate Null, wenn der Koordinaten-Nullpunkt in die Balkenmitte gelegt wird.

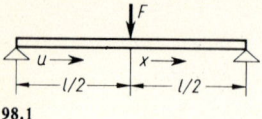

98.1

In der Astronomie hat man im Mittelalter die Bewegung der Planeten auf die Erde bezogen und hatte große Mühe, diese Bewegungen zu beschreiben und vorauszuberechnen. Erst als Kepler den Koordinaten-Nullpunkt in die Sonne legte, ließen sich die Planetenbahnen durch Ellipsen beschreiben. Man beachte, daß das nach heutiger Auffassung „falsche" Koordinatensystem mit der Erde im Mittelpunkt trotzdem richtige Vorausberechnungen ermöglicht. Die Relativitätstheorie der Physik beweist nun, daß es prinzipiell möglich ist, einen physikalischen Vorgang mit einem beliebigen Koordinatensystem zu beschreiben. Durch geschickte Wahl eines geeigneten Systems wird die Beschreibung, d.h. die gesuchte Funktionsgleichung, aber besonders einfach.

Ein allgemeines Verfahren zum Auffinden eines optimalen Koordinatensystems für ein gegebenes Problem gibt es nicht. In diesem Abschnitt wird gezeigt, wie sich Funktionsgleichungen ändern, wenn man das Koordinatensystem ändert. Dabei wird vorausgesetzt daß die betrachteten Koordinatensysteme starr miteinander verbunden sind. In der Kinematik werden darüber hinaus oft Systeme benutzt, die sich gegeneinander bewegen.

Im folgenden werden zwei Systeme behandelt, die entweder parallel gegeneinander verschoben sind, oder den gleichen Ursprung haben und gegeneinander gedreht sind. Die Überlagerung beider Möglichkeiten wird anschließend besprochen. Beide Systeme haben die gleichen Einheitslängen. In einem System werden die Variablen x und y genannt, es heißt das „alte System" (in der Physik oft das „Bezugssystem"), im anderen System werden die Variablen u und v genannt, es heißt das „neue System".

Definition Die Lage des Koordinatenursprungs bzw. der Drehwinkel des neuen (u, v)-Systems wird in bezug auf das alte (x, y)-System angegeben.

Häufig muß zu Beginn der Bearbeitung einer Aufgabe entschieden werden, welches das alte und welches das neue System sein soll. Wählt man z.B. in Bild **99.1** das linke untere System als altes System, so hat der Ursprung A des neuen Systems die Koordinaten $(+3; +4)$. Wählt man hingegen das rechte obere als altes System, so ist B der Ursprung des neuen Systems und hat die Koordinaten $(-3; -4)$. Es sei betont, daß die Begriffe „alt" und „neu" nichts mit den Begriffen „gegeben" und „gesucht" zu tun haben. Eine Funktionsgleichung kann z.B. im alten oder aber auch im neuen System gegeben sein. In späteren Abschnitten tritt vorwiegend der zweite Fall auf.

Bis auf die eben beschriebene Zuordnung zweier Koordinatensysteme zu den Begriffen „alt" und „neu" gelten die nun folgenden Überlegungen sinngemäß auch für die Umwandlung von geradlinigen rechtwinkligen Koordinaten in Polarkoordinaten (s. S. 95).

Zwei Grundaufgaben der Koordinatentransformation sind das Umrechnen von Punktkoordinaten und das Umrechnen von Funktionsgleichungen. Mit Ausnahme der Vermessungstechnik ist die zweite Aufgabe die häufigere.

2.6.2 Koordinatentransformation

Parallelverschiebung Der Ursprung O' des neuen Systems habe die Koordinaten $O'(a; b)$. Dann entnimmt man aus Bild **99.2** unmittelbar die folgenden Transformationsgleichungen

$$u = x - a \qquad v = y - b \tag{99.1}$$

$$x = u + a \qquad y = v + b \tag{99.2}$$

Unter der Voraussetzung, daß a und b bekannt sind, werden bei der Umrechnung von Punktkoordinaten benutzt

Gl. (99.1), wenn $P_i(x_i; y_i)$ gegeben und $P_i'(u_i; v_i)$ gesucht ist
Gl. (99.2), wenn $P_i'(u_i; v_i)$ gegeben und $P_i(x_i; y_i)$ gesucht ist

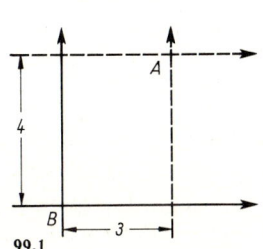

99.1

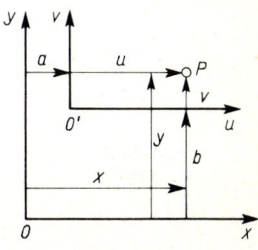

99.2 Parallelverschiebung des Koordinatensystems

Bei der Umrechnung von Funktionsgleichungen ist es aber genau umgekehrt. Es werden benutzt

Gl. (99.1), wenn $v = f_1(u)$ gegeben und $y = f_2(x)$ gesucht ist
Gl. (99.2), wenn $y = f_2(x)$ gegeben und $v = f_1(u)$ gesucht ist

Im Prinzip hat man in der gegebenen Gleichung statt der gegebenen Variablen jeweils die rechte Seite der entsprechenden Transformationsgleichung einzusetzen und erhält damit bereits die Gleichung im anderen System. Meist werden anschließend noch arithmetische Umformungen vorgenommen, um z.B. die neue Gleichung in die explizite Form zu bringen.

Beispiel 1 Eine Gerade genügt im (x, y)-System der Gleichung

$$y = a_0 + a_1 x \tag{99.3}$$

und im (u, v)-System der Gleichung

$$v = \bar{a}_0 + \bar{a}_1 u \tag{99.4}$$

Welche Beziehungen bestehen zwischen den Koeffizienten beider Gleichungen? Wendet man auf Gl. (99.4) Gl. (99.1) an, ergibt sich

$$y - b = \bar{a}_0 + \bar{a}_1 (x - a) \qquad y = (\bar{a}_0 + b - \bar{a}_1 a) + \bar{a}_1 x$$

Durch Vergleich der Koeffizienten dieser Gleichung mit denen in Gl. (99.3) erhält man

$$a_0 = \bar{a}_0 + b - \bar{a}_1 a \qquad \text{und} \qquad a_1 = \bar{a}_1$$

Beispiel 2 Die Abhängigkeit zwischen der Länge l eines Stabes und der Temperatur ϑ wird in der Physik durch folgende Gleichung angegeben

$$l = l_0 (1 + \alpha_0 \vartheta) \tag{99.5}$$

2.6 Weitere Grundbegriffe der Funktionslehre

Dabei ist α_0 der Temperaturkoeffizient und ϑ die Temperatur in Grad Celsius. In der Technik ist es hingegen üblich, sich auf eine Raumtemperatur von 20°C zu beziehen, und man schreibt

$$l = l_{20}(1 + \alpha_{20}(\vartheta - 20°C)) \tag{100.1}$$

Welche Beziehungen bestehen zwischen den Koeffizienten α_0 und α_{20}?
Zunächst ist festzustellen, daß die Funktionsgleichungen nicht die in der Mathematik übliche Form der Geradengleichung haben. Ferner besteht eine Schwierigkeit darin, daß in Gl. (100.1) zwar andere Koeffizienten, aber die gleichen Variablennamen benutzt werden wie in Gl. (99.5). Wählt man Gl. (100.1) als neues System, so ist nach Gl. (99.1) $a = +20°C$ und $b = 0$, und man erhält

$$v = l_{20}(1 + \alpha_{20} u)$$

Der im vorigen Beispiel durchgeführte Koeffizientenvergleich ergibt

$$l_0 = l_{20} - l_{20}\alpha_{20}(20°C) \quad \text{und} \quad l_0 \alpha_0 = l_{20}\alpha_{20}$$

Hieraus erhält man durch Eliminieren von l_0

$$\alpha_0 = \frac{\alpha_{20}}{1 - \alpha_{20}(20°C)} \quad \text{bzw.} \quad \alpha_{20} = \frac{\alpha_0}{1 + \alpha_0(20°C)}$$

Drehung Haben zwei Koordinatensysteme den gleichen Ursprung und ist das neue um den Winkel φ gegen das alte gedreht, so entnimmt man Bild **100.1** folgende Beziehungen

$$u = \overline{AP} = \overline{AB} + \overline{BP} \quad v = \overline{PE} = \overline{BD} = \overline{CD} - \overline{CB}$$

Aus dem Dreieck CBP liest man $\overline{BP} = \overline{CP}\cos\varphi = x\cos\varphi$ und $\overline{CB} = \overline{CP}\sin\varphi = x\sin\varphi$ ab. Aus Dreieck OCD ergibt sich $\overline{AB} = \overline{OD} = \overline{OC}\sin\varphi = y\sin\varphi$ und $\overline{CD} = \overline{OC}\cos\varphi = y\cos\varphi$. Damit erhält man die Transformationsgleichungen

$$u = y\sin\varphi + x\cos\varphi \quad v = y\cos\varphi - x\sin\varphi \tag{100.2}$$

Die Rücktransformation ergibt sich durch Auflösen von Gl. (100.2) nach x und y. Man multipliziert z.B. die erste Gleichung mit $\cos\varphi$ und die zweite mit $\sin\varphi$ und subtrahiert die zweite von der ersten unter Beachtung der Beziehung $\sin^2\varphi + \cos^2\varphi = 1$. Zur Auflösung nach y multipliziert man die erste der Gl. (100.2) mit $\sin\varphi$, die zweite mit $\cos\varphi$ und addiert beide Gleichungen. Man erhält

$$x = u\cos\varphi - v\sin\varphi \quad y = u\sin\varphi + v\cos\varphi \tag{100.3}$$

Die Anwendung von Gl. (100.2) und (100.3) auf die beiden Grundaufgaben des Um-

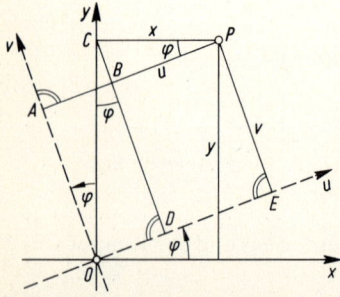

100.1 Drehung des Koordinatensystems

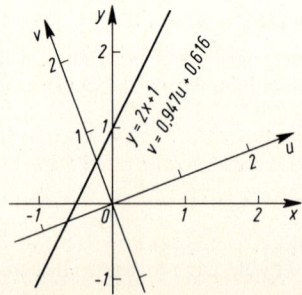

100.2

rechnens von Punktkoordinaten und Funktionsgleichungen entspricht der auf S. 99 beschriebenen Anwendung von Gl. (99.1) und (99.2).

Beispiel 3 Wie lautet die Gleichung der Geraden

$$y = 2x + 1 \tag{101.1}$$

in einem gegen das (x, y)-System um $\varphi = 20°$ gedrehten (u, v)-Koordinatensystem (**100.2**)? Man benutzt Gl. (100.3)

$$y = u \sin 20° + v \cos 20° = 0{,}342\,u + 0{,}940\,v$$
$$x = u \cos 20° - v \sin 20° = 0{,}940\,u - 0{,}342\,v$$

Diese Ausdrücke setzt man in Gl. (101.1) ein und erhält

$$0{,}342\,u + 0{,}940\,v = 2\,(0{,}940\,u - 0{,}342\,v) + 1$$

Diese Gleichung wird nun nach v aufgelöst, d.h. $v = 0{,}947\,u + 0{,}616$.

Beispiel 4 Um welchen Winkel φ ist das (x, y)-System zu d r e h e n, damit in der transformierten Form der Funktionsgleichung $y^2 - xy + 1 = 0$ das gemischte Produkt $u\,v$ nicht auftritt? Man ersetzt x und y nach Gl. (100.3) durch u und v

$$(u \sin \varphi + v \cos \varphi)^2 - (u \cos \varphi - v \sin \varphi)(u \sin \varphi + v \cos \varphi) + 1 = 0$$

multipliziert aus und ordnet nach Potenzen von u

$$u^2 (\sin^2 \varphi - \sin \varphi \cos \varphi) + u\,v\,(2 \sin \varphi \cos \varphi - \cos^2 \varphi + \sin^2 \varphi) + v^2 (\cos^2 \varphi + \sin \varphi \cos \varphi) + 1 = 0$$

Damit das gemischte Produkt verschwindet, muß der Faktor von $u\,v$ gleich Null sein. Daraus ergibt sich eine Bestimmungsgleichung für den Winkel φ

$$2 \sin \varphi \cos \varphi - \cos^2 \varphi + \sin^2 \varphi = 0$$
$$\sin 2\varphi - \cos 2\varphi = 0$$
$$\sin 2\varphi = \cos 2\varphi$$
$$\tan 2\varphi = 1$$
$$2\varphi = 45°$$
$$\varphi = 22{,}5°$$

Die Funktionsgleichung lautet im neuen System mit $\sin \varphi = 0{,}382$ und $\cos \varphi = 0{,}924$

$$0{,}207\,u^2 - 1{,}207\,v^2 = 1$$

In Abschn. 3.3 wird gezeigt, daß der Graph eine Hyperbel ist.

Parallelverschiebung und Drehung Wegen des in der Geometrie gültigen Satzes von der unabhängigen Überlagerung dieser beiden Operationen dürfen auch die beiden entsprechenden rechnerischen Transformationen unabhängig voneinander ausgeführt werden. Man führt ein drittes Hilfskoordinatensystem (r, s) ein, das nur gedreht bzw. nur verschoben ist (**101.1**), und transformiert z.B. zunächst vom (x, y)-System ins (r, s)-System und anschließend vom (r, s)-System ins (u, v)-System. Wie das folgende Beispiel zeigt, kann sich durch eine derartige Transformation die Funktionsklasse der Gleichung ändern.

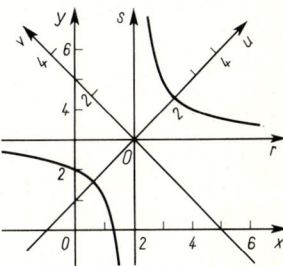

101.1

Beispiel 5 Man zeige, daß sich die Gleichung

$$y = \frac{mx+n}{px+q} \tag{102.1}$$

durch eine Koordinatentransformation in die Form

$$u^2 - v^2 = c^2 \tag{102.2}$$

bringen läßt.

Einen Hinweis, daß hier eine Koordinatentransformation sinnvoll sein könnte und daß dann Drehung und Verschiebung erforderlich sind, gewinnt man aus dem Graphen von Gl. (102.1) in Bild **101**.1. Zunächst wird der Ursprung des verschobenen (r, s)-Systems bestimmt. Der Grenzwert von Gl. (102.1) ist $\lim_{x \to \infty} y = m/p$ (s. Abschn. 2.3). Der Graph dieses Grenzwertes wird die waagerechte Asymptote genannt. Ferner ist für $x = -q/p$ der Funktionswert nicht definiert. Die Senkrechte mit diesem Abszissenwert heißt die senkrechte Asymptote. Diese beiden Asymptoten werden als Achsen des neuen (r, s)-Systems mit dem Ursprung $O'(-q/p; m/p)$ gewählt. Zur Transformation ist Gl. (99.2) anzuwenden. Mit

$$x = r - (q/p) \quad \text{und} \quad y = s + (m/p)$$

wird aus Gl. (102.1)

$$s + \frac{m}{p} = \frac{m(r-(q/p))+n}{p(r-(q/p))+q}$$

Nach Ausmultiplizieren der Klammern erhält man mit $k = (np - mq)/p^2$ als einfachere Gleichung im (r, s)-System

$$s = \frac{k}{r}$$

In diesem System wird nun eine Drehung um $\varphi = 45°$ durchgeführt. Dann ist $\sin \varphi = \cos \varphi = 0{,}5\sqrt{2}$. Mit Gl. (100.3) ergibt sich

$$0{,}5\sqrt{2}\,(u+v) = \frac{k}{0{,}5\sqrt{2}\,(u-v)}$$

Durch Beseitigen des Nenners erhält man mit $c^2 = 2k$ die vorgegebene Gl. (102.2). Bild **101**.1 zeigt den maßstäblichen Graph für die Zahlenwerte

$$y = \frac{3x-4}{x-2} \quad \text{bzw.} \quad u^2 - v^2 = 4$$

2.6.3 Charakteristische Eigenschaften von Funktionen

Im Abschnitt über Funktionstafeln wurde auf S. 86 ausgeführt, daß es oft unzweckmäßig ist, aus einer gegebenen Gleichung Tafeln zu berechnen, ohne vorher die charakteristischen Eigenschaften der Funktion untersucht zu haben. Hier und weiterführend in Abschn. 7.1.3 wird ausgeführt, um welche Eigenschaften es sich dabei handelt. Diese Eigenschaften werden hier vorwiegend geometrisch beschrieben. Es ist aber oft möglich, aus den geometrischen Eigenschaften technische Rückschlüsse zu ziehen.

Symmetrieeigenschaften des Graphen in rechtwinkligen Koordinaten Diese Eigenschaften stehen in engem Zusammenhang mit Vorzeichenänderungen in der Funktionsgleichung. Ändert man in einer Funktionsgleichung $F_1(x, y) = $ const das Vorzeichen einer oder beider Variabler, so entsteht i. allg. eine andere Funktionsgleichung $F_2(x, y) =$ const. Zwischen den Graphen beider Funktionen besteht aber eine Symmetriebeziehung. Es gibt aber auch Fälle, in denen sich die Funktionsgleichung durch diese Vorzeichenänderung nicht ändert. Dann gibt es auch nur einen Graphen, der die betreffende Symmetrieeigenschaft hat. Die Allgemeingültigkeit der folgenden Aussagen wird hier nicht bewiesen, sondern nur an je einem Beispiel vorgeführt.

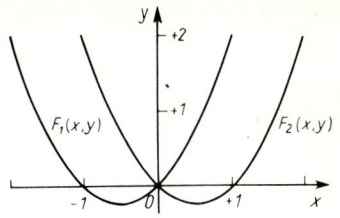

103.1 Symmetrie zur Ordinatenachse

Ändert man das Vorzeichen von x, ist also

$$F_2(x, y) = F_1(-x, y)$$

so sind beide Graphen spiegelsymmetrisch zur Ordinatenachse. Beispiel: $y = x + x^2$ und $y = -x + x^2$ (103.1).

Ändert sich beim Vorzeichenwechsel von x die Funktionsgleichung nicht, so ist der betreffende Graph spiegelsymmetrisch zur Ordinatenachse. Weil alle Polynome mit nur geraden Exponenten diese Eigenschaft haben, spricht man dann von einer geraden Funktion. Es gibt aber auch andere gerade Funktionen wie z. B. $y = \cos x$.

Ändert man das Vorzeichen von y, ist also

$$F_2(x, y) = F_1(x, -y)$$

so sind beide Graphen spiegelsymmetrisch zur Abszissenachse. Beispiel: $y = x + x^2$ und $y = -x - x^2$ (103.2).

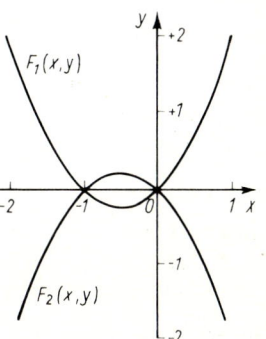

103.2 Symmetrie zur Abszissenachse

Ein Graph, der spiegelsymmetrisch zur Abszissenachse ist, hat keinen besonderen Namen. Es handelt sich dann auch nicht um eine Funktion, sondern um eine Relation.

Ändert man das Vorzeichen von x und y, ist also

$$F_2(x, y) = F_1(-x, -y)$$

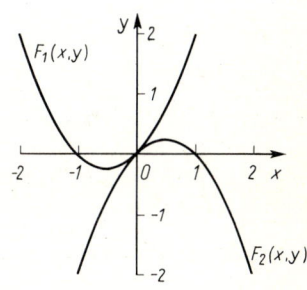

103.3 Symmetrie zum Koordinatenursprung

so entspricht dies zwei aufeinanderfolgenden Spiegelungen an Abszissen- und Ordinatenachse. Nach einem Satz der elementaren Geometrie ist dies aber identisch mit einer Punktspiegelung am Schnittpunkt beider Achsen. Beispiel: $y = x + x^2$ und $y = x - x^2$ (103.3).

Ändert sich dabei die Funktionsgleichung nicht, ist der betreffende Graph symmetrisch zum Koordinatenursprung. Weil alle Polynome mit nur ungeraden Exponenten diese Eigenschaft haben, spricht man dann von einer ungeraden Funktion. Es gibt aber auch andere ungerade Funktionen wie z. B. $y = \sin x$.

Schnittpunkte des Graphen mit den rechtwinkligen Koordinatenachsen Die Schnittpunkte x_{0i} mit der Abszissenachse werden die Nullstellen der Funktion genannt. Zu ihrer Bestimmung setzt man in der Funktionsgleichung $y = 0$ und erhält in der expliziten Form

$$f(x_{0i}) = 0 \tag{103.1}$$

Aus der Funktionsgleichung ist eine Bestimmungsgleichung geworden. Allgemeine Lösungsverfahren werden in Abschn. 7.1.1 behandelt. Bei technischen Problemen sind die Nullstellen manchmal bekannt. Zusammen mit dem Ordinatenabschnitt können sie dann ein System von Bestimmungsgleichungen für die Koeffizienten der Funktionsgleichung liefern (s. S. 88).

Bei einer Funktion schneidet wegen der Eindeutigkeit der Abbildung der Graph die Ordinatenachse nur einmal. Man erhält diesen Wert y_0, indem in der Funktionsgleichung $x = 0$ gesetzt wird. Diese Bestimmungsgleichung ist, insbesondere in der expliziten Form, meist leicht zu lösen und ergibt

$$y_0 = f(0) \tag{104.1}$$

Bei technischen Problemen hat die unabhängige Variable manchmal die Bedeutung der Zeit, und man nennt dann diesen Ordinatenwert den **Anfangswert**.

Unstetigkeitsstellen Die Eigenschaft der Stetigkeit wurde in Abschn. 2.3.3 behandelt. Hier sei nur wiederholt, daß es insbesondere vor Anwendung der in Abschn. 6 und 7 behandelten Rechenverfahren der Differential- und Integralrechnung wichtig ist, die Unstetigkeitsstellen einer Funktion zu kennen. Wenn an diesen Stellen für einen endlichen Abszissenwert kein Funktionswert existiert, in seiner Umgebung jedoch beliebig große bzw. kleine Funktionswerte auftreten, werden diese Abszissenwerte im Diagramm oft durch senkrechte Geraden gekennzeichnet, die manchmal senkrechte Asymptoten genannt werden. Ein allgemeingültiges Rechenverfahren zur Bestimmung von Unstetigkeitsstellen etwa mit Hilfe von Bestimmungsgleichungen gibt es nicht.

Asymptote Auch dieser Begriff hängt eng mit dem in Abschn. 2.3 behandelten Grenzwertbegriff zusammen. Im Gegensatz zur Unstetigkeitsstelle wird hier untersucht, ob der Funktionswert einen Grenzwert hat, wenn der Argumentwert beliebig groß bzw. beliebig klein (also sehr stark negativ) wird. Oft wird als „Grenzwert" der Funktion ein Polynom angegeben, dessen Graph die Asymptote genannt wird. Auch hier gibt es kein allgemeingültiges Verfahren zur Berechnung der Gleichung der Asymptote einer beliebigen Funktion (s. auch S. 124).

Beispiel 6 Wie lautet die Gleichung der Asymptote der Funktion

$$y = + \sqrt{x^2 - a^2}$$

Man hebt x aus der Wurzel aus und erhält

$$y = |x| \sqrt{1 - (a/x)^2}$$

Für beliebig große und kleine Werte von x wird der Grenzwert der Wurzel gleich Eins und die Gleichung der Asymptote lautet

$$y = |x|$$

Extremwerte Eine Funktion hat an der Stelle x_e einen Extremwert, wenn der Funktionswert $y_e = f(x_e)$ entweder größer oder kleiner ist als die Funktionswerte in der Umgebung von x_e. Ist ein Funktionswert größer als die benachbarten, spricht man von einem **relativen Maximum**, ist er kleiner, von einem **relativen Minimum**. Der Begriff „relativ" soll betonen, daß sich die Beziehungen „größer als" und „kleiner als" nur auf die unmittelbare Umgebung der Abszisse x_e beziehen. So ist z. B. in Bild 105.1 die Ordinate des relativen Maximums kleiner als die des relativen Minimums. Ferner befinden sich dort mit Ausnahme der Unstetigkeitsstelle die größten und kleinsten Funktionswerte nicht bei den Extremwerten, sondern am rechten und linken Rand des hier gezeigten Bereiches. Für diesen bei technischen Problemen sehr wichtigen Sachverhalt wird der Begriff des Randextremwertes eingeführt. Die Berechnung der Abszissen der relativen Extremwerte erfordert Kenntnisse der Differentialrechnung und wird deshalb erst in Abschn. 7.1 behandelt.

Das folgende Beispiel zeigt, wie es oft möglich ist, allein aus den hier besprochenen charakteristischen Eigenschaften der Funktion den prinzipiellen Verlauf des Graphen eindeutig zu erkennen. Dabei ist es wichtig zu wissen, daß die angegebenen Lösungen vollständig sind, d.h., daß keine weiteren vorhanden sind.

Beispiel 7 Der Graph einer Funktion ist nicht symmetrisch und hat die in Bild **105.**2a angegebenen Asymptoten und je einen Abszissen- und Ordinatenschnittpunkt und einen Extremwert. Man zeichne den prinzipiellen Verlauf des Graphen.

Bild **105.**2b zeigt die Lösung. Man beachte, daß alle anderen Lösungsversuche zu Widersprüchen mit den genannten Aussagen führen. Die drei angegebenen Punkte liegen außerdem fast auf einer Geraden. Die „direkte" Verbindung dieser Punkte oder entsprechend eine lineare Interpolation in einer Tafel, die nur diese drei Wertepaare enthält, würde zu einer völlig falschen Lösung führen.

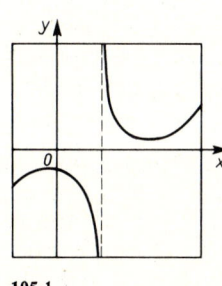

105.1

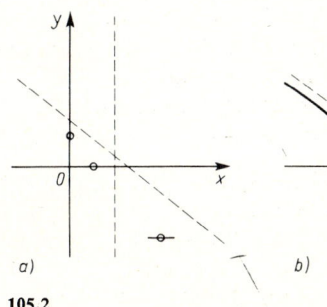

105.2

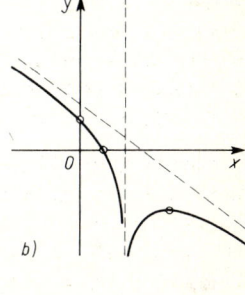

2.6.4 Aufgaben zu Abschnitt 2.6

1. Von den folgenden Gleichungen ist die nach x aufgelöste Form zu bilden.

a) $y = c(1 - x^{5/4})^{1/7}$ b) $y = a_0 + a_1 x + a_2 x^2$ c) $y = \lg(\ln x)$

2. Von der nachstehenden Tafel der Funktion $y = \sin x$ bilde man durch lineare Interpolation eine Tafel der Umkehrfunktion $y = \arcsin x$ im Bereich $0{,}86 \leq x \leq 0{,}92$ und $\Delta x = 0{,}02$.

x	y
1,00	0,8415
1,05	0,8674
1,10	0,8912
1,15	0,9128
1,20	0,9320

3. Eine Ellipse hat in der Mittelpunktform die Gleichung

$$\frac{x^2}{25} + \frac{y^2}{9} = 1$$

2.6 Weitere Grundbegriffe der Funktionslehre

a) Wie lautet ihre Gleichung in einem parallelverschobenen System mit dem Ursprung $O'(-4; 0)$ in expliziter Form? Hinweis: Dieser Ursprung ist der linke Brennpunkt der Ellipse, die Lösungsfunktion ist identisch mit der Funktion von Aufgabe 2d in Abschn. 2.5.

b) Wie lautet die Gleichung der Ellipse in einem gegen das (x, y)-System um $\varphi = 30°$ gedrehten System in impliziter Form?

4. Ein System in Bild 106.1 hat die Achsen α, z, das andere die Achsen β, s. Wie lautet die Gleichung der dargestellten Schwingung in beiden Systemen

a) als Sinusfunktion,   b) als Cosinusfunktion

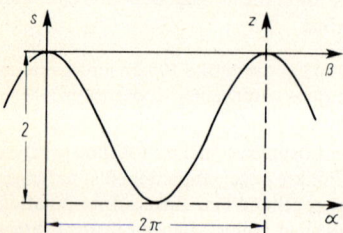

106.1

5. Um welchen Winkel muß man das Koordinatensystem drehen, damit in der Hyperbelgleichung

$$9x^2 + 72xy + 4y^2 = 36$$

das Produkt der beiden Variablen im gedrehten System verschwindet?

6. Man untersuche die folgenden Funktionsgleichungen auf Symmetrieeigenschaften

a) $y = x + \sin x$ b) $y = x \sin x$ c) $y = \dfrac{x - x^3}{x^3 + x^5}$ d) $y = \dfrac{x^2 - 2}{x + x^3}$

3 Spezielle Funktionen

Die Funktionen werden nach ihren Bildungsgesetzen in verschiedene Klassen eingeteilt. Man unterscheidet
1. Ganze rationale Funktionen,
2. Gebrochene rationale Funktionen,
3. Algebraische Funktionen,
4. Trigonometrische Funktionen,
5. Exponential- und Logarithmusfunktionen.

Die Klassen 4 und 5 werden gemeinsam als transzendente Funktionen bezeichnet.

3.1 Ganze rationale Funktionen

Definition Eine ganze rationale Funktion (Polynom) mit reellen Koeffizienten a_i und einer reellen unabhängigen Variablen x ist eine Abbildung der Menge der reellen Zahlen in sich selbst, bei der die Elemente y der Bildmenge aus einer Summe von Produkten aus Potenzen der Elemente x der Definitionsmenge mit ganzen, nicht negativen Exponenten i und konstanten reellen Faktoren a_i, den Koeffizienten der Funktionsgleichung, berechnet werden. Der größte Exponent n gibt den Grad der Funktion an.

Die Funktion $y = 0{,}5\,x^2 - 3$ ist also eine ganze rationale Funktion zweiten Grades, die Funktion $y = 6x^5 - 3x^4 - 4x + 1$ ist vom fünften Grade. Somit ist die allgemeine Form der ganzen rationalen Funktion n-ten Grades

$$y = a_0 + a_1 x + a_2 x^2 + a_3 x^3 + \ldots + a_n x^n = \sum_{i=0}^{n} a_i x^i \tag{107.1}$$

oder $\quad f: x \rightarrow \sum_{i=0}^{n} a_i x^i$

Man versucht häufig, komplizierte Funktionen näherungsweise durch Polynome zu ersetzen, da man diese sehr leicht differenzieren und integrieren und auch ihre Funktionswerte leicht berechnen kann (s. Abschn. 6.1.4, 9 und 16).

3.1.1 Lineare Funktion

Die einfachste und wichtigste ganze rationale Funktion ist die Funktion ersten Grades. Sie heißt lineare Funktion, weil ihr Graph eine Gerade ist (Bild **108.1**). Die Koeffizienten a_0 und a_1 der Funktion

3.1 Ganze rationale Funktionen

$$y = a_0 + a_1 x \qquad (108.1)$$

können durch Angabe von zwei Funktionswertepaaren $(x_1; y_1)$ und $(x_2; y_2)$ berechnet werden.

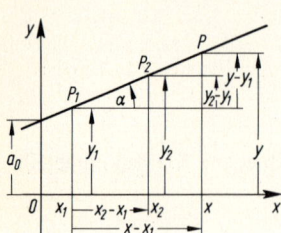

108.1

Bedingungen:

Für $x = x_1$ ist $y = y_1$ $y_1 = a_0 + a_1 x_1$

Für $x = x_2$ ist $y = y_2$ $y_2 = a_0 + a_1 x_2$

Die Auflösung dieses Gleichungssystems lautet

$$a_1 = \frac{y_2 - y_1}{x_2 - x_1} \qquad a_0 = \frac{x_2 y_1 - x_1 y_2}{x_2 - x_1} \qquad (108.2)$$

Die beiden Gleichungen sind voneinander unabhängig, wenn die Determinante des Systems nicht gleich Null ist (Abschn. 4.1 und 4.4). In Gl. (108.2) bedeutet dies, daß der Nenner der Brüche nicht gleich Null werden darf, d.h. x_2 und x_1 nicht zusammenfallen dürfen. Das ist geometrisch klar: Zur eindeutigen Festlegung einer Geraden müssen zwei Punkte mit verschiedenen Abszissen vorgegeben werden.

Geometrische Bedeutung der Koeffizienten Die Koeffizienten a_1 und a_0 haben im allgemeinen physikalische Bedeutung, sie sind physikalische Größen mit Zahlenwert und Einheit, lassen sich aber auch geometrisch deuten. In Gl. (108.1) ist die Größe a_0 die Ordinate des Schnittpunktes der Geraden mit der y-Achse, denn für $x = 0$ ergibt sich $y = a_0$. Man nennt das von x freie Glied a_0 auch das Absolutglied der Funktionsgleichung. Die Größe a_1 wird Ableitung der Funktion genannt. Eine Erklärung dieser Bezeichnung wird in Abschn. 5 gegeben. Die Ableitung der Funktion ist dem Tangens des Winkels zwischen der positiven x-Achse und der Geraden, dem Anstieg (auch Steigung genannt) $m = \tan \alpha$, einer geometrischen Größe, proportional.

Ersetzt man nach Gl. (90.1) die Größen x und y durch die ihnen entsprechenden geometrischen Strecken, so erhält man aus dem ersten Teil von Gl. (108.2)

$$a_1 = \frac{\dfrac{\eta_2}{l_y} - \dfrac{\eta_1}{l_y}}{\dfrac{\xi_2}{l_x} - \dfrac{\xi_1}{l_x}} = \frac{l_x}{l_y} \frac{\Delta \eta}{\Delta \xi} = \frac{l_x}{l_y} \tan \alpha \qquad (108.3)$$

Der Quotient der beiden Strecken $\Delta \eta$ und $\Delta \xi$ ist gleich dem Tangens des Anstiegswinkels. Falls die Zahlenwerte von l_x und l_y übereinstimmen, ist der Zahlenwert von a_1 gleich dem Tangens des Winkels. Nur in der sog. analytischen Geometrie, in der die Größen x und y ausdrücklich die Bedeutung von Strecken haben, kann man im Falle gleicher Einheitslängen $a_1 = \tan \alpha$ setzen.

Beispiel 1 Bei gleichmäßig beschleunigter Bewegung (**109**.1) ist die Geschwindigkeit v eine lineare Funktion der Zeit t. Diese Bewegung wird, wie aus der Mechanik bekannt, durch die Gleichung

$$v = v_0 + at \qquad (108.4)$$

beschrieben. Die Größe v_0 gibt die Geschwindigkeit bei Beginn der Zeitmessung (Anfangswert, Auslösen der Stoppuhr) an. Der Koeffizient a der Veränderlichen t ist die Beschleunigung. Ist diese Vorzahl negativ, so ist die Geschwindigkeit zu einem späteren Zeitpunkt t_1 kleiner als die Anfangsgeschwindigkeit v_0 zur Zeit $t_0 = 0$, die Bewegung ist gleichmäßig verzögert. Der Graph ist eine abfallende Gerade. Ist die Beschleunigung gleich Null, so bleibt die Geschwindigkeit zu jeder Zeit gleich der Anfangsgeschwindigkeit v_0, die Gerade ist eine Parallele zur Zeitachse.

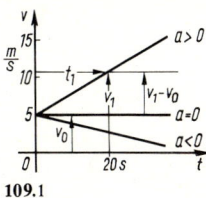

109.1

In Bild **109.1** betragen die Einheitslängen $l_t = 1\,\text{cm}/(20\,\text{s})$ und $l_v = 1\,\text{cm}/(10\,\text{m/s})$. Die Ableitung der Funktion ist eine Beschleunigung $\Delta v/\Delta t = (5\,\text{m/s})/20\,\text{s} = 0{,}25\,\text{m/s}^2$, jedoch ist der Anstieg

$$\tan\alpha = \frac{\Delta\eta}{\Delta\xi} = \frac{l_v}{l_t}\frac{\Delta v}{\Delta t} = \frac{\dfrac{1\,\text{cm}}{10\,\text{m/s}}\cdot 5\,\text{m/s}}{\dfrac{1\,\text{cm}}{20\,\text{s}}\cdot 20\,\text{s}} = 0{,}5$$

der im Bild zu messende Anstiegswinkel also $\alpha = 26{,}6°$. Andererseits kann die Beschleunigung auch aus den geometrischen Abmessungen entnommen werden. Bei einem Anstiegswinkel $\alpha = 26{,}6°$ ist

$$a = \frac{\Delta v}{\Delta t} = \frac{l_t}{l_v}\tan\alpha = \frac{10\,\text{m/s}}{20\,\text{s}}\cdot 0{,}5 = 0{,}25\,\frac{\text{m}}{\text{s}^2}$$

Beispiel 2 Zur Zeit $t = t_1$ ist die Geschwindigkeit eines Wagens $v = v_1$; er wird mit der Beschleunigung a gleichmäßig beschleunigt. Die Geschwindigkeit ist als Funktion der Zeit zu beschreiben.

Die Beschleunigung a ist die Zunahme der Geschwindigkeit je Zeiteinheit, also die Ableitung der Funktion, die die Geschwindigkeit beschreibt. Im Ansatz

$$v = a_1 t + a_0$$

Der Koeffizient a_1 ist gleich der Beschleunigung a. Der Koeffizient a_0 ergibt sich aus der Bedingung, daß zur Zeit $t = t_1$ die Geschwindigkeit v_1 bekannt ist

$$v_1 = v(t_1) = a t_1 + a_0 \qquad a_0 = v_1 - a t_1$$

Damit lautet die Geschwindigkeitsfunktion

$$v = a t + (v_1 - a t_1) = a(t - t_1) + v_1$$

Beispiel 3 Bei den Temperaturen $\vartheta_1 = 38\,°\text{C}$ und $\vartheta_2 = 95\,°\text{C}$ wird die Länge eines Stabes gemessen: $l_1 = 6{,}4007\,\text{m}$, $l_2 = 6{,}4052\,\text{m}$. Die Funktionsgleichung für die lineare Ausdehnung eines Stabes bei Erwärmung von $0\,°\text{C}$ auf die Temperatur ϑ lautet nach den Gesetzen der Wärmelehre $l = l_0(1 + \alpha\vartheta) = l_0 + l_0\alpha\vartheta$.
Der Ausdehnungskoeffizient α und die Länge l_0 bei $\vartheta = 0\,°\text{C}$ sind zu bestimmen (s.a. Beispiel 2, S. 99). Der Graph ist eine Gerade. Aus dem Vergleich der gegebenen Geradengleichung mit Gl. (108.1) findet man

$$a_0 = l_0 \quad \text{und} \quad a_1 = l_0\alpha \quad \text{also} \quad \alpha = \frac{a_1}{a_0}$$

Mit den gegebenen Werten für die Temperaturen und Längen erhält man aus Gl. (108.2)

$$a_1 = \frac{l_2 - l_1}{\vartheta_2 - \vartheta_1} = \frac{0{,}0045\,\text{m}}{57\,\text{K}} = 7{,}895\cdot 10^{-5}\,\frac{\text{m}}{\text{K}}$$

$$a_0 = \frac{\vartheta_2 l_1 - \vartheta_1 l_2}{\vartheta_2 - \vartheta_1} = \frac{95\,\text{K}\cdot 6{,}4007\,\text{m} - 38\,\text{K}\cdot 6{,}4052\,\text{m}}{57\,\text{K}} = 6{,}3977\,\text{m} = l_0$$

und schließlich $\quad \alpha = \dfrac{a_1}{a_0} = 1{,}234\cdot 10^{-5}\,\text{K}^{-1}$.

Nullstelle Die lineare Funktion hat für $a_1 \neq 0$ genau eine Nullstelle x_0 (**110.1**), die aus Gl. (108.1) und (108.2) berechnet werden kann.

$$0 = a_0 + a_1 x_0$$

$$x_0 = -\frac{a_0}{a_1} = \frac{x_1 y_2 - x_2 y_1}{y_2 - y_1} \qquad (110.1)$$

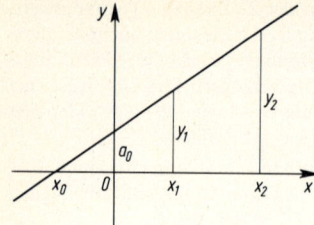

110.1

Durch Ergänzen des der Null gleichwertigen Ausdrucks $x_1 y_1 - x_1 y_1$ im Zähler von Gl. (110.1) kann man die Ausdrücke im Zähler so zusammenfassen, daß $y_1 - y_2$ einmal herausgekürzt werden kann

$$x_1 y_2 - x_1 y_1 + x_1 y_1 - x_2 y_1 = x_1 (y_2 - y_1) - (x_2 - x_1) y_1$$

Damit kann man Gl. (110.1) auf die Form

$$x_0 = x_1 - \frac{x_2 - x_1}{y_2 - y_1} y_1 \qquad (110.2)$$

bringen, die bei der Näherungsberechnung von Nullstellen beliebiger Funktionen benutzt wird (Sekantenformel). Gilt sgn $y_2 \neq$ sgn y_1 und damit $x_1 \leq x_0 \leq x_2$, so heißt diese Näherungsformel regula falsi (s. S. 116).

3.1.2 Quadratische Funktion

Zur Beschreibung vieler technischer Vorgänge benötigt man eine ganze rationale Funktion 2. Grades

$$y = a_0 + a_1 x + a_2 x^2 \qquad (110.3)$$

Ihr Graph ist eine **Parabel** mit senkrechter Achse (s. Abschn. 3.3.2). Im Sonderfall $a_0 = 0$ und $a_1 = 0$ liegt der Scheitel der Parabel im Koordinatennullpunkt, und der Graph heißt **Normalparabel**.

Beispiel 4 In einem Bereich mittlerer Strömungsgeschwindigkeiten besteht ein quadratischer Zusammenhang zwischen der in einer Strömung auf einen Körper ausgeübten, als Widerstand bezeichneten Kraft F_W und der Strömungsgeschwindigkeit v

$$F_W = c_W A \cdot \frac{1}{2} \varrho v^2$$

Hierin bedeuten c_W den Widerstandsbeiwert, A die Querschnittfläche des angeströmten Körpers senkrecht zur Anströmrichtung und ϱ die Dichte des strömenden Mediums.
Auch zwischen dem beim Aufwärtswurf ohne Luftwiderstand zurückgelegten Weg s und der dazu benötigten Zeit t mit g als Fallbeschleunigung besteht die in t quadratische Funktionsgleichung

$$s = v_0 t - \frac{1}{2} g t^2$$

Beide Funktionen sind Sonderfälle von Gl. (110.3). Im ersten Fall ist $a_0 = 0$, $a_1 = 0$ und $a_2 = 0{,}5 \, c_W A \varrho$. Im zweiten Fall gilt $a_0 = 0$, $a_1 = v_0$ und $a_2 = -g/2$. Die Graphen der beiden Funktionen sind in Bild (**111.1**) dargestellt.

mit den Lösungen
$$a_0 = 0 \qquad a_1 = 0{,}22264 \qquad a_2 = -2{,}2929 \cdot 10^{-3}/\text{m}$$

Die Parabelgleichung lautet also
$$y = 0{,}22264\, x - (2{,}2929 \cdot 10^{-3}/\text{m})\, x^2$$

Setzt man die x-Koordinaten der verschiedenen Stäbe (Abstände von linkem Auflager) in die Parabelgleichung ein, so erhält man als Funktionswerte y die Höhen der entsprechenden Parabelpunkte über dem linken Auflager. Zieht man diese Werte von 7,00 m (Höhe der Fahrbahn über diesem Auflager) ab, so ergeben sich die gesuchten Stablängen. Das Ergebnis ist in der folgenden Tafel zusammengestellt.

x	x^2	$0{,}22264\, x$	$2{,}2929 \cdot 10^{-3} \frac{1}{\text{m}} x^2$	y	$h = 7{,}00\text{ m} - y$
m	10^2 m^2	m	m	m	m
10	1	2,226	0,229	1,997	5,003
20	4	4,453	0,917	3,536	3,464
30	9	6,679	2,064	4,615	2,385
40	16	8,906	3,669	5,237	1,763
50	25	11,132	5,732	5,400	1,600
60	36	13,359	8,254	5,105	1,895
70	49	15,585	11,235	4,350	2,650
80	64	17,811	14,674	3,137	3,863
90	81	20,038	18,572	1,466	5,534
100	100	22,264	22,929	−0,665	7,665
110	121	24,491	27,744	−3,253	10,253
120	144	26,717	33,017	−6,300	13,300

Die Lage des Scheitels findet man durch quadratische Ergänzung
$$y = (-2{,}2929 \cdot 10^{-3}/\text{m})\, (x^2 - 94{,}114\text{ m}\, x + 48{,}557^2\text{ m}^2) + 5{,}406\text{ m}$$
und
$$y - 5{,}406\text{ m} = (-2{,}2929 \cdot 10^{-3}/\text{m}) \cdot (x - 48{,}557\text{ m})^2$$
also $a = 48{,}557\text{ m}$, $b = 5{,}406\text{ m}$.

Beispiel 8 Die Skelettlinie eines Tragflügel- oder Turbinenschaufelprofils ist die Verbindungslinie der Mittelpunkte aller dem Profil eingeschriebenen Kreise (113.1). Für das Profil NACA 6321 besteht die Skelettlinie aus zwei Parabeln mit vertikaler Achse, die bei $x = 0{,}3\, t$, $z = 0{,}06\, t$ in ihren Scheiteln zusammenstoßen (t Profiltiefe). Wie heißen die Parabelgleichungen im (x, z)-System?

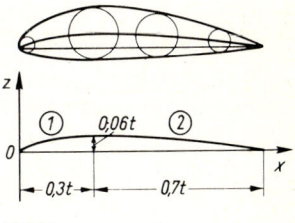

113.1

Ansatz für die erste Parabel: $z = a_0 + a_1 x + a_2 x^2$.

Für $x = 0$ ist $z = 0$, also $0 = a_0$.

Für $x = 0{,}3\, t$ ist $z = 0{,}06\, t$, also $0{,}06\, t = a_1 \cdot 0{,}3\, t + a_2 \cdot 0{,}09\, t^2$.

Für $x = 0{,}6\, t$ ist $z = 0$, also $0 = a_1 \cdot 0{,}6\, t + a_2 \cdot 0{,}36\, t^2$.

Der dritte Punkt liegt außerhalb des Gültigkeitsbereiches. Er wird wegen der Symmetrie zum Scheitel als Hilfspunkt hinzugenommen.

3.1 Ganze rationale Funktionen

Man multipliziert die dritte Gleichung mit 0,5, subtrahiert sie von der zweiten und erhält $0,06\,t = -0,09\,t^2\,a_2$ und $a_2 = -2/(3\,t)$.

Dann ist $a_1 = -a_2 \cdot 0,36\,t^2/(0,6\,t) = 0,4$, und die Gleichung der Parabel lautet

$$z = 0,4\,x - \frac{2}{3\,t}x^2 \quad \text{oder} \quad \frac{z}{t} = \frac{2}{5} \cdot \frac{x}{t} - \frac{2}{3}\left(\frac{x}{t}\right)^2 \quad 0 \leq \frac{x}{t} \leq 0,3$$

Die Gleichung der zweiten Parabel soll zunächst in einem mit dem Nullpunkt im Scheitel der Parabel liegenden, zum (x, z)-System parallelen (u, v)-System berechnet und dann in das (x, z)-System transformiert werden.

Da für $u = 0,7\,t$ der Funktionswert $v = -0,06\,t$ sein soll, heißt die Gleichung

$$\frac{v}{-0,06\,t} = \left(\frac{u}{0,7\,t}\right)^2 \quad \text{oder} \quad \frac{v}{t} = -\frac{6}{49}\frac{u^2}{t^2}$$

Mit den Transformationsgleichungen $u/t = x/t - 0,3$ und $v/t = z/t - 0,06$ erhält man

$$\frac{z}{t} - 0,06 = -\frac{6}{49}\left(\frac{x}{t} - 0,3\right)^2$$

$$\frac{z}{t} = -\frac{6}{49}\left(\frac{x}{t}\right)^2 + \frac{18}{245} \cdot \frac{x}{t} + \frac{12}{245} \quad 0,3 \leq \frac{x}{t} \leq 1$$

3.1.3 Ganze rationale Funktionen dritten und höheren Grades

Die Berechnung der Funktionswerte und Nullstellen ist bei diesen Funktionen nicht mehr so einfach, wie bei den zuvor behandelten Polynomen 1. und 2. Grades. Die in diesem Abschnitt hergeleiteten Verfahren gelten aber auch für ganze rationale Funktionen 1. und 2. Grades, denn sie sind Sonderfälle der allgemeinen Gl. (107.1).

$$y = a_0 + a_1 x + a_2 x^2 + a_3 x^3 + \ldots + a_n x^n$$

Berechnung der Funktionswerte Zur Berechnung der Funktionswerte nach Gl. (107.1) müßte man für jedes gewünschte Argument x die Potenzen berechnen und daraus durch Multiplizieren mit den gegebenen Koeffizienten a_i und Addition aller Terme den Funktionswert berechnen.

Dieses Verfahren ist zum praktischen Rechnen nicht geeignet. Man kann aber Gl. (107.1) so umformen, daß ein schematisiertes, leicht programmierbares Verfahren möglich ist, in dem abwechselnd mit dem Argument x multipliziert und ein Koeffizient addiert wird.

$$\begin{aligned}y &= a_0 + a_1 x + a_2 x^2 + a_3 x^3 + \ldots + a_{n-1} x^{n-1} + a_n x^n \\ &= a_0 + x(a_1 + a_2 x + a_3 x^3 + \ldots + a_n x^{n-1}) \\ &= a_0 + x(a_1 + x[a_2 + a_3 x + \ldots + a_n x^{n-2}])\end{aligned}$$

So fährt man mit dem Ausklammern von x fort, bis der letzte Term $a_n x$ lautet. Für $n = 3$ erhält man

$$y = a_0 + x[a_1 + x(a_2 + x a_3)]$$

3.1.3 Ganze rationale Funktionen dritten und höheren Grades

Schreibt man den Koeffizienten der höchsten Potenz von x nach vorn, so erhält man die Rechenvorschrift

$$y = [(a_n x + a_{n-1}) x + a_{n-2}] x + \ldots$$

und für $n = 3$

$$y = [(a_3 x + a_2) x + a_1] x + a_0 \tag{115.1}$$

Der Koeffizient a_n wird mit dem Argument x_0 des gesuchten Funktionswertes multipliziert, zu dem Produkt wird dann der nächste Koeffizient a_{n-1} addiert, das Ergebnis wieder mit x_0 multipliziert und so fort. Horner schrieb das nach ihm benannte Rechenschema in der folgenden für $n = 3$ dargestellten Form

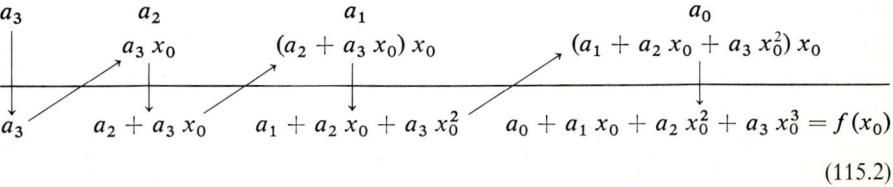

$$\tag{115.2}$$

Man schreibt die Koeffizienten der Funktion (Vorzeichen beachten!) nebeneinander; dies ergibt die erste Zeile von Gl. (115.2). Ist ein Koeffizient nicht vorhanden, so ist an seiner Stelle eine Null einzutragen. Das Produkt $a_3 x_0$ wird in die zweite Zeile unter a_2 geschrieben. Man addiert a_2 zu $a_3 x_0$, multipliziert die Summe mit x_0, schreibt das Ergebnis unter a_1 und addiert. Dieser Wert wird wieder mit x_0 multipliziert und zu a_0 addiert (Pfeile im Rechenschema). Als letzte Zahl in der letzten Zeile findet man den Funktionswert an der Stelle $x = x_0$. Mit einem Taschenrechner können diese Operationen in einem Arbeitsgang ohne Herausschreiben der Zwischenergebnisse durchgeführt werden. Deshalb wird das Horner-Schema zur Berechnung von Funktionswerten, speziell bei der näherungsweisen Berechnung von Nullstellen benutzt. Das durch Gl. (115.2) beschriebene Verfahren gilt auch für jedes $n > 3$. Man beachte dabei, daß die Ausgangswerte als exakt angesehen werden und wie beim Gauß-Verfahren (Abschn. 4.4.4) mit mehr Dezimalstellen gerechnet wird, jedoch das Rechenergebnis nicht genauer als die Koeffizienten der Funktion angegeben werden darf, wenn es sich bei diesen nicht um exakt gegebene Zahlen handelt.

Beispiel 9 Man berechne den Funktionswert an der Stelle $x_0 = 1{,}2$ für die Funktion

$$f(x) = 5x^4 - 2x^3 + 4x - 7.$$

5	−2	0	4	−7
	5 · 1,2	4 · 1,2	4,8 · 1,2	9,76 · 1,2
5	4	4,8	9,76	**4,712**

Beispiel 10 Für die Funktion $f(x) = 2{,}85 x^3 + 4{,}08 x^2 - 1{,}36 x + 3{,}77$ ist der Funktionswert an der Stelle $x_1 = -0{,}85$ zu berechnen

$x_1 = -0{,}85$	2,85	4,08	−1,36	3,77
		−2,42	−1,41	2,35
	2,85	1,66	−2,77	6,12 = $f(-0{,}85)$

3.1 Ganze rationale Funktionen

Bestimmung der Nullstellen Auch für die Nullstellen der ganzen rationalen Funktion dritten Grades lassen sich noch geschlossene Formeln angeben (Cardanische Formeln). Deren Handhabung ist jedoch so umständlich, daß man besser für alle Polynome mit $n \geq 3$ Näherungsverfahren benutzt.

Da in technischen Problemen der Bereich einer Lösung häufig eingrenzbar ist, genügt für einen Näherungswert die Bestimmung von drei Funktionswerten z.B. nach dem Horner-Schema, die dann in ein Millimeterpapier eingetragen und mit Hilfe eines Kurvenlineals verbunden werden. Der Schnittpunkt dieser Kurve mit der x-Achse ist dann eine Näherung für die Nullstelle. Hier muß der Bereich so eng abgegrenzt sein, daß nicht noch weitere Nullstellen darin liegen.

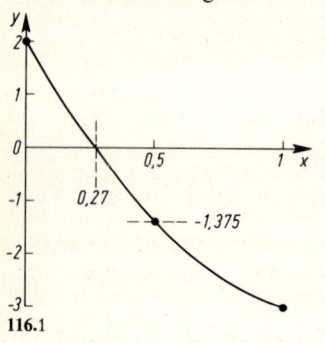

116.1

Beispiel 11 Eine Nullstelle der Funktion $y = x^3 + 2x^2 - 8x + 2$ wird im Bereich $0 \leq x \geq 1$ vermutet. Man bestimme einen Näherungswert.

Man berechnet die Funktionswerte z.B. an den Grenzen und in der Mitte des Bereichs mit dem Horner-Schema

$$y(0) = 2$$
$$y(0,5) = -1,375$$
$$y(1) = -3$$

Dann trägt man die Punkte in Bild **116**.1 ein und liest den Näherungswert $x_3 = 0,27$ ab.

Verbesserung der Nullstelle

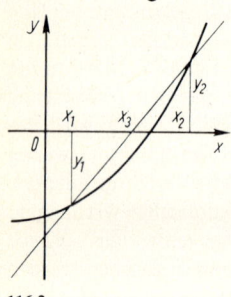

116.2

Regula falsi. Die Nullstelle eines Polynoms $y = f(x)$ wird zunächst zwischen den Abszissen x_1 und x_2 so eingeschlossen, daß die zugehörigen Funktionswerte y_1 und y_2 verschiedene Vorzeichen haben (Eingabeln). Der Graph schneidet dann zwischen x_1 und x_2 die x-Achse. Als Näherung für diesen Schnittpunkt nimmt man den Schnittpunkt x_3 der durch die Punkte $(x_1; y_1)$ und $(x_2; y_2)$ gehenden Geraden (Kurvensehne) mit der x-Achse (**116**.2). Nach Gl. (110.2) ist

$$x_3 = x_1 - \frac{x_2 - x_1}{y_2 - y_1} y_1 \qquad (116.1)$$

Nun berechnet man mit Hilfe des Horner-Schemas den im allgemeinen von Null verschiedenen Funktionswert y_3 der gegebenen Funktion und benutzt den Punkt $(x_3; y_3)$ zusammen mit den Werten des Punktes $(x_1; y_1)$ oder $(x_2; y_2)$, dessen Ordinate ein anderes Vorzeichen als y_3 hat, zur weiteren Näherungsrechnung. Das Verfahren kann fortgesetzt werden, bis sich die berechneten Werte x innerhalb der geforderten Dezimalenanzahl nicht mehr unterscheiden. Dabei bleibt jedoch unter Umständen ein Punkt weit von der Nullstelle entfernt. Deshalb werden mit der Regula falsi meist nur ein oder zwei Näherungswerte berechnet und anschließend das in Abschn. 7.1.1 beschriebene Verfahren von Newton verwendet. Die regula falsi läßt sich auf jede stetige Funktion anwenden.

Beispiel 12 Man verbessere die Nullstelle der Funktion $y = x^3 + 2x^2 - 8x + 2$ aus Beispiel 11 mit Hilfe der Regula falsi.

Falls man die Zeichnung (**116**.1) vermeiden will, kann man mit den Punkten $P_1(0; 1)$ und $P_2(0,5; -1,375)$ die Verbesserung beginnen. Hier ist es natürlich zweckmäßig, für die gute Näherung

$x_3 = 0{,}27$ den Funktionswert $y_3 = 0{,}005483$ mit dem Taschenrechner nach dem Horner-Schema zu berechnen und P_2 und P_3 als Ausgangspunkte für die Verbesserung nach Gl. (116.1) zu benutzen. Man erhält die neue Näherung

$$x_4 = x_3 - \frac{x_2 - x_3}{y_2 - y_3} y_3 = 0{,}27 - \frac{0{,}5 - 0{,}27}{(-1{,}375) - 0{,}005483} \cdot 0{,}005483$$

$$= 0{,}27 + 0{,}000914 = 0{,}270914$$

Der zugehörige Funktionswert ist $y_4 = -0{,}000636$. Er wird zusammen mit x_4 und (x_3, y_3) erneut in Gl. (116.1) eingesetzt und liefert den weiter verbesserten Näherungswert für die Nullstelle der Funktion

$$x_5 = x_4 - \frac{x_4 - x_3}{y_4 - y_3} y_4 = 0{,}270914 - \frac{0{,}270914 - 0{,}27}{0{,}005483 - (-0{,}000636)} \cdot (-0{,}000636)$$

$$= 0{,}270914 - 0{,}000095 = 0{,}270819$$

Der Funktionswert beträgt $y_5 = -0{,}0000002$. Diese Genauigkeit ist in den meisten Fällen ausreichend. Oft kann das Verfahren auch bei $x = 0{,}2709$ mit $y = -0{,}0005$ beendet werden.

Bestimmung weiterer Nullstellen des Polynoms Für die Bestimmung weiterer Nullstellen von Polynomen empfiehlt sich folgendes Verfahren.

Abspalten von Linearfaktoren Wenn man ein Polynom (hier dritten Grades) durch eine Linearfunktion dividiert, so erhält man ein Polynom von einem um Eins niedrigeren (hier zweiten) Grade und einen Rest.

Das Dividieren erfolgt wie bei Zahlen und ist aus dem folgenden Schema ersichtlich.

$$\begin{aligned}
(a_3 x^3 + a_2 x^2 + a_1 x + a_0) : (x - x_0) &= a_3 x^2 + (a_2 + a_3 x_0) x + \\
\underline{a_3 x^3 - a_3 x_0 x^2} \quad\quad\quad\quad\quad\quad\quad\quad & \quad\quad + (a_1 + a_2 x_0 + a_3 x_0^2) + \\
(a_2 + a_3 x_0) x^2 + a_1 x + a_0 \quad\quad\quad & \quad\quad + \frac{a_0 + a_1 x_0 + a_2 x_0^2 + a_3 x_0^3}{x - x_0} \\
\underline{(a_2 + a_3 x_0) x^2 - (a_2 x_0 + a_3 x_0^2) x} \quad & \\
(a_1 + a_2 x_0 + a_3 x_0^2) x + a_0 \quad\quad & \\
\underline{(a_1 + a_2 x_0 + a_3 x_0^2) x - (a_1 x_0 + a_2 x_0^2 + a_3 x_0^3)} & \\
a_0 + a_1 x_0 + a_2 x_0^2 + a_3 x_0^3 \quad\quad &
\end{aligned}$$
(117.1)

Der Ausdruck unter dem letzten Strich, der auch im Zähler des vierten Summanden der rechten Seite steht, ist der Divisionsrest. Er gibt den Funktionswert $f(x_0)$ an der Stelle x_0 an. Die Division ist ohne Rest ausführbar, wenn $f(x_0) = 0$, d.h. wenn x_0 eine Nullstelle der Funktion

$$f(x) = a_3 x^3 + a_2 x^2 + a_1 x + a_0$$

ist. Man kann in diesem Fall nach Multiplizieren mit $x - x_0$ schreiben

$$\begin{aligned}(a_3 x^3 + a_2 x^2 + a_1 x + a_0) \\ = (x - x_0) [a_3 x^2 + (a_2 + a_3 x_0) x + (a_1 + a_2 x_0 + a_3 x_0^2)]\end{aligned}$$
(117.2)

Hat die beim Dividieren entstehende Funktion $(n - 1)$-ten Grades in der eckigen Klammer von Gl. (117.2) (hier zweiten Grades) gleichfalls Nullstellen, so läßt sich auch für diese je ein Linearfaktor abspalten.

3.1 Ganze rationale Funktionen

Die hier für eine Funktion 3. Grades gezeigte Rechnung läßt sich verallgemeinern und führt zu dem von Gauß bewiesenen **Fundamentalsatz der Algebra**

$$\sum_{i=0}^{n} a_i x^i = a_n (x - x_{01})(x - x_{02}) \ldots (x - x_{0n}) \tag{118.1}$$

Dabei sind die x_{0i} die (einfachen oder mehrfachen) reellen oder komplexen Nullstellen der Funktion. Hieraus folgt:

Eine ganze rationale Funktion n-ten Grades hat höchstens n reelle Nullstellen.

Die Division braucht nicht in der Form von Gl. (117.1) durchgeführt zu werden. Wie hier für $n = 3$ gezeigt wurde, gilt allgemein, daß sich die Koeffizienten des beim Dividieren entstehenden Polynoms $(n-1)$ten Grades unmittelbar aus der dritten Zeile des Horner-Schemas ablesen lassen, wenn für x die gefundene Nullstelle x_0 eingesetzt wird. Man vergleiche hierzu Gl. (117.2) mit Gl. (115.1).

Beispiel 13 Die Funktion $y = 2x^3 - 2{,}2 x^2 - 2{,}4 x + 1{,}8$ mit der erkennbaren Nullstelle $x_{01} = -1$ soll in Linearfaktoren zerlegt werden.

Man dividiert die Funktion mit Hilfe des Horner-Schemas durch $x - (-1)$

$x_{01} = -1$	2	$-2{,}2$	$-2{,}4$	$1{,}8$
		-2	$4{,}2$	$-1{,}8$
	2	$-4{,}2$	$1{,}8$	0

und erhält
$$y = 2x^3 - 2{,}2 x^2 - 2{,}4 x + 1{,}8 = (x + 1)(2x^2 - 4{,}2 x + 1{,}8)$$
$$= 2(x+1)(x^2 - 2{,}1 x + 0{,}9)$$

Die Nullstellen der quadratischen Funktion werden aus der quadratischen Gleichung $x^2 - 2{,}1 x + 0{,}9 = 0$ berechnet. Man erhält $x_{02} = 0{,}6$ und $x_{03} = 1{,}5$ und damit die Produktdarstellung $2x^3 - 2{,}2 x^2 - 2{,}4 x + 1{,}8 = 2(x+1)(x-0{,}6)(x-1{,}5)$.

Beispiel 14 Zur Diskussion einer Resonanzkurve (Beispiel 17, S. 365) sind die beiden positiven Nullstellen der folgenden Gleichung gesucht

$$x^3 + 0{,}955 x^2 - 5x + 2{,}865 = 0$$

Für $x = 0$ ist $y = 2{,}865$, und für $x = 1$ ist $y = -0{,}180$. Eine Nullstelle liegt also zwischen Null und Eins in der Nähe von Eins. Berechnet man probeweise mit dem Hornerschema den Funktionswert an der Stelle $x_1^{(1)} = 0{,}8$, so erhält man

$x_1^{(1)} = 0{,}8$	1	$0{,}955$	-5	$2{,}865$
		$0{,}8$	$1{,}404$	$-2{,}8768$
	1	$1{,}755$	$-3{,}5960$	$-0{,}0118$

Der Wert ist noch negativ, also ist die Nullstelle kleiner als 0,8. Mit der zweiten Näherung $x_1^{(2)} = 0{,}79$ ergibt sich ein positiver Funktionswert

$x_1^{(2)} = 0{,}79$	1	$0{,}955$	-5	$2{,}865$
		$0{,}79$	$1{,}3786$	$2{,}8609$
	1	$1{,}745$	$-3{,}6215$	$0{,}0041$

Die Ordinaten zu $x_1^{(1)} = 0{,}8$ und $x_1^{(2)} = 0{,}79$ haben verschiedene Vorzeichen. Die Regula falsi ergibt

$$x_1^{(3)} = 0{,}8 - \frac{(-0{,}01)}{0{,}0159} \cdot (-0{,}0118) = 0{,}8 - 0{,}00742 = 0{,}7926$$

3.1.3 Ganze rationale Funktionen dritten und höheren Grades

Dieser Funktionswert ändert sich innerhalb der vorgegebenen Genauigkeit nicht mehr. Das Hornerschema liefert

$x = 0{,}7926$	1	0,955	−5	2,865
		0,7925	1,3849	−2,8650
	1	1,7475	−3,6151	0,0000

Die Zahlen in der dritten Zeile sind die Koeffizienten der restlichen quadratischen Gleichung

$$x^2 + 1{,}7475\,x - 3{,}6151 = 0$$

mit der weiteren positiven Nullstelle $x_2 = 1{,}2187$. Die dritte Nullstelle $x_3 = -2{,}9662$ ist hier nicht gefragt, da sie keine technische Bedeutung hat.

Beispiel 15 Man bestimme sämtliche Nullstellen der Funktion $y = x^4 - 3x^2 - 10x - 6$ und zerlege die Funktion in Faktoren.

Wenn kein Lösungsbereich angegeben ist, setzt man zunächst einige ganzzahlige Argumente in die Funktionsgleichung ein, für die der Funktionswert leicht zu berechnen ist und versucht damit, Funktionswerte mit unterschiedlichen Vorzeichen zu finden. Falls ein programmierbarer Taschenrechner zur Verfügung steht, kann man das Horner-Schema programmieren und damit die Funktionswerte schnell berechnen. In diesem Fall kann zwischen Funktionswerten mit verschiedenen Vorzeichen im Kopf interpoliert werden, bis die Abweichung von Null der geforderten Genauigkeit entspricht. Die folgende Tabelle ist auf diese Weise zustande gekommen.

Eine Nullstelle ist zwischen $x = 0$ und $x = -1$ zu erkennen. Falls die Übung im Kopfrechnen zu gering ist, kann man mit Gl. (116.1) interpolieren. Die Lösung lautet hier $x_{01} = -0{,}732\,05$.

Der Faktor $(x - x_{01}) = (x + 0{,}73205)$ kann nun von dem Polynom mit Hilfe des Horner-Schemas abgespalten werden.

1	0	−3	−10	−6
	−0,73205	0,53590	1,80385	5,99999
1	−0,73205	−2,46410	−8,19615	≈0

Die weiteren Nullstellen findet man aus dem Restpolynom 3. Grades

$$x^3 - 0{,}73205\,x^2 - 2{,}46410\,x - 8{,}19615 = 0$$

Man kann auch hier wie bei der Bestimmung der ersten Nullstelle verfahren und die weitere Lösung eingabeln.

Hier muß man schon etwas weiter greifen. Der nächste Wert nach $x = 5$ wäre $x = -5$ gewesen, anschließend 10 und −10 usw.

Die Lösung $x_{02} = 2{,}73205$ wird ebenfalls abgespalten, und aus der restlichen quadratischen Gleichung werden die beiden restlichen Lösungen gefunden.

1	−0,73205	−2,46410	−8,19615
	2,73205	5,46410	8,19615
1	2,00000	3,00000	0,00000

Die restliche quadratische Gleichung lautet $x^2 + 2x + 3 = 0$ mit den Lösungen $x_{03} = -1 + \sqrt{-2}$ und $x_{04} = -1 - \sqrt{-2}$, die nicht reell sind.

x	y
0	−6
1	−18
−1	2
−0,7	−0,2299
−0,8	0,4896
−0,73	−0,014 72
−0,74	0,057 07
−0,732	−0,000 37
−0,733	0,006 81
−0,7321	0,000 35
−0,73205	−0,000 01

x	y
0	−8,196 15
1	−10,392 31
−1	−7,464 10
5	86,182 08
2	−8,052 56
3	4,823 09
2,7	−0,502 88
2,8	1,117 09
2,73	−0,032 63
2,74	0,127 09
2,732	−0,000 81
2,733	0,015 13
2,73205	−0,000 01

3.1 Ganze rationale Funktionen

Die Produktdarstellung der gegebenen Funktion hat also die Form

$$y = (x + 0{,}732)(x - 2{,}732)(x^2 + 2x + 3)$$

Berechnung der Koeffizienten Häufig sind die Koeffizienten einer Funktionsgleichung nicht gegeben, sondern müssen z.B. aus einer Meßreihe bestimmt werden. Dabei wird als bekannt vorausgesetzt, daß sich das physikalische Gesetz durch einen bekannten Funktionstyp darstellen läßt (s. auch Abschn. 16).

Wenn bei der Beschreibung eines physikalischen Vorganges als Gesetz eine ganze rationale Funktion bekannt oder angenommen ist, dann besteht das Aufstellen der Funktionsgleichung in der Bestimmung der Koeffizienten a_i der Gl. (107.1).

Ein Polynom n-ten Grades hat $n + 1$ Koeffizienten, zu deren Bestimmung die Angabe von $n + 1$ voneinander unabhängigen Bedingungen erforderlich ist. Diese Bedingungen können z.B. die Festlegung der Funktionswerte an $n + 1$ Stellen oder die Festlegung von $n + 1 - k$ Funktionswerten und k anderen Bedingungen z.B. über die Steigung (Abschn. 5.1) oder die Krümmung (Abschn. 8.3) oder die Lage von Nullstellen sein. Bei gegebenen Nullstellen empfiehlt sich ein Produktansatz in Form von Gl. (118.1).

Im allgemeinen erhält man aus den Bedingungen ein System von linearen Gleichungen für die $n + 1$ unbekannten Koeffizienten $a_0, a_1, a_2, \ldots, a_n$, aus denen diese eindeutig berechnet werden können, wenn die Bedingungen voneinander unabhängig sind. Die Gleichungen wären z.B. nicht voneinander unabhängig, wenn man zur Festlegung einer Parabelgleichung drei Funktionswerte vorgeben würde, deren Bilder auf einer Geraden lägen.

In Abschn. 17 (Interpolation) sind zweckmäßige Algorithmen für die Bestimmung von Koeffizienten ganzer rationaler Funktionen dargestellt.

Beispiel 16 Die Funktion $y = a_n x^n$ hat für $x = b$ den Wert $y = h$. Man gebe die normierte Funktionsgleichung an.

Setzt man die gegebenen Werte in die Funktionsgleichung ein, so erhält man

$$h = a_n b^n \qquad a_n = \frac{h}{b^n} \qquad \frac{y}{h} = \left(\frac{x}{b}\right)^n$$

Beispiel 17 Man bestimme die Gleichung der ganzen rationalen Funktion 3. Grades, die durch die Wertepaare $(-1; 2)$, $(0; 1)$, $(1; -2)$ und $(2; 5)$ gegeben ist.

Man setzt die Wertepaare nacheinander in die Funktionsgleichung

$$y = a_0 + a_1 x + a_2 x^2 + a_3 x^3$$

ein und erhält das Gleichungssystem

$$2 = a_0 - a_1 + a_2 - a_3$$
$$1 = a_0$$
$$-2 = a_0 + a_1 + a_2 + a_3$$
$$5 = a_0 + 2a_1 + 4a_2 + 8a_3$$

zu dem man ohne großen Rechenaufwand die Lösungen

$$a_0 = 1 \qquad a_1 = -4 \qquad a_2 = -1 \qquad a_3 = 2$$

findet. Die Funktionsgleichung lautet also

$$y = 1 - 4x - x^2 + 2x^3$$

3.1.4 Aufgaben zu Abschnitt 3.1

1. Man zeichne die (v, t)-Diagramme entsprechend Bild **109**.1 für die gleichmäßig beschleunigten Bewegungen mit der Anfangsgeschwindigkeit $v_0 = 40$ m/s und den Beschleunigungen $a = 2.5$ m/s², 1 m/s², 0,2 m/s², -0.8 m/s² und $a = 0$. Desgleichen für $v_0 = 0$ und $a = 1.22$ m/s² sowie 2,8 m/s².

2. In einem geradlinigen Weg-Zeit-Diagramm sind auf der Abszisse die Zeiten von 0 bis 40 s auf 8 cm Länge und auf der Ordinate die zugehörigen Wege von 120 m bis 600 m auf 6 cm aufgetragen. Wie groß ist im Diagramm der Anstiegswinkel, und welcher Geschwindigkeit entspricht er?

3. Bei einem Doppelkeilprofil für den Überschallflug (**121**.1) mit den gegebenen Maßen benötigt man für die Widerstandsberechnung die Gleichungen der Geraden im (x, y)-System. Wie lauten sie?

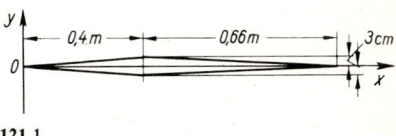

121.1

4. Ein Elektrizitätswerk bietet zwei Tarife an:

    Tarif I   Grundgebühr   12,— DM,   Stromkosten   0,08 DM/kWh

    Tarif II   Grundgebühr   2,— DM,   Stromkosten   0,25 DM/kWh

Man zeichne ein Schaubild, in dem die Gesamtkosten K für beide Tarife als Ordinate auf ungefähr 8 cm und der Energieverbrauch W von 0 bis 100 kWh als Abszisse auf 10 cm aufgetragen sind. Wie groß sind die Einheitslängen? Bei welchem Verbrauch ergeben sich bei beiden Tarifen die gleichen Kosten?

5. Man diskutiere die Graphen der Funktionen (Lage des Scheitels, Nullstellen)

a) $y = 2x^2 + 4x - 5$ b) $y = 0.5 x^2 - 1.5 x + 1.125$ c) $y = -0.384 x^2 + 0.219 x - 0.775$

6. Man bestimme die Gleichung der Parabel mit der Achse parallel zur y-Achse durch die Punkte $P_1(3; 7)$, $P_2(5; 9)$ und $P_3(-2; 4)$.

7. Wie lautet die Gleichung der Parabel aus Aufgabe 6, wenn die Parabelachse zur x-Achse parallel ist?

8. Der Scheitelpunkt der Wurfparabel $y = x \tan \alpha - [g/(2 v_0^2 \cos^2 \alpha)] x^2$ ist zu berechnen. Dabei ist α der Abwurfwinkel gegen die Waagerechte, v_0 die Anfangsgeschwindigkeit und g die Fallbeschleunigung. Wie groß ist die Wurfweite x_W?

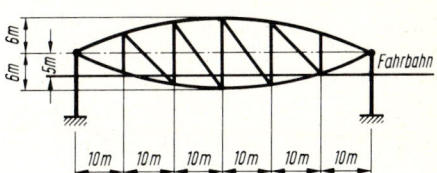

121.2

9. Eine Brücke hat die Form zweier Parabelbogen (**121**.2). Wie lauten die Gleichungen der Parabeln bezüglich eines in ihrem linken Schnittpunkt liegenden Koordinatensystems? Wie lang sind die Stäbe des Fachwerks? In welchen Punkten schneidet die Fahrbahn den unteren Parabelbogen?

10. Die charakteristische Gleichung (s. Abschn. 13.3.2) eines freien Schwingkreises mit Ohmschem Widerstand R, Induktivität L und Kapazität C lautet

$$L\lambda^2 + R\lambda + \frac{1}{C} = 0$$

Man bestimme λ. Wie ist C bei gegebenen R und L zu wählen, damit die Gleichung nur eine Lösung hat (Galvanometer)? Wie groß ist dann λ?

11. Man berechne die Nullstellen der Polynome
a) $y = x^3 - 6x^2 + 10x - 4$
b) $y = x^6 - 12x^5 + 55x^4 - 120x^3 + 126x^2 - 56x + 7$

12. Man zerlege die Funktion $y = 2x^4 - 5{,}4x^3 - 15{,}6x^2 + 16x + 19{,}2$ in Linearfaktoren.

13. Wie tief taucht eine Kugelboje von 80 cm Durchmesser ($\varrho = 0{,}65\,\text{kg/dm}^3$) in Salzwasser ($\varrho = 1{,}03\,\text{kg/dm}^3$) ein?

14. Die Beanspruchung eines durch ein Biegemoment M und eine Längskraft F belasteten Trägers berechnet man aus der Gleichung $\sigma = M/W + F/A$ (W Widerstandsmoment, A Querschnittfläche). Bei einem Kreisquerschnitt vom Durchmesser d ist $A = \pi d^2/4$ und $W = \pi d^3/32$. Man berechne den erforderlichen Durchmesser bei einer Belastung $M = 130\,\text{Nm}$ und $F = 2500\,\text{N}$ bei einer zulässigen Spannung $\sigma = 6 \cdot 10^7\,\text{N/m}^2 = 6\,\text{kN/cm}^2$.

3.2 Gebrochene rationale Funktionen

Definition Die gebrochene rationale Funktion ist der Quotient zweier ganzer rationaler Funktionen von der Form

$$y = \frac{a_0 + a_1 x + a_2 x^2 + \cdots + a_{n-1} x^{n-1} + a_n x^n}{b_0 + b_1 x + b_2 x^2 + \cdots + b_{m-1} x^{m-1} + b_m x^m} = \frac{\sum_{i=0}^{n} a_i x^i}{\sum_{j=0}^{m} b_j x^j} \qquad (122.1)$$

Die Funktion heißt **echt gebrochen**, wenn der Grad n des Zählers kleiner als der Grad m des Nenners ist, andernfalls heißt sie **unecht gebrochen**.

Beispiel 1 Die Funktion

$$y = \frac{4x^2 + 3x - 1}{x^3 + x - 1}$$

ist echt, die Funktionen

$$y = \frac{x^3 - 3x + 5}{x - 2} \qquad \text{und} \qquad y = \frac{3x^2 + 4x + 9}{x^2 + 5}$$

sind unecht gebrochen.

Zerlegung Jede unecht gebrochene rationale Funktion kann durch Dividieren in eine ganze rationale Funktion und eine echt gebrochene rationale Funktion zerlegt werden.

Beispiel 2 Man zerlegt

$$y = \frac{x^3 - 3x + 5}{x - 2} = x^2 + 2x + 1 + \frac{7}{x - 2}$$

und $\qquad y = \dfrac{3x^2 + 4x + 9}{x^2 + 5} = 3 + \dfrac{4x - 6}{x^2 + 5}$

Funktion $y = C/x^n$ Sie ist die einfachste gebrochene rationale Funktion. Für $n = 1$ sind die Variablen zueinander umgekehrt proportional. Der Graph heißt gleichseitige Hyperbel (123.1a)

$$y = \frac{C}{x} \qquad (122.2)$$

Sie hat zwei Äste und verläuft für positive Werte von C nur im ersten und dritten, für negative Werte von C nur im zweiten und vierten Quadranten. Die Funktion ist ungerade. Die Funktion $y = C/x^2$ ist eine gerade Funktion (123.1 b), deren Äste für positive C nur im ersten und zweiten, für negative C nur im dritten und vierten Quadranten liegen.

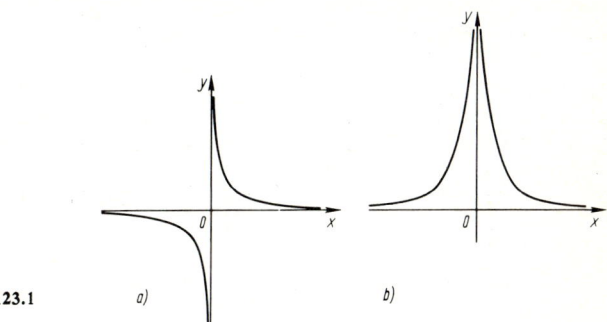

123.1 a) b)

Die ungeraden Funktionen $y = C/x^{2m+1}$ haben ähnliche Graphen wie die Hyperbel, die geraden Funktionen $y = C/x^{2m}$ solche, die dem Graphen der Funktion $y = C/x^2$ ähnlich sind. Die Funktion $y = C/x^n$ wird gelegentlich Hyperbel n-ten Grades genannt. Alle diese Funktionen haben eine Unstetigkeitsstelle bei $x = 0$ und nähern sich für große Werte von x der Abszissenachse, ohne sie jedoch zu erreichen. Die Funktion $y = 1/x^3$ hat für $x = 0,01$ den Wert $y = 10^6$, während dieser schon für $x = 10$ auf $y = 10^{-3}$ und für $x = 100$ auf $y = 10^{-6}$ abgesunken ist.

Nullstellen. Unstetigkeitsstellen Die Nullstellen der Polynome im Zähler von Gl. (122.1) sind auch die Nullstellen der gebrochenen rationalen Funktion, wenn nicht gleichzeitig der Nenner Null ist. Bei Annäherung an die Nullstellen des Nenners wird dieser sehr klein, der gesamte Funktionswert also sehr groß. In der Umgebung der Nullstellen des Nenners wächst die Funktion über alle Grenzen, die Nullstellen des Nenners sind Unstetigkeitsstellen (Unendlichkeitsstellen) der gebrochenen Funktion. Bei gemeinsamer Nullstelle $x = x_0$ von Zähler und Nenner kann nach Gl. (117.2) in Zähler und Nenner der Faktor $x - x_0$ ausgeklammert und gekürzt werden. Hierdurch wird eine Unstetigkeit durch zweckmäßige Neudefinition behoben.

Beispiel 3 Die echt gebrochene Funktion (123.2)

$$y = \frac{x^3 + 7x^2 - 36}{x^4 - 3x^3 + x^2 + 3x - 2}$$

wird in Zähler und Nenner in Linearfaktoren zerlegt, indem man die Nullstellen aufsucht und die entsprechenden Faktoren ausklammert

$$y = \frac{(x-2)(x+3)(x+6)}{(x-2)(x+1)(x-1)^2}$$

Der Faktor $x - 2$ ist zu kürzen. Die Funktion hat Nullstellen bei $x = -3$ und $x = -6$ sowie Unstetigkeitsstellen bei $x = 1$ und $x = -1$.

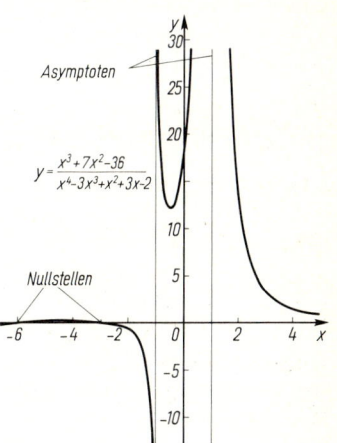

123.2

3.2 Gebrochene rationale Funktionen

Asymptoten (s. Abschn. 2.6.3) Bei echt gebrochenen Funktionen ist der höchste Exponent m des Nenners größer als der höchste Exponent n des Zählers. Untersucht man den Grenzwert der Funktion für $x \to \infty$, so sind in Zähler und Nenner die Summanden mit den größten Exponenten allein maßgebend (s. S. 67). Wegen $m > n$ strebt daher $(a_n/b_m) x^{n-m}$ und damit y wegen des negativen Exponenten gegen Null.

Die x-Achse ist Asymptote des Graphen jeder echt gebrochenen rationalen Funktion.

Unecht gebrochene Funktionen werden in echt gebrochene und ganze rationale Funktionen zerlegt. Der Einfluß der echt gebrochenen Funktion wird bei wachsendem Argument immer kleiner:

Der Graph der ganzen rationalen Funktion ist die Asymptote des Graphs der unecht gebrochenen Funktion.

Die Asymptote braucht also nicht immer eine Gerade zu sein.

In Beispiel 1, S. 122, ist bei der ersten Funktion die x-Achse, bei der zweiten die Parabel $y = x^2 + 2x + 1$ (**124.1**) und bei der dritten die Gerade $y = 3$ Asymptote. Ist das Vorzeichen des verbleibenden echten Bruches für große Werte von x positiv, so ist der Funktionswert der unecht gebrochenen Funktion größer als der Funktionswert der Asymptote. Der Graph nähert sich der Asymptote von oben. Bei negativem Vorzeichen des Restes wird die Asymptote von unten angenähert. Eine entsprechende Überlegung gilt für $x \to -\infty$.

Wechselt der Funktionswert bei Überschreiten der Unstetigkeitsstelle sein Vorzeichen wie bei $x = -1$ in Beispiel 3, S. 123, so geht ein Ast des Graphen gegen $+\infty$ und der andere gegen $-\infty$, behält er dagegen wie bei $x = +1$ des gleichen Beispiels sein Vorzeichen bei, so nähern sich beide Äste des Graphen dem gleichen Ende der vertikalen Asymptote, s. S. 104, Unstetigkeitsstelle.

Beispiel 4 In einer Spannungsteilerschaltung mit einem linearen Potentiometer (**124.2**a), ist die Spannung U_{II} als Funktion des Abgriffsverhältnisses x an dem linear gewickelten Widerstand R_1 darzustellen und für $R_2/R_1 = 0{,}1; 0{,}5; 1; \infty$ zu zeichnen. Wie groß muß das Verhältnis R_2/R_1 mindestens sein, damit die maximale Abweichung der Spannung U_{II} vom Leerlauffall ($R_2/R_1 = \infty$) (d.h. die Abweichung der gekrümmten Kurve von der Geraden) 5% beträgt?

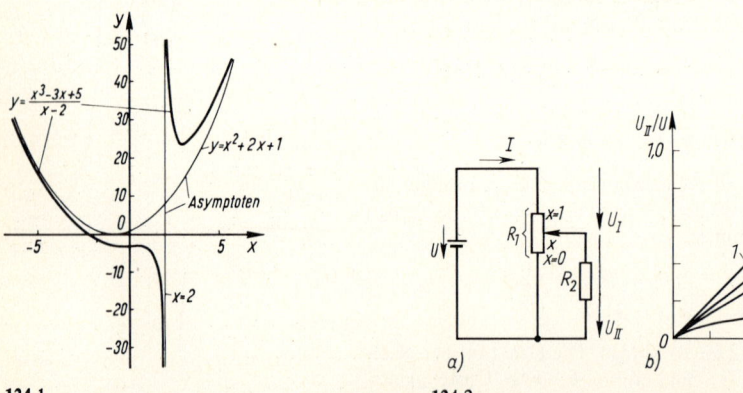

124.1   124.2

3.2 Gebrochene rationale Funktionen

Der Stromkreis enthält in der Schalterstellung x des Abgriffs an R_1 zwei hintereinander geschaltete Widerstände

$$R_{\mathrm{I}} = R_1 (1 - x)$$

und R_{II}, von denen sich der zweite aus der Parallelschaltung von $R_1 \cdot x$ und R_2 ergibt, also

$$R_{\mathrm{II}} = \frac{R_1 x R_2}{R_1 x + R_2}$$

Weiter ist

$$U_{\mathrm{I}} = R_1 (1 - x) I \qquad U_{\mathrm{II}} = \frac{R_1 x R_2}{R_1 x + R_2} I$$

und

$$U = U_{\mathrm{I}} + U_{\mathrm{II}} = \left[R_1 (1 - x) + \frac{R_1 x R_2}{R_1 x + R_2} \right] I = \frac{R_1 x (1 - x) + R_2}{R_1 x + R_2} R_1 I$$

Man drückt den Strom I durch die Spannung U aus und setzt dann I in die Gleichung für U_{II} ein; man erhält

$$\frac{U_{\mathrm{II}}}{U} = \frac{R_2 x}{x(1-x) R_1 + R_2} = \frac{x}{1 + \dfrac{R_1}{R_2} x (1-x)}$$

Die Graphen für die verschiedenen Parameter R_2/R_1 sind in Bild **124.2**b aufgetragen.
Die Abweichung von der Linearität (Leerlaufspannung $U_{\mathrm{II}0} = x U$) wird bei der in dieser Aufgabe gestellten Forderung durch die Ungleichung $(U_{\mathrm{II}0} - U_{\mathrm{II}})/U_{\mathrm{II}0} < 0{,}05$ beschrieben. Setzt man U_{II} und $U_{\mathrm{II}0}$ in diese Ungleichung ein, so wird man auf die Bedingung

$$\frac{R_2}{R_1} = \frac{0{,}95 \, x (1 - x)}{0{,}05} < \frac{0{,}95 \cdot 0{,}25}{0{,}05} = 4{,}75$$

geführt. Da der Graph von $f(x) = x(1-x)$ eine Parabel ist, gilt nämlich $f_{\max} = f(0{,}5) = 0{,}25$.

Beispiel 5 Eine mit einer Geschwindigkeit v in Richtung auf einen ruhenden Beobachter **bewegte Schallquelle** sendet Wellen mit der Frequenz f aus. Der Beobachter hört dann infolge des sogenannten Doppler-Effektes bei der Schallgeschwindigkeit v_{S} Töne mit der Frequenz

$$f' = \frac{f}{1 - (v/v_{\mathrm{S}})}$$

also Töne mit einer höheren als der ausgesandten Frequenz. Bei Annäherung der Geschwindigkeit v an die Schallgeschwindigkeit werden die empfangenen Frequenzen immer größer und wachsen für $v = v_{\mathrm{S}}$ über alle Grenzen.

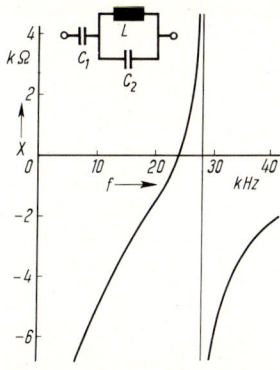

125.1

Beispiel 6 Eine **Filterschaltung** aus verlustfreien Schaltelementen (**125.1**) hat einen Blindwiderstand

$$X = \frac{\omega L}{1 - \omega^2 L C_2} - \frac{1}{\omega C_1}$$

Mit der Kreisfrequenz $\omega = 2 \pi f$, den Kapazitäten $C_1 = 3 \, \mathrm{nF} = 3 \cdot 10^{-9}$ F und $C_2 = 8 \, \mathrm{nF} = 8 \cdot 10^{-9}$ F, der Spuleninduktivität $L = 4 \, \mathrm{mH} = 4 \cdot 10^{-3}$ H sowie den Einheitenbeziehungen $1 \, \mathrm{F} = 1 \, \mathrm{s}/\Omega$ und $1 \, \mathrm{H} = 1 \, \Omega \, \mathrm{s}$ ergibt sich daraus die zugeschnittene Größengleichung

$$\frac{X}{\mathrm{k}\Omega} = \frac{2{,}51 \cdot 10^{-2} \dfrac{f}{\mathrm{kHz}}}{1 - 1{,}263 \cdot 10^{-3} \left(\dfrac{f}{\mathrm{kHz}}\right)^2} - \frac{53{,}1}{\dfrac{f}{\mathrm{kHz}}} \qquad (125.1)$$

Der Verlauf des Graphen dieser Funktion ist in Bild 125.1 dargestellt. Der Blindwiderstand des Filters ist Null bei der Frequenz $f = 24{,}0$ kHz. Für Ströme dieser Frequenz ist das Filter also widerstandslos. Für $1 - \omega^2 L C_2 = 0$ oder $f \to 28{,}1$ kHz wird X unbeschränkt groß. Das Filter sperrt also Ströme dieser Frequenz.

3.2.1 Aufgaben zu Abschnitt 3.2

1. Man bestimme Nullstellen, Unstetigkeitsstellen und Asymptoten der Funktion
$$y = \frac{x^3 + 3x^2 - x - 3}{x^2 + 0{,}5x - 3}$$

2. Zwischen Dampfdruck p und Volumen V besteht die Beziehung $pV = c$. Man stelle den Druck als Funktion des Volumens dar und zeichne das Diagramm für $c = 1$ Ncm, $c = 10$ Ncm und $c = 50$ Ncm in einem Diagramm für den Bereich bis $V = 500$ cm^3.

3. Die Druckverteilung in der Atmosphäre bis zu $h = 11$ km Höhe kann durch die Funktion
$$\frac{p}{p_0} = \left(\frac{31 \text{ km} - h}{31 \text{ km} + h}\right)^2$$
beschrieben werden (p_0 Bodendruck). Man zeichne ein Diagramm. In welcher Höhe beträgt der Druck die Hälfte des Bodendrucks?

4. Die Knickspannung eines Druckstabes wird in der Festigkeitslehre durch $\sigma = E\pi^2/\lambda^2$ (E Elastizitätsmodul, λ Schlankheitsgrad gleich Länge durch Trägheitsradius) angegeben. Die Funktionskurve ist die sog. Euler-Hyperbel. Die Formel gilt nur bis zu demjenigen Schlankheitsgrad, bei dem die Spannung σ die Proportionalitätsgrenze σ_P erreicht. Für kleinere Werte λ wird die Kurve durch eine Gerade ersetzt (Tetmajer-Gerade), die bei $\sigma = \sigma_P$ mit einem Knick an die Euler-Hyperbel anschließt und die σ-Achse bei der Stauchgrenze σ_0 erreicht. Wie groß ist für Stahl 37 ($\sigma_P = 19$ kN/cm^2, $\sigma_0 = 27$ kN/cm^2, $E = 2 \cdot 10^4$ kN/cm^2) der kleinste Wert λ, für den die Euler-Hyperbel gilt? Wie lautet die Gleichung der Tetmajer-Geraden?

5. Wieviel Prozent der Erdoberfläche kann man aus einem Erdsatelliten in $H = 20$ km, 200 km, 2000 km und 384000 km (Mond!) Höhe über der Erdoberfläche übersehen? Radius der Erde $R = 6370$ km. Man stelle das Verhältnis von sichtbarer Fläche und Erdoberfläche als Funktion von $x = H/R$ dar.

6. Bei einem senkrechten Verdichtungsstoß besteht zwischen Druck p_1 und Dichte ϱ_1 vor und den entsprechenden Größen p_2 und ϱ_2 hinter der Stoßfront die Gleichung
$$\frac{p_2}{p_1} - \frac{\varrho_2}{\varrho_1} = \frac{\varkappa - 1}{2}\left(1 + \frac{p_2}{p_1}\right)\left(\frac{\varrho_2}{\varrho_1} - 1\right)$$

Man setze $y = p_2/p_1$ und $x = \varrho_2/\varrho_1$.

a) Man löse die Gleichung nach y auf.
b) Wieviele Unstetigkeitsstellen gibt es für $y > 0$, $x > 0$ und $\varkappa > 1$?
c) Wie lauten sie?
d) Welche maximale Verdichtung x ist für $\varkappa = 1{,}4$ (Luft) möglich?

3.3 Algebraische Funktionen

Definition Kommt in einer Funktion nicht nur die unabhängige Variable x, sondern auch die abhängige Variable y in Form von Potenzen mit ganzen positiven Exponenten vor, so erhält man eine **algebraische** Relation, die nur dann als Funktion bezeichnet werden darf, wenn jedem x nur **ein** Wert y angeordnet ist (s. S. 46). In der impliziten Form lautet diese

$$P_0(x) + P_1(x)\,y + P_2(x)\,y^2 + \cdots + P_n(x)\,y^n = \sum_{i=0}^{n} P_i(x)\,y^i = 0 \qquad (127.1)$$

Die $P_i(x)$ sind Polynome in x.
In einfachen Fällen kann diese Gleichung explizit nach y aufgelöst werden. Tritt bei dieser Auflösung die Operation des Wurzelziehens auf, so werden die Funktionen auch **Wurzelfunktionen** genannt.
Die ganzen rationalen Funktionen sind ein Sonderfall der Gl. (127.1): $P_0(x)$ beliebig, $P_1(x) = 1$ und alle übrigen $P_i(x) = 0$. Auch die gebrochenen rationalen Funktionen sind in Gl. (127.1) enthalten: $P_0(x)$ und $P_1(x)$ sind beliebige Polynome, alle übrigen $P_i(x)$ sind Null.

Beispiel 1 Algebraische Funktionen in impliziter und expliziter Darstellung

a) $2x^2 + 1 - y = 0 \qquad y = 2x^2 + 1 \qquad$ b) $x^2 + 1 + (x-3)\,y = 0 \qquad y = \dfrac{x^2 + 1}{3 - x}$

c) $x - y^2 = 0 \qquad y = \sqrt{x} \qquad$ d) $1 - x + (x^2 + 2)\,y^3 = 0 \qquad y = \sqrt[3]{\dfrac{x-1}{x^2+2}}$

e) $x^2 - r^2 + y^2 = 0 \qquad y = \sqrt{r^2 - x^2}$

f) $(3x-4)^2 + 2(4-3x)\,y + (1-4x)\,y^2 = 0 \qquad y = \dfrac{3x-4}{2\sqrt{x}+1}$

Beispiel 2 Der **Trägheitsradius** i_x eines quadratischen Querschnittes mit der Seite a und einer Bohrung vom Durchmesser d in der Mitte (**127.1**) wird für die Achse $x - x$ durch die Gleichung

$$i_x = \frac{1}{12}\sqrt{\frac{48a^4 - 9\pi d^4}{4a^2 - \pi d^2}} = \frac{a}{12}\sqrt{\frac{48 - 9\pi (d/a)^4}{4 - \pi (d/a)^2}}$$

gegeben.

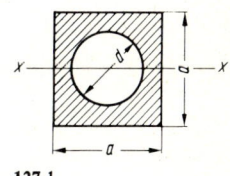

127.1

Beispiel 3 Bei **turbulenter** (verwirbelter) **Strömung** in glatten Rohren wird die Geschwindigkeit in Abhängigkeit vom Abstand x von der Rohrmitte durch die normierte Funktionsgleichung

$$\frac{v}{\bar v} = 1{,}19 \left[1 - \left(\frac{x}{r}\right)^{5/4} \right]^{1/7}$$

beschrieben. In dieser Formel bedeutet r den Rohrradius und $\bar v$ die mittlere Durchflußgeschwindigkeit. Die Funktionskurve ist in Bild **127.2** gezeichnet (s. auch Aufgabe 1a, S. 105, und 3b, S. 96).

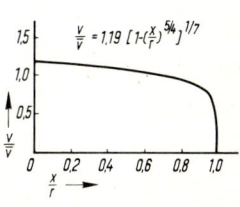

127.2

3.3 Algebraische Funktionen

3.3.1 Potenzfunktion

Bei vielen technischen Problemen treten Potenzfunktionen mit gebrochenen Exponenten auf (s. z. B. Beispiel 3, S. 127). Im einfachsten Fall erhält man die Gleichung

$$y = C x^{m/n} \qquad m, n \in \mathbb{Z} \qquad (128.1)$$

Mit der Umformung $y^n - C^n x^m = 0$ hat Gl. (128.1) die Form von Gl. (127.1). Da $x^{m/n}$ die n-te Wurzel der m-ten Potenz von x ist, erhält man bei geradem Wurzelexponenten n nur für positive Elemente der Definitionsmenge x reelle Bildwerte y, weil in der Menge der reellen Zahlen den negativen Zahlen keine Wurzel mit geradzahligem Wurzelexponenten zugeordnet sind. Funktionen mit ungeradem Wurzelexponenten unterliegen dieser Einschränkung nicht. So kann $y = \sqrt{x}$ nur für positive Werte von x und $y = \sqrt{a^2 - x^2}$ nur für Argumente zwischen $x = -a$ und $x = +a$ berechnet werden, während die Funktion $y = \sqrt[3]{x^5}$ Werte für jedes Argument x hat; so erhält man für $x = -2$ die Ordinate $y = \sqrt[3]{(-2)^5} = \sqrt[3]{(-32)} = -3{,}17$.

Der Funktionswert kann mit einem geeigneten Taschenrechner berechnet werden.

Die Graphen der Funktionen $y = x^{m/n}$ sind in Bild **128.1** für verschiedene Exponenten m/n aufgetragen. Für den Sonderfall $m = 1$ ergibt sich die Funktion $y = \sqrt[n]{x}$ (**128.2**), die Umkehrfunktion der ganzen rationalen Funktion $y = x^n$. Ihr Graph entsteht durch Spiegelung des Graphen der ganzen rationalen Funktion an der Geraden $y = x$.

Bei geradem Wurzelexponenten n ist für $C > 0$ immer der obere Ast des Graphen gemeint.

In der Technik brauchen im allgemeinen die Funktionswerte nur für positive Argumente berechnet zu werden. Einige spezielle Graphen sind für positive Argumente x in Bild **128.3** zusammengestellt.

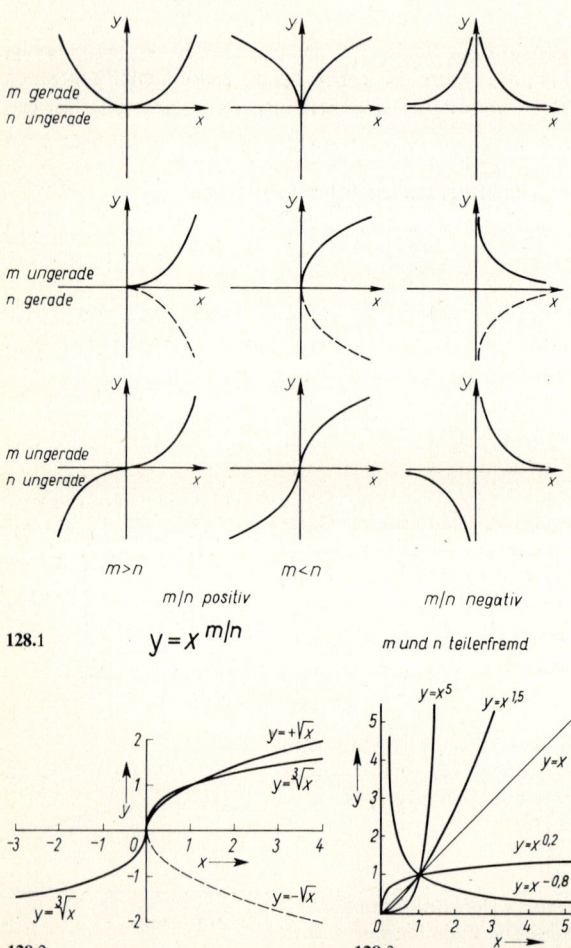

128.1 $y = x^{m/n}$

128.2

128.3

In Abschn. 3.5.3 ist gezeigt, wie die Graphen der Potenzfunktionen zu Geraden verstreckt werden, wenn man sog. Potenzpapier (log y, log x-Papier) benutzt.

3.3.2 Allgemeine Gleichung 2. Grades. Kegelschnitte

Ein für die Technik wichtiger Sonderfall der Gl. (127.1) ist die Relation zweiten Grades

$$P_0(x) + P_1(x)\,y + P_2(x)\,y^2 = 0 \tag{129.1}$$

in der $P_0(x)$ ein Polynom zweiten Grades, $P_1(x)$ ein Polynom ersten Grades und P_2 eine Konstante ist. Setzt man die $P_i(x)$ in der Form der Gln. (108.1) und (110.3) ein und sortiert nach Potenzen von x und y, so erhält man die allgemeine Form einer algebraischen Gleichung zweiten Grades

$$a_{11}x^2 + 2a_{12}xy + a_{22}y^2 + 2a_{13}x + 2a_{23}y + a_{33} = 0 \tag{129.2}$$

Die Graphen dieser Relationen werden als Kegelschnitte bezeichnet, weil sie als Schnittkurven einer Ebene mit einem Doppelkegel entstehen (**129.1**). Ein Schnitt E_K senkrecht zur Kegelachse ergibt als Schnittfigur einen Kreis, der beim Schnitt durch die Kegelspitze zu einem Punkt zusammenschrumpft. Ein schräger Schnitt E_E, der beide

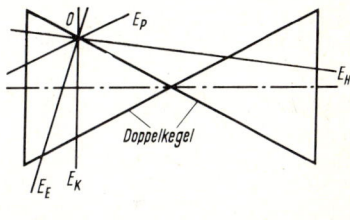

129.1

Kegelmantellinien schneidet, hat eine Ellipse als Schnittfigur. Dreht man die Schnittebene um die Achse O weiter, bis sie parallel zur Kegelmantellinie verläuft (E_P), so gibt es nur noch einen Scheitel. Die geschlossene Ellipse geht in die offene Parabel über. Weitere Drehung der Schnittebene bis zum Schnitt mit dem zweiten Kegel (E_H) führt auf die Hyperbel, die wieder zwei Scheitel hat. Falls dieser Schnitt durch die Kegelspitze verläuft, erhält man als Spezialfall der Hyperbel ein Geradenpaar.

Die einzelnen Kegelschnitte ergeben sich durch spezielle Wahl der Koeffizienten a_{ik}.

Beispiel 4 Mit $a_{11} = c$, $a_{12} = a_{22} = a_{13} = a_{33} = 0$ und $a_{23} = -1/2$ erhält man aus Gl. (129.2) die Gleichung der Normalparabel

$$y = cx^2$$

Mit $a_{11} = a_{22} = 1$, $a_{33} = -r^2$ und $a_{ik} = 0$ für $i \ne k$ ergibt sich die Gleichung eines Kreises mit dem Radius r, dessen Mittelpunkt im Koordinaten-Nullpunkt liegt

$$x^2 + y^2 = r^2 \tag{129.3}$$

Zunächst soll gezeigt werden, daß die aus der Schulmathematik als geometrische Ortskurven bekannten Kegelschnitte Sonderfälle der Gl. (129.2) sind. Anschließend wird dargelegt, wie man aus den Koeffizienten a_{ik} die Art des Kegelschnittes erkennt.

3.3 Algebraische Funktionen

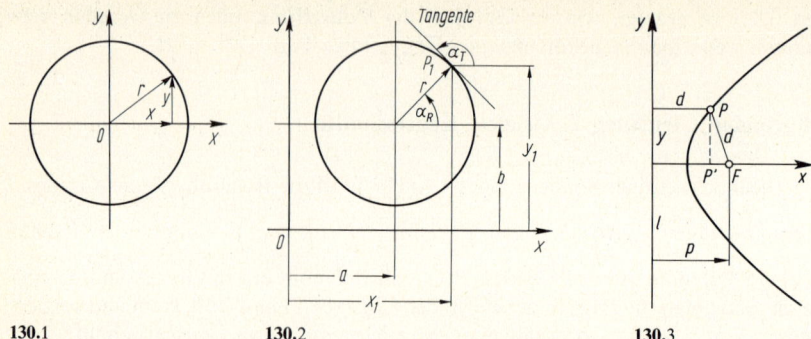

130.1   **130.2**   **130.3**

Definition Der Kreis um den Punkt O mit dem Radius r ist die geometrische Ortskurve für alle Punkte, die von dem Punkt O den gleichen Abstand r haben (**130.1**).

Aus Bild **130.1** ergibt sich mit dem Lehrsatz des Pythagoras die Mittelpunktform des Kreises

$$x^2 + y^2 = r^2 \tag{130.1}$$

Kreis in allgemeiner Lage. Aus Bild **130.2** liest man die Gleichung des um a nach rechts und um b nach oben aus dem Koordinaten-Anfangspunkt verschobenen Kreises ab

$$(x - a)^2 + (y - b)^2 = r^2 \tag{130.2}$$

explizite Form

$$y = b + \sqrt{r^2 - (x - a)^2} \tag{130.3}$$

Definition Die Parabel ist die geometrische Ortskurve für alle Punkte, die von einer Geraden l (Leitlinie) und einem Punkt F (Brennpunkt) den gleichen, aber von Punkt zu Punkt sich ändernden, Abstand d haben (**130.3**).

Aus dem Dreieck PFP' in Bild **130.3** liest man die Beziehung

$$d^2 = y^2 + (p - x)^2$$

ab. Der Abstand d des Punktes P von der Leitlinie l ist gleich x. Damit kann man d aus der vorstehenden Gleichung eliminieren. Man erhält

$$\begin{aligned} x^2 &= y^2 + (p - x)^2 \\ y^2 + p^2 - 2px &= 0 \end{aligned} \tag{130.4}$$

Legt man die y-Achse nicht in die Leitlinie, sondern als Tangente an den Graphen, so muß man in Gl. (130.4) eine Koordinatenverschiebung vornehmen.

$$y^2 - 2p\left(x - \frac{p}{2}\right) = 0$$

Mit $\bar{x} = x - \dfrac{p}{2}$ erhält man die einfachere Form

$$y^2 - 2p\bar{x} = 0 \qquad y^2 = 2p\bar{x} \tag{130.5}$$

3.3.2 Allgemeine Gleichung 2. Grades. Kegelschnitte

Vertauscht man in Gl. (130.5) die Variablen $\bar{x}$ und y und nennt $\bar{x}$ wieder x, so entsteht als Umkehrfunktion eine Parabel mit senkrechter Achse, die sog. **Normalparabel**

$$y = c\,x^2 \qquad (131.1)$$

Aus dieser kann man durch eine Paralleltransformation die Gleichung der Parabel mit senkrechter Achse Gl. (110.3) gewinnen.

Definition Die **Ellipse** ist die geometrische Ortskurve für alle Punkte, deren Abstandssumme $r_1 + r_2 = 2a$ von zwei festen Punkten F_1 und F_2 (den Brennpunkten) mit dem Abstand $2e$ gleich groß ist. Aus den Dreiecken $F_1 P'P$ und $P'F_2 P$ in Bild 131.1 erkennt man nach Pythagoras die Beziehungen

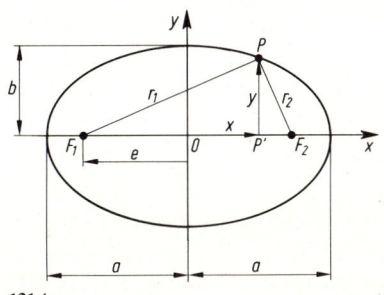

131.1

$$y^2 + (x - e)^2 = r_2^2 \qquad (131.2)$$
$$y^2 + (x + e)^2 = r_1^2 \qquad (131.3)$$

Die Abstände r_1 und r_2 kann man mit Hilfe der Definitionsgleichung

$$r_1 + r_2 = 2a \qquad (131.4)$$

eliminieren. Dazu benutzt man zweckmäßigerweise die Differenz aus Gl. (131.3) und (131.2)

$$4ex = r_1^2 - r_2^2$$

und eliminiert daraus mit Gl. (131.4) den Ausdruck r_2^2

$$4ex = r_1^2 - (2a - r_1)^2 = 4ar_1 - 4a^2$$

$$r_1 = \frac{e}{a}x + a$$

Dieser Wert r_1 wird in Gl. (131.3) eingesetzt und ergibt schließlich

$$y^2 + x^2\left(1 - \frac{e^2}{a^2}\right) = a^2 - e^2 \qquad (131.5)$$

Für $y = 0$ erhält man $x = a$ oder $x = -a$. Die Größe $a = (r_1 + r_2)/2$ ist also der Abstand des rechten oder linken Scheitels vom Ellipsenmittelpunkt $x = 0$. Man nennt a eine **Halbachse** der Ellipse. Die andere Halbachse erhält man, wenn man $x = 0$ in Gl. (131.5) einsetzt.

$$y(0) = \sqrt{a^2 - e^2} = b \qquad (131.6)$$

In Bild 131.1 ist a die große, b die kleine Halbachse der Ellipse.
Mit b aus Gl. (131.6) wird aus Gl. (131.5)

$$y^2 + \frac{b^2}{a^2}x^2 = b^2$$

eine Gleichung der Form von Gl. (129.2), die durch Dividieren durch b^2 in die sog. **Mittelpunktform der Ellipse**

$$\left(\frac{x}{a}\right)^2 + \left(\frac{y}{b}\right)^2 = 1 \qquad (131.7)$$

übergeht.

3.3 Algebraische Funktionen

Definition Die Hyperbel ist die geometrische Ortskurve für alle Punkte, deren Abstandsdifferenz $\pm(r_1 - r_2) = 2a$ von zwei festen Punkten (Brennpunkten) mit dem Abstand $2e$ gleich groß ist (**132.1**).

Die Herleitung der Hyperbelgleichung erfolgt analog der Herleitung der Ellipsengleichung. Die drei Gleichungen

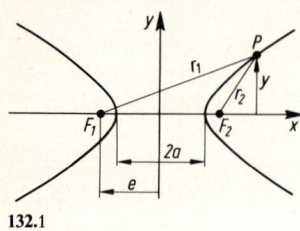

132.1

$$y^2 + (x - e)^2 = r_2^2$$
$$y^2 + (x + e)^2 = r_1^2$$
$$r_1 - r_2 = 2a$$

führen bei Elimination von r_1 und r_2 auf

$$b^2 x^2 - a^2 y^2 - a^2 b^2 = 0 \qquad (132.1)$$

Daraus ergibt sich die Mittelpunktform der Hyperbel

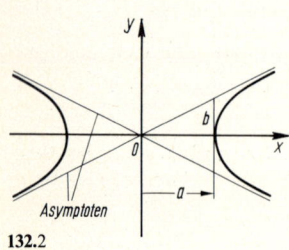

132.2

$$\left(\frac{x}{a}\right)^2 - \left(\frac{y}{b}\right)^2 = 1 \qquad (132.2)$$

Den Graphen der allgemeinen Hyperbel findet man in Bild **132.2**.

Asymptoten Für große Beträge von x kann in Gl. (132.1) der Summand $a^2 b^2$ gegen $b^2 x^2$ vernachlässigt werden. Die Hyperbel unterscheidet sich dann beliebig wenig von einem Geradenpaar, den Asymptoten

$$y = \pm \frac{b}{a} x \qquad (132.3)$$

Die geometrische Bedeutung des Wertes b ist also die Ordinate der Asymptote im Scheitelpunkt $x = a$.

Die Identität dieser geometrischen Ortskurven mit den Kegelschnitten des Bildes **129**.1 ergibt sich aus einem Beweis der räumlichen Geometrie, der in diesem Buch nicht erbracht wird.

Beispiel 5 Die Längsspannungen σ und die Schubspannungen τ in einem Schnitt unter dem Winkel φ gegen die Richtung x eines mit den Randspannungen (Hauptspannungen) $\sigma_1 = \sigma_x$ und $\sigma_2 = \sigma_y$ belasteten Konstruktionselements lauten mit Gl. (143.8)

$$\begin{aligned}\sigma &= \sigma_x \sin^2 \varphi + \sigma_y \cos^2 \varphi = \frac{1}{2}(\sigma_x + \sigma_y) + \frac{1}{2}(\sigma_y - \sigma_x) \cos 2\varphi \\ \tau &= \frac{1}{2}\sigma_y \sin 2\varphi - \frac{1}{2}\sigma_x \sin 2\varphi = \frac{1}{2}(\sigma_y - \sigma_x) \sin 2\varphi\end{aligned} \qquad (132.4)$$

Das Zusammensetzen der Spannungen wird durch Bild **133**.1 anschaulich. Eliminiert man aus den beiden vorstehenden Gleichungen den Winkel φ, indem man τ und $\sigma - (\sigma_x + \sigma_y)/2$ quadriert und dann addiert, so erhält man die Gleichung eines Kreises, des Mohrschen Spannungskreises

$$\left(\sigma - \frac{\sigma_x + \sigma_y}{2}\right)^2 + \tau^2 = \left(\frac{\sigma_y - \sigma_x}{2}\right)^2$$

dessen Mittelpunkt auf der σ-Achse liegt. Für den in Bild **133**.1 eingetragenen Winkel φ (Innenwinkel in einem gleichschenkligen Dreieck, dessen Außenwinkel gleich 2φ ist) entnimmt man σ und τ dem Diagramm.

3.3.2 Allgemeine Gleichung 2. Grades. Kegelschnitte

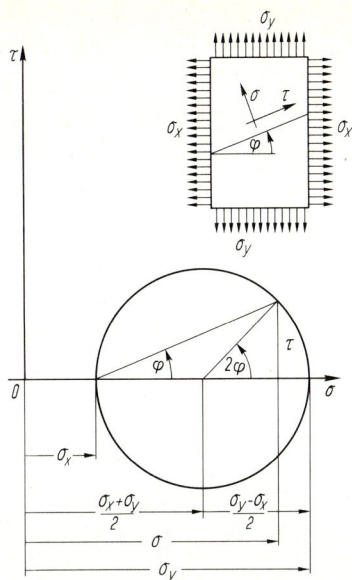

Beispiel 6 In einem Planetengetriebe (133.2) rollt ein Rad vom Radius r in einem anderen vom doppelten Radius $R = 2r$ ab. Ein fest mit dem inneren Rad verbundener Punkt P im Abstand e von dessen Mittelpunkt beschreibt eine Ellipse. Dadurch wird die Kreisbewegung in eine elliptische (und im Sonderfall $e = r$ in eine geradlinige) Bewegung überführt.

Der abgerollte Bogen ist auf beiden Rädern gleich groß. Er reicht auf dem großen Rad vom Berührungspunkt der beiden Räder bis zum Schnittpunkt des großen Rades mit der positiven x-Achse.

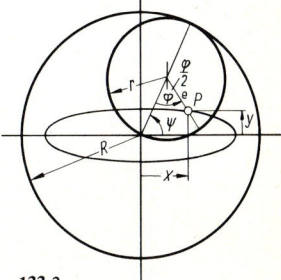

133.1   133.2

Sein Betrag ist $b = R\psi$. Der Bogen auf dem kleinen Rad reicht vom Berührungspunkt der beiden Räder bis zum Schnittpunkt des durch P gehenden Radius des kleinen Rades mit dem Radumfang. Sein Betrag ist $b = r(\pi - \varphi)$.

Es gilt also

$$R\psi = r(\pi - \varphi) \tag{133.1}$$

und für $R/r = 2$ speziell

$$2\psi = \pi - \varphi \tag{133.2}$$

Das bedeutet aber, daß der dritte nicht bezeichnete Winkel im Dreieck (133.2) auch gleich ψ sein muß. Er ist nämlich gleich $\pi - \varphi - \psi$, weil die Winkelsumme im Dreieck gleich π ist. Nach Gl. (133.2) ist aber $\pi - \varphi - \psi = \psi$.

Das Dreieck ist also gleichschenklig und der Winkel φ an der Spitze wird durch eine Vertikale in zwei Hälften geteilt. Dann kann man aus Bild **133.2** die Koordinaten des mit dem inneren Rad verbundenen Punktes P entnehmen.

$$x = (r + e) \sin(\varphi/2)$$
$$y = (r - e) \cos(\varphi/2)$$

Dividiert man x durch $r + e$ und y durch $r - e$ und quadriert, so ergibt sich wegen $\sin^2(\varphi/2) + \cos^2(\varphi/2) = 1$ die Gleichung einer Ellipse

$$\left(\frac{x}{r+e}\right)^2 + \left(\frac{y}{r-e}\right)^2 = 1$$

mit der großen Halbachse $a = r + e$ und der kleinen Halbachse $b = r - e$. Für einen Punkt auf dem Kreisumfang ist $r = e$, also $y \equiv 0$, und die Bewegung ergibt für jeden Drehwinkel φ einen Punkt der x-Achse. Man erhält also eine Gerade (s. auch Abschn. 8.1.3).

3.3 Algebraische Funktionen

Die eben hergeleiteten Relationen sind Sonderfälle der Gl. (129.2). Das kann man leicht aus der Form der Gleichungen erkennen. In Bild **134**.1 wird (ohne Beweis) dargestellt, wie allgemein aus den Koeffizienten a_{ik} von Gl. (129.2) die Art des Kegelschnittes ermittelt werden kann.

Aus den Koeffizienten wird die Determinante

$$D = \begin{vmatrix} a_{11} & a_{12} & a_{13} \\ a_{21} & a_{22} & a_{23} \\ a_{31} & a_{32} & a_{33} \end{vmatrix}$$

in der $a_{ik} = a_{ki}$ ist, gebildet. D_{ik} ist die Unterdeterminante (s. Abschn. 4.1.1) des Elementes a_{ik}.

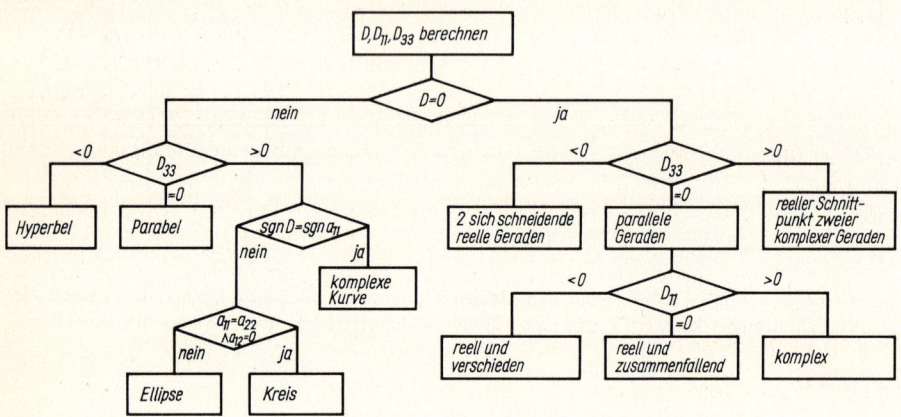

134.1

Beispiel 7 Man bestimme die Art des Kegelschnittes, der durch die Relation

$$x^2 + y^2 - 4x + 6y - 3 = 0$$

beschrieben wird.

Die Determinante aus den Koeffizienten lautet

$$D = \begin{vmatrix} 1 & 0 & -2 \\ 0 & 1 & 3 \\ -2 & 3 & -3 \end{vmatrix} = -16$$

Da die Determinante nicht gleich Null ist, geht man in den linken Zweig von Bild **134**.1 und prüft als nächstes die Unterdeterminante D_{33}.

$$D_{33} = \begin{vmatrix} 1 & 0 \\ 0 & 1 \end{vmatrix} = 1 > 0$$

Da $\operatorname{sgn} D = -1$ und $\operatorname{sgn} D_{33} = +1$ ist, verfolgt man den rechten Ast, findet wegen $\operatorname{sgn} D \neq \operatorname{sgn} a_{11}$ den linken Ast der nächsten Verzweigung und stößt wegen $a_{11} = a_{22} = 1 \wedge a_{12} = 0$ schließlich auf das Ergebnis: Es handelt sich um einen Kreis. Die Lage des Kreismittelpunktes und den Radius des Kreises findet man leicht durch quadratische Ergänzung in der gegebenen Relation

$$x^2 - 4x + 4 + y^2 + 6y + 9 - 4 - 9 - 3 = 0 \qquad (x-2)^2 + (y+3)^2 = 16$$

Die Koordinatentransformation (Verschiebung) $u = x - 2$ und $v = y + 3$ zeigt den Kreismittelpunkt

$u = 0$ für $x = 2$
$v = 0$ für $y = -3$

und den Radius $r = \sqrt{16} = 4$. Aus dem Vergleich von

$$u^2 + v^2 = 4^2$$

mit Gl. (130.1) kann man natürlich auch ohne die Koeffizientendeterminante den Kegelschnitt als Kreis erkennen.

Hauptachsentransformation Unter einer Hauptachsentransformation versteht man die Folge von zwei Koordinatentransformationen (Abschn. 2.6.2), die die Koordinatenachsen in die Hauptachsen und den Koordinaten-Nullpunkt in den Mittelpunkt des Kegelschnittes verlegt. Algebraisch wird die Gl. (129.2) in eine der Mittelpunktformen Gl. (130.1), (130.5), (131.7) und (132.2) überführt. Mit einer Drehtransformation wird zunächst der Koeffizient a_{12} des gemischten Produktes der Gl. (129.2) zum Verschwinden gebracht, und mit einer anschließenden Parallelverschiebung werden die Koeffizienten der linearen Anteile eliminiert.

Den Winkel φ für die Drehung des Koordinatensystems findet man, wenn man nach Gl. (100.3)

$$x = u\cos\varphi - v\sin\varphi$$
$$y = u\sin\varphi + v\cos\varphi$$

in Gl. (129.2) einsetzt und nach Potenzen von u und v ordnet.

$$\begin{aligned}&u^2[a_{11}\cos^2\varphi + 2a_{12}\sin\varphi\cos\varphi + a_{22}\sin^2\varphi]\\&+ v^2[a_{11}\sin^2\varphi - 2a_{12}\sin\varphi\cos\varphi + a_{22}\cos^2\varphi]\\&+ 2uv[(a_{22} - a_{11})\sin\varphi\cos\varphi + a_{12}(\cos^2\varphi - \sin^2\varphi)]\\&+ 2u(a_{13}\cos\varphi + a_{23}\sin\varphi) + 2v(-a_{13}\sin\varphi + a_{23}\cos\varphi) + a_{33} = 0\end{aligned} \quad (135.1)$$

Die Bedingung für das Verschwinden des Faktors des Produktes uv lautet

$$(a_{22} - a_{11})\sin\varphi\cos\varphi + a_{12}(\cos^2\varphi - \sin^2\varphi) = 0$$

Mit $\sin\varphi\cos\varphi = \tfrac{1}{2}\sin(2\varphi)$ und $\cos^2\varphi - \sin^2\varphi = \cos(2\varphi)$ nach Gl. (143.5) und (143.6) sowie F 8 wird daraus für $a_{11} \ne a_{22}$

$$\tan 2\varphi = \frac{2\,a_{12}}{a_{11} - a_{22}} \qquad (135.2)$$

Wenn $a_{11} = a_{22}$ ist, muß $\cos 2\varphi = 0$ sein. Mit $2\varphi = 90°$, $\varphi = 45°$ wird eine Koordinatendrehung um 45° angezeigt.

Durch Einführung des mit Gl. (135.2) berechneten Winkels in Gl. (135.1) entstehen aus den a_{ik} neue Koeffizienten b_{ik}, und Gl.(135.1) kann in der Form

$$b_{11}u^2 + b_{22}v^2 + 2b_{13}u + 2b_{23}v + b_{33} = 0 \qquad (135.3)$$

geschrieben werden. Durch Ergänzung zu vollständigen Quadraten läßt sich für $b_{11} \neq 0$ und $b_{22} \neq 0$ diese Gleichung noch vereinfachen.

$$b_{11}\left(u+\frac{b_{13}}{b_{11}}\right)^2 + b_{22}\left(v+\frac{b_{23}}{b_{22}}\right)^2 + b_{33} - \frac{b_{13}^2}{b_{11}} - \frac{b_{23}^2}{b_{22}} = 0 \qquad (136.1)$$

Aus Gl. (136.1) können die Koordinaten des „Mittelpunktes"

$$u_M = -\frac{b_{13}}{b_{11}} \qquad v_M = -\frac{b_{23}}{b_{22}} \qquad (136.2)$$

direkt abgelesen werden. Mit der Parallelverschiebung

$$w = u - u_M \qquad z = v - v_M$$

ergibt sich schließlich die Mittelpunktform des Kegelschnittes

$$b_{11} w^2 + b_{22} z^2 = \frac{b_{13}^2}{b_{11}} + \frac{b_{23}^2}{b_{22}} - b_{33} \qquad (136.3)$$

Wenn eine der Größen b_{11} oder b_{22} gleich Null ist, hat der Kegelschnitt keinen Mittelpunkt (z. B. Parabel).
Wenn die rechte Seite von Gl. (136.3) negativ ist und die Koeffizienten b_{11} und b_{22} positiv sind, so ist die Determinante der Koeffizienten positiv, und man erhält keinen Kegelschnitt im eigentlichen Sinne, sondern eine komplexe Kurve (s. Schema **134.1**).

Beispiel 8 Man bestimme die Art des durch die Relation $3{,}24 x^2 + y^2 + 3{,}6 xy - 12 y - 15 = 0$ beschriebenen Kegelschnittes und bringe die Gleichung durch Koordinatentransformationen auf die einfachste Form.

Die Koeffizientendeterminante lautet

$$D = \begin{vmatrix} 3{,}24 & 1{,}8 & 0 \\ 1{,}8 & 1 & -6 \\ 0 & -6 & -15 \end{vmatrix} = -116{,}64 \neq 0$$

Die Unterdeterminante D_{33} ist als nächste zu berechnen.

$$D_{33} = \begin{vmatrix} 3{,}24 & 1{,}8 \\ 1{,}8 & 1 \end{vmatrix} = 0$$

Nach Bild **134.1** handelt es sich bei diesem Kegelschnitt um eine Parabel. Die Hauptachsentransformation liefert nach Gl. (135.2) den Drehwinkel

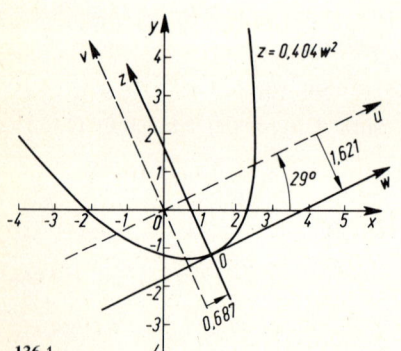

136.1

$$\tan 2\varphi = \frac{3{,}6}{3{,}24 - 1} = 1{,}607 \qquad 2\varphi = 58{,}11°$$

$\varphi = 29{,}05°$ gegen die positive x-Achse

Durch Einsetzen dieses Winkels in Gl. (135.1) erhält man mit $b_{11} = 4{,}240$, $b_{22} = 0$, $b_{12} = 0$, $b_{33} = -15$, $b_{13} = -2{,}914$ und $b_{23} = -5{,}245$ die Relation im hauptachsenparallelen System

$$4{,}240 u^2 - 2 \cdot 2{,}914 u - 2 \cdot 5{,}245 v - 15 = 0$$

die durch quadratische Ergänzung und Parallelverschiebung auf die Hauptachsenform gebracht werden kann.

$$4{,}240\,(u - 0{,}687)^2 = 10{,}490\,(v + 1{,}621)$$

Mit $z = v + 1{,}621$ und $w = u - 0{,}687$ erhält man schließlich

$$z = 0{,}404\,w^2$$

entsprechend Gl. (131.1). Die Parabel mit den drei Koordinatensystemen ist in Bild **136.**1 gezeichnet. Die Koordinaten des Scheitelpunktes sind

$$u_{Sch} = 0{,}687 \qquad v_{Sch} = -1{,}621$$
$$x_{Sch} = 1{,}388 \qquad y_{Sch} = -1{,}083$$

3.3.3 Aufgaben zu Abschnitt 3.3

1. Ein **Erdsatellit** bewegt sich auf einer Kreisbahn in der Höhe h über der Erdoberfläche mit der Geschwindigkeit $v = \sqrt{g\,R^2/(R+h)}$ (Erdradius $R = 6370$ km, Fallbeschleunigung $g = 9{,}81$ m/s²). Man stelle v als Funktion von h für $0 \leq h \leq 500$ km graphisch dar.

2. Die **technisch nutzbare Arbeit** eines Radialverdichters ist durch die Gleichung

$$W = \frac{\varkappa}{\varkappa - 1}\,n\,R\,T_1 \left[\left(\frac{p_2}{p_1}\right)^{\frac{\varkappa-1}{\varkappa}} - 1\right]$$

gegeben (R Gaskonstante, T_1 Anfangstemperatur, p_1 Anfangsdruck, p_2 Enddruck, $\varkappa = 1{,}4$ für Luft, n in Kilomol angegebene Teilchenmenge). Man berechne den Ausdruck

$$\frac{W}{n\,R\,T_1} = 3{,}5\left[\left(\frac{p_2}{p_1}\right)^{0{,}286} - 1\right]$$

für $p_2/p_1 = 1$; 1,2; 1,5; 2,0; 2,5; 3,0 und zeichne die Graphen.

3. Die **Druckverteilung in der ruhenden Atmosphäre** wird nach internationaler Vereinbarung nach der Gleichung

$$\frac{p}{p_0} = \left(1 - \frac{n-1}{n}\cdot\frac{g\,h}{R_L\,T_0}\right)^{\frac{n}{n-1}}$$

mit dem Polytropenexponenten $n = 1{,}235$, der Temperatur $T_0 = 288$ K, der spezifischen Gaskonstante der Luft $R_L = 287\,\text{m}^2/(\text{K}\cdot\text{s}^2)$, der Fallbeschleunigung $g = 9{,}81$ m/s² und der Höhe h berechnet. Man schreibe die Gleichung mit den gegebenen Größen als zugeschnittene Größengleichung und trage p/p_0 als Funktion von h im Bereich von Null bis 11 km auf. In welcher Höhe beträgt der Druck die Hälfte des Bodendruckes $p_0 = 1{,}013$ bar?

4. Die **Ausströmgeschwindigkeit** v eines Gases aus einem Kessel mit dem Druck p_0 und dem Außendruck p gehorcht der Gleichung

$$\frac{v}{v_s} = \sqrt{\frac{2}{\varkappa - 1}}\,\sqrt{1 - \left(\frac{p}{p_0}\right)^{\frac{\varkappa-1}{\varkappa}}} \qquad \text{für kompressibles Gas}$$

$$\frac{v}{v_s} = \sqrt{\frac{2}{\varkappa}}\,\sqrt{1 - \frac{p}{p_0}} \qquad \text{bei Annahme der Inkompressibilität}$$

v_S Schallgeschwindigkeit im Kesselinneren, $\varkappa = 1{,}4$ für Luft. Bis zu welchem Verhältnis p/p_0 herab darf man mit der zweiten Gleichung rechnen, wenn der Fehler unter 5% bleiben soll?

5. Bei einem senkrechten Verdichtungsstoß bei Überschallströmung in Luft berechnet man die Machzahl M_2 ($M = v/v_S$, v_S örtliche Schallgeschwindigkeit) hinter dem Verdichtungsstoß aus der Machzahl M_1 vor dem Verdichtungsstoß nach der Gleichung

$$M_2 = \sqrt{\frac{1 + 0{,}2\, M_1^2}{1{,}4\, M_1^2 - 0{,}2}}$$

Man zeige, daß für Überschallanströmung ($M_1 > 1$) die Geschwindigkeit hinter dem Stoß im Unterschallbereich ($M_2 < 1$) liegt. Wie lautet die Asymptote?

6. Wo liegen die **Mittelpunkte der Kreise** $x^2 + y^2 - (3\text{ cm})\, x + (4\text{ cm})\, y - 6\text{ cm}^2 = 0$ und $x^2 + y^2 + (5\text{ cm})\, x + (8\text{ cm})\, y + 2\text{ cm}^2 = 0$?
In welchen Punkten und unter welchen Winkeln schneiden sie sich?

7. Man bestimme die Gleichungen der Tangenten, die den Kreis mit der Gleichung $(x - 1)^2 + (y + 3)^2 = 9$ bei $x_1 = 2$ berühren.

Hinweis zu den Aufgaben 7 bis 9: Die Kreistangente steht senkrecht auf dem vom Kreismittelpunkt zum Berührungspunkt gezogenen Radius (Bild 130.2).

8. Man bestimme die Gleichungen der vom Punkt P mit den Koordinaten (8 cm; 13 cm) an den Kreis $x^2 + y^2 = 25\text{ cm}^2$ gelegten Tangenten.

9. Der Kreis $x^2 + y^2 = 36\text{ cm}^2$ wird von der Geraden $y = 3x + 1\text{ cm}$ geschnitten. Wo schneiden sich die in den Schnittpunkten an den Kreis gelegten Tangenten?

10. In welchen Punkten schneiden sich der Kreis $x^2 + y^2 = 25$ und die Hyperbel $\dfrac{x^2}{4} - \dfrac{y^2}{9} = 1$?

11. Man bringe die Gleichung der Hyperbel $y = 4/x$ (s. Gl. (122.2)) durch Hauptachsentransformation auf die Form von Gl. (136.3).

12. Man bestimme die Art des durch die Relation $x^2 + 2y^2 - xy + 4y + 1 = 0$ beschriebenen Kegelschnittes. Außerdem gebe man Mittelpunkt und Hauptachsen an und schreibe die Gleichung in der Mittelpunktform.

13. Man bestimme die Art des durch die Relation $9x^2 + 4y^2 + 12xy - 4x + 5 = 0$ beschriebenen Kegelschnittes und bringe die Gleichung auf die einfachste Form.

3.4 Trigonometrische Funktionen

3.4.1 Definitionen. Periodizität. Graph

Die trigonometrischen Funktionen (oder Winkelfunktionen) eignen sich besonders zur Darstellung periodischer Vorgänge. Die aus der Trigonometrie bekannten Definitionen der Winkelfunktionen im Dreieck sind für die Darstellung periodischer Vorgänge jedoch zu erweitern.

Denkt man sich einen Zeiger in einem Kreis gegen den Uhrzeigersinn umlaufen (**139**.1), so ist für jeden Winkel α zwischen positiver *u*-Achse und Zeiger der Schnittpunkt des Zeigers mit dem Kreis eindeutig bestimmt. Dann sind auch die Verhältnisse Ordinate *v* zu Radius *r*, Abszisse *u* zu Radius *r* und Ordinate *v* zu Abszisse *u* (*u* $\neq$ 0) für jeden Winkel α eindeutig bestimmt. Die genannten Streckenverhältnisse und die zugehörigen Winkel bilden geordnete Zahlenpaare mit eindeutiger Zuordnung. Sie sind Funktionen des Winkels α. Man definiert nach Bild **139**.1.

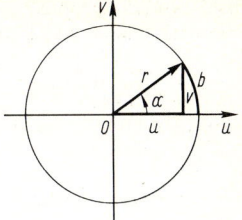

139.1

Definition Das Verhältnis von Ordinate *v* zu Radius *r* heißt Sinus des Winkels α

$$\frac{v}{r} = \sin \alpha \qquad (139.1)$$

Das Verhältnis von Abszisse *u* zu Radius *r* heißt Cosinus des Winkels α

$$\frac{u}{r} = \cos \alpha \qquad (139.2)$$

Das Verhältnis von Ordinate *v* zu Abszisse *u* heißt Tangens des Winkels α

$$\frac{v}{u} = \tan \alpha \qquad (139.3)$$

Die trigonometrischen Funktionen sind als Streckenverhältnisse einheitenfrei.

Bleibt man bei der üblichen Benennung *x* als Element der Definitionsmenge und *y* als Element der Bildmenge, so wird der Winkel im folgenden mit *x* und das jeweilige Streckenverhältnis mit *y* bezeichnet, z.B. $y = \sin x$. Dabei wird der Winkel *x* häufig im Bogenmaß, dem Verhältnis von Bogenlänge *b* zum Radius *r*, mit der Einheit 1 Radiant (rad), angegeben, wobei α der Winkel im Gradmaß ist

$$x = \frac{b}{r} = \pi \cdot \frac{\alpha}{180°} \text{ rad}$$

Die Einheit rad wird häufig fortgelassen. Trägt man die angegebenen Streckenverhältnisse über den zugehörigen auf der Abszissenachse eingezeichneten Winkeln *x* auf, so entstehen die Graphen der trigonometrischen Funktionen.

Sinusfunktion Bild **139**.2 zeigt den Graphen der Sinusfunktion. Die Funktion hat Nullstellen bei $x = 0, \pm \pi, \pm 2\pi, \ldots$

Nach jedem Umlauf des Zeigers (Vergrößerung des Winkels um 2π) erreicht der betrachtete Umfangspunkt auf dem Kreis die gleiche Stelle; die Funktion $y = \sin x$ nimmt die gleichen Werte wie bei dem um 2π verminderten Argument an.

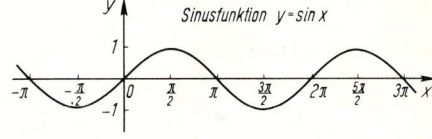

139.2

Die Sinusfunktion ist periodisch mit der Periode 2π.

$$\sin(x + 2\pi n) = \sin x \qquad \text{mit } n \in \mathbb{Z} \qquad (139.4)$$

Gl. (139.4) ist auch für negative *n* gültig, wenn als negativer Winkel der von der positiven *x*-Achse im Uhrzeigersinn gemessene Winkel definiert wird. Der von der *x*-Achse nach

3.4 Trigonometrische Funktionen

oben gemessene Wert $y = \sin x$ und der nach unten gemessene Wert $y = \sin(-x)$ unterscheiden sich nur um das Vorzeichen. Die Funktion $y = \sin x$ ist also **ungerade**, es gilt

$$\sin(-x) = -\sin x \tag{140.1}$$

Aus dem Diagramm liest man ferner diejenigen Winkel ab, für die $y = \sin x$ den gleichen Funktionswert hat

$$\sin x = \sin(\pi - x) = \sin[(2n+1)\pi - x] \tag{140.2}$$

$$\sin x = -\sin(2\pi - x) = -\sin(2n\pi - x) \tag{140.3}$$

Cosinusfunktion Die Cosinusfunktion (140.1) hat bei $x = \pm \pi/2$, $x = \pm 3\pi/2$, ... Nullstellen.

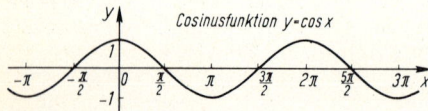

140.1

Ihr Graph geht aus dem Graphen der Sinusfunktion durch dessen Verschieben um $\pi/2$ nach links oder des Koordinatensystems nach rechts hervor. Man sagt auch, sie eilt der Sinusfunktion um $\pi/2$ **voraus**. Deutet man nämlich die Variable x als (bezogene) Zeit t/t_0, so erreicht die Cosinusfunktion ihr Maximum zu einem früheren Zeitpunkt ($t = 0$) als die Sinusfunktion ($t/t_0 = \pi/2$). Deshalb gilt

$$\sin\left(x + \frac{\pi}{2}\right) = \cos x \qquad \cos\left(x - \frac{\pi}{2}\right) = \sin x \tag{140.4}$$

Daher kann man jede Sinusfunktion als Cosinusfunktion und jede Cosinusfunktion als Sinusfunktion schreiben.

Die Cosinusfunktion hat wie die Sinusfunktion die Periode 2π.

$$\cos(x + 2\pi n) = \cos x \tag{140.5}$$

Für negative Winkel wird am Kreis die gleiche Abszisse wie für positive Winkel gemessen. Die Gleichung

$$\cos(-x) = \cos x \tag{140.6}$$

besagt, daß die Cosinusfunktion **gerade** ist.
Außerdem können aus Bild **140.**1 folgende Beziehungen abgelesen werden:

$$\cos x = -\cos(\pi - x) = -\cos[(2n+1)\pi - x] \tag{140.7}$$

$$\cos x = \cos(2\pi - x) = \cos[2n\pi - x] \tag{140.8}$$

Tangensfunktion Die Tangensfunktion ist der Quotient von Sinusfunktion und Cosinusfunktion. Ihre Nullstellen sind die Nullstellen des Zählers ($x = n\pi$). Die Tangensfunktion hat an den Nullstellen des Nenners $x = (2n+1)\pi/2$ Unstetigkeitsstellen. Bild **141.**1 zeigt ihren Graphen. Die Tangensfunktion ist **ungerade**, denn es ist

3.4.1 Definitionen. Periodizität. Graph

$$\tan(-x) = \frac{\sin(-x)}{\cos(-x)} = -\frac{\sin x}{\cos x} = -\tan x \qquad (141.1)$$

Als Quotient zweier periodischer Funktionen mit gleicher Periode ist auch die Tangensfunktion periodisch.

Die Tangensfunktion hat die Periode π.

$$\tan(x + n\pi) = \tan x \qquad (141.2)$$

Diese ist halb so groß wie die Perioden des Sinus und des Cosinus.

Nach Bild **141.**1 gilt für die Tangensfunktion die Gleichung

$$\tan x = -\tan(\pi - x) = -\tan[n\pi - x] \qquad (141.3)$$

Beispiel 1 Bei dem Kurbeltrieb (**141.**2) ist der vom äußersten linken Punkt 3 (Totpunkt) gemessene Weg s des Kolbens 1 als Funktion des Kurbelwinkels φ zu berechnen. Der Abstand zwischen Kurbellager 2 und linkem Totpunkt 3 beträgt $a = r + l$. Der Weg s ist die Differenz zwischen a und der Summe der Projektionen von Pleuelstange 4 und Kurbel 5 auf die Waagerechte

$$s = r + l - (l\cos\beta + r\cos\varphi)$$

Der Winkel β wird mit Hilfe des Sinussatzes durch den Winkel φ ausgedrückt. Aus $\sin\beta = (r/l)\sin\varphi$ folgt $\cos\beta = \sqrt{1 - \sin^2\beta} = \sqrt{1 - (r/l)^2 \sin^2\varphi}$. Damit wird

$$s = r(1 - \cos\varphi) + l\left(1 - \sqrt{1 - (r/l)^2 \sin^2\varphi}\right) \qquad (141.4)$$

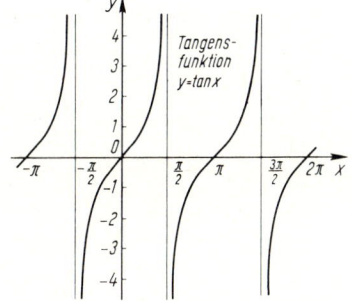

141.1   141.2

Bezieht man den Weg auf den Kurbelradius r und führt zur Abkürzung das Schubstangenverhältnis $\lambda = r/l$ ein, so ergibt sich die Abhängigkeit als normierte Gleichung

$$\frac{s}{r} = 1 - \cos\varphi + \frac{1}{\lambda}(1 - \sqrt{1 - \lambda^2 \sin^2\varphi}) \qquad (141.5)$$

Das Schubstangenverhältnis λ ist meistens kleiner als 1:4, so daß $\lambda^2 \sin^2\varphi \ll 1$ ist und die Wurzel nach Gl. (443.3) durch $1 - 0{,}5\lambda^2 \sin^2\varphi$ angenähert werden kann. Dann hebt sich die Eins in der Klammer heraus, und Gl. (141.5) wird erheblich einfacher

$$\frac{s}{r} \approx 1 - \cos\varphi + 0{,}5\lambda \sin^2\varphi \qquad (141.6)$$

In Abschn. 7.1.4 wird gezeigt, wie man Geschwindigkeit und Beschleunigung des Kolbens berechnet.

3.4.2 Beziehungen zwischen den Winkelfunktionen

Im rechtwinkligen Dreieck nach Bild **139.**1 gilt nach dem **pythagoräischen Lehrsatz** die Beziehung

$$u^2 + v^2 = r^2 \quad \text{und} \quad (u/r)^2 + (v/r)^2 = 1$$

Mit Gl. (139.1) und (139.2) und der Abkürzung $(\sin \alpha)^2 = \sin^2 \alpha$ folgen daraus die wichtigen Gleichungen

$$\sin^2 \alpha + \cos^2 \alpha = 1 \qquad \cos \alpha = \sqrt{1 - \sin^2 \alpha} \qquad \sin \alpha = \sqrt{1 - \cos^2 \alpha} \qquad (142.1)$$

Aus $\dfrac{v}{u} = \dfrac{v/r}{u/r} = \dfrac{\sin \alpha}{\cos \alpha}$ ergibt sich weiter

$$\tan \alpha = \frac{\sin \alpha}{\cos \alpha} \qquad (142.2)$$

Mit Hilfe der Gl. (142.1) und (142.2) können die verschiedenen Winkelfunktionen ohne Kenntnis des Winkels ineinander umgerechnet werden

$$\tan \alpha = \frac{\sin \alpha}{\cos \alpha} = \frac{\sqrt{1 - \cos^2 \alpha}}{\cos \alpha} = \frac{\sin \alpha}{\sqrt{1 - \sin^2 \alpha}} \qquad (142.3)$$

Quadriert man Gl. (142.3) und löst nach $\sin \alpha$ bzw. $\cos \alpha$ auf, so findet man

$$\sin \alpha = \frac{\tan \alpha}{\sqrt{1 + \tan^2 \alpha}} \qquad \cos \alpha = \frac{1}{\sqrt{1 + \tan^2 \alpha}} \qquad (142.4)$$

Diese Umformungen dienen weniger der numerischen Rechnung als vielmehr der Vereinfachung von Formeln. Die vorstehenden Formeln gelten für $0 < \alpha < \pi/2$. Bei der Umrechnung auf andere Quadranten (s. F 7) können in Gl. (142.1) bis (142.4) vor den Wurzeln ggf. Minuszeichen stehen.

Additionstheoreme Die Additionstheoreme geben Beziehungen zwischen den Funktionen der Summe zweier Winkel und den Funktionen der Einzelwinkel an. So gilt das **Additionstheorem des Sinus**

$$\sin (\alpha + \beta) = \sin \alpha \cos \beta + \cos \alpha \sin \beta \qquad (142.5)$$

Beweis. Aus Bild **142.**1 liest man ab

$$\sin (\alpha + \beta) = \frac{a}{r} = \frac{b + c}{r}$$

Erweitert man b/r mit e und c/r mit d, so ergibt sich mit den Definitionen für den Sinus und Cosinus

$$\frac{b}{r} = \frac{b}{e} \cdot \frac{e}{r} = \cos \alpha \sin \beta$$

$$\frac{c}{r} = \frac{c}{d} \cdot \frac{d}{r} = \sin \alpha \cos \beta$$

und damit Gl. (142.5). □

142.1

Gl. (142.5) ist für $\alpha + \beta \leq 90°$ bewiesen worden. Sie gilt auch für $\alpha + \beta > 90°$. Auf den ähnlich geführten Beweis wird hier verzichtet.

Aus dieser Gleichung lassen sich viele andere Beziehungen mit Hilfe der Gl. (140.1), (140.4), (140.6) und (141.1) herleiten. Ändert man z.B. das Vorzeichen von β, so folgt $\sin(\alpha - \beta) = \sin[\alpha + (-\beta)] = \sin\alpha\cos(-\beta) + \cos\alpha\sin(-\beta)$

$$\sin(\alpha - \beta) = \sin\alpha\cos\beta - \cos\alpha\sin\beta \tag{143.1}$$

Ersetzt man $\cos(\alpha + \beta)$ durch $\sin[\pi/2 - (\alpha + \beta)]$ und wendet Gl. (143.1) an, so ergibt sich $\cos(\alpha + \beta) = \sin[\pi/2 - (\alpha + \beta)] = \sin[(\pi/2 - \alpha) - \beta] = \sin(\pi/2 - \alpha) \cdot \cos\beta - \cos(\pi/2 - \alpha)\sin\beta$ und damit das **Additionstheorem für den Cosinus**

$$\cos(\alpha + \beta) = \cos\alpha\cos\beta - \sin\alpha\sin\beta \tag{143.2}$$

woraus durch Ändern der Vorzeichen von β die Gleichung

$$\cos(\alpha - \beta) = \cos\alpha\cos\beta + \sin\alpha\sin\beta \tag{143.3}$$

folgt. Das **Additionstheorem für den Tangens** erhält man durch Dividieren der Gl. (142.5) durch Gl. (143.2) und der Gl. (143.1) durch Gl. (143.3)

$$\tan(\alpha \pm \beta) = \frac{\sin\alpha\cos\beta \pm \cos\alpha\sin\beta}{\cos\alpha\cos\beta \mp \sin\alpha\sin\beta}$$

Dabei gelten entweder alle oberen oder alle unteren Vorzeichen. Dividiert man Zähler und Nenner durch $\cos\alpha\cos\beta$, so entsteht

$$\tan(\alpha \pm \beta) = \frac{\tan\alpha \pm \tan\beta}{1 \mp \tan\alpha\tan\beta} \tag{143.4}$$

Funktionen des doppelten Winkels Setzt man $\beta = \alpha$, so findet man aus den Additionstheoremen die Gleichungen

$$\sin 2\alpha = 2\sin\alpha\cos\alpha \tag{143.5}$$

$$\cos 2\alpha = \cos^2\alpha - \sin^2\alpha \tag{143.6}$$

$$\tan 2\alpha = \frac{2\tan\alpha}{1 - \tan^2\alpha} \tag{143.7}$$

Drückt man in Gl. (143.6) mit Hilfe der Beziehung $\sin^2\alpha + \cos^2\alpha = 1$ den Sinus durch den Cosinus oder umgekehrt aus, so entsteht die Gleichung

$$\cos 2\alpha = 1 - 2\sin^2\alpha = 2\cos^2\alpha - 1 \tag{143.8}$$

aus der durch Umordnen und wiederholtes Einsetzen Beziehungen folgen, die in der Integralrechnung (s. Abschn. 6.3) nützlich sind.

$$\sin^2\alpha = \frac{1}{2}(1 - \cos 2\alpha) \qquad \cos^2\alpha = \frac{1}{2}(1 + \cos 2\alpha)$$
$$\sin^4\alpha = \frac{1}{8}(3 - 4\cos 2\alpha + \cos 4\alpha) \qquad \cos^4\alpha = \frac{1}{8}(3 + 4\cos 2\alpha + \cos 4\alpha) \tag{143.9}$$

Summen und Differenzen In der Differential- und Integralrechnung ist es notwendig, Summen oder Differenzen zweier Sinus oder Cosinus durch Produkte oder umgekehrt

3.4 Trigonometrische Funktionen

Produkte durch Summen zu ersetzen. Durch Addieren von Gl. (142.5) und (143.1) erhält man

$$\sin(\alpha + \beta) + \sin(\alpha - \beta) = 2 \sin\alpha \cos\beta \qquad (144.1)$$

Geht man nicht von α und β, sondern von $\alpha + \beta = \gamma$ und $\alpha - \beta = \delta$ aus, so ist $\alpha = (\gamma + \delta)/2$ und $\beta = (\gamma - \delta)/2$. Man kann dann Gl. (144.1) in der Form

$$\sin\gamma + \sin\delta = 2 \sin\frac{\gamma + \delta}{2} \cos\frac{\gamma - \delta}{2} \qquad (144.2)$$

schreiben. Durch Subtrahieren der Gl. (143.1) von Gl. (142.5) erhält man in gleicher Weise

$$\sin(\alpha + \beta) - \sin(\alpha - \beta) = 2 \cos\alpha \sin\beta \qquad (144.3)$$

$$\sin\gamma - \sin\delta = 2 \cos\frac{\gamma + \delta}{2} \sin\frac{\gamma - \delta}{2} \qquad (144.4)$$

Durch Addieren bzw. Subtrahieren der Gl. (143.2) und (143.3) entstehen die Gleichungen

$$\cos(\alpha + \beta) + \cos(\alpha - \beta) = 2 \cos\alpha \cos\beta \qquad (144.5)$$

$$\cos\gamma + \cos\delta = 2 \cos\frac{\gamma + \delta}{2} \cos\frac{\gamma - \delta}{2} \qquad (144.6)$$

$$\cos(\alpha + \beta) - \cos(\alpha - \beta) = -2 \sin\alpha \sin\beta \qquad (144.7)$$

$$\cos\gamma - \cos\delta = -2 \sin\frac{\gamma + \delta}{2} \sin\frac{\gamma - \delta}{2} \qquad (144.8)$$

Beispiel 2 Eine Masse m mit der Gewichtskraft F_G wird mit Hilfe einer flachgängigen Schraube gehoben. Welches Moment ist dazu erforderlich? Wie groß ist der Wirkungsgrad der Schraube? Es sind h die Ganghöhe, r_m der mittlere Radius und F_U die Umfangskraft, s. Bild **144.1**a.

Die Bewegung von zwei Schraubenflächen aufeinander und die Bewegung eines Körpers auf einer Ebene mit dem Neigungswinkel α gehorchen in der Mechanik demselben Reibungsgesetz (**144.1**b). Der Tangens des Winkels α ist der Quotient von Ganghöhe und abgewickeltem mittlerem Umfang. Bei Bewegung mit konstanter Geschwindigkeit sind die Kraftkomponenten in Bahnrichtung und senkrecht dazu je für sich im Gleichgewicht, d. h. die Gleichungen $F_U \cos\alpha - F_R = F_G \sin\alpha$ und $F_N = F_G \cos\alpha + F_U \sin\alpha$ sind erfüllt. Zwischen Normalkraft F_N und Reibungskraft F_R besteht außerdem der Zusammenhang $F_R = \mu F_N$. Hierin ist $\mu = \tan\varrho$ der Reibungskoeffizient mit ϱ als demjenigen Neigungswinkel der Ebene, bei dem die Masse allein durch die bahnparallele Komponente ihrer Gewichtskraft mit gleichförmiger Geschwindigkeit rutschen würde. Man erhält nun für die Umfangskraft

$$F_U = F_G \frac{\sin\alpha + \mu \cos\alpha}{\cos\alpha - \mu \sin\alpha}$$

Dividiert man Zähler und Nenner durch $\cos\alpha$ und führt den Reibungswinkel ϱ ein, so vereinfacht sich der Ausdruck zu

$$F_U = F_G \frac{\tan\alpha + \tan\varrho}{1 - \tan\alpha \tan\varrho} = F_G \tan(\alpha + \varrho) \qquad (144.9)$$

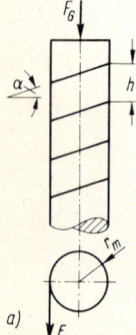
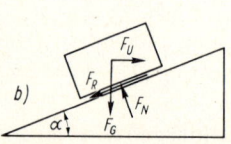

144.1

Das Moment M ergibt sich durch Multiplizieren mit dem mittleren Radius r_m, s. Bild **144.**1a

$$M = F_U \cdot r_m.$$

Der Wirkungsgrad wird aus dem Verhältnis von Nutzarbeit zu aufgewandter Arbeit berechnet. Die zum Anheben der Masse m um eine Ganghöhe h erforderliche Arbeit ist $F_U \cdot 2\pi r_m$. Der Wirkungsgrad beträgt mit $h/2\pi r_m = \tan\alpha$ und Gl. (144.9)

$$\eta = \frac{F_G \cdot h}{F_U \cdot 2\pi r_m} = \frac{\tan\alpha}{\tan(\alpha + \varrho)} \tag{145.1}$$

Schrauben, die sich unter Belastung nicht von selbst zurückdrehen, heißen selbsthemmend. Ihr Steigungswinkel α ist kleiner als der Reibungswinkel ϱ. Im Grenzfall ist $\alpha = \varrho$. Der Nenner von Gl. (145.1) wird zu $\tan 2\varrho = 2\tan\varrho/(1 - \tan^2\varrho)$. Weil ϱ zwischen 0 und $\pi/4$ liegt, ist bei selbsthemmenden Schrauben der Wirkungsgrad kleiner als 0,5

$$\eta = \frac{\tan\varrho(1 - \tan^2\varrho)}{2\tan\varrho} = \frac{1 - \tan^2\varrho}{2} < 0{,}5$$

3.4.3 Darstellung periodischer Vorgänge

Technische Schwingungen werden häufig durch Sinus- oder Cosinusfunktionen beschrieben. Da Schwingungen aber im allgemeinen weder die Amplitude Eins noch die Periode 2π haben, also nicht die in Bild **139.**2 und **140.**1 dargestellten Graphen besitzen, müssen die Funktionen den technischen Gegebenheiten angepaßt werden.

Die allgemeine Form einer Schwingung lautet

$$y = A\cos(\omega t + \varphi) = A\cos(\omega(t + t_1)) \quad \text{mit} \quad t_1 = \varphi/\omega \tag{145.2}$$

Ihr Graph ist in Bild **145.**1 dargestellt. Für $\varphi > 0$ ist der Scheitel der Cosinuskurve gegenüber Bild **140.**1 um φ/ω nach **links** verschoben. Die Koeffizienten in Gl. (145.2) haben die folgende Bedeutung:

Frequenz Das Argument einer Winkelfunktion ist stets ein Winkel. Bei technischen Schwingungen ist fast immer die Zeit t die unabhängige Variable. Um hier eine Anpassung zu erreichen, führt man bei der Rotationsbewegung den Begriff der **Winkelgeschwindigkeit** ω ein

$$\alpha = \omega t$$

145.1

Die Winkelgeschwindigkeit ω hat die Einheit s^{-1}, das Produkt ωt ist demnach einheitenfrei, sein Zahlenwert ist gleich dem Bogenmaß des Winkels und wird in der Elektrotechnik häufig als Abszisse benutzt. Die Periode der Sinusfunktion ist 2π, die der Schwingung dagegen T (Schwingungsdauer). Deshalb gilt die Beziehung

$$2\pi = \omega T \tag{145.3}$$

Der Zahlenwert von ω gibt die Anzahl der Umläufe des Zeigers im Kreis je 2π Sekunden an. Deshalb wird ω auch **Kreisfrequenz** genannt. Der Kehrwert der Schwingungsdauer T, nämlich

$$f = \frac{1}{T} = \frac{\omega}{2\pi} \qquad (146.1)$$

heißt **Frequenz**. Die Frequenz f wird in Hertz (Hz) gemessen.

Nullphasenwinkel Die Cosinusfunktion beschreibt Vorgänge, die mit dem Maximalwert, die Sinusfunktion solche, die mit dem Funktionswert Null beginnen. Ist nun zur Zeit $t = 0$ der Funktionswert weder gleich seinem Maximalwert noch gleich Null (145.1), so kann der Vorgang durch eine im Koordinatensystem verschobene Cosinuskurve dargestellt werden, die für $t = 0$ den Wert $y_0 = A \cos \varphi$ hat.
Der Winkel φ in Gl. (145.2) heißt nach DIN 1311, Blatt 1, Nullphasenwinkel.
Bei $\varphi > 0$ eilt die Funktion $y = A \cos(\omega t + \varphi)$ der Funktion $y = A \cos \omega t$ voraus, weil sie ihr Maximum früher (nämlich bei $t = -\varphi/\omega$) erreicht als die reine Cosinusfunktion (bei $t = 0$). Das ist auch anschaulich aus dem Zeigerdiagramm Bild **149.1** zu entnehmen.
Die in der Nähe des Koordinaten-Nullpunkts gelegenen Nullstellen kann man berechnen, indem man $\cos(\omega t_0 + \varphi) = 0$ setzt. Diese Gleichung ist erfüllt für z.B.

$$\omega t_{01} + \varphi = \frac{\pi}{2} \qquad t_{01} = \frac{\frac{\pi}{2} - \varphi}{\omega} = \frac{\frac{\pi}{2} - \varphi}{2\pi} T$$

oder $\qquad \omega t_{02} + \varphi = -\frac{\pi}{2} \qquad t_{02} = -\frac{\frac{\pi}{2} + \varphi}{\omega} = -\frac{\frac{\pi}{2} + \varphi}{2\pi} T$

Hat φ einen positiven Zahlenwert, so ist der Graph gegenüber dem Graphen der reinen Cosinusfunktion nach links, im andern Falle nach rechts verschoben. Die in Bild **146.1** dargestellte Funktion wird durch die Gleichung

$$y = A \cos\left(\frac{\pi}{6} s^{-1} t - \frac{\pi}{6}\right)$$

beschrieben. Die Kreisfrequenz beträgt $\omega = (\pi/6)\,s^{-1}$, die Schwingungsdauer $T = 2\pi/\omega = 12\,s$. Die dem Koordinaten-Nullpunkt am nächsten gelegenen Nullstellen sind $t_{01} = 4\,s$ und $t_{02} = -2\,s$.

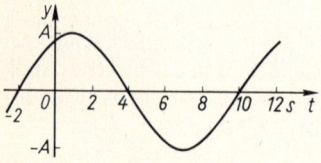

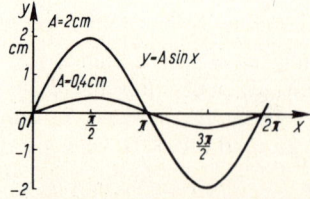

146.1   146.2

3.4.3 Darstellung periodischer Vorgänge

Amplitude Der größte Schwingungsausschlag A heißt Amplitude. Die Funktion $y = A \cos x$ hat die Amplitude A. Da der Cosinus eine Zahl ist, ist die Einheit von y gleich der Einheit von A, das z.B. eine Strecke oder auch eine elektrische Stromstärke sein kann. In Bild **146**.2 ist der Graph der Funktion $y = A \cos(x - \pi/2) = A \sin x$ mit den Amplituden $A = 0{,}4$ cm und $A = 2$ cm maßstäblich verkleinert dargestellt. Der durch Gl. (145.2) beschriebene Vorgang kann auch durch eine Sinusfunktion beschrieben werden, weil zwischen den beiden Funktionen nach Gl. (140.4) der Zusammenhang

$$y = A \cos(\omega t + \varphi) = A \sin(\omega t + \varphi + \pi/2) \tag{147.1}$$

besteht.

Beispiel 3 Man schreibe die Funktionen $f_1(t) = -A \cos(\omega t + \varphi)$ und $f_2(t) = -A \sin(\omega t + \varphi)$ in der Form von Gl. (147.1). Nach Gl. (140.6) und (140.7) ist $-\cos x = \cos(\pi - x) = \cos(x - \pi)$ und damit

$$f_1(t) = -A \cos(\omega t + \varphi) = A \cos(\omega t + \varphi - \pi) \tag{147.2}$$

Nach Gl. (140.1), (140.2), (140.4) und (140.5) ist

$$-\sin x = \sin(-x) = \sin(x - \pi) = \cos(x - 3\pi/2) = \cos(x + \pi/2)$$

und damit

$$f_2(t) = -A \sin(\omega t + \varphi) = A \cos(\omega t + \varphi - 3\pi/2)$$
$$= A \cos(\omega t + \varphi + \pi/2) \tag{147.3}$$

Beispiel 4 In Bild **147**.1 ist eine elektrische Wechselspannung dargestellt, die durch eine Sinusfunktion und eine Cosinusfunktion beschrieben werden soll.
Es sei $T/4 = 0{,}005$ s und $t_1 = -0{,}00365$ s, dann ist $T = 0{,}02$ s und $\omega = 2\pi/T = 314$/s sowie $\varphi = -\omega t_1 = +(314/\text{s}) \cdot (0{,}00365 \text{ s}) = +1{,}147$ rad $= +65{,}7°$. Mit einer Scheitelspannung $u_m = 311$ V ist

$$u = u_m \sin(\omega t + \varphi) = u_m \cos(\omega t + \varphi - \pi/2)$$
$$= (311 \text{ V}) \sin[(314/\text{s}) t + 1{,}147]$$
$$= (311 \text{ V}) \cos[(314/\text{s}) t - 0{,}424]$$

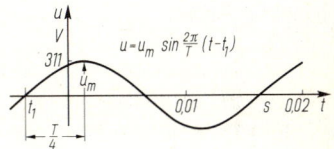

147.1

Im folgenden Beispiel wird die Berechnung der Koeffizienten von Gl. (145.2) aus gegebenen Bedingungen gezeigt.

Beispiel 5 Für eine Cosinusfunktion $y = A \cos(\omega t + \varphi)$ sollen Amplitude A, Kreisfrequenz ω und Nullphasenwinkel φ aus folgenden Bedingungen bestimmt werden: Der Abstand zweier benachbarter Nullstellen ist $0{,}05$ s; für $t = 0$ ist $y = 0{,}2$ cm und für $t = 0{,}0183$ s ist $y = 0{,}6$ cm. Die erste Bedingung liefert $0{,}05 \text{ s} = T/2$, $T = 0{,}1$ s und $\omega = 2\pi/T = 62{,}8$/s. Aus der zweiten Bedingung erhält man $0{,}2 \text{ cm} = A \cos \varphi$ und aus der dritten

$$0{,}6 \text{ cm} = A \cos\left(\frac{62{,}8}{\text{s}} \cdot 0{,}0183 \text{ s} + \varphi\right) = A \cos(1{,}150 + \varphi).$$

Dividiert man diese Gleichung durch die vorige, so erhält man durch Eliminieren von A eine Bestimmungsgleichung für den Nullphasenwinkel

$$3 = \frac{\cos(1{,}150 + \varphi)}{\cos \varphi} = \frac{\cos 1{,}150 \cos \varphi - \sin 1{,}150 \sin \varphi}{\cos \varphi} = \cos 1{,}150 - \sin 1{,}150 \cdot \tan \varphi$$

$$\tan \varphi = \frac{\cos 1{,}150 - 3}{\sin 1{,}150} = -2{,}839$$

mit der Lösung $\varphi = -1{,}232 = -70{,}6°$.
Dann ist die Amplitude $A = 0{,}2$ cm/$\cos \varphi = 0{,}602$ cm. Die gesuchte Funktionsgleichung lautet

$$y = 0{,}602 \text{ cm} \cdot \cos\left(\frac{62{,}8}{\text{s}} t - 1{,}232\right)$$

Beispiel 6 Die Darstellung zweier gleichfrequenter und phasenverschobener sinusförmiger Spannungen $u_1(t)$ und $u_2(t)$ als $u_1 = f(u_2)$ auf einem Oszillografen liefert als Bild eine Ellipse (Lissajous-Figur) (**148**.1). Die Phasenverschiebung ist experimentell zu bestimmen.

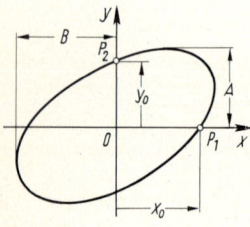

148.1

Die Ellipse wird durch die Parametergleichungen

$$y = A \sin \omega t \qquad x = B \sin(\omega t + \varphi)$$

beschrieben. Man liest die Amplituden A und B sowie die Achsendurchgänge x_0 und y_0 am Bildschirm ab. Für den Punkt P_1 ist $t = t_1$, $x = x_0$ und $y = 0$. Daraus folgt $0 = A \sin \omega t_1$ und $t_1 = 0$. Somit ist $x_0 = B \sin \varphi$ und, da x_0 und B gemessen wurden, die gegenseitige Phasenverschiebung φ bestimmt. Auf gleiche Weise kann der Punkt P_2 zur Berechnung von φ herangezogen werden.

Zusammensetzung gleichfrequenter Schwingungen

Durch Überlagerung von Schwingungen gleicher Frequenz entsteht wieder eine Schwingung gleicher Frequenz

$$\sum_{i=1}^{n} A_i \cos(\omega t + \varphi_i) = A \cos(\omega t + \varphi) \qquad (148.1)$$

Beweis. Entwickelt man auf beiden Seiten der Gl. (148.1) die Funktionen nach dem Additionstheorem Gl. (143.2) und faßt auf der linken Seite die Koeffizienten von $\sin \omega t$ und $\cos \omega t$ jeweils zusammen, so erhält man

$$\left(\sum_{i=1}^{n} A_i \cos \varphi_i\right) \cos \omega t - \left(\sum_{i=1}^{n} A_i \sin \varphi_i\right) \sin \omega t = A \cos \varphi \cos \omega t - A \sin \varphi \sin \omega t$$

Man fordert die Identität beider Seiten, also Übereinstimmung für jeden Wert der Variablen t. Setzt man speziell die Werte $t = 0$ ($\sin \omega t = 0$, $\cos \omega t = 1$) und $\omega t = \pi/2$ ($\sin \omega t = 1$, $\cos \omega t = 0$) ein, so ergeben sich für die unbekannten Größen A und φ die Bestimmungsgleichungen

$$U \equiv \sum_{i=1}^{n} A_i \cos \varphi_i = A \cos \varphi \qquad V \equiv \sum_{i=1}^{n} A_i \sin \varphi_i = A \sin \varphi \qquad (148.2)$$

Dividiert man die zweite der vorstehenden Gleichungen durch die erste, so wird

$$\tan \varphi = \frac{V}{U} \qquad (148.3)$$

(I. Quadrant $U > 0$, $V > 0$, II. Quadrant $U < 0$, $V > 0$ usw.)

3.4.3 Darstellung periodischer Vorgänge

Durch Quadrieren und anschließendes Addieren der Gl. (148.2) erhält man

$$A = +\sqrt{U^2 + V^2} \tag{149.1}$$

□

Für technische Schwingungen ist der Sonderfall $n = 2$, $\varphi_1 = -\pi/2$ und $\varphi_2 = 0$ wichtig.

$$A_1 \sin \omega t + A_2 \cos \omega t = A \cos(\omega t + \varphi) \tag{149.2}$$

Hier ist $U = A_2$ und $V = -A_1$. Dann folgt aus Gl. (148.3) und (149.1)

$$\tan \varphi = -A_1/A_2 \qquad A = +\sqrt{A_1^2 + A_2^2} \tag{149.3}$$

Darstellung im Zeigerdiagramm. Eine anschaulich einfache Darstellung der Überlagerung (hier für $n = 2$) ergibt sich aus dem Zeigerdiagramm (**149**.1). Jede Einzelschwingung $y_i = A_i \cos(\omega t + \varphi_i)$ wird durch einen Zeiger mit dem Betrage A_i und dem Winkel φ_i gegen die waagerechte Achse dargestellt. Wegen Gl. (148.2) folgt unmittelbar aus Bild **149**.1, daß die Diagonale des entstehenden Parallelogramms die Länge A und den Winkel φ gegen die waagerechte Bezugsachse hat (s. Abschn. 12.3.1).

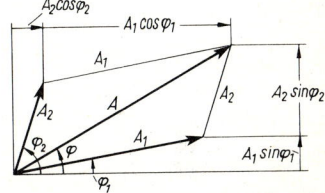

149.1

Beispiel 7 Die Schwingung $y = 12$ cm $\cdot \cos(\omega t + 147°)$ ist nach Gl. (149.2) in zwei senkrecht aufeinanderstehende Zeiger zu zerlegen.
Nach Gl. (149.2) ist

$$A_1 \cos(-\pi/2) + A_2 \cos 0 = \quad A_2 = A \cos \varphi = 12 \text{ cm} \cdot \cos 147° = -10{,}06 \text{ cm}$$
$$A_1 \sin(-\pi/2) + A_2 \sin 0 = -A_1 = A \sin \varphi = 12 \text{ cm} \cdot \sin 147° = 6{,}54 \text{ cm}$$

und damit

$$y = 12 \text{ cm} \cdot \cos(\omega t + 147°) = -6{,}54 \text{ cm} \cdot \sin \omega t - 10{,}06 \text{ cm} \cdot \cos \omega t$$

Beispiel 8 Gegeben sind $u_{1m} = 110$ V, $u_{2m} = 40$ V, $\varphi_1 = 0$ und $\varphi_2 = 3\pi/2$. Gesucht ist die resultierende Scheitelspannung u_m und deren Phasenwinkel gegen die Spannung u_1.
Es ist $u_m = \sqrt{u_{1m}^2 + u_{2m}^2} = 117$ V; ferner gilt

$$U = 110 \text{ V} \cos 0 + 40 \text{ V} \cos(3\pi/2) = 110 \text{ V}$$
$$V = 110 \text{ V} \sin 0 + 40 \text{ V} \sin(3\pi/2) = -40 \text{ V}$$

und damit $\tan \varphi = V/U = -0{,}364$, $\varphi = -20{,}0°$. Es ist also

$$u = 110 \text{ V} \cos \omega t + 40 \text{ V} \cos(\omega t + 3\pi/2) = 110 \text{ V} \cos \omega t + 40 \text{ V} \sin \omega t = 117 \text{ V} \cos(\omega t - 20{,}0°)$$

Beispiel 9 In einem dreiphasigen, symmetrischen Drehstromsystem fließen bei symmetrischer Belastung in jedem Leiter gleich große, jeweils um $2\pi/3$ gegeneinander phasenverschobene Ströme. Ihre Summe

$$i = i_m \cos \omega t + i_m \cos\left(\omega t + \frac{2}{3}\pi\right) + i_m \cos\left(\omega t + \frac{4}{3}\pi\right)$$

ergibt nach Gl. (148.2)

$$U = i_m (\cos 0° + \cos 120° + \cos 240°) = 0$$

und $\qquad V = i_m (\sin 0° + \sin 120° + \sin 240°) = 0;$ $\qquad$ somit ist $i = 0$.

Beispiel 10 In einem Wechselstromkreis (**150.**1) mit der Stromstärke $i = i_m \cos \omega t$, dem Ohmschen Widerstand R und dem Kondensator (Kapazität) C in Reihenschaltung findet man am Ohmschen Widerstand die Spannung

$$u_R = R\, i_m \cos \omega t$$

und am Kondensator die dazu um $\pi/2$ nacheilende Spannung

$$u_C = \frac{1}{\omega C} i_m \sin \omega t$$

150.1

Daraus ergibt sich die Gesamtspannung nach Gl. (149.3)

$$u = \sqrt{R^2 + \left(\frac{1}{\omega C}\right)^2}\, i_m \cos(\omega t + \varphi) \qquad \tan \varphi = -\frac{1}{R\omega C}$$

Überlagerung von Schwingungen verschiedener Frequenzen Aus

$$y = A_1 \cos \omega_1 t + A_2 \cos(\omega_2 t + \varphi) \tag{150.1}$$

wird mit den aus Addition bzw. Subtraktion von Gl. (144.6) und (144.8) entstandenen Gleichungen

$$\cos \gamma = \cos \frac{\gamma + \delta}{2} \cos \frac{\gamma - \delta}{2} - \sin \frac{\gamma + \delta}{2} \sin \frac{\gamma - \delta}{2}$$

$$\cos \delta = \cos \frac{\gamma + \delta}{2} \cos \frac{\gamma - \delta}{2} + \sin \frac{\gamma + \delta}{2} \sin \frac{\gamma - \delta}{2}$$

und $\gamma = \omega_1 t$ sowie $\delta = \omega_2 t + \varphi$

$$y = (A_1 + A_2) \cos\left(\frac{\omega_1 + \omega_2}{2} t + \frac{\varphi}{2}\right) \cos\left(\frac{\omega_1 - \omega_2}{2} t - \frac{\varphi}{2}\right)$$
$$+ (A_2 - A_1) \sin\left(\frac{\omega_1 + \omega_2}{2} t + \frac{\varphi}{2}\right) \sin\left(\frac{\omega_1 - \omega_2}{2} t - \frac{\varphi}{2}\right) \tag{150.2}$$

Dieser Ausdruck enthält Produkte von trigonometrischen Funktionen mit Summe und Differenz der Eingangsfrequenzen.
Ist z. B. $A_2 = A_1$ und wird $(\omega_1 + \omega_2)/2 = \omega$ gesetzt, so kann man

$$y = 2 A_1 \cos\left(\frac{\omega_1 - \omega_2}{2} t - \frac{\varphi}{2}\right) \cos\left(\omega t + \frac{\varphi}{2}\right) \tag{150.3}$$

als Schwingung mit langsam veränderlicher Amplitude auffassen (**150.**2). Man nennt diese Schwingungsform Schwebung. Die Schwebungsperiode beträgt

$$T_S = 4\pi/(\omega_1 - \omega_2)$$

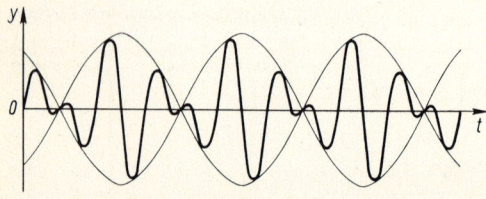

150.2

3.4.4 Arcusfunktionen

Definition Die Arcusfunktionen sind die Umkehrfunktionen der trigonometrischen Funktionen.

Sie treten auf, wenn eine Winkelfunktion (Sinus, Cosinus oder Tangens) gegeben ist und der zugehörige Winkel (arcus) gesucht wird.

In Abschn. 3.4.1 wird gezeigt, daß die Winkelfunktionen periodisch sind, daß also zu verschiedenen Winkeln x mit dem Periodenabstand 2π **gleiche** Funktionswerte y der Winkelfunktionen gehören.

Bei der Umkehrung ist der Wert y der Winkelfunktion (z.B. $y = \sin x = 0{,}5$) gegeben und der zugehörige Winkel x (meist im Bogenmaß) gesucht. Nach Bild **139.**2 und Gl. (139.4) gibt es unendlich viele Winkel x, deren Sinus z.B. gleich 0,5 ist. Aus diesen muß wegen der Forderung der Eindeutigkeit der Umkehrung **ein** Winkel festgelegt werden. Deshalb beschränkt man sich bei der Spiegelung des Graphen an der Geraden $y = x$ (s. Abschn. 2.6.1) auf den zwischen $-\pi/2$ und $+\pi/2$ gelegenen Winkelbereich einer Halbperiode. Dieser Bereich ist in Bild **151.**1 a gezeichnet.

Die nach x aufgelöste Form der Sinusfunktion $y = \sin x$ lautet

$$x = \arcsin y$$

gesprochen: x gleich Arcussinus y.

x ist der Winkel im Bogenmaß, dessen Sinus gleich y ist. Vertauscht man noch die Variablen, damit nach der in Abschn. 2.6.1 getroffenen Vereinbarung die abhängige Variable mit y bezeichnet wird, so erhält man in

$$y = \arcsin x \qquad (151.1)$$

die Umkehrfunktion der Sinusfunktion. Hier ist y der Winkel (im Bogenmaß), dessen Sinus gleich x ist.

Weil der Betrag des Sinus nicht größer als Eins werden kann, ist die Definitionsmenge der Arcussinusfunktion auf $-1 \leq x \leq +1$ beschränkt, die Bildmenge auf $-\pi/2 \leq y \leq +\pi/2$.

Die Fortsetzung des Graphen nach oben (**151.**1c) wird durch die Funktionsgleichung

$$y = \pi - \arcsin x$$

beschrieben.

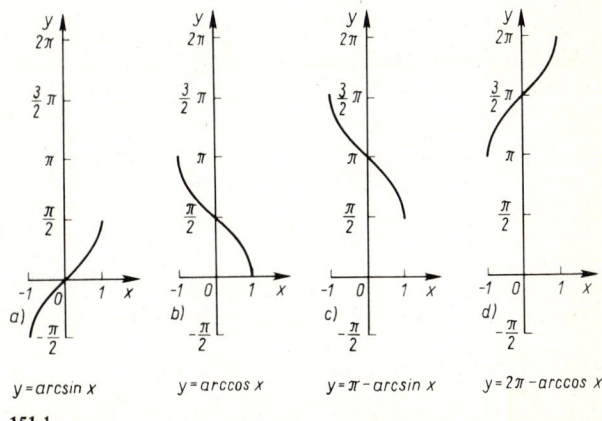

a) $y = \arcsin x$ b) $y = \arccos x$ c) $y = \pi - \arcsin x$ d) $y = 2\pi - \arccos x$

151.1

3.4 Trigonometrische Funktionen

Beispiel 11 Es ist

arcsin 1	= 90°	= π/2	weil	sin (π/2)	= sin 90°	= 1
arcsin 0,5	= 30°	= π/6		sin (π/6)	= sin 30°	= 0,5
arcsin 0,866	= 60°	= π/3		sin (π/3)	= sin 60°	= 0,866
arcsin 0,169	= 9,73°	= 0,1698		sin 0,1698	= sin 9,73°	= 0,169
arcsin (− 0,380)	= − 22,3°	= − 0,390		sin (− 0,390)	= sin (− 22,3°)	= − 0,380
arcsin (− 0,5)	= − 30°	= − π/6		sin (− π/6)	= sin (− 30°)	= − 0,5
arcsin (− 1)	= − 90°	= − π/2		sin (− π/2)	= sin (− 90°)	= − 1

Die Funktion

$$y = \arccos x \qquad (152.1)$$

ist die Umkehrfunktion zu $y = \cos x$ und gibt denjenigen Winkel an, dessen Cosinus gleich x ist. Ihr Graph (**151.1** b) zeigt, daß auch die Umkehrung des Cosinus (Spiegelung an der Geraden $y = x$) unendlich vieldeutig wäre, also gemäß Definition keine Funktion darstellt. Die durch Gl. (152.1) beschriebenen Funktionswerte liegen zwischen 0 und π. Die in Bild **151.1** d gezeichnete Fortsetzung des Graphen wird durch die Gleichung

$$y = 2\pi - \arccos x$$

beschrieben.

Eine anschauliche Deutung der Vertauschung von Bildmenge und Definitionsmenge kann am Kreis gegeben werden (**152.1**). Der zum Winkel α gehörende Bogen ist $r \arcsin (y/r)$, denn der zugehörige Sinus ist das Verhältnis von Ordinate y zum Radius r. Der zum Winkel β gehörende Bogen ist $r \arccos (y/r)$, denn die Größe $\cos \beta$ ist gleich y/r. Die Bogen $r \arcsin (y/r)$ und $r \arccos (y/r)$ ergänzen sich zum Viertelkreisbogen. Es ist also

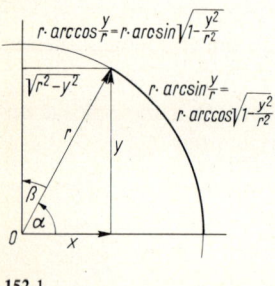

152.1

$$\arcsin \frac{y}{r} + \arccos \frac{y}{r} = \frac{\pi}{2} \qquad (152.2)$$

Ferner gilt die Beziehung

$$\arcsin \frac{y}{r} = \arccos \sqrt{1 - \left(\frac{y}{r}\right)^2} = \arccos \frac{x}{r} \qquad (152.3)$$

denn der zu dem in Bild **152.1** dick ausgezogenen Bogen gehörende Sinus ist gleich y/r und der zugehörige Cosinus gleich $\sqrt{1 - (y/r)^2} = x/r$. Da die gleiche Überlegung auch für den oberen Bogen gilt, ist außerdem

$$\arccos \frac{y}{r} = \arcsin \sqrt{1 - \left(\frac{y}{r}\right)^2} = \arcsin \frac{x}{r} \qquad (152.4)$$

Die Umkehrfunktion zu $y = \tan x$ heißt

$$y = \arctan x$$

gesprochen: y gleich Arcustangens x. Sie gibt den Winkel an, dessen Tangens gleich x ist. Ihr Graph ist in Bild **153**.1 dargestellt. Ihr Bildbereich liegt zwischen $y = -\pi/2$ und $y = +\pi/2$. Im gleichen Bild ist

$$y = \text{arccot } x$$

gesprochen: y gleich Arcuscotangens x, dargestellt. Die Größe arccot x ist der Komplementwinkel zu arctan x (**153**.2). Daher gilt

$$\arctan \frac{y}{r} + \text{arccot } \frac{y}{r} = \frac{\pi}{2} \qquad (153.1)$$

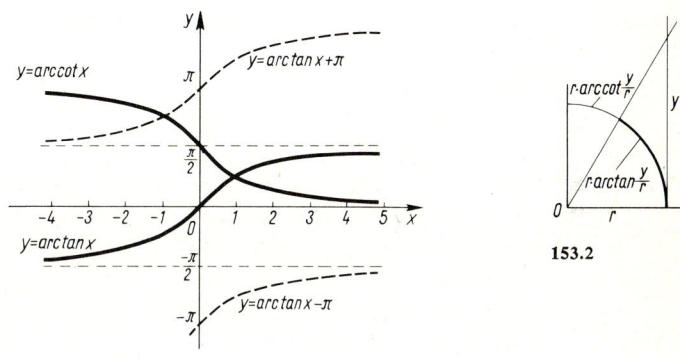

153.1

153.2

Beispiel 12 Es ist

arccos 1	=	0°	= 0	weil	cos 0	= cos 0°	= 1
arccos 0,707	=	45°	= 0,785		cos 0,785	= cos 45°	= 0,707
arccos 0	=	90°	= π/2		cos (π/2)	= cos 90°	= 0
arccos (− 0,5)	=	120°	= 2π/3		cos (2π/3)	= cos 120°	= − 0,5
arcos (− 1)	=	180°	= π		cos π	= cos 180°	= − 1
arctan 1	=	45°	= π/4		tan (π/4)	= tan 45°	= 1
arctan 2,116	=	64,7°	= 1,1293		tan 1,1293	= tan 64,7°	= 2,116
arctan 10	=	84,3°	= 1,471		tan 1,471	= tan 84,3°	= 10
arctan (− 1)	=	− 45°	= − π/4		tan (− π/4)	= tan (− 45°)	= − 1

3.4.5 Nullstellen. Goniometrische Gleichungen

Definition Gleichungen zwischen Winkelfunktionen und ihren Argumenten heißen goniometrische Gleichungen (Goniometrie bedeutet Winkelmessung). Ihre Lösung ist gleichbedeutend mit der Bestimmung der Nullstellen einer Funktion $y = f(x, \sin x, \cos x, \tan x)$.

Allgemeine Lösungsvorschriften für diese Gleichungen gibt es nicht. Eine geschlossene Lösung läßt sich oft finden, wenn die Unbekannte nur im Argument der Winkelfunktionen steht. Kommen in einer Gleichung verschiedene Winkelfunktionen mit gleichem Argu-

3.4 Trigonometrische Funktionen

ment vor, so transformiert man sie mit Hilfe von Gl. (142.1) und (142.4) in eine einzige. Diese eine Winkelfunktion wird dann als Unbekannte betrachtet, für die man eine Gleichung meist höheren Grades erhält. In anderen Fällen ist man auf rechnerische oder zeichnerische Näherungsverfahren wie die Regula falsi in Gl. (116.1) oder das Newton-Verfahren in Abschn. 7.1.1 angewiesen. Lösungen goniometrischer Gleichungen sind wegen der Periodizität der Winkelfunktionen oft vieldeutig. Aus der Vielzahl der möglichen Lösungen ist dann die dem technischen Problem angemessene Lösung herauszusuchen.

Beispiel 13 Man bestimme alle Lösungen $x \in [0, 2\pi]$ der Gleichung $y = \sin x + \cos x - 1{,}2 = 0$.
Man formt zunächst so um, daß nur ein Funktionstyp entsteht. Nach Gl. (149.2) und (149.3) wird

$$\sin x + \cos x = \sqrt{2} \cos\left(x - \frac{\pi}{4}\right) = 1{,}2 \qquad \cos\left(x - \frac{\pi}{4}\right) = 0{,}849$$

mit den beiden Lösungsgruppen

$$x_1 - \frac{\pi}{4} = 0{,}558 \qquad x_1 = 1{,}343 + 2\pi n$$

und $\qquad x_2 - \frac{\pi}{4} = 5{,}726 \qquad x_2 = 6{,}511 + 2\pi n = 0{,}228 + 2\pi(n+1)$

Die Lösungsmenge lautet {0,228; 1,343}.

Beispiel 14 Man bestimme x aus der Gleichung $y = \sin 2x - \cos x = 0$.
Man sorgt zunächst für gleiche Argumente in den einzelnen Winkelfunktionen

$$2 \sin x \cos x - \cos x = 0 \tag{154.1}$$

Hier darf nicht durch $\cos x$ geteilt werden, weil bei der Teilung $\cos x \neq 0$ vorausgesetzt werden müßte. Man muß also zuerst untersuchen, ob es Zahlen x gibt, für die $\cos x = 0$ ist. Man klammert also in Gl. (154.1) den gemeinsamen Faktor $\cos x$ aus

$$\cos x (2 \sin x - 1) = 0$$

1. Lösungsteilmenge: $\qquad \cos x = 0 \qquad x_1 = \dfrac{\pi}{2} + n\pi$

2. Lösungsteilmenge: $\qquad 2 \sin x - 1 = 0 \qquad x_2 = \dfrac{\pi}{6} + 2n\pi$

$\qquad\qquad\qquad\qquad\qquad \sin x = 0{,}5 \qquad x_3 = \dfrac{5\pi}{6} + 2n\pi$

Beispiel 15 Man bestimme diejenigen Werte $0 \leq x \leq 2\pi$, für die die Gleichung

$$y = 3 \sin x + 5 \cos x - 4 = 0$$

erfüllt ist.
Mit $\cos x = \sqrt{1 - \sin^2 x}$ und Auflösen nach der Wurzel erhält man

$$\sqrt{1 - \sin^2 x} = 0{,}8 - 0{,}6 \sin x$$
$$1 - \sin^2 x = 0{,}64 - 0{,}96 \sin x + 0{,}36 \sin^2 x$$
$$1{,}36 \sin^2 x - 0{,}96 \sin x - 0{,}36 = 0$$
$$\sin^2 x - 0{,}706 \sin x - 0{,}265 = 0$$
$$\sin x = 0{,}353 \pm 0{,}624$$

Als Lösungen sind nach der Rechnung möglich:

1. Lösungsteilmenge: $\qquad \sin x = 0{,}977 \qquad x_1 = 77{,}6° = 1{,}355 \qquad x_2 = 102{,}4° = 1{,}786$

3.4.5 Nullstellen. Goniometrische Gleichungen

2. Lösungsteilmenge: $\sin x = -0{,}271$ $x_3 = 195{,}7° = 3{,}416$
$x_4 = 344{,}3° = 6{,}009$

Diese vier Werte müssen durch Einsetzen in die gegebene Gleichung noch überprüft werden, weil möglicherweise durch das Quadrieren zusätzliche Lösungen hereingekommen sind. Die Ausgangsgleichung ist nämlich nicht quadratisch. Die Nachprüfung ergibt, daß nur

$x_1 = 1{,}355$ und $x_4 = 6{,}009$

Lösungen dieser Ausgangsgleichung sind.

Einfacher ist die in Beispiel 13, S. 154, benutzte Lösungsmethode.

Beispiel 16 Wie muß das Verhältnis R/r gewählt werden, damit die schraffierte Fläche (155.1) gleich der halben Kreisfläche ist?

Die nicht schraffierte Fläche ist $\pi r^2/2$ und setzt sich aus einer Sektorfläche $R^2 \alpha$ und zwei Kreisabschnitten zusammen.

$$\frac{\pi r^2}{2} = R^2 \alpha + 2\left(\frac{r^2 \beta}{2} - \frac{1}{2} r^2 \sin \beta\right)$$

Mit $\beta = \pi - 2\alpha$ ergibt sich nach Dividieren durch r^2

$$\frac{\pi}{2} = \frac{R^2}{r^2} \alpha + \pi - 2\alpha - \sin(\pi - 2\alpha)$$

und nach Zusammenfassen

$$\frac{\pi}{2} + \left(\frac{R^2}{r^2} - 2\right)\alpha - \sin 2\alpha = 0$$

155.1

Mit $R/(2r) = \cos \alpha$ erhält man eine transzendente Gleichung für α

$$\frac{\pi}{2} + (2\cos^2 \alpha - 1) \cdot 2\alpha - \sin 2\alpha = 0$$

die man mit $2\cos^2 \alpha - 1 = \cos 2\alpha$ und $2\alpha = x$ auf die Form

$$y = f(x) = \frac{\pi}{2} + x \cos x - \sin x = 0$$

bringt und mit der Regula falsi löst. Es ist plausibel, mit ungefähr $2\alpha = 120°$ zu beginnen, d. h. mit $x_1 = 2$

$$y_1 = \frac{\pi}{2} + 2 \cdot \cos 2 - \sin 2 = -0{,}1708$$

Nimmt man $x_2 = 1{,}9$ hinzu, so erhält man

$$y_2 = \frac{\pi}{2} + 1{,}9 \cdot \cos 1{,}9 - \sin 1{,}9 = +0{,}0102$$

Nun ist $x_3 = x_2 - \dfrac{x_2 - x_1}{y_2 - y_1} y_2 = 1{,}900 + 0{,}0057 = 1{,}9057$

und $y_3 = \dfrac{\pi}{2} + 1{,}9057 \cdot \cos 1{,}9057 - \sin 1{,}9057 = 0{,}00001$.

Also ist $x = 2\alpha = 1{,}9057$ $\alpha = 0{,}9528$ und $\dfrac{R}{r} = 2\cos\alpha = 1{,}1588$

3.5 Exponential- und Logarithmusfunktionen

Beispiel 17 Bei der Berechnung der **Knickkraft elastischer Stäbe** (Abschn. 13.3.1) ist die Gleichung $\tan x = x$ zu lösen. Darin wird x zweckmäßig im Bogenmaß angegeben.

Hier ist keine geschlossene Lösung möglich. Man trägt die Funktionen $f_1 = x$ und $f_2 = \tan x$ auf (156.1) und findet unendlich viele Schnittpunkte der beiden Graphen. Technisch interessant ist nur die kleinste positive Zahl x, die die Gleichung befriedigt. Aus der Zeichnung entnimmt man als Näherung $x = 4,5$. Zur Anwendung der Regula falsi bringt man die Gleichung auf die Form $y = \tan x - x = \cot[(3\pi/2) - x] - x = \cot(4,7124 - x) - x$ und sucht die Nullstelle dieser Funktion. Da die Tangensfunktion im Bereich $x \approx 3\pi/2$ ziemlich steil verläuft, ist es zweckmäßig, den zweiten Punkt dicht unter 4,5 zu wählen. Die Rechnung ist in der folgenden Tafel durchgeführt.

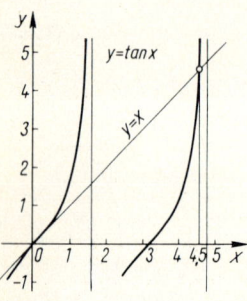

156.1

x	$(3\pi/2) - x$	$\tan x$	y
4,500	0,2124	4,637	0,137
4,450	0,2624	3,723	−0,727
4,492	0,2204	4,464	−0,028
4,493	0,2194	4,485	−0,008
4,494	0,2184	4,506	+0,012

Die Lösung ist $x = 4,4934$.

3.4.6 Aufgaben zu Abschnitt 3.4

1. Man bestimme arcsin 0,557, arcsin (−0,229), arccos 0,987, arccos (−0,083), arctan 10, arctan (−1,356).

2. Man zeichne die Graphen der durch Gl. (141.6) für den **Kurbeltrieb** gegebenen Funktion in **einem** Diagramm für die Schubstangenverhältnisse $\lambda = 0,3$ und $\lambda = 0,1$.

3. Die **Massenkräfte beim Kurbeltrieb** $F = ma$ haben Extremwerte bei denjenigen Winkeln φ, für die die Beschleunigung am größten ist. Diese Winkel werden aus der Gleichung $\sin\varphi + 2\lambda\sin 2\varphi = 0$ berechnet. Wie groß sind sie für $\lambda = 0,3$? Wie groß darf λ höchstens werden, wenn nur in den Totpunkten Extremwerte der Beschleunigung auftreten sollen?

4. Die Funktion $y = 0,8\cos(3x - 1,22)$ ist als Sinusfunktion,
die Funktion $y = 2,4\sin(0,2x + 3,41)$ als Cosinusfunktion zu schreiben.

5. Man bestimme **Amplitude und Nullphasenwinkel** des resultierenden Stromes
a) $i = (3\text{ A})\cos\omega t + (2,6\text{ A})\cos(\omega t + 0,82)$,
b) $i = (1,8\text{ A})\sin\omega t + (3,1\text{ A})\cos(\omega t + 0,56) + (0,5\text{ A})\cos(\omega t + 0,32)$.
Hinweis: Man verwandle die Sinusfunktion zunächst in eine Cosinusfunktion.

6. Man zeige, daß $y = \sin^2\varphi$ wieder eine Sinusfunktion ist, die in y-Richtung parallel verschoben ist. Man berechne die Größen A, B, a und b in $y = \sin^2\varphi \equiv A + B\sin(a\varphi + b)$.

7. Die **Überlagerung von Sinusfunktionen** verschiedener Frequenz erfolgt durch einfache Addition. Man berechne $y = 0,8\sin x + 1,1\sin 2x$ und zeichne die Einzelfunktionen sowie deren Summe im Bereich $0 \leqq x \leqq 2\pi$.

8. Man bestimme die **Funktionsgleichung** einer Cosinusfunktion, deren Schwingungsdauer 2,4 s beträgt und die für $t = 0,15$ s den Funktionswert $u = 144$ V und für $t = 3,5$ s den Funktionswert $u = 18$ V hat.

9. Wie lautet der **Funktionswert** nach $t = 12$ s für

$$y = 110 \text{ mm} \cdot \sin\left(\frac{0,02}{\text{s}} t + 0,916\right) + 86 \text{ mm} \cdot \sin\left(\frac{0,035}{\text{s}} t - 0,456\right) ?$$

Wie groß ist der **Funktionswert** nach 10 s für

$$y = 0,416 \text{ cm} \cdot \sin\left(\frac{0,3}{\text{s}} t + 1,405\right) + 0,902 \text{ cm} \cdot \sin\left(\frac{0,6}{\text{s}} t + 0,668\right) ?$$

10. Man bestimme x aus der Gleichung $\quad 0,8 \sin x - 0,7 \cos (x + 1) = 0$.

11. Man bestimme x aus der Gleichung $\quad \cos x = 0,5 x$.

12. Man berechne α aus der Gleichung $\quad \sin (\alpha + 60°) = 0,3 \cos (\alpha + 10°)$.

13. Welche Werte α erfüllen die Gleichung $\quad 0,6 \sin \alpha \cos \alpha + 0,8 \cos^2 \alpha - 0,9 = 0$?

14. Man bestimme $x > 0$ aus der Gleichung $\quad x = 1,32 \arctan x$.

15. Bei der Überschallströmung um eine flache konvexe Ecke tritt die Gleichung

$$\tan (\varphi - \delta) = 2,45 \tan \frac{\varphi}{2,45}$$

auf. Wie groß ist φ für den Ablenkungswinkel $\delta = 20°$?

16. Der Inhalt eines liegenden zylindrischen **Tanks** von $l = 3,4$ m Länge und $d = 1,5$ m Durchmesser wird mit einem Peilstab festgestellt (157.1). Wieviele Zentimeter ist die Marke x für 2 m³ Füllung vom unteren Stabende entfernt?

Hinweis: Man führe den Winkel α als Unbekannte ein, berechne α mit Näherungsverfahren und zum Schluß die gesuchte Länge x aus α.

17. Für einen **Einweggleichrichter** ist der Stromflußwinkel α aus der Gleichung $R_a/R_i = \pi/[(\tan \alpha) - \alpha]$ für $R_a = 150 \, \Omega$ und $R_i = 40 \, \Omega$ zu bestimmen.

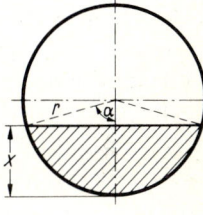

157.1

3.5 Exponential- und Logarithmusfunktionen

3.5.1 Exponentialfunktion

In der elementaren Mathematik sind Potenzen $a^{p/q}$ mit rationalen Exponenten p/q, $p \wedge q \in \mathbb{Z}$, erklärt. Die **Exponentialfunktion** mit der Gleichung

$$y = a^x \qquad a > 0$$

soll aber jeder Zahl $x \in \mathbb{R}$, also auch den nichtrationalen Zahlen wie z. B. $\sqrt{2}$ oder π einen Funktionswert y zuordnen. Es muß also zunächst erklärt werden, was man z. B. unter $a^{\sqrt{2}}$ verstehen will.

3.5 Exponential- und Logarithmusfunktionen

Man kann beweisen, daß man jede nichtrationale Zahl x durch zwei Folgen rationaler Zahlen r_1 und r_2 mit $r_1 < x < r_2$ und ebenso a^x durch a^{r_1} und a^{r_2} beliebig eng einschließen kann (s. Abschn. 2.3.2). So wird z. B. $a^{\sqrt{2}}$ durch

$$a^{\frac{14}{10}} = a^{1,4} < a^{\sqrt{2}} < a^{1,5} = a^{\frac{15}{10}}$$

$$a^{\frac{141}{100}} = a^{1,41} < a^{\sqrt{2}} < a^{1,42} = a^{\frac{142}{100}}$$

$$a^{\frac{1414}{1000}} = a^{1,414} < a^{\sqrt{2}} < a^{1,415} = a^{\frac{1415}{1000}}$$

eingeschlossen.

Es existiert ein gemeinsamer Grenzwert a^x beider Folgen, der als Potenz mit nichtrationalem Exponenten definiert wird, wie in Abschn. 2.3.2 gezeigt wird. Auf den Beweis muß hier verzichtet werden.

$$a^x = \lim_{n \to \infty} a^{r_n} \qquad (158.1)$$

Damit gelten für die Exponentialfunktion die folgenden Regeln für alle $x \in \mathbb{R}$ und $a > 0$

$$a^{x_1} \cdot a^{x_2} = a^{x_1 + x_2} \qquad \frac{a^{x_1}}{a^{x_2}} = a^{x_1 - x_2} \qquad (a^{x_1})^{x_2} = a^{x_1 \cdot x_2} \qquad (158.2)$$

und $\qquad a^0 = 1$

Der Graph der **Exponentialfunktion** $y = a^x$ (158.1) zeigt für $a > 1$ eine mit wachsendem x immer steiler ansteigende Kurve, die nur oberhalb der x-Achse verläuft, weil jede Potenz einer positiven Zahl positiv ist. Weil $a^0 = 1$ für jedes a ist, schneidet der Graph die y-Achse im Punkte $y = 1$ und geht für große negative Exponenten x asymptotisch gegen die negative x-Achse. Für $0 < a < 1$ fällt der Graph mit zunehmendem x ständig ab, hat also die positive x-Achse zur Asymptote. Die Funktionen $(1/a)^x = a^{-x}$ und a^x haben Graphen, die zur y-Achse spiegelbildlich liegen. Diese Eigenschaften sind von der speziellen Wahl der Basis unabhängig.

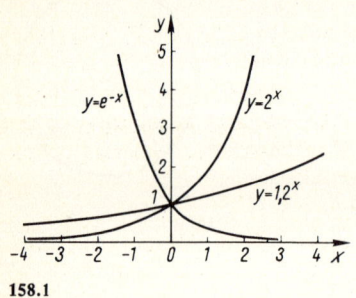

158.1

Parallelverschiebung. Die Funktion $y = C a^x$ entsteht aus $y = a^x$ durch Multiplizieren mit dem Faktor C. Diese multiplikative Vergrößerung der Funktionswerte kann auch als Parallelverschiebung des Graphen in x-Richtung aufgefaßt werden, denn die um x_0 im Koordinatensystem nach links verschobene Kurve wird durch die Gleichung

$$y = a^{x + x_0} = a^x a^{x_0} = C a^x \qquad \text{mit} \qquad C = a^{x_0}$$

beschrieben.

Spezielle Basis e. Die Exponentialfunktion mit der Basis e ist für viele technische Anwendungen wichtig. Man nennt sie kurz die e-Funktion (s. S. 261/3) und schreibt

$$y = e^x = \exp x$$

gesprochen: y gleich e hoch x. Jede Exponentialfunktion kann auf die Basis e umgerechnet werden. Nach den Logarithmengesetzen ist $a = e^{\ln a}$ und

$$a^x = (e^{\ln a})^x = e^{x \cdot \ln a} \tag{159.1}$$

Beispiel 1 Die Funktion $y = 2^x$ ist auf die Basis e umzurechnen.
Es ist $y = 2^x = (e^{\ln 2})^x = e^{x \cdot \ln 2} = e^{0,693 x}$. Ebenso erhält man $y = 10^x = e^{x \cdot \ln 10} = e^{2,303 x}$ und $y = 0,5^x = e^{x \cdot \ln 0,5} = e^{-0,693 x}$. Dieses Ergebnis ist auch aus $y = 0,5^x = 1/2^x = 1/e^{0,693 x}$ $= e^{-0,693 x}$ zu gewinnen.

Beispiel 2 Im Stromkreis nach Bild **159**.1 mit einem Ohmschen Widerstand R und Induktivität L in Reihenschaltung wird der Schalter zur Zeit $t = 0$ geschlossen. Die Stromstärke i erreicht nicht sofort den stationären Wert $I = U/R$, sondern folgt zeitlich dem Exponentialgesetz

$$i = I\left(1 - e^{-\frac{R}{L} t}\right) = I\left(1 - e^{-\frac{t}{\tau}}\right)$$

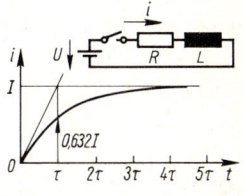

Der Ausdruck $\tau = L/R$ heißt Zeitkonstante. Für $t = \tau$ hat die Stromstärke 63,2% ihres Endwertes I erreicht, denn dann ist

$$i = I(1 - e^{-1}) = 0,632\, I$$

159.1

Für $t = 3\,\tau$ ist (man vergleiche S. 397)

$$i = I(1 - e^{-3}) = 0,950\, I$$

Beispiel 3 Bei der Ladung eines Kondensators mit der Kapazität C über einen Widerstand R (**159**.2) erfolgt der zeitliche Verlauf des Ladestroms i nach der Gleichung

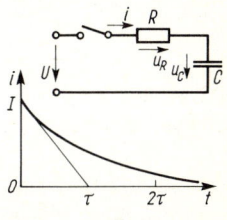

$$i = I e^{-\frac{t}{\tau}}$$

159.2

Hier ist $I = U/R$ und die Zeitkonstante $\tau = RC$. Nach einer Ladezeit $t = 6\,\tau$ ist nur noch $i = I e^{-6} = 0,0025\, I$, das heißt 0,25% des größten Ladestroms $I = U/R$ im Moment des Einschaltens ($t = 0$) vorhanden.

3.5.2 Logarithmusfunktion

Definition Die Umkehrfunktion der Exponentialfunktion $y = a^x$ ist die **Logarithmusfunktion**

$$y = \log_a x \tag{159.2}$$

Sie entsteht bei der Berechnung des Exponenten y aus der Potenz $x = a^y$, indem jeder positiven reellen Zahl x der Exponent $y = \log_a x$ als Funktionswert zugeordnet wird. Setzt man y aus Gl. (159.2) wieder in $x = a^y$ ein, so entsteht die Identität

$$x = a^{\log_a x} \tag{159.3}$$

Da $a^0 = 1$ für jedes reelle $a \neq 0$ gilt, ist der Logarithmus (Exponent) von 1 zu jeder Basis a gleich Null

$$\log_a 1 = 0 \tag{159.4}$$

3.5 Exponential- und Logarithmusfunktionen

Wegen $a^1 = a$ ist der Logarithmus der Basis gleich Eins

$$\log_a a = 1 \qquad (160.1)$$

Die Rechenregeln der Logarithmen sind die Rechenregeln der Exponenten von Potenzen mit gleicher Basis, weil Logarithmus nur ein anderes Wort für Exponent ist

$$\log_a (p\,q) = \log_a p + \log_a q \qquad \log_a \left(\frac{p}{q}\right) = \log_a p - \log_a q$$
$$\log_a p^n = n \cdot \log_a p \qquad \log_a \sqrt[m]{p} = \frac{1}{m} \cdot \log_a p \qquad (160.2)$$

Die Basis der Logarithmusfunktion ist positiv und nicht gleich Eins, im allgemeinen größer als Eins. Reelle Funktionswerte gibt es nur für positive x, weil in der nach x aufgelösten Form von Gl. (159.2), also in $x = a^y$ für keine reelle Zahl y der Wert x negativ oder Null werden kann. Da ferner für jede Basis a die Gleichung $a^0 = 1$, also $\log_a 1 = 0$ gilt, haben alle logarithmischen Funktionen die gemeinsame Nullstelle $x = 1$. Hier schneiden sich ihre Graphen auf der x-Achse (160.1). Die y-Achse ist Asymptote für alle logarithmischen Graphen.

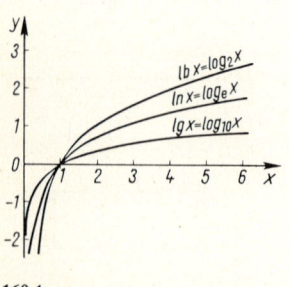

160.1

Die Berechnung der Funktionswerte erfolgt mit Hilfe einer Reihe (s. Abschn. 9.2.2). Sie werden in Logarithmentafeln zusammengestellt. Es genügt, die Logarithmen für eine Basis b zu kennen, da eine Umrechnung auf Grund der Potenzgesetze ähnlich wie in Gl. (159.1) möglich ist. Man löst die Funktionsgleichung $y = \log_a x$ nach x auf und logarithmiert sie zu der bekannten Basis b

$$y = \log_a x \qquad x = a^y \qquad \log_b x = y \log_b a = \log_a x \cdot \log_b a$$
$$y = \log_a x = \frac{\log_b x}{\log_b a} \qquad (160.3)$$

Die logarithmischen Funktionen mit verschiedenen Basen sind zueinander proportional.

Spezielle Systeme Als Basis eines Logarithmensystems ist jede positive Zahl außer Eins möglich, jedoch haben sich besonders drei Systeme als nützlich erwiesen.

Zehnerlogarithmen (Dekadische oder Briggssche Logarithmen). Die Logarithmen mit der Basis 10 werden wegen des gebräuchlichen dekadischen Zahlensystems zum Rechnen bevorzugt, weil man wegen

$$\log_{10} (p \cdot 10^n) = n + \log_{10} p \qquad (160.4)$$

nur die Logarithmen der Zahlen p zwischen 1 und 10 tabellieren muß. Diese Logarithmen liegen zwischen 0 und 1, weil $10^0 = 1$ und $10^1 = 10$ ist. Man nennt die zwischen 0 und 1 liegende Zahl $\log_{10} p$ die **Mantisse** und den Exponenten n der Zehnerpotenz die **Kennziffer** des Logarithmus. Zum Rechnen werden die dekadischen Logarithmen häufig in der getrennten Schreibweise der Gl. (160.4) benutzt. Die Zehnerlogarithmen sind aus den meisten Taschenrechnern direkt zu erhalten.

Um das Schreiben der Basis zu vermeiden, kürzt man nach DIN 1302 ab

$$\log_{10} p \equiv \lg p \tag{161.1}$$

gesprochen: Zehnerlogarithmus von p.

Natürliche Logarithmen In Physik und Technik spielen Logarithmen mit der Basis $e = 2{,}71828\ldots$ eine bedeutende Rolle. Sie heißen **natürliche** Logarithmen. Auch diese Logarithmen sind tabelliert und können ebenfalls auf den meisten Taschenrechnern abgelesen werden. Wegen ihres häufigen Gebrauches ist hier eine Abkürzung üblich

$$\log_e p \equiv \ln p \tag{161.2}$$

gesprochen: logarithmus naturalis p oder kurz $\ln p$.

Zweierlogarithmen (Binärlogarithmen). In der Informationstheorie und Nachrichtenverarbeitung tritt der Logarithmus zur Basis 2 auf. Seine Abkürzung lautet

$$\log_2 p \equiv \operatorname{lb} p \tag{161.3}$$

gesprochen: Zweierlogarithmus p.

Da die Reihen (s. Abschn. 9.2.2) den natürlichen Logarithmus liefern, entstehen die Tafeln für den **Briggs**schen Logarithmus (Zehnerlogarithmus) aus Gl. (160.3) mit $b = e$ und $a = 10$

$$\lg x = \frac{\ln x}{\ln 10}$$

Beispiel 4 Die ideale Brennschlußhöhe einer einstufigen Rakete wird nach der Gleichung

$$h_B = v_A \, t_B \left(1 - \frac{\ln \mu}{\mu - 1}\right)$$

berechnet. Wie muß das Massenverhältnis μ von Startmasse zu Endmasse gewählt werden, wenn bei einer Ausströmgeschwindigkeit $v_A = 2{,}5$ km/s und einer Brenndauer von $t_B = 80$ s eine Höhe von 100 km erreicht werden soll?

Man setzt die gegebenen Werte in die Funktionsgleichung ein

$$100 \text{ km} = 2{,}5 \frac{\text{km}}{\text{s}} \cdot 80 \text{ s} \cdot \left(1 - \frac{\ln \mu}{\mu - 1}\right)$$

und erhält nach Umformung die transzendente Bestimmungsgleichung für μ

$$\frac{\ln \mu}{\mu - 1} - 0{,}5 = y = 0$$

Setzt man einige plausible Werte für μ ein

$\mu = 2$	$y = 0{,}1931$		$\mu = 4$	$y = -0{,}0379$
$\mu = 3$	$y = 0{,}0493$		$\mu = 3{,}5$	$y = 0{,}0011$

so findet man eine Nullstelle zwischen 3,5 und 4 und erhält nach linearer Interpolation (Gl. (116.1))

$$\mu = 3{,}513 \quad \text{und} \quad y = 0{,}0000$$

Das Massenverhältnis muß $\mu = 3{,}513$ betragen.

Beispiel 5 In der Schaltung **159**.2 sei $U = 100$ V und $R = 50$ kΩ. Nach $t = 6$ s wird der Strom $i = 0{,}4$ mA gemessen. Wie groß ist die Zeitkonstante τ und die Kapazität C?

Man setzt die Größen $t = 6$ s und $i = 0{,}4$ mA in die Funktionsgleichung ein und erhält mit

$$I = \frac{U}{R} = \frac{100\text{ V}}{50\text{ k}\Omega} = 2\text{ mA} \qquad 0{,}4\text{ mA} = 2\text{ mA} \cdot e^{-6\text{s}/\tau}$$

$$e^{-6\text{s}/\tau} = 0{,}2 \qquad -\frac{6\text{ s}}{\tau} = \ln 0{,}2 = -1{,}609 \qquad \tau = \frac{6\text{ s}}{1{,}609} = 3{,}729\text{ s}$$

$$C = \frac{\tau}{R} = \frac{3{,}729\text{ s}}{50 \cdot 10^3\text{ }\Omega} = 74{,}58\text{ µF}$$

Beispiel 6 Bei der Strömung von Gasen in Rohrleitungen mit isothermischer Zustandsänderung kann die Änderung der kinetischen Energie durch den Logarithmus des Druckverhältnisses

$$m \frac{v_2^2 - v_1^2}{2} = n\,R\,T \ln \frac{p_1}{p_2}$$

ausgedrückt werden. Dabei ist T die absolute Temperatur, R die allgemeine Gaskonstante, m die Masse und n die in Kilomol angegebene Teilchenmenge.

3.5.3 Logarithmische Funktionspapiere

Beim handelsüblichen Millimeterpapier sind beide Koordinatenachsen linear geteilt. In logarithmischen Funktionspapieren sind eine oder beide Achsen wie der Rechenschieber logarithmisch geteilt. In diesen Papieren werden bestimmte Graphen, die bei linearer Achsenteilung gekrümmt sind, zu Geraden. Sie werden häufig zur Auswertung von Messungen benutzt. Trägt man nämlich eine Reihe von Meßpunkten in ein Funktionspapier ein, das dem der Messung zugrunde liegenden physikalischen Gesetz entspricht, so liegen die Meßpunkte auf einer Geraden. Dadurch können bereits während der Messung grobe Fehler erkannt, es kann interpoliert und extrapoliert werden. Die Steigung der Geraden ergibt oft eine der durch die Messung gesuchten physikalischen Größen.

Potenzpapier (log y-, log x-Papier) Der in der Technik häufig vorkommende Funktionstyp der Potenzfunktion

$$y = C x^r \qquad \text{mit } r \in \mathbb{R} \tag{162.1}$$

läßt sich durch Logarithmieren

$$\lg y = \lg C + r \lg x \tag{162.2}$$

leicht als Gerade darstellen, wenn man die Koordinatenachsen logarithmisch teilt und

$$v = l_y \lg y \qquad u = l_x \lg x \qquad a_0 = l_y \lg C \qquad a_1 = r\, l_y / l_x$$

nennt. Hier ist l_y abkürzend für die Einheitslänge $l_{\lg y}$ des Logarithmus von y gesetzt und l_x für $l_{\lg x}$ (s. Gl. (93.1)). Damit entsteht aus Gl. (162.2) die Geradengleichung

$$v = a_0 + a_1 u \tag{162.3}$$

In Bild **163**.1 ist z. B. der Druckbereich von 1 bis 10 N/cm^2 (in Verkleinerung) auf 10 cm aufgetragen, d. h. $l_{\lg p} = 10$ cm/(lg 10 − lg 1) = 10 cm, und auf der Abszisse ist $l_{\lg V} =$ = 10 cm/(lg 1 − lg 0,1) = 10 cm.

3.5.3 Logarithmische Funktionspapiere

Bei logarithmischer Teilung beider Achsen werden die Graphen aller Potenzfunktionen zu Geraden.

In Gl. (162.3) bedeuten v und u Ordinate und Abszisse in Längeneinheiten, a_0 den Ordinatenabschnitt im (u, v)-System und $a_1 = \tan \alpha$ den Tangens des Steigungswinkels im Bild.

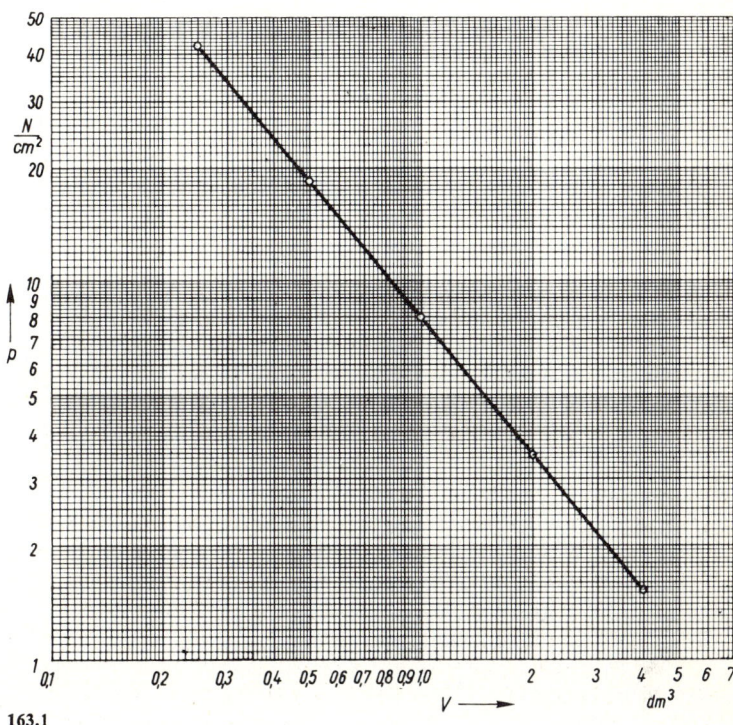

163.1

Aus dem Steigungswinkel kann man den Exponenten r und aus dem Nulldurchgang die Konstante C bestimmen

$$r = a_1\, l_x/l_y \qquad C = 10^{a_0/l_y} \qquad (163.1)$$

Potenzfunktionen mit verschiedenen Exponenten r ergeben also Geraden mit verschiedener Steigung, Potenzfunktionen mit verschiedenen Faktoren C ergeben zueinander parallele Geraden.

Dieses Funktionspapier ist im Handel erhältlich. Man kann es auch mit Hilfe der Teilung des Rechenschiebers herstellen.

Beispiel 7 Bei adiabatischer Kompression gilt die Gleichung $p V^\varkappa =$ const mit Druck p und Volumen V. Aus der Meßreihe in Tafel **163.2** soll graphisch der Exponent $\varkappa$ bestimmt werden.

Schreibt man die obige Gleichung $p = \text{const} \cdot V^{-\varkappa}$, so hat sie die Form von Gl. (162.1). Die Meßreihe kann mit Potenz-Papier ausgewertet werden. Bild **163.1** zeigt einen Ausschnitt aus handelsüblichem Papier in einer Verkleinerung 1:2. Die Einheitslängen auf beiden Achsen betragen 10 cm. Dann ist $-\varkappa = \tan \alpha = -1{,}2$.

Tafel **163.2**

V	p
dm^3	$\mathrm{N/cm}^2$
0,25	42,1
0,50	18,4
1,00	8,0
2,00	3,49
4,00	1,52

3.5 Exponential- und Logarithmusfunktionen

Exponentialpapier (log y, x-Papier) Auch bei der Exponentialfunktion

$$y = C\,e^{rx} \qquad (164.1)$$

ist es zweckmäßig, die Gleichung zu logarithmieren

$$\lg y = \lg C + (r \lg e)\,x$$

Mit $v = l_{\lg y} \cdot \lg y$, $u = l_x\,x$, $a_0 = l_{\lg y} \cdot \lg C$ und $a_1 = r \lg e \cdot l_{\lg y}/l_x$ entsteht daraus die Geradengleichung

$$v = a_0 + a_1 u$$

Beispiel 8 Ein auf die Spannung U aufgeladener Kondensator mit der Kapazität C wird über einen Widerstand entladen. Dabei sinkt die Spannung u_C am Kondensator nach der Gleichung

$$u_C = U \cdot e^{-t/RC}$$

ab. Aus der Meßreihe in Tafel **164**.1 sollen graphisch die Ausgangsspannung U und die Zeitkonstante $\tau = RC$ bestimmt werden.

Bild **164**.2 zeigt einen Ausschnitt aus handelsüblichem Exponential-Papier im Verhältnis 1:2 verkleinert, in das die Meßwerte unmittelbar eingetragen werden. Auf der Abszisse ist $l_t = 2$ cm/s, auf der Ordinate $l_{\lg u} = 10$ cm. Die Gerade hat die Steigung $\tan \alpha = -1{,}08$. Daraus erhält man

$$-\frac{1}{\tau} = \frac{(-1{,}08)\,2\;\text{cm/s}}{(\lg e)\,10\;\text{cm}} = -0{,}5\;\text{s}^{-1} \qquad \tau = RC = 2{,}0\;\text{s}$$

Für $t = 0$ ist $u_C = U = 220$ V.

Tafel **164**.1

$\dfrac{t}{\text{s}}$	$\dfrac{u_C}{\text{V}}$
1,0	134
2,0	81
3,0	49
4,0	30
5,0	18

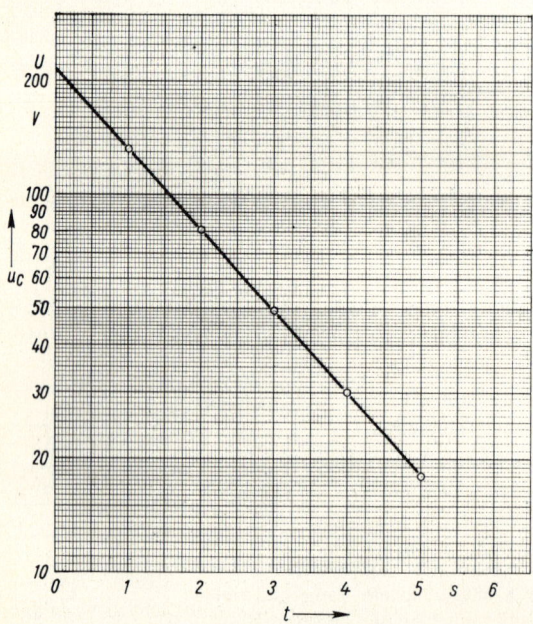

164.2

3.5.4 Hyperbelfunktionen

Bei vielen technischen Problemen treten Kombinationen der Exponentialfunktionen e^x und e^{-x} auf, für die man besondere Namen eingeführt hat.

Definitionen Man nennt

$$\left.\begin{array}{ll}
\text{Hyperbelsinus} & \sinh x = \dfrac{e^x - e^{-x}}{2} \\[1ex]
\text{gesprochen: Hyperbelsinus von } x & \\[1ex]
\text{Hyperbelcosinus} & \cosh x = \dfrac{e^x + e^{-x}}{2} \\[1ex]
\text{gesprochen: Hyperbelcosinus von } x & \\[1ex]
\text{Hyperbeltangens} & \tanh x = \dfrac{\sinh x}{\cosh x} = \dfrac{e^x - e^{-x}}{e^x + e^{-x}} \\[1ex]
\text{gesprochen: Hyperbeltangens von } x & \\[1ex]
\text{Hyperbelcotangens} & \coth x = \dfrac{1}{\tanh x} = \dfrac{e^x + e^{-x}}{e^x - e^{-x}} \\[1ex]
\text{gesprochen: Hyperbelcotangens von } x & \\
\end{array}\right\} \quad (165.1)$$

Die Funktionswerte können entweder vom Taschenrechner direkt abgelesen oder mit Hilfe der Exponentialfunktionen berechnet werden. Der Verlauf der Hyperbelfunktionen ist in Bild **165.1** dargestellt. Der Hyperbelcosinus nimmt nur Werte an, die größer als

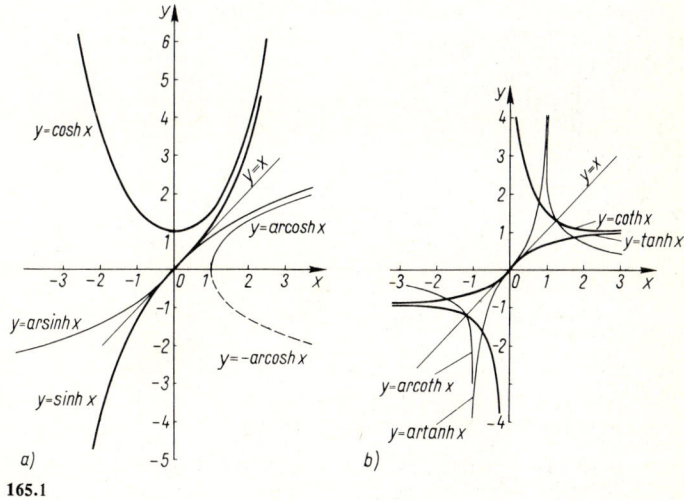

165.1

Eins sind und kann für kleine x durch die Parabel $y = 1 + 0{,}5x^2$ oder den Halbkreis $y = 2 - \sqrt{1 - x^2}$ angenähert werden (s. Abschn. 9.2.1). Ersetzt man in der Definitionsgleichung (165.1) das Argument x durch $-x$, so erkennt man, daß $y = \cosh x$ eine gerade Funktion ist. Die drei übrigen Funktionen sind ungerade. Es gelten also die Beziehungen

3.5 Exponential- und Logarithmusfunktionen

$$\begin{array}{ll} \cosh(-x) = \cosh x & \tanh(-x) = -\tanh x \\ \sinh(-x) = -\sinh x & \coth(-x) = -\coth x \end{array} \qquad (166.1)$$

Die Funktion $y = \sinh x$ nimmt alle endlichen Werte an. Der Graph der Tangensfunktion verläuft nur zwischen $y = -1$ und $y = +1$. Er hat bei $x = 0$ eine Nullstelle. Der Hyperbelcotangens ist der Kehrwert des Hyperbeltangens, hat also bei $x = 0$ eine Unstetigkeitsstelle. Sein Betrag ist immer größer als Eins.

Asymptotisches Verhalten. Mit wachsendem x wird der Summand e^{-x} in Gl. (165.1) sehr klein gegen e^x. Der Hyperbelsinus und der Hyperbelcosinus nähern sich daher asymptotisch der Funktion $y = 0,5\,e^x$

$$\sinh x \approx \cosh x \approx 0,5\,e^x \qquad \text{für große } x \qquad (166.2)$$

Innerhalb der in vielen Gebieten der Technik üblichen Fehlergrenzen kann e^{-3} gegen $e^3 = 20$ schon vernachlässigt werden.

Die Graphen der Funktionen $y = \tanh x$ und $y = \coth x$ haben aus dem gleichen Grunde die Geraden $y = \pm 1$ zu Asymptoten.

Bezeichnung. Die Namen der Hyperbelfunktionen sind in Analogie zu denen der Kreisfunktionen gewählt worden, weil die Hyperbelfunktionen ähnliche geometrische Deutungen an der gleichseitigen Hyperbel $x^2 - y^2 = r^2$ erfahren wie die Kreisfunktionen am Kreis $x^2 + y^2 = r^2$. Man vergleiche Bild **166.1** a mit Bild **166.1** b. Der Beweis erfolgt in Beispiel 20, S. 340. Ein weiterer Zusammenhang der Hyperbelfunktionen mit den Kreisfunktionen ergibt sich über die komplexen Zahlen in Abschn. 12.2.3.

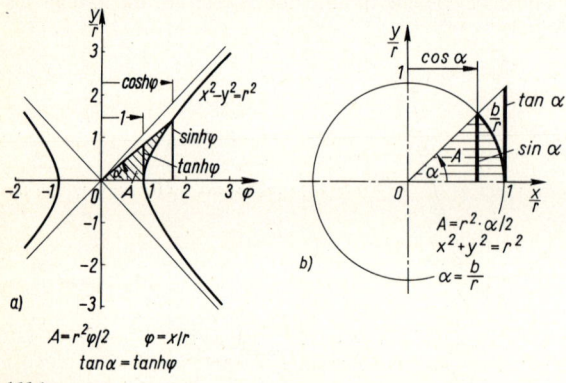

166.1

Beziehungen zwischen den Hyperbelfunktionen Durch Addieren bzw. Subtrahieren der Funktionen $\cosh x$ und $\sinh x$ ergibt sich

$$\cosh x + \sinh x = e^x \qquad \cosh x - \sinh x = e^{-x} \qquad (166.3)$$

Multipliziert man jeweils die linken und rechten Seiten dieser beiden Gleichungen miteinander, so findet man die der Gleichung $\sin^2 x + \cos^2 x = 1$ analoge Beziehung

$$\cosh^2 x - \sinh^2 x = 1 \qquad (166.4)$$

Wie bei den Kreisfunktionen bestehen auch bei den Hyperbelfunktionen Additionstheoreme, die man aus der Definitionsgleichung (165.1) mit Hilfe der Beziehung $e^{x+y} = e^x e^y$ beweist

$$\sinh(x \pm y) = \sinh x \cosh y \pm \cosh x \sinh y \tag{167.1}$$

$$\cosh(x \pm y) = \cosh x \cosh y \pm \sinh x \sinh y \tag{167.2}$$

$$\tanh(x \pm y) = \frac{\tanh x \pm \tanh y}{1 \pm \tanh x \tanh y} \tag{167.3}$$

Der Nachweis der Richtigkeit wird hier für $\sinh(x + y)$ geführt. Die übrigen Theoreme möge der Leser als Übungsaufgabe auf gleichem Wege beweisen (s. Aufgabe 8, S. 170). Es ist

$$\sinh x \cosh y + \cosh x \sinh y = \frac{e^x - e^{-x}}{2} \cdot \frac{e^y + e^{-y}}{2} + \frac{e^x + e^{-x}}{2} \cdot \frac{e^y - e^{-y}}{2}$$

$$= \frac{1}{4}[e^x e^y + e^x e^{-y} - e^{-x} e^y - e^{-x} e^{-y} + e^x e^y - e^x e^{-y} + e^{-x} e^y - e^{-x} e^{-y}]$$

$$= \frac{1}{4}[2 e^x e^y - 2 e^{-x} e^{-y}] = \frac{1}{2}[e^{(x+y)} - e^{-(x+y)}] = \sinh(x+y)$$

Für $x = y$ ergeben sich daraus die Sonderfälle

$$\sinh 2x = 2 \sinh x \cosh x \tag{167.4}$$

$$\cosh 2x = \cosh^2 x + \sinh^2 x \tag{167.5}$$

und durch Addition bzw. Subtraktion der Gl. (166.4) und (167.5)

$$\cosh 2x = 2 \cosh^2 x - 1 \qquad \cosh 2x = 2 \sinh^2 x + 1 \tag{167.6}$$

Beispiel 9 Die Form eines zwischen zwei gleich hohen Masten aufgehängten Seiles wird durch die Gleichung der Kettenlinie

$$y = a \cosh \frac{x}{a}$$

beschrieben, wobei a das Verhältnis von Horizontalkomponente der Seilkraft und Gewichtskraft je Längeneinheit ist (**167.1**). Die Länge a bedeutet gleichzeitig die Höhe des tiefsten Seilpunktes über dem Koordinatenanfangspunkt, weil für $x = 0$ der Funktionswert $y = a$ wird. Für $a = 80$ m beträgt die Höhe der Mastspitze über dem Nullpunkt bei zwei 150 m entfernten Masten

$y = 80$ m $\cdot \cosh(75$ m$/80$ m$)$
$= 80$ m $\cdot \cosh 0{,}9375 = 80$ m $\cdot 0{,}5$ $(e^{0,9375} + e^{-0,9375})$
$= 80$ m $\cdot 0{,}5$ $(2{,}55 + 0{,}39) = 118$ m

Man kann auch direkt $\cosh 0{,}9375 = 1{,}47$ aus einer Tafel entnehmen. Der Durchhang f beträgt $(118 - 80)$ m $= 38$ m. Bei Annahme der Ersatzparabel $y = a(1 + 0{,}5 \, x^2/a^2)$ erhält man dagegen $y = 80$ m $\cdot (1 + 0{,}5 \cdot 0{,}9375^2) = 115$ m, also einen Durchhang von 35 m.

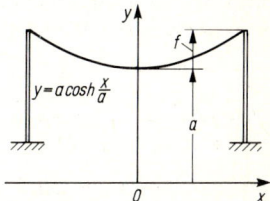

167.1

3.5.5 Areafunktionen

Definition Die Umkehrfunktionen der Hyperbelfunktionen sind die **Areafunktionen**.

Wie bei den trigonometrischen Funktionen in den Arcusfunktionen der Winkel gesucht wird, dessen trigonometrische Funktionen bekannt sind, ist hier der Zahlenwert der Fläche (Area) des Hyperbelsektors (**166.**1a) als Bildmenge gesucht, dessen zugehörige Hyperbelfunktionen als Definitionsmenge bekannt sind.

Areasinus. Man löst $y = \sinh x$ nach x auf, schreibt $x = \text{arsinh } y$, gesprochen: x gleich Areasinus y, und erhält durch Vertauschen der Variablen die gesuchte Umkehrfunktion

$$y = \text{arsinh } x \qquad (168.1)$$

Ihr Graph ist das Spiegelbild des Graphen von $y = \sinh x$ an der Geraden $y = x$ (**165.**1a). Die Areafunktion läßt sich als Logarithmus schreiben, weil die Hyperbelfunktion aus der Exponentialfunktion entwickelt ist. Man löst Gl. (168.1) nach x auf und findet im Zusammenhang mit Gl. (165.1)

$$x = \sinh y = \frac{e^y - e^{-y}}{2}$$

Multipliziert man diese Gleichung mit $2\,e^y$, so erhält man die in e^y quadratische Gleichung

$$e^{2y} - 1 = 2\,x\,e^y \qquad (e^y)^2 - 2\,x\,e^y - 1 = 0$$

mit der Lösung $\qquad e^y = x + \sqrt{x^2 + 1}$

Hier gilt nur die positive Wurzel, weil bei negativer Wurzel die Potenz e^y negativ werden müßte, was nicht möglich ist. Man logarithmiert und findet

$$y = \ln\left(x + \sqrt{x^2 + 1}\right) = \text{arsinh } x \qquad (168.2)$$

Für große Argumente x kann die Eins unter der Wurzel gegen x^2 vernachlässigt werden, und Gl. (168.2) vereinfacht sich zu

$$y = \text{arsinh } x \approx \ln(2x) \qquad \text{für große } x \qquad (168.3)$$

Areacosinus. Die Umkehrfunktion der Funktion $y = \cosh x$ ist

$$y = \text{arcosh } x \qquad (168.4)$$

gesprochen: y gleich Areacosinus x. Ihr Graph (**165.**1a) ist das Spiegelbild des Hyperbelcosinus an der Winkelhalbierenden zwischen den positiven Koordinatenachsen. Durch Gl. (168.4) wird der obere Graph (**165.**1a) beschrieben. Die logarithmische Darstellung ergibt sich wie bei der Funktion Areasinus aus

$$x = \cosh y = \frac{e^y + e^{-y}}{2}$$

durch Auflösen nach e^y und Logarithmieren

$$y = \ln\left(x + \sqrt{x^2 - 1}\right) = \text{arcosh } x \qquad (168.5)$$

Die Funktion

$$y = \ln\left(x - \sqrt{x^2 - 1}\right) = \ln \frac{1}{x + \sqrt{x^2 - 1}} = -\ln\left(x + \sqrt{x^2 - 1}\right) = -\operatorname{arcosh} x$$

wird durch den gestrichelten Graphen in Bild 165.1a beschrieben.
Für große positive x kann man die Funktion näherungsweise durch einen einfacheren Ausdruck ersetzen

$$y = \operatorname{arcosh} x \approx \ln(2x) \qquad \text{für große } x \qquad (169.1)$$

Areatangens und Areacotangens sind die Umkehrfunktionen von $y = \tanh x$ und $y = \coth x$. Die Gleichungen

$$y = \operatorname{artanh} x \qquad \text{und} \qquad x = \tanh y$$
$$y = \operatorname{arcoth} x \qquad \text{und} \qquad x = \coth y$$

sind gleichbedeutend; Bild 165.1b zeigt die Graphen. Auch der Areatangens läßt sich wie die Funktionen Areasinus und Areacosinus auf eine logarithmische Funktion zurückführen. Durch gleiche Überlegungen wie beim Areasinus findet man

$$y = \operatorname{artanh} x = \frac{1}{2} \ln \frac{1+x}{1-x} \qquad \text{für } |x| < 1$$

$$y = \operatorname{arcoth} x = \frac{1}{2} \ln \frac{x+1}{x-1} \qquad \text{für } |x| > 1 \qquad (169.2)$$

Es ist nämlich nach (165.1)

$$x = \tanh y = \frac{e^y - e^{-y}}{e^y + e^{-y}} \qquad\qquad \frac{1+x}{1-x} = e^{2y}$$

$$x(e^y + e^{-y}) = e^y - e^{-y} \qquad\qquad \ln \frac{1+x}{1-x} = 2y$$

$$e^{-y}(1+x) = e^y(1-x)$$

$$1 + x = e^{2y}(1-x) \qquad\qquad y = \frac{1}{2} \ln \frac{1+x}{1-x} = \operatorname{artanh} x$$

Beispiel 10 Beim freien Fall mit Berücksichtigung des quadratisch anwachsenden Luftwiderstandes ergibt sich für die Geschwindigkeit die Gleichung $v = v_E \tanh(g\,t/v_E)$; (g Fallbeschleunigung, t Fallzeit). Nach längerer Fallzeit sind Luftwiderstand und Schwerkraft im Gleichgewicht, weil der Widerstand mit dem Quadrat der Geschwindigkeit zunimmt. Dann nimmt $\tanh(g\,t/v_E)$ asymptotisch den Wert Eins an, und die Geschwindigkeit nähert sich einer stationären Endgeschwindigkeit v_E, die von aerodynamischen Gesetzen abhängt. Nach welcher Zeit sind 99% dieser Endgeschwindigkeit erreicht, wenn $v_E = 230$ m/s beträgt?
Man setzt $\tanh(g\,t/v_E) = 0{,}99$ oder $t = (v_E/g)\operatorname{artanh} 0{,}99$ und erhält die Fallzeit

$t = 23{,}4\,\text{s} \cdot \operatorname{artanh} 0{,}99 = 23{,}4\,\text{s} \cdot 0{,}5 \ln[(1+0{,}99)/(1-0{,}99)] = 11{,}7\,\text{s} \cdot \ln 199 = 11{,}7\,\text{s} \cdot 5{,}29 = 62\,\text{s}$

3.5.6 Aufgaben zu Abschnitt 3.5

1. Wie lauten die Koeffizienten der Funktion $y = A\,e^{kx}$, deren Graph durch die Punkte $(2;1)$ und $(-2;0{,}6)$ geht?
2. Welcher Proportionalitätsfaktor besteht zwischen den Logarithmen der Basen 2 und e?

3. Nach welcher Zeit ist die **Stromstärke** in dem in Beispiel 2, S. 159, beschriebenen Stromkreis mit $L = 0,5$ H und $R = 10\,\Omega$ auf 95% ihres Endwertes angestiegen?

4. Welche Anfangstemperatur ϑ_0 darf das Öl in einem Behälter höchstens haben, wenn es durch eine Rohrschlange von der Temperatur $\vartheta_1 = 15\,°C$ in 0,75 Stunden auf 90 °C und in 2,5 Stunden auf 30 °C abgekühlt sein soll?
Die **Temperaturabnahme** vom Anfangswert ϑ_0 auf den Wert des Kühlmediums $\vartheta_1 = 15\,°C$ verläuft exponentiell nach der Gleichung $\vartheta - \vartheta_1 = (\vartheta_0 - \vartheta_1)\,e^{-kt}$.

5. Die Güte Q eines **elektrischen Schwingungskreises** ist durch das Verhältnis der auf dem Oszillographen abgemessenen Amplituden A_0 und der m-ten darauf folgenden A_m nach der Gleichung $A_m = A_0\,e^{-\frac{\pi}{Q}m}$ zu bestimmen ($A_0 = 48{,}5$ mm, $A_m = 12{,}6$ mm, $m = 7$).

6. In der Hülse des Uranstabes eines Uranbrenners verläuft die **Temperatur** ϑ nach der Funktion

$$\vartheta = \vartheta_i - a \ln \frac{r}{r_i}$$

ϑ_i ist die Temperatur an der Innenseite der Hülse. Für einen bestimmten wassergekühlten Uranstab ist $\vartheta_i = 357\,°C$, $a = 993\,°C$, $r_i = 12{,}6$ mm.
Wie groß sind die Temperaturen an der Außenseite $r = 13{,}6$ mm und in der Hülsenwandmitte?

7. Die ideale **Brennschlußgeschwindigkeit** v_B einer einstufigen Rakete wird aus der Gleichung $v_B = v_A \ln \mu$ berechnet. Wie groß ist v_B bei der Ausströmgeschwindigkeit $v_A = 3$ km/s und dem Massenverhältnis $\mu = 2{,}5$? Um wieviel Prozent ändert sich v_B bei einer Vergrößerung des Massenverhältnisses von 2,5 auf 5?

8. Man beweise Gl. (167.2), (167.3) und den zweiten Teil von Gl. (167.1).

9. Wieviel Prozent der Endgeschwindigkeit v_E hat der in Beispiel 10, S. 169, beschriebene fallende Körper nach 10 s, 20 s, 50 s und 100 s erreicht?
Man zeichne die Funktionen $v = v_E \tanh(g\,t/v_E)$ und $v = g\,t$ in ein Diagramm für $t = 0$ bis $t = 30$ s. Es ist $v_E = 230$ m/s.

10. Wie groß ist die in Beispiel 9, S. 167, angegebene Konstante a bei einem Seil, wenn bei einem Mastabstand von 100 m der Seildurchhang 12 m beträgt?

3.6 Funktionen von zwei unabhängigen Variablen

In Abschn. 2.1 werden Abbildungen einer Menge X in eine Menge Y behandelt. Bei einer Funktion von mehreren unabhängigen Variablen ist die Definitionsmenge eine Produktmenge mehrerer Mengen. Diese Abbildung wird in Abschn. 10 auch für mehr als zwei Variablen untersucht. In diesem Abschn. 3.6 wird die Darstellung einer Funktion von zwei unabhängigen Variablen in Form von Tafeln und Diagrammen behandelt. Da gerade diese Form der Funktionsbeschreibung für mehr als zwei Variablen recht mühsam ist, beschränkt sie sich auf nur zwei unabhängige Variable.

Definition Eine Funktion zweier **unabhängiger Variablen** ist eine Abbildung der Menge $X \times Y$ in eine Menge Z. Jedem Paar $(x_i, y_i) \in X \times Y$ wird eindeutig ein Element $z_i \in Z$ zugeordnet. $X \times Y$ ist die Definitionsmenge, Z die Bildmenge der Funktion.

Die Variablen x und y sind voneinander unabhängig. Benutzt man diese Funktionen zur Beschreibung von Naturgesetzen, muß deshalb stets geprüft werden, ob diese Voraussetzung auch bei den entsprechenden physikalischen Größen erfüllt ist. In einem Gleichstromkreis hängt die Stromstärke von der angelegten Spannung und dem Widerstand ab. Spannung und Widerstand sind i. allg. voneinander unabhängig. Bei einem idealen Gas stehen die drei Zustandsgrößen Druck, Volumen und Temperatur in einem festen Zusammenhang, zwei von ihnen können frei gewählt werden, die dritte ist davon abhängig. Finden hingegen in einem Gasgemisch bei hohen Temperaturen chemische Reaktionen statt, so ist die Unabhängigkeit von Volumen und Temperatur nicht mehr vorhanden.

3.6.1 Funktionsgleichungen

Wie in Abschn. 2.4.1 unterscheidet man auch hier zwischen Funktionsgleichungen in der expliziten Form

$$z = f(x, y)$$

und der impliziten Form

$$F(x, y, z) = \text{const}$$

Die Parameterform wird hier nicht untersucht, weil der wichtigste Fall $x = u(\lambda)$, $y = v(\lambda)$, $z = w(\lambda)$ in Abschn. 8.4 behandelt wird und eine andere geometrische Bedeutung (Raumkurve) hat als die hier behandelten Formen.

Beispiel 1 Funktionsgleichungen in expliziter und impliziter Form

$$I = \frac{b h^3}{12} \qquad \frac{x}{4} + \frac{y}{5} + \frac{z}{6} = 1 \qquad x^2 + y^2 + z^2 = r^2$$

3.6.2 Funktionstafeln

Bei zwei unabhängigen Variablen haben die Tafeln häufig folgende Form einer (m, n)-Matrix

	y_1	y_2	$y_3 \ldots y_j \ldots y_n$
x_1			
x_2			
x_3			
$\vdots$			
x_i		z_{ij}-Werte	
$\vdots$			
x_m			

Zur Berechnung einer Tafel aus einer Funktionsgleichung muß vorausgesetzt werden, daß diese explizit nach einer der drei Variablen (hier z genannt) aufgelöst werden kann, sofern man auf die Anwendung von Näherungsverfahren verzichtet. Die in der Technik vorkommenden Funktionsgleichungen können meist nach jeder der drei Variablen aufgelöst

3.6 Funktionen von zwei unabhängigen Variablen

werden. Die Wahl der abhängigen Variablen ist aber für die Brauchbarkeit der Tafel und der in Abschn. 3.6.3 behandelten Diagramme von größter Bedeutung. Sie ist keineswegs immer die üblicherweise explizit stehende Größe, sondern hängt ausschließlich vom Verwendungszweck der Tafel ab. Man lasse sich auch nicht dazu verleiten, die Gleichung stets so umzuformen, daß eine Zahlenrechnung möglichst bequem wird. In der Praxis werden Tafeln einmal gerechnet und oft jahrelang benutzt. Der Komfort für den Benutzer ist das entscheidende Kriterium.

Wird die Tafel mit einer Rechenanlage berechnet, so wird **zeilenweise** gerechnet. Zunächst wird $x = x_1$ gesetzt und dann für alle y_j die entsprechenden z_{1j} berechnet und gespeichert, dann wird diese Zeile gedruckt. Nun wird $x = x_2$ gesetzt usw. Rechnet man mit einfachen Taschenrechnern, ist es oft zweckmäßig, die Tafel **spaltenweise** zu berechnen.

Beispiel 2 Das Flächenmoment I eines rechteckigen Balkens beträgt $I = bh^3/12$. Dabei sind b die Breite und h die Höhe des Balkens. Die Größe I wird zur Berechnung der Durchbiegung eines Balkens benötigt. Für vorgegebene (variable) Belastungen muß I groß genug sein, damit sich der Balken nicht zu stark durchbiegt.

Deshalb empfiehlt es sich, entgegen der obigen Funktionsgleichung I als unabhängige Variable zu wählen und die Tafel so zu gestalten, daß für vorgegebene (variable) Werte von I und h die dafür erforderliche Balkenbreite b abgelesen werden kann. Die Funktionsgleichung wird also explizit nach b aufgelöst $b = 12\,I/h^3$. Tafel 172.1 zeigt das Ergebnis.

Tafel 172.1 Bestimmung der Balkenbreite b bei gegebenem Flächenmoment I und Höhe h

I/cm^4 \ h/cm	12,00	14,00	16,00
1000	6,94	4,37	2,93
1500	10,42	6,56	4,39
2000	13,89	8,75	5,86
2500	17,36	10,93	7,32
3000	20,83	13,12	8,79

Interpolation Oft ist es erforderlich, in einer Tafel Zwischenwerte zu berechnen. Hier wird nur die lineare Interpolation gezeigt, deren Genauigkeit für die (i. allg. hinreichend eng berechneten) Tafeln der Praxis meist ausreicht. Anspruchsvollere Verfahren findet man z. B. in [17]. Gegeben ist der folgende Tafelausschnitt ohne die eingeklammerten Werte und ein Wertepaar $(x; y)$ mit $x_i < x < x_{i+1}$ und $y_j < y < y_{j+1}$. Gesucht ist der dazugehörige z-Wert.

	y_j	(y)	y_{j+1}
x_i	$z_{i,j}$		$z_{i,j+1}$
(x)	(z_h)	(z)	(z_{h+1})
x_{i+1}	$z_{i+1,j}$		$z_{i+1,j+1}$

3.6.2 Funktionstafeln

Zunächst wird in der linken Spalte interpoliert. Aus der Proportion

$$\frac{x - x_i}{x_{i+1} - x_i} = \alpha = \frac{z_h - z_{i,j}}{z_{i+1,j} - z_{i,j}}$$

erhält man die Hilfsgröße $z_h = \alpha\, z_{i+1,j} + (1 - \alpha)\, z_{i,j}$
Entsprechend ergibt sich aus der rechten Spalte

$$\alpha = \frac{z_{h+1} - z_{i,j+1}}{z_{i+1,j+1} - z_{i,j+1}}$$

und daraus

$$z_{h+1} = \alpha\, z_{i+1,j+1} + (1 - \alpha)\, z_{i,j+1}$$

Nun wird in der mittleren Hilfszeile interpoliert

$$\frac{y - y_j}{y_{j+1} - y_j} = \beta = \frac{z - z_h}{z_{h+1} - z_h}$$

$$z = \beta\, z_{h+1} + (1 - \beta)\, z_h$$

Setzt man die vorstehenden Werte von z_h und z_{h+1} ein, so ergibt sich nach Ausmultiplizieren der Klammern und Ordnen für die **lineare Interpolation einer Funktion zweier unabhängiger Variablen**

$$z = (1 - \alpha)(1 - \beta)\, z_{i,j} + \beta(1 - \alpha)\, z_{i,j+1} + \alpha(1 - \beta)\, z_{i+1,j} + \alpha\beta\, z_{i+1,j+1} \quad (173.1)$$

mit $\quad \alpha = \dfrac{x - x_i}{x_{i+1} - x_i} \quad$ und $\quad \beta = \dfrac{y - y_j}{y_{j+1} - y_j}$

Beispiel 3 Aus Tafel **172.1** ist für $I = 1200\ \text{cm}^4$ und $h = 13{,}5\ \text{cm}$ der b-Wert durch lineare Interpolation zu berechnen.
Es wird der folgende Tafelausschnitt benutzt

I/cm^4 \ h/cm	12,00	14,00
1000	6,94	4,37
1500	10,42	6,56

Nach Gl. (173.1) ist

$\alpha = 0{,}4000 \qquad \beta = 0{,}7500$
$1 - \alpha = 0{,}6000 \qquad 1 - \beta = 0{,}2500$

Damit wird

$(1 - \alpha)(1 - \beta)\, b_{i,j}\ \ = 1{,}0410\ \text{cm}$
$\beta(1 - \alpha)\, b_{i,j+1}\ \ = 1{,}9665\ \text{cm}$
$\alpha(1 - \beta)\, b_{i+1,j}\ \ = 1{,}0420\ \text{cm}$
$\alpha\beta\, b_{i+1,j+1}\ \ = 1{,}9680\ \text{cm}$
$b = 6{,}0175\ \text{cm}$

Es ist sinnlos, das Ergebnis einer Interpolation mit mehr Stellen anzugeben, als in der Tafel vorhanden sind. Deshalb ist zu runden, und man erhält $b = 6{,}02$ cm. Ferner wird darauf hingewiesen, daß bei dieser Tafel eine sog. quadratische Interpolation erforderlich wäre. Die meisten Tafeln der Praxis sind aber für eine lineare Interpolation eng genug gerechnet.

3.6.3 Geometrische Darstellungen

Fläche im Raum Diese Darstellung eignet sich vorwiegend im Hinblick auf die Differential- und Integralrechnung in Abschn. 10. Durch die Menge der Wertepaare $(x_i; y_i)$ mit den voneinander unabhängigen Elementen x_i und y_i sei die (x, y)-Ebene dicht besetzt. Nun werden die z-Werte in einer dritten Richtung senkrecht zur (x, y)-Koordinatenebene aufgetragen. Die drei Achsen bilden in der Reihenfolge x, y, z ein sog. **Rechtssystem**: Überführt man die positive x-Achse durch eine 90°-Drehung in die positive y-Achse, so zeigt die positive z-Achse laut Definition in Richtung der Bewegung einer Rechtsschraube (**174.1**). Daumen, Zeige- und Mittelfinger der rechten Hand bilden bei entsprechender Stellung ebenfalls ein Rechtssystem.

Jedes Wertetripel ergibt in dieser Darstellung einen Punkt $P_i(x_i; y_i; z_i)$ im Raum. Die Menge aller Punkte, deren Koordinaten die Funktionsgleichung erfüllen, ist eine **Fläche im Raum**. Eine Vorstellung vom Verlauf einfacher Flächen gewinnt man durch die folgende Überlegung: Setzt man in der Funktionsgleichung $z = z_i = $ const, so bedeutet dies, daß für alle Wertepaare $(x; y)$ stets der gleiche z-Wert vorhanden ist. Diese Bedingung ist geometrisch nur in einer Ebene erfüllt, die parallel zur (x, y)-Ebene liegt. Daher ist $z = z_i$ die Gleichung dieser Ebene. Ganz entsprechend bedeutet $y = y_i = $ const, daß für alle Wertepaare $(x; z)$ stets der gleiche y-Wert vorhanden ist; dies ist nur in den Punkten einer Parallelebene zur (x, z)-Ebene der Fall. Wird speziell die Konstante gleich Null, so erhält man die Gleichung der betreffenden Koordinatenebene. Setzt man in der Funktionsgleichung eine der Variablen gleich const, so erhält man eine Funktion von nur noch zwei Variablen. Diese kann geometrisch als Graph in einer Ebene gedeutet werden.

Werden in einer Funktionsgleichung mit drei Variablen diese der Reihe nach gleich Null (oder einer anderen Konstanten) gesetzt, so erhält man die drei Schnittkurven der Funktionsfläche mit den Koordinatenebenen oder Parallelebenen hierzu (174.1).

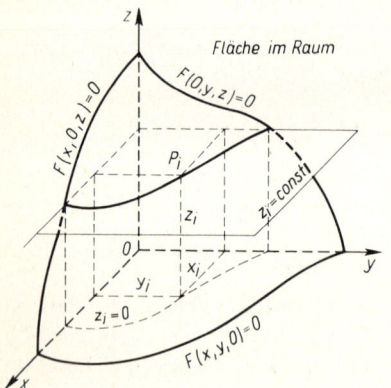

174.1

Beispiel 4 Welche Flächen entsprechen den Gleichungen aus Beispiel 1, S. 171?

Aus der Gleichung $x^2 + y^2 + z^2 = r^2$ erhält man als Schnittkurven mit den drei Koordinatenebenen oder ihrer Parallelen stets Kreise. Die Fläche ist also eine Kugel.

Die Gleichung $x/4 + y/5 + z/6 = 1$ liefert als Schnittkurven jeweils Gerade. Die Fläche ist also eine Ebene.

Für $I = bh^3/12$ erhält man für die Ebenen $h = $ const Geraden mit verschiedener Neigung und für $b = $ const die Graphen eines Polynoms 3. Grades. Die entstehende Fläche hat keinen Namen. Im übrigen ist für diese Funktion die im folgenden behandelte Darstellung zweckmäßiger.

Netztafel Die Darstellung einer Funktion mit Hilfe einer Netztafel eignet sich vor allem zur graphischen Bestimmung von Funktionswerten. Zur Fläche im Raum besteht folgender Zusammenhang. Setzt man in der Funktionsgleichung $z = z_i$, so entspricht das der Schnittkurve der Funktionsfläche mit einer Ebene in der Höhe z_i parallel zur (x, y)-Ebene.

Diese Schnittkurve wird senkrecht auf die (x, y)-Ebene projiziert und der betreffende z_i-Wert darangeschrieben. Wird dieses Verfahren für verschiedene z_i-Werte wiederholt, erhält man in der (x, y)-Ebene eine nach z beschriftete Kurvenschar. Ein derartiges Diagramm heißt eine Netztafel (Beispiel: Landkarte mit Höhenlinien). Ebenso kann in der Funktionsgleichung auch $x = x_i$ gesetzt werden. Dies entspricht einer Schnittkurve der Funktionsfläche mit einer Ebene parallel zur (y, z)-Ebene. Dieser Graph wird auf die (y, z)-Ebene projiziert. Schließlich liefert die Projektion der Kurvenschar $y = y_i$ auf die (x, z)-Ebene eine dritte Netztafel.

Aus einer Funktionsgleichung $z = f(x, y)$ erhält man drei verschiedene Netztafeln.

Es bedarf großer Erfahrung, um bereits aus der Funktionsgleichung zu erkennen, welches dieser drei Diagramme für eine praktische Benutzung (Ablesen von Funktionswerten) am besten geeignet ist. Dem Anfänger ist deshalb zu empfehlen, alle drei Diagramme zu konstruieren und miteinander zu vergleichen.

Diese Diagramme können ohne Umweg über die räumliche Darstellung (**174.**1) unmittelbar aus Funktionstafeln erhalten werden. Hierzu löst man die Funktionsgleichung nach der Variablen auf, die die Ordinate der Netztafel bilden soll und berechnet eine Wertetafel nach Abschn. 3.6.2. Aus dieser Tafel lassen sich zwei Diagramme konstruieren, in denen einmal jede Spalte und einmal jede Zeile der Tafel durch einen Graph dargestellt wird. Die auf jedem Graphen einer Schar konstante Größe, heißt der Parameter der Netztafel. (Dies hat nichts mit der Parameterdarstellung des Abschn. 2.5.1 zu tun.) Um die dritte Netztafel zu erhalten, muß die Funktionsgleichung nach einer anderen Variablen aufgelöst und daraus eine weitere Wertetafel berechnet werden. Im Prinzip erhält man auch hieraus zwei Diagramme. Eines davon unterscheidet sich aber nur durch eine Vertauschung der Koordinatenachsen von einem Diagramm der ersten Wertetafel.

Beispiel 5 Aus Tafel **172.**1 sind Netztafeln zu konstruieren.
Die Bilder **175.**1a und **175.**1b zeigen, daß die Netztafeln sehr verschieden aussehen, je nachdem, ob man die Höhe h oder das Flächenmoment I als Parameter wählt. Im ersten Fall entspricht

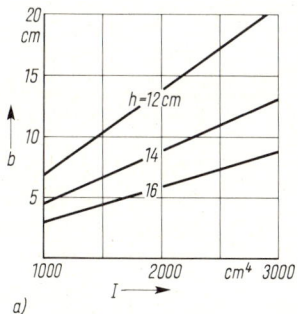
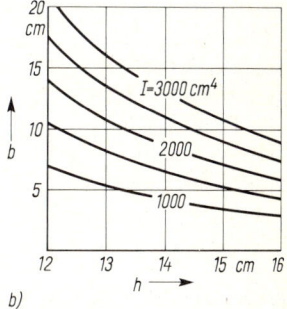

175.1 Netztafeln für $b = 12\, I/h^3$

jeder Spalte, im zweiten jeder Zeile der Tafel ein Graph. Für eine Ablesung, insbesondere eine Interpolation zwischen den Parameterkurven ist Bild **175.**1b besser geeignet, weil die Parameterkurven nahezu parallel verlaufen.

3.6 Funktionen von zwei unabhängigen Variablen

Beispiel 6 Aus der Funktionsgleichung $I = bh^3/12$ ist für die entsprechenden Zahlenwerte in Beispiel 2, S. 172, eine Tafel zu berechnen; daraus sind zwei Netztafeln zu konstruieren.

Tafel 176.1 Bestimmung des Flächenmomentes I bei gegebener Höhe h und Breite b

h/cm \ b/cm	5	10	15	20
12	720	1440	2160	2880
14	1143	2287	3430	4573
16	1707	3413	5120	6827

In Bild 176.2a entsteht jeder Graph aus einer Spalte der Tafel 176.1. Es ist die dritte „wesentliche" Netztafel dieser Funktion zu den beiden in Bild 175.1a und b dargestellten Netztafeln. In Bild 176.2b entsteht jeder Graph aus einer Zeile der Tafel. Werden die Koordinatenachsen dieses Bildes vertauscht, so entsteht Bild 175.1a.

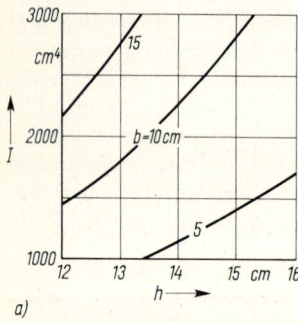
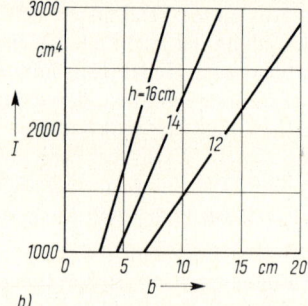

176.2 Netztafeln für $I = bh^3/12$

Löst man diese Funktion nach $h = \sqrt[3]{12\,I/b}$ auf und schreibt in der Tafel als oberste Zeile die I-Werte und als linke Spalte die b-Werte, so entspricht bis auf die Achsenvertauschung die Netztafel aus den Spalten dem Bild 175.1b und die aus den Zeilen dem Bild 176.2a.

Abschließend sei bemerkt, daß es wesentlich elegantere Methoden zur Konstruktion von Diagrammen von Funktionen mehrerer Variablen gibt. Z.B. werden in allen Netztafeln der Funktion $I = bh^3/12$ die Parameterkurven zu parallelen Geraden, wenn beide Koordinatenachsen als logarithmische Leitern (s. Abschn. 3.5.3) konstruiert werden. Dieses Gebiet der angewandten Mathematik heißt Nomographie [18].

3.6.4 Aufgaben zu Abschnitt 3.6

1. Die folgenden Gleichungen sind explizit nach jeder der drei Variablen aufzulösen:
a) Für die Gewichtskraft F_G eines Stahlrohrs von 1 m Länge mit der Wandstärke s, dem Außendurchmesser d gilt mit einer Konstanten c

$$F_G = c\,(s\,d - s^2)$$

b) In der Vektorrechnung und der komplexen Arithmetik spielt folgende Gleichung eine wichtige Rolle

$$\tan \varphi = b/a$$

c) Bei polytroper Zustandsänderung von idealen Gasen gilt die normierte Gleichung

$$z\,y^x = 1$$

Dabei ist $z = p/p_0$ ein Druckverhältnis, $y = V/V_0$ ein Volumenverhältnis und x der Polytropenexponent.

2. Aus den expliziten Funktionsgleichungen in Aufgabe 1 sind je 3 Tafeln in den folgenden Wertebereichen zu berechnen:

a)   4 mm $\leq s \leq$ 10 mm $\Delta s = 2$ mm

       50 mm $\leq d \leq$ 100 mm $\Delta d = 10$ mm

       50 N $\leq F_G \leq$ 250 N $\Delta F_G = 50$ N $c = 0{,}242$ N/mm²

b) $4 \leq a \leq 5$ $\Delta a = 0{,}2$

       $2 \leq b \leq 10$ $\Delta b = 2{,}0$

       $20° \leq \varphi \leq 70°$ $\Delta \varphi = 10°$

c) $1{,}0 \leq x \leq 2{,}0$ $\Delta x = 0{,}2$

       y und z jeweils 0,2; 0,5; 1,0; 2,0; 5,0

3. Aus den Tafeln von Aufgabe 2 sind für jede Funktionsgleichung drei Netztafeln zu konstruieren, bei denen die drei Variablen als Parameter auftreten.

Hinweis: Bei der Funktion $z\,y^x = 1$ sind als Koordinatenachsen logarithmische Leitern zu benutzen. Für y und z Einheitslänge 10 cm oder 12,5 cm, für x Einheitslänge 25 cm (Grundskala des Rechenschiebers).

4. Der folgende Tafelausschnitt gibt für einen ungedämpften elektromagnetischen Schwingkreis die Frequenz f in kHz in Abhängigkeit von der Induktivität L und Kapazität C. Man bestimme durch lineare Interpolation die jeweils fehlende Größe.

a) $L = 3{,}15$ mH $C = 12{,}85$ pF

b) $f = 800$ kHz $L = 3{,}28$ mH

c) $C = 12{,}35$ pF $f = 790$ kHz

L/mH \ C/pF	12,0	13,0
3,0	839	806
3,5	777	746

Hinweis: Bei den Aufgaben b) und c) ist eine der Herleitung der Gl. (173.1) entsprechende Zahlenrechnung durchzuführen. Die dort eingeführten Hilfsgrößen z_h bzw. z_{h+1} sind hier gegeben.

4 Lineare Algebra

Das aus dem Arabischen stammende Wort „Algebra" beinhaltete bis ins vorige Jahrhundert die Lehre von der Lösung von Bestimmungsgleichungen. Seitdem hat man außer den Zahlen noch andere mathematische Objekte wie die in diesem Abschnitt beschriebenen Vektoren oder Matrizen gebildet. Mit ihnen kann ähnlich gerechnet werden wie mit Zahlen. Seitdem hat sich die Bedeutung des Begriffs „Algebra" geändert. Jetzt versteht man darunter eine Theorie der Rechengesetze (Verknüpfungen) beliebiger mathematischer Objekte. Eine Menge derartiger Objekte heißt unter gewissen Voraussetzungen eine **algebraische Struktur**. Beispiele: die ganzen rationalen Zahlen, die Vektoren. Der Begriff „linear" bedeutet in vereinfachter Weise, daß auf dieser Struktur zwei Verknüpfungen (Addition und eine Multiplikation) definiert sind, s. auch Abschn. 4.2.4.

4.1 Determinanten

4.1.1 Grundbegriffe. Entwicklungssatz

In der Theorie linearer Gleichungssysteme (Abschn. 4.4) und in anderen Gebieten der Mathematik treten Ausdrücke auf, die sich mittels Determinanten leicht darstellen lassen.

Definition Eine **Determinante n-ter Ordnung** besteht aus n^2 Elementen, die in einem quadratischen Schema mit n waagerechten **Zeilen** und n senkrechten **Spalten** angeordnet sind.

$$D = \begin{vmatrix} a_{11} & a_{12} & a_{13} & \cdots & a_{1n} \\ a_{21} & a_{22} & a_{23} & \cdots & a_{2n} \\ a_{31} & a_{32} & a_{33} & \cdots & a_{3n} \\ \cdot & \cdot & \cdot & & \cdot \\ \cdot & \cdot & \cdot & & \cdot \\ \cdot & \cdot & \cdot & & \cdot \\ a_{n1} & a_{n2} & a_{n3} & \cdots & a_{nn} \end{vmatrix} \qquad (178.1)$$

Viele der folgenden Aussagen beziehen sich auf eine Spalte oder eine Zeile. Wenn beides gemeint sein kann, spricht man hier von einer **Reihe**. Dieser Begriff wird hier also in einer völlig anderen Bedeutung gebraucht als in Abschn. 2.4. Der Begriff Reihe kann entweder durch den Begriff „Zeile" oder durch den Begriff „Spalte" (aber nicht durch „Zeile oder Spalte") ersetzt werden. Gl. (178.1) ist eine n-reihige Determinante. Ein beliebiges Element einer Determinante wird mit a_{ik} bezeichnet (a_{23} wird gesprochen: a zwei drei).

4.1.1 Grundbegriffe. Entwicklungssatz

Der erste Index i bedeutet die Nummer der Zeile, der zweite Index k die der Spalte, in der das Element steht (Merkhilfe: **Zeile zuerst**). Die Elemente, bei denen $i = k$ ist, liegen auf der **Hauptdiagonale**. Die andere Diagonale heißt die **Nebendiagonale**. Diese Erklärungen gelten auch für die in Abschn. 4.3 behandelten Matrizen. Unter einer Matrix versteht man nur das beschriebene Zahlenschema. Einer Determinante ist ein Wert zugeordnet. Um sie von einer Matrix zu unterscheiden, wird das Zahlenschema in senkrechte Striche gesetzt, während eine Matrix in große runde Klammern gesetzt wird.

Die Definition des Wertes einer Determinante erfolgt mit dem Ziel, eine Formel zu entwickeln, mit der Gleichungssysteme gelöst werden können. Der einfachste Fall ist ein System mit zwei Unbekannten. Mit der vorstehend erklärten Schreibweise der Koeffizienten und den Unbekannten x_1 und x_2 hat es folgende Form

$$a_{11} x_1 + a_{12} x_2 = b_1$$
$$a_{21} x_1 + a_{22} x_2 = b_2$$

Mit dem Additionsverfahren ergeben sich die Lösungen

$$x_1 = \frac{b_1 a_{22} - a_{12} b_2}{a_{11} a_{22} - a_{12} a_{21}} \qquad x_2 = \frac{a_{11} b_2 - b_1 a_{21}}{a_{11} a_{22} - a_{12} a_{21}}$$

Zunächst erkennt man, daß beide Nenner gleich sind und nur die Koeffizienten a_{ik} der linken Seite des Systems enthalten. Hieraus ergibt sich die

Definition einer zweireihigen Determinante

$$D = \begin{vmatrix} a_{11} & a_{12} \\ a_{21} & a_{22} \end{vmatrix} = a_{11} a_{22} - a_{12} a_{21} \tag{179.1}$$

Der Wert einer zweireihigen Determinante ist gleich dem Produkt der Elemente der Hauptdiagonale minus dem Produkt der Elemente der Nebendiagonale.

Die Zähler der beiden Lösungen bestehen ebenfalls aus einer Differenz zweier Produkte. Es liegt also die Vermutung nahe, daß auch sie als Determinanten dargestellt werden können. Eine genauere Analyse zeigt:

Die Zählerdeterminanten der x_k entstehen aus der Nennerdeterminante, wenn man die k-te Spalte des Systems durch die b_i ersetzt.

Es wird sich zeigen, daß dieser Satz auch für $n > 2$ gilt. Hier ist also

$$D_1 = \begin{vmatrix} b_1 & a_{12} \\ b_2 & a_{22} \end{vmatrix} = b_1 a_{22} - a_{12} b_2 \qquad D_2 = \begin{vmatrix} a_{11} & b_1 \\ a_{21} & b_2 \end{vmatrix} = a_{11} b_2 - b_1 a_{21}$$

Damit können die Lösungen einfacher geschrieben werden

$$x_1 = D_1/D \quad \text{und} \quad x_2 = D_2/D$$

Dies ist bereits der einfachste Fall der gesuchten Formel, der sog. Cramerschen Regel.

$$x_i = D_i/D \tag{179.2}$$

In Abschn. 4.4.1 wird bewiesen, daß sie für jedes n gilt. D ist die sog. Koeffizientendeterminante der linken Seite des Systems und die D_i entstehen nach dem vorstehenden Satz.

4.1 Determinanten

Beispiel 1 Man löse das folgende System mit der Cramerschen Regel

$$2x_1 - 3x_2 = -13$$
$$5x_1 + x_2 = -7$$

$$D = \begin{vmatrix} 2 & -3 \\ 5 & 1 \end{vmatrix} = 2 - (-15) = 17$$

$$D_1 = \begin{vmatrix} -13 & -3 \\ -7 & 1 \end{vmatrix} = -13 - 21 = -34 \qquad D_2 = \begin{vmatrix} 2 & -13 \\ 5 & -7 \end{vmatrix} = -14 - (-65) = 51$$

Damit wird $x_1 = -34/17 = -2$ und $x_2 = 51/17 = 3$.

Nun wird gezeigt, wie n-reihige Determinanten berechnet werden können. Der folgende Satz kann aus der Definition hergeleitet werden, die am Anfang von Abschn. 4.1.2 gebracht wird. Mit seiner Hilfe wird dann in Abschn. 4.4.1 die Cramer-Regel Gl. (179.2) bewiesen. In diesem Satz kommen folgende Begriffe vor

Definition Streicht man in einer Determinante n-ter Ordnung die i-te Zeile und k-te Spalte, so entsteht eine **Unterdeterminante** $(n-1)$-ter Ordnung. Multipliziert man diese mit dem Faktor $(-1)^{i+k}$, so entsteht die **Adjunkte** A_{ik} des Elementes a_{ik}.

Das Vorzeichen $(-1)^{i+k}$ kann beim manuellen Rechnen auch nach der **Schachbrettregel** ermittelt werden: Die Vorzeichen der Unterdeterminanten bilden das Muster eines Schachbretts, wobei die linke obere Ecke der Determinante das positive Vorzeichen erhält (**180**.1).

Damit lautet der Entwicklungssatz von Laplace

180.1

$$D = \sum_{\substack{k=1 \\ i = \text{const}}}^{n} a_{ik} A_{ik} = \sum_{\substack{i=1 \\ k = \text{const}}}^{n} a_{ik} A_{ik} \tag{180.1}$$

Der Wert einer n-reihigen Determinante ist gleich der Summe der Produkte aus den Elementen einer beliebigen Reihe und den zugehörigen Adjunkten.

Die Adjunkten A_{ik} einer n-reihigen Determinante sind $(n-1)$-reihige Determinanten. Auf sie ist wieder der Entwicklungssatz anzuwenden. Dieses Verfahren wird wiederholt, bis man zweireihige Determinanten erhält, die mit Gl. (179.1) gelöst werden. Wird eine Determinante mit diesem Satz berechnet, so sagt man, sie wird nach der i-ten Zeile (bzw. der k-ten Spalte) entwickelt.

Es wird darauf hingewiesen, daß sowohl dieser Entwicklungssatz als auch die am Beginn von Abschn. 4.1.2 gebrachte Definition von Leibniz für die numerische Berechnung einer Determinante unzweckmäßig sind, wenn n größer als 2 oder 3 ist. In diesen Fällen werden die in Abschn. 4.4 behandelten Verfahren benutzt. Um diese Verfahren theoretisch begründen zu können, braucht man aber die hier erläuterten Regeln und Begriffe. Auch bei anderen Problemen, die nichts mit der Lösung von Gleichungssystemen zu tun haben, kommt es später oft nur darauf an, daß man prinzipiell angeben kann, wie eine Determinante berechnet wird.

Beispiel 2 Die folgende dreireihige Determinante ist nach der 1. Zeile zu entwickeln.

$$D = \begin{vmatrix} a_{11} & a_{12} & a_{13} \\ a_{21} & a_{22} & a_{23} \\ a_{31} & a_{32} & a_{33} \end{vmatrix}$$

$$D = \sum_{\substack{k=1 \\ i=\text{const}=1}}^{3} a_{1k} A_{1k} = a_{11} A_{11} + a_{12} A_{12} + a_{13} A_{13}$$

$$= a_{11} \begin{vmatrix} a_{22} & a_{23} \\ a_{32} & a_{33} \end{vmatrix} - a_{12} \begin{vmatrix} a_{21} & a_{23} \\ a_{31} & a_{33} \end{vmatrix} + a_{13} \begin{vmatrix} a_{21} & a_{22} \\ a_{31} & a_{32} \end{vmatrix}$$

$$= a_{11}(a_{22}a_{33} - a_{23}a_{32}) - a_{12}(a_{21}a_{33} - a_{23}a_{31}) + a_{13}(a_{21}a_{32} - a_{22}a_{31})$$

$$= a_{11}a_{22}a_{33} - a_{11}a_{23}a_{32} - a_{12}a_{21}a_{33} + a_{12}a_{23}a_{31} + a_{13}a_{21}a_{32} - a_{13}a_{22}a_{31}$$

Die gleiche Determinante ist nach der 2. Spalte zu entwickeln

$$D = \sum_{\substack{i=1 \\ k=\text{const}=2}}^{3} a_{i2} A_{i2} = a_{12} A_{12} + a_{22} A_{22} + a_{32} A_{32}$$

$$= -a_{12} \begin{vmatrix} a_{21} & a_{23} \\ a_{31} & a_{33} \end{vmatrix} + a_{22} \begin{vmatrix} a_{11} & a_{13} \\ a_{31} & a_{33} \end{vmatrix} - a_{32} \begin{vmatrix} a_{11} & a_{13} \\ a_{21} & a_{23} \end{vmatrix}$$

$$= -a_{12}(a_{21}a_{33} - a_{23}a_{31}) + a_{22}(a_{11}a_{33} - a_{13}a_{31}) - a_{32}(a_{11}a_{23} - a_{13}a_{21})$$

$$= -a_{12}a_{21}a_{33} + a_{12}a_{23}a_{31} + a_{22}a_{11}a_{33} - a_{22}a_{13}a_{31} - a_{32}a_{11}a_{23} + a_{32}a_{13}a_{21}$$

Bis auf die Reihenfolge der Faktoren und Summanden stimmen beide Ergebnisse überein.

Die speziell in der Vektorrechnung häufig vorkommenden dreireihigen Determinanten können noch mit einer weiteren Regel berechnet werden, die aber nur für dreireihige Determinanten gilt. Dies ist die **Regel von Sarrus**

$$D = \begin{vmatrix} a_{11} & a_{12} & a_{13} \\ a_{21} & a_{22} & a_{23} \\ a_{31} & a_{32} & a_{33} \end{vmatrix} \begin{matrix} a_{11} & a_{12} \\ a_{21} & a_{22} \\ a_{31} & a_{32} \end{matrix} \quad (181.1)$$

$$= a_{11} a_{22} a_{33} + a_{12} a_{23} a_{31} + a_{13} a_{21} a_{32} - a_{31} a_{22} a_{13} - a_{32} a_{23} a_{11} - a_{33} a_{21} a_{12}$$

Wie man aus dem obigen Schema entnimmt, werden die 1. und 2. Spalte noch einmal neben die Determinante geschrieben. Dann werden in Richtung der Pfeile sechs Produkte zu je drei Faktoren gebildet und addiert. Die drei Diagonalen von links unten nach rechts oben sind noch mit -1 zu multiplizieren. Mit einem Taschenrechner wird die Determinante in einem Arbeitsgang, ohne Herausschreiben der Produkte, gebildet.

Beispiel 3 Das nachstehende Gleichungssystem ist mit den Regeln von Cramer und Sarrus zu lösen.

$$x + y = a$$
$$y + z = b$$
$$x + z = c$$

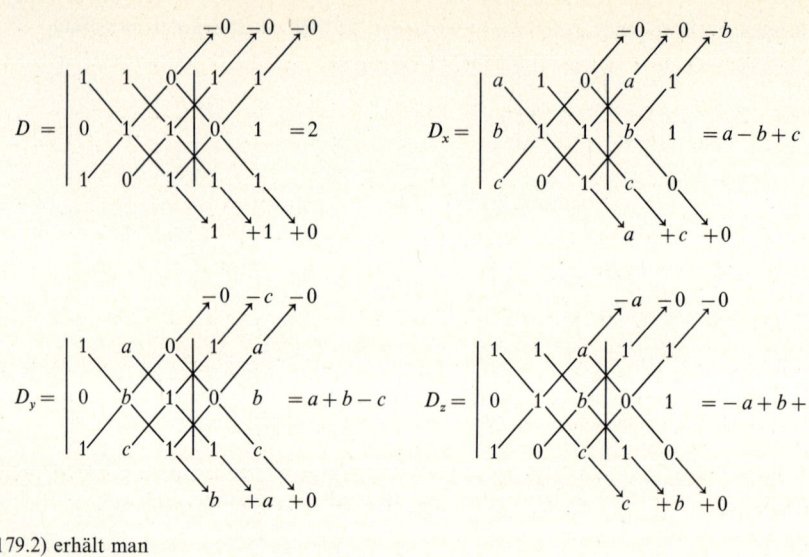

Mit Gl. (179.2) erhält man

$$x = (a - b + c)/2 \qquad y = (a + b - c)/2 \qquad z = (-a + b + c)/2$$

4.1.2 Definition. Rechenregeln

Nach einem Vorschlag von Leibniz ist eine Determinante eine Produktsumme der Permutationen ihrer Elemente (s. Abschn. 1.2.3).

Definition Der Wert einer Determinante ist

$$D = \sum_{P_n} (-1)^I a_{1k_1} a_{2k_2} a_{3k_3} \cdots a_{nk_n} \tag{182.1}$$

Jeder Summand dieser Gleichung besteht aus n Faktoren. Die ersten Indizes der Faktoren sind bei jedem Summanden die Zeilenindizes in natürlicher Reihenfolge. Die zweiten Indizes $k_1, k_2, \ldots, k_n$ bilden bei jedem Summanden eine andere der $P_n = n!$ Permutationen der Spaltenindizes $1, 2, 3, \ldots, n$. Die Summe besteht also aus $n!$ Summanden. Der Exponent I ist die Anzahl der Inversionen der betreffenden Permutation.

Die Gesetzmäßigkeit der Indizes kann auch noch auf andere Weise beschrieben werden: In jedem Summanden kommt jede der Zahlen von 1 bis n genau einmal als Zeilen- und einmal als Spaltenindex vor, aus jeder Reihe ist also genau ein Element vorhanden.

Diese Definition wird erst jetzt gebracht, weil sie sehr abstrakt ist, und vorwiegend zum Beweis der folgenden Rechenregeln benötigt wird. Der einfachste Spezialfall $n = 2$ ergibt Gl. (179.1). Für $n = 3$ ergibt sich das gleiche Ergebnis wie in Beispiel 2, S. 181 bei der Entwicklung nach der 1. Zeile.

Die folgenden Regeln und Umformungen werden später häufig für Beweiszwecke gebraucht. Sie ergeben sich teils aus der Definitionsgleichung (182.1) und teils aus dem Entwicklungssatz Gl. (180.1).

1. Spiegeln an der Hauptdiagonale. Vertauscht man in einer Determinante alle Zeilen mit allen Spalten unter Beibehaltung ihrer Reihenfolge, so bleibt ihr Wert erhalten.

Die 1. Zeile wird zur 1. Spalte, die 2. Zeile zur 2. Spalte usw. Aus dem Element a_{ik} wird a_{ki}. Die Elemente der Hauptdiagonale bleiben unverändert, daher hat der Satz seinen Namen.

Beweis. Nach Gl. (182.1) kommen in den n Faktoren jedes Summanden die Zahlen von 1 bis n genau einmal als Zeilen- und einmal als Spaltenindex vor. Vertauscht man bei jedem Element die Indizes, so bedeutet das nur eine Änderung der Reihenfolge der Faktoren und Summanden. □

2. Vertauschen zweier Reihen bewirkt eine Vorzeichenänderung der Determinante.

Beweis. Das Vertauschen bedeutet in bezug auf die Indizes bei jedem Summanden eine Inversion mehr oder weniger als in der ursprünglichen Determinante. Dadurch entsteht nach Gl. (182.1) ein Faktor -1, der ausgeklammert werden kann. □

3. Multiplikation mit einem Faktor. Eine Determinante wird mit einem Faktor multipliziert, indem alle Elemente einer Reihe mit diesem Faktor multipliziert werden.

Beweis. Entwickelt man die Determinante nach dieser Reihe, so kann der Faktor ausgeklammert werden. □

4. Zerlegung in Summanden. Bestehen alle Elemente einer Reihe aus m Summanden, so ist der Wert der Determinante die Summe aus m Determinanten, bei denen jeweils in der betreffenden Reihe einer der m Summanden als Element steht.

Es ist also z. B.

$$\begin{vmatrix} (a_{11}+\bar{a}_{11}) & a_{12} \ldots a_{1n} \\ (a_{21}+\bar{a}_{21}) & a_{22} \ldots a_{2n} \\ \ldots \\ (a_{n1}+\bar{a}_{n1}) & a_{n2} \ldots a_{nn} \end{vmatrix} = \begin{vmatrix} a_{11} & a_{12} \ldots a_{1n} \\ a_{21} & a_{22} \ldots a_{2n} \\ \ldots \\ a_{n1} & a_{n2} \ldots a_{nn} \end{vmatrix} + \begin{vmatrix} \bar{a}_{11} & a_{12} \ldots a_{1n} \\ \bar{a}_{21} & a_{22} \ldots a_{2n} \\ \ldots \\ \bar{a}_{n1} & a_{n2} \ldots a_{nn} \end{vmatrix}$$

Beweis. Entwickelt man die Determinante nach der betreffenden Reihe, so können die Unterdeterminanten und die Summanden der Elemente dieser Reihe ausmultipliziert werden. Durch Umordnen erhält man die Entwicklung der Summe der Determinanten. □

5. Sind einander proportionale Reihen vorhanden, so hat die Determinante den Wert Null.

Zwei Reihen sind einander proportional, wenn sich alle Elemente einer Reihe nur durch einen Faktor von den Elementen der anderen Reihe unterscheiden. Man sagt auch: Die Reihen sind voneinander linear abhängig. Oft ist dieser Faktor Eins, oder alle Elemente einer Reihe sind Null.

Beweis. Nach Satz 3 kann der gemeinsame Faktor ausgeklammert werden. Dann entstehen zwei gleiche Reihen. Wenn diese Reihen vertauscht werden, bleibt der Wert der Determinante offensichtlich erhalten. Nach Satz 2 muß sie dadurch aber auch das Vorzeichen ändern. Beide Bedingungen sind nur dadurch zu erfüllen, daß $D = 0$ ist. Die Entwicklung nach einer Nullreihe ergibt $D = 0$. □

6. Die Summe der Produkte der Elemente einer beliebigen Reihe mit den entsprechenden Adjunkten einer anderen zu dieser parallelen Reihe ist Null.

$$\sum_{\substack{i=1 \\ k \neq l}}^{n} a_{ik} A_{il} = \sum_{\substack{k=1 \\ i \neq j}}^{n} a_{ik} A_{jk} = 0 \tag{184.1}$$

Beweis. Entwickelt man eine Determinante mit zwei gleichen Spalten $a_{il} = a_{ik}$ nach der l-ten Spalte, so ist nach Satz 5 und Gl. (180.1)

$$D = \sum_{i=1}^{n} a_{il} A_{il} = 0 \quad \text{und wegen } a_{ik} = a_{il} \text{ gilt auch} \quad D = \sum_{i=1}^{n} a_{ik} A_{il} = 0$$

weil A_{il} kein Element a_{il} enthält. Dies ist aber die linke Seite von Gl. (184.1). Für die Entwicklung nach Zeilen gilt die entsprechende Überlegung. □

Beispiel 4 Bei einer dreireihigen Determinante ist die Produktsumme der Elemente der 1. Zeile mit den Adjunkten der 2. Zeile zu bilden.

$$\sum_{k=1}^{n} a_{1k} A_{2k} = a_{11} A_{21} + a_{12} A_{22} + a_{13} A_{23}$$
$$= -a_{11} \begin{vmatrix} a_{12} & a_{13} \\ a_{32} & a_{33} \end{vmatrix} + a_{12} \begin{vmatrix} a_{11} & a_{13} \\ a_{31} & a_{33} \end{vmatrix} - a_{13} \begin{vmatrix} a_{11} & a_{12} \\ a_{31} & a_{32} \end{vmatrix}$$
$$= -a_{11}(a_{12} a_{33} - a_{13} a_{32}) + a_{12}(a_{11} a_{33} - a_{13} a_{31}) - a_{13}(a_{11} a_{32} - a_{12} a_{31})$$
$$= -a_{11} a_{12} a_{33} + a_{11} a_{13} a_{32} + a_{12} a_{11} a_{33} - a_{12} a_{13} a_{31} - a_{13} a_{11} a_{32} + a_{13} a_{12} a_{31} = 0$$

7. Addition von Reihen. Addiert man zu einer Reihe ein beliebiges Vielfaches einer anderen Reihe, so bleibt der Wert der Determinante erhalten.

Beweis. Nach Satz 4 kann die Determinante, bei der die Addition durchgeführt wurde, in zwei Determinanten zerlegt werden. Eine von diesen hat aber zwei einander proportionale Reihen und ist nach Satz 5 gleich Null. Die andere ist die ursprüngliche Determinante. □

Satz 7 kann zur numerischen Berechnung von Determinanten benutzt werden, wenn die Elemente einfache Zahlenwerte haben. Der Grundgedanke besteht darin, durch mehrfaches Anwenden dieses Satzes alle Elemente einer Reihe bis auf eines zu Null zu machen. Wird dann nach dieser Reihe entwickelt, bleibt von Gl. (180.1) nur ein Summand übrig.

Für die Anwendung dieses Verfahrens sind folgende Merkregeln nützlich: Soll eine Zeile reduziert werden, sind Spalten zu addieren. Wird eine Spalte bis auf ein Element reduziert, sind Zeilen zu addieren. Die Reihe desjenigen Elements, das erhalten bleibt, wird als erste hingeschrieben.

Beispiel 5 Die folgende Determinante ist zu berechnen. Ein unmittelbares Entwickeln würde $5! = 120$ Summanden ergeben. Alle Elemente der 2. Spalte sind aber Vielfache des Elementes $a_{12} = 1$. Deshalb kann diese Spalte reduziert werden. Die addierten Vielfachen der 1. Zeile sind hinter die zweite Determinante geschrieben

$$\begin{vmatrix} 7 & 1 & -4 & 8 & -5 \\ -24 & -2 & 3 & 4 & 20 \\ -5 & -3 & 19 & -60 & -2 \\ -16 & -1 & -2 & 35 & 26 \\ 23 & 2 & -12 & -4 & -17 \end{vmatrix} = \begin{vmatrix} 7 & 1 & -4 & 8 & -5 \\ -10 & 0 & -5 & 20 & 10 \\ 16 & 0 & 7 & -36 & -17 \\ -9 & 0 & -6 & 43 & 21 \\ 9 & 0 & -4 & -20 & -7 \end{vmatrix} \begin{matrix} \\ + 2 \cdot \text{Zeile 1} \\ + 3 \cdot \text{Zeile 1} \\ + \text{Zeile 1} \\ - 2 \cdot \text{Zeile 1} \end{matrix}$$

Die Entwicklung nach der 2. Spalte liefert die folgende Determinante. Nach Definition auf S. 180 ist ein Minuszeichen zu setzen, weil $(-1)^{1+2} = -1$ ist. In dieser Determinante kann die 1. Zeile bis auf das Element $a_{12} = -5$ reduziert werden. Die 2. Spalte wird zunächst hingeschrieben

$$(-1) \cdot \begin{vmatrix} -10 & -5 & 20 & 10 \\ 16 & 7 & -36 & -17 \\ -9 & -6 & 43 & 21 \\ 9 & -4 & -20 & -7 \end{vmatrix} = (-1) \cdot \begin{vmatrix} 0 & -5 & 0 & 0 \\ 2 & 7 & -8 & -3 \\ 3 & -6 & 19 & 9 \\ 17 & -4 & -36 & -15 \end{vmatrix} \begin{matrix} -2 \cdot \text{Sp. 2} \\ \\ \\ +4 \cdot \text{Sp. 2} + 2 \cdot \text{Sp. 2} \end{matrix}$$

Jetzt wird nach der 1. Zeile entwickelt. In der restlichen Determinante kann die 3. Spalte bis auf das Element $a_{13} = -3$ reduziert werden. Zunächst wird die 1. Zeile hingeschrieben.

$$(-1) \cdot (+5) \cdot \begin{vmatrix} 2 & -8 & -3 \\ 3 & 19 & 9 \\ 17 & -36 & -15 \end{vmatrix} = (-5) \cdot \begin{vmatrix} 2 & -8 & -3 \\ 9 & -5 & 0 \\ 7 & 4 & 0 \end{vmatrix} \begin{matrix} \\ +3 \cdot \text{Zeile 1} \\ -5 \cdot \text{Zeile 1} \end{matrix}$$

Entwickeln nach der 3. Spalte liefert eine zweireihige Determinante, die ausgerechnet wird.

$$(-5) \cdot (-3) \cdot \begin{vmatrix} 9 & -5 \\ 7 & 4 \end{vmatrix} = 15 \cdot (36 + 35) = 1065$$

4.1.3 Anwendungen

Flächeninhalt eines Dreiecks Die Fläche A eines Dreiecks mit den gegebenen Eckpunkten $P_1(x_1; y_1)$, $P_2(x_2; y_2)$, $P_3(x_3; y_3)$ (185.1) ist gleich der Differenz der Flächen der Trapeze $P_1' P_3' P_3 P_1$ minus $P_1' P_2' P_2 P_1$ minus $P_2' P_3' P_3 P_2$

$$A = \frac{1}{2}(x_3 - x_1)(y_1 + y_3) - \frac{1}{2}(x_2 - x_1)(y_1 + y_2) - \frac{1}{2}(x_3 - x_2)(y_2 + y_3)$$

Ausmultiplizieren und Umordnen ergibt

$$A = \frac{1}{2}(x_2 y_3 + x_1 y_2 + y_1 x_3 - x_2 y_1 - x_3 y_2 - y_3 x_1)$$

Dies ist aber der Wert der Determinante

$$A = \frac{1}{2} \begin{vmatrix} 1 & x_1 & y_1 \\ 1 & x_2 & y_2 \\ 1 & x_3 & y_3 \end{vmatrix}$$

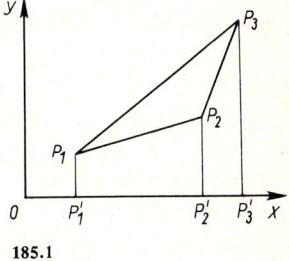

185.1

Ändert man die Reihenfolge der Punkte, bedeutet dies eine Vertauschung von zwei Zeilen. Dadurch ändern die Determinante und die Fläche ihr Vorzeichen. Ein wichtiger Spezialfall: Der Wert der Determinante ist Null, wenn die drei Punkte auf einer Geraden liegen.

Dimensionssystem Abstrahiert man bei einer physikalischen Größe G von den speziellen Eigenschaften in bezug auf ein bestimmtes Sachgebiet, erhält man die Dimension dieser Größe, geschrieben dim G (nach DIN 1313, Physikalische Größen und Gleichungen). Beispiel: Weg, Radius und Höhe haben alle die Dimension Länge, geschrieben dim *l*. Ein Dimensionssystem besteht aus einer endlichen Menge von Basisdimensionen (früher Grundgrößenarten genannt). Hieraus werden alle anderen Dimensionen abgeleitet. In der Mechanik werden Länge, Zeit und Masse als Basisdimensionen benutzt. Eine abgeleitete Dimension ist z.B. die Geschwindigkeit dim v = dim $(l\,t^{-1})$. Mit drei Basisdimensionen dim G_1, dim G_2 und dim G_3 wird allgemein eine abgeleitete Dimension

$$\dim X = \dim(G_1^{m_1}\,G_2^{m_2}\,G_3^{m_3})$$

mit den ganzzahligen Exponenten m_1, m_2 und m_3. Man beachte, daß hier keine Aussagen über Einheiten gemacht werden.

Es erhebt sich nun die Frage, welche Dimensionen als Basisdimensionen zu wählen sind. Nach Fleischmann[1]) ist dies weitgehend willkürlich, es ist nur folgende Bedingung zu erfüllen: Drei abgeleitete Dimensionen mit

$$\dim X = \dim(G_1^{m_1}\,G_2^{m_2}\,G_3^{m_3}); \quad \dim Y = \dim(G_1^{n_1}\,G_2^{n_2}\,G_3^{n_3}); \quad \dim Z = \dim(G_1^{r_1}\,G_2^{r_2}\,G_3^{r_3})$$

dürfen zu Basisdimensionen eines anderen, neuen Systems erklärt werden, wenn der Wert der Determinante aus den Exponenten gleich ± 1 ist.

$$D = \begin{vmatrix} m_1 & m_2 & m_3 \\ n_1 & n_2 & n_3 \\ r_1 & r_2 & r_3 \end{vmatrix} = \pm 1$$

Entsprechendes gilt auch für ein Dimensionssystem mit den weiteren Basisdimensionen Stromstärke, Temperatur, Stoffmenge und Lichtstärke.

Beispiel 6 Gegeben sind die Basisdimensionen Länge, Zeit und Masse. Dürfen die Dimensionen Länge, Zeit und Kraft als Basisdimensionen eines anderen Systems gewählt werden?

$$\dim l = \dim(l^1\,t^0\,m^0)$$
$$\dim t = \dim(l^0\,t^1\,m^0)$$
$$\dim F = \dim(l^1\,t^{-2}\,m^1)$$

$$D = \begin{vmatrix} 1 & 0 & 0 \\ 0 & 1 & 0 \\ 1 & -2 & 1 \end{vmatrix} = +1$$

Somit ist das andere System zulässig. Mit den Einheiten m, s und kp ist es das früher häufig benutzte technische Maßsystem.

4.1.4 Aufgaben zu Abschnitt 4.1

1. Man berechne mit der Regel von Sarrus den Wert der folgenden Determinanten

a) $\begin{vmatrix} -3 & +8 & -2 \\ -6 & +10 & +1 \\ +9 & -2 & +7 \end{vmatrix}$ b) $\begin{vmatrix} -7{,}55 & +6{,}67 & -15{,}83 \\ +8{,}82 & -3{,}52 & +4{,}27 \\ -12{,}05 & +1{,}95 & +6{,}83 \end{vmatrix}$

---

[1]) Fleischmann, R.: Das physikalische Begriffssystem und die elektrischen Einheiten. Math.-naturwiss. Unterricht **5** (1952).

2. Mit dem Entwicklungssatz ist der Wert der folgenden „dreieckigen" Determinante zu berechnen. Hinweis: Man entwickle jeweils nach der 1. Spalte.

$$\begin{vmatrix} a_{11} & a_{12} & a_{13} & a_{14} & \cdots & a_{1n} \\ 0 & a_{22} & a_{23} & a_{24} & \cdots & a_{2n} \\ 0 & 0 & a_{33} & a_{34} & \cdots & a_{3n} \\ 0 & 0 & 0 & a_{44} & \cdots & a_{4n} \\ \cdot & \cdot & \cdot & \cdot & & \\ \cdot & \cdot & \cdot & \cdot & & \\ 0 & 0 & 0 & 0 & \cdots & a_{nn} \end{vmatrix}$$

3. Bei der Berechnung der **Wheatstone-Brückenschaltung** tritt die folgende Determinante auf. Sie ist nach Satz 7, S. 184, zu reduzieren und zu berechnen.

$$D = U \begin{vmatrix} -1 & 0 & 0 & -1 & +1 \\ +1 & -1 & 0 & 0 & 0 \\ 0 & +1 & +1 & 0 & -1 \\ R_1 & 0 & 0 & -R_4 & 0 \\ 0 & R_2 & -R_3 & 0 & 0 \end{vmatrix}$$

4. Sind in einer Determinante alle Elemente einer Reihe gleich der Summe der entsprechenden Elemente zweier anderer Reihen, so hat sie den Wert Null. Dieser Satz ist mit Hilfe der Sätze des Abschn. 4.1.2 zu beweisen.

5. Mit einer Determinante ist die **Fläche des Dreiecks** mit den Eckpunkten P_1 (−2; −3) cm, P_2 (6; −1) cm, P_3 (4; 4) cm zu berechnen.

6. Gegeben ist ein System mit den **Basisdimensionen** Länge l, Zeit t, Masse m. Ist ein anderes System mit den Basisdimensionen Geschwindigkeit v, Kraft F und Arbeit W zulässig?

4.2 Vektoren

4.2.1 Grundbegriffe. Definitionen

Der Begriff des Vektors kann auf verschiedene Weise definiert werden. Es kann gezeigt werden, daß diese zunächst unterschiedlich erscheinenden Definitionen übereinstimmen.

Physikalische Definition In der Physik gibt es Größen, die durch Angabe eines Zahlenwertes und einer Einheit vollständig beschrieben sind. Sie heißen Skalare. Beispiele: Zeit, Masse, Temperatur. Ferner gibt es Größen, zu deren vollständiger Beschreibung außer Zahlenwert und Einheit noch die Angabe einer Wirkungsrichtung gehört. Sie heißen Vektoren. Beispiele: Kraft, Geschwindigkeit, elektrische und magnetische Feldstärke. Die Gesetze der Vektorrechnung werden so definiert, daß sich mit ihrer Hilfe die beobachteten Eigenschaften der physikalischen vektoriellen Größen beschreiben lassen, s. auch den Abschnitt nach Gl. (188.1).

Geometrische Definition Alle Größen, die die Eigenschaften einer Verschiebung eines Raumpunktes A nach einem Raumpunkt B haben, heißen Vektoren. Diese Verschiebung wird durch die gerichtete Strecke $\overrightarrow{AB}$ im Raum dargestellt.

Die Rechengesetze werden so definiert, daß sie in Übereinstimmung mit den menschlichen Raumvorstellungen stehen.

188   4.2 Vektoren

Die folgenden Abschnitte basieren auf diesen beiden anschaulichen Definitionen. In Abschn. 4.2.4 wird eine weitere, die **axiomatische Definition** eingeführt. Danach ist ein Vektor auf Grund der Gültigkeit eines bestimmten Axiomensystems definiert. In der abstrakten Mathematik wird mit dieser Definition begonnen und anschließend gezeigt, daß die beiden anderen Definitionen diesem Axiomensystem genügen.

In diesem Abschnitt 4.2 wird nur die Verknüpfung konstanter Vektoren, die **Vektoralgebra**, behandelt. In Abschn. 8.4 werden diese Betrachtungen auf Vektorfunktionen erweitert.

Nach DIN 1303, Schreibweise von Tensoren (Vektoren), werden Vektoren durch Frakturbuchstaben oder fette lateinische Buchstaben oder normale lateinische Buchstaben mit einem darübergesetzten Pfeil gekennzeichnet. In diesem Abschnitt wird die dritte dieser Möglichkeiten benutzt. In allen drei Fällen wird dieses Symbol z. B. gelesen: Vektor a und beinhaltet bei physikalischen Größen Zahlenwert, Einheit und Richtung. Wird die Richtung außer Betracht gelassen, so spricht man vom **Betrag des Vektors** und läßt den Richtungspfeil über dem Formelbuchstaben weg.

Der Betrag eines Vektors ist nichtnegativ.

Geometrisch wird ein Vektor durch einen Pfeil im Raum dargestellt, dessen Länge dem Betrag und dessen Richtung der Wirkungsrichtung des Vektors entspricht. Für das Rechnen mit Vektoren gelten die folgenden Regeln:

Definition der Gleichheit von Vektoren $\vec{a} = \vec{b}$ (188.1)

Zwei Vektoren sind gleich, wenn sie in Betrag und Richtung übereinstimmen.

Hieraus folgt die wichtige Tatsache, daß Vektoren parallel zu sich selbst verschiebbar sind. Derartige Vektoren werden **freie Vektoren** genannt. Es gibt nämlich außerdem vektorielle Größen, die man nur längs ihrer Wirkungslinie, und solche, die man überhaupt nicht verschieben darf. Sie heißen **linienflüchtige** bzw. **gebundene Vektoren**. Für sie unterliegen die hier hergeleiteten Rechengesetze gewissen Einschränkungen.

Definition der Addition von Vektoren $\vec{c} = \vec{a} + \vec{b}$ (188.2)

Um die Summe zweier Vektoren zu bilden, wird der zweite so parallel verschoben, daß sein Anfangspunkt in den Endpunkt des ersten fällt. Der Summenvektor reicht vom Anfangspunkt des ersten bis zum Endpunkt des zweiten Vektors und liegt in der gleichen Ebene wie die Summanden (**188.1**). Aus den beiden Bildteilen erkennt man die Gültigkeit des

kommutativen Gesetzes $\vec{a} + \vec{b} = \vec{b} + \vec{a}$ (188.3)

Durch Zusammensetzen der beiden Bildteile erhält man die in der Mechanik oft benutzte Parallelogrammkonstruktion. Aus den beiden Bildteilen **188.2** ergibt sich die Gültigkeit des

assoziativen Gesetzes $\vec{a} + (\vec{b} + \vec{c}) = (\vec{a} + \vec{b}) + \vec{c}$ (188.4)

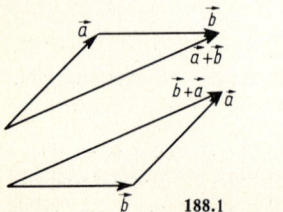

188.1

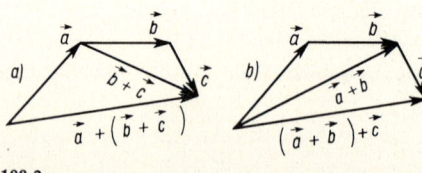

188.2

Definition des Nullvektors $\vec{o}$ $\quad \vec{a} + \vec{o} = \vec{a}$ (189.1)

Geometrisch ist der Nullvektor ein Punkt. Schreibt man Gl. (189.1) in Verbindung mit Gl.(188.2) und Bild **188**.1

$$\vec{o} = \vec{a} - \vec{a} = \vec{a} + (-\vec{a})$$

ergibt sich daraus die

Definition des negativen Vorzeichens Der Vektor $-\vec{a}$ hat den gleichen Betrag aber die entgegengesetzte Richtung (d.h. um 180° gedreht) wie der Vektor $\vec{a}$.

Hieraus folgt die

Definition der Subtraktion zweier Vektoren

$$\vec{d} = \vec{a} - \vec{b} = \vec{a} + (-\vec{b})$$ (189.2)

Um die Differenz zweier Vektoren zu bilden, ist der Subtrahend-Vektor zunächst um 180° zu drehen und dann zu addieren (**189**.1).

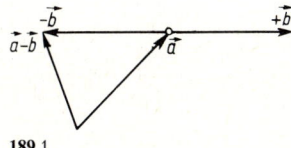

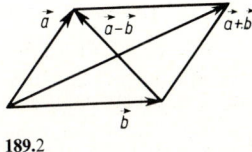

189.1 **189**.2

Wie man aus Bild **189**.2 erkennt, können Summe und Differenz zweier Vektoren in einem Parallelogramm als Diagonalen dargestellt werden. Durch Zusammensetzen von je zwei Vektoren werden die eben beschriebenen Operationen auf beliebig viele Vektoren erweitert.

Beispiel 1 Die Aussage $\sum_{i=1}^{n} \vec{F}_i = \vec{o}$ bedeutet, daß der Summenvektor gleich Null ist. Der Endpunkt des letzten Summanden-Vektors fällt also mit dem Anfangspunkt des ersten zusammen. Haben die Vektoren $\vec{F}_i$ die Bedeutung von Kräften, sagt man in der Mechanik bei diesem Sachverhalt: Das Krafteck ist geschlossen. Das bedeutet, daß die Kräfte unter sich im Gleichgewicht sind, wenn sich ihre Wirkungslinien in einem Punkt schneiden.

Definition der Multiplikation eines Vektors mit einem Skalar $\vec{b} = p\,\vec{a}\quad \text{mit}\quad p \in \mathbb{R}$ (189.3)

Der Vektor $\vec{b}$ hat den $|p|$-fachen Betrag des Vektors $\vec{a}$. Ist $p > 0$, so hat $\vec{b}$ die gleiche, ist $p < 0$, hat $\vec{b}$ die entgegengesetzte Richtung von $\vec{a}$.

Es gelten folgende Gesetze

kommutatives Gesetz	$p\,\vec{a} = \vec{a}\,p$	(189.4)
assoziatives Gesetz	$p(q\,\vec{a}) = (p\,q)\,\vec{a} = p\,q\,\vec{a}$	(189.5)
zwei distributive Gesetze	$(p + q)\,\vec{a} = p\,\vec{a} + q\,\vec{a}$	(189.6)
	$p(\vec{a} + \vec{b}) = p\,\vec{a} + p\,\vec{b}$	(189.7)

Beispiel 2 Dynamisches Grundgesetz von Newton $\vec{F} = m\,\vec{a}$
Ohmsches Gesetz der Elektrotechnik $\vec{S} = \sigma\,\vec{E}$

Diese Vektorgleichungen besagen, daß Kraft $\vec{F}$ und Beschleunigung $\vec{a}$ bzw. Stromdichte $\vec{S}$ und Feldstärke $\vec{E}$ gleiche Richtung haben und einander proportional sind. Die hier stets positiven skalaren Faktoren m und σ haben die Bedeutung der trägen Masse bzw. der elektrischen Leitfähigkeit.

4.2.2 Komponenten. Koordinaten. Richtungswinkel

Definition des Einsvektors [1]) $\vec{a}^0$ Dies ist ein Vektor mit dem Betrag Eins und der Richtung von $\vec{a}$.

Mit Hilfe dieses Begriffes und der Definition in Gl. (189.3) kann jeder vom Nullvektor verschiedene Vektor als Produkt seines Betrages mit einem Einsvektor aufgefaßt werden

$$\vec{a} = a \cdot \vec{a}^0 \tag{190.1}$$

Diese Möglichkeit der Darstellung eines Vektors als Produkt von Betrag und Richtung ist die Grundlage der auf die vorwiegend geometrischen Betrachtungen von Abschn. 4.2.1 aufbauenden rechnerischen Behandlung von Vektoren.

Als Grundlage für eine Rechnung mit Vektoren wird ein rechtwinkliges räumliches Koordinatensystem eingeführt. Die Anordnung der positiven x-, y- und z-Achse ist so gewählt, daß bei einer Drehung von der positiven x-Achse in die positive y-Achse eine Verschiebung in die positive z-Richtung im Sinne einer Rechtsschraube erfolgen würde. Ein derartiges System nennt man ein Rechtssystem, s. Bild **190.1**.

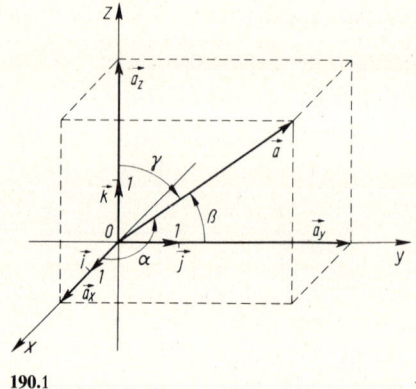

190.1

Jeder freie Vektor darf so verschoben werden, daß sein Anfang in den Ursprung dieses Systems fällt. Ferner darf jeder Vektor als Summe dreier Vektoren aufgefaßt werden, die in Richtung der Koordinatenachsen zeigen

$$\vec{a} = \vec{a}_x + \vec{a}_y + \vec{a}_z \tag{190.2}$$

Die drei Vektoren $\vec{a}_x$, $\vec{a}_y$, $\vec{a}_z$ heißen die drei Komponenten des Vektors $\vec{a}$. Jede dieser Komponenten kann nach Gl. (190.1) als Produkt ihres Betrages mit einem Einsvektor in Richtung der betreffenden Koordinatenachse dargestellt werden. Diese Einsvektoren werden $\vec{i}, \vec{j}, \vec{k}$ und $-\vec{i}, -\vec{j}, -\vec{k}$ genannt. Damit erhält man

$$\vec{a} = a_x \vec{i} + a_y \vec{j} + a_z \vec{k} \tag{190.3}$$

Die Skalare a_x, a_y und a_z heißen die Koordinaten des Vektors $\vec{a}$. Diese ermöglichen es, einen Vektor beliebiger Richtung im Raume durch drei Skalare auszudrücken. Oft werden in Gl. (190.3) die Pluszeichen und die Einsvektoren weggelassen, und man schreibt einfach

$$\vec{a} = (a_x; a_y; a_z) \qquad \text{z.B. } \vec{a} = (-3; +5; -1)$$

In der Matrizenrechnung (Abschn. 4.3) ist es sinnvoll, die Koordinaten eines Vektors untereinander zu schreiben. Man spricht dann von Spaltenvektoren

---

[1]) Nach DIN 1303, Schreibweise von Tensoren (Vektoren), ist dem Ausdruck „Einsvektor" vor „Einheitsvektor" der Vorzug zu geben.

4.2.2 Komponenten. Koordinaten. Richtungswinkel

$$\vec{a} = \begin{pmatrix} a_x \\ a_y \\ a_z \end{pmatrix} \qquad \text{z.B. } \vec{a} = \begin{pmatrix} -3 \\ +5 \\ -1 \end{pmatrix}$$

Aus den gegebenen Koordinaten von $\vec{a}$ erhält man nach dem Lehrsatz des Pythagoras für den Raum den Betrag des Vektors $\vec{a}$

$$a = +\sqrt{a_x^2 + a_y^2 + a_z^2} \qquad (191.1)$$

Der Betrag von $\vec{a}$ ist stets eine nichtnegative Größe. Oft ist eine zahlenmäßige Angabe der Richtung von $\vec{a}$ erwünscht. Hierzu werden die Richtungswinkel α, β, γ eingeführt. Es sind dies die drei Winkel zwischen den positiven Koordinatenachsen und dem Vektor. Wie man aus den rechtwinkligen Dreiecken mit der Hypotenuse a in Bild **190.**1 entnimmt, ist

$$\cos\alpha = \frac{a_x}{a} \qquad \cos\beta = \frac{a_y}{a} \qquad \cos\gamma = \frac{a_z}{a} \qquad (191.2)$$

Diese Winkel sind nicht unabhängig voneinander, vielmehr ergibt sich durch Quadrieren und Addieren der drei Gl. (191.2) bei Beachtung von Gl. (191.1) der Winkelpythagoras

$$\cos^2\alpha + \cos^2\beta + \cos^2\gamma = 1 \qquad (191.3)$$

Aus Gl. (191.3) folgt in Verbindung mit Gl. (190.1), daß die drei cos-Werte von Gl. (191.2) die Koordinaten des Einsvektors $\vec{a}^0$ sind.

Löst man Gl. (191.3) nach einem Cosinus auf, so ist wegen des doppelten Vorzeichens der Quadratwurzel dieser Cosinus nicht eindeutig bestimmbar. Deshalb sollten stets alle drei Richtungswinkel angegeben werden. Dies hat den weiteren Vorteil, daß keine besonderen Vereinbarungen über den Drehsinn und das Vorzeichen der Winkel getroffen zu werden brauchen. Die Winkel werden als nichtnegative Winkel kleiner oder gleich 180° angegeben und sind von den positiven Koordinatenachsen aus so anzutragen, daß sich für den Vektor eine gemeinsame Richtung im Raume ergibt.

Zu den folgenden Rechenoperationen mit Vektoren werden stets die Koordinaten gebraucht. Falls der Vektor durch Betrag und Richtungswinkel gegeben ist, erhält man die Koordinaten des Vektors $\vec{a}$

$$a_x = a\cos\alpha \qquad a_y = a\cos\beta \qquad a_z = a\cos\gamma \qquad (191.4)$$

Ist ein Richtungswinkel gleich 90°, so wird die betreffende Koordinate gleich Null. Der Vektor liegt dann in einer Koordinatenebene und wird manchmal als ebener Vektor bezeichnet.

Beispiel 3 Eine Kraft $\vec{F}$ hat den Betrag $F = 150$ N und die Richtungswinkel $\alpha = 60°$, $\beta = 130°$, $\gamma = 54{,}5°$. Man berechne die Koordinaten.

Aus den gegebenen Winkeln erhält man unmittelbar

$$\cos\alpha = +0{,}500 \qquad \cos\beta = -0{,}643 \qquad \cos\gamma = +0{,}581$$

Nach Gl. (191.4) lauten die Koordinaten

$$F_x = +75{,}0 \text{ N} \qquad F_y = -96{,}4 \text{ N} \qquad F_z = +87{,}1 \text{ N}$$

Rechenkontrolle: Nach Gl. (191.1) ist der Betrag von $\vec{F}$

$$F = \sqrt{(+75{,}0 \text{ N})^2 + (-96{,}4 \text{ N})^2 + (+87{,}1 \text{ N})^2} = 150 \text{ N}$$

Man beachte, daß die gleichen Koordinaten erhalten werden, wenn man den Winkeln entgegengesetzte Vorzeichen gibt.

4.2.3 Rechenregeln

Addition. Subtraktion Aus den Definitionen in Abschn. 4.2.1 und Bild **192.**1 erhält man unmittelbar die Regel

Die Koordinaten des Summen-(Differenz-)Vektors erhält man aus der Summe (Differenz) der Koordinaten der Summanden.

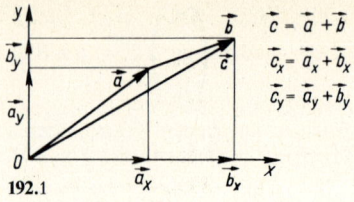

192.1

Wenn $\vec{F}_R = \sum_{i=1}^{n} \vec{F}_i$ ist, dann sind die Koordinaten von $\vec{F}_R$

$$F_{Rx} = \sum_{i=1}^{n} F_{ix} \qquad F_{Ry} = \sum_{i=1}^{n} F_{iy} \qquad F_{Rz} = \sum_{i=1}^{n} F_{iz} \tag{192.1}$$

Beispiel 4 Gegeben sind die Kräfte $\vec{F}_1$ und $\vec{F}_2$ mit Betrag und Richtungswinkel. Man berechne Betrag und Richtungswinkel der Resultierenden $\vec{F}_R = \vec{F}_1 + \vec{F}_2$.

	F_i/N	α/Grad	β/Grad	γ/Grad
$\vec{F}_1$	150,00	60,00	130,00	54,52
$\vec{F}_2$	200,00	160,00	90,00	70,00

Zunächst sind nach Gl. (191.4) die Koordinaten der beiden Kräfte zu berechnen und nach Gl. (192.1) zu addieren. Dann berechnet man nach Gl. (191.1) den Betrag und nach Gl. (191.2) die Richtungscosinus und daraus die Richtungswinkel von $\vec{F}_R$

$$\vec{F}_1 = (+\,75{,}00;\quad -96{,}42;\quad +87{,}06)\,N$$
$$\vec{F}_2 = (-187{,}94;\quad 0{,}00;\quad +68{,}40)\,N$$
$$\vec{F}_R = (-112{,}94;\quad -96{,}42;\quad +155{,}46)\,N$$
$$F_R = \sqrt{(-112{,}94)^2 + (-96{,}42)^2 + (155{,}46)^2}\,N = 215{,}00\,N$$

$$\cos\alpha = \frac{-112{,}94\,N}{215\,N} \qquad \cos\beta = \frac{-96{,}42\,N}{215\,N} \qquad \cos\gamma = \frac{+155{,}46\,N}{215\,N}$$

$$\alpha = 121{,}68° \qquad \beta = 116{,}64° \qquad \gamma = 43{,}69°$$

Zerlegung von Vektoren In der Mechanik tritt häufig das Problem auf, einen gegebenen Summenvektor $\vec{r}$ in Summanden zu zerlegen. Im folgenden wird untersucht, welche zusätzlichen Bedingungen gegeben sein müssen, damit dieses Problem eindeutig lösbar ist. Schreibt man statt der Gleichung für eine Vektorsumme

$$\vec{a} + \vec{b} + \vec{c} + \vec{d} + \ldots = \vec{r}$$

drei Gleichungen der Koordinaten

$$\begin{aligned} a_x + b_x + c_x + d_x + \ldots &= r_x \\ a_y + b_y + c_y + d_y + \ldots &= r_y \\ a_z + b_z + c_z + d_z + \ldots &= r_z \end{aligned} \tag{192.2}$$

so sind jetzt die drei rechten Seiten des Gleichungssystems gegeben und die linken Seiten unbekannt. Es wird hier als bekannt vorausgesetzt, daß man mit drei Bestimmungsgleichungen nur drei Unbekannte bestimmen kann. Zunächst wird deshalb die Anzahl der Summandenvektoren auf drei beschränkt. Dann verbleiben aber immer noch neun Unbekannte. Deshalb müssen noch weitere Informationen gegeben sein. In der Mechanik sind dies meist die Wirkungsrichtungen der drei Summanden, sie ergeben neun Richtungscosinus. Wegen Gl. (191.3) sind dies sechs unabhängige Angaben. Schreibt man nun mit Gl. (191.4)

$$a \cos \alpha_a + b \cos \alpha_b + c \cos \alpha_c = r_x$$
$$a \cos \beta_a + b \cos \beta_b + c \cos \beta_c = r_y \tag{193.1}$$
$$a \cos \gamma_a + b \cos \gamma_b + c \cos \gamma_c = r_z$$

so erhält man ein Gleichungssystem mit den drei Beträgen a, b und c als Unbekannten und den Richtungscosinus als Koeffizienten.

In Abschn. 4.4.1 wird gezeigt, daß ein derartiges System nur lösbar ist, wenn die Koeffizientendeterminante $D \neq 0$ ist. Aus Beispiel 14, S. 198, ergibt sich, daß $D = 0$ bedeutet, daß die Vektoren $\vec{a}, \vec{b}, \vec{c}$ in einer Ebene liegen. Daraus folgt:

Ein Vektor im Raum kann eindeutig in drei Komponenten mit gegebenen Richtungen zerlegt werden, wenn diese nicht in einer Ebene liegen.

Entsprechend können Vektoren in der Ebene, die nur zwei Komponenten haben, eindeutig in zwei Richtungen zerlegt werden, die nicht parallel sind. Diese Zerlegung kann auch graphisch durch die Umkehrung der Parallelogrammkonstruktion erfolgen. Eine theoretische Begründung dieser Ausführungen findet man in Abschn. 4.2.4.

Beispiel 5 Die drei Stäbe eines Dreibeins (193.1) haben alle die Länge 4,00 m. Ihre unteren Auflager bilden ein gleichseitiges Dreieck mit 2,00 m Seitenlänge. Mit dem Dreibein wird die Gewichtskraft $F_G = 2000$ N mit Hilfe eines Flaschenzugs mit der Untersetzung 1 : 4 gehoben. Das Zugseil des Flaschenzuges bildet mit der Senkrechten den Winkel 45°. Das Seil, an dem die Last hängt, Stab I und das Zugseil liegen in einer Ebene. Man berechne die Stabkräfte.

Das Koordinatensystem ergibt sich aus Bild 193.1. Zunächst werden die Koordinaten der unteren Endpunkte der Stäbe berechnet. Im Grundrißdreieck ist die Höhe $h = \sqrt{3}$ m $= 1,732$ m. Die Projektion des Koordinatenursprungs in das Grundrißdreieck ist der Flächenschwerpunkt dieses Dreiecks. Er teilt h im Verhältnis 1 : 2. Aus dem Aufriß erhält man die z-Koordinate der Endpunkte $z = -\sqrt{(4,00 \text{m})^2 - (1,15470 \text{m})^2} = -3,830$ m. Die Endpunkte der Stäbe haben also die folgenden Koordinaten

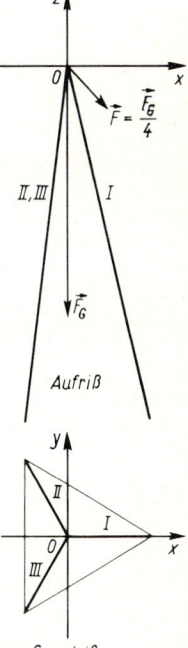

193.1

Stab	$\dfrac{x}{\text{m}}$	$\dfrac{y}{\text{m}}$	$\dfrac{z}{\text{m}}$
I	+ 1,15470	0	− 3,82971
II	− 0,57735	+ 1,00000	− 3,82971
III	− 0,57735	− 1,00000	− 3,82971

Für die Richtungscosinus der Stäbe gilt

$$\cos \alpha = l_x/l \qquad \cos \beta = l_y/l \qquad \cos \gamma = l_z/l$$

Mit $l = 4{,}00$ m erhält man

Stab	$\cos\alpha$	$\cos\beta$	$\cos\gamma$
I	+ 0,28868	0	− 0,95743
II	− 0,14434	+ 0,25000	− 0,95743
III	− 0,14434	− 0,25000	− 0,95743

Die Last und die Zugkraft ergeben die Resultierende F_R (+ 353,55; 0; − 2353,55) N.
Mit Gl. (193.1) und den oben berechneten Zahlenwerten erhält man das folgende Gleichungssystem für die F_i-Werte

$$0{,}28868\,F_I - 0{,}14434\,F_{II} - 0{,}14434\,F_{III} = 353{,}55 \text{ N}$$
$$+\,0{,}25000\,F_{II} - 0{,}25000\,F_{III} = 0$$
$$-\,0{,}95743\,F_I - 0{,}95743\,F_{II} - 0{,}95743\,F_{III} = -\,2353{,}55 \text{ N}$$

Die Lösung ist: $F_I = 1636$ N $\qquad F_{II} = F_{III} = 411$ N

Multiplikation In der Vektorrechnung gibt es zwei Produkte, da bei den vektoriellen physikalischen Größen zwei verschiedenartige multiplikative Verknüpfungen auftreten. Die Division von Vektoren ist nicht definiert.

Definition des skalaren (oder inneren) Produktes[1])

$$\vec{a} \cdot \vec{b} = a\,b\,\cos(\vec{a},\vec{b}) \tag{194.1}$$

gesprochen: a Punkt b. Das skalare Produkt zweier Vektoren ist ein Skalar. Er ist gleich dem Produkt aus den Beträgen der beiden Vektoren und dem Cosinus des von beiden Vektoren eingeschlossenen Winkels.

Es gilt das kommutative Gesetz $\qquad \vec{a}\cdot\vec{b} = \vec{b}\cdot\vec{a}$ (194.2)

Werden die Faktoren vertauscht, so ändert der Cosinus sein Vorzeichen nicht.

Es gilt das distributive Gesetz $\qquad \vec{a}\cdot(\vec{b}+\vec{c}) = \vec{a}\cdot\vec{b} + \vec{a}\cdot\vec{c}$ (194.3)

Das assoziative Gesetz ist gegenstandslos, da skalare Produkte mit mehr als zwei Faktoren sinnlos sind.

Im Gegensatz zum Produkt von Skalaren wird das skalare Produkt zweier Vektoren nicht nur dann gleich Null, wenn mindestens einer der Faktoren ein Nullvektor ist, sondern auch dann, wenn die beiden Vektoren senkrecht aufeinander stehen.

Multipliziert man einen Vektor skalar mit sich selbst, so ist der eingeschlossene Winkel Null, und man erhält die für manche theoretische Herleitung benötigte Formel

$$\vec{a}^2 = a^2 \tag{194.4}$$

Im allgemeinen ist aber der von zwei Vektoren eingeschlossene Winkel nicht bekannt; deshalb wird eine Formel hergeleitet, nach der das skalare Produkt unmittelbar aus den Koordinaten der Faktoren berechnet werden kann. Hierzu werden zunächst die skalaren Produkte der Einsvektoren $\vec{i},\vec{j},\vec{k}$ gebildet. Da ihr Betrag gleich Eins ist und sie miteinander Winkel von 0° bzw. 90° bilden, erhält man

---

[1]) Wird ein Winkel zwischen zwei Vektoren $\vec{a}$ und $\vec{b}$ beliebiger Einheiten durch $(\vec{a},\vec{b})$ angegeben, so ist darunter immer $(\vec{a}^0,\vec{b}^0)$ zu verstehen.

4.2.3 Rechenregeln

$$\vec{i}\cdot\vec{i} = \vec{j}\cdot\vec{j} = \vec{k}\cdot\vec{k} = 1\cdot 1\cdot\cos\ 0° = 1 \qquad \vec{i}\cdot\vec{j} = \vec{j}\cdot\vec{k} = \vec{k}\cdot\vec{i} = 1\cdot 1\cdot\cos 90° = 0 \quad (195.1)$$

Schreibt man nun die beiden Faktoren $\vec{a}$ und $\vec{b}$ in Komponenten und multipliziert die Klammerausdrücke unter Beachtung von Gl. (195.1), so erhält man

$$\vec{a}\cdot\vec{b} = (a_x\vec{i} + a_y\vec{j} + a_z\vec{k})\cdot(b_x\vec{i} + b_y\vec{j} + b_z\vec{k})$$

und daraus für das **skalare Produkt**

$$\vec{a}\cdot\vec{b} = a_x b_x + a_y b_y + a_z b_z \qquad (195.2)$$

Beispiel 6   Die **Arbeit** (Energie) W ist das skalare Produkt aus Kraft $\vec{F}$ und Weg $\vec{s}$, da stets nur die in Richtung des Weges fallende Kraftkomponente $\vec{F_s}$ zur Arbeit beiträgt. Die Koordinate dieser Komponente ist aber $F_s = F\cos(\vec{F},\vec{s})$, deshalb ist $W = Fs\cos(\vec{F},\vec{s}) = \vec{F}\cdot\vec{s}$
Ist der Winkel $(\vec{F},\vec{s})$ kleiner als 90°, so haben $\vec{F_s}$ und $\vec{s}$ die gleiche Richtung, und es ist $W > 0$. Ist der Winkel $(\vec{F},\vec{s})$ größer als 90°, so haben $\vec{F_s}$ und $\vec{s}$ entgegengesetzte Richtungen, und es ist $W < 0$.
Sind $\vec{F}$ und $\vec{s}$ in Koordinaten gegeben, so erhält man mit Gl.(195.2) unmittelbar die Arbeit; bei $\vec{F} = (-3; +2; -5)$ N und $\vec{s} = (+1; +3; -4)$ m ist $W = (-3 + 6 + 20)$ Nm = 23 J.

Beispiel 7   Der **magnetische Fluß** Φ ist das skalare Produkt aus der magnetischen Induktion $\vec{B}$ und der vom Feld durchsetzten Fläche $\vec{A}$, also $\Phi = \vec{B}\cdot\vec{A}$. Der einer Fläche A zugeordnete Vektor hat den Betrag des Flächeninhaltes und steht senkrecht auf der Fläche, wobei die Umrandung der Fläche im Uhrzeigersinn zu umlaufen ist, wenn man in die Richtung von $\vec{A}$ blickt. In der vorstehenden Vektorgleichung kommt der experimentell nachweisbare Tatbestand zum Ausdruck, daß der magnetische Fluß Φ Null wird, wenn die Fläche parallel (der Flächenvektor also senkrecht) zu den magnetischen Feldlinien liegt, und daß er das Maximum erreicht, wenn die Fläche senkrecht (der Flächenvektor also parallel) zu den Feldlinien liegt. Φ kann auch negativ werden (s. Beispiel 6).

Mit dem skalaren Produkt kann der **Winkel zwischen zwei Vektoren** berechnet werden. Gleichsetzen der rechten Seiten von Gl. (194.1) und (195.2) ergibt

$$ab\cos(\vec{a},\vec{b}) = a_x b_x + a_y b_y + a_z b_z$$

Mit Gl. (191.1) und Auflösen nach dem Cosinus erhält man

$$\cos(\vec{a},\vec{b}) = \frac{a_x b_x + a_y b_y + a_z b_z}{\sqrt{(a_x^2 + a_y^2 + a_z^2)(b_x^2 + b_y^2 + b_z^2)}} \qquad (195.3)$$

Aus dem Cosinus erhält man den Winkel zwischen 0° und 180°.

Beispiel 8   Man **zerlege den** nach Betrag und Richtung bekannten **Vektor** $\vec{r}$ in zwei mit ihm in gleicher Ebene liegende, nicht parallele Vektoren $\vec{a}$ und $\vec{b}$ bekannter Richtung.
Laut Voraussetzung gilt $\vec{r} = \vec{a} + \vec{b} = a\vec{a}^0 + b\vec{b}^0$. Die Beträge a und b sind gesucht. Die Koordinaten von $\vec{a}^0$ bzw. $\vec{b}^0$ sind die bekannten Richtungscosinus der Vektoren $\vec{a}$ und $\vec{b}$. Man multipliziert die obige Gleichung nacheinander skalar mit $\vec{a}^0$ und $\vec{b}^0$ und erhält

$$\vec{r}\cdot\vec{a}^0 = a + b\,(\vec{a}^0\cdot\vec{b}^0) \qquad \vec{r}\cdot\vec{b}^0 = a\,(\vec{a}^0\cdot\vec{b}^0) + b$$

Diese beiden Gleichungen enthalten nur skalare Größen. Daraus können a und b berechnet werden. Diese Gleichungen sind insbesondere zu benutzen, wenn die gemeinsame Ebene der drei Vektoren nicht die (x, y)-Ebene ist, sondern eine beliebige Lage im Raume hat. Die allgemeine Bedingung, wann drei Vektoren in einer Ebene liegen, folgt aus Beispiel 14, S. 198.
Liegen die drei Vektoren in der (x, y)-Ebene, so erhält man einfacher durch Zerlegung in Koordinaten

$$r_x = a_x + b_x = a\cos\alpha_a + b\cos\alpha_b \qquad r_y = a_y + b_y = a\cos\beta_a + b\cos\beta_b$$

die beiden Gleichungen für a und b.

4.2 Vektoren

Definition des vektoriellen (oder äußeren) Produktes $\quad \vec{c} = \vec{a} \times \vec{b}$ (196.1)

$$c = ab\,|\sin(\vec{a},\vec{b})| \qquad \vec{c} \perp \vec{a},\vec{b} \,\wedge\, \vec{a},\vec{b},\vec{c} \text{ bilden ein Rechtssystem}$$

gesprochen: *a* Kreuz *b*. Das vektorielle Produkt zweier Vektoren ist ein Vektor. Sein Betrag ist gleich dem Produkt aus den Beträgen der beiden Faktoren und dem Sinus des eingeschlossenen Winkels. Seine Richtung ergibt sich aus der Festsetzung, daß $\vec{c}$ senkrecht auf der von $\vec{a}$ und $\vec{b}$ gebildeten Ebene steht und die Vektoren $\vec{a}, \vec{b}, \vec{c}$ in dieser Reihenfolge ein Rechtssystem bilden (**196.1**).

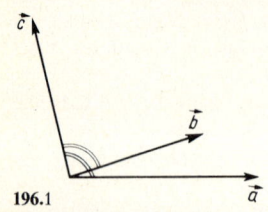

Das Vektorprodukt ist nicht kommutativ, vielmehr gilt

$$\vec{a} \times \vec{b} = -\vec{b} \times \vec{a} \qquad (196.2)$$

Vertauscht man die Faktoren $\vec{a}$ und $\vec{b}$, so ist der dritte zum Rechtssystem gehörende Vektor nicht mehr $\vec{c}$, sondern $-\vec{c}$.

Das distributive Gesetz gilt

196.1

$$\vec{a} \times (\vec{b} + \vec{c}) = \vec{a} \times \vec{b} + \vec{a} \times \vec{c} \qquad (196.3)$$

Das assoziative Gesetz gilt nicht; vektorielle Produkte mit mehr als zwei Faktoren s. F 11.

Das Produkt wird zum Nullvektor, wenn mindestens einer der Faktoren ein Nullvektor ist oder wenn die beiden Vektoren parallel liegen.

Auch hier kann das Produkt ohne Kenntnis des eingeschlossenen Winkels unmittelbar aus den Koordinaten von $\vec{a}$ und $\vec{b}$ berechnet werden. Man erhält für die vektoriellen Produkte der Einsvektoren $\vec{i}, \vec{j}, \vec{k}$

$$\vec{i} \times \vec{i} = \vec{j} \times \vec{j} = \vec{k} \times \vec{k} = \vec{o} \qquad (196.4)$$

wegen $|\vec{i} \times \vec{i}| = 1 \cdot 1 \cdot \sin 0 = 0$ und außerdem

$$\vec{i} \times \vec{j} = \vec{k} \qquad \vec{j} \times \vec{k} = \vec{i} \qquad \vec{k} \times \vec{i} = \vec{j}$$

Schreibt man beide Faktoren von Gl. (196.1) in Komponenten, multipliziert unter Beachtung von Gl. (196.4) und ordnet nach Gliedern mit den Faktoren $\vec{i}, \vec{j}, \vec{k}$, so erhält man

$$\vec{c} = (a_y b_z - a_z b_y)\vec{i} + (a_z b_x - a_x b_z)\vec{j} + (a_x b_y - a_y b_x)\vec{k} \qquad (196.5)$$

Diese Gleichung kann als Determinante geschrieben werden, die nach der ersten Zeile zu entwickeln ist. Als endgültige Formel zur Berechnung des **vektoriellen Produktes aus den Koordinaten der Faktoren** erhält man

$$\vec{c} = \begin{vmatrix} \vec{i} & \vec{j} & \vec{k} \\ a_x & a_y & a_z \\ b_x & b_y & b_z \end{vmatrix} \qquad (196.6)$$

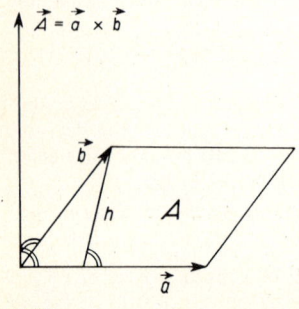

Beispiel 9 Man berechne die Fläche A des durch die Vektoren $\vec{a}$ und $\vec{b}$ aufgespannten **Parallelogramms** (**196.2**).

$$A = a h \qquad h = b \sin(\vec{a}, \vec{b})$$

Daraus folgt mit Gl. (196.1) $A = |\vec{a} \times \vec{b}|$

196.2

Der Flächenvektor $\vec{A}$ steht senkrecht auf der Fläche und hat den Betrag $A = |\vec{a} \times \vec{b}|$. Von dieser Darstellungsart einer Fläche wird bei allgemeinen Herleitungen oft Gebrauch gemacht.

4.2.3 Rechenregeln

Beispiel 10 Das Drehmoment $\vec{M}$ ist das vektorielle Produkt aus Ortsvektor $\vec{r}$ und Kraft $\vec{F}$, da zur Wirkung von $\vec{M}$ nur die auf dem Ortsvektor $\vec{r}$ senkrechte Komponente von $\vec{F}$ beiträgt. Deren Betrag ist aber $F \sin(\vec{r}, \vec{F})$, also

$$\vec{M} = \vec{r} \times \vec{F}$$

Man kann beweisen, daß $\vec{M}$ ein freier Vektor ist. Man darf also die verschiedenen Momente eines Systems vektoriell addieren. Sind $\vec{r}$ und $\vec{F}$ in Komponenten gegeben, so erhält man mit den Werten $\vec{r} = (+7; +3; +2)\,\text{m}$ und $\vec{F} = (-2; +5; -1)\,\text{N}$ nach Gl. (196.6) für die Komponenten von $\vec{M} = (-13; +3; +41)\,\text{Nm}$. Der Betrag von $\vec{M}$ ist nach Gl. (191.1) $M = 43{,}12\,\text{Nm}$. Nach der durch Gl. (196.1) gegebenen Definition des vektoriellen Produktes steht $\vec{M}$ sowohl auf $\vec{r}$ als auch auf $\vec{F}$ senkrecht. Man sieht an diesem Zahlenbeispiel, daß die skalaren Produkte $\vec{r} \cdot \vec{M}$ und $\vec{F} \cdot \vec{M}$ Null werden.

Beispiel 11 Die Bahngeschwindigkeit $\vec{v}$ eines Punktes eines rotierenden Körpers ist das vektorielle Produkt aus der Winkelgeschwindigkeit $\vec{\omega}$ und dem Radiusvektor $\vec{r}$

$$\vec{v} = \vec{\omega} \times \vec{r}$$

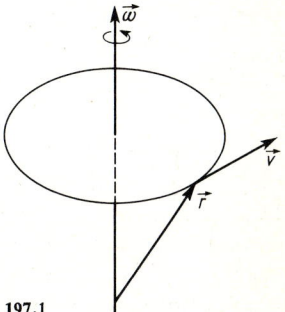

197.1

Wie man aus Bild 197.1 ersieht, hat der Vektor $\vec{\omega}$ die Richtung der Rotationsachse. Der Radiusvektor $\vec{r}$ geht von einem beliebigen Punkt dieser Achse (der im allgemeinen als Koordinatenursprung gewählt wird) zu dem Punkt, dessen Geschwindigkeit man bestimmen will. Wegen des physikalischen Gesetzes der voneinander unabhängigen Überlagerung von Bewegungen sind $\vec{v}$ und $\vec{\omega}$ freie Vektoren.

Beispiel 12 Wird ein elektrischer Leiter mit der Geschwindigkeit $\vec{v}$ durch ein Magnetfeld mit der Induktion $\vec{B}$ bewegt, so wird eine elektrische Feldstärke $\vec{E}$ induziert, die einen elektrischen Strom hervorruft, wenn der Stromkreis geschlossen ist. Den Zusammenhang zwischen diesen Größen beschreibt das Induktionsgesetz $\vec{E} = \vec{v} \times \vec{B}$. Dieses vektorielle Produkt bringt die experimentell nachweisbare Tatsache zum Ausdruck, daß keine Spannung induziert wird, wenn der Geschwindigkeitsvektor parallel zu den Feldlinien von $\vec{B}$ liegt, und daß die maximale Spannung induziert wird, wenn beide Vektoren senkrecht aufeinander stehen. In diesem Falle wird der Sinus des eingeschlossenen Winkels gleich Eins, der Betrag des Produktes geht in ein übliches Produkt über und die Richtungen der drei Vektoren können durch die sog. Rechte-Hand-Regel ermittelt werden.

Beispiel 13 Zu der im vorigen Beispiel geschilderten Bewegung eines elektrischen Leiters in einem Magnetfeld ist eine Kraft erforderlich. Fließt umgekehrt in einem Leiter mit der Richtung und Länge $\vec{l}$, der sich in einem Magnetfeld der Induktion $\vec{B}$ befindet, ein Strom I, so wird auf den Leiter eine Kraft $\vec{F}$ ausgeübt. Hier gilt die Vektorgleichung

$$\vec{F} = I(\vec{l} \times \vec{B}) \tag{197.1}$$

Spatprodukt In der Mechanik kommt das Produkt $(\vec{a} \times \vec{b}) \cdot \vec{c}$ vor. Der Klammerinhalt ist ein Vektor, der skalar mit $\vec{c}$ zu multiplizieren ist. Das Ergebnis also ist ein Skalar.

Nach Gl. (196.6) ist

$$\vec{a} \times \vec{b} = \begin{vmatrix} a_y & a_z \\ b_y & b_z \end{vmatrix} \vec{i} + \begin{vmatrix} a_z & a_x \\ b_z & b_x \end{vmatrix} \vec{j} + \begin{vmatrix} a_x & a_y \\ b_x & b_y \end{vmatrix} \vec{k}$$

Diese drei Komponenten von $\vec{a} \times \vec{b}$ ergeben mit den drei Komponenten von $\vec{c}$ nach Gl. (195.2)

$$(\vec{a} \times \vec{b}) \cdot \vec{c} = \begin{vmatrix} a_y & a_z \\ b_y & b_z \end{vmatrix} c_x + \begin{vmatrix} a_z & a_x \\ b_z & b_x \end{vmatrix} c_y + \begin{vmatrix} a_x & a_y \\ b_x & b_y \end{vmatrix} c_z$$

Die rechte Seite dieser Gleichung kann als Ergebnis der Entwicklung einer der beiden folgenden Determinanten nach der 3. Reihe aufgefaßt werden. Daraus erhält man die endgültige Formel zur Berechnung des **Spatprodukts**

$$(\vec{a} \times \vec{b}) \cdot \vec{c} = \begin{vmatrix} a_x & a_y & a_z \\ b_x & b_y & b_z \\ c_x & c_y & c_z \end{vmatrix} = \begin{vmatrix} a_x & b_x & c_x \\ a_y & b_y & c_y \\ a_z & b_z & c_z \end{vmatrix} \tag{198.1}$$

Die zweite Determinante entsteht aus der ersten durch Anwenden der Regel 1 auf S. 183. Vertauscht man in der ersten Determinante die 1. und die 3. Zeile, so ändert sich nach Regel 2 auf S. 183 das Vorzeichen, und man erhält $-(\vec{c} \times \vec{b}) \cdot \vec{a}$. Vertauscht man in dieser neuen Determinante die 1. und die 2. Zeile (bzw. vertauscht man beim vektoriellen Produkt die Faktoren), ändert sich das Vorzeichen nochmals, und es ergibt sich $(\vec{b} \times \vec{c}) \cdot \vec{a}$. Durch eine entsprechende Betrachtung entsteht auch die dritte der folgenden Gleichungen

$$(\vec{a} \times \vec{b}) \cdot \vec{c} = (\vec{b} \times \vec{c}) \cdot \vec{a} = (\vec{c} \times \vec{a}) \cdot \vec{b} \tag{198.2}$$

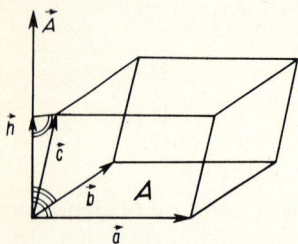

198.1

Beispiel 14 Man berechne das **Volumen** des durch die drei Vektoren $\vec{a}, \vec{b}$ und $\vec{c}$ gebildeten **Spats (198.1)**.

Nach Beispiel 9, S. 196, kann die Grundfläche A des Spats durch den Vektor $\vec{A} = \vec{a} \times \vec{b}$ dargestellt werden. Die Höhe h des Spats ist $h = c \cos(\vec{A}, \vec{c})$ oder mit dem Einsvektor $\vec{A}^0$ und der Schreibweise des skalaren Produkts $h = \vec{A}^0 \cdot \vec{c}$. Das Volumen V ist

$$V = Ah = A\vec{A}^0 \cdot \vec{c} = \vec{A} \cdot \vec{c} = (\vec{a} \times \vec{b}) \cdot \vec{c}$$

Aus diesem Beispiel folgt der wichtige Spezialfall:

Das Volumen des Spats und damit die Determinanten der Gl. (198.1) sind Null, wenn die drei Vektoren in einer Ebene liegen (komplanar sind).

4.2.4 Linearer Vektorraum

In der Mathematik (z. B. Abschn. 4.3) und in der Physik treten Vektoren mit mehr als drei Komponenten auf. Für eine weiterführende Behandlung ist ein allgemeiner Ansatz zweckmäßig.

Axiome

Definition Eine Menge $V = \{\vec{v}_1, \vec{v}_2, \vec{v}_3, \ldots\}$, mit deren Elementen die im folgenden beschriebenen linearen Operationen durchgeführt werden können, heißt ein **Vektorraum**. Ein Element der Menge ist ein **Vektor**. Ein Vektorraum besteht stets aus unendlich vielen Elementen.

Die linearen Operationen werden hier als Axiome (s. Abschn. 1.1.1) aufgestellt. Diese Axiome gelten für die Beschreibung der Verschiebung eines Punktes in der Ebene, die in Abschn. 4.2.1 definiert wurde. Das bedeutet, daß die Menge dieser Verschiebungen ein Vektorraum ist. Es gibt noch viele andere Beispiele.

Axiome der Addition zweier Elemente von V.

1. Die Operation ist in V abgeschlossen, d.h. $\vec{v}_1 \in V \wedge \vec{v}_2 \in V \Rightarrow \vec{v}_1 + \vec{v}_2 = \vec{v}_3 \in V$

2. Es gilt das kommutative Gesetz 3. Es gilt das assoziative Gesetz
$$\vec{v}_1 + \vec{v}_2 = \vec{v}_2 + \vec{v}_1 \qquad\qquad \vec{v}_1 + (\vec{v}_2 + \vec{v}_3) = (\vec{v}_1 + \vec{v}_2) + \vec{v}_3$$

4. Es gibt genau ein neutrales Element $\vec{o} \in V$, für das gilt
$$\vec{v} + \vec{o} = \vec{v} \qquad \text{für alle } \vec{v} \in V$$

5. Zu jedem $\vec{v}$ gibt es genau ein inverses Element $-\vec{v}$, für das gilt
$$\vec{v} + (-\vec{v}) = \vec{o} \qquad \text{für alle } \vec{v} \in V$$

Die Addition wird auch als eine **innere Verknüpfung** bezeichnet, weil zwei Elemente derselben Menge verknüpft werden und das Ergebnis auch ein Element derselben Menge ist. Die folgende ist hingegen eine sog. **äußere Verknüpfung 1. Art**, weil ein Element von V mit einem Element einer anderen Menge, nämlich $\mathbb{R}$, verknüpft wird; das Ergebnis ist ein Element von V. Schließlich gibt es noch eine **äußere Verknüpfung 2. Art**, das skalare Produkt Gl. (194.1), bei dem zwei Elemente von V ein Element von $\mathbb{R}$ ergeben.

Axiome der Multiplikation eines Elementes von V mit einem Element von $\mathbb{R}$.

1. Die Operation ist in V abgeschlossen, d.h.
$$p \in \mathbb{R} \wedge \vec{v} \in V \Rightarrow p\vec{v} \in V$$

2. Es gilt das kommutative Gesetz 3. Es gilt das assoziative Gesetz
$$p\vec{v} = \vec{v}p \qquad\qquad p_1(p_2\vec{v}) = (p_1 p_2)\vec{v}$$

4. Es gelten zwei distributive Gesetze
$$(p_1 + p_2)\vec{v} = p_1\vec{v} + p_2\vec{v} \qquad p(\vec{v}_1 + \vec{v}_2) = p\vec{v}_1 + p\vec{v}_2$$

5. Es gibt genau ein neutrales Element $1 \in \mathbb{R}$, für das gilt
$$1 \cdot \vec{v} = \vec{v} \qquad \text{für alle } \vec{v} \in V$$

Beispiele für Vektorräume sind die Menge der ganzen rationalen Funktionen, die Menge der Folgen, die Menge der Sinusschwingungen. Hierbei ist jeweils zu beweisen, daß diese Mengen die vorstehenden Axiome erfüllen.

Lineare Unabhängigkeit. Basis. Dimension

Definition Die Vektoren $\vec{v}_1, \vec{v}_2, \vec{v}_3, \ldots, \vec{v}_n$ heißen **linear unabhängig**, wenn mit $c_i \in \mathbb{R}$
$$c_1\vec{v}_1 + c_2\vec{v}_2 + c_3\vec{v}_3 + \ldots + c_n\vec{v}_n = \vec{o} \Rightarrow \text{ alle } c_i = 0, \qquad n \geq 2 \qquad (199.1)$$
andernfalls heißen sie **linear abhängig**.

Beispiel 15 Zwei Vektoren $\vec{v}_1$ und $\vec{v}_2$ sind linear abhängig, wenn sich der zweite durch Multiplikation mit einem Skalar aus dem ersten berechnen läßt, denn aus Gl. (199.1) folgt dann
$$\vec{v}_2 = -\frac{c_1}{c_2}\vec{v}_1 = p\vec{v}_1 \qquad \text{mit } c_1 \neq 0 \wedge c_2 \neq 0$$

Für die Vektoren $\vec{v}_1 = (1; 2; 3)$ und $\vec{v}_2 = (3; 4; 5)$ läßt sich eine derartige Beziehung offensichtlich nicht herstellen, also sind sie linear unabhängig.

Bei den folgenden Definitionen und vielen praktischen Anwendungen wird vorausgesetzt, daß Vektoren linear unabhängig sind. Vor Beantwortung der Frage, unter welchen Bedingungen dies der Fall ist, müssen noch einige Begriffe erklärt werden.

4.2 Vektoren

Definition Eine Menge $B = \{\vec{e}_1, \vec{e}_2, \vec{e}_3, \ldots, \vec{e}_n\} \subset V$ von n linear unabhängigen Vektoren $\vec{e}_i$ heißt eine Basis von V, wenn für alle $\vec{v} \in V$ gilt

$$\vec{v} = v_1 \vec{e}_1 + v_2 \vec{e}_2 + v_3 \vec{e}_3 + \ldots + v_n \vec{e}_n \qquad v_i \in \mathbb{R} \tag{200.1}$$

Die v_i heißen Koordinaten, n die Dimension[1]) des Vektors $\vec{v}$.

n muß nicht endlich sein, hier wird dies aber angenommen. Vektoren verschiedener Dimension gehören verschiedenen Vektorräumen an und können deshalb nicht verknüpft werden.

Satz. Ist eine Basis B gegeben, so ist Gl. (200.1) eine eindeutige Darstellung des Vektors $\vec{v}$.

Beweis. Es wird der indirekte Beweis geführt, also angenommen, es gäbe außer Gl. (200.1) eine andere Darstellung

$$\vec{v} = \bar{v}_1 \vec{e}_1 + \bar{v}_2 \vec{e}_2 + \bar{v}_3 \vec{e}_3 + \cdots + \bar{v}_n \vec{e}_n$$

Dann ergibt die Differenz beider Gleichungen

$$\vec{o} = (v_1 - \bar{v}_1)\vec{e}_1 + (v_2 - \bar{v}_2)\vec{e}_2 + \cdots + (v_n - \bar{v}_n)\vec{e}_n$$

Da aber laut Voraussetzung die Vektoren $\vec{e}_i$ linear unabhängig sind, folgt nach Gl. (199.1), daß alle $(v_i - \bar{v}_i) = 0$ sind, d.h. $v_i = \bar{v}_i$ für alle i. □

Die Wahl der Basisvektoren ist im Prinzip beliebig. Bei den „geometrischen" Vektorräumen ist es üblich, dafür senkrecht aufeinanderstehende Einsvektoren zu wählen, z.B. $\vec{i}, \vec{j}, \vec{k}$ für $n = 3$.

Satz. Hat eine Basis eines Vektorraumes n Elemente, so hat auch jede andere Basis n Elemente.

Dieser Satz ist keineswegs selbstverständlich. Einen allgemeinen Beweis findet man z.B. in [10]. Hier kann nur ein anschaulicher Spezialfall behandelt werden: Die in Abschn. 4.2.1 behandelten Verschiebungen in der (x, y)-Ebene sind ein Beispiel für einen zweidimensionalen Vektorraum. Die Vektoren $\vec{i}$ und $\vec{j}$ bilden eine Basis. Es gilt

$$\vec{a} = a_x \vec{i} + a_y \vec{j} \qquad \text{für alle } \vec{a}$$

Geometrisch bedeutet dies, daß jeder Vektor in der Ebene in seine rechtwinkligen Koordinaten zerlegt werden kann. Er kann aber auch (z.B. mit der Parallelogrammkonstruktion) in zwei beliebige andere Richtungen $\vec{e}_1$ und $\vec{e}_2$ zerlegt werden. Es gilt also auch

$$\vec{a} = a_1 \vec{e}_1 + a_2 \vec{e}_2 \qquad \text{für alle } \vec{a}$$

Diese Gleichung kann als Zerlegung eines gegebenen Vektors $\vec{a}$ in zwei gegebene Richtungen $\vec{e}_1$ und $\vec{e}_2$ gedeutet werden (s. Beispiel 8, S. 195, letzter Absatz) oder als Darstellung des Vektors $\vec{a}$ in schiefwinkligen Koordinaten. Für diesen Spezialfall gilt also, daß die Wahl der Basis beliebig ist. Einen Basisvektor, d.h., eine andere Basis mit $n = 1$ gibt es nicht. Nicht so selbstverständlich ist, daß es in der Ebene keine Basis mit $n = 3$ gibt. Geometrisch würde die Existenz einer Basis mit drei unabhängigen Komponenten bedeuten, daß ein Vektor in der Ebene eindeutig in drei vorgegebene Richtungen zerlegt

---

[1]) Dieser Begriff wird noch in anderer Bedeutung gebraucht, s. S. 185.

werden kann. Im folgenden Beweis wird zunächst angenommen, daß es drei Basisvektoren gibt und dann gezeigt, daß dies zu einem Widerspruch führt.

Beweis. Nach der Definition auf S. 200 oben müssen die drei Basisvektoren $\vec{e}_1$, $\vec{e}_2$ und $\vec{e}_3$ linear unabhängig sein, damit muß nach Gl. (199.1) gelten

$$c_1\vec{e}_1 + c_2\vec{e}_2 + c_3\vec{e}_3 = \vec{o} \Rightarrow c_1 = c_2 = c_3 = 0$$

Es wird nun angenommen, daß mindestens ein $c_i \neq 0$ sei. Es sei $c_3 \neq 0$.
Wird die obige Gleichung umgeformt, erhält man

$$\vec{e}_3 = -\left(\frac{c_1}{c_3}\vec{e}_1 + \frac{c_2}{c_3}\vec{e}_2\right) \tag{201.1}$$

Diese Gleichung läßt sich in der Ebene aber stets erfüllen, ohne daß die c_i gleich Null sind. Der Vektor $\vec{e}_3$ ist also linear abhängig von den beiden anderen und kann deshalb kein Basisvektor sein. □

Gl. (201.1) läßt noch eine weitere anschauliche Deutung zu. Wenn die Vektoren $\vec{e}_1$, $\vec{e}_2$ und $\vec{e}_3$ je drei Komponenten haben, so liegen sie ebenfalls in einer Ebene, wenn $c_1\vec{e}_1 + c_2\vec{e}_2 + c_3\vec{e}_3 = \vec{o}$ ist, ohne daß alle $c_i = o$ sind. In diesem Fall sind sie also ebenfalls linear abhängig. Daraus folgt, daß im Raum ($n = 3$) der dritte Basisvektor nicht in der gleichen Ebene liegen kann wie die beiden anderen. Er braucht allerdings nicht notwendig senkrecht auf den beiden anderen zu stehen.

Die Erweiterung dieser Überlegungen auf ein beliebiges n führt zu dem für viele praktische Anwendungen wichtigen

Satz. In einem n-dimensionalen Vektorraum sind mehr als n Vektoren stets linear abhängig.

In Beispiel 14, S. 198, wurde für drei Vektoren mit je drei Komponenten gezeigt, daß sie linear abhängig sind, wenn die aus ihren Komponenten gebildete Determinante gleich Null ist. Wie hier nicht bewiesen werden kann, gilt von dieser Aussage auch die Umkehrung, ferner darf sie auf beliebige n erweitert werden. Deshalb gilt der folgende

Satz. n Vektoren der Dimension n sind linear unabhängig, wenn die aus ihren n^2 Koordinaten gebildete Determinante Gl. (178.1) verschieden von Null ist.

Bei den Koeffizienten a_{ik} der Determinante ist ein Index die Numerierung der Vektoren, der andere die der Koordinaten. In diesem Zusammenhang ist die Regel 5 auf S. 183 wichtig. Man beachte, daß bereits dort der Begriff der linearen Abhängigkeit gebraucht wird.

Beispiel 16 Welche Beziehungen bestehen für $n = 3$ zwischen den Koordinaten der Vektoren einer „alten" Basis $B = \{\vec{e}_1, \vec{e}_2, \vec{e}_3\}$ und denen einer „neuen" Basis $B = \{\vec{b}_1, \vec{b}_2, \vec{b}_3\}$?
Nach Gl. (200.1) kann jeder Vektor in der alten Basis dargestellt werden, also auch die drei neuen Basisvektoren. Es gilt also

$$\begin{aligned} \vec{b}_1 &= a_{11}\vec{e}_1 + a_{12}\vec{e}_2 + a_{13}\vec{e}_3 \\ \vec{b}_2 &= a_{21}\vec{e}_1 + a_{22}\vec{e}_2 + a_{23}\vec{e}_3 \\ \vec{b}_3 &= a_{31}\vec{e}_1 + a_{32}\vec{e}_2 + a_{33}\vec{e}_3 \end{aligned} \tag{201.2}$$

Umgekehrt kann man aber auch jeden Vektor in der neuen Basis ausdrücken, also auch die drei alten Basisvektoren. Man erhält entsprechend

$$\begin{aligned}\vec{e}_1 &= \bar{a}_{11}\vec{b}_1 + \bar{a}_{12}\vec{b}_2 + \bar{a}_{13}\vec{b}_3 \\ \vec{e}_2 &= \bar{a}_{21}\vec{b}_1 + \bar{a}_{22}\vec{b}_2 + \bar{a}_{23}\vec{b}_3 \\ \vec{e}_3 &= \bar{a}_{31}\vec{b}_1 + \bar{a}_{32}\vec{b}_2 + \bar{a}_{33}\vec{b}_3\end{aligned} \qquad (202.1)$$

Die Koeffizienten $\bar{a}_{ik}$ sind die Koordinaten der alten Basisvektoren im neuen System. Man erhält sie durch Auflösen von Gl. (201.2) nach $\vec{e}_1$, $\vec{e}_2$ und $\vec{e}_3$. In allgemeiner Form ist diese Rechnung recht aufwendig. Ein einfaches numerisches Beispiel findet man in Aufgabe 17, S. 204.

In Abschn. 4.3.2 wird gezeigt, daß diese Rechnung gleichbedeutend mit dem Bilden einer sog. Kehrmatrix ist. Dort wird auch gezeigt, daß eine Kehrmatrix nur dann gebildet werden kann, wenn ihre erzeugenden Vektoren voneinander linear unabhängig sind.

4.2.5 Aufgaben zu Abschnitt 4.2

1. Gegeben sind die beiden Kräfte $\vec{F}_1$ und $\vec{F}_2$ durch Betrag und Richtung. Man bestimme Betrag und Richtung von $\vec{F}_3$, so daß $\vec{F}_1 + \vec{F}_2 + \vec{F}_3 = \vec{o}$ wird.

	F_i/N	α/Grad	β/Grad	γ/Grad
$\vec{F}_1$	80	90	110	20
$\vec{F}_2$	120	30	90	60

2. Ein Vektor $\vec{a}$ liegt in der (x, z)-Ebene und bildet mit der positiven x-Achse einen Winkel von 45°. Ein Vektor $\vec{b}$ liegt in der (y, z)-Ebene und bildet mit der positiven y-Achse einen Winkel von 30°. Wie groß ist der Winkel zwischen beiden Vektoren?

3. Eine Kraft von 10 N wirkt in der Richtung der Raumdiagonale eines Würfels, dessen Kanten die positiven Koordinatenachsen bilden. Man berechne die Arbeit längs eines Weges von 20 m in Richtung der Winkelhalbierenden zwischen der positiven x- und y-Achse.

4. Eine Kraft hat die Koordinaten $(+3; -5; +7)$ N. Ein Hebelarm liegt in der (y, z)-Ebene und ist 10 m lang. Welche Stellung muß er haben, damit das durch die Kraft an seinem Ende ausgeübte Drehmoment $\vec{M}$ ein Maximum wird?
Hinweis: Das Drehmoment wird zum Maximum, wenn Kraft und Hebelarm aufeinander senkrecht stehen.

5. Man beweise den Cosinus-Satz der Trigonometrie mittels Vektorrechnung.
Hinweis: Die Dreiecksseiten sind als Vektoren aufzufassen. Eine Seite ist die Summe der beiden anderen.

6. Welche Bedingungen müssen die Vektoren $\vec{a}$ und $\vec{b}$ erfüllen, damit die Vektoren $\vec{c} = \vec{a} + \vec{b}$ und $\vec{d} = \vec{a} - \vec{b}$ aufeinander senkrecht stehen?

7. Gegeben ist der Vektor $\vec{a} = (a_x; a_y; a_z)$. Man berechne die Koordinaten des Vektors $\vec{b}$, der senkrecht auf $\vec{a}$ steht, in der (y, z)-Ebene liegt und dessen Betrag halb so groß wie $|\vec{a}|$ ist.

8. Man zeige durch eine Zahlenrechnung mit den folgenden drei Vektoren, daß das distributive Gesetz a) beim skalaren, b) beim vektoriellen Produkt gilt:

$$\vec{a} = 3\vec{i} - 4\vec{j} + \vec{k} \qquad \vec{b} = 2\vec{i} + 5\vec{j} - 3\vec{k} \qquad \vec{c} = -6\vec{i} + \vec{j} + 4\vec{k}$$

Hinweis: Die linken und die rechten Seiten der Gl. (194.3) und (196.3) sind getrennt zu berechnen.

4.2.5 Aufgaben zu Abschnitt 4.2

9. Man zeige durch eine allgemeine Rechnung mit Komponenten, daß der Produktvektor des vektoriellen Produktes senkrecht auf den beiden Faktoren-Vektoren steht.

10. Man berechne vektoriell die Stabkraft $\vec{F}_H$ im Horizontalstab und die Stabkraft $\vec{F}_D$ im Diagonalstab des Auslegers in Bild **203.1**. Am Ausleger wirkt die senkrecht nach unten gerichtete Kraft $F = 80$ N.

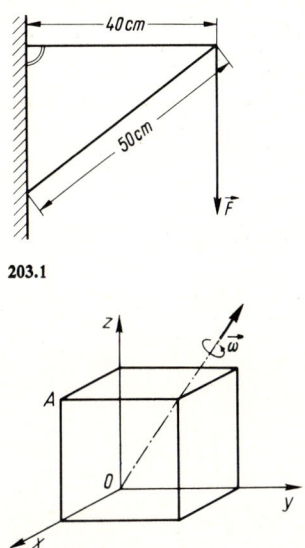

203.1

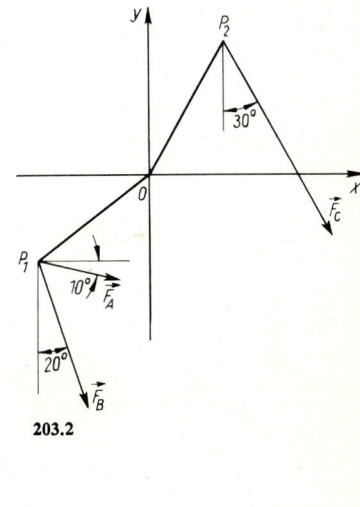

203.2

203.3

11. Eine Kraft $\vec{F}$ hat die Komponenten (2,30; 4,98; 5,17) N. Sie ist in die Richtungen der Vektoren $\vec{a}$ und $\vec{b}$ von Aufgabe 2 zu zerlegen.

12. Man berechne die Kraft F_C so, daß am **Winkelhebel (203.2)** Gleichgewicht herrscht. Drehpunkt ist der Koordinatenursprung. Es ist P_1 ($-6,0$; $-4,5$) cm, P_2 ($+4,0$; $+7,0$) cm, $F_A = 2,0$ N, $F_B = 4,0$ N. Die Winkel sind Bild **203.2** zu entnehmen.

13. Im Punkt (0; -2; -1) m wirkt eine Kraft von 10 N senkrecht nach unten (negative z-Richtung). Im Punkt (0; $+4$; $+6$) m wirkt eine Kraft von 6 N waagerecht nach vorne (positive x-Richtung). Der Körper dreht sich um den Koordinatenursprung. Man berechne die Lage der Drehachse.

Hinweis: Die Lage der Drehachse fällt mit dem in den Koordinatenursprung verschobenen Vektor des resultierenden Drehmomentes zusammen.

14. Ein Würfel mit der Kantenlänge a dreht sich um seine Raumdiagonale mit der Drehzahl n. Man berechne den Betrag der Geschwindigkeit der in Bild **203.3** bezeichneten Ecke A.

Hinweis: Beispiel 11, S. 197.

15. Liegen die Punkte A ($+2$; -1; -2) cm, B ($+1$; $+2$; $+1$) cm, C ($+2$; $+3$; 0) cm und D ($+5$; 0; -6) cm in einer Ebene?

Hinweis: Ein Punkt ist als Ursprung eines Koordinatensystems zu wählen. Von dort sind Vektoren zu den anderen Punkten zu legen. Der Inhalt des dadurch gebildeten Spats ist zu berechnen.

16. Man zeige mit dem auf S. 201 angegebenen Satz, daß im dreidimensionalen Raum die Basisvektoren $\vec{i}, \vec{j}$ und $\vec{k}$ linear unabhängig sind.

17. Im dreidimensionalen Raum mit den Basisvektoren $\vec{i}, \vec{j}$ und $\vec{k}$ sind drei andere Basisvektoren

$$\vec{b}_1 = \vec{i} - \vec{j} + 2\vec{k} \qquad \vec{b}_2 = 4\vec{i} - 2\vec{j} + 8\vec{k} \qquad \vec{b}_3 = \vec{i} - \vec{j} + 3\vec{k}$$

a) Wie lauten die Vektoren $\vec{i}, \vec{j}, \vec{k}$ im neuen System?
b) Ein beliebiger Vektor $\vec{v}$ lautet im alten System $\vec{v} = v_x \vec{i} + v_y \vec{j} + v_z \vec{k}$.
Wie lautet er im neuen System? Hinweis: Beispiel 16, S. 201.

4.3 Matrizen

4.3.1 Grundbegriffe. Definitionen

Zwischen zwei Größensystemen $x_1, x_2, x_3, \ldots, x_n$ und $y_1, y_2, y_3, \ldots, y_m$ bestehe folgender Zusammenhang

$$\begin{aligned} a_{11} x_1 + a_{12} x_2 + a_{13} x_3 + \cdots + a_{1n} x_n &= y_1 \\ a_{21} x_1 + a_{22} x_2 + a_{23} x_3 + \cdots + a_{2n} x_n &= y_2 \\ &\vdots \\ a_{m1} x_1 + a_{m2} x_2 + a_{m3} x_3 + \cdots + a_{mn} x_n &= y_m \end{aligned} \qquad (204.1)$$

Derartige **lineare Beziehungen** kommen häufig vor. Oft ist eines der beiden Systeme x_k oder y_i gegeben, das andere gesucht. Die Größen x_k, y_i und a_{ik} können z. B. folgende Bedeutungen haben:

Gebiet	x_k	a_{ik}	y_i
Statik des Fachwerks	Knotenpunktlasten	Einflußzahlen	Stabkräfte
Elastizitätstheorie	Deformationen	elastische Konstante	Spannungen
elektrisches Netzwerk	Ströme	Widerstände	Spannungen
Kostenrechnung	Warenmengen	Kostenfaktoren	Kostenarten

Es ist zweckmäßig, anstelle des Gleichungssystems (204.1) die einfache Gleichung

$$A x = y \qquad (204.2)$$

zu schreiben. Diese Schreibweise ist insbesondere für Beweisführungen und Beschreibungen von Rechenverfahren geeignet. Sie liefert **nicht** die Möglichkeit der Abkürzung von numerischen Rechnungen. Im Hinblick auf dieses Ziel, Gl. (204.1) durch Gl. (204.2) zu ersetzen, erfolgen die nachstehenden Definitionen.

4.3.1 Grundbegriffe. Definitionen

Definition Eine rechteckige Anordnung von Koeffizienten a_{ik} aus m Zeilen und n Spalten heißt eine (m, n)-Matrix A. Man schreibt

$$A = (a_{ik}) = \begin{pmatrix} a_{11} & a_{12} & a_{13} & \cdots & a_{1n} \\ a_{21} & a_{22} & a_{23} & \cdots & a_{2n} \\ \vdots & \vdots & \vdots & & \vdots \\ a_{m1} & a_{m2} & a_{m3} & \cdots & a_{mn} \end{pmatrix} \tag{205.1}$$

Im Gegensatz zu den in Abschn. 4.1 besprochenen Determinanten ist in einer Matrix häufig $m \neq n$. Ferner enthält der Begriff der Matrix keine Rechenvorschrift für die Verknüpfung ihrer Elemente a_{ik}.

Definition Vertauscht man in einer Matrix A alle Zeilen mit den entsprechenden Spalten, so erhält man die transponierte Matrix A'.

Beispiel 1

$$A = \begin{pmatrix} a_{11} & a_{12} & a_{13} \\ a_{21} & a_{22} & a_{23} \end{pmatrix} \qquad A' = \begin{pmatrix} a_{11} & a_{21} \\ a_{12} & a_{22} \\ a_{13} & a_{23} \end{pmatrix}$$

Ist in einer Matrix die Anzahl der Zeilen gleich der Anzahl der Spalten, so heißt sie quadratisch. Die Anzahl der Reihen heißt die Ordnung der quadratischen Matrix. Ist eine quadratische Matrix gleich ihrer transponierten, so ist sie symmetrisch. Eine quadratische Matrix, bei der nur die in der Hauptdiagonale stehenden Elemente a_{ii} verschieden von Null sind, heißt Diagonalmatrix. Sind in einer Diagonalmatrix alle a_{ii} gleich Eins, so heißt die Matrix Einsmatrix. Die Einsmatrix spielt in der Matrizenrechnung die gleiche Rolle wie die Zahl Eins in der Arithmetik. Eine quadratische Matrix, in der alle Elemente links unterhalb bzw. rechts oberhalb der Hauptdiagonale gleich Null sind, heißt eine Dreieckmatrix (s. auch Aufgabe 2, S. 187).

Die Elemente von Matrizen mit nur einer Spalte haben oft die physikalische Bedeutung von Vektorkoordinaten. Eine einspaltige Matrix wird deshalb oft als Spaltenvektor bezeichnet und nach DIN 5486, Schreibweise von Matrizen, $\boldsymbol{a}$ geschrieben, dementsprechend heißen einzeilige Matrizen Zeilenvektoren. Ihr Formelzeichen wird mit dem Transponierungsstrich versehen (DIN 5486). So kann man sich eine Matrix aus ihren n Spaltenvektoren $\boldsymbol{a}_k$ oder ihren m Zeilenvektoren $\boldsymbol{b}'_i$ zusammengesetzt denken.

Beispiel 2 Die Matrix A des vorigen Beispiels hat die Spaltenvektoren

$$\boldsymbol{a}_1 = \begin{pmatrix} a_{11} \\ a_{21} \end{pmatrix} \qquad \boldsymbol{a}_2 = \begin{pmatrix} a_{12} \\ a_{22} \end{pmatrix} \qquad \boldsymbol{a}_3 = \begin{pmatrix} a_{13} \\ a_{23} \end{pmatrix}$$

und die Zeilenvektoren

$$\boldsymbol{b}'_1 = (a_{11};\ a_{12};\ a_{13}) \qquad \boldsymbol{b}'_2 = (a_{21};\ a_{22};\ a_{23})$$

Damit wird

$$A = (\boldsymbol{a}_1;\ \boldsymbol{a}_2;\ \boldsymbol{a}_3) \qquad \text{oder} \qquad A = \begin{pmatrix} \boldsymbol{b}'_1 \\ \boldsymbol{b}'_2 \end{pmatrix}$$

Definition Der Rang r einer Matrix ist die Anzahl ihrer linear unabhängigen Zeilen- oder Spaltenvektoren.

Die lineare Abhängigkeit von Vektoren ist in Abschn. 4.2.4 behandelt. Aus dem letzten Absatz jenes Abschnitts folgt: Eine Matrix ist vom Range r, wenn sie wenigstens eine von Null verschiedene Determinante mit r Reihen enthält und sämtliche in ihr enthaltenen Determinanten mit mehr als r Reihen gleich Null sind. Quadratische Matrizen mit m Reihen nennt man **regulär**, wenn $m = r$ ist, andernfalls sind sie **singulär**. Eine quadratische Matrix ist regulär, wenn die aus ihr gebildete Determinante von Null verschieden ist. Bei nicht quadratischen Matrizen ist r höchstens gleich der kleineren der Zahlen m oder n. Ein allgemeines Rechenverfahren zur Bestimmung des Ranges einer Matrix findet man in Abschn. 4.4.6.

Beispiel 3 Welchen Rang hat die Matrix $A = \begin{pmatrix} a & a & b \\ a & a & c \end{pmatrix}$?

Die Spaltenvektoren a_1 und a_2 sind gleich, also linear abhängig. Deshalb streicht man die 1. oder 2. Spalte und erhält eine von Null verschiedene zweireihige Determinante, falls $b \neq c$. Also ist $r = 2$.

Definition Soll aus einer quadratischen Matrix A der Wert einer Determinante D mit den gleichen Elementen berechnet werden, so schreibt man

$$D = \det A \tag{206.1}$$

4.3.2 Rechenregeln

Stimmen zwei Matrizen in Spalten- und Zeilenzahl überein, so sind sie vom **gleichen Typ**.

Definition der Gleichheit zweier Matrizen $\quad A = B$

Zwei Matrizen A und B sind gleich, wenn sie vom gleichen Typ sind und $a_{ik} = b_{ik}$ für alle i und k gilt.

Definition der Addition zweier Matrizen $\quad C = A + B$

A und B müssen vom gleichen Typ sein. Die Elemente c_{ik} der Summenmatrix sind $c_{ik} = a_{ik} + b_{ik}$ für alle i und k.

Es gilt das kommutative Gesetz $\quad A + B = B + A$.

Definition der Multiplikation einer Matrix mit einem skalaren Faktor $\quad B = p\,A$.

Die Elemente von B entstehen durch Multiplizieren jedes Elementes von A mit p[1]).

Definition der Multiplikation zweier Matrizen $\quad C = AB$

Die Anzahl der Spalten von A muß gleich der Anzahl der Zeilen von B sein. Das Element c_{ik} der Produktmatrix ist das skalare Produkt des Zeilenvektors a_i' von A mit dem Spaltenvektor b_k von B

$$c_{ik} = \sum_{j=1}^{n} a_{ij} b_{jk} \tag{206.2}$$

---
[1]) Bei Determinanten (S. 183) wird dagegen nur eine Reihe mit p multipliziert.

4.3.2 Rechenregeln

Das kommutative Gesetz gilt im allgemeinen nicht.

Das distributive Gesetz gilt $\quad A(B+C) = AB + AC \quad$ (207.1)

Das assoziative Gesetz gilt $\quad\quad (AB)C = A(BC) \quad$ (207.2)

Weil das kommutative Gesetz nicht gilt, ist bei der Multiplikation einer Matrizengleichung mit einer Matrix anzugeben, ob dieser neue Faktor vor oder hinter die bereits vorhandenen Faktoren zu schreiben ist. Im ersten Fall spricht man von einer **Linksmultiplikation**, im zweiten von einer **Rechtsmultiplikation**.

Beispiel 4 Man berechne $C = AB$.

Für eine Zahlenrechnung ist die nachstehende Anordnung nach Falk zweckmäßig. Die zu berechnenden Elemente c_{ik} stehen jeweils am Kreuzpunkt der zu multiplizierenden Zeile und Spalte. Die Produktsumme des skalaren Produktes kann bei numerischen Rechnungen mit einem Taschenrechner in einem Arbeitsgang gebildet werden.

			b_{11}	b_{12}	b_{13}	b_{14}
			b_{21}	b_{22}	b_{23}	b_{24}
			b_{31}	b_{32}	b_{33}	b_{34}
a_{11}	a_{12}	a_{13}	c_{11}	c_{12}	c_{13}	c_{14}
a_{21}	a_{22}	a_{23}	c_{21}	c_{22}	c_{23}	c_{24}

$c_{11} = a_{11}b_{11} + a_{12}b_{21} + a_{13}b_{31}$ $\quad\quad c_{13} = a_{11}b_{13} + a_{12}b_{23} + a_{13}b_{33}$

$c_{21} = a_{21}b_{11} + a_{22}b_{21} + a_{23}b_{31}$ $\quad\quad c_{23} = a_{21}b_{13} + a_{22}b_{23} + a_{23}b_{33}$

$c_{12} = a_{11}b_{12} + a_{12}b_{22} + a_{13}b_{32}$ $\quad\quad c_{14} = a_{11}b_{14} + a_{12}b_{24} + a_{13}b_{34}$

$c_{22} = a_{21}b_{12} + a_{22}b_{22} + a_{23}b_{32}$ $\quad\quad c_{24} = a_{21}b_{14} + a_{22}b_{24} + a_{23}b_{34}$

Als Rechenkontrolle empfiehlt sich das Mitführen einer zusätzlichen Zeile in A. Die Elemente dieser Zeile sind die Summen der darüberstehenden Spalten. Dieser Zeilenvektor wird ebenfalls mit B multipliziert und ergibt eine zusätzliche Zeile in C. Die Elemente dieser Zeile müssen andererseits gleich den Summen der darüberstehenden Spalten von C sein. C ist in diesem Falle spaltenweise zu berechnen, damit die Kontrolle nach jedem Schritt durchgeführt werden kann.

Ein wichtiger Spezialfall der Multiplikation von Matrizen sind lineare Transformationen Gl. (204.1) und (204.2), in denen die Größen x_k und y_i zu Spaltenvektoren zusammengefaßt sind. Das skalare Produkt der Vektorrechnung Gl. (194.1) lautet in Matrizenschreibweise $a'b = b'a$.

Einen wichtigen Zusammenhang zwischen Multiplizieren und Transponieren bildet die Gleichung

$$(AB)' = B'A' \quad (207.3)$$

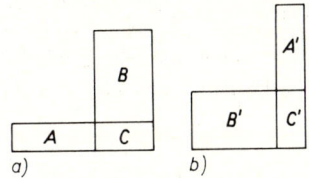

207.1

Ihre Richtigkeit erkennt man aus Bild **207.1**. Das linke Bild zeigt $C = AB$ nach Beispiel 4. Das rechte Bild entsteht durch Spiegeln an der Diagonale von C und liefert dadurch

4.3 Matrizen

unmittelbar $C' = (AB)'$. Außerdem sieht man, daß $C' = B'A'$ ist. Ein Rechenschema für Matrizenprodukte von mehr als zwei Faktoren zeigt Bild **208.1**.

Für die Berechnung von Determinanten gilt in Verbindung mit Gl. (206.1)

$$\det(AB) = \det A \det B \qquad (208.1)$$

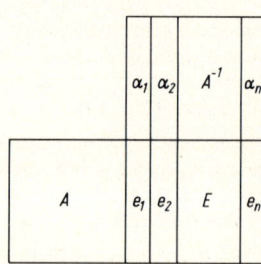

208.1 **208.2**

Kehrmatrix

Definition Ist das Produkt zweier Matrizen gleich der Einsmatrix E, so nennt man die eine Matrix die **Kehrmatrix** der anderen und schreibt

$$A A^{-1} = A^{-1} A = E$$

In diesem Spezialfall gilt das kommutative Gesetz. Damit die Kehrmatrix A^{-1} berechnet werden kann, muß A eine **reguläre Matrix** sein. Das Berechnen der Kehrmatrix tritt bei folgender Aufgabe auf: Ist ein Größensystem y_i in linearer Abhängigkeit von einem System x_i gegeben, so schreibt man mit Matrizen $Ax = y$. Oft ist nun der umgekehrte Zusammenhang, die x_i in Abhängigkeit von den y_i, gesucht. Schreibt man hierfür formal $x = A^{-1} y$ und setzt diese Gleichung in die vorige ein, so erhält man $A A^{-1} y = y$. Diese Gleichung kann aber nur erfüllt sein, wenn $A A^{-1} = E$ ist. Zur Berechnung der Elemente α_{ik} der Kehrmatrix A^{-1} gibt es verschiedene Methoden. Sie basieren alle auf den in Abschn. 4.4 beschriebenen Verfahren zur Lösung linearer Gleichungssysteme. Mit dem Austauschverfahren (Abschn. 4.4.4) werden die Elemente α_{ik} unmittelbar durch schrittweisen „Austausch" der Elemente x_i und y_i berechnet. Für die übrigen Verfahren denkt man sich die Kehrmatrix und die Einsmatrix in ihre Spaltenvektoren zerlegt (**208.2**). Dann gilt $A \alpha_k = e_k$. In gewöhnlicher Schreibweise ist dies ein Gleichungssystem mit den Elementen a_{ik} von A als Koeffizienten, den Elementen $\alpha_{1k}, \alpha_{2k}, \ldots, \alpha_{nk}$ der k-ten Spalte von A^{-1} als Unbekannten und den Elementen der k-ten Spalte von E als rechten Seiten. Diese Elemente der k-ten Spalte von E sind Eins in der k-ten Zeile, sonst Null. Besteht die Matrix A aus n Spalten, hat man n derartige Systeme zu lösen. Dies geschieht in allgemeiner Form und bei einfachen numerischen Rechnungen für kleine n mit Determinanten (Gl. 216.3), bei umfangreicheren numerischen Rechnungen mit dem verketteten Gauß-Algorithmus, Abschn. 4.4.3.

Beispiel 5 Man berechne die Elemente der Kehrmatrix einer zweireihigen Matrix A (s. auch Aufgabe 6, S. 247).

$$\begin{pmatrix} a_{11} & a_{12} \\ a_{21} & a_{22} \end{pmatrix} \begin{pmatrix} \alpha_{11} & \alpha_{12} \\ \alpha_{21} & \alpha_{22} \end{pmatrix} = \begin{pmatrix} 1 & 0 \\ 0 & 1 \end{pmatrix}$$

Die beiden Gleichungen der Spaltenvektoren lauten

$$\begin{pmatrix} a_{11} & a_{12} \\ a_{21} & a_{22} \end{pmatrix} \begin{pmatrix} \alpha_{11} \\ \alpha_{21} \end{pmatrix} = \begin{pmatrix} 1 \\ 0 \end{pmatrix} \qquad \begin{pmatrix} a_{11} & a_{12} \\ a_{21} & a_{22} \end{pmatrix} \begin{pmatrix} \alpha_{12} \\ \alpha_{22} \end{pmatrix} = \begin{pmatrix} 0 \\ 1 \end{pmatrix}$$

Werden die Matrizen der linken Seiten dieser Gleichungen ausmultipliziert, so erhält man die Gleichungssysteme

$$a_{11}\alpha_{11} + a_{12}\alpha_{21} = 1 \qquad a_{11}\alpha_{12} + a_{12}\alpha_{22} = 0$$
$$a_{21}\alpha_{11} + a_{22}\alpha_{21} = 0 \qquad a_{21}\alpha_{12} + a_{22}\alpha_{22} = 1$$

Mit $D = a_{11}a_{22} - a_{12}a_{21}$ ergibt sich

$$\alpha_{11} = a_{22}/D \qquad \alpha_{21} = -a_{21}/D \qquad \alpha_{12} = -a_{12}/D \qquad \alpha_{22} = a_{11}/D$$

Das Bilden der Kehrmatrix und das Transponieren sind in ihrer Reihenfolge vertauschbar

$$(A')^{-1} = (A^{-1})' \tag{209.1}$$

Beweis. Die Kehrmatrix einer transponierten Matrix A' lautet $(A')^{-1}$. Die Einsmatrix bleibt beim Transponieren erhalten $E = E'$. Transponiert man nun das Produkt $(AA^{-1})' = E' = E$, so erhält man nach Gl. (207.3) $(A^{-1})' A' = E$. Das bedeutet, daß auch $(A^{-1})'$ die Kehrmatrix der Matrix A' ist. □

Ist A symmetrisch, ist auch A^{-1} symmetrisch, d.h. es gilt

$$A^{-1} = (A^{-1})' \tag{209.2}$$

Der Beweis ergibt sich, wenn auf der linken Seite von Gl. (209.1) $A' = A$ gesetzt wird.

4.3.3 Anwendungen in der Technik

Berechnung elektrischer Netze In einem elektrischen Netz ist der Zusammenhang zwischen den Spannungen, Widerständen und Strömen darzustellen. Die Anwendung der Matrizenschreibweise wird hier nur für Gleichstromnetze gezeigt, das Verfahren läßt sich aber auch auf Wechselstromnetze erweitern.

Zunächst ist die Struktur des Netzes zu erfassen (209.1). Die Stellen, an denen mehrere Leitungen zusammenstoßen, heißen Knoten. Eine Leitung zwischen zwei Knoten ist ein Zweig, er enthält i. allg. einen Widerstand und manchmal eine Spannungsquelle. Ein geschlossener Umlauf von einem Knoten über mindestens einen anderen zurück zum ersten Knoten heißt eine Masche. Die

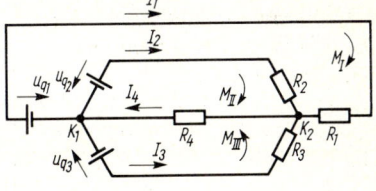

209.1

k Knoten, z Zweige und m Maschen des Netzes werden zunächst numeriert. Die Maschen müssen voneinander unabhängig sein. Dazu dient folgende Regel: Die erste Masche wird beliebig gewählt. Jede neue Masche muß mindestens einen neuen Zweig enthalten. Wie nicht näher gezeigt werden kann, beträgt die Anzahl m der voneinander unabhängigen Maschen $m = z - k + 1$.

Nun werden in den Zweigen Zählrichtungen für die Ströme und Umlaufrichtungen für die Maschen festgelegt. An einer Gleichspannungsquelle soll der Zählpfeil für die Quellenspannung U_{qi} vom Plus- zum Minuspol zeigen. Auf diese Weise kann man die Kirchhoff'schen Gesetze eindeutig anwenden und die Struktur des Netzes durch die Maschenmatrix M beschreiben.

4.3 Matrizen

Definition Die Zeilen der Maschenmatrix M entsprechen den Maschen, die Spalten den Zweigen. Das Element m_{ij} ist

$+1$ wenn Stromrichtung im Zweig mit Umlaufrichtung der Masche übereinstimmt

-1 wenn Stromrichtung im Zweig und Umlaufrichtung der Masche entgegengesetzt sind

0 wenn der Zweig in der Masche nicht vorhanden ist

Beispiel 6 Man bestimme die Maschenmatrix der in Bild **209.**1 gezeigten Schaltung. Das Netz hat 4 Zweige und 2 Knoten, damit ist $m = 4 - 2 + 1 = 3$.

$$\begin{array}{c} \text{Zweige } 1 \quad 2 \quad 3 \quad 4 \\ \text{Maschen } \begin{array}{c} \text{I} \\ \text{II} \\ \text{III} \end{array} \begin{pmatrix} +1 & -1 & 0 & 0 \\ 0 & +1 & 0 & +1 \\ 0 & 0 & +1 & +1 \end{pmatrix} = M \end{array}$$

Der Grundgedanke des folgenden Verfahrens zur Berechnung der Ströme bzw. der Spannungen besteht darin, anstelle der unmittelbar vorhandenen Größen Strom, Spannung und Widerstand in jedem Zweig, die entsprechenden Größen in jeder Masche einzuführen. Physikalisch ist dies wegen der Gültigkeit des Gesetzes der ungestörten Überlagerung zulässig. Mathematisch hat es den Vorteil, daß am Schluß nur ein Gleichungssystem mit m statt mit z unbekannten Größen zu berechnen ist. Die in den einzelnen Zweigen bzw. einzelnen Maschen vorhandenen Größen können nun mit der Matrizenschreibweise zu je einer Größe zusammengefaßt werden. Die Formelzeichen der Maschengrößen erhalten jeweils einen Stern.

Zweigströme I_j	werden dargestellt durch Spaltenvektor I
Maschenströme (auch Kreisströme genannt) I_j^*	Spaltenvektor I^*
Quellenspannungen U_{qj}	Spaltenvektor U_q
Spannungsdifferenzen zwischen zwei Knoten U_j (Spannungsabfall im Zweig)	Spaltenvektor U
Zweigwiderstände R_j	Diagonalmatrix R

Im Netz gelten die Gesetze von Kirchhoff und Ohm. Sie lauten mit den obigen Bezeichnungen

$$M U = o \quad \text{und} \quad U = U_q - R I \qquad (210.1)$$

Zwischen den Zweigströmen und den Maschenströmen besteht mit der transponierten Maschenmatrix M' die Beziehung

$$I = M' I^* \qquad (210.2)$$

Setzt man Gl. (210.2) in die rechte Gl. (210.1) ein und diese in die linke Gl. (210.1), so erhält man

$$M(U_q - R M' I^*) = o \quad \text{oder} \quad M R M' I^* = M U_q$$

Bezeichnet man nun noch formal $M R M' = R^*$ als Matrix der Maschenwiderstände und $M U_q = U^*$ als Spaltenvektor der Maschenspannungen, so erhält man als endgültigen

4.3.3 Anwendungen in der Technik

Zusammenhang zwischen den Maschengrößen

$$R^* I^* = U^* \qquad (211.1)$$

eine Matrizengleichung, die formal dem Gesetz von Ohm entspricht. Sind z. B. bei gegebenen Quellenspannungen und Zweigwiderständen die Zweigströme gesucht, so berechnet man zunächst die Maschenmatrix, die Matrix der Maschenwiderstände und die Maschenspannungen. Gl. (211.1) entspricht dann einem Gleichungssystem für die Maschenströme. Wenn diese berechnet sind, erhält man mit Gl. (210.2) die Zweigströme.

Beispiel 7 Man berechne die Zweigströme der in Bild **209**.1 dargestellten Sternschaltung. Die Berechnung der Maschenmatrix M ist in Beispiel 6, S. 210, gezeigt. Nun wird $R^* = MRM'$ berechnet.

$$
\begin{pmatrix} R_1 & 0 & 0 & 0 \\ 0 & R_2 & 0 & 0 \\ 0 & 0 & R_3 & 0 \\ 0 & 0 & 0 & R_4 \end{pmatrix}
\begin{pmatrix} +1 & 0 & 0 \\ -1 & +1 & 0 \\ 0 & 0 & +1 \\ 0 & +1 & +1 \end{pmatrix}
$$

$$
\begin{pmatrix} +1 & -1 & 0 & 0 \\ 0 & +1 & 0 & +1 \\ 0 & 0 & +1 & +1 \end{pmatrix}
\begin{pmatrix} R_1 & -R_2 & 0 & 0 \\ 0 & R_2 & 0 & R_4 \\ 0 & 0 & R_3 & R_4 \end{pmatrix}
\begin{pmatrix} R_1+R_2 & -R_2 & 0 \\ -R_2 & R_2+R_4 & R_4 \\ 0 & R_4 & R_3+R_4 \end{pmatrix}
$$

Die Spaltenvektoren $U^* = M U_q$ und $I = M' I^*$ betragen

$$
\begin{pmatrix} U_{q1} \\ U_{q2} \\ U_{q3} \\ 0 \end{pmatrix}
\qquad
\begin{pmatrix} I_1^* \\ I_2^* \\ I_3^* \end{pmatrix}
$$

$$
\begin{pmatrix} +1 & -1 & 0 & 0 \\ 0 & +1 & 0 & +1 \\ 0 & 0 & +1 & +1 \end{pmatrix}
\begin{pmatrix} U_{q1} - U_{q2} \\ U_{q2} \\ U_{q3} \end{pmatrix}
\qquad
\begin{pmatrix} +1 & 0 & 0 \\ -1 & +1 & 0 \\ 0 & 0 & +1 \\ 0 & +1 & +1 \end{pmatrix}
\begin{pmatrix} I_1^* \\ I_2^* - I_1^* \\ I_3^* \\ I_2^* + I_3^* \end{pmatrix}
$$

Damit erhält man nach Gl. (211.1) das Gleichungssystem

$$
\begin{aligned}
(R_1+R_2) I_1^* \;-\; R_2 I_2^* \;+\; 0 \cdot I_3^* &= U_{q1} - U_{q2} \\
-R_2 I_1^* \;+\; (R_2+R_4) I_2^* \;+\; R_4 I_3^* &= U_{q2} \\
0 \cdot I_1^* \;+\; R_4 I_2^* \;+\; (R_3+R_4) I_3^* &= U_{q3}
\end{aligned}
$$

In der Praxis ist oft $U_{q1} = U_{q2} = U_{q3} = U_q$, und der Widerstand der Rückleitung R_4 ist häufig vernachlässigbar klein gegen die Verbraucherwiderstände R_1, R_2 und R_3. In diesem Falle wäre allerdings das geschilderte Verfahren zu aufwendig. Das Gleichungssystem vereinfacht sich zu

$$
\begin{aligned}
(R_1+R_2) I_1^* - R_2 I_2^* + 0 \cdot I_3^* &= 0 \\
-R_2 I_1^* + R_2 I_2^* + 0 \cdot I_3^* &= U_q \\
0 \cdot I_1^* + 0 \cdot I_2^* + R_3 I_3^* &= U_q
\end{aligned}
$$

Es hat die Lösungen

$$I_1^* = U_q / R_1 \qquad I_2^* = U_q (R_1 + R_2)/(R_1 R_2) \qquad I_3^* = U_q / R_3$$

Daraus erhält man die Zweigströme

$I_1 = U_q/R_1$ $\qquad I_2 = U_q/R_2 \qquad I_3 = U_q/R_3 \qquad I_4 = U_q(R_1 R_2 + R_1 R_3 + R_2 R_3)/(R_1 R_2 R_3)$

Berechnung statischer Systeme Die Stabkräfte eines Fachwerks infolge einer gegebenen Belastung lassen sich leicht ermitteln, wenn die Stabkräfte infolge von Einheitslasten bekannt sind.

Die 8 Stabkräfte des nach Bild **212.1** gegebenen Fachwerks sind gesucht. Die gegebenen Knotenpunktlasten F_1, F_2, F_3 und F_4 werden zum Spaltenvektor der Knotenlasten f und die gesuchten Stabkräfte S_1, S_2, ..., S_8 zum Spaltenvektor der Stabkräfte s zusammengefaßt.

212.1

$$f = \begin{pmatrix} F_1 \\ F_2 \\ F_3 \\ F_4 \end{pmatrix} \qquad s = \begin{pmatrix} S_1 \\ S_2 \\ \vdots \\ S_8 \end{pmatrix}$$

Mit α_{ik} wird die im i-ten Stab infolge der Einheitsknotenlast $\bar{F}_k = 1$ (einheitenfrei) auftretende Stabkraft bezeichnet, z.B. ist α_{42} die (einheitenfreie) Kraft im Stab 4 infolge der Belastung durch $\bar{F}_2 = 1$. Die Stabkräfte α_{ik}, d.h. jeweils 8 für die 4 einzeln wirkenden Knotenlasten (**212.2**), können rechnerisch oder zeichnerisch ermittelt werden; sie werden zusammengefaßt zur **Matrix der Einflußzahlen**

212.2

$$A = \begin{pmatrix} \alpha_{11} & \alpha_{12} & \alpha_{13} & \alpha_{14} \\ \alpha_{21} & \alpha_{22} & \alpha_{23} & \alpha_{24} \\ \vdots & \vdots & \vdots & \vdots \\ \alpha_{81} & \alpha_{82} & \alpha_{83} & \alpha_{84} \end{pmatrix}$$

Die gesuchten Stabkräfte ermittelt man dann aus der Gleichung

$$s = Af$$

Hiermit wird z.B. $S_3 = \alpha_{31} F_1 + \alpha_{32} F_2 + \alpha_{33} F_3 + \alpha_{34} F_4$ erhalten.
Die hier gezeigte Schreibweise zur Berechnung von Stabkräften läßt sich auf die Berechnung von sonstigen Schnittkräften (Querkräfte und Momente) und auch auf die Berechnung von Verformungen (Verschiebungen und Verdrehungen) entsprechend übertragen.

4.3.4 Aufgaben zu Abschnitt 4.3

1. Mit den folgenden Matrizen ist durch Zahlenrechnung die Gültigkeit des jeweils genannten Gesetzes zu prüfen. Dies geschieht, indem jeweils beide Seiten der zitierten Gleichung getrennt berechnet werden

a) distributives Gesetz Gl. (207.1)

$$A = \begin{pmatrix} a_{11} & a_{12} & a_{13} \\ a_{21} & a_{22} & a_{23} \end{pmatrix} \qquad B = \begin{pmatrix} b_{11} \\ b_{21} \\ b_{31} \end{pmatrix} \qquad C = \begin{pmatrix} c_{11} \\ c_{21} \\ c_{31} \end{pmatrix}$$

b) Reihenfolge von Transponieren und Multiplizieren Gl. (207.3)

$$A = \begin{pmatrix} 2 & -3 \\ 0 & 1 \\ 4 & -2 \end{pmatrix} \qquad B = \begin{pmatrix} 1 & 5 & -2 \\ 3 & 2 & 0 \end{pmatrix}$$

c) Reihenfolge von Transponieren und Bilden der Kehrmatrix Gl. (209.1)

$$A = \begin{pmatrix} 3 & 1 & -2 \\ 2 & 4 & 3 \\ 1 & -3 & 0 \end{pmatrix}$$

2. Von den folgenden Matrizen bilde man AB und BA. Für welche Winkel sind die Produkte gleich?

$$A = \begin{pmatrix} \cos\alpha & \sin\alpha \\ -\sin\alpha & \cos\alpha \end{pmatrix} \qquad B = \begin{pmatrix} \cos\alpha & \sin\alpha \\ \sin\alpha & -\cos\alpha \end{pmatrix}$$

3. Für die in Bild **213.**1 gezeigte Schaltung sind die Gleichungen für die Maschenströme für beliebige Widerstände und Quellenspannungen aufzustellen.

4. Ein Träger ist in den Punkten 1, 2 und 3 durch die Kräfte F_1, F_2 und F_3 belastet. Die Durchbiegungen y_i in diesen Punkten ermittelt man aus der Beziehung

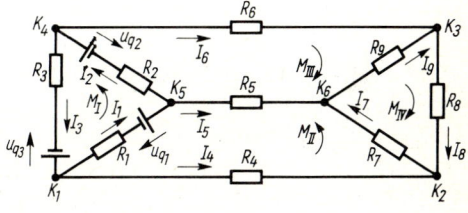

213.1

$$\begin{pmatrix} y_1 \\ y_2 \\ y_3 \end{pmatrix} = \begin{pmatrix} 0{,}1 & 0{,}5 & 0{,}2 \\ 0{,}6 & 0{,}1 & 0 \\ 0{,}4 & 0 & 0{,}8 \end{pmatrix} \cdot \frac{\text{cm}}{10^4\,\text{N}} \begin{pmatrix} F_1 \\ F_2 \\ F_3 \end{pmatrix} \qquad \text{bzw.} \qquad y = Af$$

Man berechne A^{-1} für die Beziehung $f = A^{-1} y$.

5. Die Einflußzahlen α_{1i} für die Enddurchbiegung des nach Bild **213.**2 gegebenen Freiträgers sind bekannt. Man ermittle mit der Matrizengleichung $w = a' f$ die Enddurchbiegung w; a ist der Vektor der Einflußzahlen für die Enddurchbiegung und f der Belastungsvektor.

Es ist $\quad \alpha_{11} = l^3/(3\,EI) \qquad \alpha_{12} = 27\,l^3/(128\,EI)$

$\alpha_{13} = 5\,l^3/(48\,EI) \qquad \alpha_{14} = 11\,l^3/(384\,EI)$

213.2

4.4 Lineare Gleichungssysteme

Das Lösen linearer Gleichungssysteme spielt bei vielen Problemen der Wirtschaft und Technik eine wichtige Rolle; z.B. bei der Berechnung statischer Systeme, elektrischer Netze und bei der Optimierungsrechnung in der Wirtschaft. Die Theorie der Lösungsverfahren linearer Gleichungssysteme ist seit einigen Jahrhunderten bekannt. Eine umfangreiche Anwendung in der Praxis fanden diese Verfahren besonders, seit es mit Hilfe von Rechenanlagen möglich ist, den erheblichen Rechenaufwand beim Lösen umfangreicher Systeme in annehmbaren Zeiten zu bewältigen. So werden heute Systeme mit

4.4 Lineare Gleichungssysteme

mehreren tausend Unbekannten in einigen Stunden gelöst. Im folgenden werden Verfahren beschrieben, die sich sowohl bei einfachen Rechenhilfsmitteln als auch bei modernen Rechenanlagen verwenden lassen. Eine weitergehende Einführung findet man in [17].

Definition Gleichungssysteme, in denen die Unbekannten x_i nur in der ersten Potenz vorkommen und nicht miteinander multipliziert werden, heißen lineare Gleichungssysteme. Sie haben die Form

$$
\begin{aligned}
(1)\quad & a_{11} x_1 + a_{12} x_2 + a_{13} x_3 + \cdots + a_{1n} x_n = b_1 \\
(2)\quad & a_{21} x_1 + a_{22} x_2 + a_{23} x_3 + \cdots + a_{2n} x_n = b_2 \\
& \vdots \\
(n)\quad & a_{n1} x_1 + a_{n2} x_2 + a_{n3} x_3 + \cdots + a_{nn} x_n = b_n
\end{aligned}
\qquad (214.1)
$$

oder einfacher in Matrizenschreibweise

$$A\,x = b \qquad (214.2)$$

Die Koeffizienten a_{ik} sowie die rechten Seiten b_i sind gegebene Größen. Die Bedeutung der Indizes i, k ist in Abschn. 4.3.1 erläutert. Zur Berechnung von n Unbekannten benötigt man genau n unabhängige Gleichungen. Was unabhängige Gleichungen sind, wird im folgenden Abschnitt erklärt. Das System lösen heißt, n Größen $x_1, x_2, \ldots, x_n$ zu finden, die zusammen jede der n Gleichungen erfüllen.

Bei zahlreichen Problemen besonders in der Optimierungsrechnung ist dagegen die Anzahl der Gleichungen von der Anzahl der Unbekannten verschieden. In diesem Falle ist die Matrix A nicht mehr quadratisch. Ist im System (214.2) b der Nullvektor, so heißt das System homogen, in jedem anderen Falle, wenn also auch nur eine Koordinate des Vektors b von Null verschieden ist, heißt das System inhomogen. Wichtig für die Lösbarkeit eines Systems ist der Wert der Determinante der Koeffizientenmatrix A

$$D = \det A$$

Ist $D = 0$, so heißt A singulär und das System abhängig, weil die Gleichungen voneinander abhängig sind.

In Abschn. 4.4.2 bis 4.4.5 werden nur inhomogene Systeme mit nichtsingulärer Matrix behandelt, weil diese in der Technik vorwiegend auftreten. Im allgemeinen folgt die Nichtsingularität, also die Regularität, bereits aus der technischen Fragestellung. Beim numerischen Rechnen unterstellt man i. allg. zunächst $\det A \neq 0$. Falls diese Annahme nicht zutrifft, sind Verfahren anzuwenden, die in Abschn. 4.4.6 behandelt werden.

Ist die Koeffizientenmatrix A eine obere Dreieckmatrix, liegt ein sog. gestaffeltes Gleichungssystem vor, das schrittweise leicht zu lösen ist

$$
\begin{bmatrix}
u_{11} & u_{12} & \cdots & u_{1,n-1} & u_{1n} \\
0 & u_{22} & \cdots & u_{2,n-1} & u_{2n} \\
\vdots & \vdots & & \vdots & \vdots \\
0 & 0 & \cdots & u_{n-1,n-1} & u_{n-1,n} \\
0 & 0 & \cdots & 0 & u_{nn}
\end{bmatrix}
\begin{bmatrix} x_1 \\ x_2 \\ \vdots \\ x_{n-1} \\ x_n \end{bmatrix}
=
\begin{bmatrix} d_1 \\ d_2 \\ \vdots \\ d_{n-1} \\ d_n \end{bmatrix}
\qquad (214.3)
$$

In der Literatur werden häufig obere Dreieckmatrizen (engl. upper) durch Formelzeichen (u_{ik}), untere Dreieckmatrizen (engl. lower) durch Formelzeichen (l_{ik}) bezeichnet.

Im System (214.3) bestimmt man x_n aus $u_{nn} x_n = d_n$, dann ist aus $u_{n-1,n-1} x_{n-1} + u_{n-1,n} x_n = d_{n-1}$ die Unbekannte x_{n-1} zu bestimmen. Dies kann bis x_1 fortgesetzt werden.

Die meisten Systeme haben nicht die Form (214.3). Die im folgenden beschriebenen Verfahren suchen zur Koeffizientenmatrix A eine Transformationsmatrix T, so daß $T \cdot A$ eine obere Dreieckmatrix wird und damit die Unbekannten rekursiv berechnet werden können.

Aus
$$A x = b$$
erhält man
$$T A x = U x = T b = d$$

Beim Eliminationsverfahren (Abschn. 4.4.2) hat U die Form des Systems (214.3), beim verkürzten Austauschverfahren (Abschn. 4.4.5) sind außerdem noch die Elemente der Hauptdiagonale -1. Beim verketteten Gauß-Algorithmus (Abschn. 4.4.3) ist das Eliminationsverfahren so modifiziert, daß die rechte Seite des Gleichungssystems zunächst ungeändert gelassen wird. Die Matrix A wird in das Produkt einer unteren Dreieckmatrix L und einer oberen Dreieckmatrix U zerlegt. Es gilt dann

$$A x = L U x = b$$

mit
$$A = \begin{bmatrix} 1 & 0 & 0 & \cdots & 0 \\ l_{21} & 1 & 0 & \cdots & 0 \\ l_{31} & l_{32} & 1 & \cdots & 0 \\ & & \vdots & & \\ l_{n1} & l_{n2} & l_{n3} & \cdots & 1 \end{bmatrix} \cdot \begin{bmatrix} u_{11} & u_{12} & \cdots & u_{1n} \\ 0 & u_{22} & \cdots & u_{2n} \\ 0 & 0 & \cdots & u_{3n} \\ & \vdots & & \\ 0 & 0 & \cdots & u_{nn} \end{bmatrix}$$

Man kann das System (214.2) auch mit Hilfe der inversen Matrix A^{-1} lösen, denn es gilt auch

$$A^{-1} A x = x = A^{-1} b$$

So könnte man mit dem Austauschverfahren (Abschn. 4.4.4) zunächst A^{-1} bestimmen und braucht diese Matrix dann nur noch mit dem Vektor b zu multiplizieren. Der Rechenaufwand ist aber in jedem Falle größer als mit den vorgenannten Verfahren.

Das verkürzte Austauschverfahren, das Eliminationsverfahren sowie der verkettete Gauß-Algorithmus sind im Aufwand völlig gleichwertig. Es wird sich ergeben, daß alle drei Verfahren bei n Unbekannten

$$\frac{2}{3} n^3 + \frac{3}{2} n^2 - \frac{7}{6} n$$

Rechenoperationen erfordern.

Der Rechenaufwand ist also für große n der 3. Potenz von n annähernd proportional.

Dennoch wird sich zeigen (Abschn. 4.4.8), daß bei unterschiedlichen Fragestellungen die drei Verfahren sich als unterschiedlich zweckmäßig erweisen.

4.4.1 Determinanten

Dieser Abschnitt dient weniger der Behandlung numerischer Lösungsverfahren, als der Frage, unter welchen Voraussetzungen das System Gl. (214.1) überhaupt Lösungen hat. Multipliziert man jede der Gleichungen des Systems (214.1) mit einer Adjunkte A_{ij}, wobei $i = 1, 2, 3, ..., n$ die Nummer der betreffenden Gleichung und $j = $ const für alle Gleichungen dieselbe Spaltennummer bedeutet (s. Gl. (184.1)), so erhält man

$$a_{11} x_1 A_{1j} + a_{12} x_2 A_{1j} + \cdots + a_{1j} x_j A_{1j} + \cdots + a_{1n} x_n A_{1j} = b_1 A_{1j}$$
$$a_{21} x_1 A_{2j} + a_{22} x_2 A_{2j} + \cdots + a_{2j} x_j A_{2j} + \cdots + a_{2n} x_n A_{2j} = b_2 A_{2j}$$
$$\vdots \qquad \vdots \qquad \vdots \qquad \vdots \qquad (216.1)$$
$$a_{n1} x_1 A_{nj} + a_{n2} x_2 A_{nj} + \cdots + a_{nj} x_j A_{nj} + \cdots + a_{nn} x_n A_{nj} = b_n A_{nj}$$

Nun werden diese Gleichungen addiert. Dabei sind aber in den nicht fett gedruckten Spalten nach Gl. (184.1) die Produktsummen $\sum_{i=1}^{n} a_{ik} A_{ij} = 0$, weil $k \neq j$ ist. In der fett gedruckten Spalte j der linken Seite ist nach dem Entwicklungssatz Gl. (180.1)

$$\sum_{i=1}^{n} a_{ij} A_{ij} = D$$

der Wert der Koeffizientendeterminante. Die Summe der rechten Seiten der Gleichungen ist der Wert einer Determinante, die dadurch entsteht, daß in der Spalte j die Elemente a_{ij} durch die rechten Seiten b_j ersetzt werden

$$\sum_{i=1}^{n} b_i A_{ij} = D_j.$$

Man erhält also

$$x_j \sum_{i=1}^{n} a_{ij} A_{ij} = x_j D = \sum_{i=1}^{n} b_i A_{ij} = D_j \qquad (216.2)$$

und nach Auflösung nach der Unbekannten x_j, falls $D \neq 0$ ist, die **Cramersche Regel**

$$x_j = \frac{D_j}{D} \qquad j = 1, ..., n \qquad (216.3)$$

Will man mit dieser Regel die Unbekannten bestimmen, sind $(n + 1)$ verschiedene Determinanten zu berechnen. Dies erfordert insgesamt n Divisionen, $(n + 1)! \, (n - 1)$ Multiplikationen und $(n! - 1) \, (n + 1)$ Additionen, also insgesamt $((n + 1)! \, n - 1)$ Operationen. Dies ergibt bereits für $n = 5$ die Anzahl von 3599 Operationen, für $n = 10$ sogar rund $3,6 \cdot 10^8$ Operationen, während die im folgenden entwickelten Verfahren z.B. für $n = 10$ nur 805 Operationen benötigen. Hieraus folgt, daß das Determinantenverfahren für numerische Rechnung mit etwa $n \geq 4$ nicht in Frage kommt.

Beispiel 1 Zwei Gleichungen mit zwei Unbekannten sind mit der Cramerschen Regel zu lösen.

$$a_{11} x_1 + a_{12} x_2 = b_1$$

$$a_{21} x_1 + a_{22} x_2 = b_2$$

$$D = \begin{vmatrix} a_{11} & a_{12} \\ a_{21} & a_{22} \end{vmatrix} = a_{11} a_{22} - a_{12} a_{21}$$

$$D_1 = \begin{vmatrix} b_1 & a_{12} \\ b_2 & a_{22} \end{vmatrix} = b_1 a_{22} - a_{12} b_2 \qquad D_2 = \begin{vmatrix} a_{11} & b_1 \\ a_{21} & b_2 \end{vmatrix} = a_{11} b_2 - b_1 a_{21}$$

$$x_1 = \frac{b_1 a_{22} - a_{12} b_2}{a_{11} a_{22} - a_{12} a_{21}} \qquad x_2 = \frac{a_{11} b_2 - b_1 a_{21}}{a_{11} a_{22} - a_{12} a_{21}}$$

Mit der Cramerschen Regel kann aber vor allem die Frage untersucht werden, unter welchen Voraussetzungen das System (214.1) Lösungen hat. Es können folgende Fälle unterschieden werden:

1. Es ist $D \neq 0$ und mindestens ein $D_j \neq 0$.
Dann ist mindestens eine Unbekannte von Null verschieden. Die Lösung ist für $D \neq 0$ außerdem eindeutig.

Beweis. Es sei $x_j = D_j/D$ die Lösung nach Cramer. Es wird ein zweiter Lösungsvektor $y \neq x$ angenommen und diese Annahme auf einen Widerspruch geführt. Man bilde $z = y - x$. Aus $A x = b$ und $A y = b$ folgt $A z = o$. Löst man dieses System für z nach Cramer, so hat jede Zählerdeterminante eine Spalte Nullen, ist also Null; damit sind wegen $D \neq 0$ dann $z = o$, woraus $y = x$ und damit die Eindeutigkeit der Lösung für $D \neq 0$ folgt. □

2. Es ist $D \neq 0$ und alle $D_j = 0$.
Dann folgt aus dem vorher Gesagten, daß $x = o$ die einzige Lösung ist.

3. Es ist $D = 0$ und mindestens ein $D_j \neq 0$.
Die Kombination der Zeilen nach Gl. (216.1) liefert

$$x_j \cdot D = D_j$$

oder wegen $D = 0$

$$0 = D_j$$

Diese Gleichung ist wegen $D_j \neq 0$ falsch, daher enthält auch das Ausgangssystem einen Widerspruch, es ist also unlösbar.
Dies zeigt z. B. das System

$$x_1 + x_2 = 1 \qquad x_1 + x_2 = 2$$

4. Es ist $D = 0$ und alle $D_j = 0$.
Dieser Fall kann besonders dann auftreten, wenn b der Nullvektor ist, also das System homogen ist. Alle D_j werden aber auch dann Null, wenn die Koordinaten des Vektors b dieselbe Abhängigkeit besitzen wie die Zeilen der Koeffizientenmatrix. Für $D = D_j = 0$ sind von Null verschiedene Lösungen möglich, wie in Abschn. 4.4.6 gezeigt wird.

4.4 Lineare Gleichungssysteme

Beispiel 2 Man löse das lineare Gleichungssystem

$$4{,}216731\,x - 2{,}184376\,y = 3{,}174103$$
$$-3{,}612653\,x + 1{,}871445\,y = 2{,}121221$$

mit drei verschiedenen Taschenrechnern, die 12, 8 bzw. 6 Ziffern berücksichtigen können.
Rechnet man auf einem Taschenrechner, der 12 Ziffern berücksichtigt, und schreibt die Zwischenergebnisse mit 7 Ziffern heraus, so erhält man

$$D = -1{,}236400 \cdot 10^{-5} \qquad D_1 = 10{,}57370 \qquad D_2 = 20{,}41155$$

und hieraus folgt mit der Cramer-Regel Gl. (216.3)

$$x = -8{,}552009 \cdot 10^5 \qquad y = -1{,}650886 \cdot 10^6$$

Rechnet man mit einem kleineren Taschenrechner, der nur 8 Ziffern berücksichtigt, so wird

$$D = -0{,}00001240 \qquad D_1 = 10{,}573703 \qquad D_2 = 20{,}411551$$

Hieraus erhält man

$$x = -8{,}5271984 \cdot 10^5 \qquad y = -1{,}6460928 \cdot 10^6$$

Trotz der Rechnung mit einem Taschenrechner mit immerhin 8 Ziffern ergibt sich bereits eine Abweichung bei der dritten Ziffer.

Rechnet man jedoch auf einem billigen Taschenrechner, der nur 6 Ziffern berücksichtigen kann, so ergibt sich $D = 0$ sowie $D_1 \neq 0$, $D_2 \neq 0$. Es liegt Fall 3 vor, das System ist unlösbar.

Die Koeffizientenmatrix eines linearen Gleichungssystems, bei der solche Schwierigkeiten auftreten, nennt man **schlecht konditioniert**. Auf diese Schwierigkeiten wird in Abschn. 4.4.8 eingegangen.

4.4.2 Eliminationsverfahren

Elimination der Unbekannten Das Prinzip dieses auf Gauß zurückgeführten Verfahrens ist die Reduktion des Systems mit n Unbekannten auf ein System mit $(n-1)$ Unbekannten. Man multipliziert Gl. (1) des Gleichungssystems (214.1) mit a_{21}/a_{11} und subtrahiert diese neue Gleichung von Gl. (2). Dann hebt sich das erste Glied heraus, und es bleibt die Gleichung

$$\left(a_{22} - \frac{a_{21}}{a_{11}}a_{12}\right)x_2 + \left(a_{23} - \frac{a_{21}}{a_{11}}a_{13}\right)x_3 + \cdots + \left(a_{2n} - \frac{a_{21}}{a_{11}}a_{1n}\right)x_n = b_2 - \frac{a_{21}}{a_{11}}b_1$$

mit den $n-1$ Unbekannten $x_2, x_3, \ldots, x_n$ übrig. Multipliziert man Gl. (1) des Gleichungssystems (214.1) nacheinander mit a_{i1}/a_{11} ($i = 2, 3, \ldots, n$) und subtrahiert diese jeweils von der i-ten Gleichung, so bleibt ein System von $(n-1)$ Gleichungen mit $(n-1)$ Unbekannten übrig. Dieses neue System wird nach dem gleichen Verfahren auf ein System von $(n-2)$ Gleichungen mit den $(n-2)$ Unbekannten x_3 bis x_n reduziert. So fährt man fort, bis nur noch eine Gleichung für die Unbekannte x_n übrigbleibt, aus der x_n berechnet wird. Schreibt man aus jedem dieser Systeme eine Gleichung, z.B. jeweils die erste heraus, so entsteht ein gestaffeltes Gleichungssystem mit einer oberen Dreieckmatrix als Koeffizientenmatrix

4.4.2 Eliminationsverfahren

$$\begin{bmatrix} u_{11} & u_{12} & \cdots & u_{1,n-1} & u_{1n} \\ 0 & u_{22} & \cdots & u_{2,n-1} & u_{2n} \\ \cdot & \cdot & & \cdot & \cdot \\ \cdot & \cdot & & \cdot & \cdot \\ \cdot & \cdot & & \cdot & \cdot \\ 0 & 0 & \cdots & 0 & u_{nn} \end{bmatrix} \begin{Bmatrix} x_1 \\ x_2 \\ \cdot \\ \cdot \\ \cdot \\ x_n \end{Bmatrix} = \begin{Bmatrix} d_1 \\ d_2 \\ \cdot \\ \cdot \\ \cdot \\ d_n \end{Bmatrix}$$

aus der die Unbekannten schrittweise von unten nach oben berechnet werden können. Die Elimination der Unbekannten wird in Tabellenform durchgeführt, deren zweckmäßige Anordnung aus Beispiel 3, S. 220, und 4, S. 221, zu ersehen ist.

Praktische Durchführung Rechnet man mit einem Taschenrechner, so ist eine schematische Anordnung der Rechnung zweckmäßig. Hierbei schreibt man häufig nur eine geringere Stellenzahl hin als die Mantisse des Taschenrechners zuläßt. Diese Anordnung gestattet wirksame Rechenkontrollen, die insbesondere Bedienungsfehler (Eintasten falscher Daten, Betätigen falscher Operationstasten) ausschließen sollen. Intern im Taschenrechner rechnet man jedoch mit voller Stellenzahl. Die Verwendung des Taschenrechners hat in der Regel nur solange Bedeutung, wie die Speicherkapazität für Zwischenergebnisse ausreicht. Anderenfalls sollte man eine Rechenanlage benutzen. Bei Verwendung einer Rechenanlage ist es nicht erforderlich, die nachstehend genannten Zwischenkontrollen anzuwenden. Die Schlußkontrolle reicht dann aus. Das Endergebnis kann höchstens so genau sein wie die Eingabedaten. Daher sollten nach der Endkontrolle die Werte entsprechend gerunder werden. Gelegentlich (s. Beispiel 2, S. 218) haben die Ergebnisse wesentlich weniger sichere Stellen als die Eingabedaten.

Rechenschema. Die Gleichungen werden so angeordnet, daß wie in Gl. (214.1) gleiche Unbekannte untereinander stehen. Dann brauchen nur noch die Koeffizienten (einschließlich der Vorzeichen) aufgeschrieben zu werden, wie dies in Beispiel 3, S. 220, geschehen ist. Tritt in einer der Zeilen von Gl. (214.1) eine Unbekannte nicht auf, so ist im Schema der Koeffizienten an der betreffenden Stelle eine Null einzutragen.

Bei der Berechnung statisch unbestimmter Systeme (bei mehrfach gelagerter Welle, Fachwerken mit überzähligen Stäben oder Schubverbänden im Leichtbau) läßt sich durch geschickte Wahl der statisch unbestimmten Größen (der Unbekannten des Systems) fast immer erreichen, daß ein Koeffizient einer Zeile erheblich größer als die übrigen Koeffizienten dieser Zeile ist. Dann numeriert man die Gleichungen möglichst so, daß der größte Koeffizient einer Zeile in der Hauptdiagonale des Koeffizientenschemas steht, d. h., der größte Koeffizient jeder Zeile steht an der Stelle $i = k$. Man erreicht damit, daß die Multiplikatoren a_{ik}/a_{kk} möglichst klein werden. Dadurch haben Rundungsfehler nur geringen Einfluß. Insbesondere darf kein Koeffizient der Hauptdiagonale Null sein. In diesem Fall müssen zwei Gleichungen miteinander vertauscht werden.

Rechenkontrollen. Beim Rechnen mit dem Taschenrechner summiert man alle Zahlen einer Zeile, schreibt diese Summe im Koeffizientenschema in eine mit $\sum$ bezeichnete Spalte rechts neben die Koeffizientenspalten (Beispiel 3, S. 220) und führt damit die gleichen Rechenoperationen wie mit den übrigen Zahlen der Zeile durch. Die Summe der multiplizierten (oder addierten) Koeffizienten einer Zeile ist gleich der multiplizierten (oder addierten) Zahl in der Summenspalte. So erhält man in Beispiel 4, S. 221, die Zahl 1,1596 in der Summenspalte in Gl. (2′) sowohl durch Addieren der Koeffizienten der Gl. (2′) als auch aus der Differenz der Zahlen 4,2500 und 3,0904 in den beiden Zeilen von Gl. (2). Das Ergebnis der Kontrollrechnung wird in eine neben die Summenspalte zu setzende Kontrollspalte eingetragen. Durch die Rundung auf kleinere Mantissenlänge beim Hinschreiben kann sich

4.4 Lineare Gleichungssysteme

eine Abweichung von ein bis zwei Einheiten der letzten Stelle ergeben. Eine größere Abweichung weist auf Bedienungsfehler hin.

Es empfiehlt sich, die Summenprobe nach **jedem** Rechenschritt durchzuführen, damit bei eventuellen Fehlern nur jeweils **eine** Zeile neu gerechnet werden muß. Die Kontrollrechnung erfordert erheblich weniger Zeit als eine neue Berechnung des ganzen Systems bei Fehlern, die sich ohne Kontrollrechnung erst bei der abschließenden Rechenprobe herausstellen, bei der man die Unbekannten x_1 bis x_n in alle Ausgangsgleichungen einsetzt und prüft, ob sich (bis auf Rundungsfehler) die Koeffizienten b_i ergeben. Die Probe kürzt man ab, indem man die Spaltensummen $s_k = \sum_{i=1}^{n} a_{ik}$ in das Rechenschema übernimmt und am besten im Tafelkopf unterbringt. Die Probe ausgenommen, sind $\left(\dfrac{n^2}{2} + \dfrac{n}{2}\right)$ Divisionen und je $\left(\dfrac{n^3}{3} + \dfrac{n^2}{2} - \dfrac{5}{6}n\right)$ Multiplikationen und Additionen erforderlich, also wiederum insgesamt $\dfrac{2}{3}n^3 + \dfrac{3}{2}n^2 - \dfrac{7}{6}n$ Operationen.

Beispiel 3 Man löse das System

$$\begin{aligned}
x_1 \phantom{{}-x_2} - 2x_3 + x_4 &= 8 \\
3x_1 - x_2 - x_3 - 2x_4 &= 2 \\
-3x_1 + 2x_2 - 3x_3 - x_4 &= -13 \\
2x_1 + x_2 - 3x_3 - 40x_4 &= -156
\end{aligned} \qquad (220.1)$$

Gl.-Nr.	x_1	x_2	x_3	x_4	b	Σ	Kontrolle	Multiplikator
		Spaltensummen						
	3	2	−9	−42	−159			
(1)	1	0	−2	1	8	8		
(2)	3	−1	−1	−2	2	1		
	3	0	−6	3	24	24	24	(1) · 3
(3)	−3	2	−3	−1	−13	−18		
	−3	0	6	−3	−24	−24	−24	(1) · (−3)
(4)	2	1	−3	−40	−156	−196		
	2	0	−4	2	16	16	16	(1) · 2
(2')		−1	5	−5	−22	−23	−23	
(3')		2	−9	2	11	6	6	
		2	−10	10	44	46	46	(2') · (−2)
(4')		1	1	−42	−172	−212	−212	
		1	−5	5	22	23	23	(2') · (−1)
(3″)			1	−8	−33	−40	−40	
(4″)			6	−47	−194	−235	−235	
			6	−48	−198	−240	−240	(3″) · 6
(4‴)				1	4	5	5	

Hieraus ergibt sich das gestaffelte System

$$\begin{pmatrix} 1 & 0 & -2 & 1 \\ 0 & -1 & 5 & -5 \\ 0 & 0 & 1 & -8 \\ 0 & 0 & 0 & 1 \end{pmatrix} \begin{pmatrix} x_1 \\ x_2 \\ x_3 \\ x_4 \end{pmatrix} = \begin{pmatrix} 8 \\ -22 \\ -33 \\ 4 \end{pmatrix}$$

mit den Lösungen

$$x_4 = 4$$
$$x_3 = 8x_4 - 33 = -1$$
$$x_2 = 5x_3 - 5x_4 + 22 = -3$$
$$x_1 = 2x_3 - x_4 + 8 = 2$$

Beispiel 4 Das Gleichungssystem (Hauptdiagonale hervorgehoben)

$$\begin{aligned} \mathbf{3{,}28}\, x_1 + 1{,}32\, x_2 - 0{,}89\, x_3 + 1{,}64\, x_4 &= 5{,}10 \\ 0{,}97\, x_1 + \mathbf{2{,}56}\, x_2 + 1{,}54\, x_3 + 1{,}26\, x_4 &= -2{,}08 \\ -1{,}44\, x_1 + 1{,}75\, x_2 + \mathbf{5{,}25}\, x_3 - 1{,}98\, x_4 &= 1{,}77 \\ 0{,}90\, x_1 + 1{,}06\, x_2 - 0{,}82\, x_3 + \mathbf{1{,}85}\, x_4 &= 2{,}54 \end{aligned} \qquad (221.1)$$

ist nach dem Eliminationsverfahren zu lösen.

Die Elimination wird in einer Tafel durchgeführt. Es werden jeweils vier Dezimalstellen vom Taschenrechner übertragen. Dabei wird mit voller Genauigkeit weitergerechnet.

Gl.-Nr.	x_1	x_2	x_3 Spaltensummen	x_4	b	Σ	Kontrolle	Multiplikator
	3,71	6,69	5,08	2,77	7,33			
(1)	3,2800	1,3200	−0,8900	1,6400	5,1000	10,4500		
(2)	0,9700	2,5600	1,5400	1,2600	−2,0800	4,2500		
	0,9700	0,3904	−0,2632	0,4850	1,5082	3,0904	3,0904	(1) · 0,2957
(3)	−1,4400	1,7500	5,2500	−1,9800	1,7700	5,3500		
	−1,4400	−0,5795	0,3907	−0,7200	−2,2390	−4,5878	−4,5878	(1) · (−0,4390)
(4)	0,9000	1,0600	−0,8200	1,8500	2,5400	5,5300		
	0,9000	0,3622	−0,2442	0,4500	1,3994	2,8674	2,8674	(1) · 0,2744
(2′)		2,1696	1,8032	0,7750	−3,5882	1,1596	1,1596	
(3′)		2,3295	4,8593	−1,2600	4,0090	9,9378	9,9378	
		2,3295	1,9361	0,8321	−3,8526	1,2451	1,2451	(2′) · 1,0737
(4′)		0,6978	−0,5758	1,4000	1,1406	2,6626	2,6626	
		0,6978	0,5800	0,2493	−1,1541	0,3730	0,3730	(2′) · 0,3216
(3″)			2,9232	−2,0921	7,8617	8,6927	8,6928	
(4″)			−1,1557	1,1507	2,2947	2,2897	2,2897	
			−1,1557	0,8272	−3,1083	−3,4368	−3,4369	(3″) · (−0,3954)
(4‴)				0,3236	5,4029	5,7265	5,7265	

Aus den Gleichungen (4'''), (3'') (2') und (1) (Staffelsystem) werden jetzt nacheinander die Unbekannten x_4, x_3, x_2 und x_1 berechnet

$$x_4 = 5{,}4029/0{,}3236 = 16{,}6972$$
$$x_3 = (7{,}8617 + 2{,}0921 \cdot 16{,}6972)/2{,}9232 = 14{,}6395$$
$$x_2 = (-3{,}5882 - 0{,}7750 \cdot 16{,}6972 - 1{,}8032 \cdot 14{,}6395)/2{,}1696 = -19{,}7852$$
$$x_1 = (5{,}1000 - 1{,}64 \cdot 16{,}6972 + 0{,}89 \cdot 14{,}6395 + 1{,}32 \cdot 19{,}7852)/3{,}28 = 5{,}1409$$

Kontrolle mit den Koeffizientenspalten der Ausgangsgleichungen (221.1) mit den Spaltensummen $s_1 = 3{,}71$, $s_2 = 6{,}69$, $s_3 = 5{,}08$ und $s_4 = 2{,}77$

$$3{,}71 x_1 + 6{,}69 x_2 + 5{,}08 x_3 + 2{,}77 x_4 = 7{,}329999950$$

Die Summe der b-Spalte ergibt 7,3300. Die Ergebnisse werden auf die Stellenanzahl der Koeffizienten gerundet. Die Lösung lautet also

$$x_1 = 5{,}14$$
$$x_2 = -19{,}79$$
$$x_3 = 14{,}64$$
$$x_4 = 16{,}70$$

4.4.3 Verketteter Gauß-Algorithmus

Beim Eliminationsverfahren gibt es viele Rechenoperationen, deren (Zwischen-)Ergebnisse bei Benutzung von Taschenrechnern und bei einfachen Zahlen sogar bei reiner Handrechnung nicht hingeschrieben zu werden brauchen. Der Grundgedanke des folgenden Verfahrens besteht darin, von jeder Stufe des Eliminationsverfahrens nur noch die erste Gleichung hinzuschreiben. In der Terminologie der Matrizenrechnung wird die Matrix A in das Produkt zweier Dreieckmatrizen $A = L\,U$ zerlegt. Die nachstehend geschilderte Berechnung von L und U kann unabhängig von der rechten Seite b durchgeführt werden. Deshalb ist dieses Verfahren besonders zweckmäßig, wenn für die gleiche Koeffizientenmatrix A Systeme mit verschiedenen rechten Seiten gelöst werden müssen. Gleichung $A = L\,U$ hat die Form

$$\begin{bmatrix} a_{11} & \cdots & a_{1n} \\ \cdot & & \cdot \\ \cdot & & \cdot \\ \cdot & & \cdot \\ a_{n1} & \cdots & a_{nn} \end{bmatrix} = \begin{bmatrix} 1 & 0 & 0 & \cdots & 0 \\ l_{21} & 1 & 0 & & 0 \\ l_{31} & l_{32} & 1 & & 0 \\ & & & \vdots & \\ l_{n1} & l_{n2} & l_{n3} & \cdots & 1 \end{bmatrix} \cdot \begin{bmatrix} u_{11} & u_{12} & \cdots & u_{1n} \\ 0 & u_{22} & \cdots & u_{2n} \\ & & \cdot & \\ & & \cdot & \\ 0 & 0 & & u_{nn} \end{bmatrix}$$

Die Zerlegung einer gegebenen Matrix A in zwei Faktoren L und U ist wegen der Zusatzbedingungen (Dreieckmatrizen, in einer Hauptdiagonale nur Einsen) immer eindeutig möglich, wenn A nichtsingulär, also $\det A \neq 0$ ist. Aus dem folgenden Schema der Matrizenmultiplikation für $n = 4$ (s. Beispiel 4, S. 207) läßt sich das allgemeine Bildungsgesetz der Elemente l_{ij} und u_{ij} erkennen. Man stellt sich vor, daß zunächst die Elemente a_{ij} berechnet werden und löst dann die entstehenden Gleichungen nach l_{ij} bzw. u_{ij} auf.

4.4.3 Verketteter Gauß-Algorithmus

				u_{11}	u_{12}	u_{13}	u_{14}
				0	u_{22}	u_{23}	u_{24}
				0	0	u_{33}	u_{34}
				0	0	0	u_{44}
1	0	0	0	a_{11}	a_{12}	a_{13}	a_{14}
l_{21}	1	0	0	a_{21}	a_{22}	a_{23}	a_{24}
l_{31}	l_{32}	1	0	a_{31}	a_{32}	a_{33}	a_{34}
l_{41}	l_{42}	l_{43}	1	a_{41}	a_{42}	a_{43}	a_{44}

Man erhält z. B.

$$a_{34} = l_{31} u_{14} + l_{32} u_{24} + u_{34}$$

und daraus

$$u_{34} = a_{34} - l_{31} u_{14} - l_{32} u_{24}$$

oder

$$a_{43} = l_{41} u_{13} + l_{42} u_{23} + l_{43} u_{33}$$

und daraus

$$l_{43} = \frac{a_{43} - l_{41} u_{13} - l_{42} u_{23}}{u_{33}}$$

So ergibt sich das auch für das Programmieren geeignete allgemeine **Bildungsgesetz**

$$u_{1j} = a_{1j} \qquad \text{für } j = 1, \ldots, n$$

$$l_{i1} = \frac{a_{i1}}{u_{11}} \qquad \text{für } i = 2, \ldots, n$$

Dann wird für $j = 2, \ldots, n$ \hfill (223.1)

$$u_{ij} = a_{ij} - \sum_{k=1}^{i-1} l_{ik} u_{kj} \qquad \text{für } i = 2, \ldots, j$$

$$l_{ij} = \frac{1}{u_{jj}} \left(a_{ij} - \sum_{k=1}^{j-1} l_{ik} u_{kj} \right) \qquad \text{für } i = j+1, \ldots, n$$

Hieraus lassen sich nacheinander alle l_{ij} mit $i > j$ und alle u_{ij} mit $i \leq j$ berechnen, wenn man spaltenweise rechnet. Man erkennt ferner, daß die u_{ij} mit den Koeffizienten des gestaffelten Systems und die l_{ij} mit den Multiplikatoren des Eliminationsverfahrens (Abschn. 4.4.2) übereinstimmen.

Aus der Matrizengleichung $Ax = LUx = b$ erhält man mit dem Hilfsvektor d zwei gestaffelte Gleichungssysteme, die nacheinander gelöst werden können

$$Ld = b$$

und

$$Ux = d$$

Im gleichen Arbeitsgang wie die Berechnung von L und U können die neuen rechten Seiten, der Spaltenvektor d berechnet werden. Auf Grund der gleichen Überlegung wie bei der Zerlegung von A erhält man aus $Ld = b$

$$d_1 = b_1$$
$$d_i = b_i - \sum_{k=1}^{i-1} l_{ik} d_k \qquad \text{für } i = 2, \ldots, n \tag{224.1}$$

und sodann aus $Ux = d$

$$x_n = \frac{d_n}{u_{nn}}$$
$$x_i = \frac{1}{u_{ii}} \left(d_i - \sum_{k=i+1}^{n} u_{ik} x_k \right) \qquad \text{für } i = n-1, \ldots, 1 \tag{224.2}$$

Bei der Benutzung von Taschenrechnern sind diese Bildungsgesetze einfacher zu handhaben, wenn man die l_{ik} einer Zeile mit Ausnahme der Hauptdiagonale zu einem Zeilenvektor mit n Spalten $l_i' = (l_{i1}, l_{i2}, \ldots, l_{i,i-1}, 0, \ldots, 0)$ und die u_{kj} einer Spalte zu einem Vektor $u_j' = (u_{1j}, \ldots, u_{j-1,j}, 0, \ldots, 0)'$ zusammenfaßt. Ferner ist es zweckmäßig, beim Vektor l_i' das Vorzeichen zu ändern.

Dann wird aus Gl. (223.1) mit der Schreibweise des skalaren Produktes

$$u_{ij} = a_{ij} + l_i' u_j \qquad l_{ij} = \frac{a_{ij} + l_i' u_j}{-u_{jj}} \tag{224.3}$$

In Verbindung mit dem Rechenschema 224.1 ergeben sich dann folgende Merkregeln:

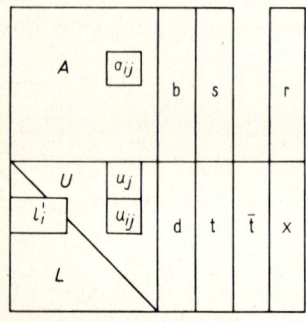

224.1

1. Ein Element von L oder U ist gleich dem entsprechenden Element von A plus dem skalaren Produkt der Zeile mal der Spalte, in der das gesuchte Element steht.

2. Bei den l_{ij} ist außerdem durch das darüberstehende im Vorzeichen umgekehrte Element der Hauptdiagonale zu dividieren (diese Elemente u_{jj} dürfen deshalb nicht Null werden).

3. Das skalare Produkt endet neben bzw. über dem zu berechnenden Element.

Die Rechnung beginnt mit der 1. Zeile $u_{1k} = a_{1k}$, dann folgt die 1. Spalte $l_{i1} = a_{i1}/(-u_{11})$. Der Rest kann spalten- oder auch zeilenweise gerechnet werden. Wegen der folgenden Kontrolle empfiehlt sich das letztere.

4.4.3 Verketteter Gauß-Algorithmus

Gilt $\bar{u}'_j = (0,\ldots,0, u_{j,j+1},\ldots, u_{jn})'$ mit $\bar{u}_n = o$, so erhält man aus Gl. (224.1) und (224.2)

$$d_i = b_i + l'_i d \quad \text{für } i = 1,\ldots,n \tag{225.1}$$

und $\quad x_i = \dfrac{-d_i + \bar{u}'_i x}{-u_{ii}} \quad \text{für } i = n, n-1, \ldots, 1$

Wie beim Eliminationsverfahren empfiehlt sich auch hier das Mitführen eines Vektors s der Zeilensummen. Er wird mit den gleichen Operationen in den Vektor t überführt wie b in d. Die Elemente des Vektors $\bar{t}$ sind die tatsächlichen Summen der Elemente u_{ij} und d_i einer Zeile (beim Eliminationsverfahren als „Kontrollspalte" bezeichnet).

Setzt man schließlich die Lösungen x_i in alle Gleichungen ein, erhält man den in Gl. (226.2) beschriebenen Residuenvektor r, der zur Berechnung von Korrekturen benutzt werden kann.

Zusammenfassend kann der verkettete Gauß-Algorithmus durch folgende Matrizenoperationen beschrieben werden[1]):

$$A\,x = b \tag{225.2}$$

$$L\,U\,x = b \quad \text{mit} \quad A = L\,U \tag{225.3}$$

$$L\,d = b \quad \text{mit} \quad U\,x = d \tag{225.4, 225.5}$$

1. Berechnung von L und U mit dem rechten Teil von Gl. (225.3),
2. Berechnung von d aus Gl. (225.4),
3. Berechnung von x aus Gl. (225.5),
4. Probe mit Gl. (225.2).

Für die Zerlegung in zwei Dreieckmatrizen sind je $\left(\dfrac{n^3}{3} - \dfrac{n^2}{2} + \dfrac{n}{6}\right)$ Additionen und Multiplikationen sowie $\left(\dfrac{n^2}{2} - \dfrac{n}{2}\right)$ Divisionen erforderlich, dies sind insgesamt $\left(\dfrac{2}{3}n^3 - \dfrac{n^2}{2} - \dfrac{n}{6}\right)$ Operationen. Die Auflösung der Systeme (225.4) und (225.5) erfordert je $(n^2 - n)$ Additionen und Multiplikationen sowie n Divisionen, also $(2n^2 - n)$ Operationen. Wiederum ist die Gesamtanzahl aller Operationen $\dfrac{2}{3}n^3 + \dfrac{3}{2}n^2 - \dfrac{7}{6}n$. Wesentlich ist, daß bei mehreren rechten Seiten die $\dfrac{2}{3}n^3 - \dfrac{n^2}{2} - \dfrac{n}{6}$ Operationen von Gl. (225.3) nur einmal ausgeführt werden müssen. Für jede neue rechte Seite sind nur die jeweils $(2n^2 - n)$ Operationen erforderlich, so daß für große n wesentliche Arbeit gespart wird. Hierbei sind die für die Kontrollrechnung erforderlichen Operationen nicht mit berücksichtigt, da i. allg. für große n eine Rechenanlage benutzt wird, bei der sich eine Kontrollrechnung erübrigt.

Beispiel 5 Das System von Beispiel 3, S. 220, ist mit dem verketteten Gauß-Algorithmus zu lösen. Weil hier nur ganze Zahlen auftreten, werden die Kontrollspalte $\bar{t}$ und der Vektor r nicht hingeschrieben.

---
[1]) Siehe Schema für Taschenrechner in [17].

226 4.4 Lineare Gleichungssysteme

				b	s	
1	0	−2	1	8	8	
3	−1	−1	− 2	2	1	
−3	2	−3	− 1	− 13	− 18	
2	1	−3	−40	−156	−196	x
1	0	−2	1	8	8	2
−3	−1	5	− 5	− 22	− 23	−3
3	2	1	− 8	− 33	− 40	−1
−2	1	−6	1	4	5	4

Beispiel 6 Man löse das System von Beispiel 4, S. 221, mit dem verketteten Gauß-Algorithmus.

				b	s		
3,2800	1,3200	−0.8900	1,6400	5,1000	10,4500		
0,9700	2,5600	1,5400	1,2600	−2,0800	4,2500		
−1,4400	1,7500	5,2500	−1,9800	1,7700	5,3500		
0,9000	1,0600	−0,8200	1,8500	2,5400	5,5300	t'	x
3,2800	1,3200	−0,8900	1,6400	5,1000	10,4500	10,4500	5,1409
−0,2957	2,1696	1,8032	0,7750	−3,5882	1,1596	1,1596	−19,7852
0,4390	−1,0737	2,9232	−2,0921	7,8617	8,6928	8,6928	14,6395
−0,2744	−0,3216	0,3954	0,3236	5,4029	5,7265	5,7265	16,6972

Korrekturen Aus dem linearen System

$$A x - b = o \qquad (226.1)$$

habe man den Lösungsvektor $x^{(1)}$ erhalten, der naturgemäß Rundungsfehler enthält. Setzt man $x^{(1)}$ in das System (226.1) ein, so erhält man i. allg. nicht exakt den Nullvektor, sondern gewisse Abweichungen, Residuen genannt. Der Residuumvektor r genügt also der Vektorgleichung

$$r = A x^{(1)} - b \qquad (226.2)$$

Um die Lösung zu verbessern, macht man den Ansatz

$$x = x^{(1)} + \Delta x$$

Einsetzen dieses Ansatzes in das System (226.1) ergibt

$$A x^{(1)} + A \Delta x - b = o$$

oder wegen Gl. (226.2)

$$A \Delta x = -r \tag{227.1}$$

Das System (227.1) hat die gleiche Koeffizientenmatrix wie das System (226.1), die rechte Seite ist der Residuumvektor mit geänderten Vorzeichen. Berechnet werden die Korrekturen Δx. Zu diesem Korrekturverfahren empfiehlt es sich, den verketteten Gauß-Algorithmus zu verwenden, da nur einmal die Zerlegung $A = LU$ zu erfolgen braucht. Wesentlich ist, daß die Residuen genau, i. allg. mit doppelter Stellenzahl gerechnet werden. Die Lösung des Korrektursystems (227.1) kann dann wieder mit einfacher Stellenzahl erfolgen.

Dieses Korrekturverfahren hat beim Rechnen mit einem Taschenrechner keine Bedeutung, denn hierbei wird sinnvollerweise von Anfang an mit der vollen zur Verfügung stehenden Kapazität gerechnet. Stehen jedoch auf einer Rechenanlage Zahlen mit einfacher und mit doppelter Genauigkeit zur Verfügung, so ist es aus Kostengründen (Rechenzeit, evtl. auch Speicherraum) sinnvoll, die Rechnung vorwiegend in einfacher Genauigkeit vorzunehmen und nur die Residuen mit doppelter Genauigkeit zu rechnen.

4.4.4 Austauschverfahren

Dieses von Stiefel [27] entwickelte Verfahren ist eine Weiterführung des Einsetzverfahrens. Das Austauschverfahren ist zum Bilden der Kehrmatrix gut geeignet. Dabei kann festgestellt werden, ob die Matrix regulär ist, also $\det A \neq 0$ gilt. Weiter wird die Kehrmatrix häufig benötigt, um die Kondition einer Matrix zu bestimmen (s. Beispiel 2, S. 218 und Abschn. 4.4.8), ebenfalls in der Ausgleichungsrechnung (s. Abschn. 16.3). Das Austauschverfahren kann auch auf nichtquadratische Matrizen angewandt werden. Diese Anwendung findet man besonders in der Optimierungstheorie, auf die in diesem Buche nicht eingegangen wird.

Zwischen zwei Größensystemen $x = (x_1, x_2, \ldots, x_n)'$ und $y = (y_1, y_2, \ldots, y_m)'$ bestehe folgender Zusammenhang (s. auch Abschn. 4.3.1)

$$\begin{aligned} a_{11} x_1 + a_{12} x_2 + a_{13} x_3 + \cdots + a_{1n} x_n &= y_1 \\ a_{21} x_1 + a_{22} x_2 + a_{23} x_3 + \cdots + a_{2n} x_n &= y_2 \\ \vdots \qquad\qquad\qquad\qquad &\quad\vdots \\ a_{m1} x_1 + a_{m2} x_2 + a_{m3} x_3 + \cdots + a_{mn} x_n &= y_m \end{aligned} \tag{227.2}$$

oder in Matrizenform

$$A x = y \tag{227.3}$$

Hierbei ist die Matrix A vom Typ (m, n). Ist der Vektor y gegeben und x gesucht, so muß das System (227.2) umgestellt werden. Dies kann erreicht werden, indem man jeweils eine Koordinate von x mit einer Koordinate von y austauscht. Das Prinzip dieses Verfahrens soll mit $m = 3$ und $n = 4$ erläutert werden.

4.4 Lineare Gleichungssysteme

Gegeben sind drei lineare Funktionen y_1, y_2 und y_3 der vier unabhängigen Veränderlichen $x_1, \ldots, x_4$

$$y_1 = a_{11} x_1 + a_{12} x_2 + a_{13} x_3 + a_{14} x_4$$
$$y_2 = a_{21} x_1 + a_{22} x_2 + a_{23} x_3 + a_{24} x_4$$
$$y_3 = a_{31} x_1 + a_{32} x_2 + a_{33} x_3 + a_{34} x_4$$

Das Ausgangssystem kann man übersichtlich in folgender Anordnung schreiben, wobei jede Zeile einer Gleichung entspricht. Der rechte untere Teil dieses Schemas ist die Koeffizientenmatrix des Gleichungssystems. Das Ausgangssystem hat dann folgende Gestalt

	x_1	x_2	x_3	x_4
y_1	a_{11}	a_{12}	a_{13}	a_{14}
y_2	a_{21}	a_{22}	a_{23}	a_{24}
y_3	a_{31}	a_{32}	a_{33}	a_{34}

Jetzt wird z.B. die dritte Gleichung nach der Veränderlichen x_2 aufgelöst

$$x_2 = -\frac{a_{31}}{a_{32}} x_1 + \frac{1}{a_{32}} y_3 - \frac{a_{33}}{a_{32}} x_3 - \frac{a_{34}}{a_{32}} x_4$$

und in die beiden anderen Gleichungen eingesetzt

$$y_1 = \left(a_{11} - a_{12}\frac{a_{31}}{a_{32}}\right) x_1 + \frac{a_{12}}{a_{32}} y_3 + \left(a_{13} - a_{12}\frac{a_{33}}{a_{32}}\right) x_3 + \left(a_{14} - a_{12}\frac{a_{34}}{a_{32}}\right) x_4$$

$$y_2 = \left(a_{21} - a_{22}\frac{a_{31}}{a_{32}}\right) x_1 + \frac{a_{22}}{a_{32}} y_3 + \left(a_{23} - a_{22}\frac{a_{33}}{a_{32}}\right) x_3 + \left(a_{24} - a_{22}\frac{a_{34}}{a_{32}}\right) x_4$$

Das neue System wird nach erfolgtem Austausch von x_2 gegen y_3 durch folgende Form beschrieben

	x_1	y_3	x_3	x_4
y_1	$a_{11} - a_{12}\dfrac{a_{31}}{a_{32}}$	$\dfrac{a_{12}}{a_{32}}$	$a_{13} - a_{12}\dfrac{a_{33}}{a_{32}}$	$a_{14} - a_{12}\dfrac{a_{34}}{a_{32}}$
y_2	$a_{21} - a_{22}\dfrac{a_{31}}{a_{32}}$	$\dfrac{a_{22}}{a_{32}}$	$a_{23} - a_{22}\dfrac{a_{33}}{a_{32}}$	$a_{24} - a_{22}\dfrac{a_{34}}{a_{32}}$
x_2	$-\dfrac{a_{31}}{a_{32}}$	$\dfrac{1}{a_{32}}$	$-\dfrac{a_{33}}{a_{32}}$	$-\dfrac{a_{34}}{a_{32}}$

Die Spalte der Koeffizientenmatrix, in der die eine auszutauschende Veränderliche steht (hier die zweite Spalte mit der Veränderlichen x_2), heißt Pivotspalte. Die Zeile der Matrix, in der die andere auszutauschende Veränderliche steht (hier die dritte Zeile mit

4.4.4 Austauschverfahren

der Veränderlichen y_3), heißt die **Pivotzeile**. Das in der Pivotzeile und Pivotspalte stehende Matrixelement heißt der **Pivot**[1]).

Vorbereitung des Austausches. Unter die alte Matrix wird eine zusätzliche Zeile, die **Kellerzeile**, geschrieben. Jedes Element der Kellerzeile ist das entsprechende Element der Pivotzeile dividiert durch den Pivot und durch (-1). Unter die Pivotspalte wird kein Element in die Kellerzeile geschrieben.

	x_1	x_2	x_3	x_4
y_1	a_{11}	$\underline{a_{12}}$	a_{13}	a_{14}
y_2	a_{21}	$\underline{a_{22}}$	a_{23}	a_{24}
y_3	$\underline{a_{31}}$	$\underline{\underline{a_{32}}}$	$\underline{a_{33}}$	$\underline{a_{34}}$
	$-\dfrac{a_{31}}{a_{32}}$		$-\dfrac{a_{33}}{a_{32}}$	$-\dfrac{a_{34}}{a_{32}}$

In diesem Schema sind Pivotzeile, Pivotspalte und besonders der Pivot durch Unterstreichungen hervorgehoben.

Durchführung des Austausches. Die Elemente der neuen Matrix werden wie folgt berechnet.

1. Dem alten Schema wird eine Kellerzeile angefügt, in die (außer in der Pivotspalte) die durch den Pivot dividierten und im Vorzeichen geänderten Elemente der Pivotzeile eingetragen werden.
2. Der Pivot wird in seinen Kehrwert transformiert.
3. Die übrigen Elemente der Pivotspalte werden durch den Pivot dividiert.
4. Die übrigen Elemente der Pivotzeile werden aus der Kellerzeile übernommen.
5. Zu den übrigen Elementen wird das Produkt aus dem gleichzeiligen Element der Pivotspalte und dem gleichspaltigen Element der Kellerzeile addiert.

Diese Regeln sind unabhängig von der Anzahl der Gleichungen und der Unbekannten. Alle hierauf aufbauenden Methoden bestehen aus der mehrfachen Anwendung dieser Austauschregeln.

Inversion einer Matrix Zu einer nichtsingulären (n, n)-Matrix A werde ihre Kehrmatrix (Inverse) A^{-1} gesucht. Aus der Vektorgleichung

$$y = A x \tag{229.1}$$

ergibt sich durch Linksmultiplikation mit A^{-1}

$$A^{-1} y = A^{-1} A x = x$$

also $\quad x = A^{-1} y$

Löst man mit Hilfe des Austauschverfahrens das System (229.1) nach dem Vektor x auf, so ergibt das Schema A^{-1}.

---

[1]) pivot (franz.) = Drehpunkt

Beispiel 7 Man bestimme A^{-1} zu der Matrix

$$A = \begin{pmatrix} 1 & 0 & -2 & 1 \\ 3 & -1 & -1 & -2 \\ -3 & 2 & -3 & -1 \\ 2 & 1 & -3 & -40 \end{pmatrix}$$

Man schreibt die Matrix (229.1) als Austauschschema

	x_1	x_2	x_3	x_4
y_1	$\underline{\underline{1}}$	$\underline{0}$	-2	1
y_2	$\underline{3}$	-1	-1	-2
y_3	$\underline{-3}$	2	-3	-1
y_4	$\underline{2}$	1	-3	-40
		0	2	-1

Hier ist a_{11} als Pivot gewählt, Pivotzeile und -spalte gekennzeichnet und die Kellerzeile angefügt. Der Austausch von x_1 mit y_1 nach den vorstehenden Regeln ergibt

	y_1	x_2	x_3	x_4
x_1	1	$\underline{0}$	2	-1
y_2	$\underline{3}$	$\underline{\underline{-1}}$	$\underline{5}$	$\underline{-5}$
y_3	-3	$\underline{2}$	-9	2
y_4	2	$\underline{1}$	1	-42
		3	5	-5

Jetzt bietet sich $a'_{22} = -1$ als nächster Pivot an, es wird also x_2 mit y_2 ausgetauscht. In den Schemata ist jeweils die Unterstreichung für den nächsten Schritt bereits vorgenommen worden.

	y_1	y_2	x_3	x_4
x_1	1	0	$\underline{2}$	-1
x_2	3	-1	$\underline{5}$	-5
y_3	$\underline{3}$	-2	$\underline{\underline{1}}$	-8
y_4	5	-1	$\underline{6}$	-47
	-3	2		8

Mit dem Pivot $a''_{33} = 1$ erhält man

	y_1	y_2	y_3	x_4
x_1	−5	4	2	15
x_2	−12	9	5	35
x_3	−3	2	1	8
y_4	−13	11	6	1
	13	−11	−6	

Im letzten Austausch werden x_4 und y_4 vertauscht. Es ergibt sich

	y_1	y_2	y_3	y_4
x_1	190	−161	−88	15
x_2	443	−376	−205	35
x_3	101	−86	−47	8
x_4	13	−11	−6	1

Dies ist gleichbedeutend mit

$$\begin{pmatrix} x_1 \\ x_2 \\ x_3 \\ x_4 \end{pmatrix} = \begin{pmatrix} 190 & -161 & -88 & 15 \\ 443 & -376 & -205 & 35 \\ 101 & -86 & -47 & 8 \\ 13 & -11 & -6 & 1 \end{pmatrix} \begin{pmatrix} y_1 \\ y_2 \\ y_3 \\ y_4 \end{pmatrix} \qquad x = A^{-1} y$$

Der Leser bestätige als Übung, daß $A^{-1} A = A A^{-1} = E$ die Einsmatrix ergibt.

Dieses Beispiel wurde so gewählt, daß ausschließlich mit ganzen Zahlen gerechnet wird und nacheinander die Hauptdiagonalelemente als Pivots gewählt werden konnten. Werden Pivots außerhalb der Hauptdiagonale gewählt, so müssen am Schluß die Zeilen und Spalten nach aufsteigenden Indexwerten geordnet werden (s. Beispiel 8). Diese Inversion einer (n, n)-Matrix erfordert n Divisionen, $(n^3 - n)$ Multiplikationen und $n(n-1)^2$ Additionen, also insgesamt $(2 n^3 - 2 n^2 + n)$ Operationen. Kann, wie im nachstehenden Beispiel, nicht exakt gerechnet werden, wählt man als Pivot jeweils das Element vom größten Betrage, weil hierdurch die Fehlerfortpflanzung am kleinsten gehalten wird, da alle Kellerelemente kleiner als Eins werden, s. auch [17].

Beispiel 8[1])   Man invertiere die Matrix

$$A = \begin{pmatrix} 1{,}32 & 1{,}64 & 3{,}28 & -0{,}89 \\ 2{,}56 & 1{,}26 & 0{,}97 & 1{,}54 \\ 1{,}75 & -1{,}98 & -1{,}44 & 5{,}25 \\ 1{,}06 & 1{,}85 & 0{,}90 & -0{,}82 \end{pmatrix}$$

---

[1]) Um die einzelnen Verfahren von Abschn. 4.4 besser vergleichen zu können, werden jeweils die gleichen Beispiele behandelt. Nur hier und in Beispiel 10, S. 236, wird insofern von diesem Prinzip abgewichen, daß Zeilen und Spalten vertauscht sind, um Pivots außerhalb der Hauptdiagonale zu erhalten. Damit soll gezeigt werden, daß das Überwiegen der Hauptdiagonalglieder beim Austauschverfahren nicht erforderlich ist.

4.4 Lineare Gleichungssysteme

Die Rechnung erfolgt mit einem Taschenrechner mit 12 Ziffern. Es werden jeweils 4 Stellen hinter dem Komma im Schema und 5 Stellen hinter dem Komma in der Kellerzeile hingeschrieben.

	x_1	x_2	x_3	x_4
y_1	1,3200	1,6400	3,2800	−0,8900
y_2	2,5600	1,2600	0,9700	1,5400
y_3	1,7500	−1,9800	−1,4400	5,2500
y_4	1,0600	1,8500	0,9000	−0,8200
	−0,33333	0,37714	0,27429	

	x_1	x_2	x_3	y_3
y_1	1,6167	1,3043	3,0359	−0,1695
y_2	2,0467	1,8408	1,3924	0,2933
x_4	−0,3333	0,3771	0,2743	0,1905
y_4	1,3333	1,5407	0,6751	−0,1562
	−0,53252	−0,42964		0,05584

	x_1	x_2	y_1	y_3
x_3	−0,5325	−0,4296	0,3294	0,0559
y_2	1,3052	1,2426	0,4586	0,3711
x_4	−0,4794	0,2593	0,0903	0,2058
y_4	0,9738	1,2507	0,2224	−0,1185
		−0,95202	−0,35140	−0,28432

	y_2	x_2	y_1	y_3
x_3	−0,4080	0,0773	0,5165	0,2072
x_1	0,7662	−0,9520	−0,3514	−0,2843
x_4	−0,3673	0,7157	0,2588	0,3421
y_4	0,7461	0,3236	−0,1198	−0,3954
	−2,30583		0,37036	1,22185

Beim letzten Austausch kommt nur noch ein Pivot in Frage, beim vorletzten Austausch standen noch 4 Elemente zur Wahl.

	y_2	y_4	y_1	y_3
x_3	$-0{,}5863$	$0{,}2390$	$0{,}5452$	$0{,}3017$
x_1	$2{,}9614$	$-2{,}9421$	$-0{,}7040$	$-1{,}4475$
x_4	$-2{,}0176$	$2{,}2118$	$0{,}5239$	$1{,}2166$
x_2	$-2{,}3058$	$3{,}0904$	$0{,}3704$	$1{,}2219$

Ordnet man die Zeilen und Spalten den Indizes entsprechend, so erhält man bei 6 hinter dem Komma hingeschriebenen Stellen die Kehrmatrix von A

$$A^{-1} = \begin{pmatrix} -0{,}703990 & 2{,}961376 & -1{,}447545 & -2{,}942123 \\ 0{,}370356 & -2{,}305831 & 1{,}221851 & 3{,}090394 \\ 0{,}545161 & -0{,}586308 & 0{,}301727 & 0{,}238974 \\ 0{,}523870 & -2{,}017569 & 1{,}216563 & 2{,}211775 \end{pmatrix}$$

Zur Kontrolle wird $A^{-1} \cdot A$ gebildet

$$A^{-1} \cdot A = \begin{pmatrix} 1 - 2 \cdot 10^{-9} & -10^{-9} & -2 \cdot 10^{-9} & 2 \cdot 10^{-9} \\ 2 \cdot 10^{-9} & 1 & 10^{-9} & -2 \cdot 10^{-9} \\ 3 \cdot 10^{-10} & 0 & 1 - 10^{-10} & -10^{-10} \\ 3 \cdot 10^{-9} & -10^{-9} & 0 & 1 + 10^{-9} \end{pmatrix}$$

Die Abweichungen liegen höchstens in der neunten Stelle hinter dem Komma.

4.4.5 Verkürztes Austauschverfahren

Gegeben sei ein inhomogenes System

$$A\,x = b \qquad (233.1)$$

Dieser Matrizengleichung ordnet man einen Vektor y zu, der durch das System

$$y = A\,x - b \qquad (233.2)$$

definiert ist. Das System (233.1) hat genau dann eine Lösung, wenn alle Koordinaten des Vektors y in Gl. (233.2) Null werden. Das System (233.2) wird nun dem Austauschverfahren unterworfen. Außer den Spalten für $x_1, \ldots, x_n$ wird eine Spalte „1" für die Koordinaten des Vektors $-b$ eingeführt.

Rechnet man im Kopf oder mit einem nicht programmierbaren Taschenrechner, empfiehlt es sich, eine Rechenkontrolle einzuführen. Hierzu wird das System mit den Unbekannten $x_1, \ldots, x_n$ durch eine $(n+1)$-te Unbekannte v so erweitert, daß man ein System erhält, dessen Lösung bekannt ist. Ist

$$s_i = \sum_{j=1}^{n} a_{ij} - b_i \qquad i = 1, \ldots, n$$

die Zeilensumme und erhält die zusätzliche Unbekannte v die Koeffizienten $(-s_i)$, so sind die Gleichungen

4.4 Lineare Gleichungssysteme

$$\sum_{j=1}^{n} a_{ij} x_j - s_i v - b_i = 0$$

erfüllt, falls alle Unbekannten gleich Eins sind

$$x_1 = x_2 = \ldots = x_n = v = 1$$

Jede Zeilensumme des erweiterten Systems ist jetzt gleich Null. Diese Eigenschaft bleibt bei jedem Austausch erhalten und dient dann zur Kontrolle.

Beispiel 9 Man löse das System (220.1) mit dem Austauschverfahren unter Ausnutzung der Kellerzeilen und des Sachverhaltes, daß alle $y_i = 0$ sind (verkürztes Austauschverfahren).

Man geht von nachstehendem Schema aus[1])

	x_1	x_2	x_3	x_4	v	1
y_1	1	0	−2	1	8	− 8
y_2	3	−1	−1	− 2	3	− 2
y_3	−3	2	−3	− 1	− 8	13
y_4	2	1	−3	−40	−116	156
	0	2	− 1	− 8		8

(234.1)

Die gleiche Koeffizientenmatrix A wurde bereits in Beispiel 7, S. 230, invertiert. Es werden jetzt die gleichen Pivots gewählt. Die Eigenschaft der v-Spalte, jede Zeile zu Null zu machen, bleibt bei jedem Austausch erhalten, kann daher zur Kontrolle benutzt werden. Die Kellerzeile ist jeweils die nach der Pivots-Unbekannten aufgelöste Pivotgleichung, hier also

$$x_1 = 2x_3 - x_4 + 8 \qquad (234.2)$$

wenn man die v-Spalte vernachlässigt. Sind x_2, x_3 und x_4 bekannt, so kann aus Gl. (234.2), d.h. aus der Kellerzeile, die Größe x_1 berechnet werden. Daher kann bei der weiteren Rechnung auf die Zeile, die links x_1 enthält, verzichtet werden. Dies ist die Pivotzeile. Nach dem Austausch steht über der Pivotspalte y_1; da diese Größe für die Lösung des Systems (234.1) Null ist, kann auch auf die Pivotspalte verzichtet werden. Daher nimmt bei jedem Austausch die Anzahl der Zeilen und Spalten um Eins ab. In der Kellerzeile ist auch eine Kontrolle möglich. Die Kellersumme ergibt jeweils Eins, da die vollständige Kellerzeile in der Pivotspalte eine (−1) stehen hatte.

Nach dem Austausch des Schemas (234.1) ergibt sich bei Fortlassen von Pivotzeile und -spalte

	x_2	x_3	x_4	v	1
y_2	−1	5	− 5	− 21	22
y_3	2	−9	2	16	− 11
y_4	1	1	−42	−132	172
	5	− 5	− 21		22

---

[1]) Häufig wird auch die v-Spalte hinter die 1-Spalte an die letzte Stelle gesetzt.

4.4.5 Verkürztes Austauschverfahren

Die Zeilensummen sind wiederum Null, die Summe der neuen Kellerzeile Eins. Aus der Kellerzeile folgt

$$x_2 = 5x_3 - 5x_4 + 22 \tag{235.1}$$

Ein neuer Austausch verkleinert das Schema wiederum um eine Zeile und eine Spalte

	x_3	x_4	v	1
y_3	$\frac{1}{6}$	-8	-26	33
y_4		-47	-153	194
		8	26	-33

Die Kellerzeile ergibt

$$x_3 = 8x_4 - 33 \tag{235.2}$$

Das letzte Schema lautet

	x_4	v	1
y_4	1	3	-4
		-3	4

Es wird also auch beim letzten Schema eine Kellerzeile gebildet.

$$x_4 = 4 \tag{235.3}$$

Die Kellerzeilen ergeben zusammengefaßt das System

$$\begin{pmatrix} -1 & 0 & 2 & -1 \\ 0 & -1 & 5 & -5 \\ 0 & 0 & -1 & 8 \\ 0 & 0 & 0 & -1 \end{pmatrix} \begin{pmatrix} x_1 \\ x_2 \\ x_3 \\ x_4 \end{pmatrix} = \begin{pmatrix} -8 \\ -22 \\ 33 \\ -4 \end{pmatrix} \tag{235.4}$$

Die Matrix ist eine Dreieckmatrix. Es hat sich also ein gestaffeltes Gleichungssystem ergeben. Durch Ausmultiplizieren erhält man

$$\begin{aligned} -x_1 + 2x_3 - x_4 &= -8 \\ -x_2 + 5x_3 - 5x_4 &= -22 \\ -x_3 + 8x_4 &= 33 \\ -x_4 &= -4 \end{aligned}$$

Dies sind aber Gl. (234.2), (235.1), (235.2) und (235.3). Hieraus erhält man „von unten" durch Einsetzen der bereits erhaltenen Lösungen in die nächste Gleichung

$$x_4 = 4 \qquad x_3 = -1 \qquad x_2 = -3 \qquad x_1 = 2$$

Insgesamt sind hierbei $\dfrac{n(n+1)}{2}$ Divisionen, je $\left(\dfrac{n^3}{3} + \dfrac{n^2}{2} - \dfrac{5}{6}n\right)$ Multiplikationen und Additionen erforderlich, insgesamt also $\dfrac{2}{3}n^3 + \dfrac{3}{2}n^2 - \dfrac{7}{6}n$ Operationen, wobei die Kontrollrechnung nicht berücksichtigt ist.

Die Rechenkontrolle bezieht sich bisher nur auf den Teil bis zum Aufstellen des gestaffelten Systems. Eine absolut sichere Schlußkontrolle bietet das Einsetzen der Unbekannten in alle Ausgangsgleichungen (hierzu s. auch S. 219). Zur Vereinfachung werden auch oft alle Gleichungen addiert und geprüft, ob die Unbekannten die Gleichung

$$\left(\sum_{i=1}^{n} a_{i1}\right) x_1 + \left(\sum_{i=1}^{n} a_{i2}\right) x_2 + \cdots + \left(\sum_{i=1}^{n} a_{in}\right) x_n = \sum_{i=1}^{n} b_i \tag{236.1}$$

erfüllen.

Beispiel 10 Man löse das System [1])

$$1{,}32\,x_1 + 1{,}64\,x_2 + 3{,}28\,x_3 - 0{,}89\,x_4 = 5{,}10$$
$$2{,}56\,x_1 + 1{,}26\,x_2 + 0{,}97\,x_3 + 1{,}54\,x_4 = -2{,}08$$
$$1{,}75\,x_1 - 1{,}98\,x_2 - 1{,}44\,x_3 + 5{,}25\,x_4 = 1{,}77$$
$$1{,}06\,x_1 + 1{,}85\,x_2 + 0{,}90\,x_3 - 0{,}82\,x_4 = 2{,}54$$

mit dem Austauschverfahren auf 4 Stellen hinter dem Komma mit Kontrollspalte. Entsprechend Beispiel 8, S. 231, stehen jetzt die Pivots nicht mehr unbedingt in der Hauptdiagonale sondern sind die Koeffizienten mit dem jeweils größten Betrag.

	x_1	x_2	x_3	x_4	v	1
y_1	1,3200	1,6400	3,2800	−0,8900	−0,2500	−5,1000
y_2	2,5600	1,2600	0,9700	1,5400	−8,4100	2,0800
y_3	1,7500	−1,9800	−1,4400	5,2500	−1,8100	−1,7700
y_4	1,0600	1,8500	0,9000	−0,8200	−0,4500	−2,5400
	−0,33333	0,37714	0,27429		0,34476	0,33714

	x_1	x_2	x_3	v	1
y_1	1,6167	1,3043	3,0359	−0,5568	−5,4001
y_2	2,0467	1,8408	1,3924	−7,8791	2,5992
y_4	1,3333	1,5407	0,6751	−0,7327	−2,8165
	−0,53252	−0,42964		0,18342	1,77874

---

[1]) s. Fußnote S. 231.

Die letzte Zeilenkontrolle des vorstehenden Schemas ergibt eine Differenz von einer Einheit der letzten Stelle. Solche Rundungsabweichungen lassen sich nicht vermeiden. Sie beziehen sich aber nur auf das Runden beim Hinausschreiben von Zwischenwerten. Wenn diese Zwischenergebnisse im Rechner gespeichert werden, kann die gesamte Rechnung mit voller Stellenzahl durchgeführt werden. Mit einem Taschenrechner ist dies leider nur für recht kleine n möglich.

	x_1	x_2	v	1
y_2	1,3052	1,2426	$-7,6237$	5,0759
y_4	0,9738	1,2507	$-0,6089$	$-1,6157$
		$-0,95202$	5,84106	$-3,88904$

	x_2	v	1
y_4	0,3236	5,0794	$-5,4029$
		$-15,6972$	$+16,6972$

Aus den Kellerzeilen erhält man

$$x_2 = 16,6972$$
$$x_1 = -0,95202\, x_2 - 3,88904 = -19,7852$$
$$x_3 = -0,53252\, x_1 - 0,42964\, x_2 + 1,77874 = 5,1408 \qquad (237.1)$$
$$x_4 = -0,33333\, x_1 + 0,37714\, x_2 + 0,27429\, x_3 + 0,33714 = 14,6395$$

Schließt man eine Schlußkontrolle entsprechend Gl. (236.1) an, so hat man die Resultate in die Gleichung

$$6,69\, x_1 + 2,77\, x_2 + 3,71\, x_3 + 5,08\, x_4 = 7,33 \qquad (237.2)$$

einzusetzen. Man erhält für die linke Seite 7,330000080, denn hier sollte man die volle Stellenzahl des Taschenrechners ausnutzen.

4.4.6 Homogene und abhängige inhomogene Systeme

Zur Lösung homogener Systeme verwendet man das vollständige Austauschverfahren ohne Streichung der Pivotzeile und -spalte wie in Abschn. 4.4.4. Zugleich werden hiermit inhomogene Systeme mit verschwindender Koeffizientendeterminante behandelt. Löst man ein inhomogenes System mit einem der drei vorgenannten Verfahren, so erkennt man die Singularität der Koeffizientenmatrix daran, daß beim Eliminationsverfahren und verketteten Gauß-Algorithmus eines der $u_{ii} = 0$ wird, woraufhin die Rechnung abgebrochen werden muß, falls man dies nicht durch Zeilen-(Gleichungs-) oder Spaltentausch (Unbekanntentausch) vermeiden kann. Beim Verfahren von Stiefel findet man vor Beendigung aller Austausche keinen von Null verschiedenen Pivot.

4.4 Lineare Gleichungssysteme

Die in diesem Fall anzuwendende Methode wird im folgenden an einem Beispiel erläutert.

Beispiel 11 Gegeben sind die vier Funktionen

$$\begin{aligned} y_1 &= 3\,x_1 + 5\,x_2 + x_3 + 2\,x_4 \\ y_2 &= 2\,x_1 - 4\,x_2 + 3\,x_3 + 7\,x_4 \\ y_3 &= 4\,x_1 + 14\,x_2 - x_3 - 3\,x_4 \\ y_4 &= 13\,x_1 + 7\,x_2 + 9\,x_3 + 20\,x_4 \end{aligned}$$

(238.1)

In diesen vier linearen homogenen Funktionen sollen mit dem Austauschverfahren die Veränderlichen x_i gegen die abhängigen Veränderlichen y_i ausgetauscht werden. Die ersten beiden Schritte dieses Austausches sehen folgendermaßen aus

	x_1	x_2	x_3	x_4
y_1	3	5	1	2
y_2	2	−4	3	7
y_3	4	14	−1	−3
y_4	13	7	9	20
	−3	−5		−2

Das Element $a_{13} = 1$ bietet sich als Pivot an. Es werden daher zunächst die beiden Veränderlichen x_3 und y_1 ausgetauscht

	x_1	x_2	y_1	x_4
x_3	−3	−5	1	−2
y_2	−7	−19	3	1
y_3	7	19	−1	−1
y_4	−14	−38	9	2
	7	19	−3	

Wieder bietet sich eine Eins als Pivot an. Es werden daher x_4 und y_2 vertauscht

	x_1	x_2	y_1	y_2
x_3	−17	−43	7	−2
x_4	7	19	−3	1
y_3	0	0	2	−1
y_4	0	0	3	2

(238.2)

Der Austausch kann nicht weitergeführt werden, da kein von Null verschiedener Pivot mehr vorhanden ist. Die Zeilen 3 und 4 lauten jetzt

4.4.6 Homogene und abhängige inhomogene Systeme

$$y_3 = 2y_1 - y_2$$
$$y_4 = 3y_1 + 2y_2 \tag{239.1}$$

Die Zeilen 3 und 4 des Systems (238.1) ergeben sich also durch Kombinieren der beiden ersten Zeilen. Sie sind von den ersten Zeilen linear abhängig und enthalten daher keine neue Aussage. Ist ein homogenes Gleichungssystem gegeben, so erhält man anstelle von Gl. (238.1) das System

$$\begin{aligned}
3x_1 + 5x_2 + x_3 + 2x_4 &= 0 \\
2x_1 - 4x_2 + 3x_3 + 7x_4 &= 0 \\
4x_1 + 14x_2 - x_3 - 3x_4 &= 0 \\
13x_1 + 7x_2 + 9x_3 + 20x_4 &= 0
\end{aligned} \tag{239.2}$$

Jedes homogene Gleichungssystem hat die triviale Lösung $x_1 = x_2 = x_3 = x_4 = 0$, wie man durch Einsetzen bestätigt.

Aus dem Schema (238.2) folgen die beiden Gleichungen

$$x_3 = -17x_1 - 43x_2 \qquad x_4 = 7x_1 + 19x_2 \tag{239.3}$$

da y_1 und y_2 gleich Null sind. Die beiden Gleichungen (239.3) gelten für beliebige Werte von x_1 und von x_2. Sind r und s zwei frei wählbare Parameter, so lautet die Lösung des Systems (239.2)

$$\begin{aligned}
x_1 &= r & x_3 &= -17r - 43s \\
x_2 &= s & x_4 &= 7r + 19s
\end{aligned}$$

Man nennt diese Lösung zweiparametrig. Da zwei Zeilen der Matrix von den anderen linear abhängig sind, ist der Rang der Matrix $4 - 2 = 2$. Aus der Determinantentheorie ergibt sich, daß in diesem Fall die Koeffizientendeterminante gleich Null ist. Diese kann numerisch relativ leicht berechnet werden. Sehr viele Mühe macht es, bei einem numerisch gegebenen Problem mit Hilfe der Unterdeterminanten den Rang der Matrix zu bestimmen. Beim Austauschverfahren kann man den Rang unmittelbar aus der Anzahl der möglichen Austauschschritte ablesen, ehe ein weiterer Austausch unmöglich wird, weil keine von Null verschiedenen Pivots mehr vorhanden sind. Nur das Austauschverfahren erlaubt es, die Art der Abhängigkeit der Zeilen, die in Gl. (239.1) gegeben ist, zahlenmäßig anzugeben. Daher ist das Austauschverfahren bei linearer Abhängigkeit von Gleichungen anderen Methoden deutlich überlegen.

Auch bei inhomogenen Systemen ist es möglich, daß der Austausch vorzeitig abgebrochen werden muß, weil kein von Null verschiedener Pivot mehr vorhanden ist. Gl. (238.1) stellt ein inhomogenes System dar, wenn die y_i von Null verschiedene Zahlen sind. In diesem Falle ist der Lösungsweg der gleiche wie bei homogenen Systemen. Das inhomogene System mit voneinander abhängigen Gleichungen ist nur dann lösbar, wenn Gl. (239.1) für die betreffenden y_i-Werte erfüllt ist. Sind diese Gleichungen nicht erfüllt, so ist das System unlösbar. Im Sinne der Determinantentheorie liegt dann der Fall 3 auf S. 217 vor. Sind die Bedingungen (239.1) erfüllt, so erhält man für das inhomogene System ebenfalls eine zweiparametrige Lösung, die man unmittelbar aus dem Schema (238.2) ablesen kann. Die beiden Parameter werden wieder mit r und s bezeichnet. Diese können beliebige Werte annehmen

$$\begin{aligned}
x_1 &= r & x_3 &= -17r - 43s + 7y_1 - 2y_2 \\
x_2 &= s & x_4 &= 7r + 19s - 3y_1 + y_2
\end{aligned}$$

Der Rang der Matrix und damit die Anzahl der Parameter ist unabhängig davon, welche Elemente man als Pivots auswählt.

Bei technischen Problemen, die die Lösung inhomogener Systeme erfordern, wird man zunächst erwarten, daß immer von Null verschiedene Pivots auftreten und z.B. das verkürzte Austauschverfahren benutzen. Wenn der Fall auftritt, daß kein von Null verschiedener Pivot mehr vorhanden ist, muß man die Aufgabe unter Benutzung der bereits berechneten Werte nochmals in der in diesem Abschnitt geschilderten Weise rechnen, um die Frage der Lösbarkeit und die Art der Abhängigkeit der Gleichungen zu ermitteln.

Beispiel 12 Gegeben ist das homogene System

$$2x_1 - x_2 + x_3 = 0$$
$$5x_1 + 5x_2 - 2x_3 = 0$$
$$4x_1 + 13x_2 - 7x_3 = 0$$

Man untersuche, ob dieses System nichttriviale Lösungen hat. Ist dies der Fall, so bestimme man die Lösung, für die $x_1 = 2$ gilt.

Mit Hilfe des Austauschverfahrens erhält man

	x_1	x_2	x_3
y_1	$\underline{2}$	-1	1
y_2	5	5	-2
y_3	4	13	-7
	-2	1	

	x_1	x_2	y_1
x_3	-2	1	1
y_2	9	$\underline{3}$	-2
y_3	18	6	-7
	-3		$\frac{2}{3}$

	x_1	y_2	y_1
x_3	-5	$\frac{1}{3}$	$\frac{5}{3}$
x_2	-3	$\frac{1}{3}$	$\frac{2}{3}$
y_3	0	2	-3

Ein dritter Austausch ist nicht mehr möglich, da der einzige in Frage kommende Pivot gleich Null ist. Die drei Gleichungen sind daher voneinander linear abhängig

$$y_3 = 2y_2 - 3y_1$$

Daher gibt es nichttriviale Lösungen. Da der Rang der Matrix 2 ist, erhält man eine einparametrige Lösungsschar. Diese lautet

$$x_1 = r \qquad x_2 = -3r \qquad x_3 = -5r$$

Für den Parameterwert $r = 2$ ergibt sich die gewünschte Lösung

$$x_1 = 2 \qquad x_2 = -6 \qquad x_3 = -10$$

4.4.7 Iterationsverfahren

In den drei bisher besprochenen Methoden zur Lösung linearer Gleichungssysteme, dem Eliminationsverfahren (Abschn. 4.4.2), dem verketteten Gauß-Algorithmus (Abschn. 4.4.3) und dem verkürzten Austauschverfahren (Abschn. 4.4.5) ist die Anzahl der Rechenschritte im voraus festgelegt, sie beträgt bei allen drei Verfahren $(2n^3/3) + (3n^2/2) - (7n/6)$ Operationen. Daher heißen diese Verfahren **endliche Verfahren**.

Neben den endlichen Verfahren haben iterative Verfahren zur Lösung linearer Gleichungssysteme große Bedeutung. Hierbei wird der Lösungsvektor von einem Startvektor ausgehend schrittweise angenähert, bis eine gewünschte Genauigkeit erreicht wird. Der Rechenumfang hängt von der Anzahl der Iterationsschritte ab. Diese Anzahl wird meist erst während der Rechnung bestimmt.

Besonders aus folgenden Gründen zieht man iterative Verfahren den endlichen vor:

– Bei endlichen Verfahren muß die gesamte Koeffizientenmatrix im Arbeitsspeicher einer Rechenanlage bereitstehen. Dies kann bei sehr großen Systemen Schwierigkeiten bereiten. Bei iterativen Verfahren braucht im Prinzip immer nur eine Gleichung aus einem externen Speicher zur Verfügung gestellt werden, praktisch wird jeweils ein Block von Gleichungen übergeben.

– Bei vielen numerischen Verfahren (s. z.B. Abschn. 13.2.2) hat die Koeffizientenmatrix **Bandstruktur**, d.h. nur in der Nähe der Hauptdiagonale stehen von Null verschiedene Elemente. Dieser Sachverhalt kann bei endlichen Verfahren wenig genutzt werden, am meisten noch beim verketteten Gauß-Algorithmus. Bei iterativen Verfahren jedoch wirkt sich dieser Sachverhalt vorteilhaft aus.

– Wie in Beispiel 2, S. 218, erklärt wurde, ist die Genauigkeit des Resultats bei endlichen Verfahren durch die Kondition der Koeffizientenmatrix bestimmt. Dagegen können iterative Verfahren solange fortgesetzt werden, bis die gewünschte Genauigkeit erreicht ist.

Endliche Verfahren sind im Prinzip immer anwendbar, falls nicht die Koeffizientenmatrix singulär oder sehr schlecht konditioniert ist. Iterative Verfahren sind nur konvergent, falls gewisse Konvergenzbedingungen erfüllt sind. Dadurch wird ihre Einsatzmöglichkeit wesentlich beschränkt.

Hier soll das am häufigsten angewandte Iterationsverfahren von Gauß und Seidel behandelt werden. Die einzelnen Zeilen des Systems (214.1) werden nach den Unbekannten in der Hauptdiagonale aufgelöst, wobei $a_{ii} \neq 0$ vorausgesetzt wird

$$\begin{aligned}
x_1 &= (b_1 \qquad\quad - a_{12}x_2 - \ldots - a_{1n}x_n)/a_{11} \\
x_2 &= (b_2 - a_{21}x_1 \qquad\quad - \ldots - a_{2n}x_n)/a_{22} \\
&\qquad\qquad\qquad\quad \ldots \\
x_n &= (b_n - a_{n1}x_1 - a_{n2}x_2 - \ldots - a_{n,n-1}x_{n-1})/a_{nn}
\end{aligned} \qquad (241.1)$$

4.4 Lineare Gleichungssysteme

Nun wird ein Startvektor $x^{(0)}$ gewählt. Häufig wählt man $x^{(0)} = o$. Dieser wird auf der rechten Seite von Gl. (241.1) eingesetzt. Dann wird ein „besserer" Vektor $x^{(1)}$ berechnet, wobei die bereits verbesserten Komponenten berücksichtigt werden. Es gilt für $j = 1, \ldots, n$

$$x_j^{(k+1)} = \left[b_j - \sum_{i=1}^{j-1} a_{ji} x_i^{(k+1)} - \sum_{i=j+1}^{n} a_{ji} x_i^{(k)} \right] \bigg/ a_{jj} \qquad (242.1)$$

Das Iterationsverfahren von Gauß-Seidel konvergiert, wenn in der Koeffizientenmatrix die Hauptdiagonalelemente in jeder Zeile dominieren [30]

$$|a_{jj}| > \sum_{\substack{i=1 \\ i \neq j}}^{n} |a_{ji}| \qquad j = 1, \ldots, n \qquad (242.2)$$

Diese Konvergenzbedingung ist bei Problemen des Maschinenbaus oft erfüllt. Ist dies nicht der Fall, so kann man dieser Bedingung häufig dadurch genügen, daß man einzelne Gleichungen miteinander vertauscht, also Zeilen der Matrix, oder daß man Unbekannte umbenennt, d.h. Spalten der Matrix des Systems vertauscht. Die Konvergenz bleibt auch noch erhalten, wenn in einigen der Gl. (242.2) das Gleichheitszeichen steht [30].

Beispiel 13 Man löse das nachstehende Gleichungssystem nach dem Iterationsverfahren von Gauß-Seidel

$$\mathbf{6{,}25}\, x_1 + 2{,}08\, x_2 - 1{,}44\, x_3 = 2{,}59$$
$$1{,}78\, x_1 + \mathbf{4{,}16}\, x_2 + 0{,}44\, x_3 = 5{,}22$$
$$-1{,}36\, x_1 + 0{,}95\, x_2 + \mathbf{3{,}75}\, x_3 = 4{,}61$$

Die Hauptdiagonalelemente (im Druck hervorgehoben) überwiegen, das Verfahren konvergiert also. Die Umformung auf die Gestalt Gl. (242.1) ergibt

$$x_1^{(k+1)} = [2{,}59 \qquad\qquad - 2{,}08\, x_2^{(k)} + 1{,}44\, x_3^{(k)}]/6{,}25$$
$$x_2^{(k+1)} = [5{,}22 - 1{,}78\, x_1^{(k+1)} \qquad\qquad - 0{,}44\, x_3^{(k)}]/4{,}16$$
$$x_3^{(k+1)} = [4{,}61 + 1{,}36\, x_1^{(k+1)} - 0{,}95\, x_2^{(k+1)} \qquad\qquad]/3{,}75$$

Der Startvektor sei $x^{(0)} = o$. Die Rechnung mit einem Taschenrechner ergibt

k	$x_1^{(k)}$	$x_2^{(k)}$	$x_3^{(k)}$
0	0,414400	1,077492	1,106658
1	0,310784	1,004777	1,087501
2	0,330570	0,998338	1,096308
3	0,334743	0,995621	1,098509
4	0,336154	0,994784	1,099233
5	0,336599	0,994517	1,099462
6	0,336741	0,994432	1,099535
7	0,336786	0,994405	1,099558
8	0,336800	0,994397	1,099566
9	0,336805	0,994394	1,099568

Die Ergebnisse sind jeweils mit 6 Dezimalstellen hingeschrieben, aber es wurde mit voller Genauigkeit gerechnet.

Relaxation In Beispiel 13 erkennt man, daß das Verfahren von Gauß-Seidel nur langsam konvergiert. Dies gilt leider allgemein für dieses Verfahren. Daher soll nun eine Möglichkeit gezeigt werden, wie man die Konvergenz deutlich verbessern kann. Es zeigt sich nämlich, daß sich häufig die Folge Gl. (243.1) fast wie eine geometrische Folge verhält

$$\frac{x_j^{(k+1)} - x_j^{(k)}}{x_j^{(k)} - x_j^{(k-1)}} \approx q \tag{243.1}$$

Der Quotient q ist also weitgehend von k unabhängig, wenn man die ersten Glieder der Folge dabei nicht berücksichtigt; häufig ist q auch von j unabhängig, gilt also für alle n Koordinaten in gleicher Weise. Daher wird im folgenden nicht nur eine der Koordinaten sondern der ganze Vektor x behandelt. Die Eigenschaft von Gl. (243.1) kann man in folgender Weise nutzen. Durch Hinzufügen von Differenzen $x^{(k)} - x^{(k)} = o$ und $x^{(k+1)} - x^{(k+1)} = o$ usw. erreicht man eine Zurückführung von $x^{(k+m)}$ auf $x^{(k)}$, also gleich einen Sprung in der Iteration und damit eine Verkürzung der Rechnung.

$$x^{(k+1)} = x^{(k)} + (x^{(k+1)} - x^{(k)})$$
$$x^{(k+2)} = x^{(k)} + (x^{(k+1)} - x^{(k)}) + (x^{(+2)} - x^{(k+1)})$$
$$\approx x^{(k)} + (1+q)(x^{(k+1)} - x^{(k)})$$

Dementsprechend erhält man

$$x^{(k+m)} \approx x^{(k)} + (1 + q + q^2 + \ldots + q^{m-1})(x^{(k+1)} - x^{(k)})$$

Ersetzt man die Summe $1 + q + \ldots + q^{m-1}$ durch die unendliche Reihe und nennt deren Summe den Relaxationsfaktor

$$\omega = \frac{1}{1-q}$$

so ergibt sich folgender **Algorithmus**:

Nach Ermitteln des Quotienten q und Berechnen des Relaxationsfaktors bestimmt man etwa für $k = 4$ die Vektoren $x^{(k)}$ und $x^{(k+1)}$ und dann

$$x^{(k+2)} = x^{(k)} + \omega(x^{(k+1)} - x^{(k)}) \tag{243.2}$$

Die nächsten Vektoren $x^{(k+3)}, \ldots$ werden dann wieder nach der allgemeinen Iterationsvorschrift Gl. (242.1) ermittelt. Falls es erforderlich erscheint, kann nach zwei bis drei Schritten nochmals eine Relaxation erfolgen. Eine Überprüfung von q ist manchmal nützlich.

Beispiel 14 Man verbessere den Lösungsvektor von Beispiel 13, S. 242, durch Relaxation ab $k = 5$. Bildet man von $k = 5$ bis $k = 9$ die Differenzen

$$x^{(k+1)} - x^{(k)}$$

so erhält man

k	$\Delta x_1^{(k+1)}$	$\Delta x_2^{(k+1)}$	$\Delta x_3^{(k+1)}$
4	$4{,}452358 \cdot 10^{-4}$	$-2{,}67068 \cdot 10^{-4}$	$2{,}29129 \cdot 10^{-4}$
5	$1{,}416170 \cdot 10^{-4}$	$-8{,}48541 \cdot 10^{-5}$	$7{,}2876 \cdot 10^{-5}$
6	$4{,}50299 \cdot 10^{-5}$	$-2{,}69755 \cdot 10^{-5}$	$2{,}3165 \cdot 10^{-5}$
7	$1{,}43148 \cdot 10^{-5}$	$-8{,}5752 \cdot 10^{-6}$	$7{,}364 \cdot 10^{-6}$

Für die neun sich daraus ergebenden Quotienten gilt

$$0{,}3177 \leq q \leq 0{,}3182$$

Der Quotient q kann daher als konstant angesehen werden. Mit $q = 0{,}318$ ist

$$\omega = \frac{1}{1-q} = 1{,}466$$

Ausgehend von der Zeile für $k = 4$ in Beispiel 13, S. 242, ergibt sich mit Gl. (243.2)

k	$x_1^{(k+1)}$	$x_2^{(k+1)}$	$x_3^{(k+1)}$
4	0,3361539424	0,9947841014	1,099233191
5	0,3365991782	0,9945170334	1,099462320
6 rel	0,3368066581	0,9943925797	1,099569094
7	0,3368068686	0,9943926377	1,099569156
8	0,3368068638	0,9943926329	1,099569156
9	0,3368068654	0,9943926325	1,099569156

Eine zweite Relaxation scheint in dieser Aufgabe nicht mehr erforderlich zu sein. Zwischen $x^{(9)}$ und $x^{(10)}$ ergeben sich in den 10 betrachteten Stellen keine Abweichung mehr.

4.4.8 Kondition. Vergleich der Verfahren

Hier sollen vergleichend die besprochenen Methoden zur Lösung der Systeme (214.1) im Fall 1 (eindeutige Lösung, S. 217) diskutiert werden. Notwendige Voraussetzung zur Lösung des Systems (214.1) ist det $A \neq 0$. Numerisch ist ein System auch dann schwer lösbar, wenn det A zwar ungleich Null ist, aber nahe bei Null liegt. Dann heißt A fast singulär. Solche Systeme nennt man schlecht konditioniert. In [25] werden spezielle diesem Fall angepaßte Methoden besprochen.

Kondition Ebenso wie die Begriffe „groß" und „klein" sind auch die Begriffe „gute Kondition" und „schlechte Kondition" keine absoluten Aussagen, sondern Ordnungsrelationen. So ist ein Gleichungssystem ① besser konditioniert als ein Gleichungssystem ②, wenn cond(A_1) < cond(A_2) gilt. Nachstehend soll ein Maß für die Kondition eingeführt werden, das es erlaubt, Aussagen über die Fehlerfortpflanzung zu machen.

Definition Die Zahl

$$\operatorname{cond}(A) = \|A\| \cdot \|A^{-1}\| \tag{244.1}$$

heißt die Kondition der Matrix A, wobei

$$\|A\| = \max_{i,j} |a_{ij}| \quad \text{und} \quad \|A^{-1}\| = \max_{i,j} |\alpha_{ij}|$$

mit $A^{-1} = (\alpha_{ij})$ gilt.

Man kann zeigen, daß stets cond$(A) \geq 1$ ist [28].

Es kann zur Definition der Kondition auch von einer anderen „Matrizennorm" ausgegangen werden, z.B. von der Zeilensummennorm

$$\|A\|_Z = \max_i \sum_{j=1}^n |a_{ij}|$$

Die angegebenen Eigenschaften der Kondition gelten für jede Matrizennorm.

Satz. Rechnet man in einem endlichen Verfahren mit r Stellen und gilt

$$10^s \leq \operatorname{cond}(A) < 10^{s+1} \tag{245.1}$$

so kann der Lösungsvektor x höchstens $r - s$ sichere Stellen haben.

Auf den Beweis muß hier verzichtet werden [28]. Dieser Genauigkeit kommt man besonders nahe, wenn man als Nenner in den jeweiligen Algorithmen die betragsgrößten noch zur Verfügung stehenden Elemente wählt.
Alle drei endlichen Verfahren, das verkürzte Austauschverfahren (Abschn. 4.4.5), das Eliminationsverfahren (Abschn. 4.4.2) und der verkettete Gauß-Algorithmus (Abschn. 4.4.3) benötigen

$$\frac{2}{3}n^3 + \frac{3}{2}n^2 - \frac{7}{6}n$$

Rechenoperationen. Will man die Genauigkeit des Lösungsvektors aus der Kondition der Matrix beurteilen, so benötigt man die Kehrmatrix A^{-1}. Zu deren Berechnung sind aber

$$2n^3 - 2n^2 + n$$

Rechenoperationen erforderlich (s. S. 231).
Falls außer dem Lösungsvektor x noch A^{-1} zur Fehlerschätzung benötigt wird, ist das (vollständige) Austauschverfahren vorzuziehen. Beim verkürzten Austauschverfahren ist es besonders beim Rechnen mit einem Taschenrechner einfacher als bei den beiden anderen endlichen Verfahren, jeweils nach jedem Rechenschritt den optimalen Pivot zu wählen. Ein Tausch von Zeilen und Spalten bei den anderen Verfahren ist während der Rechnung komplizierter.
Der deutliche Vorzug des verketteten Gauß-Algorithmus zeigt sich, sobald mehrere Systeme mit gleicher Koeffizientenmatrix und unterschiedlichen rechten Seiten zu lösen sind. Statt etwa $2n^3/3$ Operationen sind dann für die zweite und weitere Lösung nur etwa $2n^2$ Operationen erforderlich. Für $n = 10$ sind nur 190 statt 805 Operationen zu erledigen. Auch wenn A eine Bandmatrix ist, sollte als endliches Verfahren nur der verkettete Gauß-Algorithmus gewählt werden. In diesem Falle nämlich ergibt die Zerlegung $A = LU$ zwei Dreiecks-Bandmatrizen. Die Summen in Gl. (223.1) enthalten weniger Summanden.
Der Wert der Koeffizientendeterminante ergibt sich beim verketteten Gauß-Algorithmus wegen

$$\det A = \det LU = \det L \cdot \det U = u_{11} \cdot u_{22} \cdots u_{nn}$$

recht einfach. Diese Faktoren kann man auch der Rechnung des Eliminationsverfahren entnehmen. Beim verkürzten Austauschverfahren ist $\det A$ gleich dem mit $(-1)^q$ multiplizierten Produkt aller verwendeten Pivots einschließlich des letzten verbleibenden

Pivots. Hierbei ist q die Summe sämtlicher jeweils in den verkleinerten Matrizen zählender Zeilen- und Spaltenindizes der Pivots. Multipliziert man die Zeilen der Matrix der linken Seite von Gl. (235.4) mit den Pivots, so erhält man als Wert der Determinante das Produkt dieser Pivots. Der zusätzliche Faktor $(-1)^q$ ergibt sich aus der Regel für den Reihenaustausch bei Determinanten.

Bei sehr großen Systemen, bei denen häufig in den Anwendungen Bandmatrizen auftreten, und bei solchen mit deutlich überwiegender Hauptdiagonale ist das Iterationsverfahren von Gauß-Seidel zu empfehlen. Die Konvergenz ist i. allg. langsam, sie kann aber durch einen oder durch mehrere zwischengeschaltete Relaxationen deutlich verbessert werden.

Rechenfehler, insbesondere aber Rundungsfehler, werden bei jedem Rechenschritt ausgeglichen, da jeder Zwischenvektor $x^{(k)}$ als neuer Startvektor angesehen werden kann. Es wirken sich also nur die Rundungsfehler während eines Iterationsschrittes aus. Man kann bei einer Mantisse von r Stellen bei nicht allzu großen Systemen (etwa $n < 100$) mit $r-1$ sicheren Stellen rechnen. Rundungsabweichungen in der letzten Stelle sind unvermeidlich. I. allg. gilt die Erfahrung, daß mit wachsendem n die Kondition einer Matrix deutlich zunimmt.

4.4.9 Aufgaben zu Abschnitt 4.4

Die folgenden linearen Gleichungssysteme löse man nacheinander mit den verkürzten Austauschverfahren, dem Eliminationsverfahren, dem verketteten Gauß-Algorithmus auf jeweils 6 Dezimalen genau.

1. Für das Gleichungssystem

$$5{,}25\,x_1 + 0{,}91\,x_2 + 1{,}13\,x_3 = 3{,}72$$
$$1{,}50\,x_1 + 6{,}88\,x_2 + 2{,}45\,x_3 = 4{,}38$$
$$0{,}54\,x_1 + 1{,}76\,x_2 + 3{,}90\,x_3 = 2{,}68$$

bestimme man die Lösung außerdem mit dem Iterationsverfahren.

2. Man löse das Gleichungssystem

$$91{,}71\,x_1 + 19{,}34\,x_2 - 71{,}31\,x_3 + 7{,}42 = 0$$
$$13{,}67\,x_1 - 12{,}19\,x_2 + 0{,}03\,x_3 + 1{,}64 = 0$$
$$29{,}71\,x_1 - 9{,}96\,x_2 + 23{,}91\,x_3 + 0{,}98 = 0$$

3. Man löse das Gleichungssystem

$$0{,}64445\,x_1 - 0{,}56660\,x_2 - 0{,}39800\,x_3 + 0{,}69676 = 0$$
$$0{,}38733\,x_1 + 0{,}41740\,x_2 - 0{,}76978\,x_3 - 0{,}08019 = 0$$
$$0{,}16482\,x_1 + 0{,}17762\,x_2 + 0{,}12476\,x_3 + 0{,}17820 = 0$$

4. Man löse das System

$$3{,}82\,x_1 + 2{,}55\,x_2 - 1{,}43\,x_3 + 1{,}08\,x_4 = 4{,}65$$
$$2{,}71\,x_1 + 4{,}95\,x_2 + 2{,}60\,x_3 - 0{,}65\,x_4 = 2{,}77$$
$$-1{,}08\,x_1 + 2{,}44\,x_2 + 5{,}15\,x_3 + 1{,}76\,x_4 = 1{,}08$$
$$1{,}36\,x_1 - 0{,}84\,x_2 + 2{,}36\,x_3 + 3{,}90\,x_4 = 3{,}87$$

5. Man löse das System

$$3{,}85\,x_1 + 1{,}44\,x_2 - 3{,}08\,x_3 + 0{,}64\,x_4 + 1{,}22\,x_5 = 8{,}74$$
$$4{,}21\,x_1 + 6{,}49\,x_2 + 2{,}81\,x_3 - 2{,}73\,x_4 - 0{,}15\,x_5 = 5{,}11$$
$$1{,}08\,x_1 - 2{,}33\,x_2 + 5{,}19\,x_3 + 4{,}08\,x_4 - 2{,}77\,x_5 = 1{,}96$$
$$2{,}96\,x_1 - 0{,}76\,x_2 + 4{,}06\,x_3 + 7{,}91\,x_4 + 2{,}66\,x_5 = 10{,}77$$
$$0{,}44\,x_1 + 1{,}45\,x_2 + 2{,}75\,x_3 + 3{,}31\,x_4 + 5{,}55\,x_5 = 9{,}38$$

6. Aus der linearen Form (z. B. Vierpolgleichung)

$$y_1 = a_{11}\,x_1 + a_{12}\,x_2$$
$$y_2 = a_{21}\,x_1 + a_{22}\,x_2$$

ermittle man durch zweimaligen Austausch die inverse Form.

7. Man bestimme die Kehrmatrizen zu

$$A = \begin{pmatrix} 3 & -4 & 1 \\ 6 & 2 & -3 \\ 1 & -1 & 2 \end{pmatrix} \qquad B = \begin{pmatrix} 2 & -3 & 4 \\ -3 & 1 & -1 \\ 5 & 2 & -6 \end{pmatrix}$$

8. Die Funktion $y = \sin x$ soll im Bereich $0 \leq x \leq \pi/2$ durch eine ganze rationale Funktion dritten Grades $y = a_0 + a_1 x + a_2 x^2 + a_3 x^3$ ersetzt werden, die bei $x = 0$, $x = 0{,}5$, $x = 1$ und $x = \pi/2$ mit der Sinusfunktion übereinstimmt.
Hinweis: Man setze in $\sin x \approx a_0 + a_1 x + a_2 x^2 + a_3 x^3$ die angegebenen x-Werte ein und löse das Gleichungssystem für die vier Unbekannten a_0, a_1, a_2 und a_3.

9. Bei der Berechnung der Biegemomente einer sechsfach gelagerten, also vierfach statisch unbestimmten Welle tritt folgendes Gleichungssystem (Clapeyronsche Dreimomentengleichung) auf

$$0{,}200\,M_1 + 0{,}060\,M_2 \qquad\qquad\qquad\qquad = 42{,}0 \text{ Nm}$$
$$0{,}060\,M_1 + 0{,}220\,M_2 + 0{,}050\,M_3 \qquad\qquad = 123{,}8 \text{ Nm}$$
$$0{,}050\,M_2 + 0{,}220\,M_3 + 0{,}060\,M_4 = 106{,}2 \text{ Nm}$$
$$0{,}060\,M_3 + 0{,}200\,M_4 = 67{,}4 \text{ Nm}$$

Die Biegemomente M_1 bis M_4 an den Innenstützen sind nach Gauß-Seidel iterativ auf 6 Stellen geltende Ziffern zu berechnen.

10. In einem Vielfachmeßgerät (247.1) sind die Widerstände R_1, R_2, R_3 und R_4 so zu bestimmen, daß bei Betätigung des Schalters die Ströme $I_1 = 6$ A oder $I_2 = 3$ A oder $I_3 = 1{,}2$ A oder $I_4 = 0{,}6$ A in dem jeweils geschlossenen Stromkreis fließen und durch das Meßinstrument mit dem Innenwiderstand $R_i = 20\,\Omega$ bei Vollausschlag ein Strom $I_i = 3$ mA fließt.

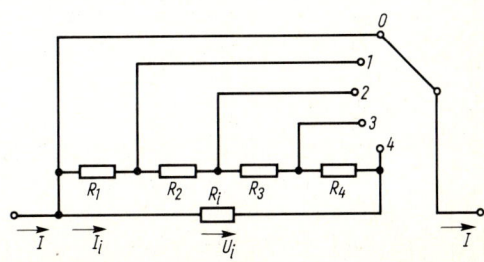

247.1

11. Man bestimme det A bei

$$A = \begin{pmatrix} 2 & 1 & -3 & 4 \\ -4 & 3 & 2 & 6 \\ 5 & 0 & 1 & -2 \\ 1 & 2 & 1 & -1 \end{pmatrix}$$

mit dem verkürzten Austauschverfahren und dem verketteten Gauß-Algorithmus.

12. Für welchen Wert der Größe a ist das System

$$\begin{aligned} 3\,x_1 + 2\,x_2 - 7\,x_3 &= 0 \\ 4\,x_1 + x_2 + 8\,x_3 &= 0 \\ 3\,x_1 + a\,x_2 + 2\,x_3 &= 0 \end{aligned}$$

nichttrivial lösbar? Wie lautet die allgemeine Lösung?

5 Differentialrechnung

5.1 Einführung

5.1.1 Ableitung

Anstieg eines Graphen Viele geometrischen Aufgaben führen auf das Problem, an einen Graphen in einem vorgegebenen Punkte $(x_1; y_1)$ eine Tangente zu legen. Diese Tangente ist durch diesen Punkt und ihren Anstieg $m = \tan \alpha$ bestimmt (**249.1**). Ist die Funktion $y = f(x)$ in Punkt x_1 unstetig, so existiert sicherlich keine eindeutige Tangente. Für die genannte Fragestellung muß daher die Stetigkeit der Funktion $y = f(x)$ in einer Umgebung $U(x_1)$ vorausgesetzt werden (Abschn. 2.3.3). Für die weiteren Überlegungen vereinbart man folgende

Definition Die Menge aller Funktionen, die auf $\mathbb{R}$ stetig sind, heißt C. Die Menge aller Funktionen, die auf einem abgeschlossenen Intervall $[a, b]$ stetig sind, heißt $C[a, b]$. $U^*(x_1) - U(x_1) \setminus \{x_1\}$ heißt punktierte Umgebung eines Punktes x_1.

Zunächst werde vorausgesetzt, daß auf beiden Koordinatenachsen Strecken mit gleichen Einheitslängen aufgetragen sind

$$l_x = l_y$$

Diese vorläufige Einschränkung ist nur für die geometrische Veranschaulichung, nicht aber für die folgende analytische Definition der Ableitung von Bedeutung.

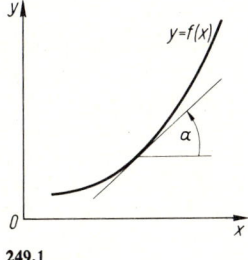
249.1

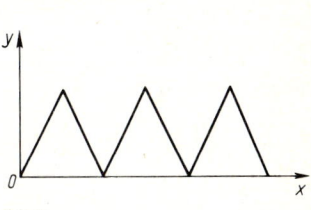
249.2

Definition Es sei $x_1 \in I = [a, b]$ und $f \in C[a, b]$. Besitzt der Graph der Funktion $y = f(x)$ in x_1 eine eindeutige Tangente mit dem Anstieg m, so heißt m der **Anstieg des Graphen der Funktion** $y = f(x)$ im Punkte x_1.

Nicht jeder stetige Graph hat in jedem Punkt einen eindeutigen Anstieg (Bild **249.2**).

5.1 Einführung

Die Stetigkeit der Funktion ist notwendig, nicht aber hinreichend für die Existenz eines eindeutigen Anstieges in einem Punkt des Graphen.

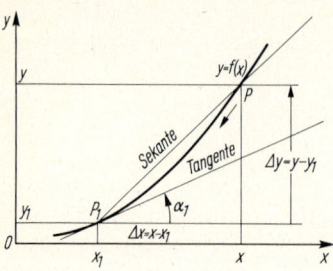

250.1

Um die Lage der Tangente zu bestimmen, betrachtet man in Bild 250.1 zunächst die **Sekante** durch zwei benachbarte Punkte $P(x; y)$ und $P_1(x_1; y_1)$. Den Anstieg der Sekante nennt man auch **Differenzenquotient**

$$\frac{\Delta y}{\Delta x} = \frac{y - y_1}{x - x_1} \tag{250.1}$$

Verschiebt man den Punkt P auf dem Graphen der Funktion $y = f(x)$ gegen den Punkt P_1, so nähert sich der Sekantenanstieg immer mehr dem Anstieg der Tangente an den Graphen im Punkte P_1. Der Differenzenquotient wird dabei ein unbestimmter Ausdruck. Die Bestimmung der Anstiege von Graphen führt also auf die Berechnung unbestimmter Ausdrücke.

Ableitung. Differentialquotient

Definition Es sei $y = f(x)$ in einer Umgebung $U(x_1)$ stetig und der Differenzenquotient

$$\frac{y - y_1}{x - x_1} = \frac{f(x) - f(x_1)}{x - x_1} \tag{250.2}$$

für jedes $x \in U^*(x_1)$ erklärt. Falls für alle Nullfolgen $(x - x_1)$ mit $x \in U^*$ der Grenzwert des Differenzenquotienten existiert und den gleichen Wert besitzt, heißt die Funktion $y = f(x)$ im Punkt x_1 **differenzierbar**. Den Grenzwert nennt man die **erste Ableitung** oder den **Differentialquotienten** der Funktion an der Stelle x_1

$$\lim_{x \to x_1} \frac{y - y_1}{x - x_1} = \lim_{\Delta x \to 0} \frac{\Delta y}{\Delta x} = y'(x_1) = f'(x_1) = y'_1 \tag{250.3}$$

Setzt man $x = x_1 + \Delta x$, so kann Gl. (250.3) auch in der Form

$$\lim_{\Delta x \to 0} \frac{y(x_1 + \Delta x) - y(x_1)}{\Delta x} = y'(x_1) \tag{250.4}$$

geschrieben werden.

Definition Ist $I = [a, b]$, $x \in I$, $f \in C[a, b]$ und existiert der Grenzwert Gl. (250.3) für jedes $x \in I$, so heißt f im Intervall I differenzierbar und $y' = f'(x)$ die **Ableitungsfunktion** oder der **Differentialquotient**. Falls f eine im Intervall $[a, b]$ stetige Ableitung hat, schreibt man $f \in C^1[a, b]$. Ist f für alle $x \in \mathbb{R}$ stetig differenzierbar, schreibt man $f \in C^1$. Die Menge C^1 heißt die Menge der stetig differenzierbaren Funktionen.

Die Differenzierbarkeit ist hinreichend für die Stetigkeit.

Wenn die Einheitslängen l_x und l_y als gleich vorausgesetzt sind, ist in Bild 250.1 nach Gl. (250.3)

$$y' = m = \tan \alpha \tag{250.5}$$

Statt $y'(x)$ wird die Funktion der ersten Ableitung auch häufig durch

$$\frac{dy}{dx} = \frac{df}{dx} = \frac{d}{dx} f(x) \tag{251.1}$$

beschrieben. Wird bei dieser Schreibweise der Wert der Ableitung an der Stelle $x = x_1$ bezeichnet, heißt es

$$\frac{dy(x_1)}{dx} \quad \text{oder} \quad \left.\frac{dy}{dx}\right|_{x_1} \quad \text{oder} \quad \left.\frac{df}{dx}\right|_{x_1}$$

Dies ist besonders vorteilhaft, wenn die unabhängige Variable deutlich erkennbar sein soll. Die Schreibweise der linken Seite von Gl. (251.1) stammt von Leibniz und hat zu dem Namen Differentialquotient geführt. Leibniz betrachtete ihn als Bruch zweier „unendlich kleiner" Größen. Dies führt zu dem lange benutzten Begriff „Infinitesimalrechnung". In den vergangenen Jahrzehnten war es insbesondere bei technischen Anwendungen üblich, die Differentiale dx und dy als endliche Größen zu behandeln, deren geometrische Bedeutung sich aus Bild **251.1** ergibt. Daraus folgt dann, daß man bei Umformungen mit dem Differentialquotienten rechnen darf wie mit einem endlichen Bruch. So erhält man z.B. aus der Identität $dy/dx = f'(x)$ die Gleichung

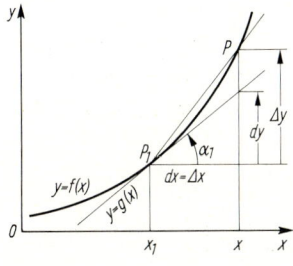

251.1

$$dy = f'(x)\, dx \tag{251.2}$$

In Verbindung mit Gl. (250.5) und Bild **251.1** scheint diese Gleichung völlig problemlos zu sein. Dies ist aber nicht der Fall. Deshalb wird in Abschn. 9.1.1 eine rechnerische Herleitung gegeben, die zeigt, unter welchen Voraussetzungen Gl. (251.2) auch unabhängig von dieser geometrischen Betrachtung gilt. Der Vorteil dieser in Gl. (251.2) gezeigten Trennung der Differentiale liegt darin, daß viele Herleitungen und Beweise erheblich abgekürzt werden können. Weiter erkennt man an Bild **251.1**, daß durch die erste Ableitung $f'(x)$ der lineare Anteil der Funktion $f(x)$ in der Umgebung der Stelle x_1 beschrieben wird (s. auch S. 271).

Die jüngste Entwicklung tendiert nun dazu, diese Trennung der Differentiale abzulehnen und dy/dx nur als symbolische Schreibweise zu betrachten, die lediglich aus historischen Gründen die Form eines Bruches hat. Die Kritik an der Zulässigkeit der Trennung der Differentiale führt in das Gebiet der Integralrechnung und kann daher hier nur angedeutet werden. Wird Gl. (251.2) beiderseits integriert, erhält man in der „alten" Schreibweise

$$\int dy = y = \int f'(x)\, dx$$

Dies wirkt sehr elegant und wurde deshalb jahrzehntelang z.B. bei der Lösung von Differentialgleichungen der Technik praktiziert. Es ergeben sich aber folgende Probleme: aus dem endlichen Differential dy wird eine Funktion y. Das Differential dx ist nun sicher keine endliche Größe mehr.

Aus diesen Gründen wird in diesem Buch folgender Kompromiß geschlossen: die Trennung der Differentiale wird nur dann durchgeführt, wenn dadurch eine zwar exakte, aber wesentlich aufwendigere Rechnung abgekürzt werden kann. So wird im Abschn. 6.3.2 bei der Substitutionsmethode auf diese besonders dort sehr zweckmäßige Schreibweise zu-

5.1 Einführung

rückgegriffen. Auch bei der Trennung der Veränderlichen in einer Differentialgleichung in Abschn. 7.2.7 und 13.1.2 wird diese Frage wieder aufgegriffen.

Beispiel 1 Man bilde die erste Ableitung der Funktion $y = 2x^2 - 4$ an der Stelle $x_1 = 1$. Es ist $y_1 = 2x_1^2 - 4 = -2$. Damit wird der Differenzenquotient

$$\frac{y - y_1}{x - x_1} = \frac{(2x^2 - 4) - (2x_1^2 - 4)}{x - x_1}$$

$$= \frac{2x^2 - 4 + 2}{x - 1} = \frac{2(x^2 - 1)}{x - 1} = \frac{2(x+1)(x-1)}{x - 1} = 2(x+1)$$

Daher ergibt sich für die erste Ableitung an der Stelle $x_1 = 1$

$$y_1' = \lim_{x \to x_1} \frac{y - y_1}{x - x_1} = \lim_{x \to 1} [2(x+1)] = 4$$

Beispiel 2 Man bilde die erste Ableitung der Funktion $y = 3/x^2$ an der Stelle x_0. Es ist der Differenzenquotient $(y - y_0)/(x - x_0)$ mit $y_0 = 3/x_0^2$ zu bilden

$$\frac{y - y_0}{x - x_0} = \frac{\dfrac{3}{x^2} - \dfrac{3}{x_0^2}}{x - x_0} = 3 \frac{\dfrac{x_0^2 - x^2}{x^2 \cdot x_0^2}}{x - x_0} = \frac{3}{x^2 x_0^2} \cdot \frac{x_0^2 - x^2}{x - x_0}$$

$$= \frac{3}{x^2 x_0^2} \cdot \frac{(x_0 - x)(x_0 + x)}{x - x_0} = -\frac{3(x_0 + x)}{x^2 x_0^2}$$

Damit erhält man für die erste Ableitung an der Stelle x_0

$$y_0' = \lim_{x \to x_0} \frac{y - y_0}{x - x_0} = -3 \lim_{x \to x_0} \frac{x_0 + x}{x^2 x_0^2} = -3 \frac{2 x_0}{x_0^4} = -\frac{6}{x_0^3}$$

Für $x_0 = 1$ wird $y_0' = y'(1) = -6$.

Beispiel 3 Für die im vorstehenden Beispiel betrachtete Funktion $y = 3/x^2$ führe man den Grenzübergang vom Differenzenquotienten zur Ableitung bei $x_0 = 1$ in einer Wertetafel numerisch durch, wenn x von 1,2 beginnend gegen $x_0 = 1$ strebt.

x	$\dfrac{3}{x^2}$	$\dfrac{3}{x^2} - \dfrac{3}{x_0^2}$	$x - x_0$	$\dfrac{\dfrac{3}{x^2} - \dfrac{3}{x_0^2}}{x - x_0}$
1,2	2,083 333	− 0,916 667	0,2	− 4,58333
1,1	2,479 339	− 0,520 661	0,1	− 5,20661
1,01	2,940 888	− 0,059 112	0,01	− 5,91119
1,001	2,994 009	− 0,005 991	0,001	− 5,99101
1,0001	2,999 400	− 0,000 600	0,0001	− 5,99910
.	.	.	.	.
.	.	.	.	.
.	.	.	.	.
1	3	0	0	− 6

Beispiel 4 Welchen Anstiegswinkel α_1 hat die Funktionskurve $y = (x+1)/(x+2)$ im Punkt mit der Abszisse $x_1 = -1$ bei gleichen Einheitslängen?

5.1.2 Anwendungen in der Technik

Nach Gl. (250.5) gilt $y' = m = \tan \alpha$. Für den Punkt $x = x_1$ gilt entsprechend $y'_1 = m_1 = \tan \alpha_1$. Es ist $y_1 = y(-1) = 0$. Daher ist in dieser Aufgabe nach dem Anstiegswinkel in einer Nullstelle gefragt. Der Differenzenquotient lautet

$$\frac{y - y_1}{x - x_1} = \frac{\frac{x+1}{x+2}}{x+1} = \frac{1}{x+2}$$

Daher ist der Anstieg im Punkt mit der Abszisse $x_1 = -1$

$$m_1 = \tan \alpha_1 = y'_1 = \lim_{x \to x_1} \frac{y - y_1}{x - x_1} = \lim_{x \to -1} \frac{1}{x+2} = 1$$

Damit ergibt sich der Anstiegswinkel $\alpha_1 = 45° = \pi/4$.

Zusammenhang zwischen Anstieg und Ableitung In diesem Abschnitt wurde bisher die Gleichheit beider Einheitslängen $l_x = l_y$ vorausgesetzt. Diese Voraussetzung gilt bereits nicht mehr, wenn zwar beide Veränderliche x und y Größen gleicher Art oder Zahlen sind, jedoch in unterschiedlicher Größenordnung auftreten. Immer treten unterschiedliche Einheitslängen auf beiden Achsen auf, wenn x und y Größen verschiedener Art sind. In Bild **253.**1 a und b sind diese beiden Möglichkeiten gezeigt. In diesen Fällen gilt mit Gl. (90.1)

$$y = \frac{\eta}{l_y} \qquad x = \frac{\xi}{l_x}$$

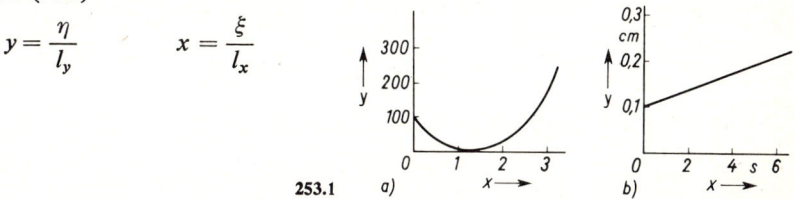

253.1   a)   b)

Damit wird der Zusammenhang zwischen Anstieg und Ableitung

$$y'_1 = \lim_{\xi \to \xi_1} \frac{l_x(\eta - \eta_1)}{l_y(\xi - \xi_1)} = \frac{l_x}{l_y} \lim_{\xi \to \xi_1} \frac{\eta - \eta_1}{\xi - \xi_1} = \frac{l_x}{l_y} \tan \alpha_1 \tag{253.1}$$

Der Tangens (Anstieg) ist stets der Quotient zweier Strecken, die Ableitung jedoch ist im allgemeinen eine Größe. Mit Gl. (253.1) kann z.B. das Verhältnis der Einheitslängen berechnet werden, wenn an einer Stelle x_1 die Ableitung y'_1 und $\tan \alpha_1$ bekannt sind.

5.1.2 Anwendungen in der Technik

Zum Veranschaulichen der praktischen Bedeutung der Ableitung werden einige Anwendungen in der Technik betrachtet.

Geschwindigkeit Bei einer gleichförmigen Bewegung werden in gleichen Zeiten t gleiche Wege s zurückgelegt. Den konstanten Quotienten $\Delta s/\Delta t$ nennt man die Geschwindigkeit. Wird bei einer ungleichförmigen Bewegung im Zeitabschnitt $t - t_1$ der Weg $s - s_1$ zurückgelegt, so nennt man den Differenzenquotienten

$$\frac{\Delta s}{\Delta t} = \frac{s - s_1}{t - t_1}$$

5.1 Einführung

die mittlere Geschwindigkeit in diesem Zeitabschnitt (**254.**1). Analog dem Grenzübergang von Gl. (250.2) zu Gl. (250.3) ergibt sich:

Die Änderung des Weges (des Ortes) $s - s_1$ in der dazu benötigten Zeit $t - t_1$, also der Grenzwert der Folge der Quotienten zurückgelegter Wege $\Delta s = s - s_1$ dividiert durch die benötigten Zeiten $\Delta t = t - t_1$, wenn $t \to t_1$ strebt (**254.**1), wird als die Geschwindigkeit zur Zeit t_1 definiert

$$v(t_1) = \lim_{t \to t_1} \frac{s - s_1}{t - t_1} = \dot{s}(t_1) \tag{254.1}$$

Auf Grund dieses physikalischen Problems wurde von Newton im 17. Jahrhundert die Differentialrechnung entwickelt. Gleichzeitig und unabhängig von ihm beschäftigte sich Leibniz auf mathematisch-philosophischer Grundlage mit den gleichen Fragen.

Nach Newton bezeichnet man erste Ableitungen nach der Zeit durch einen über die abhängige Veränderliche gesetzten Punkt (hier $\dot{s}$, gesprochen: s Punkt zur Zeit t). Ableitungen nach anderen Veränderlichen werden durch Striche gekennzeichnet, wie Gl. (250.3) zeigt. Außerdem werden durch Punkte Ableitungen nach Parametern (Abschn. 8.1.1) bezeichnet.

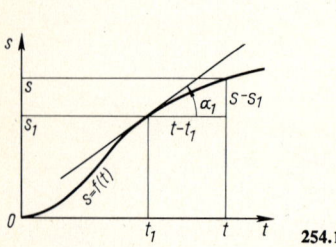
254.1

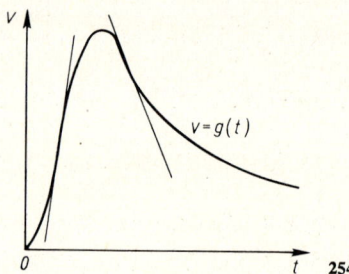
254.2

Beschleunigung Entsprechend der Definition der Geschwindigkeit definiert man die Änderung der Geschwindigkeit v in der Zeit t als Beschleunigung. Ihre Größe zur Zeit t_1 ist

$$a(t_1) = \lim_{t \to t_1} \frac{v - v_1}{t - t_1} = \dot{v}(t_1) \tag{254.2}$$

Ist die Beschleunigung negativ, so nimmt die Geschwindigkeit ab. Eine negative Beschleunigung heißt auch Verzögerung. In den Bildern **254.**1 und **254.**2 ist für die gleiche Bewegung einmal der Weg und einmal die Geschwindigkeit als Funktion der Zeit dargestellt. Die Geschwindigkeit nimmt von Null beginnend zu und nimmt dann wieder gegen Null ab. Der Betrag der Beschleunigung ist an den Zeitpunkten groß, an denen die Tangenten in Bild **254.**2 besonders steil sind.

Druck Der Druck p auf einen Körper ist die auf die Fläche A bezogene, auf den Körper wirkende Kraft F

$$p(A_1) = \lim_{\Delta A \to 0} \frac{\Delta F}{\Delta A} = F'(A_1)$$

Durch den Druck entsteht im Körper eine Druckspannung. Eine negative Druckspannung heißt Zugspannung.

Magnetischer Fluß. Elektrische Spannung Ändert sich der magnetische Fluß Φ, der eine Spule von N Windungen durchsetzt, so wird in dieser Spule eine Spannung u induziert. Diese Spannung u ist proportional der Änderung des magnetischen Flusses

$$u(t_1) = N \cdot \dot{\Phi}(t_1)$$

Beispiel 5 Die gleichförmige Bewegung $s = v_0 t$ mit $v_0 = 2\,m/s$ wird in einem Koordinatensystem mit den Einheitslängen $l_s = 0{,}15\,cm/m$ und $l_t = 1\,cm/s$ dargestellt. Wie groß ist der Winkel α zwischen der diese Bewegung beschreibende Geraden und der x-Achse (**255.1**)?

Da der Anstieg dieser Geraden in jedem Punkt der gleiche ist, soll der Anstieg im Nullpunkt ermittelt werden. Mit $t_1 = 0$ ist auch $s_1 = 0$. Damit wird die Ableitung

$$\dot{s} = \lim_{t \to 0} \frac{v_0 t - 0}{t - 0} = v_0 = \frac{l_t}{l_s} \tan\alpha = \frac{1\,cm/s}{0{,}15\,cm/m} \tan\alpha$$

$$= \frac{20}{3} \frac{m}{s} \tan\alpha$$

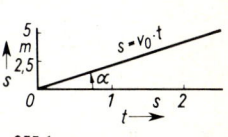

255.1

Für den Anstieg erhält man

$$\tan\alpha = \frac{3}{20} \frac{s}{m} \cdot v_0 = 0{,}15 \frac{s}{m} \cdot 2 \frac{m}{s} = 0{,}3 \qquad \alpha = 16{,}7°$$

Beispiel 6 Ein Bewegungsablauf wird durch die Funktionsgleichung

$$s = 0{,}8 \frac{m}{s^2} t^2 - 1{,}7 \frac{m}{s} t + 0{,}4\,m$$

beschrieben. Wie groß ist die Geschwindigkeit v zum Zeitpunkt $t = t_1$?

Bei dieser Bestimmung eines Grenzwertes werden die in Abschn. 2.3.2 hergeleiteten Regeln über das Rechnen mit Grenzwerten benutzt. Nach Gl. (254.1) ist $v(t_1) = \dot{s}(t_1)$. Damit erhält man

$$v(t_1) = \lim_{t \to t_1} \frac{s - s_1}{t - t_1}$$

$$= \lim_{t \to t_1} \frac{\left(0{,}8 \frac{m}{s^2} t^2 - 1{,}7 \frac{m}{s} t + 0{,}4\,m\right) - \left(0{,}8 \frac{m}{s^2} t_1^2 - 1{,}7 \frac{m}{s} t_1 + 0{,}4\,m\right)}{t - t_1}$$

$$= 0{,}8 \frac{m}{s^2} \lim_{t \to t_1} \frac{t^2 - t_1^2}{t - t_1} - 1{,}7 \frac{m}{s} \lim_{t \to t_1} \frac{t - t_1}{t - t_1} = 0{,}8 \frac{m}{s^2} \lim_{t \to t_1}(t + t_1) - 1{,}7 \frac{m}{s}$$

$$= 0{,}8 \frac{m}{s^2} \cdot 2 t_1 - 1{,}7 \frac{m}{s} = 1{,}6 \frac{m}{s^2} t_1 - 1{,}7 \frac{m}{s}$$

5.1.3 Grundregeln des Differenzierens

Bei Beispiel 1 bis 6 in Abschn. 5.1.1 und 5.1.2 wurde in jedem Fall die Grenzwertbestimmung nach den Regeln des Rechnens mit Grenzwerten durchgeführt. Es ist zweckmäßig, für die einzelnen Funktionstypen diese Grenzwerte ein für alle Mal zu ermitteln. In diesem Abschnitt werden zunächst die Regeln für das Rechnen mit Grenzwerten (s. Abschn. 2.3.2) auf das Differenzieren übertragen, in Abschn. 5.1.4 werden sodann Differentiationsformeln für einige wichtige Funktionen bestimmt. In diesem Abschnitt wird stets $x \in [a, b]$ und $f(x) \in C^1[a, b]$ vorausgesetzt.

Differenzieren der Konstanten Der Differenzenquotient der Funktion $y = c$ mit $c \in \mathbb{R}$ lautet

$$\frac{c - c}{x - x_1}$$

Zu jeder Nullfolge $(x - x_1)$ mit $x \in U^*(x_1)$ ergibt sich die Folge 0, 0, ... als Differenzenquotient. Daher ist auch der Grenzwert Null

$$c' = 0 \qquad (256.1)$$

Konstanter Faktor Es sei $c \in \mathbb{R}$. Im Differenzenquotient der Funktion $y = c \cdot f(x)$ kann der konstante Faktor c herausgezogen werden

$$\frac{cf(x) - cf(x_1)}{x - x_1} = c \, \frac{f(x) - f(x_1)}{x - x_1}$$

Da bei einer Grenzwertbestimmung ein konstanter Faktor vorgezogen werden kann, ist die erste Ableitung bei konstantem Faktor

$$[cf(x)]' = cf'(x) \qquad (256.2)$$

Differenzieren von Summe und Differenz Für die Funktion $y = f_1(x) \pm f_2(x)$ lautet der Differenzenquotient

$$\frac{[f_1(x) \pm f_2(x)] - [f_1(x_1) \pm f_2(x_1)]}{x - x_1} = \frac{f_1(x) - f_1(x_1)}{x - x_1} \pm \frac{f_2(x) - f_2(x_1)}{x - x_1}$$

Der Grenzwert dieser Summe ist gleich der Summe der Grenzwerte der einzelnen Summanden, da wegen $f_1, f_2 \in C^1[a, b]$ diese Grenzwerte existieren. Daraus folgt die Regel für die erste Ableitung einer Summe oder Differenz

$$[f_1(x) \pm f_2(x)]' = f_1'(x) \pm f_2'(x) \qquad (256.3)$$

5.1.4 Ableitung einiger Grundfunktionen

Potenzfunktion $y = x^n$ In Beispiel 1, S. 252, wurde unmittelbar die Funktion $y = x^2$, in Beispiel 2, S. 252, die Funktion $y = x^{-2}$ differenziert. In Beispiel 6, S. 255, wurde das Differenzieren einer allgemeinen quadratischen Funktion gezeigt. Nun soll eine allgemeine Regel hergeleitet werden, wie man eine Potenzfunktion mit einem rationalen Exponenten n differenziert. Der Differenzenquotient der Potenzfunktion $y = x^n$ lautet

$$\frac{x^n - x_1^n}{x - x_1}$$

Die Bestimmung des Grenzwertes erfolgt in mehreren Schritten.
1. Es sei $n \in \mathbb{N}$ und $x \in U^*(x_1) = \{x \mid |x - x_1| < \varepsilon\} \setminus \{x_1\}$. Es ist $y = x^n$ für alle $x \in \mathbb{R}$ stetig. Dann gilt

5.1.4 Ableitung einiger Grundfunktionen

$$\frac{x^n - x_1^n}{x - x_1} = \frac{x_1^n \left[\left(\frac{x}{x_1}\right)^n - 1\right]}{x_1 \left[\frac{x}{x_1} - 1\right]} = x_1^{n-1} \frac{\left(\frac{x}{x_1}\right)^n - 1}{\frac{x}{x_1} - 1}$$

Der zweite Faktor der rechten Seite ist die Summe einer geometrischen Reihe. Daher gilt

$$\frac{x^n - x_1^n}{x - x_1} = x_1^{n-1} \left[1 + \left(\frac{x}{x_1}\right) + \left(\frac{x}{x_1}\right)^2 + \cdots + \left(\frac{x}{x_1}\right)^{n-1}\right]$$

Für jede Folge $x \to x_1$ strebt $(x/x_1) \to 1$. In der eckigen Klammer erhält man insgesamt n Summanden mit dem Wert Eins. Daher gilt

$$\lim_{x \to x_1} \frac{x^n - x_1^n}{x - x_1} = n \cdot x_1^{n-1} \tag{257.1}$$

2. Ist $p, q \in \mathbb{N}$, so ist $n = p/q$ ein positiver Bruch. Ist q gerade, so ist x^n nur für $x \geqq 0$ definiert. Man setzt zur Abkürzung $x^{1/q} = z$ und $x_1^{1/q} = a$. Dann gilt wegen $x = z^q$ und $x_1 = a^q$

$$\lim_{x \to x_1} \frac{x^{p/q} - x_1^{p/q}}{x - x_1} = \lim_{z \to a} \frac{z^p - a^p}{z^q - a^q}$$

Dieser Bruch wird in Zähler und Nenner mit $1/(z - a)$ erweitert. Wegen $x \in U^*(x_1)$ ist $z \neq a$. Dann folgt

$$\lim_{z \to a} \frac{z^p - a^p}{z^q - a^q} = \lim_{z \to a} \frac{\frac{z^p - a^p}{z - a}}{\frac{z^q - a^q}{z - a}} = \frac{\lim_{z \to a} \frac{z^p - a^p}{z - a}}{\lim_{z \to a} \frac{z^q - a^q}{z - a}}$$

Damit erhält man zwei Grenzwerte mit den Voraussetzungen der Ziffer 1, und es ist

$$\lim_{z \to a} \frac{z^p - a^p}{z^q - a^q} = \frac{p \, a^{p-1}}{q \, a^{q-1}} = \frac{p}{q} \cdot a^{p-q} = \frac{p}{q} (x_1^{1/q})^{p-q} = n \cdot x_1^{n-1}$$

3. Nun soll die Gültigkeit der Gl. (257.1) auf negative rationale Exponenten erweitert werden. Man setzt $k = -n$ mit positivem k. Damit erhält man

$$\lim_{x \to x_1} \frac{x^n - x_1^n}{x - x_1} = \lim_{x \to x_1} \frac{x^{-k} - x_1^{-k}}{x - x_1} = \lim_{x \to x_1} \frac{1/x^k - 1/x_1^k}{x - x_1}$$

$$= \lim_{x \to x_1} \frac{1}{x^k x_1^k} \frac{x_1^k - x^k}{x - x_1} = -\lim_{x \to x_1} \frac{1}{x^k x_1^k} \cdot \lim_{x \to x_1} \frac{x^k - x_1^k}{x - x_1}$$

$$= -\frac{1}{x_1^{2k}} k \cdot x_1^{k-1} = -k \, x_1^{-k-1} = n \cdot x_1^{n-1}$$

Damit ist der Grenzwert der Potenzfunktion an der Stelle x_1

$$\lim_{x \to x_1} \frac{x^n - x_1^n}{x - x_1} = n \, x_1^{n-1} \tag{257.2}$$

für alle $n \in \mathbb{Q} \setminus \{0\}$ gebildet. Für $n = 0$ ist $y = 1$, nach Gl. (256.1) ist $y' = 0$.

5.1 Einführung

So erhält man für alle $n \in \mathbb{Q}$ im jeweiligen Definitionsbereich als erste Ableitung der **Potenzfunktion**

$$(x^n)' = n\, x^{n-1} \qquad (258.1)$$

In Abschn. 5.2.3 wird gezeigt, daß Gl. (258.1) auch für $n \in \mathbb{R}\setminus\mathbb{Q}$ gilt.

Beispiel 7 Man differenziere die Potenzsumme

$$y = 3x^4 - 7\sqrt{x^5} + \frac{6}{x^2} - \frac{1}{\sqrt{x}}$$

Es ist zweckmäßig, diese Funktion zunächst in der Form

$$y = 3x^4 - 7x^{5/2} + 6x^{-2} - x^{-1/2}$$

zu schreiben. Nach Gl. (258.1) erhält man unter Beachtung der Summenregel Gl. (256.3) und der Faktorregel Gl. (256.2)

$$y' = 3\cdot 4x^3 - 7\cdot\frac{5}{2}x^{3/2} + 6\cdot(-2)x^{-3} - \left(-\frac{1}{2}\right)x^{-3/2}$$

$$= 12x^3 - 17{,}5\sqrt{x^3} - \frac{12}{x^3} + \frac{1}{2\sqrt{x^3}}$$

Beispiel 8 Beim **schiefen Wurf** bewegt sich der Körper auf einer **Wurfparabel** (258.1)

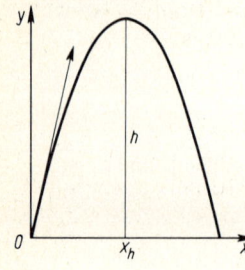

$$y = -\frac{g}{2v_{x0}^2}x^2 + \frac{v_{y0}}{v_{x0}}x$$

Der Geschwindigkeitsvektor $\vec{v}_0 = v_{x0}\vec{i} + v_{y0}\vec{j}$ bestimmt die Anfangsgeschwindigkeit (Abschn. 4.2.2). Wie groß ist die Scheitelhöhe h?

Im Scheitelpunkt ist die Tangente an die Wurfparabel horizontal, für $x = x_h$ ist daher die Ableitung y' gleich Null

$$y'_h = -\frac{g}{v_{x0}^2}x_h + \frac{v_{y0}}{v_{x0}} = 0 \quad \text{ergibt} \quad x_h = \frac{v_{x0}\,v_{y0}}{g}$$

258.1

woraus die Wurfhöhe $h = y(x_h) = v_{y0}^2/(2g)$ folgt.

Beispiel 9 Welchen Anstiegswinkel hat der Graph der Funktion $y = 6x^3 - 5x^2 + 2x - 6$ an den Punkten mit den Abszissen $x_1 = 0$, $x_2 = 1$, $x_3 = 2$ und $x_4 = 3$?
Es ist $y' = 18x^2 - 10x + 2$. Die Spalten x und y der Wertetafel

x	y	y'	arctan y'	tan α	α
0	-6	2	63,4°	0,04	2,3°
1	-3	10	84,3°	0,20	11,3°
2	26	54	88,9°	1,08	47,2°
3	117	134	89,6°	2,68	69,5°

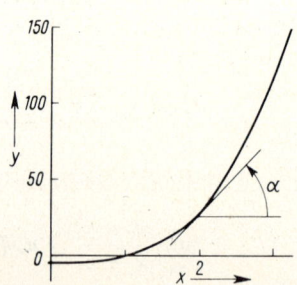

258.2

zeigen, daß für x und y verschiedene Einheitslängen gewählt werden müssen, wenn ein Diagramm hergestellt werden soll.

5.1.4 Ableitung einiger Grundfunktionen

Es gilt
$$\xi = l_x \cdot x = 1 \text{ cm} \cdot x \qquad \eta = l_y \cdot y = 0{,}02 \text{ cm} \cdot y$$

Aus Gl. (253.1) folgt dann $y' = (l_x/l_y) \tan \alpha = 50 \tan \alpha$. Der Winkel α ist der in Bild **258.2** sichtbare Winkel.

Sinusfunktion $y = \sin x$ Der Differenzenquotient lautet

$$\frac{\sin x - \sin x_1}{x - x_1}$$

Es gilt $\sin x \in C$, weiter sei $x \in U^*(x_1)$.

Um aus der Differenz der Winkelfunktionen im Zähler eine Funktion des Differenzwinkels zu erhalten, benutzt man Gl. (144.4)

$$\sin x - \sin x_1 = 2 \sin \frac{x - x_1}{2} \cos \frac{x + x_1}{2}$$

Dann ergibt sich bei $x \to x_1$

$$\lim_{x \to x_1} \frac{2 \sin \frac{x - x_1}{2} \cos \frac{x + x_1}{2}}{x - x_1} = \lim_{x \to x_1} \frac{\sin \frac{x - x_1}{2}}{\frac{x - x_1}{2}} \cdot \lim_{x \to x_1} \cos \frac{x + x_1}{2}$$

da der Grenzwert eines Produktes gleich dem Produkt der Grenzwerte der Faktoren ist. Der Grenzwert des zweiten Faktors ist $\cos x_1$. Im ersten Faktor setzt man $(x - x_1)/2 = \alpha$. Damit ergibt sich

$$\lim_{\alpha \to 0} \frac{\sin \alpha}{\alpha}$$

Hierbei wird der Winkel α im Bogenmaß gemessen. Der Grenzübergang $\alpha \to 0$ soll für jede Nullfolge (α) mit $\alpha \in U^*(0)$ gelten. Nach Bild **259.1** ergibt sich aus dem Vergleich der Flächen der beiden Dreiecke und des Kreissektors folgende Ungleichung

$$\frac{1}{2} \cdot r \cdot \cos \alpha \cdot r \cdot \sin \alpha < \frac{r^2 \alpha}{2} < \frac{1}{2} r \cdot r \cdot \tan \alpha$$

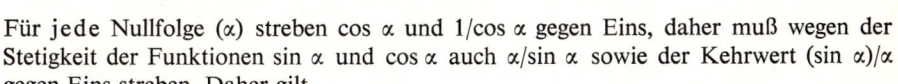

259.1

für jedes α, das der Bedingung $0 < \alpha < \pi/2$ genügt. Dividiert man diese Ungleichung durch $0{,}5 \cdot r^2 \cdot \sin \alpha$, so erhält man

$$\cos \alpha < \frac{\alpha}{\sin \alpha} < \frac{1}{\cos \alpha}$$

Für jede Nullfolge (α) streben $\cos \alpha$ und $1/\cos \alpha$ gegen Eins, daher muß wegen der Stetigkeit der Funktionen $\sin \alpha$ und $\cos \alpha$ auch $\alpha/\sin \alpha$ sowie der Kehrwert $(\sin \alpha)/\alpha$ gegen Eins streben. Daher gilt

$$\lim_{\alpha \to 0} \frac{\sin \alpha}{\alpha} = 1 \qquad (259.1)$$

Damit wird

$$\lim_{x \to x_1} \frac{\sin x - \sin x_1}{x - x_1} = \cos x_1$$

Daraus folgt die erste Ableitung des Sinus

$$(\sin x)' = \cos x \qquad (260.1)$$

Cosinusfunktion $y = \cos x$ Wie für den Sinus gilt auch $\cos x \in C$. Wieder sei $x \in U^*(x_1)$. Nach Gl. (144.8) ist

$$\cos x - \cos x_1 = -2 \sin \frac{x - x_1}{2} \sin \frac{x + x_1}{2}$$

Setzt man diesen Wert in den Zähler des Differenzenquotienten ein, so gilt

$$\lim_{x \to x_1} \frac{\cos x - \cos x_1}{x - x_1} = \lim_{x \to x_1} \frac{-2 \sin \frac{x - x_1}{2} \sin \frac{x + x_1}{2}}{x - x_1}$$

$$= -\lim_{x \to x_1} \frac{\sin \frac{x - x_1}{2}}{\frac{x - x_1}{2}} \cdot \lim_{x \to x_1} \sin \frac{x + x_1}{2} = -\sin x_1$$

Damit wird die erste Ableitung des Cosinus

$$(\cos x)' = -\sin x \qquad (260.2)$$

Beispiel 10 Unter welchem Winkel schneiden sich bei gleichen Einheitslängen die Graphen der Funktionen $f(x) = \sin x$ und $g(x) = \cos x$?

Die Graphen schneiden sich im Punkt mit der Abszisse $x = \pi/4$. Es ist $\tan \alpha_1 = f'(\pi/4) = \cos (\pi/4) = 0{,}707$ und $\tan \alpha_2 = g'(\pi/4) = -\sin (\pi/4) = -0{,}707$. Es ist mit $\delta = \alpha_1 - \alpha_2$

$$\tan \delta = \frac{\tan \alpha_1 - \tan \alpha_2}{1 + \tan \alpha_1 \tan \alpha_2} = \frac{0{,}707 + 0{,}707}{1 - 0{,}5} = 2{,}83$$

Hieraus folgt $\delta = 70{,}5°$.

Beispiel 11 Man differenziere die Funktion $y = A \cos (\omega t + \varphi)$ nach der unabhängigen Veränderlichen t.

Bei diesem Beispiel ist Gl. (260.2) nicht anwendbar, da das Argument des Cosinus nicht nur aus der unabhängigen Veränderlichen t besteht. Daher muß der Grenzwert erneut bestimmt werden. Es ist

$$\dot{y}(t_1) = A \lim_{t \to t_1} \frac{\cos (\omega t + \varphi) - \cos (\omega t_1 + \varphi)}{t - t_1}$$

Gl. (144.8) liefert

$$\cos (\omega t + \varphi) - \cos (\omega t_1 + \varphi) = -2 \sin \frac{\omega t - \omega t_1}{2} \cdot \sin \frac{\omega t + \omega t_1 + 2\varphi}{2}$$

Damit erhält man

$$\dot{y}(t_1) = -2A \lim_{t \to t_1} \frac{\sin \frac{\omega(t-t_1)}{2} \cdot \sin\left(\frac{\omega(t+t_1)}{2} + \varphi\right)}{t-t_1}$$

Setzt man $\alpha = \frac{\omega(t-t_1)}{2}$ und zerlegt $\dot{y}(t_1)$ in das Produkt zweier Grenzwerte, so wird

$$\dot{y}(t_1) = -2A \lim_{\alpha \to 0} \underbrace{\frac{\sin \alpha}{2\alpha}}_{\omega} \cdot \lim_{t \to t_1} \sin\left(\frac{\omega(t+t_1)}{2} + \varphi\right)$$

$$= -A\omega \lim_{\alpha \to 0} \frac{\sin \alpha}{\alpha} \cdot \sin(\omega t_1 + \varphi).$$

Nach Gl. (259.1) strebt der verbleibende Grenzwert gegen Eins. Damit wird

$$[A\cos(\omega t + \varphi)]' = -A\omega \sin(\omega t + \varphi).$$

Logarithmische Funktion $y = \ln x$ Es sei $x \in U^*(x_1) \subset (0, +\infty)$, der Definitionsbereich des Logarithmus. Setzt man $x = x_1 + \Delta x$, so lautet der Differenzenquotient von $y = \ln x$

$$\frac{\ln x - \ln x_1}{x - x_1} = \frac{\ln(x_1 + \Delta x) - \ln x_1}{\Delta x}$$

Nach Gl. (160.2) ist

$$\ln(x_1 + \Delta x) - \ln x_1 = \ln \frac{x_1 + \Delta x}{x_1} = \ln\left(1 + \frac{\Delta x}{x_1}\right)$$

Wenn $x \to x_1$ strebt, geht $\Delta x \to 0$. Also ist (Δx) eine Nullfolge. Dann ist aber auch $(x_n) = (\Delta x/x_1)$ eine Nullfolge. Damit wird mit Gl. (160.2)

$$\frac{\ln x - \ln x_1}{\Delta x} = \frac{1}{\Delta x} \ln\left(1 + \frac{\Delta x}{x_1}\right) = \frac{1}{x_1 x_n} \ln(1 + x_n) = \frac{1}{x_1} \ln(1 + x_n)^{1/x_n} \quad (261.1)$$

Zur Vorbereitung der Bestimmung dieses Grenzwertes wird zunächst der Grenzwert

$$\lim_{n \to \infty} \left(1 + \frac{1}{n}\right)^n \quad (261.2)$$

mit $n \in \mathbb{N}$ bestimmt.
Zunächst sollen einige Glieder dieser Folge (a_n) berechnet werden.
Es ist

$$a_1 = 2 \qquad a_2 = 2{,}25$$
$$a_3 = 2{,}37 \qquad a_4 = 2{,}44$$

Sicher sind alle Glieder dieser Folge positiv. Zunächst soll bewiesen werden, daß diese Folge beschränkt ist. Dazu ist zu zeigen, daß es eine obere Schranke gibt. Zum Beweis wird a_n umgewandelt und sodann mehrmals vergrößert. Schließlich wird gezeigt, daß dieser Ausdruck, der größer als a_n für jedes n ist, gleich 3 ist.

5.1 Einführung

Nach dem binomischen Satz gilt

$$a_n = \left(1 + \frac{1}{n}\right)^n = 1 + n \cdot \frac{1}{n} + \frac{n(n-1)}{2} \cdot \frac{1}{n^2} + \frac{n(n-1)(n-2)}{2 \cdot 3} \cdot \frac{1}{n^3} + \cdots + \frac{1}{n^n}$$

$$= 1 + 1 + \frac{1}{2}\left(1 - \frac{1}{n}\right) + \frac{1}{2 \cdot 3}\left(1 - \frac{1}{n}\right)\left(1 - \frac{2}{n}\right) + \cdots +$$

$$+ \frac{1}{n!}\left(1 - \frac{1}{n}\right)\left(1 - \frac{2}{n}\right) \cdots \left(1 - \frac{n-1}{n}\right)$$

$$< 1 + 1 + \frac{1}{2} + \frac{1}{2 \cdot 3} + \frac{1}{2 \cdot 3 \cdot 4} + \cdots + \frac{1}{n!}$$

$$< 1 + 1 + \frac{1}{2} + \frac{1}{4} + \frac{1}{8} + \cdots + \frac{1}{2^{n-1}}$$

$$< 1 + 1 + \frac{1}{2} + \frac{1}{4} + \frac{1}{8} + \cdots = 1 + \frac{1}{1 - \frac{1}{2}} = 3$$

Die erste Vergrößerung erfolgt, indem man $1 - (1/n)$ usw. durch 1 ersetzt. Weiter wird vergrößert, indem man für $1/(i!)$ den größeren Wert $1/2^{i-1}$ setzt, denn für $i > 2$ ist $i! > 2^{i-1}$, also $1/i! < 1/2^{i-1}$. Eine letzte Vergrößerung erweitert die endliche geometrische Reihe zu einer unendlichen geometrischen Reihe. Alle Glieder der Folge Gl. (261.2) liegen also zwischen 0 und 3.

Als nächstes soll bewiesen werden, daß diese Folge monoton steigt, was man nach den ersten vier Gliedern vermuten kann. Es muß hierzu gezeigt werden, daß für alle n

$$a_n < a_{n+1}$$

gilt. Wie bereits oben gezeigt wurde, ist

$$a_n = 1 + 1 + \frac{1}{2}\left(1 - \frac{1}{n}\right) + \frac{1}{3!}\left(1 - \frac{1}{n}\right)\left(1 - \frac{2}{n}\right) +$$

$$+ \frac{1}{4!}\left(1 - \frac{1}{n}\right)\left(1 - \frac{2}{n}\right)\left(1 - \frac{3}{n}\right) + \cdots + \frac{1}{n!}\left(1 - \frac{1}{n}\right)\left(1 - \frac{2}{n}\right) \cdots \left(1 - \frac{n-1}{n}\right)$$

Entsprechend erhält man

$$a_{n+1} = 1 + 1 + \frac{1}{2}\left(1 - \frac{1}{n+1}\right) + \frac{1}{3!}\left(1 - \frac{1}{n+1}\right)\left(1 - \frac{2}{n+1}\right) +$$

$$+ \frac{1}{4!}\left(1 - \frac{1}{n+1}\right)\left(1 - \frac{2}{n+1}\right)\left(1 - \frac{3}{n+1}\right) + \cdots + \frac{1}{(n+1)!}\left(1 - \frac{1}{n+1}\right) \cdots \left(1 - \frac{n}{n+1}\right)$$

Wegen $\quad 1 - \frac{1}{n} < 1 - \frac{1}{n+1}, \quad\quad 1 - \frac{2}{n} < 1 - \frac{2}{n+1} \quad\quad$ usw.

ist außer den ersten beiden Summanden jeder Summand von a_{n+1} größer als der entsprechende Summand von a_n. Außerdem hat a_{n+1} einen zusätzlichen positiven Summanden. Damit ist $a_n < a_{n+1}$ bewiesen. Die Folge (a_n) ist also beschränkt und monoton steigend. Auf S. 63 ist gezeigt, daß diese Folge daher konvergiert.

Es gilt $\lim\limits_{n\to\infty} \left(1 + \dfrac{1}{n}\right)^n = e = 2{,}718\ldots$ \hfill (263.1)

Zur numerischen genaueren Berechnung der Eulerschen Zahl e benutzt man ein Verfahren, das in Abschn. 9.2.2 entwickelt wird.
Eine Verallgemeinerung von Gl. (263.1) gibt der folgende

Satz. Es sei (x_n) eine beliebige Nullfolge mit $x_n > -1$ und $x_n \ne 0$. Dann gilt

$$\lim_{n\to\infty}(1 + x_n)^{1/x_n} = e \hfill (263.2)$$

Für den Spezialfall $x_n = 1/n$ ist der Satz bereits bewiesen. Der Beweis dieses Satzes, auf den hier verzichtet wird, erfolgt in folgenden Schritten. Nach $n = 1/x_n$ wird eine Nullfolge (x_n) mit nur positiven Gliedern betrachtet, deren Kehrwerte sämtlich ganzzahlig sind, denn im Beweis des Grenzwertes Gl. (263.1) wurde die Ganzzahligkeit von n wesentlich benutzt. Im nächsten Beweisschritt wird die Gültigkeit für eine Nullfolge (x_n) mit nur positiven Gliedern gezeigt. Schließlich werden auch negative Glieder in der Folge (x_n) berücksichtigt.

Mit Hilfe des Grenzwertes Gl. (263.2) erhält man nach Gl. (261.1)

$$\lim_{x\to x_1} \frac{\ln x - \ln x_1}{x - x_1} = \frac{1}{x_1} \lim_{x_n \to 0} \ln(1 + x_n)^{1/x_n}$$

$$= \frac{1}{x_1} \ln\left[\lim_{x_n\to 0}(1 + x_n)^{1/x_n}\right] = \frac{1}{x_1} \ln e = \frac{1}{x_1}$$

Wegen der Stetigkeit des Logarithmus kann, wie hier nicht gezeigt wird, das Bilden von Logarithmus und Limes vertauscht werden.

Die erste Ableitung des natürlichen Logarithmus ist

$$(\ln x)' = \frac{1}{x} \hfill (263.3)$$

Mit der Umrechnung der Logarithmenbasis

$$\log_a x = \frac{\ln x}{\ln a} = \frac{1}{\ln a} \ln x$$

lautet die erste Ableitung der allgemeinen logarithmischen Funktion, weil $1/(\ln a)$ ein konstanter Faktor ist

$$(\log_a x)' = \left(\frac{\ln x}{\ln a}\right)' = \frac{1}{x \ln a} \hfill (263.4)$$

Es ist $\log_a (c\,x) = \log_a c + \log_a x$

Damit lautet die erste Ableitung der Funktion $y = \log_a(c\,x)$, da $\log_a c$ eine additive Konstante ist

$$[\log_a(c\,x)]' = (\log_a x)' = \frac{1}{x \ln a} \hfill (263.5)$$

5.1.5 Tangente und Normale

Gesucht ist die Gleichung der Tangente $y = g(x)$ an den Graphen der Funktion $y = f(x)$ im Punkt mit der Abszisse $x = x_1$ (**264.**1). Die Tangente ist eine Gerade, die in einem vorgegebenen Punkt $(x_1; f(x_1))$ des Graphen der Funktion $y = f(x)$ diesen berührt, d.h., in diesem Punkt haben Graph und Tangente den gleichen Anstieg $y_1' = f'(x_1)$. Sind von einer Geraden ein Punkt und der Anstieg bekannt, so lautet diese Geradengleichung in der Punkt-Richtungs-Form nach Gl. (108.2) mit $y_2 = y$, $y_1 = f(x_1)$, $x_2 = x$ und $a_1 = f'(x_1)$

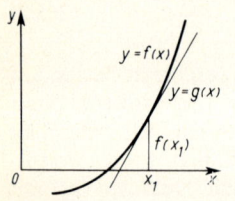

$$\frac{y - f(x_1)}{x - x_1} = f'(x_1) \tag{264.1}$$

Hieraus erhält man die Gleichung der Tangente an den Graphen der Funktion $y = f(x)$ im Punkt mit der Abszisse $x = x_1$

$$y = g(x) = f'(x_1)(x - x_1) + f(x_1) \tag{264.2}$$

264.1

Beispiel 12 Welcher Gleichung genügt die Tangente an den Graphen der Funktion $y = \text{lb}(5x)$ im Punkt mit der Abszisse $x_1 = 3$?
Es ist $y(3) = \text{lb } 15 = 3{,}91$, nach Gl. (263.4)

$$f'(x) = \frac{1}{x \ln 2} \quad \text{und} \quad f'(3) = \frac{1}{3 \ln 2} = 0{,}481$$

Dann lautet die Gleichung der Tangente

$$y = 0{,}481 (x - 3) + 3{,}91 = 0{,}481 x + 2{,}46$$

Beispiel 13 Das Profil eines Werkstücks (**264.**2) kann im Bereich $2 \text{ cm} \leq x \leq 4 \text{ cm}$ durch die Gleichung $y = f(x) = (6/x) \text{ cm}^2$ dargestellt werden. Im Bereich $0 \leq x \leq 2 \text{ cm}$ wird das Profil durch die Tangente $y = g(x)$ an den Graphen der Funktion $y = (6/x) \text{ cm}^2$ im Punkte $x_1 = 2 \text{ cm}$ beschrieben. Wo schneidet die Tangente die Ordinatenachse?
Es ist $f(2 \text{ cm}) = 3 \text{ cm}$, $f'(x) = -(6/x^2) \text{ cm}^2$ und $f'(2 \text{ cm}) = -1{,}5$. Dann erhält man mit Gl. (264.2)

$$y = g(x) = -1{,}5(x - 2 \text{ cm}) + 3 \text{ cm} = -1{,}5 x + 6 \text{ cm}$$

Für $x = 0$ ergibt sich der Schnittpunkt mit der y-Achse $y_0 = g(0) = 6 \text{ cm}$.

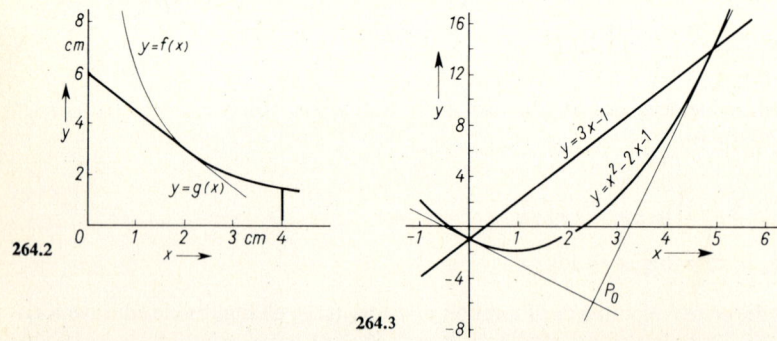

264.2

264.3

Beispiel 14 Gegeben sind die Gerade $y = 3x - 1$ und die Parabel $y = x^2 - 2x - 1$. Die Gerade schneidet die Parabel in zwei Punkten. In diesen Punkten sind die Tangenten an die Parabel zu legen (**264.**3). Wo schneiden sich diese Tangenten?

Zunächst werden die Schnittpunkte der gegebenen Geraden mit der Parabel bestimmt. Hierzu werden beide Ordinaten gleichgesetzt

$$x^2 - 2x - 1 = 3x - 1 \qquad x^2 - 5x = 0$$

Die Schnittpunktabszissen lauten also $x_1 = 0$ und $x_2 = 5$. Durch Einsetzen in die Geradengleichung erhält man die zugehörigen Ordinaten $y_1 = -1$ und $y_2 = 14$. Die Ableitungsfunktion der Parabel ist $f' = 2x - 2$. Die Ableitungen in den Schnittpunkten sind $f'(0) = -2$ und $f'(5) = 8$.

Aus Gl. (264.2) erhält man die beiden Tangentengleichungen

$$y = -2(x - 0) - 1 \qquad \text{oder} \qquad y = -2x - 1$$

und
$$y = 8(x - 5) + 14 \qquad \text{oder} \qquad y = 8x - 26$$

Die Schnittpunktabszisse x_0 dieser beiden Tangenten ergibt sich wiederum durch Gleichsetzen der Ordinaten

$$-2x_0 - 1 = 8x_0 - 26$$

Hieraus folgt $x_0 = 2{,}5$ und dann $y_0 = -6$.

Beispiel 15 Gegeben ist eine Parabel mit vertikaler Achse $y = ax^2 + bx + c$. Man beweise folgenden für die darstellende Geometrie wichtigen Satz: Sind $P_1(x_1; y_1)$ und $P_2(x_2; y_2)$ in Bild 265.1 zwei Parabelpunkte, deren Tangenten sich in $P_T(x_T; y_T)$ schneiden, und ist y_G die Ordinate der Geraden $\overline{P_1 P_2}$ an der Abszisse $x = x_T$, so kann man den Parabelpunkt $P_3(x_3; y_3)$ an der Abszisse $x_3 = x_T$ leicht konstruieren, denn

1. Es ist $x_T = (x_1 + x_2)/2$. Die Abszisse x_T liegt also in der Mitte zwischen x_1 und x_2.
2. Es gilt $y_G - y_3 = y_3 - y_T$. Die Parabelkoordinate liegt also in der Mitte zwischen y_G und y_T.
3. Es ist $y'(x_3)$ gleich der Ableitung der Geraden $\overline{P_1 P_2}$.

Die Ableitung der Parabel lautet $y' = 2ax + b$. Damit erhält man als Gleichungen der Parabeltangenten in den Punkten P_1 und P_2

$$\frac{y - y_1}{x - x_1} = 2ax_1 + b$$

oder $\quad y = (2ax_1 + b)x - ax_1^2 + c$

$$\frac{y - y_2}{x - x_2} = 2ax_2 + b$$

oder $\quad y = (2ax_2 + b)x - ax_2^2 + c$

Hieraus ergeben sich die Schnittpunktkoordinaten der Tangenten

$$x_T = \frac{x_1 + x_2}{2}$$

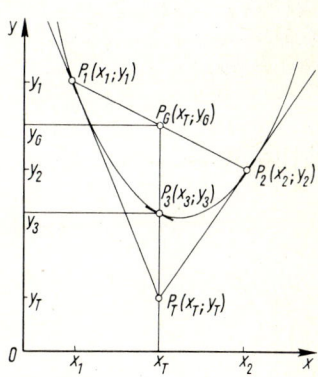

265.1

und $\quad y_T = (2ax_1 + b)\dfrac{x_1 + x_2}{2} - ax_1^2 + c = ax_1 x_2 + \dfrac{b}{2}(x_1 + x_2) + c$

Damit ist der erste Teil des Satzes bewiesen. Die Steigung der Geraden $\overline{P_1 P_2}$ ist

$$\frac{y_2 - y_1}{x_2 - x_1} = \frac{a(x_2^2 - x_1^2) + b(x_2 - x_1)}{x_2 - x_1} = a(x_1 + x_2) + b$$

5.1 Einführung

Dann genügt die Gerade $\overline{P_1 P_2}$ der Gleichung

$$\frac{y - y_1}{x - x_1} = a(x_1 + x_2) + b \qquad \text{oder} \qquad y = [a(x_1 + x_2) + b]x - a x_1 x_2 + c$$

Für $x = x_T$ wird $y = y_G = (a/2)(x_1^2 + x_2^2) + (b/2)(x_1 + x_2) + c$.
Zum Beweis des zweiten Teiles dieses Satzes bildet man die Differenzen $y_G - y_3$ und $y_3 - y_T$.

Es ist $\qquad y_3 = a\left[\dfrac{x_1 + x_2}{2}\right]^2 + b\dfrac{x_1 + x_2}{2} + c$

Damit erhält man für beide Differenzen $a(x_1 - x_2)^2/4$. Die Ableitung der Parabel für $x = x_T$ ist $y'(x_T) = 2a(x_1 + x_2)/2 + b = a(x_1 + x_2) + b$. Da dies zugleich die Ableitung der Verbindungsgeraden ist, ist auch der dritte Teil des Satzes bewiesen.

Beispiel 16 Die folgende Aufgabe stellt sich häufig bei Konstruktionsproblemen im Maschinenbau.
Von einer Parabel sind die Achse und zwei Tangenten gegeben. Man berechne die Gleichung der Parabel und die Berührungspunkte dieser Tangenten.
Die y-Achse wird als gegebene Parabelachse gewählt. Die x-Achse wird so festgelegt, daß der Schnittpunkt der beiden gegebenen Tangenten auf der x-Achse liegt. Da die y-Achse zugleich Parabelachse ist, lautet die Gleichung der Parabel $y = A x^2 + B$. Die unbekannten Koeffizienten A und B sind zu bestimmen. Sind $P_1(x_1; y_1)$ und $P_2(x_2; y_2)$ in Bild **266.1** die noch unbekannten Berührungspunkte der beiden gegebenen Tangenten

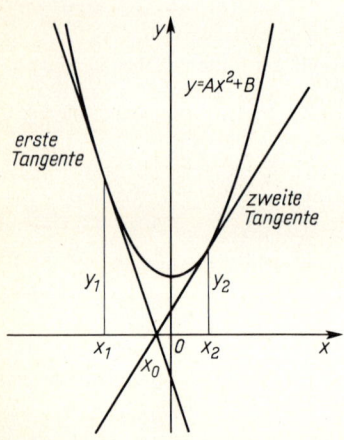

266.1

$$y = a_{11} x + a_{01}$$
und
$$y = a_{12} x + a_{02}$$

so gilt nach Gl. (264.1) für diese Tangenten

$$\frac{y - y_1}{x - x_1} = 2 A x_1$$

und

$$\frac{y - y_2}{x - x_2} = 2 A x_2$$

Die Normalform dieser Gleichungen lautet

$$y = 2 A x_1 \cdot x + (B - A x_1^2)$$

$$y = 2 A x_2 \cdot x + (B - A x_2^2)$$

da $y_1 = A x_1^2 + B$ und $y_2 = A x_2^2 + B$ gilt. Diese Gleichungen sind mit den gegebenen Tangentengleichungen identisch, also sind ihre Anstiege und ihre Abschnitte auf der y-Achse gleich

$$2 A x_1 = a_{11} \qquad B - A x_1^2 = a_{01} \qquad 2 A x_2 = a_{12} \qquad B - A x_2^2 = a_{02}$$

Diese vier Gleichungen für die vier Unbekannten A, B, x_1 und x_2 haben die Lösung

$$x_1 = 2 a_{11} \frac{a_{02} - a_{01}}{a_{11}^2 - a_{12}^2} \qquad\qquad x_2 = 2 a_{12} \frac{a_{02} - a_{01}}{a_{11}^2 - a_{12}^2}$$

$$A = \frac{1}{4} \frac{a_{11}^2 - a_{12}^2}{a_{02} - a_{01}} \qquad\qquad B = \frac{a_{11}^2 a_{02} - a_{12}^2 a_{01}}{a_{11}^2 - a_{12}^2}$$

5.1.5 Tangente und Normale   267

Die beiden Tangenten haben nach F 16 den Schnittpunkt

$$x_0 = \frac{a_{01} - a_{02}}{a_{12} - a_{11}} \qquad y_0 = \frac{a_{01} a_{12} - a_{02} a_{11}}{a_{12} - a_{11}}$$

Die vorstehende Lösung für A hat nur Sinn, wenn $a_{01} \neq a_{02}$ ist, die Tangenten sich also nicht auf der Parabelachse schneiden. Die Lösungen für x_1, x_2 und B erfordern, daß $a_{11} \neq a_{12}$ und $a_{11} \neq -a_{12}$ gilt; die gegebenen Parabeltangenten können nicht parallel sein, ihre Anstiegswinkel ergänzen sich auch nicht zu 180°, da $\tan \alpha_1 \neq -\tan \alpha_2 = \tan(180° - \alpha_2)$ vorausgesetzt wird.

Nach Voraussetzung schneiden sich die Tangenten auf der x-Achse. Daher ist $y_0 = 0$ oder $a_{01} a_{12} = a_{02} a_{11}$. Hieraus folgt

$$\frac{a_{11}}{a_{12}} = \frac{a_{01}}{a_{02}} \qquad \frac{a_{11} - a_{12}}{a_{12}} = \frac{a_{01} - a_{02}}{a_{02}} \qquad \frac{a_{11} - a_{12}}{a_{01} - a_{02}} = \frac{a_{11}}{a_{01}} = \frac{a_{12}}{a_{02}}$$

Damit vereinfachen sich die Lösungen des Gleichungssystems

$$x_1 = \frac{-2 a_{01}}{a_{11} + a_{12}} \qquad x_2 = \frac{-2 a_{02}}{a_{11} + a_{12}}$$

$$A = -\frac{a_{11}}{4 a_{01}} (a_{11} + a_{12}) \qquad B = \frac{a_{02} a_{11}}{a_{11} + a_{12}}$$

Die Ordinaten der Berührungspunkte sind

$$y_1 = -a_{01} \frac{a_{11} - a_{12}}{a_{11} + a_{12}} \qquad y_2 = a_{02} \frac{a_{11} - a_{12}}{a_{11} + a_{12}}$$

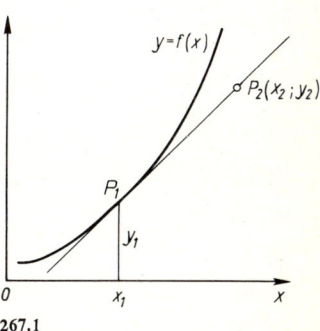

267.1

In Beispiel 12 bis 15 war jeweils der Berührungspunkt der Tangente an den Graphen gegeben oder leicht zu bestimmen; in Beispiel 16 mußte er erst berechnet werden. Diese Fragestellung werde jetzt verallgemeinert. Gegeben sei (267.1) der Graph der Funktion $y = f(x)$ und ein nicht auf dem Graphen liegender Punkt P_2 seiner Tangente. Man bestimme den Berührungspunkt der Tangente mit dem Graphen. Die Tangentengleichung mit der Unbekannten x_1

$$y = f'(x_1) \cdot (x - x_1) + f(x_1)$$

wird durch $(x_2; y_2)$ erfüllt, es gilt also

$$y_2 = f'(x_1) \cdot (x_2 - x_1) + f(x_1) \tag{267.1}$$

Gl. (267.1) ist eine Bestimmungsgleichung für die Unbekannte x_1, die i. allg. nicht explizit nach x_1 auflösbar ist. Allgemeine Lösungsverfahren findet man in Abschn. 7.1.1.

Beispiel 17 Man lege an den Graphen der Funktion $y = x^3$ die Tangente vom Punkt (2; 4). Es ist $y' = 3 x^2$. Damit folgt aus Gl. (267.1)

$$4 = 3 x_1^2 (2 - x_1) + x_1^3 \qquad \text{oder} \qquad x_1^3 - 3 x_1^2 + 2 = 0$$

Die Bestimmungsgleichung kann nach dem Verfahren von Newton (Abschn. 7.1.1) gelöst werden. In diesem Fall erkennt man unmittelbar, daß $x_{11} = 1$ die Gleichung erfüllt. Mit dem Horner-Schema (Abschn. 3.1.3) wird nun ein Linearfaktor abgespalten

	1	−3	0	2
$x = 1$		1	−2	−2
	1	−2	−2	0

268 5.1 Einführung

Die verbleibende quadratische Gleichung $x^2 - 2x - 2 = 0$ hat die weiteren Wurzeln $x_{12} = 1 + \sqrt{3} = 2{,}732$ und $x_{13} = 1 - \sqrt{3} = -0{,}732$. Vom Punkt P_2 können also drei Tangenten an diesen Graphen gelegt werden. Setzt man die Koordinaten der Berührungspunkte $x_{11} = 1$; $y_{11} = 1$; $x_{12} = 2{,}732$; $y_{12} = 20{,}4$; $x_{13} = -0{,}732$; $y_{13} = -0{,}392$ sowie $y = x^3$ in Gl. (264.2) ein, so erhält man folgende drei Tangentengleichungen (s. auch Bild **268**.1)

$$y = 3x - 2 \qquad y = 22{,}4x - 40{,}8 \qquad y = 1{,}608x + 0{,}785$$

Im folgenden Teil von Abschn. 5.1.5 werden gleiche Einheitslängen vorausgesetzt.

Definition Die Normale eines Graphen in einem Kurvenpunkt $(x_1; f(x_1))$ ist die in diesem Punkt auf der Tangente errichtete Senkrechte, s. Bild **268**.2.

Nach F16 gilt für die Anstiege zweier aufeinander senkrecht stehender Geraden $m_1 = -1/m_2$. Beide Geraden, die Tangente und die Normale, gehen durch den gleichen Punkt $(x_1; f(x_1))$. Sie stehen in diesem Punkte aufeinander senkrecht. Die Punkt-Richtungs-Form der Tangente lautet nach Gl. (264.1)

$$\frac{y - f(x_1)}{x - x_1} = f'(x_1)$$

dann ist die Punkt-Richtungs-Form der Normale

$$\frac{y - f(x_1)}{x - x_1} = -\frac{1}{f'(x_1)}$$

Hieraus folgt die Gleichung der Normale

$$y = h(x) = -\frac{1}{f'(x_1)}(x - x_1) + f(x_1) \tag{268.1}$$

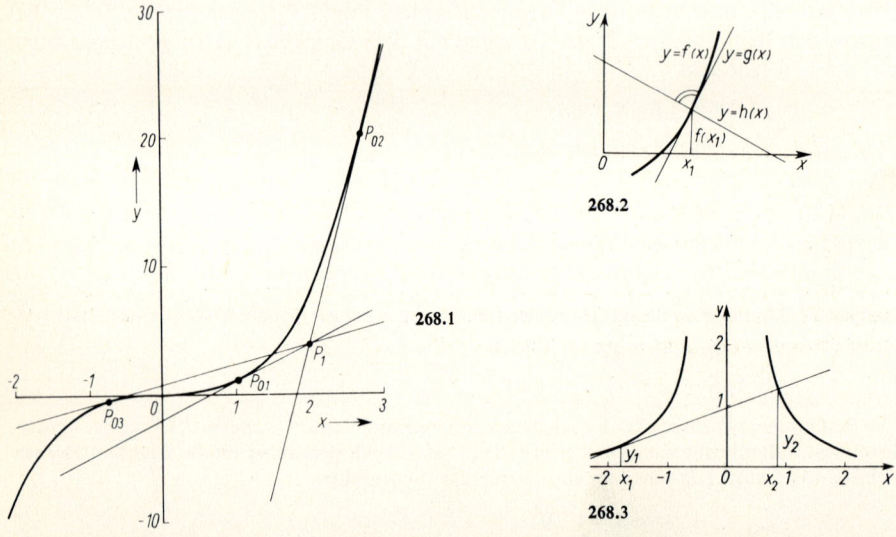

Beispiel 18 Man bestimme diejenigen Punkte auf dem Graphen der Funktion $y = 1/x^2$, in denen die Tangente zugleich Normale für denselben Graphen in einem anderen Punkte ist (**268**.3).

Es sei $(x_1; y_1)$ der Berührungspunkt der Tangente und $(x_2; y_2)$ der Schnittpunkt der Normale mit dem Graphen. Die Ableitung der Funktion $y = 1/x^2$ ist $y' = -2/x^3$. Dann ist die Gleichung der

Tangente $\quad y = -\dfrac{2}{x_1^3}(x - x_1) + \dfrac{1}{x_1^2} = -\dfrac{2}{x_1^3} x + \dfrac{3}{x_1^2}$

Normale $\quad y = \dfrac{x_2^3}{2}(x - x_2) + \dfrac{1}{x_2^2} = \dfrac{x_2^3}{2} x + \dfrac{1}{x_2^2} - \dfrac{x_2^4}{2}$

Die Tangente hat den Anstieg $-2/x_1^3$, die Normale den Anstieg $x_2^3/2$. Die Tangente schneidet die y-Achse in $3/x_1^2$, die Normale in $(1/x_2^2) - (x_2^4/2)$. Nach der Aufgabenstellung sollen diese beiden Geraden identisch sein, also zusammenfallen. Daher müssen ihre Anstiege und ihre Abschnitte auf der y-Achse gleich sein. Hieraus erhält man zwei Bestimmungsgleichungen für die beiden Unbekannten x_1 und x_2

$$-\dfrac{2}{x_1^3} = \dfrac{x_2^3}{2} \qquad \text{und} \qquad \dfrac{3}{x_1^2} = \dfrac{1}{x_2^2} - \dfrac{x_2^4}{2}$$

Aus der ersten Gleichung folgt $x_1 x_2 = -\sqrt[3]{4}$ oder $x_1^2 = \dfrac{2\sqrt[3]{2}}{x_2^2}$. Die zweite Gleichung wird mit $2 x_1^2 x_2^2$ multipliziert

$$6 x_2^2 = 2 x_1^2 - x_1^2 x_2^6$$

und dann der aus der ersten Gleichung erhaltene Wert für x_1^2 eingesetzt

$$6 x_2^2 = 4\dfrac{\sqrt[3]{2}}{x_2^2} - 2\sqrt[3]{2}\, x_2^4 \qquad x_2^6 + \dfrac{3}{\sqrt[3]{2}} x_2^4 - 2 = 0$$

Durch die Substitution $z = x_2^2$ erhält man eine Gleichung dritten Grades

$$z^3 + 2{,}38\, z^2 - 2 = 0$$

deren positive Wurzel $z = 0{,}794$ man z. B. mit dem Newton-Verfahren (Abschn. 7.1.1) erhält. Hieraus folgt

$$x_2 = \pm 0{,}891; \quad y_2 = 1{,}260 \qquad x_1 = -\dfrac{\sqrt[3]{4}}{x_2} = \mp 1{,}782; \quad y_1 = 0{,}315$$

5.1.6 Mittelwertsatz. Höhere Ableitungen

Mit Hilfe des Begriffs der Ableitung werden in diesem Abschnitt weitere Aussagen über das Verhalten der Funktionen entwickelt.

Definition Es sei $f \in C^1[a, b]$ und $U(x_1) \subset [a, b]$. Dann heißt der Punkt $x_1 \in [a, b]$ ein relatives Maximum von f, wenn der Funktionswert $f(x_1)$ größer ist als alle Werte der punktierten Umgebung $U^*(x_1)$. Man schreibt

$$f(x_1) = \max_{x \in U(x_1)} f$$

Die Funktion f hat im Punkt x_1 ein relatives Minimum, wenn der Funktionswert $f(x_1)$ kleiner ist als alle Werte der punktierten Umgebung $U^*(x_1)$. Man schreibt

$$f(x_1) = \min_{x \in U(x_1)} f$$

Ein relatives Maximum oder Minimum heißt ein relativer Extremwert.

Satz. Es sei $U(x_1) \subset [a, b]$, $f \in C^1[a, b]$ und x_1 ein relativer Extremwert. Dann gilt $f'(x_1) = 0$.

Beweis. Der Punkt x_1 sei ein relatives Minimum. Dann gilt $f(x) - f(x_1) > 0$ für alle $x \in U^*(x_1)$. Die Differenz $x - x_1$ nimmt in $U^*(x_1)$ beiderlei Vorzeichen an, weil es in $U^*(x_1)$ sowohl Punkte mit $x > x_1$ als auch Punkte mit $x < x_1$ gibt. Die Funktion f ist stetig und der Differenzenquotient $(f(x) - f(x_1))/(x - x_1)$ nimmt für $x \to x_1$ beide Vorzeichen an. Diese Forderung ist nur dann erfüllt, wenn gilt

$$\lim_{x \to x_1} \frac{f(x) - f(x_1)}{x - x_1} = f'(x_1) = 0$$

Der Beweis für ein relatives Maximum verläuft analog. □

Satz von Rolle. Es sei $f \in C[a, b]$ und im offenen Intervall (a, b) differenzierbar. Weiter gelte $f(a) = f(b) = c$. Dann gibt es mindestens einen Punkt $x_m \in (a, b)$ mit $f'(x_m) = 0$.

Beweis. Ist $f \equiv c$, so ist $f' \equiv 0$ in $[a, b]$, der Satz ist also richtig. Ist die Funktion f nicht konstant, so nimmt sie in $[a, b]$ mindestens einen größten oder einen kleinsten Wert an, der von c verschieden ist (s. S. 72). In diesem Punkte hat die Funktion einen relativen Extremwert x_1, nach dem vorstehenden Satz gilt daher $f'(x_1) = 0$. □

Der Graph einer differenzierbaren Funktion hat daher zwischen zwei gleichen Ordinaten mindestens einen relativen Extremwert.

Mittelwertsatz der Differentialrechnung. Es sei $f \in C[a, b]$ und im Inneren des Intervalls (a, b) überall differenzierbar. Dann gibt es mindestens einen Punkt $x_m \in (a, b)$ mit

$$\frac{f(b) - f(a)}{b - a} = f'(x_m) \tag{270.1}$$

Beweis. Es sei $a < b$. Dies ist keine Einschränkung der Allgemeinheit, da die linke Seite von Gl. (270.1) mit (-1) erweitert werden kann. Man betrachte jetzt die Funktion

$$g(x) = f(x) - \frac{f(b) - f(a)}{b - a}(x - a)$$

Es gilt $g(a) = g(b) = f(a)$. Auf die Funktion $g(x)$ kann daher der Satz von Rolle angewendet werden

$$0 = g'(x_m) = f'(x_m) - \frac{f(b) - f(a)}{b - a}$$

Daraus folgt Gl. (270.1). □

Setzt man in Gl. (270.1) x statt b und x_0 statt a, so erhält man

$$f(x) = f(x_0) + (x - x_0) f'(x_m)$$

In Abschn. 9.1 wird außerdem gezeigt, daß

$$f(x) = f(x_0) + (x - x_0) f'(x_0) + R(x)$$

mit $\lim_{x \to x_0} R(x) = 0$ gilt. Hieraus folgt

5.1.6 Mittelwertsatz. Höhere Ableitungen

Die lineare Funktion $y = f(x_0) + (x - x_0) f'(x_0)$ nähert eine gegebene Funktion $y = f(x)$ in der Umgebung von $x = x_0$ an.

Fehlerfortpflanzung Setzt man $b = a + \Delta x$ und führt eine Zahl λ mit $0 < \lambda < 1$ ein, so ist
$$x_m = a + \lambda \cdot \Delta x$$
eine Abszisse zwischen a und b.

Damit erhält man aus Gl. (270.1) nach Multiplikation mit $b - a = \Delta x$
$$f(a + \Delta x) - f(a) = f'(a + \lambda \cdot \Delta x) \cdot \Delta x$$
Setzt man $f(a + \Delta x) - f(a) = \Delta y$, so ergibt sich
$$\Delta y = f'(a + \lambda \cdot \Delta x) \cdot \Delta x \qquad \text{mit } 0 < \lambda < 1 \tag{271.1}$$
Ist $|\Delta x| \ll \max(|a|, |b|)$, so entsteht nur ein kleiner Fehler, wenn man statt Gl. (271.1) schreibt
$$\Delta y = f'(a + \lambda \cdot \Delta x) \cdot \Delta x \qquad \text{mit } 0 < \lambda < 1 \tag{271.1}$$
Ist $|\Delta x| \ll |a|$, so entsteht nur ein kleiner Fehler, wenn man statt Gl. (271.1) schreibt
$$\Delta y \approx f'(a) \cdot \Delta x \tag{271.2}$$
Aussagen über die Größe des hier begangenen Fehlers findet man in Abschn. 9.1.1.

Ist eine Zahl oder Größe x mit einem **absoluten Fehler** Δx gegeben und soll daraus mit Hilfe der Funktion $y = f(x)$ eine Zahl oder Größe y berechnet werden, so ist auch diese mit einem Fehler behaftet, der Fehler pflanzt sich fort. Häufig macht es Mühe, den absoluten Fehler aus
$$\Delta y = f(x + \Delta x) - f(x)$$
zu bestimmen. Man nimmt stattdessen die Ungenauigkeit von Gl. (271.2) in Kauf und bestimmt den absoluten Fehler von y mit dieser Gleichung.

In vielen Fällen sagt der absolute Fehler nichts über die Qualität einer Messung. Ein Meßfehler $\Delta x = 10$ cm ist bei einer Meßlänge von $x_1 = 1$ m von großer, bei einer Meßlänge $x_2 = 1000$ m häufig von geringer Bedeutung. Deshalb wählt man die

Definition Liegen x und y außerhalb einer Umgebung des Nullpunktes, so heißt $\Delta x/x$ der **relative Fehler** von x, und wegen Gl. (271.2) ist
$$\frac{\Delta y}{y} \approx \frac{f'(x)}{f(x)} \Delta x \tag{271.3}$$
der relative fortgepflanzte Fehler.

Die Größe der Umgebung, in der diese Definition nicht mehr sinnvoll ist, hängt in der Numerik vom Rechenaufwand (berücksichtigte Stellenzahl) ab.

Beispiel 19 Es wird ein Winkel φ gemessen und daraus die Funktion $\cos \varphi$ gerechnet. Wie groß sind die relativen Fehler für die Winkel φ und die Funktion $\cos \varphi$, wenn einmal $\varphi_1 = 2° \pm 1°$ und dann $\varphi_2 = 87° \pm 1°$ gemessen werden?
Es ist $\Delta \varphi_1/\varphi_1 = 1/2 = 50\%$ und $\Delta \varphi_2/\varphi_2 = 1/87 = 1{,}149\%$. Nach Gl. (271.2) gilt
$$\Delta \cos \varphi \approx -\sin \varphi \cdot \Delta \varphi \qquad \text{und} \qquad \frac{\Delta \cos \varphi}{\cos \varphi} \approx -\tan \varphi \cdot \Delta \varphi$$
Damit wird
$$(\Delta \cos \varphi_1)/(\cos \varphi_1) \approx -\tan 2° \cdot 1° = -0{,}0349 \cdot 0{,}01745 \text{ rad} = -0{,}0609\%$$
und
$$(\Delta \cos \varphi_2)/(\cos \varphi_2) \approx -\tan 87° \cdot 1° = -19{,}08 \cdot 0{,}01745 \text{ rad} = -33{,}3\%$$

5.1 Einführung

Aus dem relativen Fehler der Eingabe von 50% ergibt sich im ersten Fall bei der Fehlerfortpflanzung nur ein Fehler der Ausgabe von etwa 0,06%, aus dem relativen Fehler der Eingabe von 1% ergibt sich im zweiten Fall bei der Fehlerfortpflanzung der Ausgabe ein Fehler von 33%.

Beispiel 20 Man bestimme die Fehlerfortpflanzung durch eine Potenzfunktion.
Es sei $y = c\, x^n$ mit $n \in \mathbb{Q}$. Dann ist nach Gl. (271.3) mit $y' = c\, n \cdot x^{n-1}$

$$\frac{\Delta y}{y} \approx n \frac{\Delta x}{x}$$

Der relative Fehler der Eingabe mit dem Exponenten multipliziert ergibt den relativen Fehler der Ausgabe.

Höhere Ableitungen Bei vielen physikalischen, technischen wie auch mathematischen Problemen muß die erste Ableitung differenziert werden. Deshalb gilt die folgende

Definition Es sei $f \in C^1[a, b]$. Existiert für $x_1 \in [a, b]$ und alle $x \in U^*(x_1) \subset [a, b]$

$$\lim_{x \to x_1} \frac{f'(x) - f'(x_1)}{x - x_1} = \mathrm{d}\left(\frac{\mathrm{d}f(x_1)}{\mathrm{d}x}\right)\bigg/\mathrm{d}x = \frac{\mathrm{d}^2 f(x_1)}{\mathrm{d}x^2} = f''(x_1) = y''(x_1)$$

so heißt f an einer Stelle x_1 **zweimal differenzierbar**. Ist $f''(x)$ eine für alle $x \in [a, b]$ stetige Funktion, so heißt f in $[a, b]$ **zweimal stetig differenzierbar**. Man schreibt dann $f \in C^2[a, b]$.

Entsprechend definiert man höhere Ableitungen, z.B.

$$\frac{\mathrm{d}^3 y}{\mathrm{d}x^3} = \mathrm{d}\left(\frac{\mathrm{d}^2 y}{\mathrm{d}x^2}\right)\bigg/\mathrm{d}x = y''' \qquad \frac{\mathrm{d}^4 y}{\mathrm{d}x^4} = \frac{\mathrm{d}y'''}{\mathrm{d}x} = y^{(4)}$$

und schreibt z.B. $f \in C^3[a, b]$ oder $y \in C^5$, falls y für alle $x \in \mathbb{R}$ fünfmal stetig differenzierbar ist.

Ableitungen der Funktion $y = f(x)$ bis zur dritten Ordnung werden durch Striche bei der abhängigen Veränderlichen (bzw. durch Punkte beim Differenzieren nach der Zeit t, z.B. $\ddot{y}$) abgekürzt. Höhere als dritte Ableitungen werden meist durch hochgestellte Ordnungszahlen in runden Klammern bezeichnet.

Zweite Ableitungen treten in der Technik häufig auf, z.B. im Zusammenhang mit der Newton-Bewegungsgleichung: Masse mal Beschleunigung gleich Summe der wirkenden Kräfte

$$m \frac{\mathrm{d}^2 s}{\mathrm{d}t^2} = \sum_{i=1}^{n} F_i(t)$$

die z.B. in Gl. (424.2) benutzt wird. Die zweite Ableitung der Durchbiegung eines Balkens ist proportional dem wirkenden Moment (Abschn. 7.2.3). Auch die dritte Ableitung tritt unmittelbar in technischen Formeln auf. So ist die dritte Ableitung der Durchbiegung eines Balkens proportional der wirkenden Querkraft (Beispiel 16, S. 322). Höhere Ableitungen kommen bei Entwicklungen von Funktionen in Taylor-Reihen (Abschn. 9) vor.

Nach Gl. (254.1) ist $v(t) = \dot{s}(t)$, nach Gl. (254.2) ist $a(t) = \dot{v}(t)$; daher ist $a(t) = [\dot{s}(t)]\cdot$ oder

$$a(t) = \frac{\mathrm{d}v}{\mathrm{d}t} = \mathrm{d}\left(\frac{\mathrm{d}s}{\mathrm{d}t}\right)\bigg/\mathrm{d}t = \frac{\mathrm{d}^2 s}{\mathrm{d}t^2} = \ddot{s}$$

gesprochen: d zwei s nach dt Quadrat. Man nennt die Beschleunigung a die zweite Ableitung des Weges nach der Zeit.

Beispiel 21 Man bilde die zweite Ableitung der Funktion $y = 3x^2 - 4x + 1$.
Zunächst ist die erste Ableitung $y' = 6x - 4$ zu bilden. Dann ist $y'' = (y')' = 6$.

Beispiel 22 Man bilde die zweite Ableitung der Funktion $y = 2 \lg(3x)$.
Nach Gl. (263.5) ist $y' = 2/(x \cdot \ln 10)$. Dann ist

$$y'' = \frac{2}{\ln 10}\left(\frac{1}{x}\right)' = \frac{2}{\ln 10} \cdot \frac{-1}{x^2} = -\frac{2}{x^2 \cdot \ln 10}$$

5.1.7 Aufgaben zu Abschnitt 5.1

1. Man bestimme die Grenzwerte der Folgen

a) $a_n = \left(\dfrac{n}{n+1}\right)^n$ b) $a_n = \left(1 - \dfrac{1}{n}\right)^n$ c) $a_n = \left(1 - \dfrac{1}{n^2}\right)^n$

Hinweis: Man benutze Gl. (263.1).

2. Man berechne die Grenzwerte

a) $\lim\limits_{\alpha \to 0} \dfrac{\tan \alpha}{\alpha}$ Hinweis: Gl. (259.1)

b) $\lim\limits_{\alpha \to 0} \dfrac{1 - \cos \alpha}{\alpha^2}$ Hinweis: Gl. (259.1) und (143.8)

c) $\lim\limits_{\alpha \to 0} \dfrac{1 - \cos \alpha}{\tan^2 \alpha}$ Hinweis: Gl. (143.8) und mit α^2 erweitern

d) $\lim\limits_{\alpha \to 0} \dfrac{(1 + \cos \alpha) \sin^2 \dfrac{\alpha}{2}}{1 - \cos \alpha}$ Hinweis: Additionstheorem

3. Man differenziere

a) $y = 4x^5 - 7\sqrt[3]{x} + \dfrac{4}{\sqrt[3]{x}} - \sqrt[5]{x}$ b) $y = 5 \log_7(3x^2)$ c) $y = 3 \sin x - 5 \cos x$

und bestimme im letzten Fall die Ableitung an der Stelle $x_1 = \pi/4$.

4. In einem Diagramm der Funktion $y = 3x^2 - 6x + 2$ sind die Einheitslängen auf den Achsen gleich.
a) Welchen Anstiegswinkel hat der Graph bei $x_1 = -0,5$?
b) In welchem Punkt ist der Anstieg des Graphen Null?
c) In welchem Punkt ist der Anstiegswinkel $\alpha_1 = -55°$?

5. Im Punkte $x_1 = 2$ ist an den Graphen der Funktion $y = x^3$ die Tangente zu legen. Wo schneidet diese Tangente den Graphen noch einmal?
Hinweis: Zwei Lösungen der Bestimmungsgleichung dritten Grades sind bekannt.

6. Unter welchem Winkel schneiden sich bei gleichen Einheitslängen die Graphen der Funktionen $y = f_1(x) = x^2 - 4$ und $y = f_2(x) = x^2/2 + 4$?

7. Man bilde die zweite, dritte und vierte Ableitung der Funktionen

a) $y = 3 \sin x$ b) $y = 2\sqrt[3]{x}$ c) $y = \dfrac{4}{\sqrt[5]{x}}$

8. Das Weg-Zeit-Gesetz während des Abbremsens eines Kraftfahrzeuges lautet

$$s = \left(40\,\frac{m}{s}\right) t - \left(1{,}5\,\frac{m}{s^2}\right) t^2$$

a) Wie lautet das Geschwindigkeits-Zeit-Gesetz?
b) Wie groß sind Geschwindigkeit und Bremsbeschleunigung bei Bremsbeginn?
c) Wie lang ist der Bremsweg bis zum Stillstand?

9. Es ist $y = f_1(x) = \sin x$ und $y = f_2(x) = a \cos x$. Wie groß ist die Konstante a zu wählen, damit sich die Graphen bei gleichen Einheitslängen unter einem vorgegebenen Winkel δ schneiden?

10. Bei einer gleichförmig beschleunigten Bewegung $s = (a/2)\,t^2$ berechne man die **mittlere Geschwindigkeit** zwischen zwei Zeitpunkten t_1 und t_2. Man zeige, daß sie gleich der Augenblicksgeschwindigkeit zum Zeitpunkt $(t_1 + t_2)/2$ ist.

11. Für einen **einseitig eingespannten Träger** lautet bei gleichmäßiger Belastung des Trägers die Gleichung für die neutrale Faser (**Biegelinie**)

$$y = \frac{q\,l^4}{24\,E\,I}\left[\left(\frac{x}{l}\right)^4 - 4\left(\frac{x}{l}\right)^3 + 6\left(\frac{x}{l}\right)^2\right]$$

Dabei ist q die Belastung je Längeneinheit, E der Elastizitätsmodul und I das Flächenmoment des Querschnitts. Man berechne die Durchbiegung f am Ende des Trägers und den Schnittpunkt der Tangente in diesem Punkt mit der Abszissenachse. Mit diesen beiden Punkten kann die Tangente am Ende des Trägers und damit die Biegelinie leicht gezeichnet werden, sogar mit unterschiedlichen Einheitslängen.

12. Das Flüssigkeitsvolumen in einem kugelförmigen Behälter beträgt

$$V = \frac{\pi}{6}\,h^2\,(3\,D - 2\,h)$$

Der Behälterdurchmesser ist exakt $D = 2{,}75$ m. Die Höhe h der Flüssigkeit wird mit

$$h = (0{,}720 \pm 0{,}005)\text{ m}$$

gemessen. Man berechne den relativen und den absoluten Fehler von V.

5.2 Rechenregeln der Differentialrechnung

5.2.1 Produkt- und Quotientenregel

Produktregel Es sei $f_1, f_2 \in C^1\,[a, b]$. Dann ist auch $f_1 \cdot f_2 \in C^1\,[a, b]$, und es gilt

$$(f_1 f_2)' = f_1' f_2 + f_1 f_2' \tag{274.1}$$

Beweis. Es sei $x \in U^*(x_1)$ mit $x_1 \in [a, b]$. Man bildet den Differenzenquotienten

$$\frac{y - y_1}{x - x_1} = \frac{f_1(x) f_2(x) - f_1(x_1) f_2(x_1)}{x - x_1}$$

Durch Zwischenschalten von zwei Summanden kann der Differenzenquotient in eine solche Form gebracht werden, daß die Differenzenquotienten von $f_1(x)$ und $f_2(x)$ entstehen, deren Grenzwerte bekannt sind

$$\frac{y - y_1}{x - x_1} = \frac{f_1(x)f_2(x) - f_1(x_1)f_2(x) + f_1(x_1)f_2(x) - f_1(x_1)f_2(x_1)}{x - x_1}$$

$$= \frac{f_1(x) - f_1(x_1)}{x - x_1} f_2(x) + f_1(x_1) \frac{f_2(x) - f_2(x_1)}{x - x_1}$$

Nach den Rechenregeln mit Grenzwerten ist

$$(f_1 f_2)' = \lim_{x \to x_1} \frac{y - y_1}{x - x_1} = \lim_{x \to x_1} \left[\frac{f_1(x) - f_1(x_1)}{x - x_1} \cdot f_2(x) + f_1(x_1) \frac{f_2(x) - f_2(x_1)}{x - x_1} \right]$$

$$= \lim_{x \to x_1} \frac{f_1(x) - f_1(x_1)}{x - x_1} \cdot \lim_{x \to x_1} f_2(x) + f_1(x_1) \lim_{x \to x_1} \frac{f_2(x) - f_2(x_1)}{x - x_1} \qquad \square$$

Beispiel 1 Man differenziere $y = x^2 \sin x$.
Es ist $f_1 = x^2$ und $f_2 = \sin x$, woraus $f_1' = 2x$ und $f_2' = \cos x$ folgt. Daher ist

$$y' = 2x \sin x + x^2 \cos x$$

Nach kurzer Übung ist es nicht mehr notwendig, die Funktionen f_1, f_1' sowie f_2, f_2' gesondert aufzuschreiben.

Beispiel 2 Man differenziere die Funktion $y = 3\sqrt{x} \lg \sqrt{x}$.
Zunächst wird y auf Grund der Logarithmenregeln umgeformt

$$y = \frac{3}{2 \ln 10} x^{1/2} \ln x$$

Dann ergibt die Produktregel

$$y' = \frac{3}{2 \ln 10} \left[\frac{1}{2} x^{-1/2} \ln x + x^{1/2} \frac{1}{x} \right] = \frac{3(2 + \ln x)}{4\sqrt{x} \ln 10}$$

Verallgemeinerung auf drei Faktoren Besteht y aus einem Produkt von drei Faktoren, $y = f_1 f_2 f_3$, so setzt man zunächst $z = f_1 f_2$. Damit wird $y' = (z f_3)' = z' f_3 + z f_3'$ und $z' = f_1' f_2 + f_1 f_2'$. Setzt man z und z' in die erste Gleichung ein, so erhält man die **dreifache Produktregel**

$$(f_1 f_2 f_3)' = f_1' f_2 f_3 + f_1 f_2' f_3 + f_1 f_2 f_3' = f_1 f_2 f_3 \left(\frac{f_1'}{f_1} + \frac{f_2'}{f_2} + \frac{f_3'}{f_3} \right) \qquad (275.1)$$

Diese Regel kann man auch auf mehr als drei Faktoren erweitern.

Beispiel 3 Man differenziere die Funktion

$$y = \frac{5}{\sqrt{x}} \cos x \cdot \sin x$$

Es ist $f_1 = 1/\sqrt{x}$ und $f_1' = -1/(2\sqrt{x^3})$, $f_2 = \cos x$ und $f_2' = -\sin x$ sowie $f_3 = \sin x$ und $f_3' = \cos x$. Damit wird

$$y' = 5 \frac{\cos x \cdot \sin x}{\sqrt{x}} \left(\frac{-1/(2\sqrt{x^3})}{1/\sqrt{x}} + \frac{-\sin x}{\cos x} + \frac{\cos x}{\sin x} \right) = y \left(-\frac{1}{2x} - \tan x + \cot x \right)$$

Quotientenregel Es sei $f_1, f_2 \in C^1 [a, b]$ sowie $f_2(x) \neq 0$ für alle $x \in [a, b]$. Dann ist auch $f_1/f_2 \in C^1 [a, b]$, und es gilt

$$\left(\frac{f_1}{f_2}\right)' = \frac{f_1' f_2 - f_1 f_2'}{f_2^2} \tag{276.1}$$

Beweis. Mit $x \in U^*(x_1)$ und $x_1 \in [a, b]$ werden beim Differenzenquotienten zwei Summanden eingefügt

$$\frac{y - y_1}{x - x_1} = \frac{\frac{f_1(x)}{f_2(x)} - \frac{f_1(x_1)}{f_2(x_1)}}{x - x_1} = \frac{f_1(x) f_2(x_1) - f_1(x_1) f_2(x)}{(x - x_1) \cdot f_2(x) f_2(x_1)}$$

$$= \frac{f_1(x) f_2(x_1) - f_1(x_1) f_2(x_1) - [f_1(x_1) f_2(x) - f_1(x_1) f_2(x_1)]}{(x - x_1) \cdot f_2(x) f_2(x_1)}$$

$$= \frac{f_1(x) - f_1(x_1)}{x - x_1} \cdot \frac{f_2(x_1)}{f_2(x) f_2(x_1)} - \frac{f_1(x_1)}{f_2(x) f_2(x_1)} \cdot \frac{f_2(x) - f_2(x_1)}{x - x_1}$$

Nach den Rechenregeln mit Grenzwerten gilt

$$\left(\frac{f_1}{f_2}\right)' = \lim_{x \to x_1} \left[\frac{f_1(x) - f_1(x_1)}{x - x_1} \cdot \frac{f_2(x_1)}{f_2(x) f_2(x_1)} - \frac{f_1(x_1)}{f_2(x) f_2(x_1)} \cdot \frac{f_2(x) - f_2(x_1)}{x - x_1}\right]$$

$$= \lim_{x \to x_1} \frac{f_1(x) - f_1(x_1)}{x - x_1} \cdot \lim_{x \to x_1} \frac{1}{f_2(x)} - \frac{f_1(x_1)}{f_2(x_1)} \cdot \lim_{x \to x_1} \frac{1}{f_2(x)} \cdot \lim_{x \to x_1} \frac{f_2(x) - f_2(x_1)}{x - x_1} \quad \square$$

Beispiel 4 Man differenziere $y = (x - 1)/(x^2 + 1)$.
Nach Gl. (276.1) erhält man mit $f_1 = x - 1$ und $f_2 = x^2 + 1$

$$y' = \frac{(x^2 + 1) - (x - 1) \cdot 2x}{(x^2 + 1)^2} = \frac{x^2 + 1 - 2x^2 + 2x}{(x^2 + 1)^2} = \frac{-x^2 + 2x + 1}{(x^2 + 1)^2}$$

Beispiel 5 In welchen Punkten hat der Graph der Funktion $y = (1 - x^2)/(1 + x^3)$ horizontale Tangenten?

Es ist zweckmäßig, vor dem Differenzieren zu prüfen, ob Zähler und Nenner dieser Funktion gemeinsame Nullstellen haben. Ist dies der Fall, so kann eine behebbare Unstetigkeit vorliegen, die durch Kürzen beseitigt wird. Dann ist das Differenzieren wesentlich einfacher. Haben Zähler und Nenner einer gebrochenen rationalen Funktion eine gemeinsame Nullstelle, so hat die erste Ableitung an dieser Stelle eine gemeinsame doppelte Nullstelle im Zähler und im Nenner. Zähler und Nenner sind um zwei Grade größer, wenn man das Kürzen unterläßt.

Der Zähler und der Nenner der gegebenen Funktion werden beide für $x = -1$ Null. Daher wird der Bruch durch $x + 1$ ohne Rest gekürzt. Es ist

$$y = \frac{1 - x^2}{1 + x^3} = \frac{1 - x}{x^2 - x + 1}$$

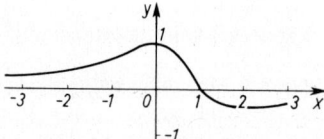

276.1

Hieraus erhält man

$$y' = \frac{-(x^2 - x + 1) - (1 - x)(2x - 1)}{(x^2 - x + 1)^2} = \frac{x^2 - 2x}{(x^2 - x + 1)^2}$$

Der Zähler wird für $x = 0$ und $x = 2$ Null. Der Nenner verschwindet nicht für diese Werte. Daher hat der Graph bei diesen Abszissen horizontale Tangenten (**276.1**).

Differentiation des Tangens und Cotangens Da $\tan x = (\sin x)/(\cos x)$ ist, setzt man $f_1 = \sin x$ und $f_2 = \cos x$. Damit wird die erste Ableitung des Tangens

$$\frac{d \tan x}{dx} = \frac{\cos x \cdot \cos x - \sin x \cdot (-\sin x)}{\cos^2 x} = 1 + \tan^2 x = \frac{1}{\cos^2 x} \qquad (277.1)$$

Entsprechend erhält man

$$\frac{d \cot x}{dx} = \frac{\sin x \,(-\sin x) - \cos x \cdot \cos x}{\sin^2 x} = -(1 + \cot^2 x) = -\frac{1}{\sin^2 x} \qquad (277.2)$$

Es werden beide Formen der ersten Ableitung benötigt.

5.2.2 Kettenregel

Bei vielen Differentiationsaufgaben gelangt man zu einer Lösung, wenn man die zu differenzierende Funktion $y = f(x)$ als Funktion einer anderen Funktion auffaßt

$$y = f(x) = g(u) \qquad \text{mit } u = h(x)$$

Man spricht dann von einer **verketteten Funktion**.
Es sei $u = h(x) \in C^1 [a, b]$, weiterhin $y = g(u) \in C^1 [u_{min}, u_{max}]$, wobei

$$u_{min} = \min_{x \in [a,b]} h(x) \qquad u_{max} = \max_{x \in [a,b]} h(x)$$

gilt. Die folgende Rechenvorschrift zur Bildung der ersten Ableitung der Funktion $y = f(x) = g(h(x))$ heißt die **Kettenregel**

$$\frac{dy}{dx} = \frac{dg(u)}{du} \cdot \frac{dh(x)}{dx} = \frac{dy}{du} \cdot \frac{du}{dx} \qquad (277.3)$$

Beweis. Sei $x \in U^*(x_1)$, $x_1 \in [a, b]$ und $u_1 = h(x_1)$. Dann gilt $g(h(x_1)) \in [u_{min}, u_{max}]$. Der Differenzenquotient an der Stelle x_1 lautet

$$\frac{f(x) - f(x_1)}{x - x_1} = \frac{g(u) - g(u_1)}{x - x_1} = \frac{g(u) - g(u_1)}{u - u_1} \cdot \frac{h(x) - h(x_1)}{x - x_1}$$

Falls die Funktion $u = h(x)$ streng monoton ist, gilt für alle $x \in U^*(x_1)$ für den Nenner $u - u_1 \neq 0$. In diesem Fall erhält man

$$\lim_{x \to x_1} \frac{f(x) - f(x_1)}{x - x_1} = \lim_{u \to u_1} \frac{g(u) - g(u_1)}{u - u_1} \cdot \lim_{x \to x_1} \frac{h(x) - h(x_1)}{x - x_1}$$

wobei nach Voraussetzung die beiden Grenzwerte der rechten Seite existieren. Für diesen Fall ist damit die Kettenregel bewiesen. Für nicht streng monotone Funktionen $u = h(x)$ gilt Gl. (277.3) ebenfalls. Es wird hier auf den umfangreicheren Beweis im allgemeinen Fall verzichtet. □

Bei Benutzung von Differentialen (s. Bemerkung auf S. 251) ergibt sich die Kettenregel durch Kürzen der rechten Seite von Gl. (277.3), wenn man sicherstellt, daß $du \neq 0$ gilt.
Bei den folgenden Anwendungen der Kettenregel wird die Erfüllung der Voraussetzungen nicht jedesmal bestätigt.

5.2 Rechenregeln der Differentialrechnung

Beispiel 6 Man differenziere $y = \sqrt{x^2 - 1}$.
Mit $u = x^2 - 1$ wird $y = \sqrt{u}$, also $dy/du = 1/(2\sqrt{u})$ und $du/dx = 2x$. Damit erhält man

$$\frac{dy}{dx} = \frac{dy}{du}\frac{du}{dx} = \frac{1}{2\sqrt{u}} 2x = \frac{x}{\sqrt{x^2-1}}$$

Beispiel 7 Man differenziere $y = \sin(\omega t + \varphi)$ nach t (s. auch Beispiel 11, S. 260).
Mit $u = \omega t + \varphi$ wird $y = \sin u$, $du/dt = \omega$ und $dy/du = \cos u$. Hieraus folgt

$$\frac{dy}{dt} = \frac{dy}{du} \cdot \frac{du}{dt} = (\cos u)\,\omega = \omega \cos(\omega t + \varphi)$$

Nach kurzer Übung ist es nicht mehr notwendig, explizit die Größe u hinzuschreiben. Der noch Ungeübte achte besonders darauf, daß das letzte Glied du/dx nicht vergessen wird. Beim Benutzen der Kettenregel treten oft Fehler auf, wenn man die Differentiation durch einen Strich, z.B. y', kennzeichnet, da bei der Kettenregel nach verschiedenen Veränderlichen differenziert wird. Die Kennzeichnung der Differentiation durch einen Strich ist nur dann zulässig, wenn eindeutig zu erkennen ist, nach welcher Veränderlichen differenziert wird.

In vielen Aufgaben muß man die Kettenregel mit einer anderen Regel kombinieren. So wird in dem nachstehenden Beispiel 8 ein Quotient differenziert. Für die dabei erforderliche Differentiation von Zähler und Nenner benötigt man jeweils die Kettenregel.

Beispiel 8 Man differenziere die Funktion

$$y = \frac{(x^2-1)^{3/2}}{(x+2)^{5/6}}$$

Es ist $\quad f_1 = (x^2-1)^{3/2} \qquad f_1' = (3/2)(x^2-1)^{1/2} \cdot 2x$
$\qquad\quad f_2 = (x+2)^{5/6} \qquad f_2' = (5/6)(x+2)^{-1/6} \cdot 1$

sowie $\quad y' = (f_1' f_2 - f_1 f_2')/f_2^2$.

Setzt man diese Ausdrücke ein, so erhält man

$$y' = \frac{\frac{3}{2}(x^2-1)^{1/2} \cdot 2x \cdot (x+2)^{5/6} - (x^2-1)^{3/2} \cdot \frac{5}{6}(x+2)^{-1/6}}{(x+2)^{10/6}}$$

Zähler und Nenner werden mit $6(x+2)^{1/6}$ multipliziert

$$y' = \frac{18x(x^2-1)^{1/2}(x+2) - 5(x^2-1)^{3/2}}{6(x+2)^{11/6}}$$

Nun wird $\sqrt{x^2-1}$ im Zähler ausgeklammert

$$y' = \sqrt{x^2-1}\,\frac{18x(x+2) - 5(x^2-1)}{6(x+2)^{11/6}} = \sqrt{x^2-1}\,\frac{13x^2 + 36x + 5}{6(x+2)^{11/6}}$$

Beispiel 9 Man differenziere die Funktion $y = x(ax+b)^{3/2}$.
In diesem Beispiel ist ein Produkt zu differenzieren, wobei für den zweiten Faktor eine Anwendung der Kettenregel erforderlich ist. Mit $f_1 = x$, $f_1' = 1$, $f_2 = (ax+b)^{3/2}$ und $f_2' = (3/2)(ax+b)^{1/2} \cdot a$ erhält man

$$y' = 1 \cdot (ax+b)^{3/2} + x\frac{3}{2}(ax+b)^{1/2} \cdot a = \sqrt{ax+b}\,(2{,}5\,ax + b)$$

Verallgemeinerung auf mehrere Faktoren. Bei manchen Aufgaben genügt es nicht, nur eine Hilfsfunktion $u = h(x)$ zwischenzuschalten. Hierfür ein Beispiel.

Beispiel 10 Man differenziere $y = \sqrt{a \sin^2 (\omega t + \varphi) - 1}$.
Die Funktion $y = \sqrt{u}$ ist unmittelbar differenzierbar. Dabei ist $u = a \sin^2 (\omega t + \varphi) - 1$ gesetzt. Die Funktion $u = a v^2 - 1$ ist wiederum direkt differenzierbar. Daher wird $v = \sin (\omega t + \varphi)$ gesetzt. Schließlich ist noch die Substitution $z = \omega t + \varphi$ erforderlich. Es gilt also

$$\frac{dy}{dt} = \frac{dy}{du} \frac{du}{dv} \frac{dv}{dz} \frac{dz}{dt} \tag{279.1}$$

$$\frac{dy}{dt} = \frac{1}{2\sqrt{u}} \cdot 2 a v (\cos z) \omega = \frac{a \omega \sin (\omega t + \varphi) \cos (\omega t + \varphi)}{\sqrt{a \sin^2 (\omega t + \varphi) - 1}} = \frac{a \omega \sin [2 (\omega t + \varphi)]}{2 \sqrt{a \sin^2 (\omega t + \varphi) - 1}}$$

Beispiel 11 Man differenziere die Funktion

$$y = \sqrt{\sqrt{x^2 + 1} - \sqrt{x^2 - 1}}$$

Auf die äußere Wurzel ist die Kettenregel anzuwenden, der Radikand ist eine Summe, auf deren Summanden wiederum die Kettenregel anzuwenden ist. Es ist

$$y' = \frac{\dfrac{2x}{2\sqrt{x^2+1}} - \dfrac{2x}{2\sqrt{x^2-1}}}{2\sqrt{\sqrt{x^2+1} - \sqrt{x^2-1}}} = -\frac{x}{2} \cdot \frac{-\sqrt{x^2-1} + \sqrt{x^2+1}}{\sqrt{x^2+1}\sqrt{x^2-1}\sqrt{\sqrt{x^2+1}-\sqrt{x^2-1}}}$$

$$= -\frac{x}{2} \cdot \frac{\sqrt{\sqrt{x^2+1} - \sqrt{x^2-1}}}{\sqrt{x^2+1}\sqrt{x^2-1}} = -\frac{x}{2} \sqrt{\frac{\sqrt{x^2+1} - \sqrt{x^2-1}}{x^4 - 1}}$$

Beispiel 12 Man differenziere die Funktion

$$y = \ln \frac{1+x}{1-x}$$

Ist das Argument des Logarithmus ein Produkt oder ein Quotient, so ist es zweckmäßig, vor dem Differenzieren den Logarithmus in eine Summe bzw. Differenz zu zerlegen. In diesem Falle erhält man

$$y = \ln (1 + x) - \ln (1 - x)$$

Man kann es hierdurch vermeiden, nach der Kettenregel noch die Produkt- oder Quotientenregel anwenden zu müssen. Für die erste Ableitung erhält man dann

$$y' = \frac{1}{1+x} - \frac{-1}{1-x} = \frac{2}{1-x^2}$$

5.2.3 Funktionen in impliziter Form

Um die Ableitung implizit gegebener Funktionen zu erhalten, differenziert man jeden Ausdruck nach x. Tritt ein Ausdruck $h(y)$ auf, so gilt nach der Kettenregel

$$\frac{dh(y)}{dx} = \frac{dh(y)}{dy} \frac{dy}{dx} \tag{279.2}$$

falls die Voraussetzungen der Kettenregel erfüllt sind, was im weiteren unterstellt wird. Abschließend wird die Gleichung nach $dy/dx = y'$ aufgelöst. Im Gegensatz zu den bisher behandelten Fällen ist die erste Ableitung jetzt eine Funktion von x und y. Für die Ellipsengleichung $(x^2/a^2) + (y^2/b^2) = 1$ gilt

$$\frac{2x}{a^2} + \frac{2y}{b^2}\frac{dy}{dx} = 0 \quad \text{oder} \quad \frac{dy}{dx} = -\frac{xb^2}{ya^2} = -\frac{xb}{a^2\sqrt{1-\frac{x^2}{a^2}}}$$

Für die Funktionsgleichung $xy - \sin y = 0$ gilt wegen Gl. (274.1) und (279.2)

$$y + x\frac{dy}{dx} - (\cos y)\frac{dy}{dx} = 0 \quad \text{oder} \quad \frac{dy}{dx} = \frac{y}{-x + \cos y}$$

In Abschn. 10.2.2 wird noch eine andere Methode des Differenzierens implizit gegebener Funktionen entwickelt und eine Kurvendiskussion durchgeführt.

Häufig tritt die Aufgabe auf, den Logarithmus einer Funktion zu differenzieren. Es ist dann $y = \ln f(x)$. Setzt man $u = f(x)$ und damit $du/dx = f'(x)$, so wird

$$\frac{d \ln f(x)}{dx} = \frac{f'(x)}{f(x)} \tag{280.1}$$

Logarithmische Differentiation Bei manchen Funktionen und besonders in der Fehlerrechnung empfiehlt sich die Methode der logarithmischen Differentiation, die eine Kombination der Gl. (279.2) und (280.1) darstellt. Die Funktionsgleichung $y = f(x)$ wird zunächst logarithmiert und dann abgeleitet

$$\ln y = \ln f(x)$$

$$\frac{y'}{y} = \frac{f'(x)}{f(x)} \tag{280.2}$$

$$y' = y\frac{f'(x)}{f(x)} \tag{280.3}$$

Dies ist aber nur möglich, wenn $f(x) > 0$ im gesamten Definitionsbereich gilt, da Logarithmen nichtpositiver Zahlen in $\mathbb{R}$ nicht erklärt sind. Nach Gl. (271.3) ist

$$\frac{\Delta y}{y} \approx \frac{f'(x)}{f(x)}\Delta x$$

Der Quotient $f'(x)/f(x)$ ist aber die rechte Seite von Gl. (280.2). Daraus folgt die Regel:

Wird eine Funktionsgleichung logarithmiert und dann differenziert, so erhält man nach Multiplikation mit Δx ungefähr den relativen Fehler $\Delta y/y$ dieser Funktion.

In Abschn. 5.1.4 wurde die Ableitung der Potenzfunktion Gl. (258.1) für alle $n \in \mathbb{Q}$ gezeigt. Mit Hilfe der logarithmischen Differentiation folgt, daß Gl. (258.1) auch für $n \in \mathbb{R}$ gilt. Aus $y = x^n$ ergibt sich nämlich für $x > 0$

$$\ln y = n \ln x \qquad \frac{y'}{y} = n\frac{1}{x} \qquad y' = ny\frac{1}{x} = nx^n\frac{1}{x} = nx^{n-1}$$

Für $n \in \mathbb{R} \setminus \mathbb{Q}$ ist $y = x^n$ für $x < 0$ in $\mathbb{R}$ nicht erklärt.

Beispiel 13 Man bilde die erste Ableitung der Funktion $y = x^x$ durch logarithmische Differentiation.

Es ist $\quad \ln y = \ln x^x = x \ln x$

$$\frac{y'}{y} = 1 \cdot \ln x + x \cdot \frac{1}{x} = \ln x + 1 \qquad y' = y(1 + \ln x) = x^x (1 + \ln x)$$

Beispiel 14 Man bestimme den relativen Fehler bei der Berechnung der Höhe aus der Fallzeit beim freien Fall.

Es ist $\quad s = \dfrac{1}{2} g t^2 \qquad \ln s = \ln g + 2 \ln t - \ln 2 \qquad \dfrac{\dot s}{s} = 2 \dfrac{1}{t}$

oder mit $\dot s \approx \Delta s / \Delta t$ folgt

$$\frac{\Delta s}{s} \approx 2 \frac{\Delta t}{t}$$

Der relative Fehler der Höhe ist doppelt so groß wie der relative Fehler der Zeitmessung.

5.2.4 Differenzieren mit Hilfe der aufgelösten Form

Es wird die Ableitung einer für $x \in [a, b]$ stetigen monotonen Funktion $y = f(x)$ gesucht, von deren Umkehrfunktion $y = g(x)$ (s. Abschn. 2.6.1) die Ableitung bekannt ist. Wenn weiter $g'(y) \neq 0$ in $[g(a), g(b)]$ gilt, dann folgt für alle $x \in [a, b]$

$$\frac{df(x)}{dx} = \frac{1}{\dfrac{dg(y)}{dy}} \tag{281.1}$$

Beweis. Aus $y = f(x)$ folgt $x = g(y)$ und damit

$$x = g(f(x))$$

Diese Gleichung wird unter Benutzung der Kettenregel nach x differenziert

$$1 = \frac{dg}{dy} \cdot \frac{df}{dx}$$

Hieraus folgt Gl. (281.1). $\qquad \square$

Exponentialfunktion Nach Gl. (263.3) ist $(\ln x)' = 1/x$. Hieraus erhält man wegen Gl. (281.1) eine Differentiationsformel für die Umkehrfunktion $y = e^x$. Aus $y = e^x$ folgt $x = \ln y$. Daher ist die erste Ableitung der Exponentialfunktion

$$\frac{de^x}{dx} = \frac{1}{\dfrac{d \ln y}{dy}} = \frac{1}{\dfrac{1}{y}} = y = e^x \tag{281.2}$$

Für die allgemeine Exponentialfunktion $y = a^x$ schreibt man $y = e^{x \ln a}$. Hieraus folgt mit Gl. (281.2) und der Kettenregel Gl. (277.3)

$$\frac{da^x}{dx} = \frac{de^{x \ln a}}{dx} = e^{x \ln a} \cdot \ln a = a^x \cdot \ln a \tag{281.3}$$

282 5.2 Rechenregeln der Differentialrechnung

Beispiel 15 Man differenziere die Funktion $y = \ln(a\,e^{cx} + b)$. Unter Anwendung von Gl. (277.3) und (281.2) erhält man

$$y' = \frac{a\,c\,e^{cx}}{a\,e^{cx} + b} = \frac{c}{1 + \dfrac{b}{a}\,e^{-cx}}$$

Beispiel 16 Die Graphen der beiden Funktionen $y = f(x) = 2 \cdot 0{,}567^x$ und $y = g(x) = 0{,}3 \cdot 3{,}75^x$ schneiden sich für positive x (**282.1**). Wo liegt der Schnittpunkt $(x_0; y_0)$, wie groß ist der Schnittwinkel bei gleichen Einheitslängen?

Durch Gleichsetzen der Ordinaten wird $2 \cdot 0{,}567^{x_0} = 0{,}3 \cdot 3{,}75^{x_0}$ oder $\ln 2 + x_0 \ln 0{,}567 = \ln 0{,}3 + x_0 \ln 3{,}75$, also $x_0 = \ln(2/0{,}3)/\ln(3{,}75/0{,}567) = 1{,}0042$, $y_0 = 1{,}131$.

Die Ableitungen lauten $f' = 2 \cdot 0{,}567^x \ln 0{,}567$ und $g' = 0{,}3 \cdot 3{,}75^x \ln 3{,}75$. Dann ist $\tan\alpha_1 = f'(x_0) = -0{,}642$ und $\tan\alpha_2 = g'(x_0) = 1{,}495$. Mit $\alpha_1 = -32{,}7°$ und $\alpha_2 = 56{,}2°$ wird der Schnittwinkel $\delta = 88{,}9°$.

Arcusfunktionen Aus $y = \arcsin x$ folgt $x = \sin y$. Dann gilt

$$\frac{d\arcsin x}{dx} = \frac{1}{\dfrac{d\sin y}{dy}} = \frac{1}{\cos y} = \frac{1}{\sqrt{1 - \sin^2 y}} = \frac{1}{\sqrt{1 - x^2}} \qquad (282.1)$$

Da aus $y = \arctan x$ die Gleichung $x = \tan y$ folgt, gilt

$$\frac{d\arctan x}{dx} = \frac{1}{\dfrac{d\tan y}{dy}} = \frac{1}{1 + \tan^2 y} = \frac{1}{1 + x^2} \qquad (282.2)$$

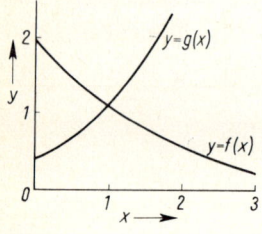

282.1

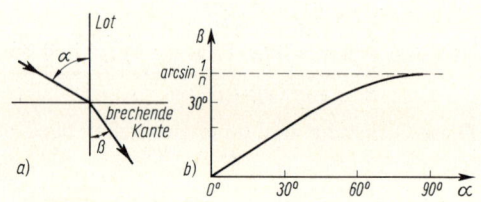

282.2

Beispiel 17 Man differenziere die Funktion

$$y = \arcsin \frac{x - a}{a}$$

Mit Hilfe der Differentiationsformel für den Arcussinus Gl. (282.1) und der Kettenregel erhält man

$$y' = \frac{1}{\sqrt{1 - \left(\dfrac{x-a}{a}\right)^2}} \cdot \frac{1}{a} = \frac{1}{\sqrt{2\,a\,x - x^2}}$$

Beispiel 18 Nach dem Snellius-Brechungsgesetz gilt für die Brechzahl $n = \sin\alpha/\sin\beta$ mit $n > 1$ (**282.2**a). Gesucht ist der Graph der Funktion $\beta = f(\alpha) = \arcsin[(1/n)\sin\alpha]$.

5.2.4 Differenzieren mit Hilfe der aufgelösten Form

Es ist $f(0) = 0$ und $f(\pi/2) = \arcsin(1/n) < \pi/2$. Um den Kurvenverlauf zwischen diesen beiden Abszissen besser zu überblicken, bildet man die ersten beiden Ableitungen von β

$$\frac{d\beta}{d\alpha} = \frac{1}{n} \cdot \frac{\cos\alpha}{\sqrt{1 - \frac{1}{n^2}\sin^2\alpha}} = \frac{\cos\alpha}{\sqrt{n^2 - \sin^2\alpha}} \qquad \frac{d^2\beta}{d\alpha^2} = -\frac{(n^2-1)\sin\alpha}{[n^2 - \sin^2\alpha]^{3/2}}$$

Es ist $\left.\dfrac{d\beta}{d\alpha}\right|_0 = \dfrac{1}{n}$ und $\left.\dfrac{d\beta}{d\alpha}\right|_{\pi/2} = 0$

Der Anstieg nimmt monoton ab, da die zweite Ableitung wegen $n > 1$ negativ ist. Bild **282**.2b zeigt den Graphen für $n = 1{,}5$ (Glas).

Hyperbolische Funktionen Es ist nach Gl. (165.1)

$$\sinh x = \frac{e^x - e^{-x}}{2} \qquad \cosh x = \frac{e^x + e^{-x}}{2}$$

$$\tanh x = \frac{\sinh x}{\cosh x} \qquad \coth x = \frac{\cosh x}{\sinh x}$$

Daraus erhält man folgende Differentiationsformeln

$$\frac{d\sinh x}{dx} = \frac{1}{2}\frac{d(e^x - e^{-x})}{dx} = \frac{1}{2}(e^x + e^{-x}) = \cosh x \qquad (283.1)$$

$$\frac{d\cosh x}{dx} = \frac{1}{2}\frac{d(e^x + e^{-x})}{dx} = \frac{1}{2}(e^x - e^{-x}) = \sinh x \qquad (283.2)$$

Nach der Quotientenregel Gl. (276.1) ergibt sich

$$\frac{d\tanh x}{dx} = \frac{\cosh^2 x - \sinh^2 x}{\cosh^2 x} = 1 - \tanh^2 x = \frac{1}{\cosh^2 x} \qquad (283.3)$$

$$\frac{d\coth x}{dx} = \frac{\sinh^2 x - \cosh^2 x}{\sinh^2 x} = 1 - \coth^2 x = \frac{-1}{\sinh^2 x} \qquad (283.4)$$

Beispiel 19 Man differenziere die Funktion $y = \ln\tanh 2x$.
Es ist $y = \ln\sinh 2x - \ln\cosh 2x$. Damit wird

$$y' = \frac{2\cosh 2x}{\sinh 2x} - \frac{2\sinh 2x}{\cosh 2x} = 2\frac{\cosh^2 2x - \sinh^2 2x}{\sinh 2x \cdot \cosh 2x} = \frac{4}{\sinh 4x}$$

Beispiel 20 Beim freien Fall unter Berücksichtigung des Luftwiderstandes gilt

$$s = \frac{v_E^2}{g} \ln\cosh\frac{gt}{v_E} \qquad (283.5)$$

Dabei ist g die Fallbeschleunigung und t die Zeit. Wie groß sind Geschwindigkeit und Beschleunigung? Welche Bedeutung hat die Größe v_E?

$$v = \frac{ds}{dt} = \frac{v_E^2}{g}\left(\frac{1}{\cosh(gt/v_E)}\right)\sinh\frac{gt}{v_E}\cdot\frac{g}{v_E} = v_E\tanh\frac{gt}{v_E} \qquad (283.6)$$

$$a = \frac{dv}{dt} = v_E \cdot \frac{1}{\cosh^2(gt/v_E)} \cdot \frac{g}{v_E} = \frac{g}{\cosh^2(gt/v_E)} = g\left(1 - \tanh^2\frac{gt}{v_E}\right) \qquad (283.7)$$

Die Geschwindigkeit v strebt wegen $\lim_{t\to\infty} \tanh(g\,t/v_E) = 1$ mit wachsender Zeit t asymptotisch gegen v_E, die sog. stationäre Geschwindigkeit. Die Anfangsbeschleunigung $a(0)$ ist g, die Beschleunigung nimmt ab und strebt gegen Null, je mehr sich der Luftwiderstand der Gewichtskraft des fallenden Körpers nähert.

Areafunktionen Für die ersten Ableitungen ergibt sich

$$\frac{d\,\text{arsinh}\,x}{dx} = \frac{1}{\frac{d\sinh y}{dy}} = \frac{1}{\cosh y} = \frac{1}{\sqrt{\sinh^2 y + 1}} = \frac{1}{\sqrt{x^2 + 1}} \qquad (284.1)$$

$$\frac{d\,\text{arcosh}\,x}{dx} = \frac{1}{\frac{d\cosh y}{dy}} = \frac{1}{\sinh y} = \frac{1}{\sqrt{\cosh^2 y - 1}} = \frac{1}{\sqrt{x^2 - 1}} \qquad (284.2)$$

$$\frac{d\,\text{artanh}\,x}{dx} = \frac{1}{\frac{d\tanh y}{dy}} = \frac{1}{1 - \tanh^2 y} = \frac{1}{1 - x^2} \qquad (284.3)$$

$$\frac{d\,\text{arcoth}\,x}{dx} = \frac{1}{\frac{d\coth y}{dy}} = \frac{1}{1 - \coth^2 y} = \frac{1}{1 - x^2} \qquad (284.4)$$

Bei den beiden letzten Gleichungen ist zu beachten, daß die Funktion $y = \text{artanh}\,x$ nur für $|x| < 1$ und $y = \text{arcoth}\,x$ nur für $|x| > 1$ definiert ist.

5.2.5 Unbestimmte Ausdrücke

Mit Hilfe des Mittelwertsatzes Gl. (270.1) lassen sich sogenannte unbestimmte Ausdrücke systematisch bestimmen.

Regel von l'Hospital Es seien f und g in der punktierten einseitigen Umgebung von $x = a$

$$U_e^*(a) = \{x \mid 0 < x - a < \varepsilon \lor 0 < a - x < \varepsilon\}$$

differenzierbar, kurz geschrieben $f, g \in C^1(U_e^*(a))$ sowie $f(a) = g(a) = 0$. Dann gilt

$$\lim_{x\to a} \frac{f(x)}{g(x)} = \lim_{x\to a} \frac{f'(x)}{g'(x)} \qquad (284.5)$$

Beweis. Es sei $x \in U_e^*(a)$. Nach dem Mittelwertsatz gilt

$$f(x) = f(a) + (x - a) f'(a + \lambda(x - a))$$
$$g(x) = g(a) + (x - a) g'(a + \mu(x - a))$$

mit $\lambda, \mu \in (0,1)$. Wegen $f(a) = g(a) = 0$ folgt

$$\frac{f(x)}{g(x)} = \frac{f'(a + \lambda(x - a))}{g'(a + \mu(x - a))}$$

Jetzt sind folgende Fälle zu unterscheiden:

1. Es sei $\lim_{x\to a} g'(x) \neq 0$. Dann ist $\lim_{x\to a} \dfrac{f'(x)}{g'(x)}$, falls dieser existiert, der gesuchte Grenzwert, weil für $x \to a$ die Faktoren von λ und μ gegen Null streben. Diese Aussage gilt auch, wenn die Funktion $f'(x)$ bzw. $g'(x)$ für $x \to a$ nicht existiert, die Unstetigkeit des Quotienten jedoch behebbar ist, wie Beispiel 25, S. 287, zeigt.

2. Es sei $\lim_{x\to a} g'(x) = 0$ und $\lim_{x\to a} f'(x) \neq 0$. In diesem Fall hat Gl. (284.5) keinen Grenzwert.

3. Es sei $\lim_{x\to a} f'(x) = 0$ und $\lim_{x\to a} g'(x) = 0$. Ist $f, g \in C^2 (U_\varepsilon^*(a))$, so folgt durch erneute Anwendung des Mittelwertsatzes

$$\lim_{x\to a} \frac{f(x)}{g(x)} = \lim_{x\to a} \frac{f'(x)}{g'(x)} = \lim_{x\to a} \frac{f''(x)}{g''(x)}$$

also gilt Gl. (284.5) in diesem Sinne auch für höhere Ableitungen.

Beispiel 21 Bei der Kurvendiskussion der Zykloide (Beispiel 1, S. 403) erhält man den unbestimmten Ausdruck

$$h = \lim_{\varphi \to 0} \frac{\sin \varphi}{1 - \cos \varphi}$$

$$f(\varphi) = \sin \varphi \qquad g(\varphi) = 1 - \cos \varphi$$
$$f'(\varphi) = \cos \varphi \qquad g'(\varphi) = \sin \varphi$$

Mit Gl. (284.5) wird

$$h = \lim_{\varphi \to 0} \frac{f'(\varphi)}{g'(\varphi)} = \lim_{\varphi \to 0} \frac{\cos \varphi}{\sin \varphi} = \lim_{\varphi \to 0} \cot \varphi \to \infty$$

Es ist also kein Grenzwert vorhanden.

Beispiel 22 Man bestimme den Grenzwert

$$\lim_{x \to 0} \frac{e^x - e^{\sin x}}{x - \sin x}$$

Aus $f(x) = e^x - e^{\sin x}$ und $g(x) = x - \sin x$ folgt

$$f'(x) = e^x - e^{\sin x} \cos x \qquad g'(x) = 1 - \cos x$$

Da $f'(0) = g'(0) = 0$ gilt, muß erneut differenziert werden

$$f''(x) = e^x - e^{\sin x} \cos^2 x + e^{\sin x} \sin x \qquad g''(x) = \sin x$$

Wiederum gilt $f''(0) = g''(0) = 0$. Ein erneutes Differenzieren ergibt

$$f'''(x) = e^x - e^{\sin x} \cos^3 x + e^{\sin x} 2 \cos x \cdot \sin x + e^{\sin x} \cos x \cdot \sin x + e^{\sin x} \cos x$$
$$g'''(x) = \cos x$$

Wegen $f'''(0) = g'''(0) = 1$ folgt

$$\lim_{x \to 0} \frac{e^x - e^{\sin x}}{x - \sin x} = 1$$

Die Regel von l'Hospital Gl. (284.5) darf auch angewandt werden, wenn x über alle Grenzen wächst. Setzt man nämlich $z = 1/x$, so wird

5.2 Rechenregeln der Differentialrechnung

$$\lim_{x\to\infty}\frac{f(x)}{g(x)} = \lim_{z\to 0}\frac{f(1/z)}{g(1/z)}$$

Nach Gl. (284.5) und der Kettenregel Gl. (277.3) ist

$$\lim_{z\to 0}\frac{f(1/z)}{g(1/z)} = \lim_{z\to 0}\frac{f'(1/z)(-1/z^2)}{g'(1/z)(-1/z^2)} = \lim_{z\to 0}\frac{f'(1/z)}{g'(1/z)} = \lim_{x\to\infty}\frac{f'(x)}{g'(x)} \qquad (286.1)$$

Die Regel von d'Hospital darf auch angewandt werden, wenn Zähler und Nenner in Gl. (284.5) für $x \to a$ unbeschränkt wachsen sowie wenn zugleich $x \to \infty$ strebt. Auf den Beweis muß hier verzichtet werden.

Beispiel 23 Das von Planck gefundene Strahlungsgesetz lautet

$$L_\lambda = \frac{c^2 h}{\lambda^5 (e^{ch/kT\lambda} - 1)} \qquad (286.2)$$

Es beschreibt auch für die Wellenlänge $\lambda \to 0$ den physikalischen Sachverhalt richtig ($L_\lambda \to 0$). Ein unmittelbares Einsetzen $\lambda = 0$ in Gl. (286.2) liefert einen unbestimmten Ausdruck. Setzt man $u = ch/kT\lambda$, so folgt

$$\lim_{\lambda\to 0} L_\lambda = \lim_{u\to\infty}\frac{k^5 T^5}{c^3 h^4}\frac{u^5}{e^u - 1} = \frac{k^5 T^5}{c^3 h^4}\lim_{u\to\infty}\frac{5 u^4}{e^u}$$

Nach viermaligem Differenzieren erhält man

$$\frac{k^5 T^5}{c^3 h^4}\lim_{u\to\infty}\frac{120}{e^u} = 0$$

Die Exponentialfunktion im Nenner wächst also stärker als die vierte Potenz im Zähler, s. auch Aufgabe 8e, S. 288.

Beispiel 24 Man berechne $\lim_{x\to 0}\frac{\ln x}{\cot x}$.

Zähler und Nenner dieses Bruches wachsen für $x \to 0$ unbeschränkt. Man setzt

$$f(x) = \ln x \qquad f'(x) = 1/x \qquad \frac{f'(x)}{g'(x)} = -\frac{\sin^2 x}{x}$$
$$g(x) = \cot x \qquad g'(x) = -1/\sin^2 x$$

Das Verfahren kann wiederholt werden, indem nochmals differenziert wird. Hier kommt man jedoch schneller mit folgender Umformung zum Ziel

$$\lim_{x\to 0}\left(-\frac{\sin^2 x}{x}\right) = \lim_{x\to 0}\frac{\sin x}{x}\cdot\lim_{x\to 0}(-\sin x) = 0$$

Nach Gl. (259.1) ist $\lim_{x\to 0}((\sin x)/x) = 1$. Das Ergebnis Null bedeutet, daß die Cotangensfunktion im Nenner schneller wächst als die logarithmische Funktion im Zähler.

Außer den bisher beschriebenen treten unbestimmte Ausdrücke in den Formen

$$f(x) - g(x) \qquad f(x)\cdot g(x) \qquad f(x)^{g(x)}$$

auf, wobei im ersten Fall beide Funktionen für $x \to a$ unbeschränkt wachsen, im zweiten Fall ein Faktor gegen Null strebt, während gleichzeitig der andere unbeschränkt wächst und schließlich im dritten Fall entweder beide gegen Null streben oder der Exponent unbeschränkt wächst, während gleichzeitig die Basis gegen Eins strebt. Sie können oft durch geeignete Umformungen in die Form von Gl. (284.5) oder (286.1) überführt werden.

Beispiel 25 Man berechne $\lim_{x \to 0} (x \cdot \ln x)$.

Folgende Umformung führt auf Gl. (284.5)

$$x \ln x = \frac{\ln x}{1/x} \qquad f(x) = \ln x \qquad f'(x) = 1/x$$
$$\phantom{x \ln x = \frac{\ln x}{1/x}} \qquad g(x) = 1/x \qquad g'(x) = -1/x^2$$

$$\frac{f'(x)}{g'(x)} = -x \qquad \frac{f'(0)}{g'(0)} = 0$$

Beispiel 26 Man berechne $\lim_{x \to 0} x^x$.

Die Umformung $x^x = e^{x \ln x}$ führt auf die Berechnung eines unbestimmten Ausdruckes mit Produktform im Exponenten. Der Exponent wurde im vorstehenden Beispiel berechnet. Daher gilt

$$\lim_{x \to 0} x^x = e^0 = 1$$

5.2.6 Aufgaben zu Abschnitt 5.2

1. Man differenziere folgende Funktionen

a) $y = \dfrac{1 + \cos x}{1 - \cos x}$ b) $y = \ln \ln x$ c) $y = \ln \tan \dfrac{x}{2}$

d) $y = \ln (x + \sqrt{x^2 + 1})$ e) $y = \dfrac{2}{\sqrt{a}} \ln (\sqrt{ax + b} + \sqrt{a(x + d)})$

f) $y = \dfrac{(2x - 1)^{3/2}}{(6x - 1)^{5/2}}$ g) $y = \ln (2x + a + 2\sqrt{x^2 + ax})$

h) $y = \sqrt{1 - x^2} + x \arcsin x$ i) $y = \ln (x^2 \cdot \sqrt{1 + e^{2x}} \cdot e^{3x})$

j) $y = \dfrac{1}{3}(x^2 - 2x - 24)\sqrt{8x - x^2} - 32 \arcsin \left(1 - \dfrac{x}{4}\right)$

k) $y = \dfrac{x}{2}[\sin (\ln x) - \cos (\ln x)]$ l) $y = \arctan \left[\sqrt{\dfrac{a - b}{a + b}} \tan \dfrac{x}{2}\right]$

m) $y = 2\sqrt{x + 1} - \ln \dfrac{\sqrt{x + 1} + 1}{\sqrt{x + 1} - 1}$ n) $y = \ln \dfrac{a + b \tan x}{a - b \tan x}$

o) $y = \dfrac{x}{2}\sqrt{5 - x^2} + \dfrac{5}{2} \arcsin \dfrac{x}{\sqrt{5}}$ p) $y = \dfrac{x}{2}\sqrt{x^2 + 6} + 3 \ln (x + \sqrt{x^2 + 6})$

q) $y = \dfrac{\sin x - \cos x}{\sin x + \cos x}$ r) $y = \tan x + \dfrac{1}{3} \tan^3 x$

s) $y = \ln \sqrt{\dfrac{1 + \sin x}{1 - \sin x}}$ t) $y = \ln \dfrac{\sqrt{ax + b} - \sqrt{b}}{\sqrt{ax + b} + \sqrt{b}}$

2. Wo hat der Graph der Funktion $y = (1 - x)/(x^2 - x + 1)$ horizontale Tangenten?

3. Unter welchem Winkel schneidet der Graph der Funktion $y = (2x^2 - 1)/(x^2 + 1)$ mit $l_x = l_y$ die Koordinatenachsen?

4. Unter welchem Winkel schneiden sich die Graphen der Funktionen $y = f_1(x) = 3\sin x$ und $y = f_2(x) = \cot x$ mit $l_x = l_y$?

5. Unter welchem Winkel schneiden sich die Graphen der Funktionen $y = f_1(x) = x^x$ und $y = f_2(x) = 3^{1-\sqrt{x}}$ im Punkt mit der Abszisse $x_0 = 1$ bei gleichen Einheitslängen?
Hinweis: Man benutze Gl. (280.1).

6. Der Graph der Funktion $f(x, y) = e^x - e^2 e^{-y} + x^2 y - y^2 = 0$ verläuft durch den Punkt (1; 1). Man bestimme den Anstieg in diesem Punkte.

7. Es ist $x = e^{-\delta t}(C_1 \sin \omega_d t + C_2 \cos \omega_d t)$. Man beweise durch Differenzieren, daß $x(t)$ der Gleichung $\ddot{x} + 2\delta \dot{x} + (\omega_d^2 + \delta^2)x = 0$ genügt.

8. Man bestimme folgende Grenzwerte

a) $\lim\limits_{x \to 1} \dfrac{a^{\ln x} - x}{\ln x}$

b) $\lim\limits_{x \to 0} \dfrac{1 - \cos x}{\ln(1 + x^2)}$

c) $\lim\limits_{x \to \infty} \dfrac{\dfrac{\pi}{2} - \arctan x}{\sin \dfrac{1}{x}}$

d) $\lim\limits_{x \to \pi} \dfrac{\sin mx}{\sin nx}$ $(m, n \in \mathbb{N})$

e) $\lim\limits_{x \to \infty} \dfrac{x^a}{e^x}$ für $a \in \mathbb{R}$

f) $\lim\limits_{x \to \infty} \dfrac{\ln x}{x^a}$ für $a \in \mathbb{R}$

g) $\lim\limits_{x \to 0} \dfrac{1}{x^2}\left(1 - \dfrac{1}{\cos x}\right)$

h) $\lim\limits_{x \to 1}\left(\dfrac{x}{x-1} - \dfrac{1}{\ln x}\right)$

i) $\lim\limits_{x \to 0} x^{\ln(1+x)}$ Hinweis: Logarithmieren und mit x erweitern.

6 Integralrechnung

6.1 Bestimmtes Integral

Viele technische Probleme (z. B. Arbeitsdiagramme in der technischen Wärmelehre) führen auf das geometrische Problem, den Flächeninhalt unter dem Graphen einer Funktion zu bestimmen. Die Integralrechnung gestattet es in vielen Fällen, diese Aufgabe zu lösen. In anderen Fällen lassen sich mit Hilfe der Integralrechnung numerische oder zeichnerische Näherungsmethoden zur Flächenberechnung entwickeln. Die Lösung dieses Problems läßt sich über die Flächenberechnung hinaus auch auf viele Aufgaben der Physik anwenden. In Abschn. 6 werden, von der geometrischen Fragestellung ausgehend, Verfahren zur exakten Lösung von Integralen für gewisse Klassen von Integranden sowie numerische und graphische Näherungsverfahren entwickelt, ehe in Abschn. 7.2 gezeigt wird, daß die Integralrechnung auch zahlreiche andere Fragen beantworten kann.

6.1.1 Flächenberechnung durch Grenzwertbildung

Annäherung der Fläche durch eine Rechtecksumme Zunächst werden die beiden Veränderlichen x und y als Längen und die Einheitslängen $l_x = l_y$ vorausgesetzt.

Man kann sich bei der Berechnung auf solche Flächen beschränken, die durch die x-Achse, die Ordinaten in zwei Abszissen a und b und durch den durch $y = f(x)$ gegebenen Graphen begrenzt sind. Den Inhalt der schraffierten Fläche in Bild **289.1** erhält man durch Subtraktion der durch die Graphen von $y = f(x)$ und $y = g(x)$ begrenzten Flächen.

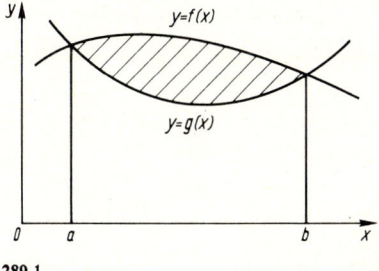

289.1

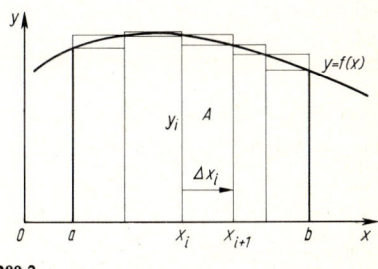

289.2

Die Fläche A unter dem Graphen der stetigen Funktion $y = f(x)$ wird durch eine Summe von Rechtecken angenähert (**289.2**). Dazu teilt man das Intervall von a bis b in n – nicht notwendig gleiche – Teile und errichtet in jedem Teilpunkt die Ordinate. Es ergibt sich eine Summe größter Rechtecke A_{max} und eine Summe kleinster Rechtecke A_{min}, wobei $A_{min} < A < A_{max}$ ist.

6.1 Bestimmtes Integral

In Bild **290**.1 sind zwei benachbarte Abszissen x_i und x_{i+1} sowie die dadurch gebildeten größten und kleinsten Rechtecke gezeigt. Verfeinert man die Einteilung durch Hinzunahme von Zwischenabszissen, so wird $A_{\max}$ kleiner und $A_{\min}$ größer. Die neue Differenz $A_{\max} - A_{\min}$ ist in Bild **290**.1 schraffiert. Bei der Verfeinerung der Einteilung muß man aber nicht die bereits vorhandenen Zwischenabszissen benutzen, sondern kann auch eine andere Einteilung mit mehr Teilintervallen und anderen Zwischenabszissen wählen. Führt man einen Grenzübergang $n \to \infty$ durch, so daß auch das größte Teilintervall gegen Null strebt, so gilt für im Intervall $[a, b]$ stetige Funktionen $y = f(x)$, also $f \in C[a, b]$

$$A = \lim_{n \to \infty} A_{\min}(n) = \lim_{n \to \infty} A_{\max}(n) \tag{290.1}$$

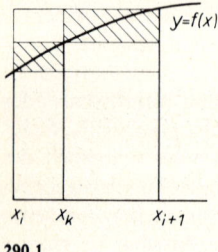
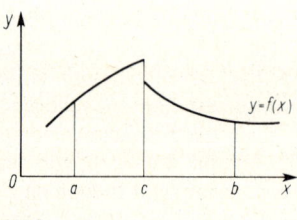

290.1   **290.2**

Existiert der Grenzwert (290.1) für eine beliebige Zerlegung des Intervalls $[a, b]$, so existiert dieser Grenzwert auch für jede andere Zerlegung, denn jede Zerlegung ergibt eine Rechtecksumme $A^*(n)$, für die

$$A_{\min}(n) \leqq A^*(n) \leqq A_{\max}(n)$$

gilt. Aus Gl. (290.1) folgt die Gleichheit der Grenzwerte.

Hat die Funktion $y = f(x)$ in $[a, b]$ eine endliche Anzahl von Unstetigkeitsstellen mit endlicher Funktionsdifferenz, so kann diese Erklärung erweitert werden, indem man Teilintervalle wählt, deren Endpunkte die Unstetigkeitsstellen sind, und jedes dieser Teilintervalle gesondert untersucht (**290**.2). Funktionen mit Unendlichkeitsstellen werden in Abschn. 6.2.5 behandelt. Allgemein nennt man jede Funktion, für die Gl. (290.1) gilt, im Riemannschen Sinne integrierbar[1]).

Bestimmtes Integral Die Grundlinie im i-ten Rechteck sei $\Delta x_i = x_{i+1} - x_i$, weiter sei $y_i = f(v_i)$ eine beliebige Ordinate in diesem Intervall

$$v_i \in [x_i, x_{i+1}]$$

Dann wird die Rechtecksumme

$$A_n = \sum_{i=1}^{n} y_i \, \Delta x_i \qquad \text{und ihr Grenzwert} \qquad A = \lim_{n \to \infty} \sum_{i=1}^{n} y_i \, \Delta x_i$$

---

[1]) Es gibt noch allgemeinere Definitionen eines Integrals als die von Riemann gegebene. Im folgenden wird von Integrierbarkeit nur im hier genannten Sinne gesprochen.

Definition Der Grenzwert der Summe

$$\lim_{n\to\infty} \sum_{i=1}^{n} y_i \cdot \Delta x_i = \int_a^b y \, dx = \int_a^b f(x) \, dx \qquad (291.1)$$

heißt das bestimmte Integral der Funktion $f(x)$, falls $y = f(x)$ im Riemannschen Sinne integrierbar ist und für $n \to \infty$ alle $\Delta x_i \to 0$ streben.

Man spricht: Integral von a bis b, y dx. In diesem Ausdruck heißen y der **Integrand**, das Intervall von a bis b der **Integrationsweg**, a sowie b die **Integrationsgrenzen** und x die **Integrationsveränderliche**.

Das bestimmte Integral ist eine Konstante, also von der Bezeichnung der Integrationsveränderlichen unabhängig. Daher gilt z. B.

$$\int_a^b f(x) \, dx = \int_a^b f(u) \, du$$

Umrechnen von Flächen in bestimmte Integrale In diesem Abschnitt war bisher vorausgesetzt, daß die Veränderlichen x und y Längen sind und mit gleichen Einheitslängen aufgetragen werden. Der Grenzwert Gl. (291.1), das bestimmte Integral, ist jedoch für beliebige Größen x und y definiert. Im Diagramm werden diese Größen durch die Strecken ξ und η dargestellt. Der Zusammenhang zwischen den Größen x und y und den sie darstellenden Längen ξ und η wird wegen Gl. (90.1) durch

$$\xi = l_x x \qquad \eta = l_y y$$

gegeben. Das bestimmte Integral hängt mit der dargestellten Fläche A wie folgt zusammen

$$\int_{x_1}^{x_2} y \, dx = \lim_{n\to\infty} \sum_{i=1}^{n} y_i \Delta x_i = \lim_{n\to\infty} \sum_{i=1}^{n} \frac{\eta_i}{l_y} \frac{\Delta \xi_i}{l_x}$$

$$= \frac{1}{l_x l_y} \int_{\xi_1}^{\xi_2} \eta \, d\xi = \frac{A}{l_x l_y} \qquad (291.2)$$

Im allgemeinen sind also y und dx als Größen, die mit Einheiten behaftet sind, anzusehen. Ist I das Integral und gemäß DIN 1313 $[u]$ die Einheit einer Größe u, so gilt

$$[I] = [y] \cdot [x]$$

weil die Einheiten von x und dx gleich sind. Hierzu wird auf die Bemerkung zum Differential auf S. 251 verwiesen.

Technische Anwendungen für das bestimmte Integral sind z. B. Volumen, Schwerpunkt und Flächenmoment (Abschn. 7.2.1), Geschwindigkeit (Abschn. 8.4.1), Energie (z. B. Abschn. 7.2.4) oder elektrische Spannung (Abschn. 7.2.7).

Rechenregeln für bestimmte Integrale Die folgenden Überlegungen werden am Beispiel von Flächen entwickelt. Alle Gleichungen gelten aber nach Gl. (291.2) für beliebige Größen. Die in diesem Abschnitt auftretenden Funktionen f, f_1, f_2 seien als integrierbar vorausgesetzt.

Vorzeichen des bestimmten Integrals. Die im bestimmten Integral auftretenden Größen sind vorzeichenbehaftet. Damit hat jeder Summand $y_i \cdot \Delta x_i$ ein Vorzeichen. Ist

6.1 Bestimmtes Integral

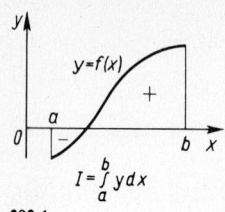

292.1

dieses Vorzeichen für alle $i = 1, \ldots, n$ gleich, so ist die Fläche A ebenfalls mit diesem Vorzeichen behaftet. Ist in

$$\int_a^b y \, dx$$

$b > a$, so sind alle $\Delta x_i > 0$. In diesem Fall spricht man von einem positiven Integrationsweg. Verläuft der Graph der Funktion $y = f(x)$ unterhalb der x-Achse, so ist $y < 0$. Bei der in Bild **292.1** gegebenen Integrationsaufgabe ist Δx_i immer positiv, y_i jedoch im ersten Teil des Integrationsintervalls negativ, im zweiten Teil positiv. Das bestimmte Integral entspricht einer Fläche, wobei der unterhalb der x-Achse liegende Teil von dem oberhalb der x-Achse liegende Teil subtrahiert wird. Das in Bild **292.2** gezeigte bestimmte Integral hat den Wert Null, wenn $|a| = |b|$ und der Graph der Funktion $y = f(x)$ punktsymmetrisch bezüglich des Koordinatenursprungs ist, da die oberhalb und unterhalb der x-Achse liegenden Flächenstücke sich genau aufheben.

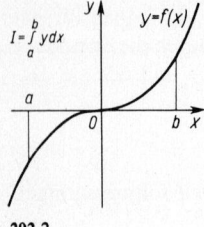

292.2

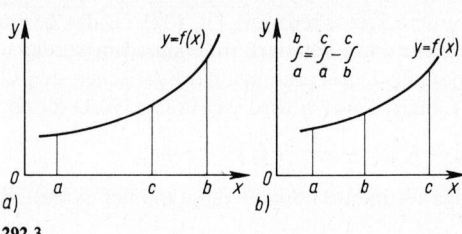

292.3

Umkehrung des Integrationsweges. Beim Integral von a bis b ist die Abszissendifferenz $\Delta x_i = x_{i+1} - x_i$ positiv, beim Integral von b bis a negativ: $x_i - x_{i+1} = -\Delta x_i$. Durch die negative Abszissendifferenz tritt in jedem Summanden in Gl. (291.1) ein Minuszeichen auf, das vor die Summe gezogen werden kann

$$\int_a^b y \, dx = - \int_b^a y \, dx \qquad (292.1)$$

Konstanter Faktor. Jede Ordinate wird mit einem Faktor k multipliziert, daher kann dieser Faktor aus der Summe ausgeklammert werden

$$\int_a^b k y \, dx = k \int_a^b y \, dx \qquad (292.2)$$

Zerlegen des Integrationsweges. Aus Bild **292.3**a erkennt man

$$\int_a^b y \, dx = \int_a^c y \, dx + \int_c^b y \, dx \qquad (292.3)$$

Gl. (292.3) gilt nicht nur, wenn $a < c < b$ ist, sondern in Verbindung mit Gl. (292.1) für jede beliebige Anordnung von a, b und c, wie Bild **292.3**b zeigt.

Integration einer Summe. Der Integrand sei $y = f_1(x) + f_2(x)$. Dann besteht in Gl. (291.1) jeder Summand aus einer Summe: $[f_1(x_i) + f_2(x_i)] \Delta x_i$. Man kann zunächst

6.1.1 Flächenberechnung durch Grenzwertbildung

alle Summanden mit $f_1(x_i)$ zusammenfassen, sodann die Summanden mit $f_2(x_i)$ und daraufhin für jede dieser beiden Teilsummen den Grenzwert getrennt bilden, da die einzelnen Grenzwerte nach Voraussetzung existieren

$$\int_a^b [f_1(x) + f_2(x)]\, dx = \int_a^b f_1(x)\, dx + \int_a^b f_2(x)\, dx \qquad (293.1)$$

Beispiel 1 Man berechne das bestimmte Integral

$$I = \int_0^b \frac{c}{b} x\, dx$$

Das Integrationsintervall werde in n gleiche Teile Δx_i geteilt (293.1). Dann ist

$$\Delta x_i = \frac{b}{n}, \qquad x_i = \frac{i}{n} b$$

und $\quad y_i = f(x_i) = \frac{c}{b} \frac{i}{n} b = \frac{i}{n} c$

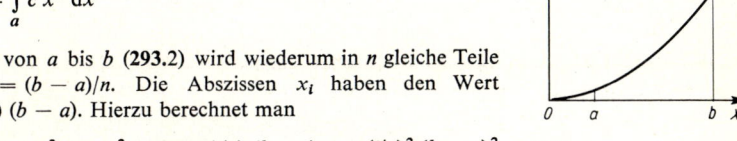

293.1

Nach Gl. (291.1) ist

$$I = \lim_{n\to\infty} \sum_{i=1}^n y_i \Delta x_i = \lim_{n\to\infty} \sum_{i=1}^n \frac{i}{n} c \frac{b}{n} = cb \lim_{n\to\infty} \frac{1}{n^2} \sum_{i=1}^n i$$

Die Summe $\sum_{i=1}^n i = \frac{n(n+1)}{2}$ ist eine arithmetische Reihe, s. Aufgabe 7, Abschn. 1.1.5. Damit wird

$$I = cb \lim_{n\to\infty} \frac{1}{n^2} \frac{n(n+1)}{2} = \frac{cb}{2} \lim_{n\to\infty} \left(1 + \frac{1}{n}\right) = \frac{cb}{2}$$

der Flächeninhalt eines rechtwinkligen Dreiecks.

Beispiel 2 Man berechne das bestimmte Integral

$$I = \int_a^b c x^2\, dx$$

Das Intervall von a bis b (293.2) wird wiederum in n gleiche Teile geteilt: $\Delta x_i = (b-a)/n$. Die Abszissen x_i haben den Wert $x_i = a + (i/n)(b-a)$. Hierzu berechnet man

$$y_i = c x_i^2 = c a^2 + 2 a c (i/n)(b-a) + c (i/n)^2 (b-a)^2 \quad \textbf{293.2}$$

Hieraus erhält man

$$I = \lim_{n\to\infty} \sum_{i=1}^n y_i \Delta x_i = \left[c a^2 (b-a) \lim_{n\to\infty} \frac{1}{n} \sum_{i=1}^n 1 \right]$$
$$+ \left[2 a c (b-a)^2 \lim_{n\to\infty} \frac{1}{n^2} \sum_{i=1}^n i \right] + \left[c (b-a)^3 \lim_{n\to\infty} \frac{1}{n^3} \sum_{i=1}^n i^2 \right]$$

Es ist $\quad \sum_{i=1}^n 1 = n \qquad \sum_{i=1}^n i = \frac{n(n+1)}{2} \qquad \sum_{i=1}^n i^2 = \frac{n(n+1)(2n+1)}{6}$

wie man durch vollständige Induktion beweist. Setzt man diese Werte in die Gleichung für I ein, so wird

6.1 Bestimmtes Integral

$$I = \lim_{n \to \infty} \left\{ c a^2 (b-a) + 2ac(b-a)^2 \frac{1}{2}\left(1 + \frac{1}{n}\right) + c(b-a)^3 \frac{1}{6}\left(1 + \frac{1}{n}\right)\left(2 + \frac{1}{n}\right)\right\}$$

$$= c a^2 (b-a) + ac(b-a)^2 + \frac{1}{3} c (b-a)^3$$

$$= \frac{c}{3} (b-a)(3a^2 + 3ab - 3a^2 + b^2 - 2ab + a^2)$$

$$= \frac{c}{3} (b-a)(a^2 + ab + b^2) = \frac{c}{3} (b^3 - a^3) \tag{294.1}$$

Beispiel 3 Man ermittle den Flächeninhalt unter dem Graphen der Funktion $y = (4/\text{cm}) \, x^2$ zwischen den Abszissen $x = 2$ cm und $x = 6$ cm, einmal unmittelbar durch Grenzübergang und danach mit Hilfe der Gl. (294.1).

Es ist $\quad A = \int\limits_{2\,\text{cm}}^{6\,\text{cm}} \frac{4}{\text{cm}} x^2 \, dx \quad$ mit $\quad \Delta x_i = \frac{4\,\text{cm}}{n}$

$$x_i = \left(2 + i\frac{4}{n}\right) \text{cm} \qquad y_i = \frac{4}{\text{cm}} 4\,\text{cm}^2 \left(1 + i\frac{4}{n} + i^2 \frac{4}{n^2}\right)$$

Damit erhält man für

$$A = \lim_{n \to \infty} \sum_{i=1}^{n} \left[16\,\text{cm} \left(1 + i\frac{4}{n} + i^2 \frac{4}{n^2}\right) \frac{4}{n}\,\text{cm}\right]$$

$$= 64\,\text{cm}^2 \lim_{n \to \infty} \left[\left(\frac{1}{n}\sum_{i=1}^{n} 1\right) + \left(\frac{4}{n^2}\sum_{i=1}^{n} i\right) + \left(\frac{4}{n^3}\sum_{i=1}^{n} i^2\right)\right]$$

$$= 64\,\text{cm}^2 \lim_{n \to \infty} \left[1 + 2\left(1 + \frac{1}{n}\right) + \frac{2}{3}\left(1 + \frac{1}{n}\right)\left(2 + \frac{1}{n}\right)\right]$$

$$= 64\,\text{cm}^2 \left(1 + 2 + \frac{4}{3}\right) = 64 \cdot \frac{13}{3}\,\text{cm}^2 = \frac{832}{3}\,\text{cm}^2 = 277{,}3\,\text{cm}^2$$

Benutzt man dagegen Gl. (294.1), so wird mit $a = 2$ cm, $b = 6$ cm und $c = 4/\text{cm}$

$$A = \frac{1}{3}\frac{4}{\text{cm}}[(6\,\text{cm})^3 - (2\,\text{cm})^3] = \frac{4}{3\,\text{cm}}(216 - 8)\,\text{cm}^3 = \frac{4}{3} \cdot 208\,\text{cm}^2 = \frac{832}{3}\,\text{cm}^2 = 277{,}3\,\text{cm}^2$$

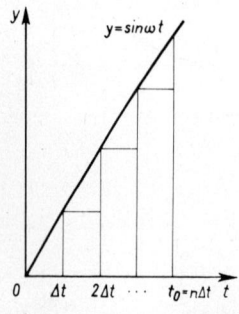

294.1

Beispiel 4 Man bestimme

$$I = \int\limits_0^{t_0} \sin \omega t \, dt$$

durch Bilden des Grenzwertes einer Produktsumme (294.1).

Man bildet die Summe der Rechtecke mit der Grundlinie Δt und der linken Ordinate als Höhe

$$I = \lim_{n \to \infty} \{\Delta t \, [0 + \sin \omega \Delta t + \sin 2 \omega \Delta t + \ldots + \sin (n-1) \omega \Delta t]\}$$

Durch Erweitern mit $\sin \omega \Delta t$ erhält man

$$I = \lim_{n \to \infty} \frac{\Delta t}{\sin \omega \Delta t} \{\sin \omega \Delta t \cdot \sin \omega \Delta t + \sin \omega \Delta t \cdot \sin 2 \omega \Delta t + \ldots + \sin \omega \Delta t \cdot \sin (n-1) \omega \Delta t\}$$

Wegen Gl. (144.7) ergibt sich

$$I = \frac{1}{\omega} \lim_{\Delta t \to 0} \frac{\omega \Delta t}{\sin \omega \Delta t} \cdot \frac{1}{2} \lim_{n \to \infty} \{1 - \cos 2\omega \Delta t + \cos \omega \Delta t - \cos 3\omega \Delta t +$$
$$+ \cos 2\omega \Delta t - \cos 4\omega \Delta t + \ldots +$$
$$+ \cos(n-3)\omega \Delta t - \cos(n-1)\omega \Delta t + \cos(n-2)\omega \Delta t - \cos n \omega \Delta t\}$$

Der erste Grenzwert ist nach Gl. (259.1) Eins. In der Klammer heben sich alle Summanden bis auf den ersten, dritten, drittletzten und letzten auf

$$I = \frac{1}{2\omega} \lim_{n \to \infty} [1 + \cos \omega \Delta t - \cos(n-1)\omega \Delta t - \cos n \omega \Delta t]$$

Wegen $n \Delta t = t_0$ kann man n durch Δt ausdrücken.

$$I = \frac{1}{2\omega} \lim_{\Delta t \to 0} [1 + \cos \omega \Delta t - \cos(\omega t_0 - \omega \Delta t) - \cos \omega t_0]$$
$$= \frac{1}{2\omega}(2 - 2\cos \omega t_0) = \frac{1}{\omega}(1 - \cos \omega t_0)$$

Beispiel 5 Man nähere die durch das Integral dargestellte Fläche

$$I = \int_a^b f(x)\,dx$$

anstatt durch Rechtecke durch Trapeze an. Hierbei wird der Graph durch einen Polygonzug ersetzt. Welche Annäherung erhält man für I, wenn man das Intervall $[a, b]$ in 4 gleiche Teile der Länge h aufteilt? Man wende diese Näherung auf Beispiel 3, S. 294, an.

Die Trapezsumme T ergibt sich mit (295.1)

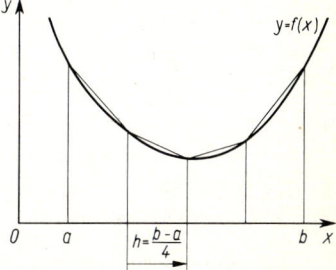

295.1

$$h = \frac{b-a}{4}$$

zu $\quad T = \frac{h}{2}[f(a) + f(a+h)] + \frac{h}{2}[f(a+h) + f(a+2h)] +$

$$+ \frac{h}{2}[f(a+2h) + f(a+3h)] + \frac{h}{2}[f(a+3h) + f(b)]$$

$$T = \frac{h}{2}[f(a) + 2f(a+h) + 2f(a+2h) + 2f(a+3h) + f(b)] \qquad (295.1)$$

Mit den Werten von Beispiel 3, S. 294, erhält man wegen $a = 2$ cm, $b = 6$ cm, $h = 1$ cm und $f(x) = \frac{4}{\text{cm}} \cdot x^2$ für

$$T = 0{,}5 \text{ cm} \cdot \frac{4}{\text{cm}} [4 + 18 + 32 + 50 + 36] \text{ cm}^2 = 280 \text{ cm}^2$$

unter Berücksichtigung der groben Unterteilung eine gute Annäherung. Auf dieses Beispiel wird in Abschn. 6.1.4 nochmals eingegangen.

6.1.2 Mittelwertsatz

Mittlere Ordinate Zu einer Fläche unter dem Graphen einer stetigen Funktion $y = f(x)$ zwischen den Abszissen a und b gibt es immer ein flächengleiches Rechteck, weil die schraffierten Flächen in Bild **296.1** gleich groß gemacht werden können[1]. Die zugehörige Ordinate $f(x_m)$ des Rechtecks heißt **mittlere Ordinate**

$$\int_a^b f(x)\,\mathrm{d}x = f(x_m) \cdot (b - a) \tag{296.1}$$

Obgleich ohne Lösung des Integrals die Abszisse x_m und damit die mittlere Ordinate $f(x_m)$ nicht bekannt sind, nützt diese Gleichung in vielen Fällen zur Integralschätzung. Es wird darauf hingewiesen, daß im allgemeinen x_m **nicht** in der Mitte des Intervalls $[a, b]$ liegt.

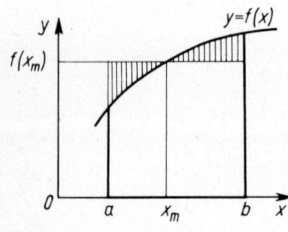

296.1

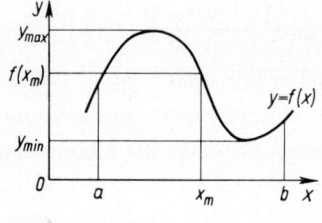

296.2

Mittelwertsatz In manchen Fällen benötigt man aber eine schärfere Schätzung des Integrals (Abschn. 9.1.1). Die stetige Funktion $y = f(x)$ hat in $[a, b]$ eine größte Ordinate $y_{\max}$ und eine kleinste Ordinate $y_{\min}$ (**296.2** und S. 72). Es gilt

$$y_{\min} \leqq f(x) \leqq y_{\max} \tag{296.2}$$

Diese Ungleichung wird mit einer positiven Funktion $p(x)$ multipliziert

$$y_{\min}\, p(x) \leqq f(x)\, p(x) \leqq y_{\max}\, p(x) \tag{296.3}$$

Wäre nämlich $p(x)$ für einige Bereiche von x negativ, so würde die Ungleichung (296.3) nicht mehr gelten. Aus dieser Ungleichung folgt

$$y_{\min} \int_a^b p(x)\,\mathrm{d}x \leqq \int_a^b f(x)\, p(x)\,\mathrm{d}x \leqq y_{\max} \int_a^b p(x)\,\mathrm{d}x \tag{296.4}$$

Daher gibt es eine Zwischenordinate $f(x_m)$, für die der **Mittelwertsatz der Integralrechnung**

$$\int_a^b f(x)\, p(x)\,\mathrm{d}x = f(x_m) \int_a^b p(x)\,\mathrm{d}x \tag{296.5}$$

gilt. Für $p(x) \equiv 1$ erhält man Gl. (296.1).

Ist $p(x) < 0$ im gesamten Intervall $a \leqq x \leqq b$, so gilt ebenfalls Gl. (296.5), denn in den Gl. (296.3) und (296.4) ändern sich wegen der Multiplikation mit einer negativen Größe alle Vorzeichen und Ordnungsrelationen. Es bleibt jedoch die Aussage richtig, daß das in der Mitte der Ungleichung stehende Integral zwischen den beiden Begrenzungen liegt.

---

[1] Hierzu wird der Zwischenwertsatz S. 72 benötigt.

Beispiel 6 Man bestimme die mittlere Ordinate für die Funktion

$$y = 4\left[\frac{x}{\pi} - \left(\frac{x}{\pi}\right)^2\right]$$

im Intervall zwischen den Nullstellen.

Der Graph der gegebenen Funktion ist eine Parabel mit den Nullstellen $x_1 = 0$ und $x_2 = \pi$ (**297.1**). Nach Gl. (296.1) ist

$$f(x_\mathrm{m}) = \frac{1}{b-a}\int_a^b y\,\mathrm{d}x = \frac{4}{\pi}\int_0^\pi \left[\frac{x}{\pi} - \left(\frac{x}{\pi}\right)^2\right]\mathrm{d}x$$

Beim Benutzen von Gl. (292.2) und (293.1) ergibt sich

$$f(x_\mathrm{m}) = \frac{4}{\pi}\left[\frac{1}{\pi}\int_0^\pi x\,\mathrm{d}x - \frac{1}{\pi^2}\int_0^\pi x^2\,\mathrm{d}x\right]$$

Mit Beispiel 1 und 2, S. 293, erhält man schließlich

$$f(x_\mathrm{m}) = \frac{4}{\pi}\left[\frac{1}{\pi}\frac{\pi^2}{2} - \frac{1}{\pi^2}\frac{\pi^3}{3}\right] = \frac{4}{\pi}\cdot\frac{\pi}{6} = \frac{2}{3}$$

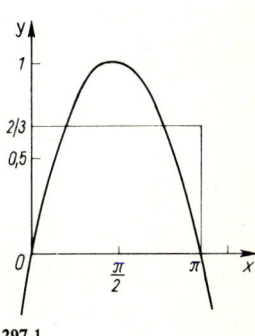

297.1

6.1.3 Integration der Potenzfunktion

In drei Beispielen in Abschn. 6.1.1 werden die Potenzfunktionen x und x^2, in Aufgabe 1, S. 308, die Potenzfunktion x^3 mit Hilfe einer gleichmäßigen Intervallteilung integriert. Für jede weitere Potenz wäre diese Rechnung erneut erforderlich und wesentlich schwieriger als in diesen ausgewählten besonders einfachen Fällen. Daher soll jetzt mit Hilfe einer ungleichmäßigen Intervallteilung die Integration der Potenzfunktion $y = x^m$ mit beliebigen rationalen Exponenten m mit Ausnahme von $m = -1$ durchgeführt werden (**297.2**). Für die Integrationsgrenzen wird zunächst $0 < a < b$ vorausgesetzt

$$I = \int_a^b x^m\,\mathrm{d}x$$

Beim Beweis wird benutzt, daß die Potenzfunktion $y = x^m$ als Integrand in $[a, b]$ stetig ist.

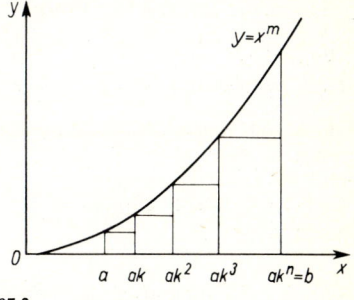

297.2

Rechtecksumme Teilt man das Intervall $[a, b]$ in n Teilintervalle derart, daß a, ak, ak^2, ..., $ak^n = b$ die Teilpunkte sind, so folgt $k = \sqrt[n]{b/a}$. Die Länge der Teilintervalle ist $a(k-1)$, $ak(k-1)$, ..., $ak^{n-1}(k-1)$.

Verfeinert man die Einteilung, wächst also n, so strebt k monoton fallend gegen Eins. Wählt man wie in Bild **297.2** als Rechteckhöhen jeweils die Ordinaten der linken Endpunkte der Teilintervalle, so wird die Rechtecksumme

$$A_n = a^m \cdot a(k-1) + (ak)^m ak(k-1) + (ak^2)^m ak^2(k-1) + \cdots + (ak^{n-1})^m ak^{n-1}(k-1)$$
$$= a^{m+1}(k-1)[1 + k^{m+1} + (k^2)^{m+1} + \cdots + (k^{n-1})^{m+1}]$$
$$= a^{m+1}(k-1)[1 + k^{m+1} + (k^{m+1})^2 + \cdots + (k^{m+1})^{n-1}]$$

Grenzwertbildung zum Integral Die Summe in der eckigen Klammer ist eine geometrische Reihe von n Gliedern mit dem ersten Glied Eins und dem Quotienten k^{m+1}. Daher ist

$$A_n = a^{m+1}(k-1)\frac{(k^{m+1})^n - 1}{k^{m+1} - 1}$$

Wegen $(k^{m+1})^n = (k^n)^{m+1} = (b/a)^{m+1}$ wird

$$A_n = a^{m+1} \cdot \frac{\left[\left(\frac{b}{a}\right)^{m+1} - 1\right](k-1)}{k^{m+1} - 1} = \frac{b^{m+1} - a^{m+1}}{\dfrac{k^{m+1} - 1}{k - 1}}$$

Nach Gl. (257.2) erhält man für alle rationalen Exponenten $m \ne -1$ den Grenzwert

$$\lim_{k \to 1} \frac{k^{m+1} - 1}{k - 1} = m + 1$$

Daher ist nach den Regeln für Grenzwerte

$$\int_a^b x^m \, dx = \lim_{n \to \infty} A_n = \lim_{k \to 1} \frac{b^{m+1} - a^{m+1}}{\dfrac{k^{m+1} - 1}{k-1}} = \frac{b^{m+1} - a^{m+1}}{\lim\limits_{k \to 1} \dfrac{k^{m+1} - 1}{k-1}} = \frac{b^{m+1} - a^{m+1}}{m+1}$$

Allgemeines Integral der Potenz Der vorstehende Beweis gilt in gleicher Weise, wenn beide Integrationsgrenzen negativ sind: $b < a < 0$, denn auch in diesem Falle ist $k^n = \dfrac{b}{a} > 0$, falls x^m für $x < 0$ reell definiert ist. Dies gilt für $m = \dfrac{p}{2q+1}$ mit $p, q \in \mathbb{Z}$. Weiter gilt wegen der Stetigkeit der Potenzfunktion für positive und negative b für $m > 0$

$$\int_0^b x^m \, dx = \lim_{a \to 0} \int_a^b x^m \, dx = \lim_{a \to 0} \frac{b^{m+1} - a^{m+1}}{m+1} = \frac{b^{m+1}}{m+1} \tag{298.1}$$

Gilt für die Integrationsgrenzen $a < 0 < b$, so folgt aus Gl. (292.3), (292.1) und (298.1) für $m = \dfrac{p}{2q+1} > 0$

$$\int_a^b x^m \, dx = \int_a^0 x^m \, dx + \int_0^b x^m \, dx = -\int_0^a x^m \, dx + \int_0^b x^m \, dx$$
$$= -\frac{a^{m+1}}{m+1} + \frac{b^{m+1}}{m+1} = \frac{b^{m+1} - a^{m+1}}{m+1}$$

6.1.3 Integration der Potenzfunktion

Damit ist bewiesen, daß das bestimmte Integral der Potenzfunktion für alle rationalen Exponenten $m \neq -1$ und beliebige reelle Integrationsgrenzen a und b lautet

$$I = \int_a^b x^m \, dx = \frac{b^{m+1} - a^{m+1}}{m+1} \tag{299.1}$$

Beispiel 7 Man bestimme $I = \int_{-2}^{1} \sqrt[3]{x^5} \, dx$.

Es ist $a = -2$, $b = 1$ und $m = 5/3$, also $m + 1 = 8/3$. Damit erhält man mit Gl. (299.1)

$$I = \frac{1^{8/3} - (-2)^{8/3}}{8/3} = \frac{3}{8}(1 - \sqrt[3]{256}) = 0{,}375\,(1 - 6{,}35) = -2{,}01$$

Beispiel 8 Man bestimme $I = \int_{1,4}^{4,2} (x^{0,72} - 3x^{1,13} + x^{2,12}) \, dx$.

Mit den Rechenregeln Gl. (292.2) und (293.1) erhält man

$$I = \int_{1,4}^{4,2} x^{0,72} \, dx - 3 \int_{1,4}^{4,2} x^{1,13} \, dx + \int_{1,4}^{4,2} x^{2,12} \, dx$$

$$= \frac{4{,}2^{1,72} - 1{,}4^{1,72}}{1{,}72} - 3 \frac{4{,}2^{2,13} - 1{,}4^{2,13}}{2{,}13} + \frac{4{,}2^{3,12} - 1{,}4^{3,12}}{3{,}12}$$

$$= \frac{11{,}80 - 1{,}78}{1{,}72} - \frac{21{,}3 - 2{,}0}{0{,}71} + \frac{88{,}0 - 2{,}9}{3{,}12} = 5{,}83 - 27{,}06 + 27{,}29 = 6{,}06$$

Beispiel 9 Welche Fläche liegt zwischen den Graphen der Funktion $f_1(x) = x + 1$ cm und $f_2(x) = (2/\text{cm})(x - 2\,\text{cm})^2$?

Zunächst ist es zweckmäßig, die Graphen zu zeichnen (**299.1**). Zur Ermittlung der Integrationsgrenzen sind die Schnittpunkte zwischen den Graphen von $f_1(x)$ und $f_2(x)$ zu bestimmen. Setzt man x aus f_1 in f_2 ein, so wird

$$y = \frac{2}{\text{cm}}(y - 3\,\text{cm})^2 = \frac{2}{\text{cm}} y^2 - 12y + 18\,\text{cm}$$

$$\frac{2}{\text{cm}} y^2 - 13y + 18\,\text{cm} = 0$$

$$y^2 - 6{,}5\,\text{cm} \cdot y + 9\,\text{cm}^2 = 0$$

$$y_{1,2} = (3{,}25 \pm \sqrt{1{,}5625})\,\text{cm} = (3{,}25 \pm 1{,}25)\,\text{cm}$$

$$y_1 = 4{,}5\,\text{cm} \qquad y_2 = 2\,\text{cm}$$

$$x_1 = 3{,}5\,\text{cm} \qquad x_2 = 1\,\text{cm}$$

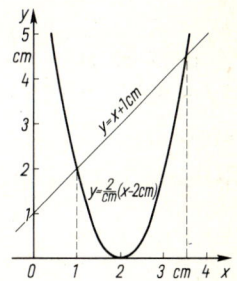

299.1

Das gesuchte bestimmte Integral kann in einem Arbeitsgang ermittelt werden, indem man für jeden Wert von x von der Ordinate unter der Geraden die Ordinate unter der Parabel subtrahiert. Insbesondere ist es nicht erforderlich, zwei bei $x = 2$ cm unterbrochene Integrale zu bestimmen.

$$I = \int_{1\,\text{cm}}^{3,5\,\text{cm}} (x + 1\,\text{cm}) \, dx - \frac{2}{\text{cm}} \int_{1\,\text{cm}}^{3,5\,\text{cm}} (x^2 - 4\,\text{cm} \cdot x + 4\,\text{cm}^2) \, dx$$

$$= \int_{1\,\text{cm}}^{3,5\,\text{cm}} \left[x + 1\,\text{cm} - \frac{2}{\text{cm}} x^2 + 8x - 8\,\text{cm}\right] dx = \int_{1\,\text{cm}}^{3,5\,\text{cm}} \left[-\frac{2}{\text{cm}} x^2 + 9x - 7\,\text{cm}\right] dx$$

$$I = -\frac{2}{\text{cm}} \frac{(3{,}5\text{ cm})^3 - (1\text{ cm})^3}{3} + 9 \frac{(3{,}5\text{ cm})^2 - (1\text{ cm})^2}{2} - 7\text{ cm }(3{,}5\text{ cm} - 1\text{ cm})$$

$$= \left[-\frac{2}{3} \cdot 41{,}875 + \frac{9}{2} \cdot 11{,}25 - 7 \cdot 2{,}5 \right] \text{cm}^2 = 5{,}21\text{ cm}^2$$

Beispiel 10 Man zeige, daß

$$A = \int_a^b [f_1(x) - f_2(x)]\,\mathrm{d}x \tag{300.1}$$

unabhängig von den Vorzeichen von f_1 und f_2 den Betrag der Fläche angibt, wenn nur $f_1(x) > f_2(x)$ im ganzen Intervall gilt (300.1 a).

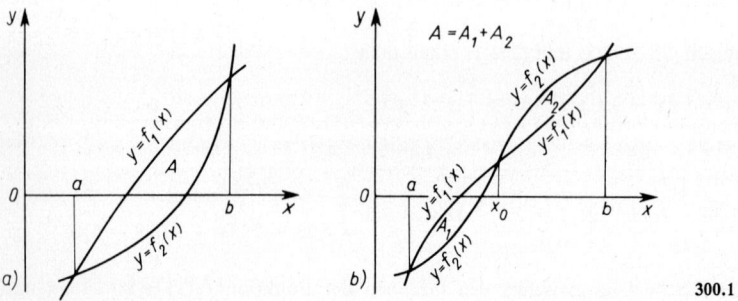

300.1

Die Differenz $f_1 - f_2$ gibt die Länge D des aufzusummierenden Streifens an. Es sind folgende drei Fälle zu unterscheiden:

1. $f_1 > f_2 > 0 \Rightarrow f_1 - f_2 = D > 0$
2. $f_1 > 0, f_2 < 0 \Rightarrow f_1 - f_2 = f_1 + |f_2| = D > 0$
3. $f_2 < f_1 < 0 \Rightarrow f_1 - f_2 = |f_2| - |f_1| = D > 0$

In allen Fällen ist $D = f_1 - f_2$.
Wenn jedoch die Bedingung $f_1 > f_2$ nicht mehr gilt, ist statt Gl. (300.1) zu schreiben

$$A = \int_a^b |f_1(x) - f_2(x)|\,\mathrm{d}x \tag{300.2}$$

Ändert die Differenz $f_1 - f_2$ an der Stelle x_0 (300.1 b) das Vorzeichen, so gilt für die Auswertung des Integrals

$$A = \int_a^{x_0} [f_1(x) - f_2(x)]\,\mathrm{d}x + \int_{x_0}^b [f_2(x) - f_1(x)]\,\mathrm{d}x$$

Beispiel 11 In welchem Verhältnis teilt der Graph der Funktion $y = cx^2$ die Fläche unter dem Graphen der Funktion $y = c(x-a)^2$ im Intervall $0 \leq x \leq a$?
Die zu teilende Gesamtfläche A (300.2) genügt der Gleichung $A = A_1 + A_2$. Gesucht ist das Verhältnis $A_1 : A_2$. Es ist zweckmäßig, A und A_2 mit der Integralrechnung zu bestimmen und daraus A_1 zu errechnen. Bei der Berechnung

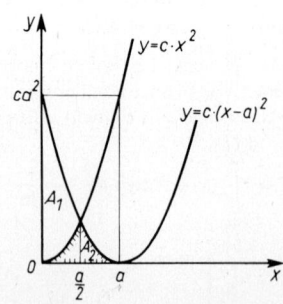

300.2

6.1.3 Integration der Potenzfunktion

von A_2 kann man berücksichtigen, daß diese Fläche bezüglich der Achse $x = a/2$ symmetrisch ist. Die Fläche unter dem Graphen der Funktion $y = c(x-a)^2$ und die Fläche unter dem Graphen der Funktion $y = cx^2$ sind im Intervall $0 \leq x \leq a$ gleich, da ein Graph das Spiegelbild des anderen bzgl. der Vertikale $x = a/2$ ist. Damit ergibt sich

$$A = c \int_0^a (x-a)^2 \, dx = c \int_0^a x^2 \, dx = c \frac{a^3}{3}$$

$$A_2 = 2c \int_{a/2}^a (x-a)^2 \, dx = 2c \int_0^{a/2} x^2 \, dx = 2c \cdot \frac{1}{3} \frac{a^3}{8} = \frac{a^3}{12} c$$

$$A_1 = A - A_2 = a^3 c \left(\frac{1}{3} - \frac{1}{12}\right) = \frac{a^3}{4} c \qquad \frac{A_1}{A_2} = \frac{\frac{a^3 c}{4}}{\frac{a^3 c}{12}} = \frac{3}{1}$$

Beispiel 12 Wie groß ist die Arbeit eines Kolbens vom Querschnitt A in dem einen Schenkel eines U-Rohres, wenn er um eine Strecke h heruntergedrückt wird und dadurch eine Flüssigkeitssäule im anderen Schenkel hochhebt?

Hat der Kolben die Flüssigkeit in dem einen Schenkel aus der Gleichgewichtslage um eine Strecke x hinuntergedrückt, so steht die Flüssigkeitssäule in dem anderen Schenkel um die Strecke $2x$ höher als im ersten. Diese Säule hat das Volumen $2Ax$ und die Gewichtskraft $2Ax\varrho g$, also wird bei einem kleinen Weg Δx_i die Arbeit $\Delta W_i = 2A x \varrho g \Delta x_i$. Summiert man die Arbeiten, so erhält man

$$W = \lim_{n \to \infty} \sum_{i=1}^n \Delta W_i = \lim_{n \to \infty} \sum_{i=1}^n 2A x_i \varrho g \Delta x_i$$

$$= 2A \varrho g \lim_{n \to \infty} \sum_{i=1}^n x_i \Delta x_i = 2A \varrho g \int_0^h x \, dx = A \varrho g h^2$$

Beispiel 13 In einem Gefäß, in dem der Wasserspiegel stets auf gleicher Höhe gehalten wird, fließt Wasser aus einer Öffnung, die die Form eines Trapezes hat (301.1). Welche Wassermenge fließt je Zeiteinheit aus der Öffnung? Es ist $H = 8$ m, $h = 7$ m, $B = 10$ cm und $b = 5$ cm.

Die Ausflußgeschwindigkeit in der Höhe x ist $v(x) = \sqrt{2gx}$, wobei die x-Achse abwärts gerichtet und am Wasserspiegel beginnend gelegt wird. Aus der Proportion

$$(b(x) - b) : (B - b) = (x - h) : (H - h)$$

erhält man die Breite der Öffnung

$$b(x) = b + (B - b)(x - h)/(H - h)$$

Aus einem Streifen von der Höhe Δx_i ist dann der Flüssigkeitsstrom (Volumen je Zeiteinheit gleich Geschwindigkeit mal Fläche)

$$\Delta \dot{V}_i = \sqrt{2g x_i} \left[b + \frac{B-b}{H-h}(x_i - h) \right] \Delta x_i$$

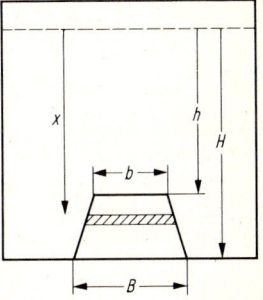

301.1

Damit ergibt sich für den Flüssigkeitsstrom

$$\dot{V} = \sqrt{2g} \int_h^H \sqrt{x} \left[b + \frac{B-b}{H-h}(x - h) \right] dx$$

$$= \sqrt{2g} \int_h^H \left[\left(b - \frac{B-b}{H-h} h \right) \sqrt{x} + \frac{B-b}{H-h} x^{3/2} \right] dx$$

$$\dot{V} = \sqrt{2g} \left[\left(b - \frac{B-b}{H-h} h \right) \frac{H^{3/2} - h^{3/2}}{1,5} + \frac{B-b}{H-h} \cdot \frac{H^{5/2} - h^{5/2}}{2,5} \right]$$

$$= \sqrt{2 \cdot 9{,}81 \text{ m/s}^2} \left[\frac{2}{3} (0{,}05 - 0{,}35) \text{ m} \cdot (8^{1{,}5} - 7^{1{,}5}) \text{ m}^{1{,}5} + \frac{2}{5} \cdot 0{,}05 \, (8^{2{,}5} - 7^{2{,}5}) \text{ m}^{2{,}5} \right]$$

$$= 0{,}913 \text{ m}^3/\text{s}$$

Beispiel 14 Man bestimme den mittleren aerodynamischen Verwindungswinkel $\bar{\delta}$ eines Tragflügels

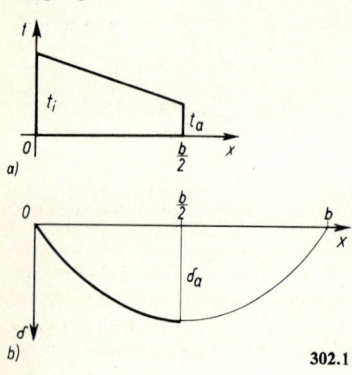

$$\bar{\delta} = \frac{\int_0^{b/2} \delta(x) \cdot t(x) \, dx}{\int_0^{b/2} t(x) \, dx}$$

mit dem Verwindungswinkel $\delta(x)$ und der Flügeltiefe $t(x)$ für einen Trapezflügel (302.1a) mit $t_a = 1{,}2$ m und $t_i = 3$ m bei parabolischer Verwindung mit $\delta_a = 5°$ (302.1b).

Nach Bild **302.1**a ist $t(x) = t_i - \frac{2}{b}(t_i - t_a)x$. Aus Bild **302.1**b folgt

$$\delta(x) = 4 \delta_a \left[\frac{x}{b} - \left(\frac{x}{b} \right)^2 \right]$$

302.1

Für das Nennerintegral erhält man

$$\int_0^{b/2} t(x) \, dx = t_i \frac{b}{2} - \frac{2}{b}(t_i - t_a) \frac{b^2}{8} = \frac{b}{4}(t_i + t_a)$$

Das Lösen dieses Integrals kann man vermeiden, wenn man beachtet, daß dieses Integral die Fläche des Trapezes in Bild 302.1a beschreibt. Für das Zählerintegral folgt

$$\int_0^{b/2} \delta(x) \cdot t(x) \, dx = 4 \delta_a \int_0^{b/2} \left[\frac{t_i}{b} x - \frac{3 t_i - 2 t_a}{b^2} x^2 + 2 \frac{t_i - t_a}{b^3} x^3 \right] dx$$

$$= 4 \delta_a \left[\frac{t_i}{b} \cdot \frac{b^2}{2 \cdot 4} - \frac{3 t_i - 2 t_a}{b^2} \cdot \frac{b^3}{3 \cdot 8} + \frac{2}{b^3}(t_i - t_a) \frac{b^4}{4 \cdot 16} \right] = \frac{b \, \delta_a}{24}(3 t_i + 5 t_a)$$

Damit erhält man für den mittleren aerodynamischen Verwindungswinkel

$$\bar{\delta} = \frac{\delta_a}{6} \frac{3 t_i + 5 t_a}{t_i + t_a} = \frac{1}{6} \cdot 5° \frac{9 \text{ m} + 6 \text{ m}}{3 \text{ m} + 1{,}2 \text{ m}} = 2{,}98°$$

6.1.4 Numerische Integration

Bisher wurden nur Integrale mit der Potenzfunktion als Integranden berechnet, in Abschn. 6.2.4 und 6.3 werden Methoden entwickelt, Integrale mit anderen Integranden zu berechnen. Es wird sich jedoch ergeben, daß mit diesen Methoden nur ein Teil aller Integrale

$$I = \int_a^b f(x) \, dx$$

gelöst werden kann. In den anderen Fällen empfiehlt es sich, numerische Methoden anzuwenden. Darüber hinaus ist bei zahlreichen Integralen zwar eine analytische Lösung (Abschn. 6.3) möglich, diese aber so aufwendig, daß auch hier häufig numerische Methoden vorgezogen werden. Diese numerischen Methoden sind i. allg. Näherungsverfahren. Führt man das jeweilige Verfahren hinreichend weit und rechnet mit hinreichend vielen Stellen, um Rundungsfehler kleinzuhalten oder gar auszuschließen, so kann man den Fehler der Lösung unter eine gewünschte Grenze bringen. Bei hohen Ansprüchen ergibt sich naturgemäß ein entsprechend großer Arbeitsaufwand. Dies wiegt heute nicht mehr so schwer wie früher, da jedes Rechenzentrum leistungsfähige Programme zur numerischen Lösung von bestimmten Integralen zur Verfügung stellt [17], [22].

Trapezregel In Beispiel 5, S. 295, wurde bereits der Graph des Integranden durch einen Polygonzug ersetzt. Mit $L = b - a$ erhält man bei Ersetzen des Graphen durch eine Sehne

$$T_0 = \frac{L}{2}[f(a) + f(b)] \tag{303.1}$$

Unterteilt man das Intervall $[a, b]$ einmal, so erhält man

$$T_1 = \frac{L}{4}\left[f(a) + 2f\left(a + \frac{L}{2}\right) + f(b)\right] = \frac{1}{2}\left[T_0 + Lf\left(a + \frac{L}{2}\right)\right] \tag{303.2}$$

Eine weitere Halbierung jedes Intervalls (s. Beispiel 5, S. 295) ergibt

$$T_2 = \frac{L}{8}\left[f(a) + 2f\left(a + \frac{L}{4}\right) + 2f\left(a + \frac{L}{2}\right) + 2f\left(a + \frac{3}{4}L\right) + f(b)\right]$$

$$= \frac{1}{2}\left\{T_1 + \frac{L}{2}\left[f\left(a + \frac{L}{4}\right) + f\left(a + \frac{3}{4}L\right)\right]\right\}$$

Man erkennt bereits aus diesen drei Gleichungen, daß man die neue verfeinerte Trapezformel aus dem arithmetischen Mittel des vorhergehenden Wertes und den gemittelten mit L multiplizierten neu hinzugetretenen Funktionswerten erhält. So wird

$$T_3 = \frac{1}{2}\left\{T_2 + \frac{L}{4}\left[f\left(a + \frac{L}{8}\right) + f\left(a + \frac{3}{8}L\right) + f\left(a + \frac{5}{8}L\right) + f\left(a + \frac{7}{8}L\right)\right]\right\}$$

Allgemein lautet die **Trapezregel**

$$T_0 = \frac{L}{2}[f(a) + f(b)]$$

$$T_k = \frac{1}{2}\left[T_{k-1} + \frac{L}{2^{k-1}}\sum_{i=1}^{2^{k-1}} f\left(a + \frac{2i-1}{2^k}L\right)\right] \qquad k = 1, 2, \ldots \tag{303.3}$$

Gl. (303.3) geht von $(2^k + 1)$ Abszissen (Stützstellen) aus, die voneinander den Abstand (Schrittweite)

$$h = \frac{L}{2^k} \tag{303.4}$$

haben. Tafel **304**.1 gibt einen Überblick über die jeweils neu hinzutretenden Stützstellen.

6.1 Bestimmtes Integral

Tafel **304.1** Stützstellen für Trapezregel

k									
0	a							b	
1					1				/2
2				1		3			/4
3		1		3	5		7		/8
4	$a+L\cdot$ { 1	3	5	7	9	11	13	15 }	/16
.				.					
.				.					
.				.					
i	1	3	5	...			(2^i-1)		$/2^i$

Setzt man

$$y_i = f(a+ih) \quad \text{und} \quad 2^k = n \tag{304.1}$$

so kann man Gl. (303.3) auch in der Form

$$T_k = \frac{h}{2}(y_0 + 2y_1 + 2y_2 + \ldots + 2y_{n-1} + y_n) \tag{304.2}$$

schreiben.
Der wesentliche Rechenaufwand besteht darin, die zugehörigen ($2^k + 1$) Funktionswerte (Stützwerte) zu berechnen. Es gilt zwar

$$\lim_{k\to\infty} T_k = I = \int_a^b f(x)\,dx$$

doch diese Konvergenz erfolgt sehr langsam, so daß man sehr viele Stützwerte bei Benutzung der Trapezformel benötigt [47].

Romberg-Verfahren Die Trapezannäherung T_k verursacht einen Fehler gegenüber I, so daß

$$T_k = I + F(f, h)$$

gilt. Der Fehler F hängt von dem Integranden und der Schrittweite h ab. Diese Fehlerfunktion F kann man in eine unendliche Reihe nach Potenzen von h entwickeln, wobei die Koeffizienten Funktionen von f sind. Es läßt sich zeigen [28], daß in dieser Reihenentwicklung nur gerade Potenzen von h auftreten

$$T_k = I + c_2 h^2 + c_4 h^4 + c_6 h^6 + \cdots \tag{304.3}$$

Ändert man die Schrittweite, so bleiben die Koeffizienten c_i ungeändert. Geht man von k zu $k+1$ über, so wird die Schrittweite halbiert und aus h wird nun $h/2$

$$T_{k+1} = I + c_2\left(\frac{h}{2}\right)^2 + c_4\left(\frac{h}{2}\right)^4 + c_6\left(\frac{h}{2}\right)^6 + \cdots$$

Diese Gleichung wird mit 4 multipliziert

$$4T_{k+1} = 4I + c_2 h^2 + c_4 \cdot \frac{h^4}{4} + c_6 \frac{h^6}{16} + \cdots$$

Subtrahiert man von beiden Seiten dieser Gleichung die entsprechenden Seiten von Gl. (304.3), so erhält man

$$4T_{k+1} - T_k = 3I - \frac{3}{4}c_4 h^4 - \frac{15}{16}c_6 h^6 + \cdots$$

oder $\quad S_k = \dfrac{4T_{k+1} - T_k}{3} = I - \dfrac{c_4}{4}h^4 - \dfrac{5}{16}c_6 h^6 + \cdots \hfill (305.1)$

Die Näherung S_k stellt eine Verbesserung gegenüber T_{k+1} dar, da das Fehlerglied erst mit der vierten Potenz von h beginnt, ohne daß zusätzliche Funktionswerte berechnet werden. Dieses Verfahren kann man entsprechend weiterführen. Man multipliziert

$$S_{k+1} = I - \frac{c_4}{4}\left(\frac{h}{2}\right)^4 - \frac{5}{16}c_6\left(\frac{h}{2}\right)^6 + \cdots$$

mit 16, subtrahiert hiervon die entsprechenden Seiten von Gl. (305.1) und erhält nach Division durch 15

$$\frac{16 S_{k+1} - S_k}{15} = I + \frac{c_6}{64}h^6 + \cdots$$

Das folgende Rechenschema basiert auf diesem Gedanken der laufenden Halbierung der Schrittweite. Zunächst sind die jeweils erforderlichen Wertepaare $(x_i; y_i)$ zu berechnen. Tafel **304.**1 zeigt das Rechenschema für die Stützstellen. Dann schreibt man in der ersten Spalte M_k die nach der Trapezregel Gl. (303.3) entstehenden gemittelten und mit L multiplizierten Summen der im k-ten Schritt neu hinzukommenden Funktionswerte. In der zweiten Spalte $R_{k,1} = T_k$ werden daraus die Werte der Trapezregel berechnet. In den weiteren Spalten $R_{k,r}$ werden mittels gewichteter Differenzen der Werte zweier aufeinanderfolgender Schritte der vorigen Spalte die verbesserten Werte gebildet. Man kann zeigen, daß jede $R_{k,r}$-Spalte für $k \to \infty$ und jede Schrägspalte (von links oben nach rechts unten) gegen I konvergiert. Die Konvergenz wird um so besser, je weiter man nach rechts kommt. Hierzu ist es wichtig, das Schema zeilenweise aufzubauen, um aus den $R_{k,r}$ zu schließen, ob noch eine weitere Zeile benötigt wird. Die Rechnung ist abzubrechen, wenn sich die unteren Werte der am weitesten rechts stehenden Spalte oder die rechts stehenden Werte der untersten Schrägzeile innerhalb der gewünschten Stellenzahl nicht mehr unterscheiden. Die Funktionswerte (Stützwerte) sollten daher nicht alle nacheinander mit wachsenden Stützstellen berechnet werden. Nur so kann man erreichen, mit möglichst wenigen Funktionswerten die gewünschte Fehlerschranke zu unterschreiten.

Ohne Beweis sei noch darauf verwiesen, daß durch $R_{k,r}$ für jedes k ein Polynom $(2r-1)$-ten Grades exakt integriert wird.

Es ergeben sich folgende allgemeine Bildungsgesetze

$$M_0 = R_{0,1} = T_0 = \frac{L}{2}[f(a) + f(b)]$$

$$M_k = \frac{L}{2^{k-1}}\sum_{i=1}^{2^{k-1}} f\left(a + \frac{2i-1}{2^k}L\right) \qquad \text{für } k = 1, 2, \ldots$$

$$R_{k,1} = T_k = \frac{1}{2}(R_{k-1,1} + M_k) \qquad \text{für } k = 1, 2, \ldots$$

6.1 Bestimmtes Integral

$$R_{k,2} = S_k = \frac{4\,R_{k+1,1} - R_{k,1}}{3} \qquad \text{für } k = 0, 1, \ldots$$

$$R_{k,3} = \frac{4^2\,R_{k+1,2} - R_{k,2}}{4^2 - 1} \qquad \text{für } k = 0, 1, \ldots$$

Allgemein ist die **Romberg-Regel**

$$R_{k,r} = \frac{4^{r-1}\,R_{k+1,r-1} - R_{k,r-1}}{4^{r-1} - 1} \qquad \text{für } \begin{matrix} k = 0, 1, \ldots \\ r = 2, 3, \ldots \end{matrix} \qquad (306.1)$$

Daraus ergibt sich folgendes Rechenschema

$f(x_i)$	M_k	$R_{k,1}$	$R_{k,2}$	$R_{k,3}$
$f(a); f(b)$	M_0	$M_0 = R_{0,1}$		
			$R_{0,2}$	
$f\left(a + \dfrac{L}{2}\right)$	M_1	$R_{1,1}$		$R_{0,3}$ ...
			$R_{1,2}$	
$f\left(a + \dfrac{L}{4}\right); f\left(a + \dfrac{3}{4}L\right)$	M_2	$R_{2,1}$		
...		...		

Simpson-Regel Die Näherungen $R_{k,2} = S_k$ waren bereits Simpson zur Zeit Newtons bekannt. Aus den Gl. (303.1) und (303.2) ergibt sich die Kepler-Faßregel

$$S_0 = \frac{4\,T_1 - T_0}{3} = \frac{L}{6}\left[f(a) + 4f\left(a + \frac{L}{2}\right) + f(b)\right] \qquad (306.2)$$

Allgemein erhält man mit Gl. (303.4) und (304.1) die **Simpson-Regel**

$$S_k = \frac{h}{3}(y_0 + 4y_1 + 2y_2 + 4y_3 + \ldots + 2y_{2n-2} + 4y_{2n-1} + y_{2n}) \qquad (306.3)$$

Rechnet man außer S_k noch S_{k-1} mit doppelter Schrittweite, so ergibt Gl. (306.1) eine Angabe über die Größenordnung des Fehlers der Simpson-Regel und zugleich eine Verbesserung

$$R_{k,3} = S_k + \Delta S_k = S_k + \frac{S_k - S_{k-1}}{15} = \frac{16\,S_k - S_{k-1}}{15}$$

Für jede Spalte des Schemas gilt: Bildet man $U_{k,r} = 2R_{k+1,r} - R_{k,r}$, so streben die Folgen $\{U_{k,r}\}$ und $\{R_{k,r}\}$ mit wachsendem k und festem r monoton von beiden Seiten gegen I

$$\min(U_{k,r}, R_{k,r}) < I < \max(U_{k,r}, R_{k,r})$$

Beispiel 15 Man berechne

$$I = \int_0^{0,5} \frac{dx}{\sqrt{1-x^2}}$$

nach Romberg auf 4 Stellen hinter dem Komma.

6.1.4 Numerische Integration 307

Es ist zweckmäßig, zur Vermeidung von Rundungsfehlern mit 6 Stellen hinter dem Komma zu rechnen.

$f(x_i)$		M_k	$R_{k,1}$	$R_{k,2}$	$R_{k,3}$
$f(0) = 1$	$f(0,5) = 1,154701$	0,538675	0,538675		
				0,523824	
$f(0,25) = 1,032796$		0,516398	0,527536		0,523603
				0,523616	
$f(0,125) = 1,007905$	$f(0,375) = 1,078720$	0,521656	0,524596		0,523599
				0,523600	
$f(0,0625) = 1,001959$	$f(0,1875) = 1,018056$				
		0,523102	0,523849		
$f(0,3125) = 1,052723$	$f(0,4375) = 1,112077$				

Z. B. ergibt sich

$$R_{1,3} = \frac{16 \cdot R_{2,2} - R_{1,2}}{15} = \frac{16 \cdot 0,523600 - 0,523616}{15} = 0,523599$$

In diesem ersten Beispiel sind die Stützstellen mit angegeben. Hierauf wird im weiteren verzichtet. In Abschn. 6.2.4 wird sich zeigen, daß dieses Integral exakt lösbar ist. Es gilt $I = \pi/6 = 0,5235988$. Auf 4 Stellen liest man aus dem Schema $I = 0,5236$ ab. Wegen der Rundung auf vier Stellen ist $R_{0,4}$ nicht mehr erforderlich

Beispiel 16 Man berechne

$$I = \int_2^5 e^x \, dx$$

nach Romberg auf 3 Stellen hinter dem Komma

$f(x_i)$		M_k	$R_{k,1}$	$R_{k,2}$	$R_{k,3}$	$R_{k,4}$
7,38906	148,41316		233,70332	233,70332		
					144,13201	
33,11545		99,34636	166,52484		141,06461	
				141,25632		141,02424
15,64263	70,10541	128,62207	147,57345		141,02488	
				141,03934		141,02410
10,75101	22,75990	48,18270	102,00277	137,77228	142,67287	
					141,02412	
				141,02507		
8,91290	12,96820	18,86862	27,45367		141,43702	
39,94486	58,11943	84,56327	123,03883	140,20117		

Auf $R_{0,5}$ kann wegen des Rundens verzichtet werden. Für diese Entscheidung sind aber $R_{0,4}$ und $R_{1,4}$ erforderlich, so daß nicht auf die letzten acht Funktionswerte verzichtet werden kann. Aus dem Schema liest man $I = 141,024$ ab. Ein solches Ergebnis kann man z. B. mit der Simpson-Regel (Spalte $R_{k,2}$) mit dieser Anzahl von Funktionswerten noch nicht ablesen. Exakt gilt $I = 141,024103$.

Beispiel 17 Man bestimme das Volumen eines Kreiskegels mit der Kepler-Faßregel. Ist $A(x)$ die Querschnittsfunktion des zur x-Achse rotationssymmetrischen Körpers der Länge L, so gilt nach der Faßregel Gl. (306.2)

6.2 Unbestimmtes Integral

$$V = \frac{L}{6}\left[A(0) + 4A\left(\frac{L}{2}\right) + A(L)\right]$$

Aus Bild 308.1 entnimmt man

$$A(0) = \pi r^2 \qquad A\left(\frac{L}{2}\right) = \pi \left(\frac{r}{2}\right)^2 \qquad A(L) = 0$$

Damit wird

$$V = \frac{L}{6}\left[\pi r^2 + 4\pi \frac{r^2}{4}\right] = \frac{\pi}{3} L r^2$$

Die Lösung ist exakt, da der Integrand

$$A(x) = \pi y^2 = \pi r^2 \left(1 - \frac{x}{L}\right)^2$$

eine quadratische Funktion ist.

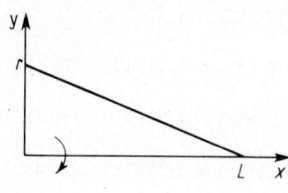

308.1

6.1.5 Aufgaben zu Abschnitt 6.1

1. Man berechne das bestimmte Integral

$$I = \int_a^b c\, x^3\, \mathrm{d}x$$

indem man das Intervall von a bis b in n gleiche Teile teilt.
Hinweis: Man beachte Beispiel 2, S. 293, und beweise durch vollständige Induktion

$$\sum_{i=1}^{n} i^3 = \left(\frac{n(n+1)}{2}\right)^2$$

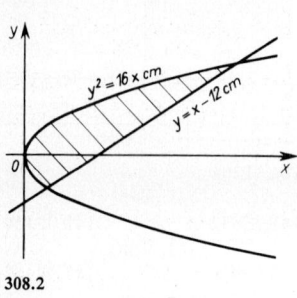

308.2

2. Man bestimme

$$I = \int_0^{t_0} \cos \omega t\, \mathrm{d}t$$

durch Bilden einer Produktsumme.
Hinweis: s. Beispiel 4, S. 294.

3. Man bestimme die Fläche zwischen den Graphen der Funktionen $y^2 = 16\,\text{cm} \cdot x$ und $y = x - 12\,\text{cm}$ (308.2).
Hinweis: Man benutze die nach x aufgelöste Form.

4. Die Formänderungsarbeit bei der Balkenbiegung ergibt sich aus der Gleichung

$$W = \frac{1}{2EI}\int_0^l [M(x)]^2\, \mathrm{d}x$$

Man berechne diese Arbeit für den Fall der einseitigen Einspannung des Balkens: $M(x) = F \cdot (l - x)$. Dabei ist l die Balkenlänge, E der Elastizitätsmodul, I das konstante Flächenmoment und F die am freien Ende auftretende Einzellast.

5. Für die Potenzfunktion $y = c x^m$ soll zwischen den Abszissen a und b eine Zwischenabszisse z so bestimmt werden, daß die beiden in Bild 309.1 schraffierten Flächen gleich groß werden. Wie groß ist z für $m = 1$ und für $m = 2$?

6. Für den durch Bild 309.2 gegebenen Strom $i(t)$ berechne man den **Effektivwert**

$$I = \sqrt{\frac{1}{T}\int_0^T i^2\,dt}$$

7. Man bestimme

$$\int_{\pi/4}^{\pi/2} \frac{\cos x}{x}\,dx$$

nach Romberg auf 5 Stellen hinter dem Komma.

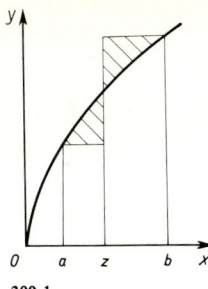

309.1

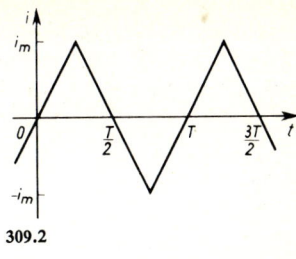

309.2

8. Die spektrale Strahlungsdichte L_λ eines schwarzen Körpers ist eine Funktion seiner absoluten Temperatur T und der Wellenlänge λ; sie beträgt nach Planck

$$L_\lambda = \frac{c^2 h}{\lambda^5 \left(e^{\frac{ch}{kT\lambda}} - 1\right)}$$

mit der Lichtgeschwindigkeit $c = 3{,}00 \cdot 10^8$ m/s, der Boltzmann-Konstante $k = 1{,}380 \cdot 10^{-23}$ J/K und dem Planckschen Wirkungsquantum $h = 6{,}62 \cdot 10^{-34}$ Js. Bei zeitlich konstanter Strahlung beträgt die von einer ebenen Fläche A nach einer Seite ausgestrahlte Leistung (Strahlungsfluß) $\Phi = L A \pi$. Dabei ist L die innerhalb eines Wellenlängenbereichs $\lambda_1 \leq \lambda \leq \lambda_2$ ausgestrahlte Strahlungsdichte

$$L = \int_{\lambda_1}^{\lambda_2} L_\lambda\,d\lambda$$

In einem Hochofen herrscht eine Temperatur von 2000 K. Man berechne den Strahlungsfluß aus einem Sichtloch von $A = 10$ cm^2 zwischen $\lambda_1 = 0{,}863 \cdot 10^{-6}$ m und $\lambda_2 = 2{,}015 \cdot 10^{-6}$ m.

Hinweise: Zur Vereinfachung der Planckschen Strahlungsfunktion L_λ werden folgende Substitutionen durchgeführt: $x = (kT/ch)\lambda$ und $y = (c^3 h^4/k^5 T^5) \cdot L_\lambda$. Man erhält dann die einfachere Funktion $y = [x^5 (e^{1/x} - 1)]^{-1}$. Für die Strahlungsdichte ergibt sich

$$L = \int_{\lambda_1}^{\lambda_2} L_\lambda\,d\lambda = \int_{x_1}^{x_2} \frac{(kT)^5}{c^3 h^4} y \frac{ch}{kT}\,dx = \frac{(kT)^4}{c^2 h^3} \int_{x_1}^{x_2} y\,dx$$

Für y ist im Bereich $x_1 \leq x \leq x_2$ eine Tafel aufzustellen, und dann ist y numerisch nach Romberg auf 3 Dezimalen (zuzüglich einer Schutzstelle) zu integrieren.

6.2 Unbestimmtes Integral

6.2.1 Integral mit veränderlicher Grenze. Integrationskonstante

Bisher wurden nur Integrale betrachtet, deren beide Grenzen konstant sind. Solche Integrale werden bestimmte Integrale genannt. Sieht man die obere Grenze des Integrals als veränderlich an, so ist das Integral eine Funktion seiner oberen Grenze (**310.**1a)

$$I_1(x) = \int_a^x f(u)\,du \tag{309.1}$$

310 6.2 Unbestimmtes Integral

Die Funktion $f(x)$ sei in einem Intervall $[c_1, c_2]$ integrierbar. Weiter sei a, $x \in [c_1, c_2]$. In Gl. (309.1) wird die Integrationsveränderliche zur Unterscheidung von der oberen Grenze x mit u bezeichnet, denn diese Größe u variiert zwischen der unteren Grenze a und der veränderlichen oberen Grenze x, hat also eine andere Bedeutung als x.

Neben $I_1(x)$ wird mit $b \in [c_1, c_2]$ ein weiteres Integral mit veränderlicher Grenze bei gleichem Integranden $f(u)$ betrachtet

$$I_2(x) = \int_b^x f(u)\,du \tag{310.1}$$

Bild **310.1** a stellt beide Integrale anschaulich dar. Nach dem Summensatz der Integration, Gl. (292.3), gilt

$$I_1(x) = \int_a^x f(u)\,du = \int_b^x f(u)\,du + \int_a^b f(u)\,du = I_2(x) + C \tag{310.2}$$

Die betrachteten Integrale unterscheiden sich durch ein bestimmtes Integral, also eine additive Konstante. Sie wird **Integrationskonstante** genannt. Die Graphen von $I_1(x)$ und $I_2(x)$ sind daher gegeneinander parallel verschobene kongruente Kurven (**310.1** b). Bildet man mit dem Integranden $f(u)$ und unterschiedlichen unteren Grenzen aus $[c_1, c_2]$ weitere Integrale mit veränderlicher oberer Grenze, so erhält man eine Schar paralleler Graphen (**310.2**).

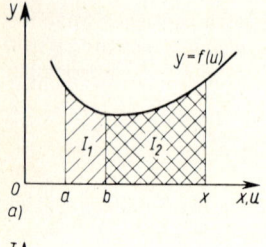

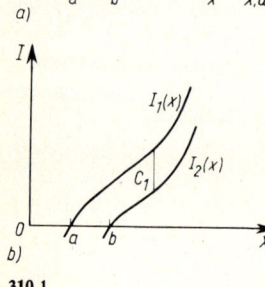

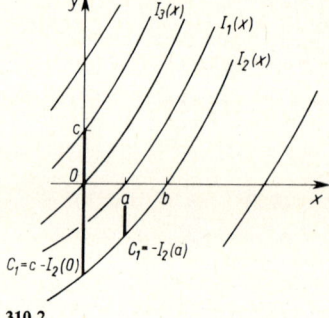

310.1

310.2

Bedeutung der Integrationskonstante. Es sei das Integral $I_2(x)$ bekannt, dann kann man

$$I_1(x) = I_2(x) + C_1 \qquad I_3(x) = I_2(x) + C_3$$

mit noch unbekannten Integrationskonstanten schreiben.

Sucht man als $I_1(x)$ dasjenige Integral, für das $I_1(a) = 0$ am Rand $x = a$ gilt, so folgt

$$C_1 = -I_2(a) \tag{310.3}$$

Eine solche Bedingung wird häufig **Randbedingung** genannt. Wählt man als $I_3(x)$ dasjenige Integral, das bei $x = 0$ einen vorgegebenen Wert c annimmt, so erhält man

$$I_3(0) = c \qquad C_3 = c - I_2(0) \tag{310.4}$$

Eine solche Vorgabe für $x = 0$ (häufig für die Zeit $t = 0$) wird eine **Anfangsbedingung** genannt.

Integrationsbeispiele mit Randbedingungen bringt z.B. Abschn. 7.2.3, Beispiele mit Anfangsbedingungen z.B. Abschn. 8.4.1.

Beispiel 1 Gegeben ist das Integral

$$I_2(x) = \int_0^x (1 + 2u)\,du = x + x^2$$

Gesucht ist dasjenige Integral zum Integranden $1 + 2u$, das der Randbedingung $I_1(-3) = 0$ genügt. – Nach Gl. (310.3) ist

$$C_1 = I_2(-3) = -6$$

Daher lautet das gesuchte Integral

$$I_1(x) = I_2(x) + C_1 = I_2(x) - 6 = x^2 + x - 6 \tag{311.1}$$

Es ist andererseits $I_1(x) = \int_{-3}^x (1 + 2u)\,du$, weil bei $x = -3$ (obere Grenze gleich unterer Grenze) das Integral Null wird. Die unmittelbare Integration dieser Funktion ergibt wieder Gl. (311.1).

6.2.2 Differentiation des Integrals mit veränderlicher Grenze

Nun soll untersucht werden, ob die Funktion

$$I(x) = \int_a^x f(u)\,du \tag{311.2}$$

differenzierbar ist. Dazu wird zunächst der Differenzenquotient gebildet

$$I(x + \Delta x) - I(x) = \int_a^{x+\Delta x} f(u)\,du - \int_a^x f(u)\,du = \int_x^{x+\Delta x} f(u)\,du \tag{311.3}$$

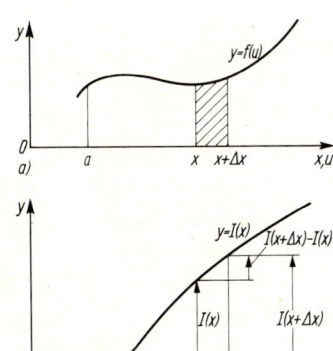

311.1

Diese Differenz ist in Bild **311.1**a veranschaulicht. Durch Einführen der mittleren Ordinate $f(x_m)$ wird das Integral der rechten Seite von Gl. (311.3) $f(x_m)\,\Delta x$, wobei x_m zwischen x und $x + \Delta x$ liegt.

Hieraus folgt

$$\frac{I(x + \Delta x) - I(x)}{\Delta x} = f(x_m)$$

Die linke Seite ist ein Differenzenquotient, dessen geometrische Deutung Bild **311.1**b gibt. Der Grenzwert, der Differentialquotient, läßt sich bestimmen, da für $\Delta x \to 0$ bei $f \in C[a,b]$ und $x, x_m \in [a,b]$ die Abszisse x_m gegen x strebt. Daher ist

$$\frac{dI}{dx} = f(x) \tag{311.4}$$

6.2 Unbestimmtes Integral

Die Ableitung eines Integrals mit veränderlicher Grenze $I(x)$ existiert für $f \in C[a, b]$ und ist gleich dem Integranden.

Definition Jede Funktion, deren erste Ableitung gleich einer gegebenen Funktion $f(x)$ ist, heißt Stammfunktion von $f(x)$.

So ist der Weg als Funktion der Zeit eine Stammfunktion der Geschwindigkeit als Funktion der Zeit; die Funktion der Biegemomentlinie ist Stammfunktion der Querkraftfunktion.

Aus Gl. (311.4) folgt, daß jedes Integral mit oberer veränderlicher Grenze x und beliebiger unterer konstanter Grenze mit dem Integranden $f(x)$ eine Stammfunktion ist. Mit $I(x)$ aus Gl. (311.2) ist auch

$$I_0(x) = I(x) + C = \int_a^x f(u)\,du + C \tag{312.1}$$

eine Stammfunktion von $f(x)$.

Nun soll untersucht werden, ob es außer $I_0(x)$ mit beliebigen $a, C \in \mathbb{R}$ noch andere Stammfunktionen zu $f(x)$ gibt. Dazu wird folgender Satz bewiesen:

Zwei Stammfunktionen von $f(x)$ unterscheiden sich nur durch eine additive Konstante.

Beweis. $I(x)$ sei eine Stammfunktion zu $f(x)$, $F(x)$ sei eine andere Stammfunktion. Ist der Satz richtig, so muß

$$D(x) = I(x) - F(x)$$

eine Konstante sein. Nach Gl. (256.3) gilt

$$D'(x) = [I(x) - F(x)]' = I'(x) - F'(x)$$

Nach Definition haben alle Stammfunktionen zu $f(x)$ die gleiche Ableitung

$$I'(x) = F'(x) = f(x)$$

Damit wird $D'(x) \equiv 0$ für jedes Paar von Stammfunktionen, also ist $D(x)$ eine Konstante. □

Beispiel 2 Man vergleiche die beiden Funktionen

$$F_1(x) = \sin^2 x \quad \text{und} \quad F_2(x) = -\frac{1}{2}\cos 2x$$

Es gilt $F_1'(x) = F_2'(x) = \sin 2x$. Also sind $F_1(x)$ und $F_2(x)$ Stammfunktionen von $f(x) = \sin 2x$. Diese Stammfunktionen können sich daher nur durch eine additive Konstante unterscheiden. Aus Gl. (143.8) folgt

$$F_1(x) - F_2(x) = \sin^2 x + \frac{1}{2}\cos 2x = \frac{1}{2}$$

Beispiel 3 Gegeben ist die Stammfunktion $F(x) = x^2 + 1$. Man bestimme daraus die erzeugende Funktion $f(x)$ und sodann eine Stammfunktion $I(x)$.

Es ist $F'(x) = f(x) = 2x$. Dann ist eine Stammfunktion

$$I(x) = \int_a^x 2u\,du = 2 \cdot \frac{u^2}{2}\bigg|_a^x = x^2 - a^2$$

Die Stammfunktionen $F(x)$ und $I(x)$ unterscheiden sich hier um die additive Konstante $a^2 + 1$.

6.2.2 Differentiation des Integrals mit veränderlicher Grenze

Bestimmtes Integral als Differenz zweier Werte einer Stammfunktion Gesucht ist

$$I = \int_a^b f(x)\,dx$$

Irgendeine Stammfunktion von $f(x)$ sei $I(x)$. Es sei mit $c \in [c_1, c_2]$

$$I(x) = \int_c^x f(u)\,du + C$$

Dann gilt nach Gl. (292.3)

$$\int_a^b f(u)\,du = \int_c^b f(u)\,du - \int_c^a f(u)\,du$$
$$= [I(b) - C] - [I(a) - C] = I(b) - I(a)$$

s. auch Bild **313.1**.

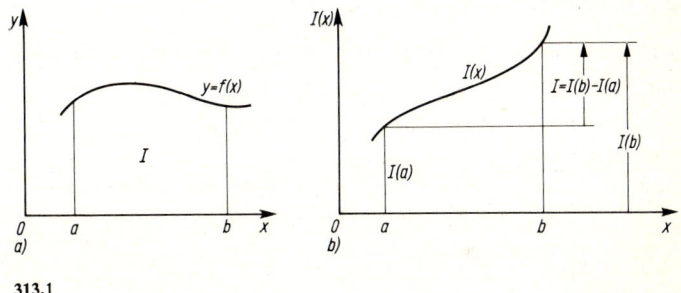

313.1

Hierbei ist es gleichgültig, welche Stammfunktion gewählt wird, weil sich bei der Differenzbildung der Einfluß der unteren Grenze und ggf. einer Integrationskonstanten aufheben. Die Differenz $I(b) - I(a)$ wird durch folgende Schreibweise gekennzeichnet

$$I = \int_a^b f(x)\,dx = I(b) - I(a) = I(x)\Big|_a^b \tag{313.1}$$

In dieser Weise werden künftig alle bestimmten Integrale berechnet.

Beispiel 4 Man integriere $y = 3x^2 + 6x - 1$ im Intervall von Zwei bis Fünf.
Für die Potenzfunktion ist es zweckmäßig, diejenige Stammfunktion zu wählen, deren untere Grenze Null ist. Dann gilt

$$I(x) = \int_0^x (3u^2 + 6u - 1)\,du = x^3 + 3x^2 - x$$

und

$$\int_2^5 (3x^2 + 6x - 1)\,dx = (x^3 + 3x^2 - x)\Big|_2^5$$
$$= (125 + 75 - 5) - (8 + 12 - 2) = 177$$

Beispiel 5 Man berechne das bestimmte Integral

$$I = \int_{0,5}^{1} \left(1 - \frac{1}{x}\right) dx$$

sodann zeichne man den Integranden $y = f(x) = 1 - (1/x)$ sowie die beiden Stammfunktionen

$$I_1(x) = x - \ln x$$

und

$$I_2(x) = \int_{0,5}^{x} \left(1 - \frac{1}{u}\right) du$$

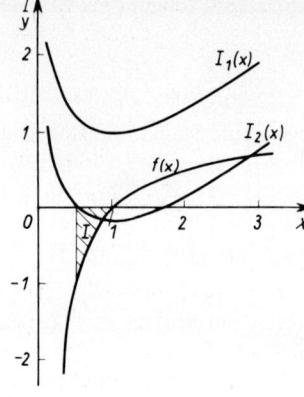

314.1

Als Wert des bestimmten Integrals ergibt sich

$$I = \left[x - \ln x\right]_{0,5}^{1} = 1 - (0,5 - \ln 0,5) = -0,1931$$

Für die Stammfunktion $I_2(x)$ erhält man

$$I_2(x) = \left[u - \ln u\right]_{0,5}^{x} = x - \ln x - (0,5 - \ln 0,5) = x - \ln x - 1,193.$$

Bild 314.1 zeigt die Graphen der gesuchten Funktionen.

Schreibweise der Stammfunktion Zu einem Integranden $f(x)$ gibt es unendlich viele Stammfunktionen, wie vorstehend gezeigt wurde. Weiter sind in der Schreibweise

$$I(x) = \int_a^x f(u)\, du + C$$

die beiden Konstanten a und C voneinander abhängig. Häufig sucht man denjenigen Wert für die untere Grenze, für den die Integrationskonstante Null wird.
Bei einem Polynom $p_n(x)$ als Integrand folgt aus $a = 0$ im Integral

$$I(x) = \int_0^x p_n(u)\, du$$

aus der Forderung $I(0) = 0$ auch $C = 0$. Dies gilt jedoch nicht immer, z.B. ist

$$\int_0^x \sin u\, du = -\cos x + 1$$

Da sich alle Stammfunktionen zu einer Funktion $f(x)$ nur durch additive Konstante unterscheiden, genügt es häufig, zunächst nur einen Repräsentanten aller Stammfunktionen zu betrachten. Man schreibt dann

$$I(x) = \int_a^x f(u)\, du + C \equiv \int f(x)\, dx \qquad (314.1)$$

Die Veränderliche im Integranden kennzeichnet bei dieser Schreibweise die obere veränderliche Grenze.

Diese Schreibweise hat den Vorzug der Einfachheit. Der Benutzer dieses Terms könnte aber übersehen, daß die gerade von ihm benötigte Stammfunktion

$$\text{nicht} \int_a^x f(u)\,du \quad \text{sondern} \quad \int_a^x f(u)\,du + C$$

lautet. Daher findet man in der Literatur auch die Schreibweise

$$\int f(x)\,dx + C$$

die den gleichen Sachverhalt beschreibt.

Unbestimmtes Integral Im Gegensatz zum bestimmten Integral mit zwei konstanten Grenzen wird das Integral mit veränderlicher Grenze häufig **unbestimmtes Integral** genannt. Dies kommt auch in der Abschnittsüberschrift zum Ausdruck. In diesem Buch wird die Bezeichnung Stammfunktion bevorzugt. In der Literatur wird unter dem unbestimmten Integral die Menge aller Stammfunktionen zu $f(x)$ verstanden, gelegentlich auch ein Repräsentant $\int f(x)\,dx$ aller Stammfunktionen. Häufig werden die Begriffe Stammfunktion, Integralfunktion und unbestimmtes Integral synonym verwandt.

6.2.3 Hauptsatz der Differential- und Integralrechnung

Vergleicht man Gl. (314.1) und Gl. (311.4), so ergibt sich der **Hauptsatz der Differential- und Integralrechnung**

$$I(x) = \int f(x)\,dx \quad \Leftrightarrow \quad \frac{dI(x)}{dx} = f(x) \tag{315.1}$$

Ist eine Funktion $f(x)$ gegeben und wird zu dieser die Stammfunktion $I(x)$ gebildet und dann wieder differenziert, so erhält man die Ausgangsfunktion $f(x)$. Wird ein Integral mit veränderlicher Grenze $I(x)$ differenziert und dann wieder unbestimmt integriert, so erhält man die Ausgangsfunktion $I(x)$ oder eine andere Stammfunktion, die sich von $I(x)$ nur durch eine additive Konstante unterscheidet.

Differenzieren und Integrieren sind inverse Rechenoperationen.

Dies hat folgende praktische Konsequenzen:

1. Die Anwendung des Hauptsatzes Gl. (315.1) auf die ersten Ableitungen der elementaren Funktionen und ihrer Umkehrfunktionen ergeben die **Grundintegrale** (s. Abschn. 6.2.4).

2. $I(x)$ ist der von einer bestimmten Abszisse a gemessenen Fläche unter dem Graphen von $f(x)$ proportional. $f(x)$ ist in jedem Punkt des Graphen dem Anstieg des Graphen von $I(x)$ proportional.

3. Bestimmte Integrale werden aus Funktionsdifferenzen von Stammfunktionen berechnet.

4. Graphen von Stammfunktionen können wegen der speziellen Bedeutung als Flächenfunktion konstruiert werden (s. Abschn. 6.2.6).

Beispiel 6 Nach Gl. (258.1) ist $(x^n)' = n\,x^{n-1}$. Vergleicht man diese Differentiationsformel mit dem Hauptsatz Gl. (315.1), so ist $I(x) = x^n$ und $f(x) = n\,x^{n-1}$. Der Hauptsatz liefert aus dieser Differentiationsformel folgende Integrationsformel

6.2 Unbestimmtes Integral

$$\int n x^{n-1}\,dx = x^n \quad \text{oder} \quad \int x^{n-1}\,dx = \frac{x^n}{n} \tag{316.1}$$

Setzt man $m + 1 = n$, so ergibt sich

$$\int x^m\,dx = \frac{x^{m+1}}{m+1} \quad \text{mit} \quad m \in \mathbb{R} \setminus \{-1\} \tag{316.2}$$

Diese Gleichung entspricht der Schreibweise des unbestimmten Integrals Gl. (315.1).

Beispiel 7 Unter der Voraussetzung, daß an allen Stellen die magnetische Induktion B senkrecht zur Fläche A steht, ist der **magnetische Fluß** Φ durch eine Fläche A definiert als die Summe aller Flächenteilchen multipliziert mit den in den Teilchen auftretenden Induktionen B

$$\Phi = \int B\,dA \tag{316.3}$$

Hieraus liefert der Hauptsatz $B = d\Phi/dA$. Die Induktion ist daher eine **Flußdichte**.

6.2.4 Grundintegrale

Die auf S. 315 erklärten Grundintegrale werden nun aus den entsprechenden Ableitungen mit Gl. (315.1) ermittelt. So folgt aus Gl.

(260.1) $\quad \int \cos x\,dx = \sin x \hfill (316.4)$

(260.2) $\quad \int \sin x\,dx = -\cos x \hfill (316.5)$

(263.3) $\quad \int \dfrac{dx}{x} = \ln x \quad \text{für} \quad x > 0 \hfill (316.6)$

Zur Berechnung bestimmter Integrale benutzt man zweckmäßig die logarithmische Regel

$$\int_a^b \frac{dx}{x} = \ln x \Big|_a^b = \ln b - \ln a = \ln \frac{b}{a}$$

(281.2) $\quad \int e^x\,dx = e^x \hfill (316.7)$

(281.3) $\quad \int a^x\,dx = \dfrac{a^x}{\ln a} \quad \text{für} \quad a \neq 1, a > 0 \hfill (316.8)$

(282.1) $\quad \int \dfrac{dx}{\sqrt{1-x^2}} = \arcsin x \quad \text{für} \quad |x| < 1 \hfill (316.9)$

(282.2) $\quad \int \dfrac{dx}{1+x^2} = \arctan x \hfill (316.10)$

(283.1) $\quad \int \cosh x\,dx = \sinh x \hfill (316.11)$

(283.2) $\quad \int \sinh x\,dx = \cosh x \hfill (316.12)$

Aus Gl. (284.1) ergibt sich unter Berücksichtigung der logarithmischen Darstellung der Areafunktion

$$\int \frac{dx}{\sqrt{x^2+1}} = \operatorname{arsinh} x = \ln\left(x + \sqrt{x^2+1}\right) \tag{317.1}$$

Dementsprechend erhält man aus Gl. (284.2)

$$\int \frac{dx}{\sqrt{x^2-1}} = \operatorname{arcosh} x = \ln\left(x + \sqrt{x^2-1}\right) \quad \text{für } |x| > 1 \tag{317.2}$$

Weiter ist wegen Gl. (284.3) und (284.4)

$$\int \frac{dx}{1-x^2} = \frac{1}{2}\ln\left|\frac{1+x}{1-x}\right| = \begin{cases} \operatorname{artanh} x & \text{für } |x| < 1 \\ \operatorname{arcoth} x & \text{für } |x| > 1 \end{cases} \tag{317.3}$$

Weitere unbestimmte Integrale findet man in der Formelsammlung im Anhang.

Beispiel 8 Wie groß ist die Fläche, die zwischen den Graphen der Funktionen $y = 0$, $y = 0{,}5$ und $y = \sin x$ liegt?

Bei solchen Aufgaben ist es zweckmäßig, sich zunächst die Fragestellung an einem Diagramm klarzumachen (**317.1**). Man erkennt, daß die gesuchte Fläche symmetrisch zu $x = \pi/2$ liegt. Die halbe Fläche besteht aus einem Rechteck und dem Integral über die Sinusfunktion von Null bis x_1. Aus $\sin x_1 = 0{,}5$ folgt $x_1 = \pi/6$. Damit erhält man

$$A = 2\left[\int_0^{\pi/6} \sin x \, dx + \left(\frac{\pi}{2} - \frac{\pi}{6}\right)\cdot 0{,}5\right] = 2\left(-\cos x\right)\bigg|_0^{\pi/6} + \frac{\pi}{3}$$

$$= 2\left(-\cos\frac{\pi}{6} + \cos 0\right) + \frac{\pi}{3} = 2 - \sqrt{3} + \frac{\pi}{3} = 1{,}315$$

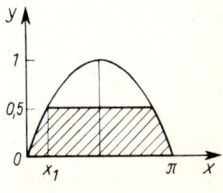

317.1

Beispiel 9 Man bestimme

$$I = \int_{-2}^{1} \frac{dx}{\sqrt{x^2+1}}$$

Es ist nach Gl. (317.1)

$$I = \ln\left[x + \sqrt{x^2+1}\right]\bigg|_{-2}^{1} = \ln\frac{1+\sqrt{2}}{-2+\sqrt{5}} = \ln 10{,}23 = 2{,}33$$

Beispiel 10 Die elektrische Feldstärke E im Innern eines Zylinderkondensators (**317.2**) wird beschrieben durch $E(r) = E(r_1)\cdot r_1/r$. Die Feldstärke $E(r_1) = E_1$ an der inneren Elektrode mit dem Radius r_1 sei bekannt. Wie groß ist die Spannung zwischen den beiden Zylindern?
Es gilt

$$U_{12} = \int_{r_1}^{r_2} E(r)\, dr = \int_{r_1}^{r_2} \frac{E_1 r_1}{r}\, dr = E_1 r_1 \ln\frac{r_2}{r_1}$$

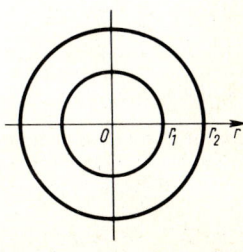

317.2

6.2.5 Uneigentliche Integrale

Das unbestimmte Integral $\int \dfrac{dx}{\sqrt{1-x}}$ hat die Stammfunktion $F(x) = -2\sqrt{1-x}$, wie man durch Differenzieren bestätigen kann. Daher kann man berechnen

$$I = \int_0^1 \frac{dx}{\sqrt{1-x}} = F(1) - F(0) = 2$$

Es ergibt sich ein endlicher Wert $I = 2$, obwohl der Integrand für $x \to 1$ unbeschränkt wird. Aus dieser Fragestellung ergibt sich die

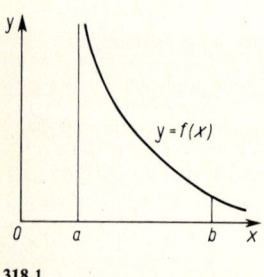

318.1

Definition Es sei $f(x)$ für alle $x > a$ im Intervall $[x, b]$ integrierbar, weiter gelte (318.1)

$$\lim_{x \to a} \frac{1}{f(x)} = 0 \qquad (318.1)$$

Dann heißt

$$I = \int_a^b f(x)\, dx$$

ein uneigentliches Integral (erster Art), wenn der Grenzwert

$$I = \lim_{x \to a} \int_x^b f(u)\, du \qquad (318.2)$$

existiert.

Ist $F(x)$ eine Stammfunktion von $f(x)$, so folgt aus Gl. (318.2)

$$I = \lim_{x \to a} \int_x^b f(u)\, du = \lim_{x \to a} F(u)\Big|_x^b = F(b) - F(a)$$

Ist $F(a)$ definiert, so existiert das uneigentliche Integral.

Hier wird darauf verzichtet, für den Integranden $f(x)$ Kriterien aufzustellen, unter welchen Bedingungen Gl. (318.2) erfüllt ist.

Beispiel 11 Man untersuche das uneigentliche Integral

$$I = \int_0^1 \frac{dx}{\sqrt{1-x^2}}$$

Eine Stammfunktion zum Integranden ist $F(x) = \arcsin x$. Es gilt

$$F(1) = \frac{\pi}{2} \qquad F(0) = 0$$

daher ist $I = \pi/2$.

Beispiel 12 Man untersuche das uneigentliche Integral

$$I = \int_0^1 \frac{dx}{x}$$

Aus $F(x) = \ln x$ folgt zwar $F(1) = 0$, weil aber $F(x)$ an der Stelle 0 nicht erklärt ist, existiert dieses Integral nicht.

Definition Es sei $f(x)$ im Intervall $[a, b]$ integrierbar (**318.1**), weiter habe $\dfrac{1}{f(x)}$ für $x > b$ keine Nullstelle, und es gelte

$$\lim_{x \to \infty} f(x) = 0 \qquad (319.1)$$

Dann heißt

$$I = \int_a^\infty f(x)\, dx$$

ein **uneigentliches Integral (zweiter Art)**, wenn der Grenzwert

$$I = \lim_{x \to \infty} \int_a^x f(u)\, du \qquad (319.2)$$

existiert.

Ist $F(x)$ eine Stammfunktion von $f(x)$, so folgt aus Gl. (319.2)

$$I = \lim_{x \to \infty} \int_a^x f(u)\, du = \lim_{x \to \infty} F(u)\Big|_a^x = \lim_{x \to \infty} F(x) - F(a)$$

Existiert $\lim\limits_{x \to \infty} F(x)$, so existiert auch das uneigentliche Integral. Gl. (319.1) ist eine notwendige, aber keine hinreichende Bedingung für die Existenz des Grenzwertes in Gl. (319.2).

Ist keine Stammfunktion des uneigentlichen Integrals bekannt, so sind die Existenzuntersuchungen komplizierter. Hierauf kann im Rahmen dieses Buches nicht eingegangen werden.

Beispiel 13 Man untersuche das uneigentliche Integral

$$I = \int_0^\infty \frac{dx}{1 + x^2}$$

$F(x) = \arctan x$ ist eine Stammfunktion des Integranden. Wegen $\arctan 0 = 0$ und

$$\lim_{x \to \infty} \arctan x = \frac{\pi}{2} \qquad \text{folgt} \qquad I = \frac{\pi}{2}.$$

Beispiel 14 Man berechne die Arbeit W, die erforderlich ist, um einen Körper aus dem Schwerefeld der Erde zu entfernen. Nach dem Gravitationsgesetz ist mit der Fallbeschleunigung $g = 9{,}81 \text{ m/s}^2$ und dem Erdradius $R = 6{,}37 \cdot 10^3$ km

$$W = \int F\, ds = m g R^2 \int_R^\infty \frac{dr}{r^2}$$

6.2 Unbestimmtes Integral

$F(r) = -1/r$ ist die Stammfunktion des Integranden. Wegen $\lim\limits_{r \to \infty} F(r) = 0$ gilt

$$W = m g R^2 \frac{1}{R} = m g R$$

Diese Arbeit muß in Form kinetischer Energie zugeführt werden: $m g R = m v^2/2$. Daraus ergibt sich die sog. Fluchtgeschwindigkeit $v = \sqrt{2 g R} = 11,2$ km/s.

6.2.6 Graphische Integration

Wenn die analytische Lösung eines Integrals zu schwierig oder überhaupt nicht möglich ist, kann als weiteres Verfahren die graphische Integration angewandt werden.

Prinzip In einem Intervall $[a, b]$ der Funktion $y = f(x)$ in Bild **320.1** wird die zeichnerische Integration erläutert. Durch Schätzen wählt man die mittlere Ordinate y_m so, daß die beiden schraffierten Flächenstücke gleichen Inhalt haben. Auf diese Weise wird die Fläche unter dem Graphen der Funktion $y = f(x)$ durch ein Rechteck ersetzt. Die Ordinate y_m wird auf eine vertikale Bezugsachse, z. B. die y-Achse projiziert. Links von dieser Achse wird auf der Abszissenachse die Strecke p, der sog. Polabstand, abgetragen. Der Pol P wird mit dem Ordinatenpunkt y_m verbunden. Zu dieser Verbindungslinie wird eine Parallele durch den Punkt a auf der x-Achse gezogen. Diese Gerade ist das Bild der Stammfunktion der Konstante y_m. Nach dem Mittelwertsatz ist

$$I(b) = (b - a) y_m \qquad (320.1)$$

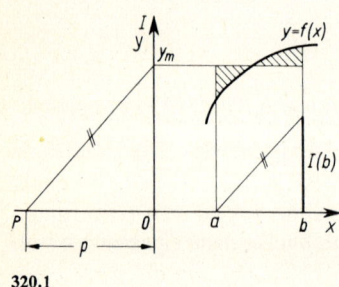

320.1

Wegen ähnlicher Dreiecke gelten in Bild **320.1** folgende Streckenverhältnisse

$$p : (y_m \, l_y) = [(b - a) \, l_x] : [I(b) \, l_I] \qquad (320.2)$$

Löst man diese Proportion nach $I(b)$ auf, so wird

$$I(b) = (b - a) \, y_m \frac{l_x \, l_y}{l_I \, p}$$

Wegen Gl. (320.1) muß der letzte Faktor gleich Eins sein. Hieraus bestimmt man die Einheitslänge der Stammfunktion

$$l_I = \frac{l_x \, l_y}{p} \quad \text{oder den Polabstand} \quad p = \frac{l_x \, l_y}{l_I} \qquad (320.3)$$

Die in Bild **320.1** gezeigte Konstruktion ist nur für ein hinreichend kleines Intervall genügend genau. Ist ein größeres Intervall gegeben, so wird dieses, wie im folgenden erklärt ist, in Teilintervalle unterteilt. Bei jedem Teilintervall werden entsprechend Bild **321.1** zwei Rechtecke gebildet, deren Flächensumme gleich dem Integral zwischen den Abszissen x_i und x_{i+1} ist. Auf jedes dieser Rechtecke wird die Konstruktion des Bildes **320.1** angewandt.

Tangentenpolygon (Verfahren der mittleren Abszissen), Bild **321.2**.

1. Man zieht Horizontale in etwa gleichen Abständen bis zur Bezugsachse, dabei immer je eine Horizontale durch die Ordinaten $f(a)$ und $f(b)$ sowie durch jeden Extremwert. Die x-Achse ist bei einer Nullstelle des Integranden als Horizontale zu wählen, da diese

Nullstellen Extremwerten der Stammfunktion entsprechen, wie in Abschn. 7.1.2 gezeigt wird.

2. Zwischen je zwei Schnittpunkten dieser Horizontale mit dem Graphen der Funktion $y = f(x)$ sind Vertikale zu so legen, daß die schraffierten Flächenstücke flächengleich

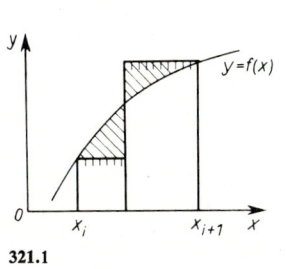
321.1

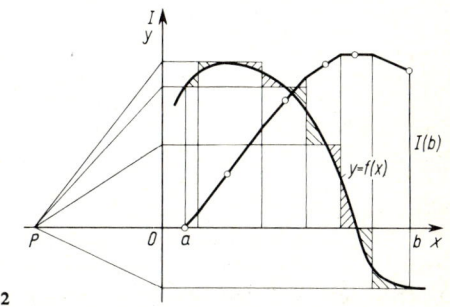
321.2

werden. Diese Flächenstücke bemißt man durch Wahl der Abstände zwischen den Horizontalen so, daß ihre Gleichheit gut geschätzt werden kann. Dadurch wird die Fläche unter dem Graphen in eine Summe von flächengleichen Rechtecken verwandelt.

3. Die Schnittpunkte der Horizontale mit der Bezugsordinate werden durch die Polstrahlen mit dem Pol P verbunden.

4. Zwischen je zwei Vertikalen wird eine Strecke parallel zum entsprechenden Polstrahl so gezogen, daß ein ununterbrochener Streckenzug mit Knicken entsteht.

5. Jeweils in denjenigen Abszissen, in denen sich die Schraffurrichtung in Bild 321.2 ändert, sind Stammfunktion und Rechtecksumme gleich. Die Stammfunktion

$$I(x) = \int_a^x f(u)\, du$$

verläuft daher durch die zu diesen Abszissen gehörigen Punkte des Streckenzuges, die in Bild 321.2 durch kleine Kreise gekennzeichnet sind. Die zugehörigen Streckenabschnitte sind Tangenten an den Graphen der Stammfunktion, weil der durch die Höhe der Treppenkurve gemessene Anstieg des Polygonzuges und der durch $f(x)$ gemessene Anstieg der Stammfunktion an diesen Stellen übereinstimmen. Um die Übersichtlichkeit in Bild 321.2 nicht zu erschweren, wurde auf die Zeichnung des Graphen der Funktion $I(x)$ verzichtet.

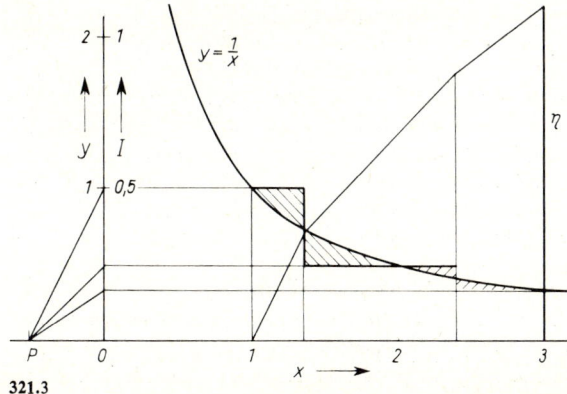
321.3

Wahl des Pols. In Bild 321.3 sind auf der Ordinatenachse die Graphen der Funktion $y = f(x)$ und der Stammfunktion $I(x)$ aufgetragen. Beide Ordinaten haben verschiedene Einheitslängen. Die Einheitslänge l_I für den Graphen der Stammfunktion hängt nach Gl. (320.3) von der Wahl des Polabstandes p ab. Man schätzt mit einer mittleren Ordinate das gesamte Integral $I(b) = (b - a) y_m$ und berechnet daraus mit der zur Verfügung stehenden Strecke η_I die Einheitslänge

$$l_I = \frac{\eta_I}{I(b)}$$

Diese Größe rundet man auf einen bequemen Wert und berechnet daraus mit Gl. (320.3) den Polabstand p.

Graphische Differentiation. Da die Differentiation die Umkehrung der Integration ist, kann die hier dargestellte Methode zu einer graphischen Differentiation umgewandelt werden. Diese zeichnerische Methode ist jedoch erheblich ungenauer als die der Integration, da hierbei Tangenten an die Kurve gelegt werden müssen. Außerdem kann jede durch eine Gleichung gegebene Funktion nach Abschn. 5 differenziert werden, während nur ein Teil der Funktionen geschlossen integriert werden kann, wie in der Einführung zu Abschn. 6.3 erklärt wird. Daher wird hier auf die Behandlung der zeichnerischen Differentiation verzichtet.

Beispiel 15. In Bild 321.3 ist der Graph der Funktion $y = 1/x$ bei gleichen Einheitslängen $l_x = l_y = 2$ cm dargestellt. Diese Funktion ist graphisch zwischen $x = 1$ und $x = 3$ zu integrieren. Es wird $p = 1$ cm gewählt. Außer den Horizontalen in $x = 1$ und $x = 3$ wird noch eine weitere Horizontale gewählt. Zwei Vertikale sind dann so zu bestimmen, daß sich paarweise gleiche Abschnitte ergeben. Die Horizontalen werden auf die als Bezugsachse gewählte y-Achse projiziert und die so erhaltenen Punkte mit dem Pol P verbunden. Die Parallelen zu diesen Polstrahlen ergeben dann den Streckenzug, der bei $x = 3$ die Höhe η erreicht hat. Es wird $\eta = 4{,}4$ cm abgelesen. Aus Gl. (320.3) erhält man $l_I = 4$ cm. Damit wird

$$I = \frac{\eta}{l_I} = \frac{4{,}4 \text{ cm}}{4 \text{ cm}} = 1{,}1$$

Die exakte Lösung dieses Integrals ist $I = \ln 3 = 1{,}0986$.

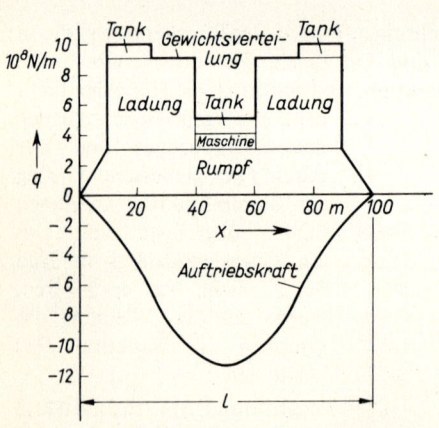

322.1

Beispiel 16 Für ein Schiff von der Länge l im Seegang ist das größte Biegemoment graphisch zu bestimmen.

Bild **322.1** zeigt schematisch die Gewichtsverteilung des Schiffes und die Auftriebskraft eines Wellenberges[1]. In Bild 323.1 sind Gewichts- und Auftriebskraft überlagert. Belastung $q(x)$, Querkraft $F_Q(x)$ und Biegemoment $M(x)$ hängen durch die Integrale

$$M(x) = \int_0^x F_Q(u) \, du$$

und

$$F_Q(x) = \int_0^x q(u) \, du$$

zusammen. Die Belastung ist symmetrisch, deshalb genügt es, die linke Hälfte des Schiffes zu betrachten.

---

[1]) Für ein Wellental ist eine entsprechende Konstruktion erforderlich.

In Bild **323.1** sind die Einheitslängen

$$l_x = \frac{1}{10}\frac{\text{cm}}{\text{m}}$$

und $\quad l_q = \frac{1}{4} \cdot 10^{-8} \frac{\text{m} \cdot \text{cm}}{\text{N}}$

Mit $p = 1$ cm ergibt Gl. (320.3)

$$l_F = \frac{1}{4} \cdot 10^{-9} \frac{\text{cm}}{\text{N}}$$

In Bild **323.2** ergibt sich entsprechend

$$l_x = \frac{1}{10}\frac{\text{cm}}{\text{m}}$$

$$l_F = \frac{1}{4} \cdot 10^{-9} \frac{\text{cm}}{\text{N}} \qquad p = 2 \text{ cm}$$

Damit wird

$$l_M = \frac{1}{8} \cdot 10^{-10} \frac{\text{cm}}{\text{Nm}}$$

Das maximale Moment beträgt etwa $2{,}02 \cdot 10^{11}$ Nm und liegt bei $x = 50$ m.

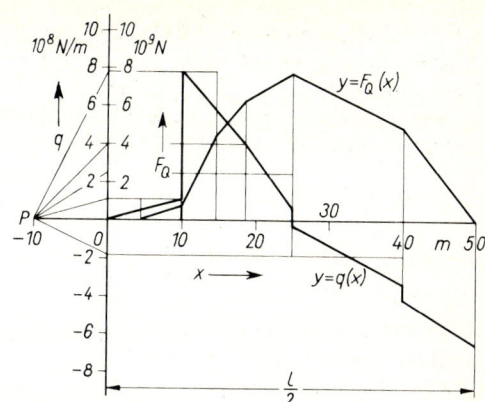

323.1

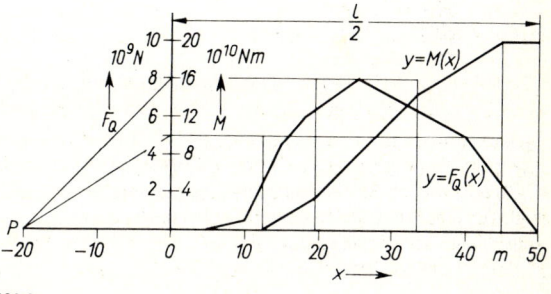

323.2

6.2.7 Aufgaben zu Abschnitt 6.2

1. Man vergleiche die ersten Ableitungen von $f_1(x) = \arctan x$ und
$$f_2(x) = \arctan[(1+x)/(1-x)]$$
Welche Folgerung ergibt sich?

2. Es ist $\quad I(x) = \int\limits_{-\pi}^{x} (1 + \cos u)\, du$

Man zeichne die Graphen der Funktionen $f(u)$ und $I(x)$ und berechne $I(\pi)$.

3. Man bestimme

a) $I = \int\limits_{2}^{5} \frac{dx}{1-x^2}$ \quad b) $I = \int\limits_{-0{,}61}^{0{,}21} \frac{dx}{1+x^2}$ \quad c) $I = \int\limits_{0{,}7}^{0{,}9} \frac{dx}{\sqrt{1-x^2}}$

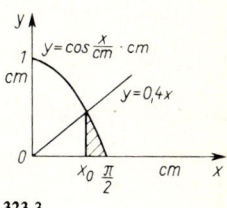

323.3

4. Wie groß ist die in Bild **323.3** schraffierte Fläche?

5. Man leite aus der Differentiationsformel Gl. (277.1) $\int \tan^2 x\, dx$ her.

6. Man berechne den Mittelwert der Funktion $y = \sin x$ in $[0, \pi]$ und vergleiche das Ergebnis mit Beispiel 6, S. 297.

7. Ein Körper gehorcht der Bewegungsgleichung $a = 5 \text{ (m/s}^2) - 2 \text{ (m/s}^3) \, t$ für $a > 0$. Sonst ist $a = 0$. Weiter sei $v(0) = 3$ m/s und $s(0) = 0$. Man berechne die Funktionsgleichungen und zeichne die Graphen $a(t)$, $v(t)$, und $s(t)$ für $0 \leq t \leq 4$ s.

8. Die beiden Integrale

a) $\displaystyle\int_1^\infty \frac{dx}{\sqrt{x^2-1}}$ b) $\displaystyle\int_0^\infty \frac{dx}{\sqrt[5]{x}}$

werden an beiden Grenzen uneigentlich. Ist an einer der beiden Grenzen ein Grenzwert vorhanden?

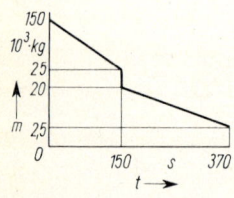

324.1

9. Die resultierende Beschleunigung $a(t)$ einer Rakete ist ohne Berücksichtigung des Luftwiderstandes

$$a(t) = \frac{F_S}{m(t)} - g$$

Die Massenänderung ist in Bild **324.**1 (nicht maßstäblich) gegeben. $F_{S1} = 2{,}45 \cdot 10^6$ N und $F_{S2} = 2{,}45 \cdot 10^5$ N sind die Schubkräfte der beiden Raketenstufen. Wann hat die Rakete eine Geschwindigkeit von $v = 7{,}6$ km/s?

Hinweis: Man stelle die Funktionsgleichungen für die beiden Äste für $m(t)$ auf. Daraus berechne man für jeden Ast die Beschleunigung und trage $a(t)$ in einem Diagramm auf. Durch graphische Integration konstruiere man $v(t)$.

6.3 Rechenmethoden

Nach dem Hauptsatz der Differential- und Integralrechnung Gl. (315.1) gilt $I(x) = \int f(x) \, dx$. Zu jeder stetigen Funktion $f(x)$ gibt es eine Funktion $I(x)$ als Stammfunktion. Es ist aber nicht gesagt, daß diese Funktion aus den bisher betrachteten elementaren Funktionen besteht.

Definition Ist die Stammfunktion durch endlich viele Schritte aus elementaren Funktionen darstellbar, so heißt das Integral **geschlossen lösbar**.

Ist ein Integral nicht geschlossen lösbar, so kann es nur durch Näherungsmethoden bestimmt werden:

durch die **numerische Integration**	der Integrand muß numerisch bestimmbar sein (Abschn. 6.1.4),
durch die **graphische Integration**	der Integrand muß als Graph vorliegen (Abschn. 6.2.6),
durch **Reihenentwicklungen**	die Reihe für den Integranden muß genügend schnell konvergieren (Abschn. 9.3).

In diesem Abschnitt werden einige Methoden entwickelt, mit denen man geschlossen lösbare Integrale auf die in Abschn. 6.2.4 zusammengestellten **Grundintegrale** zurückführen kann. Es erfordert häufig Erfahrung, um zu erkennen, welche Methode bei einem gegebenen Integral zum Ziele führt. Eine größere Anzahl geschlossen lösbarer Integrale findet man in der Formelsammlung im Anhang. Darüber hinaus liegen umfangreiche Tafelwerke vor [37].

Nicht selten zieht man auch bei geschlossen lösbaren Integralen eine der genannten Näherungsmethoden den direkten Integrationsmethoden vor, da der Lösungsweg und auch die geschlossene Lösung gelegentlich so umfangreich sind, daß allein schon das spätere Ermitteln von Funktionswerten (Wertetafel) mehr Arbeit erfordert als eine unmittelbar angewandte numerische Integration.

6.3.1 Produktintegration

Nach Gl. (274.1) lautet die Produktregel der Differentialrechnung

$$(f_1 f_2)' = f_1' f_2 + f_1 f_2' \tag{325.1}$$

mit $f_1, f_2 \in C^1[a,b]$. Integriert man Gl. (325.1) in der Umordnung

$$f_1 f_2' = (f_1 f_2)' - f_1' f_2$$

so erhält man die Gleichung der Produktintegration

$$\int f_1 f_2' \, dx = f_1 f_2 - \int f_1' f_2 \, dx \tag{325.2}$$

Wenn der Integrand $f_1' f_2$ eine einfachere Form hat als der Integrand $f_1 f_2'$, wendet man diese Methode an. Allerdings muß zur Funktion $f_2'(x)$ eine Stammfunktion $f_2(x) = \int f_2'(x) \, dx$ bekannt sein.

Ist ein bestimmtes Integral zu berechnen, so lautet Gl. (325.2)

$$\int_a^b f_1 f_2' \, dx = f_1 f_2 \Big|_a^b - \int_a^b f_1' f_2 \, dx$$

In das Produkt $f_1 f_2$ sind beide Grenzen einzusetzen

$$f_1(b) f_2(b) - f_1(a) f_2(a)$$

Anstatt von Produktintegration wird oft von Teilintegration oder partieller Integration gesprochen.

Beispiel 1 Man bestimme das Integral $I(x) = \int x \sin x \, dx$.
Es empfiehlt sich, folgendes Schema zu verwenden

$$f_1 = x \qquad f_2' = \sin x$$
$$f_1' = 1 \qquad f_2 = -\cos x$$

Als f_1 wählt man den Faktor, der durch Differenzieren einfacher wird.

$$I(x) = -x \cos x + \int \cos x \, dx = -x \cos x + \sin x$$

Beispiel 2 Man bestimme das Integral $I(x) = \int \ln x \, dx$.
Um die Produktintegration anwenden zu können, fügt man einen Faktor Eins im Integranden

hinzu. Da die erste Ableitung des Logarithmus einfach ist, setzt man

$$f_1 = \ln x \qquad f_2' = 1$$
$$f_1' = \frac{1}{x} \qquad f_2 = x$$

Dann ergibt sich aus Gl. (325.2)

$$I(x) = x \ln x - \int \frac{1}{x} x \, dx = x (\ln x - 1)$$

Beispiel 3 Man berechne das Integral $I(x) = \int x^2 e^x \, dx$.
Nach zweifacher Produktintegration verschwindet die Potenz von x.

erster Schritt		zweiter Schritt	
$f_1 = x^2$	$f_2' = e^x$	$f_1 = x$	$f_2' = e^x$
$f_1' = 2x$	$f_2 = e^x$	$f_1' = 1$	$f_2 = e^x$

$$I(x) = x^2 e^x - 2 \int x e^x \, dx = x^2 e^x - 2 (x e^x - \int e^x \, dx) = e^x (x^2 - 2x + 2)$$

Beispiel 4 Man berechne das Integral $I(x) = \int \sin^4 x \, dx$.
Man setzt

$$f_1 = \sin^3 x \qquad f_2' = \sin x$$
$$f_1' = 3 \sin^2 x \cdot \cos x \qquad f_2 = -\cos x$$

und erhält

$$I(x) = -\sin^3 x \cos x + 3 \int \sin^2 x \cos^2 x \, dx$$
$$= -\sin^3 x \cos x + 3 \int \sin^2 x (1 - \sin^2 x) \, dx$$
$$= -\sin^3 x \cos x + 3 \int \sin^2 x \, dx - 3 I(x)$$
$$4 I(x) = -\sin^3 x \cos x + 3 \int \sin^2 x \, dx \qquad (326.1)$$

Hierdurch hat man diese Aufgabe auf eine einfachere vom gleichen Typ zurückgeführt. Man nennt dies eine **Rekursionsformel**. Nun setzt man $I_1(x) = \int \sin^2 x \, dx$

$$f_1 = \sin x \qquad f_2' = \sin x$$
$$f_1' = \cos x \qquad f_2 = -\cos x$$

und erhält

$$I_1(x) = \int \sin^2 x \, dx = -\sin x \cos x + \int \cos^2 x \, dx = -\sin x \cos x + \int (1 - \sin^2 x) \, dx$$
$$= -\sin x \cos x + x - I_1(x)$$

Damit wird

$$I_1(x) = -\frac{1}{2} \sin x \cos x + \frac{x}{2}$$

Setzt man I_1 in Gl. (326.1) ein, so ergibt sich

$$I(x) = -\frac{1}{4} \sin^3 x \cos x + \frac{3}{4} I_1(x) = -\frac{1}{4} \sin^3 x \cos x - \frac{3}{8} \sin x \cos x + \frac{3}{8} x$$

6.3.2 Substitution

Dieses Verfahren entspricht der Kettenregel der Differentialrechnung. Gegeben sei

$$I(x) = \int f(x)\,dx$$

Hierbei ist $f(x) = g(h(x)) = g(u)$ mit $u = h(x)$.
Weiter sei $x = k(u)$ die aufgelöste Form von $h(x)$ und $f(x) = f(k(u))$. Dann gilt der

Satz. Es sei $f(x) \in C^1[a, b]$, $k(u) \in C^1[u_1, u_2]$ mit $k_1 = k(u_1)$ und $k_2 = k(u_2)$. Ist $I(x) = \int f(x)\,dx$ eine Stammfunktion von $f(x)$, so ist auch

$$F(x) = G(u) = \int f(k(u))\frac{dk(u)}{du}\,du = \int g(u)\frac{dk(u)}{du}\,du \qquad (327.1)$$

eine Stammfunktion von $f(x)$ für $x \in [k_1, k_2] \cap [a, b]$.

Beweis. Es ist zu zeigen, daß $dF/dx = f(x)$ ist.

$$\frac{dF}{dx} = \frac{dG}{du} \cdot \frac{du}{dx} = g(u)\frac{dk(u)}{du} \cdot \frac{du}{dx}$$

Es ist $g(u) = f(x)$ und $\dfrac{dk(u)}{du} \cdot \dfrac{du}{dx} = 1$, da $k(u) = x$ gilt. □

Der Satz über die Substitution läßt sich in verschiedener Weise anwenden, wie in Beispiel 6, S. 329, gezeigt wird. Allgemein gilt:

Vor einer Berechnung ist jedes Integral so zu schreiben, daß je nach der Integrationsveränderlichen (angegeben durch dx oder du) im gesamten Integranden nur noch x oder u vorkommt.

1. Man setzt $x = k(u)$, bildet $dx/du = dk(u)/du$ und setzt die rechten Seiten dieser Gleichungen in den mittleren Term von Gl. (327.1) ein. Dieses Verfahren entspricht unmittelbar der Herleitung von Gl. (327.1), ist aber das schwierigste, weil hierbei $x = k(u)$ als „geeignete" Substitution schwer zu erkennen ist. Dies erfordert viel Übung und Erfahrung.

2. Man setzt $u = h(x)$ und bildet $du/dx = dh(x)/dx$. Nach Gl. (281.1) ist

$$dk(u)du = 1/(dh(x)/dx)$$

Man erhält damit

$$\int f(x)\,dx = \int f(x)\frac{1}{\dfrac{dh(x)}{dx}} \cdot du \qquad (327.2)$$

Hierbei läßt sich der Integrand in x oft zunächst vereinfachen, ehe man ihn mit $u = h(x)$ als Funktion von u schreibt.

3. Man setzt $m(x) = n(u)$ und differenziert die implizit gegebene Funktion (s. Abschn. 5.2.3) nach x

$$\frac{dm(x)}{dx} = \frac{dn(u)}{du} \cdot \frac{du}{dx}$$

6.3 Rechenmethoden

Damit erhält man

$$\int f(x)\,dx = \int f(x) \frac{\frac{dn(u)}{du}}{\frac{dm(x)}{dx}}\,du \tag{328.1}$$

Man vereinfacht zunächst die Funktion von x und muß dann mit $m(x) = n(u)$ den Integranden als Funktion von u schreiben.

Im Anschluß an die Bemerkung über Differentiale auf S. 251 sei darauf hingewiesen, daß besonders bei der Substitutionsmethode häufig die Differential-Schreibweise verwandt wird. Aus

$$\int f(x)\,dx = \int g(u) \frac{dk(u)}{du}\,du$$

erhält man wegen $f(x) = g(u)$ formal

$$dx = \frac{dk(u)}{du}\,du$$

Entsprechend wird

$$du = \frac{dh(x)}{dx}\,dx$$

oder in Gl. (328.1)

$$dx = \frac{\frac{dn(u)}{du}}{\frac{dm(x)}{dx}}\,du$$

verwandt.

Nach Durchführen der Integration ist bei unbestimmten Integralen wieder die Ausgangsveränderliche x einzusetzen. Bei bestimmten Integralen ist es zweckmäßig, auf diese **Rücktransformation** zu verzichten (s. Beispiel 6, S. 329). In jedem Fall sind bei bestimmten Integralen die Grenzen auf Grund der Substitutionsgleichung $u = h(x)$ mit zu substituieren, wenn man nicht zunächst in einer Nebenrechnung eine Stammfunktion bestimmen will. Der Zweck dieser Substitution $u = h(x)$ ist es, aus dem Integranden $f(x)$ einen einfacheren Integranden $g(u)\,(dk(u)/du)$ zu erhalten. Für gewisse Typen von Integranden sind erfolgreiche Substitutionen bekannt. Im folgenden wird an einigen charakteristischen Beispielen gezeigt, wie mit dieser Methode unbestimmte und bestimmte Integrale berechnet werden können. Nach einführenden Beispielen wird dann in Abschn. 6.3.3 und 6.3.4 eine Systematik zur Integration gewisser Integrandentypen entwickelt.

Beispiel 5 Man bestimme $I(t) = \int \sin(\omega t + \varphi)\,dt$.
Mit der linearen Substitution $u = h(t) = \omega t + \varphi$ folgt $dh(t)/dt = \omega$, also $dk(u)/du = 1/\omega$.

Hieraus erhält man nach Gl. (327.1)

$$I(t) = \int \sin u \, \frac{du}{\omega} = \frac{1}{\omega} \int \sin u \, du = -\frac{1}{\omega} \cos u = -\frac{1}{\omega} \cos(\omega t + \varphi)$$

Beispiel 6 Man berechne das bestimmte Integral

$$K = \int_0^r \frac{x \, dx}{\sqrt{r^2 + x^2}}$$

An diesem Beispiel werden unterschiedliche Substitutionen gezeigt.
Setzt man gemäß Ziffer 1

$$x = k(u) = r \sinh u \qquad \text{mit} \quad \frac{dk(u)}{du} = r \cosh u$$

so erhält man aus $x = 0$ nun $u = 0$ und aus $x = r$ die neue Grenze $u = \operatorname{arsinh} 1 = \ln(1 + \sqrt{2}) = 0{,}881$. Damit folgt aus Gl. (327.1)

$$K = \int_0^{0{,}881} \frac{r \sinh u \cdot r \cosh u}{\sqrt{r^2 + r^2 \sinh^2 u}} \, du = r \int_0^{0{,}881} \sinh u \, du = r \cosh u \Big|_0^{0{,}881} = (1{,}414 - 1) r = 0{,}414 \, r$$

Setzt man gemäß Ziffer 2 jetzt $u = h(x) = \sqrt{r^2 + x^2}$, so wird

$$\frac{dh(x)}{dx} = \frac{x}{\sqrt{r^2 + x^2}}$$

Aus der Grenze $x = 0$ wird $u = r$, und aus $x = r$ wird $u = r\sqrt{2}$. Damit erhält man nach Gl. (327.2)

$$K = \int_0^r \frac{x \, dx}{\sqrt{r^2 + x^2}} = \int_r^{r\sqrt{2}} \frac{x}{\sqrt{r^2 + x^2}} \frac{\sqrt{r^2 + x^2}}{x} \, du = \int_r^{r\sqrt{2}} du = r(\sqrt{2} - 1) = 0{,}414 \, r$$

Statt $u = \sqrt{r^2 + x^2}$ kann man auch gemäß Ziffer 3 nun $m(x) = r^2 + x^2 = n(u) = u^2$ schreiben. Hieraus folgt mit

$$\frac{dm(x)}{dx} = 2x \qquad \text{und} \qquad \frac{dn(u)}{du} = 2u$$

aus Gl. (328.1)

$$K = \int_r^{r\sqrt{2}} \frac{x}{\sqrt{r^2 + x^2}} \frac{u}{x} \, du = \int_r^{r\sqrt{2}} du = 0{,}414 \, r$$

Setzt man dagegen $v = r^2 + x^2$, so wird $dv/dx = dh(x)/dx = 2x$. Mit den neuen Grenzen r^2 und $2r^2$ für v wird

$$K = \int_{r^2}^{2r^2} \frac{x}{\sqrt{r^2 + x^2}} \frac{1}{2x} \, dv = \frac{1}{2} \int_{r^2}^{2r^2} \frac{dv}{\sqrt{v}} = \sqrt{v} \Big|_{r^2}^{2r^2} = 0{,}414 \, r$$

Beispiel 7 Man bestimme $I(x) = \int \cos^5 x \, dx$.

Setzt man $u = \sin x$, so wird mit $dh(x)/dx = \cos x$ und

$$\cos^5 x = \cos^4 x \cdot \cos x = (1 - \sin^2 x)^2 \cos x$$

nach Gl. (327.2)

$$I(x) = \int (1 - \sin^2 x)^2 \frac{\cos x}{\cos x} du$$

$$= \int (1 - u^2)^2 \, du = u - \frac{2}{3} u^3 + \frac{1}{5} u^5 = \sin x - \frac{2}{3} \sin^3 x + \frac{1}{5} \sin^5 x$$

Logarithmische Integration Ist der Integrand ein Bruch, bei dem der Zähler die erste Ableitung des Nenners ist, so führt man für den Nenner eine neue Veränderliche u ein. Mit $u = h(x) = f(x)$ und $dh(x)/dx = f'(x)$ erhält man

$$I(x) = \int \frac{f'(x)}{f(x)} dx = \int \frac{du}{u} = \ln u = \ln f(x) \tag{330.1}$$

Gl. (330.1) hat nur Sinn, wenn $f(x)$ positiv ist, da der Logarithmus nur für positive Zahlen erklärt ist. Es wird $f(x) \neq 0$ vorausgesetzt.

Ist $f(x) < 0$, so ergibt die Substitution $u = -f(x)$ mit $dh(x)/dx = -f'(x)$

$$I(x) = \int \frac{f'(x)}{f(x)} dx = \int \frac{-du}{-u} = \int \frac{du}{u} = \ln u = \ln [-f(x)] \tag{330.2}$$

Faßt man Gl. (330.1) und (330.2) zusammen, so erhält man die Formel für die **logarithmische Integration**

$$\int \frac{f'(x)}{f(x)} dx = \ln |f(x)| \qquad \text{mit} \qquad f(x) \neq 0 \tag{330.3}$$

Wegen Gl. (330.3) gilt z. B.

$$\int \frac{2x - 3}{x^2 - 3x + 5} dx = \ln |x^2 - 3x + 5| \qquad \int \cot x \, dx = \ln |\sin x|$$

Beispiel 8 Man bestimme $I(x) = \int \tan x \, dx$.

Durch Erweitern mit (-1) erreicht man, daß der Zähler die erste Ableitung des Nenners wird

$$\int \tan x \, dx = \int \frac{\sin x}{\cos x} dx = -\int \frac{-\sin x}{\cos x} dx = -\ln |\cos x|$$

Beispiel 9 Man bestimme $K = \int_0^\infty e^{-pt} \sin \omega t \, dt$ für $p > 0$.

Die Lösung erfolgt mit der Produktintegration. Dabei wird

$$I(t) = \int e^{-pt} \, dt$$

benötigt. Man setzt $u = -pt$ und erhält mit $dk(u)/du = -1/p$

$$I(t) = -\frac{1}{p} \int e^u \, du = -\frac{1}{p} e^u = -\frac{1}{p} e^{-pt}$$

Mit $\quad f_1 = \sin \omega t \qquad f_2' = e^{-pt}$

$\qquad f_1' = \omega \cos \omega t \qquad f_2 = -\dfrac{1}{p} e^{-pt}$

wird $\quad K = -\dfrac{1}{p} e^{-pt} \sin \omega t \Big|_0^\infty + \dfrac{\omega}{p} \int_0^\infty e^{-pt} \cos \omega t \, dt$

Ist $f(t) = e^{-pt} \sin \omega t$, so folgt $f(0) = 0$ und $\lim\limits_{t \to \infty} e^{-pt} \sin \omega t = 0$. Daher wird der erste Summand Null. Jetzt setzt man im verbleibenden Integral

$\qquad f_1 = \cos \omega t \qquad f_2' = e^{-pt}$

$\qquad f_1' = -\omega \sin \omega t \qquad f_2 = -\dfrac{1}{p} e^{-pt}$

und erhält

$$K = \dfrac{\omega}{p} \left\{ -\dfrac{1}{p} e^{-pt} \cos \omega t \Big|_0^\infty - \dfrac{\omega}{p} \int_0^\infty e^{-pt} \sin \omega t \, dt \right\} = \dfrac{\omega}{p} \left(\dfrac{1}{p} - \dfrac{\omega}{p} K \right)$$

$$K \left(1 + \dfrac{\omega^2}{p^2} \right) = \dfrac{\omega}{p^2} \quad \text{oder} \quad K = \dfrac{\omega}{\omega^2 + p^2}$$

Beispiel 10 Man bestimme das Integral $I(x) = \int \arctan x \, dx$.
Da die erste Ableitung des Arcustangens relativ einfach ist, fügt man wie in Beispiel 2, S. 325, einen Faktor Eins im Integranden hinzu und wendet die Produktintegration an.

$\qquad f_1 = \arctan x \qquad f_2' = 1$

$\qquad f_1' = \dfrac{1}{1+x^2} \qquad f_2 = x$

Dann ergibt sich aus Gl. (325.2) und (330.3)

$$I(x) = x \arctan x - \int \dfrac{x \, dx}{1+x^2} = x \arctan x - \dfrac{1}{2} \ln|1+x^2|$$

6.3.3 Integration rationaler Integranden

Eine rationale Funktion hat die Form

$$y = R(x) = \dfrac{\sum\limits_{i=0}^{m} a_i x^i}{\sum\limits_{i=0}^{n} b_i x^i} \qquad (331.1)$$

Hier wird a_i, b_i, $x \in \mathbb{R}$ und $m, n \in \mathbb{N}$ vorausgesetzt. Ist $m \geq n$, so muß bei den folgenden Verfahren y in eine ganze rationale Funktion (m-n)-ten Grades (Polynom) und eine echt gebrochene rationale Funktion zerlegt werden (s. Beispiel 2, S. 122), so daß im weiteren $m < n$ vorausgesetzt wird.
Das Ziel der folgenden Umformungen ist es, Gl. (331.1) in eine Summe von Brüchen (sog. Partialbrüche) zu zerlegen, die dann einzeln integriert werden können.

6.3 Rechenmethoden

Fundamentalsatz der Algebra (Gauß). Gegeben sei ein Polynom

$$y = b_n x^n + b_{n-1} x^{n-1} + \cdots + b_1 x + b_0 \qquad (332.1)$$

mit $b_n \ne 0$ und $b_i \in \mathbb{R}$. **Dann hat das Polynom genau n Nullstellen, die einfach oder mehrfach, reell oder komplex sein können.**

Auf den Beweis muß hier verzichtet werden.

Satz. Sind $x_1, \ldots, x_n$ diese Nullstellen, dann gilt

$$y = b_n (x - x_1) \cdots (x - x_n)$$

Dies folgt aus der Faktorabspaltung nach Horner, s. S. 117

Satz. Ist $x_k = u + jv$ eine komplexe Nullstelle der Funktion Gl. (332.1), so ist auch $x_{k+1} = u - jv$ eine (konjugiert komplexe) Nullstelle, und es gilt

$$(x - x_k)(x - x_{k+1}) = x^2 - 2ux + u^2 + v^2 = x^2 + Ax + B$$

Beweis. Ist $y(x_k) = U + jV$, so muß $U = V = 0$ gelten, da x_k eine Nullstelle ist. Ersetzt man überall j durch $-$j, entsteht $y(x_{k+1}) = U - jV$, da die Koeffizienten reell sind. Wegen $U = V = 0$ ist daher auch x_{k+1} eine Nullstelle. Der zweite Teil des Satzes ergibt sich unmittelbar durch Ausmultiplizieren. □

Satz. Sind $x_1, \ldots, x_r$ reelle Nullstellen mit der Vielfachheit $\alpha_1, \ldots, \alpha_r$ sowie $x_{r+1}, \ldots, x_s$ komplexe Nullstellen, zu denen jeweils noch eine konjugiert komplexe gehört, mit den Vielfachheiten $\beta_{r+1}, \ldots, \beta_s$, so gilt

$$y = b_n(x - x_1)^{\alpha_1} (x - x_2)^{\alpha_2} \ldots (x - x_r)^{\alpha_r} (x^2 + A_{r+1} x + B_{r+1})^{\beta_{r+1}} \ldots$$
$$\cdot (x^2 + A_s x + B_s)^{\beta_s} \qquad (332.2)$$

und $\qquad \alpha_1 + \alpha_2 + \cdots + \alpha_r + 2\beta_{r+1} + \cdots + 2\beta_s = n$

Dies ergibt sich unmittelbar aus den vorhergehenden Sätzen durch die Schreibweise gleicher Faktoren als Potenzen.

Beispiel 11 Die Funktion $y = x^6 - 10x^5 + 47x^4 - 140x^3 + 271x^2 - 330x + 225$ hat die Nullstellen $x_1 = x_2 = 3$, $x_3 = x_4 = 1 + j2$, $x_5 = x_6 = 1 - j2$. Wie lautet die Faktorzerlegung nach Gl. (332.2)?
Die Zerlegung lautet $y = (x - 3)^2 (x^2 - 2x + 5)^2$.

Partialbruchzerlegung Die rationale Funktion Gl. (331.1) mit $m < n$ und einer Nennerzerlegung nach Gl. (332.2) kann identisch umgeformt werden in

$$y = \frac{c_{1,\alpha_1}}{(x-x_1)^{\alpha_1}} + \frac{c_{1,\alpha_1-1}}{(x-x_1)^{\alpha_1-1}} + \cdots + \frac{c_{1,1}}{x-x_1} + \cdots +$$
$$+ \frac{c_{r,\alpha_r}}{(x-x_r)^{\alpha_r}} + \cdots + \frac{c_{r,1}}{x-x_r} + \qquad (332.3)$$
$$+ \frac{d_{1,\beta_{r+1}} x + e_{1,\beta_{r+1}}}{(x^2 + A_{r+1} x + B_{r+1})^{\beta_{r+1}}} + \cdots + \frac{d_{1,1} x + e_{1,1}}{x^2 + A_{r+1} x + B_{r+1}} + \cdots$$

6.3.3 Integration rationaler Integranden

Hierbei sind die $c_{i,j}$, $d_{i,j}$ und $e_{i,j}$ zu bestimmende Konstante. Wenn keine mehrfachen Nullstellen vorhanden sind, die Nullstellen x_1 bis x_k reell und die Nullstellen x_{k+1} bis x_n paarweise konjugiert komplex sind, vereinfacht sich Gl. (332.2) zu

$$y = \sum_{i=1}^{k} \frac{c_i}{x - x_i} + \sum_{i=1}^{\frac{n-k}{2}} \frac{d_i x + e_i}{x^2 + A_i x + B_i} \tag{333.1}$$

Statt des Beweises wird die Zerlegung an einigen Beispielen erläutert. Voraussetzung für die Zerlegung ist die Kenntnis der Nullstellen des Nenners. Ihre Berechnung bereitet häufig viele Mühe. Es wird sich weiter zeigen, daß auch die Konstantenbestimmung sehr aufwendig ist, so daß jede Möglichkeit zur Arbeitseinsparung genutzt werden muß.
Grundsätzlich kann man diese Konstanten bestimmen, indem man in Gl. (332.3) beide Seiten mit dem Nenner von y multipliziert und dann die Koeffizienten entsprechender Potenzen von x auf beiden Seiten gleichsetzt. Die $(n+1)$ Potenzen x^0 bis x^n ergeben insgesamt $(n+1)$ lineare Gleichungen für $(n+1)$ unbekannte Koeffizienten, die nach einem der in Abschn. 4.4 entwickelten Verfahren gelöst werden können. Dieses Prinzip des Koeffizientenvergleichs hat in vielen Gebieten der Mathematik (s. auch Abschn. 9.2.1) große Bedeutung. Ihm liegt folgender Satz zugrunde:

Zwei Polynome oder zwei konvergente Potenzreihen stimmen nur dann für alle Werte von x überein, wenn bei jeder Potenz die entsprechenden Koeffizienten übereinstimmen.

Oft kann man durch eine geschickte Wahl von x-Werten erreichen, daß fast alle Terme in Gl. (332.3) oder (333.1) Null werden und sich dadurch die Anzahl der Unbekannten reduziert. Oft ist hierbei der Grenzwert $x \to \infty$ zu bilden.

Beispiel 12 Man zerlege

$$y = \frac{6x^2 - 26x + 8}{x^3 - 3x^2 - x + 3}$$

in Partialbrüche.
Es ist $x^3 - 3x^2 - x + 3 = (x-1)(x+1)(x-3)$. Daher lautet der Ansatz

$$\frac{6x^2 - 26x + 8}{(x-1)(x+1)(x-3)} = \frac{c_1}{x-1} + \frac{c_2}{x+1} + \frac{c_3}{x-3} \tag{333.2}$$

Zunächst wird die Methode des Koeffizientenvergleichs benutzt. Man multipliziert Gl. (333.2) mit $(x-1)(x+1)(x-3)$ und erhält

$$6x^2 - 26x + 8 = c_1(x+1)(x-3) + c_2(x-1)(x-3) + c_3(x-1)(x+1)$$

Nach Ausmultiplizieren und Ordnen ergibt sich

$$6x^2 - 26x + 8 = (c_1 + c_2 + c_3)x^2 + (-2c_1 - 4c_2)x + (-3c_1 + 3c_2 - c_3)$$

Der Koeffizientenvergleich liefert das lineare Gleichungssystem

$$\begin{aligned} c_1 + c_2 + c_3 &= 6 \\ -2c_1 - 4c_2 &= -26 \\ -3c_1 + 3c_2 - c_3 &= 8 \end{aligned}$$

334   6.3 Rechenmethoden

Die Lösungen sind $c_1 = 3$, $c_2 = 5$ und $c_3 = -2$. Multipliziert man jedoch Gl. (333.2) mit $x - 1$, so wird

$$\frac{6x^2 - 26x + 8}{(x+1)(x-3)} = c_1 + c_2 \frac{x-1}{x+1} + c_3 \frac{x-1}{x-3}$$

Setzt man jetzt $x = 1$, so folgt unmittelbar $c_1 = 3$. In gleicher Weise berechnet man die anderen Konstanten.

Aus diesem Beispiel folgt:

Hat der Nenner von $y(x)$ nur einfache reelle Nullstellen, so gilt mit Gl. (333.1)

$$c_i = [(x - x_i) y(x)]_{x = x_i}$$

Beispiel 13 Man zerlege

$$y = \frac{7x^2 - 19x + 30}{x^3 - 6x^2 + 10x}$$

in Partialbrüche.

Es ist $x^3 - 6x^2 + 10x = x(x^2 - 6x + 10)$, der quadratische Term ist nicht mehr in reelle Linearfaktoren zerlegbar. Daher lautet der Ansatz

$$\frac{7x^2 - 19x + 30}{x(x^2 - 6x + 10)} = \frac{c_1}{x} + \frac{d_1 x + e_1}{x^2 - 6x + 10}$$

Multipliziert man diese Gleichung mit x und setzt dann $x = 0$, so folgt unmittelbar $c_1 = 3$. Multipliziert man diese Gleichung mit x und untersucht die Identität für $x \to \infty$, so folgt $7 = c_1 + d_1$, also $d_1 = 4$. Setzt man schließlich noch z. B. $x = 1$, so erhält man

$$\frac{18}{5} = c_1 + \frac{1}{5} d_1 + \frac{1}{5} e_1$$

woraus $e_1 = -1$ folgt. Es gilt also

$$\frac{7x^2 - 19x + 30}{x(x^2 - 6x + 10)} = \frac{3}{x} + \frac{4x - 1}{x^2 - 6x + 10}$$

Beispiel 14 Man zerlege

$$y = \frac{x^2}{(x+2)(x-3)^2}$$

in Partialbrüche.

Nach Gl. (332.3) lautet der Ansatz

$$\frac{x^2}{(x+2)(x-3)^2} = \frac{c_1}{x+2} + \frac{c_2}{(x-3)^2} + \frac{c_3}{x-3}$$

Man multipliziert mit $(x+2)$ und setzt dann $x = -2$. Es ergibt sich $c_1 = 4/25$. Man multipliziert mit $(x-3)^2$ und setzt dann $x = 3$. Man erhält $c_2 = 9/5$. Schließlich multipliziert man mit x und untersucht die erhaltene Gleichung für $x \to \infty$. Es ergibt sich $1 = c_1 + c_3$, also $c_3 = 21/25$. Die Zerlegung lautet daher

$$\frac{x^2}{(x+2)(x-3)^2} = \frac{1}{25} \left[\frac{4}{x+2} + \frac{45}{(x-3)^2} + \frac{21}{x-3} \right]$$

6.3.3 Integration rationaler Integranden

Integrale über Partialbrüche Die in Gl. (332.3) auftretenden Terme können einzeln integriert werden

$$I_1(x) = \int \frac{dx}{x-a} = \int \frac{du}{u} = \ln|x-a| \qquad (335.1)$$

wenn man $u = x - a$ setzt. Mit $r \in \mathbb{N} \setminus \{1\}$ ist

$$I_2(x) = \int \frac{dx}{(x-a)^r} = \int \frac{du}{u^r} = \frac{-1}{(r-1)(x-a)^{r-1}} \qquad (335.2)$$

Als nächstes wird das Integral

$$I_3(x) = \int \frac{dx + e}{x^2 + Ax + B} dx$$

untersucht. Da bei der Partialbruchzerlegung S. 332 nur Nenner dieser Form ohne reelle Nullstellen auftreten, kann man sich auf den Fall $B - A^2/4 = s^2 > 0$ beschränken. In einem ersten Schritt wird der Zähler so umgeformt, daß sein erster Teil die Ableitung des Nenners und der Bruch in zwei Summanden zerlegt wird

$$I_3(x) = \frac{d}{2} \int \frac{2x + A}{x^2 + Ax + B} dx + \left(e - \frac{dA}{2}\right) I_4(x)$$

mit $\quad I_4(x) = \int \frac{dx}{x^2 + Ax + B}$

Dann wird wegen Gl. (330.3)

$$I_3(x) = \frac{d}{2} \ln|x^2 + Ax + B| + \left(e - \frac{dA}{2}\right) I_4(x)$$

Bei der Lösung von $I_4(x)$ wird die quadratische Ergänzung des Nenners gebildet

$$x^2 + Ax + B = \left(x + \frac{A}{2}\right)^2 + \left(B - \frac{A^2}{4}\right)$$

Nun wird $u = \frac{1}{s}\left(x + \frac{A}{2}\right)$ mit $s^2 = B - \frac{A^2}{4}$ gesetzt. Man erhält mit $\frac{du}{dx} = \frac{1}{s}$

$$I_4(x) = \int \frac{dx}{\left(x + \frac{A}{2}\right)^2 + s^2} = \frac{1}{s} \int \frac{du}{u^2 + 1}$$

$$= \frac{1}{s} \arctan u = \frac{1}{s} \arctan \frac{2x + A}{2s} \qquad (335.3)$$

Als letzte Möglichkeit tritt noch mit $r \in \mathbb{N} \setminus \{1\}$

$$I_5(x) = \int \frac{dx + e}{(x^2 + Ax + B)^r} dx$$

336 6.3 Rechenmethoden

auf. Die analoge Umformung wie bei I_4 ergibt

$$I_5(x) = \frac{d}{2} \int \frac{2x + A}{(x^2 + Ax + B)^r} \, dx + \left(e - \frac{dA}{2}\right) I_6(x)$$

mit $\quad I_6(x) = \int \frac{dx}{(x^2 + Ax + B)^r}$

Dies führt mit $u = x^2 + Ax + B$ auf

$$I_5(x) = \frac{d}{2} \int \frac{du}{u^r} + \left(e - \frac{dA}{2}\right) I_6(x) \tag{336.1}$$

$$= -\frac{d}{2} \frac{1}{r-1} \cdot \frac{1}{(x^2 + Ax + B)^{r-1}} + \left(e - \frac{dA}{2}\right) I_6(x)$$

Bei der Lösung von $I_6(x)$ kann wiederum nur der Fall $B > A^2/4$ auftreten. Dann ergibt sich die folgende Rekursionsformel

$$I_6(x) = \int \frac{dx}{(x^2 + Ax + B)^r} = \frac{2x + A}{(r-1)(4B - A^2)(x^2 + Ax + B)^{r-1}} +$$

$$+ \frac{2(2r - 3)}{(r-1)(4B - A^2)} \int \frac{dx}{(x^2 + Ax + B)^{r-1}} \tag{336.2}$$

die man durch Differenzieren bestätigen kann.

Beispiel 15 Man berechne Stammfunktionen der in Beispiel 12 bis 14 untersuchten Funktionen.

$$I(x) = \int \frac{6x^2 - 26x + 8}{x^3 - 3x^2 - x + 3} \, dx = 3 \int \frac{dx}{x - 1} + 5 \int \frac{dx}{x + 1} - 2 \int \frac{dx}{x - 3}$$

$$= 3 \ln|x - 1| + 5 \ln|x + 1| - 2 \ln|x - 3|$$

$$= \ln \left| \frac{(x - 1)^3 (x + 1)^5}{(x - 3)^2} \right|$$

$$I(x) = \int \frac{7x^2 - 19x + 30}{x^3 - 6x^2 + 10x} \, dx = 3 \int \frac{dx}{x} + \int \frac{4x - 1}{x^2 - 6x + 10} \, dx$$

$$= 3 \ln|x| + 2 \int \frac{2x - 6}{x^2 - 6x + 10} \, dx + 11 \int \frac{dx}{x^2 - 6x + 10}$$

$$= 3 \ln|x| + 2 \ln|x^2 - 6x + 10| + 11 \arctan(x - 3)$$

$$I(x) = \int \frac{x^2 \, dx}{(x + 2)(x - 3)^2} = \frac{1}{25} \left[4 \int \frac{dx}{x + 2} + 45 \int \frac{dx}{(x - 3)^2} + 21 \int \frac{dx}{x - 3} \right]$$

$$= \frac{1}{25} \left[4 \ln|x + 2| - \frac{45}{x - 3} + 21 \ln|x - 3| \right]$$

6.3.4 Integrale, die auf rationale Integranden zurückzuführen sind

In diesem Abschnitt werden Typen von Integranden beschrieben, die durch Substitutionen auf rationale Funktionen zurückgeführt werden können. Dabei ist $R(x)$ die in Gl. (331.1) definierte Funktion, $R(x, z)$ ist eine rationale Funktion von zwei Veränderlichen, d.h., die Koeffizienten in Gl. (331.1) sind rationale Funktionen von z. $R_1, R_2, \ldots$ sind rationale Funktionen mit verschiedenen Koeffizienten und verschiedenen Graden.

Die hier beschriebenen Verfahren sind immer erfolgreich, es kann aber andere Substitutionen geben, die rascher zum Ziele führen.

Es erweist sich, daß ein gewisser Überblick über die im folgenden behandelten **Standardsubstitutionen** zweckmäßig ist, um wirkungsvoll Integraltafeln ausnutzen zu können. Auch zur Überlegung, ob eine numerische Integration zweckmäßiger ist – die ja nur bei bestimmten Integralen in Frage kommt –, ist die Kenntnis dieser Substitutionen von großem Nutzen.

$f(x) = R(e^x)$ Ist der Integrand eine rationale Funktion von e^x, so substituiert man $u = e^x$. Mit $dh(x)/dx = e^x = u$ wird mit Gl. (327.2)

$$\int R(e^x)\, dx = \int R(u)\frac{1}{u}\, du = \int R_1(u)\, du \tag{337.1}$$

Beispiel 16 Die Aufgabe, das Integral aus Beispiel 19, S. 339, zu berechnen, führt durch Substitution auf Beispiel 18, S. 338. Eine auf dieses Integral angewandte Substitution führt auf das Integral

$$I(x) = \frac{\sqrt{3}}{2}\int \frac{e^{2x} + 1}{\sqrt{3}\, e^{2x} - e^x}\, dx$$

Dieses Integral ist hier zu berechnen.
Mit $u = e^x$ erhält man

$$I(x) = \frac{\sqrt{3}}{2}\int \frac{u^2 + 1}{(\sqrt{3}\, u^2 - u)\, u}\, du = \frac{1}{2}\int \frac{u^2 + 1}{u^2\left(u - \frac{1}{\sqrt{3}}\right)}\, du$$

Die Partialbruchzerlegung lautet

$$\frac{u^2 + 1}{u^2\left(u - \frac{1}{\sqrt{3}}\right)} = \frac{c_1}{u^2} + \frac{c_2}{u} + \frac{c_3}{u - \frac{1}{\sqrt{3}}}$$

Durch Multiplizieren mit u^2, dann $u = 0$ Setzen, wird $c_1 = -\sqrt{3}$. Entsprechend folgt aus Multiplikation mit $u - (1/\sqrt{3})$ und Setzen von $u = 1/\sqrt{3}$ die Konstante $c_3 = 4$. Multipliziert man die Gleichung mit u und untersucht dann $u \to \infty$, so wird $1 = c_2 + c_3$, also $c_2 = -3$. Damit erhält man

$$I(x) = -\frac{\sqrt{3}}{2}\int \frac{du}{u^2} - \frac{3}{2}\int \frac{du}{u} + 2\int \frac{du}{u - \frac{1}{\sqrt{3}}} = \frac{\sqrt{3}}{2}\frac{1}{u} - \frac{3}{2}\ln|u| + 2\ln\left|u - \frac{1}{\sqrt{3}}\right|$$

$$= \frac{\sqrt{3}}{2}e^{-x} - \frac{3}{2}x + 2\ln\left|e^x - \frac{1}{\sqrt{3}}\right| \tag{337.2}$$

6.3 Rechenmethoden

$f(x) = R(\sin x, \cos x)$ Die Substitution $u = \tan(x/2)$ führt immer zum Ziel (es gibt häufig einfachere!). Hieraus folgt

$$x = k(u) = 2 \arctan u \qquad \frac{dk(u)}{du} = \frac{2}{1+u^2}$$

Es ist (s. Gl. (143.5), (143.8) und (142.4))

$$\sin x = 2 \sin \frac{x}{2} \cos \frac{x}{2} = 2 \frac{\tan \frac{x}{2}}{\sqrt{1+\tan^2 \frac{x}{2}}} \cdot \frac{1}{\sqrt{1+\tan^2 \frac{x}{2}}} = \frac{2u}{1+u^2}$$

$$\cos x = 2 \cos^2 \frac{x}{2} - 1 = \frac{2}{1+\tan^2 \frac{x}{2}} - 1 = \frac{1-u^2}{1+u^2}$$

Daher ist nach Gl. (327.1)

$$\int R(\sin x, \cos x)\, dx = \int R\left(\frac{2u}{1+u^2}, \frac{1-u^2}{1+u^2}\right) \cdot \frac{2}{1+u^2}\, du = \int R_1(u)\, du \qquad (338.1)$$

Beispiel 17 Man berechne $I(x) = \int \frac{dx}{\sin x}$.

Mit $u = \tan(x/2)$ wird

$$I(x) = \int \frac{1+u^2}{2u} \frac{2}{1+u^2}\, du = \int \frac{du}{u} = \ln|u| = \ln\left|\tan \frac{x}{2}\right|$$

$f(x) = R(\sinh x, \cosh x)$ Wegen

$$\sinh x = \frac{e^x - e^{-x}}{2} = \frac{e^{2x}-1}{2e^x} \qquad \cosh x = \frac{e^x + e^{-x}}{2} = \frac{e^{2x}+1}{2e^x}$$

ist $R(\sinh x, \cosh x) = R_1(e^x)$. Dieser Typ ist allgemein lösbar, wie oben gezeigt wurde.

Beispiel 18 Die Aufgabe, das Integral von Beispiel 19, S. 339, zu berechnen, führt durch Substitution auf

$$I(x) = \frac{\sqrt{3}}{2} \int \frac{\cosh x\, dx}{-\frac{1}{2} + \frac{\sqrt{3}}{2}\sinh x + \frac{\sqrt{3}}{2}\cosh x}$$

Setzt man für $\cosh x$ und $\sinh x$ deren Exponentialdarstellung, so wird

$$I(x) = \frac{\sqrt{3}}{2} \int \frac{2(e^x + e^{-x})\, dx}{-2 + \sqrt{3}(e^x - e^{-x}) + \sqrt{3}(e^x + e^{-x})}$$

$$= \frac{\sqrt{3}}{2} \int \frac{(e^x + e^{-x})\, dx}{-1 + \sqrt{3}\, e^x} = \frac{\sqrt{3}}{2} \int \frac{e^{2x}+1}{\sqrt{3}\, e^{2x} - e^x}\, dx$$

Dieses Integral ist in Beispiel 16, S. 337, berechnet. Es ist

$$I(x) = \frac{\sqrt{3}}{2} e^{-x} - \frac{3}{2} x + 2 \ln \left| e^x - \frac{1}{\sqrt{3}} \right|$$

$f(x) = R\left(x, \sqrt{x^2 + ax + b}\right)$ Es ist

$$x^2 + ax + b = \left(x + \frac{a}{2}\right)^2 + \left(b - \frac{a^2}{4}\right)$$

Nun sind drei Fälle zu unterscheiden:
Ist $b = a^2/4$, so ist

$$R\left(x, \sqrt{x^2 + ax + b}\right) = R\left(x, x + \frac{a}{2}\right) = R_1(x)$$

Es tritt keine Wurzel auf.
Ist $b - (a^2/4) = r^2 > 0$, substituiert man $x = r \sinh u - (a/2)$, woraus $dk/du = r \cosh u$ folgt. Weiter ist

$$\sqrt{x^2 + ax + b} = \sqrt{\left(x + \frac{a}{2}\right)^2 + r^2} = \sqrt{r^2 \sinh^2 u + r^2} = r \cosh u$$

Damit wird nach Gl. (327.1)

$$\int R\left(x, \sqrt{x^2 + ax + b}\right) dx = \int R\left(r \sinh u - \frac{a}{2}, r \cosh u\right) r \cosh u \, du$$

$$= \int R_1(\sinh u, \cosh u) \, du \qquad (339.1)$$

Ist dagegen $b - (a^2/4) = -s^2 < 0$, so substituiert man $x = s \cosh u - (a/2)$, woraus $dk/du = s \sinh u$ folgt. Weiter ist

$$\sqrt{x^2 + ax + b} = \sqrt{\left(x + \frac{a}{2}\right)^2 - s^2} = \sqrt{s^2 \cosh^2 u - s^2} = s \sinh u$$

Damit wird nach Gl. (327.1)

$$\int R\left(x, \sqrt{x^2 + ax + b}\right) dx = \int R\left(s \cosh u - \frac{a}{2}, s \sinh u\right) s \sinh u \, du$$

$$= \int R_1(\sinh u, \cosh u) \, du \qquad (339.2)$$

Wichtig ist der Spezialfall $a = 0$. Dann lauten die Substitutionen

$$x = \sqrt{b} \sinh u \qquad \text{bzw.} \qquad x = \sqrt{-b} \cosh u$$

Beispiel 19 Man berechne das Integral

$$I(x) = \int \frac{dx}{x + \sqrt{x^2 + x + 1}}$$

Es ist $x^2 + x + 1 = \left(x + \frac{1}{2}\right)^2 + r^2$ mit $r = \sqrt{3}/2$.

6.3 Rechenmethoden

Damit wird $x = r \sinh u - (1/2)$, $dk(u)/du = r \cosh u$ und

$$I(x) = r \int \frac{\cosh u\, du}{-\frac{1}{2} + r \sinh u + r \cosh u}$$

Dies ist nach Beispiel 18, S. 338, und 16, S. 337, gleich

$$I(x) = \frac{\sqrt{3}}{2} e^{-u} - \frac{3}{2} u + 2 \ln \left| e^u - \frac{1}{\sqrt{3}} \right| \qquad (340.1)$$

Wegen $\sinh u = (2x + 1)/\sqrt{3}$ wird

$$u = \operatorname{arsinh} \frac{2x+1}{\sqrt{3}} = \ln \left(\frac{2x+1}{\sqrt{3}} + \sqrt{\left(\frac{2x+1}{\sqrt{3}}\right)^2 + 1} \right)$$

$$= \ln \left[\frac{2}{\sqrt{3}} \left(x + \frac{1}{2} + \sqrt{x^2 + x + 1} \right) \right] = \ln v$$

Damit erhält man aus Gl. (340.1)

$$I(x) = \frac{\sqrt{3}}{2v} - \frac{3}{2} \ln v + 2 \ln \left| v - \frac{1}{\sqrt{3}} \right|$$

$$= \frac{3}{4} \frac{1}{x + \frac{1}{2} + \sqrt{x^2 + x + 1}} - \frac{3}{2} \ln \left| x + \frac{1}{2} + \sqrt{x^2 + x + 1} \right| +$$

$$+ 2 \ln \left| x + \sqrt{x^2 + x + 1} \right| + \frac{1}{2} \ln \frac{2}{\sqrt{3}}$$

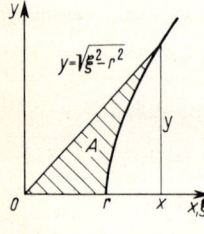

340.1

Beispiel 20 Man bestimme den Flächeninhalt A eines Hyperbelsektors (340.1). Für die schraffierte Fläche A in Bild 340.1 gilt

$$A = \frac{x}{2} \sqrt{x^2 - r^2} - \int_r^x \sqrt{\xi^2 - r^2}\, d\xi = \frac{x}{2} \sqrt{x^2 - r^2} - A_1$$

Man substituiert $\xi = k(u) = r \cosh u$ und $dk(u)/du = r \sinh u$. Die Grenzen sind durch die neue Veränderliche u auszudrücken. Aus $\xi = r$ folgt $u = 0$ und aus $\xi = x$ folgt $u = \operatorname{arcosh}(x/r)$. Dann ist

$$A_1 = \int_0^{\operatorname{arcosh} \frac{x}{r}} \sqrt{r^2 \cosh^2 u - r^2} \cdot r \sinh u\, du = r^2 \int_0^{\operatorname{arcosh} \frac{x}{r}} \sinh^2 u\, du$$

Nach Gl. (167.6) gilt $\sinh^2 u = (\cosh 2u - 1)/2$. Damit wird

$$A_1 = \frac{r^2}{2} \int_0^{\operatorname{arcosh} \frac{x}{r}} (\cosh 2u - 1)\, du = \frac{r^2}{2} \left[\int_0^{2\operatorname{arcosh} \frac{x}{r}} \cosh v\, \frac{dv}{2} - \operatorname{arcosh} \frac{x}{r} \right]$$

$$= \frac{r^2}{4} \left[\sinh v \Big|_0^{2\operatorname{arcosh} \frac{x}{r}} - 2 \operatorname{arcosh} \frac{x}{r} \right] = \frac{r^2}{4} \left[2 \sinh u \cosh u \Big|_0^{\operatorname{arcosh} \frac{x}{r}} - 2 \operatorname{arcosh} \frac{x}{r} \right]$$

6.3.4 Integrale, die auf rationale Integranden zurückzuführen sind

Man drückt sinh u durch cosh u aus und erhält

$$A_1 = \frac{r^2}{4}\left[2\frac{x}{r}\sqrt{\frac{x^2}{r^2}-1} - 2\operatorname{arcosh}\frac{x}{r}\right]$$

Damit gilt für den Hyperbelsektor

$$A = \frac{x}{2}\sqrt{x^2-r^2} - \frac{x}{2}\sqrt{x^2-r^2} + \frac{r^2}{2}\operatorname{arcosh}\frac{x}{r} = \frac{r^2}{2}\operatorname{arcosh}\frac{x}{r}$$

Daher heißen die Umkehrfunktionen der hyperbolischen Funktionen Areafunktionen, denn Area bedeutet Fläche (s. Abschn. 3.5.5).

Beispiel 21. Bei der Berechnung der Bogenlänge und ihres Schwerpunktes der durch $y = A x^2 + B x + C$ beschriebenen Parabel (s. Beispiel 21, S. 385) treten drei Integrale auf, die Spezialfälle von

$$I(u) = \int (au^2 + bu + c)\sqrt{1+u^2}\,du \tag{341.1}$$

sind. Hierbei ist unter der Wurzel bereits die Umformung zum vollständigen Quadrat erfolgt. Man setzt $u = \sinh v$ und erhält mit $dk(v)/dv = \cosh v$ wegen $\sqrt{1+\sinh^2 v} = \cosh v$

$$I(u) = \int [a\sinh^2 v + b\sinh v + c]\cosh^2 v\, dv = a\, I_1(u) + b\, I_2(u) + c\, I_3(u)$$

mit $\quad I_1(u) = \int \sinh^2 v \cosh^2 v\, dv = \frac{1}{4}\int \sinh^2 2v\, dv$

$$= \frac{1}{8}\int (\cosh 4v - 1)\, dv = \frac{1}{32}\sinh 4v - \frac{v}{8} = \frac{1}{16}\sinh 2v \cosh 2v - \frac{v}{8}$$

$$= \frac{1}{8}\sinh v \cosh v\,(1 + 2\sinh^2 v) - \frac{v}{8}$$

Nun wird wieder die Variable u eingeführt, und man erhält

$$I_1(u) = \frac{u}{8}\sqrt{1+u^2}\,(1+2u^2) - \frac{1}{8}\ln\left(u+\sqrt{1+u^2}\right)$$

Weiter ist

$$I_2(u) = \int \sinh v \cosh^2 v\, dv$$

Mit $\cosh v = z$ wird $dz/dv = \sinh v$ und damit

$$I_2(u) = \int z^2\, dz = \frac{z^3}{3} = \frac{1}{3}\cosh^3 v = \frac{1}{3}(1+u^2)^{3/2}$$

Schließlich wird

$$I_3(u) = \int \cosh^2 v\, dv = \frac{1}{2}\int (1+\cosh 2v)\, dv = \frac{v}{2} + \frac{1}{4}\sinh 2v$$

$$= \frac{1}{2}\ln\left(u+\sqrt{1+u^2}\right) + \frac{u}{2}\sqrt{1+u^2}$$

Damit erhält man

$$I(u) = \frac{a}{8}\left[u\sqrt{1+u^2}\,(1+2u^2) - \ln\left(u+\sqrt{1+u^2}\right)\right] +$$
$$+ \frac{b}{3}(1+u^2)^{3/2} + \frac{c}{2}\left[u\sqrt{1+u^2} + \ln\left(u+\sqrt{1+u^2}\right)\right] \tag{341.2}$$

$f(x) = R\left(x, \sqrt{-x^2 + ax + b}\right)$ Es ist

$$-x^2 + ax + b = -\left(x - \frac{a}{2}\right)^2 + \left(b + \frac{a^2}{4}\right)$$

Es gilt $b + (a^2/4) = r^2 > 0$, da sonst der Integrand nicht definiert wäre. Man substituiert $x = r \sin u + (a/2)$. Damit ist $dk(u)/du = r \cos u$ und

$$\sqrt{-x^2 + ax + b} = \sqrt{-r^2 \sin^2 u + r^2} = r \cos u$$

Das Integral

$$\int R\left(x, \sqrt{-x^2 + ax + b}\right) dx = \int R\left(r \sin u + \frac{a}{2}, r \cos u\right) r \cos u \, du$$
$$= \int R_1 (\sin u, \cos u) \, du$$

ist damit auf eine bereits behandelte Form zurückgeführt.
Besonders oft tritt der Spezialfall $a = 0$ auf. Die Substitution lautet dann $x = \sqrt{b} \sin u$.

Beispiel 22 Bei der Berechnung von Momenten zweiter Ordnung (s. Beispiel 11, S. 375) tritt das Integral

$$I(x) = \int x^2 \sqrt{a^2 - x^2} \, dx$$

auf. Man berechne zunächst eine Stammfunktion, dann das bestimmte Integral mit den Grenzen Null und a.
Mit $x = a \sin u$ und $dk(u)/du = a \cos u$ wird

$$I(x) = \int x^2 \sqrt{a^2 - x^2} \, dx = \int a^2 \sin^2 u \, a^2 \cos^2 u \, du$$
$$= \frac{a^4}{4} \int \sin^2 2u \, du = \frac{a^4}{8} \int (1 - \cos 4u) \, du = \frac{a^4}{8} \left(u - \frac{1}{4} \sin 4u\right)$$
$$= \frac{a^4}{8} \left[u - \frac{1}{2} \sin 2u \cos 2u\right] = \frac{a^4}{8} [u - \sin u \cos u (1 - 2 \sin^2 u)]$$
$$= \frac{a^4}{8} \left[\arcsin \frac{x}{a} - \frac{x}{a} \sqrt{1 - \frac{x^2}{a^2}} \left(1 - 2 \frac{x^2}{a^2}\right)\right]$$
$$= \frac{a^4}{8} \arcsin \frac{x}{a} - \frac{x}{8} \sqrt{a^2 - x^2} (a^2 - 2x^2)$$

Dann ist

$$K = \int_0^a x^2 \sqrt{a^2 - x^2} \, dx = \frac{\pi}{16} a^4$$

$f(x) = R\left(x, \sqrt[n]{\dfrac{ax + b}{cx + d}}\right)$ mit $n \in \mathbb{N} \setminus \{1\}$. Aus $u = \sqrt[n]{\dfrac{ax + b}{cx + d}}$ folgt

$$x = \frac{b - du^n}{cu^n - a} \quad \text{und} \quad \frac{dk(u)}{du} = \frac{n(ad - bc) u^{n-1}}{(cu^n - a)^2}$$

6.3.4 Integrale, die auf rationale Integranden zurückzuführen sind

Damit wird

$$\int R\left(x, \sqrt[n]{\frac{ax+b}{cx+d}}\right) dx = \int R\left(\frac{b-du^n}{cu^n-a}, u\right) \frac{n(ad-bc)u^{n-1}}{(cu^n-a)^2} du = \int R_1(u) du$$

Beispiel 23 Bei der Bestimmung der Bogenlänge der durch $y^2 = 2px$ beschriebenen Parabel (s. Beispiel 20, S. 384) tritt das Integral

$$I(x) = \int \sqrt{\frac{2x+p}{2x}} dx$$

auf. Man berechne dieses Integral.

Aus $u = \sqrt{\frac{2x+p}{2x}}$ folgt $x = \frac{p}{2} \cdot \frac{1}{u^2-1}$. Dann ist $\frac{dk(u)}{du} = -p\frac{u}{(u^2-1)^2}$ und

$$I(x) = -p \int \frac{u^2 \, du}{(u^2-1)^2}$$

Aus den Nullstellen des Nenners $u_1 = u_2 = -1$, $u_3 = u_4 = 1$ erhält man nach Gl. (332.3) durch Partialbruchzerlegung

$$\frac{u^2}{(u^2-1)^2} = \frac{u^2}{(u+1)^2(u-1)^2} = \frac{c_{12}}{(u+1)^2} + \frac{c_{11}}{u+1} + \frac{c_{22}}{(u-1)^2} + \frac{c_{21}}{u-1}$$

Für die Koeffizienten ergibt sich durch:

Multiplikation mit $(u+1)^2$ und $u = -1 \Rightarrow c_{12} = 1/4$

Multiplikation mit $(u-1)^2$ und $u = 1 \Rightarrow c_{22} = 1/4$

Aus $\quad u = 0 \quad$ folgt $\quad \frac{1}{2} + c_{11} - c_{21} = 0$

Multipliziert man mit u, betrachtet dann $u \to \infty$, so wird $c_{11} + c_{21} = 0$, woraus man

$$c_{11} = -\frac{1}{4} \qquad c_{21} = \frac{1}{4}$$

erhält. Dann ist

$$I(x) = -\frac{p}{4}\left[\int \frac{du}{(u+1)^2} - \int \frac{du}{u+1} + \int \frac{du}{(u-1)^2} + \int \frac{du}{u-1}\right]$$

$$= -\frac{p}{4}\left[-\frac{1}{u+1} - \ln|u+1| - \frac{1}{u-1} + \ln|u-1|\right]$$

$$= \frac{p}{4}\left[\frac{2u}{u^2-1} + \ln\left|\frac{u+1}{u-1}\right|\right]$$

Nach einigen Umformungen ergibt sich

$$I(x) = \sqrt{x^2 + \frac{px}{2}} + \frac{p}{4}\ln\left|\frac{1}{p}\left(4x + p + 2\sqrt{4x^2 + 2px}\right)\right|$$

6.3.5 Aufgaben zu Abschnitt 6.3

1. Man berechne folgende Integrale:

a) $I(x) = \int \arcsin x \, dx$
Hinweis: Produktintegration mit Faktor Eins.

b) $I(x) = \int x \arctan x \, dx$
Hinweis: Man differenziere den Arcustangens.

c) $I = \int_0^{\pi/2} x^3 \cos 2x \, dx$

d) $I = \int_0^{\infty} e^{-pt} \cos \omega t \, dt$
Hinweis: vgl. Beispiel 9, S. 330.

e) $I = \int_0^2 e^{-0,4x} \, dx$

f) $I(x) = \int \dfrac{2x - 7}{4x^2 - x + 1} \, dx$

g) $I(x) = \int \dfrac{x^4 \, dx}{2(x-1)(x+1)(x-2)}$

h) $I(x) = \int \dfrac{x^3 \, dx}{(x^2 + x + 4)(x - 1)}$

i) $I(x) = \int \dfrac{x - 2}{(x+2)^3} \, dx$

j) $I(x) = \int \sqrt{r^2 - x^2} \, dx$
Man berechne daraus den Kreisflächeninhalt.

k) $I(x) = \int \sqrt{x^2 - 1} \, dx$

l) $I(x) = \int \dfrac{dx}{\sqrt{x^2 - 4x + 5}}$

m) $I(x) = \int \dfrac{x^2 \, dx}{\sqrt{x + 2 - x^2}}$
Hinweis: Man substituiere zunächst $x = u + (1/2)$ und dann $u = (3/2) \sin v$.

n) $I = \int_0^1 \dfrac{x \, dx}{\sqrt{x^2 + x + 1}}$
Hinweis: Nach Bilden der quadratischen Ergänzung substituiere man
$2x + 1 = \sqrt{3} \sinh u$.

o) $I(x) = \int \sin(\ln x) \, dx$
Hinweis: Man setze $u = \ln x$.

p) $I(x) = \int \dfrac{dx}{\cos x}$
Hinweis: s. Beispiel 17, S. 338.

2. Man berechne den Flächeninhalt der Ellipse
$$\dfrac{x^2}{a^2} + \dfrac{y^2}{b^2} = 1$$

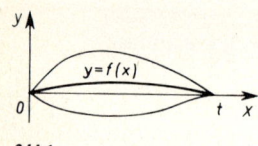

344.1

3. Wie groß ist die Fläche A unter dem Graphen der Funktion
$$y = a e^{-\delta t} \cos(\omega t + \varphi)$$
zwischen den Abszissen
$$t_1 = -\dfrac{\pi}{2\omega} - \dfrac{\varphi}{\omega} \quad \text{und} \quad t_2 = +\dfrac{\pi}{2\omega} - \dfrac{\varphi}{\omega} \,?$$

4. Die Skelettlinie eines Flugzeugprofils ist die Verbindungslinie der Mittelpunkte der dem Profil einbeschriebenen Kreise (344.1). Für den Anstieg einer bestimmten Skelettlinie gilt
$$\dfrac{dy}{dx} = \dfrac{c_a}{4\pi} \left[\ln\left(1 - \dfrac{x}{t}\right) - \ln \dfrac{x}{t} \right]$$
Dabei ist t die Profiltiefe und c_a der Auftriebsbeiwert. Weiter gilt $y(0) = y(t) = 0$. Man bestimme die Gleichung der Skelettlinie und $f = y_{\max}$.

5. Das mittlere magnetische Moment eines paramagnetischen Stoffes ergibt sich nach Langevin als
$$\bar{\sigma} = \dfrac{2c}{K} \int_0^{\pi} e^{a \cos x} \cos x \sin x \, dx \quad \text{mit} \quad K = \int_0^{\pi} e^{a \cos x} \sin x \, dx$$
Hinweis: Man setze jeweils $u = a \cos x$ und benutze Hyperbelfunktionen.

7 Anwendungen der Differential- und Integralrechnung

7.1 Differentialrechnung

7.1.1 Iteration. Newton-Verfahren

Iteration Ein Iterationsverfahren (lateinisch: iterum = zum zweiten Male) ist ein Wiederholungsverfahren. Aus einer Näherungslösung einer Gleichung oder eines Gleichungssystems wird durch wiederholte Anwendung der gleichen Rechenoperationen eine Folge von Näherungswerten gewonnen, die unter bestimmten Voraussetzungen gegen die Lösung konvergiert. Ein Iterationsverfahren hat den Vorteil, daß kleine Schätzungs- und Rundungsfehler den Rechengang kaum stören und sich nur in einer Verzögerung der Konvergenz bemerkbar machen, s. die weitergehende Darstellung in [17].
Ein Iterationsverfahren ist z.B. das in Gl. (110.2) beschriebene Sekantenverfahren.
Iterationsgleichungen, bei denen aus einem Näherungswert der nächste berechnet wird (Einschrittverfahren), sind Rechenvorschriften der Form

$$x_{i+1} = \varphi(x_i) \tag{345.1}$$

mit denen aus einer Näherung x_i eine neue Näherung x_{i+1} berechnet wird.

Konvergenz. Die Anwendung von Gl. (345.1) ist nur dann sinnvoll, wenn die Folge der x_i einen Grenzwert hat, also konvergiert.
Ist x_0 der (unbekannte) Grenzwert, so lautet die Konvergenzbedingung

$$|x_{i+1} - x_0| \leq q |x_i - x_0| \tag{345.2}$$

mit konstantem $q < 1$. Nur durch diese Konstante wird sichergestellt, daß sich nicht

$$\lim_{i \to \infty} |x_{i+1} - x_0| = \lim_{i \to \infty} |x_i - x_0| \neq 0$$

ergibt, was aus $|x_{i+1} - x_0| < |x_i - x_0|$ folgen kann. Für den Grenzwert gilt $x_0 = \varphi(x_0)$ exakt, da er die Lösung der gegebenen Gleichung darstellt. Dieser Ausdruck wird auf der linken Seite von Gl. (345.2) eingesetzt. Der Ausdruck x_{i+1} wird nach Gl. (345.1) ersetzt. Dann ist

$$|\varphi(x_i) - \varphi(x_0)| \leq q |x_i - x_0| \tag{345.3}$$

und

$$\frac{|\varphi(x_i) - \varphi(x_0)|}{|x_i - x_0|} = \left|\frac{\varphi(x_i) - \varphi(x_0)}{x_i - x_0}\right| \leq q < 1 \tag{345.4}$$

Nach dem Mittelwertsatz der Differentialrechnung Gl. (270.1)

$$f'(x_m) = \frac{f(b) - f(a)}{b - a}$$

ist der Differenzenquotient Gl. (345.4) gleich der Ableitung der Funktion $\varphi(x)$ an einer zwischen x_i und x_0 gelegenen Stelle x_m.

Ein Konvergenzkriterium für ein Iterationsverfahren lautet [33]: Es sei $\varphi \in C^1[a, b]$, weiter mögen der Startwert x_1, der zweite Wert x_2 und die Lösung x_0 in $[a, b]$ liegen, schließlich gelte für alle $x \in [a, b]$

$$|\varphi'(x)| \leq q < 1 \tag{346.1}$$

dann folgt $\lim\limits_{i \to \infty} x_i = x_0$, und x_0 ist die einzige Lösung in $[a, b]$.

Falls für alle $x \in [a, b]$ die Bedingung $|\varphi'(x)| < 1$, aber für $n \to \infty$ $|\varphi'(x)| \to 1$ gilt, braucht keine Konvergenz vorzuliegen.

Wenn eine Gleichung auf verschiedene Arten nach x aufgelöst werden kann, so ist zu prüfen, für welche der möglichen Iterationsgleichungen die Konvergenzbedingung Gl. (346.1) erfüllt ist.

Beispiel 1 Bei der Behandlung der Knickung eines Stabes (Abschn. 13.3.1) tritt die Gleichung $x = \tan x$ auf. Man bestimme die kleinste positive Lösung.

Diese Gleichung hat schon die Form der Gl. (345.1)

$$x_{i+1} = \tan x_i = \varphi(x_i)$$

Die Lösung liegt in der Nähe von $x = 4,5$. Man entnimmt die erste Näherung einem Diagramm wie in Beispiel 17, S. 156, gezeigt wird. Die Konvergenzbedingung Gl. (346.1) erfordert

$$|\varphi'(x)| = |1 + \tan^2 x| < 1$$

Diese Bedingung ist für keinen Wert x zu erfüllen. Das Verfahren konvergiert sicher nicht. Löst man aber die gegebene Gleichung nach dem x der rechten Seite auf, so entsteht aus

$$x = \tan x \;\Rightarrow\; \arctan x = x$$

und anstatt

$$x_{i+1} = \tan x_i$$

erhält man

$$x_{i+1} = \arctan x_i = \varphi(x_i)$$

Hier ist die Ableitung

$$\varphi'(x) = \frac{1}{1 + x^2}$$

für jeden Wert $x \neq 0$ kleiner als 1. Das Iterationsverfahren konvergiert:

i	Startwert $x_1 = 4,5$		Startwert $x_1 = 4$		Startwert $x_1 = 3$	
	x_i	$\arctan x_i$ [1]	x_i	$\arctan x_i$	x_i	$\arctan x_i$
1	4,5	4,494	4	4,467	3	4,391
2	4,494	4,493	4,467	4,492	4,391	4,488
3	4,493	4,493	4,492	4,493	4,488	4,493
4			4,493	4,493	4,493	4,493

[1] Hier muß mit der Funktion $y = \pi + \arctan x$ gerechnet werden.

Man sieht, daß selbst bei relativ schlechtem Anfangswert das Iterationsverfahren schnell konvergiert, wenn nur die Konvergenzbedingung gut erfüllt ist, also q wesentlich kleiner als Eins ist.

Newton-Verfahren Das Newton-Verfahren dient der Verbesserung eines Näherungswertes für die Nullstelle einer gegebenen stetigen Funktion $y = f(x)$. Es hat Ähnlichkeit mit der Regula falsi, bei der zwei Punkte der Funktionskurve gegeben sind. Der Schnittpunkt der durch diese beiden Punkte gelegten Sekante mit der x-Achse ist ein Näherungswert für die Nullstelle der Funktion. Hier ist ein Punkt $(x_1; y_1)$ des Graphen der Funktion und ihre

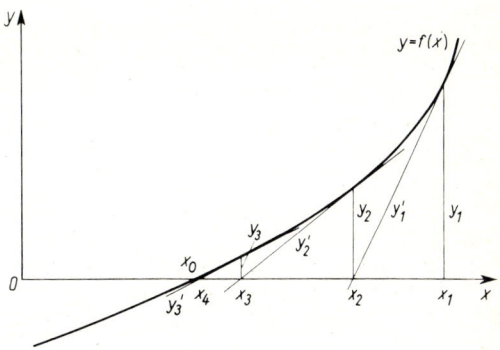

347.1

Ableitung y_1' in diesem Punkt gegeben. Der Schnittpunkt des in dem Punkt $(x_1; y_1)$ an den Graphen gelegten Tangente mit der x-Achse ist eine Näherung für die Nullstelle. Aus Bild **347.**1 liest man die Beziehung

$$\frac{y_1}{x_1 - x_2} = y_1' \qquad (347.1)$$

ab. Man löst diese Gleichung nach x_2 auf und erhält unter der Voraussetzung $y_1' \neq 0$

$$x_2 = x_1 - \frac{y_1}{y_1'} \qquad (347.2)$$

Ist nun $y_1 = 0$, so ist $x_1 = x_2$ und x_1 ist die gesuchte Nullstelle. Ist dagegen $y_1 \neq 0$, so berechnet man für x_2 die Werte y_2 und y_2' aus der Funktionsgleichung und findet eine neue Näherung

$$x_3 = x_2 - \frac{y_2}{y_2'}$$

So ergibt sich eine Folge von Näherungswerten, die unter gewissen Voraussetzungen gegen die Lösung x_0 konvergiert. Die allgemeine Gleichung für die Näherungsfolge lautet

$$x_{i+1} = x_i - \frac{y_i}{y_i'} \qquad (347.3)$$

Konvergenz Falls x_2 eine Verbesserung des Näherungswertes x_1 darstellt, wie man oft an einem Diagramm erkennt, konvergiert das Verfahren bei wiederholter (iterativer) Anwendung rasch. Rechnet man von Anfang an mit der gewünschten Dezimalenzahl des Endergebnisses, dann verdoppelt sich etwa bei jedem Schritt die Anzahl der gültigen Dezimalen. Ist jedoch $f(x_1)$ im Vergleich mit $f'(x_1)$ nicht klein, so liegt der Punkt $(x_1; y_1)$ in der Nähe eines Extremwertes, und x_2 kann weiter von der Nullstelle entfernt sein als x_1 (**348.**1). Dann ist als erster Wert für die Iteration ein anderer günstigerer Startwert zu suchen.

7.1 Differentialrechnung

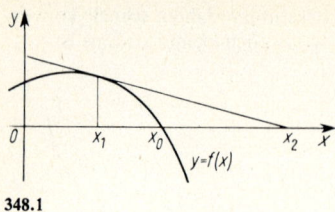

348.1

Beim Newton-Verfahren ist nach Gl. (347.3) und (345.1)

$$\varphi(x) = x - \frac{y}{y'}$$

und die Ableitung

$$\varphi'(x) = 1 - \frac{y'^2 - y\,y''}{y'^2} = \frac{y\,y''}{y'^2}$$

Ein Konvergenzkriterium für das Newton-Verfahren lautet also entsprechend Gl. (346.1)

$$\left|\frac{y\,y''}{y'^2}\right| \leqq q < 1 \qquad (348.1)$$

Dies bedeutet: Das Verfahren konvergiert sicher dann, wenn y sehr klein ist, man also schon sehr dicht an die Nullstelle herangekommen ist, oder wenn y'' sehr klein, die Kurve also nur schwach gekrümmt ist oder wenn y' nicht zu klein ist, der gesuchte Wert also nicht in der Nähe eines Extremwertes liegt. Gl. (348.1) muß in einem Intervall $[a, b]$, in dem die Nullstelle liegt, erfüllt sein.

Beispiel 2 Die Konvergenz des Newton-Verfahrens ist für die in Beispiel 1, S. 346, genannte Aufgabe $\tan x = x$ oder $y = \tan x - x = 0$ zu untersuchen.
Es gilt

$$y' = 1 + \tan^2 x - 1 = \tan^2 x \qquad y'' = 2 \tan x\,(1 + \tan^2 x)$$

und

$$\frac{y\,y''}{y'^2} = \frac{2\,(\tan x - x)\,(1 + \tan^2 x)}{\tan^3 x}$$

Setzt man den Näherungswert $x_1 = 4{,}5$ mit $\tan x_1 = 4{,}64$ in y' und y'' ein, so ergibt sich

$$\frac{y\,y''}{y'^2} \approx 0{,}451\,(\tan x - x)$$

und nur wenn bei der ersten Näherung schon $\tan x - x < 2{,}2$ ist, konvergiert das Verfahren. Diese Bedingung ist bei einem Anfangswert $x_1 = 4{,}5$ erfüllt. Dagegen ist für $x = 4$ und damit $\tan 4 = 1{,}158$ der Ausdruck

$$\left|\frac{y\,y''}{y'^2}\right| = 8{,}57 > 1$$

$x = 4$ ist deshalb als Anfangswert nicht geeignet. Das Newton-Verfahren ist also für die Berechnung der Nullstellen der Funktion $y = \tan x - x$ nur sehr schlecht brauchbar.

Horner-Schema Die Newton-Näherung ist besonders günstig in Verbindung mit dem Horner-Schema, falls die Funktion ein Polynom n-ten Grades $y = P_n(x)$ ist. Die Anwendung des Horner-Schemas in Abschn. 3.1.3 ermöglicht eine Zerlegung

$$P_n(x) = P_{n-1}(x) \cdot (x - x_1) + P_n(x_1) \qquad (348.2)$$

wobei $P_{n-1}(x)$ ein Polynom vom Grade $n - 1$ ist, dessen Koeffizienten in der dritten Zeile des Schemas stehen. Differenziert man Gl. (348.2), so ergibt sich

$$P_n'(x) = P_{n-1}'(x) \cdot (x - x_1) + P_{n-1}(x)$$

7.1.1 Iteration. Newton-Verfahren

und hieraus $P'_n(x_1) = P_{n-1}(x_1)$. Den Funktionswert der Ableitung des Polynoms $P_n(x)$ erhält man also, indem man auf $P_{n-1}(x)$ nochmals das Horner-Schema anwendet. Man kommt also mit einem erweiterten Schema aus. Nachstehend ist das Schema für $n = 3$ aufgeschrieben.

$$
\begin{array}{cccc}
 & a_3 & a_2 & a_1 & a_0 \\
x = x_1 & & a_3 x_1 & a_3 x_1^2 + a_2 x_1 & a_3 x_1^3 + a_2 x_1^2 + a_1 x_1 \\
\hline
 & a_3 & a_3 x_1 + a_2 & a_3 x_1^2 + a_2 x_1 + a_1 & a_3 x_1^3 + a_2 x_1^2 + a_1 x_1 + a_0 = f(x_1) \\
x = x_1 & & a_3 x_1 & 2 a_3 x_1^2 + a_2 x_1 & \\
\hline
 & a_3 & 2 a_3 x_1 + a_2 & 3 a_3 x_1^2 + 2 a_2 x_1 + a_1 = f'(x_1) & \\
\end{array}
$$

Beispiel 3 Bei Untersuchungen des Schubkurbelgetriebes tritt die Bestimmungsgleichung

$$x^3 - x^2 - x + 0{,}04 = 0 \qquad (349.1)$$

auf, s. Gl. (361.1). Gesucht ist die kleinste positive Nullstelle x_0 auf fünf Dezimalen genau, um in Abschn. 7.1.4 beim Einsetzen drei sichere Dezimalen zu ergeben.

Mit $f(x) = x^3 - x^2 - x + 0{,}04$ erhält man $f(0) = 0{,}04$ und $f(1) = -0{,}96$. Damit gilt $x_0 < 1$. Es empfiehlt sich, noch $f(0{,}1) = -0{,}069$ zu rechnen, woraus $x_0 < 0{,}1$ folgt. Die Ordinaten für $x = 0$ und $x = 0{,}1$ haben etwa gleich großen Betrag, so daß mit $x_1 = 0{,}05$ das Horner-Newton-Verfahren begonnen wird. Unter Hinzunahme einer Rundungsstelle werden 6 Dezimalen berücksichtigt.

	1	−1	−1	0,04
$x_1 = 0{,}05$		0,05	−0,0475	−0,052375
	1	−0,95	−1,0475	−0,012375
$x_1 = 0{,}05$		0,05	−0,045	
	1	−0,9	−1,0925	

$$x_2 = 0{,}05 - \frac{-0{,}012375}{-1{,}0925} = 0{,}038673$$

	1	−1	−1	0,04
$x_2 = 0{,}038673$		0,038673	−0,037177	−0,040111
	1	−0,961327	−1,037177	−0,000111
$x_2 = 0{,}038673$		0,038673	−0,035682	
	1	−0,922654	−1,072859	

$$x_3 = 0{,}038673 - \frac{-0{,}000111}{-1{,}072859} = 0{,}038570$$

	1	−1	−1	0,04
$x_3 = 0{,}038570$		0,038570	−0,037082	−0,040000
	1	−0,961430	−1,037082	+0,000000

Diese Lösung erfordert keine Verbesserung. Berücksichtigt man mehr gültige Ziffern, so erhält man hier nach zweimaliger Anwendung der Newton-Formel einen Rest von $-9{,}4 \cdot 10^{-9}$.

Beispiel 4 Bei der Untersuchung der Wärmestrahlung tritt die Gleichung

$$e^{-x} = 1 - \frac{x}{5}$$

auf. Gesucht ist die positive Nullstelle auf drei Dezimalen genau.
Nach Bild 350.1 ergeben sich zwei Nullstellen $x = 0$ (interessiert nicht) und $x_1 \approx 5$. Es ist $y = e^{-x} - 1 + x/5$. Dann gilt $y' = -e^{-x} + 1/5$. Nach Newton wird

$$x_2 = 5 - \frac{e^{-5}}{0{,}2 - e^{-5}} = 5 - 0{,}0349 = 4{,}9651$$

und $\quad x_3 = 4{,}9651 - \dfrac{e^{-4,9651} - 0{,}0070}{0{,}2 - e^{-4,9651}} = 4{,}9651 - 0{,}0000 = 4{,}965$

Bereits die zweite Näherung x_2 ist auf drei Dezimalen genau.

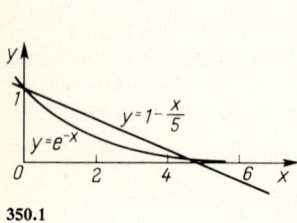

350.1

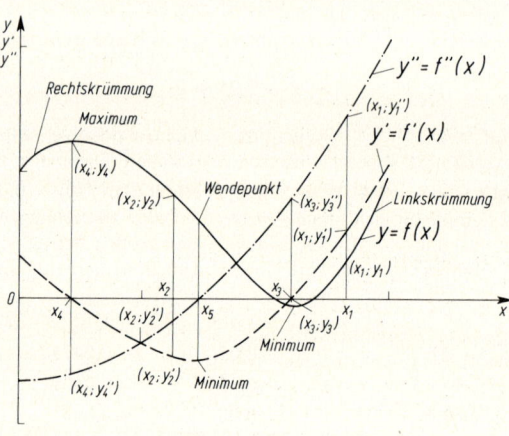

350.2

7.1.2 Extremwerte. Wendepunkte

Geometrische Deutung der Ableitungen

Allgemeines Verhalten des Graphen (350.2) Es sei $f \in C^2$. Ist für die Abszisse $x = x_1$ die Ordinate $y_1 = f(x_1)$ positiv, so liegt der Kurvenpunkt oberhalb der x-Achse. Ist die erste Ableitung $y_1' = f'(x_1)$ positiv, so ist der Anstieg des Graphen in diesem Punkte positiv. Für wachsende x[1]) nehmen daher die Ordinaten zu; y wächst. Ist y' an der Stelle x_2 negativ, so nimmt y in der Umgebung des Punktes $(x_2; y_2)$ ab.

$\quad y' > 0 \qquad y$ **wächst**

$\quad y' < 0 \qquad y$ **nimmt ab**

Die zweite Ableitung ist die erste Ableitung der ersten Ableitung. Ist y'' an der Stelle x_1 positiv, so nimmt der Anstieg in der Umgebung des Punktes $(x_1; y_1)$ zu. Der Graph hat daher Linkskrümmung. Ist y'' an einer Stelle x_2 negativ, so nimmt y' in der Umgebung des Punktes $(x_2; y_2)$ ab. Der Graph $y = f(x)$ hat Rechtskrümmung.

---

[1]) In diesem Abschnitt gelten alle Aussagen im Sinne wachsender Werte der unabhängigen Veränderlichen x.

7.1.2 Extremwerte. Wendepunkte

$y'' > 0$	y' wächst	der Graph y hat Linkskrümmung
$y'' < 0$	y' nimmt ab	der Graph y hat Rechtskrümmung

Extremwerte Ist $y' = 0$, so hat der Graph im Punkte $(x_3; y_3)$ bzw. $(x_4; y_4)$ eine horizontale Tangente. Für $x = x_3$ ist $y'' > 0$, der Graph hat in der Umgebung des Punktes $(x_3; y_3)$ Linkskrümmung. Daher ist $f(x_3)$ ein relatives Minimum der Funktion $f(x)$, meist kurz Minimum genannt, denn alle Funktionswerte $f(x)$ sind in der Umgebung von $x = x_3$ größer als an der Stelle $x = x_3$ (s. Abschn. 2.6.3 und 5.1.6). Dieser Begriff wird auch auf den entsprechenden Punkt des Graphen übertragen. Für $x = x_4$ ist $y' = 0$ und $y'' < 0$. Der Graph hat in der Umgebung des Punktes $(x_4; y_4)$ mit horizontaler Tangente Rechtskrümmung. Dieser Punkt heißt heißt ein relatives Maximum, kurz Maximum genannt.

$$y' = 0 \quad \begin{array}{ll} y'' > 0 & \text{Minimum} \\ y'' < 0 & \text{Maximum} \end{array}$$

Sucht man bei einem technischen Problem ein relatives Minimum (Maximum), so werden zunächst die Funktionswerte bestimmt, für die $y' = 0$ ist. Gilt für diese Werte $y'' > 0$ bzw. $y'' < 0$, so liegen Minima bzw. Maxima vor. Häufig kann man auf das Berechnen der zweiten Ableitung verzichten, wenn das technische Problem seinem Inhalt nach eine eindeutige Entscheidung zuläßt, ob ein Minimum oder ein Maximum vorliegt.

Randextremwerte Durch Nullsetzen der ersten Ableitung erhält man alle relativen Extremwerte der Funktion. Bei technischen Problemen interessiert oft das absolute Extremum (Abschn. 2.6.3). Andererseits hat $y = f(x)$ bei technischen Problemen meist nur für ein endliches Intervall $x_1 \leq x \leq x_2$ Bedeutung. So interessiert die Gleichung der Biegelinie eines Balkens nur für $0 \leq x \leq l$. Die Differentialrechnung liefert nur die relativen Extremwerte, bei denen $y' = 0$ ist. Nach Bild **351.**1 befindet sich aber das absolute Extremum der Durchbiegung bei $x = l$ am Rande, ohne daß in diesem Punkte eine horizontale Tangente auftritt. Ist nach dem

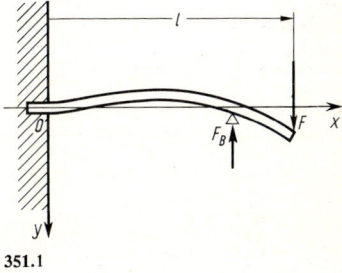

351.1

absoluten Extremum in einer technischen Aufgabe gefragt, so wird daher außer $y' = 0$ noch der Wert der Ordinaten in den Randpunkten untersucht und mit den relativen Extremwerten verglichen.

Wendepunkte Ändert sich mit wachsendem x das Vorzeichen der zweiten Ableitung, so geht der Graph von Rechts- in Linkskrümmung oder von Links- in Rechtskrümmung über. Einen solchen Kurvenpunkt, in Bild **350.**2 der Punkt $(x_5; y_5)$, nennt man einen Wendepunkt. In einem Wendepunkt durchsetzt die Tangente den Graphen. Diese Vorzeichenänderung von y'' tritt normalerweise auf, wenn $y'' = 0$ wird. Ist y'' ein Bruch, dessen Nenner Null wird und dabei das Vorzeichen ändert, so erhält man ebenfalls einen Wendepunkt. Zwar wächst dann y'' über alle Grenzen, ändert aber das Vorzeichen, wie in Beispiel 5 gezeigt wird.

Ändert y'' das Vorzeichen, so hat der Graph der Funktion $y = f(x)$ einen Wendepunkt.

Beispiel 5 Hat der Graph der Funktion $y = x^{1/3}$ im Nullpunkt einen Wendepunkt?

Es ist $\quad y' = \dfrac{1}{3} \dfrac{1}{x^{2/3}} \quad$ und $\quad y'' = -\dfrac{2}{9} \dfrac{1}{x^{5/3}}$

Für $x = 0$ ist y'' nicht erklärt, da diese Größe über alle Grenzen wächst. Für $x < 0$ ist das Vorzeichen der zweiten Ableitung positiv, für $x > 0$ negativ, so daß man einen Wendepunkt erhält, wie Bild **352**.1 zeigt.

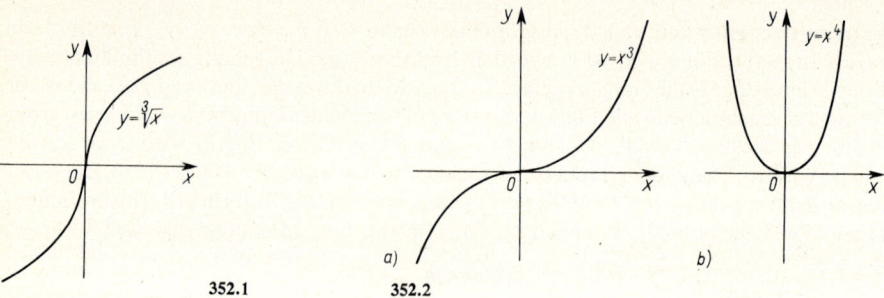

352.1   352.2 a)   b)

$y' = y'' = 0$ Gilt für $x = x_0$ sowohl $y'(x_0) = 0$ als auch $y''(x_0) = 0$, so kann man unmittelbar keine Aussagen über das Verhalten des Graphen in der Umgebung dieser Stelle machen. Im Punkt $(x_0; y_0)$ hat der Graph eine horizontale Tangente. Ändert y'' an dieser Stelle das Vorzeichen (**352**.2a), so spricht man von einem **Sattelpunkt** (horizontale Wendetangente). Hat y'' in $U(x_0)$ überall das gleiche Vorzeichen (**352**.2b), so bleibt das Krümmungsverhalten der Kurve unverändert. $(x_0; y_0)$ ist dann ein Extremwert.

Beispiel 6 Hat der Graph der Funktion $y = x^4 + x$ im Koordinaten-Ursprung einen **Wendepunkt**?

Es ist $y' = 4x^3 + 1$ und $y'' = 12x^2 \geqq 0$ für alle Werte von x. Für $x = 0$ wird $y'' = 0$, ändert aber nicht das Vorzeichen. Da y' im Nullpunkt nicht Null wird, hat die Kurve auch keine horizontale Tangente. Bild **352**.3 zeigt den Graphen.

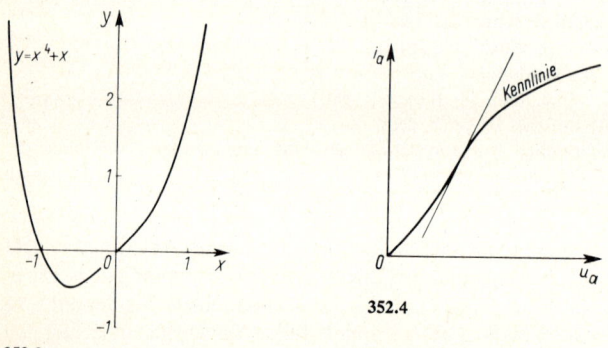

352.3

352.4

Beispiel 7 Als Arbeitspunkt auf einer Diodenkennlinie (**352**.4) wählt man den Punkt mit dem größten Anstieg. Dies ist der Wendepunkt, da im Wendepunkt die erste Ableitung (Anstieg) einen Extremwert besitzt. Außerdem kann ein Kurvenstück in der Umgebung des Wendepunktes recht genau durch eine Gerade ersetzt werden, so daß man bei kleinen Aussteuerungen (Änderungen der Anodenspannung u_a) mit einer linearen Abhängigkeit rechnen kann.

Extremwertaufgaben Bei vielen technischen Problemstellungen interessiert vor allem der Extremwert einer Funktion. Die Hauptschwierigkeit für den Anfänger besteht darin, aus der technischen (oder geometrischen) Problemstellung die Funktionsgleichung aufzustellen. Mit den vorstehend beschriebenen Verfahren wird sodann die Extremwertabszisse bestimmt und ggf. durch Einsetzen in die Funktionsgleichung die Extremwertordinate.

Beispiel 8 Aus einem rechteckigen Blech mit den Seitenlängen a und b ist nach Herausschneiden der Ecken ein Kasten mit möglichst großem Volumen zu biegen (**353.1**).

Es ist $\quad V = (b - 2x)(a - 2x) x = abx - 2(a + b) x^2 + 4 x^3$

$$\frac{dV}{dx} = ab - 4(a + b) x + 12 x^2 \qquad \frac{d^2V}{dx^2} = -4(a + b) + 24 x$$

Aus $V' = 0$ erhält man $x_0^2 - \frac{a + b}{3} x_0 + \frac{ab}{12} = 0$

$$x_0 = \frac{a + b}{6} \pm \frac{1}{6} \sqrt{(a - b)^2 + ab}$$

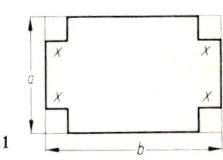

353.1

In diesem Falle ist es schwer zu erkennen, welcher Wert von x_0 das gesuchte Maximum liefert. Setzt man beide Werte in V'' ein, so ergibt sich

$$V''(x_0) = \pm 4 \sqrt{(a - b)^2 + ab}$$

Das obere Vorzeichen gehört zu einem Minimum, das untere zu einem Maximum. Es ist also

$$x_{01} = \frac{1}{6} \left(a + b - \sqrt{(a - b)^2 + ab} \right)$$

und damit

$$V_{max} = \frac{1}{54} \left(a + b - \sqrt{(a - b)^2 + ab} \right) \left(2b - a + \sqrt{(a - b)^2 + ab} \right) \left(2a - b + \sqrt{(a - b)^2 + ab} \right)$$

In diesem Falle ist es einfacher, die Funktion $V = f(x)$ in Bild **353.2** zu zeichnen, um zu erkennen, daß das Extremum mit der kleineren Abszisse das Maximum liefert.

Im Spezialfall $a = b$ wird $x_{01} = a/6$ und $V_{max} = (2/27) a^3$. Diesen Spezialfall kann man auch heranziehen, um aus

$$x_0 = \frac{a}{3} \pm \frac{a}{6}$$

abzulesen, welches Vorzeichen das Maximum ergibt.

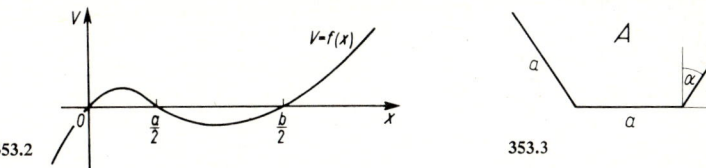

353.2

353.3

Beispiel 9 Aus drei Bohlen der Breite a ist eine Rinne mit möglichst großem Fassungsvermögen zu bilden (**353.3**), s. auch Beispiel 5, S. 454.

Der Querschnitt A der Rinne ist $A = ah + ha \sin \alpha$. Die Funktion $A (h, \alpha)$ soll hier zu einem Extremum gemacht werden. Es scheint sich um eine Funktion von zwei unabhängigen Veränderlichen zu handeln. Funktionen dieser Form werden in Abschn. 10 besprochen. In diesem Beispiel jedoch sind die beiden Veränderlichen h und α nicht voneinander unabhängig. Es gilt zwischen ihnen die Gleichung $h = a \cos \alpha$. Also ist A nur eine Funktion von einer unabhängigen Veränderlichen. Extremwertaufgaben dieser Art treten häufig auf. Entweder ist die Höhe h durch den Winkel α auszudrücken, dann ist $A = f(\alpha)$, oder es ist $\sin \alpha$ durch die Höhe h auszudrücken, dann ist $A = g(h)$. Beide Wege führen zum Ziel. Es soll hier der Weg über den Winkel α benutzt werden. Mit $h = a \cos \alpha$ wird

$$A = a^2 \cos \alpha + a^2 \sin \alpha \cos \alpha$$

eine Funktion der Veränderlichen α. Wenn die erste Ableitung dieser Funktion Null wird, und zugleich die zweite Ableitung für diesen Wert von α negativ ist, so liegt ein Maximum vor. Es ist

$$\frac{dA}{d\alpha} = a^2 (-\sin \alpha + \cos^2 \alpha - \sin^2 \alpha) = a^2 (-\sin \alpha + 1 - 2 \sin^2 \alpha)$$

$$\frac{d^2 A}{d\alpha^2} = a^2 (-\cos \alpha - 4 \sin \alpha \cos \alpha)$$

Setzt man $u = \sin \alpha$ und $dA/d\alpha = 0$, so wird

$$-u + 1 - 2 u^2 = 0 \qquad \text{oder} \qquad u = -\frac{1}{4} \pm \frac{3}{4}$$

also $\quad u_1 = 0{,}5 \qquad u_2 = -1$

Da $u = \sin \alpha$ gesetzt wurde, erhält man aus $u_1 = 0{,}5$ die beiden Lösungen $\alpha_1 = 30°$ und $\alpha_2 = 150°$; $u_2 = -1$ ergibt $\alpha_3 = 270°$. Meist geht man so vor, daß man aus der technischen Fragestellung heraus alle bis auf eine Lösung ausschließen kann. Man kann auch bilden

$$A''(\alpha_1) = -1{,}5 \sqrt{3}\, a^2 \qquad A''(\alpha_2) = +1{,}5 \sqrt{3}\, a^2 \qquad A''(\alpha_3) = 0$$

Bei beiden Überlegungen erhält man $A_{\max}$ aus $\alpha_1 = 30°$.
Hieraus folgt

$$h = a \cos \alpha_1 = \frac{a}{2} \sqrt{3} \qquad \text{und} \qquad A_{\max} = \frac{3}{4} \sqrt{3}\, a^2$$

Beispiel 10 Eine Stromquelle mit der Quellenspannung U_q hat einen inneren Widerstand R_i. Welche Leistung P kann ihr mit dem Verbraucherwiderstand R höchstens entnommen werden?
Der Strom wird durch die Reihenschaltung von Verbraucherwiderstand R und Innenwiderstand R_i der Stromquelle bestimmt. Dann ist nach dem Ohmschen Gesetz und nach der Formel $P = R I^2$ für die elektrische Leistung

$$I = \frac{U_q}{R_i + R} \qquad P = \frac{R\, U_q^2}{(R_i + R)^2}$$

Die Leistung P ist eine Funktion des Verbraucherwiderstandes R, zur Ermittlung des Extremwertes bildet man

$$\frac{dP}{dR} = \frac{(R_i - R)\, U_q^2}{(R_i + R)^3} \qquad \frac{d^2 P}{dR^2} = \frac{2 (R - 2 R_i)\, U_q^2}{(R_i + R)^4}$$

Die Ableitung $dP/dR = 0$ liefert $R = R_i$. Daher ist $P(R_i) = U_q^2/(4 R_i)$ der gesuchte Extremwert. Wählt man den Verbraucherwiderstand $R = R_i$, so spricht man von Leistungsanpassung, weil die abgegebene Leistung ihren maximalen Wert erreicht.

Beispiel 11 Der kreisförmige Querschnitt der Spule eines Transformators soll durch den kreuzförmigen Querschnitt eines aus Blechen geschichteten Eisenkerns möglichst ausgefüllt werden (**355**.1): Maximaler Füllfaktor.

Die beiden Veränderlichen x und y hängen wegen $x^2 + y^2 = r^2$ voneinander ab. Der kreuzförmige Querschnitt ist $A = 4xy + 2 \cdot 2y(x - y)$. Es ist zweckmäßig, den Winkel α als unabhängige Veränderliche einzuführen. Dann gilt mit $x = r \cos \alpha$ und $y = r \sin \alpha$

$$A = 4r^2 (\sin 2\alpha - \sin^2 \alpha) \qquad \frac{dA}{d\alpha} = 4r^2 (2 \cos 2\alpha - \sin 2\alpha)$$

Aus $dA/d\alpha = 0$ folgt $\tan 2\alpha = 2$, woraus sich $\alpha = 31{,}7°$, $x = 0{,}851\,r$ und $y = 0{,}526\,r$ ergibt; für diesen Wert ist $A = 2{,}47\,r^2$, das entspricht 78,7 % der Kreisfläche. Hier kann man auf die zweite Ableitung verzichten, da es technisch anschaulich klar ist, daß $\alpha = 31{,}7°$ ein Maximum ergibt.

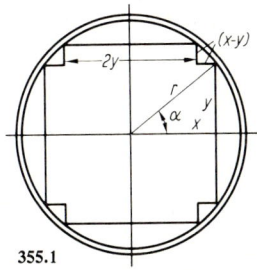

355.1

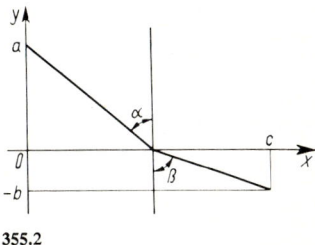

355.2

Beispiel 12 Ein Körper soll sich in kürzester Zeit vom Punkt $(0;a)$ zum Punkte $(c; -b)$ bewegen (355.2), wobei für $y > 0$ seine Geschwindigkeit v_1, für $y < 0$ seine Geschwindigkeit v_2 ist (Bewegung in verschiedenen Medien). Die Gesamtzeit für diese Bewegung ist

$$t = \frac{\sqrt{a^2 + x^2}}{v_1} + \frac{\sqrt{b^2 + (c-x)^2}}{v_2}$$

Für diese Funktion $t(x)$ ist das Minimum gesucht.

$$\frac{dt}{dx} = \frac{1}{v_1} \frac{2x}{2\sqrt{a^2 + x^2}} + \frac{1}{v_2} \frac{-2(c-x)}{2\sqrt{b^2 + (c-x)^2}} = \frac{\sin \alpha}{v_1} - \frac{\sin \beta}{v_2}$$

Für $dt/dx = 0$ ergibt sich das **Brechungsgesetz der Optik** $v_1/v_2 = \sin \alpha / \sin \beta$. Das Brechungsgesetz ergibt tatsächlich das Minimum, denn die zweite Ableitung ist immer positiv

$$\frac{d^2 t}{dx^2} = \frac{a^2}{v_1 (a^2 + x^2)^{3/2}} + \frac{b^2}{v_2 [b^2 + (c-x)^2]^{3/2}} > 0$$

7.1.3 Kurvendiskussion

Der Sinn einer Kurvendiskussion ist es, mit möglichst wenig Arbeitsaufwand den wesentlichen Verlauf des Graphen einer Funktion zu erkennen. Daher ist es unfruchtbar, wahllos eine große Anzahl von Wertepaaren zu berechnen; dabei können insbesondere Unstetigkeitsstellen übersehen und die Lage von Extremwerten wie auch Nullstellen falsch eingeschätzt werden. Es kommt vielmehr darauf an, die charakteristischen Eigenschaften der Funktion zu erkennen. Ein bewährtes Mittel, mit wenig Rechenaufwand auszukommen, ist der Grundsatz, jedes Resultat sogleich in das Diagramm einzutragen. Oft kann man bereits aus den vorliegenden Ergebnissen die nächste Frage beantworten.

Wesentlich für das Zeichen eines Diagramms, das der Ingenieur fast immer fordert, sind die in Abschn. 2.6.3 entwickelten Eigenschaften der Funktion. Es ist zweckmäßig, die Fragen in folgender Reihenfolge zu behandeln.

Definitionsbereich Für welchen Definitionsbereich der unabhängigen Veränderlichen liegt ein technisches Interesse vor? Wo ist die Funktion erklärt?
Ist die unabhängige Veränderliche eine Länge, eine Frequenz oder die Zeit, so interessieren keine negativen Werte. Tritt die unabhängige Veränderliche z.B. unter einer Quadratwurzel auf, so sind nur solche Werte der unabhängigen Veränderlichen reellwertig definiert, bei denen der Radikand nicht negativ wird.

Symmetrie Bei geraden oder ungeraden Funktionen (Abschn. 2.6.3) genügt es, die Funktion für positive Werte der unabhängigen Veränderlichen zu diskutieren.

Unendlichkeitsstellen ergeben sich, falls für $x \to x_1$ der Betrag der untersuchten Funktion unbegrenzt wächst (s. S. 104). Bei rationalen Funktionen liegt dieser Sachverhalt vor, falls nach Kürzen gemeinsamer Faktoren $(x - x_1)$ in Zähler und Nenner der Nenner für $x = x_1$ eine Nullstelle hat, während der Zähler von Null verschieden ist. Dies wird im Diagramm durch eine vertikale Asymptote gekennzeichnet.

Verhalten für große Beträge von x Es sind die Grenzwerte

$$\lim_{x \to \pm \infty} f(x)$$

zu untersuchen. Hierzu wird auf Abschn. 5.2.5 verwiesen. Bei unecht gebrochenen rationalen Funktionen erfolgt eine Zerlegung in Polynom und echt gebrochene rationale Funktion (s. S. 122). Der zweite Summand strebt für $x \to \pm \infty$ gegen Null. Der Graph des ersten Summanden wird Asymptote genannt, da sich der Graph von $f(x)$ dieser für $x \to \pm \infty$ annähert.

Nullstellen Gesucht sind die Schnittpunkte des Graphen der Funktion mit der x-Achse. Zur Bestimmung der Nullstellen von Polynomen empfiehlt sich das Newton-Verfahren (Abschn. 7.1.1), bei dem die Funktionswerte mit dem Horner-Schema berechnet werden. Liegt eine rationale Funktion vor, so hat diese für $x = x_0$ nur dann eine Nullstelle, wenn nach Beseitigung behebbarer Unstetigkeiten bei $x = x_0$ der Zähler eine Nullstelle hat und der Nenner von Null verschieden ist (s. S. 123).
Für andere Funktionen empfiehlt sich zur Nullstellenbestimmung das Newton-Verfahren (Abschn. 7.1.1).

Ordinatenabschnitt $y_0 = f(0)$.

Extremwerte Falls die vorstehenden Untersuchungen noch keinen ausreichenden Überblick über den Verlauf des Graphen gegeben haben, bildet man die erste Ableitung. An den Nullstellen der ersten Ableitung (horizontale Tangenten) können Extremwerte liegen. Häufig kann man aus den bereits vorliegenden Informationen schließen, ob aus $f'(x_3) = 0$ folgt, daß $(x_3; y_3)$ ein Maximum oder ein Minimum ist.

Wendepunkte Für Wendepunkte interessiert man sich z.B. zum genaueren Zeichnen des Graphen. Zu deren Bestimmung bildet man die zweite Ableitung der Funktion und untersucht, wo diese das Vorzeichen ändert. Das kann bei Nullstellen oder Unstetigkeitsstellen der zweiten Ableitung geschehen (Abschn. 7.1.2).

Beispiel 13 Man diskutiere die van der Waalssche Zustandsgleichung für reale Gase

$$\left(p + \frac{n^2 a}{V^2}\right)(V - nb) = nRT \tag{356.1}$$

Hierbei sind p der Druck, V das Volumen, T die absolute Temperatur, $R = 8314\,\text{J}/(\text{K}\cdot\text{kmol})$ die allgemeine Gaskonstante, n die in Kilomol angegebene Teilchenmenge sowie a und b stoffspezifische Konstante.

In einem (p, V)-Diagramm erhält man für verschiedene Werte von T verschiedene Graphen. Technisch wichtig ist der Graph mit $T = T_k$. T_k heißt die kritische Temperatur. Nur unterhalb dieser Temperatur lassen sich Gase verflüssigen. Mathematisch ist dies der Graph, der einen Sattelpunkt mit den Koordinaten $(V_k; p_k)$ hat. Zunächst sind die Werte von T_k, V_k und p_k zu bestimmen. Dann ist Gl. (356.1) mit diesen Werten zu normieren und eine Kurvendiskussion für $x \geq 0$ durchzuführen.

Aus Gl. (356.1) folgt

$$p = \frac{nRT}{V - nb} - \frac{n^2 a}{V^2} \qquad p' = \frac{dp}{dV} = -\frac{nRT}{(V-nb)^2} + \frac{2n^2 a}{V^3}$$

$$p'' = \frac{d^2 p}{dV^2} = \frac{2nRT}{(V-nb)^3} - \frac{6n^2 a}{V^4} \qquad (357.1)$$

Die Existenz einer horizontalen Wendetangente erfordert $p' = 0$ und einen Vorzeichenwechsel von p''. Aus $p' = 0 \wedge p'' = 0$ folgt

$$\frac{nRT_k}{(V_k - nb)^2} = \frac{2n^2 a}{V_k^3} \qquad \frac{2nRT_k}{(V_k - nb)^3} = \frac{6n^2 a}{V_k^4} \qquad (357.2)$$

Dividiert man die rechte und linke Seite der linken Gleichung durch die entsprechende Seite der rechten Gleichung, erhält man

$$\frac{V_k - nb}{2} = \frac{V_k}{3} \qquad \text{und daraus} \qquad V_k = 3nb$$

Setzt man V_k in eine der Gl. (357.2) und in (356.1) ein, so erhält man nacheinander

$$T_k = \frac{8a}{27bR} \qquad \text{und} \qquad p_k = \frac{a}{27 b^2}$$

Aus diesen beiden Gleichungen können mit gemessenen Werten T_k, p_k die Konstanten a und b bestimmt werden.

Mit $y = p/p_k$, $x = V/V_k$ sowie $\vartheta = T/T_k$ wird aus Gl. (356.1)

$$y = \frac{8\vartheta}{3x - 1} - \frac{3}{x^2} \qquad (357.3)$$

y hat bei $x = 0$ eine doppelte, bei $x = 1/3$ eine einfache Unendlichkeitsstelle und ist für $x < 1/3$ negativ. Eine technische Bedeutung ergibt sich nur für $x > 1/3$, $y > 0$.

Formal erhält man Nullstellen für

$$8\vartheta x^2 = 3(3x - 1)$$

also für $\quad x = \dfrac{9}{16\vartheta}\left[1 \pm \sqrt{1 - \dfrac{32}{27}\vartheta}\,\right]$

Die Nullstellen sind nur für $\vartheta \leq 27/32 = 0{,}844$ reell, sie liegen dann symmetrisch zu $9/(16\vartheta)$ und sind beide größer als $1/3$. Für $\vartheta < 1$ verläuft die physikalische Abhängigkeit zwischen Druck und Volumen z.B. entlang dem für $\vartheta = 0{,}9$ gezeigten Graphen (**358.1**). Im horizontalen Teil befinden sich Gas und Flüssigkeit im Gleichgewicht. Die Lage der horizontalen Linie ist dadurch bestimmt, daß die schraffierten Flächen gleich groß sind. Horizontale Tangenten ergeben sich aus

$$y' = -\frac{24\vartheta}{(3x-1)^2} + \frac{6}{x^3} = 0$$

7.1 Differentialrechnung

Hieraus folgt

$$4\vartheta x^3 = (3x - 1)^2$$

Für $\vartheta = 1$ (kritischer Graph) wird $x_1 = x_2 = 1$ und $x_3 = 1/4$, für $\vartheta > 1$ erhält man bei $x > 1/3$ keine horizontalen Tangenten. Wendepunkte ergeben sich aus

$$y'' = \frac{144\,\vartheta}{(3x - 1)^3} - \frac{18}{x^4} = 0$$

Hieraus folgt

$$8\vartheta x^4 = (3x - 1)^3$$

Für $\vartheta = 1$ wird $x_{W1} = y_{W1} = 1$ und $x_{W2} = 1{,}878$ sowie $y_{W2} = 0{,}8758$. Bild **358**.1 zeigt die Graphen für $\vartheta = 0{,}9;\ 1{,}0$ und $1{,}1$.

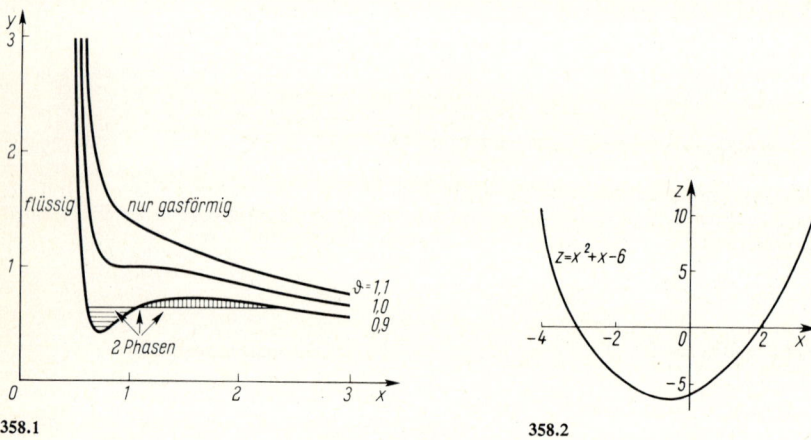

358.1   358.2

Beispiel 14 Man diskutiere die algebraische Funktion

$$y = \frac{+\sqrt{x^2 + x - 6}}{4 - x} \tag{358.1}$$

Diese Funktion ist nicht für alle Werte der unabhängigen Veränderlichen erklärt, da eine Quadratwurzel auftritt. Bild **358**.2 zeigt die parabolische Radikanden-Funktion $z = x^2 + x - 6$. Im Intervall $(-3, 2)$ ist z negativ, daher ist y dort nicht erklärt. Die Funktion hat keine erkennbare Symmetrie. An den Nullstellen des Zählers $x = 2$ und $x = -3$ wird der Nenner nicht Null. Für $x = 4$ ergibt sich eine vertikale Asymptote. Das Verhalten für große x erkennt man besonders deutlich, wenn man in Gl. (358.1) Zähler und Nenner durch x teilt, falls $x > 0$ gilt

$$y = \frac{+\sqrt{1 + \dfrac{1}{x} - \dfrac{6}{x^2}}}{\dfrac{4}{x} - 1} \tag{358.2}$$

Für $x \to +\infty$ wird $y = -1$, eine horizontale Asymptote. Um den Grenzwert für $x \to -\infty$ zu untersuchen, setzt man $x = -u$, so daß $u \to +\infty$ zu betrachten ist. Gl. (358.1) ergibt

$$y = \frac{+\sqrt{u^2 - u - 6}}{4 + u} \qquad \text{also} \qquad \lim_{u \to +\infty} y = +1$$

Bei algebraischen Funktionen ist es allgemein empfehlenswert, durch die Substitution $x = -u$ die Grenzwertbetrachtung auf positive Werte der unabhängigen Veränderlichen zu beschränken. Die erste Ableitung von Gl. (358.1) lautet

$$y' = \frac{9x - 8}{+2(4-x)^2 \sqrt{x^2 + x - 6}}$$

Der Zähler von y' wird nur für $x = 8/9$, also außerhalb des Definitionsbereiches der Funktion, Null. Die Funktion hat deshalb keinen Extremwert. Für $x = 4$, für $x = 2$ und $x = -3$ wird der Nenner Null. Für diese drei Abszissen erhält man vertikale Tangenten. Bild **359.1** zeigt den Graphen der Funktion.

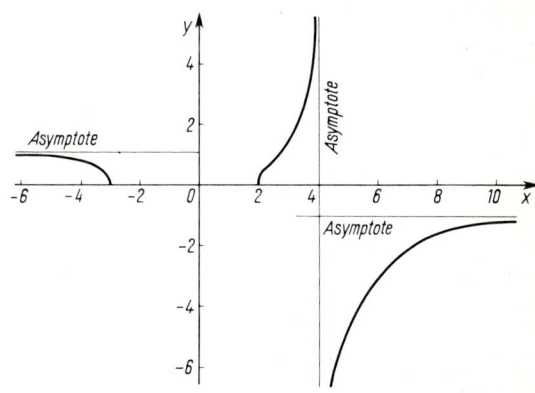

359.1

Beispiel 15 Man diskutiere die in der Statistik benötigte Funktion der Gauß-Verteilung in normierter Schreibweise

$$\varphi(u) = \frac{1}{\sqrt{2\pi}} e^{-\frac{u^2}{2}}$$

Man erhält die Ableitungen

$$\varphi'(u) = -\frac{u}{\sqrt{2\pi}} e^{-\frac{u^2}{2}} \qquad \varphi''(u) = -\frac{1}{\sqrt{2\pi}}(1-u^2) e^{-\frac{u^2}{2}}$$

Die erste Ableitung wird für $u = 0$, die zweite Ableitung für $u = \pm 1$ Null. An beiden Stellen ändert die zweite Ableitung ihr Vorzeichen. Für $u = 0$ hat der Graph ein Maximum, da $\varphi''(0) < 0$ ist. Mit $\varphi(0) = 0{,}399$, $\varphi(\pm 1) = 0{,}242$ und $\varphi'(\pm 1) = \mp 0{,}242$ erhält man Bild **359.2**.

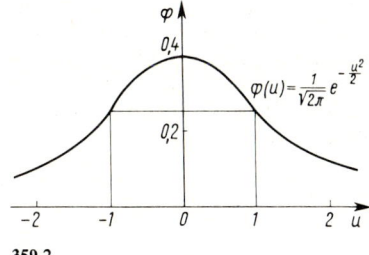

359.2

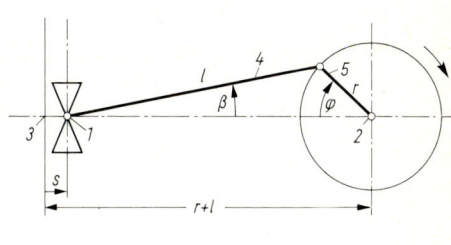

359.3

7.1.4 Schubkurbelgetriebe

Die Kurbel eines Schubkurbelgetriebes (**359.3**) bewegt sich mit konstanter Winkelgeschwindigkeit ω. Wann hat der Kolben K die größte Geschwindigkeit $v_{\max}$?

7.1 Differentialrechnung

Das Schubkurbelgetriebe wurde bereits in Beispiel 1, S. 141, behandelt. Mit der Normierung

$$\lambda = \frac{r}{l} \tag{360.1}$$

erhält man dort

$$\frac{s}{r} = 1 - \cos\varphi + \frac{1}{\lambda}\left[1 - \sqrt{1 - \lambda^2 \sin^2\varphi}\right] \tag{360.2}$$

Da der Winkel β dem Betrage nach kleiner als $\pi/2$ bleibt, ist $\cos\beta$ immer positiv; es tritt daher nur ein Vorzeichen vor der Wurzel auf. Wegen

$$v = \frac{\mathrm{d}s}{\mathrm{d}t} = \frac{\mathrm{d}s}{\mathrm{d}\varphi}\frac{\mathrm{d}\varphi}{\mathrm{d}t} = \frac{\mathrm{d}s}{\mathrm{d}\varphi}\omega$$

sind die Geschwindigkeit und die Beschleunigung des Kolbens

$$v = r\omega\left[-\frac{-2\lambda\sin\varphi\cos\varphi}{2\sqrt{1-\lambda^2\sin^2\varphi}} + \sin\varphi\right] = r\omega\left[\sin\varphi + \frac{\lambda\sin 2\varphi}{2\sqrt{1-\lambda^2\sin^2\varphi}}\right] \tag{360.3}$$

$$a = \frac{\mathrm{d}v}{\mathrm{d}t} = \frac{\mathrm{d}v}{\mathrm{d}\varphi}\omega = r\omega^2\left[\cos\varphi + \lambda\frac{2\cos 2\varphi\sqrt{1-\lambda^2\sin^2\varphi} - \sin 2\varphi\frac{-2\lambda^2\sin\varphi\cos\varphi}{2\sqrt{1-\lambda^2\sin^2\varphi}}}{2(1-\lambda^2\sin^2\varphi)}\right]$$

Mit $\cos 2\varphi = 1 - 2\sin^2\varphi$ und $\sin 2\varphi = 2\sin\varphi\cos\varphi$ wird

$$a = r\omega^2\left[\cos\varphi + \frac{\lambda}{2}\frac{2(1-2\sin^2\varphi)(1-\lambda^2\sin^2\varphi) + 2\lambda^2\sin^2\varphi(1-\sin^2\varphi)}{(1-\lambda^2\sin^2\varphi)^{3/2}}\right]$$

$$= r\omega^2\left[\cos\varphi + \lambda\frac{\lambda^2\sin^4\varphi - 2\sin^2\varphi + 1}{(1-\lambda^2\sin^2\varphi)^{3/2}}\right] \tag{360.4}$$

Die Geschwindigkeit des Kolbens ist am größten, wenn $a(\varphi) = 0$ ist. Es ist zweckmäßig, jetzt eine neue Veränderliche $x = \lambda^2 \sin^2\varphi$ einzuführen. Damit wird

$$\frac{a}{r\omega^2} = \sqrt{1 - \frac{x}{\lambda^2}} + \frac{\frac{x^2}{\lambda} - \frac{2}{\lambda}x + \lambda}{(1-x)^{3/2}} = 0$$

oder $\quad \sqrt{1-\dfrac{x}{\lambda^2}}\sqrt{(1-x)^3} = -\dfrac{x^2}{\lambda} + \dfrac{2}{\lambda}x - \lambda$

Durch Quadrieren der letzten Gleichung erhält man

$$\left(1 - \frac{x}{\lambda^2}\right)(1 - 3x + 3x^2 - x^3) = \frac{x^4}{\lambda^2} + 4\frac{x^2}{\lambda^2} + \lambda^2 - 4\frac{x^3}{\lambda^2} + 2x^2 - 4x$$

$$\left(1 - \frac{1}{\lambda^2}\right)x^3 - \left(1 - \frac{1}{\lambda^2}\right)x^2 - \left(1 - \frac{1}{\lambda^2}\right)x + \left(1 - \frac{1}{\lambda^2}\right)\lambda^2 = 0$$

$$x^3 - x^2 - x + \lambda^2 = 0 \tag{360.5}$$

Der Winkel, bei dem die größte Geschwindigkeit $v_{\max}$ des Kolbens erreicht wird, hängt nach Gl. (360.5) von λ ab. Für viele Schubkurbelgetriebe ist $\lambda = 0{,}2$. Für diesen Fall wird der Extremwert bestimmt

$$x^3 - x^2 - x + 0{,}04 = 0 \tag{361.1}$$

Wegen $x = \lambda^2 \sin^2 \varphi$ ist eine technisch sinnvolle Lösung nur für $0 < x < 1$ möglich. Diese in Beispiel 3, S. 349, ermittelte Lösung $x = 0{,}03857$ ergibt $\sin^2 \varphi = x/\lambda^2 = 0{,}03857 \cdot 25$, also $\sin \varphi = \pm\, 0{,}982$, woraus die Winkel $\varphi_1 = 79{,}1°$; $\varphi_2 = 100{,}9°$; $\varphi_3 = 259{,}1°$ und $\varphi_4 = 280{,}9°$ folgen. Wegen der Symmetrie ergeben φ_1 und φ_4 sowie φ_2 und φ_3 bis auf das Vorzeichen gleiche Kolbengeschwindigkeiten. Die Bestimmungsgleichung (360.5) ist durch Quadrieren von Gl. (360.4) entstanden, deshalb können scheinbare Lösungen auftreten. Setzt man überschläglich $\lambda^2 \sin^2 \varphi \approx 0{,}04$ und $\sin^2 \varphi \approx 1$ in Gl. (360.4) ein, so wird der zweite Summand negativ. Daher kann $a(\varphi) = 0$ nur für $\cos \varphi > 0$ gelten; die Winkel φ_2 und φ_3 sind also keine Lösungen der Extremwertaufgabe. Nach Gl. (360.3) ist mit $\varphi = \varphi_1 = 79{,}1°$ die Maximalgeschwindigkeit

$$v_{\max} = r\,\omega \left[0{,}982 + \frac{0{,}2 \cdot 0{,}371}{2\sqrt{1 - 0{,}0386}} \right] = 1{,}020\, r\,\omega$$

also etwas größer als die Umfangsgeschwindigkeit. Bei dem Winkel $\varphi = 79{,}1°$ befindet sich der Kolben nach Gl. (360.2) an der Stelle

$$s = r\,(6 - 5 \cdot \sqrt{0{,}961} - 0{,}189) = 0{,}908\, r = 0{,}182\, l$$

In der Technik benutzt man häufig für den Winkel, bei dem die maximale Geschwindigkeit auftritt, die Näherungsformel (s. Aufgabe 9, S. 368).

$$\cos \varphi \approx \frac{\sqrt{1 + 8\,\lambda^2} - 1}{4\,\lambda} \tag{361.2}$$

Damit wird $\varphi = 79{,}3°$ bei $\lambda = 0{,}2$.

7.1.5 Freie Schwingungen

Wird ein gedämpftes mechanisches oder elektrisches Schwingungssystem in Schwingungen versetzt und dann sich selbst überlassen, so wird es (Abschn. 13.3.2 und DIN 1311, Blatt 2) durch die Funktion der **gedämpften Schwingung**

$$x = A\,\mathrm{e}^{-\delta t} \cos\,(\omega_d t + \varphi) \tag{361.3}$$

beschrieben, die hier diskutiert wird (**362.1**). Dort ist die abhängige Veränderliche entsprechend Beispiel 16, S. 363 mit u bezeichnet. Es ist A die Amplitude, t die Zeit, δ die Abklingkonstante, ω_d die Eigenkreisfrequenz und φ der Nullphasenwinkel. Außerdem wird die Schwingungsdauer $T_d = 2\pi/\omega_d$ eingeführt.
Da $\cos\,(\omega_d t + \varphi)$ zwischen ± 1 variiert, sind die beiden **Leitlinien** $f_1(t) = A\,\mathrm{e}^{-\delta t}$ und $f_2(t) = -A\,\mathrm{e}^{-\delta t}$ Einhüllende des Graphen der Gl. (361.3). Nur der Faktor $\cos\,(\omega_d t + \varphi)$ kann Null werden. Da dies für $\omega_d t_0 + \varphi = \pi\,(2n - 1)/2$, $(n = 0, \pm 1, \pm 2 \dots)$ erfüllt wird, ist die **Lage der Nullstellen**

$$t_0 = \frac{2n-1}{2} \cdot \frac{\pi}{\omega_d} - \frac{\varphi}{\omega_d} = -\frac{\varphi}{\omega_d} + (2n-1)\,\frac{T_d}{4} \tag{361.4}$$

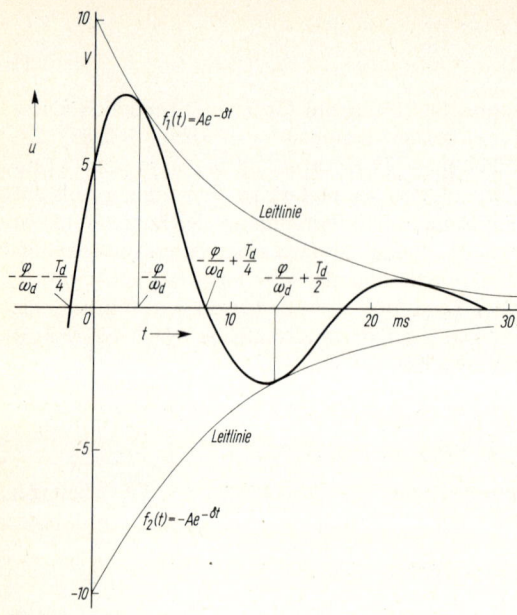

362.1

Die Leitlinie wird berührt, wenn

$$\cos(\omega_d t + \varphi) = \pm 1$$

oder

$$\omega_d t_B + \varphi = n\pi$$

$(n = 0, \pm 1, \pm 2, \ldots)$

ist. Die Lage der Berührungspunkte mit der Leitlinie ist daher

$$t_B = n\frac{\pi}{\omega_d} - \frac{\varphi}{\omega_d} = t_0 \pm \frac{T_d}{4} \tag{362.1}$$

Die Abszissen der Berührungspunkte liegen mitten zwischen den Nullstellen.

Extremwerte treten auf, wenn die erste Ableitung

$$\frac{dx}{dt} = A e^{-\delta t} [-\delta \cos(\omega_d t + \varphi) - \omega_d \sin(\omega_d t + \varphi)]$$

verschwindet. Die erste Ableitung dx/dt wird Null, wenn

$$\tan(\omega_d t_E + \varphi) = -\frac{\delta}{\omega_d} \tag{362.2}$$

ist. Da der Tangens die Periode π hat, liegen die Extremwerte im Abstand $T_d/2$ voneinander, im gleichen Abstand wie die Nullstellen und die Berührungspunkte. Es wechselt jeweils Maximum mit Minimum. Ein Berührungspunkt ergibt sich, wenn der Cosinus den Betrag Eins hat, der Tangens also Null wird. Daher ist die Abszisse des Berührungspunktes größer als die Abszisse des Extremwertes.

Wendepunkte treten auf, wenn die zweite Ableitung

$$\frac{d^2x}{dt^2} = A e^{-\delta t} [(\delta^2 - \omega_d^2)\cos(\omega_d t + \varphi) + 2\delta\omega_d \sin(\omega_d t + \varphi)]$$

das Vorzeichen ändert. Diese zweite Ableitung wird Null, wenn

$$\tan(\omega_d t_W + \varphi) = \frac{\omega_d^2 - \delta^2}{2\delta\omega_d} \tag{362.3}$$

Der Quotient zweier sich um eine Schwingungsdauer unterscheidender Ordinaten lautet

$$\frac{x(t)}{x(t + T_d)} = \frac{A e^{-\delta t} \cos(\omega_d t + \varphi)}{A e^{-\delta(t + T_d)} \cos(\omega_d t + \omega_d T_d + \varphi)} = e^{\delta T_d}$$

Dieser Quotient ist konstant. Der Logarithmus dieses Quotienten heißt das **logarithmische Dekrement**

$$\ln \frac{x(t)}{x(t+T_d)} = \delta T_d = \Lambda \qquad (363.1)$$

Ist die Schwingung in **einer** Periode bekannt, so ermittelt man durch Multiplizieren mit dem Faktor $e^{-\Lambda}$ die Ordinaten in der nächstfolgenden Periode. Entsprechend erhält man

$$\ln \frac{-x(t)}{x(t+T_d/2)} = \Lambda/2$$

und mit dem Faktor $-e^{-\Lambda/2}$ die Ordinaten in der nächstfolgenden Halbperiode.

Beispiel 16 Gegeben ist die freie gedämpfte Schwingung der Spannung u eines elektrischen Parallelschwingkreises durch die Größen $A = 10\,\text{V}$, $\delta = 100\,\text{s}^{-1}$, $\omega_d = 100\pi\,\text{s}^{-1}$ und $\varphi = -\pi/3$. Man diskutiere diese Schwingung $u = 10\,\text{V}\,e^{-100\text{s}^{-1}t} \cos(100\pi\,\text{s}^{-1}\,t - \pi/3)$.

Mit $T_d = 20\,\text{ms}$ und $\varphi/\omega_d = -3{,}33\,\text{ms}$ erhält man

Nullstellen: Aus Gl. (361.4) folgt

für $\quad n = 1 \quad t_{01} = (3{,}33 + 5)\,\text{ms} = 8{,}33\,\text{ms}$

$\quad\quad n = 2 \quad t_{02} = (3{,}33 + 15)\,\text{ms} = 18{,}33\,\text{ms}$

Berührungspunkte: Nach Gl. (362.1) ist

$t_{B1} = (8{,}33 - 5)\,\text{ms} = 3{,}33\,\text{ms} \qquad t_{B2} = (8{,}33 + 5)\,\text{ms} = 13{,}33\,\text{ms}$

Extremwerte: Aus Gl. (362.2) erhält man

$\tan(\omega_d t_E + \varphi) = -0{,}318 \qquad \omega_d t_{E1} + \varphi = -0{,}308$

$t_{E1} = 2{,}35\,\text{ms} \qquad t_{E2} = 12{,}35\,\text{ms}$

Wendepunkte: Aus Gl. (362.3) ergibt sich

$\tan(\omega_d t_W + \varphi) = 1{,}412 \qquad \omega_d t_{W1} + \varphi = 0{,}954$

$t_{W1} = 6{,}37\,\text{ms} \qquad t_{W2} = 16{,}37\,\text{ms}$

Mit $\Lambda = 2$ und $e^{-\Lambda/2} = 0{,}368$ ergibt sich folgende Tafel. Bild 362.1 zeigt den Graphen.

	t / ms	u / V	t / ms	u / V
Nullstelle	−1,667	0,000		
Ordinatenabschnitt	0,000	5,000		
Extremwert	2,352	7,531		
Berührungspunkt	3,333	7,165		
Wendepunkt	6,371	3,057		
Nullstelle	8,333	0,000		
Extremwert	12,352	−2,771	22,352	1,019
Berührungspunkt	13,333	−2,636	23,333	0,970
Wendepunkt	16,371	−1,125	26,371	0,414
Nullstelle	18,333	0,000	28,333	0,000

7.1.6 Erzwungene Schwingungen

Wird ein linearer z.B. mechanischer oder elektromagnetischer Schwinger bzw. Schwingkreis durch eine äußere Kraft oder Spannung $a \cos \omega t$ in Schwingungen versetzt, so ergeben sich nach Abklingen eines Einschwingvorganges perodische Schwingungen mit der Kreisfrequenz ω. Die Amplitude dieser Schwingung ist eine Funktion der erregenden Kreisfrequenz ω, sie wird **Frequenzgang der Amplitude** oder **Resonanzfunktion**, ihr Graph auch **Resonanzkurve** genannt. Auch der Phasenwinkel der erzwungenen Schwingung ist eine Funktion von ω, sie heißt **Frequenzgang des Phasenwinkels**. Diese erzwungenen Schwingungen werden in Abschn. 13.3.2 behandelt. Hier sollen die sich dabei ergebenden normierten Funktionsgleichungen diskutiert werden.

Frequenzgang der Amplitude Bei der Diskussion der Abhängigkeit der Amplitude der erzwungenen Schwingung von der Kreisfrequenz des Erregers ergeben sich drei Typen von Frequenzgängen der Amplitude (s. Abschn. 13.3.2)

$$y = f_1(x) = \frac{1}{N} \qquad y = f_2(x) = \frac{d \cdot x}{N} \qquad y = f_3(x) = \frac{x^2}{N} \qquad (364.1)$$

Hierbei ist x die normierte Kreisfrequenz des Erregers, d die normierte Dämpfung des Schwingers und $N = \sqrt{(x^2 - 1)^2 + x^2 d^2}$. Als erste Ableitung der Funktion f_1 erhält man

$$f_1 = \frac{1}{N} = \frac{1}{\sqrt{(x^2-1)^2 + x^2 d^2}}$$

$$f_1' = -\frac{1}{N^2} N' = -\frac{1}{N^2} \frac{2(x^2-1)2x + 2xd^2}{2N}$$

$$= -\frac{2x^3 - 2x + xd^2}{N^3} = x \frac{(2-d^2) - 2x^2}{N^3}$$

Insgesamt lauten die ersten Ableitungen dieser drei Funktionen

$$f_1' = x \frac{(2-d^2) - 2x^2}{N^3} \qquad f_2' = d \frac{1-x^4}{N^3} \qquad f_3' = x \frac{(d^2-2)x^2 + 2}{N^3}$$

Setzt man diese drei ersten Ableitungen gleich Null, so erhält man die Extremwertabszissen

$$x_1 = 0 \qquad\qquad\qquad x_3 = 0$$

$$x_1 = \sqrt{1 - \frac{d^2}{2}} \qquad x_2 = 1 \qquad x_3 = \frac{1}{\sqrt{1 - \frac{d^2}{2}}}$$

Aus der folgenden Wertetafel entnimmt man, daß für $x = 0$, $x = d$, $x = 1$ und $x = 1/d$ je zwei Funktionen gleich sind. In dieser Tafel ist

$$M = [(d^2 - 1)^2 + d^4]^{-1/2} \qquad \text{und} \qquad K = \left(1 - \frac{d^2}{4}\right)^{-1/2}$$

gesetzt.

x	f_1	f_2	f_3
0	1	0	0
d	M	$d^2 M$	$d^2 M$
1	$\dfrac{1}{d}$	1	$\dfrac{1}{d}$
$\dfrac{1}{d}$	$d^2 M$	$d^2 M$	M
$\sqrt{1-\dfrac{d^2}{2}}$	$\dfrac{K}{d}$	$K\sqrt{1-\dfrac{d^2}{2}}$	$\dfrac{K}{d}\left(1-\dfrac{d^2}{2}\right)$
$\dfrac{1}{\sqrt{1-\dfrac{d^2}{2}}}$	$\dfrac{K}{d}\left(1-\dfrac{d^2}{2}\right)$	$K\sqrt{1-\dfrac{d^2}{2}}$	$\dfrac{K}{d}$

Für $x \to \infty$ erhält man

$$f_1 \to 0 \qquad f_2 \to 0 \qquad f_3 \to 1$$

Die Extremwerte von f_1 und f_3 sind gleich groß. Bild **365**.1 zeigt die drei maßstäblich gezeichneten Frequenzgänge (Resonanzkurven) für $d = 0{,}7$.

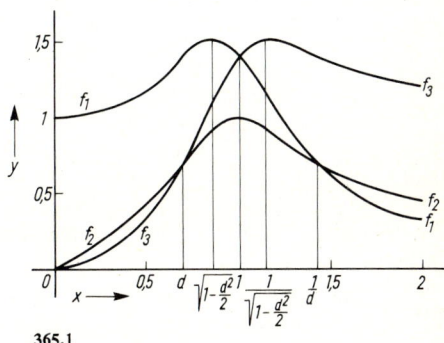

365.1

Beispiel 17 Man bestimme die Wendepunkte der Frequenzgangkurve $f_2(x)$ für $d = 0{,}3$ und zeichne den Graphen.

Aus $f_2' = d\dfrac{1-x^4}{N^3}$ folgt

$$f_2'' = x \cdot d \cdot \frac{2x^6 + (2-d^2)x^4 - 10x^2 + 3(2-d^2)}{N^5}$$

Mit $d = 0{,}3$ ergibt sich aus $f_2'' = 0$ zunächst $x_{01} = 0$ mit $y_{01} = 0$, weiter mit $z = x^2$

$$z^3 + 0{,}955 z^2 - 5z + 2{,}865 = 0$$

Mit dem Horner-Schema (Beispiel 14, S. 118) erhält man $z_1 = 0{,}793$ und $z_2 = 1{,}219$. Die dritte Nullstelle ist negativ, also wegen $x^2 = z$ ohne Bedeutung. Hieraus folgt $x_{02} = 0{,}890$ und $x_{03} = 1{,}104$ sowie $y_{02} = 0{,}789$ und $y_{03} = 0{,}834$. Bild **366**.1 zeigt die Frequenzgangkurve.

Frequenzgang des Phasenwinkels Die Frequenzgänge der drei den Amplituden $f_1(x)$, $f_2(x)$ und $f_3(x)$ entsprechenden Phasenwinkel lauten

$$\psi_1 = \psi = \arctan \frac{dx}{1-x^2} \qquad \psi_2 = \psi + \frac{\pi}{2} \qquad \psi_3 = \psi + \pi \qquad (366.1)$$

Hier wird die Funktion $\psi(x)$ untersucht. Es ist $\psi(0) = 0$, $\psi(1) = \pi/2$ und $\lim_{x \to \infty} \psi = \pi$. Weiter gilt

$$\frac{d\psi}{dx} = d \frac{1+x^2}{(1-x^2)^2 + d^2 x^2} \qquad \frac{d^2\psi}{dx^2} = -2 dx \frac{x^4 + 2x^2 + (d^2 - 3)}{[(1-x^2)^2 + d^2 x^2]^2}$$

Der Frequenzgang hat also keinen Extremwert. Es ist

$$\left.\frac{d\psi}{dx}\right|_0 = d \qquad \left.\frac{d\psi}{dx}\right|_1 = \frac{2}{d} \qquad \lim_{x \to \infty} \frac{d\psi}{dx} = 0$$

Die zweite Ableitung wird Null für

$$x_1 = 0$$
$$x_2 = \sqrt{-1 + \sqrt{4 - d^2}}$$

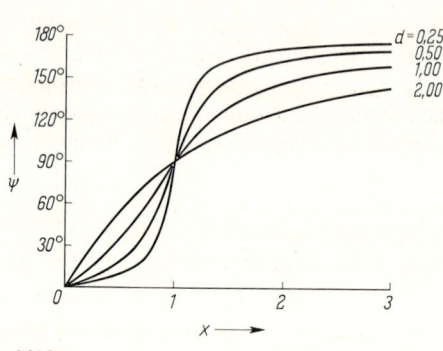

366.1

366.2

Hieraus folgt, daß für $x > 0$ nur dann ein Wendepunkt vorliegt, wenn $d < \sqrt{3}$ gilt. Es ist dann $x_2 < 1$.

In Bild **366.2** sind vier Frequenzgänge gezeichnet. Für $d = 1$ ergibt sich der Wendepunkt (0,856; 1,267), bei $d = 2$ hat der Frequenzgang keinen Wendepunkt.

7.1.7 Aufgaben zu Abschnitt 7.1

1. Mit dem Iterationsverfahren Gl. (345.1) berechne man die Lösungen der folgenden Bestimmungsgleichungen auf vier Stellen hinter dem Komma.
a) $x^2 - \ln x = 2$ (2 pos. Lösungen). b) $\tan x + \arctan x = 2$ (nur kleinste pos. Lösung).

2. Mit dem Newton-Verfahren berechne man die reellen Lösungen der folgenden Bestimmungsgleichungen auf vier Stellen hinter dem Komma.
a) $x^4 - 6{,}75 x^3 + 6{,}75 x^2 - 2{,}25 x + 0{,}25 = 0$
b) $2 \sin x + 2 x^2 - 1 = 0$

3. Bei der Interpolationsrechnung spielen die Polynome $R_n(u) = u(u-1)(u-2)\ldots(u-n+1)$ eine Rolle. Man bestimme die Extremwerte des Polynoms $R_5(u)$.

4. Bei der adiabatischen Gasausströmung aus einer Öffnung (s. Gl. 393.1) entsteht folgende normierte Gleichung

$$y = \sqrt{x^{2/\varkappa} - x^{(\varkappa+1)/\varkappa}}$$

Man berechne die Extremwertabszisse.

5. Gegeben sind n Gleichspannungsquellen, die alle die Quellenspannung U_q und den inneren Widerstand R_i haben. Sie können in Reihe und parallel geschaltet werden. Wann ist bei gegebenem äußeren Widerstand R_a die Stromstärke I am größten? Man schaltet jeweils x der n Spannungsquellen parallel und untersucht $I(x)$. Man rechnet zunächst mit der Variablen x. Die praktisch mögliche Lösung ist dann die x benachbarte ganze Zahl.

6. Bei welchem **Abschußwinkel** α_0 hat eine **Rakete** ihre größte Reichweite e_0 (367.1)? Wie groß ist diese? Es ist $e = R\beta$ und

$$\tan\frac{\beta}{2} = \frac{v_0^2}{gR} \cdot \frac{\sin\alpha \cos\alpha}{1 - \dfrac{v_0^2}{gR}\cos^2\alpha}$$

Dabei ist v_0 die konstante Abschußgeschwindigkeit, g die Fallbeschleunigung, R der Erdradius und α der Abschußwinkel. Es ist $v_0^2/(gR) \equiv \varkappa < 1$.

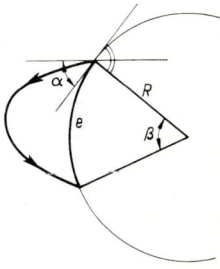

367.1

Schließlich verwende man Näherungsformeln für $\varkappa \ll 1$ und vergleiche dann die erhaltenen Ergebnisse mit den Gleichungen für den schiefen Wurf.
Hinweis: Man berechne zunächst, für welchen Winkel α_0 die Größe $\tan(\beta/2)$ zum Maximum wird.

7. Aus Stämmen mit kreisförmigem Querschnitt sind rechteckige Balken zu schneiden. Wie sind Breite b und Höhe h zu wählen, damit
a) das Widerstandsmoment $W = bh^2/6$
b) das Flächenmoment $I = bh^3/12$
am größten wird? Wie groß sind diese Momente?

8. Man diskutiere folgende Funktionen.
a) $y = x^4 - 6{,}75\,x^3 + 6{,}75\,x^2 - 2{,}25\,x + 0{,}25$ (s. Aufgabe 2a)

b) $y = \dfrac{x^2 - 3x + 4}{2x - 3}$

c) $y = \dfrac{x^3 + 2x^2 - 5x - 6}{x^3 + 6x^2 - 32}$

d) $y = \dfrac{2x\sqrt{x^2 - 4x + 3}}{x^2 + x - 20}$ Hinweis: s. S. 358 unten; x darf nicht unter die Wurzel gezogen werden.

e) $y = \dfrac{\sqrt[3]{x^3 + 2x^2 - x - 2}}{\sqrt{x + 2}}$

Hinweis: Man zerlege in Linearfaktoren und kürze.

f) In der kinetischen Gastheorie spielt die Maxwell-Verteilung eine wichtige Rolle

$$y = \frac{4}{\sqrt{\pi}} x^2 e^{-x^2}$$

g) In der Schwingungslehre tritt im aperiodischen Grenzfall folgende Gleichung auf

$$y = (B_1 + B_2 t) e^{-\delta t}$$

Es sei $B_1 = 5{,}00$ mm, $B_2 = 3{,}87$ mm/s und $\delta = 0{,}333$ s^{-1}.

h) Die augenblickliche elektrische Leistung $P_t = u \cdot i$ mit $u = u_m \cos(\omega t + \varphi)$ und $i = i_m \cos \omega t$ ergibt nach Normieren und Anwendung der Additionstheoreme ($x = \omega t$)

$$y = \cos x \cdot \cos(x + \varphi) = \cos \varphi \cos^2 x - \frac{1}{2} \sin \varphi \sin 2x$$

9. Man bestätige, daß sich bei Anwenden der Näherungsformel

$$\sqrt{1 - \lambda^2 \sin^2 \varphi} \approx 1 - \frac{\lambda^2}{2} \sin^2 \varphi$$

in Gl. (360.2) für den Weg s des Kolbens eines Schubkurbelgetriebes für den Winkel bei maximaler Kolbengeschwindigkeit anstelle von Gl. (360.5) die einfachere Gl. (361.2) ergibt.

7.2 Integralrechnung

7.2.1 Volumen. Schwerpunkt. Moment

Volumen eines Rotationskörpers Rotiert die durch die Abszissen a und b und den Graphen der Funktion $y = f(x)$ bestimmte Fläche (**368.1**) um die x-Achse, so wird ein Rotationskörper erzeugt. Der in Bild 368.1 schraffierte Streifen erzeugt einen flachen Zylinder, dessen Kreisquerschnitt πy_i^2 ist. Das Volumen dieses Zylinders ist $\Delta V_i = \pi y_i^2 \Delta x_i$.

Das Volumen des Rotationskörpers ergibt sich durch Summieren dieser Zylinder bei beliebiger Verfeinerung der Einteilung, d.h. $\max_i \Delta x_i \to 0$

$$V = \lim_{n \to \infty} \sum_{i=1}^{n} \Delta V_i = \lim_{n \to \infty} \sum_{i=1}^{n} \pi y_i^2 \Delta x_i$$

368.1

Es ist dabei gleichgültig, an welcher Stelle der oberen Berandung des Streifens der Punkt mit den Koordinaten $(x_i; y_i)$ angenommen wird, wie bei der Definition des bestimmten Integrals gezeigt wurde. Auf Grund dieser Definition Gl. (290.2) kann man den Grenzwert durch ein bestimmtes Integral darstellen.

Damit wird das Volumen eines zur x-Achse rotationssymmetrischen Körpers

$$V_x = \pi \int_{x_1}^{x_2} f^2(x) \, dx \qquad (368.1)$$

7.2.1 Volumen. Schwerpunkt. Moment 369

Ist $x = g(y)$ die nach x aufgelöste Funktion von $y = f(x)$, so wird das **Volumen eines zur y-Achse rotationssymmetrischen Körpers**

$$V_y = \pi \int_{y_1}^{y_2} g^2(y)\,dy = \pi \int_{g(y_1)}^{g(y_2)} x^2 f'(x)\,dx \tag{369.1}$$

Beweis. Nach Gl. (271.1) ist

$$\Delta y_i = f'(x_i + \lambda \Delta x_i)\,\Delta x_i$$

mit $0 < \lambda < 1$. Hieraus folgt

$$V_y = \lim_{n \to \infty} \sum_{i=1}^{n} \pi x_i^2 \, y'(x_i + \lambda \Delta x_i)\,\Delta x_i$$

und wegen $\lambda \to 0$ für $n \to \infty$ damit Gl. (369.1). □

Das erste Integral hat die Integrationsveränderliche y, daher ist für die Integration $x = g(y)$ einzusetzen. Im zweiten Integral ist x die Integrationsveränderliche, hier ist $y' = f'(x)$ einzusetzen. Diese Substitutionen können auch bei den folgenden Gleichungen durchgeführt werden. Dadurch kann manchmal ein Integrand vereinfacht werden.

Volumen beliebiger Körper werden in Abschn. 10.3.1 behandelt.

Beispiel 1 Man bestimme das Volumen einer konischen Welle (369.1).
Den das Volumen bei Rotation erzeugenden Graphen erhält man aus der Geradengleichung $y = [(D-d)/(2l)]x + d/2$. Dann ist

$$V_x = \pi \int_0^l y^2\,dx = \pi \int_0^l \left[\frac{D-d}{2l}x + \frac{d}{2}\right]^2 dx = \pi \left[\left(\frac{D-d}{2l}\right)^2 \frac{l^3}{3} + d\,\frac{D-d}{2l}\frac{l^2}{2} + \frac{d^2}{4}l\right]$$

$$= \frac{\pi}{12}\,l(D^2 + Dd + d^2)$$

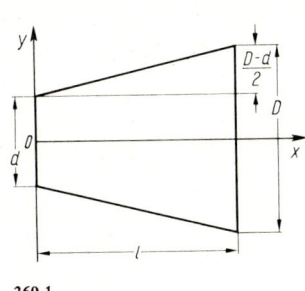

369.1　　　　　369.2

Beispiel 2 Man berechne die Gewichtskraft des in Bild **369.2** dargestellten Halbrundniets (DIN 123). Es ist $d = 16$ mm, $D = 28$ mm, $k = 11{,}5$ mm, $l = 80$ mm und $\gamma = 77{,}0$ N/dm^3. Der Nietkopf ist ein Kugelabschnitt. Nach Pythagoras gilt $(R-k)^2 + (D/2)^2 = R^2$. Man löst nach R auf und erhält

$$R = \frac{D^2}{8k} + \frac{k}{2} = \frac{(28\text{ mm})^2}{8\cdot 11{,}5\text{ mm}} + \frac{11{,}5}{2}\text{ mm} = 14{,}27\text{ mm}$$

$$G = \gamma\pi\left[\int_{k}^{k+l}\left(\frac{d}{2}\right)^2 dx + \int_{0}^{k}(2Rx - x^2)\,dx\right] = \gamma\pi\left[\frac{d^2}{4}l + 2R\cdot\frac{k^2}{2} - \frac{k^3}{3}\right]$$

$$= \gamma\pi\left[\frac{d^2 l}{4} + Rk^2 - \frac{k^3}{3}\right] = 77{,}0\,\frac{\text{N}}{\text{dm}^3}\pi\left(\frac{256}{4}\cdot 80 + 14{,}27\cdot 11{,}5^2 - \frac{11{,}5^3}{3}\right)\text{mm}^3 = 1{,}572\,\text{N}$$

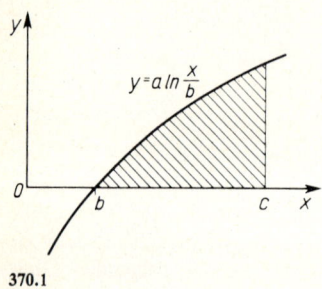

370.1

Beispiel 3 Man berechne das Volumen des Körpers, der durch Rotation der in Bild **370**.1 schraffierten Fläche entsteht.

Es ist $\quad V_x = \pi\int_{b}^{c} a^2\left(\ln\frac{x}{b}\right)^2 dx$

Die Substitution $u = \ln(x/b)$ oder $x = b\,e^u$ liefert $dk(u)/du = b\,e^u$. Damit wird

$$V_x = \pi a^2 b \int_{0}^{\ln(c/b)} u^2 e^u\,du$$

Die zweimalige Produktintegration liefert

$$V_x = \pi a^2 b\left[u^2 e^u - 2u e^u + 2e^u\right]_0^{\ln(c/b)} = \pi a^2 b\, 2\left[e^u\left(\frac{u^2}{2} - u + 1\right)\right]_0^{\ln(c/b)}$$

$$= 2\pi a^2 b\left\{\frac{c}{b}\left[\frac{1}{2}\left(\ln\frac{c}{b}\right)^2 - \ln\frac{c}{b} + 1\right] - 1\right\}$$

Für $a = b = 1$ und $c = 2$ wird $V_x = 0{,}5916$.

Schwerpunkt Zur Berechnung der Schwerpunktkoordinaten benutzt man die Sätze, daß die im Schwerpunkt angreifende Stützkraft F_G entgegengesetzt gleich der Gewichtskraft und daß für eine beliebige Drehachse das statische Moment M der Stützkraft entgegengesetzt gleich der Summe der Momente der Gewichtskräfte aller Körperteilchen ist. Bild **370**.2a zeigt ein mit dem Körper fest verbundenes (x, y, z)-System. Die Gewichtskraft zeigt senkrecht nach unten, also in negative z-Richtung. Wählt man die y-Achse als Drehachse, so erhält man

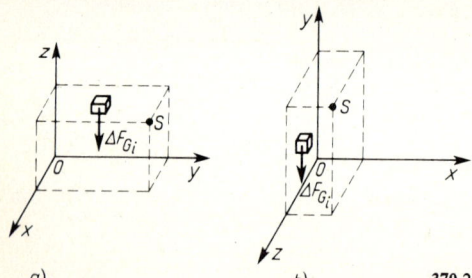

370.2

$$M = F_G\, x_S = \lim_{n\to\infty}\sum_{i=1}^{n} x_i\,\Delta F_{Gi} \quad (370.1)$$

Wählt man die x-Achse als Drehachse, so ergibt sich

$$M = F_G\, y_S = \lim_{n\to\infty}\sum_{i=1}^{n} y_i\,\Delta F_{Gi} \quad (370.2)$$

Um die dritte Koordinate zu erhalten, wird der Körper (und damit auch das Koordinatensystem) gedreht. Die weiterhin senkrecht nach unten wirkende Gewichtskraft zeigt jetzt in Bild **370**.2b in die negative y-Richtung. Wählt man die x-Achse als Drehachse, so erhält man

$$M = F_G\, z_S = \lim_{n\to\infty}\sum_{i=1}^{n} z_i\,\Delta F_{Gi} \qquad (370.3)$$

7.2.1 Volumen. Schwerpunkt. Moment

Wählt man jetzt die z-Achse als Drehachse, erhält man wieder Gl. (370.1).

Durch die **Schwerpunktkoordinaten** x_S, y_S und z_S ist die Lage des Schwerpunkts im Körper bestimmt. Besitzt ein Körper an allen Stellen die gleiche Dichte, so gilt für jedes Teilchen $\Delta F_{Gi} = \varrho\, g\, \Delta V_i$. Da auch $F_G = \varrho\, g\, V$ ist, vereinfacht sich Gl. (370.1)

$$V x_S = \lim_{n \to \infty} \sum_{i=1}^{n} x_i\, \Delta V_i \qquad (371.1)$$

Im weiteren werden nur Körper konstanter Dichte behandelt.

Flächenschwerpunkt In der Festigkeitslehre benötigt man bei der Untersuchung der Beanspruchung durch Biegung und Verdrehung die Schwerpunkte von Querschnittflächen, um die Lage der weder gedehnten noch gestauchten sog. neutralen Faser ermitteln zu können. Zur Veranschaulichung des Begriffs eines Querschnitt- oder Flächenschwerpunkts stelle man sich einen dünnen scheibenförmigen Körper konstanter Dicke d vor. Die x-Koordinate des Schwerpunktes ergibt sich aus dem Moment in bezug auf die y-Achse. Damit erhält man aus Gl. (371.1)

$$x_S\, A\, d = \lim_{n \to \infty} \sum_{i=1}^{n} x_i\, \Delta(A_i\, d)$$

Hieraus erhält man nach Dividieren durch d und einer entsprechenden Betrachtung der Abstände zur x-Achse, also der y-Koordinaten, Bestimmungsgleichungen für die **Koordinaten des Flächenschwerpunktes**

$$A\, x_S = \lim_{n \to \infty} \sum_{i=1}^{n} x_i\, \Delta A_i \qquad A\, y_S = \lim_{n \to \infty} \sum_{i=1}^{n} y_i\, \Delta A_i \qquad (371.2)$$

Teilschwerpunktsatz Nach Bild **371.1** wird eine Fläche A mit dem Schwerpunkt $S(x_S; y_S)$ in zwei Teilflächen A_1 mit dem Schwerpunkt $S_1\ (x_{S1}; y_{S1})$ und A_2 mit dem Schwerpunkt $S_2\ (x_{S2}; y_{S2})$ unterteilt. Aus Gl. (371.2) folgt, da man auch in zwei Abschnitten summieren kann, der **Teilschwerpunktsatz**

$$A\, x_S = A_1\, x_{S1} + A_2\, x_{S2} \qquad A\, y_S = A_1\, y_{S1} + A_2\, y_{S2} \qquad (371.3)$$

Gl. (371.3) gilt für jedes Koordinatensystem. Wählt man das Koordinatenkreuz so, daß beide Teilschwerpunkte auf der x-Achse liegen (**371.1**), so ist $y_{S1} = y_{S2} = 0$, woraus $y_S = 0$ folgt. Deshalb gilt der Satz

Teilt man eine Fläche A in zwei Teile A_1 und A_2, so liegt der Schwerpunkt S von A auf der Verbindungsgeraden der beiden Teilschwerpunkte S_1 und S_2.

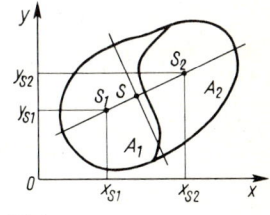

371.1

Dieser Satz gilt allgemein, also für ein Volumen, eine Fläche oder einen Bogen.

Schwerpunktgleichungen in der Integralform Es wird eine in der (x, y)-Ebene liegende Fläche der Größe A untersucht. Die Fläche wird durch eine Rechtecksumme mit Einzelrechtecken $\Delta A_i = y_i\, \Delta x_i$ angenähert. Aus Gl. (371.2) erhält man dann

$$A\, x_S = \lim_{n \to \infty} \sum_{i=1}^{n} x_i\, y_i\, \Delta x_i \qquad (371.4)$$

7.2 Integralrechnung

Die Berechnung der Schwerpunktkoordinate y_S geht vom Teilschwerpunktsatz aus. Das statische Moment des Streifens in bezug auf die x-Achse in Bild **368.1** ist gleich dem Produkt Schwerpunktkoordinate mal Fläche $[(1/2)\,y_i] \cdot y_i\,\Delta x_i$, die Summe aller statischen Momente ergibt

$$A\,y_S = \frac{1}{2}\lim_{n\to\infty}\sum_{i=1}^{n} y_i^2\,\Delta x_i \tag{372.1}$$

Aus dem Grenzwert in Gl. (371.4) und (372.1) erhält man die **Koordinaten für den Flächenschwerpunkt**

$$x_S = \frac{1}{A}\int_a^b x\,y\,\mathrm{d}x \qquad y_S = \frac{1}{2A}\int_a^b y^2\,\mathrm{d}x \tag{372.2}$$

Beispiel 4 Man bestimme den Schwerpunkt eines rechtwinklig-dreieckigen Querschnitts (**372.1**).

Die Gleichung der Begrenzungsgerade ist $y = (b/a)\,x$, weiter ist $A = a\,b/2$. Aus Gl. (372.2) folgt

$$x_S = \frac{1}{A}\int_0^a x\,\frac{b}{a}\,x\,\mathrm{d}x = \frac{2}{a\,b}\,\frac{b}{a}\int_0^a x^2\,\mathrm{d}x = \frac{2}{a^2}\,\frac{a^3}{3} = \frac{2}{3}\,a$$

$$y_S = \frac{1}{2A}\int_0^a \left(\frac{b}{a}x\right)^2\mathrm{d}x = \frac{1}{a\,b}\,\frac{b^2}{a^2}\,\frac{a^3}{3} = \frac{b}{3}$$

Die Schwerpunktkoordinaten liegen also bei einem Drittel der Katheten, vom rechten Winkel aus gerechnet.

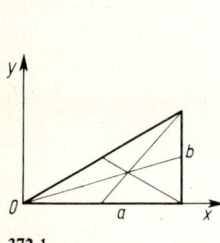

372.1   372.2

Beispiel 5 Wo liegt der **Schwerpunkt** eines **Viertelkreisquerschnitts** (**372.2**)?
Es ist $y^2 = r^2 - x^2$ die Gleichung des Kreises. Aus Symmetrie ist $x_S = y_S$

$$y_S = \frac{1}{2A}\int_0^r (r^2 - x^2)\,\mathrm{d}x = \frac{2}{\pi r^2}\left(r^2\cdot r - \frac{r^3}{3}\right) = \frac{4\,r}{3\,\pi} \tag{372.3}$$

Schwerpunkt von rotationssymmetrischen Körpern Der Schwerpunkt liegt bei rotationssymmetrischen Körpern auf der Rotationsachse, die als x-Achse gewählt wird. Es interessiert daher nur die x-Koordinate x_S.

Nach Gl. (371.1) ist

$$V_x x_S = \lim_{n\to\infty} \sum_{i=1}^{n} x_i \Delta V_i.$$

In Bild **368**.1 ist eine Fläche dargestellt. Rotiert diese Fläche um die x-Achse, so erzeugt sie einen rotationssymmetrischen Körper. Der im Bild schraffierte Streifen erzeugt dabei eine Scheibe, also einen flachen Zylinder. Für diese Scheibe gilt $\Delta V_i = \pi y_i^2 \Delta x_i$. Hieraus folgt beim Bilden des Grenzwertes die Lage des Schwerpunktes eines zur x-Achse rotationssymmetrischen Körpers

$$x_S = \frac{\pi}{V_x} \int_a^b x\, y^2\, dx \tag{373.1}$$

Beispiel 6 Wo liegt der Schwerpunkt einer konischen Welle?
Die Funktionsgleichung der Kontur und das Volumen wurden bereits in Beispiel 1, S. 369, bestimmt (**369**.1). Es ist

$$x_S = \frac{\pi}{V_x} \int_0^l \left[\left(\frac{D-d}{2l}\right)^2 x^3 + d\,\frac{D-d}{2l} x^2 + \frac{d^2}{4} x\right] dx$$

$$= \frac{\pi}{V_x} \frac{l^2}{48} (3 D^2 - 6 D d + 3 d^2 + 8 D d - 8 d^2 + 6 d^2) = \frac{l}{4} \frac{3 D^2 + 2 D d + d^2}{D^2 + D d + d^2}$$

Beispiel 7 Man berechne den Schwerpunkt des in Beispiel 3, S. 370, beschriebenen Rotationskörpers. — Nach Gl. (373.1) ist

$$x_S = \frac{\pi}{V_x} \int_b^c x \cdot \left(a \ln \frac{x}{b}\right)^2 dx = \frac{\pi a^2}{V_x} \int_b^c x \left(\ln \frac{x}{b}\right)^2 dx$$

Mit $u = \ln(x/b)$, $x = k(u) = b\, e^u = dk(u)/du$ ergibt sich

$$x_S = \frac{\pi a^2}{V_x} b^2 \int_0^{\ln(c/b)} u^2\, e^{2u}\, du$$

Zweimalige Produktintegration liefert

$$x_S = \frac{\pi a^2 b^2}{V_x} \left[\frac{u^2}{2} e^{2u} - \frac{u}{2} e^{2u} + \frac{1}{4} e^{2u}\right]_0^{\ln(c/b)} = \frac{\pi a^2 b^2}{2 V_x} \left[(e^u)^2 \left(u^2 - u + \frac{1}{2}\right)\right]_0^{\ln(c/b)}$$

$$= \frac{\pi a^2 b^2}{2 V_x} \left\{\left(\frac{c}{b}\right)^2 \left[\left(\ln \frac{c}{b}\right)^2 - \ln \frac{c}{b} + \frac{1}{2}\right] - \frac{1}{2}\right\}$$

Mit der Lösung von Beispiel 3, S. 370, erhält man

$$x_S = \frac{b}{4} \frac{\left(\frac{c}{b}\right)^2 \left[\left(\ln \frac{c}{b}\right)^2 - \ln \frac{c}{b} + \frac{1}{2}\right] - \frac{1}{2}}{\frac{c}{b}\left[\frac{1}{2}\left(\ln \frac{c}{b}\right)^2 - \ln \frac{c}{b} + 1\right] - 1}$$

x_S ist von a unabhängig, für $b = 1$ und $c = 2$ ergibt sich $x_S = 1{,}7237$.

Momente zweiten Grades

Massenträgheitsmomente Die Energie einer punktförmigen Masse, die sich in einer gleichförmigen geradlinigen Bewegung befindet, ist $W = m v^2/2$. Bei einer Drehbewegung mit der Winkelgeschwindigkeit ω, wobei der Massenpunkt den Abstand r von der Drehachse hat, gilt $v = r \omega$, also $W = (m/2)(r \omega)^2$. Bei einem starren Körper gilt diese Beziehung für jedes Massenteilchen, außerdem ist die Winkelgeschwindigkeit ω für alle Teilchen gleich. Daher ist die Gesamtenergie bei der Drehbewegung

$$W = \frac{\omega^2}{2} \lim_{n \to \infty} \sum_{i=1}^{n} r_i^2 \, \Delta m_i \tag{374.1}$$

Definition Der Grenzwert der Summe in Gl. (374.1) heißt das **Massenträgheitsmoment**

$$J = \lim_{n \to \infty} \sum_{i=1}^{n} r_i^2 \, \Delta m_i \tag{374.2}$$

Es wird auch **Moment zweiten Grades** genannt.

Das Massenträgheitsmoment hat für die Drehbewegung die gleiche Bedeutung wie die Masse für die geradlinige Bewegung, entsprechend den dynamischen Grundgesetzen $F = m a$ (geradlinige Bewegung) und $M = J \dot\omega$ (Drehbewegung). Bei homogenen Körpern (konstante Dichte) gilt

$$J = \varrho \lim_{n \to \infty} \sum_{i=1}^{n} r_i^2 \, \Delta V_i \tag{374.3}$$

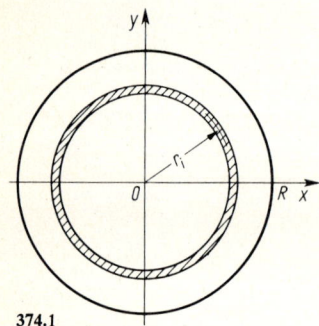

374.1

Die Abstände der Massenteilchen von der Drehachse seien r_i. Wird die Drehachse nicht besonders erwähnt, so ist die Symmetrieachse des Körpers gemeint. In Bild **374.1** ist der Querschnitt eines Zylinders, z. B. einer Welle, gegeben.

Als Volumenelemente wählt man Hohlzylinder (**374.1**). Dann ist

$$\Delta V_i = \pi h \left[\left(r_i + \frac{1}{2} \Delta r_i \right)^2 - \left(r_i - \frac{1}{2} \Delta r_i \right)^2 \right]$$
$$= 2 \pi h r_i \, \Delta r_i$$

Beim Bilden des Grenzwertes ergibt sich

$$J = \varrho \lim_{n \to \infty} \sum_{i=1}^{n} r_i^2 \, 2 \pi r_i h \, \Delta r_i = 2 \pi h \varrho \int_0^R r^3 \, dr = \frac{\pi}{2} R^4 h \varrho \tag{374.4}$$

Setzt man die Masse des Zylinders $m = \pi h R^2 \varrho$ in Gl. (374.4) ein, so ergibt sich als Massenträgheitsmoment eines Zylinders bezüglich seiner Symmetrieachse

$$J = m \frac{R^2}{2} \tag{374.5}$$

Um das Massenträgheitsmoment eines rotationssymmetrischen Körpers zu bestimmen (**368.1**), summiert man die Massenträgheitsmomente dünner Scheiben. Aus Gl. (374.4) ergibt sich mit $R = y_i$ und $h = \Delta x_i$

$$\Delta J_i = \frac{\pi}{2} \varrho \, y_i^4 \, \Delta x_i$$

Damit wird das Massenträgheitsmoment eines zur x-Achse rotationssymmetrischen Körpers

$$J_x = \lim_{n \to \infty} \sum_{i=1}^{n} \Delta J_i = \frac{\pi}{2} \varrho \int_a^b y^4 \, dx = \frac{m\pi}{2V_x} \int_a^b y^4 \, dx \qquad (375.1)$$

Beispiel 8 Zwei Zylinder gleicher Masse und gleicher äußerer Abmessungen rollen eine schiefe Ebene hinunter. Der eine Zylinder (aus einem schweren Material) ist hohl. Welcher Zylinder rollt schneller?
Die Newton-Gleichung für Drehbewegungen lautet $M = J\dot{\omega}$. Dabei ist $\dot{\omega}$ die Winkelbeschleunigung. Das äußere Moment M ist für beide Zylinder gleich groß. Um die Trägheitsmomente zu vergleichen, ist das Massenträgheitsmoment eines Hohlzylinders J_H zu bestimmen. Nach Gl. (374.4) ist

$$J_H = 2\pi h \varrho \int_{R_1}^{R_2} r^3 \, dr = \frac{\pi}{2} h \varrho (R_2^4 - R_1^4) = \frac{m}{2}(R_2^2 + R_1^2)$$

da $m = \pi h (R_2^2 - R_1^2) \varrho$ ist. Das Trägheitsmoment des Vollzylinders ist $J_V = (m/2) R_2^2$. Da das Moment M konstant ist und $J_V < J_H$ gilt, ist $\dot{\omega}_V > \dot{\omega}_H$. Der Vollzylinder rollt also schneller.

Beispiel 9 Wie groß ist das Massenträgheitsmoment einer Kugel vom Radius R?
Nach Gl. (375.1) ist (mit Koordinatenanfangspunkt im Kugelmittelpunkt) wegen $V = 4\pi R^3/3$

$$J_x = \frac{\pi}{2} \frac{m}{V_x} 2 \int_0^R (R^2 - x^2)^2 \, dx = \frac{3m}{4R^3} \int_0^R (R^4 - 2R^2 x^2 + x^4) \, dx$$

$$= \frac{3m}{4R^3} \left(R^4 \cdot R - 2R^2 \frac{R^3}{3} + \frac{R^5}{5} \right) = \frac{2}{5} m R^2$$

Beispiel 10 Man bestimme das Massenträgheitsmoment eines Kegels mit der Höhe h und dem Grundkreisradius R.

$$J_x = \frac{\pi m}{2V_x} \int_0^h \left(\frac{R}{h} \cdot x \right)^4 dx = \frac{3m}{2hR^2} \frac{R^4}{h^4} \frac{h^5}{5} = \frac{3}{10} m R^2$$

Beispiel 11 Man bestimme das Massenträgheitsmoment eines Zylinders (z.B. einer Welle) bezüglich einer in der Mitte der Welle auf der Wellenachse (z-Achse) senkrecht stehenden Drehachse (x-Achse), s. Bild 375.1.
Ein Massenelement $\Delta m_i = \varrho \, \Delta V_i$ im Abstand z_i von der Drehachse, dessen Projektion in der (x, y)-Ebene im Abstand y_i von der Drehachse (x-Achse) liegt, hat das Trägheitsmoment

$$\varrho \, (y_i^2 + z_i^2) \, \Delta V_i = \varrho \, (y_i^2 + z_i^2) \, \Delta A_i \, \Delta z_i$$

wenn ΔA_i die Projektionsfläche des Massenteilchens im Grundriß

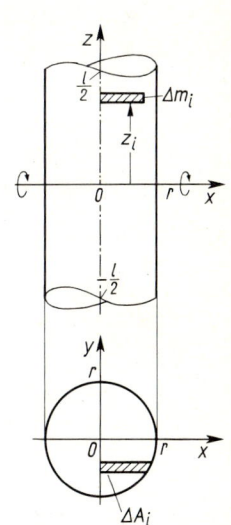

375.1

ist. Summiert man alle diese Teilchen parallel zur Wellenachse, so wird

$$\Delta J_i = \varrho\,\Delta A_i\,2\int_0^{l/2}(y_i^2 + z^2)\,\mathrm{d}z = 2\,\varrho\,\Delta A_i\left(y_i^2\,\frac{l}{2} + \frac{l^3}{24}\right) = \varrho\,l\,\Delta A_i\left(y_i^2 + \frac{l^2}{12}\right)$$

Summiert man über alle Flächenteilchen ΔA_i im Grundriß, so erhält man

$$J_x = \varrho\,l\,\lim_{n\to\infty}\left[\sum_{i=1}^{n} y_i^2\,\Delta A_i + \frac{l^2}{12}\sum_{i=1}^{n}\Delta A_i\right] \qquad (376.1)$$

Beide Integrale sind über die Kreisfläche zu rechnen. Das zweite Integral ergibt die Kreisfläche $\pi\,r^2$. Für das erste Integral I_1 ist das Flächenteilchen $\Delta A_i = (r^2 - y_i^2)^{1/2}\,\Delta y_i$. Dann gilt

$$I_1 = 4\int_0^r y^2\,\sqrt{r^2 - y^2}\,\mathrm{d}y \qquad (376.2)$$

Das Integral

$$I = \int_0^a x^2\,\sqrt{a^2 - x^2}\,\mathrm{d}x = \frac{a^4\,\pi}{16}$$

ist in Beispiel 22, S. 342, berechnet.
Damit wird aus Gl. (376.2)

$$J_x = \varrho\,l\left(\frac{\pi}{4}\,r^4 + \frac{l^2}{12}\,\pi\,r^2\right) = \varrho\,\frac{\pi}{12}\,l\,r^2\,(l^2 + 3\,r^2)$$

Führt man noch die Masse $m = \varrho\,l\,\pi\,r^2$ ein, so ergibt sich schließlich

$$J_x = \frac{m}{12}\,(l^2 + 3\,r^2)$$

Für dünne Wellen ($r \ll l$) erhält man die Näherungsformel

$$J_x \approx \frac{m}{12}\,l^2$$

Diese Näherungsformel gilt auch für schlanke rechteckige Stäbe ($b, h \ll l$) mit dem Querschnitt $b\,h$, wenn man $m = \varrho\,l\,b\,h$ einsetzt, s. hierzu auch Beispiel 5, S. 468.

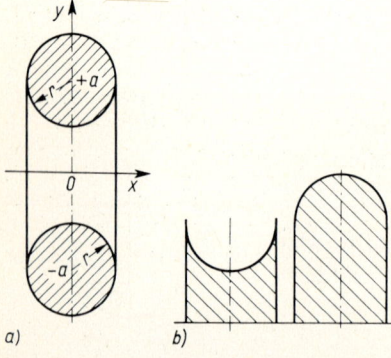

a)   b)
376.1

Beispiel 12 Man berechne das Massenträgheitsmoment eines Kreisringkörpers (Torus), s. Bild **376.1**a.

Nach Gl. (375.1) ist das Massenträgheitsmoment bezüglich der Symmetrieachse des Körpers

$$J_x = \frac{\pi\,m}{2\,V_x}\int_{-r}^{r} y^4\,\mathrm{d}x \qquad (376.3)$$

Nach Bild **376.1**b kann man den Kreisringkörper als die Differenz der beiden durch den oberen und den unteren Halbkreis erzeugten rotationssymmetrischen Körper ansehen.

7.2.1 Volumen. Schwerpunkt. Moment 377

Die Gleichung des oberen Kreises in Bild 376.1a ist

$$x^2 + (y - a)^2 = r^2$$

Die Gleichungen der beiden Halbkreise sind dann

$$f_o(x) = a + \sqrt{r^2 - x^2} \qquad f_u(x) = a - \sqrt{r^2 - x^2} \qquad (377.1)$$

Da die y-Achse den Körper symmetrisch schneidet, genügt es, zweimal das Integral von Null bis r zu nehmen

$$J_x = \frac{\pi m}{V_x} \int_0^r (f_o^4 - f_u^4)\, dx \qquad (377.2)$$

Aus Gl. (377.1) folgt

$$f_o^2 - f_u^2 = 4a\sqrt{r^2 - x^2}$$

$$f_o^4 - f_u^4 = 8a\left[(a^2 + r^2)\sqrt{r^2 - x^2} - x^2\sqrt{r^2 - x^2}\right]$$

Nach Gl. (368.1) ist

$$V_x = 2\pi \int_0^r (f_o^2 - f_u^2)\, dx = 8a\pi \int_0^r \sqrt{r^2 - x^2}\, dx$$

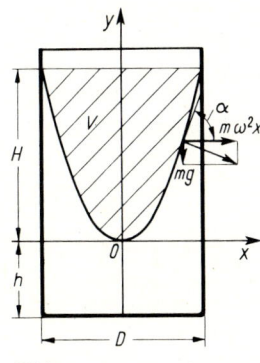

377.1

Das Integral stellt die Fläche eines Viertelkreises dar. Daher gilt

$$V_x = 8a\pi \frac{\pi}{4} r^2 = 2a\pi^2 r^2$$

Damit folgt aus Gl. (377.2) $\hspace{4cm}$ (377.3)

$$J_x = \frac{4m}{\pi r^2}\left[(a^2 + r^2)\int_0^r \sqrt{r^2 - x^2}\, dx - \int_0^r x^2\sqrt{r^2 - x^2}\, dx\right]$$

Das erste Integral stellt die Fläche des Viertelkreises dar; das zweite Integral ist nach Beispiel 11, S. 375, gleich $\pi r^4/16$. Hiermit wird

$$J_x = \frac{4m}{\pi r^2}\left[(a^2 + r^2)\frac{\pi}{4}r^2 - \frac{\pi}{16}r^4\right] = m\left(a^2 + \frac{3}{4}r^2\right)$$

Beispiel 13 Eine Zentrifuge (377.1) mit einem Durchmesser $D = 20$ cm, die mit $V_0 = 50$ l Wasser gefüllt ist, rotiert mit einer Drehzahl $n = 400$ min^{-1}. Es wird vorausgesetzt, daß alle Wasserteilchen die gleiche Winkelgeschwindigkeit ω haben. Man bestimme die dafür erforderliche kinetische Energie $W = J\omega^2/2$.

Zur Ermittlung des Massenträgheitsmoments benötigt man die Gleichung der Schnittkurve zwischen Flüssigkeitsoberfläche und einer Ebene durch die Drehachse. Dieser Graph ergibt sich aus der Bedingung, daß die aus der Schwerkraft mg und der Zentrifugalkraft $m\omega^2 x$ resultierende Kraft senkrecht auf der Tangente an diese Schnittkurve steht. Es ist $\tan \alpha = y' = m\omega^2 x/(mg)$, woraus $y = f(x) = \int y'\, dx = \omega^2 x^2/(2g) + c$, also die Gleichung einer Parabel folgt. Da das Koordinatensystem so angeordnet ist, daß der Scheitel der Parabel im Ursprung liegt, wird die Integrationskonstante $c = 0$, denn aus $x = 0$ folgt $y = 0$. Weiter ist $f(D/2) = H = \omega^2 D^2/(8g)$. Für das lichte Volumen V gilt $V = \pi D^2 (H + h)/4 - V_0$. Nach Gl. (369.1) ist

$$V_y = \pi \int_0^H x^2\, dy = \pi \frac{2g}{\omega^2}\int_0^H y\, dy = \frac{\pi g H^2}{\omega^2} = \frac{\pi}{4} D^2 \frac{H}{2} \qquad \text{also} \qquad h = \frac{4V_0}{\pi D^2} - \frac{H}{2}$$

7.2 Integralrechnung

Nach Gl. (374.4) und (375.1) ergibt sich als Differenz zweier Massenträgheitsmomente

$$J_y = \frac{\pi}{2} \varrho \left(\frac{D}{2}\right)^4 (H+h) - \frac{\pi}{2} \varrho \int_0^H \frac{4 g^2 y^2}{\omega^4} \, dy = \frac{\pi}{8} \varrho D^2 \left(\frac{V_0}{\pi} + \frac{H D^2}{24}\right)$$

Hieraus erhält man mit $\omega = 2\pi n$ die kinetische Energie

$$W = \frac{\omega^2}{2} J_y = \frac{\varrho}{16} \omega^2 D^2 \left(V_0 + \frac{\pi \omega^2 D^4}{192 g}\right) = \frac{\varrho}{4} \pi^2 n^2 D^2 \left(V_0 + \frac{\pi^3 n^2 D^4}{48 g}\right) = 240 \text{ J}$$

Flächenmoment

Bedeutung in der Mechanik. Biegegleichung Die Flächenmomente einer Querschnittfläche und das von diesem hergeleitete Widerstandsmoment und der Trägheitsradius sind bei Untersuchungen der Festigkeitslehre erforderlich. Flächenmomente werden auch als Momente zweiten Grades bezeichnet.

Durch ein angreifendes Moment M wird ein gerades Balkenstück (378.1a) verbogen (378.1b). Es wird angenommen, daß die vor der Verformung ebenen seitlichen Begrenzungsflächen eben bleiben. Die oberen Randfasern werden gestaucht, die unteren verlängert. Dazwischen liegt eine Faserschicht, deren Länge sich nicht ändert; dies ist die neutrale Schicht (Nullschicht). Die neutrale Schicht schneidet die Querschnittebene in der Nullinie (378.1c). Die Nullinie wird als y-Achse und die Symmetrieachse des symmetrisch angenommenen Querschnitts als z-Achse gewählt. Die x-Achse ist die Balkenachse. Unter Annahme der Gültigkeit des Hookeschen Gesetzes $\varepsilon = \sigma/E$ sind die Spannungen linear über den Querschnitt verteilt. Auf das Flächenelement ΔA_i im Abstand z_i von der Nullinie wirkt eine Kraft $\Delta F_i = \Delta A_i \cdot \sigma_1 \cdot z_i/e_1$. Wirkt auf die Querschnittfläche keine Normalkraft ein, so gilt

$$F = \lim_{n \to \infty} \sum_{i=1}^n \Delta F_i = \lim_{n \to \infty} \sum_{i=1}^n \sigma_i \Delta A_i = \lim_{n \to \infty} \sum_{i=1}^n \frac{\sigma_1}{e_1} z_i \Delta A_i = \frac{\sigma_1}{e_1} \lim_{n \to \infty} \sum_{i=1}^n z_i \Delta A_i = 0$$

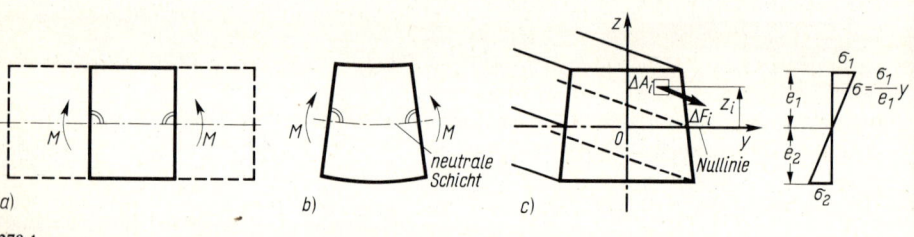

378.1

Der letzte Term kann als das auf die y-Achse durch den Schwerpunkt bezogene statische Moment der Querschnittfläche gedeutet werden und ist deshalb Null (Moment ersten Grades); die Nullinie ist demnach Schwerachse. Die Summe aller Momente $\Delta M_i = -z_i \Delta F_i$ bezogen auf die y-Achse ist gleich dem angreifenden Moment

$$M = -\lim_{n \to \infty} \sum_{i=1}^n z_i \Delta F_i = -\lim_{n \to \infty} \sum_{i=1}^n z_i \frac{\sigma_1}{e_1} z_i \Delta A_i = -\frac{\sigma_1}{e_1} \lim_{n \to \infty} \sum_{i=1}^n z_i^2 \Delta A_i$$

Aus dieser Überlegung folgen die

7.2.1 Volumen. Schwerpunkt. Moment

Definitionen

Axiales Flächenmoment bezüglich der y-Achse

$$I_y = \lim_{n \to \infty} \sum_{i=1}^{n} z_i^2 \, \Delta A_i \tag{379.1}$$

Axiales Flächenmoment bezüglich der z-Achse

$$I_z = \lim_{n \to \infty} \sum_{i=1}^{n} y_i^2 \, \Delta A_i \tag{379.2}$$

Gemischtes Flächenmoment bezüglich y- und z-Achse

$$I_{yz} = \lim_{n \to \infty} \sum_{i=1}^{n} y_i z_i \, \Delta A_i \tag{379.3}$$

Polares Flächenmoment bezüglich des Koordinatenursprungs

$$I_p = \lim_{n \to \infty} \sum_{i=1}^{n} r_i^2 \, \Delta A_i \tag{379.4}$$

Hierin ist ΔA_i ein Flächenelement, y_i, z_i, r_i seine Abstände von der z-Achse, der y-Achse und vom Koordinatenursprung. Die y- und die z-Achse sind bei diesen Definitionen i. allg. keine Achsen durch den Schwerpunkt.

Nach Pythagoras ist $r_i^2 = y_i^2 + z_i^2$. Daher gilt

$$I_p = I_y + I_z \tag{379.5}$$

Das Flächenmoment steht in keinem physikalischen Zusammenhang mit dem Massenträgheitsmoment, weshalb die manchmal noch benutzte Bezeichnung Flächenträgheitsmoment irreführend ist. Sie ist aus der Analogie der mathematischen Gleichungen erklärbar.

Das gemischte Flächenmoment wird auch Deviationsmoment oder Zentrifugalmoment genannt. Das polare Flächenmoment benötigt man bei Torsionsuntersuchungen von Kreisquerschnitten.

Aus vorstehenden Definitionen werden Integraldarstellungen hergeleitet, wobei auf eine Gleichung für das polare Flächenmoment wegen Gl. (379.5) verzichtet werden kann.

Zur Bestimmung von I_z wählt man $\Delta A_i = z_i \, \Delta y_i$ (**379.1**). Es ist dabei, wie bereits auf S. 368 gesagt, gleichgültig, an welcher Stelle der oberen Berandung der Punkt mit den Koordinaten $(y_i; z_i)$ angenommen wird, da beim Bilden des Grenzwertes $\Delta y_i \to 0$ die obere Berandung des Streifens auf einen Punkt zusammengezogen wird. Es gilt

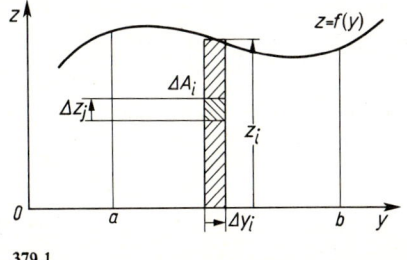

379.1

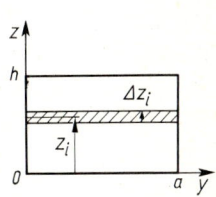

379.2

$$I_z = \lim_{n\to\infty} \sum_{i=1}^{n} y_i^2 \, z_i \, \Delta y_i \tag{380.1}$$

Das Flächenmoment I_y wird zunächst für die Grundlinie eines rechteckigen Querschnitts berechnet (**379.2**).
Hier ist $\Delta A_i = a \, \Delta z_i$ und

$$I_y = \lim_{n\to\infty} \sum_{i=1}^{n} z_i^2 \, a \, \Delta z_i = a \int_0^h z^2 \, dz = \frac{a}{3} h^3 \tag{380.2}$$

Jetzt werden die Flächenmomente der rechteckigen Streifen (**379.1**) summiert, wobei für a die Größe Δy_i und für h die Größe z_i zu setzen ist

$$I_y = \lim_{n\to\infty} \sum_{i=1}^{n} \frac{z_i^3}{3} \Delta y_i \tag{380.3}$$

Zur Berechnung des gemischten Flächenmoments I_{yz} werden als Flächenelemente kleine Rechtecke $\Delta A_i = \Delta y_i \, \Delta z_j$ gewählt (**379.1**). Mit ΔI_{yzi} wird das gemischte Flächenmoment des i-ten Streifens bezeichnet

$$\Delta I_{yzi} = \lim_{n\to\infty} \sum_{j=1}^{n} y_i \, z_j \, \Delta y_i \, \Delta z_j = y_i \, \Delta y_i \int_0^{z_i} z \, dz = y_i \, \Delta y_i \, \frac{1}{2} z_i^2$$

weil y_i und Δy_i beim Summieren über den Streifen konstant sind. Damit wird

$$I_{yz} = \lim_{n\to\infty} \sum_{i=1}^{n} \Delta I_{zyi} = \frac{1}{2} \lim_{n\to\infty} \sum_{i=1}^{n} y_i \, z_i^2 \, \Delta y_i \tag{380.4}$$

Bildet man in den Gl. (380.3), (380.1) und (380.4) den Grenzwert, so erhält man die Integraldarstellungen der **Flächenmomente**

$$I_y = \frac{1}{3} \int_a^b z^3 \, dy \qquad I_z = \int_a^b y^2 \, z \, dy \qquad I_{yz} = \frac{1}{2} \int_a^b y \, z^2 \, dy \tag{380.5}$$

Diese Gleichungen gelten für Flächenstücke, deren untere Begrenzung die y-Achse ist. Anderenfalls ist die Summe oder Differenz der Flächenmomente zweier Flächenstücke zu berechnen.

Beispiel 14 Man bestimme die Flächenmomente für einen **rechteckigen Querschnitt** bezüglich der Rechteckseiten (**379.2**).
I_y ist in Gl. (380.2) berechnet, für I_z und I_{yz} erhält man

$$I_z = \int_0^a y^2 \, h \, dy = \frac{a^3 h}{3} \qquad I_{yz} = \frac{1}{2} \int_0^a y \, h^2 \, dy = \frac{a^2 h^2}{4}$$

Beispiel 15 Man berechne das Flächenmoment für einen **dreieckigen Querschnitt** bezüglich einer Seite (**381.1**).

Als Bezugsachse wird die y-Achse gewählt. Für das linke rechtwinklige Dreieck ist

$$I_{y1} = \frac{1}{3} \int_0^p \left(\frac{h}{p} y\right)^3 dy = \frac{1}{3} \frac{h^3}{p^3} \frac{p^4}{4} = \frac{p h^3}{12}$$

Entsprechend gilt für das danebenliegende rechtwinklige Dreieck $I_{y2} = q h^3/12$, woraus $I_y = I_{y1} + I_{y2} = c h^3/12$ folgt.

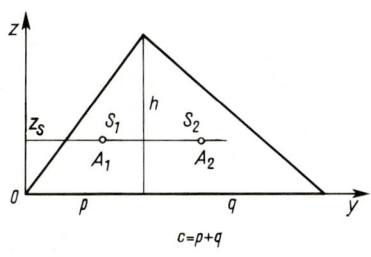

381.1   381.2

Steiner-Satz Bei der Berechnung der Biegung eines Balkens benötigt man das Flächenmoment bezüglich einer durch den Schwerpunkt gehenden Achse. Zur Berechnung von Flächenmomenten eignen sich aber meist andere Achsen. Der Steiner-Satz, auch Verschiebungssatz genannt, erlaubt es, das Flächenmoment bezüglich einer Achse auf eine dazu parallele Achse umzurechnen.

Gegeben ist die Fläche A in einem (y, z)-Koordinatensystem (**381.2**). Das (u, v)-System ist ein dazu achsenparalleles System, in dessen Nullpunkt der Flächenschwerpunkt S liegt. Die u- und v-Achse heißen Schwerachsen, I_u und I_v Eigenflächenmomente. Mit $y = y_S + u$ und $z = z_S + v$ wird

$$I_y = \lim_{n \to \infty} \sum_{i=1}^n z_i^2 \Delta A_i = \lim_{n \to \infty} \sum_{i=1}^n (z_S + v_i)^2 \Delta A_i$$

$$= \lim_{n \to \infty} \sum_{i=1}^n z_S^2 \Delta A_i + \lim_{n \to \infty} \sum_{i=1}^n 2 z_S v_i \Delta A_i + \lim_{n \to \infty} \sum_{i=1}^n v_i^2 \Delta A_i$$

Es sind $\lim_{n \to \infty} \sum_{i=1}^n \Delta A_i$ die Fläche A, $\lim_{n \to \infty} \sum_{i=1}^n v_i \Delta A_i$ das statische Moment und $\lim_{n \to \infty} \sum_{i=1}^n v_i^2 \Delta A_i$ das Flächenmoment I_u. Da die u-Achse durch den Schwerpunkt geht, ist das statische Moment gleich Null. Hieraus ergibt sich der Steiner-Satz

$$I_u = I_y - z_S^2 A \qquad I_v = I_z - y_S^2 A \qquad (381.1)$$

Dieser Satz gilt nur, wenn die u- und v-Achse Schwerachsen sind, dann aber auch für Massenträgheitsmomente.

Beispiel 16 Man berechne das Eigenflächenmoment eines rechteckigen Querschnitts bezüglich einer zur Seite h parallelen Schwerachse (**379.2**).

$$I_v = I_z - \left(\frac{a}{2}\right)^2 a h = \frac{a^3 h}{3} - \frac{a^3 h}{4} = \frac{a^3 h}{12}$$

Beispiel 17 Wie groß ist das Eigenflächenmoment für einen dreieckigen Querschnitt bezüglich der zur Seite c parallelen Schwerachse (381.1)?

$$I_u = I_y - \left(\frac{h}{3}\right)^2 \frac{c\,h}{2} = \frac{c\,h^3}{12} - \frac{c\,h^3}{18} = \frac{c\,h^3}{36}$$

Beispiel 18 Man bestimme das Flächenmoment der Viertelkreisfläche bez. einer Tangente in einem Eckpunkt ($\bar{y}$-Achse durch B in Bild 382.1).

Zunächst wird I_y berechnet, da dies das einfachste Integral liefert. Aus dem Satz von Steiner Gl. (381.1) folgen die Gleichungen

$$I_y = I_u + z_S^2\,A \qquad I_{\bar{y}} = I_u + (r - z_S)^2\,A$$

Durch Elimination von I_u folgt

$$I_{\bar{y}} = I_y + (r^2 - 2\,r\,z_S)\,A$$

Setzt man $A = \pi\,r^2/4$ und $z_S = 4\,r/3\,\pi$ nach Gl. (372.3), so erhält man

$$I_{\bar{y}} = I_y + \left(\frac{\pi}{4} - \frac{2}{3}\right) r^4$$

Nach Gl. (380.5) ist wegen $z = \sqrt{r^2 - y^2}$

382.1

$$I_y = \frac{1}{3} \int_0^r (r^2 - y^2)^{3/2}\,dy$$

Mit $y = r \sin u$ und $dk(u)/du = r \cos u$ ergibt sich

$$I_y = \frac{1}{3} r^4 \int_0^{\pi/2} \cos^4 u\,du$$

Durch die trigonometrische Umformung Gl. (143.9)

$$\cos^4 \alpha = \frac{1}{8}(3 + 4 \cos 2\alpha + \cos 4\alpha)$$

wird hieraus

$$I_y = \frac{1}{3} r^4 \left[\frac{3}{8} \int_0^{\pi/2} du + \frac{1}{2} \int_0^{\pi/2} \cos 2u\,du + \frac{1}{8} \int_0^{\pi/2} \cos 4u\,du \right]$$

Man substituiert

$$\int_0^{\pi/2} \cos 2u\,du = \frac{1}{2} \int_0^{\pi} \cos v\,dv \quad \text{und} \quad \int_0^{\pi/2} \cos 4u\,du = \frac{1}{4} \int_0^{2\pi} \cos w\,dw$$

Diese beiden Integrale werden Null. Daher ist

$$I_y = \frac{1}{3} r^4 \frac{3}{8} \frac{\pi}{2} = \frac{\pi}{16} r^4$$

und damit

$$I_{\bar{y}} = \frac{\pi}{16} r^4 + \left(\frac{\pi}{4} - \frac{2}{3}\right) r^4 = \left(\frac{5\pi}{16} - \frac{2}{3}\right) r^4 = 0{,}3150\,r^4$$

7.2.2 Bogenlänge. Oberfläche. Guldin-Regeln

Bogenlänge Die Länge s eines Bogens wird durch die Länge

$$\sum_{i=1}^{n} \Delta s_i$$

eines Sehnenpolygons angenähert (383.1). Die Annäherung wird um so besser, je kleiner die Teilstücke Δs_i sind. Läßt man alle Δs_i gegen Null streben und damit $n \to \infty$, so erhält man die Bogenlänge s. Mit $l_x = l_y$ folgt aus Bild 383.1 die Gleichung

$$(\Delta s_i)^2 = (\Delta x_i)^2 + (\Delta y_i)^2 \quad \text{oder} \quad \Delta s_i = \sqrt{1 + \left(\frac{\Delta y_i}{\Delta x_i}\right)^2} \Delta x_i \quad (383.1)$$

Damit ist die Bogenlänge

$$s = \lim_{n \to \infty} \sum_{i=1}^{n} \Delta s_i = \lim_{n \to \infty} \sum_{i=1}^{n} \sqrt{1 + \left(\frac{\Delta y_i}{\Delta x_i}\right)^2} \Delta x_i$$

Nach Gl. (250.3) gilt

$$\lim_{\Delta x_i \to 0} \frac{\Delta y_i}{\Delta x_i} = \frac{dy}{dx} = y'$$

Damit erhält man für die Bogenlänge den Grenzwert

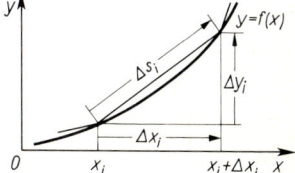

383.1

$$s = \int_a^b \sqrt{1 + y'^2}\, dx \quad (383.2)$$

Schwerpunktkoordinaten des Bogens. Entsprechend der Erklärung des statischen Moments einer Fläche in Abschn. 7.2.1 ist das statische Moment eines Bogens die Summe der Produkte Abstand mal Bogenelement

$$s\, x_S = \lim_{n \to \infty} \sum_{i=1}^{n} x_i\, \Delta s_i \qquad s\, y_S = \lim_{n \to \infty} \sum_{i=1}^{n} y_i\, \Delta s_i \quad (383.3)$$

Setzt man Gl. (383.1) in Gl. (383.3) ein und bestimmt den Grenzwert, so erhält man die Koordinaten des Schwerpunkts eines Bogens

$$x_S = \frac{1}{s} \int_a^b x \sqrt{1 + y'^2}\, dx \qquad y_S = \frac{1}{s} \int_a^b y \sqrt{1 + y'^2}\, dx \quad (383.4)$$

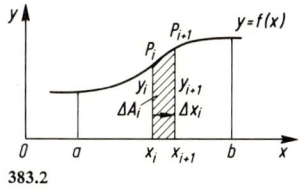

383.2

Oberfläche[1]) Die Oberfläche eines rotationssymmetrischen Körpers wird näherungsweise durch die Mäntel von Kegelstümpfen geringer Höhe Δx_i bestimmt. In Bild **383.2** ist der schraffierte Streifen oben durch die Sekante $\overline{P_i P_{i+1}}$ des Graphen begrenzt. Man benötigt daher die Gleichung für den Mantel eines Kegel-

---

[1]) Die hier betrachteten Flächen werden häufig statt mit „Oberfläche" mit „Mantelfläche" bezeichnet. Die Kreisflächen zur Ergänzung zur geschlossenen Oberfläche werden hier nicht berücksichtigt.

stumpfes: $M = \pi s(r+R)$. Die Oberfläche ΔO_i eines Scheibchens (**383**.2) entspricht dem Mantel M. Dabei ist für s der Wert Δs_i, für r der Wert $y_i = y(x_i)$ und für R entsprechend $y_{i+1} = y(x_i + \Delta x_i)$ zu setzen

$$\Delta O_i = \pi \left[y(x_i) + y(x_i + \Delta x_i)\right] \Delta s_i \tag{384.1}$$

Für Δs_i wird wiederum der Wert aus Gl. (383.1) gesetzt. Bei $\Delta x_i \to 0$ erhält man dann das Integral für die Oberfläche eines zur x-Achse rotationssymmetrischen Körpers

$$O_x = 2\pi \int_a^b y \sqrt{1 + y'^2}\, dx \tag{384.2}$$

Das statische Moment der Oberfläche eines rotationssymmetrischen Körpers ist

$$O_x x_S = \lim_{n \to \infty} \sum_{i=1}^{n} x_i \Delta O_i$$

Unter Benutzung der Gl. (384.1) und (383.1) erhält man bei $\Delta x_i \to 0$ die Lage des Schwerpunkts der Oberfläche eines zur x-Achse rotationssymmetrischen Körpers

$$x_S = \frac{2\pi}{O_x} \int_a^b x\, y\, \sqrt{1 + y'^2}\, dx \tag{384.3}$$

Beispiel 19 Man bestimme den Schwerpunkt einer Halbkugelschale.
Die Gleichung der erzeugenden Funktion einer Halbkugel ist die Nullpunktform der Kreisgleichung (oberer Halbkreis) $y = \sqrt{r^2 - x^2}$. Es ist $y' = -x/\sqrt{r^2 - x^2}$. Weiter gilt $1 + y'^2 = r^2/(r^2 - x^2)$. Damit erhält man aus Gl. (384.3)

$$x_S = \frac{2\pi}{O_x} \int_0^r x\, \sqrt{r^2 - x^2}\, \frac{r}{\sqrt{r^2 - x^2}}\, dx = \frac{2\pi r}{2\pi r^2} \int_0^r x\, dx = \frac{1}{r} \frac{r^2}{2} = \frac{r}{2}$$

Die Oberfläche $O_x = 2\pi r^2$ der Halbkugelschale erhält man dabei aus Gl. (384.2)

$$O_x = 2\pi \int_0^r \sqrt{r^2 - x^2}\, \frac{r}{\sqrt{r^2 - x^2}}\, dx = 2\pi r \int_0^r dx = 2\pi r^2$$

Beispiel 20 Man bestimme die Bogenlänge der durch $y^2 = 2px$ gegebenen Parabel für $0 \leq x \leq a$.
Aus Gl. (383.2) folgt mit $y' = \sqrt{p/(2x)}$

$$s = \int_0^a \sqrt{1 + \frac{p}{2x}}\, dx = \int_0^a \sqrt{\frac{2x + p}{2x}}\, dx$$

Das zugehörige unbestimmte Integral ist in Beispiel 23, S. 343, berechnet. Damit wird

$$s = \left[\sqrt{x^2 + \frac{px}{2}} + \frac{p}{4} \ln \left|\frac{1}{p}\left(4x + p + 2\sqrt{4x^2 + 2px}\right)\right|\right]_0^a$$

$$= \sqrt{a^2 + \frac{pa}{2}} + \frac{p}{4} \ln \left|\frac{1}{p}\left(4a + p + 2\sqrt{4a^2 + 2pa}\right)\right|$$

Für $p = 1$ und $a = 0{,}5$ wird $s = 1{,}1478$.

Beispiel 21 Man bestimme die Bogenlänge sowie deren Schwerpunkt für die durch $y = Ax^2 + Bx + C$ gegebenen Parabel bei $0 \leq x \leq x_0$.

Es ist $y' = 2Ax + B$. Damit wird mit Gl. (383.2)

$$s = \int_0^{x_0} \sqrt{1 + (2Ax + B)^2}\, dx$$

Mit $u = 2Ax + B$ und $dk(u)/du = 1/(2A)$ ergibt sich mit $u_0 = 2Ax_0 + B$

$$s = \frac{1}{2A} \int_B^{u_0} \sqrt{1 + u^2}\, du$$

Dieses Integral ist ein Spezialfall von Beispiel 21, S. 341. Aus Gl. (341.2) erhält man mit $a = b = 0$ und $c = 1/(2A)$

$$s = \frac{1}{4A} \left[u\sqrt{1 + u^2} + \ln\left(u + \sqrt{1 + u^2}\right) \right]_B^{u_0}$$

$$= \frac{1}{4A} \left[u_0 \sqrt{1 + u_0^2} - B\sqrt{1 + B^2} + \ln \frac{u_0 + \sqrt{1 + u_0^2}}{B + \sqrt{1 + B^2}} \right] \tag{385.1}$$

Aus Gl. (383.4) folgt

$$x_S = \frac{1}{s} \int_0^{x_0} x \sqrt{1 + (2Ax + B)^2}\, dx$$

Mit $u = 2Ax + B$, $x = (u - B)/(2A)$ und $dk(u)/du = 1/(2A)$ erhält man

$$x_S = \frac{1}{4A^2 s} \int_B^{u_0} (u - B) \sqrt{1 + u^2}\, du$$

Aus Gl. (341.2) ergibt sich mit $a = 0$, $b = 1$ und $c = -B$

$$x_S = \frac{1}{12 A^2 s} (1 + u^2)^{3/2} \Big|_B^{u_0} - \frac{B}{8 A^2 s} \left[u\sqrt{1 + u^2} + \ln\left(u + \sqrt{1 + u^2}\right) \right]_B^{u_0}$$

Mit Gl. (385.1) folgt

$$x_S = \frac{1}{12 A^2 s} [(1 + u_0^2)^{3/2} - (1 + B^2)^{3/2}] - \frac{B}{8 A^2 s} \cdot 4As$$

$$= \frac{1}{12 A^2 s} [(1 + u_0^2)^{3/2} - (1 + B^2)^{3/2}] - \frac{B}{2A}$$

Weiterhin ergibt sich aus Gl. (383.4)

$$y_S = \frac{1}{s} \int_0^{x_0} (Ax^2 + Bx + C) \sqrt{1 + (2Ax + B)^2}\, dx$$

mit der gleichen Substitution $u = 2Ax + B$

$$y_S = \frac{1}{2As} \int_B^{u_0} \left[\frac{1}{4A} u^2 + \left(C - \frac{B^2}{4A}\right) \right] \sqrt{1 + u^2}\, du$$

Mit $a = 1/(4A)$, $b = 0$ und $c = C - (B^2/4A)$ erhält man aus Gl. (341.2) und (385.1)

$$y_S = \frac{1}{64 A^2 s}\left[u\sqrt{1+u^2}\,(1+2u^2) - \ln\left(u+\sqrt{1+u^2}\right)\right]_B^{u_0} + \frac{1}{4As}\left(C - \frac{B^2}{4A}\right)\cdot 4As$$

Hierzu addiert man die Identität

$$\left[u\sqrt{1+u^2} + \ln\left(u+\sqrt{1+u^2}\right)\right]_B^{u_0} - 4As = 0$$

und erhält

$$y_S = \frac{1}{64 A^2 s}\left[u\sqrt{1+u^2}\,(2+2u^2)\Big|_B^{u_0} - 4As\right] + \left(C - \frac{B^2}{4A}\right)$$

$$= \frac{1}{32 A^2 s}\left[u(1+u^2)^{3/2}\right]_B^{u_0} + \frac{16AC - 4B^2 - 1}{16A}$$

Setzt man $A = 1$, $B = -2$, $C = -1$ und $x_0 = 1$, berechnet also die Bogenlänge und ihren Schwerpunkt für den Graphen von $y = x^2 - 2x - 1$ vom Schnittpunkt mit der y-Achse bis zum Minimum, so wird

$$s = \frac{1}{4}\left[2\sqrt{5} - \ln\left(\sqrt{5}-2\right)\right] = 1{,}479$$

$$x_S = 1 - \frac{5\sqrt{5}-1}{12s} = 0{,}426 \qquad y_S = \frac{5\sqrt{5}}{16s} - \frac{33}{16} = -1{,}590$$

Guldin-Regeln Vergleicht man Gl. (372.2) mit Gl. (368.1), so ist

$$\int_a^b y^2\,dx = \frac{V_x}{\pi} = 2 A y_S$$

Hieraus folgt die erste Guldin-Regel

$$V_x = 2\pi y_S A \tag{386.1}$$

Das Volumen eines Rotationskörpers erhält man aus dem Produkt der erzeugenden Fläche mit dem Weg ihres Schwerpunkts bei der Drehung.

Vergleicht man Gl. (383.4) mit Gl. (384.2), so ist

$$\int_a^b y\sqrt{1+y'^2}\,dx = s\,y_S = \frac{O_x}{2\pi}$$

Hieraus ergibt sich die zweite Guldin-Regel

$$O_x = 2\pi y_S s \tag{386.2}$$

Die Oberfläche eines Rotationskörpers erhält man als Produkt des erzeugenden Bogens mit dem Wege seines Schwerpunktes bei der Drehung.

Diese Sätze gelten auch, wenn der Drehwinkel kleiner als der Vollwinkel 2π ist, also für einen Rotationssektor.

Bei der vorstehenden Herleitung werden die erzeugenden Flächen durch die x-Achse, zwei Ordinaten und den Graphen einer Funktion $y = f(x)$ begrenzt. Da beliebige Flächen und auch Bogen sich mit Hilfe von Differenzen oder Summen aus diesem Grundtyp bilden lassen, gelten die beiden Regeln von Guldin für beliebige erzeugende Flächen und Bogen.

Beispiel 22 Man bestimme das Volumen und die Oberfläche eines Kreisringkörpers (Torus) nach Bild 387.1.

$$V_x = 2\pi \cdot a \cdot \pi r^2 = 2\pi^2 r^2 a \qquad O_x = 2\pi \cdot a \cdot 2\pi r = 4\pi^2 a r$$

Man vergleiche Beispiel 12, S. 376.

Beispiel 23 Der Schwerpunkt eines Viertelkreisquerschnitts ist mit der Guldin-Regel zu bestimmen.

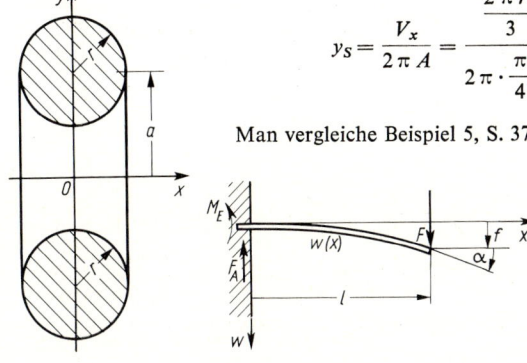

$$y_S = \frac{V_x}{2\pi A} = \frac{\frac{2\pi r^3}{3}}{2\pi \cdot \frac{\pi}{4} r^2} = \frac{4r}{3\pi}$$

Man vergleiche Beispiel 5, S. 372.

Beispiel 24 Man bestimme den Schwerpunkt eines Viertelkreisbogens mit der zweiten Guldin-Regel.

$$y_S = \frac{O_x}{2\pi s} = \frac{2\pi r^2}{2\pi \cdot \frac{\pi}{2} r} = \frac{2}{\pi} r$$

Man vergleiche Aufgabe 7, S. 400.

387.1   387.2

7.2.3 Biegung

Die Gleichung der Biegelinie $w = f(x)$ eines auf Biegung beanspruchten Balkens (387.2), auch elastische Linie genannt, genügt der Gleichung

$$\frac{d^2 w}{dx^2} = -\frac{M(x)}{EI(x)} \tag{387.1}$$

Hierin ist $M(x)$ das durch die Belastung hervorgerufene Biegemoment, $I(x)$ das unter Umständen längs der Stabachse veränderliche, auf die Nullinie bezogene Flächenmoment des Stabquerschnitts (s. Abschn. 7.2.1). Hier wird I als konstant betrachtet. E ist der Elastizitätsmodul. Für Stahl ist $E = 2,06 \cdot 10^7$ N/cm². Das äußere Moment $M(x)$ wird für jeden Belastungsfall gesondert bestimmt. In der Elastizitätslehre ist es üblich, die abhängige Veränderliche mit w zu bezeichnen und nach unten positiv zu zählen. Das Moment $M(x)$ ist proportional der zweiten Ableitung der Durchbiegung w nach der längs des Balkens verlaufenden unabhängigen Veränderlichen x, daher ergibt sich w durch zweimaliges Integrieren der Biegegleichung. Bei jeder Integration erhält man eine Integrationskonstante, die hier aus den mechanischen bzw. geometrischen **Randbedingungen** bestimmt wird. Die größte Durchbiegung wird mit f, der größte Anstieg mit $\tan \alpha$ bezeichnet.

Sind die Randbedingungen und die Belastung symmetrisch bezüglich der Balkenmitte, so ist auch die Biegelinie symmetrisch. In diesen Fällen rechnet man nur die Biegelinie für die linke Balkenhälfte unter Benutzen der Bedingung $w'(l/2) = 0$. Bei Belastungsfällen, in denen $w = 0$ für $x = 0$ und $x = l$ gilt, ist es gelegentlich einfacher, mit zwei Koordinatensystemen zu rechnen (**388.1**). Für den linken Teil des Balkens bis zum Angriffspunkt der Kraft beschreibt $w(x)$, im rechten Teil $v(u)$ die Biegelinie. Da die Integration beider Biegegleichungen insgesamt vier Integrationskonstanten ergibt, sind zwei weitere Randbedingungen erforderlich: Die Ordinaten und die Tangenten stimmen im Anschlußpunkt überein

$$w(\lambda l) = v(l - \lambda l) \qquad w'(\lambda l) = -v'(l - \lambda l) \tag{388.1}$$

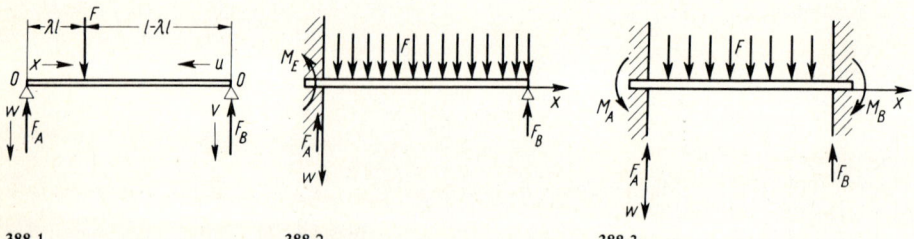

388.1 **388.2** **388.3**

Da der positive Anstieg im linken Koordinatensystem ein Abfallen, im rechten System ein Ansteigen bedeutet, erhält man beim Gleichsetzen der Anstiege ein Minuszeichen.

Ist ein Balken mehr Bindungen unterworfen als für das Gleichgewicht erforderlich ist, so heißt das System **statisch unbestimmt**. Hier treten unbekannte äußere Kräfte oder Momente auf. Es ergeben sich aber zugleich zusätzliche Randbedingungen. Für einen einseitig eingespannten, auf der anderen Seite aufgelagerten Balken (**388.2**), der durch eine längs des Balkens gleichmäßig verlaufende Belastung q beansprucht wird, gilt

$$w(0) = 0 \qquad w'(0) = 0 \qquad w(l) = 0 \tag{388.2}$$

Es ist eine Randbedingung zuviel. Dafür führt man die Auflagerkraft F_B als Unbekannte ein; diese Größe und die beiden Integrationskonstanten lassen sich aus den drei Randbedingungen Gl. (388.2) berechnen. Bei der in Bild **388.3** angegebenen Belastung liegt Symmetrie vor. Es ist

$$w(0) = 0 \qquad w'(0) = 0 \qquad w'(l/2) = 0 \tag{388.3}$$

Als statisch unbestimmte Größe führt man das Einspannmoment $M_A = M_B$ ein.

Beispiel 25 Man bestimme die Biegelinie des einseitig eingespannten Stahlträgers IPBl 240, DIN 1025, der durch eine gleichmäßige Belastung q beansprucht wird (**388.4**). Es ist $I = 7770 \text{ cm}^4$, $q = 10^4 \text{ N/m}$, $E = 2{,}1 \cdot 10^7 \text{ N/cm}^2$ und $l = 5 \text{ cm}$. Wie groß sind die größte Durchbiegung f und der größte Anstiegswinkel α der Biegelinie?

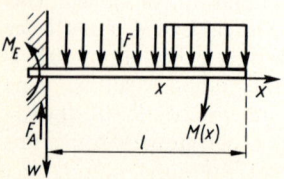

388.4

Das Biegemoment wird durch das Moment der rechts vom Schnitt angreifenden äußeren Kräfte bestimmt. Die dieses Moment $M(x)$ verursachende Kraft (in Bild **388.4** hervorgehoben) ist $q(l-x)$, ihr Hebelarm $(l-x)/2$. Die Gesamtlast ist $F = ql$. Daher gilt

$$M(x) = -\frac{q}{2}(l-x)^2 = -\frac{F}{2l}(l-x)^2$$

Die Lösung der Biegegleichung (387.1)

$$\frac{d^2 w}{dx^2} = \frac{F}{2lEI}(l^2 - 2lx + x^2)$$

muß die Randbedingungen $w(0) = 0$, $w'(0) = 0$ (Einspannung) erfüllen. Die erste Integration ergibt

$$\frac{dw}{dx} = \frac{F}{2lEI}\left(l^2 x - l x^2 + \frac{x^3}{3}\right) + c_1$$

Aus $w'(0) = 0$ folgt $c_1 = 0$. Die zweite Integration liefert

$$w = \frac{F}{2lEI}\left(\frac{l^2 x^2}{2} - \frac{l x^3}{3} + \frac{x^4}{12}\right) + c_2$$

Wegen $w(0) = 0$ wird $c_2 = 0$. Damit ist

$$w = \frac{F l^3}{24 EI}\left[6\left(\frac{x}{l}\right)^2 - 4\left(\frac{x}{l}\right)^3 + \left(\frac{x}{l}\right)^4\right] \tag{389.1}$$

In Gl. (389.1) wird die Durchbiegung am Balkenende $f = w(l) = F l^3/(8 EI)$ eingesetzt und w differenziert

$$\frac{w}{f} = \frac{1}{3}\left[6\left(\frac{x}{l}\right)^2 - 4\left(\frac{x}{l}\right)^3 + \left(\frac{x}{l}\right)^4\right] \qquad \frac{w'}{f} = \frac{4}{3l}\left[3\frac{x}{l} - 3\left(\frac{x}{l}\right)^2 + \left(\frac{x}{l}\right)^3\right]$$

Es ist $\tan\alpha = w'(l) = 4f/(3l)$. Mit den gegebenen Zahlenwerten wird $f = 4{,}79$ cm und $\alpha = 0{,}732°$.

Beispiel 26 Bei dem in Bild 388.1 dargestellten Belastungsfall ist die Auflagerkraft $F_A = (1-\lambda) F$ und $F_B = \lambda F$. Wie groß ist die größte Durchbiegung f?
Es ist $M(x) = F_A x = (1-\lambda) F x$, $M(u) = F_B u = \lambda F u$. Für die beiden Biegegleichungen

$$\frac{d^2 w}{dx^2} = -\frac{(1-\lambda) F}{EI} x \qquad \frac{d^2 v}{du^2} = -\frac{\lambda F}{EI} u$$

gelten die Randbedingungen $w(0) = 0$, $v(0) = 0$ und die Anschlußbedingungen Gl. (388.1). Die Integration ergibt

$$\frac{dw}{dx} = \frac{(1-\lambda) F}{EI}\left(-\frac{x^2}{2}\right) + c_1 \qquad w = \frac{(1-\lambda) F}{EI}\left(-\frac{x^3}{6}\right) + c_1 x + c_2$$

$$\frac{dv}{du} = \frac{\lambda F}{EI}\left(-\frac{u^2}{2}\right) + c_3 \qquad v = \frac{\lambda F}{EI}\left(-\frac{u^3}{6}\right) + c_3 u + c_4$$

Aus $w(0) = v(0) = 0$ folgt $c_2 = c_4 = 0$. Die Bedingungen Gl. (388.1) ergeben

$$\frac{(1-\lambda) F}{EI}\left[-\frac{\lambda^3 l^3}{6}\right] + c_1 = -\frac{\lambda F}{EI}\left[-\frac{(1-\lambda)^3 l^3}{6}\right] + c_3 l(1-\lambda)$$

$$\frac{(1-\lambda) F}{EI}\left[-\frac{\lambda^2 l^2}{2}\right] + c_1 = -\frac{\lambda F}{EI}\left[-\frac{(1-\lambda)^2 l^2}{2}\right] - c_3$$

Hieraus erhält man die Bestimmungsgleichungen für c_1 und c_3

$$c_1 + c_3 = \frac{\lambda(1-\lambda) F l^2}{2 EI} \qquad \lambda c_1 - (1-\lambda) c_3 = \frac{\lambda(1-\lambda) F l^2}{6 EI}(2\lambda - 1)$$

oder $\qquad c_1 = \dfrac{\lambda(1-\lambda)(2-\lambda)Fl^2}{6EI} \qquad\qquad c_3 = \dfrac{\lambda(1-\lambda^2)Fl^2}{6EI}$

Damit gilt für die Durchbiegung

$$w = \frac{(1-\lambda)Fl^3}{6EI}\left[\lambda(2-\lambda)\frac{x}{l} - \left(\frac{x}{l}\right)^3\right] \qquad v = \frac{\lambda Fl^3}{6EI}\left[(1-\lambda^2)\frac{u}{l} - \left(\frac{u}{l}\right)^3\right]$$

Die größte Durchbiegung liegt dort, wo die Tangente an die Biegelinie horizontal ist. Es ist

$$\frac{dw}{dx} = \frac{(1-\lambda)Fl^2}{6EI}\left[\lambda(2-\lambda) - 3\left(\frac{x}{l}\right)^2\right] \qquad \frac{dv}{du} = \frac{\lambda Fl^2}{6EI}\left[(1-\lambda^2) - 3\left(\frac{u}{l}\right)^2\right]$$

Aus $w' = 0$ folgt $\dfrac{x_0}{l} = \sqrt{\dfrac{\lambda(2-\lambda)}{3}}$, aus $v' = 0$ ergibt sich $\dfrac{u_0}{l} = \sqrt{\dfrac{1-\lambda^2}{3}}$.

Die größte Durchbiegung liegt im größeren Feld, für $\lambda < 1/2$ bei der Abszisse u_0, bei $\lambda > 1/2$ bei der Abszisse x_0. Sie beträgt

für $\lambda > \dfrac{1}{2} \qquad f = w(x_0) = \dfrac{(1-\lambda)\sqrt{\lambda(2-\lambda)}^3 Fl^3}{9\sqrt{3}EI}$

für $\lambda < \dfrac{1}{2} \qquad f = v(u_0) = \dfrac{\lambda\sqrt{1-\lambda^2}^3 Fl^3}{9\sqrt{3}EI}$

Für $\lambda = 1/2$ ist $f = Fl^3/(48EI)$.

Beispiel 27 Bei dem in Bild **390**.1 dargestellten Belastungsfall ist $F_A = F/3$ und $F_B = (2/3)F$. Man berechne die Gleichung der Biegelinie und die Durchbiegung bei $x = l/3$ und $x = (2/3)l$. Wie groß ist das maximale Moment, wo liegt die größte Durchbiegung?
Zur Anwendung der Gl. (387.1) benötigt man das Moment $M(x)$. Die Belastungsfunktion $q(x)$ hängt linear von x ab. Wegen $q(l) = 2F/l$ ist

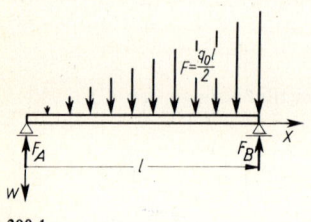

390.1

$$q(x) = \frac{2F}{l^2}x$$

Damit wird

$$M(x) = F_A x - \frac{1}{2}\frac{2Fx}{l^2}x\cdot\frac{x}{3} = \frac{F}{3}x\left(1 - \frac{x^2}{l^2}\right)$$

Dann folgt aus Gl. (387.1)

$$\frac{d^2w}{dx^2} = \frac{F}{3EI}\left(\frac{x^3}{l^2} - x\right)$$

mit den Randbedingungen $w(0) = w(l) = 0$. Durch zweimalige Integration erhält man

$$\frac{dw}{dx} = \frac{F}{3EI}\left(\frac{x^4}{4l^2} - \frac{x^2}{2}\right) + c_1 \qquad w = \frac{F}{3EI}\left(\frac{x^5}{20l^2} - \frac{x^3}{6}\right) + c_1 x + c_2$$

Wegen $w(0) = 0$ wird $c_2 = 0$. Aus $w(l) = 0$ folgt

$$0 = \frac{F}{3EI}\left(\frac{l^3}{20} - \frac{l^3}{6}\right) + c_1 l \qquad c_1 = \frac{7Fl^2}{180EI}$$

Damit erhält man die Gleichung der Biegelinie

$$w = \frac{Fl^3}{180EI}\left[3\left(\frac{x}{l}\right)^5 - 10\left(\frac{x}{l}\right)^3 + 7\frac{x}{l}\right]$$

Hieraus folgt für die gefragten Durchbiegungen

$$w\left(\frac{l}{3}\right) = 8\frac{Fl^3}{729\,EI} \qquad w\left(\frac{2}{3}l\right) = \frac{17}{2}\frac{Fl^3}{729\,EI}$$

Das größte Moment liegt dort, wo die Tangente der Momentlinie horizontal ist, da $M(0) = M(l) = 0$ gilt. Es ist

$$\frac{dM}{dx} = \frac{F}{3}\left(1 - 3\frac{x^2}{l^2}\right)$$

Für $x = l/\sqrt{3}$ wird $M' = 0$. Daher ist

$$M_{max} = M\left(\frac{l}{\sqrt{3}}\right) = \frac{2}{9\sqrt{3}}Fl$$

Die größte Durchbiegung liegt dort, wo $w' = 0$ ist. Mit

$$\frac{dw}{dx} = \frac{Fl^2}{180\,EI}\left[15\left(\frac{x}{l}\right)^4 - 30\left(\frac{x}{l}\right)^2 + 7\right]$$

und $(x/l)^2 = z$ ergibt sich $z = 1 - \sqrt{8/15}$ oder $x/l = 0{,}5193$. Es ist

$$w(0{,}5193\,l) = f = 2{,}348\,\frac{Fl^3}{180\,EI} = 1{,}304 \cdot 10^{-2}\,\frac{Fl^3}{EI}$$

7.2.4 Gasgesetze

Ausdehnungsarbeit von Gasen Es werden nur ideale Gase behandelt, bei denen die drei Zustandsgrößen Druck p, Volumen V und absolute Temperatur T durch die Zustandsgleichung für ideale Gase

$$pV = nRT \tag{391.1}$$

miteinander verknüpft sind. Dabei ist n die in Kilomol angegebene Teilchenmenge und R die allgemeine Gaskonstante, $R = 8314\,\text{J}/(\text{K} \cdot \text{kmol})$. Die Arbeit ist

$$W = \int_{s_0}^{s_1} F\,ds = \int_{s_0}^{s_1} \frac{F}{A}A\,ds = \int_{V_0}^{V_1} p\,dV$$

Die Funktion $p = f(V)$ ergibt sich aus den speziellen physikalischen Bedingungen.

Beispiel 28 Man berechne die Arbeit bei einer isothermen Zustandsänderung.
Bei isothermen Zustandsänderungen bleibt die Temperatur konstant, es gilt das Gesetz von Boyle-Mariotte

$$pV = p_0 V_0 = \text{const} \tag{391.2}$$

$$W = \int_{V_0}^{V_1} p\,dV = \int_{V_0}^{V_1} \frac{p_0 V_0}{V}\,dV = p_0 V_0 \ln\frac{V_1}{V_0} = p_0 V_0 \ln\frac{p_0}{p_1} = nRT_0 \ln\frac{p_0}{p_1}$$

Einem abgeschlossenen System wird keine Wärmemenge zugeführt oder entzogen. Zustandsänderungen in einem abgeschlossenen System heißen bei idealen Gasen **adiabatisch**. Es gilt die **adiabatische Zustandsgleichung**

$$p V^{\varkappa} = p_0 V_0^{\varkappa} = \text{const} \tag{392.1}$$

mit $1 \leq \varkappa \leq 1{,}7$. Die zugehörige Temperatur berechnet man aus Gl. (391.1). Nur für ideale Gase in exakt abgeschlossenen Systemen gilt Gl. (392.1).

Beispiel 29 Man bestimme die Arbeit der adiabatischen Zustandsänderung eines Gases, wenn $p_0 = 12{,}07$ bar, $p_1 = 2{,}06$ bar, $V_0 = 9{,}4$ cm³ und $\varkappa = 1{,}30$ ist.

$$W = \int_{V_0}^{V_1} p_0 \left(\frac{V_0}{V}\right)^{\varkappa} dV = p_0 V_0^{\varkappa} \int_{V_0}^{V_1} \frac{dV}{V^{\varkappa}} = p_0 V_0^{\varkappa} \frac{V^{1-\varkappa}}{1-\varkappa}\bigg|_{V_0}^{V_1} = \frac{p_0 V_0^{\varkappa}}{\varkappa - 1}\left[\frac{1}{V_0^{\varkappa-1}} - \frac{1}{V_1^{\varkappa-1}}\right]$$

$$= \frac{p_0 V_0}{\varkappa - 1}\left[1 - \left(\frac{V_0}{V_1}\right)^{\varkappa-1}\right] = \frac{p_0 V_0}{\varkappa - 1}\left[1 - \left(\frac{p_1}{p_0}\right)^{\frac{\varkappa-1}{\varkappa}}\right] \tag{392.2}$$

Damit wird

$$W = \frac{12{,}07 \cdot 9{,}4}{0{,}3}\left[1 - \left(\frac{2{,}06}{12{,}07}\right)^{0{,}2308}\right] \cdot 10 \text{ Ncm} = 12{,}67 \text{ J}$$

Strömungen von Gasen Bei der Strömung eines Gases durch eine Öffnung vom Querschnitt A wird die Arbeit

$$W = -\int_{p_0}^{p_1} V \, dp \tag{392.3}$$

geleistet. Nach Bild **392.1** sowie Gl. (392.2) und (392.1) ist

$$W = -\int_{p_0}^{p_1} V \, dp = \int_{V_0}^{V_1} p \, dV + p_0 V_0 - p_1 V_1 = \frac{p_0 V_0}{\varkappa - 1}\left[1 - \left(\frac{p_1}{p_0}\right)^{\frac{\varkappa-1}{\varkappa}}\right] + p_0 V_0 - p_1 V_0 \left(\frac{p_0}{p_1}\right)^{\frac{1}{\varkappa}}$$

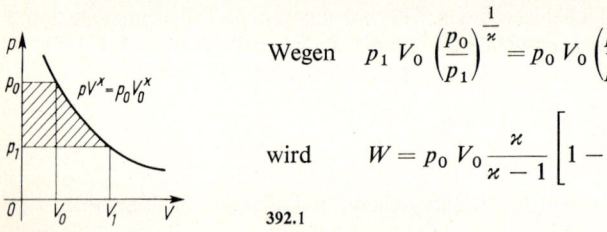

Wegen $\quad p_1 V_0 \left(\frac{p_0}{p_1}\right)^{\frac{1}{\varkappa}} = p_0 V_0 \left(\frac{p_1}{p_0}\right)^{\frac{\varkappa-1}{\varkappa}}$

wird $\quad W = p_0 V_0 \dfrac{\varkappa}{\varkappa - 1}\left[1 - \left(\dfrac{p_1}{p_0}\right)^{\frac{\varkappa-1}{\varkappa}}\right]$

392.1

Diese Arbeit ist gleich der kinetischen Energie $W = m v^2/2$ der ausströmenden Masse. Setzt man diese beiden Energiegrößen gleich und löst diese Gleichung nach v auf, so wird

$$v = \sqrt{\frac{2}{m} p_0 V_0 \frac{\varkappa}{\varkappa - 1}\left[1 - \left(\frac{p_1}{p_0}\right)^{\frac{\varkappa-1}{\varkappa}}\right]} \tag{392.4}$$

Die Ausströmungsmenge je Zeiteinheit ist $\dot{m}(p) = m A v/V$. Wegen $V_1 = V_0 (p_0/p_1)^{1/\varkappa}$ folgt aus Gl. (392.4)

$$\dot{m}(p_1) = A\sqrt{\frac{p_0 m}{V_0}\frac{2\varkappa}{\varkappa-1}\left[\left(\frac{p_1}{p_0}\right)^{\frac{2}{\varkappa}} - \left(\frac{p_1}{p_0}\right)^{\frac{\varkappa+1}{\varkappa}}\right]} \tag{393.1}$$

Nach Aufgabe 4, S. 367, wird die maximale Ausströmungsmenge beim Druck

$$p_1 = \left(\frac{2}{\varkappa+1}\right)^{\frac{\varkappa}{\varkappa-1}} p_0$$

erreicht. Es ist

$$\dot{m}_{\max} = A\sqrt{\frac{p_0 m}{V_0}\frac{2\varkappa}{\varkappa-1}\left[\left(\frac{2}{\varkappa+1}\right)^{\frac{2}{\varkappa-1}} - \left(\frac{2}{\varkappa+1}\right)^{\frac{\varkappa+1}{\varkappa-1}}\right]}$$

393.1

Barometrische Höhenformel Ein Gas steht im Gleichgewicht zwischen der Molekularbewegung, die das Gas verteilt, und der Schwerkraft, die es verdichtet. Es werden nur solche Höhendifferenzen betrachtet, in denen die Fallbeschleunigung als konstant vorausgesetzt werden kann. Die Gewichtskraft des Gases $\varrho\, g\, A\, \Delta h_i$ in dem in Bild 393.1 angegebenen Volumen $A\, \Delta h_i$ verändert zwischen den Höhen h_i und $h_i + \Delta h_i$ den Druck um $\Delta p_i = -\varrho_i g\, \Delta h_i$. Nach dem Gesetz von Boyle-Mariotte Gl. (391.2) gilt $p_i : p_0 = \varrho_i : \varrho_0$. Daraus folgt

$$\Delta p_i = -\frac{p_i}{p_0}\varrho_0 g\, \Delta h_i \quad \text{oder} \quad \frac{\Delta p_i}{p_i} = -\frac{\varrho_0 g}{p_0}\Delta h_i \tag{393.2}$$

Summiert man alle Δh_i und läßt dann $\Delta h_i \to 0$ streben, so wird

$$\lim_{n\to\infty}\sum_{i=1}^{n}\frac{\Delta p_i}{p_i} = -\frac{\varrho_0 g}{p_0}\lim_{n\to\infty}\sum_{i=1}^{n}\Delta h_i$$

oder

$$\int\frac{dp}{p} = -\frac{\varrho_0 g}{p_0}\int dh \tag{393.3}$$

Man wählt die Grenzen der unbestimmten Integrale so, daß die Integrationskonstante Null wird. Am Boden (für $h = 0$) besteht der Bodendruck $p = p_0$

$$\int_{p_0}^{p}\frac{dx}{x} = -\frac{\varrho_0 g}{p_0}\int_{0}^{h}du \quad \text{oder} \quad \ln\frac{p}{p_0} = -\frac{\varrho_0 g}{p_0}h$$

Hieraus erhält man die barometrische Höhenformel

$$p = p_0\, e^{-\varrho_0 g h/p_0} \tag{393.4}$$

Beispiel 30 Bei einem Bodendruck $p_0 = 1{,}013$ bar und einer Bodendichte $\varrho_0 = 0{,}001293$ kg/dm^3 ist der Druck in der Höhe $h = 930$ m gesucht.

$$p = 1{,}013 \text{ bar} \exp\left[-\frac{0{,}001293 \text{ kg/dm}^3 \cdot 9{,}81 \text{ m/s}^2 \cdot 930 \text{ m}}{1{,}013 \text{ bar}}\right]$$

$$= 1{,}013 \text{ bar}\, e^{-0{,}1164} = 0{,}902 \text{ bar} = 902 \text{ mbar}$$

7.2 Integralrechnung

Differentialgleichung Dividiert man Gl. (393.2) durch Δh_i, multipliziert mit p_i und läßt dann Δh_i gegen Null streben, so erhält man

$$\frac{dp}{dh} = -\frac{\varrho_0 g}{p_0} p$$

Eine solche Gleichung, in der die gesuchte Funktion $p = f(h)$ und dazu noch ihre Ableitung auftritt, nennt man eine Differentialgleichung. Bei dem vorstehenden Lösungsgang werden die abhängige und die unabhängige Veränderliche vor dem Grenzübergang je auf eine Seite der Gleichung gebracht und dann der Grenzübergang durchgeführt, bei dem sich auf jeder Seite ein unbestimmtes Integral ergibt. Diese Methode zur Lösung von Differentialgleichungen nennt man die **Methode der Trennung der Veränderlichen**. Die Trennung der Veränderlichen läßt sich immer dann durchführen, wenn eine Differentialgleichung in die Form

$$y' = f_1(x) \cdot f_2(y) \tag{394.1}$$

gebracht werden kann.

Es gilt der

Satz. Gegeben sei die Differentialgleichung

$$\frac{dy}{dx} = f(y) \tag{394.2}$$

mit der Anfangsbedingung $y(x_0) = y_0$. Weiter sei f stetig und $f(y) \neq 0$ für alle $y \in U(y_0)$. Dann ist

$$F(y) = \int_{y_0}^{y} \frac{du}{f(u)} = x - x_0 \tag{394.3}$$

in $U(y_0)$ eine Lösung dieser Differentialgleichung.

Beweis. Für $x = x_0$ und $y = y_0$ werden beide Seiten von Gl. (394.3) Null, die Anfangsbedingung ist erfüllt. Differenziert man beide Seiten nach x, so wird nach der Kettenregel

$$\frac{1}{f(y)} \cdot \frac{dy}{dx} = 1$$

Die in Gl. (394.3) gegebene Funktion erfüllt also die Differentialgleichung (394.2). □

7.2.5 Radioaktiver Zerfall

Beim radioaktiven Zerfall ist in sehr kleinen Zeitabschnitten die Anzahl der zerfallenden Atome proportional der Anzahl der noch nicht zerfallenen Atome $N(t)$. Die Größe $N(t)$ nimmt daher beim Zerfall monoton ab. In einem Zeitabschnitt $\Delta t_1 = t_2 - t_1$ zerfallen $N(t_1) - N(t_2) = -[N(t_2) - N(t_1)] = -\Delta N_1$ Atome. Ist die Zerfallskonstante λ der Proportionalitätsfaktor, so gilt für einen beliebigen Zeitabschnitt $\Delta N_i = -\lambda N \Delta t_i$ oder $\Delta N_i / N = -\lambda \Delta t_i$. Entsprechend Gl. (393.3) ergibt sich

$$\int \frac{dN}{N} = -\lambda \int dt$$

Zum Zeitpunkt $t = 0$ sind N_0 Atome noch nicht zerfallen

$$\int_{N_0}^{N} \frac{dx}{x} = -\lambda \int_{0}^{t} du \quad \text{oder} \quad \ln \frac{N}{N_0} = -\lambda t$$

Hieraus erhält man das **Gesetz des radioaktiven Zerfalls**

$$N = N_0 \, e^{-\lambda t} \tag{395.1}$$

Beispiel 31 Man bestimme die **Halbwertzeit des Radiums**, wenn die Zerfallkonstante $\lambda_{Ra} = 1{,}382 \cdot 10^{-11} \, s^{-1}$ ist.
In der Halbwertzeit $T_{1/2}$ zerfällt die Hälfte der Atome. Aus Gl. (395.1) folgt $N_0/2 = N_0 \, e^{-\lambda T_{1/2}}$. Hieraus ergibt sich die Halbwertzeit

$$T_{1/2} = \frac{\ln 2}{\lambda}$$

Für Radium erhält man

$$T_{1/2\,Ra} = \frac{\ln 2 \cdot 1\,h \cdot 1\,d \cdot 1\,a}{1{,}382 \cdot 10^{-11}\,s^{-1} \cdot 3600\,s \cdot 24\,h \cdot 365\,d} = 1590\,a \; ^{1)}$$

7.2.6 Seilreibung

Über einen um eine feste Achse drehbaren Zylinder (Seiltrommel) vom Radius r ist ein vollkommen biegsames Seil (Riemen) gelegt, das an seinen Enden durch die Kräfte F_1 und F_2 belastet ist (**395.1**a). Zwischen Zylinder und Seil wird durch Reibung eine Kraft übertragen. Welcher Zusammenhang besteht hier zwischen den Seilkräften F_1 und F_2, wenn die Reibungskraft F_R so groß ist, daß das Gleiten des Seils auf dem Zylinder vermieden wird?

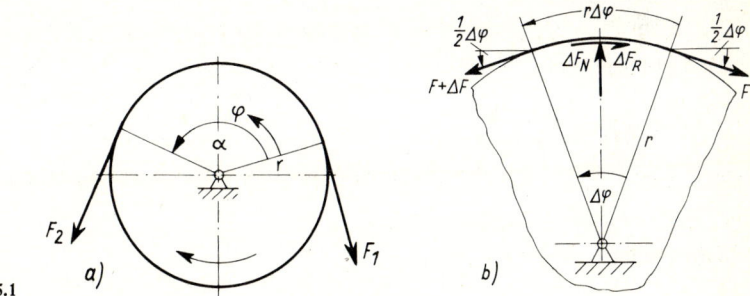

395.1

Das Seil übt auf den Zylinder eine von den Kräften F_1 und F_2 abhängige **Normalkraft** (Kraft senkrecht zur Zylinderoberfläche) aus. Dieser Kraft wirkt am Seilstück von der Länge $\Delta s = r \, \Delta \varphi$ (**395.1**b) eine gleich große Normalkraft ΔF_N entgegen (Gesetz von Wirkung und Gegenwirkung). Die Kraft ΔF_N hat bei angetriebenem Zylinder oder Seil eine Reibungskraft $\Delta F_R = \mu \, \Delta F_N$ zur Folge. Die Reibungszahl μ ist vom Material

---

[1] Nach DIN 1301, Einheiten sind h, d und a die Einheitenzeichen für Stunde (lat. hora), Tag (lat. dies) bzw. Jahr (lat. annum).

und von der Oberflächenbeschaffenheit von Zylinder und Seil abhängig. Das Gleichgewicht dieser Kräfte mit der Seilkraft F setzt an dem in Bild **395.**1 b betrachteten Seilstück folgende Kräfte voraus:

in tangentialer Richtung

$$\Delta F \cos (\Delta\varphi/2) = \mu\, \Delta F_N$$

in radialer Richtung

$$(2F + \Delta F) \sin (\Delta\varphi/2) = \Delta F_N$$

Setzt man ΔF_N aus der zweiten in die erste Gleichung ein, so erhält man

$$\Delta F \cos\left(\frac{\Delta\varphi}{2}\right) = \mu\,(2F + \Delta F) \sin\left(\frac{\Delta\varphi}{2}\right)$$

Dividiert man diese Gleichung durch $\Delta\varphi \cos\left(\dfrac{\Delta\varphi}{2}\right)$, so wird

$$\frac{\Delta F}{\Delta\varphi} = \mu \left(F + \frac{\Delta F}{2}\right) \cdot \frac{\tan\left(\dfrac{\Delta\varphi}{2}\right)}{\dfrac{\Delta\varphi}{2}}$$

Wegen $\lim\limits_{\alpha \to 0} \tan\alpha/\alpha = 1$ (s. Aufgabe 2a, S. 273) folgt

$$\lim_{\Delta\varphi \to 0} \frac{\Delta F}{\Delta\varphi} = \mu \lim_{\Delta\varphi \to 0} \left(F + \frac{\Delta F}{2}\right) \cdot \lim_{\Delta\varphi \to 0} \frac{\tan\left(\dfrac{\Delta\varphi}{2}\right)}{\dfrac{\Delta\varphi}{2}}$$

oder $\qquad \dfrac{dF}{d\varphi} = \mu F \hfill (396.1)$

Aus Gl. (394.2) und (394.3) folgt

$$\int\limits_{F_1}^{F} \frac{dx}{\mu\,x} = \varphi \hfill (396.2)$$

da für $F = F_1$ der Winkel $\varphi = 0$ ist.

Hieraus folgt

$$\ln \frac{F}{F_1} = \mu\,\varphi \qquad \text{also} \qquad F = F_1\, e^{\mu\varphi} \hfill (396.3)$$

Setzt man für φ den gesamten Umschlingungswinkel α ein, so wird $F = F_2$, und der gesuchte Zusammenhang zwischen den beiden Seilkräften lautet

$$F_2 = F_1\, e^{\mu\alpha} \hfill (396.4)$$

Die gesamte Reibungskraft ist gleich der Differenz der Seilkräfte F_2 und F_1

$$F_R = F_2 - F_1 = F_1\,(e^{\mu\alpha} - 1) \hfill (396.5)$$

Sie nimmt exponentiell mit dem Umschlingungswinkel zu und ist unabhängig vom Zylinderdurchmesser. Multipliziert man die Reibungskraft F_R mit dem Zylinderradius, so erhält man das Antriebsmoment

$$M = r\,F_1\,(e^{\mu\alpha} - 1) \qquad (397.1)$$

7.2.7 Anwendungen in der Elektrotechnik

Entladung eines Kondensators Der auf die Spannung $u = U$ aufgeladene Kondensator (Schalterstellung gestrichelt in Bild **397.**1, s. hierzu auch Beispiel 3, S. 159) wird über den Widerstand R (Schalterstellung nach unten) entladen. Wie hängen Ladung q, Strom i und Spannung u des Kondensators von der Zeit ab?

Der auf die Spannung $u = U$ aufgeladene Kondensator trägt die Ladung $Q = C \cdot U$. Wird der Schalter zur Zeit $t = 0$ nach unten gebracht, fließt in dem geschlossenen Stromkreis der Strom i, und es gilt $u_R + u = Ri + u = 0$.

Da $i = dq/dt$ und $q = Cu$ sind, erhält man mit der Zeitkonstante $\tau = RC$ durch Einsetzen

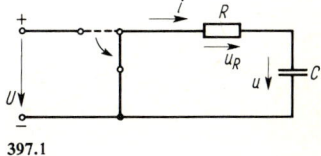

397.1

$$R\frac{dq}{dt} + \frac{q}{C} = 0 \quad \text{oder} \quad \frac{dq}{dt} + \frac{1}{\tau}q = 0$$

Aus Gl. (394.2) und (394.3) folgt mit der Anfangsbedingung $q(0) = Q$

$$-\tau \int_Q^q \frac{dx}{x} = t = -\tau \ln\frac{q}{Q} \quad \text{oder} \quad q = Q\,e^{-t/\tau}$$

Damit wird

$$u = \frac{q}{C} = \frac{Q}{C}e^{-t/\tau} = U\,e^{-t/\tau} \quad \text{und} \quad i = \frac{dq}{dt} = -\frac{1}{\tau}Q\,e^{-t/\tau} = -\frac{U}{R}e^{-t/\tau}$$

$$i = -I \cdot e^{-t/\tau}$$

Der Strom beim Entladen ist demnach das Spiegelbild des Ladestroms zur t-Achse in Bild **159.**2b.

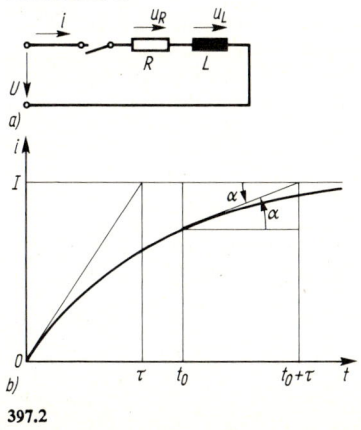

397.2

Einschaltvorgang einer Spule (**397.**2a) Eine Spule, deren Ohmscher Widerstand nicht vernachlässigbar klein ist, wird im Ersatzschaltbild durch die Reihenschaltung eines Widerstands R mit einer Induktivität L dargestellt. Zur Zeit $t = 0$ wird der Schalter geschlossen; es ist $i_0 = 0$.

Nach der Maschenregel gilt

$$U = u_R + u_L = Ri + L\frac{di}{dt} \qquad (397.2)$$

Schreibt man Gl. (397.2) in der Form

$$\frac{di}{dt} = \frac{U - Ri}{L}$$

so ergibt sich eine Differentialgleichung der Gestalt Gl. (394.2) mit der Lösung

$$\int_0^i \frac{L\,\mathrm{d}w}{U - Rw} = t$$

Mit der Substitution $v = U - Rw$ wird $\mathrm{d}k(w)/\mathrm{d}w = -1/R$, die Grenzen werden U und $U - Ri$

$$t = -\frac{L}{R}\int_U^{U-Ri} \frac{\mathrm{d}v}{v} = -\frac{L}{R}\ln\frac{U-Ri}{U} = -\frac{L}{R}\ln\left(1 - \frac{Ri}{U}\right)$$

Löst man diese Gleichung nach i auf, so wird mit der Zeitkonstante $\tau = L/R$

$$1 - \frac{R}{U}i = \mathrm{e}^{-t/\tau} \quad \text{oder} \quad i = \frac{U}{R}(1 - \mathrm{e}^{-t/\tau}) = I(1 - \mathrm{e}^{-t/\tau}) \qquad (398.1)$$

Für $t \to \infty$ gilt $i \to I$, daher ist die Horizontale $i = I$ Asymptote. Nach Gl. (398.1) ist

$$\frac{\mathrm{d}i}{\mathrm{d}t} = \frac{I}{\tau}\mathrm{e}^{-t/\tau} = \frac{1}{\tau}(I - i) = \frac{l_t}{l_i}\tan\alpha \qquad (398.2)$$

Aus dem Dreieck, das durch Asymptote, Tangente an den Graphen der Funktion $i(t)$ und Verlängerung der Ordinate in t_0 gebildet wird (**397.2**b), folgt unter Berücksichtigung von Gl. (398.2) die Regel: Legt man in einem beliebigen Punkt mit der Abszisse t_0 die Tangente an den Graphen der Funktion Gl. (398.1), so schneidet die Tangente die Asymptote im Punkt mit der Abszisse $t_0 + \tau$.

Mittelwerte in der Wechselstromtechnik Für eine Wechselspannung $u = u_\mathrm{m}\cos(\omega t + \varphi_u)$ und für den durch diese Spannung erzeugten Wechselstrom $i = i_\mathrm{m}\cos(\omega t + \varphi_i)$ benötigt die Elektrotechnik zeitunabhängige Mittelwerte, da zahlreiche durch diese Wechselspannung(-strom) erzeugte Wirkungen diesen Mittelwerten proportional sind, z.B. die Leistung und die damit zusammenhängende Wärmewirkung. Hierbei wird gemäß DIN 40110, Wechselstromgrößen, willkürlich der Nullphasenwinkel φ_i des Stromes gleich Null gesetzt, so daß $\varphi = \varphi_u - \varphi_i = \varphi_u$ wird.

Der Ausschlag mancher Meßinstrumente ist proportional der **effektiven Spannung** bzw. dem **effektiven Strom**

$$U = \sqrt{\frac{1}{T}\int_0^T u^2\,\mathrm{d}t} \qquad I = \sqrt{\frac{1}{T}\int_0^T i^2\,\mathrm{d}t} \qquad (398.3)$$

Dabei ist $T = 2\pi/\omega$ die Schwingungsdauer. Zur Berechnung von U und I geht man von $\int\cos^2 x\,\mathrm{d}x = (1/4)\sin 2x + (x/2)$ (s. F8) aus. Damit erhält man

$$\int_0^T \cos^2(\omega t + \varphi_u)\,\mathrm{d}t = \frac{1}{\omega}\int_{\varphi_u}^{\varphi_u + 2\pi} \cos^2 x\,\mathrm{d}x = \frac{\pi}{\omega} = \frac{T}{2}$$

Häufig benötigt man ähnliche Integrale über das Quadrat des Sinus oder des Cosinus mit einem Integrationsweg, der ein Vielfaches einer Viertelperiode ausmacht. Analog den vorstehenden Überlegungen ergibt sich

$$\int_0^{nT/4} \sin^2\omega t\,\mathrm{d}t = \int_0^{nT/4} \cos^2\omega t\,\mathrm{d}t = \frac{nT}{8} = \frac{n\pi}{4\omega} \qquad (398.4)$$

Damit erhält man aus Gl. (398.3)

$$T U^2 = u_m^2 \int_0^T \cos^2 \omega t \, dt = u_m^2 \frac{T}{2}$$

somit also

$$U = \frac{1}{\sqrt{2}} u_m \quad \text{und entsprechend} \quad I = \frac{1}{\sqrt{2}} i_m \tag{399.1}$$

Das Produkt $P_t = u\,i$ wird **augenblickliche Leistung** genannt. Es ist

$$P_t = u\,i = u_m \cos(\omega t + \varphi) \cdot i_m \cos \omega t$$

Wegen Gl. (144.5) und (399.1) gilt

$$P_t = u\,i = \frac{u_m i_m}{2} [\cos(2\omega t + \varphi) + \cos \varphi] = U I [\cos(2\omega t + \varphi) + \cos \varphi]$$

Man berücksichtige Aufgabe 8h, S. 368.
Die **Leistung** P ist der Mittelwert von P_t über eine Periode

$$P = \frac{1}{T} \int_0^T u\,i\,dt = \frac{UI}{T} \int_0^T [\cos(2\omega t + \varphi) + \cos \varphi] \, dt$$

$$= \frac{UI}{T} \left[\int_0^T \cos\left(\frac{4\pi}{T} t + \varphi\right) dt + \cos \varphi \int_0^T dt \right]$$

Man setzt im ersten Integral $(4\pi t/T) + \varphi = \vartheta$, also $t = T(\vartheta - \varphi)/(4\pi)$ und $dk(\vartheta)/d\vartheta = T/(4\pi)$; für die Grenzen ergibt sich $\vartheta = \varphi$ und $\vartheta = 4\pi + \varphi$. Damit wird

$$P = UI \left[\frac{1}{T} \frac{T}{4\pi} \int_\varphi^{4\pi+\varphi} \cos \vartheta \, d\vartheta + \cos \varphi \right] = UI \cos \varphi$$

da das Integral $\int_\varphi^{4\pi+\varphi} \cos \vartheta \, d\vartheta$ über zwei volle Perioden der Cosinusfunktion verläuft und daher Null wird. Der Faktor $\cos \varphi$ heißt **Leistungsfaktor**.

Beispiel 32 Man bestimme den Effektivwert für die in Bild 399.1 gezeigte Spannung.
Es ist $u = u_m [1 - (2/T) t]$ für $0 \leq t \leq T/2$. Setzt man diese Funktion in Gl. (398.3) ein, so wird

$$T U^2 = \int_0^T u^2 \, dt = 2 \int_0^{T/2} u^2 \, dt = 2 u_m^2 \int_0^{T/2} \left(1 - \frac{4}{T} t + \frac{4}{T^2} t^2\right) dt$$

$$= 2 u_m^2 \left(\frac{T}{2} - \frac{4}{T} \frac{T^2}{8} + \frac{4}{T^2} \frac{T^3}{24}\right) = \frac{T}{3} u_m^2$$

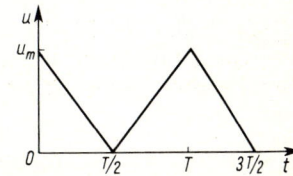

399.1

Hieraus erhält man den Effektivwert $U = u_m/\sqrt{3}$.

7.2.8 Aufgaben zu Abschnitt 7.2

1. Man berechne den Inhalt V_x des in Bild **400**.1 dargestellten Wälzkörpers

a) nach Gl. (368.1),

b) mit der Kepler-Faßregel Gl. (306.2).

In guter Annäherung kann man annehmen, daß die Profilkanten Parabelbogen sind.

2. Man bestimme das Volumen eines Zylindertanks (**400**.2)

a) mit parabolischen Schalen,

b) mit Kugelkappen als Deckel und Boden.

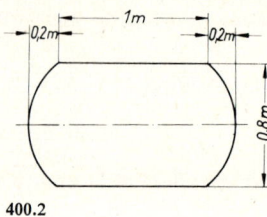

400.2

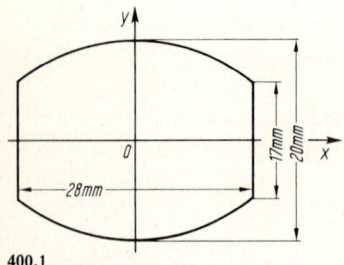

400.1

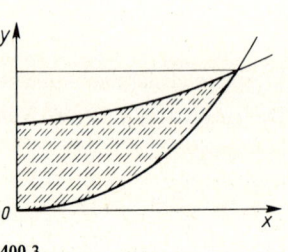

400.3

3. Die Parabeln $y = (x^2/32 \text{ mm})$ und $y = (3x^2/256 \text{ mm}) + 5$ mm bestimmen den Querschnitt einer Linse (**400**.3). Welches Volumen hat diese Linse?

Hinweis: Man benutze den ersten Ausdruck in Gl. (369.1) und bilde die Differenz zweier Volumen.

4. Man bestimme den Schwerpunkt des in Beispiel 2, S. 369, untersuchten Halbrundniets.

5. Man bestimme Volumen und Schwerpunkt des durch $y^2 = 2px$ und $0 \leq x \leq a$ bestimmten Rotationsparaboloids.

6. a) Man berechne den Schwerpunkt eines Halbkugelkörpers.

b) Unter Anwendung des Teilschwerpunktsatzes (Differenzbildung) ermittle man sodann den Schwerpunkt eines Halb-Hohlkugelkörpers.

c) Durch Grenzübergang ermittle man sodann den Schwerpunkt einer Halbkugelschale.

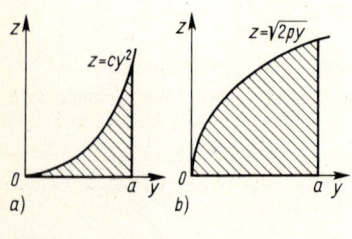

400.4

7. Entsprechend Aufgabe 6c bestimme man aus dem Schwerpunkt einer Viertelkreisfläche den Schwerpunkt eines Viertelkreisbogens.

8. Bild **400**.4 zeigt zwei parabolische Querschnittflächen, die durch die Graphen der Funktionen

$$z = cy^2 \qquad z = \sqrt{2py}$$

sowie die Abszissen Null und a bestimmt sind.

a) Man berechne die Schwerpunkte.

b) Man berechne I_y und I_z.

9. Wie lautet das gemischte Flächenmoment eines im ersten Quadranten liegenden Viertelkreises bezüglich des im Ursprung liegenden Kreismittelpunktes?

10. Man bestimme den **Schwerpunkt** S und das axiale **Flächenmoment** bezüglich der y-Achse für das Flächenstück unter dem durch $z = a \sin(y/a)$ und $0 \leq y \leq a\pi$ bestimmten Sinusbogen.

11. Für den in Bild **401.**1 dargestellten Ring aus Winkelstahl sind **Masse** und **Massenträgheitsmoment** bezüglich der Symmetrieachse gesucht. Es ist $a = 600$ mm, $b = 140$ mm und $d = 15$ mm sowie $\varrho = 7{,}80$ kg/dm^3.

Hinweis: Der Ring kann aus zwei Hohlzylindern zusammengesetzt werden.

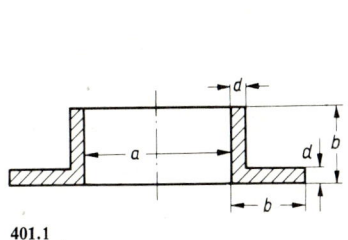
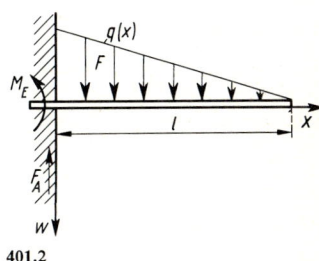

401.1 401.2

12. Die durch $y^2 = 6x$ bestimmte Parabel rotiert um die x-Achse. Man bestimme die Mantelfläche und deren Schwerpunkt des entstandenen Rotationsparaboloids im Bereich $0 \leq x \leq 12$.

Hinweis: Man substituiere $u = \sqrt{9 + 6x}$ oder $v = 9 + 6x$.

13. Man berechne die Bogenlänge für $0 \leq x \leq 1{,}5$ der durch $y = 2x^2$ bestimmten Parabel.

14. a) Man berechne die Bogenlänge für $0 \leq x \leq x_0$ der durch $y = a \cosh(x/a)$ bestimmten Kettenlinie.

b) Die Gleichung der Kettenlinie wird häufig durch die Parabelgleichung

$$y = a\left(1 + \frac{x^2}{2a^2}\right)$$

angenähert (Beispiel 4, S. 437). Wie groß ist die Bogenlänge dieser Parabel?

c) Wie groß ist der relative Fehler bei $x_0 = a$?

15. Man berechne die Bogenlänge für $0 \leq x \leq 3$ des durch $y = e^x$ gegebenen Graphen.

Hinweis: Man substituiere die Wurzel.

16. Für das in Bild **401.**2 dargestellte **Biegeproblem** bestimme man größte Durchbiegung f und größten Anstieg $\tan \alpha$. Es ist q_0 die Streckenbelastung an der Einspannung, $F = q_0 l/2$ die Gesamtlast.

17. Für den in Bild **388.**2 angegebenen Belastungsfall sind Ort und Größe der maximalen Durchbiegung f gesucht. Wie groß ist die Auflagerkraft F_B? Wo tritt das größte Moment auf, wo ist das Moment Null?

18. Gesucht sind Biegelinie w und größte Durchbiegung f für den in Bild **388.**3 angegebenen Belastungsfall bei $E = 2{,}1 \cdot 10^7$ N/cm^2, $I = 15000$ cm^4, $q = 300$ N/cm und $l = 7$ m. Wo ist das Biegemoment Null?

19. „Futurologen" benutzen manchmal eine Wachstumsfunktion, die der Differentialgleichung

$$\frac{dy}{dx} = c y (1 - y)$$

mit $c > 0$, $y(x_0) = 1/2$ genügt. Wie lautet diese Funktion?

Hinweis: Integration durch Partialbruchzerlegung.

8 Differentialgeometrie

Die Geometrie wird in diesem Abschnitt nicht systematisch entwickelt, sondern als Anwendung und Fortführung der bisherigen Differential- und Integralrechnung behandelt. Die Variablen x und y haben in diesem Abschnitt die Bedeutung von Strecken. Die Einheitslängen auf den Koordinatenachsen werden als gleich vorausgesetzt. Mit Ausnahme einiger Teile des Abschn. 8.4 werden nur Probleme in der Ebene behandelt.

8.1 Parameterform

In der Parameterform wird der Zusammenhang zwischen den Variablen x und y nicht unmittelbar angegeben, sondern für jede Variable in Abhängigkeit von einer Hilfsvariablen λ, dem Parameter. Man erhält also anstatt $y = f(x)$ zwei Funktionsgleichungen

$$x = u(\lambda) = x(\lambda) \quad \text{und} \quad y = v(\lambda) = y(\lambda) \tag{402.1}$$

Die Darstellung von Funktionsgleichungen, Tafeln und Diagrammen in der Parameterform findet man in Abschn. 2.5. Für das Differenzieren und Integrieren dürfen auf Gl. (402.1) die in den Abschn. 5.2 und 6.3 behandelten formalen Regeln angewandt werden.

8.1.1 Differenzieren

Für das Differenzieren nach dem Parameter wird symbolisch

$$\mathrm{d}x/\mathrm{d}\lambda = \dot{u}(\lambda) = \dot{x} \quad \text{und} \quad \mathrm{d}y/\mathrm{d}\lambda = \dot{v}(\lambda) = \dot{y} \tag{402.2}$$

geschrieben. Den Zusammenhang zwischen diesen Ableitungen und $y' = \mathrm{d}y/\mathrm{d}x$ gibt die **Parameterregel**

$$y' = \frac{\dot{v}(\lambda)}{\dot{u}(\lambda)} = \frac{\dot{y}}{\dot{x}} \tag{402.3}$$

Beweis. Es wird vorausgesetzt, daß $x(\lambda)$, $y(\lambda) \in C^1$ sind und daß mit $\Delta x \to 0$ auch $\Delta \lambda \to 0$ geht. Dann ist

$$y' = \lim_{\Delta x \to 0} \frac{\Delta y}{\Delta x} = \lim_{\Delta \lambda \to 0} \frac{\Delta y/\Delta \lambda}{\Delta x/\Delta \lambda} = \frac{\lim_{\Delta \lambda \to 0} \Delta y/\Delta \lambda}{\lim_{\Delta \lambda \to 0} \Delta x/\Delta \lambda} = \frac{\dot{y}}{\dot{x}} \qquad \square$$

Mit dieser Gleichung wird der Anstieg der Tangente als Funktion des Parameters dargestellt. Insbesondere ergeben sich hieraus mit der Unbekannten λ die Bestimmungsgleichungen für die Lage der senkrechten und waagerechten Kurventangenten. Bei waagerechten Tangenten ist $y' = 0$ (man setzt $\dot{y} = 0$). Bei senkrechten Tangenten setzt man $\dot{x} = 0$. Werden für bestimmte Werte von λ sowohl $\dot{x}$ als auch $\dot{y}$ gleich Null, so liegt ein unbestimmter Ausdruck vor, der nach Abschn. 5.2.5 zu untersuchen ist. Um die Koordinaten zu erhalten, bei denen die senkrechten oder waagerechten Tangenten auftreten, sind die gefundenen λ-Werte in Gl. (402.1) einzusetzen. Die zweite Ableitung y'' erhält man durch Anwendung der Kettenregel und der Quotientenregel auf Gl. (402.3)

$$y'' = \frac{dy'}{dx} = \frac{dy'}{d\lambda} \frac{d\lambda}{dx} \qquad \frac{dy'}{d\lambda} = \frac{d}{d\lambda}\left(\frac{\dot{y}}{\dot{x}}\right) = \frac{\dot{x}\ddot{y} - \dot{y}\ddot{x}}{\dot{x}^2} \qquad \frac{d\lambda}{dx} = \frac{1}{dx/d\lambda} = \frac{1}{\dot{x}}$$

und es ergibt sich

$$y'' = \frac{\dot{x}\ddot{y} - \dot{y}\ddot{x}}{\dot{x}^3} \qquad (403.1)$$

Die zweite Ableitung wird hier seltener zur Berechnung von Wendepunkten gebraucht, sondern vorwiegend zur Berechnung der in Abschn. 8.3.1 behandelten Krümmung des Graphen.

Beispiel 1 Der Graph der Funktion mit der Gleichung

$$x(\varphi) = r(\varphi - \sin\varphi) \qquad y(\varphi) = r(1 - \cos\varphi) \qquad (403.2)$$

heißt Zykloide. Der Parameter φ ist ein Winkel, dessen Bedeutung in Bild **403.1** und besonders in Beispiel 4, S. 407, erläutert wird. Es ist eine Kurvendiskussion durchzuführen. Die Nullstellen liegen bei $y = 0 = r(1 - \cos\varphi)$. Daraus erhält man für alle $n \in \mathbb{Z}$

$$\varphi = 0, 2\pi, 4\pi, \ldots, 2n\pi$$

Diese Werte ergeben, eingesetzt in $u(\varphi) = r(\varphi - \sin\varphi)$, die Abszissen $x_0 = 0$, $2r\pi$, $4r\pi$, ..., $2nr\pi$. Die ersten Ableitungen lauten

$$\dot{x} = r(1 - \cos\varphi) \qquad \dot{y} = r\sin\varphi$$

$\dot{y} = 0$ hat die Lösungen $\varphi = 0, \pi, 2\pi, 3\pi, \ldots, n\pi$

$\dot{x} = 0$ hat die Lösungen $\varphi = 0, 2\pi, 4\pi, \ldots, 2n\pi$

An den Stellen $\varphi = (2n + 1)\pi$ ist nur $\dot{y} = 0$, dort befinden sich also waagerechte Tangenten. Die Abszissen hierfür sind $x_e = (2n + 1)r\pi$, die Ordinaten $y_e = 2r$. An den Stellen $\varphi = 2n\pi$ sind sowohl $\dot{y} = 0$ als auch $\dot{x} = 0$. In Beispiel 21, S. 285, ist gezeigt, daß ein Grenzwert $\sin\varphi/(1 - \cos\varphi)$ für diese Werte von φ nicht existiert, y' wächst unbeschränkt. Da außerdem an diesen Stellen ein Vorzeichenwechsel von y' auftritt, hat der Graph dort Spitzen mit senkrechten Tangenten. Für diese Werte von φ ist auch $y = 0$, daher fallen die Spitzen mit den Nullstellen zusammen (**403.1**).

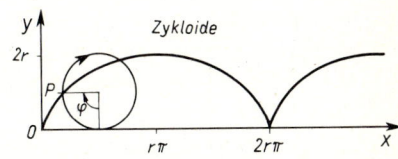

403.1

8.1.2 Integrieren

Sämtliche Gleichungen der Integralrechnung können leicht in die Parameterform umgeschrieben werden. Für die Variablen x und y werden die rechten Seiten von Gl. (402.1) eingesetzt. λ wird wie eine Substitutionsvariable behandelt. So erhält man mit Gl. (327.1) für das **unbestimmte Integral**

$$\int y \, dx = \int v(\lambda) \, \dot{u}(\lambda) \, d\lambda = \int y \, \dot{x} \, d\lambda \tag{404.1}$$

In den rechten Seiten dieser Gleichung ist der Integrand eine Funktion der Integrationsvariablen λ. Beim bestimmten Integral sind dementsprechend auch die Grenzen in λ einzusetzen. Falls sie in Werten von x gegeben sind, benutzt man die nach λ aufgelöste Form von $x = u(\lambda)$ zur Umrechnung.

Für eine **Flächenberechnung** zeigt Bild **404.1**a den Zusammenhang zwischen x und λ. Wenn im Integrationsbereich $y > 0$ und ferner $x_1 < x_2$ ist, so ist

$$\int_{x_1}^{x_2} y \, dx = \int_{\lambda_1}^{\lambda_2} y \, \dot{x} \, d\lambda \tag{404.2}$$

auch dann positiv, wenn $\lambda_2 < \lambda_1$ ist (s. Beispiel 3, S. 405). Oft ist es einfacher, eine Fläche mit der folgenden **Sektorenformel von Leibniz** zu berechnen

$$A = \frac{1}{2} \int_{\lambda_1}^{\lambda_2} (x \, \dot{y} - y \, \dot{x}) \, d\lambda \tag{404.3}$$

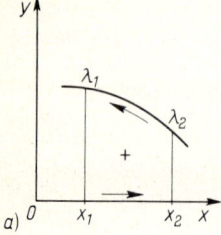
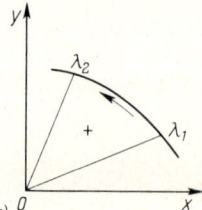

404.1

Die Herleitung erfolgt in Abschn. 8.2.2 in Zusammenhang mit Polarkoordinaten. Daraus ergibt sich die in Bild **404.1**b gezeigte Fläche. Sie ist positiv, wenn wie in diesem Bild die Fläche beim Durchlaufen des Graphen links liegt, wobei λ_1 die untere und λ_2 die obere Grenze des Integrals ist. Auch hier kann der Fall $\lambda_2 < \lambda_1$ eintreten (s. Beispiel 2, S. 405). Die Graphen der in Parameterform gegebenen Funktionen sind häufig in sich geschlossen, enthalten im Inneren den Koordinatenursprung, und der Parameter ist ein Winkel. In diesem Fall erhält man die Gesamtfläche aus den Grenzen 0 und 2π.

Als weiteres Beispiel für die Umrechnung von Integralformeln aus rechtwinklig-geradlinigen Koordinaten in die Parameterform wird die Bogenlänge eines Graphen behandelt. Nach Gl. (383.2) ist

$$s = \int_{x_1}^{x_2} \sqrt{1 + y'^2} \, dx$$

Setzt man $y' = \dot{y}/\dot{x}$ und $dx = \dot{x}d\lambda$, so erhält man die für $\lambda_1 < \lambda_2$ positive **Bogenlänge in der Parameterform**

$$s = \int_{\lambda_1}^{\lambda_2} \sqrt{\dot{x}^2 + \dot{y}^2}\, d\lambda \tag{405.1}$$

Beispiel 2 Man berechne Flächeninhalt und Bogenlänge eines Zykloidenbogens zwischen zwei Nullstellen.

Die Parametergleichungen für die Zykloide sowie die Ableitungen und die Nullstellen entnimmt man Beispiel 1, S. 403. Benutzt man zur Flächenberechnung Gl. (404.2), so folgt aus $x_1 = 0$ der Wert $\varphi_1 = 0$, für $x_2 = 2r\pi$ wird $\varphi_2 = 2\pi$.

Man erhält

$$A = \int_0^{2\pi} r^2(1 - \cos\varphi)^2\, d\varphi = r^2 \int_0^{2\pi}(1 - 2\cos\varphi + \cos^2\varphi)\, d\varphi$$

$$= r^2\left[\varphi - 2\sin\varphi + \frac{1}{4}\sin 2\varphi + \frac{\varphi}{2}\right]_0^{2\pi} = 3r^2\pi$$

Um in der Sektorenformel Gl. (404.3) einen positiven Wert zu erhalten, ist gemäß Bild **404.1**b als untere Grenze $\varphi_1 = 2\pi$ und als obere Grenze $\varphi_2 = 0$ einzusetzen.

$$A = \frac{r^2}{2}\int_{2\pi}^0 [(\varphi - \sin\varphi)\sin\varphi - (1 - \cos\varphi)^2]\, d\varphi$$

$$= \frac{r^2}{2}\int_{2\pi}^0 (\varphi\sin\varphi + 2\cos\varphi - 2)\, d\varphi = \frac{r^2}{2}\left[-\varphi\cos\varphi + 3\sin\varphi - 2\varphi\right]_{2\pi}^0 = 3r^2\pi$$

Für die Bogenlänge benötigt man nach Gl. (405.1) $\dot{x}^2 = r^2(1 - \cos\varphi)^2$ sowie $\dot{y}^2 = r^2\sin^2\varphi$, außerdem $\dot{x}^2 + \dot{y}^2 = r^2(1 - 2\cos\varphi + \cos^2\varphi + \sin^2\varphi) = 2r^2(1 - \cos\varphi)$. Mit $1 - \cos\varphi = 2\sin^2(\varphi/2)$ wird die Bogenlänge

$$s = 2r\int_0^{2\pi}\sin\frac{\varphi}{2}\, d\varphi = 2r\left(-2\cos\frac{\varphi}{2}\right)\bigg|_0^{2\pi} = 8r$$

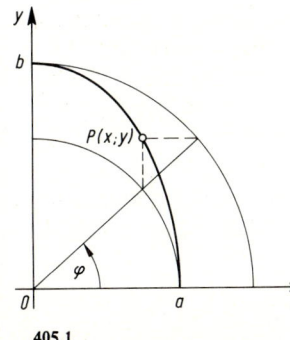

405.1

Beispiel 3 Die Parametergleichungen einer **Ellipse** und ihrer Ableitungen lauten (**405.1**)

$$x = a\cos\varphi \qquad y = b\sin\varphi$$
$$\dot{x} = -a\sin\varphi \qquad \dot{y} = b\cos\varphi \tag{405.2}$$

Man beachte, daß φ nicht die Polarkoordinate des Punktes P ist. Die Gesamtfläche und der Umfang der Ellipse sind zu berechnen.

Für Gl. (404.2) erhält man $\varphi_1 = \pi/2$ aus $x_1 = 0$, $\varphi_2 = 0$ aus $x_2 = a$ und für die Gesamtfläche als vierfache Fläche des

8.1 Parameterform

1. Quadranten

$$A = -4ab \int_{\pi/2}^{0} \sin^2 \varphi \, d\varphi = -4ab \left(\frac{\varphi}{2} - \frac{1}{4} \sin 2\varphi \right) \Big|_{\pi/2}^{0} = ab\pi$$

Für die Sektorenformel Gl. (404.3) sind die Grenzen $\varphi_1 = 0$ und $\varphi_2 = 2\pi$, und man erhält

$$A = \frac{ab}{2} \int_{0}^{2\pi} (\cos^2 \varphi + \sin^2 \varphi) \, d\varphi = \frac{ab}{2} \int_{0}^{2\pi} d\varphi = ab\pi$$

Für den Umfang ergibt sich nach Gl. (405.1)

$$s = \int_{0}^{2\pi} \sqrt{a^2 \sin^2 \varphi + b^2 \cos^2 \varphi} \, d\varphi$$

Dieses Integral ist nicht geschlossen lösbar, sondern wird durch die folgenden Umformungen in ein sog. elliptisches Integral 2. Gattung überführt. Mit $\cos^2 \varphi = 1 - \sin^2 \varphi$ und $k^2 = (b^2 - a^2)/b^2$ erhält man

$$s = b \int_{0}^{2\pi} \sqrt{1 - k^2 \sin^2 \varphi} \, d\varphi$$

Da $k^2 > 0$ ist, muß $b > a$ sein. Dies ist ggf. durch eine Drehung der Ellipse um 90° stets zu erreichen.

Für eine beliebige obere Grenze ist dieses Integral z. B. in [2], [34] tabelliert. In Beispiel 14, S. 446, wird es für die obere Grenze $\pi/2$ durch Reihenentwicklung berechnet. Hieraus ergibt sich für den Gesamtumfang

$$s = 2b\pi \left(1 - \left(\frac{1}{2}\right)^2 k^2 - \left(\frac{1 \cdot 3}{2 \cdot 4}\right)^2 \frac{k^4}{3} - \left(\frac{1 \cdot 3 \cdot 5}{2 \cdot 4 \cdot 6}\right)^2 \frac{k^6}{5} - \ldots \right)$$

8.1.3 Anwendungen in der Technik

Die Parameterform wird verwendet, wenn die Raumkoordinaten eine Funktion der Zeit oder eines Winkels sind (s. Abschn. 8.4). Hier wird eine Anwendung aus der Getriebelehre behandelt.

Definition Wenn eine bewegliche Kurve (Gangpolbahn) auf einer mit dem Koordinatensystem fest verbundenen Kurve (Rastpolbahn) ohne Gleiten abrollt, so beschreibt ein mit der Gangpolbahn fest verbundener Punkt P eine Rollkurve.

In der Kinematik treten folgende Fälle auf:

Rastpolbahn	Gangpolbahn	Rollkurve	
Kreis	Gerade	Kreisevolvente (**419.1**)	
		$x = r(\cos \varphi + \varphi \sin \varphi)$	(406.1)
		$y = r(\sin \varphi - \varphi \cos \varphi)$	
Gerade	Kreis	Zykloide (**403.1**)	
		$x = r(\varphi - \sin \varphi)$	(406.2)
		$y = r(1 - \cos \varphi)$	

8.1.3 Anwendungen in der Technik

Rastpolbahn	Gangpolbahn	Rollkurve
Kreis	Kreis außen	Epizykloide **(407.1)** $\quad$ (407.1) $\\ x = r(m\cos\psi - \cos m\psi) \\ y = r(m\sin\psi - \sin m\psi)$
Kreis	Kreis innen	Hypozykloide **(407.2)** $\quad$ (407.2) $\\ x = r(M\cos\psi + \cos M\psi) \\ y = r(M\sin\psi - \sin M\psi)$

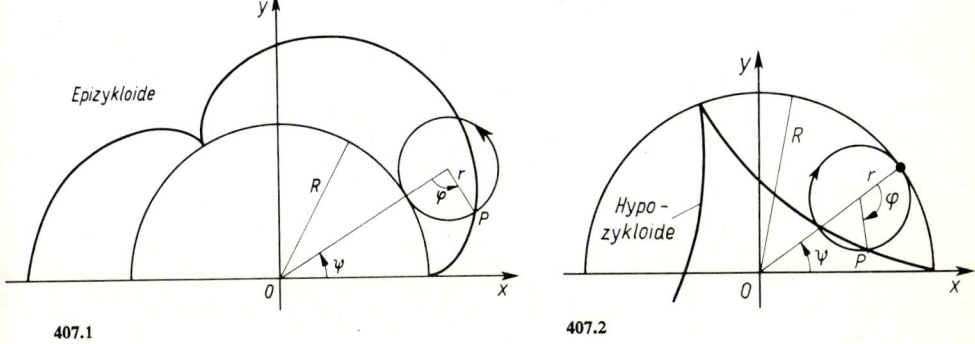

407.1   407.2

Der Parameter φ heißt **Wälzwinkel**, der Parameter ψ **Drehwinkel**. Ferner ist r der Radius des rollenden Kreises und R der Radius des festen Kreises

$$m = \frac{R+r}{r} \qquad M = \frac{R-r}{r}$$

Technisch sind die Kreise als **Zahnräder** und die Geraden als **Zahnstangen** ausgebildet. Für die Hypozykloide ist besonders der Fall $R = 2r$, also $M = 1$ von Interesse. Dann wird für alle ψ nämlich $y = 0$, die Rollkurve ist also eine Strecke auf der x-Achse. Damit kann eine kreisförmige in eine geradlinige Bewegung umgewandelt werden. Diese **Hypozykloidengeradführung** wird zuweilen beim **Planetengetriebe** verwendet. Die Aufstellung der vorstehenden Funktionsgleichungen erfolgt auf elementar-geometrischer Grundlage. Die Gleichung der Kreisevolvente wird in Beispiel 7, S. 419, hergeleitet.

Beispiel 4 Man leite die **Gleichung der Zykloide** her. In Bild **407.3** ist P der betrachtete Punkt des auf der x-Achse abrollenden Kreises mit dem Radius r. Zu Beginn der Bewegung liegt P im Koordinatenursprung O. Der Wälzwinkel $PMN = \varphi$ wird als Parameter eingeführt. Weil der Kreis auf der x-Achse abrollt, ist der Bogen $\overparen{PN} = \overline{ON} = r\varphi$. Für die Koordinaten von P ergibt sich daraus

$x = \overline{OP'} = \overline{ON} - \overline{P'N} = r\varphi - r\sin\varphi = r(\varphi - \sin\varphi)$
$y = \overline{P'P} = \overline{NP''} = \overline{NM} - \overline{P''M} = r - r\cos\varphi = r(1-\cos\varphi)$

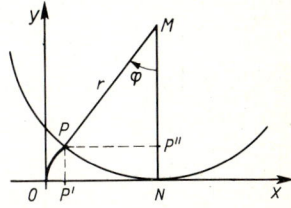

Eine Kurvendiskussion der Zykloidengleichung wird in Beispiel 1, S. 403, durchgeführt.

407.3

8.2 Polarkoordinaten

Beispiel 5 Man leite die Gleichung einer Epizykloide her (**408.1**).

Zu Beginn der Bewegung ist der variable Punkt P in P_0 und $\psi = \varphi = 0$. Wegen des Abrollens ist $R\psi = r\varphi$ oder $R/r = \varphi/\psi$. Addiert man auf beiden Seiten Eins und bringt die Quotienten auf den Hauptnenner, so erhält man

$$\frac{R+r}{r} = \frac{\varphi+\psi}{\psi} = m \quad \text{oder} \quad R + r = mr \quad \text{bzw.} \quad \varphi + \psi = m\psi$$

Die Zahl m ist gegeben. Zwischen den Winkeln und ihren Funktionen bestehen nach Bild **408.1** und den vorstehenden Gleichungen folgende Beziehungen

$$\alpha = \varphi + \psi - 90°$$

$$\sin\alpha = -\cos(\alpha + 90°) = -\cos(\varphi + \psi) = -\cos m\psi$$

$$\cos\alpha = \sin(\alpha + 90°) = \sin(\varphi + \psi) = \sin m\psi$$

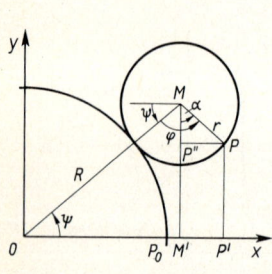

408.1

Für die Abszisse von P gilt
$$x = \overline{OM'} + \overline{M'P'} = (R+r)\cos\psi + r\sin\alpha$$
$$= r(m\cos\psi - \cos m\psi)$$

Für die Ordinate von P gilt
$$y = \overline{M'M} - \overline{P''M} = (R+r)\sin\psi - r\cos\alpha$$
$$= r(m\sin\psi - \sin m\psi)$$

Dies sind die Parametergleichungen der Epizykloide mit dem Drehwinkel ψ als Parameter.

8.1.4 Aufgaben zu Abschnitt 8.1

1. Man diskutiere und zeichne die Graphen der folgenden Funktionen

a) $x = 1 - e^{-\lambda}$ $y = 1 + \lambda^2$

b) $x = 3\lambda/(1 + \lambda^3)$ $y = 3\lambda^2/(1 + \lambda^3)$

c) $x = 4/\cos\varphi$ $y = 2\tan\varphi$

2. Die folgenden Formeln sind in Parameterform umzuwandeln

a) Rotationsvolumen $V_y = \pi \int_a^b x^2 \, y' \, dx$

b) Flächenmoment $I_z = \int_a^b y^2 \, z \, dy$

3. Man diskutiere den Verlauf des Graphen und berechne die Gesamtfläche und den Gesamtumfang einer Epizykloide Gl. (407.1) für $r = R$.

4. Man berechne nach Gl. (406.1) die von der Kreisevolvente mit $r = 1$ cm im 1. Quadranten umschlossene Fläche und die entsprechende Bogenlänge.

Hinweis: Die obere Grenze ist $\varphi_2 = 2{,}798$.

8.2 Polarkoordinaten

Bei Polarkoordinaten ist eine Abbildungsvorschrift eines Winkels φ auf eine Größe r gegeben. Häufig ist r eine Strecke und heißt dann Ortsvektor (409.1). Man schreibt als Funktionsgleichung in expliziter Form

$$r = f(\varphi) \qquad (409.1)$$

Die Funktionsgleichungen können auch implizit oder in der Parameterform angegeben werden. Die Darstellung von Funktionsgleichungen, Tafeln und Diagrammen findet man in Abschn. 2.5. Hier wird das Differenzieren und Integrieren behandelt. Auf Gl. (409.1) dürfen die formalen Regeln von Abschn. 5.2 und 6.3 angewandt werden.

8.2.1 Differenzieren

Die erste Ableitung lautet

$$\lim_{\Delta\varphi \to 0} \frac{\Delta r}{\Delta \varphi} = \frac{dr}{d\varphi} = r'(\varphi) = r' \qquad (409.2)$$

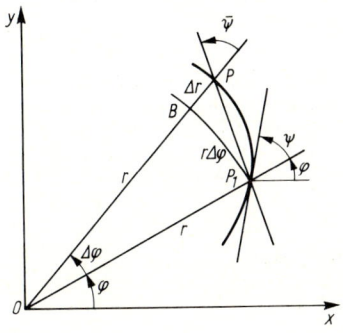

409.1

Aus Bild **409.1** ergibt sich folgende geometrische Bedeutung: Man betrachtet einen Winkel $\bar{\psi}$, für den laut Definition gilt

$$\tan \bar{\psi} = \frac{r \, \Delta\varphi}{\Delta r} = \frac{r}{\Delta r / \Delta\varphi}$$

Dies ist ungefähr der Winkel zwischen dem Ortsvektor zum Punkt P und der Sekante $\overline{PP_1}$. Beim Grenzübergang $\Delta\varphi \to 0$ rücken die Punkte P und P_1 beliebig dicht zusammen, und es entsteht der Winkel ψ zwischen Ortsvektor und Tangente.

$$\lim_{\Delta\varphi \to 0} (\tan \bar{\psi}) = \lim_{\Delta\varphi \to 0} \frac{r}{\Delta r / \Delta\varphi} = \frac{r(\varphi)}{r'(\varphi)} = \tan \psi \qquad (409.3)$$

Der Anstiegswinkel α der Tangente gegen die x-Achse ist $\alpha = \varphi + \psi$, der Anstieg ist bei gleichen Einheitslängen gleich der Ableitung y'

$$\tan \alpha = y' = \tan(\varphi + \psi) = \frac{\tan \varphi + \tan \psi}{1 - \tan \varphi \tan \psi}$$

Mit Gl. (409.3) und der Beziehung $\tan \varphi = \sin \varphi / \cos \varphi$ erhält man den Anstieg der Tangente

$$y' = \frac{r' \tan \varphi + r}{r' - r \tan \varphi} = \frac{r' \sin \varphi + r \cos \varphi}{r' \cos \varphi - r \sin \varphi} \qquad (409.4)$$

Diese Gleichung liefert mit der Unbekannten φ die Bestimmungsgleichungen für die Lage der senkrechten und waagerechten Tangenten, die bei Kurvendiskussionen ermittelt werden. Bei waagerechten Tangenten ist $y' = 0$, man setzt also den Zähler von Gl. (409.4) gleich Null, bei senkrechten Tangenten setzt man den Nenner von Gl. (409.4) gleich Null. Werden für bestimmte Werte von φ sowohl Zähler als auch Nenner gleich Null, so erhält man einen unbestimmten Ausdruck, der nach Abschn. 5.2.5 zu untersuchen ist.

Zur Berechnung der Krümmung in Abschn. 8.3.1 benötigt man die 2. Ableitung. Nach der Kettenregel ist

$$y'' = \frac{dy'}{d\varphi} \frac{d\varphi}{dx}$$

Den ersten Faktor erhält man durch Differenzieren von Gl. (409.4) nach φ, der zweite ist der Kehrwert der 1. Ableitung von $x = r \cos \varphi$ nach φ. So ergibt sich für die 2. Ableitung in Polarkoordinaten

$$y'' = \frac{r^2 + 2r'^2 - rr''}{(r' \cos \varphi - r \sin \varphi)^3} \tag{410.1}$$

Beispiel 1 Der Graph der logarithmischen Spirale mit der Gleichung

$$r = c\, e^{n\varphi}$$

ist zu diskutieren.

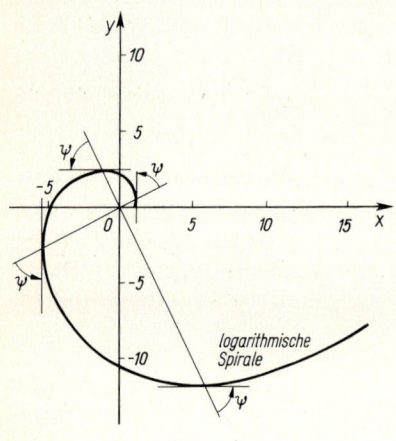

410.1

Die erste Ableitung ist $r' = n c e^{n\varphi} = n r$. Der Winkel zwischen Ortsvektor und Tangente ist nach Gl. (409.3) $\tan \psi = 1/n = $ const. – Von dieser Eigenschaft des Graphen wird bei vielen technischen Anwendungen Gebrauch gemacht. So haben Fräser und Radialturbinenschaufeln oft die Form von logarithmischen Spiralen, damit der Schnittwinkel beim Nachschleifen bzw. der Auftreffwinkel des Dampfstrahles konstant bleibt.

Waagerechte Tangenten

$$n r \sin \varphi + r \cos \varphi = 0 \quad \tan \varphi = -1/n$$

senkrechte Tangenten

$$n r \cos \varphi - r \sin \varphi = 0 \quad \tan \varphi = n$$

Bild 410.1 zeigt den Graphen von $r = e^{0,5\varphi}$ für $0° < \varphi < 330°$; der Winkel $\psi = 63,4°$ ist konstant;

waagerechte Tangenten liegen bei $\quad \varphi = 116,6°\quad$ und $\quad \varphi = 296,6°$
senkrechte Tangenten liegen bei $\quad \varphi = 26,6°\quad$ und $\quad \varphi = 206,6°$

8.2.2 Integrieren

Ein unbestimmtes Integral der Form $\int r\, d\varphi$ tritt nicht auf. Zur Flächenberechnung betrachtet man das Flächenelement

$$\Delta A = \frac{1}{2}(r + \Delta r)\, r\, \Delta \varphi$$

Es ist ungefähr gleich der Fläche des Dreiecks $O\,P_1\,P$ in Bild **409.1**. Beim Grenzübergang $\Delta\varphi \to 0$ geht auch $\Delta r \to 0$, deshalb ist

$$\lim_{\Delta\varphi\to 0}\frac{\Delta A}{\Delta\varphi} = \lim_{\Delta r\to 0}\frac{1}{2}(r+\Delta r)\,r = \frac{1}{2}r^2 = \frac{\mathrm{d}A}{\mathrm{d}\varphi} \tag{411.1}$$

Daraus ergibt sich nach dem Hauptsatz der Differential- und Integralrechnung als Fläche zwischen zwei Ortsvektoren und dem Graphen

$$A = \frac{1}{2}\int_{\varphi_1}^{\varphi_2} r^2\,\mathrm{d}\varphi \tag{411.2}$$

Aus Gl. (411.1) wird nun die Sektorenformel von Leibniz Gl. (404.3) hergeleitet. Nach Bild **411.1** ist

$$r^2 = x^2 + y^2 \qquad \text{und} \qquad \varphi = \arctan\frac{y}{x} \tag{411.3}$$

Alle diese Größen und damit auch die Fläche A sollen jetzt von einem Parameter λ abhängen. Mit der Kettenregel erhält man

$$\frac{\mathrm{d}A}{\mathrm{d}\lambda} = \frac{\mathrm{d}A}{\mathrm{d}\varphi}\frac{\mathrm{d}\varphi}{\mathrm{d}\lambda}$$

$\mathrm{d}A/\mathrm{d}\varphi$ erhält man aus Gl. (411.1). Aus der rechten Gl. (411.3) ergibt sich mit der Kettenregel

$$\frac{\mathrm{d}\varphi}{\mathrm{d}\lambda} = \frac{1}{1+(y/x)^2}\frac{\dot{y}\,x-y\,\dot{x}}{x^2} = \frac{x\,\dot{y}-y\,\dot{x}}{x^2+y^2}$$

Daraus ergibt sich mit der linken Gl. (411.3)

$$\frac{\mathrm{d}A}{\mathrm{d}\lambda} = \frac{1}{2}(x\,\dot{y}-y\,\dot{x})$$

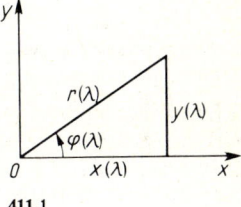

411.1

Mit dem Hauptsatz der Differential- und Integralrechnung ergibt sich daraus Gl. (404.3). Zur Berechnung der Bogenlänge betrachtet man das Bogenelement

$$\Delta s = \sqrt{(r\,\Delta\varphi)^2 + \Delta r^2}$$

Es ist ungefähr gleich der Strecke $\overline{P_1 P}$ in Bild **409.1**. Der Grenzübergang liefert mit Gl. (409.2)

$$\lim_{\Delta\varphi\to 0}\frac{\Delta s}{\Delta\varphi} = \lim_{\Delta\varphi\to 0}\sqrt{r^2+\left(\frac{\Delta r}{\Delta\varphi}\right)^2} = \sqrt{r^2+r'^2} = \frac{\mathrm{d}s}{\mathrm{d}\varphi} \tag{411.4}$$

Daraus ergibt sich nach dem Hauptsatz als Bogenlänge des Graphen zwischen zwei Ortsvektoren

$$s = \int_{\varphi_1}^{\varphi_2}\sqrt{r^2+r'^2}\,\mathrm{d}\varphi \tag{411.5}$$

Beispiel 2 Man berechne Fläche A und Bogenlänge s der logarithmischen Spirale im ersten Quadranten.

$$r = c\,e^{n\varphi} \qquad r^2 = c^2\,e^{2n\varphi}$$

$$A = \frac{c^2}{2}\int_0^{\pi/2} e^{2n\varphi}\,d\varphi = \frac{c^2}{4n}e^{2n\varphi}\Big|_0^{\pi/2} = \frac{c^2}{4n}(e^{n\pi} - 1)$$

$$r' = nc\,e^{n\varphi} = nr \qquad r'^2 = (nc)^2\,e^{2n\varphi} = (nr)^2 \qquad \sqrt{r^2 + r'^2} = r\sqrt{1+n^2}$$

$$s = c\sqrt{1+n^2}\int_{\varphi_1}^{\varphi_2} e^{n\varphi}\,d\varphi = \frac{c}{n}\sqrt{1+n^2}\,e^{n\varphi}\Big|_{\varphi_1}^{\varphi_2} = (r_2 - r_1)\sqrt{1 + \frac{1}{n^2}}$$

Die Bogenlänge ist also proportional der Differenz der Beträge der beiden Ortsvektoren. Im ersten Quadranten erhält man

$$s = \frac{c}{n}\sqrt{1+n^2}\left(e^{n\frac{\pi}{2}} - 1\right)$$

8.2.3 Aufgaben zu Abschnitt 8.2

1. Man diskutiere und zeichne mit $a = 2$ cm im Bereich $0 \leq \varphi \leq 2\pi$ die Graphen der folgenden Funktionen

a) $r = \dfrac{a}{2}\varphi$ b) $r = a(1 - \cos\varphi)$ c) $r = a\sqrt{\cos 2\varphi}$

2. Man berechne Fläche und Bogenlänge der Graphen der Funktionen aus Aufgabe 1
a) für 1a im 1. Quadranten,
b) für 1b Gesamtfläche und Umfang,
c) für 1c die Gesamtfläche, dabei beachte man den Definitionsbereich der Funktion. Für die Bogenlänge zeige man, daß für den 1. Quadranten mit der Substitution $\cos 2\varphi = \cos^2\psi$ das folgende elliptische Integral 1. Gattung entsteht

$$s = \frac{a}{\sqrt{2}}\int_0^{\pi/2}\frac{d\psi}{\sqrt{1 - \frac{1}{2}\sin^2\psi}}$$

8.3 Krümmung. Evolvente

8.3.1 Krümmung. Krümmungsradius

Wird ein Graph zwischen zwei Punkten P_1 und P durchlaufen (413.1), so ist er um so stärker gekrümmt, je größer die Winkeldifferenz $\Delta\alpha = \alpha - \alpha_1$ bei konstanter Bogenlänge Δs, oder je kleiner die Bogenlänge Δs bei konstanter Winkeldifferenz $\Delta\alpha$ ist. In Anlehnung an diesen Sprachgebrauch gelangt man zur folgenden

Definition Die **Krümmung** $\varkappa$ eines Graphen in einem Punkt ist

$$\varkappa = \lim_{\Delta s \to 0} \frac{\Delta \alpha}{\Delta s} = \frac{d\alpha}{ds} \tag{413.1}$$

Hieraus werden nun Gleichungen hergeleitet, mit denen die Krümmung eines Graphen bei gegebener Funktionsgleichung berechnet werden kann.

Ist die Funktionsgleichung in rechtwinkligen Koordinaten gegeben, erhält man mit der Kettenregel

$$\frac{d\alpha}{ds} = \frac{d\alpha}{dx} \frac{dx}{ds}$$

Bei gleichen Einheitslängen ist $y' = \tan \alpha$. Aus dieser Gleichung erhält man $\alpha = \arctan y'$ und daraus

$$\frac{d\alpha}{dx} = \frac{d\alpha}{dy'} \frac{dy'}{dx} = \frac{1}{1 + y'^2} y''$$

Aus Gl. (383.2) ergibt sich

$$\frac{dx}{ds} = \frac{1}{ds/dx} = \frac{1}{\sqrt{1 + y'^2}}$$

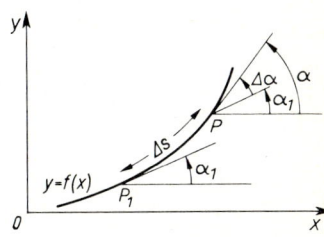

413.1

Damit wird die **Krümmung in rechtwinkligen Koordinaten**

$$\varkappa = \frac{y''}{(1 + y'^2)} \frac{1}{\sqrt{1 + y'^2}} = \frac{y''}{[1 + y'^2]^{3/2}} \tag{413.2}$$

Der Nenner von Gl. (413.2) ist laut Vereinbarung stets positiv. Die Krümmung hat also das gleiche Vorzeichen wie y''. Die zweite Ableitung wechselt das Vorzeichen in den Wendepunkten des Graphen und möglicherweise an den Stellen, wo der Graph senkrechte Tangenten hat. Verläuft der Graph im betrachteten Bereich nahezu parallel der Abszisse, so ist $y'^2 \ll 1$, und der Nenner in Gl. (413.2) kann durch Eins ersetzt werden. Man erhält dann die z.B. bei der Herleitung der Differentialgleichung der elastischen Biegelinie Gl. (387.1) benutzte Näherung $\varkappa \approx y''$. Entwickelt man den Nenner in eine binomische Reihe (Abschn. 9.2.3), so erhält man die bessere Näherung

$$\varkappa \approx y'' \left(1 - \frac{3}{2} y'^2\right) \tag{413.3}$$

Beispiel 1 Wie groß ist die **Krümmung eines Halbkreises** mit der Gleichung

$$y = +\sqrt{r^2 - x^2}$$

Es ist
$$y' = \frac{-x}{\sqrt{r^2 - x^2}}$$

und
$$y'' = -\frac{\sqrt{r^2 - x^2} - x \cdot \dfrac{-x}{\sqrt{r^2 - x^2}}}{r^2 - x^2} = -\frac{r^2}{(r^2 - x^2)^{3/2}}$$

8.3 Krümmung. Evolvente

Damit erhält man aus Gl. (413.2) als Krümmung eines Kreises

$$\varkappa = \frac{-\dfrac{r^2}{(r^2-x^2)^{3/2}}}{\left[1+\dfrac{x^2}{r^2-x^2}\right]^{3/2}} = -\frac{1}{r}$$

Sie ist dem Betrage nach gleich dem Kehrwert des Kreisradius. Die Funktion

$$y = +\sqrt{r^2-x^2}$$

beschreibt den oberen Halbkreis. Die Krümmung $\varkappa$ ist negativ (Rechtskrümmung). Setzt man $y = -\sqrt{r^2-x^2}$ (unterer Halbkreis), so wird $\varkappa = +1/r$ positiv (Linkskrümmung).

Wegen des Ergebnisses dieses Beispiels definiert man auch für andere Kurven:

Der Kehrwert der Krümmung $\varkappa$ heißt Krümmungsradius ϱ.

In der Technik wird der Krümmungsradius häufig als stets positive Größe behandelt. Für die Herleitungen in Abschn. 8.3.2 ist es jedoch zweckmäßig, ihn mit dem gleichen Vorzeichen zu versehen wie die entsprechende Krümmung. Beim Kreis ist die Krümmung konstant, bei einer Geraden ist y'' und damit auch die Krümmung gleich Null. Bei allen anderen Kurven ist die Krümmung von Punkt zu Punkt verschieden, sie nimmt insbesondere größte und kleinste Werte an.

Definition Die Punkte eines Graphen, in denen die Krümmung einen Extremwert hat, heißen die Scheitel.

Meist kann man die Scheitel eines Graphen unmittelbar erkennen. Das folgende Beispiel zeigt, wie sie für eine beliebige Funktion $y = f(x)$ berechnet werden können. Häufig wird auch die spezielle Gleichung für $\varkappa$ der untersuchten Funktion nach der unabhängigen Variablen differenziert und daraus der Wert der unabhängigen Variablen im Scheitel bestimmt (Beispiel 3, S. 415).

Beispiel 2 Man bestimme den Scheitel des Graphen einer Funktion $y = f(x)$.

Es wird der Extremwert der Krümmung berechnet. Die 1. Ableitung von Gl. (413.2) lautet

$$\frac{d\varkappa}{dx} = \frac{y'''(1+y'^2)^{3/2} - y''\dfrac{3}{2}(1+y'^2)^{1/2}\,2\,y'\,y''}{(1+y'^2)^3} = \frac{y'''(1+y'^2) - 3\,y'\,y''^2}{(1+y'^2)^{5/2}}$$

Der Nenner von $\varkappa'$ ist immer positiv. Ein Extremwert kann daher nur vorliegen, wenn

$$y'''(1+y'^2) - 3\,y'\,y''^2 = 0 \tag{414.1}$$

gilt. Die vorstehende Gleichung ist keine Differentialgleichung, denn durch eine Differentialgleichung wird eine Funktion $y = f(x)$ bestimmt. Setzt man diese Lösung dann in ihre Differentialgleichung ein, so ist die Gleichung für alle x erfüllt. In Gl. (414.1) jedoch wird irgendeine beliebige Funktion eingesetzt. Man erhält dann eine Bestimmungsgleichung für die Abszisse x_0, die zu dem Punkt mit extremaler Krümmung gehört (s. Aufgabe 2, S. 419).

Liegt für $x = x_0$ ein Maximum vor, so handelt es sich bei $\varkappa(x_0) > 0$ um einen Punkt stärkster Linkskrümmung, ist $\varkappa(x_0) \leqq 0$, so ist $P_0(x_0; y_0)$ ein Punkt geringster Rechtskrümmung. Nimmt für $x = x_0$ die Krümmung $\varkappa$ ein Minimum an, so liegt für $\varkappa(x_0) < 0$ ein Punkt stärkster Rechtskrümmung vor, bei $\varkappa(x_0) \geqq 0$ handelt es sich um einen Punkt geringster Linkskrümmung.

8.3.1 Krümmung. Krümmungsradius 415

Durch Einsetzen von Gl. (402.3) und (403.1) in Gl. (413.2) erhält man für die **Krümmung in der Parameterform**

$$\varkappa = \frac{(\dot{x}\ddot{y} - \dot{y}\ddot{x})/\dot{x}^3}{[1 + (\dot{y}/\dot{x})^2]^{3/2}} = \frac{\dot{x}\ddot{y} - \dot{y}\ddot{x}}{[\dot{x}^2 + \dot{y}^2]^{3/2}} \qquad (415.1)$$

Durch die Umformung von der linken in die rechte Gl. (415.1) geht das Vorzeichen von $\dot{x}$ verloren. Diese Schwierigkeit läßt sich dadurch beheben, daß die Krümmung bzw. der Krümmungsradius als positive Größe betrachtet wird.

Beispiel 3 Man berechne die Scheitelkrümmungen einer Ellipse (405.1).
Für die Funktionsgleichungen und ihre Ableitungen ergibt sich nach Beispiel 3, S. 405

$$x = a \cos \varphi \qquad y = b \sin \varphi$$
$$\dot{x} = -a \sin \varphi \qquad \dot{y} = b \cos \varphi$$
$$\ddot{x} = -a \cos \varphi \qquad \ddot{y} = -b \sin \varphi$$

Daraus erhält man mit Gl. (415.1) für $\varphi < 180°$

$$\varkappa = \frac{ab \sin^2 \varphi + ab \cos^2 \varphi}{[a^2 \sin^2 \varphi + b^2 \cos^2 \varphi]^{3/2}} = \frac{ab}{[a^2 \sin^2 \varphi + b^2 \cos^2 \varphi]^{3/2}}$$

Obwohl die Scheitel unmittelbar zu erkennen sind, werden sie berechnet.

$$\frac{d\varkappa}{d\varphi} = -\frac{3}{2} ab \frac{2a^2 \sin \varphi \cos \varphi - 2b^2 \cos \varphi \sin \varphi}{[a^2 \sin^2 \varphi + b^2 \cos^2 \varphi]^{5/2}} = 0$$

Hieraus folgt für den Zähler

$$(a^2 - b^2) 2 \sin \varphi \cos \varphi = (a^2 - b^2) \sin 2\varphi = 0$$

Wegen $a \neq b$ ist $\sin 2\varphi = 0$. Die Lösungen sind $\varphi = 0°$, $90°$, $180°$,.... Die beiden ersten Lösungen ergeben mit Gl. (415.1) und den Ellipsengleichungen die Werte $\varkappa_1 = -a/b^2$, $S_1(a, 0)$ und $\varkappa_2 = -b/a^2$, $S_2(0, b)$.

Durch Einsetzen von Gl. (409.4) und (410.1) in Gl. (413.2) erhält man für die **Krümmung in Polarkoordinaten**

$$\varkappa = \frac{r^2 + 2r'^2 - rr''}{(r' \cos \varphi - r \sin \varphi)^3 \left[1 + \left(\dfrac{r' \sin \varphi + r \cos \varphi}{r' \cos \varphi - r \sin \varphi}\right)^2\right]^{3/2}}$$

$$= \frac{r^2 + 2r'^2 - rr''}{(r^2 + r'^2)^{3/2}} \qquad (415.2)$$

Für den Faktor $(r' \cos \varphi - r \sin \varphi)^3$ im Nenner der Gl. (415.2) gilt sinngemäß das Gleiche wie für den Faktor $\dot{x}$ in Gl. (415.1).

8.3 Krümmung. Evolvente

Beispiel 4 Wie groß ist der Krümmungsradius der **logarithmischen Spirale**?
Aus Beispiel 1, S. 410, entnimmt man $r = c\, e^{n\varphi}$, $r' = c\, n\, e^{n\varphi}$, $r'' = c\, n^2\, e^{n\varphi}$, damit wird mit Gl. (415.2)

$$\varrho = \frac{1}{\varkappa} = \frac{[c^2\, e^{2n\varphi} + c^2\, n^2\, e^{2n\varphi}]^{3/2}}{c^2\, e^{2n\varphi} + 2\, c^2\, n^2\, e^{2n\varphi} - c^2\, n^2\, e^{2n\varphi}}$$
$$= r\sqrt{1 + n^2}.$$

8.3.2 Evolute. Evolvente

Bei der zeichnerischen Konstruktion von Graphen (insbesondere bei Kegelschnitten) wird oft der Graph in den Scheiteln durch einen Krümmungskreis ersetzt.

Definition Errichtet man im Punkte P eines Graphen die Normale und trägt auf ihr von P nach der inneren (konkaven) Seite des Graphen den Betrag des Krümmungsradius ϱ ab, erhält man den **Krümmungsmittelpunkt** M. Der Kreis um M mit $|\varrho|$ ist der **Krümmungskreis** des Punktes P.

Wie hier nicht bewiesen wird, ist der Krümmungskreis identisch mit dem **Schmiegkreis**, der in folgender Weise definiert ist: Der Kreis durch drei Punkte eines Graphen, die beim Grenzübergang in einen Punkt zusammenfallen.

Zu einer Reihe benachbarter Punkte P_i werden die entsprechenden Krümmungsmittelpunkte M_i konstruiert (**417.1**).

Definition Ein die Krümmungsmittelpunkte M_i des Graphen einer Funktion verbindender Graph heißt die **Evolute**. Der Graph der Funktion heißt die **Evolvente** der betreffenden Evolute.

Die Aufgabe, zu einem gegebenen Graphen die Evolute zu berechnen, ist stets lösbar und wird im folgenden behandelt. Die Kehraufgabe, zu einer gegebenen Evolute die Evolvente zu berechnen, ist nur in Spezialfällen geschlossen lösbar (s. F 34). Die Theorie der Evolventen spielt bei der Berechnung von Zahnrädern eine Rolle, da die Flanken der Zähne oft die Form von Evolventen haben (Evolventenverzahnung).

Herleitung der Evolutengleichung Der Punkt P hat die Koordinaten $(x; y)$, sein Krümmungsmittelpunkt M die Koordinaten $(X; Y)$. Nach Bild **417.1** bestehen folgende Beziehungen

$$X = x - \varrho \sin\alpha \qquad Y = y + \varrho \cos\alpha$$

Vom Anstiegswinkel α des Graphen im Punkt P ist $\tan\alpha = y'$ bekannt. In den obigen Gleichungen wird deshalb der Sinus und Cosinus in den Tangens umgeformt und dieser durch y' ersetzt. Setzt man ferner noch für $\varrho = 1/\varkappa$ nach Gl. (413.2) ein, so erhält man die **Parameterform der Evolute**

$$X = x - \frac{(1 + y'^2)^{3/2}}{y''} \cdot \frac{y'}{(1 + y'^2)^{1/2}} = x - y'\frac{1 + y'^2}{y''} = U(x)$$

$$Y = y + \frac{(1 + y'^2)^{3/2}}{y''} \cdot \frac{1}{(1 + y'^2)^{1/2}} = y + \frac{1 + y'^2}{y''} = V(x)$$
(416.1)

8.3.2 Evolute. Evolvente

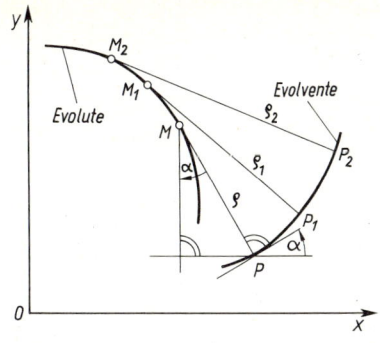

417.1

Da y, y' und y'' Funktionen von x sind, ist x der Parameter. In manchen Fällen gelingt es, diesen Parameter zu eliminieren und $Y = f(X)$ zu erhalten. Ist die Ausgangsfunktion selbst in Parameterform gegeben, so werden Gl. (402.1), (402.3) und (403.1) in Gl. (416.1) eingesetzt, und man erhält

$$X = u - \dot{v}\,\frac{\dot{u}^2 + \dot{v}^2}{\dot{u}\ddot{v} - \dot{v}\ddot{u}}$$
$$Y = v + \dot{u}\,\frac{\dot{u}^2 + \dot{v}^2}{\dot{u}\ddot{v} - \dot{v}\ddot{u}} \qquad (417.1)$$

Beispiel 5 Man berechne die Evolute der Parabel $y = cx^2$.

Da die Ausgangskurve explizit gegeben ist, verwendet man Gl. (416.1), berechnet $y' = 2cx$ und $y'' = 2c$ und erhält

$$X = x - 2cx\,\frac{1 + 4c^2 x^2}{2c} = -4c^2 x^3 \qquad Y = cx^2 + \frac{1 + 4c^2 x^2}{2c} = 3cx^2 + \frac{1}{2c}$$

Hier gelingt es, den Parameter zu eliminieren, indem man die Gleichung für X nach x auflöst und in die Gleichung für Y einsetzt. Man erhält dann als explizite Evolutengleichung der Parabel

$$Y = \frac{3}{2 \cdot \sqrt[3]{2c}}\,X^{2/3} + \frac{1}{2c}$$

Bild 417.2 zeigt Evolute und Evolvente für $c = 1$.

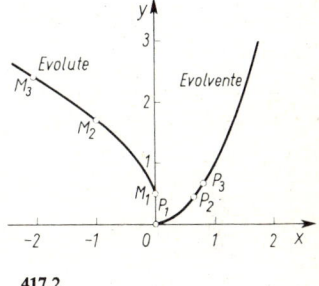

417.2

Beispiel 6 Man berechne die Evolute einer Zykloide (s. Beispiel 1, S. 403).
Die Funktionsgleichung und ihre Ableitungen lauten

$$x = r(\varphi - \sin\varphi) \qquad y = r(1 - \cos\varphi)$$
$$\dot{x} = r(1 - \cos\varphi) \qquad \dot{y} = r\sin\varphi$$
$$\ddot{x} = r\sin\varphi \qquad \ddot{y} = r\cos\varphi$$

Der in beiden Gl. (417.1) vorkommende Bruch ergibt

$$\frac{\dot{x}^2 + \dot{y}^2}{\dot{x}\ddot{y} - \ddot{x}\dot{y}} = \frac{r^2(1-\cos\varphi)^2 + r^2\sin^2\varphi}{r^2(1-\cos\varphi)\cos\varphi - r^2\sin^2\varphi} = \frac{2 - 2\cos\varphi}{\cos\varphi - 1} = -2$$

Damit lautet die Parameterdarstellung der Evolute

$$X = r(\varphi - \sin\varphi) + 2r\sin\varphi = r(\varphi + \sin\varphi)$$
$$Y = r(1 - \cos\varphi) - 2r(1 - \cos\varphi) = -r(1 - \cos\varphi)$$

8.3 Krümmung. Evolvente

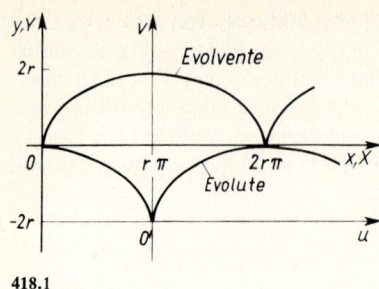

418.1

Führt man das aus Bild **418.**1 ersichtliche neue (u, v)-System ein, so ist $u = X - \pi r$ und $v = Y + 2r$. Damit erhält man als Gleichungen im neuen System

$$u = r\varphi + r \sin \varphi - \pi r = r(\varphi - \pi) + r \sin \varphi$$
$$v = -r + r \cos \varphi + 2r = r + r \cos \varphi$$

Wählt man nun noch einen neuen Parameter $\lambda = \varphi - \pi$, so wird wegen $\varphi = \lambda + \pi$

$$\sin(\lambda + \pi) = -\sin \lambda$$

und

$$\cos(\lambda + \pi) = -\cos \lambda$$

$$u = r(\lambda - \sin \lambda) \quad \text{und} \quad v = r(1 - \cos \lambda)$$

Die Evolute einer Zykloide ist also eine parallelverschobene Zykloide.

Beziehungen zwischen Evolute und Evolvente Zwischen den Ableitungen Y' der Evolute und y' der Evolvente besteht in zusammengehörigen Punkten (**417.**1) der Zusammenhang

$$Y' = -\frac{1}{y'} \tag{418.1}$$

Dies bedeutet geometrisch:

Die Tangente in einem Punkte der Evolute ist die Normale im entsprechenden Punkte der Evolvente.

Beweis. Nach Gl. (402.3) ist $dY/dX = (dY/dx)/(dX/dx)$. Diese Ableitungen erhält man durch Differenzieren von Gl. (416.1) nach x

$$\frac{dY}{dx} = y' + \left(\frac{1 + y'^2}{y''}\right)'$$

$$\frac{dX}{dx} = 1 - y'' \frac{1 + y'^2}{y''} - y' \left(\frac{1 + y'^2}{y''}\right)' \tag{418.2}$$

$$= -y'^2 - y' \left(\frac{1 + y'^2}{y''}\right)' = -y' \left[y' + \left(\frac{1 + y'^2}{y''}\right)'\right]$$

Werden die entsprechenden Seiten beider Gleichungen durcheinander dividiert, ergibt sich Gl. (418.1). □

Ein weiterer Satz lautet:

Die Bogenlänge ΔS zwischen zwei Punkten der Evolute ist gleich der Differenz der Krümmungsradien $\Delta \varrho$ der beiden entsprechenden Punkte der Evolvente.

Beweis. Da ΔS und $\Delta \varrho$ von x abhängen, gilt $\Delta S/\Delta x = \Delta \varrho / \Delta x$ und nach dem Grenzübergang $dS/dx = d\varrho/dx$, falls der Satz richtig ist. Diese beiden Ableitungen werden nun getrennt berechnet und ihre Gleichheit nachgewiesen. Nach Gl. (405.1) ist mit dem Parameter x

$$\frac{dS}{dx} = \sqrt{\left(\frac{dX}{dx}\right)^2 + \left(\frac{dY}{dx}\right)^2}$$

Für dX/dx und dY/dx werden die rechten Seiten der Gl. (418.2) eingesetzt, und man erhält nach einigen Umformungen

$$\frac{dS}{dx} = \left[y' + \left(\frac{1+y'^2}{y''}\right)'\right]\sqrt{1+y'^2}$$

Wird andererseits der Kehrwert von Gl. (413.2) differenziert, so erhält man

$$\frac{d\varrho}{dx} = \frac{y'y''}{\sqrt{1+y'^2}}\frac{1+y'^2}{y''} + \sqrt{1+y'^2}\left(\frac{1+y'^2}{y''}\right)' = \sqrt{1+y'^2}\left[y' + \left(\frac{1+y'^2}{y''}\right)'\right] \quad \square$$

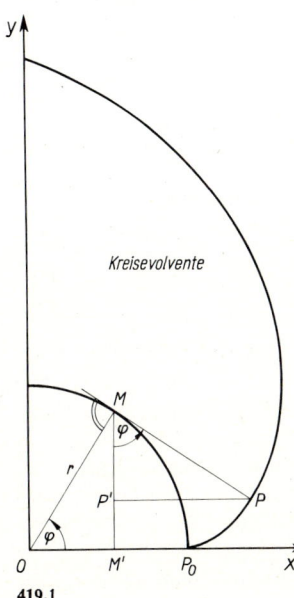

419.1

Wegen der Gültigkeit dieser beiden Sätze hat die Evolvente ihren Namen, er bedeutet die abgewickelte Kurve. Diese Sätze bilden auch die Grundlage zu einer mechanischen Konstruktion der Evolvente bei gegebener Evolute: Schlingt man um die Evolute einen Faden, so beschreibt das Fadenende beim Abwickeln eine Evolvente.

Beispiel 7 In der Verzahnungstheorie spielt die **Kreisevolvente** (Evolvente eines Kreises) eine wichtige Rolle. Auf Grund der beiden vorstehenden Sätze erhält man aus Bild 419.1 die folgenden Beziehungen für die Koordinaten x und y eines beliebigen Punktes P auf dem Graphen

$$\overline{MP} = \varrho = \overset{\frown}{MP_0} = r\varphi$$
$$x = \overline{OM'} + \overline{P'P}$$
$$= r\cos\varphi + r\varphi\sin\varphi = r(\cos\varphi + \varphi\sin\varphi) \quad (419.1)$$
$$y = \overline{MM'} - \overline{P'M}$$
$$= r\sin\varphi - r\varphi\cos\varphi = r(\sin\varphi - \varphi\cos\varphi)$$

Die vorstehenden beiden Gleichungen sind die Parameterform der Kreisevolvente.

8.3.3 Aufgaben zu Abschnitt 8.3

1. Man berechne den Krümmungsradius im Scheitel der Graphen folgender Funktionen

a) Gauß-Verteilung (Beispiel 15, S. 359) $\quad y = e^{-u^2/2}/(\sqrt{2\pi})$ für $u = 0$,

b) Zykloide Gl. (403.2) für $\varphi = \pi$,

c) Lemniskate (Aufgabe 1c, S. 412) für $\varphi = 0$.

2. Man berechne den Scheitel und den minimalen Krümmungsradius des Graphen von $y = \ln x$.

3. Man berechne die Funktionsgleichungen und zeichne die Graphen der Evoluten folgender Funktionen

a) $y = \ln x$, \quad b) Ellipse Gl. (405.2).

8.4 Vektorfunktionen

In Abschn. 4.2 wurden Verknüpfungen konstanter Vektoren, die sog. Vektoralgebra, behandelt. Die vektoriellen Größen der Physik sind jedoch oft veränderlich. In diesem Abschnitt werden zeitlich und in Abschn. 10.4 räumlich veränderliche Vektoren behandelt. Die Anwendung der Differential- und Integralrechnung auf beide wird als **Vektoranalysis** bezeichnet. Die Vektoranalysis wird in zwei getrennten Abschnitten behandelt, weil die betreffenden Teilgebiete sehr eng mit dem übrigen Inhalt des jeweiligen Gesamtabschnittes zusammenhängen. Hier werden nur Vektoren mit 3 Dimensionen behandelt. Die hergeleiteten Beziehungen gelten aber sinngemäß auch für n Dimensionen (s. Abschn. 4.2.3).

8.4.1 Differenzieren und Integrieren in rechtwinkligen Koordinaten

Definition Sind die Koordinaten eines Vektors $\vec{r}$ Funktionen einer skalaren Größe t, so liegt eine **Vektorfunktion** vor. Man schreibt in rechtwinkligen Koordinaten

$$\vec{r}(t) = x(t)\vec{i} + y(t)\vec{j} + z(t)\vec{k} \qquad (420.1)$$

Deutet man t als Zeit und x, y und z als Raumkoordinaten, so heißt $\vec{r}$ der **Ortsvektor** des Punktes $P(x; y; z)$ (**420.1**).

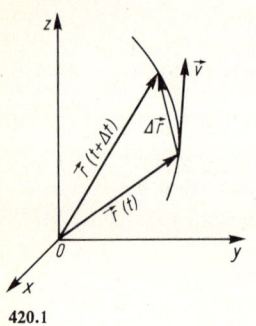

420.1

Ändert sich t, so beschreibt die Spitze von $\vec{r}$ eine **Kurve im Raum**. Der entsprechende Fall für die Ebene wurde bereits ohne Betonung der vektoriellen Eigenschaften in Abschn. 8.1 behandelt. Deshalb können die Gesetze der Parameterdarstellung einer Funktion hier weitgehend übernommen werden. Das häufigste Anwendungsgebiet ist die Kinematik, deshalb werden die dort üblichen Begriffe hier übernommen. Grundsätzlich können aber x, y, z und t auch eine andere physikalische Bedeutung haben, z.B. die drei Koordinaten einer Kraft und die Temperatur.

Für Betrag und Richtung des Vektors $\vec{r}$ gilt

$$r(t) = + \sqrt{x^2(t) + y^2(t) + z^2(t)} \qquad (420.2)$$

$$\cos \alpha(t) = \frac{x(t)}{r(t)} \qquad \cos \beta(t) = \frac{y(t)}{r(t)} \qquad \cos \gamma(t) = \frac{z(t)}{r(t)} \qquad (420.3)$$

Im folgenden wird nun nicht mehr jedesmal ausdrücklich betont, daß alle Bestimmungsgrößen des Vektors variabel sind.

Differenzieren Ändert sich t um den Betrag Δt, so ändert sich $\vec{r}$ um $\Delta\vec{r}$ (**420.1**)

$$\Delta\vec{r} = \vec{r}(t + \Delta t) - \vec{r}(t)$$

Entsprechend den skalaren Funktionen gilt unter den in Abschn. 5.1 behandelten Voraussetzungen der Stetigkeit und Differenzierbarkeit die

8.4.1 Differenzieren und Integrieren in rechtwinkligen Koordinaten

Definition Die 1. Ableitung der Vektorfunktion $\vec{r}(t)$ ist der Grenzwert

$$\lim_{\Delta t \to 0} \frac{\vec{r}(t + \Delta t) - \vec{r}(t)}{\Delta t} = \lim_{\Delta t \to 0} \frac{\Delta \vec{r}}{\Delta t} = \dot{\vec{r}}(t) \qquad (421.1)$$

Ist $\vec{r}(t)$ ein Ortsvektor, so ist $\dot{\vec{r}}(t) = \vec{v}(t)$ die Geschwindigkeit der Spitze von $\vec{r}$. Ist der Vektor in rechtwinkligen Koordinaten gegeben, so gilt der

Satz. **Die Koordinaten der Ableitung eines Vektors erhält man durch Differenzieren der Koordinaten des Vektors.**

Beweis. Die Summanden der Summe in Gl. (420.1) dürfen einzeln differenziert werden. □

Man erhält also als Koordinaten der Geschwindigkeit $\vec{v}(t)$

$$v_x(t) = \dot{x}(t) \qquad v_y(t) = \dot{y}(t) \qquad v_z(t) = \dot{z}(t) \qquad (421.2)$$

Betrag und Richtung der Geschwindigkeit erhält man durch entsprechende Anwendung von Gl. (420.2) und (420.3). Die Richtung der Geschwindigkeit ist stets die der Bahntangente. Dies wird hier nur für eine Bewegung in der Ebene gezeigt. In diesem Falle gilt für die Richtungswinkel wegen $\alpha + \beta = 90°$

$$\cos \beta = \sin \alpha \qquad \text{und} \qquad \tan \alpha = \frac{\sin \alpha}{\cos \alpha} = \frac{\dot{y}}{\dot{x}}$$

Der letzte Ausdruck ergibt sich einmal aus Gl. (420.3) und wurde andererseits in Gl. (402.3) als Steigung der Tangente an eine Kurve in der Ebene hergeleitet.

Durch Differenzieren von Gl. (421.2) erhält man die Koordinaten der Beschleunigung $\vec{a}(t)$

$$a_x(t) = \ddot{x}(t) \qquad a_y(t) = \ddot{y}(t) \qquad a_z(t) = \ddot{z}(t) \qquad (421.3)$$

Beispiel 1 Die Bahnkurve eines Körpers auf einer räumlichen kreisförmigen Spirale (Schraubenlinie) mit dem Radius r_0 wird durch folgenden Ortsvektor beschrieben

$$\vec{r}(t) = (r_0 \cos \omega_0 t)\vec{i} + (r_0 \sin \omega_0 t)\vec{j} + (v_0 t)\vec{k}$$

Man berechne die Koordinaten und die Beträge von Geschwindigkeit und Beschleunigung. Mit Gl. (421.2) und (420.2) erhält man

$$\vec{v}(t) = (-r_0 \omega_0 \sin \omega_0 t)\vec{i} + (r_0 \omega_0 \cos \omega_0 t)\vec{j} + v_0 \vec{k} \qquad v = \sqrt{r_0^2 \omega_0^2 + v_0^2}$$

Mit Gl. (421.3) und (420.2) ergibt sich

$$\vec{a}(t) = (-r_0 \omega_0^2 \cos \omega_0 t)\vec{i} + (-r_0 \omega_0^2 \sin \omega_0 t)\vec{j} \qquad a = r_0 \omega_0^2$$

Geschwindigkeit und Beschleunigung haben also einen konstanten Betrag. Die Richtung der Beschleunigung zeigt stets zur Achse der Spirale. Im Spezialfall $v_0 = 0$ ergibt sich eine Kreisbewegung mit der zum Kreismittelpunkt gerichteten Zentripetalbeschleunigung.

Ableitung des Produktes zweier Vektorfunktionen Die Regeln in Abschn. 5.2 dürfen in Verbindung mit den Regeln in Abschn. 8.1.1 auf Vektorfunktionen angewandt werden. Hier wird nur das skalare Produkt zweier Vektoren behandelt. Beim vektoriellen Produkt ist auf die Reihenfolge der Faktoren zu achten. Quotienten von Vektoren sind nicht definiert.

8.4 Vektorfunktionen

Für zwei Vektorfunktionen $\vec{a}(t)$ und $\vec{b}(t)$ ist die **Ableitung des skalaren Produkts**

$$\frac{d}{dt}(\vec{a}\cdot\vec{b}) = \dot{\vec{a}}\cdot\vec{b} + \vec{a}\cdot\dot{\vec{b}} \qquad (422.1)$$

Ein wichtiger Spezialfall ist die Ableitung des Produktes eines Einsvektors $\vec{e}$ mit sich selbst. Der Betrag dieses Produktes ist gleich Eins. Deshalb gilt mit

$$\vec{e}\cdot\vec{e} = 1$$
$$\frac{d}{dt}(\vec{e}\cdot\vec{e}) = 2\vec{e}\cdot\dot{\vec{e}} = 0 \qquad (422.2)$$

Wird ein skalares Produkt Null, ohne daß die Faktoren Null sind, so steht ein Vektor senkrecht auf dem anderen.

Die Ableitung eines Einsvektors steht senkrecht auf diesem.

Dies ist auch geometrisch leicht einzusehen, weil sich die Spitze eines Einsvektors nur auf einer Kugelfläche bewegen kann und die Ableitung die Richtung der Tangente hat.

Um den Betrag der Ableitung $\dot{e} = de/dt$ zu erhalten, wird die Kettenregel angewandt

$$\frac{de}{dt} = \frac{de}{d\varphi}\frac{d\varphi}{dt}$$

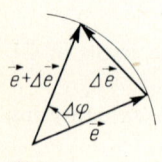

422.1

Der erste Faktor ist (422.1)

$$\frac{de}{d\varphi} = \lim_{\Delta\varphi \to 0}\frac{\Delta e}{\Delta\varphi} = \lim_{\Delta\varphi \to 0}\frac{|e|\,\Delta\varphi}{\Delta\varphi} = 1$$

Der zweite Faktor ist eine Winkelgeschwindigkeit, also ist

$$\dot{e}(t) = \dot{\varphi}(t) \qquad (422.3)$$

Der Betrag der Ableitung eines Einsvektors ist der seiner Winkelgeschwindigkeit.

Integrieren Nach dem Hauptsatz der Differential- und Integralrechnung erhält man durch Integration der Koordinaten der Beschleunigung die der Geschwindigkeit und durch nochmalige Integration die Koordinaten des Weges

$$v_x(t) = \int a_x(t)\,dt \qquad v_y(t) = \int a_y(t)\,dt \qquad v_z(t) = \int a_z(t)\,dt \qquad (422.4)$$

$$s_x(t) = \int v_x(t)\,dt \qquad s_y(t) = \int v_y(t)\,dt \qquad s_z(t) = \int v_z(t)\,dt \qquad (422.5)$$

Schwerkraftfeld Wählt man das Koordinatensystem so, daß die Schwerkraft in Richtung der negativen y-Achse wirkt und sind die z-Koordinaten von $\vec{a}$, $\vec{v}$ und $\vec{s}$ gleich Null, so erhält man die Beschleunigungsgesetze

$$a_x(t) = 0 \qquad a_y(t) = -g \qquad (422.6)$$

Hieraus ergeben sich durch Integration die Geschwindigkeit-Zeit-Gesetze

$$v_x(t) = v_{x0} \qquad v_y(t) = -g\,t + v_{y0} \qquad (422.7)$$

8.4.1 Differenzieren und Integrieren in rechtwinkligen Koordinaten

und die Weg-Zeit-Gesetze

$$s_x(t) = v_{x0} t + s_{x0} \qquad s_y(t) = -\frac{g}{2} t^2 + v_{y0} t + s_{y0} \qquad (423.1)$$

Die Größen v_{x0}, v_{y0}, s_{x0} und s_{y0} sind die vier Integrationskonstanten, die durch die Anfangsbedingungen bestimmt werden.

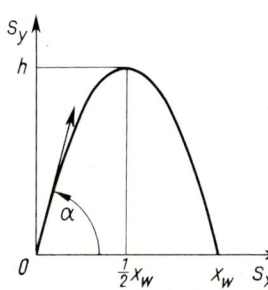

Beispiel 2 Beim schiefen Wurf (423.1) wird die Anfangslage im Koordinatenursprung gewählt. Die Koordinaten der Anfangsgeschwindigkeit sind v_{x0} und v_{y0}. Man bestimme das Geschwindigkeit-Zeit- und das Weg-Zeit-Gesetz, die Wurfhöhe, die Wurfweite sowie die Bahnkurve.

Gl. (423.1) ergibt mit den geforderten Anfangsbedingungen $s_{x0} = s_{y0} = 0$

$$s_x(t) = v_{x0} t \qquad s_y(t) = -\frac{g}{2} t^2 + v_{y0} t \qquad (423.2)$$

423.1

Die Wurfhöhe h wird zu dem Zeitpunkt t_h erreicht, für den $v_y(t_h) = -g t_h + v_{y0} = 0$ gilt. Daher ist $t_h = v_{y0}/g$. Dann wird die Wurfhöhe $h = s_y(t_h) = v_{y0}^2/(2g)$. Der Zeitpunkt t_W, zu dem der Körper wieder die Höhe Null erreicht, ergibt sich aus $s_y(t_W) = 0$. Da der Wurf zum Zeitpunkt $t = 0$ beginnt, kann diese Lösung ausgeschlossen werden, man erhält $t_W = 2 v_{y0}/g$. Hieraus folgt die Wurfweite $x_W = s_x(t_W) = 2 v_{x0} v_{y0}/g$. Löst man Gl. (423.2) für s_x nach t auf und setzt diese in die Gleichung für s_y ein, so ergibt sich die schon in Beispiel 8, S. 258, untersuchte **Wurfparabel**

$$s_y = -\frac{g}{2 v_{x0}^2} s_x^2 + \frac{v_{y0}}{v_{x0}} s_x$$

Magnetisches Feld Fließt ein Strom I in einem durch den Vektor $\vec{l}$ gegebenen Leiterstück in einem homogenen Magnetfeld von der Induktion $\vec{B}$, so wird auf den Leiter die Kraft $\vec{F} = I \vec{l} \times \vec{B}$ ausgeübt. Wenn der Strom nicht in einem metallischen Leiter fließt, sondern durch im Vakuum oder in Gasen frei bewegliche, elektrisch geladene Teilchen entsteht, so gilt entsprechend $\vec{F} = \varrho V \vec{v} \times \vec{B}$. Hier sind ϱ die Ladungsdichte, V das von der Ladung eingenommene Volumen und $\vec{v}$ der Geschwindigkeitsvektor der Ladung. Besteht die Ladung aus einem einzelnen Elektron mit der negativen Elementarladung $-e$, so gilt

$$\vec{F}_e = -e \vec{v} \times \vec{B} \qquad (423.3)$$

Hieraus ergibt sich, daß die Kraft stets senkrecht auf dem Geschwindigkeitsvektor des Elektrons steht. Sie kann deshalb nur die Richtung, nicht aber den Betrag der Geschwindigkeit ändern. Das Koordinatensystem in Bild **423.2** wird so angeordnet, daß die Induktion des homogenen Magnetfeldes in Richtung der x-Achse liegt, also $\vec{B} = B_x \vec{i}$ gilt. Das Elektron fliegt mit der Geschwindigkeit

$$\vec{v} = v_x \vec{i} + v_y \vec{j} + v_z \vec{k} = \frac{dx}{dt} \vec{i} + \frac{dy}{dt} \vec{j} + \frac{dz}{dt} \vec{k}$$

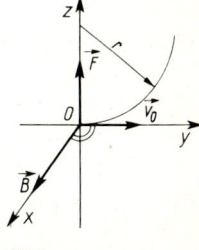

423.2

8.4 Vektorfunktionen

Für die auf das Elektron ausgeübte Kraft $\vec{F}_e$ ergibt sich aus Gl. (423.3)

$$\vec{F}_e = -eB_x(v_z\vec{j} - v_y\vec{k}) \tag{424.1}$$

Andererseits gilt für diese Kraft nach dem Newton-Grundgesetz, wenn m die Masse des Elektrons ist,

$$\vec{F}_e = m\vec{a} = m(a_x\vec{i} + a_y\vec{j} + a_z\vec{k}) = m\left(\frac{d^2x}{dt^2}\vec{i} + \frac{d^2y}{dt^2}\vec{j} + \frac{d^2z}{dt^2}\vec{k}\right) \tag{424.2}$$

Aus Gl. (424.1) und (424.2) ergeben sich durch Komponentenvergleich die Bewegungsgleichungen

$$\frac{d^2x}{dt^2} = 0 \qquad \frac{d^2y}{dt^2} = -\frac{e}{m}B_x\frac{dz}{dt} \qquad \frac{d^2z}{dt^2} = \frac{e}{m}B_x\frac{dy}{dt} \tag{424.3}$$

Für die Bewegung des Elektrons gelten folgende Anfangsbedingungen: Für $t = 0$ ist $x = y = z = 0$, $v_{x0} = v_{z0} = 0$ und $v_{y0} > 0$, wie Bild **423.2** zeigt. Integriert man Gl. (424.3) unter Beachten der Anfangsbedingungen, so wird

$$\frac{dy}{dt} = -\frac{e}{m}B_x z + v_{y0} \qquad \frac{dz}{dt} = \frac{e}{m}B_x y$$

Durch Quadrieren und Addieren ergibt sich

$$\left(\frac{dy}{dt}\right)^2 + \left(\frac{dz}{dt}\right)^2 = \left(\frac{e}{m}B_x\right)^2(y^2 + z^2) - 2\frac{e}{m}B_x v_{y0} z + v_{y0}^2$$

Da $v_{y0}^2 = v^2 = [(dy)/(dt)]^2 + [(dz)/(dt)]^2$ ist, erhält man

$$y^2 + z^2 - \frac{2mv_{y0}}{eB_x}z = 0 \qquad y^2 + \left(z - \frac{mv_{y0}}{eB_x}\right)^2 = \left(\frac{mv_{y0}}{eB_x}\right)^2$$

Das Elektron bewegt sich also auf einem Kreis in der (y, z)-Koordinatenebene. Er verläuft durch den Ursprung und hat den Radius

$$r = \frac{v_{y0}}{\dfrac{e}{m}B_x}$$

Aus dieser Gleichung berechnet man e/m, da die anderen Größen gemessen werden können.

8.4.2 Ableitung in natürlichen Koordinaten

Die Koordinaten eines Vektors und die seiner Ableitungen wurden bisher in einem festen Koordinatensystem angegeben. Zur Beschreibung von ebenen Bewegungen ist es jedoch häufig zweckmäßig, die Ableitungen eines Ortsvektors in einem sich bewegenden Koordinatensystem anzugeben. In diesem System liegt eine Koordinatenachse stets in Richtung des sich bewegenden Vektors, der entsprechende Einsvektor ist $\vec{e}_r$. Die andere Achse steht senkrecht auf der ersten in Richtung wachsender Winkel, der entsprechende

Einsvektor heißt $\vec{e}_\varphi$. Dieses veränderliche System heißt das System der natürlichen Koordinaten (**425**.1).

Für die Ableitungen $\dot{\vec{e}}_r$ und $\dot{\vec{e}}_\varphi$ erhält man mit Gl. (422.3) jeweils den Betrag $\dot{\varphi}$. Die Richtung von $\dot{\vec{e}}_r$ ist die von $\vec{e}_\varphi$ und die Richtung von $\dot{\vec{e}}_\varphi$ ist die von $-\vec{e}_r$. Damit wird

$$\dot{\vec{e}}_r = \dot{\varphi}\,\vec{e}_\varphi \qquad \dot{\vec{e}}_\varphi = -\dot{\varphi}\,\vec{e}_r$$

425.1

Schreibt man den Ortsvektor $\vec{r} = r\,\vec{e}_r$, so erhält man beim Differenzieren

$$\dot{\vec{r}} = \vec{v} = \dot{r}\,\vec{e}_r + r\,\dot{\vec{e}}_r$$

Damit wird die Geschwindigkeit

$$\dot{\vec{r}} = \vec{v} = \dot{r}\,\vec{e}_r + r\,\dot{\varphi}\,\vec{e}_\varphi \tag{425.1}$$

Die erste Komponente heißt die Relativgeschwindigkeit, die zweite die Führungsgeschwindigkeit. Nur bei einer reinen Translationsbewegung ist $v = \dot{r}$.

Wird Gl. (425.1) differenziert, so ergibt sich

$$\ddot{\vec{r}} = \ddot{r}\,\vec{e}_r + \dot{r}\,\dot{\vec{e}}_r + \dot{r}\,\dot{\varphi}\,\vec{e}_\varphi + r\,\ddot{\varphi}\,\vec{e}_\varphi + r\,\dot{\varphi}\,\dot{\vec{e}}_\varphi$$

Damit wird die Beschleunigung

$$\ddot{\vec{r}} = \vec{a} = (\ddot{r} - r\,\dot{\varphi}^2)\,\vec{e}_r + (2\,\dot{r}\,\dot{\varphi} + r\,\ddot{\varphi})\,\vec{e}_\varphi \tag{425.2}$$

Die beiden Anteile, in denen das undifferenzierte r auftritt, heißen die Führungsbeschleunigung, $\ddot{r}$ heißt die Relativbeschleunigung und $2\,\dot{r}\,\dot{\varphi}$ die Coriolisbeschleunigung.

Bei einer Darstellung von Polarkoordinaten in Parameterform sind $r(t)$ und $\varphi(t)$ unmittelbar gegeben, und das Differenzieren ist meist ohne Schwierigkeiten möglich. Sind die Komponenten von r in rechtwinkligen Koordinaten gegeben, so ist nach Gl. (420.2)

$$r = \sqrt{x^2 + y^2} \quad \text{und} \quad \dot{r} = \frac{dr}{dt} = \frac{x\,\dot{x} + y\,\dot{y}}{\sqrt{x^2 + y^2}} \tag{425.3}$$

Ferner ist $\varphi = \arctan(y/x)$ und

$$\dot{\varphi} = \frac{d\varphi}{dt} = \frac{x\,\dot{y} - \dot{x}\,y}{x^2 + y^2} \tag{425.4}$$

Um $\ddot{r}$ und $\ddot{\varphi}$ zu erhalten, müssen Gl. (425.3) und (425.4) differenziert werden (Aufgabe 3, S. 428).

Beispiel 3 Auf einer sich mit konstanter Winkelgeschwindigkeit ω_0 drehenden Scheibe bewegt sich ein Körper radial nach außen mit der konstanten Geschwindigkeit v_0. Die Parameterdarstellung dieser Bewegung ist $r = v_0\,t$ und $\varphi = \omega_0\,t$. Durch Eliminieren des Parameters erkennt man, daß diese Bewegung für einen Beobachter außerhalb der Scheibe eine archimedische Spirale bildet (s. Aufgabe 1a, S. 412).

Man berechne die einzelnen Anteile und Gesamtbeträge von Geschwindigkeit und Beschleunigung.

8.4 Vektorfunktionen

Es ist $\quad r = v_0 t \qquad \dot{r} = v_0 \qquad \ddot{r} = 0$

und $\quad \varphi = \omega_0 t \qquad \dot{\varphi} = \omega_0 \qquad \ddot{\varphi} = 0$

Daraus erhält man nach Gl. (425.1) und (425.2) für die

Geschwindigkeit		Beschleunigung	
Relativ	v_0	Relativ	0
Führung	$v_0 \omega_0 t$	Führung	$-v_0 \omega_0^2 t$
		Coriolis	$2 v_0 \omega_0$
Gesamt	$v_0 \sqrt{1 + (\omega_0 t)^2}$	Gesamt	$v_0 \omega_0 \sqrt{4 + (\omega_0 t)^2}$

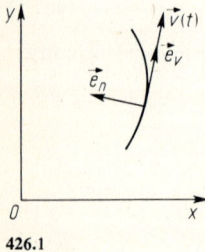

426.1

In Gl. (425.1) und (425.2) wurden $\vec{v}$ und $\vec{a}$ in Komponenten mit den Richtungen der natürlichen Koordinaten von $\vec{r}$ zerlegt. Häufig wird die Beschleunigung in Komponenten mit den Richtungen der natürlichen Koordinaten der Geschwindigkeit zerlegt. Die entsprechenden Einsvektoren sind der Tangenteneinsvektor der Bahn $\vec{e}_v$ und der zum Krümmungsmittelpunkt des betr. Kurvenpunktes gerichtete Normaleneinsvektor $\vec{e}_n$ (**426.**1). Schreibt man $\vec{v} = v \vec{e}_v$, so erhält man durch Differenzieren mit den gleichen Überlegungen wie bei Gl. (425.1)

$$\dot{\vec{v}} = \vec{a} = \dot{v}\,\vec{e}_v + v\,\dot{\vec{e}}_v = \dot{v}\,\vec{e}_v + v\,\dot{\varphi}\,\vec{e}_n \tag{426.1}$$

In rechtwinkligen Koordinaten können $\dot{v}$ und $\dot{\varphi}$ mit Gl. (425.3) und (425.4) berechnet werden, wobei anstatt der Koordinaten von r die von v einzusetzen sind. Meist wird aber $\dot{\varphi}$ durch v und den Krümmungsradius ϱ der Bahnkurve ausgedrückt. Es ist

$$\dot{\varphi} = \frac{v}{\varrho} \tag{426.2}$$

Beweis. Wegen $\dot{\varphi} = d\varphi/dt$, $v = ds/dt$, ist nach Gl. (413.1) $1/\varrho = \varkappa = d\varphi/ds$. Damit gilt wegen der Kettenregel

$$\frac{d\varphi}{dt} = \frac{d\varphi}{ds} \frac{ds}{dt} \qquad \square$$

Setzt man Gl. (426.2) in Gl. (426.1) ein, so erhält man endgültig für die Beschleunigung

$$\dot{\vec{v}} = \vec{a} = \dot{v}\,\vec{e}_v + \frac{v^2}{\varrho}\,\vec{e}_n \tag{426.3}$$

Die erste Komponente heißt die Tangential- und die zweite die Normalbeschleunigung.

Beispiel 4 Ein Körper bewegt sich mit konstanter Winkelgeschwindigkeit ω_0 auf einer elliptischen Bahn um den Koordinatenursprung.

Man berechne die Geschwindigkeit in rechtwinkligen Koordinaten sowie die Tangential- und Normalbeschleunigung.

Weil a das Formelzeichen für die Beschleunigung ist, werden die Ellipsenachsen p und q genannt. Dann ergibt sich mit $\varphi = \omega_0 t$ aus Beispiel 3, S. 405, der Ortsvektor

$$\vec{r}(t) = (p \cos \omega_0 t)\, \vec{i} + (q \sin \omega_0 t)\, \vec{j}$$

Durch Differenzieren erhält man

$$v = \sqrt{p^2 \omega_0^2 \sin^2 \omega_0 t + q^2 \omega_0^2 \cos^2 \omega_0 t}$$

Wird diese Gleichung nach t differenziert, erhält man mit Gl. (426.3) den Betrag der Tangentialbeschleunigung

$$a_v = \dot{v} = \frac{\omega_0^3 (p^2 - q^2) \sin 2\omega_0 t}{2\,[p^2 \omega_0^2 \sin^2 \omega_0 t + q^2 \omega_0^2 \cos^2 \omega_0 t]^{1/2}}$$

$$= \frac{\omega_0^3 (p^2 - q^2) \sin 2\omega_0 t}{2\,v}$$

Nach Beispiel 3, S. 415, ergibt sich für den Krümmungsradius

$$\varrho = -\frac{[p^2 \omega_0^2 \sin^2 \omega_0 t + q^2 \omega_0^2 \cos^2 \omega_0 t]^{3/2}}{p\,q\,\omega_0^3}$$

Damit wird nach Gl. (426.3) der Betrag der Normalbeschleunigung

$$a_n = \frac{v^2}{\varrho} = -\frac{p\,q\,\omega_0^3}{[p^2 \omega_0^2 \sin^2 \omega_0 t + q^2 \omega_0^2 \cos^2 \omega_0 t]^{1/2}} = -\frac{p\,q\,\omega_0^3}{v}$$

8.4.3 Aufgaben zu Abschnitt 8.4

1. Der Ortsvektor einer Zykloide (Beispiel 4, S. 407) ist mit $\varphi = \omega_0 t$

$$\vec{r}(t) = r_0 (\omega_0 t - \sin \omega_0 t)\, \vec{i} + r_0 (1 - \cos \omega_0 t)\, \vec{j}$$

Man berechne für einen Punkt der Bahnkurve

a) Komponenten und Beträge von Geschwindigkeit und Beschleunigung in rechtwinkligen Koordinaten,

b) Tangential- und Normalbeschleunigung sowie zur Kontrolle von Aufgabe 1a den Betrag der Beschleunigung.

Hinweis: $v_0 = r_0 \omega_0$.

2. Beim **schiefen Wurf** im Schwerefeld der Erde sind folgende Bedingungen gegeben: $a_{x0} = 0{,}2 \text{ m/s}^2$; $a_{y0} = -9{,}81 \text{ m/s}^2$; $v_{x0} = 15{,}0 \text{ m/s}$; $v_{y0} = 10{,}0 \text{ m/s}$; $s_{x0} = 0$; $s_{y0} = 20{,}0 \text{ m}$. Man berechne

a) den Weg s_x für $s_y = 0$ (Wurfweite),

b) den Betrag der Geschwindigkeit für $s_y = 0$.

Hinweis: Zunächst ist die Zeit zu berechnen.

8.4 Vektorfunktionen

3. Man leite je eine allgemeine Gleichung für $\vec{r}$ und $\ddot{\varphi}$ in rechtwinkligen Koordinaten her.
Hinweis: Gl. (425.3) und (425.4) sind zu differenzieren.

4. Der Ortsvektor einer **Kreisevolvente** ist nach Bild **428.1** $\vec{r} = \vec{r}_0 + \vec{b}$. Wegen des Abrollens (Beispiel 7, S. 419) ist $b = r_0 \varphi = r_0 \omega_0 t$. Damit wird in den natürlichen Koordinaten des Vektors $\vec{r}_0$

$$\vec{r} = r_0 \vec{e}_r - (r_0 \omega_0 t) \vec{e}_\varphi$$

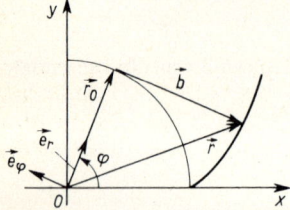

428.1

Man berechne durch unmittelbares Differenzieren dieser Gleichung Geschwindigkeit und Beschleunigung.

9 Taylor-Reihen

Bereits beim ersten Umgang mit Tafeln transzendenter Funktionen wird in der Schule oft die Frage gestellt: Wie werden diese Werte eigentlich berechnet? In diesem Abschnitt wird ein hierfür mögliches Verfahren entwickelt. Die in der Praxis verwendeten Programme für Rechenanlagen benutzen allerdings meist nicht die hier gezeigte Taylor-Entwicklung, sondern die von Tschebyscheff.

Die einleitende Frage ist eine spezielle Anwendung des allgemeineren Problems, eine gegebene Funktion $f(x)$ durch eine einfachere Ersatzfunktion $g(x)$ anzunähern. Die Funktion $f(x)$ kann durch ihre Gleichung, aber auch durch eine Tafel gegeben sein. Von der gesuchten Funktion $g(x)$ werden meist die Koeffizienten der Gleichung berechnet und daraus ggf. eine Tafel. Als Ersatzfunktionen werden häufig Polynome oder Summen von Winkelfunktionen gewählt, weil sich beide Typen leicht berechnen, differenzieren und integrieren lassen. Je nach den gewünschten Eigenschaften von $g(x)$ gibt es verschiedene Ansätze zur Berechnung der Koeffizienten:

1. Man fordert, daß $f(x)$ und $g(x)$ in einem gegebenen Intervall möglichst gut übereinstimmen. Dies kann auf verschiedene Weise realisiert werden:

1a) Man fordert, daß die Werte beider Funktionen an gegebenen Stellen, den sog. Stützstellen exakt übereinstimmen. Dies führt zur Interpolation, deren einfachster Fall die bekannte lineare Interpolation ist. Die Weiterführung dieses Ansatzes findet man in Abschn. 17.

1b) Man fordert, daß im Intervall die Summe der Quadrate der Abweichungen zwischen $f(x)$ und $g(x)$ möglichst klein werden. Die Begründung und Weiterführung dieses Ansatzes findet man in Abschn. 11 und 16.

1c) Man fordert, daß im Intervall die maximale Abweichung zwischen $f(x)$ und $g(x)$ möglichst klein wird. Dies führt zu den sog. Tschebyscheff-Polynomen. Hierfür wird auf [17] verwiesen.

2. Man fordert, daß beide Funktionen an einer Stelle x_0 im Funktionswert und möglichst vielen Ableitungen übereinstimmen. Dieser Ansatz wird hier behandelt. Es wird sich zeigen, daß $g(x)$ ein Polynom ist, durch das $f(x)$ auch an anderen Stellen $x \neq x_0$ mit angebbarer Fehlerschranke angenähert werden kann. Man sagt: $f(x)$ wird an der Stelle x_0 in eine Reihe entwickelt und schreibt

$$f(x) = a_0 + a_1(x - x_0) + a_2(x - x_0)^2 + \cdots + a_n(x - x_0)^n + R_{n+1}(x) \qquad (429.1)$$

Der letzte Summand $R_{n+1}(x)$ heißt das Restglied und ist die Differenz zwischen $f(x)$ und $g(x)$. Das Restglied ist ebenfalls von x abhängig. Wenn es möglich ist, das Restglied durch Berücksichtigung genügend vieler Glieder der Ersatzfunktion beliebig klein zu machen, kann die Funktion mit beliebiger Genauigkeit durch die Ersatzfunktion angenähert werden. Dieser Sachverhalt wird oft dadurch ausgedrückt, daß man die Ersatzfunktion als Potenzreihe (Abschn. 2.4.3) schreibt und das Restglied wegläßt.

Im folgenden wird untersucht, wie aus einer gegebenen Funktion $f(x)$ die Koeffizienten $a_0, a_1, \ldots, a_n$ der Ersatzfunktion $g(x)$ berechnet und die Größe des Restgliedes geschätzt werden können.

9.1 Satz von Taylor

9.1.1 Herleitung. Konvergenz

Es wird vorausgesetzt, daß $f(x) \in C^{n+1}[x_0, x]$ bzw. $f(x) \in C^{n+1}[x, x_0]$ ist. Die Entwicklungsstelle x_0 kann also die untere oder die obere Grenze eines abgeschlossenen Intervalls sein, innerhalb dessen $f(x)$ $(n+1)$-mal stetig differenzierbar ist. Nach dem Hauptsatz der Differential- und Integralrechnung (Abschn. 6.2.3) gilt

$$K(x) = \int_{x_0}^{x} f'(\xi)\,d\xi = f(x) - f(x_0) \tag{430.1}$$

Diese Gleichung wird nach der Funktion $f(x)$ aufgelöst und das Integral $K(x)$ auf der linken Seite mittels Produktintegration (Abschn. 6.3.1) in eine Reihe entwickelt

$$f(x) = f(x_0) + K(x) \qquad K(x) = \int_{x_0}^{x} f'(\xi)\,d\xi = \int_{x_0}^{x} f'(\xi)(x-\xi)^0\,d\xi \tag{430.2}$$

Das Einfügen des Faktors $(x-\xi)^0 = 1$ im Integranden von $K(x)$ ist ein Kunstgriff, der bei der Produktintegration gelegentlich vorgenommen wird. Hiermit erhält man

$$f_1 = f'(\xi) \qquad \frac{df_2}{d\xi} = (x-\xi)^0$$

$$\frac{df_1}{d\xi} = f''(\xi) \qquad f_2 = -(x-\xi)$$

$$K(x) = -f'(\xi)(x-\xi)\bigg|_{x_0}^{x} + \int_{x_0}^{x} f''(\xi)(x-\xi)\,d\xi$$

Beim ersten Summanden werden die Grenzen eingesetzt, beim zweiten wird wiederum Produktintegration durchgeführt

$$f_1 = f''(\xi) \qquad \frac{df_2}{d\xi} = (x-\xi)$$

$$\frac{df_1}{d\xi} = f'''(\xi) \qquad f_2 = -\frac{1}{2}(x-\xi)^2$$

$$K(x) = f'(x_0)(x-x_0) - \frac{1}{2}f''(\xi)(x-\xi)^2\bigg|_{x_0}^{x} + \frac{1}{2}\int_{x_0}^{x} f'''(\xi)(x-\xi)^2\,d\xi$$

9.1.1 Herleitung. Konvergenz

Durch ständiges Wiederholen dieses Verfahrens erhält man die Taylor-Formel mit

$$f(x) = f(x_0) + f'(x_0)(x - x_0) + \frac{f''(x_0)}{2!}(x - x_0)^2 +$$
$$+ \frac{f'''(x_0)}{3!}(x - x_0)^3 + \cdots + \frac{f^{(n)}(x_0)}{n!}(x - x_0)^n + R_{n+1}(x) \quad (431.1)$$

Ein häufig vorkommender Spezialfall ist $x_0 = 0$. Dann vereinfacht sich Gl. (431.1) zur MacLaurin-Formel

$$f(x) = f(0) + f'(0) x + \frac{f''(0)}{2!} x^2 + \frac{f'''(0)}{3!} x^3 + \cdots + \frac{f^{(n)}(0)}{n!} x^n + R_{n+1}(x) \quad (431.2)$$

Die ersten Teile dieser Gleichungen sind Polynome in $(x - x_0)$ bzw. x, deren Koeffizienten aus den Ableitungen der gegebenen Funktion $f(x)$ berechnet werden können. Der Vergleich mit Gl. (429.1) liefert

$$a_i = \frac{f^{(i)}(x_0)}{i!} \quad \text{bzw.} \quad a_i = \frac{f^{(i)}(0)}{i!} \quad (431.3)$$

Man beachte, daß im Unterschied zu Abschn. 2.4.3 hier in Übereinstimmung mit der Schreibweise von Polynomen der Koeffizient der i-ten Potenz mit a_i bezeichnet wird und nicht das gesamte i-te Glied. Dieses wird ggf. mit A_i bezeichnet.

Die Güte der Übereinstimmung zwischen Ausgangsfunktion $f(x)$ und Ersatzfunktion $g(x)$ wird durch das Restglied $R_{n+1}(x)$ bestimmt. Sein Wert kann i. allg. nicht exakt berechnet, sondern nur geschätzt werden. Für Gl. (431.1) lautet das Restglied

$$R_{n+1}(x) = \frac{1}{n!} \int_{x_0}^{x} f^{(n+1)}(\xi)(x - \xi)^n \, d\xi$$

Mit Hilfe des Mittelwertsatzes der Integralrechnung (Gl. (296.5))

$$\int_a^b h(\xi) p(\xi) \, d\xi = h(x_m) \int_a^b p(\xi) \, d\xi \quad (431.4)$$

wird eine Formel zum Schätzen hergeleitet. Setzt man

$$h(\xi) = f^{(n+1)}(\xi) \qquad p(\xi) = (x - \xi)^n$$

so ist das Integral auf der rechten Seite von Gl. (431.4) lösbar, und man erhält als Restglied

$$R_{n+1}(x) = \frac{f^{(n+1)}(x_m)}{n!} \int_{x_0}^{x} (x - \xi)^n \, d\xi = \frac{f^{(n+1)}(x_m)}{(n+1)!} (x - x_0)^{n+1} \quad (431.5)$$

In gleicher Weise ergibt sich für Gl. (431.2)

$$R_{n+1}(x) = \frac{f^{(n+1)}(x_m)}{(n+1)!} x^{n+1} \quad (431.6)$$

Die Größe x_m ist eine unbekannte Abszisse zwischen x_0 und x. Um R zu schätzen, setzt man oft einfach $x_m = x_0$ und $x_m = x$ und erhält dadurch in vielen Fällen den größten und den kleinsten Wert von R. Für $x_m = x_0$ hat das Restglied ferner die anschauliche Bedeutung des ersten weggelassenen Gliedes der Reihe.

9.1 Satz von Taylor

Betrachtet man in Gl. (431.1) bereits den zweiten Summanden als Restglied und setzt $f(x) - f(x_0) = \Delta y$ und $x - x_0 = \Delta x$, so erhält man mit Gl. (431.5)

$$\Delta y = f'(x_m) \Delta x \qquad (432.1)$$

Dies ist der bereits in Abschn. 5.1.6 hergeleitete **Mittelwertsatz** Gl. (270.1). Fügt man in Gl. (431.1) einen weiteren Summanden hinzu, so ergibt sich

$$\Delta y = f'(x_0) \Delta x + R_2(x) \qquad (432.2)$$

Bei hinreichend kleinem Δx kann oft bereits das Restglied $R_2(x)$ (d.h. alle höheren Potenzen von Δx) vernachlässigt werden. Insbesondere gilt $\lim_{\Delta x \to 0} R_2(x) = 0$. Um diesen Sachverhalt auszudrücken, schreibt man oft

$$dy = f'(x_0) dx \qquad (432.3)$$

Dies ist die in Abschn. 5.1.1 nur geometrisch hergeleitete Beziehung im Tangentendreieck **(251.1)**. Dabei ist $dx = \Delta x$ und $dy = \Delta y - R_2(x)$. Die Größen dy und dx werden **Differentiale** genannt, die hier also unabhängig vom Differentialquotienten erklärt werden (s. auch Gl. (457.2)).

Außer diesen Spezialfällen interessieren vorwiegend die Taylor-Reihen, die bei beliebig wachsender Anzahl n der Glieder in die in Abschn. 2.4.3 behandelten **Potenzreihen** übergehen und gleichmäßig konvergieren. In diesem Fall wird innerhalb eines Intervalls mit dem Konvergenzradius $\varrho > 0$ das Restglied auch dann beliebig klein, wenn $\Delta x = x - x_0$ nicht klein ist

$$|x - x_0| < \varrho \Rightarrow \lim_{n \to \infty} R_{n+1}(x) = 0$$

Wie in Abschn. 2.4 gezeigt wird, kann ϱ mit Hilfe des Wurzelkriteriums berechnet werden. Wie hier nicht bewiesen wird, kann auch das Quotientenkriterium benutzt werden, wenn fast alle Koeffizienten der Reihe von Null verschieden sind. Mit den Bezeichnungen von Gl. (431.3) ist der **Konvergenzradius** ϱ

$$\varrho = \frac{1}{\overline{\lim} \sqrt[i]{|a_i|}} \quad \text{oder} \quad \varrho = \overline{\lim} \left| \frac{a_{i-1}}{a_i} \right| \qquad (432.4)$$

In Beispiel 2, S. 77, wurde bewiesen, daß die Reihe

$$f(x) = \sum_{i=0}^{\infty} \frac{x^i}{i!} \qquad (432.5)$$

für alle Werte von x absolut und gleichmäßig konvergiert. In den folgenden Abschnitten treten häufig Teilreihen dieser Reihe auf, die deshalb die gleiche Eigenschaft haben.

9.1.2 Rechnen mit Reihen

Satz. Innerhalb des Konvergenzbereiches dürfen mit Potenzreihen die gleichen elementaren Rechenoperationen vorgenommen werden wie mit endlichen Summen. Werden die Summanden einer Potenzreihe differenziert oder integriert, so hat die entstandene Potenzreihe den gleichen Konvergenzradius wie die Ursprungsreihe und ist die Ableitung oder eine Stammfunktion der durch die Ursprungsreihe dargestellten Funktion.

Die Aussage über das Differenzieren gilt **nur** für Potenzreihen. Die anderen Aussagen gelten für sämtliche gleichmäßig konvergente Reihen. Die erste Aussage wurde bereits in Abschn. 2.4.3 bewiesen. Die weiteren Beweise erfolgen nun mit der Beschränkung auf Potenzreihen.

Beweis. Zunächst wird die Übereinstimmung der Konvergenzradien gezeigt. Aus

$$f(x) = \sum_{i=0}^{\infty} a_i (x - x_0)^i \qquad (433.1)$$

wird durch Differenzieren der Summanden

$$\bar{f}(x) = \sum_{i=1}^{\infty} i\, a_i (x - x_0)^{i-1} \qquad (433.2)$$

Nach Gl. (79.1) ist der Konvergenzradius der Reihe Gl. (433.1)

$$\varrho = \frac{1}{\overline{\lim} \sqrt[i]{|a_i|}}$$

Der Konvergenzradius der Reihe Gl. (433.2) beträgt

$$\bar{\varrho} = \frac{1}{\overline{\lim} \sqrt[i]{i\,|a_i|}} = \frac{1}{\overline{\lim} \sqrt[i]{|a_i|}\, \overline{\lim} \sqrt[i]{i}} = \varrho$$

weil nach Gl. (64.3) $\lim_{i \to \infty} \sqrt[i]{i} = 1$ ist.

Werden die Summanden der Gl. (433.1) integriert, erhält man

$$F(x) = \sum_{i=0}^{\infty} \frac{a_i}{i+1} (x - x_0)^{i+1} \qquad (433.3)$$

Der Konvergenzradius dieser Reihe ist

$$\bar{\bar{\varrho}} = \frac{1}{\overline{\lim} \sqrt[i]{\frac{|a_i|}{i+1}}} = \frac{\lim_{i \to \infty} \sqrt[i]{i+1}}{\overline{\lim} \sqrt[i]{|a_i|}} = \varrho$$

weil auch $\lim_{i \to \infty} \sqrt[i]{i+1} = 1$ ist.

Nun wird gezeigt, daß die gliedweise integrierte Reihe Gl. (433.3) eine Stammfunktion von Gl. (433.1) ist. Bei gleichmäßiger Konvergenz gibt es zu einer vorgegebenen Zahl $\varepsilon > 0$ einen Summationsindex $k(\varepsilon)$, so daß gilt

$$\left| f(x) - \sum_{i=0}^{n} a_i (x - x_0)^i \right| \leq \varepsilon \qquad \text{für alle } n \geq k$$

Die Summe bis zum Index k ist damit endlich und deshalb darf die Reihenfolge von Integrieren und Summieren vertauscht werden. Durch Integration der vorstehenden

Gleichung erhält man

$$\left| \int_{x_0}^{x} \left[f(\xi) - \sum_{i=0}^{n} a_i (\xi - x_0)^i \right] d\xi \right| = \left| \int_{x_0}^{x} f(\xi) \, d\xi - \int_{x_0}^{x} \sum_{i=0}^{n} a_i (\xi - x_0)^i \, d\xi \right|$$

$$= \left| \int_{x_0}^{x} f(\xi) \, d\xi - \sum_{i=0}^{n} \int_{x_0}^{x} a_i (\xi - x_0)^i \, d\xi \right|$$

$$= \left| \int_{x_0}^{x} f(\xi) \, d\xi - \sum_{i=1}^{n} \frac{a_i}{i+1} (x - x_0)^{i+1} \right| \leq (x - x_0)\, \varepsilon \leq \varrho\, \varepsilon$$

Die Zulässigkeit der gliedweisen Differentiation folgt dann unmittelbar aus dem Hauptsatz der Differential- und Integralrechnung. □

Die Anwendung der soeben bewiesenen Sätze wird in den folgenden Abschnitten gezeigt.

Numerische Berechnung von Funktionswerten Hier ist es zweckmäßig, nicht jedes Glied der Reihe einzeln zu berechnen, sondern jeweils das folgende aus dem vorhergehenden. Das erste Glied wird vorgegeben. Setzt man nach Gl. (431.2)

$$A(i) = \frac{f^{(i)}(0)}{i!} x^i \qquad \text{und} \qquad q(i) = \frac{A(i)}{A(i-1)} = \frac{f^{i}(0)}{f^{(i-1)}(0)} \frac{x}{i}$$

so wird $\quad A(i) = q(i)\, A(i - 1) \qquad$ mit $i = 1, 2, 3, \ldots, n \qquad$ (434.1)

Die Anwendung dieses Verfahrens ist in den folgenden Beispielen gezeigt. Für einen festen Wert von x werden für die verschiedenen Werte von i die $q(i)$ und daraus die $A(i)$ berechnet. Als Kriterium für den Abbruch der Rechnung wird oft eine feste Schranke für $A(i)$ vorgegeben, z. B. $|A(i)| < 10^{-6}$.

9.2 Reihen der elementaren transzendenten Funktionen

Außer den nachstehend hergeleiteten Reihen finden sich weitere in der Formelsammlung F 29 ff.

9.2.1 Winkel- und Hyperbelfunktionen

Da bei der Sinusfunktion der Funktionswert und sämtliche Ableitungen für $x_0 = 0$ existieren, kann Gl. (431.2) benutzt werden. Man erhält

$$\begin{aligned}
f(x) &= \sin x & f(0) &= 0 \\
f'(x) &= \cos x & f'(0) &= 1 \\
f''(x) &= -\sin x & f''(0) &= 0 \\
f'''(x) &= -\cos x & f'''(0) &= -1 \\
f^{(4)}(x) &= \sin x & f^{(4)}(0) &= 0 \\
\ldots & & \ldots &
\end{aligned}$$

Damit wird die Sinusreihe

$$\sin x = x - \frac{x^3}{3!} + \frac{x^5}{5!} - \frac{x^7}{7!} + \cdots + R_{n+1}(x) = \sum_{i=0}^{\infty} (-1)^i \frac{x^{2i+1}}{(2i+1)!} \quad (435.1)$$

mit $\quad R_{n+1}(x) = \pm \dfrac{x^{2n+1}}{(2n+1)!} \cos x_m$

Da alle geradzahligen Ableitungen gleich Null werden, ist das Restglied stets ein Cosinusglied mit einem ungeradzahligen Exponenten. Da die Cosinuswerte für alle x_m zwischen ± 1 liegen, erhält man für das Restglied

$$|R_{n+1}(x)| \leq \frac{|x^{2n+1}|}{(2n+1)!} \quad (435.2)$$

Der Betrag des Restgliedes kann also nie größer werden als der Betrag des ersten weggelassenen Gliedes der Reihe. Diese Aussage gilt für alle monotonen konvergenten alternierenden Reihen, was sich aus Satz 3, S. 75, ergibt. Die Sinus-Reihe ist eine Teilreihe von Gl. (432.5) und deshalb für alle Werte von x konvergent.

Bild **435**.1 zeigt die Graphen der Funktion sowie der Ersatzfunktionen, die sich aus den ersten Gliedern der rechten Seite von Gl. (435.1) zusammensetzen. Die Graphen der Ersatzfunktionen schmiegen sich der Sinuskurve um so besser an, je mehr Glieder hinzugenommen werden. Ist x wesentlich kleiner als Eins, z.B. $x = 0{,}0175 = 1°$, so wird bereits das Glied $-x^3/(3!)$ so klein, daß es meist vernachlässigt werden kann. Dann erhält man die aus der Trigonometrie bekannte Näherungsformel $\sin x \approx x$ für kleine x.

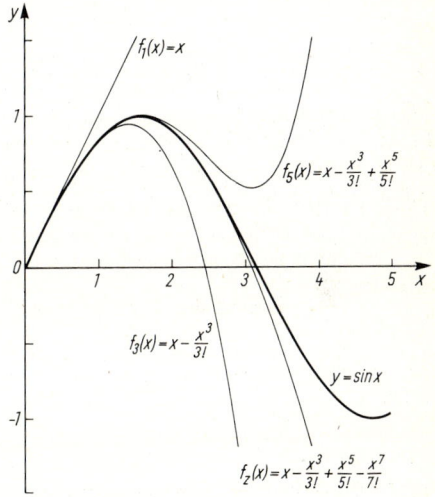

435.1

Beispiel 1 Mit der Sinus-Reihe ist $\sin 45°$ auf 5 Stellen hinter dem Komma zu berechnen.

$$x = \frac{45° \cdot \pi}{180°} = 0{,}785398$$

Aus Gl. (434.1) und (435.1) erhält man $q(i) = -x^2/(2i(2i+1))$.
Mit $A_0 = x$ ergibt sich

$$A_1 = A_0 \, q(1) = x \frac{-x^2}{2 \cdot 3} = -\frac{x^3}{3!}$$

$$A_2 = A_1 \, q(2) = -\frac{x^3}{3!} \cdot \frac{-x^2}{4 \cdot 5} = \frac{x^5}{5!} \quad \text{usw.}$$

9.2 Reihen der elementaren transzendenten Funktionen

Daraus erhält man mit $x^2 = 0{,}616\,850$ folgendes Rechenschema

i	$-q(i)$	A_i
0	–	$+\,0{,}785\,398$
1	$0{,}616\,850/\ 6$	$-\,0{,}080\,745$
2	$0{,}616\,850/20$	$+\,0{,}002\,490$
3	$0{,}616\,850/42$	$-\,0{,}000\,037$
4	$0{,}616\,850/72$	$+\,0{,}000\,000$
	Summe:	$+\,0{,}707\,106$
	$\sin 45° =$	$0{,}707\,11$

Beispiel 2 Auf S. 259 wurde mit einem geometrischen Ansatz der Wert des unbestimmten Ausdrucks

$$\lim_{x \to 0} \frac{\sin x}{x} = 1$$

berechnet. Das gleiche Ergebnis erhält man mit der Taylor-Reihe unter Anwendung des in Abschn. 9.1.2 hergeleiteten Satzes. Es ist

$$\lim_{x \to 0} \frac{\sin x}{x} = \lim_{x \to 0} \left[\frac{x - x^3/3! + x^5/5! - \ldots}{x}\right] = \lim_{x \to 0} \left[1 - \frac{x^2}{3!} + \frac{x^4}{5!} - \ldots\right] = 1$$

Hierbei ist zu beachten, daß die benutzte Taylor-Reihe Gl. (435.1) mit Hilfe der Ableitungen entstanden ist. Die ersten beiden Ableitungen des Sinus werden jedoch mit Gl. (259.1) erhalten, die hier wieder bestätigt wird.

Beispiel 3 Ist a die Länge der zu einem Kreisbogen mit dem Zentriwinkel α und dem Radius r gehörigen Sehne und b die Länge der zum halben Kreisbogen gehörigen Sehne (**436.**1), so ist die gesamte Bogenlänge $s \approx (8b - a)/3$. Diese Formel ist zu beweisen und das Restglied zu schätzen.

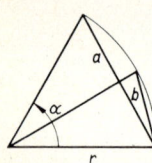

436.1

Aus Bild **436.**1 ergibt sich

$$a = 2r \sin \frac{\alpha}{2} \qquad b = 2r \sin \frac{\alpha}{4}$$

Durch Einsetzen dieser Werte in die gegebene Formel erhält man

$$\frac{1}{3}(8b - a) = \frac{2r}{3}\left(8 \sin \frac{\alpha}{4} - \sin \frac{\alpha}{2}\right)$$

Aus Gl. (435.1) erhält man mit den Restgliedern R_{51} und R_{52} der beiden Reihen

$$\frac{1}{3}(8b - a) = \frac{2r}{3}\left[8\left(\frac{\alpha}{4} - \frac{1}{3!}\left(\frac{\alpha}{4}\right)^3 + R_{51}\right) - \left(\frac{\alpha}{2} - \frac{1}{3!}\left(\frac{\alpha}{2}\right)^3 + R_{52}\right)\right]$$

$$= r\alpha + 0 + \frac{16r}{3} R_{51} - \frac{2r}{3} R_{52} = r\alpha + R$$

Der erste Summand $r\alpha$ ist die aus der Geometrie bekannte Bogenlänge, das Restglied R beträgt

$$R = \frac{r}{3}\left(16 \frac{\alpha^5}{5! \, 4^5} \cos \frac{\alpha_{m1}}{4} - 2\frac{\alpha^5}{5! \, 2^5} \cos \frac{\alpha_{m2}}{2}\right) = \frac{r\alpha^5}{120 \cdot 48}\left(\frac{1}{4} \cos \frac{\alpha_{m1}}{4} - \cos \frac{\alpha_{m2}}{2}\right)$$

9.2.1 Winkel- und Hyperbelfunktionen

Wegen $0 < \alpha < \pi$ liegen beide Cosinus-Werte zwischen Null und Eins und der Betrag der Klammer wird kleiner als Eins. Damit wird

$$|R| < \frac{r\alpha^5}{5760} = \frac{s\alpha^4}{5760}$$

Für $\alpha < 1 = 57{,}3°$ wird der relative Fehler $R/s < 0{,}02\%$.

Auch bei der **Cosinus-Funktion** existieren Funktionswert und sämtliche Ableitungen an der Stelle $x_0 = 0$.

$$f(x) = \cos x \qquad f(0) = 1$$
$$f'(x) = -\sin x \qquad f'(0) = 0$$
$$f''(x) = -\cos x \qquad f''(0) = -1$$
$$f'''(x) = \sin x \qquad f'''(0) = 0$$
$$f^{(4)}(x) = \cos x \qquad f^{(4)}(0) = 1$$
$$\ldots \qquad\qquad \ldots$$

Dies ergibt nach Gl. (431.2) die **Cosinusreihe**

$$\cos x = 1 - \frac{x^2}{2!} + \frac{x^4}{4!} - \frac{x^6}{6!} + \cdots + R_{n+1}(x) = \sum_{i=0}^{\infty} (-1)^i \frac{x^{2i}}{(2i)!} \qquad (437.1)$$

mit $|R_{n+1}(x)| \leq x^{2n}/(2n)!$.

Hier werden alle ungeradzahligen Ableitungen gleich Null. Der Faktor $f^{(2n)}(x_m) = \pm \cos x_m$ im Restglied ist der gleiche wie bei der Sinusreihe, so daß sich die vorstehende vereinfachte Form des Restgliedes ergibt. Mit Gl. (432.5) sieht man, daß diese Reihe ebenfalls für alle endlichen Werte von x konvergiert.

Differenziert man die Sinusreihe, erhält man die Cosinusreihe. Integriert man die Cosinusreihe, erhält man die Reihe für $\sin x$. Dies entspricht dem Satz auf S. 432.

Für die Reihen der **Hyperbelfunktionen** erhält man auf gleiche Weise

$$\sinh x = x + \frac{x^3}{3!} + \frac{x^5}{5!} + \frac{x^7}{7!} + \cdots + \frac{x^{2n+1}}{(2n+1)!} \cosh x_m = \sum_{i=0}^{\infty} \frac{x^{2i+1}}{(2i+1)!} \qquad (437.2)$$

$$\cosh x = 1 + \frac{x^2}{2!} + \frac{x^4}{4!} + \frac{x^6}{6!} + \cdots + \frac{x^{2n}}{(2n)!} \cosh x_m = \sum_{i=0}^{\infty} \frac{x^{2i}}{(2i)!} \qquad (437.3)$$

Beispiel 4 Die Gleichung eines zwischen zwei Trägern aufgehängten Seiles, die **Kettenlinie** (Aufgabe 14, S. 401), lautet

$$y = a \cosh \frac{x}{a}$$

Die Größe a ist aus der gegebenen halben Spannweite l und dem Durchhang h zu berechnen (437.1).

Da die Koordinaten von $P(l; a+h)$ die obige Funktionsgleichung erfüllen müssen, erhält man

$$a + h = a \cosh \frac{l}{a} \qquad (437.4)$$

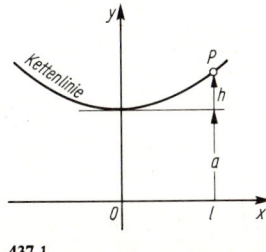

437.1

9.2 Reihen der elementaren transzendenten Funktionen

Dies ist eine transzendente Bestimmungsgleichung für a. Bei gegebenen Zahlenwerten von l und h kann sie z. B. mit dem Newton-Näherungsverfahren (Abschn. 7.1.1) gelöst werden. Eine allgemeine Näherungslösung erhält man durch eine Reihenentwicklung der rechten Seite von Gl. (437.4). Setzt man in Gl. (437.3) $x = l/a$ und bricht diese Reihe nach dem zweiten Glied ab, so erhält man aus Gl. (437.4)

$$a + h = a\left(1 + \frac{l^2}{2\,a^2}\right) \qquad \text{und daraus} \qquad a = \frac{l^2}{2\,h}$$

Das Abbrechen der Reihe nach dem zweiten Glied ist nur zulässig, wenn $l/a \ll 1$. Dies ist aber der Fall, wenn $h \ll l$. Setzt man diesen Wert für a in die Ausgangsgleichung ein, so erhält man

$$y = \frac{l^2}{2\,h} \cosh \frac{2\,h}{l^2} x$$

Auch diese Gleichung wird oft näherungsweise durch den Anfang der Reihe dargestellt und ergibt

$$y = \frac{l^2}{2\,h} + \frac{h}{l^2} x^2 = a\left(1 + \frac{x^2}{2\,a^2}\right)$$

Dies ist die Gleichung einer nach oben geöffneten Parabel mit dem Scheitel in der Höhe $l^2/2h$. Der Punkt $P\,(l;\,a + h)$ erfüllt diese Gleichung ebenfalls. Das maximale Restglied für $x_\mathrm{m} = l$ beträgt

$$R = \frac{1}{3} h \left(\frac{h}{l}\right)^2 \cosh\left(2\,\frac{h}{l}\right)$$

Die Herleitung der **Tangensreihe** ist nicht mehr so einfach. Bei Anwendung der MacLaurin-Formel Gl. (431.2) erkennt man nicht mehr unmittelbar ein Bildungsgesetz für die Koeffizienten (s. Aufgabe 1c, S. 446). Ein anderer Weg der Herleitung besteht in der Anwendung des Satzes auf S. 432 in Verbindung mit der Methode der unbestimmten Koeffizienten (s. Abschn. 6.3.3): Zwei Polynome stimmen dann und nur dann in allen Werten von x überein, wenn die Koeffizienten entsprechender Potenzen von x gleich sind. Der Tangens ist eine ungerade Funktion. Setzt man deshalb voraus, daß er sich durch eine Potenzreihe mit nur ungeraden Exponenten darstellen läßt, erhält man aus der Beziehung $\tan x \cos x = \sin x$ mit Gl. (435.1) und (437.1)

$$(a_1 x + a_3 x^3 + a_5 x^5 + a_7 x^7 + \cdots)\left(1 - \frac{x^2}{2!} + \frac{x^4}{4!} - \frac{x^6}{6!} - \cdots\right)$$
$$= \left(x - \frac{x^3}{3!} + \frac{x^5}{5!} - \frac{x^7}{7!} + \cdots\right)$$

Nach Ausmultiplizieren der linken Seite und dem Koeffizientenvergleich entsprechender Potenzen von x erhält man

$$a_1 = 1 \qquad a_3 - \frac{a_1}{2!} = -\frac{1}{3!} \qquad a_5 - \frac{a_3}{2!} + \frac{a_1}{4!} = \frac{1}{5!}$$
$$a_7 - \frac{a_5}{2!} + \frac{a_3}{4!} - \frac{a_1}{6!} = -\frac{1}{7!}$$
(438.1)

Das Bildungsgesetz der Indizes in diesen Bestimmungsgleichungen läßt sich noch leicht formulieren. Als Lösungen treten die sog. Bernoullischen Zahlen auf, die auf F 30 erläutert werden [2], [34]. Für den Anfang der Tangensreihe erhält man aus Gl. (438.1)

$$\tan x = x + \frac{x^3}{3} + \frac{2}{15} x^5 + \frac{17}{315} x^7 + \cdots \tag{439.1}$$

Die Reihe konvergiert für $|x| < \pi/2$.

9.2.2 Exponentialfunktion und Logarithmus

Für die Exponentialfunktion liefert wieder die MacLaurin-Formel Gl. (431.2) ein einfaches Ergebnis. Da alle Ableitungen von $y = e^x$ existieren und gleich der Funktion sind, ferner $e^0 = 1$ ist, erhält man als Reihe für die Exponentialfunktion

$$e^x = 1 + x + \frac{x^2}{2!} + \frac{x^3}{3!} + \frac{x^4}{4!} + \cdots + \frac{x^{n+1}}{(n+1)!} e^{x_m} = \sum_{i=0}^{\infty} \frac{x^i}{i!} \tag{439.2}$$

Dies ist Gl. (432.5), die Reihe konvergiert deshalb für alle endlichen Werte von x.

Beispiel 5 Man berechne die Zahl e auf fünf Stellen hinter dem Komma.

Die Zahl e erhält man als Spezialfall der Reihe (439.2) für $x = 1$. Das Restglied ist nach Gl. (435.2) kleiner als das e-fache des ersten weggelassenen Gliedes. Hierfür wird näherungsweise das Dreifache des ersten weggelassenen Gliedes gesetzt.

Aus Gl. (434.1) und (439.2) ergibt sich folgendes Rechenschema

i	$q(i)$	A_i
0	—	1,000 000 0
1	1	1,000 000 0
2	1/2	0,500 000 0
3	1/3	0,166 666 7
4	1/4	0,041 666 7
5	1/5	0,008 333 3
6	1/6	0,001 388 9
7	1/7	0,000 198 4
8	1/8	0,000 024 8
9	1/9	0,000 002 8
	Summe	2,718 281 6

Hier zeigt sich besonders deutlich der Vorteil von Gl. (434.1). Ohne Taschenrechner kann der Wert einer Reihe oft mühelos im Kopf berechnet werden. Das Glied A_{10} ist etwa $3 \cdot 10^{-7}$, damit wird der Rest kleiner als $1 \cdot 10^{-6}$, und e ist auf 5 Stellen genau. Exakt ist $e = 2,71828183\ldots$

Beispiel 6 In einem Stromkreis sind ein Ohmscher Widerstand R und eine Induktivität L hintereinandergeschaltet. Legt man eine der Zeit t proportionale Spannung $u = pt$ an, so ergibt sich folgende Zeitabhängigkeit des Stromes

$$i(t) = \frac{pt}{R} + \frac{pL}{R^2}(e^{-Rt/L} - 1)$$

Diese Formel ist ungünstig, wenn Rt/L wesentlich kleiner als Eins ist (Einschaltvorgang oder Spule mit verschwindendem Ohmschen Widerstand), da dann $\exp(-Rt/L)$ etwa gleich Eins

9.2 Reihen der elementaren transzendenten Funktionen

wird und dadurch der Klammerausdruck als Differenz zweier etwa gleich großer Zahlen nur sehr ungenau berechenbar ist (Abschn. 16.2). In diesem Falle hilft eine Entwicklung der Exponentialfunktion in eine Reihe nach Gl. (439.2). Setzt man $x = -(R/L)t$, so erhält man

$$e^{-(R/L)t} - 1 = -\frac{Rt}{L} + \frac{1}{2!}\left(\frac{Rt}{L}\right)^2 - \frac{1}{3!}\left(\frac{Rt}{L}\right)^3 + \cdots$$

Ist $(R/L)t \ll 1$, so kann nach dem quadratischen Glied abgebrochen werden, und man erhält

$$i(t) \approx \frac{pt}{R} + \frac{pL}{R^2}\left[-\frac{Rt}{L} + \frac{1}{2}\left(\frac{Rt}{L}\right)^2\right] = \frac{pt^2}{2L}$$

Für kleine Werte $(R/L)t$ ist der Strom also unabhängig vom Ohmschen Widerstand.

Beispiel 7 Bei der Untersuchung der Wärmestrahlung entdeckte Planck das nach ihm benannte Strahlungsgesetz

$$L(\lambda) = \frac{c^2 h}{\lambda^5 (e^{ch/kT\lambda} - 1)}$$

Die unabhängige Variable ist die Wellenlänge λ. In Beispiel 23, S. 286, wird der Grenzfall $\lambda \to 0$ behandelt, bei dem diese Funktion in einen unbestimmten Ausdruck übergeht. Wenn λ groß wird, wird $ch/kT\lambda$ klein, und die e-Funktion kann durch die beiden ersten Glieder von Gl. (439.2) angenähert werden.

Mit $e^{ch/kT\lambda} \approx 1 + (ch/kT\lambda)$ erhält man $L(\lambda) \approx (ckT/\lambda^4)$. Dies ist das bereits vor Planck von der klassischen Physik entwickelte Strahlungsgesetz.

Die Logarithmus-Funktion $y = \ln x$ kann nicht an der Stelle $x_0 = 0$ in eine Reihe entwickelt werden, da hier der Funktionswert und die Ableitungen nicht existieren. Es ist daher zweckmäßig, stattdessen die Funktion $y = \ln(1 + x)$ an der Stelle $x_0 = 0$ zu entwickeln. Von dieser Funktion existieren an der Stelle $x_0 = 0$ beliebig viele Ableitungen. Man erhält

$$f(x) = \ln(1 + x) \qquad f(0) = 0$$

$$f'(x) = \frac{1}{1 + x} \qquad f'(0) = 1$$

$$f''(x) = -\frac{1}{(1 + x)^2} \qquad f''(0) = -1$$

$$f'''(x) = \frac{2}{(1 + x)^3} \qquad f'''(0) = 2$$

$$\cdots \qquad \cdots$$

$$f^{(n+1)}(x) = (-1)^n \frac{n!}{(1 + x)^{n+1}}$$

Damit ergibt Gl. (431.2)

$$\ln(1 + x) = x - \frac{x^2}{2} + \frac{x^3}{3} - \frac{x^4}{4} + \ldots (-1)^n \frac{x^{n+1}}{n+1} \frac{1}{(1 + x_m)^{n+1}} = \sum_{i=1}^{\infty} (-1)^{i+1} \frac{x^i}{i} \qquad (440.1)$$

Diese Reihe konvergiert für $-1 < x \leq +1$. Theoretisch könnte man also gerade noch $\ln 2$ berechnen, für eine praktische Anwendung konvergiert diese Reihe aber zu langsam.

9.2.2 Exponentialfunktion und Logarithmus

Um eine schneller konvergierende Reihe zur Berechnung der Logarithmen beliebiger Zahlen zu erhalten, formt man die Reihe Gl. (440.1) um. In Gl. (440.1) wird $+x$ durch $-x$ ersetzt

$$\ln(1-x) = -x - \frac{x^2}{2} - \frac{x^3}{3} - \frac{x^4}{4} - \cdots - \frac{x^{n+1}}{n+1}\frac{1}{(1-x_m)^{n+1}} \quad (441.1)$$

Die ersten Glieder der Polynome von Gl. (440.1) und (441.1) ergeben die Näherungsformel

$$\ln(1 \pm x) = \pm x \quad \text{wenn} \quad |x| \ll 1$$

Wird Gl. (441.1) von Gl. (440.1) subtrahiert, so erhält man

$$\ln(1+x) - \ln(1-x) = \ln\frac{1+x}{1-x} = 2\left(x + \frac{x^3}{3} + \frac{x^5}{5} + \cdots\right) \quad (441.2)$$

Diese Reihe konvergiert für $|x| < 1$. Setzt man jetzt aber

$$\frac{1+x}{1-x} = \frac{1+z}{z} \quad \text{so wird} \quad x = \frac{1}{2z+1}$$

Mit dieser neuen Variablen wird die linke Seite von Gl. (441.2)

$$\ln\frac{1+x}{1-x} = \ln\frac{1+z}{z} = \ln(1+z) - \ln z$$

Bringt man den zweiten Summanden der rechten Seite der vorstehenden Gleichung auf die rechte Seite von Gl. (441.2) und setzt $x = 1/(2z+1)$, so erhält man

$$\begin{aligned}\ln(z+1) &= \ln z + 2\left[\frac{1}{2z+1} + \frac{1}{3(2z+1)^3} + \frac{1}{5(2z+1)^5} + \cdots\right] \\ &= \ln z + 2\sum_{i=0}^{\infty}\frac{(2z+1)^{-(2i+1)}}{(2i+1)}\end{aligned} \quad (441.3)$$

Mit dieser Reihe kann der Logarithmus einer Zahl $z+1$ berechnet werden, wenn der Logarithmus der um Eins kleineren Zahl z bekannt ist. Mit einer derartigen Reihenentwicklung brauchen nur die Logarithmen der Primzahlen berechnet zu werden, da sich die Logarithmen der anderen ganzen Zahlen nach den Gesetzen des logarithmischen Rechnens durch Addition der Logarithmen der aus Primzahlen bestehenden Faktoren ergeben. Benötigt man die Logarithmen zu einer anderen Basis b (z. B. $b=10$), so sind die natürlichen Logarithmen durch $\ln b$ zu teilen.

Diese Reihe ist nicht vom Typ der Gl. (429.1). Deshalb wird zur Konvergenzbestimmung unmittelbar das Quotientenkriterium herangezogen.

$$\begin{aligned}\frac{A_i}{A_{i-1}} &= \frac{(2i-1)(2z+1)^{2i-1}}{(2i+1)(2z+1)^{2i+1}} = \frac{2i-1}{(2i+1)(2z+1)^2} < \frac{1}{(2z+1)^2} \\ &= q < 1 \quad \text{wenn} \quad z > 0\end{aligned}$$

Die Reihe konvergiert um so schneller, je größer z ist.

Beispiel 8 Näherungsformel für Entropieänderung. Zwei Körper der gleichen Wärmekapazität C und den unterschiedlichen Temperaturen T_1 und T_2 werden in thermischen Kontakt gebracht. Das System sei gegen die Umgebung thermisch isoliert. Es findet ein Temperaturausgleich statt, und die Entropie S des Systems ändert sich um

$$\Delta S = 2\,C \ln\left[\frac{T_1 + T_2}{2\sqrt{T_1\,T_2}}\right]$$

Das arithmetische Mittel ist stets größer als das geometrische (Gl. (57.1)). Deshalb ist das Argument des Logarithmus größer als Eins, und ΔS wird stets positiv.

Für die vorstehende Gleichung ist eine Näherungsformel zu entwickeln, wobei zwei Summanden der Gl. (440.1) zu berücksichtigen sind.

Die ersten Umformungen haben das Ziel, gemäß der linken Seite der Gl.(440.1) im Argument des Logarithmus den Ausdruck $(1 + x)$ zu erzeugen. Mit $T_2 = T_1 + \Delta T$ erhält man

$$\frac{T_1 + T_2}{2} = \frac{1}{2}(2\,T_1 + \Delta T) = T_1 \left(1 + \frac{\Delta T}{2\,T_1}\right)$$

$$\sqrt{T_1\,T_2} = \sqrt{T_1\,(T_1 + \Delta T)} = T_1 \sqrt{1 + \frac{\Delta T}{T_1}}$$

Damit kann T_1 in Zähler und Nenner des Argumentes des Logarithmus gekürzt werden, und man erhält

$$\Delta S = 2\,C \ln\left[\frac{T_1 + T_2}{2\sqrt{T_1\,T_2}}\right] = 2\,C \left[\ln\left(1 + \frac{\Delta T}{2\,T_1}\right) - \frac{1}{2}\ln\left(1 + \frac{\Delta T}{T_1}\right)\right]$$

Auf die beiden Summanden wird nun Gl. (440.1) angewandt, und man erhält

$$\Delta S \approx 2\,C \left[\left(\frac{\Delta T}{2\,T_1} - \frac{\Delta T^2}{8\,T_1^2}\right) - \frac{1}{2}\left(\frac{\Delta T}{T_1} - \frac{\Delta T^2}{2\,T_1^2}\right)\right] = \frac{C}{4}\left(\frac{\Delta T}{T_1}\right)^2$$

Diese Näherung gilt für $\Delta T \ll T_1$.

9.2.3 Binomische Reihe

Eine Reihenentwicklung der Funktion $y = (1 + x)^m$ mit $x, m \in \mathbb{R}$ heißt binomische Reihe. An der Stelle $x_0 = 0$ existieren Funktion und sämtliche Ableitungen

$$f(x) = (1 + x)^m \qquad f(0) = 1$$
$$f'(x) = m\,(1 + x)^{m-1} \qquad f'(0) = m$$
$$f''(x) = m\,(m - 1)(1 + x)^{m-2} \qquad f''(0) = m\,(m - 1)$$
$$f'''(x) = m\,(m - 1)(m - 2)(1 + x)^{m-3} \qquad f'''(0) = m\,(m - 1)(m - 2)$$
$$\cdots \qquad \cdots$$
$$f^{(n+1)}(x) = m\,(m - 1)(m - 2)\ldots(m - n)(1 + x)^{m-(n+1)}$$

Nach Gl. (431.2) sind die Ableitungen durch die entsprechenden Fakultäten zu dividieren. Dadurch entstehen die Binomialkoeffizienten (s. S. 30; F 2).

$$\frac{m}{1!} = \binom{m}{1} \qquad \frac{m\,(m - 1)}{2!} = \binom{m}{2} \qquad \frac{m\,(m - 1)(m - 2)}{3!} = \binom{m}{3}$$

$$\frac{m(m-1)(m-2)\ldots(m-(n-2))(m-(n-1))}{n!} = \binom{m}{n}$$

$$\frac{m(m-1)(m-2)\ldots(m-(n-1))(m-n)}{(n+1)!} = \binom{m}{n+1}$$

Damit lautet die binomische Reihe

$$(1+x)^m = 1 + mx + \binom{m}{2}x^2 + \binom{m}{3}x^3 + \cdots + R_{n+1}(x) = \sum_{i=0}^{\infty}\binom{m}{i}x^i \qquad (443.1)$$

mit $\quad R_{n+1}(x) = \binom{m}{n+1} x^{n+1} (1+x_m)^{m-(n+1)}$

Wenn $m \in \mathbb{N}$, werden alle Koeffizienten nach dem Glied $m = n$ zu Null, und es entstehen endliche Reihen. Ist der Exponent nicht ganz und positiv, so erhält man unendliche Reihen. Gl. (443.1) ist wieder vom Typ der Gl. (429.1); deshalb darf zur Berechnung des Konvergenzradius Gl. (432.4) benutzt werden. Man erhält

$$\varrho = \lim_{i\to\infty}\left|\frac{a_{i-1}}{a_i}\right| = \lim_{i\to\infty}\left|\frac{\binom{m}{i-1}}{\binom{m}{i}}\right|$$

$$= \lim_{i\to\infty}\left|\frac{m(m-1)(m-2)\ldots(m-(i-2))}{m(m-1)(m-2)\ldots(m-(i-2))(m-(i-1))}\cdot\frac{i!}{(i-1)!}\right|$$

$$= \lim_{i\to\infty}\left|\frac{i}{m-i+1}\right| = 1 \qquad (443.2)$$

Die binomische Reihe konvergiert also, wenn $|x| < 1$. Für kleine Werte von $|mx|$ kann die Reihe häufig bereits nach dem zweiten Gliede abgebrochen werden, es entsteht die oft benutzte Näherungsformel

$$(1+x)^m \approx 1 + mx \qquad \text{für} \qquad |mx| \ll 1 \qquad (443.3)$$

Spezielle Reihen findet man in F 29.

Beispiel 9 Um welchen Betrag w senkt sich eine Brücke, wenn sich das untere Ende des Trägers der Länge l um die Strecke s seitlich verschiebt?

Es ist eine Näherungsformel für $s \ll l$ herzuleiten.

Aus Bild **443.**1 entnimmt man

$$(l-w)^2 + s^2 = l^2$$

$$l - w = \sqrt{l^2 - s^2} = l\left(1 - \left(\frac{s}{l}\right)^2\right)^{1/2}$$

Mit Gl. (443.3) erhält man

$$l - w \approx l\left(1 - \frac{1}{2}\left(\frac{s}{l}\right)^2\right) \quad \text{für } s \ll l.$$

Daraus ergibt sich $w \approx s^2/(2l)$.

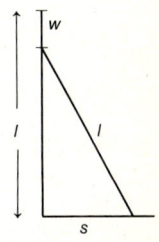

443.1

Beispiel 10 Näherungsformel für die Brinell-Härte. Die Brinell-Härte eines Werkstoffs ist durch $HB = F/A$ definiert. Dabei ist F die Kraft, mit der eine Stahlkugel mit dem Durchmesser D auf die ebene Oberfläche des Werkstoffs gedrückt wird. A ist die Fläche des Kugelabdrucks im Werkstoff mit dem Durchmesser d. Aus der Formel für die Oberfläche eines Kugelabschnitts S. 678 erhält man mit $2r = D$ und $2h = D - \sqrt{D^2 - d^2}$

$$HB = 2F/[\pi D (D - \sqrt{D^2 - d^2})]$$

Für diese Gleichung ist mit zweifacher Anwendung der Gl. (443.1) eine Näherungsformel für $d \ll D$ zu entwickeln.

Für die Wurzel im Nenner erhält man aus Gl. (443.1) mit $m = 1/2$

$$\sqrt{D^2 - d^2} = D\sqrt{1 - \left(\frac{d}{D}\right)^2} \approx D\left[1 - \frac{1}{2}\left(\frac{d}{D}\right)^2 - \frac{1}{8}\left(\frac{d}{D}\right)^4\right]$$

Der gesamte Nenner ist

$$\pi D (D - \sqrt{D^2 - d^2}) \approx \frac{\pi D^2}{2}\left(\left(\frac{d}{D}\right)^2 + \frac{1}{4}\left(\frac{d}{D}\right)^4\right) = \frac{\pi d^2}{2}\left(1 + \frac{1}{4}\left(\frac{d}{D}\right)^2\right)$$

Die letzte Umformung entsteht durch Ausklammern von $(d/D)^2$, damit Gl. (443.1) nochmals angewendet werden kann. Mit $m = -1$ erhält man endgültig

$$HB \approx \frac{4F}{\pi d^2}\left(1 - \frac{1}{4}\left(\frac{d}{D}\right)^2\right)$$

9.2.4 Arcusfunktionen

Die Anwendung der MacLaurin-Formel Gl. (431.2) auf die Kehrfunktionen der Winkelfunktionen ist recht mühsam, weil die Bildungsgesetze für die höheren Ableitungen kompliziert werden. Deshalb geht man hier meist so vor, daß die 1. Ableitung der Funktion in eine binomische Reihe Gl. (443.1) entwickelt und anschließend wieder integriert wird. So erhält man z.B. für $y = \arctan x$ aus

$$y' = \frac{1}{1 + x^2} = 1 - x^2 + x^4 - x^6 + \cdots$$

$$\int \frac{1}{1 + x^2}\,dx = \arctan x = x - \frac{x^3}{3} + \frac{x^5}{5} - \frac{x^7}{7} + \cdots = \sum_{i=1}^{\infty}(-1)^{i+1}\frac{x^{2i-1}}{2i-1} \quad (444.1)$$

Diese Reihe konvergiert für $|x| \leq 1$. Diese Funktion ist in vielen Programmiersprachen und Rechenanlagen enthalten. Die Reihen für $y = \arcsin x$ und $y = \arccos x$ sind komplizierter (s. Aufgabe 5b, S. 447 und F 31). Deshalb ist es für numerische Rechnungen leichter, ggf. diese Werte aus den folgenden elementaren Umformungen aus dem Arcustangens zu berechnen

$$\arcsin x = \arctan \frac{x}{\sqrt{1 - x^2}} \qquad \arccos x = \arctan \frac{\sqrt{1 - x^2}}{x} \quad (444.2)$$

Beispiel 11 Gl. (444.1) kann zur Berechnung von π benutzt werden. Setzt man $x = 1$, so erhält man $\arctan 1 = \pi/4$. Die dafür entstehende Reihe ist unter dem Namen Leibniz-Reihe bekannt. Sie hat den Nachteil, daß sie nur sehr langsam konvergiert. Besser setzt man $x = 1/\sqrt{3}$, dann erhält man $\arctan\left(1/\sqrt{3}\right) = \pi/6$. Nach Umordnen und Auflösen nach π ergibt sich

$$\pi = 2\sqrt{3}\left(1 - \frac{1}{3\cdot 3} + \frac{1}{5\cdot 3^2} - \frac{1}{7\cdot 3^3} + \cdots\right) = 2\sqrt{3}\left(1 + \sum_{i=1}^{\infty}\frac{(-1)^i}{(2i+1)\cdot 3^i}\right)$$

Beispiel 12 Die Bogenlänge s eines Kreises ist durch eine Potenzreihe des Verhältnisses h/l der Pfeilhöhe h und der halben Sehne l darzustellen.
Nach Bild **445**.1 ist $s = \alpha \cdot r$. Die Winkel $\beta = 180° - \alpha$ und $\beta/2 = 90° - \alpha/2$ sind Mittelpunkt- und Umfangswinkel über der gleichen Sehne. Damit erhält man den eingezeichneten Winkel $\alpha/2$ und $\tan(\alpha/2) = h/l$. Deshalb ist $\alpha = 2\arctan(h/l)$. Nach Pythagoras ist

$$r^2 = l^2 + (r - h)^2 \qquad \text{und daraus} \qquad r = \frac{l}{2}\left(\frac{l}{h} + \frac{h}{l}\right)$$

Damit wird

$$s = l\left(\frac{l}{h} + \frac{h}{l}\right)\arctan\left(\frac{h}{l}\right)$$

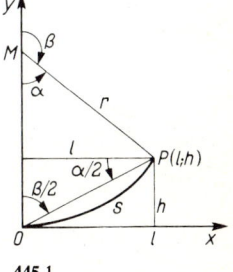

445.1

Entwickelt man den Arcustangens nach Gl. (444.1) in eine Reihe und multipliziert die Klammern aus, so erhält man

$$s = l\left[1 + \frac{2}{3}\left(\frac{h}{l}\right)^2 - \frac{2}{15}\left(\frac{h}{l}\right)^4 + \frac{2}{35}\left(\frac{h}{l}\right)^6 - \cdots\right]$$
$$= l\left[1 + 2\sum_{i=1}^{\infty}\frac{(-1)^{i+1}}{(2i-1)(2i+1)}\left(\frac{h}{l}\right)^{2i}\right]$$

Diese Reihe konvergiert für $h/l < 1$. Für flache Bögen ($h \ll l$) wird diese Reihe oft nach dem zweiten Glied abgebrochen. Ohne Beweis sei vermerkt, daß die dann entstehende Näherungsformel nicht nur für Kreisbögen, sondern auch für flache Parabelbögen (Aufgabe 7, S. 447), und die Bogenlänge der Kettenlinie (Aufgabe 14, S. 401) gilt.

9.3 Integrieren durch Reihenentwicklung

Im vorigen Abschnitt wurde gezeigt, wie durch Integrieren neue Reihen entwickelt werden können. Entsprechend können Integrale durch eine Reihenentwicklung des Integranden und Integration dieser Reihe berechnet werden, wenn sich die Integranden in absolut und gleichmäßig konvergente Potenzreihen entwickeln lassen.

Beispiel 13 In der Statistik (Abschn. 15.3.2) tritt die folgende Integralfunktion $\Psi(u)$ der Gaußschen Normalverteilung auf. Der Integrand wird mit Gl. (439.2) in eine Reihe entwickelt, indem für $x = -v^2/2$ gesetzt wird.

$$\Psi(u) = \frac{1}{\sqrt{2\pi}}\int_0^u e^{-v^2/2}\,dv = \frac{1}{\sqrt{2\pi}}\int_0^u \left(1 - \frac{v^2}{2} + \frac{v^4}{2^2\,2!} - \frac{v^6}{2^3\,3!} + \cdots\right)dv$$
$$= \frac{1}{\sqrt{2\pi}}\left(u - \frac{u^3}{3\cdot 2} + \frac{u^5}{5\cdot 2^2 \cdot 2!} - \frac{u^7}{7\cdot 2^3 \cdot 3!} + \cdots\right) = \frac{1}{\sqrt{2\pi}}\sum_{i=0}^{\infty}(-1)^i\frac{u^{2i+1}}{(2i+1)\,2^i\,i!} \qquad (445.1)$$

Nach Gl. (432.4) konvergiert diese Reihe für alle endlichen Werte von u. Der Rest ist kleiner als das erste weggelassene Glied, da die Reihe monoton ist und alterniert.

Beispiel 14 Bei der Berechnung des Umfangs U einer Ellipse mit der großen Halbachse b und $k^2 = (b^2 - a^2)/b^2$ (s. Beispiel 3, S. 405) tritt das folgende elliptische Integral 2. Gattung auf

$$U = 4b \int_0^{\pi/2} \sqrt{1 - k^2 \sin^2 \varphi} \, d\varphi$$

Es ist durch Reihenentwicklung zu berechnen.

Entwickelt man den Integranden in eine binomische Reihe Gl. (443.1) mit $x = -k^2 \sin^2 \varphi$ und $m = 1/2$, so erhält man

$$U = 4b \int_0^{\pi/2} \left(1 - \frac{1}{2} k^2 \sin^2 \varphi - \frac{1}{2 \cdot 4} k^4 \sin^4 \varphi - \frac{1 \cdot 3}{2 \cdot 4 \cdot 6} k^6 \sin^6 \varphi - \cdots \right) d\varphi$$

Die Potenzen des Sinus können nach folgender Rekursionsformel integriert werden, die aus der Produktintegration entsprechend Beispiel 4, S. 326, folgt

$$\int \sin^n \varphi \, d\varphi = -\frac{1}{n} \sin^{n-1} \varphi \cos \varphi + \frac{n-1}{n} \int \sin^{n-2} \varphi \, d\varphi$$

Wegen der hier vorkommenden Grenzen 0 und $\pi/2$ wird das erste Glied dieser Summe stets Null, ferner ist hier $n = 2, 4, 6, \ldots$ Damit ist

$$\int_0^{\pi/2} \sin^n \varphi \, d\varphi = \frac{n-1}{n} \int_0^{\pi/2} \sin^{n-2} \varphi \, d\varphi$$

und

$$\int_0^{\pi/2} \sin^{n-2} \varphi \, d\varphi = \frac{(n-2)-1}{n-2} \int_0^{\pi/2} \sin^{n-4} \varphi \, d\varphi$$

allgemein

$$\int_0^{\pi/2} \sin^n \varphi \, d\varphi = \frac{n-1}{n} \cdot \frac{n-3}{n-2} \cdot \frac{n-5}{n-4} \cdots \frac{1}{2} \cdot \frac{\pi}{2}$$

Hieraus folgt

$$U = 4b \left[\frac{\pi}{2} - \frac{1}{2} k^2 \frac{\pi}{2 \cdot 2} - \frac{1}{2 \cdot 4} k^4 \frac{1 \cdot 3 \cdot \pi}{2 \cdot 2 \cdot 4} - \frac{1 \cdot 3}{2 \cdot 4 \cdot 6} k^6 \frac{1 \cdot 3 \cdot 5 \cdot \pi}{2 \cdot 2 \cdot 4 \cdot 6} - \cdots \right]$$

$$= 2b\pi \left[1 - \left(\frac{1}{2}\right)^2 k^2 - \left(\frac{1 \cdot 3}{2 \cdot 4}\right)^2 \frac{k^4}{3} - \left(\frac{1 \cdot 3 \cdot 5}{2 \cdot 4 \cdot 6}\right)^2 \frac{k^6}{5} - \cdots \right]$$

$$= 2b\pi (1 - 0{,}25000 \, k^2 - 0{,}04688 \, k^4 - 0{,}01953 \, k^6 - \cdots)$$

9.4 Aufgaben zu Abschnitt 9

1. Die folgenden Funktionen sind in Potenzreihen zu entwickeln, und das Restglied ist zu bestimmen.

a) $y = \dfrac{1+x}{1-x}$ an der Stelle $x_0 = 0$ \qquad b) $y = 1/x$ an der Stelle $x_0 = 1$

c) $y = \tan x$ an der Stelle $x_0 = 0$

2. Man zeichne in einem Diagramm die Graphen der Funktion $y = \ln(1 + x)$ und ihrer Ersatzfunktionen Gl. (440.1)

$$f_1(x) = x \qquad f_2(x) = x - \frac{x^2}{2} \qquad f_3(x) = x - \frac{x^2}{2} + \frac{x^3}{3}$$

für $-1 < x < +2$.

3. Nach dem Massenanziehungsgesetz beträgt die Fallbeschleunigung g als Funktion der Höhe h über der Erdoberfläche

$$g(h) = g_0 \left(\frac{R}{R+h}\right)^2$$

Dabei ist g_0 die Fallbeschleunigung an der Erdoberfläche und $R = 6370$ km der Erdradius. Diese Gleichung ist in eine Reihe nach Potenzen von h/R zu entwickeln. Wie groß ist bei $h = 300$ km der relative Fehler, wenn man nur mit dem linearen Glied der Reihe rechnet?

4. Bei der Spiegelablesung einer Meßgröße mit Skala und Fernrohr soll nach Bild **447.1** der Drehwinkel φ des Spiegels nach Potenzen von x/l entwickelt werden.

5. Es sind die Reihen der folgenden Funktionen zu entwickeln, indem die 1. Ableitung in eine binomische Reihe entwickelt und diese integriert wird.

a) $y = \ln(1 + x)$ b) $y = \arcsin x$

6. Wie lautet eine Reihe für $\pi = 6 \arcsin(1/2)$?

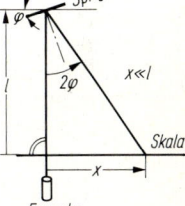

447.1

7. Eine nach oben geöffnete Parabel mit dem Scheitel im Koordinatenursprung geht durch den Punkt $P(l; h)$, wobei $h \ll l$ ist. Man entwickle die Bogenlänge zwischen $x = 0$ und $x = l$ in eine Potenzreihe nach Potenzen von (h/l).

Hinweis: Der Integrand in der Formel für die Bogenlänge ist in eine Potenzreihe zu entwickeln und dann zu integrieren.

8. Man entwickle die folgenden Integrale in Reihen

a) $\displaystyle\int_0^x \frac{\sin \xi}{\xi}\, d\xi$ b) $\displaystyle\int_0^x \sqrt{1 + \xi^3}\, d\xi$ c) $\displaystyle\int_0^x \cos \sqrt{\xi}\, d\xi$ d) $\displaystyle\int_{1/2\pi}^{1/\pi} \sin\left(\frac{1}{x}\right) dx$

Die Lösung zu Aufgabe 8d ist auf 4 Stellen nach dem Komma zu berechnen.

10 Funktionen mehrerer Variablen

In Abschn. 3.6 wird die Definition sowie die Darstellung dieser Funktionen in Tafeln und Diagrammen behandelt. Dabei traten meist nur zwei unabhängige Variable auf, die x und y genannt wurden. Hier wird das Differenzieren und Integrieren von Funktionen von n unabhängigen Variablen behandelt, wobei n häufig größer als zwei ist. Um die entsprechenden Gesetzmäßigkeiten besser formulieren zu können, ist es zweckmäßig, die unabhängigen Variablen jetzt durch unterschiedliche Indizes zu kennzeichnen. x_1, x_2, x_3 bedeuten also insbesondere in Abschn. 10.1 und 10.2 drei verschiedene Variable und nicht verschiedene Werte einer Variablen. Wenn letzteres erforderlich ist, wird ein zweiter Index hinzugefügt. Es wird sich zeigen, daß mit diesen Bezeichnungen viele Begriffe und Sätze fast unverändert aus der Theorie der Funktionen einer unabhängigen Variablen übernommen werden können. Bei Beispielen werden die Variablen allerdings auch weiterhin mit den im betreffenden Anwendungsgebiet üblichen Formelzeichen bezeichnet. Dies gilt insbesondere in Abschn. 10.3 und 10.4 für die Raumkoordinaten x, y, z. Aus diesem Grund wird die abhängige Variable von Anfang an mit u bezeichnet. Ferner wird nun nicht mehr jedesmal betont, daß es sich um Funktionen mehrerer unabhängiger Variablen handelt, sondern einfach von Funktionen gesprochen.

10.1 Grundbegriffe

10.1.1 $\mathbb{R}^n$-Raum

Die Zahlenwerte einer unabhängigen Variablen x_1 sind eine (echte oder unechte) Teilmenge von $\mathbb{R}$ und können geometrisch als Punkte auf einer Zahlengeraden dargestellt werden. Die Produktmenge der Wertepaare zweier Variablen x_1, x_2 ist Teilmenge der Menge $\mathbb{R}^2 = \mathbb{R} \times \mathbb{R}$ und kann geometrisch als Teilmenge der Punkte einer Ebene dargestellt werden. Entsprechend liefern drei Variable die Tripel einer Teilmenge von $\mathbb{R}^3$ bzw. die Punkte im dreidimensionalen Raum. Die n-tupel der Zahlenwerte der Variablen $x_1, x_2, x_3, \ldots, x_n$ sind eine Teilmenge einer Produktmenge $\mathbb{R}^n$.

Auch hier ist es zweckmäßig, den Begriff „Raum" einzuführen und weitere geometrische Begriffe, die in den Räumen $\mathbb{R}^1$, $\mathbb{R}^2$ und $\mathbb{R}^3$ anschaulich definiert sind, auf diesen Raum $\mathbb{R}^n$ zu übertragen.

Definition Jedes Element der Menge $\mathbb{R}^n$ wird als Punkt eines n-dimensionalen Raumes $\mathbb{R}^n$ bezeichnet. Oft wird dieser Punkt durch den Vektor x bezeichnet.

Der Abstand a zweier Punkte x_1 und x_2 ist in Erweiterung des Satzes von Pythagoras

$$a = |x_1 - x_2| = \sqrt{(x_{11} - x_{21})^2 + (x_{12} - x_{22})^2 + \cdots + (x_{1n} - x_{2n})^2} \quad (449.1)$$

Der erste Index bezeichnet den Vektor (Punkt), der zweite die betreffende Koordinate.
Eine (i. allg. unendliche) Menge von Punkten, die paarweise einen endlichen Abstand haben, heißt ein Gebiet.

Beispiele: Das auf S. 53 definierte Intervall ist ein Gebiet in $\mathbb{R}^1$. Die Menge aller Punkte, die innerhalb eines Kreises und auf seinem Umfang liegen, bilden ein abgeschlossenes Gebiet in $\mathbb{R}^2$. Der gesamte euklidische Raum ist eine offene, unbeschränkte Menge, also kein Gebiet.

Auf diesen Begriffen Punkt, Abstand, Gebiet bauen die Grundbegriffe der Analysis wie z.B. Häufungspunkt und ε-Umgebung auf. Sie wurden in den Abschn. 2.3, 2.5 und 5.1 in den Räumen $\mathbb{R}^1$ und $\mathbb{R}^2$ erklärt und werden nun entsprechend auf den Raum $\mathbb{R}^n$ übertragen.

10.1.2 Funktion. Grenzwert. Stetigkeit

Definition Ist jedem Element einer Produktmenge $M \subset \mathbb{R}^n$ (oder: ist jedem Punkt eines Gebietes des Raumes $\mathbb{R}^n$) eindeutig ein Wert $u \in U \subset \mathbb{R}$ zugeordnet, so ist u eine Funktion auf M. M ist der Definitionsbereich, U der Bildbereich der Funktion. Man sagt, die Funktion u bildet ein Gebiet M des $\mathbb{R}^n$ auf ein Intervall U von $\mathbb{R}$ ab, und schreibt

$$u = f(x_1, x_2, x_3, \ldots, x_n) = f(x) \quad \text{oder} \quad u: M \to U \quad (449.2)$$

Definition Eine Funktion hat an einer Stelle $x_0(x_{01}; x_{02}; x_{03}; \ldots; x_{0n})$ einen Grenzwert g, wenn alle unabhängigen Variablen beliebige Nullfolgen $|x - x_0|$ durchlaufen und dabei stets $f(x) - g$ eine Nullfolge ist. Man schreibt

$$\lim_{\substack{x_i \to x_{0i} \\ i=1,\ldots,n}} f(x_1, x_2, x_3, \ldots, x_n) = \lim_{x \to x_0} f(x) = g \quad (449.3)$$

Wenn nur eine Variable eine Folge mit einem Grenzwert durchläuft und alle anderen Variablen konstant bleiben, spricht man von einem partiellen Grenzwert.

Satz. Eine notwendige, aber nicht hinreichende Bedingung für die Existenz eines Grenzwertes einer Funktion $f(x)$ ist, daß alle nacheinander gebildeten partiellen Grenzwerte unabhängig von ihrer Reihenfolge gleich sind.

Beispiel 1 Hat die Funktion

$$u = \frac{x_1^2 - x_2^2}{x_1^2 + x_2^2}$$

an der Stelle $x_1 = x_2 = 0$ einen Grenzwert?

$$\lim_{x_1 \to 0} \left(\lim_{x_2 \to 0} \frac{x_1^2 - x_2^2}{x_1^2 + x_2^2} \right) = \lim_{x_1 \to 0} \left(\frac{x_1^2}{x_1^2} \right) = +1$$

$$\lim_{x_2 \to 0} \left(\lim_{x_1 \to 0} \frac{x_1^2 - x_2^2}{x_1^2 + x_2^2} \right) = \lim_{x_2 \to 0} \left(\frac{-x_2^2}{x_2^2} \right) = -1$$

Die beiden partiellen Grenzwerte sind verschieden, also hat die Funktion an dieser Stelle keinen Grenzwert.

Diese Aussage kann auch geometrisch verdeutlicht werden. Man gewinnt ein Bild der Funktionsfläche in $\mathbb{R}^3$, wenn als unabhängige Variable Polarkoordinaten gewählt werden. Mit $x_1 = r\cos\varphi$ und $x_2 = r\sin\varphi$ wird $u = \cos 2\varphi$ (**450.1**a). Auf jedem Strahl φ ist $u = $ const, also unabhängig von r. Für den Koordinatenursprung ergibt sich damit für jede Annäherungsrichtung ein anderer Wert. Deshalb hat die Funktion dort keinen Grenzwert.

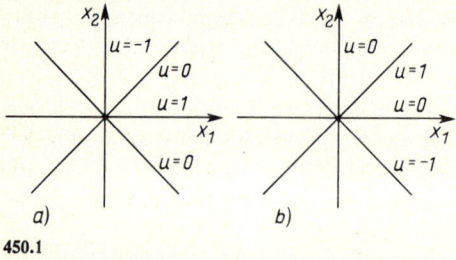

450.1

Beispiel 2 Hat die Funktion

$$u = \frac{2 x_1 x_2}{x_1^2 + x_2^2}$$

an der Stelle $x_1 = x_2 = 0$ einen Grenzwert? Hier sind beide partiellen Grenzwerte gleich Null. Die entsprechende geometrische Betrachtung wie in Beispiel 1 zeigt, daß trotzdem kein Grenzwert vorhanden ist. Mit $x_1 = r\cos\varphi$ und $x_2 = r\sin\varphi$ wird $u = \sin 2\varphi$.

Bild **450.1**b zeigt, daß die Fläche dieser Funktion lediglich um 45° gegen die Fläche der Funktion aus Beispiel 1 gedreht ist.

Definition Eine Funktion $f(x)$ ist an einer Stelle $x_0(x_{01}; x_{02}; \ldots; x_{0n})$ stetig, wenn

1. sie an dieser Stelle definiert ist und
2. an dieser Stelle einen Grenzwert hat und
3. der Funktionswert mit dem Grenzwert übereinstimmt.

Wenn die Funktion an einer Stelle einen Grenzwert hat, dieser aber nicht mit dem Funktionswert übereinstimmt, so spricht man von einer behebbaren Unstetigkeitsstelle. Wenn die Funktion an allen Stellen eines Gebietes stetig ist, heißt sie stetig in diesem Gebiet.

Diese Definition entspricht der in Abschn. 2.3.3 gegebenen Definition für eine Funktion einer unabhängigen Variablen. Deshalb wird auch der Begriff der Menge $C[G]$ der in einem Gebiet G stetigen Funktionen übernommen. Im folgenden handelt es sich stets um Elemente dieser Menge. Das fragliche Gebiet wird nicht jedesmal ausdrücklich diskutiert. Bei den in Naturwissenschaft und Technik vorkommenden Funktionen können eventuelle Unstetigkeitsstellen meist unmittelbar aus der Problemstellung erkannt werden.

10.2 Differenzieren

10.2.1 Partielle Ableitungen

Definition Die partielle Ableitung 1. Ordnung der Funktion

$$u = f(x_1, x_2, \ldots, x_j, \ldots, x_n)$$

nach der Variablen x_j ist der Grenzwert

$$\lim_{\Delta x_j \to 0} \frac{f(x_1, x_2, \ldots, (x_j + \Delta x_j), \ldots, x_n) - f(x_1, x_2, \ldots, x_j, \ldots, x_n)}{\Delta x_j}$$
$$= \frac{\partial u}{\partial x_j} = \frac{\partial f}{\partial x_j} = f_{x_j}$$
(451.1)

Aus dieser Definition ergibt sich, daß beim Differenzieren nach x_j alle anderen Variablen wie Konstante behandelt werden. Im übrigen gelten die in Abschn. 5.2 hergeleiteten formalen Regeln. Da Gl. (451.1) auf jede der n unabhängigen Variablen angewandt werden kann, hat eine Funktion n im allgemeinen verschiedene partielle Ableitungen 1. Ordnung.

Bei der Schreibweise als Differentialquotient wird das Symbol ∂ verwandt, um anzudeuten, daß mehrere unabhängige Variable vorhanden sind. Die Schreibweise der 1. Ableitung mit einem Punkt oder Strich ist nicht mehr zulässig, weil daraus nicht hervorgeht, nach welcher Variablen zu differenzieren ist.

Definition Existieren an einer Stelle $x_0(x_{01}; x_{02}; x_{03}; \ldots; x_{0n})$ sämtliche partiellen Ableitungen 1. Ordnung, so ist die Funktion an dieser Stelle **differenzierbar**. Ist eine Funktion an allen Stellen eines Gebietes G differenzierbar und sind die partiellen Ableitungen stetige Funktionen, so schreibt man $f(x) \in C^1[G]$ und nennt $C^1[G]$ die Menge der im Gebiet G stetig differenzierbaren Funktionen.

Beispiel 1 Wie lauten die partiellen Ableitungen 1. Ordnung der Funktion

$$u = x^2 y \ln z + \sqrt{x} \sin y + \frac{e^z}{x}$$

$$\frac{\partial u}{\partial x} = 2xy \ln z + \frac{\sin y}{2\sqrt{x}} - \frac{e^z}{x^2} \qquad \frac{\partial u}{\partial y} = x^2 \ln z + \sqrt{x} \cos y \qquad \frac{\partial u}{\partial z} = \frac{x^2 y}{z} + \frac{e^z}{x}$$

Beispiel 2 Bei einem Transistor in Emitterschaltung (**452.1a**) besteht ein funktionaler Zusammenhang zwischen Basisstrom und -spannung i_B und u_{BE} sowie Kollektorstrom und -spannung i_C und u_{CE}. Diese Abhängigkeit kann i. allg. nicht durch eine Funktionsgleichung, sondern nur graphisch im Kennlinienfeld des Transistors (**452.1b**) dargestellt werden. Die Kennwerte des Transistors sind die folgenden partiellen Ableitungen

			entspricht der Steigung des Graphen im
Kurzschluß-Eingangswiderstand	$h_{11} = \dfrac{\partial u_{BE}}{\partial i_B}$	mit $u_{CE} = $ const	3. Quadr.
Kurzschluß-Stromverstärkung	$h_{21} = \dfrac{\partial i_C}{\partial i_B}$	mit $u_{CE} = $ const	2. Quadr.
Spannungsrückwirkung	$h_{12} = \dfrac{\partial u_{BE}}{\partial u_{CE}}$	mit $i_B = $ const	4. Quadr.
Ausgangsleitwert	$h_{22} = \dfrac{\partial i_C}{\partial u_{CE}}$	mit $i_B = $ const	1. Quadr.

Im Spezialfall von nur zwei unabhängigen Variablen x und y können die partiellen Ableitungen f_x und f_y auch geometrisch gedeutet werden. Beim Bilden von f_x wird $y = $ const gesetzt. Wie in Abschn. 3.6 gezeigt wird, bedeutet $y = $ const in einem (x, y, z)-System die Gleichung einer Ebene parallel zur (x, z)-Ebene (**452**.2). Bei gleichen Einheitslängen auf den drei Koordinatenachsen ist die erste Ableitung $f_x = \tan \alpha$ der Anstieg der Schnittkurve der Funktionsfläche mit dieser Ebene gegenüber einer Raumparallele zur

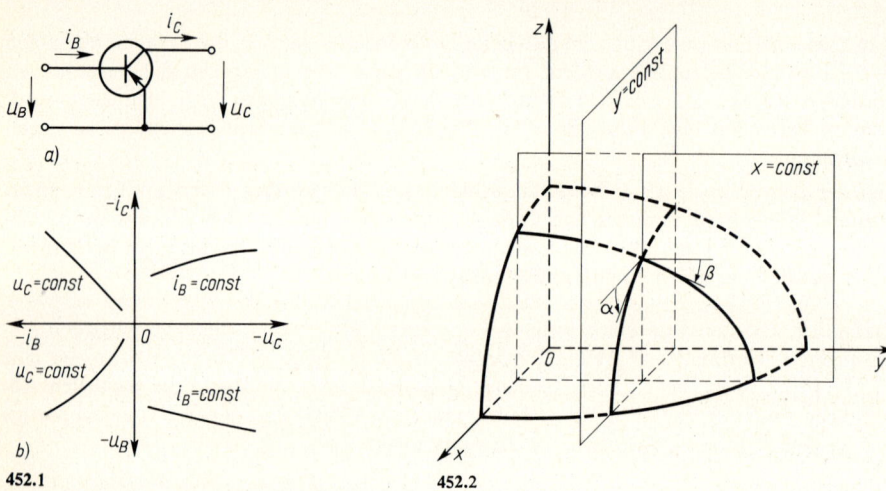

452.1 **452**.2

positiven x-Achse. Entsprechend ist die Ableitung $f_y = \tan \beta$ der Anstieg der Schnittkurve zwischen Funktionsfläche und einer Parallelebene zur (y, z)-Ebene gegenüber einer Raumparallele zur positiven y-Achse.

Beispiel 3 Durch den Punkt $x = 1{,}5$; $y = 2$; $z = 0$ der (x, y)-Ebene werden die beiden Ebenen parallel zu der (x, z)- und (y, z)-Koordinatenebene gelegt. Man berechne die Anstiegswinkel der in diesen Ebenen liegenden Tangenten an eine Fläche mit der Gleichung

$$\frac{x^2}{9} + \frac{y^2}{16} + \frac{z^2}{6{,}25} = 1$$

Durch Nullsetzen der einzelnen Variablen erhält man als Schnittkurve mit den Koordinatenebenen jeweils eine Ellipse. Die Funktionsfläche ist also ein dreiachsiges Ellipsoid (**452**.2). Der Anstieg der Tangente in der Ebene parallel zur (x, z)-Ebene ergibt sich mit $y = $ const und durch partielles Differenzieren der Gleichung nach x unter Benutzung der Kettenregel für implizite Funktionen

$$\frac{2x}{9} + \frac{2z}{6{,}25} \frac{\partial z}{\partial x} = 0$$

und daraus

$$\frac{\partial z}{\partial x} = -\frac{6{,}25}{9} \frac{x}{z}$$

Entsprechend erhält man für den Anstieg in der Ebene $x = $ const durch partielles Differenzieren nach y

$$\frac{2y}{16} + \frac{2z}{6{,}25} \frac{\partial z}{\partial y} = 0$$

und daraus

$$\frac{\partial z}{\partial y} = -\frac{6{,}25}{16} \frac{y}{z}$$

Den z-Wert des vorgegebenen Punktes bestimmt man aus der Ausgangsgleichung, die (erst jetzt) nach z aufgelöst wird

$$z = 2{,}5\sqrt{1 - \frac{x^2}{9} - \frac{y^2}{16}}$$

Aus den gegebenen x- und y-Werten erhält man $z = 1{,}768$. Damit wird für den betrachteten Punkt bei gleichen Einheitslängen $l_x = l_y = l_z$

$$\frac{\partial z}{\partial x} = \tan \alpha = -0{,}589 \qquad \alpha = -30{,}5° \qquad \frac{\partial z}{\partial y} = \tan \beta = -0{,}442 \qquad \beta = -23{,}8°$$

Eine wichtige Anwendung der partiellen Ableitungen 1. Ordnung ist die **Bestimmung von Extremwerten von Funktionen**. Es gilt der folgende

Satz. Eine notwendige aber nicht hinreichende Bedingung für einen Extremwert einer Funktion mehrerer unabhängiger Variablen ist, daß sämtliche partiellen Ableitungen 1. Ordnung an dieser Stelle zu Null werden.

Dieser Satz kann hier nicht bewiesen werden. Bei zwei unabhängigen Variablen ergibt er sich geometrisch im $\mathbb{R}^3$ aus der Forderung einer waagerechten Tangentialebene an die Funktionsfläche im Extrempunkt (s. Beispiel 10, S. 459). Eine derartige Ebene ist aber auch in einem Sattelpunkt vorhanden. Deshalb ist die Bedingung nicht hinreichend. Das Aufstellen von hinreichenden Bedingungen ist bei Funktionen von mehr als zwei unabhängigen Variablen so schwierig, daß darauf hier verzichtet wird [10]. Formeln für zwei unabhängige Variable findet man auf F 35. Für das praktische Rechnen liefert der vorstehende Satz ein System von Bestimmungsgleichungen, aus dem die gesuchten Werte der unabhängigen Variablen berechnet werden. Die Problemstellung des folgenden Beispiels spielt in der Ausgleichungsrechnung (s. Abschn. 16.3) eine wichtige Rolle.

Beispiel 4 Gegeben sind n Punkte im $\mathbb{R}^3$ mit den Koordinaten $P_i(x_i; y_i; z_i)$, $i = 1, 2, 3, \ldots, n$. Gesucht sind die Koordinaten eines Punktes $P(x; y; z)$ für den die Summe u der Quadrate der Abstände zu den anderen Punkten ein Minimum ist.
Der Abstand a zweier Punkte $P_1(x_1; y_1; z_1)$ und $P_2(x_2; y_2; z_2)$ ist nach Gl. (449.1)

$$a = \sqrt{(x_2 - x_1)^2 + (y_2 - y_1)^2 + (z_2 - z_1)^2}$$

Die gesuchte Funktion $u = f(x, y, z)$ genügt daher folgender Gleichung

$$u = \sum_{i=1}^{n} [(x_i - x)^2 + (y_i - y)^2 + (z_i - z)^2]$$

Die partiellen Ableitungen 1. Ordnung sind

$$\frac{\partial u}{\partial x} = -2 \sum_{i=1}^{n} (x_i - x) \qquad \frac{\partial u}{\partial y} = -2 \sum_{i=1}^{n} (y_i - y) \qquad \frac{\partial u}{\partial z} = -2 \sum_{i=1}^{n} (z_i - z)$$

Werden alle Ableitungen Null, so erhält man die Bestimmungsgleichungen

$$nx - \sum_{i=1}^{n} x_i = 0 \qquad ny - \sum_{i=1}^{n} y_i = 0 \qquad nz - \sum_{i=1}^{n} z_i = 0$$

mit den Lösungen

$$x = \frac{1}{n} \sum_{i=1}^{n} x_i \qquad y = \frac{1}{n} \sum_{i=1}^{n} y_i \qquad z = \frac{1}{n} \sum_{i=1}^{n} z_i$$

454 10.2 Differenzieren

Aus der Problemstellung ergibt sich, daß hier ein Minimum vorliegt, denn der Punkt liegt „in der Mitte" zwischen den Punkten. In der Mechanik hat der Schwerpunkt einer Menge von Punkten mit gleicher Masse die in der Aufgabenstellung geforderte Eigenschaft.

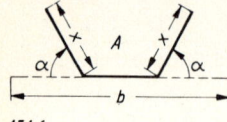

454.1

Beispiel 5 Ein Blech mit der Breite b soll durch Hochbiegen der seitlichen Enden zu einer **trapezförmigen Rinne** mit möglichst großem Querschnitt A verformt werden (**454.1**). Mit welcher Länge x und unter welchem Winkel α müssen die Enden abgebogen werden?

Gesucht ist das Maximum der Funktion $A = f(x, \alpha)$. Dabei ist A die Fläche eines Trapezes mit der unteren Grundlinie $g_1 = b - 2x$, der oberen Grundlinie $g_2 = b - 2x + 2x \cos \alpha$ und der Höhe $h = x \sin \alpha$, also

$$A = h \frac{g_1 + g_2}{2} = b x \sin \alpha - 2x^2 \sin \alpha + x^2 \sin \alpha \cos \alpha$$

Die Extremwerte erhält man durch Nullsetzen der beiden ersten Ableitungen

$$\frac{\partial A}{\partial x} = b \sin \alpha - 4x \sin \alpha + 2x \cos \alpha \sin \alpha = 0 \tag{454.1}$$

$$\frac{\partial A}{\partial \alpha} = b x \cos \alpha - 2x^2 \cos \alpha + x^2 (\cos^2 \alpha - \sin^2 \alpha) = 0 \tag{454.2}$$

Lösungen dieser Gleichungen sind $\alpha = 0$, $\alpha = \pi$ und $x = 0$. Aus der Problemstellung erkennt man, daß diese Lösungen kein Maximum ergeben, weil dann auch $A = 0$ ist. Wenn x und α nicht Null sind, darf Gl. (454.1) durch $\sin \alpha$ und Gl. (454.2) durch x geteilt werden. Anschließend wird Gl. (454.1) nach $\cos \alpha = (4x - b)/2x$ aufgelöst und in Gl. (454.2) eingesetzt. Mit der Umformung $\sin^2 \alpha = 1 - \cos^2 \alpha$ kann diese Gleichung dann nach x aufgelöst werden. Man erhält als weitere Lösung $x = b/3$ und $\alpha = 60°$. Dies ist das gesuchte Maximum.

Kettenregel Die in Abschn. 5.2.1 behandelten Produkt- und Quotientenregeln können auf Funktionen von mehreren Variablen übertragen werden. Z.B. ist

$$\frac{\partial (f_1 f_2)}{\partial x_i} = \frac{\partial f_1}{\partial x_i} f_2 + f_1 \frac{\partial f_2}{\partial x_i} \tag{454.3}$$

Die Kettenregel erfordert eine gesonderte Betrachtung. Sie ist anzuwenden, wenn alle unabhängigen Variablen x_i von einer weiteren gemeinsamen Variablen t abhängen. Dann ist

$$u(t) = f(x_1(t), x_2(t), \ldots, x_n(t)) \tag{454.4}$$

Gesucht ist die Ableitung du/dt. Dabei wird vorausgesetzt, daß $u \in C^1 [G]$ und daß beim Grenzübergang $\Delta t \to 0$ auch sämtliche $\Delta x_i \to 0$ gehen. Im folgenden werden jeweils zwei Variable mit festem j und k ausführlich hingeschrieben. Daraus erkennt man das allgemeine Bildungsgesetz

$$\frac{du}{dt} = \lim_{\Delta t \to 0} \frac{u(t + \Delta t) - u(t)}{\Delta t}$$

$$= \lim_{\Delta t \to 0} \frac{f(\ldots, x_j(t + \Delta t), \ldots, x_k(t + \Delta t), \ldots) - f(\ldots, x_j(t), \ldots, x_k(t), \ldots)}{\Delta t}$$

Der nun angewandte Kunstgriff entspricht dem bei der Herleitung der Produktregel benutzten. Im Zähler des vorstehenden Ausdrucks wird nun für jede der n Variablen ein geeigneter Summand addiert und wieder abgezogen. Die Reihenfolge der Summanden wird vertauscht. Ferner ist der Grenzwert einer Summe gleich der Summe der Grenzwerte, und man erhält

$$\frac{du}{dt} = \cdots + \lim_{\Delta t \to 0} \frac{f(\ldots, x_j(t+\Delta t), \ldots, x_k(t+\Delta t), \ldots) - f(\ldots, x_j(t), \ldots, x_k(t+\Delta t), \ldots)}{\Delta t} +$$

$$+ \lim_{\Delta t \to 0} \frac{f(\ldots, x_j(t), \ldots, x_k(t+\Delta t), \ldots) - f(\ldots, x_j(t), \ldots, x_k(t), \ldots)}{\Delta t} + \cdots$$

In jedem dieser n Grenzwerte hat nun nur noch eine Größe unterschiedliche Argumente, ist also variabel. Deshalb darf auf jeden Grenzwert die Kettenregel für Funktionen einer unabhängigen Variablen angewandt werden, und man erhält als **Kettenregel für Funktionen mehrerer unabhängiger Variablen**

$$\frac{du}{dt} = \sum_{i=1}^{n} \frac{\partial u}{\partial x_i} \frac{dx_i}{dt} = \sum_{i=1}^{n} f_{x_i} \frac{dx_i}{dt} \qquad (455.1)$$

Zum Bilden der 2. Ableitung (s. Gl. (455.2)) ist jeder Summand der Gl. (455.1) nach der Kettenregel zu differenzieren.

Beispiel 6 Man differenziere $u = (\sin t)^{\cos t}$.

Die Ableitung könnte mittels logarithmischer Differentiation erfolgen. Mit Gl. (455.1) erhält man einfacher

$$u = x^y \quad \text{mit} \quad x = \sin t \quad \text{und} \quad y = \cos t$$

Es ist
$$\frac{\partial u}{\partial x} = y\, x^{y-1} \qquad \frac{dx}{dt} = \cos t$$

$$\frac{\partial u}{\partial y} = x^y \ln x \qquad \frac{dy}{dt} = -\sin t$$

Daraus ergibt sich

$$\frac{du}{dt} = \cos^2 t\, (\sin t)^{(\cos t)-1} - \sin t\, (\sin t)^{\cos t} \ln (\sin t)$$

$$= (\sin t)^{\cos t} \left(\frac{\cos^2 t}{\sin t} - \sin t \ln (\sin t) \right)$$

Ableitungen höherer Ordnung Jede partielle Ableitung 1. Ordnung ist i. allg. wieder eine Funktion der n unabhängigen Variablen und kann nach jeder dieser Variablen differenziert werden. Entsprechend der rechten Seite von Gl. (451.1) schreibt man als **partielle Ableitung 2. Ordnung**

$$\frac{\partial f_{x_j}}{\partial x_k} = f_{x_j x_k} \qquad (455.2)$$

Es gibt n^2 Ableitungen 2. Ordnung und allgemein n^m Ableitungen m-ter Ordnung. Diese Ableitungen sind aber nicht alle verschieden. Wie hier nicht bewiesen werden kann, gilt der **Satz von Schwarz:**

Ist eine Funktion von mehreren unabhängigen Variablen m-mal stetig differenzierbar, so sind die gemischten partiellen Ableitungen m-ter Ordnung unabhängig von der Reihenfolge des Differenzierens. So gilt z. B. für $m = 2$

$$f_{x_j x_k} = f_{x_k x_j} \qquad \text{für alle } j \text{ und } k \tag{456.1}$$

Beispiel 7 Wie lauten die 9 partiellen Ableitungen 2. Ordnung der Funktion in Beispiel 1, S. 451?
Aus $f_x = 2xy \ln z + \sin y/(2x^{1/2}) - e^z/x^2$ erhält man

$$f_{xx} = 2y \ln z - \frac{\sin y}{4x^{3/2}} + \frac{2e^z}{x^3} \qquad f_{xy} = 2x \ln z + \frac{\cos y}{2x^{1/2}} \qquad f_{xz} = \frac{2xy}{z} - \frac{e^z}{x^2}$$

Aus $f_y = x^2 \ln z + x^{1/2} \cos y$ erhält man

$$f_{yx} = 2x \ln z + \frac{\cos y}{2x^{1/2}} \qquad f_{yy} = -x^{1/2} \sin y \qquad f_{yz} = \frac{x^2}{z}$$

Aus $f_z = x^2 y/z + e^z/x$ erhält man

$$f_{zx} = \frac{2xy}{z} - \frac{e^z}{x^2} \qquad f_{zy} = \frac{x^2}{z} \qquad f_{zz} = -\frac{x^2 y}{z^2} + \frac{e^z}{x}$$

10.2.2 Taylor-Reihe. Totales Differential. Funktionen in impliziter Form

Taylor-Reihe Entsprechend der Problemstellung in Abschn. 9.1 wird auch hier untersucht, wie ein Funktionswert an einer Stelle $x(x_1; x_2; \ldots; x_n)$ berechnet werden kann, wenn der Funktionswert und sämtliche partiellen Ableitungen an einer festen Stelle $x_0(x_{01}; x_{02}; \ldots; x_{0n})$ bekannt sind. Voraussetzung ist auch hier, daß die Funktion auf einer linearen Verbindung (s. Gl. (456.2)) zwischen beiden Stellen definiert ist. Der Kunstgriff der Herleitung besteht darin, die Funktion auf eine Funktion von nur einer Variablen t zu reduzieren und auf diese dann die MacLaurin-Formel Gl. (431.2) und die Kettenregel Gl. (455.1) anzuwenden. Führt man für jede Variable die folgende Hilfsgröße ein

$$\bar{x}_j = x_{0j} + t(x_j - x_{0j}) \qquad \text{mit} \qquad \frac{d\bar{x}_j}{dt} = x_j - x_{0j} \qquad \text{für alle } j \tag{456.2}$$

so ist bei festem x_{0j} und festem x_j die Funktion nur noch von der Variablen t abhängig. Im Spezialfall $t = 0$ erhält man $f(x_0)$, und $t = 1$ ergibt $f(x)$. Die Entwicklung von $F(t)$ nach der MacLaurin-Formel Gl. (431.2) lautet

$$f(x_0 + t(x - x_0)) = F(t) = F(0) + F'(0) t + \frac{F''(0)}{2!} t^2 + \cdots + \frac{F^{(r+1)}(t_m)}{(r+1)!} t^{r+1}$$

Die Ableitungen nach t werden nun nach der Kettenregel Gl. (455.1) in die Ableitungen nach den Variablen x_j umgeformt, wobei die rechte Gl. (456.2) zu beachten ist. Das letzte Glied der vorstehenden Gleichung ist das Restglied. Hier ist ein unbekannter Wert $0 \leq t_m \leq 1$ einzusetzen. Nach Gl. (456.2) bedeutet das für jede Variable einen unbekannten Wert $x_{0j} \leq x_{mj} \leq x_j$. Gl. (455.1) liefert unmittelbar

$$F'(0) = \sum_{j=1}^{n} \frac{\partial f(x_0)}{\partial x_j} (x_j - x_{0j})$$

10.2.2 Taylor-Reihe. Totales Differential. Funktionen in impliziter Form

Zum Bilden der 2. Ableitung muß jeder Summand dieser Summe nach allen Variablen differenziert werden, dies ergibt die innere Summe der folgenden Gleichung. Alle Summanden ergeben dann die Doppelsumme

$$F''(0) = \sum_{j=1}^{n} \left[\sum_{k=1}^{n} \frac{\partial^2 f(x_0)}{\partial x_j \partial x_k} (x_k - x_{0k}) \right] (x_j - x_{0j})$$

Wegen der Gleichheit der gemischten partiellen Ableitungen vereinfacht sich diese Summe etwas, und es ist üblich, sie durch folgenden symbolischen Ausdruck anzugeben

$$F''(0) = \left[\sum_{j=1}^{n} (x_j - x_{0j}) \frac{\partial}{\partial x_j} \right]^2 f(x_0)$$

Wie das folgende Beispiel zeigt, hat die tatsächliche Berechnung dieses Ausdrucks insbesondere bei Funktionen von zwei unabhängigen Variablen Ähnlichkeiten mit der Entwicklung eines Binoms. Wird diese Schreibweise verallgemeinert, so erhält man für $t = 1$ wegen $F(1) = f(x)$ als **Taylor-Reihe für eine Funktion mehrerer Variablen**

$$f(x) = f(x_0) + \sum_{j=1}^{n} (x_j - x_{0j}) \frac{\partial f(x_0)}{\partial x_j} + \frac{1}{2!} \left[\sum_{j=1}^{n} (x_j - x_{0j}) \frac{\partial}{\partial x_j} \right]^2 f(x_0) + \ldots +$$
$$+ \frac{1}{(r+1)!} \left[\sum_{j=1}^{n} (x_j - x_{0j}) \frac{\partial}{\partial x_j} \right]^{r+1} f(x_m) \quad (457.1)$$

Beispiel 8 Wie lauten sämtliche Glieder der Taylor-Entwicklung einer Funktion von zwei unabhängigen Variablen bis einschließlich eines Restgliedes 3. Ordnung?

$$f(x, y) = f(x_0, y_0) + [f_x(x_0, y_0)(x - x_0) + f_y(x_0, y_0)(y - y_0)] +$$
$$+ \frac{1}{2} [f_{xx}(x_0, y_0)(x - x_0)^2 + 2 f_{xy}(x_0, y_0)(x - x_0)(y - y_0) +$$
$$+ f_{yy}(x_0, y_0)(y - y_0)^2] + \frac{1}{6} [f_{xxx}(x_m, y_m)(x - x_0)^3 +$$
$$+ 3 f_{xxy}(x_m, y_m)(x - x_0)^2 (y - y_0) + 3 f_{xyy}(x_m, y_m)(x - x_0)(y - y_0)^2$$
$$+ f_{yyy}(x_m, y_m)(y - y_0)^3]$$

Totales Differential Betrachtet man in Gl. (457.1) bereits das Glied mit den partiellen Ableitungen 1. Ordnung als Restglied, erhält man den Mittelwertsatz für diese Funktion (s. Abschn. 5.1.6). In vielen Fällen genügt es, wenn man die Funktion bis einschließlich der partiellen Ableitungen 1. Ordnung entwickelt und die höheren Ableitungen vernachlässigt. In diesem Fall sind folgende Bezeichnungen üblich

$$f(x) - f(x_0) = \Delta u \qquad \text{und} \qquad (x_j - x_{0j}) = \Delta x_j$$

Hiermit wird die Funktionsdifferenz Δu einer Funktion mehrerer unabhängiger Variablen

$$\Delta u = \sum_{j=1}^{n} f_{x_j}(x_0) \Delta x_j + R_2(x_m) \quad (457.2)$$

Definition Wird in Gl. (457.2) das Restglied vernachlässigt, so spricht man vom **totalen Differential** der Funktion und schreibt oft statt der Differenzen Differentiale (s. auch Gl. (432.3)).

Dieser Begriff wird häufig in der **Vektoranalysis** (Abschn. 10.4) und in der **Fehlerrechnung** (Abschn. 16.2) verwendet. Bei numerischen Rechnungen kann man mit Gl. (457.2) einfach erkennen, wie sich kleine Änderungen der einzelnen unabhängigen Variablen auf den Funktionswert auswirken.

Beispiel 9 Bei einem **idealen Gas** stehen die Zustandsgrößen Druck p, Temperatur T und Volumen V in folgendem Zusammenhang

$$p = \frac{nRT}{V}$$

mit der allgemeinen Gaskonstante $R = 8314{,}4$ J/(K · kmol). Es ist $T_0 = 273{,}0$ K, $V_0 = 10{,}00$ m³, $n_0 = 1$ kmol. Nun steigt die Temperatur um 3,0 K und das Volumen verringert sich um 0,1 m³. Man berechne die entstehende Druckänderung dp mit Gl. (457.2) und schätze das Restglied R_2. Zur Kontrolle ist ferner Δp durch unmittelbares Einsetzen der Werte in die Funktionsgleichung zu berechnen.

Es ist $\Delta n = 0$. Damit wird

$$\mathrm{d}p = \frac{\partial p}{\partial T}\Delta T + \frac{\partial p}{\partial V}\Delta V = \frac{nR}{V}\Delta T - \frac{nRT}{V^2}\Delta V = (0{,}02494 + 0{,}02270)\text{ bar} = 0{,}04764 \text{ bar}$$

Der 2. Summand wird positiv, weil $\Delta V = -0{,}1$ m³ ist.

$$R_2 = \frac{1}{2}\left[\frac{\partial^2 p}{\partial T^2}(T-T_0)^2 + 2\frac{\partial^2 p}{\partial T \partial V}(T-T_0)(V-V_0) + \frac{\partial^2 p}{\partial V^2}(V-V_0)^2\right]$$

$$= \frac{1}{2}\left[0 - 2\frac{nR}{V_\mathrm{m}^2}(T-T_0)(V-V_0) + \frac{2nRT_\mathrm{m}}{V_\mathrm{m}^3}(V-V_0)^2\right]$$

Zur Schätzung des Restgliedes wählt man den ungünstigsten Fall. Er tritt hier ein, wenn $V_\mathrm{m} = V$ und $T_\mathrm{m} = T_0$ ist, weil dann wegen $\Delta T = T - T_0 > 0$ und $\Delta V = V - V_0 < 0$ alle Nenner der vorstehenden Gleichung möglichst klein und die Zähler möglichst groß werden. Mit diesen Werten wird

$$R_2 = (0{,}00031 + 0{,}00031) \text{ bar} = 0{,}00062 \text{ bar}$$

Daraus erhält man $\Delta p \approx \mathrm{d}p + R_2 = 0{,}04826$ bar.

Aus der Differenz $p(276{,}0 \text{ K}; 9{,}9 \text{ m}^3) - p(273{,}0 \text{ K}; 10{,}0 \text{ m}^3)$ erhält man $\Delta p = 0{,}04812$ bar. Diese Rechnung ist hier einfacher. Dies ist aber i. allg. nicht mehr der Fall, wenn es sich um Funktionen von mehr als 2 unabhängigen Variablen handelt. Ferner spielt die hier gezeigte Rechnung (ohne Restgliedschätzung) in der **Fehlerrechnung** eine wichtige Rolle. Die Differenzen der unabhängigen Variablen haben dann die Bedeutung von Meßfehlern und das totale Differential ist die Fehlerschätzung für die aus den Meßwerten berechnete Größe (Abschn. 16.2).

Im Spezialfall von nur zwei unabhängigen Variablen x und y lassen sich das totale Differential und das Restglied auch geometrisch im Raum $\mathbb{R}^3$ deuten.

In Bild **459**.1 ist P_1 ein Punkt der Funktionsfläche $z = f(x, y)$ mit den Koordinaten $(x_1; y_1; z_1)$. An der Stelle $[(x_1 + \mathrm{d}x); (y_1 + \mathrm{d}y)]$ geht die Funktionsfläche durch den Punkt Q_3 mit der z-Koordinate $(z_1 + \Delta z)$. Durch den Punkt P_1 wird die waagerechte

10.2.2 Taylor-Reihe. Totales Differential. Funktionen in impliziter Form

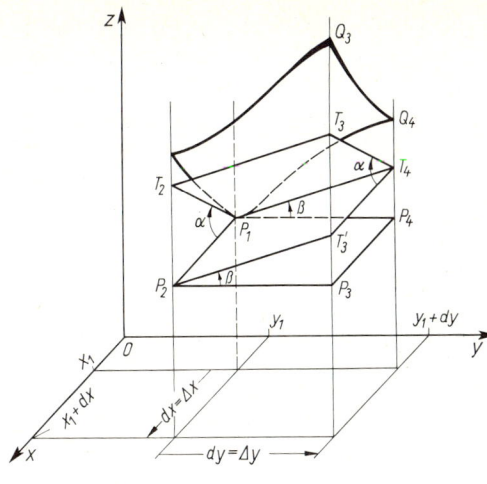

Ebene $P_1 P_2 P_3 P_4$ mit der z-Koordinate z_1 gelegt. Die Strecke $\overline{P_3 Q_3} = \Delta z$ ist ein Bild der **Funktionsdifferenz**

$$\Delta z = f[(x_1 + dx), (y_1 + dy)] - f(x_1, y_1)$$

Das totale Differential

$$dz = f_x\, dx + f_y\, dy \qquad (459.1)$$

hat die geometrische Bedeutung der Strecke $\overline{P_3 T_3}$, wobei T_3 der Schnittpunkt der in P_1 an die Funktionsfläche angelegten Tangentialebene mit der Senkrechten $\overline{P_3 Q_3}$ ist. Es gilt nämlich bei $l_x = l_y = l_z$

$$\overline{P_2 T_2} = dx \tan \alpha = f_x\, dx$$
$$\overline{P_4 T_4} = dy \tan \beta = f_y\, dy$$

459.1

Ferner ist auf Grund der in Bild **459.1** gegebenen Konstruktion $\overline{P_2 T_2} = \overline{T_3' T_3}$ und $\overline{P_4 T_4} = \overline{P_3 T_3'}$. Damit wird

$$\overline{P_3 T_3} = \overline{P_3 T_3'} + \overline{T_3' T_3} = f_x\, dx + f_y\, dy$$

Das Restglied entspricht der Strecke $\overline{T_3 Q_3}$.

Beispiel 10 Eine gekrümmte Fläche wird von einer zur senkrechten z-Achse parallelen Ebene geschnitten, die mit der positiven x-Achse den Winkel φ bildet. Wie groß ist der Anstieg der Tangente an die Fläche in dieser Ebene? Die Einheitslängen auf den drei Koordinatenachsen seien gleich.

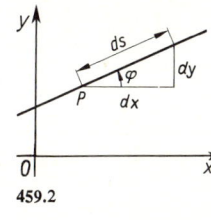

Bild **459.2** zeigt die waagerechte (x, y)-Ebene mit der Spur der zur z-Achse parallelen Ebene. Der Anstieg der Tangente an die Fläche in dieser Ebene ist $\tan \alpha = dz/ds$. Diese Größe wird aus dem totalen Differential dz berechnet

$$dz = f_x\, dx + f_y\, dy$$

Durch formales Dividieren durch ds erhält man

$$\frac{dz}{ds} = \tan \alpha = f_x \frac{dx}{ds} + f_y \frac{dy}{ds} = f_x \cos \varphi + f_y \sin \varphi \qquad (459.2)$$

459.2

Hieraus kann bei gegebenem φ der Anstieg in einem Punkt P berechnet werden. Setzt man andererseits $\tan \alpha = 0$, so erhält man $\tan \varphi = -f_x/f_y$. Dies ergibt die Richtung der Ebene, bei der die Tangente parallel zur (x, y)-Ebene ist. Senkrecht zu dieser Richtung hat die Tangente den maximalen Anstieg. Ist an bestimmten Stellen Gl. (459.2) für alle Werte von φ gleich Null, so hat die Funktionsfläche hier eine waagerechte Tangentialebene. Dies ist der Spezialfall des Satzes auf S. 453 für $n = 2$.

Funktionen in impliziter Form Eine weitere Anwendung des totalen Differentials bei einer Funktion mit zwei unabhängigen Variablen ergibt sich für den Spezialfall

$$u = f(x, y) = 0$$

Die beiden rechten Glieder dieser Gleichungskette können als die implizite Form einer Funktion einer unabhängigen Variablen aufgefaßt werden. Aus $u = 0$ folgt, daß auch du und das Restglied für alle $(x_i; y_i)$ Null sind. Es ist also

$$du = f_x \Delta x + f_y \Delta y = 0$$

Löst man diese Gleichung nach $\Delta y/\Delta x$ auf und bildet den Grenzwert $\Delta x \to 0$, so erhält man die **1. Ableitung einer Funktion zweier Variablen in impliziter Form**

$$\lim_{\Delta x \to 0} \frac{\Delta y}{\Delta x} = y' = -\frac{f_x}{f_y} \tag{460.1}$$

Aus $f_x = 0 \wedge f_y \neq 0$ erhält man eine Bestimmungsgleichung für die Koordinaten der Punkte des Graphen mit waagerechten Tangenten und aus $f_y = 0 \wedge f_x \neq 0$ dasselbe für die senkrechten Tangenten. Diese Bestimmungsgleichungen enthalten jeweils zwei Unbekannte. Die zweite zur Lösung erforderliche Gleichung ist die Funktionsgleichung.

Eine Formel für y'' findet man auf F 35.

Beispiel 11 $x^2 + xy + 0{,}5 y^2 - 6x - 7 = 0$. Wie heißt der Graph dieser Relation? Man berechne die Achsenabschnitte, die Koordinaten der waagerechten und senkrechten Tangenten und zeichne den Graphen.

Es handelt sich um eine allgemeine Gleichung 2. Grades. Also ist der Graph ein Kegelschnitt. Mit Hilfe des Plans in Bild **134.**1 ergibt sich eine Ellipse. Es ist $D = -6{,}25$ und $D_{33} = 0{,}25$.

Ordinatenschnittpunkte: Aus $x = 0$ erhält man $y_{1,2} = \pm 3{,}74$.
Abszissenschnittpunkte: Aus $y = 0$ erhält man $x_1 = -1$; $x_2 = 7$.
Waagerechte Tangenten: $f_x = 2x + y - 6 = 0$.

Diese Gleichung wird nach y aufgelöst und in die Originalgleichung eingesetzt. Daraus ergibt sich eine quadratische Gleichung mit den Lösungen $x_1 = 1$ und $x_2 = 11$. Diese Lösungen werden in $f_x = 0$ eingesetzt und ergeben $y_1 = 4$ und $y_2 = -16$.

Senkrechte Tangenten: $f_y = x + y = 0$. Auf gleiche Weise wie bei den waagerechten Tangenten erhält man $x_1 = -1{,}07$; $x_2 = 13{,}07$ und $y_1 = 1{,}07$; $y_2 = -13{,}07$.

Bild **460.**1 zeigt den Graphen. Die Verbindungsstrecken der Punkte mit waagerechten bzw. senkrechten Tangenten sind konjugierte Durchmesser der Ellipse. Daraus können die Ellipsenachsen berechnet oder konstruiert werden.

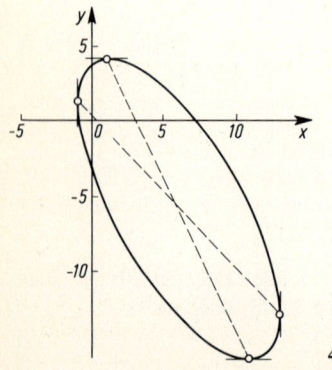

460.1

10.2.3 Differenzieren eines Integrals nach einem Parameter

Bei manchen Herleitungen tritt folgende Funktion auf

$$F(x) = \int_{y_1}^{y_2} f(x, y)\, dy \qquad (461.1)$$

Es wird bei konstanten Grenzen über y integriert, also ist die Stammfunktion nur von x abhängig. Es ist z. B. für $x > 0$

$$F(x) = \int_0^1 y^x\, dy = \frac{y^{x+1}}{x+1} \bigg|_0^1 = \frac{1}{x+1}$$

Die Größe x wird oft der Parameter genannt. Dies hat nichts mit der Parameterdarstellung in Abschn. 8.1 zu tun. Die Funktion $F(x)$ ist nun nach x zu differenzieren. Unter der Voraussetzung, daß $f(x, y)$ und $f_x(x, y) \in C^1\ (\mathbb{R} \times [y_1, y_2])$ sind, gilt für das **Differenzieren eines Integrals nach einem Parameter**

$$\frac{dF(x)}{dx} = \int_{y_1}^{y_2} \frac{\partial f(x, y)}{\partial x}\, dy \qquad (461.2)$$

Beweis. Mit Gl. (461.1) wird der Differenzenquotient gebildet

$$\frac{F(x + \Delta x) - F(x)}{\Delta x} = \int_{y_1}^{y_2} \frac{f(x + \Delta x, y) - f(x, y)}{\Delta x}\, dy$$

Durch den Grenzübergang $\Delta x \to 0$ folgt Gl. (461.2), da hierbei auf der rechten Seite der Gleichung y in bezug auf den Grenzübergang eine Konstante ist. □

Beispiel 12 Wie in der Mechanik gezeigt wird, ist die partielle Ableitung der Formänderungsarbeit W eines linearen elastischen Systems nach der Kraft F gleich der Verschiebung w des Kraftangriffspunktes in Richtung der Kraft. Mit diesem Satz können Verformungen mit Hilfe der Formänderungsarbeit berechnet werden. Mit dem Biegemoment M, der konstanten Biegesteifigkeit EI und der Balkenlänge l erhält man

$$W = \frac{1}{2EI} \int_0^l M^2(F, x)\, dx \qquad w = \frac{\partial W}{\partial F} = \frac{1}{EI} \int_0^l M(F, x) \frac{\partial M(F, x)}{\partial F}\, dx$$

Es ist z. B. für einen einseitig eingespannten Balken mit einer Einzelkraft am Balkenende $M = Fx$ und damit

$$W = \frac{1}{2EI} \int_0^l (Fx)^2\, dx \qquad w = \frac{\partial W}{\partial F} = \frac{1}{EI} \int_0^l (Fx)\, x\, dx = \frac{F}{EI} \int_0^l x^2\, dx = \frac{Fl^3}{3EI}$$

Beispiel 13 Die Operation $n!$ ist zunächst nur für $n \in \mathbb{N}$ definiert. In der Statistik (Abschn. 15.3.3) muß sie auf $n \in \mathbb{R}$ erweitert werden. Man setzt laut Definition $n!$ gleich dem Wert des folgenden, z. B. in [2], [34] tabellierten Integrals, der sog. **Gammafunktion**

$$\Gamma(n+1) = n! = \int_0^\infty y^n \, e^{-y} \, dy \tag{462.1}$$

Es ist zu zeigen, daß für $n \in \mathbb{N}$ der Wert dieses Integrals mit der ursprünglichen Definition der Fakultät übereinstimmt.

In diesem Fall ist das Einführen eines Parameters $x > 0$ ein Kunstgriff, der das Integral geschlossen lösbar macht. Man betrachtet die Funktion

$$F(x) = \int_0^\infty e^{-xy} \, dy = \left. \frac{e^{-xy}}{-x} \right|_0^\infty = \frac{1}{x}$$

Wird die Gleichung

$$\frac{1}{x} = \int_0^\infty e^{-xy} \, dy$$

gemäß Gl. (461.2) n-mal nach x differenziert, so erhält man

$$\frac{n!}{x^{n+1}} = \int_0^\infty y^n \, e^{-xy} \, dy$$

Setzt man nun $x = 1$, ergibt sich Gl. (462.1).

10.2.4 Aufgaben zu Abschnitt 10.2

1. Man berechne die partiellen Ableitungen 1. und 2. Ordnung und prüfe, daß die gemischten Ableitungen gleich sind

a) $u = z x^2/y$ b) $u = (x+y) \sin(x-y)$ c) $u = z \, e^{x/y}$

2. Eine Zahl A ist so in drei Summanden zu zerlegen, daß deren Produkt ein Maximum wird.

3. Für die folgenden Funktionen berechne man das totale Differential und schätze das Restglied Zur Kontrolle ist die Funktionsdifferenz unmittelbar zu berechnen.

a) $u = m x + n y^2$

b) $u = x^y$ mit $x_0 = 2{,}40$ $\Delta x = 0{,}10$ und $y_0 = 0{,}80$ $\Delta y = 0{,}05$

4. Für die folgenden Funktionen berechne man das totale Differential. Sämtliche Größen auf der rechten Seite sind Variable.

a) $u = u_m \sin \omega t$ b) $\varphi = \arctan(\omega L/R)$

5. Gegeben ist die Fläche und der Punkt des Beispiel 3, S. 452. In welcher Richtung in bezug auf die positive x-Achse hat die Tangente an diese Fläche den größten Anstieg? Wie groß ist dieser Anstieg?

6. Für die folgenden Funktionsgleichungen in impliziter Form bilde man nach Gl. (460.1) die erste Ableitung y'.

a) $\arcsin(xy) + \sqrt{x+y} = b$ b) $\sin x / \cos y = \tan(x/y)$

7. $x^2 + y^2 + ax = a\sqrt{x^2 + y^2}$. Man berechne Ordinaten- und Abszissenschnittpunkte, die Koordinaten der Punkte mit waagerechten und senkrechten Tangenten und zeichne den Graph für $a = 2$ cm.

10.3 Integrieren

In Abschn. 10.1 und 10.2 wird im Anschluß an die früher erfolgte Behandlung von Funktionen einer unabhängigen Variablen unmittelbar zu n unabhängigen Variablen $x_1, x_2, \ldots, x_n$ übergegangen. Sowohl die Erklärung der partiellen Ableitung als auch die Anwendungsbeispiele aus der Technik bieten dabei keine besonderen Schwierigkeit. Beim Integrieren bereitet hingegen die allgemeine Definition eines n-fachen bestimmten Integrals erfahrungsgemäß dem Studenten erhebliche Schwierigkeiten. Deshalb wird hier mit einer geometrischen Betrachtung einer Funktion zweier unabhängiger Variabler x und y begonnen. Die Definition eines n-fachen Integrals findet man am Schluß von Abschn. 10.3.1.

10.3.1 Bestimmtes Integral

In Abschn. 6.1 wird dieser Begriff für eine unabhängige Variable mit der Berechnung der Fläche unter einer Kurve eingeführt. Daraus folgt die allgemeine Definition als Grenzwert einer Produktsumme. Das entsprechende geometrische Problem bei zwei unabhängigen Variablen ist die Berechnung des Volumens des in Bild **463.1** gezeigten Körpers (Zylinder). Seine obere Begrenzung ist die Fläche einer Funktion $z = f(x, y)$, die in dem betrachteten Gebiet stetig und beschränkt ist. Die Seitenfläche des Körpers ist parallel zur z-Achse. Sein Grundriß in der (x, y)-Ebene bildet ein Gebiet G, dessen Rand laut Voraussetzung von allen Parallelen zur x- und y-Achse zwischen a und b bzw. c und d genau zweimal geschnitten wird. Ist diese Voraussetzung nicht unmittelbar gegeben, kann sie oft durch Zerlegen in Teilgebiete erfüllt werden. Dieses Volumen wird in folgende säulenförmigen Elemente zerlegt

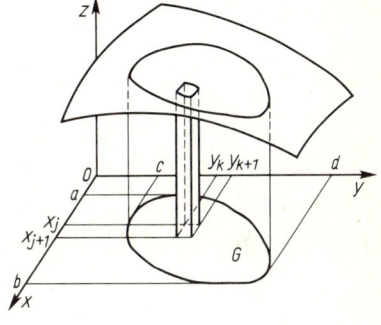

463.1

$$\Delta V_{jk} = f(x_j, y_k)\, \Delta y_k\, \Delta x_j$$

mit $\quad \Delta x_j = x_{j+1} - x_j \quad$ und $\quad \Delta y_k = y_{k+1} - y_k$

Die Indizierung bedeutet hier also verschiedene Werte der gleichen Variablen.

Das Volumen wird durch zwei Summationen und Grenzübergänge erhalten. Bei der ersten Summenbildung parallel der y-Achse wird aus den Säulen eine Scheibe, anschließend werden alle Scheiben parallel der x-Achse addiert. Bei konstantem x_j und Δx_j ist das Volumen der j-ten Scheibe

$$\left[\sum_{k=1}^{n} f(x_j, y_k)\, \Delta y_k\right] \Delta x_j \tag{463.1}$$

Die Summe aller Scheiben ist

$$\sum_{j=1}^{m} \left[\sum_{k=1}^{n} f(x_j, y_k)\, \Delta y_k\right] \Delta x_j \tag{463.2}$$

Werden nun die Differenzen Δy_k und Δx_j beliebig klein und damit die Anzahl der Summanden m und n beliebig groß, ergibt sich das Volumen des Körpers. Unabhängig von dieser geometrischen Betrachtung gilt die

Definition Der Grenzwert

$$\lim_{m,\,n\to\infty} \sum_{j=1}^{m}\left[\sum_{k=1}^{n} f(x_j, y_k)\, \Delta y_k\right] \Delta x_j = \int_G [\int f(x,y)\, \mathrm{d}y]\, \mathrm{d}x \qquad (464.1)$$

heißt ein **Doppelintegral**.

Die Reihenfolge der Summationen darf vertauscht werden. Summiert man zunächst parallel zur x-Achse, so erhält man nach dem Grenzübergang

$$\int_G [\int f(x,y)\, \mathrm{d}x]\, \mathrm{d}y \qquad (464.2)$$

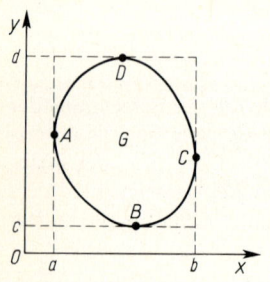

464.1

In Gl. (464.1) und (464.2) ist das Gebiet G nur symbolisch angegeben. Um das Integral zu berechnen, sind ausführlichere Angaben über den Rand von G erforderlich. In Bild **464.**1 ist durch die Abszissen a und b sowie die Ordinaten c und d das kleinste Rechteck bestimmt, das das Gebiet G umschließt. Nun wird vorausgesetzt, daß sich der Rand in folgender Weise aus Graphen von Funktionsgleichungen zusammensetzt:

Der Graph durch die Punkte	heißt	und ist Teil des Graphen einer Funktion
ABC	unterer Rand	$y = y_1(x)$
ADC	oberer Rand	$y = y_2(x)$
BAD	linker Rand	$x = x_1(y)$
BCD	rechter Rand	$x = x_2(y)$

Findet die erste Summation parallel zur y-Achse statt, so ist die Länge der Scheiben in Gl. (463.1) von ihrer Lage in bezug auf die x-Achse abhängig. Das Gebiet wird durch seinen unteren und oberen Rand begrenzt. Deshalb sind die Grenzen des in Gl. (464.1) in Klammern stehenden sog. **inneren Integrals** die Funktionen $y_1(x)$ und $y_2(x)$. Die Grenzen des **äußeren Integrals** sind die Werte a und b. Deshalb ist die ausführlichere Schreibweise des Doppelintegrals Gl. (464.1)

$$\int_G [\int f(x,y)\, \mathrm{d}y]\, \mathrm{d}x = \int_a^b \left[\int_{y_1(x)}^{y_2(x)} f(x,y)\, \mathrm{d}y\right] \mathrm{d}x \qquad (464.3)$$

Findet hingegen die erste Summation parallel zur x-Achse statt, so wird das Gebiet durch seinen linken und rechten Rand begrenzt, und man erhält dementsprechend als ausführlichere Schreibweise des Doppelintegrals Gl. (464.2)

$$\int_G [\int f(x,y)\, \mathrm{d}x]\, \mathrm{d}y = \int_c^d \left[\int_{x_1(y)}^{x_2(y)} f(x,y)\, \mathrm{d}x\right] \mathrm{d}y \qquad (464.4)$$

Wie bei Funktionen einer unabhängigen Variablen stimmen also auch hier die Variablen in den Grenzen des Integrals mit der Integrationsvariablen überein.

Im Prinzip ist es möglich, derartige Grenzwerte direkt zu ermitteln, wie es für eine Variable in Abschn. 6.1.1 gezeigt wurde. Die Berechnung wird aber wesentlich einfacher, wenn man auch hier Stammfunktionen verwendet. Deshalb wird die Berechnung von Doppelintegralen zunächst noch zurückgestellt.

Beispiel 1 Viele der in Abschn. 6.1 und besonders in 7.2 behandelten Größen können mit Doppelintegralen hergeleitet werden. Die **Fläche zwischen zwei Graphen** erhält man als Spezialfall eines Volumens mit $f(x, y) = 1$ durch Summation über alle Flächenelemente und nachfolgende Grenzwertbildung. Mit dem Flächenelement $\Delta A_{kj} = \Delta y_k \Delta x_j$ wird

$$A = \lim_{m,n\to\infty} \sum_{j=1}^{m} \left[\sum_{k=1}^{n} \Delta y_k\right] \Delta x_j = \int_a^b \left[\int_{y_1(x)}^{y_2(x)} dy\right] dx$$

Das statische Moment eines Flächenelementes ΔA in Bezug auf die y-Achse ist $\Delta M_y = x \Delta A$. Damit wird nach dem Grenzübergang

$$M_y = \int_a^b \left[\int_{y_1(x)}^{y_2(x)} x \, dy\right] dx \qquad (465.1)$$

Das statische Moment eines Flächenelementes ΔA in Bezug auf die x-Achse ist $\Delta M_x = y \Delta A$. Damit wird nach dem Grenzübergang

$$M_x = \int_a^b \left[\int_{y_1(x)}^{y_2(x)} y \, dy\right] dx \qquad (465.2)$$

Die beiden letzten Anwendungen zeigen formal Spezialfälle des Integranden $f(x, y) = x$ bzw. $f(x, y) = y$ (s. Aufgabe 3, S. 469).

Die in diesem Beispiel gezeigte Art der Flächenberechnung läßt sich nun auch auf eine Volumenberechnung übertragen. Ausgehend von einem quaderförmigen Volumenelement $\Delta V = \Delta z \, \Delta y \, \Delta x$ erhält man nach dreifacher Summation und Grenzübergängen, die nun nicht mehr im einzelnen angeschrieben werden, für das Volumen zwischen zwei Flächen

$$V = \iiint_G dz \, dy \, dx = \int_a^b \left[\int_{y_1(x)}^{y_2(x)} \left[\int_{z_1(x,y)}^{z_2(x,y)} dz\right] dy\right] dx \qquad (465.3)$$

Das innere Integral entsteht bei der Bildung des Grenzwertes aus der Summation parallel zur z-Achse zwischen den Begrenzungsflächen $z = z_1(x, y)$ und $z = z_2(x, y)$. Hierdurch werden die Quader zu Säulen. Das mittlere Integral entsteht entsprechend aus der Summation entlang der y-Achse zwischen den Rändern $y = y_1(x)$ und $y = y_2(x)$. Hierdurch werden die Säulen zu Scheiben. Durch die letzte Summation entlang der x-Achse zwischen den Stellen a und b werden schließlich die Scheiben zum Gesamtkörper.

Gl. (465.3) kann formal als Spezialfall eines dreifachen Integrals mit einem Integranden $u = f(x, y, z) = 1$ aufgefaßt werden. Ist der Integrand eine beliebige Funktion, so erhält man schließlich als **dreifaches Integral**

$$I = \iiint_G f(x, y, z) \, dz \, dy \, dx = \int_a^b \left[\int_{y_1(x)}^{y_2(x)} \left[\int_{z_1(x,y)}^{z_2(x,y)} f(x, y, z) \, dz\right] dy\right] dx \qquad (465.4)$$

Sind x, y und z die Raumkoordinaten, so ist G ein Volumen im $\mathbb{R}^3$. Stellt $f(x, y, z)$ z. B. eine räumliche Verteilung der Dichte dar, so ist I die Masse eines inhomogenen Körpers.

Beispiel 2 Das Massenträgheitsmoment eines Körpers beträgt nach Gl. (374.2)

$$J = \lim_{n \to \infty} \sum_{i=1}^{n} r_i^2 \, \Delta m_i$$

Dabei ist r_i der Abstand des Massenelementes Δm_i von der Rotationsachse. Rechnet man in rechtwinkligen Koordinaten (was in diesem Falle keineswegs besonders zweckmäßig ist), wird bei konstanter Dichte

$$\Delta m_i = \varrho \, \Delta z_i \, \Delta y_i \, \Delta x_i$$

Die Drehachse ist meist eine der Koordinatenachsen. Ist es die

x-Achse wird $r_i^2 = y_i^2 + z_i^2$
y-Achse wird $r_i^2 = x_i^2 + z_i^2$
z-Achse wird $r_i^2 = x_i^2 + y_i^2$

Damit erhält man nach dem Grenzübergang z. B. für das Massenträgheitsmoment in bezug auf die x-Achse

$$J_x = \varrho \int\limits_G [\int [\int (y^2 + z^2) \, dz] \, dy] \, dx \tag{466.1}$$

Das Gebiet G ist jeweils aus der Form des untersuchten Körpers zu bestimmen. Eine Fortführung dieses Problems findet sich in Beispiel 5, S. 468.

Das in Gl. (465.4) ersichtliche Bildungsgesetz kann nun auf n Variable erweitert werden, und man gelangt zu folgender

Definition Bei einem n-fachen bestimmten Integral ist der Integrand eine Funktion der n unabhängigen Variablen $x_1, x_2, x_3, \ldots, x_n$. Das innerste Integral mit der Integrationsvariablen x_n enthält als Grenzen zwei Funktionen $x_n = f_1(x_1, x_2, \ldots, x_{n-1})$ und $x_n = f_2(x_1, x_2, \ldots, x_{n-1})$. Nach außen tritt in den Grenzen jeweils eine Variable weniger auf. Die jeweilige Integrationsvariable ist die abhängige Variable in den Grenzen. Beim äußersten Integral sind die Grenzen Konstante. Die Reihenfolge der Integrationen darf bei Beachtung der Regeln über die Grenzen vertauscht werden.

Die allgemeinen Voraussetzungen, unter denen ein derartiger Grenzwert existiert, werden hier nicht besprochen.

10.3.2 Unbestimmtes Integral

Wie bei Funktionen einer unabhängigen Variablen besteht hier ein enger Zusammenhang mit den Ableitungen. Deshalb werden gleich n unabhängige Variable $x_1, x_2, x_3, \ldots, x_n$ behandelt.

Satz. Der Integrand $f(x_1, x_2, x_3, \ldots, x_n)$ eines n-fachen unbestimmten Integrals ist die gemischte partielle Ableitung n-ter Ordnung

$$\frac{\partial^n F(x_1, x_2, \ldots, x_n)}{\partial x_1 \, \partial x_2 \ldots \partial x_n}$$

einer gesuchten Stammfunktion $F(x_1, x_2, \ldots, x_n)$.

Entsprechend dem Bilden von partiellen Ableitungen wird ein mehrfaches Integral berechnet, indem mehrfach nacheinander integriert wird, wobei jeweils nur eine Größe als Variable und die anderen als Konstante behandelt werden. Die formalen Regeln von Abschn. 6.3 gelten auch hier.

Beispiel 3 Man berechne eine Stammfunktion von

$$\int \left[\int \left[\int (x\,y^2 + z)\,dz\right] dy\right] dx$$

Das innere Integral liefert

$$\int (x\,y^2 + z)\,dz = x\,y^2\,z + \frac{z^2}{2} + C_1$$

Das mittlere Integral ist

$$\int \left(x\,y^2\,z + \frac{z^2}{2} + C_1\right) dy = x\frac{y^3}{3}z + y\frac{z^2}{2} + C_1\,y + C_2$$

Schließlich erhält man aus dem äußeren Integral

$$\int \left(x\frac{y^3}{3}z + y\frac{z^2}{2} + C_1\,y + C_2\right) dx$$
$$= \frac{x^2\,y^3\,z}{6} + x\,y\frac{z^2}{2} + C_1\,x\,y + C_2\,x + C_3 = F(x,y,z)$$

Wie hier nicht bewiesen wird, bestehen zwischen bestimmten und unbestimmten Integral die gleichen Beziehungen wie bei Funktionen einer unabhängigen Variablen. Insbesondere gilt:

Bestimmte Integrale werden durch Bilden von Stammfunktionen berechnet. Dabei sind nach jedem Integrationsschritt die in Abschn. 10.3.1 besprochenen Grenzen einzusetzen.

Beispiel 4 Man berechne das Volumen des in Bild **467.1** gezeigten Körpers. Die Grundfläche ist ein Viertelkreis im 1. Quadranten, die Deckfläche eine Ebene, deren Spuren in der (y, z)- und (x, z)-Ebene die 45°-Achsen sind.

Aus den vorstehenden Angaben erhält man

$$z = x + y \qquad a = 0 \qquad b = r$$
$$y_1 = 0 \qquad y_2 = \sqrt{r^2 - x^2}$$

Daraus ergibt sich nach Gl. (464.3)

$$V = \int_0^r \left[\int_0^{\sqrt{r^2-x^2}} (x + y)\,dy\right] dx$$

467.1

Das innere Integral liefert

$$\int_0^{\sqrt{r^2-x^2}} (x + y)\,dy = \left[x\,y + \frac{y^2}{2}\right]_0^{\sqrt{r^2-x^2}} = x\sqrt{r^2 - x^2} + \frac{1}{2}(r^2 - x^2)$$

Das äußere Integral liefert

$$\int_0^r \left[x\sqrt{r^2 - x^2} + \frac{1}{2}(r^2 - x^2) \right] dx = \left[-\frac{1}{3}(r^2 - x^2)^{3/2} + \frac{1}{2}\left(r^2 x - \frac{x^3}{3}\right) \right]_0^r = \frac{2}{3} r^3 = V$$

Beim ersten Summanden des Integrals wurde mit der Substitution $t = r^2 - x^2$ und $dt/dx = -2x$ gearbeitet.

Beispiel 5 Man berechne das Massenträgheitsmoment J_x eines Zylinders. Der Zylinder hat die Länge l und den Radius r. Seine Achse ist die z-Achse, sein Schwerpunkt der Koordinatenursprung (s. Beispiel 11, S. 375).
Die Grundfläche des Zylinders ist ein Kreis mit den Gleichungen $y = \pm \sqrt{r^2 - x^2}$. Daraus erhält man in Zusammenhang mit Gl. (466.1)

$$J_x = \varrho \int_{-r}^{+r} \left[\int_{-\sqrt{r^2-x^2}}^{+\sqrt{r^2-x^2}} \left[\int_{-l/2}^{+l/2} (y^2 + z^2) \, dz \right] dy \right] dx$$

Das innere Integral ergibt

$$\int_{-l/2}^{+l/2} (y^2 + z^2) \, dz = \left[y^2 z + \frac{z^3}{3} \right]_{-l/2}^{+l/2} = y^2 l + \frac{l^3}{12}$$

Das mittlere Integral liefert

$$\int_{-\sqrt{r^2-x^2}}^{+\sqrt{r^2-x^2}} \left(l y^2 + \frac{l^3}{12} \right) dy = \left[l \frac{y^3}{3} + \frac{l^3}{12} y \right]_{-\sqrt{r^2-x^2}}^{+\sqrt{r^2-x^2}} = \frac{2}{3} l (r^2 - x^2)^{3/2} + \frac{l^3}{6} (r^2 - x^2)^{1/2}$$

Das äußere Integral ergibt

$$\frac{2}{3} l \int_{-r}^{+r} (r^2 - x^2)^{3/2} \, dx + \frac{l^3}{6} \int_{-r}^{+r} (r^2 - x^2)^{1/2} \, dx$$

Beide Integrale können mit der Substitution $x = r \sin u$ und $dx/du = r \cos u$ gelöst werden. Für $x = -r$ wird $u = -\pi/2$ und für $x = +r$ wird $u = +\pi/2$. Man erhält mit Gl. (143.9)

$$\frac{2}{3} l r^4 \int_{-\pi/2}^{+\pi/2} \cos^4 u \, du + \frac{l^3}{6} r^2 \int_{-\pi/2}^{+\pi/2} \cos^2 u \, du$$

$$= \frac{2}{3} l r^4 \left[\frac{3}{8} u + \frac{1}{4} \sin 2u + \frac{1}{32} \sin 4u \right]_{-\pi/2}^{+\pi/2} + \frac{l^3}{6} r^2 \left[\frac{u}{2} + \frac{1}{4} \sin 2u \right]_{-\pi/2}^{+\pi/2}$$

$$= \frac{1}{4} \pi l r^4 + \frac{1}{12} \pi l^3 r^2$$

Damit wird

$$J_x = \varrho \, \frac{\pi l r^2}{12} [3 r^2 + l^2] = m \, \frac{3 r^2 + l^2}{12}$$

10.3.3 Aufgaben zu Abschnitt 10.3

1. Man berechne die folgenden Integrale

a) $\int \left[\int \left[\int \dfrac{x}{y} e^z \, dz \right] dy \right] dx$
b) $\int_0^1 \left[\int_0^{\sqrt{1-x^2}} y \sin x \, dy \right] dx$

2. Man berechne die folgenden Volumen. Die Integralgrenzen sind aus der Aufgabenstellung zu ermitteln:

a) Körper zwischen den Koordinatenebenen im 1. Oktanten und der Ebene $(x/a) + (y/b) + (z/c) = 1$,

b) Körper zwischen der (x, y)-Ebene und dem Rotationsparaboloid $z = 9 \text{ cm} - (x^2 + y^2)/\text{cm}$.

3. Man berechne die statischen Momente M_y und M_x der Fläche zwischen den Graphen der Funktionen $y = 2 \text{ cm} - x$ und $y = 2 \text{ cm} - x^2/(2 \text{ cm})$ mit den Gl. (465.1) und (465.2).

4. Wie groß ist das Massenträgheitsmoment J_z des in Beispiel 5, S. 468, beschriebenen Zylinders?

10.4 Skalare und vektorielle Felder

10.4.1 Skalares Feld. Gradient

In der Physik tritt häufig der Fall auf, daß eine skalare Größe u eine stetig differenzierbare Funktion der Raumkoordinaten x, y, z ist, also $u = f(x, y, z) \in C^1 [G]$. Eine derartige Funktion heißt ein **skalares Feld**. Die Flächen im Raum, auf denen $u = $ const ist, heißen **Niveauflächen**. Zur graphischen Darstellung eines skalaren Feldes werden oft die Schnittkurven der Niveauflächen mit einer geeigneten Ebene gezeichnet. Beispiel: Isobaren oder Isothermen auf einer Wetterkarte.

Fragt man nach der Änderung des Funktionswertes Δu in benachbarten Punkten des Raumes, so ergibt sich hierfür mit guter Näherung nach Gl. (457.2) das totale Differential

$$du = \frac{\partial u}{\partial x} dx + \frac{\partial u}{\partial y} dy + \frac{\partial u}{\partial z} dz \tag{469.1}$$

In dieser Gleichung werden Differentiale geschrieben um auszudrücken, daß Ableitungen höherer Ordnung vernachlässigt werden. Schreibt man stattdessen das Zeichen Δ für Differenz, so muß statt des Gleichheitszeichens das Zeichen für „ungefähr gleich" geschrieben werden.

Für viele Anwendungen ist es zweckmäßig, diese Gleichung als **skalares Produkt** zweier Vektoren zu interpretieren. Faßt man die Raumkoordinaten zum Ortsvektor $\vec{r} = x \vec{i} + y \vec{j} + z \vec{k}$ zusammen (s. Abschn. 8.4.1), so ist $d\vec{r} = dx \, \vec{i} + dy \, \vec{j} + dz \, \vec{k}$ der eine Faktor dieses Produktes. Der andere ergibt sich aus der folgenden

Definition Der Gradient eines skalaren Feldes ist der Vektor

$$\operatorname{grad} u = \frac{\partial u}{\partial x} \vec{i} + \frac{\partial u}{\partial y} \vec{j} + \frac{\partial u}{\partial z} \vec{k} \tag{469.2}$$

470 10.4 Skalare und vektorielle Felder

Mit dieser Definition wird Gl. (469.1) kürzer geschrieben

$$du = \text{grad}\, u \cdot d\vec{r} \tag{470.1}$$

Der Vektor grad u hat folgende Eigenschaften:

Der Betrag von grad u ist umgekehrt proportional dem Abstand benachbarter Niveauflächen. Der Vektor steht senkrecht auf den Niveauflächen.

Beweis. Der Beweis erfolgt durch eine spezielle Wahl des Vektors $d\vec{r}$. Zwischen zwei Niveauflächen ist $du = \text{const} = C$. Legt man nun $d\vec{r}$ parallel zu grad u, so ist das skalare Produkt gleich dem Produkt der Beträge: $du = C = |\text{grad}\, u|\,|d\vec{r}|$. Damit wird $|\text{grad}\, u| = C/dr$. Legt man dagegen $d\vec{r}$ in Richtung einer Niveaufläche, so ist $du = \text{grad}\, u \cdot d\vec{r} = 0$, weil auf einer Niveaufläche $du = 0$ ist. Wenn das skalare Produkt Null wird, stehen beide Faktoren senkrecht aufeinander, wenn man den Sonderfall grad $u = 0$ ausschließt, bei dem im gesamten Gebiet $u = \text{const}$ gilt.

Beispiel 1 Der Betrag F der Gravitationskraft eines Massenpunktes oder die elektrostatische Anziehungskraft eines Elektrons beträgt im Abstand $\vec{r}$ mit einer geeigneten Konstanten c

$$F = \frac{c}{\vec{r}^{\,2}} = \frac{c}{r^2} = \frac{c}{x^2 + y^2 + z^2}$$

Man beachte, daß $\vec{r}^{\,2} = r^2$ ist. Welche Form haben die Niveauflächen? Wie groß ist grad F?

Zum Erkennen der Form der Niveauflächen bildet man $u = (1/F) = (x^2 + y^2 + z^2)/c$. Nach Abschn. 3.6 sind die Flächen $u = \text{const}$ Kugeln. Wenn $u = \text{const}$ ist, so ist es auch der Kehrwert F. Die Niveauflächen sind also Kugeln.

Für grad F erhält man mit der Kettenregel

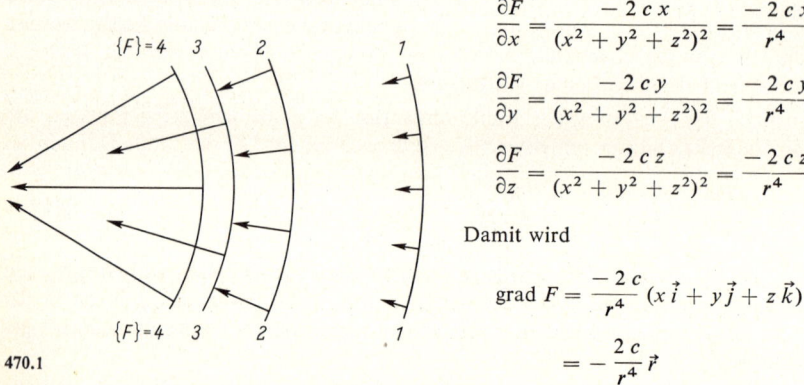

$$\frac{\partial F}{\partial x} = \frac{-2cx}{(x^2 + y^2 + z^2)^2} = \frac{-2cx}{r^4}$$

$$\frac{\partial F}{\partial y} = \frac{-2cy}{(x^2 + y^2 + z^2)^2} = \frac{-2cy}{r^4}$$

$$\frac{\partial F}{\partial z} = \frac{-2cz}{(x^2 + y^2 + z^2)^2} = \frac{-2cz}{r^4}$$

Damit wird

$$\text{grad}\, F = \frac{-2c}{r^4}(x\vec{i} + y\vec{j} + z\vec{k})$$

$$= -\frac{2c}{r^4}\vec{r}$$

470.1

Die Richtung von grad F ist der des Vektors $\vec{r}$ entgegengesetzt. Der Betrag ist

$$|\text{grad}\, F| = \frac{2c\,|\vec{r}|}{r^4} = \frac{2c}{r^3}$$

Bild **470.1** zeigt in einem willkürlichen Maßstab und mit willkürlichen Einheiten Schnitte der Niveauflächen und die entsprechenden Gradienten.

10.4.2 Vektorielles Feld. Divergenz. Rotation

Ist eine beliebige vektorielle Größe $\vec{v}$ eine Funktion der Raumkoordinaten, so spricht man von einem **vektoriellen Feld**. Beispiele: elektrische oder magnetische Feldstärke, Gravitationskraft eines Massenpunktes, Stromdichte in einer Strömung. Man schreibt:

$$\vec{v}(\vec{r}) = v_x(\vec{r})\,\vec{i} + v_y(\vec{r})\,\vec{j} + v_z(\vec{r})\,\vec{k} \tag{471.1}$$

Jede der drei Vektorkoordinaten ist eine Funktion der drei Raumkoordinaten. Hier werden zwei Differentialoperationen an diesen Feldern eingeführt, die speziell in der Hydro- und Elektrodynamik gebraucht werden.

Definition Die **Divergenz** eines Vektorfeldes ist ein skalares Feld

$$\operatorname{div} \vec{v} = \frac{\partial v_x}{\partial x} + \frac{\partial v_y}{\partial y} + \frac{\partial v_z}{\partial z} = f(x, y, z) \tag{471.2}$$

Jede Vektorkoordinate wird also nach „ihrer" Raumkoordinate differenziert. Die physikalische Bedeutung der Divergenz wird an einem speziellen Beispiel erläutert. Der Vektor $\vec{v}$ beschreibe die zeitlich konstante Stromdichte einer Flüssigkeitsströmung. Die Richtung von $\vec{v}$ entspricht der Strömungsrichtung, der Betrag der Stromstärke, also der Anzahl von „Teilchen", die pro Zeitintervall durch ein senkrecht zu $\vec{v}$ liegendes Flächenelement ΔA fließen. Man betrachtet nun den Strom durch ein Volumenelement ΔV (**471.1**). Einen Beitrag zum Strom in die linke senkrechte Fläche des Volumenelementes liefert nur die y-Koordinate des Vektors $\vec{v}$. Es fließt pro Zeitintervall $v_y(x, y, z)\,\Delta x\,\Delta z$ in die linke Fläche hinein und $v_y(x, y + \Delta y, z)\,\Delta x\,\Delta z$ aus der rechten Fläche heraus.

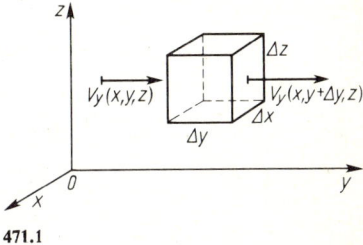

471.1

Wenn dieses Volumenelement eine Quelle mit einer Komponente in y-Richtung enthält, ist die Differenz der beiden Anteile nicht Null. Die Differenz wird noch mit Δy erweitert, und mit dem Volumenelement $\Delta V = \Delta x\,\Delta y\,\Delta z$ erhält man

$$\Delta v_y = \frac{v_y(x, y + \Delta y, z) - v_y(x, y, z)}{\Delta y}\,\Delta V$$

Nun erfolgt der Grenzübergang $\Delta x \to 0$, $\Delta y \to 0$, $\Delta z \to 0$, und es ist wegen der Vernachlässigung Glieder höherer Ordnung üblich, Differentiale zu schreiben. Man erhält

$$\mathrm{d}v_y = \frac{\partial v_y}{\partial y}\,\mathrm{d}V$$

In gleicher Weise ergibt sich für den von hinten nach vorn und den von unten nach oben gerichteten Strömungsanteil

$$\mathrm{d}v_x = \frac{\partial v_x}{\partial x}\,\mathrm{d}V$$

und

$$\mathrm{d}v_z = \frac{\partial v_z}{\partial z}\,\mathrm{d}V$$

10.4 Skalare und vektorielle Felder

Die Summe dieser drei Anteile ergibt mit Gl. (471.2) $dv = \text{div}\,\vec{v}\,dV$. Daraus folgt:

Die physikalische Bedeutung der Divergenz ist die einer Quellstärke pro Volumenelement.

Ist $\text{div}\,\vec{v} > 0$, so enthält das Feld Quellen, ist $\text{div}\,\vec{v} < 0$, enthält es Senken und ist $\text{div}\,\vec{v} = 0$ nennt man es quellen- und senkenfrei.

Beispiel 2 Das Gravitationsfeld $\vec{F}(\vec{r})$ eines Massenpunktes oder die elektrostatische Anziehungskraft eines Elektrons beträgt $\vec{F} = c\,\vec{r}/r^3$ mit einer geeigneten Konstanten c. Wie groß ist $\text{div}\,\vec{F}$? Die vorstehende Gleichung für $\vec{F}$ ergibt folgende

Koordinaten   Ableitungen

$$F_x = \frac{c\,x}{(x^2+y^2+z^2)^{3/2}}$$

$$\frac{\partial F_x}{\partial x} = c\,\frac{(x^2+y^2+z^2)^{3/2} - \frac{3}{2}x(x^2+y^2+z^2)^{1/2}\,2x}{(x^2+y^2+z^2)^3}$$

$$= c\,\frac{r^2 - 3x^2}{r^5}$$

$$F_y = \frac{c\,y}{(x^2+y^2+z^2)^{3/2}}$$

$$\frac{\partial F_y}{\partial y} = c\,\frac{(x^2+y^2+z^2)^{3/2} - \frac{3}{2}y(x^2+y^2+z^2)^{1/2}\,2y}{(x^2+y^2+z^2)^3}$$

$$= c\,\frac{r^2 - 3y^2}{r^5}$$

$$F_z = \frac{c\,z}{(x^2+y^2+z^2)^{3/2}}$$

$$\frac{\partial F_z}{\partial z} = c\,\frac{(x^2+y^2+z^2)^{3/2} - \frac{3}{2}z(x^2+y^2+z^2)^{1/2}\,2z}{(x^2+y^2+z^2)^3}$$

$$= c\,\frac{r^2 - 3z^2}{r^5}$$

Damit wird nach Gl. (471.2)

$$\text{div}\,\vec{F} = c\,\frac{3r^2 - 3r^2}{r^5} = 0$$

Ein Gravitationsfeld ist also quellen- und senkenfrei.

Beispiel 3 Man berechne die Divergenz eines Gradientenfeldes einer skalaren Größe u, geschrieben $\text{div}(\text{grad } u)$ (s. Aufgabe 2, S. 479).
Mit Gl. (469.2) und (471.2) erhält man

$$\text{div}(\text{grad } u) = \frac{\partial^2 u}{\partial x^2} + \frac{\partial^2 u}{\partial y^2} + \frac{\partial^2 u}{\partial z^2} \qquad \text{mit } u = f(x,y,z)$$

Gl. (469.2) für den Gradienten und Gl. (471.2) für die Divergenz lassen sich mit der folgenden Definition zu einer einheitlichen formalen Schreibweise zusammenfassen.

Definition Der Differentialoperator

$$\nabla = \frac{\partial}{\partial x}\vec{i} + \frac{\partial}{\partial y}\vec{j} + \frac{\partial}{\partial z}\vec{k} \qquad (472.1)$$

wird **Vektor Nabla** genannt.

10.4.2 Vektorielles Feld. Divergenz. Rotation

Dieser Vektor hat keine anschauliche oder physikalische, sondern nur formale Bedeutung. Seine Koordinaten sind „Differentiationsbefehle". Mit dieser Definition können Gl. (469.2) und (471.2) kürzer geschrieben werden

$$\operatorname{grad} u = \nabla u \quad \text{und} \quad \operatorname{div} \vec{v} = \nabla \cdot \vec{v}$$

Der Gradient wird somit zum Produkt des Vektors Nabla mit einem Skalar u, die Divergenz das skalare Produkt zweier Vektoren Nabla und $\vec{v}$. Es liegt nun nahe, auch das vektorielle Produkt dieser beiden Vektoren zu definieren.

Definition Die Rotation des Vektorfeldes $\vec{v}(\vec{r})$ ist entsprechend Gl. (196.4)

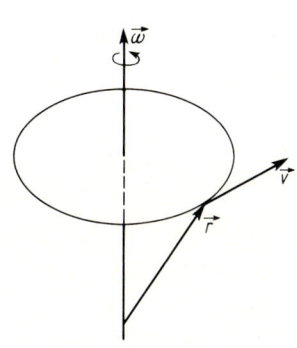

473.1

$$\mathbf{rot}\,\vec{v} = \nabla \times \vec{v} = \begin{vmatrix} \vec{i} & \vec{j} & \vec{k} \\ \dfrac{\partial}{\partial x} & \dfrac{\partial}{\partial y} & \dfrac{\partial}{\partial z} \\ v_x & v_y & v_z \end{vmatrix} \qquad (473.1)$$

Zur physikalischen Bedeutung von rot $\vec{v}$ wird wieder ein spezielles Beispiel betrachtet. Nach Beispiel 11, S. 197, besteht bei einer Rotationsbewegung eines starren Körpers zwischen den Vektoren der Bahngeschwindigkeit $\vec{v}$, der Winkelgeschwindigkeit $\vec{\omega}$ und dem Ortsvektor $\vec{r}$ die Beziehung (**473.1**)

$$\vec{v} = \vec{\omega} \times \vec{r} \qquad (473.2)$$

Der Vektor $\vec{\omega}$ ist an allen Stellen des Körpers gleich groß, also vom Ortsvektor unabhängig. Das bedeutet für den folgenden Beweis, daß die partiellen Ableitungen der Koordinaten von $\vec{\omega}$ nach den Raumkoordinaten verschwinden. Der Vektor $\vec{v}$ ist in der in Gl. (473.2) gezeigten Weise vom Vektor $\vec{r}$ abhängig. Führt man an dieser Gleichung die Operation Rotation durch, ergibt sich

$$\operatorname{rot} \vec{v} = \operatorname{rot}(\vec{\omega} \times \vec{r}) = 2\vec{\omega} \qquad (473.3)$$

In Worten bedeutet dies:

Die Rotation eines Vektorfeldes ist proportional der Winkelgeschwindigkeit einer Drehbewegung.

Beweis. Nach Gl. (196.4) ist

$$\vec{\omega} \times \vec{r} = \begin{vmatrix} \vec{i} & \vec{j} & \vec{k} \\ \omega_x & \omega_y & \omega_z \\ x & y & z \end{vmatrix}$$

$$= (\omega_y z - \omega_z y)\vec{i} + (\omega_z x - \omega_x z)\vec{j} + (\omega_x y - \omega_y x)\vec{k}$$

10.4 Skalare und vektorielle Felder

Damit wird nach Gl. (473.1)

$$\text{rot}\,(\vec{\omega} \times \vec{r}) = \begin{vmatrix} \vec{i} & \vec{j} & \vec{k} \\ \dfrac{\partial}{\partial x} & \dfrac{\partial}{\partial y} & \dfrac{\partial}{\partial z} \\ (\omega_y z - \omega_z y) & (\omega_z x - \omega_x z) & (\omega_x y - \omega_y x) \end{vmatrix}$$
$$= 2\,\omega_x \vec{i} + 2\,\omega_y \vec{j} + 2\,\omega_z \vec{k} = 2\,\vec{\omega}$$

Beim Auflösen der Determinante verschwinden sämtliche Ableitungen bis auf

$$\partial x/\partial x = \partial y/\partial y = \partial z/\partial z = 1,$$

weil alle Koordinaten von $\vec{\omega}$ räumlich konstant sind. $\square$

In der Mechanik wird die Operation Rotation meist bei der Behandlung strömender Flüssigkeiten und Gase durchgeführt. Es werden aber so kleine Volumenelemente betrachtet, daß die Voraussetzungen für einen starren Körper gelten. Ist rot $\vec{v} \neq \vec{o}$, spricht man von einem Wirbelfeld, andernfalls nennt man das Feld wirbelfrei.

Beispiel 4 Man berechne die Rotation eines Gradientenfeldes einer skalaren Größe u, geschrieben rot (grad u).

Nach Gl. (469.2) und (473.1) erhält man

$$\text{rot}\,(\text{grad}\,u) = \begin{vmatrix} \vec{i} & \vec{j} & \vec{k} \\ \dfrac{\partial}{\partial x} & \dfrac{\partial}{\partial y} & \dfrac{\partial}{\partial z} \\ \dfrac{\partial u}{\partial x} & \dfrac{\partial u}{\partial y} & \dfrac{\partial u}{\partial z} \end{vmatrix} = \vec{o}$$

Die Determinante ist Null, weil wegen des Satzes von Schwarz (s. S. 456) die Reihenfolge des Differenzierens beliebig ist. In der Physik formuliert man dieses Ergebnis: Jedes Gradientenfeld ist wirbelfrei. Wie hier nicht bewiesen werden kann, gilt auch der umgekehrte Satz: Jedes wirbelfreie Feld kann als Gradientenfeld einer skalaren Größe u dargestellt werden. Es handelt sich dann um ein in Abschn. 10.4.3 näher behandeltes **Potentialfeld**.

Beispiel 5 Man berechne div (rot $\vec{v}$) unter der Voraussetzung, daß rot $\vec{v} \neq \vec{o}$ ist.

Nach Gl. (473.1) ist

$$\text{rot}\,\vec{v} = \left(\frac{\partial v_z}{\partial y} - \frac{\partial v_y}{\partial z}\right)\vec{i} + \left(\frac{\partial v_x}{\partial z} - \frac{\partial v_z}{\partial x}\right)\vec{j} + \left(\frac{\partial v_y}{\partial x} - \frac{\partial v_x}{\partial y}\right)\vec{k}$$

Nach Gl. (471.2) ist

$$\text{div}\,(\text{rot}\,\vec{v}) = \frac{\partial^2 v_z}{\partial y\,\partial x} - \frac{\partial^2 v_y}{\partial z\,\partial x} + \frac{\partial^2 v_x}{\partial z\,\partial y} - \frac{\partial^2 v_z}{\partial x\,\partial y} + \frac{\partial^2 v_y}{\partial x\,\partial z} - \frac{\partial^2 v_x}{\partial y\,\partial z} = 0$$

da die Reihenfolge des Differenzierens beliebig ist. In der Physik formuliert man dieses Ergebnis: Ein Wirbelfeld ist stets quellenfrei. Wie hier nicht bewiesen werden kann, gilt auch die Umkehrung: Ein Quellenfeld ist stets wirbelfrei. Hierzu beachte man, daß der Ausdruck rot (div $\vec{v}$) sinnlos ist, weil div $\vec{v}$ ein Skalar ist. Zum Beweis der Umkehrung benötigt man die Integralrechnung.

Differenzieren zusammengesetzter Ausdrücke mit dem Nabla-Operator Mit diesem Operator dürfen formal die Regeln der Differentialrechnung, insbesondere die Produktregel angewandt werden. Das Symbol ∇ bezieht sich nach Anwendung der Produktregel nur auf den zu differenzierenden Faktor. Dies wird hier durch Setzen von Klammern verdeutlicht. Beim vektoriellen Produkt ist die Reihenfolge der Faktoren zu beachten. Mit dem skalaren Feld u und dem vektoriellen Feld $\vec{v}$ erhält man z.B.

$$\text{grad}\,(u_1\,u_2) = \nabla\,(u_1\,u_2) = (\nabla u_1)\,u_2 + u_1\,(\nabla u_2) = u_2\,\text{grad}\,u_1 + u_1\,\text{grad}\,u_2 \quad (475.1)$$

$$\text{div}\,(u\,\vec{v}) = \nabla\,(u\,\vec{v}) = (\nabla u)\,\vec{v} + u\,(\nabla\,\vec{v}) = \vec{v}\,\text{grad}\,u + u\,\text{div}\,\vec{v} \quad (475.2)$$

$$\text{rot}\,(u\,\vec{v}) = \nabla \times (u\,\vec{v}) = (\nabla u) \times \vec{v} + u\,(\nabla \times \vec{v}) = (\text{grad}\,u) \times \vec{v} + u\,\text{rot}\,\vec{v} \quad (475.3)$$

Weitere Umformungen findet man auf F 36.

10.4.3 Linienintegral

In einem Vektorfeld $\vec{F}(\vec{r})$ können verschiedene Integraloperationen definiert werden. Man unterscheidet zwischen Linien-, Flächen- und Volumenintegralen. Hier werden nur die ersten behandelt.

Bei einem Linienintegral betrachtet man das Vektorfeld entlang eines Graphen C im Raum. Dieser Graph wird durch Geradenstücke $\Delta\vec{r}_i$ angenähert. Beim Grenzübergang vom Streckenzug zum Graph wächst die Anzahl n dieser Stücke beliebig, d.h., es gilt $\Delta\vec{r}_i \to \vec{o}$.

Definition Ein **Linienintegral** ist der Grenzwert

$$\lim_{n\to\infty} \sum_{i=1}^{n} \vec{F}(\vec{r}_i)\,\Delta\vec{r}_i = \int_{\vec{r}_1,\,C}^{\vec{r}_2} \vec{F}(\vec{r})\,d\vec{r} \quad (475.4)$$

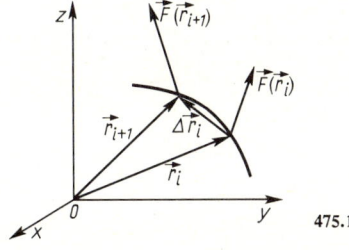

475.1

Eine geometrische Vorstellung von diesem Grenzwert liefert Bild **475.1**. Der Wert dieses Integrals hängt i. allg. von der Form von C zwischen den Vektoren $\vec{r}_1$ und $\vec{r}_2$ ab. Dies kommt in Gl. (475.4) in der unteren Integralgrenze zum Ausdruck. Ein physikalisches Beispiel für ein Linienintegral ist die mechanische Arbeit in einem Kraftfeld. Aus der elementaren Gleichung $W = F\,r$, bei der Kraft und Weg parallel und konstant sind, wird bei Berücksichtigen der vektoriellen Eigenschaften von Kraft und Weg das skalare Produkt $W = \vec{F}\cdot\vec{r}$ und daraus schließlich bei einer Abhängigkeit der Kraft von den Raumkoordinaten Gl. (475.4).

Zerlegt man $\vec{F}(\vec{r})$ und $d\vec{r}$ in Komponenten, so erhält man

$$\vec{F}(\vec{r}) = F_x(x,y,z)\,\vec{i} + F_y(x,y,z)\,\vec{j} + F_z(x,y,z)\,\vec{k} \qquad d\vec{r} = dx\,\vec{i} + dy\,\vec{j} + dz\,\vec{k}$$

Damit wird mit der Darstellung des skalaren Produkts aus den Koordinaten der Faktoren (s. Gl. (194.5))

$$\int_{\vec{r}_1,\,C}^{\vec{r}_2} \vec{F}(\vec{r})\,d\vec{r} = \int_C [F_x(x,y,z)\,dx + F_y(x,y,z)\,dy + F_z(x,y,z)\,dz] \quad (475.5)$$

10.4 Skalare und vektorielle Felder

Im Integranden von Gl. (475.5) treten drei verschiedene Integrationsvariable auf. Gelegentlich wird jeder Summand einzeln integriert. Meist formt man so um, daß nur eine gemeinsame Variable auftritt. Hierfür bietet sich die Parameterdarstellung an (Abschn. 8.1). Sie kann sowohl zur Beschreibung von C und damit von x, y und z als auch in den Funktionen F_x, F_y und F_z benutzt werden. Nach Gl. (420.1) läßt sich C mit

$$\vec{r}(\lambda) = x(\lambda)\vec{i} + y(\lambda)\vec{j} + z(\lambda)\vec{k} \tag{476.1}$$

beschreiben.

Mit dem Substitutionsverfahren erhält man aus Gl. (475.5) mit Gl. (404.2) als endgültige Darstellung eines Linienintegrals

$$\int_{\vec{r}_1,C}^{\vec{r}_2} \vec{F}(\vec{r})\,d\vec{r} = \int_{\lambda_1}^{\lambda_2} (F_x \dot{x} + F_y \dot{y} + F_z \dot{z})\,d\lambda \tag{476.2}$$

Die Variablen x, y und z in den drei Koordinaten von $\vec{F}$ sind gemäß Gl. (476.1) in Parameterdarstellung anzugeben.

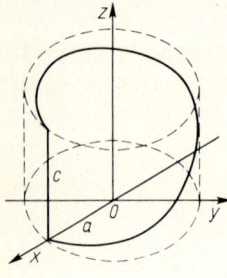

476.1

Beispiel 6 In einem Kraftfeld mit den Koordinaten $\vec{F} = (y, x^2/a, x+z)\,\text{N/m}$ bewegt sich ein Körper zwischen den Punkten $\vec{r}_1(a;0;0)$ und $\vec{r}_2(a;0;c)$ auf zwei verschiedenen Wegen (**476.1**). Wie groß ist auf beiden Wegen die geleistete Arbeit? Die Variablen sowie die Größen a und c sind Strecken.

1. Weg: Parallel zur z-Achse senkrecht nach oben. Mit einem Parameter $0 \leq \lambda \leq 1$ wird die Darstellung dieses Graphen $x = a$, $y = 0$, $z = c\lambda$. Daraus erhält man $\dot{x} = \dot{y} = 0$ und $\dot{z} = c$. Damit werden die beiden ersten Summanden in Gl. (476.2) zu Null, und man erhält

$$W = \left[\int_0^1 (a + c\lambda)\, c\, d\lambda\right]\frac{\text{N}}{\text{m}} = \left[ac\lambda + 0{,}5\,c^2\lambda^2\right]\Big|_0^1 \frac{\text{N}}{\text{m}} = [ac + 0{,}5\,c^2]\frac{\text{N}}{\text{m}}$$

2. Weg: Kreisförmige Spirale mit dem Radius a und der Ganghöhe c. Die Parameterdarstellung dieses Graphen ist (s. Beispiel 1, S. 421) mit $0 \leq \varphi \leq 2\pi$

$$x = a\cos\varphi \qquad \dot{x} = -a\sin\varphi$$
$$y = a\sin\varphi \qquad \dot{y} = a\cos\varphi$$
$$z = c\varphi/(2\pi) \qquad \dot{z} = c/(2\pi)$$

Damit erhält man aus Gl. (476.2)

$$W = \left[\int_0^{2\pi} \left[-a^2\sin^2\varphi + a^2\cos^3\varphi + \left(a\cos\varphi + \frac{c\varphi}{2\pi}\right)\frac{c}{2\pi}\right]d\varphi\right]\frac{\text{N}}{\text{m}}$$

$$= \left[-a^2\left(\frac{\varphi}{2} - \frac{1}{4}\sin 2\varphi\right) + a^2\left(\sin\varphi - \frac{1}{3}\sin^3\varphi\right) + \left(a\sin\varphi + \frac{c\varphi^2}{4\pi}\right)\frac{c}{2\pi}\right]_0^{2\pi}\frac{\text{N}}{\text{m}}$$

$$= \left[-a^2\pi + \frac{c^2}{2}\right]\frac{\text{N}}{\text{m}}$$

Wie dieses Beispiel zeigt, ist der Wert des Linienintegrals i. allg. abhängig von der Form des Weges. Es gibt nun einen wichtigen Spezialfall.

Satz. Ein Linienintegral ist unabhängig vom Integrationsweg, wenn die Koordinaten F_x, F_y und F_z die partiellen Ableitungen einer Funktion u (x, y, z) nach den drei Raumkoordinaten sind. Diese Funktion heißt die Potentialfunktion, das Feld $\vec{F}(\vec{r})$ ein Potentialfeld.

Beweis. Mit

$$F_x = \frac{\partial u}{\partial x} \qquad F_y = \frac{\partial u}{\partial y} \qquad F_z = \frac{\partial u}{\partial z}$$

folgt aus Gl. (475.5), (469.1) und (470.1)

$$\int_C \vec{F}(\vec{r})\,d\vec{r} = \int_C \left[\frac{\partial u}{\partial x}\,dx + \frac{\partial u}{\partial y}\,dy + \frac{\partial u}{\partial z}\,dz \right] = \int_C \operatorname{grad} u \, d\vec{r} = \int_C du = u_2 - u_1 \quad \square$$

Zur Berechnung des Linienintegrals wählt man in diesem Fall zweckmäßigerweise den in Bild 477.1 gezeigten Weg. Auf dem Teilweg $\overline{P_1 P_2}$ ändert sich nur x von x_1 in x_2, die anderen Koordinaten behalten die konstanten Werte y_1 und z_1. Auf dem Teilweg $\overline{P_2 P_3}$ ändert sich y von y_1 in y_2, die anderen Koordinaten behalten die konstanten Werte x_2 und z_1, auf dem dritten Teilweg $\overline{P_3 P_4}$ ändert sich schließlich z von z_1 in

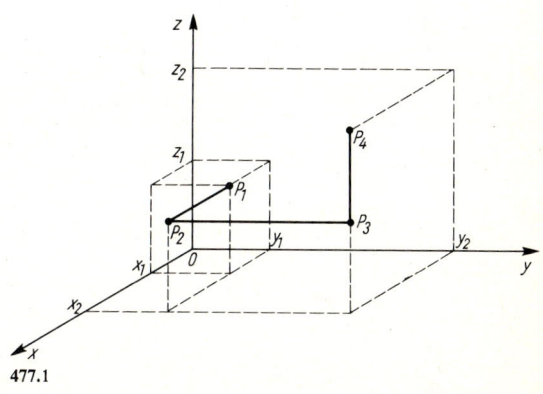

477.1

z_2, während x_2 und y_2 konstant bleiben. Ferner steht der Teilweg $\overline{P_1 P_2}$ senkrecht auf der y- und der z-Komponente der Kraft. Die entsprechenden skalaren Produkte werden deshalb Null. Entsprechendes gilt für die beiden anderen Teilwege. Deshalb vereinfacht sich Gl. (475.5) zum Linienintegral im Potentialfeld

$$\int_C \vec{F}(\vec{r})\,d\vec{r} = \int_{x_1}^{x_2} F_x(x, y_1, z_1)\,dx + \int_{y_1}^{y_2} F_y(x_2, y, z_1)\,dy + \int_{z_1}^{z_2} F_z(x_2, y_2, z)\,dz \quad (477.1)$$

Setzt man in dieser Gleichung die unteren Integralgrenzen gleich Null (oder einer anderen geeigneten Konstanten) und betrachtet die oberen Grenzen als Variable, so liefert sie eine Methode, eine gesuchte Potentialfunktion zu berechnen. Dies ergibt sich aus der letzten Gleichung des vorstehenden Beweises.

Eine weitere physikalisch bedeutsame Eigenschaft von Potentialfeldern liefert der folgende

Satz. In einem Potentialfeld ist der Wert des Linienintegrals auf einem geschlossenen Graphen (d. i. ein Graph, dessen Anfangspunkt mit dem Endpunkt zusammenfällt) gleich Null. Man schreibt

$$\oint \vec{F}(\vec{r})\,d\vec{r} = 0 \quad \Leftrightarrow \quad \vec{F} = \operatorname{grad} u \qquad (477.2)$$

10.4 Skalare und vektorielle Felder

Beweis. Man zerlegt den geschlossenen Graph in zwei beliebige Teile. Da der Wert des Linienintegrals unabhängig vom Weg ist, unterscheiden sich die Werte auf beiden Teilwegen nur durch ihr Vorzeichen, die Summe ist Null. □

Zur Prüfung, ob ein gegebenes Feld ein Potentialfeld ist, benutzt man die in Beispiel 4, S. 474, angegebene Beziehung

$$\text{rot (grad } u) = \text{rot } \vec{F} = \vec{o}$$

Damit erhält man aus Gl. (473.1) die folgenden notwendigen und hinreichenden Bedingungen zur **Prüfung eines Feldes auf Potentialeigenschaft**

$$\frac{\partial F_z}{\partial y} = \frac{\partial F_y}{\partial z} \wedge \frac{\partial F_x}{\partial z} = \frac{\partial F_z}{\partial x} \wedge \frac{\partial F_y}{\partial x} = \frac{\partial F_x}{\partial y} \tag{478.1}$$

Beispiel 7 Das Gravitationsfeld eines Massenpunktes ist ein Potentialfeld. Man berechne aus $\vec{F} = c\,(\vec{r}/r^3)$ die Potentialfunktion.

Da die Rechnung für alle drei Koordinaten sehr ähnlich verläuft, wird sie nur für die x-Koordinate ausführlich gezeigt. Nach Beispiel 2, S. 472, ist

$$F_x = \frac{c\,x}{(x^2 + y^2 + z^2)^{3/2}}$$

Damit wird nach Gl. (477.1) das erste Integral

$$\int_{x_1}^{x_2} \frac{c\,x\,\mathrm{d}x}{(x^2 + y_1^2 + z_1^2)^{3/2}} = -\frac{c}{(x_2^2 + y_1^2 + z_1^2)^{1/2}} + \frac{c}{(x_1^2 + y_1^2 + z_1^2)^{1/2}}$$

Die Berechnung des Integrals kann z. B. mit der folgenden Substitution erfolgen, die zugleich zeigt, wie oft unmittelbar mit der Variablen r gerechnet werden kann. Setzt man $x^2 + y_1^2 + z_1^2 = r^2$, so ist $2x\,\mathrm{d}x = 2r\,\mathrm{d}r$, und man erhält als unbestimmtes Integral

$$\int \frac{c\,r\,\mathrm{d}r}{r^3} = \int \frac{c\,\mathrm{d}r}{r^2} = -\frac{c}{r}$$

Dies ist bereits im wesentlichen die Potentialfunktion. Berechnet man die beiden anderen Integrale in Gl. (477.1) entsprechend, so heben sich nach dem Einsetzen der Grenzen die Summanden auf, in denen die Koordinaten verschiedene Indizes haben, und man erhält ausführlich

$$\int_{r_1}^{r_2} \frac{c\,\vec{r}}{r^3}\,\mathrm{d}\vec{r} = -\frac{c}{(x_2^2 + y_2^2 + z_2^2)^{1/2}} + \frac{c}{(x_1^2 + y_1^2 + z_1^2)^{1/2}} = -\frac{c}{r_2} + \frac{c}{r_1}$$

Für die Potentialfunktion wird die obere Grenze zur Variablen r. Die untere Grenze ergibt die Integrationskonstante. Damit sie zu Null wird. muß in diesem Fall r_1 beliebig groß werden. Physikalisch ist der Ausdruck $-c/r$ die frei werdende Arbeit, wenn man einen Körper aus beliebig großer Entfernung dem Massenpunkt nähert. Man beachte, daß r nicht Null werden kann, weil dann F über alle Grenzen wächst.

10.4.4 Aufgaben zu Abschnitt 10.4

1. Man berechne für den Ortsvektor $\vec{r}$ bzw. seinen Betrag r
a) grad r b) div $\vec{r}$ c) rot $\vec{r}$

2. Man berechne in rechtwinkligen Koordinaten grad (div $\vec{v}$) (s. Beispiel 3, S. 472).

3. Man beweise durch eine Rechnung in Koordinaten die in der Elektrodynamik wichtige Umformung

$$\text{rot (rot } \vec{v}) = \text{grad (div } \vec{v}) - \nabla^2 \vec{v}$$

Dabei ist $\nabla^2 = \dfrac{\partial^2}{\partial x^2} + \dfrac{\partial^2}{\partial y^2} + \dfrac{\partial^2}{\partial z^2}$ der sog. Laplace-Operator.

4. Für die beiden folgenden Vektorfelder berechne man den Wert des Linienintegrals zwischen dem Koordinatenursprung O und dem Punkt $P(a; b; c)$ auf jeweils drei verschiedenen Wegen.

1. Weg: Gerade $\overline{OP}$, Parameterdarstellung mit $0 \leq \lambda \leq 1$

   $x = a\lambda \qquad y = b\lambda \qquad z = c\lambda$

2. Weg: räumliche Potenzfunktion, Parameterdarstellung mit $0 \leq \lambda \leq 1$

   $x = a\lambda \qquad y = b\lambda^2 \qquad z = c\lambda^4$

3. Weg: Drei Strecken parallel zu den Koordinatenachsen gemäß Bild **477.1**

a) $\vec{F} = (2xy, y^2, c^2) \dfrac{\text{N}}{\text{m}^2}$ b) $\vec{F} = (y^2, 2xy, c^2) \dfrac{\text{N}}{\text{m}^2}$

5. Ein Vektorfeld hat die Form $\vec{F}(\vec{r}) = c\,(\vec{r}/r^2)$.
a) Wie lauten die Koordinaten des Feldes?
b) Man zeige, daß es ein Potentialfeld ist.
c) Wie groß ist der Wert des Linienintegrals zwischen zwei Punkten $P_1(x_1; y_1; z_1)$ und $P_2(x_2; y_2; z_2)$?

11 Fourier-Reihen

In der Einführung von Abschn. 9 werden verschiedene Möglichkeiten skizziert, wie man eine Funktion $f(x)$ durch eine Ersatzfunktion $g(x)$ annähern kann. Während bei Taylor-Formeln die Ersatzfunktionen so gewählt werden, daß diese in der **Umgebung der Entwicklungsstelle** einen möglichst guten Ersatz darstellen, wird bei einer Approximation die Ersatzfunktion so gesucht, daß sie **innerhalb eines Intervalls** einen möglichst guten Ersatz darstellt. In diesem Abschnitt werden ausschließlich periodische Funktionen $f(x)$, die innerhalb eines Periodenintervalls durch eine Ersatzfunktion approximiert werden sollen, betrachtet. Es liegt nahe, als Ersatzfunktionen Winkelfunktionen zu wählen.

11.1 Approximation durch trigonometrische Summen

Als Ersatzfunktionen sollen ausschließlich trigonometrische Summen der Form

$$g(x) = \frac{a_0}{2} + a_1 \cos x + b_1 \sin x + a_2 \cos 2x + b_2 \sin 2x + \cdots + a_n \cos nx + b_n \sin nx$$

$$= \frac{a_0}{2} + \sum_{m=1}^{n} (a_m \cos mx + b_m \sin mx) \tag{480.1}$$

verwandt werden. Zu bestimmen sind die Koeffizienten a_i und b_i.

In Gl. (480.1) wird der konstante Summand mit $a_0/2$ anstatt mit a_0 bezeichnet, weil dann in Gl. (484.3) alle Koeffizienten a_k ($k = 0, 1, \ldots$) durch eine Formel ausgedrückt werden können.

Reduktion der Periode Für eine Funktion der Zeit $y = F(t)$, welche die Periode (Schwingungsdauer) T hat, gilt für jedes t

$$F(t) = F(t + T) \tag{480.2}$$

Führt man eine neue unabhängige Veränderliche

$$x = \omega t = \frac{2\pi}{T} t \tag{480.3}$$

ein, dann wird aus Gl. (480.2)

$$F(t) = F\left(\frac{x}{\omega}\right) = f(x) = f(x + 2\pi) \tag{480.4}$$

Die Funktion $f(x)$ hat die Periode 2π. Hat man die Funktion $f(x)$ approximiert, so setzt man wieder $x = \omega t$ und erhält so eine Approximation der Funktion $F(t)$. Wegen dieser Umrechnungsmöglichkeit beschränkt sich die folgende Untersuchung auf Funktionen mit der Periode 2π.

Auf Gauß geht das folgende Kriterium der besten Approximation zurück.

Approximation im quadratischen Mittel

Definition Die Funktion $f(x)$ sei in $I = [a, b]$ definiert und integrabel. Eine in I definierte und integrable Ersatzfunktion $g(x, c_1, \ldots, c_r) = g(x, c)$ hänge von r freien Parametern $c_1, \ldots, c_r$ ab. Dann wird die Funktion $f(x)$ durch g im quadratischen Mittel approximiert, wenn die **Fehlerfunktion**

$$F(c_1, \ldots, c_r) = \int_a^b [f(x) - g(x, c)]^2 \, dx \tag{481.1}$$

ihr Minimum annimmt.

Eine anschauliche Begründung dieser Fehlerfunktion liefert die folgende Betrachtung: Die Differenz $f(x_i) - g(x_i, c)$ wird als Fehler an der Stelle x_i bezeichnet (s. Abschn. 16.3). Nun sollen „alle" Fehler im Intervall möglichst klein werden. Die Fehler haben unterschiedliche Vorzeichen. Wie hier nicht gezeigt werden kann, liefert der Ansatz, die Summe der Fehlerquadrate zum Minimum zu machen, dieses Ergebnis, denn wegen der Quadratbildung können sich Fehler unterschiedlichen Vorzeichens nicht aufheben. Da bei einer stetigen Funktion die Stellen x_i beliebig dicht beieinander liegen, wird durch Grenzwertbildung aus der Summe das bestimmte Integral Gl. (481.1). Notwendige Bedingung für das Minimum von F ist nach dem Satz auf S. 453 und Gl. (461.2) die Erfüllung folgender r Gleichungen

$$\frac{\partial F}{\partial c_k} = -2 \int_a^b [f(x) - g(x, c)] \frac{\partial g(x, c)}{\partial c_k} \, dx = 0 \qquad k = 1, \ldots, r \tag{481.2}$$

Auf hinreichende Bedingungen soll hier nicht eingegangen werden.

Gilt $f(x) = f(x + 2\pi)$ und wird g gemäß Gl. (480.1) gewählt, folgt aus Gl. (481.2)

$$\frac{\partial F}{\partial a_0} = -2 \int_0^{2\pi} [f(x) - g(x, c)] \cdot \frac{1}{2} \, dx = 0$$

$$\frac{\partial F}{\partial a_k} = -2 \int_0^{2\pi} [f(x) - g(x, c)] \cos kx \, dx = 0$$

$$\frac{\partial F}{\partial b_k} = -2 \int_0^{2\pi} [f(x) - g(x, c)] \sin kx \, dx = 0 \qquad k = 1, \ldots, n$$

Hieraus folgt bei Einsetzung der Darstellung für g ein lineares Gleichungssystem für die $2n + 1$ Parameter $a_0, \ldots, a_n, b_1, \ldots, b_n$

$$\frac{a_0}{2} 2\pi + \sum_{m=1}^{n} \left[a_m \int_0^{2\pi} \cos mx \, dx + b_m \int_0^{2\pi} \sin mx \, dx \right] = \int_0^{2\pi} f(x) \, dx \tag{481.3}$$

11.1 Approximation durch trigonometrische Summen

$$\frac{a_0}{2} \int_0^{2\pi} \cos kx \, dx + \sum_{m=1}^{n} \left[a_m \int_0^{2\pi} \cos mx \cos kx \, dx + b_m \int_0^{2\pi} \sin mx \cos kx \, dx \right]$$

$$= \int_0^{2\pi} f(x) \cos kx \, dx \qquad (482.1)$$

$$k = 1, \ldots, n$$

$$\frac{a_0}{2} \int_0^{2\pi} \sin kx \, dx + \sum_{m=1}^{n} \left[a_m \int_0^{2\pi} \cos mx \sin kx \, dx + b_m \int_0^{2\pi} \sin mx \sin kx \, dx \right]$$

$$= \int_0^{2\pi} f(x) \sin kx \, dx \qquad (482.2)$$

Es läßt sich zeigen, daß die Lösung c dieses Systems eindeutig ist und ein Minimum ergibt. Die Koeffizienten a_k und b_k werden folgendermaßen berechnet.

Zunächst wird Gl. (481.3) vereinfacht. Es gilt

$$\int_0^{2\pi} \cos mx \, dx = \frac{1}{m} [\sin 2\pi m - \sin 0] = 0 \qquad (482.3)$$

$$\text{für alle } m \in \mathbb{N}$$

$$\int_0^{2\pi} \sin mx \, dx = -\frac{1}{m} [\cos 2\pi m - \cos 0] = 0 \qquad (482.4)$$

Damit folgt aus Gl. (481.3)

$$a_0 = \frac{1}{\pi} \int_0^{2\pi} f(x) \, dx \qquad (482.5)$$

Nun wird Gl. (482.1) untersucht. Nach Gl. (144.5) und (144.1) gilt für $m \neq k$

$$\cos mx \cdot \cos kx = \frac{1}{2} [\cos (m - k) x + \cos (m + k) x]$$

$$\sin mx \cdot \cos kx = \frac{1}{2} [\sin (m + k) x + \sin (m - k) x]$$

Dann wird für $m \neq k$

$$\int_0^{2\pi} \cos mx \cdot \cos kx \, dx = \frac{1}{2} \left\{ \int_0^{2\pi} \cos (m - k) x \, dx + \int_0^{2\pi} \cos (m + k) x \, dx \right\}$$

$$= \frac{1}{2} \left\{ \frac{1}{m - k} [\sin (m - k) 2\pi - \sin (m - k) 0] \right.$$

$$\left. + \frac{1}{m + k} [\sin (m + k) 2\pi - \sin (m + k) 0] \right\} = 0$$

Ebenso erhält man

$$\int_0^{2\pi} \sin mx \cdot \cos kx \, dx = \frac{1}{2} \left\{ \int_0^{2\pi} \sin(m+k)x \, dx + \int_0^{2\pi} \sin(m-k)x \, dx \right\}$$

$$= \frac{1}{2} \left\{ \frac{-1}{m+k} [\cos(m+k)2\pi - \cos 0] + \frac{-1}{m-k} [\cos(m-k)2\pi - \cos 0] \right\} = 0$$

denn es sind $m+k$ und $m-k$ ganze Zahlen, und der Cosinus wird für jedes ganzzahlige Vielfache von 2π als Argument gleich Eins, wie auch $\cos 0 = 1$ gilt. Es sind also nur noch die Summanden mit $m=k$ zu untersuchen. Nach Gl. (143.8) und (143.5) ist

$$\cos^2 kx = \frac{1}{2}(1 + \cos 2kx)$$

$$\sin kx \cdot \cos kx = \frac{1}{2} \sin 2kx$$

(483.1)

Damit wird wegen Gl. (482.3) und (482.4)

$$\int_0^{2\pi} \cos^2 kx \, dx = \frac{1}{2} \cdot 2\pi + \frac{1}{2} \int_0^{2\pi} \cos 2kx \, dx = \pi$$

und $\quad \int_0^{2\pi} \sin kx \cos kx \, dx = \frac{1}{2} \int_0^{2\pi} \sin 2kx \, dx = 0 \hspace{3cm}$ (483.2)

Gl. (482.1) vereinfacht sich auf Grund dieser Ergebnisse

$$a_k = \frac{1}{\pi} \int_0^{2\pi} f(x) \cos kx \, dx \hspace{3cm} (483.3)$$

Ebenso wird nun Gl. (482.2) untersucht.
Nach Gl. (144.3) und (144.7) gilt

$$\cos mx \sin kx = \frac{1}{2} [\sin(k+m)x + \sin(k-m)x]$$

$$\sin mx \sin kx = \frac{1}{2} [\cos(m-k)x - \cos(m+k)x]$$

Dann wird für $m \neq k$

$$\int_0^{2\pi} \cos mx \sin kx \, dx = \frac{1}{2} \left\{ \frac{-1}{k+m} [\cos(k+m)2\pi - \cos 0] \right.$$

$$\left. - \left\{ \frac{1}{k-m} [\cos(k-m)2\pi - \cos 0] \right\} \right. = 0$$

11.2 Satz von Fourier

$$\int_0^{2\pi} \sin mx \sin kx \, dx = \frac{1}{2}\left\{\frac{1}{m-k}[\sin(m-k)2\pi - \sin 0] - \frac{1}{m+k}[\sin(m+k)2\pi - \sin 0]\right\} = 0$$

Wiederum werden alle Summanden für $m \neq k$ bei der Integration Null. Es ist nach Gl. (143.8)

$$\sin^2 kx = \frac{1}{2}(1 - \cos 2kx)$$

Daher gilt

$$\int_0^{2\pi} \sin^2 kx \, dx = \frac{1}{2} \cdot 2\pi - \frac{1}{2}\int_0^{2\pi} \cos 2kx \, dx = \pi$$

Damit vereinfacht sich Gl. (482.2) wegen Gl. (483.1)

$$b_k = \frac{1}{\pi}\int_0^{2\pi} f(x) \sin kx \, dx \tag{484.1}$$

Die Zusammenfassung dieser Überlegungen ergibt den

Satz. Die Funktion $f(x)$ sei in $I = [0, 2\pi]$ definiert, integrabel und durch

$$f(x + 2\pi k) = f(x) \qquad k \in \mathbb{Z}$$

überall in $\mathbb{R}$ erklärt und in 2π periodisch. Dann ist die trigonometrische Summe

$$g(x) = \frac{a_0}{2} + \sum_{m=1}^{n}[a_m \cos mx + b_m \sin mx)] \tag{484.2}$$

die beste Approximation im Sinne von Gauß, wenn man die Koeffizienten durch folgende Integrale nach Euler-Fourier bestimmt

$$a_k = \frac{1}{\pi}\int_0^{2\pi} f(x) \cos kx \, dx \qquad k = 0, \ldots, n$$

$$b_k = \frac{1}{\pi}\int_0^{2\pi} f(x) \sin kx \, dx \qquad k = 1, \ldots, n \tag{484.3}$$

Auf die Bemerkung bez. a_0 auf S. 480 wird verwiesen.

Die Fourier-Koeffizienten haben die wichtige Eigenschaft, sich nicht zu ändern, wenn man n ändert, also z.B. neue Summanden hinzufügt.

11.2 Satz von Fourier

In vielen Fällen interessiert die Frage, ob für $n \to \infty$ die Reihe der Ersatzfunktion konvergiert und ob sie die Funktion $f(x)$ darstellt. Ohne Beweis kann hier nur das Ergebnis genannt werden.

Hauptsatz der Theorie der Fourier-Reihen. Das Intervall $I = [0, 2\pi]$ lasse sich in endlich viele Teilintervalle mit den Endpunkten $0 = x_0 < x_1 < x_2 < \cdots < x_l = 2\pi$ so zerlegen, daß die Funktion $f(x)$ im Inneren jedes Teilintervalls

$$(x_k, x_{k+1}) \qquad k = 0, \ldots, l-1$$

den Bedingungen

$$f \in C^1 (x_k, x_{k+1}) \qquad |f'| < M \quad \text{in} \quad (x_k, x_{k+1})$$

genügt, wobei M eine beliebige, aber feste Schranke ist. Weiter habe $f(x)$ in allen Teilpunkten x_k rechts- und linksseitige Grenzwerte. Schließlich gelte für alle $x \in \mathbb{R}$

$$f(x) = f(x + 2\pi)$$

Dann ist die Fourier-Reihe

$$\frac{a_0}{2} + \sum_{m=1}^{\infty} [a_m \cos mx + b_m \sin mx] \tag{485.1}$$

überall konvergent. Sie stimmt in allen Punkten, in denen $f(x)$ stetig ist, mit $f(x)$ überein, an den Sprungstellen von $f(x)$ ist der Grenzwert dieser Reihe gleich dem arithmetischen Mittel beider einseitiger Grenzwerte[1]).

11.3 Rechenregeln

Verschiebung des Integrationsweges In den Integralen Gl. (484.3) hat der Integrand die Periode 2π. Daher gilt für ein beliebiges α

$$a_k = \frac{1}{\pi} \int_\alpha^{2\pi+\alpha} f(x) \cos kx \, dx \qquad b_k = \frac{1}{\pi} \int_\alpha^{2\pi+\alpha} f(x) \sin kx \, dx \tag{485.2}$$

Symmetrie Hat die Funktion $f(x)$ Symmetrien, so vereinfachen sich die Integrationsgleichungen (484.3).

Gerade Funktion. Falls $f(x) = f(-x)$ gilt, ist $f(x) \cos kx$ eine gerade und $f(x) \sin kx$ eine ungerade Funktion. Daher ist

$$a_k = \frac{1}{\pi} \int_{-\pi}^{+\pi} f(x) \cos kx \, dx = \frac{2}{\pi} \int_0^\pi f(x) \cos kx \, dx \quad b_k = \frac{1}{\pi} \int_{-\pi}^{+\pi} f(x) \sin kx \, dx = 0 \tag{485.3}$$

---

[1]) Mit Hilfe der Gl. (510.3) und (510.4) erhält man aus Gl. (485.1) die komplexe Form der Fourier-Reihe, s. F 32.

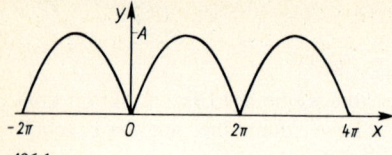

486.1

Beispiel 1 Für die in Bild **486**.1 dargestellte kommutierte (gleichgerichtete) Sinusschwingung bestimme man die Fourier-Reihe.

Es handelt sich hier um eine gerade Funktion, die für $0 \leq x \leq 2\pi$ der Gleichung

$$y = A \sin(x/2)$$

genügt. Daher ist $b_k = 0$ und

$$a_k = \frac{2}{\pi} \int_0^\pi f(x) \cos kx \, dx = \frac{2A}{\pi} \int_0^\pi \sin\frac{x}{2} \cos kx \, dx$$

Nach Gl. (144.3) erhält man zwei Integrale

$$\frac{\pi a_k}{A} = \int_0^\pi \sin\left(k+\frac{1}{2}\right)x \, dx - \int_0^\pi \sin\left(k-\frac{1}{2}\right)x \, dx$$

$$= -\frac{\cos\left(k+\frac{1}{2}\right)x}{k+\frac{1}{2}}\bigg|_0^\pi + \frac{\cos\left(k-\frac{1}{2}\right)x}{k-\frac{1}{2}}\bigg|_0^\pi$$

$$= \frac{1-\cos\left(k+\frac{1}{2}\right)\pi}{k+\frac{1}{2}} - \frac{1-\cos\left(k-\frac{1}{2}\right)\pi}{k-\frac{1}{2}}$$

Da $\cos(k+1/2)\pi = \cos(k-1/2)\pi = 0$ ist, folgt

$$a_k = \frac{A}{\pi} \frac{-1}{k^2 - \frac{1}{4}} = -\frac{A}{\pi} \frac{4}{4k^2 - 1} = -\frac{4A}{\pi(2k-1)(2k+1)}$$

$$y = \frac{4A}{\pi}\left(\frac{1}{2} - \frac{1}{3}\cos x - \frac{1}{3\cdot 5}\cos 2x - \frac{1}{5\cdot 7}\cos 3x - \cdots\right) = \frac{4A}{\pi}\left[\frac{1}{2} - \sum_{m=1}^\infty \frac{\cos mx}{4m^2 - 1}\right]$$

Ungerade Funktion. Falls $f(x) = -f(-x)$ gilt, ist $f(x) \cos kx$ eine ungerade und $f(x) \sin kx$ eine gerade Funktion. Daher ist

$$a_k = \frac{1}{\pi} \int_{-\pi}^{+\pi} f(x) \cos kx \, dx = 0$$

$$b_k = \frac{1}{\pi} \int_{-\pi}^{+\pi} f(x) \sin kx \, dx = \frac{2}{\pi} \int_0^\pi f(x) \sin kx \, dx$$

(486.1)

Beispiel 2 Es ist $f(x) = (\pi - x)/2$ für $0 < x < 2\pi$ und $f(x) = f(x + 2\pi)$. Wie lautet die Fourier-Reihe?

11.3 Rechenregeln   487

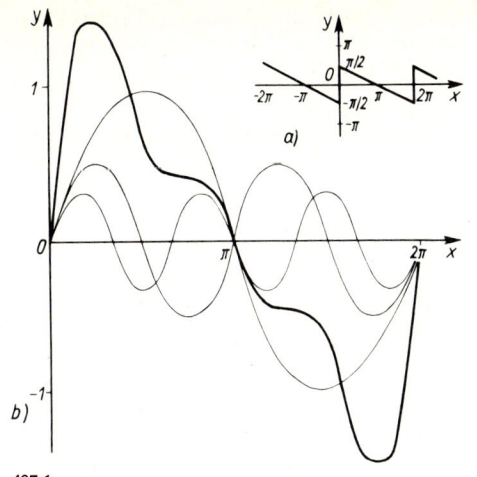

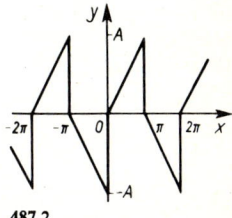

Bild **487.**1 a zeigt das Diagramm dieser Funktion. Die Funktion $f(x)$ ist ungerade. Daher ist

$$a_0 = a_k = 0$$

und

$$\frac{\pi}{2} b_k = \int_0^\pi \frac{\pi - x}{2} \sin kx \, dx$$

487.1   **487.**2

Dieses Integral wird durch Produktintegration (Gl. (325.2)) gelöst. Es ist

$$f_1 = \frac{\pi - x}{2} \qquad f_2' = \sin kx$$

$$f_1' = -\frac{1}{2} \qquad f_2 = -\frac{1}{k} \cos kx$$

$$\frac{\pi}{2} b_k = -\left[\frac{\pi - x}{2k} \cos kx\right]_0^\pi - \frac{1}{2k} \int_0^\pi \cos kx \, dx = \frac{\pi}{2k} - \frac{1}{2k^2} \sin kx \Big|_0^\pi = \frac{\pi}{2k}$$

Daher ist $b_k = 1/k$ und die gesuchte Funktion

$$f(x) = \frac{\sin x}{1} + \frac{\sin 2x}{2} + \cdots = \sum_{m=1}^\infty \frac{\sin mx}{m} \qquad (487.1)$$

Bild **487.**1 b zeigt die Überlagerung der ersten drei Summanden.

Alternierende Funktion. Eine Funktion heißt alternierend, wenn

$$f(x) = -f(x + \pi)$$

gilt (**487.**2). Aus

$$f(x) = \frac{a_0}{2} + \sum_{m=1}^\infty (a_m \cos mx + b_m \sin mx) \qquad (487.2)$$

ergibt sich wegen der Symmetrieeigenschaften des Sinus und des Cosinus bezüglich des Punktes $x = \pi$

$$f(x + \pi) = \frac{a_0}{2} + \sum_{m=1}^\infty [a_m \cos(mx + m\pi) + b_m \sin(mx + m\pi)]$$

$$= \frac{a_0}{2} + \sum_{m=1}^\infty (-1)^m (a_m \cos mx + b_m \sin mx) \qquad (487.3)$$

da $\cos m\pi = (-1)^m$ und $\sin m\pi = 0$ ist. Addiert man Gl. (487.2) und (487.3), so wird diese Summe wegen $f(x) = -f(x + \pi)$ gleich Null.
Bei dieser Addition heben sich die Fourier-Koeffizienten mit ungeraden Indizes heraus

$$\frac{a_0}{2} + \sum_{m=1}^{\infty} (a_{2m} \cos 2mx + b_{2m} \sin 2mx) = 0 \qquad (488.1)$$

Die Darstellung einer Funktion $f(x)$ durch eine Fourier-Reihe ist eindeutig. Die Funktion $f(x) = 0$ wird daher durch eine Reihe dargestellt, in der alle Koeffizienten Null sind. Eine Fourier-Reihe, die für alle Werte von x gleich Null ist, stellt Gl. (488.1) dar. Aus dieser Gleichung folgt daher, daß bei alternierenden Funktionen alle a_{2k} und alle b_{2k} sowie a_0 gleich Null sind. Subtrahiert man Gl. (488.1) von Gl. (487.2), so wird

$$f(x) = \sum_{m=0}^{\infty} [a_{2m+1} \cos (2m+1)x + b_{2m+1} \sin (2m+1)x] \qquad (488.2)$$

Wegen Gl. (488.1) treten in Gl. (488.2) nur noch Summanden mit ungeraden Indizes auf. Es ist

$$a_{2k+1} = \frac{1}{\pi} \int_{-\pi}^{0} f(x) \cos (2k+1)x \, dx + \frac{1}{\pi} \int_{0}^{\pi} f(x) \cos (2k+1)x \, dx$$

Mit $f(x) = -f(x + \pi)$, $u = x + \pi$, $du = dx$ und $\cos (2k+1)x = -\cos (2k+1)u$ wird

$$\int_{-\pi}^{0} f(x) \cos (2k+1)x \, dx = -\int_{-\pi}^{0} f(x + \pi) \cos (2k+1)x \, dx = \int_{0}^{\pi} f(u) \cos (2k+1)u \, du$$

Genauso ergibt sich die Umformung der Sinuskoeffizienten. Daher ist

$$a_{2k+1} = \frac{2}{\pi} \int_{0}^{\pi} f(x) \cos (2k+1)x \, dx \qquad a_{2k} = a_0 = 0$$

$$b_{2k+1} = \frac{2}{\pi} \int_{0}^{\pi} f(x) \sin (2k+1)x \, dx \qquad b_{2k} = 0 \qquad (488.3)$$

Beispiel 3 Wie lauten die Fourier-Koeffizienten bei geraden alternierenden Funktionen (488.1)?

Nach Gl. (485.3) sind alle $b_k = 0$. Außerdem sind nach Gl. (488.3) alle a_{2k} und a_0 gleich 0. Da $\cos [(2k+1)\pi/2] = 0$ und $\cos (2k+1)\pi = -1$ ist, ist der Integrand für a_{2k+1} in Gl. (488.3) bezüglich $\pi/2$ eine gerade Funktion. Daher gilt

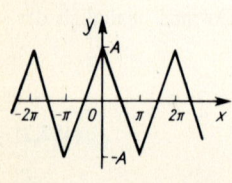

488.1

$$a_{2k+1} = \frac{4}{\pi} \int_{0}^{\pi/2} f(x) \cos (2k+1)x \, dx \qquad (488.4)$$

Beispiel 4 Wie lauten die Fourier-Koeffizienten einer ungeraden alternierenden Funktion (489.1)?
Nach Gl. (486.1) sind alle a_k und a_0 gleich 0. Nach Gl. (488.3) sind alle $b_{2k} = 0$. Da $f(x)$ und $\sin(2k+1)x$ bezüglich $\pi/2$ gerade sind, ist der Integrand für b_{2k+1} in Gl. (488.3) bezüglich $\pi/2$ gerade. Daher gilt

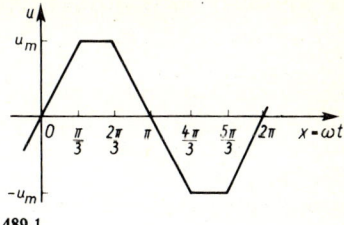

489.1

$$b_{2k+1} = \frac{4}{\pi} \int_0^{\pi/2} f(x) \sin(2k+1)x \, dx \qquad (489.1)$$

Beispiel 5 Für die in Bild **489**.1 dargestellte periodische Spannungs-Zeit-Funktion $u(x)$ bestimme man die Fourier-Reihe.

Die Funktion $u(x)$ ist eine ungerade alternierende Funktion. Nach dem vorstehenden Beispiel ist daher $a_k = a_0 = b_{2k} = 0$. Für $0 < x < \pi/3$ ist $u(x) = (3u_m/\pi)x$, für $\pi/3 < x < \pi/2$ ist $u(x) = u_m$. Daher gilt nach Gl. (489.1)

$$\frac{\pi}{4 u_m} b_{2k+1} = \frac{3}{\pi} \int_0^{\pi/3} x \sin(2k+1)x \, dx + \int_{\pi/3}^{\pi/2} \sin(2k+1)x \, dx$$

Die Produktintegration (Gl. (325.2)) liefert

$$f_1 = x \qquad f_2' = \sin(2k+1)x$$
$$f_1' = 1 \qquad f_2 = -\frac{\cos(2k+1)x}{2k+1}$$

$$\frac{\pi}{4 u_m} b_{2k+1} = -\frac{3}{\pi} \left[\frac{x}{2k+1} \cos(2k+1)x \Big|_0^{\pi/3} - \frac{1}{2k+1} \int_0^{\pi/3} \cos(2k+1)x \, dx \right] -$$

$$- \frac{\cos(2k+1)x}{2k+1} \Big|_{\pi/3}^{\pi/2}$$

$$= -\frac{\cos(2k+1)\frac{\pi}{3}}{2k+1} + \frac{3\sin(2k+1)x}{\pi(2k+1)^2}\Big|_0^{\pi/3} + \frac{\cos(2k+1)\frac{\pi}{3}}{2k+1} = \frac{3}{\pi} \frac{\sin(2k+1)\frac{\pi}{3}}{(2k+1)^2}$$

Damit erhält man den Fourier-Koeffizienten

$$b_{2k+1} = \frac{12 u_m}{\pi^2} \frac{\sin(2k+1)\frac{\pi}{3}}{(2k+1)^2} \qquad \text{mit} \qquad \sin(2k+1)\frac{\pi}{3} = \begin{matrix} \sqrt{3}/2 \\ 0 \\ -\sqrt{3}/2 \end{matrix} \quad \text{für} \quad k = \begin{matrix} 0,3,\dots \\ 1,4,\dots \\ 2,5,\dots \end{matrix}$$

Die gesuchte Fourier-Reihe genügt dann der Gleichung

$$u(x) = \frac{6\sqrt{3}\,u_m}{\pi^2} \left(\sin x - \frac{\sin 5x}{25} + \frac{\sin 7x}{49} - \frac{\sin 11x}{121} + \cdots \right)$$

11.4 Numerische harmonische Analyse

In Abschn. 11 war bisher jede periodische Funktion im Intervall von Null bis 2π durch ihre Funktionsgleichung gegeben. Nur so konnten die Fourier-Koeffizienten mit Hilfe von Gl. (484.3) berechnet werden. Bei vielen technischen Problemen ist die periodische Funktion jedoch nicht durch eine Funktionsgleichung, sondern durch ein Diagramm (z. B. Oszillogramm) gegeben. In diesem Abschnitt wird ein numerisches Verfahren geschildert, mit der die Fourier-Koeffizienten näherungsweise ermittelt werden, wenn die Ordinaten der gegebenen periodischen Funktion für gewisse Abszissen bekannt sind. Diese Werte kann man z. B. aus einem Oszillogramm ablesen. Je mehr Fourier-Koeffizienten berechnet werden sollen, desto größer ist der Rechenaufwand. Zugleich werden aber auch die Näherungswerte genauer.

Bei der numerischen Berechnung wird vorausgesetzt, daß die unabhängige Veränderliche $x = \omega t$ ist. Als Periode der gegebenen Funktion wird 2π angenommen. Eine Umrechnung auf eine andere Periode ist durch Gl. (480.3) und (480.4) möglich.

Fragestellung Gegeben ist eine Tafel einer in 2π periodischen Funktion mit $n+1$ gleichabständigen x-Werten

$$x_i = i \frac{2\pi}{n} \qquad i = 0, 1, \ldots, n \tag{490.1}$$

Es gilt

$$y_i = f(x_i) = f(x_i + 2\pi k) \quad \text{mit} \quad k \in \mathbb{N}_0 \tag{490.2}$$

also insbesondere $y_0 = y_n$. Die Tafel enthält also n unabhängige Wertepaare mit $i = 0, 1, \ldots, n-1$. Hieraus sind die Koeffizienten der trigonometrischen Summe

$$g(x) = \frac{A_0}{2} + \sum_{m=1}^{k} (A_m \cos mx + B_m \sin mx) \tag{490.3}$$

zu berechnen.

Für gerade Werte von n ist $k = (n-2)/2$,

für ungerade Werte von n ist $k = (n-1)/2$.

Für gerade Werte von n könnte mit den folgenden Formeln noch ein weiterer Koeffizient A_{k+1} berechnet werden. Da dies mit dem hier zu benutzenden Algorithmus nicht unmittelbar möglich ist, wird darauf verzichtet. Wie später in Satz 1, S. 491 gezeigt wird, können die Koeffizienten durch folgende Formeln berechnet werden

$$A_m = \frac{2}{n} \sum_{j=0}^{n-1} y_j \cos j x_m$$

$$B_m = \frac{2}{n} \sum_{j=0}^{n-1} y_j \sin j x_m \tag{490.4}$$

Für $m = 0$ erhält man hieraus

$$\frac{A_0}{2} = \frac{1}{n} \sum_{j=0}^{n-1} y_j \qquad B_0 = 0 \tag{490.5}$$

Für die anderen Werte von m sind Gl. (490.4) für eine numerische Rechnung insbesondere auf Rechenanlagen ungeeignet. Grundgedanke für den zu entwickelnden Algorithmus ist, daß sich $\cos j x_m$ und $\sin j x_m$ sukzessive mit Additionstheoremen aus $\cos x_m$ und $\sin x_m$ ausdrücken lassen. Zunächst soll der Algorithmus formuliert werden, sodann wird gezeigt, daß die mit Gl. (491.2) errechneten Werte tatsächlich Gl. (490.2) erfüllen.

Algorithmus Für jedes $m = 1, \ldots, k$ berechnet man für alle $i = n - 1, n - 2, \ldots, 1$ bei $U_n = U_{n+1} = 0$

$$U_i = y_i + 2 \cdot \cos x_m \cdot U_{i+1} - U_{i+2} \tag{491.1}$$

Aus den Werten U_1 und U_2 erhält man jeweils

$$A_m = \frac{2}{n}(y_0 + U_1 \cdot \cos x_m - U_2)$$
$$B_m = \frac{2}{n} U_1 \cdot \sin x_m \tag{491.2}$$

Zunächst ist zu beweisen, daß Gl. (490.3) mit den Koeffizienten Gl. (490.4) die Bedingung (490.2) erfüllt. Denn es gilt der

Satz 1. Setzt man die Koeffizienten Gl. (490.4) in

$$g(x) = \frac{A_0}{2} + \sum_{m=1}^{k}(A_m \cos mx + B_m \sin mx) \quad \text{für ungerade } n = 2k + 1 \tag{491.3}$$

bzw.
$$g(x) = \frac{A_0}{2} + \sum_{m=1}^{k}(A_m \cos mx + B_m \sin mx) + \frac{A_{k+1}}{2} \cos(k+1)x \tag{491.4}$$

für gerade $n = 2k + 2$

dann gilt $g(x_i) = y_i$ für $i = 0, \ldots, n-1$.

Der Beweis dieses wie des folgenden Satzes 2 kann aus Umfangsgründen hier nicht gegeben werden. Der Beweis erfolgt vorwiegend mittels trigonometrischer Umformungen. Man findet ihn in [28].

Der Algorithmus Gl. (491.1) und (491.2) wird begründet durch den

Satz 2. Es sei $x_m \neq \pi j, j \in \mathbb{Z}$, weiter wähle man Werte

$$U_i = \frac{1}{\sin x_m} \sum_{k=i}^{n-1} y_k \sin(k - i + 1) x_m \quad i = 0, 1, \ldots, n-1$$
$$U_n = U_{n+1} = 0 \tag{491.5}$$

Für diese gelten dann die Rekursionsformeln

$$U_i = y_i + 2 \cos x_m \cdot U_{i+1} - U_{i+2} \quad i = n-1, \ldots, 1 \tag{491.6}$$

$$\sum_{j=1}^{n-1} y_j \sin j x_m = U_1 \sin x_m \tag{491.7}$$

$$\sum_{j=1}^{n-1} y_j \cos j x_m = y_0 + U_1 \cdot \cos x_m - U_2 \tag{491.8}$$

11.4 Numerische harmonische Analyse

Beispiel 6 Es ist $y = f(x) = f(x + 2\pi)$ und $f(x) = \sin(x/2)$ für $0 \leq x \leq 2\pi$. Man bestimme näherungsweise die ersten Fourierkoeffizienten für $n = 12$, also $k = 5$, und vergleiche diese Werte mit den Werten von Beispiel 1, S. 486.

Aus Gl. (490.5) folgt mit $y = \sin(x/2)$

$$\frac{A_0}{2} = \frac{1}{12} \sum_{j=0}^{11} y_j$$

$$= \frac{1}{12}(0 + 0{,}25882 + 0{,}5 + 0{,}70711 + 0{,}86603$$

$$+ 0{,}96593 + 1 + 0{,}96593 + 0{,}86603 + 0{,}70711 + 0{,}5 + 0{,}25882)$$

$$= 0{,}63298.$$

Da $f(x)$ eine gerade Funktion ist, werden alle $B_m = 0$. Dies erkennt man daran, daß alle $U_1 = 0$ werden. Die nachfolgende Tafel zeigt den Rechnungsgang

m	1	2	3	4	5
U_{11}	0,25882	0,25882	0,25882	0,25882	0,25882
U_{10}	0,94829	0,75882	0,50000	0,24118	0,05171
U_9	2,09077	1,20711	0,44829	0,20711	0,35872
U_8	3,53906	1,31431	0,36603	0,41774	0,19299
U_7	5,00498	1,07313	0,51764	0,34108	0,27293
U_6	6,12983	0,75882	0,63397	0,24118	0,33427
U_5	6,57812	0,65161	0,44829	0,38366	0,11401
U_4	6,12983	0,75882	0,23205	0,24118	0,33427
U_3	4,74616	0,81431	0,25882	0,08226	0,01411
U_2	2,59077	0,55549	0,26795	0,17656	0,14128
U_1	0,00000	0,00000	0,00000	0,00000	0,00000
A_m	−0,43180	−0,09258	−0,04466	−0,02943	−0,02355

Für die erste Spalte mit $m = 1$ z.B. gilt

$$a = 2\cos x_1 = 2\cos 30° = 1{,}73205$$

$U_{12} = U_{13} = 0$

$U_{11} = y_{11} + a\, U_{12} - U_{13} = 0{,}25882$

$U_{10} = y_{10} + a\, U_{11} - U_{12} = 0{,}5 + 1{,}73205 \cdot 0{,}25882 = 0{,}94829$

$U_9 = y_9 + a\, U_{10} - U_{11} = 0{,}70711 + 1{,}73205 \cdot 0{,}94829 - 0{,}25882 = 2{,}09077$

und entsprechend weiter.

Mit der analytischen Methode erhält man in Beispiel 1, S. 486

$$f(x) = 0{,}63662 - 0{,}42441 \cos x - 0{,}08488 \cos 2x$$
$$- 0{,}03638 \cos 3x - 0{,}02021 \cos 4x - 0{,}01286 \cos 5x - \ldots$$

11.5 Fourier-Integral

Setzt man in eine Fourier-Reihe

$$\frac{a_0}{2} + \sum_{m=1}^{\infty} (a_m \cos mx + b_m \sin mx)$$

nach Gl. (480.3) für $x = \omega_0 t = (2\pi/T) t$ ein, so erhält man

$$f(t) = \frac{a_0}{2} + \sum_{m=1}^{\infty} (a_m \cos m\omega_0 t + b_m \sin m\omega_0 t) \quad (493.1)$$

$$= \frac{a_0}{2} + \sum_{m=1}^{\infty} \left(a_m \cos \frac{2\pi m}{T} t + b_m \sin \frac{2\pi m}{T} t \right) \quad (493.2)$$

In der Physik nennt man ω_0 die Grundkreisfrequenz. In Gl. (493.1) treten dann wegen $\omega = m \omega_0$ nur Teilschwingungen mit ganzzahligen Vielfachen dieser Grundkreisfrequenz auf. Oft interessiert der durch Gl. (484.3) gegebene Zusammenhang zwischen den Amplituden der Teilschwingungen mit einer Kreisfrequenz $k \omega_0$

$$a_k = f_1(\omega)$$
$$b_k = f_2(\omega)$$

Meist faßt man den Cosinus- und den Sinusanteil zusammen, dann ist die gemeinsame Amplitude dieser Überlagerung zweier Schwingungen gleicher Frequenz

$$c_k = \sqrt{a_k^2 + b_k^2} = \sqrt{f_1^2 + f_2^2} \quad (493.3)$$

In Bild **493.1** ist dieser Zusammenhang dargestellt. Bild **493.1**a zeigt (wie bisher gewohnt) die Zeitfunktion $f(t)$. Bild **493.1**b zeigt die wegen $k \in \mathbb{N}$ nur für diskrete Werte der unabhängigen Veränderlichen ω auftretenden Werte Gl. (493.3). Eine Darstellung der Amplitude als Funktion der Frequenz oder der Kreisfrequenz heißt hier (im Gegensatz zu Abschn. 7.1.6) in Anlehnung an die physikalische Optik ein Spektrum, bei diskreten Werten von ω spricht man von einem Linienspektrum (z.B. Atomphysik). In Bild **493.1**c wird gezeigt, daß man beide Darstellungen Bild **493.1**a und 1b als Projektionen im erweiterten Sinne auffassen kann. Man interessiert sich daher für $f(t, \omega)$ als Funktion zweier Veränderlicher.

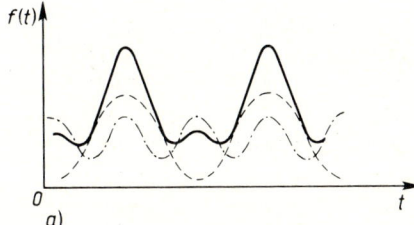
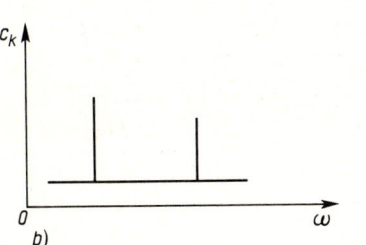
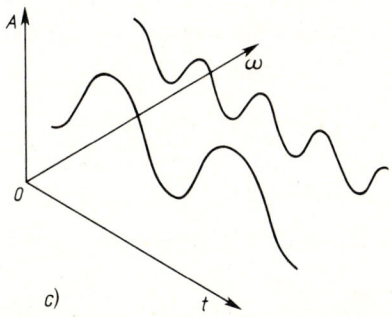

493.1

11.5 Fourier-Integral

Es liegt nun die Frage nahe, unter welchen Voraussetzungen sich die Kreisfrequenz ω stetig ändert und damit ein **kontinuierliches Spektrum** entsteht. Bei periodischen Funktionen $f(t)$ führt die Fourier-Analyse stets zu einem Linienspektrum. Bei nichtperiodischen Funktionen ist ein kontinuierliches Spektrum zu erwarten. Ein Beispiel einer in der Technik wichtigen nichtperiodischen Funktion ist ein einzelner Impuls (s. Beispiel 7, S. 496). Mathematisch wird durch eine kontinuierliche Frequenzänderung aus der bisher behandelten Fourier-Reihe ein Fourier-Integral.

In Gl. (493.2) ist eine mit T periodische Funktion dargestellt. Es wird nun der Grenzübergang $T \to \infty$ durchgeführt, der von der periodischen Funktion zur nichtperiodischen Funktion führt. Hier kann nicht gezeigt werden, daß die auftretenden uneigentlichen Integrale existieren und daß der Grenzübergang unter dem Integral zulässig ist, falls das uneigentliche Integral

$$\int_{-\infty}^{+\infty} |f(\tau)|\, d\tau$$

existiert [13, Bd. I].

Dazu setzt man in die Fourier-Reihe Gl. (493.2) die Fourier-Koeffizienten (Gl. 484.3) unter Übergang zur Veränderlichen t ein. Weiter legt man den Integrationsweg gemäß Gl. (485.2) symmetrisch zum Nullpunkt. Dann wird

$$a_k = \frac{2}{T} \int_{-T/2}^{+T/2} f(\tau) \cos \frac{2\pi k}{T} \tau\, d\tau \qquad k = 0, \ldots, n$$

$$b_k = \frac{2}{T} \int_{-T/2}^{+T/2} f(\tau) \sin \frac{2\pi k}{T} \tau\, d\tau \qquad k = 1, \ldots, n$$

und
$$f(t) = \frac{1}{T} \int_{-T/2}^{+T/2} f(\tau)\, d\tau + \frac{2}{T} \sum_{m=1}^{\infty} \int_{-T/2}^{+T/2} f(\tau) \left[\cos \frac{2\pi m}{T} \tau \cos \frac{2\pi m}{T} t + \sin \frac{2\pi m}{T} \tau \sin \frac{2\pi m}{T} t \right] d\tau \tag{494.1}$$

In Gl. (494.1) kommt deutlich das Prinzip der Fourier-Reihe zum Ausdruck: Die Funktion $f(t)$ wird durch Integrale dargestellt, in deren Integranden wiederum $f(\tau)$ jetzt als Funktion der Integrationsvariablen steht.

Mit Hilfe von Gl. (143.3) erhält man hieraus

$$f(t) = \frac{1}{T} \int_{-T/2}^{+T/2} f(\tau) \left[1 + 2 \sum_{m=1}^{\infty} \cos \frac{2\pi m}{T} (t-\tau) \right] d\tau$$

$$= \frac{1}{2\pi} \int_{-T/2}^{+T/2} f(\tau) \left[\sum_{m=-\infty}^{+\infty} \cos \frac{2\pi m}{T} (t-\tau) \cdot \frac{2\pi}{T} \right] d\tau \tag{494.2}$$

Nun wird der Grenzübergang in der vorstehenden Gleichung für $T \to \infty$ betrachtet. Hierbei wird die Summe in der eckigen Klammer ein Integral. Auf die Bemerkung bez. Konvergenz und Grenzübergang auf S. 494 wird verwiesen. Man erhält

$$f(t) = \frac{1}{2\pi} \int_{-\infty}^{+\infty} f(\tau) \left[\int_{-\infty}^{+\infty} \cos \omega (t - \tau) \, d\omega \right] d\tau$$

Da der Cosinus eine gerade Funktion ist, schreibt man meist den

Fourierschen Integralsatz

$$f(t) = \frac{1}{\pi} \int_{-\infty}^{+\infty} f(\tau) \left[\int_{0}^{\infty} \cos \omega (t - \tau) \, d\omega \right] d\tau \tag{495.1}$$

Mit dem Additionstheorem folgt hieraus

$$f(t) = \frac{1}{\pi} \int_{-\infty}^{+\infty} f(\tau) \left[\int_{0}^{\infty} \cos \omega t \cos \omega \tau \, d\omega \right] d\tau + \frac{1}{\pi} \int_{-\infty}^{+\infty} f(\tau) \left[\int_{0}^{\infty} \sin \omega t \sin \omega \tau \, d\omega \right] d\tau$$

$$= \frac{1}{\pi} \int_{0}^{\infty} \cos \omega t \left[\int_{-\infty}^{+\infty} f(\tau) \cos \omega \tau \, d\tau \right] d\omega + \frac{1}{\pi} \int_{0}^{\infty} \sin \omega t \left[\int_{-\infty}^{+\infty} f(\tau) \sin \omega \tau \, d\tau \right] d\omega$$

Ist $f(t)$ eine gerade (ungerade) Funktion, so ist $f(t) \cos \omega t$ gerade (ungerade) und $f(t) \sin \omega t$ ungerade (gerade). Daher gilt für gerade $f(t)$

$$\int_{-\infty}^{+\infty} f(\tau) \cos \omega \tau \, d\tau = 2 \int_{0}^{\infty} f(\tau) \cos \omega \tau \, d\tau$$

und $\quad \int_{-\infty}^{+\infty} f(\tau) \sin \omega \tau \, d\tau = 0$

Entsprechendes erhält man für ungerades $f(t)$

$$\int_{-\infty}^{+\infty} f(\tau) \sin \omega \tau \, d\tau = 2 \int_{0}^{\infty} f(\tau) \sin \omega \tau \, d\tau$$

$$\int_{-\infty}^{+\infty} f(\tau) \cos \omega \tau \, d\tau = 0$$

Damit folgt: Ist $f(t)$ eine gerade Funktion, so gilt das **Fourier-Cosinus-Integral**

$$f(t) = \frac{2}{\pi} \int_{0}^{\infty} \cos \omega t \left[\int_{0}^{\infty} f(\tau) \cos \omega \tau \, d\tau \right] d\omega = \sqrt{\frac{2}{\pi}} \int_{0}^{\infty} \varphi_C(\omega) \cos \omega t \, d\omega \tag{495.2}$$

mit der Spektralfunktion

$$\varphi_C(\omega) = \sqrt{\frac{2}{\pi}} \int_{0}^{\infty} f(\tau) \cos \omega \tau \, d\tau \tag{495.3}$$

11.5 Fourier-Integral

Ist $f(t)$ eine ungerade Funktion, so gilt das **Fourier-Sinus-Integral**

$$f(t) = \frac{2}{\pi} \int_0^\infty \sin \omega t \left[\int_0^\infty f(\tau) \sin \omega \tau \, d\tau \right] d\omega = \sqrt{\frac{2}{\pi}} \int_0^\infty \varphi_S(\omega) \sin \omega t \, d\omega \quad (496.1)$$

mit der Spektralfunktion

$$\varphi_S(\omega) = \sqrt{\frac{2}{\pi}} \int_0^\infty f(\tau) \sin \omega \tau \, d\tau \quad (496.2)$$

Für gerade bzw. ungerade Funktionen ist aus der Zeitfunktion die Spektralfunktion bestimmt und umgekehrt.

Eine Formulierung dieses Satzes für allgemeine Funktionen $f(t)$ wird in Beispiel 16, S. 514, mit Hilfe der komplexen Rechnung möglich werden. In diesem Beispiel wird auch der Zusammenhang zwischen Fourier-Integral und Laplace-Transformation (s. Abschn. 14) gezeigt.

Beispiel 7 Die Funktion $f(t)$ beschreibe einen einzigen Impuls (**496.1**). Wie lautet ihre Spektralfunktion?

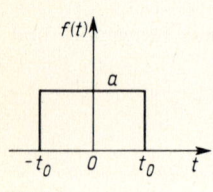

496.1

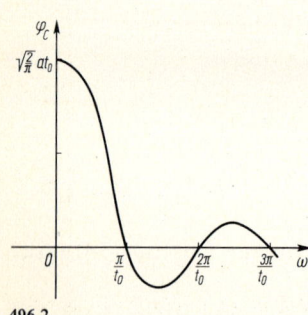

496.2

Aus Gl. (495.3) folgt mit

$$f(t) = \begin{cases} a \\ 0 \end{cases} \text{ für } \begin{cases} |t| \leq t_0 \\ |t| > t_0 \end{cases}$$

$$\varphi_C(\omega) = \sqrt{\frac{2}{\pi}} \int_0^\infty a \cos \omega \tau \, d\tau$$

$$= \sqrt{\frac{2}{\pi}} \int_0^{t_0} a \cos \omega \tau \, d\tau$$

wegen $f(t) = 0$ für $t > t_0$. Weiter ist

$$\varphi_C(\omega) = \sqrt{\frac{2}{\pi}} \frac{a}{\omega} \sin \omega \tau \Big|_0^{t_0}$$

$$= \sqrt{\frac{2}{\pi}} a \frac{\sin \omega t_0}{\omega}$$

Damit wird

$$f(t) = \frac{2}{\pi} a \int_0^\infty \frac{\sin \omega t_0}{\omega} \cos \omega t \, d\omega$$

Für $t = 0$ folgt hieraus wegen $f(0) = a$

$$\frac{\pi}{2} = \int_0^\infty \frac{\sin \omega t_0}{\omega} \, d\omega$$

für jedes $t_0 > 0$. Diese Gleichung hat in der Nachrichtentechnik Bedeutung. Bild **496.2** zeigt die Funktion $\varphi_C(\omega)$.

11.6 Aufgaben zu Abschnitt 11

1. Man bestimme die Fourier-Reihe der in

a) Bild **497**.1 b) Bild **497**.2 c) Bild **497**.3 d) Bild **497**.4

gegebenen Funktionen.

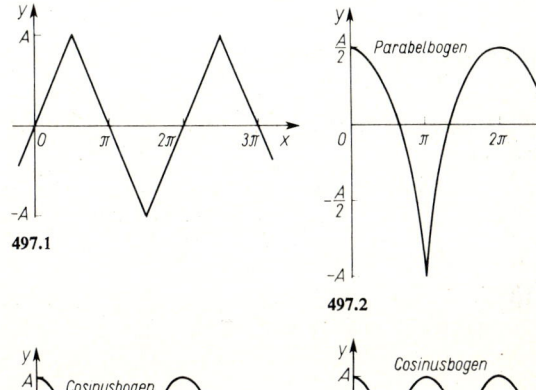

497.1

497.2

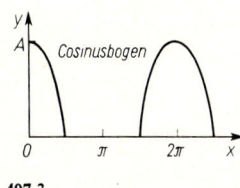

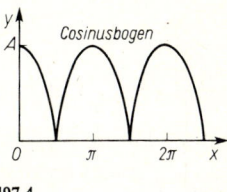

497.3

497.4

2. Es ist $f(x) = A \cos \dfrac{x}{2}$ für $0 < x < \pi$

$f(x) = -f(-x)$ und $f(x) = f(x + 2\pi)$.

Wie lautet die Fourier-Reihe?

3. Es ist

$$f(x) = A \frac{\pi^2}{12} x \left(1 - \frac{x^2}{\pi^2}\right) \quad \text{für } -\pi < x < +\pi \quad \text{und } f(x) = f(x + 2\pi).$$

Man zeichne $f(x)$ und bestimme die Fourier-Reihe.

4. Für die folgenden Funktionen bestimme man die Fourier-Reihe nach Gl. (484.3) sowie numerisch die Koeffizienten nach Gl. (491.1).

a) Es ist $y = A$ für $0 < x < \pi$ und $y = -A$ für $\pi < x < 2\pi$.

b) Es ist $y = (A/\pi) x$ für $-\pi < x < +\pi$.

5. Es sei $f(t) = a$ für $t_1 \leqq t \leqq t_2$ und sonst Null.
Gesucht ist das Fourier-Integral dieser Funktion.

12 Komplexe Zahlen und Funktionen

12.1 Komplexe Zahlen

In Abschn. 1.2.1 wird das Zahlensystem aufgebaut. Die Weiterführung über die Menge $\mathbb{R}$ der reellen Zahlen hinaus zur Menge $\mathbb{C}$ der komplexen Zahlen wird dabei nur angedeutet. Für eine komplexe Zahl $z \in \mathbb{C}$ sind unterschiedliche Schreibweisen üblich. In der Mathematik werden komplexe Zahlen z häufig als Paare reeller Zahlen definiert, die vorgeschriebenen Verknüpfungen (Rechenregeln) genügen (axiomatischer Aufbau des Zahlensystems)

$$z = (a; b) \in \mathbb{C} \qquad \text{mit } a, b \in \mathbb{R} \tag{498.1}$$

Hierbei wird

$$(a; 0) = a \in \mathbb{R}$$

festgelegt, so daß $\mathbb{R} \subset \mathbb{C}$ gilt.
In Naturwissenschaft und Technik geht man von der

Definition der imaginären Einheit j durch

$$j^2 = -1 \tag{498.2}$$

aus. Nach DIN 1302 wird neben j (besonders in der Mathematik) das Formelzeichen i benutzt. Wegen der Verwechslungsmöglichkeit mit der Stromstärke i in der Elektrotechnik wird hier nur j verwandt. Damit schreibt man eine komplexe Zahl

$$z = a + jb \qquad a, b \in \mathbb{R} \tag{498.3}$$

Definition a heißt der **Realteil**, b der **Imaginärteil** der komplexen Zahl $z = a + jb$

$$\operatorname{Re} z = a \qquad \operatorname{Im} z = b \tag{498.4}$$

Bei dem axiomatischen Aufbau des Zahlensystems wird auf die Definition von j verzichtet. Aus der Definition der Multiplikation nach Gl. (499.5) folgt $(0; 1) \cdot (0; 1) = (-1; 0)$. Gl. (498.1) und (498.3) stellen für verschiedene Anwendungen unterschiedlich zweckmäßige Schreibweisen dar, die den gleichen Sachverhalt beschreiben. Den Gepflogenheiten der Technik entsprechend wird im folgenden auf die Schreibweise Gl. (498.1) verzichtet. Alle Definitionen und Sätze lassen sich leicht in diese Schreibweise übertragen. Die Gleichwertigkeit mit Gl. (498.3) ist durch

$$a \cdot (1; 0) + b \cdot (0; 1) = a + jb \tag{498.5}$$

gegeben, wobei bereits Gl. (499.2) und (499.3) benutzt werden.

12.1.1 Rechenregeln

Die Definition der Rechenregeln ist eine Frage der Zweckmäßigkeit, also in gewissem Rahmen willkürlich. Es muß jedoch dabei berücksichtigt werden, daß $\mathbb{R}$ eine Teilmenge von $\mathbb{C}$ ist, so daß die Rechenregeln in $\mathbb{R}$ jeweils als Spezialfall erhalten bleiben (Permanenzprinzip).

Definition der Gleichheit

$$z_1 = z_2 \Leftrightarrow a_1 = a_2 \wedge b_1 = b_2 \tag{499.1}$$

Eine Gleichung zwischen komplexen Zahlen entspricht also zwei Gleichungen zwischen reellen Zahlen. Daraus folgt, daß das Rechnen im Komplexen manchmal einfacher ist als im Reellen.

Die Relationen „größer als" und „kleiner als" sind für komplexe Zahlen nicht definiert.

Definition der Multiplikation mit einer reellen Zahl Ist $\alpha \in \mathbb{R}$, so gilt

$$\alpha z = \alpha a + j\alpha b \tag{499.2}$$

Definition Die Summe der komplexen Zahlen $z_1 = a_1 + jb_1$ und $z_2 = a_2 + jb_2$ ist

$$z_1 + z_2 = (a_1 + a_2) + j(b_1 + b_2) \tag{499.3}$$

Definition Die Differenz der komplexen Zahlen $z_1 = a_1 + jb_1$ und $z_2 = a_2 + jb_2$ ist

$$z_1 - z_2 = (a_1 - a_2) + j(b_1 - b_2) \tag{499.4}$$

Definition Das Produkt $z = z_1 z_2$ zweier komplexer Zahlen

$$z_1 = a_1 + jb_1 \quad \text{und} \quad z_2 = a_2 + jb_2$$

ist $z = a + jb$ mit

$$\begin{aligned} a &= \operatorname{Re} z = \operatorname{Re}(z_1 z_2) = a_1 a_2 - b_1 b_2 \\ b &= \operatorname{Im} z = \operatorname{Im}(z_1 z_2) = a_2 b_1 + a_1 b_2 \end{aligned} \tag{499.5}$$

Gl. (499.3), (499.4) und (499.5) zeigen, daß für $b_1 = b_2 = 0$ (reelle Zahlen) die reellen Rechenregeln erhalten bleiben. Setzt man speziell $z_1 = z_2 = j$, also $a_1 = a_2 = 0$, $b_1 = b_2 = 1$, so folgt mit $z = z_1 \cdot z_2 = j^2$ aus Gl. (499.5) $\operatorname{Re} z = -1$ und $\operatorname{Im} z = 0$, also $j^2 = -1$. Die Definition Gl. (498.2) ist also ein Spezialfall der allgemeineren Definitionen Gl. (499.5).

Definition (499.5) beinhaltet unter Beachtung von $j^2 = -1$, daß das distributive Gesetz der Klammerrechnung wie im Reellen angewandt werden kann.

$$\begin{aligned} z_1 \cdot z_2 &= (a_1 + jb_1)(a_2 + jb_2) = a_1 a_2 + jb_1 a_2 + ja_1 b_2 + j^2 b_1 b_2 \\ &= (a_1 a_2 - b_1 b_2) + j(a_2 b_1 + a_1 b_2) \end{aligned}$$

Beispiel 1 Es ist $z_1 = 4 - j3$ und $z_2 = -2 + j5$. Man berechne $z_1 \cdot z_2$.
Durch Ausmultiplizieren unter Beachtung der Klammerregeln und $j^2 = -1$ ist

$$z_1 \cdot z_2 = (4 - j3)(-2 + j5) = (-8 - j^2 15) + j(20 + 6) = 7 + j26$$

12.1 Komplexe Zahlen

Beispiel 2 Man bilde die ersten sechs Potenzen von j. — Diese Potenzen werden durch fortgesetzte Multiplikation ermittelt

$$j^2 = -1$$
$$j^3 = j \cdot j^2 = j \cdot (-1) = -j$$
$$j^4 = j \cdot j^3 = j \cdot (-j) = -j^2 = 1$$
$$j^5 = j \cdot j^4 = j \cdot (+1) = +j$$
$$j^6 = j \cdot j^5 = j \cdot j = j^2 = -1$$

Hieraus erkennt man, daß sich bei fortgesetzter Multiplikation mit der imaginären Einheit j die Ausdrücke $-1; -j; +1; +j; \ldots$ periodisch wiederholen.

Definition Ist $z = a + jb$, so heißt $\bar{z} = a - jb$ die zu z **konjugiert komplexe Zahl**.

Konjugiert komplexe Zahlen haben den gleichen Realteil, und die Imaginärteile unterscheiden sich nur durch das Vorzeichen.

Das Produkt konjugiert komplexer Zahlen ist reell und nichtnegativ.

$$z \cdot \bar{z} = (a + jb)(a - jb) = a^2 - j^2 b^2 = a^2 + b^2 \tag{500.1}$$

Definition Der **Betrag** r der komplexen Zahl z ist

$$|z| = r = \sqrt{z\bar{z}} = \sqrt{a^2 + b^2}$$

Definition Der **Quotient** $z = z_1/z_2$ zweier komplexer Zahlen $z_1 = a_1 + jb_1$ und $z_2 = a_2 + jb_2$ ist $z = a + jb$ mit

$$a = \mathrm{Re}\, z = \mathrm{Re}\, \frac{z_1}{z_2} = \frac{a_1 a_2 + b_1 b_2}{a_2^2 + b_2^2}$$
$$b = \mathrm{Im}\, z = \mathrm{Im}\, \frac{z_1}{z_2} = \frac{a_2 b_1 - a_1 b_2}{a_2^2 + b_2^2} \tag{500.2}$$

Die Division wird so definiert, daß unter Benutzen von Gl. (500.1) die Multiplikationsregeln für Klammerausdrücke und die Bruchrechnungsregeln wie bei den reellen Zahlen gelten. Der Bruch $(a_1 + jb_1)/(a_2 + jb_2)$ wird mit der zum Nenner konjugiert komplexen Zahl erweitert

$$\frac{z_1}{z_2} = \frac{a_1 + jb_1}{a_2 + jb_2} = \frac{(a_1 + jb_1)(a_2 - jb_2)}{(a_2 + jb_2)(a_2 - jb_2)} = \frac{(a_1 a_2 + b_1 b_2) + j(a_2 b_1 - a_1 b_2)}{a_2^2 + b_2^2}$$
$$= \frac{a_1 a_2 + b_1 b_2}{a_2^2 + b_2^2} + j\frac{a_2 b_1 - a_1 b_2}{a_2^2 + b_2^2}$$

Dividiert man beide Seiten der Gl. (498.2) durch die imaginäre Einheit j, so ergibt sich die in der Elektrotechnik häufig benutzte Beziehung

$$j = -\frac{1}{j} \tag{500.3}$$

Beispiel 3 Man bilde den Quotienten $(5 - j2)/(8 + j)$.

$$\frac{5 - j2}{8 + j} = \frac{(5 - j2)(8 - j)}{8^2 + 1^2} = \frac{(40 - 2) + j(-16 - 5)}{65} = \frac{38}{65} - j\frac{21}{65} = 0{,}585 - j0{,}323$$

12.1.2 Gaußsche Zahlenebene

Alle reellen Zahlen kann man auf der Zahlengeraden durch Pfeile vom Nullpunkt aus symbolisieren. Nach Gauß ist es zweckmäßig, die komplexen Zahlen in einer Zahlenebene durch Punkte oder durch Pfeile vom Nullpunkt aus darzustellen (**501.1**)[1]. Ist der Imaginärteil b gleich Null, so liegt der Pfeil auf der reellen Achse (Permanenzprinzip). Ist der Realteil a gleich Null, so liegt der Pfeil auf der imaginären Achse, die auf der reellen Achse im Nullpunkt senkrecht steht. Die Pfeile konjugiert komplexer Zahlen z und $\bar{z}$ liegen in der Zahlenebene symmetrisch zur reellen Achse. Nach Bild **501.1** gilt[2])

$$\left.\begin{array}{ll} \text{Re } z = a = r \cos \varphi & |z| = r = +\sqrt{a^2 + b^2} \\ \text{Im } z = b = r \sin \varphi & \text{Arc } z = \varphi = \arctan \dfrac{b}{a} \\ |z| = |\bar{z}| = r & \text{Arc } z = - \text{Arc } \bar{z} = \varphi \end{array}\right\} \quad (501.1)$$

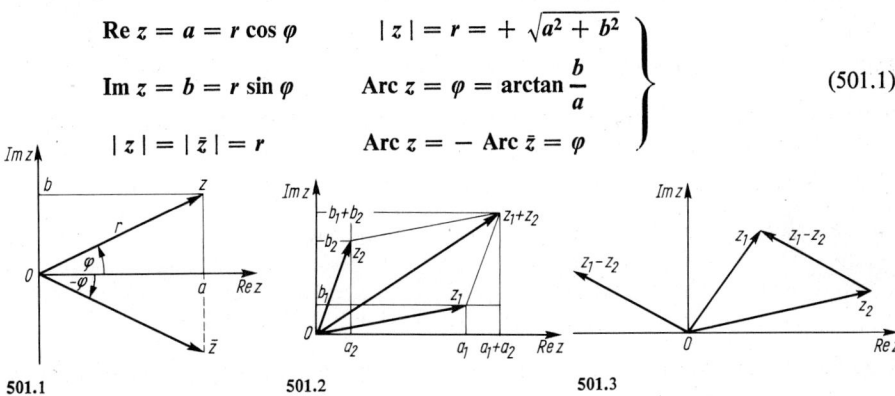

501.1   501.2   501.3

Eine komplexe Zahl wird entweder durch Real- und Imaginärteil oder durch den Betrag[3]) $|z| = r$ und den Arcus (Bogen) Arc $z = \varphi$ beschrieben. Beide Darstellungen einer komplexen Zahl und ihre gegenseitigen Umrechnungen werden häufig benötigt.

Beispiel 4 Man bilde zu nachstehenden komplexen Zahlen jeweils die andere Form.

$z = -4{,}16 + \text{j}11{,}59 \quad \Rightarrow r = 12{,}31 \;\; \text{und} \;\; \varphi = 109{,}7°$

$z = 0{,}945 - \text{j}90{,}2 \quad \Rightarrow r = 90{,}2 \;\; \text{und} \;\; \varphi = -89{,}40°$

$r = 186{,}2 \;\; \text{und} \;\; \varphi = 258{,}4° \quad \Rightarrow z = -37{,}4 - \text{j}182{,}4$

$r = 0{,}0416 \;\; \text{und} \;\; \varphi = 269{,}41° \Rightarrow z = -0{,}000428 - \text{j}0{,}0416$

Auch die Rechenoperationen lassen sich in der Gaußschen Zahlenebene veranschaulichen. Bild **501.2** zeigt, daß die Addition für komplexe Zahlen und für Vektoren gleich definiert ist.

Bild **501.3** zeigt die Übereinstimmung der Definition der Subtraktion mit der entsprechenden der Vektorrechnung. Aus Gl. (499.4) und Bild **501.3** folgt im Spezialfall $z_1 = 0$, daß $-z = -a - \text{j}b$ in der Gaußschen Zahlenebene punktsymmetrisch zu $z = a + \text{j}b$ liegt.

Die geometrische Veranschaulichung von Multiplikation und Division erfolgt im nächsten Abschnitt.

---

[1]) Die Darstellung der komplexen Zahlen in der Gaußschen Zahlenebene dient nur der Veranschaulichung.

[2]) Die Darstellung in der Gaußschen Zahlenebene erfolgt in diesem Buche so, daß an der vertikalen Achse die reellen Zahlen Im z aufgetragen werden. Gelegentlich wird auch $j \cdot \text{Im } z$ aufgetragen.

[3]) S. Abschn. 12.1.3.

12.1.3 Komplexe Zahl. Vektor. Zeiger

Die Menge der komplexen Zahlen $\{z\} = \mathbb{C}$ und die Menge der Vektoren in der Ebene $\{\vec{x}\} = \mathbb{R}^2$ bilden jeweils einen Vektorraum über der Menge $\mathbb{R}$ (s. Abschn. 4.2.4). Über die durch den Vektorraum bedingten Definitionen hinaus werden aber für beide Mengen unterschiedliche zusätzliche Verknüpfungen definiert, so für Vektoren das skalare und das vektorielle Produkt, für komplexe Zahlen die komplexe Multiplikation und Division.

Für Vektoren gibt es nach DIN 1303, Schreibweise von Tensoren (Vektoren), drei Schreibweisen, von denen in diesem Buch die Schreibweise $\vec{a}$ gewählt wird, sofern es sich nicht um $(n, 1)$- bzw. $(1, n)$-Matrizen handelt. Diese werden ebenfalls Vektoren genannt, aber halbfett gesetzt (s. DIN 5486). Für die komplexen Zahlen in der Mathematik empfiehlt DIN 1302, Mathematische Zeichen, wie für reelle Zahlen lateinische Buchstaben. Ein wichtiges Anwendungsgebiet der komplexen Rechnung findet sich in der Wechselstromtechnik. Die dort auftretenden komplexen Größen werden – soweit sie Schwingungen beschreiben – Zeiger genannt. In der Wechselstromtechnik werden alle komplexen Größen, nicht nur die Zeiger, entsprechend den Empfehlungen von DIN 5483, Blatt 3, komplexe Darstellung sinusförmiger zeitabhängiger Größen, und DIN 1344, Formelzeichen der elektrischen Nachrichtentechnik, besonders gekennzeichnet. Von den vorgeschlagenen Empfehlungen wird in Abschn. 12.3 die Unterstreichung gewählt: z.B. $\underline{Z}$.

12.2 Transzendente Funktionen

12.2.1 Euler-Gleichung

Nach Gl. (501.1) gilt $a = r \cos \varphi$ und $b = r \sin \varphi$. Damit wird

$$z = a + jb = r(\cos \varphi + j \sin \varphi) \tag{502.1}$$

Der Ausdruck $\cos \varphi + j \sin \varphi$ soll umgewandelt werden. Für die Funktionen $\cos \varphi$ und $\sin \varphi$ gelten nach Gl. (435.1) und (437.1) die für alle φ absolut konvergenten Potenzreihen

$$\cos \varphi = 1 - \frac{\varphi^2}{2!} + \frac{\varphi^4}{4!} - \frac{\varphi^6}{6!} + \cdots \tag{502.2}$$

$$\sin \varphi = \varphi - \frac{\varphi^3}{3!} + \frac{\varphi^5}{5!} - \frac{\varphi^7}{7!} + \cdots \tag{502.3}$$

Wegen ihrer absoluten Konvergenz dürfen diese Reihen umgeformt und zueinander addiert werden. Zunächst wird Gl. (502.3) mit j multipliziert

$$j \sin \varphi = j\varphi - j\frac{\varphi^3}{3!} + j\frac{\varphi^5}{5!} - j\frac{\varphi^7}{7!} + \cdots \tag{502.4}$$

Nach Beispiel 2, S. 500, ist

$$-j = j^3, \, j = j^5, \, -j = j^7, \cdots$$

12.2.1 Euler-Gleichung

Daher kann Gl. (502.4) auch in der Form

$$\mathrm{j}\sin\varphi = \mathrm{j}\varphi + \frac{(\mathrm{j}\varphi)^3}{3!} + \frac{(\mathrm{j}\varphi)^5}{5!} + \frac{(\mathrm{j}\varphi)^7}{7!} + \cdots \qquad (503.1)$$

geschrieben werden. Nach Beispiel 2, S. 500, ist auch

$$\mathrm{j}^4 = \mathrm{j}^8 = \mathrm{j}^{12} = \cdots = 1 \qquad \text{und } \mathrm{j}^2 = \mathrm{j}^6 = \mathrm{j}^{10} = \cdots = -1$$

Daher folgt aus Gl. (502.2)

$$\cos\varphi = 1 + \frac{(\mathrm{j}\varphi)^2}{2!} + \frac{(\mathrm{j}\varphi)^4}{4!} + \frac{(\mathrm{j}\varphi)^6}{6!} + \cdots \qquad (503.2)$$

Durch Addieren der beiden Reihen Gl. (503.2) und (503.1) sowie Ordnen der Potenzen von $\mathrm{j}\varphi$ nach wachsendem Grad ergibt sich

$$\cos\varphi + \mathrm{j}\sin\varphi = 1 + \frac{\mathrm{j}\varphi}{1!} + \frac{(\mathrm{j}\varphi)^2}{2!} + \frac{(\mathrm{j}\varphi)^3}{3!} + \frac{(\mathrm{j}\varphi)^4}{4!} + \cdots \qquad (503.3)$$

Diese so erhaltene Reihe stimmt in ihrem Bildungsgesetz mit der Reihe für die Exponentialfunktion Gl. (439.2) überein

$$\mathrm{e}^x = 1 + \frac{x}{1!} + \frac{x^2}{2!} + \frac{x^3}{3!} + \frac{x^4}{4!} + \cdots \qquad (503.4)$$

Ein Vergleich dieser beiden Gleichungen zeigt, daß die rechten Seiten ineinander übergehen, wenn man $x = \mathrm{j}\varphi$ setzt. Setzt man auch die linken Seiten einander gleich, so wird die Exponentialfunktion mit imaginärem Exponenten durch die **Euler-Gleichung**

$$\mathrm{e}^{\mathrm{j}\varphi} = \cos\varphi + \mathrm{j}\sin\varphi \qquad (503.5)$$

erklärt. Wegen Gl. (502.1) kann eine komplexe Zahl z in der Form

$$z = a + \mathrm{j}b = r(\cos\varphi + \mathrm{j}\sin\varphi) = r \cdot \mathrm{e}^{\mathrm{j}\varphi} \qquad (503.6)$$

dargestellt werden[1]).

Polarform. Komponentenform Wegen der Euler-Gleichung (503.5) kann man eine komplexe Zahl z in zwei Formen schreiben. Ihre **Polarform**, **Exponentialform** oder **Hauptform** lautet

$$z = r\,\mathrm{e}^{\mathrm{j}\varphi} \qquad (503.7)$$

die **Komponentenform** oder **Nebenform**

$$z = a + \mathrm{j}b \qquad (503.8)$$

Umrechnungen der Polarform in die Komponentenform und umgekehrt erfolgen mit Gl. (501.1) und sind in Beispiel 4, S. 501, gezeigt. Addition und Subtraktion komplexer Zahlen ist nur in der Komponentenform möglich. Für alle anderen Rechenarten ist die Polarform vorzuziehen.

Periode der Exponentialfunktion Der Sinus und der Cosinus haben die Periode 2π. Daher gilt nach der Euler-Gleichung (503.5)

$$\mathrm{e}^{\mathrm{j}(\varphi + 2\pi k)} = \cos(\varphi + 2\pi k) + \mathrm{j}\sin(\varphi + 2\pi k) = \mathrm{e}^{\mathrm{j}\varphi} \qquad k \in \mathbb{Z} \qquad (503.9)$$

---

[1]) In der Elektrotechnik findet man auch die Versorschreibweise $r \angle \varphi$ statt $r\,\mathrm{e}^{\mathrm{j}\varphi}$.

12.2 Transzendente Funktionen

Die Exponentialfunktion hat die imaginäre Periode $j2\pi$. Die Exponenten der Potenzen von j haben nach Beispiel 2, S. 500, die Periode vier, hieraus ergibt sich im Zusammenhang mit der Euler-Gleichung

$$j^0 = e^{j0} = 1 \qquad j = e^{j\frac{\pi}{2}} \qquad j^2 = -1 = e^{j\pi}$$
$$j^3 = -j = \frac{1}{j} = e^{j\frac{3\pi}{2}} = e^{-j\frac{\pi}{2}} \qquad j^4 = e^{j2\pi} = 1 \tag{504.1}$$

Multiplikation Bildet man mit $z_1 = r_1 e^{j\varphi_1}$ und $z_2 = r_2 e^{j\varphi_2}$ nach den Regeln der reellen Potenzrechnung das Produkt

$$z_1 z_2 = r_1 e^{j\varphi_1} \cdot r_2 e^{j\varphi_2} = r_1 r_2 e^{j(\varphi_1 + \varphi_2)} \tag{504.2}$$

so muß bewiesen werden, daß Gl. (504.2) der Definition der Multiplikation Gl. (499.5) entspricht. Nach der Euler-Gleichung (503.5) ist

$$z_1 z_2 = r_1 e^{j\varphi_1} r_2 e^{j\varphi_2} = r_1 r_2 (\cos\varphi_1 + j\sin\varphi_1)(\cos\varphi_2 + j\sin\varphi_2)$$
$$= r_1 r_2 [(\cos\varphi_1 \cos\varphi_2 - \sin\varphi_1 \sin\varphi_2) + j(\sin\varphi_1 \cos\varphi_2 + \cos\varphi_1 \sin\varphi_2)]$$

Nach Gl. (142.5) und (143.2) erhält man hieraus

$$z_1 z_2 = r_1 r_2 [\cos(\varphi_1 + \varphi_2) + j\sin(\varphi_1 + \varphi_2)] \tag{504.3}$$

Aus Gl. (504.3) folgt wegen der Euler-Gleichung die Behauptung Gl. (504.2), das heißt

Man multipliziert zwei komplexe Zahlen, indem man die Beträge multipliziert und die Arcus addiert.

Geometrische Deutung. Das Produkt $z_1 z_2$ kann in der Zahlenebene geometrisch bestimmt werden (**504.1**). Man trägt an den Pfeil für z_2 den Winkel φ_1 an. Weiter verbindet man Eins auf der reellen Achse mit der Pfeilspitze von z_1 und trägt den so erhaltenen Winkel auch im Endpunkt des Pfeils z_2 an. Da in den entstandenen beiden ähnlichen Dreiecken

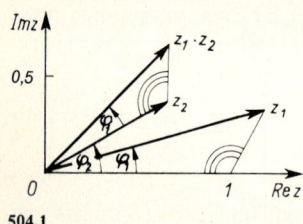
504.1

$$\frac{r_1}{1} = \frac{|z_1 z_2|}{r_2}$$

ist, erhält man $r_1 \cdot r_2 = |z_1 \cdot z_2|$. Der Pfeil für $z_1 z_2$ in Bild **504.1** beschreibt das komplexe Produkt.

Spezialfälle. Multipliziert man $z = r e^{j\varphi}$ mit der positiven reellen Zahl c, so wird $cz = cr e^{j\varphi}$.

Durch die Multiplikation einer komplexen Zahl mit einer positiven reellen Zahl wird nur der Betrag geändert.

Multipliziert man $z = r e^{j\varphi}$ mit $z_1 = e^{j\varphi_1}$, so gilt

$$z \cdot z_1 = r e^{j(\varphi + \varphi_1)}$$

Multipliziert man eine komplexe Zahl z mit einer komplexen Zahl vom Betrage Eins, so wird nur der Arcus geändert.

Die Multiplikation mit einer beliebigen komplexen Zahl bedeutet in der Zahlenebene eine Drehung und Streckung. Die Multiplikation mit der komplexen Funktion $e^{j\omega t}$ ändert nicht den Betrag der komplexen Zahl. Der Pfeil

$$w = r\, e^{j\varphi}\, e^{j\omega t}$$

dreht sich mit wachsendem t auf einem Kreis vom Radius r um den Nullpunkt der Zahlenebene mit der Winkelgeschwindigkeit (Kreisfrequenz) ω.

Division Bildet man, entsprechend der Multiplikation, den Quotienten

$$\frac{z_1}{z_2} = \frac{r_1\, e^{j\varphi_1}}{r_2\, e^{j\varphi_2}} = \frac{r_1}{r_2}\, e^{j(\varphi_1 - \varphi_2)} \tag{505.1}$$

so ist die Übereinstimmung dieser Gleichung mit der Definition der Division Gl. (500.2) zu beweisen. Unter Beachtung der Gl. (143.1) und (143.3) gilt

$$\frac{z_1}{z_2} = \frac{r_1\,(\cos\varphi_1 + j\sin\varphi_1)}{r_2\,(\cos\varphi_2 + j\sin\varphi_2)} = \frac{r_1\,(\cos\varphi_1 + j\sin\varphi_1)\,(\cos\varphi_2 - j\sin\varphi_2)}{r_2\,(\cos^2\varphi_2 + \sin^2\varphi_2)}$$

$$= \frac{r_1}{r_2}\,[(\cos\varphi_1\cos\varphi_2 + \sin\varphi_1\sin\varphi_2) + j(\sin\varphi_1\cos\varphi_2 - \sin\varphi_2\cos\varphi_1)]$$

$$= \frac{r_1}{r_2}\,[\cos(\varphi_1 - \varphi_2) + j\sin(\varphi_1 - \varphi_2)] = \frac{r_1}{r_2}\, e^{j(\varphi_1 - \varphi_2)}$$

Man dividiert zwei komplexe Zahlen, indem man die Beträge dividiert und die Arcus voneinander subtrahiert.

Aus Gl. (505.1) folgt

$$\frac{1}{z} = \frac{1}{r\, e^{j\varphi}} = \frac{1}{r}\, e^{-j\varphi} \tag{505.2}$$

Geometrische Deutung. Aus den beiden Gleichungen

$$\text{Arc}\,\frac{z_1}{z_2} = \text{Arc}\, z_1 - \text{Arc}\, z_2$$

und

$$\left|\frac{z_1}{z_2}\right| = \frac{|z_1|}{|z_2|}$$

erhält man die in Bild **505.1** angegebene Konstruktion des Pfeils des Quotienten zweier komplexer Zahlen.

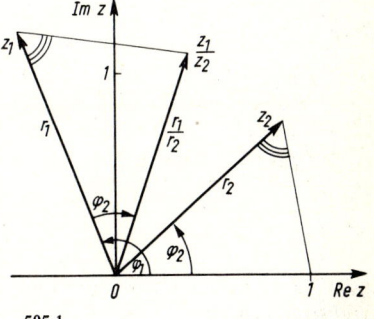
505.1

Beispiel 1 Man drücke $\cos 3\alpha$ und $\sin 3\alpha$ durch $\cos\alpha$ und $\sin\alpha$ aus.

Diese Identitäten lassen sich durch zweimaliges Anwenden der Additionstheoreme bestimmen. Wesentlich einfacher kann man diese Beziehungen aber mit der Euler-Gleichung herleiten. Es ist

$$[e^{j\alpha}]^3 = e^{j3\alpha} = \cos 3\alpha + j\sin 3\alpha$$

Wendet man zunächst auf die eckige Klammer die Eulersche Umformung an, so wird

$$[e^{j\alpha}]^3 = (\cos\alpha + j\sin\alpha)^3$$
$$= \cos^3\alpha + 3\cos^2\alpha \cdot j\sin\alpha + 3\cos\alpha \cdot j^2\sin^2\alpha + j^3\sin^3\alpha$$
$$= (\cos^3\alpha - 3\cos\alpha\sin^2\alpha) + j(3\cos^2\alpha\sin\alpha - \sin^3\alpha)$$

Wegen der Gleichheit komplexer Zahlen (Gl. (499.1)) wird $\cos 3\alpha = \cos^3\alpha - 3\cos\alpha\sin^2\alpha = 4\cos^3\alpha - 3\cos\alpha$ und $\sin 3\alpha = 3\cos^2\alpha\sin\alpha - \sin^3\alpha = 3\sin\alpha - 4\sin^3\alpha$.

12.2.2 Exponentialfunktion. Logarithmus. Potenzen

Exponentialfunktion Es sei $z = a + jb = r\,e^{j\varphi}$. Dann ist

$$e^z = e^{a+jb} = e^a e^{jb} = e^a(\cos b + j\sin b)$$

Daher gilt

Re $e^z = e^a \cos b$ **Im $e^z = e^a \sin b$** (506.1)

Logarithmus Der Logarithmus wird wie im Reellen als Umkehrfunktion der Exponentialfunktion erklärt. Ist

$$w = \ln z = u + jv = \text{Re}\ln z + j\,\text{Im}\ln z$$

so folgt aus

$$z = e^w = a + jb = r\cdot e^{j(\varphi+2\pi k)}$$

wegen Gl. (506.1)

$$a = e^u \cos v \qquad b = e^u \sin v \tag{506.2}$$

Quadrieren und Addieren ergibt

$$a^2 + b^2 = r^2 = e^{2u} \qquad \text{oder} \qquad u = \ln r$$

Bildet man den Quotienten, so wird

$$\tan v = \frac{b}{a} = \tan(\varphi + 2k\pi) \qquad k \in \mathbb{Z}$$

oder $v = \varphi + 2k\pi$

Daher gilt [1]

Re $\ln z = \ln r$ **Im $\ln z = \varphi + 2\pi k$** (506.3)

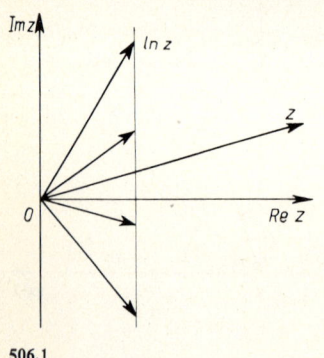

506.1

Im Reellen ist eine Funktion (Abbildung) eine eindeutige Zuordnung eines Elementes der Definitionsmenge zu einem Element der Bildmenge. Hier werden einer komplexen Zahl z unendlich viele Bilder $w = \ln z$ zugeordnet. Alle diese Bilder haben den gleichen Realteil, die Imaginärteile unterscheiden

---

[1] Ist $0 \leq \text{Arc}\ln z < 2\pi$, so heißt $\ln z$ der Hauptwert. Für beliebige Werte von $w = \ln z$ schreibt man nach DIN 1302

$$\text{arc}\,w = \text{Arc}\,w + 2\pi n \qquad n \in \mathbb{Z}$$

12.2.2 Exponentialfunktion. Logarithmus. Potenzen

sich jeweils um den konstanten Betrag 2π, Bild 506.1. Auf die Frage, wie man im Komplexen zu Abbildungen, d.h. Eindeutigkeit, gelangt, wird in Abschn. 12.4 eingegangen (Riemannsche Flächen). Bei technischen Problemen erhält man die Eindeutigkeit durch zusätzliche sich aus der technischen Fragestellung ergebende Aussagen.

Beispiel 2 Man bestimme denjenigen Wert von $w = \ln(-e)$, für den Arc $w \approx \pi/3$ gilt.

$$w = \ln(-e) = \ln(e \cdot e^{j(\pi + 2\pi k)}) = 1 + j(\pi + 2\pi k)$$

Die ganze Zahl k bestimmt man aus

$$\text{Arc } w = \arctan[(\pi + 2\pi k)/1] \approx \pi/3 \quad \text{oder} \quad \pi(1 + 2k) \approx \tan(\pi/3) = \sqrt{3}$$

Daher ist

$$k \approx \frac{1}{2}\left(\frac{\sqrt{3}}{\pi} - 1\right) = -0{,}224$$

Es kommen die Werte $k = 0$ oder $k = -1$ in Frage. Hieraus folgt $w_1 = 1 + j\pi = 3{,}30\,e^{j72{,}3°}$ für $k = 0$ und $w_2 = 1 - j\pi = 3{,}30\,e^{-j72{,}3°}$ für $k = -1$. Wegen der Nichtlinearität des Arcustangens kann nicht geschlossen werden, daß die nächstliegende ganze Zahl für k die Lösung ergibt, die die geforderte Bedingung am besten erfüllt. Es müssen immer die beiden benachbarten ganzzahligen k-Werte eingesetzt werden. Für $k = 0$ ergibt sich in diesem Falle die beste Lösung

$$w = 1 + j\pi = 3{,}30\,e^{j72{,}3°}$$

Beispiel 3 Man bestimme denjenigen Wert von $w = \ln(-2{,}17 + j5{,}31)$, für den $|w|$ möglichst nahe bei 20 liegt.
Es ist $w = \ln(5{,}74\,e^{j112{,}2°}) = 1{,}747 + j(1{,}959 + 2\pi k)$. Dann ist

$$|w| = \sqrt{1{,}747^2 + (1{,}959 + 2\pi k)^2} \approx 20$$

oder $\quad (1{,}959 + 2\pi k)^2 \approx 20^2 - 1{,}747^2 = 397$

$$2\pi k \approx \pm\sqrt{397} - 1{,}959 = \pm 19{,}92 - 1{,}96$$

$$k_{1,2} \approx \frac{17{,}96}{2\pi} = 2{,}86 \qquad k_{3,4} \approx -\frac{21{,}88}{2\pi} = -3{,}48$$

Es ergeben sich daher vier mögliche Werte für k: $k_1 = 2$, $k_2 = 3$, $k_3 = -3$ und $k_4 = -4$. Mit diesen vier Werten für k erhält man

$$w_1 = 1{,}747 + j14{,}53 = 14{,}63\,e^{j83{,}1°}$$
$$w_2 = 1{,}747 + j20{,}81 = 20{,}88\,e^{j85{,}2°}$$
$$w_3 = 1{,}747 - j16{,}89 = 16{,}98\,e^{-j84{,}1°}$$
$$w_4 = 1{,}747 - j23{,}17 = 23{,}24\,e^{-j85{,}7°}$$

Der Betrag von w_2 liegt der Zahl 20 am nächsten, daher ist w_2 die gesuchte komplexe Zahl.

Potenzen mit reellen Exponenten Ist $c \in \mathbb{R}^+$, so ist die Potenz z^c in konsequenter Verallgemeinerung der Rechengesetze reeller Zahlen

$$z^c = (r\,e^{j(\varphi + 2\pi k)})^c = r^c\,e^{j(c\varphi + 2\pi c k)} \tag{507.1}$$

Bei Gl. (507.1) ist es notwendig, die Periode der Exponentialfunktion mitzuschreiben, da man in allen Fällen, in denen der Exponent c keine ganze Zahl ist, mehr als eine Lösung erhält.

12.2 Transzendente Funktionen

Deutung in der Zahlenebene. Alle Potenzen in Gl. (507.1) haben den gleichen Betrag r^c; die Spitzen ihrer Pfeile liegen daher in der Zahlenebene alle auf einem Kreise vom Radius r^c um den Nullpunkt. Die Arcus unterscheiden sich um $2\pi c$. Ist $c = n$ eine ganze Zahl, so fallen alle Lösungen zusammen, da k und damit auch nk eine ganze Zahl ist. Es gibt daher nur **eine** Lösung

$$z^n = r^n e^{jn\varphi} = r^n (\cos n\varphi + j \sin n\varphi) \qquad \text{für } n \in \mathbb{N} \qquad (508.1)$$

Beispiel 4 Man berechne $z = (-0{,}516 - j0{,}191)^6$.

$$z = (0{,}550\, e^{j200{,}3°})^6 = 0{,}550^6\, e^{j1201{,}8°} = 0{,}0277\, e^{j121{,}8°} = -0{,}0146 + j0{,}0235$$

Wurzeln. Ist c der Kehrwert einer natürlichen Zahl, also $c = 1/n$, so wird aus Gl. (507.1) die **Moivresche Gleichung**

$$z^{\frac{1}{n}} = \sqrt[n]{z} = \sqrt[n]{r}\, e^{j\left(\frac{\varphi}{n} + \frac{2\pi}{n}k\right)}$$
$$\sqrt[n]{z} = \sqrt[n]{r}\left[\cos\left(\frac{\varphi}{n} + \frac{2\pi}{n}k\right) + j \sin\left(\frac{\varphi}{n} + \frac{2\pi}{n}k\right)\right] \qquad (508.2)$$

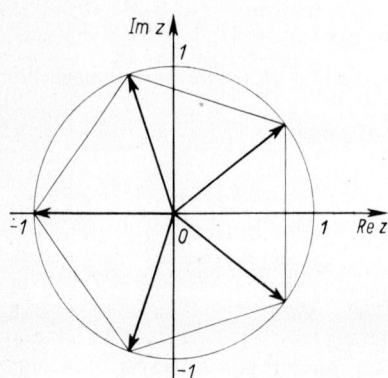

508.1

Die Bilder aller Wurzeln liegen auf einem Kreis um den Nullpunkt vom Radius $\sqrt[n]{r}$. Ihre Arcus unterscheiden sich jeweils um $2\pi/n$. Daher erhält man für $k = 0, 1, 2, \ldots, (n-1)$ insgesamt n verschiedene Wurzeln, denn für $k = n$ stimmt die komplexe Zahl mit der Zahl für $k = 0$ überein. Diese n Pfeilspitzen bilden in der Zahlenebene die Ecken eines regelmäßigen n-Ecks (**508.1**).

Ebenso erhält man q verschiedene Lösungen, wenn $c = p/q$ eine rationale Zahl mit ganzen teilerfremden Zahlen p und q ist. Ist $p > 1$, so ergeben sich mehrere Umläufe des Pfeils

$$z^{p/q} = r^{p/q}\left[\cos\left(\frac{p}{q}\varphi + \frac{2\pi p}{q}k\right) + j \sin\left(\frac{p}{q}\varphi + \frac{2\pi p}{q}k\right)\right] \qquad (508.3)$$

Beispiel 5 Man bestimme alle Lösungen von $z = \sqrt[5]{-1}$.

Es ist $\quad \sqrt[5]{-1} = e^{j(\pi + 2\pi k)\frac{1}{5}} = e^{j\left(\frac{\pi}{5} + \frac{2\pi}{5}k\right)}$

Damit wird

$z_1 = e^{j36°} = 0{,}809 + j0{,}588 \qquad\qquad z_4 = e^{j252°} = -0{,}309 - j0{,}951 = \bar{z}_2$
$z_2 = e^{j108°} = -0{,}309 + j0{,}951 \qquad\qquad z_5 = e^{j324°} = 0{,}809 - j0{,}588 = \bar{z}_1$
$z_3 = e^{j180°} = -1$

Die Lösungen sind in Bild **508.1** eingezeichnet.

12.2.2 Exponentialfunktion. Logarithmus. Potenzen

Beispiel 6 Man bestimme $z = \sqrt[3]{2{,}15 - j3{,}13}$.

$$z = (3{,}80\,e^{-j55{,}5°})^{1/3} = \sqrt[3]{3{,}80}\,e^{j(-18{,}5° + 120°k)}$$
$$z_1 = 1{,}560\,e^{-j18{,}5°} \quad = 1{,}479 - j0{,}495$$
$$z_2 = 1{,}560\,e^{j101{,}5°} \quad = -0{,}311 + j1{,}529$$
$$z_3 = 1{,}560\,e^{j221{,}5°} \quad = -1{,}168 - j1{,}034$$

Setzt man $w = 2{,}15 - j3{,}13 = 3{,}80\,e^{j304{,}5°}$, so erhält man die drei Wurzeln in anderer Reihenfolge.

Beispiel 7 Man ermittle die Polar- und Komponentenformen der komplexen Zahlen

$$z = \frac{(3{,}17 + j4{,}18)(-0{,}53 + j0{,}68)^2}{\sqrt[3]{15{,}16 - j3{,}15}}$$

Für diese Rechnung ist es zunächst erforderlich, die einzelnen Zahlen im Zähler und im Nenner in die Polarform zu bringen

$$z = \frac{5{,}25\,e^{j52{,}8°} \cdot (0{,}862\,e^{j127{,}9°})^2}{\sqrt[3]{15{,}48\,e^{-j11{,}7° + j360° \cdot k}}} = \frac{5{,}25\,e^{j52{,}8°} \cdot 0{,}743\,e^{j255{,}8°}}{2{,}49\,e^{-j3{,}9° + j120° \cdot k}} = 1{,}564\,e^{-j47{,}5° - j120° \cdot k}$$

Um alle Lösungen von z zu erhalten, wird nacheinander für k der Wert 0, -1 und -2 gewählt. Würde man $k = 0$, 1 und 2 setzen, so wären zweckmäßigerweise in der Polarform 360° zum Winkel zu addieren, ehe man die Umrechnung in die Komponentenform durchführt. Die Lösungen lauten

$$z_1 = 1{,}564\,e^{-j47{,}5°} = 1{,}057 - j1{,}153 \qquad z_3 = 1{,}564\,e^{j192{,}5°} = -1{,}527 - j0{,}338$$
$$z_2 = 1{,}564\,e^{j72{,}5°} = 0{,}471 + j1{,}492$$

Irrationale Exponenten. Ist c eine irrationale (positive) Zahl, so ist kein Vielfaches von c eine ganze Zahl, daher ist für kein ganzzahliges k die Größe $2\pi c k$ ein Vielfaches von 2π. Die beliebig vielen Lösungen bilden daher den gesamten Umfang des Kreises vom Radius r^c.

Diese endlich vielen oder beliebig vielen möglichen Werte einer Potenz bilden die **Lösungsmenge**. Aus zusätzlichen Bedingungen, die sich aus der technischen Aufgabenstellung ergeben, ist jeweils die in Frage kommende Lösung auszuwählen.

Beispiel 8 Es ist $z = (-1{,}61 + j0{,}79)^{\pi/10}$. Gesucht ist der Pfeil der Lösungsmenge, für den $\text{Arc}\,z \approx 3\pi/2$ beim ersten Umlauf gilt.

$$z = [1{,}793\,e^{j(153{,}86° + 360° \cdot k)}]^{\pi/10} = 1{,}793^{\pi/10}\,e^{j(48{,}34° + 113{,}10°k)}$$

Die Bedingung $\text{Arc}\,z \approx 270°$ erfordert $270° \approx 48{,}34° + 113{,}10°k$, woraus $k \approx 1{,}96$ folgt. Der hier in Frage kommende Wert ist daher $k = 2$, da k hier eine lineare Funktion ist

$$z = 1{,}2014\,e^{j274{,}5°} = 0{,}0949 - j1{,}198$$

Potenzen mit komplexen Exponenten Es sei

$$w = z^{a + jb} = (r\,e^{j(\varphi + 2\pi k)})^{a + jb}$$

Dann gilt entsprechend Gl. (507.1)

$$w = r^a\,r^{jb}\,e^{ja\varphi}\,e^{-b\varphi}\,e^{j2\pi ak}\,e^{-2\pi bk}$$
$$= \exp(a \ln r - b\varphi - 2\pi k b) \cdot \exp[j(b \ln r + a\varphi + 2\pi a k)]$$

12.2 Transzendente Funktionen

Damit wird nach Gl. (506.1) mit $w = z^{a+jb}$

$$\text{Re } w = e^{(a\ln r - b\varphi - 2\pi kb)} \cos(b\ln r + a\varphi + 2\pi ak)$$
$$\text{Im } w = e^{(a\ln r - b\varphi - 2\pi kb)} \sin(b\ln r + a\varphi + 2\pi ak)$$
(510.1)

Beispiel 9 Man bestimme alle Werte von j^j.

Es ist $\quad j^j = e^{j\left(\frac{\pi}{2} + 2\pi k\right)j} = e^{-\frac{\pi}{2} - 2\pi k}$

eine unendliche reelle Lösungsmenge.

Beispiel 10 Man bestimme eine Lösung aus der Menge

$$w = (0{,}2 - j0{,}3)^{0{,}3 + j0{,}2}$$

Um Gl. (510.1) anwenden zu können, ist umzuformen

$$0{,}2 - j0{,}3 = 0{,}361\, e^{-j56{,}3°} = 0{,}361\, e^{-j0{,}983}$$

dann ist für $k = 0$

$$a \ln r - b\varphi = -0{,}1095 \qquad b \ln r + a\varphi = -0{,}499$$

Damit wird

$$w = 0{,}896\, e^{-j28{,}6°} = 0{,}787 - j0{,}429$$

12.2.3 Trigonometrische und hyperbolische Funktionen mit komplexem Argument

Zusammenhang mit der Exponentialfunktion Addiert man die Euler-Gl. (503.5) für positiven und für negativen Exponenten

$$e^{jx} = \cos x + j \sin x \qquad e^{-jx} = \cos x - j \sin x \qquad (510.2)$$

so erhält man nach Division durch Zwei

$$\cos x = \frac{e^{jx} + e^{-jx}}{2} \qquad (510.3)$$

Subtrahiert man die beiden Gl. (510.2) voneinander und dividiert sie dann durch $j\,2$, so wird

$$\sin x = \frac{e^{jx} - e^{-jx}}{j\,2} \qquad (510.4)$$

Diese beiden Gleichungen haben eine formale Ähnlichkeit mit den Definitionsgleichungen der hyperbolischen Funktionen (Gl. (165.1)).

$$\cosh x = \frac{e^x + e^{-x}}{2} \qquad \sinh x = \frac{e^x - e^{-x}}{2} \qquad (510.5)$$

Auf Grund dieser Gleichungen für reelle x wird unter Einhaltung des Permanenzprinzips für $z \in \mathbb{C}$ definiert

$$\cos z = \frac{e^{jz} + e^{-jz}}{2} \qquad \sin z = \frac{e^{jz} - e^{-jz}}{j\,2} \qquad \tan z = \frac{\sin z}{\cos z} \qquad (510.6)$$

12.2.3 Trigonometrische und hyperbolische Funktionen mit komplexem Argument

$$\cosh z = \frac{e^z + e^{-z}}{2} \qquad \sinh z = \frac{e^z - e^{-z}}{2} \tag{511.1}$$

$$\tanh z = \frac{\sinh z}{\cosh z} \qquad \coth z = \frac{1}{\tanh z} \tag{511.2}$$

Setzt man speziell $z = jb$, so wird

$$\cos jb = \frac{e^{-b} + e^b}{2} = \cosh b \qquad \sin jb = \frac{e^{-b} - e^b}{j2} = j \sinh b \tag{511.3}$$

$$\tan jb = \frac{\sin jb}{\cos jb} = j \tanh b \tag{511.4}$$

$$\cosh jb = \frac{e^{jb} + e^{-jb}}{2} = \cos b \qquad \sinh jb = \frac{e^{jb} - e^{-jb}}{2} = j \sin b \tag{511.5}$$

$$\tanh jb = \frac{\sinh jb}{\cosh jb} = j \tan b \tag{511.6}$$

Mit diesen Grundformeln erhält man mit der Euler-Gleichung (503.5) für die Winkel- und Hyperbelfunktionen mit komplexem Argument folgende Darstellung als komplexe Zahl in der Komponentenform

$$\sin(a + jb) = \frac{1}{j2}[e^{j(a+jb)} - e^{-j(a+jb)}] = \frac{1}{j2}(e^{ja}e^{-b} - e^{-ja}e^{b})$$

$$= \frac{1}{j2}[e^{-b}(\cos a + j \sin a) - e^{b}(\cos a - j \sin a)]$$

$$= \frac{1}{2}[\sin a (e^{-b} + e^{b}) - j \cos a (e^{-b} - e^{b})]$$

$$\sin(a + jb) = \sin a \cosh b + j \cos a \sinh b \tag{511.7}$$

Ebenso erhält man aus Gl. (510.6)

$$\cos(a + jb) = \cos a \cosh b - j \sin a \sinh b \tag{511.8}$$

Aus Gl. (511.1) folgt

$$\sinh(a + jb) = \sinh a \cos b + j \cosh a \sin b \tag{511.9}$$

$$\cosh(a + jb) = \cosh a \cos b + j \sinh a \sin b \tag{511.10}$$

Beispiel 11 Man bestimme Polar- und Komponentenform von $z_1 = \sin(0{,}1345 + j0{,}556)$.

$$z_1 = \sin(0{,}1345 + j0{,}556) = \sin 7{,}71° \cosh 0{,}556 + j \cos 7{,}71° \sinh 0{,}556$$
$$= 0{,}134 \cdot 1{,}159 + j 0{,}991 \cdot 0{,}585 = 0{,}155 + j 0{,}580 = 0{,}600 \, e^{j75{,}0°}$$

Beispiel 12 Man bestimme Polar- und Komponentenform von $z_2 = \cosh(0{,}1345 + j0{,}556)$.

$$z_2 = \cosh 0{,}1345 \cos 31{,}9° + j \sinh 0{,}1345 \sin 31{,}9°$$
$$= 1{,}009 \cdot 0{,}849 + j 0{,}1349 \cdot 0{,}528 = 0{,}857 + j 0{,}071 = 0{,}857 \, e^{j4{,}74°}$$

Beispiel 13 Man zerlege $\tanh(a + jb)$ in Real- und Imaginärteil.

Aus
$$\sinh(x + y) = \sinh x \cosh y + \cosh x \sinh y$$
$$\sinh(x - y) = \sinh x \cosh y - \cosh x \sinh y$$

folgt durch Addition
$$\sinh(x + y) + \sinh(x - y) = 2 \sinh x \cosh y$$

Entsprechend erhält man aus den Gleichungen
$$\cosh(x + y) = \cosh x \cosh y + \sinh x \sinh y$$
$$\cosh(x - y) = \cosh x \cosh y - \sinh x \sinh y$$

durch Addition
$$\cosh(x + y) + \cosh(x - y) = 2 \cosh x \cosh y$$

Hieraus ergibt sich mit $u = x + y$ und $v = x - y$

$$\sinh u + \sinh v = 2 \sinh \frac{u+v}{2} \cosh \frac{u-v}{2}$$

$$\cosh u + \cosh v = 2 \cosh \frac{u+v}{2} \cosh \frac{u-v}{2}$$

Durch Dividieren der ersten der vorstehenden Gleichungen durch die zweite erhält man

$$\tanh \frac{u+v}{2} = \frac{\sinh u + \sinh v}{\cosh u + \cosh v}$$

Setzt man in diese Gleichung $a = u/2$ und $jb = v/2$, so wird

$$\tanh(a + jb) = \frac{\sinh 2a + \sinh j2b}{\cosh 2a + \cosh j2b} = \frac{\sinh 2a}{\cosh 2a + \cos 2b} + j \frac{\sin 2b}{\cosh 2a + \cos 2b} \tag{512.1}$$

Zusammenhang zwischen Arcusfunktionen und Logarithmus Die komplexe Funktion $w = \arcsin z$ wird aus ihrer Umkehrfunktion Gl. (510.6) erklärt. Es ist dann

$$z = \sin w = \frac{e^{jw} - e^{-jw}}{j2}$$

Diese Gleichung wird nach w aufgelöst

$$j2z = e^{jw} - e^{-jw} \qquad e^{j2w} - j2z\, e^{jw} - 1 = 0 \qquad e^{jw} = jz \pm \sqrt{1 - z^2}$$

$$\boldsymbol{\arcsin z = -j \ln \left(jz \pm \sqrt{1 - z^2} \right)} \tag{512.2}$$

Ist $w = \arctan z$, also $z = \tan w$, so folgt aus Gl. (510.6)

$$z = \tan w = \frac{1}{j} \frac{e^{jw} - e^{-jw}}{e^{jw} + e^{-jw}} = \frac{1}{j} \frac{e^{j2w} - 1}{e^{j2w} + 1}$$

Hieraus berechnet man $e^{j2w} = (1 + jz)/(1 - jz)$ oder

$$\boldsymbol{\arctan z = \frac{1}{j2} \ln \frac{1 + jz}{1 - jz} = \frac{j}{2} \ln \frac{1 - jz}{1 + jz}} \tag{512.3}$$

In der Nachrichtentechnik tritt folgendes Problem auf: In der Gleichung

$$\tanh(a + jb) = M e^{j\varphi} \tag{512.4}$$

12.2.3 Trigonometrische und hyperbolische Funktionen mit komplexem Argument

sind M und φ gegeben, gesucht sind a und b. In den beiden folgenden Beispielen werden zwei verschiedene Lösungsverfahren gezeigt.

Beispiel 14 Man bestimme a und b in $\tanh(a + jb) = 0{,}689\,e^{j2{,}87°}$. Aus der Lösungsmenge wähle man diejenige Lösung aus, für die $2 < b < 4$ gilt.
Nach Gl. (169.2) ist

$$\operatorname{artanh} x = \frac{1}{2}\ln\frac{1+x}{1-x}$$

Entsprechend Gl. (512.3) erhält man

$$\operatorname{artanh} z = \frac{1}{2}\ln\frac{1+z}{1-z}$$

Aus $z = 0{,}689\,e^{j2{,}87°} = 0{,}688 + j\,0{,}0345$ folgt $1 + z = 1{,}688 + j\,0{,}0345 = 1{,}688\,e^{j1{,}17°}$ und $1 - z = 0{,}312 - j\,0{,}0345 = 0{,}314\,e^{-j6{,}31°}$. Damit wird

$$\operatorname{artanh} z = \frac{1}{2}\ln(5{,}38\,e^{j7{,}48°}) = \frac{1}{2}[1{,}683 + j(0{,}1306 + 2\pi k)] = 0{,}841 + j(0{,}065 + \pi k)$$

Für $k = 1$ ist die Bedingung $2 < b < 4$ erfüllt. Daher ist $0{,}841 = a$ und $3{,}21 = b$ die gesuchte Lösung.

Beispiel 15 Gesucht sind für Gl. (512.4) zwei getrennte Bestimmungsgleichungen für a und b, wenn M und φ gegeben sind.
Aus Gl. (512.4) folgt

$$\tanh(a - jb) = M\,e^{-j\varphi} \tag{513.1}$$

Bildet man aus Gl. (511.9) und (511.10) Additionstheoreme für den hyperbolischen Tangens, so ergibt sich

$$\tanh(z_1 + z_2) = \frac{\tanh z_1 + \tanh z_2}{1 + \tanh z_1 \tanh z_2} \qquad \tanh(z_1 - z_2) = \frac{\tanh z_1 - \tanh z_2}{1 - \tanh z_1 \tanh z_2} \tag{513.2}$$

Setzt man $z_1 = a + jb$ und $z_2 = a - jb$, so ist $z_1 + z_2 = 2a$ und $z_1 - z_2 = j2b$. Damit wird Gl. (513.2) bei Beachtung von Gl. (512.4) und (513.1)

$$\tanh 2a = \frac{M\,e^{j\varphi} + M\,e^{-j\varphi}}{1 + M^2} = \frac{2M\cos\varphi}{1 + M^2} \tag{513.3}$$

Hieraus erhält man

$$a = \frac{1}{2}\operatorname{artanh}\frac{2M\cos\varphi}{1 + M^2} \qquad \text{oder wegen} \qquad \operatorname{artanh} x = \frac{1}{2}\ln\frac{1+x}{1-x}$$

den Realteil

$$a = \frac{1}{4}\ln\frac{1 + M^2 + 2M\cos\varphi}{1 + M^2 - 2M\cos\varphi} \tag{513.4}$$

Für b ergibt sich

$$\tanh j2b = j\tan 2b = \frac{M\,e^{j\varphi} - M\,e^{-j\varphi}}{1 - M^2} = \frac{j2M\sin\varphi}{1 - M^2} \qquad \text{oder} \qquad \tan 2b = \frac{2M\sin\varphi}{1 - M^2}$$

Während a eindeutig ist, wird b wegen der Periode des Tangens unendlich vieldeutig. Ist $u = \arctan(2M\sin\varphi/(1 - M^2))$, so erhält man wegen $\tan 2b = \tan(2b + k_1\pi)$ mit $k_1 \in \mathbb{Z}$

$$b = \frac{u}{2} - \frac{k_1}{2}\pi$$

12.2 Transzendente Funktionen

Es wird nun gezeigt, daß k_1 nur eine gerade Zahl sein kann. Setzt man

$$A\,\mathrm{e}^{\mathrm{j}\Phi} = \frac{1 + M\,\mathrm{e}^{\mathrm{j}\varphi}}{1 - M\,\mathrm{e}^{\mathrm{j}\varphi}}$$

so folgt aus Gl. (512.4)

$$a + \mathrm{j}b = \operatorname{artanh} M\,\mathrm{e}^{\mathrm{j}\varphi} = \frac{1}{2}\ln\frac{1 + M\,\mathrm{e}^{\mathrm{j}\varphi}}{1 - M\,\mathrm{e}^{\mathrm{j}\varphi}} = \frac{1}{2}\ln(A\,\mathrm{e}^{\mathrm{j}\Phi})$$

$$= \frac{1}{2}[\ln A + \mathrm{j}(\Phi + 2\pi k)] = \frac{1}{2}\ln A + \mathrm{j}\left(\frac{\Phi}{2} + \pi k\right) \qquad k \in \mathbb{Z}$$

Damit ergibt sich für den Imaginärteil

$$b = \frac{1}{2}\arctan\frac{2M\sin\varphi}{1 - M^2} + k\pi \qquad k \in \mathbb{Z} \tag{514.1}$$

Die durch k bedingte Vieldeutigkeit wird durch eine zusätzliche sich aus dem Problem ergebende Bedingung durch Bestimmung von $k \in \mathbb{Z}$ behoben, wie in Beispiel 14, S. 513, gezeigt ist.

Beispiel 16 Nach Gl. (495.1) lautet der Fouriersche Integralsatz

$$f(t) = \frac{1}{\pi}\int_{-\infty}^{+\infty} f(\tau)\left[\int_0^{\infty}\cos\omega\,(t - \tau)\,\mathrm{d}\omega\right]\mathrm{d}\tau \tag{514.2}$$

Man schreibe den Integralsatz symmetrisch mit Spektralfunktion für beliebige Funktionen f, die der Bedingung

$$\int_{-\infty}^{+\infty} |f(\tau)|\,\mathrm{d}\tau < C$$

genügen, mit Hilfe der Exponentialfunktion.

Es ist $\cos\omega(t - \tau) = \frac{1}{2}[\mathrm{e}^{\mathrm{j}\omega(t-\tau)} + \mathrm{e}^{-\mathrm{j}\omega(t-\tau)}]$. Damit wird

$$\int_0^{\infty}\cos\omega\,(t - \tau)\,\mathrm{d}\omega = \frac{1}{2}\int_0^{\infty}\mathrm{e}^{\mathrm{j}\omega(t-\tau)}\,\mathrm{d}\omega + \frac{1}{2}\int_0^{\infty}\mathrm{e}^{-\mathrm{j}\omega(t-\tau)}\,\mathrm{d}\omega$$

Setzt man im 2. Integral $\omega = -u$, so wird dieses Integral

$$-\frac{1}{2}\int_0^{-\infty}\mathrm{e}^{\mathrm{j}u(t-\tau)}\,\mathrm{d}u = \frac{1}{2}\int_{-\infty}^{0}\mathrm{e}^{\mathrm{j}\omega(t-\tau)}\,\mathrm{d}\omega$$

da die Bezeichnung der Integrationsveränderlichen beliebig ist. Hiermit wird

$$\int_0^{\infty}\cos\omega\,(t - \tau)\,\mathrm{d}\omega = \frac{1}{2}\int_{-\infty}^{+\infty}\mathrm{e}^{\mathrm{j}\omega(t-\tau)}\,\mathrm{d}\omega$$

Aus Gl. (514.2) folgt dann

$$f(t) = \frac{1}{2\pi}\int_{-\infty}^{+\infty} f(\tau)\left[\int_{-\infty}^{+\infty}\mathrm{e}^{\mathrm{j}\omega(t-\tau)}\,\mathrm{d}\omega\right]\mathrm{d}\tau = \frac{1}{2\pi}\int_{-\infty}^{+\infty}\mathrm{e}^{\mathrm{j}\omega t}\left[\int_{-\infty}^{+\infty} f(\tau)\,\mathrm{e}^{-\mathrm{j}\omega\tau}\,\mathrm{d}\tau\right]\mathrm{d}\omega$$

Definiert man die **Spektralfunktion** $\varphi(\omega)$ durch

$$\varphi(\omega) = \frac{1}{\sqrt{2\pi}} \int_{-\infty}^{+\infty} f(\tau) e^{-j\omega\tau} d\tau \tag{515.1}$$

so ist

$$f(t) = \frac{1}{\sqrt{2\pi}} \int_{-\infty}^{+\infty} \varphi(\omega) e^{j\omega t} d\omega \tag{515.2}$$

Setzt man mit $x \in \mathbb{R}$ und $p = x + j\omega$

$$f(t) = \begin{cases} 0 & \text{für } t < 0 \\ \sqrt{2\pi} \, e^{-xt} g(t) & \text{für } t \geq 0 \end{cases}$$

sowie $\varphi(\omega) = G(p)$, so erhält man aus Gl. (515.1) und (515.2)

$$G(p) = \int_0^\infty e^{-p\tau} g(\tau) d\tau \qquad g(t) = \frac{1}{2\pi j} \int_{x-j\infty}^{x+j\infty} G(p) e^{pt} dp$$

Dies sind die Ausgangsgleichungen der Laplace-Transformation (s. Abschn. 14.1).

12.2.4 Aufgaben zu Abschnitt 12.2

1. Man bestimme die Polarform von
   a) $z = -21{,}35 - j11{,}92$ b) $z = 0{,}67 + j2{,}17$ c) $z = 0{,}37 + j8{,}97$
   d) $z = -0{,}196 + j6{,}34$ e) $z = 2{,}73 - j1{,}98$ f) $z = -7{,}56 + j18{,}34$

2. Man bestimme die Komponentenform von
   a) $z = 35{,}1 \, e^{j252{,}9°}$ b) $z = 29{,}7 \, e^{-j53{,}4°}$ c) $z = 9{,}02 \, e^{j89{,}4°}$
   d) $z = 3{,}67 \, e^{-j36{,}2°}$ e) $z = 2{,}47 \, e^{j126{,}6°}$

3. Man drücke $\cos 4\alpha$ und $\sin 4\alpha$ durch $\cos \alpha$ und $\sin \alpha$ aus.

4. Man berechne $z = \dfrac{2{,}11 - j4{,}36}{0{,}17 + j1{,}22}$.

5. Man berechne $z = \dfrac{(-2{,}78 + j0{,}97)(0{,}18 + j7{,}36)}{(8{,}63 + j11{,}27)^3}$.

6. Man berechne die Komponentenform aller Werte von $z = \sqrt[5]{-0{,}35 + j0{,}61}$.

7. Gesucht sind die Komponentenformen aller Wurzeln von $z = \sqrt[3]{6{,}31 \, e^{j262{,}5°} + 9{,}16 \, e^{-j84°}}$.

8. Man bestimme diejenige komplexe Zahl $w = \ln(-j)$, für die $\operatorname{Im} w \approx -20$ ist.

9. Man berechne $w = \ln(3 - j2)$ für $\operatorname{Arc} w \approx 89{,}85°$.

10. Man drücke $w = \arccos z$ durch den Logarithmus aus.

11. Man zerlege $\tan(a + jb)$ in Real- und Imaginärteil.

12. Man bestimme Polar- und Komponentenform von $w = \tan(0{,}3 - \text{j}0{,}5)$.

13. Man bestimme alle Lösungen von $\sin z = 2$. Welche Lösung hat den kleinsten Betrag? Hinweis: Man benutze Gl. (512.2).

12.3 Komplexe Funktionen einer reellen Veränderlichen

In diesem Abschnitt werden Funktionen

$$w = f(\lambda) \tag{516.1}$$

betrachtet, wobei $\lambda \in \mathbb{R}$ die unabhängige Veränderliche ist. Sie heißt wie bei der Darstellung reellwertiger Funktionen durch Parameter (s. S. 84 und Abschn. 8.1) ebenfalls **Parameter** und wird deshalb auch hier mit λ bezeichnet. f sei eine komplexwertige Funktion mit Werten aus $\mathbb{C}$. Dann erhält man die

Definition Es sei I ein Interval in $\mathbb{R}$ und $\lambda \in I \subset \mathbb{R}$. Die stetige Abbildung

$$f : I \to B \subset \mathbb{C} \tag{516.2}$$

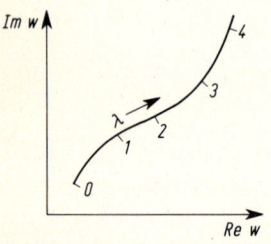

516.1

bilde dieses Intervall auf eine eindimensionale Mannigfaltigkeit im Inneren eines Gebietes B der komplexen Menge $\mathbb{C}$ ab, in dem f definiert ist. Dann heißt der Graph dieser Abbildung eine **Ortskurve** in der komplexen Ebene.

Sie wird nach Werten des Parameters beschriftet (**516.1**). In Gl. (516.1) kann die rechte Seite in der Komponenten- oder in der Polarform geschrieben werden

$$w = u(\lambda) + \text{j}v(\lambda) \quad \text{oder} \quad w = r(\lambda)\,\text{e}^{\text{j}\varphi(\lambda)} \tag{516.3}$$

Spezialfälle Ist der Imaginärteil v von λ unabhängig, also

$$w = u(\lambda) + \text{j}v \tag{516.4}$$

so ist die Ortskurve eine Parallele zur reellen Achse. Ist dagegen der Realteil u von λ unabhängig, so wird

$$w = u + \text{j}v(\lambda) \tag{516.5}$$

Die Ortskurve ist eine Parallele zur imaginären Achse. Ist der Betrag r von w konstant, also

$$w = r\,\text{e}^{\text{j}\varphi(\lambda)} \tag{516.6}$$

so ist die Ortskurve ein Kreis oder Kreisbogen vom Radius r um den Ursprung. Ist schließlich der Arcus φ von λ unabhängig, so gilt

$$w = r(\lambda)\,\text{e}^{\text{j}\varphi} \tag{516.7}$$

Die Ortskurve ist nun ein Strahl unter dem Winkel φ vom Ursprung aus.

Differentiation und Integration der Funktion
$$w = f(\lambda) = u(\lambda) + jv(\lambda)$$
werden unter Beachtung des Permanenzprinzips definiert durch

$$\frac{df}{d\lambda} = \frac{du(\lambda)}{d\lambda} + j\frac{dv(\lambda)}{d\lambda} \tag{517.1}$$

$$\int f(\lambda)\,d\lambda = \int u(\lambda)\,d\lambda + j \int v(\lambda)\,d\lambda \tag{517.2}$$

Beispiel 1 Man differenziere und integriere die Funktion $w(t) = e^{j\omega t}$.
Nach der Euler-Gleichung (503.5), Gl. (517.1), (517.2) gilt

$$\frac{d\,e^{j\omega t}}{dt} = \frac{d}{dt}(\cos\omega t + j\sin\omega t) = \frac{d\cos\omega t}{dt} + j\frac{d\sin\omega t}{dt} = -\omega\sin\omega t + j\omega\cos\omega t$$
$$= j\omega(\cos\omega t + j\sin\omega t) = j\omega\,e^{j\omega t} \tag{517.3}$$

$$\int e^{j\omega t}\,dt = \int \cos\omega t\,dt + j\int \sin\omega t\,dt = \frac{1}{\omega}\sin\omega t - \frac{j}{\omega}\cos\omega t$$
$$= \frac{1}{j\omega}(\cos\omega t + j\sin\omega t) = \frac{1}{j\omega}e^{j\omega t} = -\frac{j}{\omega}e^{j\omega t} \tag{517.4}$$

Aus den vorstehenden Gleichungen folgt, daß für die Exponentialfunktion die Kettenregel wie im Reellen gilt.

Beispiel 2 Man berechne $I(x) = \int e^{ax}\cos mx\,dx$ mit Hilfe der komplexen Rechnung.
Da $\cos mx = \operatorname{Re} e^{jmx}$ ist, gilt

$$I(x) = \operatorname{Re} \int e^{(a+jm)x}\,dx = \operatorname{Re} \frac{e^{(a+jm)x}}{a+jm} = \operatorname{Re} e^{ax} \frac{(\cos mx + j\sin mx)(a-jm)}{a^2+m^2}$$
$$= \frac{e^{ax}}{a^2+m^2} \operatorname{Re}\left[(a\cos mx + m\sin mx) + j(\ldots)\right]$$
$$= \frac{e^{ax}}{a^2+m^2}(a\cos mx + m\sin mx)$$

Beispiel 3 Man berechne das Integral

$$I = \int \frac{dx}{(1+x^2)^2} \tag{517.5}$$

durch Partialbruchzerlegung im Komplexen.
Es ist

$$\frac{1}{(1+x^2)^2} = \frac{1}{[(x+j)(x-j)]^2}$$
$$= \frac{1}{(x+j)^2(x-j)^2} = \frac{A}{(x+j)^2} + \frac{B}{x+j} + \frac{C}{(x-j)^2} + \frac{D}{x-j} \tag{517.6}$$

Multiplikation mit $(x+j)^2$, dann Einsetzen von $x = -j$ ergibt $A = -1/4$.
Multiplikation mit $(x-j)^2$, dann Einsetzen von $x = j$ ergibt $C = -1/4$.
Multiplikation mit x, dann Bilden des Grenzwertes für $x \to \infty$ ergibt $B + D = 0$.

12.3 Komplexe Funktionen einer reellen Veränderlichen

Mit $x = 0$ erhält man

$$1 = -A + \frac{B}{j} - C - \frac{D}{j} \quad \text{oder} \quad B - D = \frac{j}{2}$$

Also ist $B = j/4$ und $D = -j/4$. Dann folgt aus Gl. (517.5) und (517.6)

$$I = \frac{1}{4}\left\{-\int \frac{dx}{(x+j)^2} + j\int \frac{dx}{x+j} - \int \frac{dx}{(x-j)^2} - j\int \frac{dx}{x-j}\right\}$$

$$= \frac{1}{4}\left\{\frac{1}{x+j} + j\ln(x+j) + \frac{1}{x-j} - j\ln(x-j)\right\}$$

$$= \frac{1}{4}\left\{\frac{2x}{x^2+1} + j\ln\frac{x+j}{x-j}\right\} = \frac{1}{2}\left\{\frac{x}{x^2+1} + \frac{j}{2}\ln\frac{jx-1}{jx+1}\right\}$$

$$= \frac{1}{2}\left\{\frac{x}{x^2+1} + \frac{j}{2}\ln\frac{1-jx}{1+jx} + \frac{j}{2}\ln(-1)\right\}$$

Nach Gl. (512.3) und (506.3) erhält man

$$I = \frac{1}{2}\left\{\frac{x}{x^2+1} + \arctan x - \frac{\pi}{2}\right\}$$

Beispiel 2 zeigt, daß man häufig übersichtlicher und weniger aufwendig rechnet, wenn man zu einer reellen Funktion $u(\lambda)$ eine komplexe Funktion $f(\lambda) = u(\lambda) + jv(\lambda)$ bildet, so daß $\operatorname{Re} f(\lambda) = u(\lambda)$ gilt, mit dieser komplexwertigen Funktion rechnet und vom Resultat wiederum den Realteil bildet. Diese Überlegung ist Grundlage der **komplexen Wechselstromrechnung** des nächsten Abschnitts. Sie ist begründet durch den folgenden

Satz. Es sei

$$\mathbf{L}w = a_{-1}\int w(\lambda)\,d\lambda + \sum_{i=0}^{k} a_i \frac{d^i w}{d\lambda^i} \qquad (518.1)$$

ein linearer Ausdruck in w mit $a_i \in \mathbb{C}$ und $w(\lambda) = u(\lambda) + jv(\lambda)$. Dann gilt

$$\operatorname{Re} \mathbf{L} w = \mathbf{L} \operatorname{Re} w \qquad \operatorname{Im} \mathbf{L} w = \mathbf{L} \operatorname{Im} w \qquad (518.2)$$

Der Beweis folgt unmittelbar aus der Linearität des Operators L und des Vektorraumes $\mathbb{C}$ über $\mathbb{R}$.

12.3.1 Symbolische Rechnung in der Wechselstromtechnik

Gegeben sei eine harmonische Schwingung, eine Wechselspannung oder ein Wechselstrom. Zu dieser reellen Funktion wird eine komplexe Funktion so gebildet, daß ihr Realteil gleich der gegebenen reellen Funktion ist. Nimmt man nach Abschluß der Rechnung von der erhaltenen komplexen Funktion ihren Realteil, so hat man die reelle Lösung erhalten (s. Gl. (518.2)). Eine cosinusförmige Wechselspannung wird dargestellt durch

$$u(t) = u_m \cos(\omega t + \varphi_u) = \sqrt{2}\, U \cos(\omega t + \varphi_u)$$
$$= \operatorname{Re}\left[\sqrt{2}\, U\, e^{j(\omega t + \varphi_u)}\right] = \operatorname{Re}\left[\sqrt{2}\, U\, e^{j\varphi_u} e^{j\omega t}\right] \qquad (518.3)$$

12.3.1 Symbolische Rechnung in der Wechselstromtechnik

Hierin ist u_m der Scheitelwert und U der Effektivwert der Wechselspannung. Setzt man

$$\underline{U} = U\,e^{j\varphi_u} \tag{519.1}$$

so wird $\quad u = \sqrt{2}\,\mathrm{Re}\,[\underline{U}\,e^{j\omega t}]$ (519.2)

Entsprechend erhält man für einen cosinusförmigen Wechselstrom

$$i = i_m \cos(\omega t + \varphi_i) = \sqrt{2}\,\mathrm{Re}\,[\underline{I}\,e^{j\omega t}] \tag{519.3}$$

wenn man entsprechend Gl. (519.1)

$$\underline{I} = I\,e^{j\varphi_i}$$

setzt. Die Größen $\underline{U}$ und $\underline{I}$ heißen **komplexe Effektivwerte** oder auch kurz **Zeiger**[1]). Sie sind konstant.

Die beiden komplexen Funktionen $\underline{U}\,e^{j\omega t}$ und $\underline{I}\,e^{j\omega t}$ sind Funktionen der Zeit. Sie heißen **Drehzeiger** oder **Zeitzeiger**. Sie rotieren mit der Winkelgeschwindigkeit ω um den Nullpunkt (DIN 40110, Wechselstromgrößen). Bei beliebiger Wahl des Zeitnullpunktes (**519.1**a, b), d.h. $\omega t = 0$, hat der $\underline{U}$-Zeiger den Nullphasenwinkel φ_u und der $\underline{I}$-Zeiger den Nullphasenwinkel φ_i. Da die relative Lage der Zeitzeiger zueinander unverändert bleibt, ergibt sich nach Zurücklegung des Drehwinkels ωt die eingezeichnete Lage der Drehzeiger $\underline{U}\,e^{j\omega t}$ und $\underline{I}\,e^{j\omega t}$. Neben den Nullphasenwinkeln interessiert nun vor allem der **Phasenwinkel vom Strom- zum Spannungszeiger** (**519.1**c) ($\varphi = \varphi_u - \varphi_i$). Da es nur auf die gegenseitige Lage der Zeitzeiger zueinander ankommt, kann durch spezielle Wahl des Zeitnullpunktes z.B. $\varphi_i = 0$ gewählt werden, so daß $\varphi = \varphi_u$ wird; oder es wird $\varphi_u = 0$ gewählt, so daß $\varphi = -\varphi_i$ gilt (**519.1**c, d).

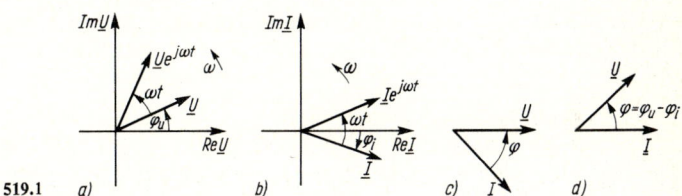

519.1

Gleichungen zwischen Strom und Spannung Fließt ein Wechselstrom durch einen **Ohm**schen **Widerstand** (**519.2**a), so gilt für die Spannung $u = R\,i$. Überträgt man diese Gleichung in die symbolische Schreibweise von Gl. (519.2) und (519.3), so folgt

$$\underline{U}\,e^{j\omega t} = R\,\underline{I}\,e^{j\omega t} \tag{519.4}$$

Fließt ein Wechselstrom durch eine **Spule** mit der Induktivität L, wobei deren Ohmscher Widerstand hier vernachlässigt wird (**519.2**b), so gilt nach dem Induktionsgesetz

$$u = L\,\frac{di}{dt} \quad \text{oder} \quad i = \frac{1}{L}\int u(t)\,dt \tag{519.5}$$

519.2

---

[1]) Über die Schreibweise der Formelzeichen komplexer Größen, s. Abschn. 12.1.3. In der Energietechnik wird der komplexe Effektivwert, in der Nachrichtentechnik die komplexe Amplitude, z.B. $\underline{u} = u_m e^{j\varphi_u}$ benutzt (DIN 5483, Blatt 3, Darstellung sinusförmiger zeitabhängiger Größen).

12.3 Komplexe Funktionen einer reellen Veränderlichen

Fließt ein Wechselstrom durch einen Kondensator mit der Kapazität C (**519.**2c), so ist

$$i = C \frac{du}{dt} \qquad \text{oder} \qquad u = \frac{1}{C} \int i(t)\, dt \tag{520.1}$$

Überträgt man Gl. (519.5) und (520.1) in die symbolische Schreibweise und berücksichtigt, daß die komplexen Effektivwerte $\underline{U}$ und $\underline{I}$ zeitunabhängig sind, so folgt aus Gl. (517.3) und (517.4) für die Schaltungen in Bild **519.**2

$$\underline{U}\, e^{j\omega t} = L\, \underline{I}\, \frac{de^{j\omega t}}{dt} = L\, \underline{I}\, j\omega\, e^{j\omega t} \tag{520.2}$$

$$\underline{U}\, e^{j\omega t} = \frac{1}{C}\, \underline{I} \int e^{j\omega t}\, dt = \frac{\underline{I}}{j\omega C}\, e^{j\omega t} = -j\, \frac{\underline{I}}{\omega C}\, e^{j\omega t} \tag{520.3}$$

In Gl. (519.4), (520.2) und (520.3) treten auf beiden Seiten Faktoren $e^{j\omega t}$ auf, durch die jetzt dividiert wird. Dann gelten für die drei in Bild **519.**2 dargestellten Schaltungen

$$\underline{U} = R\,\underline{I} \qquad \underline{U} = j\omega L\,\underline{I} \qquad \underline{U} = \frac{1}{j\omega C}\underline{I} = -j\,\frac{\underline{I}}{\omega C} \tag{520.4}$$

Setzt man den Nullphasenwinkel des Stromes $\varphi_i = 0$, so wird $\varphi_u = \varphi$. An einem Ohmschen Widerstand wird $\varphi = 0$ (gleiche Phasenlage), an einer Induktivität $\varphi = \pi/2$ (Spannung eilt dem Strom um $\pi/2$ voraus) und an einem Kondensator $\varphi = -\pi/2$ (Spannung eilt dem Strom um $\pi/2$ nach).

Komplexer Widerstand Sind für eine elektrische Schaltung mit zwei Klemmen wie z.B. in Bild **519.**2 die Zeiger der Spannung $\underline{U}$ und des Stromes $\underline{I}$, so wird der komplexe Widerstand definiert durch

$$\underline{Z} = \frac{\underline{U}}{\underline{I}} \tag{520.5}$$

Da diese Definition dem Ohmschen Gesetz entspricht, gelten für alle Rechnungen mit dem komplexen Widerstand $\underline{Z}$ das Ohmsche Gesetz und die Kirchhoff-Regeln für die Summe der Ströme an den Knotenpunkten und die Summe der Spannungen in geschlossenen Stromkreisen. Daher können Wechselstromkreise nach den gleichen Regeln wie Gleichstromkreise berechnet werden. Der Vorteil der symbolischen Rechnung liegt darin, daß man statt mit zeitabhängigen Funktionen mit zeitunabhängigen feststehenden Zeigern rechnet, welche die Wechselstromgrößen symbolisieren: symbolische Methode. Ohne komplexe Rechnung müßte man mit den Augenblickswerten $u = u_m \cos(\omega t + \varphi_u)$ bzw. $i = i_m \cos(\omega t + \varphi_i)$ rechnen; dies ist aber erheblich komplizierter[1].

Schreibt man den komplexen Widerstand $\underline{Z}$ in der Komponentenform

$$\underline{Z} = R + j X = Z\, e^{j\varphi} \tag{520.6}$$

so heißt $\operatorname{Re} \underline{Z} = R$ der Wirkwiderstand und $\operatorname{Im} \underline{Z} = X$ der Blindwiderstand, Z heißt Scheinwiderstand. Stellt man $\underline{Z}$ in einer Widerstandsebene dar (**521.**1),

---

[1] Die symbolische Methode kann nur auf solche Gleichungen der Wechselstromtechnik angewandt werden, bei denen der Faktor $e^{j\omega t}$ herausfällt, s. auch Gl. (518.2).

so kann man an Hand der Zerlegung in Real- und Imaginärteil das elektrische Verhalten dieses Widerstandes in einem Stromkreis ablesen. Bei den hier betrachteten linearen, passiven[1]) Bauelementen ist Re $\underline{Z} = R > 0$. Ist Im $\underline{Z} > 0 (< 0)$, so heißt der Widerstand induktiv (kapazitiv).

Werden Stromverzweigungen betrachtet, so ist es häufig zweckmäßig, mit Leitwerten zu rechnen. Durch

$$\underline{Y} = \frac{1}{\underline{Z}} = Y e^{-j\varphi} \tag{521.1}$$

wird der komplexe Leitwert definiert, Y heißt Scheinleitwert.
Es gilt also Arc $\underline{Z} = -$ Arc $\underline{Y}$ und

$$\underline{I} = \underline{Y}\,\underline{U} \tag{521.2}$$

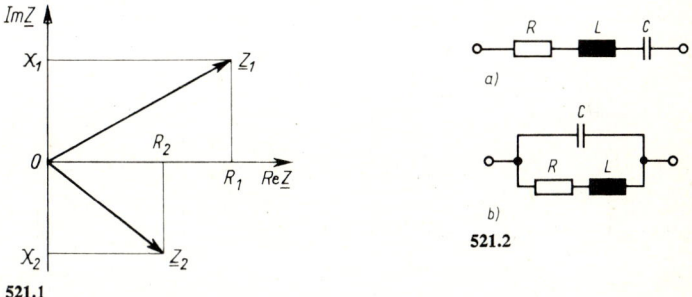

521.1

521.2

Da hintereinandergeschaltete Widerstände sich nach den Kirchhoff-Regeln addieren, gilt z. B. für den komplexen Widerstand der Schaltung in Bild **521.2**a

$$\underline{Z} = R + j\left(\omega L - \frac{1}{\omega C}\right) \tag{521.3}$$

und für den komplexen Leitwert der Schaltung in Bild **521.2**b

$$\underline{Y} = j\omega C + \frac{1}{R + j\omega L}$$

Beispiel 4 Für die in Bild **521.2**a gegebene Schaltung bestimme man den komplexen Widerstand, wenn $R = 5{,}3$ kΩ, $L = 450$ mH, $C = 3\,\mu$F und $\omega = 3000$ s^{-1} ist. Welcher Strom fließt, wenn die Gesamtspannung $\underline{U} = U = 20$ V ist? Wie groß sind die Einzelspannungen an den drei Bauelementen?
Nach Gl. (521.3) ist

$$\underline{Z} = R + j\left(\omega L - \frac{1}{\omega C}\right)$$

Damit erhält man

$$\underline{Z} = \left[5300 + j\left(3000 \cdot 0{,}45 - \frac{10^6}{3000 \cdot 3}\right)\right]\Omega = (5300 + j\,1239)\,\Omega = 5443\,e^{j\,13{,}16°}\,\Omega$$

---

[1]) Passive Bauelemente enthalten keine Stromquellen. Linear ist ein Bauelement mit proportionaler Abhängigkeit des Stromes von der Spannung.

12.3 Komplexe Funktionen einer reellen Veränderlichen

Nach Gl. (520.5) erhält man den Strom $\underline{I}$ aus $\underline{I} = \underline{U}/\underline{Z}$

$$\underline{I} = \frac{20}{5443}\,e^{-j13{,}16°}\,A = 3{,}67\,e^{-j13{,}16°}\,mA = (3{,}57 - j0{,}84)\,mA$$

Die Spannungen an den einzelnen Bauelementen sind

$$\underline{U}_R = R\,\underline{I} = 19{,}45\,e^{-j13{,}16°}\,V = (18{,}94 - j4{,}43)\,V$$

$$\underline{U}_L = j\omega L \cdot \underline{I} = 4{,}95\,e^{j76{,}84°}\,V = (1{,}13 + j4{,}82)\,V$$

$$\underline{U}_C = \frac{\underline{I}}{j\omega C} = 0{,}41\,e^{j256{,}84°}\,V = (-0{,}09 - j0{,}40)\,V$$

Die Rechenkontrolle $\underline{U}_R + \underline{U}_L + \underline{U}_C = \underline{U}$ ergibt $(19{,}98 - j0{,}01)\,V$; dies ist für technische Zwecke meist ausreichend.

Beispiel 5 Für die in Bild 522.1 gegebene Schaltung berechne man die Ströme $\underline{I}$, $\underline{I}_1$ und $\underline{I}_2$ in den beiden Parallelleitungen, wenn die Gesamtspannung $\underline{U} = U = 220\,V$ und die Kreisfrequenz $\omega = 2000\,s^{-1}$ ist.

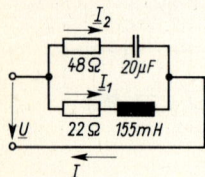

522.1

Zunächst werden die komplexen Widerstände $\underline{Z}_1$ und $\underline{Z}_2$ bestimmt

$$\underline{Z}_1 = (22 + j2000 \cdot 0{,}155)\,\Omega = (22 + j310)\,\Omega = 310{,}8\,e^{j85{,}9°}\,\Omega$$

$$\underline{Z}_2 = \left(48 - j\frac{10^6}{2000 \cdot 20}\right)\Omega = (48 - j25)\,\Omega = 54{,}1\,e^{-j27{,}5°}\,\Omega$$

Um den komplexen Widerstand $\underline{Z}$ berechnen zu können, benötigt man die Größe $\underline{Z}_1 + \underline{Z}_2$ wegen

$$\underline{Z} = \frac{1}{\underline{Y}} = \frac{1}{\underline{Y}_1 + \underline{Y}_2} = \frac{1}{\dfrac{1}{\underline{Z}_1} + \dfrac{1}{\underline{Z}_2}} = \frac{\underline{Z}_1 \underline{Z}_2}{\underline{Z}_1 + \underline{Z}_2} \tag{522.1}$$

$$\underline{Z}_1 + \underline{Z}_2 = (70 + j285)\,\Omega = 293{,}5\,e^{j76{,}2°}\,\Omega$$

Dann ist

$$\underline{Z} = \frac{310{,}8 \cdot 54{,}1}{293{,}5}\,e^{j(85{,}9 - 27{,}5 - 76{,}2)°}\,\Omega = 57{,}3\,e^{-j17{,}8°}\,\Omega$$

Daraus folgen

$$\underline{I} = \frac{\underline{U}}{\underline{Z}} = 3{,}84\,e^{j17{,}8°}\,A = (3{,}66 + j1{,}17)\,A$$

und die Einzelströme

$$\underline{I}_1 = \frac{\underline{U}}{\underline{Z}_1} = 0{,}708\,e^{-j85{,}9°}\,A = (0{,}05 - j0{,}71)\,A$$

$$\underline{I}_2 = \frac{\underline{U}}{\underline{Z}_2} = 4{,}07\,e^{j27{,}5°}\,A = (3{,}61 + j1{,}88)\,A$$

Die Rechenkontrolle $\underline{I} = \underline{I}_1 + \underline{I}_2$ ergibt volle Übereinstimmung in der zweiten Dezimale.

12.3.1 Symbolische Rechnung in der Wechselstromtechnik

Beispiel 6 Man berechne in dem in Bild 523.1 dargestellten Stromkreis alle auftretenden Ströme und Spannungen. Es ist $f = 50\,\text{Hz}$ ($\omega = 314\,\text{s}^{-1}$) und die Klemmenspannung $\underline{U} = U = 220\,\text{V}$.

Hinweis: Erhält man bei dieser Rechnung eine komplexe Größe in der Polarform, so ist es zweckmäßig, sie sogleich auch in die Komponentenform zu bringen – und umgekehrt –, da erfahrungsgemäß in der komplexen Wechselstromrechnung fast immer beide Formen benötigt werden.

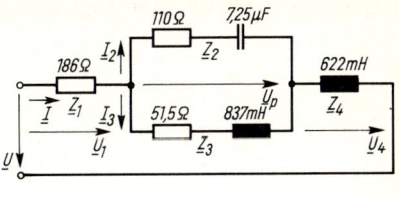

523.1

Um den Gesamtstrom $\underline{I}$ bei gegebener Gesamtspannung $\underline{U} = U = 220\,\text{V}$ zu erhalten, benötigt man den Ersatzwiderstand der Schaltung. Zunächst werden die einzelnen komplexen Widerstände $\underline{Z}_1$ bis $\underline{Z}_4$ bestimmt. Es ist

$$\underline{Z}_1 = R_1 = 186\,\Omega$$

$$\underline{Z}_2 = R_2 + \frac{1}{j\omega C_2} = \left(110 + \frac{10^6}{j \cdot 314 \cdot 7{,}25}\right)\Omega = (110 - j439)\,\Omega = 453\,e^{-j75{,}9°}\,\Omega$$

$$\underline{Z}_3 = R_3 + j\omega L_3 = (51{,}5 + j \cdot 314 \cdot 0{,}837)\,\Omega = (51{,}5 + j263)\,\Omega = 268\,e^{j78{,}9°}\,\Omega$$

$$\underline{Z}_4 = j\omega L_4 = j \cdot 314 \cdot 0{,}622\,\Omega = j195{,}3\,\Omega = 195{,}3\,e^{j90°}\,\Omega$$

Der komplexe Gesamtwiderstand setzt sich zusammen aus der Reihenschaltung von $\underline{Z}_1$, $\underline{Z}_p$ und $\underline{Z}_4$, wobei $\underline{Z}_p$ der Ersatzwiderstand der Parallelschaltung ist. Es gilt Gl. (522.1). Zunächst wird zur Vorbereitung der Division $\underline{Z}_2 + \underline{Z}_3$ in die Polarform gebracht

$$\underline{Z}_2 + \underline{Z}_3 = [(110 + 51{,}5) + j(-439 + 263)]\,\Omega = (161{,}5 - j176)\,\Omega = 239\,e^{-j47{,}5°}\,\Omega$$

Damit erhält man nach Gl. (522.1)

$$\underline{Z}_p = \frac{453 \cdot 268}{239}\,e^{j(-75{,}9 + 78{,}9 + 47{,}5)°}\,\Omega = 508\,e^{j50{,}5°}\,\Omega = (323 + j392)\,\Omega$$

Der Gesamtwiderstand ist dann

$$\underline{Z} = \underline{Z}_1 + \underline{Z}_p + \underline{Z}_4 = [(186 + 323) + j(392 + 195)]\,\Omega = (509 + j587)\,\Omega$$
$$= 777\,e^{j49{,}1°}\,\Omega$$

Nach dem Ohmschen Gesetz ist wegen $\underline{U} = U$

$$\underline{I} = \frac{\underline{U}}{\underline{Z}} = \frac{220\,\text{V}}{777\,e^{j49{,}1°}\,\Omega} = 0{,}283\,e^{-j49{,}1°}\,\text{A} = (0{,}185 - j0{,}214)\,\text{A}$$

Damit ermittelt man die Spannungen an den komplexen Widerständen $\underline{Z}_1$ und $\underline{Z}_4$

$$\underline{U}_1 = \underline{Z}_1\,\underline{I} = 186\,\Omega \cdot 0{,}283\,e^{-j49{,}1°}\,\text{A} = 52{,}6\,e^{-j49{,}1°}\,\text{V} = (34{,}4 - j39{,}8)\,\text{V}$$

$$\underline{U}_4 = \underline{Z}_4\,\underline{I} = 195{,}3\,e^{j90°}\,\Omega \cdot 0{,}283\,e^{-j49{,}1°}\,\text{A} = 55{,}3\,e^{j40{,}9°}\,\text{V} = (41{,}8 + j36{,}2)\,\text{V}$$

Die Spannung an der Parallelschaltung ist

$$\underline{U}_p = \underline{Z}_p\,\underline{I} = 508\,e^{j50{,}5°}\,\Omega \cdot 0{,}283\,e^{-j49{,}1°}\,\text{A} = 143{,}8\,e^{j1{,}4°}\,\text{V} = (143{,}8 + j3{,}5)\,\text{V}$$

Die Summe der Spannungen $\underline{U}_1 + \underline{U}_p + \underline{U}_4$ ist nach der Kirchhoff-Regel gleich der gegebenen Gesamtspannung $U = 220\,\text{V}$. Hierdurch ist an dieser Stelle der Rechnung eine Kontrolle möglich

$$\underline{U}_1 + \underline{U}_p + \underline{U}_4 = [(34{,}4 + 143{,}8 + 41{,}8) + j(-39{,}8 + 3{,}5 + 36{,}2)]\,\text{V} = (220{,}0 - j0{,}1)\,\text{V}$$

524 12.3 Komplexe Funktionen einer reellen Veränderlichen

Bild **524.**1a zeigt die Effektivwerte der gesuchten Spannungen in einer komplexen Spannungsebene. Jetzt werden die Ströme in der Parallelschaltung gerechnet. Es ist

$$\underline{I}_2 = \frac{\underline{U}_p}{\underline{Z}_2} = \frac{143{,}8 \, e^{j1{,}4°} \, V}{453 \, e^{-j75{,}9°} \, \Omega} = 0{,}317 \, e^{j77{,}3°} \, A = (0{,}070 + j0{,}309) \, A$$

$$\underline{I}_3 = \frac{\underline{U}_p}{\underline{Z}_3} = \frac{143{,}8 \, e^{j1{,}4°} \, V}{268 \, e^{j78{,}9°} \, \Omega} = 0{,}537 \, e^{-j77{,}5°} \, A = (0{,}116 - j0{,}524) \, A$$

Die Kirchhoff-Regel der Stromverzweigungen $\underline{I} = \underline{I}_2 + \underline{I}_3$ erlaubt eine zweite Rechenkontrolle

$$\underline{I}_2 + \underline{I}_3 - \underline{I} = [(0{,}070 + 0{,}116 - 0{,}185) + j(0{,}309 - 0{,}524 + 0{,}214)] \, A$$
$$= (+0{,}001 - j0{,}001) \, A$$

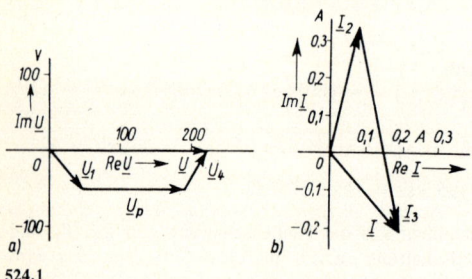

524.1

Bild **524.**1b zeigt die Effektivwerte der ermittelten Ströme.

Aus diesen Ergebnissen kann man z. B. ablesen, daß der komplexe Ersatzwiderstand der Schaltung bei $f = 50$ Hz einen Ohmschen Anteil von 509 Ω hat und so wirkt, als wenn eine Induktivität von $(587 \, \Omega)/(314 \, s^{-1}) = 1{,}869$ H mit diesem Widerstand in Reihe geschaltet wäre. Der Strom $\underline{I}_2$ z. B. hat einen Effektivwert von 0,317 A und eilt der angelegten Spannung von 220 V um einen Phasenwinkel von 77,3° voraus.

12.3.2 Ortskurven

Elektrotechnische Parameter Bei der Anwendung der Ortskurven in der Wechselstromtechnik treten Schaltelemente in elektrischen Schaltungen, also veränderliche Widerstände R (z. B. Stellwiderstand), veränderliche Induktivitäten L (z. B. Variometer) oder veränderliche Kapazitäten C (z. B. Drehkondensator) als Parameter auf. Häufig wird auch nach der Abhängigkeit einer elektrischen Größe, z. B. eines komplexen Widerstandes $\underline{Z}$ oder eines Stromes $\underline{I}$ von der Frequenz f oder von der Kreisfrequenz ω, gefragt.

Die abhängige Veränderliche w ist also eine Spannung $\underline{U}$, ein Strom $\underline{I}$, ein komplexer Widerstand $\underline{Z}$ oder ein komplexer Leitwert $\underline{Y}$. Auf den Achsen werden der Realteil und der Imaginärteil dieser abhängigen Veränderlichen aufgetragen, z. B. in Bild **521.**1. Man soll möglichst auf beiden Achsen gleiche Einheitslängen wählen. Man liest dann die Arcus der Zeiger unmittelbar ab.

Geradlinie Ortskurven Es seien $z_1 = a_1 + jb_1$ und $z_2 = a_2 + jb_2$ zwei konstante komplexe Zahlen und $g(\lambda)$ eine reellwertige Funktion. Dann ist die Ortskurve von

$$w = f(\lambda) = z_1 + g(\lambda) z_2 \tag{524.1}$$

eine Gerade durch den Endpunkt von z_1 in Richtung von z_2 (525.1). In diesem Bild ist $g(\lambda) = \lambda$, es ergibt sich in diesem Fall auf der Geraden eine lineare Beschriftung. Aus Gl. (518.2) und (524.1) folgt

$$\text{Re } w = a_1 + g(\lambda)\, a_2 = x(\lambda)$$
$$\text{Im } w = b_1 + g(\lambda)\, b_2 = y(\lambda) \tag{525.1}$$

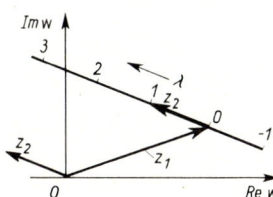

Es seien $P_\text{I} = P(\lambda_\text{I})$ und $P_\text{II} = P(\lambda_\text{II})$ zwei Punkte der Ortskurve mit den Koordinaten $(x_\text{I}; y_\text{I})$ und $(x_\text{II}; y_\text{II})$. Hierbei ist

$$\begin{aligned} x_i &= a_1 + g(\lambda_i)\, a_2 \\ y_i &= b_1 + g(\lambda_i)\, b_2 \end{aligned} \qquad i = \text{I, II} \tag{525.2}$$

525.1

Setzt man die Werte aus Gl. (525.2) in die Geradengleichung

$$y = c_0 + c_1 x$$

ein, so erhält man nach Berechnung der Koeffizienten c_0 und c_1

$$-b_2 x + a_2 y + (a_1 b_2 - a_2 b_1) = 0 \tag{525.3}$$

als Gleichung der geradlinigen Ortskurve mit $\text{Re } w = x$ und $\text{Im } w = y$. Man beachte, daß in Gl. (525.3) die Funktion $g(\lambda)$ nicht auftritt. Die Beschriftung erfolgt aus einer der Gl. (525.2). In der Elektrotechnik treten häufig die Spezialfälle $g(\lambda) = \lambda$ oder $g(\lambda) = 1/\lambda$ auf.

Beispiel 7 Gesucht ist die Ortskurve $\underline{U}(\omega) = \underline{I}(R + j\omega L)$ für $R = 20\,\Omega$, $L = 0{,}5$ H und $\underline{I} = I = 2{,}6$ A (525.2a). Der Nullphasenwinkel φ_i des Stromzeigers $\underline{I}\,e^{j\omega t}$ wird gleich Null gewählt. Die Ortskurve hat die Gestalt von Gl. (516.5): Sie ist eine Parallele zur imaginären Achse, der Parameter ω wird linear aufgetragen. Es ist

$$\underline{U}(\omega) = \left(52 + j1{,}3\,\frac{\omega}{\text{s}^{-1}}\right) \text{V}$$

Für $\omega = 50\,\text{s}^{-1}$ wird $\text{Im}\,\underline{U}(\omega) = 65$ V. Damit erhält man die Ortskurve in Bild **525.2b**.

Beispiel 8 Für die in Bild **525.3a** dargestellte Schaltung ist die Ortskurve des komplexen Widerstandes als Funktion von R gesucht. Es ist $f = 50$ Hz ($\omega = 314\,\text{s}^{-1}$), $L = 25$ mH, $L_1 = 100$ mH und $R_1 = 250\,\Omega$.

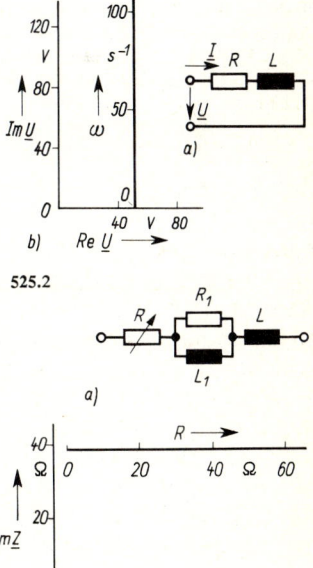

525.2

525.3

526 12.3 Komplexe Funktionen einer reellen Veränderlichen

Der komplexe Widerstand dieser Schaltung ist

$$\underline{Z}(R) = R + \mathrm{j}\omega L + \frac{\mathrm{j}\omega R_1 L_1}{R_1 + \mathrm{j}\omega L_1} = R + \left(\mathrm{j}7{,}85 + \frac{\mathrm{j}7850}{250 + \mathrm{j}31{,}4}\right)\Omega = R + (3{,}9 + \mathrm{j}38{,}8)\,\Omega$$

Die Beschriftung ist linear. Nach Gl. (516.4) ist die Ortskurve eine Parallele zur reellen Achse (525.3 b).

Beispiel 9 Für die in Bild **526.**1a angegebene Schaltung ist die Spannung $\underline{U}$ in Abhängigkeit von der Kapazität C gesucht. Es ist $\omega = 5000\,\mathrm{s}^{-1}$, $R = 280\,\Omega$ und $\underline{I} = I = 20\,\mathrm{mA}$.

$$\underline{U}(C) = I\left(R + \frac{1}{\mathrm{j}\omega C}\right) = \left(5{,}6 - \mathrm{j}\frac{4\,\mu\mathrm{F}}{C}\right)\mathrm{V}$$

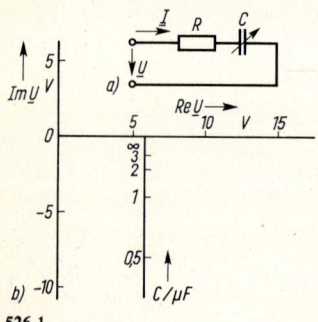

Die Ortskurve ist wegen Gl. (516.5) eine Parallele zur imaginären Achse durch Re $w = 5{,}6$ V. Für positive C ergeben sich nur Werte im 4. Quadranten wegen

$$y = \mathrm{Im}\,w = -\frac{4\,\mu\mathrm{F}}{C}\,\mathrm{V}$$

Bild **526.**1 b zeigt die Ortskurve.

526.1

Beispiel 10 Für den Schwingkreis in Bild **526.**2 a ist $\underline{Z}(\omega)$ gesucht. Es ist $R = 250\,\Omega$, $L = 50\,\mathrm{mH}$ und $C = 5\,\mu\mathrm{F}$.

Der komplexe Widerstand dieser Schaltung ist

$$\underline{Z}(\omega) = R + \mathrm{j}\left(\omega L - \frac{1}{\omega C}\right) = \left[250 + \mathrm{j}\left(0{,}05\,\frac{\omega}{\mathrm{s}^{-1}} - 2\cdot 10^5\,\frac{\mathrm{s}^{-1}}{\omega}\right)\right]\Omega \qquad (526.1)$$

Es werden zwei Wege zum Zeichnen der Ortskurve gezeigt.
Wertetafel. Nach Gl. (526.1) ist

$$\mathrm{Im}\,\underline{Z} = \left(0{,}05\,\frac{\omega}{\mathrm{s}^{-1}} - 2\cdot 10^5\,\frac{\mathrm{s}^{-1}}{\omega}\right)\Omega$$

Damit erhält man die nachstehende Wertetafel.

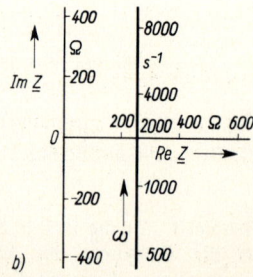

$\dfrac{\omega}{\mathrm{s}^{-1}}$	$0{,}05\,\dfrac{\omega}{\mathrm{s}^{-1}}$	$2\cdot 10^5\,\dfrac{\mathrm{s}^{-1}}{\omega}$	$\dfrac{\mathrm{Im}\,\underline{Z}}{\Omega}$
0	0	—	—
500	25	400	−375
1000	50	200	−150
2000	100	100	0
4000	200	50	+150
8000	400	25	+375

Es ergibt sich die in Bild **526.**2 b dargestellte Ortskurve.

526.2

Linearer Parameter. Aus Bild **526.**2b erkennt man, daß Im $\underline{Z}(\omega_0) = 0$ für $\omega_0 = (LC)^{-1/2}$ = 2000 s^{-1} gilt; also ist ω_0 die Resonanz-Kreisfrequenz. Die Größe[1])

$$v = \frac{\omega}{\omega_0} - \frac{\omega_0}{\omega}$$

nennt man die **Verstimmung**. Im Resonanzfall ist die Verstimmung Null. Unterhalb der Resonanz-Kreisfrequenz ist die Verstimmung v negativ, bei höheren Kreisfrequenzen positiv. Aus Gl. (526.1) folgt

$$\underline{Z} = R + j\omega_0 L \left(\frac{\omega}{\omega_0} - \frac{\omega_0}{\omega} \right) = (250 + j\,100\,v)\,\Omega$$

Dies ist eine Ortskurve mit linearer Beschriftung (**527.**1). Für $v = 1$ wird Im $\underline{Z} = 100\,\Omega$. Daraus ergibt sich die v-Beschriftung. Gelegentlich ist es wünschenswert, diese Ortskurve beiderseits zu beschriften, auf der einen Seite nach dem Parameter ω, auf der anderen Seite nach dem Parameter v.

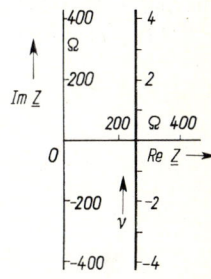

527.1

Inversion Das Bilden des Kehrwertes w^{-1} einer komplexen Zahl oder Funktion $w = x(\lambda) + j y(\lambda)$ nennt man **Inversion**. Die Funktion $w(\lambda)$ hat in der Elektrotechnik häufig die Bedeutung eines Widerstandes $\underline{Z}$. Oft ist diese Funktion gegeben und die Funktion des Leitwertes $\underline{Y} = 1/\underline{Z}$ gesucht.

Die Inversion ergibt in der Polarform

$$w^{-1} = \frac{1}{w} = \frac{1}{r e^{j\varphi}} = \frac{1}{r} e^{-j\varphi} \qquad (527.1)$$

in der Komponentenform

$$w^{-1} = \frac{1}{w} = \frac{1}{x + jy} = \frac{x - jy}{x^2 + y^2} = \frac{x}{x^2 + y^2} - j\frac{y}{x^2 + y^2} \qquad (527.2)$$

Kreisförmige Ortskurven

Satz. Ist die Ortskurve einer Funktion $w = x(\lambda) + jy(\lambda)$ eine Gerade, die nicht durch den Ursprung verläuft, so ist die Inverse

$$w^{-1} = \frac{1}{w} = u(\lambda) + j\,v(\lambda)$$

ein Kreis durch den Ursprung.

Beweis. Die Gerade $w = x + jy = (a_1 + jb_1) + g(\lambda)(a_2 + jb_2)$ genügt nach Gl. (525.3) der Gleichung

$$-b_2 x + a_2 y + (a_1 b_2 - a_2 b_1) = 0 \qquad (527.3)$$

---

[1]) Nach DIN 1311, Schwingungen, wird die Verstimmung durch $\varepsilon = \frac{1}{2}\left(\frac{\omega}{\omega_0} - \frac{\omega_0}{\omega}\right)$ definiert. In der Nachrichtentechnik wird jedoch als Verstimmung die Größe v verwandt.

12.3 Komplexe Funktionen einer reellen Veränderlichen

Aus Gl. (527.2) folgt

$$w = \frac{1}{u+jv} = \frac{u}{u^2+v^2} + j\frac{-v}{u^2+v^2} = x + jy$$

Setzt man wegen Gl. (499.1) $x = u/(u^2+v^2)$ und $y = -v/(u^2+v^2)$ in Gl. (527.3) ein, so erhält man

$$\frac{-b_2 u}{u^2+v^2} + \frac{-a_2 v}{u^2+v^2} + (a_1 b_2 - a_2 b_1) = 0 \qquad (528.1)$$

oder $\quad u^2 + v^2 - \dfrac{b_2}{a_1 b_2 - a_2 b_1} u - \dfrac{a_2}{a_1 b_2 - a_2 b_1} v = 0 \qquad (528.2)$

für $a_1 b_2 \neq a_2 b_1$. Diese Bedingung ist aber erfüllt, da es sich bei $a_1 b_2 - a_2 b_1 = 0$ um eine Gerade durch den Nullpunkt handelt, was im Satz ausgeschlossen wird. Durch Bilden der quadratischen Ergänzung in Gl. (528.2) ergibt sich

$$\left[u - \frac{b_2}{2(a_1 b_2 - a_2 b_1)}\right]^2 + \left[v - \frac{a_2}{2(a_1 b_2 - a_2 b_1)}\right]^2 = \frac{a_2^2 + b_2^2}{4(a_1 b_2 - a_2 b_1)^2}$$

Dies ist nach Abschn. 3.3.2 ein Kreis durch den Ursprung mit dem Mittelpunkt

$$\left(\frac{b_2}{2(a_1 b_2 - a_2 b_1)}; \frac{a_2}{2(a_1 b_2 - a_2 b_1)}\right) \text{ und dem Radius } \varrho = \frac{\sqrt{a_2^2 + b_2^2}}{2|a_1 b_2 - a_2 b_1|} \qquad (528.3)$$

Aus Gl. (528.2) erkennt man, daß der Kreisumfang stets den Ursprung enthält. □

Beschriftung. Ist $w = z_1 + g(\lambda) z_2$ und $z_i = a_i + jb_i$, so folgt aus Gl. (525.1) und (527.2)

$$\begin{aligned}\operatorname{Re} w^{-1} &= \frac{a_1 + g(\lambda) a_2}{(a_1 + g(\lambda) a_2)^2 + (b_1 + g(\lambda) b_2)^2} \\ \operatorname{Im} w^{-1} &= -\frac{b_1 + g(\lambda) b_2}{(a_1 + g(\lambda) a_2)^2 + (b_1 + g(\lambda) b_2)^2}\end{aligned} \qquad (528.4)$$

Da die Lage des Kreises durch Gl. (528.3) bekannt ist, wählt man die einfachere der Gl. (528.4) zur Beschriftung.

Die Inverse der Geraden $-b_2 x + a_2 y = 0$ ist nach Gl. (528.1) die Gerade

$$b_2 u + a_2 v = 0$$

Beispiel 11 Für die in Bild 525.3a angegebene Schaltung ist die Leitwert-Ortskurve gesucht. Nach Beispiel 8, S. 525, ist

$$\underline{Z}(R) = R + (3{,}9 + j\,38{,}8)\,\Omega \qquad (528.5)$$

Es ist also $a_1 = 3{,}9\,\Omega$, $b_1 = 38{,}8\,\Omega$, $a_2 = 1$ und $b_2 = 0$.

Die zu Gl. (528.5) gehörige Ortskurve ist die Gerade $y = 38{,}8\,\Omega$. Die inverse Ortskurve ist daher ein Kreis vom Radius $\varrho = (1/77{,}6)\,\text{S} = 12{,}89\,\text{mS}$ um den Mittelpunkt $(0;\,-12{,}89\,\text{mS})$. Zur Beschriftung bestimmt man

$$\operatorname{Im} \underline{Y}(R) = \frac{-38{,}8\,\Omega}{(3{,}9\,\Omega + R)^2 + 38{,}8^2\,\Omega^2}$$

Es ist Im $Y(0) = -25{,}5$ mS und Im $Y(\infty) = 0$. Bild **529.**1 zeigt die gesuchte Ortskurve, Tafel **529.**2 gibt Werte zur Beschriftung.

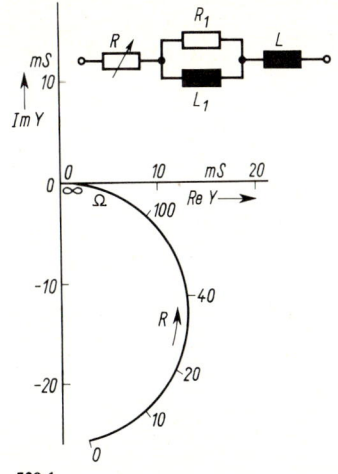

529.1

Tafel **529.**2

$\dfrac{R}{\Omega}$	$\dfrac{\text{Im } Y}{\text{mS}}$
0	$-25{,}5$
10	$-22{,}8$
20	$-18{,}7$
40	$-11{,}3$
100	$-3{,}2$
∞	0

Satz. Die Ortskurve der Funktion

$$w(\lambda) = \frac{z_1 + \lambda z_2}{z_3 + \lambda z_4} \tag{529.1}$$

ist ein Kreis[1]).

Beweis. Die Identität

$$\frac{z_1 + \lambda z_2}{z_3 + \lambda z_4} = \frac{z_2}{z_4} + \left(z_1 - \frac{z_2 z_3}{z_4}\right) \frac{1}{z_3 + \lambda z_4} \tag{529.2}$$

ergibt sich durch Auflösen der Klammern. Die Ortskurve von $z_3 + \lambda z_4$ ist eine Gerade, ihre Inverse ein Kreis durch den Nullpunkt. Die Multiplikation mit der komplexen Konstante $(z_1 - (z_2 z_3 / z_4))$ bedeutet geometrisch eine Drehstreckung. Es ergibt sich daher wieder ein Kreis durch den Ursprung. Die Addition der komplexen Konstante z_2/z_4 bedeutet eine Translation, so daß man nun einen Kreis in allgemeiner Lage erhält. Für Spezialfälle, daß eine oder zwei der komplexen Konstanten Null sind, s. S. 531. □

Zum Zeichnen bestimmt man zunächst Mittelpunkt $z_{M1} = x_{M1} + j y_{M1}$ und Radius ϱ_1 der Inversen zu $z_3 + \lambda z_4$ nach Gl. (528.3). Setzt man

$$z_5 = r_0 e^{j\varphi_0} = z_1 - \frac{z_2 z_3}{z_4} \tag{529.3}$$

so sind der Radius des gesuchten Kreises und sein Mittelpunkt gegeben durch

$$\varrho = r_0 \varrho_1 \quad \text{und} \quad z_M = z_{M1} z_5 + \frac{z_2}{z_4} \tag{529.4}$$

Zur Beschriftung berechnet man Re w oder Im w. Es ist

$$\text{Re } w = \frac{(a_1 + \lambda a_2)(a_3 + \lambda a_4) + (b_1 + \lambda b_2)(b_3 + \lambda b_4)}{(a_3 + \lambda a_4)^2 + (b_3 + \lambda b_4)^2} \tag{529.5}$$

$$\text{Im } w = \frac{(a_3 + \lambda a_4)(b_1 + \lambda b_2) - (a_1 + \lambda a_2)(b_3 + \lambda b_4)}{(a_3 + \lambda a_4)^2 + (b_3 + \lambda b_4)^2} \tag{529.6}$$

---
[1]) Der Satz bleibt richtig, wenn λ durch $g(\lambda)$ ersetzt wird.

12.3 Komplexe Funktionen einer reellen Veränderlichen

Beispiel 12 Für die Schaltung in Bild **530.**1a ist die Widerstandsortskurve $\underline{Z}(C)$ bei $f = 50$ Hz, $L = 0{,}1$ H, $R_1 = 50\,\Omega$ und $R_2 = 40\,\Omega$ gesucht.

$$\underline{Z} = \cfrac{1}{\cfrac{1}{R_1 + j\omega L} + \cfrac{1}{R_2 + \cfrac{1}{j\omega C}}} = \frac{R_1 - \omega^2 L C R_2 + j\omega(L + C R_1 R_2)}{(1 - \omega^2 C L) + j\omega C(R_1 + R_2)}$$

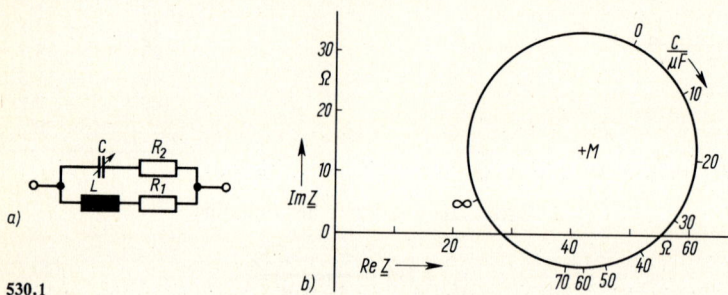

530.1

Führt man einen neuen, der Kapazität C proportionalen Parameter $\lambda = \omega^2 L C$ ein, so wird

$$\underline{Z}(\lambda) = \frac{R_1 + j\omega L + \lambda\left(-R_2 + j\dfrac{R_1 R_2}{\omega L}\right)}{1 + \lambda\left(-1 + j\dfrac{R_1 + R_2}{\omega L}\right)} = \frac{z_1 + \lambda z_2}{z_3 + \lambda z_4}\,\Omega \qquad (530.1)$$

mit $z_1 = 50 + j31{,}4 = 59{,}1\,e^{j32{,}1°}$ $\qquad z_3 = 1$

$\ z_2 = -40 + j63{,}7 = 75{,}2\,e^{j122{,}1°}$ $\qquad z_4 = -1 + j2{,}86 = 3{,}03\,e^{j109{,}2°}$

Dies ist eine Ortskurve in der Gestalt von Gl. (529.1), also ein Kreis.
Es ist $z_3 + \lambda z_4 = 1 + \lambda(-1 + j2{,}86)$. Dann folgt aus Gl. (528.3)

$\varrho_1 = 0{,}530$ $\qquad$ und $\qquad z_{M1} = 0{,}5 - j0{,}1745 = 0{,}530\,e^{-j19{,}24°}$

Aus Gl. (529.3) folgt

$$r_0\,e^{j\varphi_0} = 25{,}85 + j25{,}88 = 36{,}58\,e^{j45{,}04°}$$

Dann ist der Kreisradius der gesuchten Ortskurve

$$\varrho = r_0\,\varrho_1 = 19{,}37$$

Ihren Mittelpunkt erhält man aus Gl. (529.4)

$$z_M = 0{,}530\,e^{-j19{,}24°} \cdot 36{,}58\,e^{j45{,}04°} + 24{,}78\,e^{j12{,}90°}$$
$$= 19{,}37\,e^{j25{,}80°} + 24{,}78\,e^{j12{,}90°} = 41{,}59 + j13{,}96$$

Es ist Re $w(0) = 50$ und Re $w(\infty) = 24{,}15$. Tafel **530.**2 gibt Werte gemäß Gl. (529.4) zur Beschriftung. Dazu wählt man mit

$$\lambda = \omega^2 L C = \pi^2\,10^{-3}\,\frac{C}{\mu F}$$

glatte Werte für C, berechnet hierzu λ und dann Re w. Bild **530.**1b zeigt die Ortskurve.

Tafel **530.**2

C / µF	Re w
0	50
10	58,46
20	60,86
30	57,20
40	51,45
50	46,18
60	42,04
70	38,91
80	36,55
100	33,35
1000	24,73
∞	24,15

Inversion des Kreises Da Gl. (529.1) die gleiche Struktur wie ihr Kehrwert hat, gilt der

Satz. Das inverse Bild eines Kreises ist wieder ein Kreis, falls der gegebene Kreis nicht durch den Koordinatenursprung verläuft.

Insgesamt kann
$$w(\lambda) = \frac{z_1 + \lambda z_2}{z_3 + \lambda z_4}$$
folgende Spezialfälle ergeben:

1. $\quad z_4 = 0 \Rightarrow w(\lambda) = \frac{z_1}{z_3} + \lambda \frac{z_2}{z_3}$

ist eine Gerade mit linearer Beschriftung, ihre Inverse ein Kreis durch den Ursprung.

2. $\quad z_3 = 0 \Rightarrow w(\lambda) = \frac{z_2}{z_4} + \frac{1}{\lambda}\frac{z_1}{z_4}$

ist eine Gerade mit nichtlinearer Beschriftung, ihre Inverse ein Kreis durch den Ursprung.

3. $\quad z_2 = 0 \Rightarrow w(\lambda) = z_1 \cdot \frac{1}{z_3 + \lambda z_4}$

ist ein Kreis durch den Ursprung, seine Inverse eine Gerade.

4. $\quad z_1 = 0 \Rightarrow w(\lambda) = \frac{1}{\frac{z_4}{z_2} + \frac{1}{\lambda}\frac{z_3}{z_2}}$

ist ein Kreis durch den Ursprung, die Inverse eine Gerade mit nichtlinearer Beschriftung.

5. $\quad z_1 = z_3 = 0 \Rightarrow w(\lambda) = \frac{z_2}{z_4}$

ist ein Punkt wie auch die Inverse.

6. $\quad z_1 = z_4 = 0 \Rightarrow w(\lambda) = \lambda \frac{z_2}{z_3}$

ist eine Gerade durch den Ursprung wie auch die Inverse.

7. $\quad z_2 = z_3 = 0 \Rightarrow w(\lambda) = \frac{1}{\lambda}\frac{z_1}{z_4}$

ist eine nichtlinear beschriftete Gerade durch den Ursprung. Hier ist im Gegensatz zu Fall 6 die Inverse eine Gerade mit linearer Beschriftung.

8. $\quad z_2 = z_4 = 0 \Rightarrow w(\lambda) = \frac{z_1}{z_3}$ (s. Fall 5)

9. $\quad$ Ist $z_1 z_4 = z_2 z_3$, so erhält man Fall 5.

Parabolische Ortskurve Die Bedeutung parabolischer Ortskurven wird an folgendem Beispiel gezeigt.

12.3 Komplexe Funktionen einer reellen Veränderlichen

Beispiel 13 Für die in Bild **532.**1a gegebene Tiefpaßschaltung mit $R_i = R = \sqrt{L/C}$ ist die Ortskurve des Dämpfungsfaktors $\underline{D} = \underline{U}/\underline{U}_2$ für $f(v)$ und der Graph $D = |\underline{U}/\underline{U}_2| = g(\omega/\omega_0)$ gesucht. Dabei ist die Verstimmung [1])

$$v = \frac{\omega}{\omega_0} - \frac{\omega_0}{\omega} \quad \text{mit} \quad \omega_0 = \frac{1}{\sqrt{LC}}$$

Für die rechte Masche gilt wegen $R = \sqrt{L/C}$

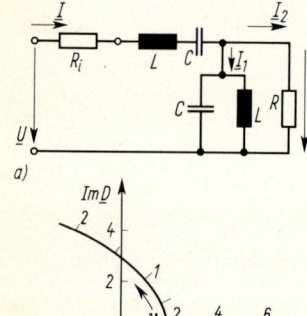

$$R\underline{I}_2 = \frac{1}{\frac{1}{j\omega L} + j\omega C}\underline{I}_1 = \frac{j\omega L}{1 - \omega^2 LC}\underline{I}_1$$

Hieraus folgt

$$\underline{I}_2 = \frac{j\omega\sqrt{LC}}{1 - \frac{\omega^2}{\omega_0^2}}\underline{I}_1 = j\frac{1}{\frac{\omega_0}{\omega} - \frac{\omega}{\omega_0}}\underline{I}_1 = -\frac{j}{v}\underline{I}_1$$

oder $\quad \underline{I}_1 = jv\underline{I}_2 \quad$ (532.1)

Für die Gesamtschaltung gilt

$$\underline{U} = R\underline{I}_2 + \left(R + j\omega L + \frac{1}{j\omega C}\right)\underline{I}$$
$$= R\underline{I}_2 + (R + j\omega_0 Lv)\underline{I}$$

Setzt man in der letzten Gleichung wegen der Knotenpunktregel statt $\underline{I}$ die Summe $\underline{I}_1 + \underline{I}_2$, so ergibt sich

$$\underline{U} = (2R + j\omega_0 Lv)\underline{I}_2 + (R + j\omega_0 Lv)\underline{I}_1$$

und wegen Gl. (532.1)

$$\underline{U} = (2 - v^2 + j2v)R\underline{I}_2$$

532.1

Schließlich gilt am Widerstand R

$$\underline{U}_2 = R\underline{I}_2$$

so daß die gesuchte Funktion des Dämpfungsfaktors ergibt

$$\underline{D} = \frac{\underline{U}}{\underline{U}_2} = (2 - v^2 + j2v) = f(v)$$

Damit wird

$$\text{Re } \underline{D} = x = 2 - v^2 \qquad \text{Im } \underline{D} = y = 2v \qquad (532.2)$$

Durch Elimination von v erhält man die Parabelgleichung

$$y^2 = 8 - 4x$$

---
[1]) Siehe Fußnote S. 527.

Die Beschriftung erfolgt aus $y = 2v$. Bild **532.1**b zeigt diese Ortskurve. Aus Gl. (532.2) folgt

$$D = \left|\frac{U}{U_2}\right| = \sqrt{x^2 + y^2} = \sqrt{4 + v^4} = \sqrt{4 + \left(\frac{\omega}{\omega_0} - \frac{\omega_0}{\omega}\right)^4} = g(\omega/\omega_0)$$

Für $v - 0$, also $\omega = \omega_0$ nimmt diese Funktion ihr Minimum $D = 2$ an (Graph s. Bild **532.1**c).

Allgemeine Ortskurven Die bisher besprochenen geradlinigen, kreis- und parabelförmigen Ortskurven treten zwar häufig auf, doch oft muß man allgemeinere Formen diskutieren. Man geht dabei entsprechend der Diskussion reellwertiger Funktionen in Parameterdarstellung (s. Abschn. 3.6.1 und 8.1.1) vor.

Gegeben sei eine Ortskurve

$$w = f(\lambda) = u(\lambda) + jv(\lambda) \tag{533.1}$$

Oft bereitet es einige Mühe, den Realteil u und den Imaginärteil v zu bestimmen. Diese Ausdrücke sind häufig so kompliziert, daß sich für größere Tafeln die Anwendung einer Rechenanlage – möglichst mit Plotter – empfiehlt. Hier wird nochmals die in Abschn. 7.1.3 und 8.1.1 ausführlich geschilderte Methode der Kurvendiskussion gezeigt. Dabei versucht man, aus möglichst wenigen aber charakteristischen Werten die prinzipielle Form des Graphen zu erkennen.

1. Grenzen des Definitionsbereichs von λ. Ist z.B. $\lambda \in [0, +\infty)$, so bestimme man

$$x_0 = u(0) \quad x_\infty = \lim_{\lambda \to \infty} u(\lambda) \quad y_0 = v(0) \quad y_\infty = \lim_{\lambda \to \infty} v(\lambda)$$

2. Schnittpunkte mit den Achsen. Alle Werte λ mit

$$u(\lambda) = 0$$

ergeben Schnittpunkte (oder Berührungen) mit der imaginären Achse. Die Bedingung

$$v(\lambda) = 0$$

ergibt Schnittpunkte (oder Berührungen) mit der reellen Achse.

3. Horizontale und vertikale Tangenten. Ist für $\lambda = \lambda_H$

$$\frac{dv(\lambda)}{d\lambda} = 0 \quad \text{und} \quad \frac{du(\lambda)}{d\lambda} \neq 0$$

so liegt ein Punkt mit horizontaler Tangente vor. Ist für $\lambda = \lambda_V$

$$\frac{du(\lambda)}{d\lambda} = 0 \quad \text{und} \quad \frac{dv(\lambda)}{d\lambda} \neq 0$$

so liegt ein Punkt mit vertikaler Tangente vor. Ist für $\lambda = \lambda_0$

$$\frac{du(\lambda)}{d\lambda} = 0 \quad \text{und} \quad \frac{dv(\lambda)}{d\lambda} = 0$$

so ergibt sich die Neigung in diesem Punkte aus

$$\tan \varphi = \lim_{\lambda \to \lambda_0} \frac{dv(\lambda)/d\lambda}{du(\lambda)/d\lambda}$$

12.3 Komplexe Funktionen einer reellen Veränderlichen

4. Beschriftung. Mit diesen Daten ist fast immer die Ortskurve genau genug erfaßt. Entsprechend den bisher gefundenen charakteristischen Werten des Parameters λ wählt man nun geeignete „glatte" Werte für λ und ermittelt die Beschriftung für diese Werte aus

$$u(\lambda) \qquad \text{oder} \qquad v(\lambda)$$

Beispiel 14 Für die Schaltung in Bild **530.**1a sei die Ortskurve $\underline{Z}(\omega)$ gesucht. Hierbei sei $R_1 = 20\,\Omega$, $R_2 = 30\,\Omega$, $L = 100$ mH und $C = 40$ μF.
Es ist

$$\underline{Z} = \cfrac{1}{\cfrac{1}{R_1 + j\omega L} + \cfrac{1}{R_2 + \cfrac{1}{j\omega C}}} \tag{534.1}$$

Diese Gleichung wird vor einer weiteren Umformung normiert. Man setzt

$$\lambda = \omega\sqrt{LC} \qquad w = \underline{Z}\sqrt{\frac{C}{L}} \qquad d_i = R_i\sqrt{\frac{C}{L}}$$

Damit ergibt sich aus Gl. (534.1)

$$w = \cfrac{1}{\cfrac{1}{d_1 + j\lambda} + \cfrac{j\lambda}{1 + j\lambda d_2}} = \frac{(d_1 - \lambda^2 d_2) + j\lambda(1 + d_1 d_2)}{(1 - \lambda^2) + j\lambda(d_1 + d_2)}$$

Hieraus folgt

$$\operatorname{Re} w = \frac{d_2 \lambda^4 + (d_1 + d_2) d_1 d_2 \lambda^2 + d_1}{\lambda^4 + [(d_1 + d_2)^2 - 2]\lambda^2 + 1} \qquad \operatorname{Im} w = \lambda \frac{(1 - d_1^2) - (1 - d_2^2)\lambda^2}{\lambda^4 + [(d_1 + d_2)^2 - 2]\lambda^2 + 1}$$

Es ist $d_1 = 0{,}4 \qquad d_2 = 0{,}6$

Damit wird

$$\operatorname{Re} w = 0{,}6 \frac{\lambda^4 + 0{,}4\lambda^2 + 2/3}{\lambda^4 - \lambda^2 + 1} = 0{,}6\,u \qquad \operatorname{Im} w = -0{,}64\,\lambda \frac{\lambda^2 - 1{,}3125}{\lambda^4 - \lambda^2 + 1} = 0{,}64\,v$$

Es wird zunächst

$$u(\lambda) = \frac{\lambda^4 + 0{,}4\lambda^2 + 2/3}{\lambda^4 - \lambda^2 + 1} \qquad v(\lambda) = -\lambda \frac{\lambda^2 - 1{,}3125}{\lambda^4 - \lambda^2 + 1} \tag{534.2}$$

diskutiert. Es ist

$$u(0) = 2/3 \qquad v(0) = 0$$
$$\lim_{\lambda \to \infty} u(\lambda) = 1 \qquad \lim_{\lambda \to \infty} v(\lambda) = 0$$

Die Forderung $u(\lambda) = 0$ führt auf keine reellen Werte von λ. Der Realteil wird niemals Null, weil sich bei passiven Bauelementen nur positive Wirkwiderstandswerte ergeben können. Die Forderung $v(\lambda) = 0$ wird für $\lambda = 0$ und $\lambda_1 = \sqrt{1{,}3125} = 1{,}1456$ erfüllt. Es ist $u(\lambda_1) = 2{,}0667$. Als nächstes werden die Ableitungen von u und v gebildet. Nach der Quotientenregel erhält man

$$\dot{u}(\lambda) = \frac{-2{,}8\lambda^5 + 1{,}3333\lambda^3 + 2{,}1333\lambda}{(\lambda^4 - \lambda^2 + 1)^2} = -2{,}8\lambda \frac{\lambda^4 - 0{,}4762\lambda^2 - 0{,}7619}{(\lambda^4 - \lambda^2 + 1)^2}$$

Es ist $\dot{u}(0) = 0$ und $\dot{u}(1{,}069) = 0$. Man berechnet

$$u(1{,}069) = 2{,}089 \qquad v(1{,}069) = 0{,}1559$$

Weiter wird

$$\hat{v}(\lambda) = \frac{\lambda^6 - 2{,}9375\,\lambda^4 - 1{,}6875\,\lambda^2 + 1{,}3125}{(\lambda^4 - \lambda^2 + 1)^2}$$

Man setzt $\lambda^2 = x$ und löst nach Horner-Newton die kubische Gleichung

$$x^3 - 2{,}9375\,x^2 - 1{,}6875\,x + 1{,}3125 = 0$$

Man erhält die positiven Wurzeln

$$\lambda_2 = 0{,}6858 \qquad \lambda_3 = 1{,}8238$$

Damit wird

$$u(\lambda_2) = 1{,}4194 \qquad v(\lambda_2) = 0{,}7693$$
$$u(\lambda_3) = 1{,}4948 \qquad v(\lambda_3) = -0{,}4203$$

Für $\lambda \to \infty$ erhält man

$$\tan \varphi_\infty = \lim_{\lambda \to \infty} \frac{\hat{v}}{\hat{u}} \to \infty$$

Es ist Re $\underline{Z} = 30\,\Omega \cdot u$, Im $\underline{Z} = 32\,\Omega \cdot v$ und $\omega = \lambda \cdot 500\,\mathrm{s}^{-1}$. Bild **535.1** zeigt die von einem Plotter gezeichnete Ortskurve.

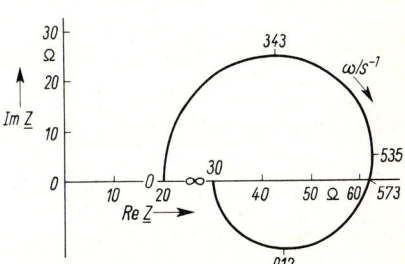

535.1

12.3.3 Aufgaben zu Abschnitt 12.3

1. Man untersuche die in Bild **535.2** dargestellte Schaltung. Es ist $R_1 = 10\,\Omega$, $R_2 = 5\,\Omega$, $L_1 = 0{,}1$ H, $L_2 = 0{,}2$ H, $f = 50$ Hz und $\underline{I} = I = 10$ mA. Wie groß sind $\underline{U}$, $\underline{U}_1$ und $\underline{U}_2$?

2. Für die in Bild **535.3** gegebene Schaltung berechne man die auftretenden Ströme und Spannungen. Dabei ist $\underline{U} = U = 220$ V, $f = 50$ Hz, $R_1 = 10\,\Omega$, $R_3 = 120\,\Omega$, $R_4 = 5\,\Omega$, $C = 1{,}5\,\mu$F, $L_1 = 175$ mH und $L_4 = 280$ mH.

3. Man bestimme den Wirkwiderstand Re $\underline{Z}$ und den Blindwiderstand Im $\underline{Z}$ der in Bild **521.2**b gegebenen Schaltung.

4. Die beiden Ortskurven $\underline{Z}(L)$ und $\underline{Y}(L)$ der in Bild **535.4** gegebenen Schaltung sind für $R = 250\,\Omega$, $C = 1{,}5\,\mu$F und $\omega = 1500\,\mathrm{s}^{-1}$ zu rechnen und dann zu zeichnen.

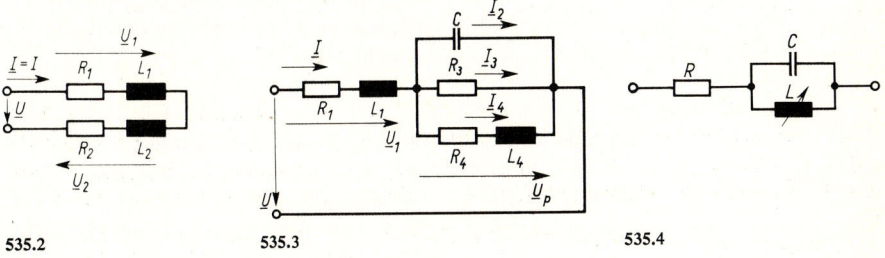

535.2   535.3   535.4

12.4 Komplexe Funktionen einer komplexen Veränderlichen

Die Untersuchung dieser Funktionen heißt meist kurz Funktionentheorie. Wie im Reellen ist auch im Komplexen eine Funktion eine Abbildung. Da Definitions- und Wertebereich in $\mathbb{C}$ liegen, ergibt die geometrische Darstellung einer Abbildung eines (zweidimensionalen) Gebietes einer Gaußschen Zahlenebene ein Gebiet einer anderen Gaußschen Zahlenebene. Solche Abbildungen haben in der Strömungslehre (Hydrodynamik, besonders aber Aerodynamik) wie in der elektromagnetischen Feldtheorie große Bedeutung: Ein kompliziertes Stromlinienfeld wird durch eine geeignete Abbildung in ein einfach zu überblickendes Feld (z. B. Parallel- oder Kreisströmung) transformiert. Durch Rücktransformation erhält man den Verlauf der einzelnen Stromlinien.

12.4.1 Stetigkeit und Differenzierbarkeit

In diesem Abschnitt werden Funktionen

$$w = f(z) = u(x, y) + \mathrm{j}v(x, y) = R\mathrm{e}^{\mathrm{j}\Phi} \quad \text{mit} \quad z = x + \mathrm{j}y = r\mathrm{e}^{\mathrm{j}\varphi} \quad (536.1)$$

betrachtet. Hierbei sind $x, y, r, \varphi \in \mathbb{R}$ und u, v, R, Φ reellwertige Funktionen zweier reeller Veränderlicher. Jede der beiden Größen z und w kann in Komponenten- oder in Polarform vorliegen. Dadurch entstehen vier mögliche Kombinationen. Am häufigsten ist $w = u + \mathrm{j}v$ mit $z = x + \mathrm{j}y$. Die Funktion $w = 1/z$ z. B. läßt sich einfacher darstellen, wenn z und w in Polarform vorliegen. Bei der Funktion $w = \mathrm{e}^z$ muß z in Komponentenform vorliegen (oder in diese gebracht werden) und w entsteht in der Polarform; bei $w = \ln z$ ist es umgekehrt. Ist $z \in G \subset \mathbb{C}$, so bildet f das offene Gebiet G der komplexen Ebene wiederum in ein offenes Gebiet G^* von $\mathbb{C}$ ab

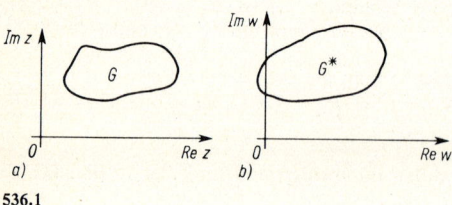

536.1

$$f : G \to G^* \subset \mathbb{C}$$

Da G und G^* i. allg. zweidimensional sind, sind für eine graphische Veranschaulichung zwei Darstellungen Gaußscher Zahlenebenen erforderlich (**536.1**).

In der Funktionentheorie ist es zweckmäßig, die offene Menge $\mathbb{C}$ durch eine Zahl $z = \infty$ zu ergänzen und damit abzuschließen

$$\mathbb{C}^* = \mathbb{C} \cup \{\infty\}$$

Hierbei wird ∞ als das Bild von $z = 0$ bei der Abbildung $w = 1/z$ erklärt. Diese Erweiterung der Menge $\mathbb{C}$ zu $\mathbb{C}^*$ ist geometrisch zu veranschaulichen (**536.2**). Eine Kugel vom Radius $\varrho = 1/2$ liege im Ursprung auf der Gaußschen Ebene. Durch den in Bild **536.2** gezeichneten Strahl wird ein Punkt der Kugeloberfläche $(\xi; \eta; \zeta)$ in

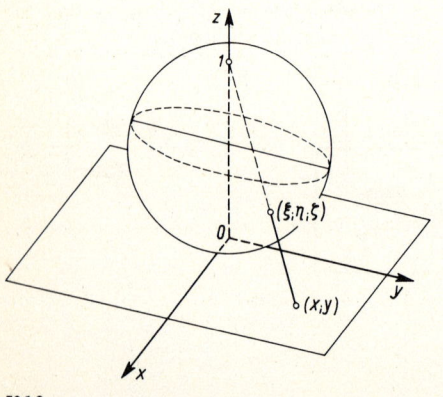

536.2

$(x; y)$ der Gaußschen Ebene abgebildet. Jedem Punkt der Kugeloberfläche ist eindeutig genau ein Punkt der erweiterten Gaußschen Ebene $\mathbb{C}^*$ zugeordnet, wobei der Punkt $(0; 0; 1)$ in $z = \infty$ übergeht.

Definition Die Funktion $w = f(z)$ heißt im Punkt $z = z_0$ **stetig**, wenn für jede Nullfolge $(z_n - z_0)$ mit $z_n \in U(z_0)$ die zugehörige Funktionsfolge $f(z_n)$ denselben Grenzwert hat und dieser gleich $f(z_0)$ ist.

Hierbei ist $U(z_0)$ eine beliebige (offene) Umgebung des Punktes z_0.

Auch die Differenzierbarkeit wird entsprechend den reellen Funktionen definiert.

Definition Die Funktion $w = f(z)$ heißt im Punkt z_0 **differenzierbar**, falls der Grenzwert

$$w' = f'(z_0) = \lim_{n \to \infty} \frac{f(z_n) - f(z_0)}{z_n - z_0} \tag{537.1}$$

für alle Nullfolgen $(z_n - z_0)$ mit $z_n \in U^*(z_0)$ existiert und gleich ist.

Wegen der gleichartigen Definition gelten alle Rechenregeln zur Differentiation reeller Funktionen, wie z. B. Quotientenregel oder Kettenregel, auch in der Funktionentheorie.

Definition Ist eine Funktion $w = f(z)$ in einem offenen Gebiet G erklärt und dort in jedem Punkt differenzierbar, so heißt f in G **holomorph**.

Beispiel 1 Man prüfe, ob die Funktion $w = f(z) = \mathrm{Re}\, z$ in einem Punkt z_0 oder in einem Gebiet differenzierbar ist.

Es sei $z - z_0 = r\, e^{j\varphi} = r(\cos\varphi + j\sin\varphi)$. Dann ist $w = \mathrm{Re}\, z = f(z_0 + r\, e^{j\varphi}) = \mathrm{Re}\, z_0 + r\cos\varphi$ und damit

$$\lim_{z \to z_0} \frac{f(z) - f(z_0)}{z - z_0} = \lim_{r \to 0} \frac{\mathrm{Re}\, z_0 + r\cos\varphi - \mathrm{Re}\, z_0}{r(\cos\varphi + j\sin\varphi)} = \lim_{r \to 0} \frac{\cos\varphi}{\cos\varphi + j\sin\varphi}$$

Für jeden Punkt z_0 gibt es von der Wahl von φ (Annäherungsrichtung) abhängige, unterschiedliche Werte, daher ist $w = \mathrm{Re}\, z$ nirgends differenzierbar.

Die Funktion $w = f(z) = u(x, y) + j v(x, y)$ sei in einem Gebiet G holomorph. Dann ist beim Bilden des Differentialquotienten jede Nullfolge $(z - z_0)$ in Gl. (537.1) zulässig, also auch $z - z_0 = \Delta x$, die Annäherung ohne Änderung des Imaginärteils. Es gilt

$$\frac{f(z) - f(z_0)}{z - z_0} = \frac{u(x + \Delta x, y) + j v(x + \Delta x, y)}{\Delta x} - \frac{u(x, y) + j v(x, y)}{\Delta x}$$

$$= \frac{u(x + \Delta x, y) - u(x, y)}{\Delta x} + j \frac{v(x + \Delta x, y) - v(x, y)}{\Delta x}$$

Damit wird $f'(z_0) = u_x(x_0, y_0) + j v_x(x_0, y_0)$. Bildet man nun $z - z_0 = j\,\Delta y$, so ergibt sich entsprechend

$$f'(z_0) = \frac{1}{j} u_y(x_0, y_0) + v_y(x_0, y_0)$$

12.4 Komplexe Funktionen einer komplexen Veränderlichen

Wegen der Eindeutigkeit der Ableitung ergeben sich mit $1/j = -j$ hieraus die **Cauchy-Riemannschen Differentialgleichungen**

$$\frac{\partial u}{\partial x} = \frac{\partial v}{\partial y} \qquad \frac{\partial u}{\partial y} = -\frac{\partial v}{\partial x} \qquad (538.1)$$

Gl. (538.1) ist notwendig und hinreichend für die Differenzierbarkeit einer komplexen Funktion. Auf den Beweis, daß Gl. (538.1) auch hinreichend ist, wird hier verzichtet (s. z.B. [11]).

Sind $u(x, y)$ und $v(x, y) \in C^2$, so kann man die erste der Gl. (538.1) nochmals partiell nach x, die zweite nach y differenzieren und dann addieren. Ebenso kann man die erste nach y, die zweite nach x differenzieren und addieren. Man erhält damit den

Satz. Realteil und Imaginärteil einer holomorphen Funktion genügen der **Laplaceschen Differentialgleichung**

$$\frac{\partial^2 u}{\partial x^2} + \frac{\partial^2 u}{\partial y^2} = 0 \qquad \frac{\partial^2 v}{\partial x^2} + \frac{\partial^2 v}{\partial y^2} = 0 \qquad (538.2)$$

Dieser Satz hat besonders deshalb große Bedeutung, weil viele Probleme der Physik auf die Laplacesche Differentialgleichung führen. Man weiß also, daß Realteil und Imaginärteil jeder holomorphen Funktion Lösungen von Gl. (538.2) sind.

12.4.2 Konforme Abbildung

Satz. Ist $w = f(z)$ in einem Gebiet G holomorph und $f'(z) \neq 0$ in G, so bleiben bei der Abbildung Winkel zwischen entsprechenden Kurven erhalten. Das Verhältnis entsprechender Strecken ist „im Kleinen" konstant. Eine solche Abbildung heißt **winkeltreu** oder **konform**.

Im „Kleinen" werden Dreiecke in ähnliche Dreiecke abgebildet. Dies gilt aber im „Großen" nicht, weil i. allg. $|f'(z)|$, der Proportionalitätsfaktor, nicht konstant ist.

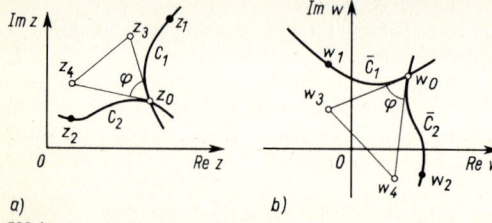

538.1

Beweis. Durch einen Punkt $z_0 \in G$ verlaufen zwei Kurven C_1 und C_2 (538.1a). Ihre Tangenten gehen durch z_3 bzw. z_4. Weiter sei $z_1 = z_0 + \Delta z_1$ ein Punkt auf C_1 und $z_2 = z_0 + \Delta z_2$ ein Punkt auf C_2. Es gelte $|\Delta z_1| = |\Delta z_2|$. Dann kann man

$$\Delta z_1 = r\, e^{j\psi_1} \qquad \Delta z_2 = r\, e^{j\psi_2} \qquad (538.3)$$

schreiben. Die Winkel ψ_1 und ψ_2 hängen von r ab. Weil $f'(z_0)$ unabhängig von der Art der Annäherung an z_0 ist, gilt

$$f'(z_0) = \lim_{\Delta z_1 \to 0} \frac{f(z_0 + \Delta z_1) - f(z_0)}{\Delta z_1} = \lim_{\Delta z_2 \to 0} \frac{f(z_0 + \Delta z_2) - f(z_0)}{\Delta z_2}$$

oder wegen Gl. (538.3) und $f'(z_0) \neq 0$

$$\lim_{r \to 0} \frac{f(z_0 + \Delta z_2) - f(z_0)}{f(z_0 + \Delta z_1) - f(z_0)} \frac{\Delta z_1}{\Delta z_2} = 1 \qquad (538.4)$$

12.4.2 Konforme Abbildung

Es sei $\lim_{r \to 0} \psi_1 = \varphi_1 \quad \lim_{r \to 0} \psi_2 = \varphi_2$ (539.1)

Da z_1 auf C_1 und z_2 auf C_2 verläuft, gilt $\varphi_2 - \varphi_1 = \varphi$. Aus Gl. (539.1) folgt dann

$$\lim_{r \to 0} \frac{f(z_0 + \Delta z_2) - f(z_0)}{f(z_0 + \Delta z_1) - f(z_0)} = e^{j\varphi} \qquad (539.2)$$

Die Bilder der Kurven C_1 und C_2 in der w-Ebene seien $\overline{C}_1$ und $\overline{C}_2$. Dabei liegt $f(z_0 + \Delta z_1)$ auf $\overline{C}_1$ und $f(z_0 + \Delta z_2)$ auf $\overline{C}_2$. Man setzt nun

$$f(z_0 + \Delta z_1) - f(z_0) = \varrho_1 \, e^{j\alpha_1} \qquad f(z_0 + \Delta z_2) - f(z_0) = \varrho_2 \, e^{j\alpha_2}$$

dann folgt aus Gl. (539.2)

$$\lim_{r \to 0} \frac{\varrho_2}{\varrho_1} e^{j(\alpha_2 - \alpha_1)} = e^{j\varphi}$$

oder zerlegt in Betrag und Arcus

$$\lim_{r \to 0} \frac{\varrho_2}{\varrho_1} = 1 \qquad \lim_{r \to 0} (\alpha_2 - \alpha_1) = \varphi \qquad \square$$

Zur geometrischen Deutung einer konformen Abbildung sucht man in der z-Ebene zwei möglichst einfache Kurvenscharen, die paarweise aufeinander senkrecht stehen, z.B. die Parallelen zu beiden Achsen (s. Beispiel 2, S. 539, und Aufgabe 2, 3 und 4, S. 543) oder die konzentrischen Kreise um den Nullpunkt und die Strahlen, die vom Nullpunkt ausgehen (s. Beispiel 3, S. 540, und Aufgabe 1, S. 543). Um die zugehörigen Kurven in der w-Ebene zu erhalten, eliminiert man aus den beiden Gleichungen

$$u = f_1(x, y) \qquad v = f_2(x, y)$$
bzw. $\quad u = g_1(r, \varphi) \qquad v = g_2(r, \varphi)$ (539.3)

nacheinander jeweils eine der unabhängigen Veränderlichen. Damit erhält man aus Gl. (539.3) die beiden Kurvenscharen

$$F_1(u, v, x) = 0 \qquad F_2(u, v, y) = 0$$
bzw. $\quad G_1(u, v, r) = 0 \qquad G_2(u, v, \varphi) = 0$

Die verbleibende unabhängige Veränderliche ist dann der Scharparameter der jeweiligen Kurvenschar in der (u, v)-Ebene.

Beispiel 2 Man diskutiere die Abbildung $w = f(z) = \cos z$.
Mit $z = x + jy$ und $w = u(x,y) + jv(x,y)$ erhält man nach Gl. (511.8)

$$w = \cos x \cosh y - j \sin x \sinh y \qquad (539.4)$$

also $\quad u = \cos x \cosh y \qquad v = -\sin x \sinh y$

Aus $\quad \cos x = \dfrac{u}{\cosh y} \qquad \sin x = \dfrac{-v}{\sinh y}$

sowie $\quad \cosh y = \dfrac{u}{\cos x} \qquad \sinh y = \dfrac{-v}{\sin x}$

ergibt sich

$$\frac{u^2}{\cosh^2 y} + \frac{v^2}{\sinh^2 y} = 1 \quad \text{und} \quad \frac{u^2}{\cos^2 x} - \frac{v^2}{\sin^2 x} = 1$$

Hieraus folgt: Setzt man $y = $ const, betrachtet man also Parallelen zur reellen Achse in der z-Ebene, so sind ihre Bilder in der w-Ebene Ellipsen. Die Bilder von Parallelen zur imaginären Achse $x = $ const in der z-Ebene sind in der w-Ebene Hyperbeln. Bild **540.**1 zeigt die Abbildung der vier Geraden $x = 0{,}4$; $y = 0{,}4$; $x = 0{,}8$ und $y = 0{,}8$ sowie des durch die vier Geraden in der z-Ebene bestimmten Gebietes. In diesem Gebiet liegt der Punkt $P(x; y) = P(0{,}5; 0{,}6)$. Sein Bild Q hat die Koordinaten $u = 1{,}0403$ und $v = -0{,}3052$. Wegen der Periode und der Geradheit von $\cos x$ wird ein vertikaler Streifen der Breite π in der z-Ebene auf die gesamte w-Ebene abgebildet. Das Bild der gesamten z-Ebene sind daher unendlich viele übereinanderliegende w-Ebenen (vielblättrige Riemannsche Fläche). Für $z = n\pi$ mit $n \in \mathbb{Z}$ wird $w' = 0$. Diese Punkte der reellen Achse der z-Ebene werden nicht konform in die w-Ebene abgebildet.

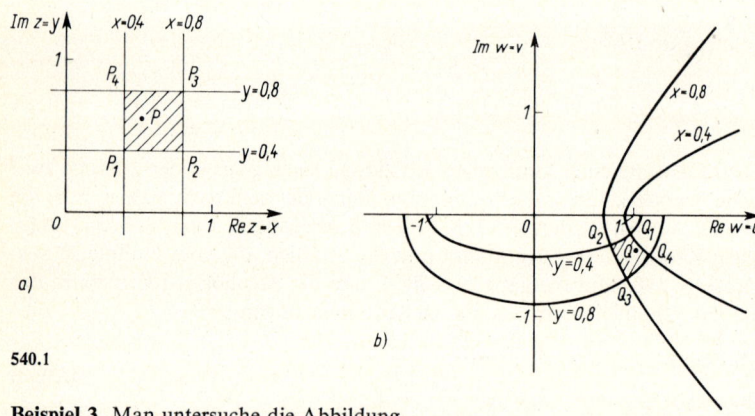

540.1

Beispiel 3 Man untersuche die Abbildung

$$w = z + \frac{1}{z}$$

Es ist $w' = 1 - (1/z^2)$. Daher ist für die Punkte $z = \pm 1$ keine Winkeltreue zu erwarten. Es ist $w(\pm 1) = \pm 2$. Zur Diskussion setzt man $z = r\,\mathrm{e}^{\mathrm{j}\varphi}$. Dann wird w eine Funktion von r und φ

$$w = f(z) = u(r, \varphi) + \mathrm{j} v(r, \varphi) = r\,\mathrm{e}^{\mathrm{j}\varphi} + \frac{1}{r}\,\mathrm{e}^{-\mathrm{j}\varphi}$$

$$= \left(r + \frac{1}{r}\right)\cos\varphi + \mathrm{j}\left(r - \frac{1}{r}\right)\sin\varphi$$

Aus $\quad \cos\varphi = \dfrac{u}{r + \dfrac{1}{r}} \quad \sin\varphi = \dfrac{v}{r - \dfrac{1}{r}}$

folgt

$$\frac{u^2}{\left(r + \dfrac{1}{r}\right)^2} + \frac{v^2}{\left(r - \dfrac{1}{r}\right)^2} = 1 \tag{540.1}$$

$$\frac{u^2}{4\cos^2\varphi} - \frac{v^2}{4\sin^2\varphi} = 1 \tag{540.2}$$

Setzt man $r = \text{const}$, so ergeben sich in der z-Ebene konzentrische Kreise. Diese werden nach Gl. (540.1) in Ellipsen abgebildet. Setzt man $\varphi = \text{const}$, betrachtet also in der z-Ebene Strahlen vom Ursprung aus, so ergeben sich daraus in der w-Ebene Hyperbeln. Bild **541**.1 zeigt, wie auch Bild **540**.1 in Beispiel 2, S. 539, daß die Orthogonalität der beiden Kurvenscharen erhalten bleibt. Für $r \to 1$ entartet die Ellipse auf die doppelt durchlaufene Strecke $-2 \leqq \text{Re } w \leqq +2$. Bild **541**.2 zeigt die Abbildung des Kreisringsektors $1{,}5 \leqq r \leqq 2$ und $30° \leqq \varphi \leqq 60°$. In der w-Ebene begrenzen die Ellipsen

$$\frac{u^2}{2{,}1667^2} + \frac{v^2}{0{,}8333^2} = 1 \qquad \frac{u^2}{2{,}5^2} + \frac{v^2}{1{,}5^2} = 1$$

und die Hyperbeln

$$\frac{u^2}{1{,}7321^2} - \frac{v^2}{1^2} = 1 \qquad \frac{u^2}{1^2} - \frac{v^2}{1{,}7321^2} = 1$$

das Bildgebiet.

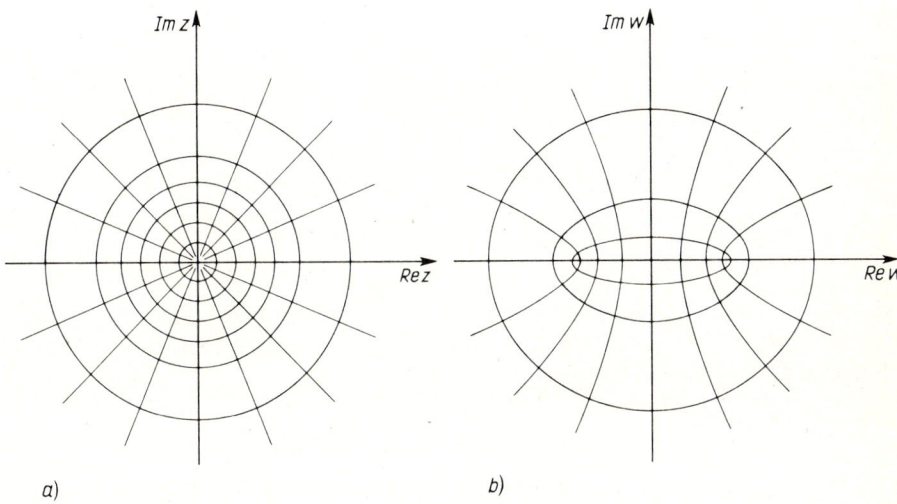

a)   b)
541.1

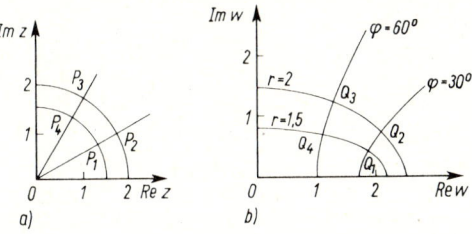

a)   b)
541.2

Beispiel 4 Gegeben seien zwei Kreise in der z-Ebene. Der eine habe den Nullpunkt im Inneren, den Punkt $z = -1$ auf dem Rande und den Punkt $z = 1$ im Außengebiet; der andere liege dazu konzentrisch mit kleinerem Radius (**542**.1a). Welches Bild liefert die Abbildung

$$w = z + \frac{1}{z} \qquad (541.1)$$

von Beispiel 3, S. 540, für diese Kreise?

Der Mittelpunkt des Kreises sei $z_M = -a + jb$ mit $a, b > 0$. Dann ist $r^2 = (1-a)^2 + b^2$. Da der Nullpunkt im Inneren und $z = 1$ außerhalb des Kreises liegen sollen, gilt

$$a^2 + b^2 < r^2 < (1+a)^2 + b^2$$

12.4 Komplexe Funktionen einer komplexen Veränderlichen

Hieraus folgt

$0 < a < 0{,}5$ und b beliebig.

Ein Punkt auf dem Kreise genügt mit $0° \leq \varphi < 360°$ der Gleichung

$$z = -a + jb + r\,e^{j\varphi} = (-a + r\cos\varphi) + j(b + r\sin\varphi)$$

Damit wird durch Einsetzen in Gl. (541.1) und Erweitern des Bruches mit $(-a + r\cos\varphi) - j(b + r\sin\varphi)$

$$w = (-a + r\cos\varphi)\left(1 + \frac{1}{N}\right) + j(b + r\sin\varphi)\left(1 - \frac{1}{N}\right) \tag{542.1}$$

mit $\quad N = (-a + r\cos\varphi)^2 + (b + r\sin\varphi)^2$

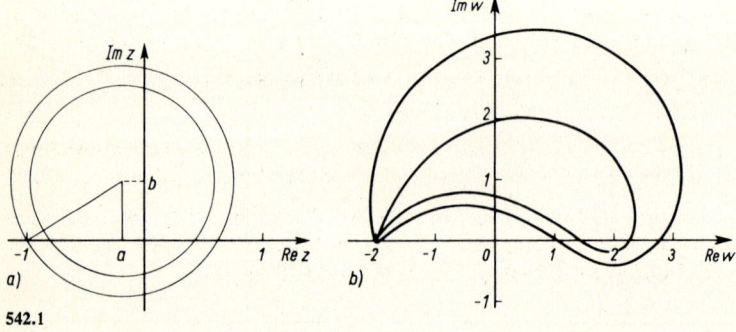

542.1

Für $a = 0{,}2$ und $b = 0{,}5$ erhält man $r = 0{,}9434$. Die zweite und dritte Spalte in Tafel **542.2** zeigen die mit Gl. (542.1) berechneten w-Werte für den ersten Kreis, die letzten zwei die für den zweiten konzentrischen Kreis.

Tafel 542.2

in °	$r = 0{,}9434$		$r = 0{,}8$	
	Re w	Im w	Re w	Im w
0	1,6696	−0,1229	1,5836	−0,3197
30	1,0827	0,2383	0,9609	0,0452
60	0,4219	0,5887	0,3367	0,3774
90	−0,2942	0,7636	−0,3156	0,5486
120	−0,9790	0,7144	−0,9366	0,5238
150	−1,5310	0,4806	−1,4484	0,3400
180	−1,8776	0,1789	−1,8000	0,1000
212,005	−2	0	−2,0084	−0,0218
240	−1,8893	0,2576	−2,1107	0,2927
270	−1,0453	1,4306	−1,7385	2,0077
280	−0,2313	1,8851	−0,7665	3,0365
290	0,8686	1,9641	1,1436	3,4075
300	1,8304	1,5016	2,7914	2,3055
315	2,3652	0,5119	3,0148	0,4102
330	2,2343	−0,0459	2,4417	−0,2955

Bild **542**.1 b zeigt die Bilder in der *w*-Ebene. Der Kreis durch $z = -1$ ergibt ein in der Luftfahrttechnik benötigtes **Joukowski-Profil**. Durch Variation von a und b lassen sich unterschiedliche Formen erreichen. Man erkennt, daß bereits durch eine recht einfache konforme Abbildung ein Kreis in ein technisch interessantes Gebilde, in den Querschnitt eines Tragflügels, abgebildet werden kann. Aus $w(0) = \infty$ und $w(1) = 2$ folgt, daß das Innere des Kreises außerhalb der Tragflügelkurve in der *w*-Ebene abgebildet wird; so liegt auch das Bild des zweiten Kreises außerhalb des Profils. Aus Tafel **542**.2 erkennt man, daß die Durchlaufrichtung auf den Bildkurven entgegengesetzt zu der der Kreise in der *z*-Ebene ist. Am Joukowski-Profil sieht man, daß im Punkt $z = -1$, also $w = -2$ nicht winkelgetreu abgebildet wird, denn es gilt $w'(-1) = 0$, während der Kreis mit $r = 0{,}8$ überall winkeltreu abgebildet wird.

12.4.3 Aufgaben zu Abschnitt 12.4

1. Eine Abbildungsvorschrift laute $w = 1/z$. Ein Gebiet G in der *z*-Ebene hat die Begrenzung $2 \leq r \leq 3$ und $\pi/6 \leq \varphi \leq \pi/3$. Welche Gestalt hat das Bild G^* dieses Gebietes in der *w*-Ebene?

2. Die Abbildung $w = z^2$ bildet die *z*-Ebene in eine zweiblättrige *w*-Ebene ab. In welches Gebiet G^* wird das Rechteck $G: 0 \leq x \leq 2$ und $0 \leq y \leq 1$ abgebildet?

3. Gegeben ist die Abbildung $w = z - z^2$. Wie lauten die Bildkurven in der *w*-Ebene zu den Parallelen beider Achsen in der *z*-Ebene? Wie lautet der Bildbereich zu $G: 1 \leq x \leq 2$ und $1 \leq y \leq 2$?

4. Gegeben ist eine Abbildung $w = A\,e^{kz}$ mit $A \in \mathbb{R}$ und $k \in \mathbb{R}$. Wie lauten die Bildkurven des kartesischen Gitters (Parallelen zu den Achsen) in der *w*-Ebene? Für $A = 1{,}2$ und $k = 0{,}9$ bilde man das Gebiet $G: 0{,}5 \leq x \leq 1$ und $0{,}3 \leq y \leq 1$ in die *w*-Ebene ab.

13 Gewöhnliche Differentialgleichungen

13.1 Analytische Lösungsmethoden

13.1.1 Begriffe. Einteilung

Definition Eine Gleichung, die außer den Variablen auch noch deren Ableitungen enthält, wird Differentialgleichung (Dgl.) genannt.

Man unterscheidet gewöhnliche und partielle Differentialgleichungen. Ist die gesuchte Funktion y nur von einer Variablen x abhängig, so liegt eine gewöhnliche Dgl. vor, hängt y dagegen von mehreren Variablen ab und kommen die Ableitungen nach diesen Variablen in der Dgl. vor, so spricht man von einer partiellen Dgl. Hier werden nur gewöhnliche Differentialgleichungen behandelt; diese haben die allgemeine Form

$$f(x, y, y', y'', \ldots, y^{(n)}) = 0 \tag{544.1}$$

Ist die n-te Ableitung die höchste in der Dgl. vorkommende Ableitung, so heißt die Dgl. von n-ter Ordnung.

Beispiel 1 Darstellung einiger Differentialgleichungen

$$y^{(4)} + a y'' + b y = c x^6 \quad \text{Dgl. 4. Ordnung} \tag{544.2}$$

$$y'' + p^2 y = 0 \quad \text{Dgl. 2. Ordnung} \tag{544.3}$$

$$\frac{y''}{\sqrt{1 + y'^2}^3} = C x \quad \text{Dgl. 2. Ordnung} \tag{544.4}$$

$$y' + 3 x^2 y = 0 \quad \text{Dgl. 1. Ordnung} \tag{544.5}$$

Definition Als Lösung einer Dgl. bezeichnet man eine Funktion, die mit ihren Ableitungen die Dgl. zu einer identischen Gleichung in x macht.

Mit den hier in Abschn. 13.1 geschilderten Verfahren erhält man die gesuchte Funktion in Form einer Gleichung, mit den Verfahren von Abschn. 13.2 in Form einer Tafel und mit einem an eine Rechenanlage angeschlossenen Plotter oder einem elektronischen Analogrechner in Form eines Graphen.

Beispiel 2 Eine Lösung der Dgl. (544.3) ist die Funktion

$$y = \sin p x$$

denn es ist $y' = p \cos p\,x$ und $y'' = -p^2 \sin p\,x$. Man setzt y und y'' in die Dgl. ein und erhält

$$y'' + p^2\,y = -p^2 \sin p\,x + p^2 \sin p\,x \equiv 0$$

für jeden Wert von x.

Auch die Funktion $y = 4 \cos p\,x$ ist eine Lösung von Dgl. (544.3), weil mit $y' = -4p \sin p\,x$ und $y'' = -4p^2 \cos p\,x$, also $-4p^2 \cos p\,x + p^2 \cdot 4 \cos p\,x \equiv 0$, die Dgl. für jeden Wert von x zu erfüllen ist.

Die Funktion $y = C\,e^{-x^3}$ ist eine Lösung von Gl. (544.5), denn sie erfüllt diese Gleichung für jeden Wert von x und beliebige Konstante C. Der Nachweis wird durch Einsetzen der Lösung in die Dgl. geführt. Es ist $y' = -3x^2\,C\,e^{-x^3}$ und

$$-3x^2\,C\,e^{-x^3} + 3x^2\,C\,e^{-x^3} \equiv 0$$

Die Lösung einer Dgl. ist nicht immer durch elementare Funktionen möglich. Manche Funktionen sind erst als Lösung einer Dgl. definiert worden (z.B. die Bessel-Funktionen). Manche Dgl. können nur mit Hilfe eines numerischen Näherungsverfahrens gelöst werden (s. Abschn. 13.2).

In Beispiel 2 sind zwei verschiedene Funktionen als Lösungen von Dgl. (544.3) angegeben worden. Dabei ergibt sich die Frage nach weiteren Lösungen oder einer allgemeineren Form der Lösung.

Da bei jeder Integration eine Integrationskonstante auftritt, enthält die allgemeine Lösung einer Dgl. n-ter Ordnung n Integrationskonstante.

Definition Die allgemeine Lösung einer Dgl. n-ter Ordnung ist eine Funktion, die mit ihren Ableitungen die Dgl. für jeden Wert der Variablen x erfüllt und überdies n frei wählbare voneinander unabhängige Integrationskonstanten enthält.

Haben eine oder mehrere der Konstanten bestimmte Werte, so entsteht aus der allgemeinen Lösung eine **spezielle** oder **partikuläre Lösung**.

Die Integrationskonstanten werden bei technischen Problemen im allgemeinen durch bekannte Funktionswerte und Ableitungen zu Beginn eines Vorganges oder am Rande eines Bereiches bestimmt.

Beispiel 3 In Abschn. 13.1.3 wird gezeigt, daß die allgemeine Lösung der Dgl. (544.3)

$$y = A \sin px + B \cos px \tag{545.1}$$

lautet. Der Nachweis kann durch Einsetzen von y aus Gl. (545.1) und

$$y'' = -A\,p^2 \sin px - B\,p^2 \cos px$$

in Gl. (544.3) erbracht werden.

$$y'' + p^2\,y = -A\,p^2 \sin px - B\,p^2 \cos px + p^2 (A \sin px + B \cos px) \equiv 0$$

ist für jeden Wert der Größen x, A und B erfüllt. Die in Beispiel 2 genannten Lösungen sind partikuläre Lösungen von Dgl. (544.3). Sie sind in der allgemeinen Lösung (545.1) mit $A = 1$ und $B = 0$ bzw. $A = 0$ und $B = 4$ enthalten.

Auch die Funktion $y = 3 \sin px - 5 \cos px$ ist eine partikuläre Lösung, weil über die Integrationskonstanten verfügt ist.

13.1.2 Trennung der Veränderlichen

Besonders einfache Dgl. lassen sich schon mit der auf S. 394 gezeigten Methode lösen. Die einfachste Dgl. enthält außer einer Ableitung von y nur eine Funktion von x

$$y^{(n)} = f(x) \tag{546.1}$$

Sie kann durch n-fache Integration direkt gelöst werden. Bei jeder Integration ist eine Integrationskonstante hinzuzusetzen (s. Abschn. 7.2.3).

Beispiel 4 Man gebe die allgemeine Lösung der Dgl. $y^{(4)} = x$ an.
Man integriert viermal nacheinander und erhält

$$y''' = \frac{x^2}{2} + C_1 \qquad\qquad y' = \frac{x^4}{24} + C_1 \frac{x^2}{2} + C_2 x + C_3$$

$$y'' = \frac{x^3}{6} + C_1 x + C_2 \qquad\qquad y = \frac{x^5}{120} + C_1 \frac{x^3}{6} + C_2 \frac{x^2}{2} + C_3 x + C_4$$

Dgl. erster Ordnung lassen sich durch eine einmalige Integration lösen, wenn es gelingt, sie so umzuformen, daß die Veränderlichen getrennt sind, daß also auf einer Seite der Dgl. nur eine Funktion von y steht, während die andere Seite der Gleichung nur von x abhängt. Dazu muß die Dgl. direkt oder durch Substitution einer neuen Veränderlichen in der Form eines Produktes

$$y' = f_1(x) \cdot f_2(y) \tag{546.2}$$

geschrieben werden können.
Setzt man voraus, daß in dem betrachteten Intervall die Funktionen $f_1(x)$ und $f_2(y)$ stetig sind und außerdem in diesem Intervall $f_2(y) \neq 0$ ist, so kann man Gl. (546.2) durch $f_2(y)$ dividieren und hat mit

$$\frac{y'}{f_2(y)} = f_1(x) \tag{546.3}$$

die Veränderlichen formal getrennt. Da $y = \psi(x)$ als Funktion von x gesucht ist, sind beide Seiten von Gl. (546.3) Funktionen von x und können über x integriert werden. Aus

$$\int \frac{y'}{f_2(y)} \, dx = \int \frac{\psi'(x)}{f_2[\psi(x)]} \, dx = \int f_1(x) \, dx \tag{546.4}$$

folgt mit der Substitution $y = \psi(x)$, $dy/dx = \psi'(x)$ auf der linken Seite von Gl. (546.4) ein Integral mit der Variablen y

$$\int \frac{dy}{f_2(y)} = \int f_1(x) \, dx \tag{546.5}$$

Die Lösung kann man in allgemeiner Form

$$F_2(y) + C_2 = F_1(x) + C_1$$

schreiben. Die Differenz $C = C_1 - C_2$ der Integrationskonstanten ist wieder eine Konstante. Damit erhält man

$$F_2(y) = F_1(x) + C \tag{547.1}$$

Falls Gl. (547.1) nach y aufgelöst werden kann, ergibt sich

$$y = F_3(x, C) \tag{547.2}$$

als Lösung von Dgl. (546.2). Die Funktion $F_3(x, C)$ enthält eine noch frei wählbare Konstante. Es ist allerdings nicht immer möglich, die Integrale in Gl. (546.5) in geschlossener Form darzustellen.

Beispiel 5 Wie lautet die allgemeine Lösung der Dgl. $y' = x^2 \sqrt{y}$?

Hier liegt die Form von Gl. (546.2) mit $f_1(x) = x^2$ und $f_2(y) = \sqrt{y}$ vor. Man kann die Veränderlichen trennen und erhält

$$\int \frac{dy}{\sqrt{y}} = \int x^2 \, dx \qquad 2\sqrt{y} = \frac{x^3}{3} + C \qquad y = \left(\frac{x^3}{6} + \frac{C}{2}\right)^2$$

Beispiel 6 Man löse die Dgl. $y' \sin x = y \cos x$.

Auch hier ist die Trennung möglich mit $f_1(x) = \cot x$ und $f_2(y) = y$

$$\frac{dy}{dx} = y \cot x \qquad \ln|y| = \ln|\sin x| + C$$

$$\int \frac{dy}{y} = \int \cot x \, dx \qquad |y| = e^{C + \ln|\sin x|} = e^C e^{\ln|\sin x|} = e^C |\sin x|$$

Hier liegt die Form von Gl. (546.2) mit $f_1(x) = x^2$ und $f_2(y) = \sqrt{y}$ vor. Man kann die Veränderlichen trennen und erhält für $y \neq 0$

$$y = A \sin x \tag{547.3}$$

mit $A \in \mathbb{R}$ schreiben. Die Lösung (547.3) erfüllt außerdem die Dgl.. Davon überzeugt man sich durch Einsetzen von y und y'

$$A \cos x \sin x \equiv A \sin x \cos x$$

Wenn eine der Integrationen Gl. (546.5) einen Logarithmus ergibt, schreibt man häufig gleich $\ln|A|$ anstatt C und erspart damit die Umbenennung in die bequemere Form.

Beispiel 7 Man bestimme beim **freien Fall mit Luftwiderstand** die Geschwindigkeit v und den Fallweg s als Funktionen der Zeit. Man nehme an, daß der Luftwiderstand proportional dem Quadrat der Fallgeschwindigkeit wächst.

Aus dem Newton-Grundgesetz $F = m a$ ergibt sich unter der Annahme, daß die Erdanziehungskraft als konstant angesehen werden kann (was innerhalb der Erdatmosphäre immer zulässig ist)

$$m g - m k v^2 = m a = m \frac{dv}{dt}$$

Hierin ist m die Masse des fallenden Körpers und k eine Konstante, die von der Dichte der Luft und den geometrischen Eigenschaften des fallenden Körpers abhängt. Da die Gravitationskraft größer als die Widerstandskraft ist, gilt $g > k v^2$.

In der Dgl. können die Veränderlichen getrennt werden. Durch algebraische Umformung erhält man

$$\frac{dt}{dv} = \frac{1}{g - k v^2} \qquad t - t_0 = \frac{1}{g} \int \frac{dv}{1 - \frac{k}{g} v^2} = \frac{1}{\sqrt{g k}} \int \frac{du}{1 - u^2}$$

wenn $u = \sqrt{\dfrac{k}{g}}\,v$ als neue Veränderliche eingeführt wird. Damit ergibt sich (s. F 23)

$$t - t_0 = \frac{1}{\sqrt{g\,k}}\,\frac{1}{2}\ln\left|\frac{1+u}{1-u}\right| = \frac{1}{2\sqrt{g\,k}}\ln\left|\frac{1+\sqrt{\dfrac{k}{g}}\,v}{1-\sqrt{\dfrac{k}{g}}\,v}\right| = \frac{1}{\sqrt{g\,k}}\,\operatorname{artanh}\left(\sqrt{\dfrac{k}{g}}\,v\right)$$

Durch Auflösen nach v erhält man

$$v = \sqrt{\dfrac{g}{k}}\,\tanh\left[\sqrt{g\,k}\,(t-t_0)\right]$$

Wenn beim Fall für $t=0$ die Anfangsbedingung $v=0$ erfüllt sein soll, ist $t_0 = 0$. Für genügend große Fallzeiten ist $\tanh\left(\sqrt{g\,k}\,t\right) \approx 1$, und v strebt gegen den konstanten Wert $v_E = \sqrt{g/k}$. Bei kleinen Fallzeiten macht sich der Luftwiderstand noch nicht sehr bemerkbar. Entwickelt man die Funktion in eine Taylor-Reihe und bricht nach dem ersten Glied ab, so ist

$$v = \sqrt{\dfrac{g}{k}}\left(\sqrt{g\,k}\,t - \ldots\right) = g\,t + \ldots$$

wie beim freien Fall ohne Luftwiderstand. Die Fallstrecke ergibt sich durch Integration

$$s = \int v\,\mathrm{d}t = \sqrt{\dfrac{g}{k}}\int \tanh\left(\sqrt{g\,k}\,t\right)\mathrm{d}t = \frac{1}{k}\ln\cosh\left(\sqrt{g\,k}\,t\right) + C$$

mit $C=0$, wenn $s=0$ für $t=0$ ist. Eine Reihenentwicklung für kleine Fallzeiten führt auf $s = g\,t^2/2$.

13.1.3 Lineare Differentialgleichungen

Definition Differentialgleichungen, in denen die Funktion y und deren Ableitungen nur in der ersten Potenz und nicht miteinander multipliziert vorkommen, heißen l i n e a r e D g l. Sie haben die a l l g e m e i n e F o r m

$$\sum_{i=0}^{n} f_i(x)\,y^{(i)} = g(x) \tag{548.1}$$

Hierin bedeutet $y^{(i)}$ die i-te Ableitung der Funktion y nach x. Die Funktion $g(x)$ heißt Störfunktion.
Lineare Dgl. sind z. B.

$$y'' + y = 0 \qquad x\,y'' + 3\,y' + \mathrm{e}^x\,y = \sin 3x$$
$$y' + x^3\,y = 4\,x^3 \qquad y^{(4)} + 2\,y'' + y = 0$$

während die Gleichung

$$y' \cdot y = 1$$

n i c h t l i n e a r ist, weil in ihr das Produkt der Funktion y mit ihrer Ableitung y' vorkommt. Ist die Störfunktion identisch gleich Null, wie in der ersten und vierten der vorstehenden

Gleichungen, so spricht man von einer **homogenen** oder **verkürzten** Dgl. Die Lösung einer homogenen Dgl.

$$\sum_{i=0}^{n} f_i(x) y^{(i)} = 0 \qquad (549.1)$$

ist häufig einfacher als die Lösung einer inhomogenen Dgl.

Überlagerung von Lösungen Bei linearen Dgl. kann man die allgemeine Lösung aus Teillösungen zusammensetzen, von denen eine allein die homogene (verkürzte) Dgl. erfüllen muß. Das soll zunächst an einem einfachen Beispiel gezeigt werden.

Beispiel 8 Die Dgl.

$$y' - y = 1 \qquad (549.2)$$

ist zu lösen.
Man untersucht zunächst die verkürzte Dgl.

$$y' - y = 0 \qquad (549.3)$$

Diese hat die Lösung $y_{(h)} = C e^x$ mit einer beliebigen Integrationskonstante C. Die Dgl. (549.2) hat die spezielle Lösung $y_{(s)} = -1$, denn diese Funktion erfüllt wegen $y'_{(s)} = 0$ die Dgl.. Die Gesamtlösung ist dann die Summe der beiden Anteile

$$y = y_{(h)} + y_{(s)} = C e^x - 1 \qquad (549.4)$$

Man überzeugt sich durch Einsetzen von $y = C e^x - 1$ und $y' = C e^x$ in Dgl. (549.2)

$$C e^x - (C e^x - 1) = 1 \qquad C e^x - C e^x + 1 \equiv 1$$

Allgemein lautet der Satz

Bei linearen Dgl. kann die Lösung von Gl. (548.1) aus der allgemeinen Lösung $y_{(h)}$ der homogenen Dgl. (549.1) und einer speziellen Lösung $y_{(s)}$ der vollständigen Dgl. (548.1) additiv zusammengesetzt werden.

Beweis. Ist $y_{(h)}$ die allgemeine Lösung von Gl. (549.1) mit n Integrationskonstanten, dann ist

$$\sum_{i=0}^{n} f_i(x) y_{(h)}^{(i)} = 0 \qquad (549.5)$$

Setzt man die spezielle Lösung $y_{(s)}$ in Gl. (548.1) ein, so ergibt sich

$$\sum_{i=0}^{n} f_i(x) y_{(s)}^{(i)} = g(x) \qquad (549.6)$$

Durch Addieren von Gl. (549.5) und Gl. (549.6) findet man

$$\sum_{i=0}^{n} f_i(x) \left[y_{(h)}^{(i)} + y_{(s)}^{(i)} \right] = \sum_{i=0}^{n} f_i(x) [y_{(h)} + y_{(s)}]^{(i)} = g(x) \qquad (549.7)$$

also erfüllt die Summe $y = y_{(h)} + y_{(s)}$ die Dgl. (548.1) und ist daher eine Lösung. Sie ist zugleich die allgemeine Lösung, da sie alle erforderlichen Integrationskonstanten enthält. □

13.1 Analytische Lösungsmethoden

Eine spezielle Lösung der vollständigen Dgl. wird häufig aus der technischen Problemstellung (z. B. als bekannter Sonderfall des Problems) oder aus einem plausiblen mathematischen Ansatz gefunden.

Lineare Dgl. 1. Ordnung Bei linearen Dgl. 1. Ordnung

$$f_1(x)\, y' + f_0(x)\, y = g(x) \tag{550.1}$$

läßt sich die homogene Dgl.

$$f_1(x)\, y' + f_0(x)\, y = 0 \tag{550.2}$$

unter den auf S. 546 genannten Voraussetzungen immer durch Trennung der Variablen lösen. Es ist

$$\frac{y'}{y} = -\frac{f_0(x)}{f_1(x)} \qquad \int \frac{y'}{y}\, dx = -\int \frac{f_0(x)}{f_1(x)}\, dx$$

und nach Substitution auf der linken Seite

$$\int \frac{dy}{y} = -\int \frac{f_0(x)}{f_1(x)}\, dx$$

Die Integration ergibt

$$\ln |y| = -\int \frac{f_0(x)}{f_1(x)}\, dx + \ln |C|$$

$$y = C \exp\left(-\int \frac{f_0(x)}{f_1(x)}\, dx\right) \tag{550.3}$$

Variation der Konstanten Das Finden einer speziellen Lösung der vollständigen Dgl. (550.1) ist nicht immer so einfach wie in Beispiel 8, S. 549. Man versucht deshalb für diese einen Ansatz, der der Form der Lösung in Gl. (550.3) ähnelt. Dazu setzt man anstelle der Konstanten C in Gl. (550.3) eine Funktion $\varphi(x)$ der unabhängigen Variablen an und untersucht die Bedingungen, unter denen die Funktion

$$y = \varphi(x) \exp\left(-\int \frac{f_0(x)}{f_1(x)}\, dx\right) \tag{550.4}$$

eine Lösung von Dgl. (550.1) darstellt.

Weil hier anstelle der Konstante C eine variable Größe eingesetzt wird, nennt man dieses Verfahren die **Variation der Konstanten**.

Wenn die Funktion in Gl. (550.4) eine Lösung der gegebenen Dgl. (550.1) ist, erfüllt sie diese Gleichung identisch. Es ist

$$y' = \varphi'(x) \exp\left(-\int \frac{f_0(x)}{f_1(x)}\, dx\right) + \varphi(x) \left[\exp\left(-\int \frac{f_0(x)}{f_1(x)}\, dx\right)\right] \cdot \left(-\frac{f_0(x)}{f_1(x)}\right)$$

Durch Einsetzen von y und y' in Gl. (550.1) erhält man

$$f_1(x) \left[\varphi'(x) \exp\left(-\int \frac{f_0(x)}{f_1(x)}\, dx\right) - \frac{f_0(x)}{f_1(x)} \cdot \varphi(x) \exp\left(-\int \frac{f_0(x)}{f_1(x)}\, dx\right)\right] +$$

$$+ f_0(x) \cdot \varphi(x) \exp\left(-\int \frac{f_0(x)}{f_1(x)}\, dx\right) = g(x)$$

13.1.3 Lineare Differentialgleichungen

Hier heben sich die Terme mit $f_0(x)$ heraus, und es bleibt eine einfache Dgl. für $\varphi(x)$, die sich durch Integration lösen läßt

$$f_1(x) \cdot \varphi'(x) \exp\left(-\int \frac{f_0(x)}{f_1(x)} dx\right) = g(x)$$

$$\varphi'(x) = \frac{g(x)}{f_1(x)} \cdot \exp\left(\int \frac{f_0(x)}{f_1(x)} dx\right)$$

$$\varphi(x) = \int \left[\frac{g(x)}{f_1(x)} \exp\left(\int \frac{f_0(x)}{f_1(x)} dx\right)\right] dx + C \tag{551.1}$$

Gl. (551.1) wird nun in den Ansatz Gl. (550.4) eingesetzt. Dann hat man die **allgemeine Lösung einer linearen Dgl. 1. Ordnung** gefunden

$$y = \left[\int \left\{\frac{g(x)}{f_1(x)} \exp\left(\int \frac{f_0(x)}{f_1(x)} dx\right)\right\} dx + C\right] \exp\left(-\int \frac{f_0(x)}{f_1(x)} dx\right) \tag{551.2}$$

Nach Auflösung der eckigen Klammer ist der zweite Summand der durch Gl. (550.3) gegebene Anteil (Lösung der homogenen Gleichung).
Hiermit ist die prinzipielle Lösbarkeit der linearen Dgl. 1. Ordnung gezeigt. Es muß aber betont werden, daß die Berechnung der Integrale in Gl. (551.2) in geschlossener Form im allgemeinen mühsam, wenn nicht unmöglich ist.

Beispiel 9 Die einfache Dgl. $y' - y = 1$ soll nach der Methode der Variation der Konstanten gelöst werden.
Man kann die Lösung sofort durch Einsetzen der Funktionen $f_1(x) = 1$, $f_0(x) = -1$ und $g(x) = 1$ in Gl. (551.2) erhalten

$$y = (\int 1 \cdot e^{-\int dx} dx + C) \cdot e^{\int dx} = (-e^{-x} + C) e^x = -1 + C e^x$$

Zur Verdeutlichung der allgemeinen Herleitung soll die Lösung noch einmal schrittweise entwickelt werden.
Die Lösung der homogenen Gleichung lautet $y = C e^x$. Mit dem Ansatz $y = \varphi(x) e^x$, $y' = \varphi'(x) e^x + \varphi(x) e^x$ ergibt sich

$$\varphi'(x) e^x + \varphi(x) e^x - \varphi(x) e^x = 1 \qquad \varphi(x) = \int e^{-x} dx = -e^{-x} + C$$

$$\varphi'(x) = \frac{1}{e^x} = e^{-x} \qquad y = \varphi(x) \cdot e^x = (-e^{-x} + C) e^x = -1 + C e^x$$

Beispiel 10 Man löse mit Hilfe von Gl. (551.2) die Dgl. $y' - \frac{y}{x} = x^2$.
Es ist $f_1(x) = 1$, $f_0(x) = -1/x$ und $g(x) = x^2$. Man setzt diese Funktionen in Gl. (551.2) ein und berechnet die Integrale

$$y = \left(\int x^2 e^{-\int (1/x) dx} dx + C\right) e^{\int (1/x) dx} = \left(\int x^2 e^{-\ln|x|} dx + C\right) e^{\ln|x|}$$

$$= \left(\int x^2 \cdot \frac{1}{x} dx + C\right) \cdot x = \left(\int x dx + C\right) \cdot x = \left(\frac{x^2}{2} + C\right) x = \frac{x^3}{2} + C x$$

Erweiterung auf Dgl. 2. Ordnung Diese Methode kann auch auf Dgl. höherer Ordnung erweitert werden. Diese Erweiterung soll hier für die wichtigen linearen Dgl. 2. Ordnung

13.1 Analytische Lösungsmethoden

gezeigt werden. Gegeben sei die Dgl.

$$f_2(x)\,y'' + f_1(x)\,y' + f_0(x)\,y = g(x) \tag{552.1}$$

als allgemeine Form der linearen Dgl. 2. Ordnung, von der die Lösung der homogenen Dgl. bekannt sei

$$y_{(h)} = C_1\,F_1(x) + C_2\,F_2(x)$$

Ersetzt man nun wie bei den Dgl. 1. Ordnung die beiden Konstanten C_1 und C_2 durch Funktionen $\varphi_1(x)$ und $\varphi_2(x)$, so ist

$$y = \varphi_1 F_1 + \varphi_2 F_2 \tag{552.2}$$

$$y' = (\varphi_1'\,F_1 + \varphi_2'\,F_2) + \varphi_1\,F_1' + \varphi_2\,F_2' \tag{552.3}$$

$$y'' = (\varphi_1''\,F_1 + \varphi_1'\,F_1' + \varphi_2''\,F_2 + \varphi_2'\,F_2') + \varphi_1'\,F_1' + \varphi_1\,F_1'' + \varphi_2'\,F_2' + \varphi_2\,F_2'' \tag{552.4}$$

Da hier zwei willkürliche Funktionen $\varphi_1(x)$ und $\varphi_2(x)$ angesetzt wurden, aber nur eine Lösungsfunktion gebraucht wird, muß man eine zusätzliche Bedingung für die beiden Funktionen angeben, die zweckmäßig so gewählt wird, daß sich die Rechnung vereinfacht. Dazu wird der Ausdruck in der Klammer von Gl. (552.3) gleich Null gesetzt. Dann ist dessen Ableitung in der Klammer von Gl. (552.4) ebenfalls gleich Null. Setzt man nun die Größen aus Gl. (552.2), (552.3) und (552.4) in Dgl. (552.1) ein und ordnet, so erhält man

$$(f_2 F_1'' + f_1 F_1' + f_0 F_1)\,\varphi_1 + (f_2 F_2'' + f_1 F_2' + f_0 F_2)\,\varphi_2 + f_2\,(F_1'\,\varphi_1' + F_2'\,\varphi_2') = g$$

Die Klammern der beiden ersten Terme haben den gleichen Aufbau wie die linke Seite von Gl. (552.1). Anstelle von y und deren Ableitungen stehen F_1 und F_2 mit ihren Ableitungen. Die Funktionen F_1 und F_2 sind aber die Lösungen der homogenen Dgl., also sind die beiden Klammern gleich Null, und es bleibt eine zweite Bestimmungsgleichung für die beiden unbekannten Funktionen $\varphi_1(x)$ und $\varphi_2(x)$ übrig.
Das System

$$F_1\,\varphi_1' + F_2\,\varphi_2' = 0 \qquad F_1'\,\varphi_1' + F_2'\,\varphi_2' = \frac{g}{f_2}$$

hat die Lösung

$$\varphi_1' = \frac{g}{f_2} \cdot \frac{F_2}{F_1'\,F_2 - F_1\,F_2'} \qquad \varphi_2' = -\frac{g}{f_2}\,\frac{F_1}{F_1'\,F_2 - F_1\,F_2'} \tag{552.5}$$

Diese Funktionen können integriert und in Gl. (552.2) eingesetzt werden, womit die Lösung der linearen Dgl. 2. Ordnung im Prinzip gefunden ist. Der Nenner in Gl. (552.5) ist nicht Null, wenn F_1 und F_2 zwei voneinander unabhängige Lösungen der homogenen Dgl. sind.

Beweis. Der Beweis wird indirekt geführt. Aus der Annahme, daß der Nenner Null ist, d.h., aus $F_1'\,F_2 - F_1\,F_2' = 0$ ergibt sich $F_1'/F_1 = F_2'/F_2$ und $\ln F_1 = \ln F_2 + \ln C$, d.h., $F_1 = C\,F_2$. Das bedeutet aber die lineare Abhängigkeit der Lösungen entgegen der Voraussetzung. □

Beispiel 11 Man löse die Dgl. $y'' + 4y = 3\cos x$ mit Hilfe der Methode der Variation der Konstanten. Nach Beispiel 3, S. 545, ist

$$y_{(h)} = K_1 \sin 2x + K_2 \cos 2x \tag{552.6}$$

13.1.4 Lineare Differentialgleichungen mit konstanten Koeffizienten   553

die allgemeine Lösung der homogenen Dgl.. Nach Gl. (552.2) ist dann $F_1 = \sin 2x$, $F_1' = 2\cos 2x$, $F_2 = \cos 2x$ und $F_2' = -2\sin 2x$. Setzt man diese Größen sowie $f_2 = 1$ und $g = 3\cos x$ in Gl. (552.5) ein, so erhält man wegen $\sin^2 2x + \cos^2 2x = 1$

$$\varphi_1' = 1{,}5 \cos x \cos 2x \qquad \varphi_2' = -1{,}5 \cos x \sin 2x \qquad (553.1)$$

Die Integration führt man am besten mit Hilfe der Additionstheoreme $\cos x \cos 2x = (\cos 3x + \cos x)/2$ und $\cos x \sin 2x = (\sin 3x + \sin x)/2$ durch und erhält

$$\varphi_1 = \frac{3}{4}\left(\frac{1}{3}\sin 3x + \sin x\right) + C_1 \qquad \varphi_2 = \frac{3}{4}\left(\frac{1}{3}\cos 3x + \cos x\right) + C_2 \qquad (553.2)$$

und als Lösung der Dgl.

$$\begin{aligned}
y = \varphi_1 F_1 + \varphi_2 F_2 &= \left(\frac{1}{4}\sin 3x + \frac{3}{4}\sin x + C_1\right)\sin 2x + \\
&\quad + \left(\frac{1}{4}\cos 3x + \frac{3}{4}\cos x + C_2\right)\cos 2x \\
&= \frac{1}{4}(\sin 3x \sin 2x + \cos 3x \cos 2x) + \frac{3}{4}(\sin x \sin 2x + \cos x \cos 2x) + \\
&\quad + C_1 \sin 2x + C_2 \cos 2x \\
&= \frac{1}{4}\cos x + \frac{3}{4}\cos x + C_1 \sin 2x + C_2 \cos 2x = \cos x + C_1 \sin 2x + C_2 \cos 2x
\end{aligned}$$

Für die Umformungen wurde F 8 benutzt.

13.1.4 Lineare Differentialgleichungen mit konstanten Koeffizienten

Bei den häufig vorkommenden linearen Dgl. mit konstanten Koeffizienten a_i anstatt der Funktionen $f_i(x)$ vor der Funktion y und deren Ableitungen

$$\sum_{i=0}^{n} a_i y^{(i)} = g(x) \qquad (553.3)$$

wird der Lösungsgang ebenfalls in zwei Schritte zerlegt: das Aufsuchen einer speziellen Lösung $y_{(s)}$ der vollständigen Gleichung und das Bestimmen der allgemeinen Lösung $y_{(h)}$ der verkürzten (homogenen) Gleichung.

Die spezielle Lösung kann entweder durch die im vorigen Abschnitt beschriebene Methode der Variation der Konstanten erfolgen oder im Sonderfall konstanter Koeffizienten der Dgl. häufig besser durch einen Ansatz von der allgemeinen Form der Störfunktion gefunden werden. Diese allgemeine Form enthält mehrere Konstanten, die so bestimmt werden, daß die Dgl. erfüllt ist.

In Tafel **554**.1 sind Lösungsansätze für einige Typen von Störfunktionen zusammengestellt.

Falls die Störfunktion schon in der Lösung der homogenen Dgl. enthalten ist, multipliziere man die Lösungsansätze von Tafel **554**.1 mit dem Faktor x^r. Dabei ist r die Vielfachheit der betreffenden Nullstelle der charakteristischen Gl. (554.4).

13.1 Analytische Lösungsmethoden

Tafel 554.1

Störfunktion	Ansatz
$g(x) = b_0 + b_1 x + \ldots + b_m x^m$	$y_{(s)} = B_0 + B_1 x + \ldots + B_m x^m$
$g(x) = A\,e^{ax}$	$y_{(s)} = B\,e^{ax}$
$g(x) = A \sin ax$ $\Big\}$ $g(x) = A \cos ax$	$y_{(s)} = B_1 \sin ax + B_2 \cos ax$
$g(x) = A\,e^{ax} \sin bx$ $\Big\}$ $g(x) = A\,e^{ax} \cos bx$	$y_{(s)} = e^{ax}(B_1 \sin bx + B_2 \cos bx)$

Homogene Dgl. Die homogene Dgl. mit konstanten Koeffizienten

$$a_n y^{(n)} + a_{n-1} y^{(n-1)} + \ldots + a_2 y'' + a_1 y' + a_0 y = 0 \tag{554.1}$$

läßt als Lösung Funktionen zu, deren Ableitungen sich untereinander nur um konstante Faktoren unterscheiden. Diese Eigenschaft hat die Exponentialfunktion

$$y = C\,e^{px} \tag{554.2}$$

Es liegt deshalb nahe, Gl. (554.2) als Lösungsansatz zu verwenden. Man setzt diese Funktion und ihre Ableitungen $y' = C p\,e^{px}$, $y'' = C p^2\,e^{px}, \ldots, y^{(n)} = C p^n\,e^{px}$ in die Dgl. (554.1) ein und untersucht, für welche Werte C und p der Ansatz (554.2) eine Lösung darstellt

$$a_n p^n C\,e^{px} + a_{n-1} p^{n-1} C\,e^{px} + \ldots + a_2 p^2 C\,e^{px} + a_1 p C\,e^{px} + a_0 C\,e^{px} = 0 \tag{554.3}$$

Da e^{px} für keinen Wert Null wird und eine Lösung $C = 0$ meistens keine Bedeutung hat, kann man auch $C \neq 0$ voraussetzen und Gl. (554.3) durch $C\,e^{px}$ teilen. Man erhält dann als Bedingung für p die **charakteristische Gleichung**

$$a_n p^n + a_{n-1} p^{n-1} + \ldots + a_2 p^2 + a_1 p + a_0 = 0 \tag{554.4}$$

Diese Gleichung hat n Lösungen $p_1, p_2, \ldots, p_n$, die reell oder komplex, einfach oder untereinander gleich sein können.
Die Funktion

$$y_{(h)i} = C_i\,e^{p_i x} \tag{554.5}$$

mit beliebiger Konstante C_i ist also eine Lösung von Dgl. (554.1), wenn p_i eine Lösung der charakteristischen Gleichung (554.4) ist.
Sind alle p_i voneinander verschieden, so hat man n Lösungen $y_{(h)1} = C_1\,e^{p_1 x}$, $y_{(h)2} = C_2\,e^{p_2 x}, \ldots, y_{(h)n} = C_n\,e^{p_n x}$ gefunden, die jede für sich die linke Seite von Gl. (554.1) zu Null machen. Dann macht auch die Summe der Einzellösungen wegen der Linearität die linke Seite zu Null, denn es gilt z. B. $(y_{(h)1} + y_{(h)2})^{(n)} = y_{(h)1}^{(n)} + y_{(h)2}^{(n)}$.
Die vollständige Lösung von Gl. (554.1) lautet demnach

$$y_{(h)} = C_1\,e^{p_1 x} + C_2\,e^{p_2 x} + \ldots + C_n\,e^{p_n x} \tag{554.6}$$

falls $p_1 \neq p_2 \neq \ldots \neq p_n$ gilt.

13.1.4 Lineare Differentialgleichungen mit konstanten Koeffizienten

Mehrfache Nullstellen. Diese Lösung ist unvollständig, wenn die charakteristische Gleichung mehrfache Nullstellen hat.

Gl. (554.6) kann für $p_1 = p_2$ dann in der Form

$$y_{(h)} = (C_1 + C_2)\,e^{p_1 x} + C_3\,e^{p_3 x} + \ldots + C_n\,e^{p_n x} \tag{555.1}$$

geschrieben werden. Die Konstanten C_1 und C_2 treten nur als Summe auf, können also durch eine andere Konstante C_1' ersetzt werden. Man hat nun nur noch $n-1$ voneinander unabhängige Konstanten, d.h., die Lösung ist nicht vollständig.

Die vollständige Lösung soll hier für eine Dgl. 2. Ordnung mit doppelter Nullstelle des charakteristischen Polynoms hergeleitet werden. Das Verfahren läßt sich auf eine r-fache Nullstelle eines charakteristischen Polynoms bei Dgl. n-ter Ordnung erweitern.

Wie bei der Methode der Variation der Konstanten setzt man auch hier anstelle von $(C_1 + C_2)$ als Faktor von $e^{p_1 x}$ in Gl. (555.1) eine Funktion von x an. Der Ansatz

$$y = \varphi(x)\,e^{p_1 x}$$

und seine Ableitungen

$$y' = \varphi'\,e^{p_1 x} + \varphi\,p_1\,e^{p_1 x}$$

$$y'' = \varphi''\,e^{p_1 x} + 2\,p_1\,\varphi'\,e^{p_1 x} + p_1^2\,\varphi\,e^{p_1 x}$$

werden in die Dgl.

$$a_2\,y'' + a_1\,y' + a_0\,y = 0$$

eingesetzt, und man erhält nach Herausziehen des Faktors $e^{p_1 x}$ und Ordnen nach den Ableitungen von φ

$$[a_2\,\varphi'' + (2\,a_2\,p_1 + a_1)\,\varphi' + (a_2\,p_1^2 + a_1\,p_1 + a_0)\,\varphi]\,e^{p_1 x} = 0 \tag{555.2}$$

Man erkennt, daß in den Klammern in Gl. (555.2) das charakteristische Polynom und dessen Ableitung an der Stelle p_1 stehen. Da p_1 aber eine doppelte Nullstelle des charakteristischen Polynoms ist, müssen die beiden Klammern gleich Null sein, und als Bedingung für φ bleibt wegen $e^{p_1 x} \neq 0$ die Dgl.

$$\varphi'' = 0$$

mit $\varphi' = C_1$ und der Lösung $\varphi = C_1 x + C_2$. Somit lautet die Lösung der Dgl.

$$y = \varphi(x)\,e^{p_1 x} = (C_1 x + C_2)\,e^{p_1 x} \tag{555.3}$$

wenn p_1 eine doppelte Nullstelle der charakteristischen Gleichung ist. Das gilt auch für die Dgl. n-ter Ordnung

$$y_{(h)} = (C_1 + C_2 x)\,e^{p_1 x} + C_3\,e^{p_3 x} + \ldots + C_n\,e^{p_n x} \tag{555.4}$$

Bei dreifacher Nullstelle der charakteristischen Gleichung steht anstatt der Konstanten ein Polynom zweiten Grades, bei vierfacher Nullstelle ein Polynom dritten Grades usw. vor derjenigen Exponentialfunktion, die die mehrfache Nullstelle im Exponenten enthält.

Komplexe Nullstellen. Falls die charakteristische Gleichung (554.4) komplexe Zahlen als Lösungen hat, gibt es nach einem Satz der Algebra, S. 332, immer zwei zueinander konjugiert komplexe Lösungen $p_1 = a + jb$ und $p_2 = a - jb$, und dieser Lösungsanteil der

13.1 Analytische Lösungsmethoden

Dgl. lautet

$$y_{(h)} = C_1 e^{(a+jb)x} + C_2 e^{(a-jb)x} = C_1 e^{ax} e^{jbx} + C_2 e^{ax} e^{-jbx} = e^{ax}(C_1 e^{jbx} + C_2 e^{-jbx})$$

Nach Gl. (503.5) ist $e^{jbx} = \cos bx + j \sin bx$ und $e^{-jbx} = \cos bx - j \sin bx$, also

$$y_{(h)} = e^{ax}[C_1(\cos bx + j \sin bx) + C_2(\cos bx - j \sin bx)]$$
$$= e^{ax}[(C_1 + C_2)\cos bx + j(C_1 - C_2)\sin bx]$$
$$= e^{ax}(C_3 \cos bx + C_4 \sin bx) \tag{556.1}$$

Die Konstanten $C_3 = C_1 + C_2$ und $C_4 = j(C_1 - C_2)$ sind reell, wenn C_1 und C_2 zueinander konjugiert komplex sind.

Stabilität Lineare Dgl. mit konstanten Koeffizienten beschreiben oft Schwingungsvorgänge (s. Abschn. 13.3.2). Wenn im Laufe der Schwingung der Schwingungsausschlag immer größer wird und schließlich zur Zerstörung eines Bauteils führt, nennt man den Vorgang instabil. In Anlehnung an diesen physikalischen Vorgang erhält man die

Definition Lösungsfunktionen von Dgl., die bei beliebig wachsendem Argument x unterhalb einer festen Schranke M bleiben, heißen **stabil**. Im andern Falle nennt man sie **instabil**.

Die Lösung der linearen Dgl. mit konstanten Koeffizienten Gl. (554.6), (555.3) oder (556.1) ist sicher dann stabil, wenn die Realteile aller Lösungen p_i der charakteristischen Gleichung (554.4) negativ sind.

Das gilt auch bei mehrfacher Nullstelle, denn nach Abschn. 5.2.5 ist der Grenzwert des Produktes eines Polynoms mit einer Exponentialfunktion mit negativem Exponenten für beliebig wachsendes Argument x gleich Null.

Beispiel 12 Man löse die Dgl. $y'' + 5y' + 6y = 0$.
Der Ansatz $y = Ce^{px}$, $y' = pCe^{px}$, $y'' = p^2 Ce^{px}$ wird in die Dgl. eingesetzt

$$p^2 C e^{px} + 5p C e^{px} + 6 C e^{px} = 0$$
$$C e^{px}[p^2 + 5p + 6] = 0$$
$$p^2 + 5p + 6 = 0$$

Die charakteristische Gleichung hat die Lösungen $p_1 = -2$ und $p_2 = -3$. Teillösungen sind also $y_{(h)1} = C_1 e^{-2x}$ und $y_{(h)2} = C_2 e^{-3x}$. Die Gesamtlösung mit zwei Integrationskonstanten lautet demnach

$$y = C_1 e^{-2x} + C_2 e^{-3x}$$

Die Integrationskonstanten C_1 und C_2 sind aus dem technischen Problem (Rand- oder Anfangswerte) zu bestimmen. Die Lösung ist stabil.

Beispiel 13 Wie lautet die Lösung der Dgl. $y'' - 4y = 3x$?
Man betrachtet zunächst die verkürzte Gleichung

$$y'' - 4y = 0$$

13.1.4 Lineare Differentialgleichungen mit konstanten Koeffizienten

Der Exponentialansatz (554.2) liefert die charakteristische Gleichung

$$p^2 - 4 = 0$$

mit den Lösungen $p_1 = +2$ und $p_2 = -2$.

Dann ist $y_{(h)} = C_1 e^{2x} + C_2 e^{-2x}$

die Lösung der verkürzten Dgl..
Die vollständige Lösung der gegebenen Gleichung gewinnt man durch Hinzunehmen einer speziellen Lösung. Man wählt den Ansatz $y_{(s)} = B_0 + B_1 x$, weil die Störfunktion $g(x) = 3x$ eine Linearfunktion ist. Dann ist $y''_{(s)} = 0$, und man erhält die Koeffizienten B_0 und B_1 durch Einsetzen von $y_{(s)}$ und $y''_{(s)}$ in die vollständige Dgl.

$$0 - 4(B_0 + B_1 x) \equiv 3x$$

Die Gleichung gilt nur dann für jeden Wert von x, wenn $B_0 = 0$ und $-4B_1 = 3$, also $B_1 = -3/4$ ist. Die Gesamtlösung heißt dann

$$y = C_1 e^{2x} + C_2 e^{-2x} - 0{,}75 x$$

Von der Richtigkeit der Lösung überzeuge man sich durch Einsetzen der Lösung in die Dgl. Die Lösung ist wegen des ersten und dritten Summanden instabil.

Beispiel 14 Man bestimme die Lösung der Dgl. $y' + 5y = 4 \sin 3x$ mit der Anfangsbedingung $y = 1$ für $x = 0$.
Die verkürzte Dgl.

$$y' + 5y = 0$$

wird durch Trennung der Variablen oder durch einen Exponentialansatz gelöst. Es ist

$$y_{(h)} = C e^{-5x}$$

Der Ansatz für die spezielle Lösung der vollständigen Gleichung lautet

$$y_{(s)} = B_1 \sin 3x + B_2 \cos 3x$$

als allgemeine Form der trigonometrischen Funktion mit dem Argument $3x$.
Man differenziert und setzt in die Dgl. ein

$$3 B_1 \cos 3x - 3 B_2 \sin 3x + 5 (B_1 \sin 3x + B_2 \cos 3x) \equiv 4 \sin 3x$$

Die Konstanten B_1 und B_2 bestimmt man am besten durch Einsetzen zweier geschickt gewählter Werte für x, denn die Gleichung soll für jedes x erfüllt sein. Für $x = 0$ ergibt sich die erste Bestimmungsgleichung für B_1 und B_2

$$3 B_1 + 5 B_2 = 0$$

Als zweiten Wert nimmt man $3x = \pi/2$, weil dann $\cos 3x = 0$ und $\sin 3x = 1$ wird

$$-3 B_2 + 5 B_1 = 4$$

Die beiden Gleichungen werden durch $B_1 = 10/17$ und $B_2 = -6/17$ erfüllt. Die spezielle Lösung lautet dann

$$y_{(s)} = \frac{10}{17} \sin 3x - \frac{6}{17} \cos 3x$$

und die vollständige Lösung

$$y = C e^{-5x} + \frac{10}{17} \sin 3x - \frac{6}{17} \cos 3x$$

Die Konstante C wird nun durch die Anfangsbedingung $y(0) = 1$ bestimmt. Man setzt $x = 0$ und $y = 1$ in die Lösungsfunktion ein und erhält eine Bestimmungsgleichung für C

$$1 = C - \frac{6}{17}$$

Es ist also $C = 23/17$, und die spezielle Lösung mit $y(0) = 1$ lautet

$$y = \frac{1}{17}(23 e^{-5x} + 10 \sin 3x - 6 \cos 3x)$$

Beispiel 15 Man gebe die allgemeine Lösung der Dgl. $y^{(4)} + 8y'' + 16y = 0$ an.
Mit dem Exponentialansatz Gl. (554.2) erhält man die charakteristische Gleichung

$$p^4 + 8p^2 + 16 = 0$$

mit den Doppelwurzeln $p_{1,2} = +j2$ und $p_{3,4} = -j2$. Die Lösung lautet deshalb nach Gl. (555.4)

$$y = (C_1 + C_2 x) e^{j2x} + (C_3 + C_4 x) e^{-j2x}$$

Die Exponentialfunktionen mit komplexen Argumenten werden nach der Euler-Gleichung umgeformt

$$\begin{aligned} y &= (C_1 + C_2 x)(\cos 2x + j \sin 2x) + (C_3 + C_4 x)(\cos 2x - j \sin 2x) \\ &= [(C_1 + C_3) + (C_2 + C_4) x] \cos 2x + j [(C_1 - C_3) + (C_2 - C_4) x] \sin 2x \\ &= (B_1 + B_2 x) \cos 2x + (B_3 + B_4 x) \sin 2x \end{aligned}$$

wenn man die Abkürzungen $C_1 + C_3 = B_1$, $C_2 + C_4 = B_2$, $j(C_1 - C_3) = B_3$ und $j(C_2 - C_4) = B_4$ benutzt.

13.1.5 Systeme von linearen Differentialgleichungen mit konstanten Koeffizienten

In vielen technischen Anwendungen, z. B. bei gekoppelten elektrischen oder mechanischen Schwingungen, treten Systeme von linearen Dgl. mit konstanten Koeffizienten auf. Das einfachste homogene System lautet

$$y_1' = a_{11} y_1 + a_{12} y_2 \qquad y_2' = a_{21} y_1 + a_{22} y_2 \qquad (558.1)$$

Einsetzungsverfahren. Man kann in diesem Fall y_2 aus der ersten Gl. (558.1) durch y_1 und y_1' ausdrücken und in die zweite Gl. (558.1) einsetzen

$$y_2 = \frac{1}{a_{12}}(y_1' - a_{11} y_1) \qquad (558.2)$$

$$y_2' = \frac{1}{a_{12}}(y_1'' - a_{11} y_1') = a_{21} y_1 + \frac{a_{22}}{a_{12}}(y_1' - a_{11} y_1)$$

Nach Ordnen ergibt sich die lineare Dgl. 2. Ordnung

$$y_1'' - (a_{11} + a_{22}) y_1' + (a_{11} a_{22} - a_{12} a_{21}) y_1 = 0$$

die nach den im vorigen Abschnitt dargestellten Methoden gelöst werden kann. Die zweite Funktion y_2 ergibt sich dann durch Einsetzen von y_1 in Gl. (558.2).

13.1.5 Systeme von linearen Differentialgleichungen mit konstanten Koeffizienten

Matrizenverfahren. Man kann aber auch wie bei einzelnen Dgl. dieser Art die Lösung direkt mit einem Exponentialansatz versuchen

$$y_1 = C_1 e^{px} \qquad y_1' = p C_1 e^{px} = p y_1$$
$$y_2 = C_2 e^{px} \qquad y_2' = p C_2 e^{px} = p y_2$$

Der Wert p ist in beiden Funktionen gleich, weil andernfalls die linke und rechte Seite jeder der Gl. (558.1) verschiedene Funktionen enthielte und Gl. (558.1) somit nicht identisch erfüllbar wäre.

Dann wird aus Gl. (558.1)

$$p y_1 = a_{11} y_1 + a_{12} y_2 \qquad (a_{11} - p) y_1 + a_{12} y_2 = 0$$
$$p y_2 = a_{21} y_1 + a_{22} y_2 \qquad a_{21} y_1 + (a_{22} - p) y_2 = 0$$

Dieses System hat nur dann eine nichttriviale Lösung, wenn seine Determinante verschwindet.

$$\begin{vmatrix} a_{11} - p & a_{12} \\ a_{21} & a_{22} - p \end{vmatrix} = 0$$

liefert das charakteristische Polynom, dessen Wurzeln als Exponenten des Ansatzes möglich sind

$$p^2 - (a_{11} + a_{22}) p + (a_{11} a_{22} - a_{12} a_{21}) = 0 \tag{559.1}$$

Sind die beiden Wurzeln p_1 und p_2 dieses Polynoms voneinander verschieden, so ist

$$y_1 = B_1 e^{p_1 x} + B_2 e^{p_2 x} \tag{559.2}$$

die erste Lösungsfunktion. Die zweite ergibt sich durch Einsetzen von y_1 und deren Ableitung z. B. in Gl. (558.2)

$$y_2 = \frac{(p_1 - a_{11})}{a_{12}} B_1 e^{p_1 x} + \frac{(p_2 - a_{11})}{a_{12}} B_2 e^{p_2 x} \tag{559.3}$$

Bei r-fachen Nullstellen treten anstelle der Konstanten B_1 bis B_r Polynome $(r-1)$-ten Grades.

Das Verfahren kann auch auf mehr als zwei Dgl. erweitert werden. Ist das System

$$y_i' = \sum_{k=1}^{n} a_{ik} y_k \qquad i = 1, 2, \ldots, n$$

oder in Matrizenform

$$y' = A y \quad \text{mit} \quad y' = \begin{pmatrix} y_1' \\ y_2' \\ \vdots \\ y_n' \end{pmatrix} \quad A = \begin{pmatrix} a_{11} & \ldots & a_{1n} \\ \vdots & & \vdots \\ a_{n1} & \ldots & a_{nn} \end{pmatrix} \quad y = \begin{pmatrix} y_1 \\ y_2 \\ \vdots \\ y_n \end{pmatrix}$$

gegeben, so führt der Ansatz $y_i = C_i e^{px}$, $y_i' = p y_i$ auf die Matrizengleichung

$$p y = A y \qquad (A - p E) y = o \tag{559.4}$$

13.1 Analytische Lösungsmethoden

Der Exponentialansatz ist für solche p richtig, die Lösungen des charakteristischen Polynoms

$$\det(A - pE) = 0$$

sind. Bei lauter verschiedenen Nullstellen dieses Polynoms ist

$$y_1 = \sum_{k=1}^{n} B_k \, e^{p_k x}$$

die erste Lösungsfunktion des Dgl.-Systems. Die übrigen Lösungen erhält man durch Auflösen des linearen Gleichungs-Systems (559.4) mit einem bekannten y_i.
Bei r-fachen Nullstellen treten an die Stelle der Konstanten wieder Polynome $(r-1)$-ten Grades.
Spezielle Lösungen eines inhomogenen Systems erhält man z.B. durch Ansätze nach Tafel **554.**1 oder mit Hilfe der Methode der Variation der Konstanten (s. S. 550).

Beispiel 16 Man löse das Dgl.-System

$$y_1' = 3y_1 + 3y_2 \qquad y_2' = 3y_1 - 5y_2$$

Gl. (559.1) lautet in diesem Fall

$$p^2 + 2p - 24 = 0$$

mit den Lösungen $p_1 = 4$ und $p_2 = -6$. Die erste Lösungsfunktion lautet demnach

$$y_1 = B_1 \, e^{4x} + B_2 \, e^{-6x}$$

und nach Gl. (559.3) ist

$$y_2 = \frac{1}{3} B_1 \, e^{4x} - 3 B_2 \, e^{-6x}$$

Systeme von m Dgl. n-ter Ordnung lassen sich durch die Transformation

$$y_k = z_{0,k} \qquad y_k' = z_{1,k} \qquad y_k'' = z_{2,k} = z_{1,k}' \qquad y_k^{(i)} = z_{i,k} = z_{i-1,k}'$$

auf $m \cdot n$ Dgl. 1. Ordnung zurückführen.
Bei speziellen Formen der Dgl. ist es auch hier möglich, das Dgl.-System durch Elimination von Unbekannten auf eine Dgl. höherer Ordnung für eine der unbekannten Funktionen zurückzuführen (s. auch Abschn. 13.3.3).

Beispiel 17 Man löse das Dgl.-System

$$y_1'' + y_1 - y_2 = 0 \qquad y_2'' + 3y_2 - y_1 = 0$$

Man kann aus der ersten Dgl. die unbekannte Funktion y_2 durch die Funktion y_1 und deren Ableitung ausdrücken und diese und deren zweite Ableitung in die zweite Dgl. einsetzen. Man erhält dann eine Dgl. 4. Ordnung für die Funktion y_1.

$$y_2 = y_1 + y_1'' \qquad y_2'' = y_1'' + y_1^{(4)}$$

$$y_1'' + y_1^{(4)} + 3(y_1 + y_1'') - y_1 = 0 \qquad y_1^{(4)} + 4 y_1'' + 2 y_1 = 0$$

Der Ansatz $y_1 = C e^{px}$ führt auf die Gleichung (s. Gl. (554.3))
$$p^4 + 4p^2 + 2 = 0$$
mit den Lösungen $p_{1,2} = \pm j1{,}848$ und $p_{3,4} = \pm j0{,}765$.
Die gesuchten Funktionen lauten also

$$\begin{aligned} y_1 &= C_1 e^{1{,}848 jx} + C_2 e^{-1{,}848 jx} + C_3 e^{0{,}765 jx} + C_4 e^{-0{,}765 jx} \\ &= B_1 \sin 1{,}848 x + B_2 \cos 1{,}848 x + B_3 \sin 0{,}765 x + B_4 \cos 0{,}765 x \end{aligned}$$

$$\begin{aligned} y_2 &= y_1 + y_1'' = -2{,}414 (B_1 \sin 1{,}848 x + B_2 \cos 1{,}848 x) + \\ &\quad + 0{,}414 (B_3 \sin 0{,}765 x + B_4 \cos 0{,}765 x) \end{aligned}$$

13.1.6 Aufgaben zu Abschnitt 13.1

1. Man bestimme für die folgenden Dgl. die allgemeinen Lösungen und diejenigen speziellen Lösungen, die die Anfangsbedingung $y = 1$ für $x = 0$ erfüllen

a) $y' + x y^3 = 0$
b) $y' (1 + x^2) - x y = 0$
c) $y' (1 + x^2) - y = 0$
d) $y' - y^2 \sin x = 0$
e) $y'^2 - 4y = 0$
f) $y' \cos x + y = 0$
g) $y' = \dfrac{x}{y} \cdot \dfrac{1 - y^2}{1 - x^2}$
h) $y' + 2y = x + 1$
i) $y' + \dfrac{y}{x} = 1$
j) $y' - y = x^3$
k) $y' + 0{,}5 y = 4 e^{-3x}$

2. Man löse die Dgl. und prüfe die Lösung durch Differenzieren und Einsetzen
a) $y'' - k^2 y = 0$ b) $y'' + k^2 y = 0$

3. Man gebe die allgemeinen Lösungen der folgenden Dgl. an. Wie lauten die speziellen Lösungen mit den Anfangsbedingungen $y = 0$ und $y' = 1$ für $x = 0$? Man skizziere die Lösungsfunktionen im Bereich $0 \leqq x \leqq 6$.

a) $y'' + 4y = 0$
b) $y'' + 2y' + 4y = 0$
c) $y'' + 4y' + 4y = 0$
d) $y'' + 6y' + 4y = 0$

4. Man bestimme die allgemeinen Lösungen der folgenden Dgl.

a) $y'' + 9y = x^2 + 4x - 1$
b) $y'' + 2y' + 2y = \cos 3x$
c) $y^{(4)} - 3y''' + y'' + 3y' - 2y = 0$
d) $y''' + 4y'' + 6y' + 4y = 0$
e) $y^{(4)} + 3y''' = 0$

5. Gesucht sind die Geschwindigkeit und der Weg für den freien Fall, bei dem der Luftwiderstand proportional der Geschwindigkeit anwächst. Anfangsbedingungen: $v = 0$ und $s = 0$ für $t = 0$.
Hinweis: $mg - mkv = m (dv/dt)$

6. Wie lautet die Gleichung der Biegelinie für einen exzentrisch gedrückten Stab (**561.1**)? Wie groß ist die Durchbiegung $w(l/2)$ in der Mitte des Stabes?
Hinweis: Man benutze die Gleichung $w'' = - M/EI$ am gebogenen Stab.

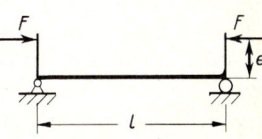

561.1

7. Man berechne die Lösungen des homogenen Dgl.-Systems
$$y_1' = 8y_1 + 2y_2 \qquad y_2' = 3y_1 - 5y_2$$

8. Man berechne die Lösungen des Dgl.-Systems 2. Ordnung
$$y_1'' + 2y_2'' + 4y_1 = 0 \qquad y_2'' + 3y_1'' + y_2 = 0$$

13.2 Numerische Verfahren

Viele Dgl. sind nicht durch Angabe der Lösungsfunktion in Form einer Funktionsgleichung lösbar. Das gilt vor allem für nichtlineare Dgl. und solche mit komplizierten Störfunktionen. Man hat deshalb Verfahren entwickelt, die eine numerische Lösung teils für den Einzelfall, teils für ganze Klassen von Dgl. ermöglichen. Durch Einsatz von Rechenanlagen ist der früher gefürchtete numerische Rechenaufwand beherrschbar geworden.

Die numerischen Verfahren sind den zu lösenden Problemen angepaßt. Hier wird je ein Verfahren zur Lösung von Anfangswertaufgaben und Randwertaufgaben angegeben und durch Beispiele erläutert. Andere und verfeinerte Verfahren findet man z.B. in [17]. **Anfangswertaufgaben** treten häufig in der Dynamik auf, wenn z.B. bei der Beschreibung einer Bewegung durch eine Dgl. eine spezielle Bahn aus der Lösungsmenge dadurch bestimmt ist, daß zu **einem** Zeitpunkt Lage und Geschwindigkeit vorgegeben sind.

Bei **Randwertaufgaben** werden aus den unendlich vielen Lösungen einer Dgl. diejenigen gesucht, die am Rande eines Bereiches, also an mindestens **zwei** Stellen, gewisse Bedingungen, die **Randbedingungen**, erfüllen. So ist bei einem Träger auf zwei starren Stützen z.B. die Durchbiegung an den Stützen gleich Null, während die Durchbiegung zwischen den Stützen zu bestimmen ist. Bei einer allseitig eingespannten Platte ist an den Rändern sowohl die Durchbiegung als auch die Tangentensteigung gleich Null. Zwischen den Rändern ist dann z.B. die Durchbiegung als Funktion der Koordinaten gesucht.

13.2.1 Anfangswertaufgaben

Verfahren von Euler-Cauchy Zunächst soll das Prinzip einer numerischen Näherungslösung von Anfangswertaufgaben durch dieses sehr einfache und deshalb i. allg. nur ungenaue Verfahren erläutert werden. Die Dgl. 1. Ordnung

$$y' = f(x, y) \tag{562.1}$$

mit der Anfangsbedingung $y(x_0) = y_0$ soll numerisch gelöst werden. Die Lösungsfunktion muß aus den Anfangswerten schrittweise berechnet werden. Man schließt zunächst aus den gegebenen Anfangswerten auf einen Funktionswert y_1 an der Stelle $x_1 = x_0 + h$ und von diesem auf einen weiteren an der Stelle $x_2 = x_1 + h$ usw. Die Differenz zweier aufeinander folgender Werte x_i und x_{i+1} heißt **Schrittweite** h.

Mit dem Anfangswert $(x_0; y_0)$ ist über Dgl. (562.1) auch die Anfangssteigung $y_0' = f(x_0, y_0)$ bekannt.

13.2.1 Anfangswertaufgaben

Der Funktionswert y_1 an der Nachbarstelle $x_1 = x_0 + h$ kann grob durch den Funktionswert der im Anfangspunkt $(x_0; y_0)$ an die Lösungskurve gelegten Tangente angenähert werden (563.1 a)

$$y_1 = y_0 + \Delta y_0 \approx y_0 + (x_1 - x_0) y_0' = y_0 + h f(x_0, y_0) \tag{563.1}$$

Aus diesem, im allgemeinen fehlerhaften, Wert y_1 kann man mit Gl. (562.1) die, im allgemeinen fehlerhafte, Steigung y_1' berechnen und x_1, y_1 und y_1' als Anfangswerte für die Berechnung eines weiteren Funktionswertes y_2 benutzen. Es ist aus Bild **563.1** b ersichtlich, daß die so berechnete Näherungsfunktion nur dann die wirkliche Lösungsfunktion gut annähert, wenn die Schrittweite h klein ist.

Einen besseren Näherungswert für y_2 erhält man, wenn man mit der im Punkt x_1 berechneten Steigung y_1' von x_0 gleich bis x_2 geht (**563.1** b)

$$y_2 = y_0 + 2h y_1' = y_0 + 2h f(x_1, y_1) \tag{563.2}$$

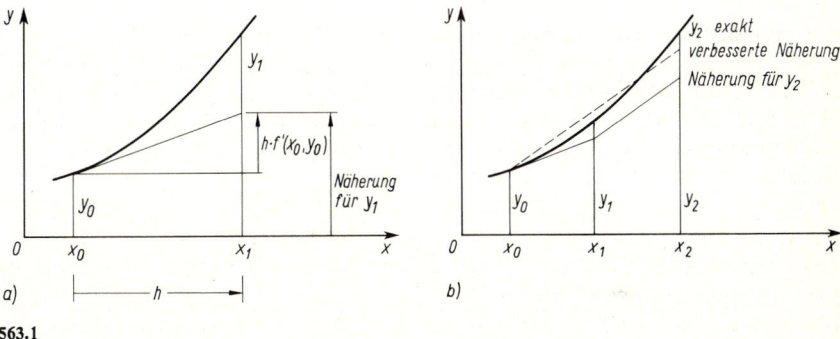

563.1

Beispiel 1 Gegeben ist die Dgl. $y' = y$ mit $y(0) = 1$. Sie hat die Lösung $y = e^x$. Gesucht ist der Funktionswert y an der Stelle $x = 0,2$ mit dem Verfahren von Euler-Cauchy.

Wählt man die Schrittweite $h = 0,2$, so ist aus $y_0 = 1$ und $y_0' = e^0 = 1$ der gesuchte Funktionswert durch $y_1 = y_0 + h y_0' = 1 + 0,2 \cdot 1 = 1,2$ angenähert.

Geht man dagegen in zwei Schritten vor, so ist mit $h = 0,1$ zunächst $y_1 = 1 + 0,1 \cdot 1 = 1,1$ und mit $y_1' = y_1 = 1,1$ erhält man $y_2 = 1,1 + 0,1 \cdot 1,1 = 1,21$.

Nimmt man die Steigung an der Stelle $x_1 = 0,1$ für das ganze Intervall, so wird $y_2 = y_0 + 2h y'$ $= 1 + 0,2 \cdot 1,1 = 1,22$.

Der exakte Wert ist $y_2 = e^{0,2} = 1,2214$. Der relative Fehler der Näherung beträgt somit

im ersten Fall $\quad \dfrac{1,2 - 1,2214}{1,2214} = -0,0175 = -1,75\%$

im zweiten Fall $\quad \dfrac{1,21 - 1,2214}{1,2214} = -0,0093 = -0,93\%$

im dritten Fall $\quad \dfrac{1,22 - 1,2214}{1,2214} = -0,0011 = -0,11\%$

Verfahren von Runge-Kutta Es gibt viele Methoden, die Näherungswerte zu verbessern. Im Verfahren von Runge-Kutta schaltet man Zwischenwerte ein und stellt den Zuwachs Δy nicht nur durch $y' = f(x, y)$ an der einen Zwischenstelle (wie in Gl. (563.2)), sondern durch Kombination von verschiedenen Ableitungswerten dar

$$y_1 = y_0 + \Delta y = y_0 + \sum_{i=1}^{m} a_i f(x_0 + \alpha_i h, y_0 + \beta_i) \tag{564.1}$$

Die Koeffizienten a_i, $0 \leq \alpha_i \leq 1$ und β_i werden so gewählt, daß Gl. (564.1) mit der Taylor-Entwicklung der Lösungsfunktion

$$y_1 = y_0 + h y_0' + \frac{h^2}{2!} y_0'' + \frac{h^3}{3!} y_0''' + \frac{h^4}{4!} y_0^{(4)} + \frac{h^5}{5!} y_0^{(5)} + \cdots$$

bis zur vierten Potenz von h übereinstimmt. Der Fehler ist dann proportional h^5, d.h., daß bei Halbierung der Schrittweite der Fehler der feineren Rechnung nur noch $2 \cdot (1/2^5) = 1/16$ des Fehlers der groberen Rechnung ist. Der Faktor 2 ergibt sich wegen der doppelten Anzahl der Rechenoperationen.

Runge und Kutta erreichten das durch die folgende Kombination

$$y_{i+1} = y_i + \Delta y_i$$

mit
$$\Delta y_i = \frac{1}{6}(k_{1i} + 2 k_{2i} + 2 k_{3i} + k_{4i})$$

$$\begin{aligned}k_{1i} &= h f(x_i, y_i) & k_{3i} &= h f\left(x_i + \frac{h}{2}, y_i + \frac{k_{2i}}{2}\right) \\ k_{2i} &= h f\left(x_i + \frac{h}{2}, y_i + \frac{k_{1i}}{2}\right) & k_{4i} &= h f(x_i + h, y_i + k_{3i})\end{aligned} \tag{564.2}$$

Auf den mühsamen Nachweis, daß der Fehler der Näherung proportional h^5 ist, wird hier verzichtet (s. [25]).

Vorteile des Verfahrens liegen in der relativ hohen Genauigkeit und in der Möglichkeit, die Schrittweite während des Verfahrens zu ändern, wenn dies wegen des Verlaufs der Lösungskurve zweckmäßig erscheint. Die günstigste Schrittweite gewinnt man aus der empirisch gewonnenen Beziehung $hK \approx 0{,}1$. Hierin ist K die sog. Lipschitz-Konstante, die eine obere Schranke für die auf den Funktionswert bezogene Änderung der Ableitung darstellt

$$\left|\frac{\partial f(x, y)}{\partial y}\right| \leq K$$

Da die Größe y in $f(x, y)$ noch nicht bekannt ist, muß man die Schranke für die Ableitung auf Grund des Anfangswertes und der ersten Näherungsschritte schätzen. Ein Maß für den Fehler der Näherung ist die Differenz der mit einfacher Schrittweite h und doppelter Schrittweite gewonnenen Näherungswerte.

Ein Programm für das Verfahren von Runge-Kutta steht häufig auf Rechenanlagen zur Verfügung. Für die Rechnung mit einem Taschenrechner ist das folgende Schema zweckmäßig.

13.2.1 Anfangswertaufgaben

i	x	y	$hf(x,y)$
0	x_0	y_0	k_{10}
	$x_0 + \dfrac{h}{2}$	$y_0 + \dfrac{k_{10}}{2}$	k_{20}
	$x_0 + \dfrac{h}{2}$	$y_0 + \dfrac{k_{20}}{2}$	k_{30}
	$x_0 + h$	$y_0 + k_{30}$	k_{40}

$\Delta y_0 = \dfrac{1}{6}(k_{10} + 2k_{20} + 2k_{30} + k_{40})$

1	$x_1 = x_0 + h$	$y_1 = y_0 + \Delta y_0$	k_{11}
	...	...	...

Beispiel 2 Die Dgl. $y' + y = x$ mit der Anfangsbedingung $y(0) = 1$ soll nach dem Runge-Kutta-Verfahren im Bereich $0 \leq x \leq 0{,}6$ mit der Schrittweite $h = 0{,}2$ gelöst werden.

Die gegebene Dgl. wird auf die Normalform $y' = x - y = f(x, y)$ gebracht und nach dem oben angegebenen Schema gelöst. Gerechnet wird mit einem Taschenrechner mit 8 Stellen, von denen 6 Stellen gedruckt sind.

i	x	y	$hf(x,y) = 0{,}2\,(x-y)$
0	0	**1,000 000**	$-0{,}200\,000$
	0,1	0,900 000	$-0{,}160\,000$
	0,1	0,920 000	$-0{,}164\,000$
	0,2	0,836 000	$-0{,}127\,200$
			$-0{,}162\,533$
1	**0,2**	**0,837 467**	$-0{,}127\,493$
	0,3	0,773 720	$-0{,}094\,744$
	0,3	0,790 095	$-0{,}098\,019$
	0,4	0,739 448	$-0{,}067\,890$
			$-0{,}096\,818$
2	**0,4**	**0,740 649**	$-0{,}068\,130$
	0,5	0,706 584	$-0{,}041\,317$
	0,5	0,719 990	$-0{,}043\,998$
	0,6	0,696 651	$-0{,}019\,330$
			$-0{,}043\,015$
3	**0,6**	**0,697 634**	

In diesem Schema sind nur die fett gedruckten Zahlen Lösungspaare der Dgl..

Die exakte Lösung lautet $y = 2\,e^{-x} + x - 1$. Ihr Wert an der Stelle $x = 0{,}6$ beträgt $y = 0{,}697\,623$. Der relative Fehler der Näherungslösung ist demnach

$$\frac{0{,}697\,634 - 0{,}697\,623}{0{,}697\,623} = 0{,}000\,02 = 0{,}002\,\%$$

13.2 Numerische Verfahren

Das Verfahren von Runge-Kutta kann auch auf Systeme von Dgl. oder auf Dgl. höherer Ordnung angewandt werden, wenn man diese auf ein System von Dgl. erster Ordnung zurückführt. Aus der Dgl. n-ter Ordnung

$$y^{(n)} = f(x, y, y', y'', \ldots, y^{(n-1)})$$

wird durch die Transformation

$$\begin{aligned}
y &= z_0 \\
y' &= z_0' = z_1 \\
y'' &= z_1' = z_2 \\
&\vdots \\
y^{(n-1)} &= z_{n-2}' = z_{n-1} \\
y^{(n)} &= z_{n-1}' = f(x, z_0, z_1, z_2, \ldots, z_{n-1})
\end{aligned} \tag{566.1}$$

ein System von n Dgl. 1. Ordnung für die unbekannten Funktionen $z_0, z_1, z_2, \ldots, z_{n-1}$, das nach dem Schema von Runge-Kutta gelöst werden kann. Man muß dann nur jeweils n Sätze von Zwischenwerten für einen Rechenschritt parallel zueinander ausrechnen und gewinnt daraus einen Satz von Näherungslösungen für den nächsten Rechenschritt. Aus den gegebenen Anfangswerten $x_0, z_{0,0}, z_{1,0}, \ldots, z_{n-1,0}$ oder aus einem Satz von schon berechneten Werten $(x_i, z_{0,i}, z_{1,i}, z_{2,i}, \ldots, z_{n-1,i})$ gewinnt man

$$x_{i+1} = x_i + h$$

$$z_{r,i+1} = z_{r,i} + \Delta z_{r,i} \qquad r = 0, 1, \ldots, n-1$$

Hierin bedeuten h die Schrittweite des Argumentes und

$$\Delta z_{r,i} = \frac{1}{6}(k_{r,i}^{(1)} + 2\,k_{r,i}^{(2)} + 2\,k_{r,i}^{(3)} + k_{r,i}^{(4)}) \tag{566.2}$$

mit

$$k_{r,i}^{(1)} = h\,z_{r+1,i} \qquad r = 0, 1, \ldots, n-2$$

$$k_{n-1,i}^{(1)} = h\,f(x_i, z_{0,i}, z_{1,i}, \ldots, z_{n-1,i})$$

$$k_{r,i}^{(2)} = h\left(z_{r+1,i} + \frac{1}{2}k_{r+1,i}^{(1)}\right) \qquad r = 0, 1, \ldots, n-2$$

$$k_{n-1,i}^{(2)} = h\,f\left(x_i + \frac{1}{2}h,\, z_{0,i} + \frac{1}{2}k_{0,i}^{(1)},\, z_{1,i} + \frac{1}{2}k_{1,i}^{(1)}, \ldots, z_{n-1,i} + \frac{1}{2}k_{n-1,i}^{(1)}\right)$$

$$k_{r,i}^{(3)} = h\left(z_{r+1,i} + \frac{1}{2}k_{r+1,i}^{(2)}\right) \qquad r = 0, 1, 2, \ldots, n-2$$

$$k_{n-1,i}^{(3)} = h\,f\left(x_i + \frac{1}{2}h,\, z_{0,i} + \frac{1}{2}k_{0,i}^{(2)},\, z_{1,i} + \frac{1}{2}k_{1,i}^{(2)}, \ldots, z_{n-1,i} + \frac{1}{2}k_{n-1,i}^{(2)}\right)$$

$$k_{r,i}^{(4)} = h(z_{r+1,i} + k_{r+1,i}^{(3)}) \qquad r = 0, 1, 2, \ldots, n-2$$

$$k_{n-1,i}^{(4)} = h\,f(x_i + h,\, z_{0,i} + k_{0,i}^{(3)},\, z_{1,i} + k_{1,i}^{(3)}, \ldots, z_{n-1,i} + k_{n-1,i}^{(3)})$$

Das Verfahren wird im folgenden Beispiel an einer Dgl. 2. Ordnung gezeigt.

Beispiel 3 Man löse die Dgl. $y'' + 2y' + y = 0$ mit den Anfangswerten $y(0) = 1$ und $y'(0) = 0$ im Bereich $0 \leq x \leq 0{,}6$ nach dem Verfahren von Runge-Kutta mit der Schrittweite $h = 0{,}2$.
Die Transformation

$$y = z_0 \qquad y' = z_0' = z_1 \qquad y'' = z_1' = -(y + 2y') = -(z_0 + 2z_1)$$

führt die gegebene Dgl. auf das System

$$z_0' = z_1 \qquad\qquad z_0(0) = 1$$
$$z_1' = f(x, z_0, z_1) = -(z_0 + 2z_1) \qquad z_1(0) = 0$$

zurück. Aus dem Anfangssatz (0, 1, 0) erhält man

$$k_{0,0}^{(1)} = h \cdot z_{1,0} = 0$$
$$k_{1,0}^{(1)} = h \cdot f(x_0, z_{0,0}, z_{1,0}) = 0{,}2 \cdot [-(1)] = -0{,}2$$

(1. Zeile des folgenden Rechenschemas) und an der Stelle $x + h/2 = 0{,}1$ die neuen Zwischenwerte

$$z_{0,0} + \frac{1}{2} k_{0,0}^{(1)} = 1 \qquad z_{1,0} + \frac{1}{2} k_{1,0}^{(1)} = -0{,}1$$

aus denen sich

$$k_{0,0}^{(2)} = h\left(z_{1,0} + \frac{1}{2} k_{1,0}^{(1)}\right) = -0{,}02$$

und $\quad k_{1,0}^{(2)} = hf\left(x_0 + \frac{1}{2}h,\ z_{0,0} + \frac{1}{2}k_{0,0}^{(1)},\ z_{1,0} + \frac{1}{2}k_{1,0}^{(1)}\right)$
$$= 0{,}2 \cdot [-(1 + 2 \cdot (-0{,}1))] = -0{,}16$$

ergibt (2. Zeile des Schemas).
Die weitere Rechnung wird in dem folgenden Schema durchgeführt.

i	x	$z_0 = y$	$z_1 = y'$	$k_0 = 0{,}2\,z_1$	$k_1 = -0{,}2(z_0 + 2z_1)$
0	0	**1,000000**	**0,000000**	0,000000	−0,200000
	0,1	1,000000	−0,100000	−0,020000	−0,160000
	0,1	0,990000	−0,080000	−0,016000	−0,166000
	0,2	0,984000	−0,166000	−0,033200	−0,130400
				−0,017533	−0,163733
1	0,2	**0,982467**	**−0,163733**	−0,032747	−0,131000
	0,3	0,966093	−0,229233	−0,045847	−0,101525
	0,3	0,959543	−0,214496	−0,042899	−0,106110
	0,4	0,939567	−0,269844	−0,053969	−0,079976
				−0,044035	−0,104375
2	0,4	**0,938432**	**−0,268108**	−0,053622	−0,080443
	0,5	0,911621	−0,308330	−0,061666	−0,058992
	0,5	0,907599	−0,297604	−0,059521	−0,062478
	0,6	0,878911	−0,330586	−0,066117	−0,043548
				−0,060352	−0,061155
3	0,6	**0,878080**	**−0,329263**		

Die exakte Lösung lautet $y = z_0 = (1 + x)\, e^{-x}$, $y' = z_1 = -x\, e^{-x}$. Ihre Werte sind in der folgenden Tabelle als jeweils 2. Zeile den Näherungswerten gegenübergestellt:

x_i	y_i	Fehler	y'_i	Fehler
0,2	0,982 467	− 0,0010 %	− 0,163 733	0,0079 %
	0,982 477		− 0,163 746	
0,4	0,938 432	− 0,0017 %	− 0,268 108	0,0075 %
	0,938 448		− 0,268 128	
0,6	0,878 080	− 0,0022 %	− 0,329 263	0,0073 %
	0,878 099		− 0,329 287	

13.2.2 Differenzenverfahren für Rand- und Eigenwertaufgaben

Annäherung von Ableitungen durch Differenzen Beim Differenzenverfahren ersetzt man näherungsweise die in der Dgl. vorkommenden Ableitungen durch Differenzenquotienten, in deren Zählern Differenzen der gesuchten Funktionswerte vorkommen. Dadurch wird die Lösung einer Dgl. auf die Lösung eines Gleichungssystems für die unbekannten Funktionswerte zurückgeführt. Bei linearen Dgl. ist auch das Gleichungssystem linear und kann mit den in Abschn. 4.4 gezeigten Methoden gelöst werden. Man erhält die Lösungsfunktion als Tafel.

Die erste Ableitung der Funktion $y = f(x)$ an der Stelle x_i kann sowohl durch die Steigung im rechts von x_i gelegenen Feld (568.1), also durch die Steigung (Ableitung) der Sekante durch die Punkte $(x_i; y_i)$ und $(x_{i+1}; y_{i+1})$

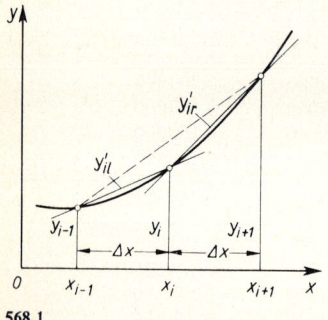

568.1

$$y'_{i\,r} = \frac{y_{i+1} - y_i}{\Delta x} \qquad (568.1)$$

als auch durch die Steigung der Sekante im links von x_i gelegenen Feld

$$y'_{i\,1} = \frac{y_i - y_{i-1}}{\Delta x} \qquad (568.2)$$

ersetzt werden.

Eine bessere Annäherung ergibt sich jedoch bei Ausnutzung der Symmetrie durch Berücksichtigung beider Nachbarfelder

$$y'_i \approx \frac{y_{i+1} - y_{i-1}}{2\,\Delta x} \qquad (568.3)$$

weil die Sekante durch die Punkte $(x_{i-1}; y_{i-1})$ und $(x_{i+1}; y_{i+1})$ der Tangente an die Funktionskurve im Punkt x_i nahezu parallel ist.

Die zweite Ableitung gibt die Änderung der ersten Ableitung an. Bei Berücksichtigung der zentralen Lage von x_i zwischen x_{i-1} und x_{i+1} liegt es nahe, die Differenz der Ableitungen in den Mitten der beiden Nachbarfelder durch die Differenz Δx zwischen den

13.2.2 Differenzenverfahren für Rand- und Eigenwertaufgaben

Mitten der beiden Felder zu teilen und Gl. (568.1) und (568.2) zu benutzen

$$y_i'' \approx \frac{y_{ir}' - y_{i1}'}{\Delta x} = \frac{\dfrac{y_{i+1} - y_i}{\Delta x} - \dfrac{y_i - y_{i-1}}{\Delta x}}{\Delta x}$$

$$y_i'' \approx \frac{y_{i+1} - 2y_i + y_{i-1}}{(\Delta x)^2} \tag{569.1}$$

Man kann auch $y_i' \approx (y_{i+1}' - y_{i-1}')/(2\,\Delta x)$ setzen und die ersten Ableitungen mit Hilfe von Gl. (568.3) durch die Funktionswerte ausdrücken. Dadurch werden bei der zweiten Ableitung auch noch die Werte y_{i+2} und y_{i-2} herangezogen und somit eine bessere Annäherung erreicht. Hier soll jedoch nur mit Gl. (569.1) gerechnet werden.
Eine symmetrische Formel für die dritte Ableitung kann man folgendermaßen gewinnen:

$$y_i''' \approx \frac{y_{i+1}'' - y_{i-1}''}{2\,\Delta x} = \frac{\dfrac{y_{i+2} - 2y_{i+1} + y_i}{(\Delta x)^2} - \dfrac{y_i - 2y_{i-1} + y_{i-2}}{(\Delta x)^2}}{2\,\Delta x}$$

$$y_i''' \approx \frac{y_{i+2} - 2y_{i+1} + 2y_{i-1} - y_{i-2}}{2(\Delta x)^3} \tag{569.2}$$

Hierbei steht der Abstand $2\,\Delta x$ der benutzten Werte y_{i+1}'' und y_{i-1}'' im Nenner.
Eine Gleichung für die vierte Ableitung ergibt sich durch Ersetzen von y'' durch $y^{(4)}$ und von y durch y'' in Gl. (569.1)

$$y_i^{(4)} \approx \frac{y_{i+1}'' - 2y_i'' + y_{i-1}''}{(\Delta x)^2}$$

Ersetzt man nun wiederum die zweiten Ableitungen der rechten Seite vorstehender Gleichung mit Hilfe von Gl. (569.1) durch die Funktionswerte, so erhält man

$$y_i^{(4)} \approx \frac{\dfrac{(y_{i+2} - 2y_{i+1} + y_i)}{(\Delta x)^2} - 2\dfrac{(y_{i+1} - 2y_i + y_{i-1})}{(\Delta x)^2} + \dfrac{(y_i - 2y_{i-1} + y_{i-2})}{(\Delta x)^2}}{(\Delta x)^2}$$

$$y_i^{(4)} \approx \frac{y_{i+2} - 4y_{i+1} + 6y_i - 4y_{i-1} + y_{i-2}}{(\Delta x)^4} \tag{569.3}$$

Randwertaufgabe An dem folgenden Beispiel soll die Lösung einer Randwertaufgabe mit Hilfe des Differenzenverfahrens gezeigt werden.
Bei dem Balken auf zwei starren Stützen mit linear veränderlicher Belastung $q(x) = q_0\,x/l$ (**569.1**) ist die Durchbiegung zu bestimmen.
Es gilt die Dgl. $y'' = -M(x)/(EI)$ mit der Biegesteifigkeit EI und dem Biegemoment

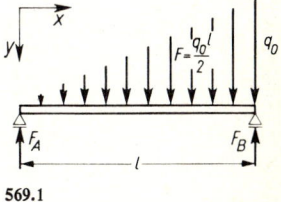

569.1

$$M(x) = \frac{q_0\,l\,x}{6}\left[1 - \left(\frac{x}{l}\right)^2\right] = \frac{F\,x}{3}\left[1 - \left(\frac{x}{l}\right)^2\right]$$

also
$$y'' = -\frac{F\,l}{3\,EI}\cdot\frac{x}{l}\cdot\left[1 - \left(\frac{x}{l}\right)^2\right] \tag{569.4}$$

Die Randbedingungen lauten $y(0) = y(l) = 0$, weil die Durchbiegung an den starren Lagern gleich Null ist. In der einfachsten Näherung teilt man die Balkenlänge wegen der unsymmetrischen Belastung in drei Intervalle der Breite $\Delta x = l/3$ und erhält folgende Zuordnung

$$x_0 = 0 \qquad x_1 = l/3 \qquad x_2 = 2\,l/3 \qquad x_3 = l$$
$$y_0 = 0 \qquad y_1 \qquad\qquad y_2 \qquad\qquad y_3 = 0$$

Die Funktionswerte y_1 und y_2 sind zu bestimmen. Nun schreibt man die Dgl. für jeden Zwischenpunkt und ersetzt die Ableitungen nach Gl. (569.1) durch die Funktionswerte

$$y_1'' \approx \frac{y_2 - 2y_1 + y_0}{(l/3)^2} = -\frac{Fl}{3EI} \cdot \frac{1}{3} \cdot \frac{8}{9}$$

$$y_2'' \approx \frac{y_3 - 2y_2 + y_1}{(l/3)^2} = -\frac{Fl}{3EI} \cdot \frac{2}{3} \cdot \frac{5}{9}$$

In diesen Gleichungen ist wegen der Randbedingungen $y_0 = y_3 = 0$, so daß nach Multiplizieren mit $(l/3)^2$ die beiden linearen Gleichungen für y_1 und y_2 bleiben

$$-2y_1 + y_2 = -8\frac{Fl^3}{729\,EI}$$

$$y_1 - 2y_2 = -10\frac{Fl^3}{729\,EI}$$

Die Lösung dieses Gleichungssystems lautet

$$y_1 = \frac{26}{3} \cdot \frac{Fl^3}{729\,EI} \qquad y_2 = \frac{28}{3} \cdot \frac{Fl^3}{729\,EI}$$

Nach Beispiel 27, S. 390, lautet die exakte Lösung

$$y_1 = 8 \cdot \frac{Fl^3}{729\,EI} \qquad y_2 = \frac{17}{2} \cdot \frac{Fl^3}{729\,EI}$$

Der Vergleich zeigt, daß man mit dieser einfachen Methode die Lösung mit einem Fehler von nur 8% bis 10% gefunden hat

$$\frac{\Delta y_1}{y_1} = \frac{26/3 - 8}{8} = 0{,}083 = 8{,}3\% \qquad \frac{\Delta y_2}{y_2} = \frac{28/3 - 17/2}{17/2} = 0{,}098 = 9{,}8\%$$

Eigenwertaufgabe Bei der soeben gelösten Randwertaufgabe ergaben sich aus der Belastung des Balkens Glieder auf der rechten Seite des Gleichungssystems, so daß eine eindeutige Lösung möglich war. Eigenwertaufgaben liegen dann vor, wenn das sich aus der Dgl. ergebende lineare Gleichungssystem homogen ist und somit im allgemeinen nur die Lösung $y_1 = y_2 = y_3 = \ldots = y_{n-1} = 0$ hat. Dabei tritt in der Dgl. dann ein noch unbestimmter Parameter, der sogenannte Eigenwert, auf. Dieser ist so zu bestimmen, daß eine Lösung möglich ist, ohne daß alle $y_i = 0$ sind. Das Verfahren wird am Beispiel des Knickstabes (**571.1**a) erläutert, für den die exakte Lösung in Abschn. 13.3.1 gegeben ist.

Nach Bild **571.1**b ist das Biegemoment an der Stelle x durch $M(x) = Fy - F_Q x$ bestimmt. Außerdem gilt $y'' = -M(x)/(EI)$, so daß man die Dgl.

13.2.2 Differenzenverfahren für Rand- und Eigenwertaufgaben

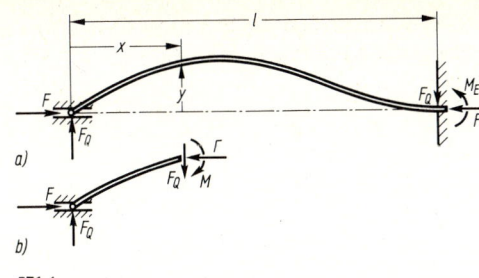

571.1

$$y'' = -\frac{Fy - F_Q x}{EI}$$

oder $\quad y'' + \dfrac{F}{EI} y = \dfrac{F_Q}{EI} x \quad$ (571.1)

erhält (s. auch Abschn. 13.3.1).

Da F_Q nicht bekannt ist, differenziert man die Gleichung zweimal nach x und erhält dann die homogene Dgl.

$$y^{(4)} + \frac{F}{EI} y'' = 0 \qquad (571.2)$$

Die Randbedingungen lauten $y(0) = y(l) = 0$, weil die Durchbiegung an beiden Lagern gleich Null ist, ferner $y'(l) = 0$ wegen der waagerechten Einspannung und $y''(0) = 0$, weil das Biegemoment im Gelenklager Null ist. Bei Einteilung der Balkenlänge in drei Intervalle $\Delta x = l/3$ (571.2) ist also $y_0 = y_3 = 0$.

571.2

Die beiden übrigen Randbedingungen führen auf Zusammenhänge zwischen den Koordinaten y innerhalb und den als Hilfsgrößen anzunehmenden Koordinaten y_{-1} und y_4 außerhalb des Balkens:

$$y_3' = \frac{y_4 - y_2}{2 \Delta x} = 0 \qquad \text{also} \qquad y_4 = y_2$$

$$y_0'' = \frac{y_1 - 2 y_0 + y_{-1}}{(\Delta x)^2} = 0 \qquad \text{also} \qquad y_{-1} = -y_1 \text{ wegen } y_0 = 0$$

Man schreibt nun die Dgl. für die Punkte x_1 und x_2

$$\frac{y_3 - 4 y_2 + 6 y_1 - 4 y_0 + y_{-1}}{(\Delta x)^4} + \frac{F}{EI} \frac{y_2 - 2 y_1 + y_0}{(\Delta x)^2} = 0$$

$$\frac{y_4 - 4 y_3 + 6 y_2 - 4 y_1 + y_0}{(\Delta x)^4} + \frac{F}{EI} \frac{y_3 - 2 y_2 + y_1}{(\Delta x)^2} = 0$$

multipliziert mit $(\Delta x)^4 = (l/3)^4$ und setzt die Randwerte $y_0 = 0$ und $y_3 = 0$ sowie die über den Rand hinausgreifenden Werte $y_{-1} = -y_1$ und $y_4 = y_2$ ein

$$-4 y_2 + 6 y_1 - y_1 + \frac{F l^2}{9 EI} (y_2 - 2 y_1) = 0$$

$$y_2 + 6 y_2 - 4 y_1 + \frac{F l^2}{9 EI} (-2 y_2 + y_1) = 0$$

Nach Ordnen ergibt sich mit der Abkürzung $\lambda = F l^2 / (9 EI)$ das homogene Gleichungssystem

$$(5 - 2 \lambda) y_1 + (-4 + \lambda) y_2 = 0$$
$$(-4 + \lambda) y_1 + (7 - 2 \lambda) y_2 = 0$$

Eine Lösung, bei der nicht $y_1 = y_2 = 0$ ist, bei der also der Stab nicht gerade bleibt, sondern ausknickt, erfordert das Nullwerden der Determinante

$$\begin{vmatrix} 5 - 2\lambda & -4 + \lambda \\ -4 + \lambda & 7 - 2\lambda \end{vmatrix} = 0$$

Man löst die Determinante auf und erhält die quadratische Bestimmungsgleichung für den Eigenwert λ

$$3\lambda^2 - 16\lambda + 19 = 0$$

mit den Wurzeln $\lambda_1 = 1{,}785$ und $\lambda_2 = 3{,}55$.

Der kleinste Eigenwert (die kleinste Knickkraft) ist für das Versagen des Stabes maßgebend

$$\lambda = 1{,}785 = \frac{Fl^2}{9EI} \qquad F = \frac{1{,}785 \cdot 9EI}{l^2} = 16{,}1 \frac{EI}{l^2}$$

Die in Abschn. 13.3.1 gewonnene genaue Lösung, bei der eine transzendente Gleichung gelöst werden muß, liefert den Zahlenwert 20,2. Der Fehler der Differenzenrechnung beträgt wegen der sehr einfachen Methode und der geringen Anzahl von Funktionswerten 20%.

13.2.3 Aufgaben zu Abschnitt 13.2

1. Man löse die Anfangswertaufgabe

$$y' = y + \frac{x}{y} \qquad y(0) = 1$$

nach dem Verfahren von Runge-Kutta auf dem Intervall $[0, 1]$ mit $h = 0{,}2$.

2. Man löse die Anfangswertaufgabe

$$y'' + y = \sin 2x \qquad y(0) = 0 \qquad y'(0) = 1$$

a) nach der Methode aus Abschn. 13.1.3,
b) nach dem Verfahren von Runge-Kutta mit $h = 0{,}5$ für $0 \leq x \leq 1$,
c) nach dem Verfahren von Runge-Kutta mit $h = 0{,}25$ für $0 \leq x \leq 1$.
d) Man bestimme die relativen Fehler der Näherungslösungen für $x = 0{,}5$ und $x = 1$.

3. Man löse die Dgl. (569.4)

$$y'' = -\frac{Fl}{3EI} \frac{x}{l}\left(1 - \frac{x^2}{l^2}\right)$$

mit dem Differenzenverfahren. Man wähle $\Delta x = l/4$ und die Randbedingungen $y(0) = y_0 = 0$ und $y(l) = y_4 = 0$.
Hinweis: Abkürzung $\lambda = 2Fl^2/(EI)$ wählen.

4. Man bestimme numerisch die Lösung der Dgl. $y'' - y = x$ mit den Randbedingungen $y(0) = 0$ und $y(2) = -1$ im Bereich $0 \leq x \leq 2$ und $\Delta x = 0{,}5$. Ferner bestimme man die analytische Lösung dieser Dgl. und vergleiche die Funktionswerte für $x_1 = 0{,}5$, $x_2 = 1$ und $x_3 = 1{,}5$ mit der Lösung nach dem Differenzenverfahren.

5. Man bestimme die Euler-Knickkraft für den beiderseits gelenkig gelagerten Druckstab (573.1) mit dem Differenzenverfahren einmal mit zwei und einmal mit drei Stützstellen und gebe den relativen Fehler gegenüber der exakten Lösung Gl. (574.3) an.

6. Bei der Berechnung der Knickkraft eines beiderseits gelenkig gelagerten Stabes unter Schubbelastung (573.2) tritt die Dgl.

$$y^{(4)} + \frac{q}{EI} x y'' + \frac{q}{EI} y' = 0$$

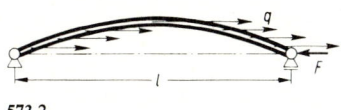

573.1 573.2

auf. Man löse die Dgl. mit Hilfe des Differenzenverfahrens und gebe die kritische Knickkraft $F = q\,l$ an. Man wähle $\Delta x = l/3$ und benutze die Abkürzung $\lambda = q\,l^3/(27\,EI)$.

13.3 Anwendungen in der Technik

13.3.1 Euler-Knickgleichung

Schlanke Bauglieder (z. B. Fachwerkstäbe, Pleuelstangen) verlieren bei Belastung durch Druckkräfte in Achsenrichtung ihre Tragfähigkeit durch plötzliches seitliches Ausweichen, das **Ausknicken**. Die Dgl. der Knickung ergibt sich aus dem Gleichgewicht zwischen dem der Ausbiegung proportionalen Moment der äußeren Kräfte und dem der Biegesteifigkeit proportionalen Moment der inneren Kräfte. Die Kraft, die das Ausknicken verursacht, heißt **Knickkraft**. Sie ist sowohl von Stablänge und Biegesteifigkeit als auch von den Lagerungsbedingungen abhängig.

Beiderseits gelenkig geführter Stab (573.1)

Aufstellen der Dgl. Der Stab hat konstantes Flächenmoment I (Abschn. 7.2.1) und ist durch eine zentrisch angreifende Druckkraft F beansprucht. An der Stelle x beträgt die seitliche Ausbiegung y und das Moment der äußeren Kräfte $M = F\,y$. Das Moment der inneren Kräfte ist durch den Ausdruck $M(x) = -EI\,y''$ gegeben, mit E als dem stoffabhängigen Elastizitätsmodul, so daß sich die Dgl. der Biegelinie

$$EI\,y'' = -F\,y \tag{573.1}$$

ergibt, deren Normalform

$$y'' + \frac{F}{EI} y = 0 \tag{573.2}$$

lautet.

Lösen der Dgl. Nach Gl. (556.1) und (545.1) ist die Lösung dieser Dgl. mit $p^2 = F/(EI)$

$$y = C_1 \sin\left(\sqrt{\frac{F}{EI}}\, x\right) + C_2 \cos\left(\sqrt{\frac{F}{EI}}\, x\right) \tag{574.1}$$

Erfüllen der Randbedingungen Beide Auflager sind senkrecht zur Kraftrichtung unverschieblich, mathematisch:

$$y = 0 \qquad \text{für } x = 0 \text{ und } x = l$$

Die Erfüllung der erstgenannten Bedingung erfordert $C_2 = 0$, so daß als Lösung eine Sinusfunktion erscheint. Dies wird durch die Anschauung plausibel, wie Bild **573.**1 zeigt. Die zweite Randbedingung führt auf die Gleichung $0 = C_1 \sin\left[\sqrt{F/(EI)}\, l\right]$. Sie kann mit $C_1 = 0$ erfüllt werden. Dann bleibt der Stab aber gerade ($y \equiv 0$); man hat die nicht ausgeknickte Gleichgewichtslage als Sonderlösung. Eine Lösung der Dgl. für den **ausgebogenen Stab** ist also nur dann möglich, wenn der zweite Faktor $\sin\left[\sqrt{F/(EI)}\, l\right] = 0$ wird. Da $F \neq 0$ ist, muß $\sqrt{F/(EI)}\, l = n\pi$ sein (n ganzzahlig). Eine zweite Lösung ist also nur für ganz bestimmte „kritische" Kräfte, die **Eigenwerte**

$$F_K = \frac{n^2 \pi^2 EI}{l^2} \tag{574.2}$$

möglich. Für die Tragfähigkeit des Druckstabes ist nur die kleinste dieser Kräfte maßgebend, denn der Ingenieur möchte wissen, bis zu welcher Belastung hin der Stab **nicht** knickt. Man setzt deshalb $n = 1$ und bezeichnet diese Kraft nach ihrem Entdecker als **Euler-Knickkraft**

$$F_K = \frac{\pi^2 EI}{l^2} \tag{574.3}$$

An einem Ende fest eingespannter, am anderen Ende frei geführter Stab (574.1)

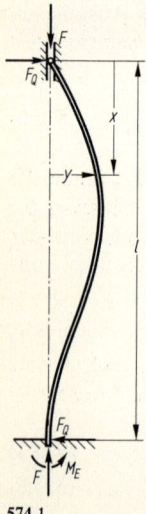

574.1

Aufstellen der Dgl. aus den Gleichgewichtsbedingungen. Bei der Berechnung des Momentes der äußeren Kräfte muß hier die quer zum Stab wirkende Auflagerkraft F_Q beachtet werden, die mit dem Einspannmoment durch die Gleichung $F_Q\, l = M_E$ verknüpft ist. Das Moment der äußeren Kräfte (Biegemoment) lautet an der Stelle x

$$M(x) = F y - F_Q x \tag{574.4}$$

und in Erweiterung von Gl. (573.1) lautet hier die Dgl. der Biegelinie

$$EI\, y'' = -(F y - F_Q x) \tag{574.5}$$

Man bringt diese lineare Dgl. auf die Normalform

$$y'' + \frac{F}{EI} y = \frac{F_Q}{EI} x \tag{574.6}$$

und löst sie in der in Abschn. 13.1.3 beschriebenen Weise.

Man könnte auch hier, wie bei der numerischen Lösung auf S. 571, Gl. (574.6) zweimal differenzieren und damit die Querkraft F_Q eliminieren.

Dann erhielte man eine Dgl. 4. Ordnung und müßte als 4. Randbedingung erfüllen, daß das Moment im Gelenklager ($x = 0$) verschwindet.

Hier soll jedoch der Weg über die inhomogene Dgl. gegangen werden und F_Q als 3. unbekannte Konstante aus der 3. geometrischen Randbedingung bestimmt werden.

Allgemeine Lösung der verkürzten oder homogenen Gleichung. Die verkürzte Dgl.

$$y'' + \frac{F}{EI} y = 0 \tag{575.1}$$

ist Gl. (573.1) mit der allgemeinen Lösung Gl. (574.1)

$$y_{(h)} = C_1 \sin\left(\sqrt{\frac{F}{EI}}\, x\right) + C_2 \cos\left(\sqrt{\frac{F}{EI}}\, x\right) \tag{575.2}$$

und den Integrationskonstanten C_1 und C_2.

Spezielle Lösung der vollständigen Gleichung Für die spezielle Lösung der vollständigen Dgl. (574.6) macht man nach Tafel 554.1 den Ansatz

$$y_{(s)} = B_1 x + B_0 \tag{575.3}$$

Diesen Ansatz führt man mit $y'_{(s)} = B_1$ und $y''_{(s)} = 0$ in Gl. (574.6) ein und erhält

$$\frac{F}{EI}(B_1 x + B_0) \equiv \frac{F_Q}{EI} x \tag{575.4}$$

Diese Gleichung kann nur dann für jeden Wert von x erfüllt sein, wenn die Koeffizienten der Potenzen von x auf beiden Seiten der Gleichung übereinstimmen, wenn also $B_0 = 0$ und $B_1 = F_Q/F$ ist. Die spezielle Lösung von Gl. (574.6) lautet dann

$$y_{(s)} = \frac{F_Q}{F} x \tag{575.5}$$

Aus der Addition der beiden Lösungsanteile $y_{(h)}$ und $y_{(s)}$ ergibt sich die vollständige Lösung

$$y = \frac{F_Q}{F} x + C_1 \sin\left(\sqrt{\frac{F}{EI}}\, x\right) + C_2 \cos\left(\sqrt{\frac{F}{EI}}\, x\right) \tag{575.6}$$

Erfüllen der Randbedingungen Am gelenkig gelagerten Ende des Stabes ($x = 0$) ist die seitliche Auslenkung $y = 0$, s. Bild 574.1. Diese Bedingung ist mit $C_2 = 0$ erfüllt. An der Einspannstelle ($x = l$) müssen seitliche Verschiebung y und Neigung y' gleich Null sein

$$0 = \frac{F_Q}{F} l + C_1 \sin\left(\sqrt{\frac{F}{EI}}\, l\right) \qquad 0 = \frac{F_Q}{F} + C_1 \sqrt{\frac{F}{EI}} \cos\left(\sqrt{\frac{F}{EI}}\, l\right) \tag{575.7}$$

Dieses homogene Gleichungssystem für F_Q und C_1 hat nur dann eine nichttriviale Lösung, wenn seine Determinante gleich Null ist. Diese Bedingung führt auf die transzendente Gleichung

$$\tan\left(\sqrt{\frac{F}{EI}}\, l\right) = \sqrt{\frac{F}{EI}}\, l \tag{575.8}$$

13.3 Anwendungen in der Technik

deren Lösung in Beispiel 1, S. 346, mit $\sqrt{F/(EI)}\, l = 4{,}493$ gefunden wird. Die Gleichgewichtslage wird also instabil, wenn F die **kritische Kraft**

$$F_K = \frac{20{,}19\, EI}{l^2} \tag{576.1}$$

erreicht. Um eine Ähnlichkeit mit Gl. (574.3) und den übrigen sogenannten Euler-Fällen in Aufgabe 1, S. 592, zu erreichen, schreibt man oft den Zahlenwert $20{,}19 \approx 2\pi^2$.

13.3.2 Schwingungen

Freie Schwingungen

Mechanische Schwingungen Viele mechanische Schwinger lassen sich auf das in Bild **576.**1a dargestellte System zurückführen: die schwingende Masse ist mit einer gespannten elastischen Feder verbunden, deren Kraft proportional der Auslenkung aus der Ruhelage ist; die Bewegung wird durch eine der Geschwindigkeit proportionale Dämpfungskraft gehemmt. Letzteres ist näherungsweise bei einer Flüssigkeits- oder Luftdämpfung der Fall. (Von der Reibungskraft zwischen festen Körpern wird hier abgesehen, sie ist nahezu unabhängig von der Geschwindigkeit.) Insgesamt wirken im System folgende Kräfte:

a) Trägheitskraft $m\, \mathrm{d}^2 x/\mathrm{d}t^2$ mit der Masse m und der Beschleunigung $\mathrm{d}^2 x/\mathrm{d}t^2$,

b) Dämpfungskraft $b\, \mathrm{d}x/\mathrm{d}t$ mit der Dämpfungskonstante b und der Geschwindigkeit $\mathrm{d}x/\mathrm{d}t$,

c) Federkraft $c x$ mit der Federkonstante c und der Auslenkung x.

Da sich der Schwinger in jedem Augenblick (nach d'Alembert) im Gleichgewicht befindet, ist die Summe dieser Kräfte stets gleich Null. Man erhält folgende Dgl. der **freien mechanischen Schwingung**

$$m\frac{\mathrm{d}^2 x}{\mathrm{d}t^2} + b\frac{\mathrm{d}x}{\mathrm{d}t} + c x = 0 \tag{576.2}$$

Elektrischer Reihenschwingkreis In der in Bild **576.**1b dargestellten Schaltung sei bei offenem Schalter der Kondensator aufgeladen. Wird der Schalter geschlossen, so liegt eine Masche vor, in der nach dem zweiten Kirchhoff-Gesetz die Summe aller Spannungen gleich Null ist. An den einzelnen Schaltelementen liegen folgende zeitabhängige Spannungen $u(t)$:

a) an der Spule $u_L = L\,(\mathrm{d}i/\mathrm{d}t)$ mit der Induktivität L und der Stromstärke i

b) am Widerstand $u_R = R\,i$ mit dem Widerstand R

c) am Kondensator $u_C = q/C$ mit der Ladung q und der Kapazität C.

Zwischen Ladung q und Stromstärke i besteht der Zusammenhang $i = \mathrm{d}q/\mathrm{d}t$ und somit $\mathrm{d}i/\mathrm{d}t = \mathrm{d}^2 q/\mathrm{d}t^2$.

Aus $u_L + u_R + u_C = 0$ erhält man

$$L\frac{\mathrm{d}^2 q}{\mathrm{d}t^2} + R\frac{\mathrm{d}q}{\mathrm{d}t} + \frac{1}{C}q = 0 \tag{576.3}$$

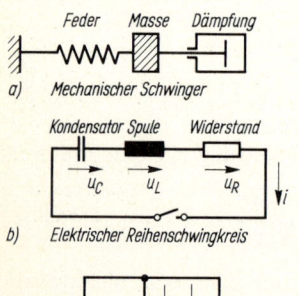

a) Mechanischer Schwinger

b) Elektrischer Reihenschwingkreis

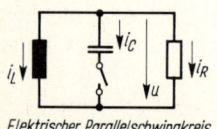

c) Elektrischer Parallelschwingkreis

576.1

Da in der Technik meist nicht die Ladung q, sondern der Strom i interessiert, wird diese Gleichung nach der Zeit t differenziert. Man erhält unter nochmaliger Anwendung der Beziehung $i = dq/dt$ und der entsprechend höheren Ableitungen als Dgl. des Reihenschwingkreises

$$L \frac{d^2 i}{dt^2} + R \frac{di}{dt} + \frac{1}{C} i = 0 \qquad (577.1)$$

Elektrischer Parallelschwingkreis In der Schaltung nach Bild **576.1**c sei bei offenem Schalter der Kondensator aufgeladen. Wird der Schalter geschlossen, so ist nach dem ersten Kirchhoff-Gesetz am Knoten in der Mitte der oberen waagerechten Leitung die Summe aller Ströme gleich Null. Diese zeitabhängigen Ströme $i(t)$ haben in den einzelnen Schaltelementen folgende Werte:

a) im Kondensator $\qquad i_C = C \dfrac{du}{dt}$

b) im Widerstand $\qquad i_R = \dfrac{u}{R}$

c) in der Spule $\qquad i_L = \dfrac{1}{L} \int u\, dt$

Aus $i_C + i_R + i_L = 0$ erhält man

$$C \frac{du}{dt} + \frac{u}{R} + \frac{1}{L} \int u\, dt = 0$$

Um das Integral zu beseitigen, wird diese Gleichung nach der Zeit t differenziert, und man erhält als Dgl. des Parallelschwingkreises

$$C \frac{d^2 u}{dt^2} + \frac{1}{R} \frac{du}{dt} + \frac{1}{L} u = 0 \qquad (577.2)$$

Gl. (576.2), (577.1) und (577.2) stimmen formal überein. Nach DIN 1311, Schwingungslehre, Blatt 2, schreibt man mit allgemeinen Koeffizienten als Dgl. einer beliebigen freien gedämpften Schwingung

$$a \ddot{x} + b \dot{x} + c x = 0 \qquad (577.3)$$

Die folgende Zusammenstellung zeigt nochmals für die einzelnen Anwendungsgebiete die Formelzeichen für die Koeffizienten sowie die anschließend erläuterte Abklingkonstante und Kennkreisfrequenz

	Mathematik	mechanischer Schwinger	el. Reihen-Schwingkreis	el. Parallel-Schwingkreis
Koeffizient	a	m	L	C
Koeffizient	b	b	R	$1/R$
Koeffizient	c	c	$1/C$	$1/L$
Lösungsfunktion	$x(t)$	$x(t)$	$i(t)$	$u(t)$
Abklingkonstante δ	$b/(2a)$	$b/(2m)$	$R/(2L)$	$1/(2RC)$
Kennkreisfrequenz ω_0	$\sqrt{c/a}$	$\sqrt{c/m}$	$\sqrt{1/(LC)}$	$\sqrt{1/(LC)}$

13.3 Anwendungen in der Technik

Lösung der Dgl. Im folgenden wird vorwiegend Gl. (577.3) behandelt. Diese homogene lineare Dgl. 2. Ordnung hat nach Gl. (554.4) die charakteristische Gleichung

$$p^2 + \frac{b}{a}p + \frac{c}{a} = 0 \qquad \text{mit den Lösungen} \qquad p_{1,2} = -\delta \pm \sqrt{\delta^2 - \omega_0^2} \qquad (578.1)$$

Von diesen zur Vereinfachung eingeführten neuen Koeffizienten

$$\delta = \frac{b}{2a} \qquad \omega_0 = \sqrt{\frac{c}{a}} \qquad (578.2)$$

heißt δ die **Abklingkonstante** und ω_0 die **Kennkreisfrequenz**. Die Sinnfälligkeit dieser Namen ergibt sich allerdings erst aus den Lösungsfunktionen Gl. (580.1) und (581.1). Jeder dieser beiden p-Werte liefert eine partikuläre Lösung der Dgl. Die Summe der partikulären Lösungen gibt die **allgemeine Lösung**

$$x = B_1 e^{p_1 t} + B_2 e^{p_2 t} \qquad (578.3)$$

Je nach den Zahlenwerten von δ und ω_0 sind verschiedene Schwingungsarten zu unterscheiden.

Freie aperiodische Bewegung (Kriechvorgang) Wenn im Schwingkreis eine große mechanische Dämpfung oder ein entsprechender Ohmscher Widerstand vorhanden ist, wird $\delta > \omega_0$. Dann wird der Exponent p nach Gl. (578.1) reell, und die Lösungsfunktion Gl. (578.3) ist die Summe zweier Exponentialfunktionen mit reellen, stets negativen Exponenten, da die Zeit t stets positiv und

$$\delta > +\sqrt{\delta^2 - \omega_0^2}$$

ist. Für große Werte von t nähert sich x daher asymptotisch Null. Aus der gegebenen Anfangsamplitude $x(0)$ und Anfangsgeschwindigkeit $\dot{x}(0)$ werden die Integrationskonstanten B_1 und B_2 berechnet. Gl. (578.3) und ihre erste Ableitung

$$\dot{x} = p_1 B_1 e^{p_1 t} + p_2 B_2 e^{p_2 t} \qquad (578.4)$$

ergeben für $t = 0$ folgende Bestimmungsgleichungen für B_1 und B_2

$$\begin{aligned} x(0) &= B_1 + B_2 \\ \dot{x}(0) &= p_1 B_1 + p_2 B_2 \end{aligned} \qquad (578.5)$$

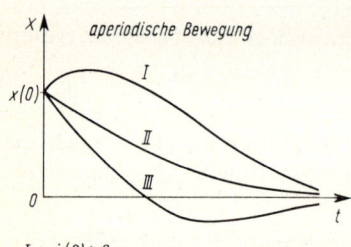

I $\quad \dot{x}(0) > 0$
II $\quad \dot{x}(0) < 0, \quad |\dot{x}(0)| < x(0)[\delta + \sqrt{\delta^2 - \omega_0^2}]$
III $\quad \dot{x}(0) < 0, \quad |\dot{x}(0)| > x(0)[\delta + \sqrt{\delta^2 - \omega_0^2}]$

578.1

Je nach den Zahlenwerten von $x(0)$ und $\dot{x}(0)$ hat der Graph von Gl. (578.3) eine oder keine Nullstelle und einen oder keinen Extremwert (**578.1**). Das Charakteristische an diesen Graphen ist, daß keine periodischen Schwingungen zustande kommen. In der Praxis wird eine derartige aperiodische Bewegung bei ballistischen Galvanometern und bei sog. Stoßdämpfern (besser: Schwingungsdämpfern) von Maschinen und Fahrzeugen verwendet.

Beispiel 1 Der Schwingungsdämpfer einer Maschine ist mit einer Masse $m = 50{,}0$ kg verbunden. Die Federkonstante ist $c = 2{,}00 \cdot 10^4$ N/m. Wie groß muß die Dämpfungskonstante b

sein, damit eine aperiodische Bewegung eintritt? Man untersuche den Bewegungsverlauf für einen Stoß mit der Anfangsgeschwindigkeit $v(0) = 3{,}00$ m/s beim Ausschlag $x(0) = 0$.
Nach Gl. (578.2) ist

$$\omega_0^2 = \frac{c}{m} = \frac{2 \cdot 10^4 \text{ N/m}}{50 \text{ kg}} = 400 \text{ s}^{-2} \qquad \omega_0 = 20 \text{ s}^{-1}$$

Für aperiodische Bewegung sind daher die Größen $\delta = b/2m > 20 \text{ s}^{-1}$ und damit $b > 2000$ kg/s erforderlich.

Setzt man $b = 2500$ kg/s, so wird $\delta = 25 \text{ s}^{-1}$. Dann erhält man nach Gl. (578.1)

$$p_1 = -\delta + \sqrt{\delta^2 - \omega_0^2} = -10{,}0 \text{ s}^{-1} \qquad p_2 = -\delta - \sqrt{\delta^2 - \omega_0^2} = -40{,}0 \text{ s}^{-1}$$

Die Konstanten B_1 und B_2 werden aus Gl. (578.5) bestimmt

$$B_1 = \frac{x(0)\,p_2 - \dot{x}(0)}{p_2 - p_1} \qquad B_2 = \frac{\dot{x}(0) - x(0)\,p_1}{p_2 - p_1}$$

Mit $x(0) = 0$ und $\dot{x}(0) = 3{,}00$ m/s erhält man

$$B_1 = 0{,}100 \text{ m} \qquad B_2 = -0{,}100 \text{ m}$$

Damit lautet die Lösungsfunktion

$$x = 0{,}100 \text{ m} \cdot (\mathrm{e}^{-10,0\,t/s} - \mathrm{e}^{-40,0\,t/s})$$

Eine Kurvendiskussion dieser Funktion ergibt folgende Eigenschaften:
Nullstellen. Für $x = 0$ erhält man $\mathrm{e}^{-10,0\,t/s} = \mathrm{e}^{-40,0\,t/s}$. Die einzige Lösung dieser Gleichung ist $t = 0$.
Die Funktion strebt für $t \to \infty$ gegen $x = 0$.
Extremwerte. Für $\dot{x} = 0$ liefert Gl. (578.4) $\mathrm{e}^{-10,0\,t/s} = 4{,}00\,\mathrm{e}^{-40,0\,t/s}$. Die einzige Lösung ist $t = (1/30) \cdot (\ln 4)$ s $= 0{,}0462$ s. Setzt man diesen Wert in die Ausgangsgleichung ein, so erhält man den Maximalausschlag $x_{\max} = 4{,}72$ cm.
Die Kurvenform der Funktion entspricht dem oberen Graphen in Bild **578**.1.

Aperiodischer Grenzfall Ist $\delta = \omega_0$, so wird in Gl. (578.1) $p_1 = p_2 = -\delta$. Nach Gl. (555.4) ist dann die Lösung der Dgl.

$$x = (B_1 + B_2\,t)\,\mathrm{e}^{-\delta t} \qquad (579.1)$$

Die Graphen dieser Funktion sind für $B_1, B_2 > 0$ den Graphen I in Bild **578**.1 ähnlich.

Freie gedämpfte Schwingung Wenn $\delta < \omega_0$ ist, also nur eine schwache mechanische Dämpfung bzw. ein entsprechender Ohmscher Widerstand vorhanden ist, wird die Wurzel in Gl. (578.1) imaginär. Man schreibt deshalb

$$\sqrt{\delta^2 - \omega_0^2} = \mathrm{j}\sqrt{\omega_0^2 - \delta^2} = \mathrm{j}\,\omega_\mathrm{d} \qquad (579.2)$$

Die neue Größe ω_d heißt die **Eigenkreisfrequenz**.
Man erhält aus Gl. (578.3) in Verbindung mit Gl. (556.1) und (578.5) die Lösungsfunktion

$$x = \mathrm{e}^{-\delta t}\left[x(0)\cos\omega_\mathrm{d} t + \frac{\dot{x}(0) + \delta\,x(0)}{\omega_\mathrm{d}}\sin\omega_\mathrm{d} t\right]$$

13.3 Anwendungen in der Technik

Diese Summe der beiden Winkelfunktionen kann nach Gl. (149.2) in eine phasenverschobene Winkelfunktion umgewandelt werden. Man erhält als endgültige Gleichung für die freie gedämpfte Schwingung

$$x = A\,\mathrm{e}^{-\delta t} \cos(\omega_\mathrm{d} t + \varphi) \quad (580.1)$$

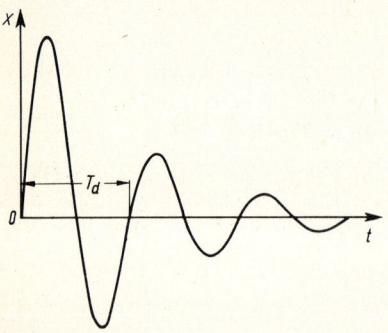

580.1

mit

$$A = +\sqrt{x(0)^2 + \frac{1}{\omega_\mathrm{d}^2}[\dot x(0) + \delta x(0)]^2}$$

$$\varphi = -\arctan\frac{\dot x(0) + \delta x(0)}{\omega_\mathrm{d}\, x(0)}$$

Im Spezialfall $x(0) = 0$ wird $A = \dot x(0)/\omega_\mathrm{d}$ und $\varphi = -\pi/2$. Bild **580.1** zeigt ein Diagramm dieser Funktion, in Abschn. 7.1.5 wird der allgemeine Fall ausführlich diskutiert. Die Amplitude A und der Nullphasenwinkel φ hängen im allgemeinen sowohl von den Eigenschaften des Schwingkreises als auch von den Anfangsbedingungen ab. Die Abklingkonstante δ und die Eigenkreisfrequenz ω_d hängen dagegen nur von den Eigenschaften des Schwingkreises ab und werden deshalb oft die Systemkonstanten genannt. Eine Eigenkreisfrequenz kann aus der gemessenen Schwingungsdauer T_d nach der Beziehung $\omega_\mathrm{d} = 2\pi/T_\mathrm{d}$ bestimmt werden. Die Abklingkonstante kann man aus T_d und dem gemessenen Verhältnis zweier in der gleichen Richtung liegenden Maximalausschläge x_0 und x_n (nach n weiteren Schwingungen) erhalten. Nach Abschn. 7.1.5 ist

$$\frac{x_0}{x_n} = \mathrm{e}^{n\delta T_\mathrm{d}} \quad \text{und} \quad \delta = \frac{1}{nT_\mathrm{d}}\ln\frac{x_0}{x_n} \quad (580.2)$$

Das Produkt $\delta\,T_\mathrm{d}$ wird auch das **logarithmische Dekrement** Λ genannt. Bei schwach gedämpften Schwingungen ist $\delta \ll \omega_0$. Man setzt dann näherungsweise $\omega_\mathrm{d} \approx \omega_0$.

Beispiel 2 In einem elektromagnetischen Parallelschwingkreis (**576.1**c) ist $L = 100$ mH, $C = 92{,}0\ \mu$F, $R = 54{,}3\ \Omega$, die Anfangsbedingungen sind $u(0) = 5{,}00$ V und $\dot u(0) = 2{,}22$ V/ms. Man berechne δ, ω_d, A und φ.

Nach der Zusammenstellung auf S. 577 ist

$$\delta = \frac{1}{2RC} = 100\ \mathrm{s}^{-1} \qquad \omega_0^2 = \frac{1}{LC} = 10{,}87 \cdot 10^4\ \mathrm{s}^{-2}$$

$$\omega_\mathrm{d}^2 = \omega_0^2 - \delta^2 = 9{,}87 \cdot 10^4\ \mathrm{s}^{-2} \qquad \omega_\mathrm{d} = 314\ \mathrm{s}^{-1}$$

Nach Gl. (580.1) wird

$$A = \sqrt{25{,}0\ \mathrm{V}^2 + 75{,}0\ \mathrm{V}^2} = 10{,}0\ \mathrm{V} \qquad \tan\varphi = -\frac{2{,}72 \cdot 10^3\ \mathrm{V/s}}{1{,}57 \cdot 10^3\ \mathrm{V/s}} = -1{,}732 \qquad \varphi = -60° = -\pi/3$$

Eine Kurvendiskussion dieser Funktion wird in Beispiel 16, S. 363, durchgeführt.

Beispiel 3 Ein elektromagnetischer Serienschwingkreis (**576.1**b) hat die Kennfrequenz $f_0 = 600$ kHz und eine Induktivität $L = 2{,}00$ mH. Wie groß ist die Kapazität C? Wie groß darf der Widerstand R_max höchstens werden, damit ein Abfall der Stromstärke auf 1% des Anfangswertes erst nach mehr als 5 ms eintritt? Man vergleiche die mit diesem Widerstand erhaltene Eigenkreisfrequenz mit der Kennkreisfrequenz.

Die Beziehung $\omega_0 = 2\pi f_0 = 1/(\sqrt{L\,C})$ ergibt $C = 1/(4\pi^2 \, L f_0^2) = 35{,}2$ pF. Gl. (580.2) liefert

$$\frac{x_0}{x_n} = e^{\delta n T_d} \quad \text{und} \quad \frac{100}{1} = e^{0{,}005\,\text{s}\,\cdot\,\delta}$$

Deshalb ist

$$\delta \leq 200 \, (\ln 100) \, \text{s}^{-1} = 921 \, \text{s}^{-1}$$

Damit wird $R_{\max} = 2\delta L = 3{,}68 \, \Omega$. Die Quadrate der Kreisfrequenzen sind $\omega_0^2 = 14{,}2 \cdot 10^{12} \, \text{s}^{-2}$ und $\omega_d^2 = \omega_0^2 - \delta^2$. Selbst bei $\delta = 10^3 \, \text{s}^{-1}$ ist noch mit guter Näherung $\omega_d \approx \omega_0$.

Freie ungedämpfte Schwingung Für $\delta = 0$ ist keine Dämpfung vorhanden. In Gl. (580.1) wird die Exponentialfunktion gleich Eins. Ferner wird in Gl. (579.2) die Eigenkreisfrequenz ω_d gleich der Kennkreisfrequenz ω_0. Man erhält dann die Gleichung der freien ungedämpften Schwingung

$$x = A \cos (\omega_0 \, t + \varphi) \tag{581.1}$$

Diese Funktion wird in Abschn. 3.4.3 behandelt.

Erzwungene Schwingungen

Wirkt auf den mechanischen Schwingkreis (**576.**1 a) eine äußere Kraft oder wird in die elektrischen Schwingkreise (**576.**1 b und 1 c) ein Generator geschaltet, so entstehen erzwungene Schwingungen. Jetzt ist die Summe der inneren Kräfte bzw. Spannungen bzw. Ströme gleich der äußeren Kraft, Spannung oder dem Strom. Deshalb lautet die Dgl. der erzwungenen Schwingung

$$a\ddot{x} + b\dot{x} + cx = F(t) \tag{581.2}$$

Dies ist eine inhomogene Dgl. 2. Ordnung. Die Störfunktion $F(t)$ heißt in der Physik die Erregerschwingung, falls sie periodisch ist.

In der Regelungstechnik wird $F(t)$ meist als Eingangsfunktion $x_e(t)$ bezeichnet. Die Lösung der Dgl. heißt Ausgangsfunktion $x_a(t)$. Die Eingangsfunktion hat dort vorwiegend zwei Formen:

1. Die sog. Sprungfunktion, d.h.

$$x_e = 0 \quad \text{wenn} \quad t < t_1 \qquad x_e = \text{const} \quad \text{wenn} \quad t > t_1$$

Die dadurch entstehende Ausgangsfunktion heißt die Übergangsfunktion. Häufig ist $t_1 = 0$, und es werden nur positive Werte von t betrachtet. Dann ist dies der einfachste Fall einer inhomogenen Gleichung, bei dem die Störfunktion eine Konstante ist (s. Abschn. 14.3.1).

2. Die sinusförmige Erregung. Dieser Fall wird hier im folgenden behandelt.

Stationäre Lösung der Dgl. Nach dem Satz auf S. 549 ist die Lösung der inhomogenen Dgl. gleich der Summe aus der allgemeinen Lösung der entsprechenden homogenen Dgl. und einer speziellen Lösung der inhomogenen Dgl.. Die Lösung der homogenen Dgl. beschreibt den im vorigen Abschnitt besprochenen Kriechvorgang oder eine gedämpfte oder ungedämpfte Schwingung. Da praktisch immer eine gewisse Dämpfung vorhanden ist, wird die Lösung der homogenen Dgl. stets nach einer Anfangszeit vernachlässigbar klein. Solange beide Lösungsanteile wirksam sind, spricht man von einem Einschwingvorgang. Dieser ist aber schwieriger zu berechnen und wird deshalb hier nicht betrachtet. Dabei empfiehlt sich die Anwendung der Laplacetransformation (Abschn. 14) oder einer Rechenanlage.

Nach dem Einschwingen wirkt nur noch die spezielle Lösung der inhomogenen Differentialgleichung, man nennt sie die **stationäre Lösung**. Nur diese wird im folgenden untersucht. Nach Abschn. 13.1.3 setzt man die Lösungsfunktion in der allgemeinsten Form der Störfunktion an und bestimmt anschließend die Koeffizienten so, daß die Dgl. erfüllt wird. Die allgemeinste Form eines periodischen Schwingungsvorganges bei harmonischer Störfunktion läßt sich mathematisch zweckmäßig in der komplexen Darstellung angeben (Abschn. 12.3.1). Man schreibt deshalb

$$\text{Störfunktion} \qquad F(t) = F_m\, e^{j\omega t} \qquad (582.1)$$

$$\text{Lösungsfunktion} \qquad x(t,\omega) = x_m\, e^{j(\omega t - \psi)} \qquad (582.2)$$

Diese Gleichungen sind die symbolische Darstellung von Zeigern mit dem Betrag (Amplitude) F_m bzw. x_m, die mit der Winkelgeschwindigkeit ω in Richtung gegen den Uhrzeiger um den Koordinatenursprung rotieren. Die Projektionen dieser Zeiger auf die Koordinatenachsen sind die Komponenten der Schwingung. Oft hat nur die reelle Komponente eine physikalische Bedeutung. Die Lösungsfunktion ist also eine Schwingung mit der gleichen Frequenz wie die der Störfunktion. Ihre Amplitude x_m und ihr Phasenwinkel ψ gegen die Störfunktion werden nun berechnet. Dieser Phasenwinkel ψ hat nichts mit dem Nullphasenwinkel φ der freien Schwingung zu tun. Der Nullphasenwinkel ist von den Anfangsbedingungen abhängig, der Phasenwinkel der stationären Lösung hingegen von den Eigenschaften des schwingenden Systems und der Erregerkreisfrequenz ω. Gl. (582.2) wird differenziert, und die so erhaltenen Werte von $\dot{x}$ und $\ddot{x}$ werden in die Differentialgleichung (581.2) eingesetzt

$$-a\, x_m \omega^2\, e^{j(\omega t - \psi)} + j b\, x_m \omega\, e^{j(\omega t - \psi)} + c\, x_m\, e^{j(\omega t - \psi)} = F_m\, e^{j\omega t}$$

Diese Gleichung wird durch $a\, e^{j(\omega t - \psi)}$ dividiert. Zur Vereinfachung setzt man wieder $c/a = \omega_0^2$ und $b/2a = \delta$ und erhält nach Umordnen der Glieder

$$x_m (\omega_0^2 - \omega^2) + j x_m\, 2\delta\, \omega = \frac{F_m}{a} e^{j\psi} = \frac{F_m}{a} (\cos\psi + j\sin\psi)$$

Dies ist eine Gleichung zwischen zwei komplexen Größen, die in Haupt- und Nebenform geschrieben sind. Deshalb gilt das in Bild **582.1** dargestellte Zeigerdiagramm einer konstanten komplexen Größe ζ. Daraus entnimmt man

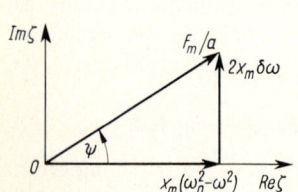

582.1

$$\left(\frac{F_m}{a}\right)^2 = x_m^2 (\omega_0^2 - \omega^2)^2 + (2 x_m\, \delta\, \omega)^2$$

und $\qquad \tan\psi = \dfrac{2\delta\omega}{\omega_0^2 - \omega^2}$

Hieraus erhält man die gesuchte Amplitude x_m und den Phasenwinkel ψ der Lösungsfunktion

$$x_m = \frac{F_m}{a\sqrt{(\omega_0^2 - \omega^2)^2 + (2\delta\omega)^2}} \qquad \psi = \arctan\frac{2\delta\omega}{\omega_0^2 - \omega^2} \qquad (582.3)$$

Für $\omega > \omega_0$ wird der Realteil negativ und ψ größer als 90°.

13.3.2 Schwingungen

Frequenzgang. Resonanz Aus Gl. (582.3) ersieht man, daß die Amplitude x_m und der Phasenwinkel ψ der stationären Lösung der erzwungenen Schwingung nicht nur von den Eigenschaften des schwingenden Systems, sondern auch von der – oft veränderlichen – Erregerkreisfrequenz ω abhängen.

Definition Die Abhängigkeit der Größen x_m und ψ von der veränderlichen Erregerfrequenz ω heißt der **Frequenzgang** der betreffenden Größe. Der Frequenzgang der Amplitude heißt auch **Resonanzfunktion** oder **Vergrößerungsfunktion**.

Für die mathematische Betrachtung ist es zweckmäßig, Gl. (582.3) zu normieren, d.h., mit Hilfe der Division durch einheitengleiche Größen einheitenfreie Größen einzuführen. Dann können die Ergebnisse auf erzwungene Schwingungen aus Mechanik und Elektrotechnik gleichermaßen angewandt werden.

Verlustfaktor $\qquad d = \dfrac{2\delta}{\omega_0} = \dfrac{b}{\sqrt{ac}}$

Frequenzverhältnis $\qquad \lambda = \dfrac{\omega}{\omega_0} \qquad$ (unabhängige Variable) $\qquad$ (583.1)

Amplitudenverhältnis $\qquad f_1(\lambda) = \dfrac{x_m(\lambda)}{x_m(0)} \qquad$ (abhängige Variable)

Das Amplitudenverhältnis (Resonanzfunktion) erhält den Index 1, weil noch zwei andere Resonanzfunktionen eingeführt werden.

Als Bezugsgröße für die Amplitude wählt man nach Gl. (582.3)

$$x_m(0) = \frac{F_m}{a\omega_0^2} = \frac{F_m}{c}$$

Dies bedeutet bei mechanischen Systemen eine Auslenkung der Feder durch eine konstante Kraft (z.B. die Gewichtskraft) und bei elektrischen Systemen die statische Aufladung des Kondensators durch eine Gleichspannung bei offenem Schalter.

Damit lautet die Funktionsgleichung der normierten Amplitude

$$f_1(\lambda) = \frac{c\,x_m}{F_m} = \frac{\omega_0^2}{\sqrt{(\omega_0^2 - \omega^2)^2 + (2\delta\omega)^2}}$$

$$= \frac{1}{\sqrt{\left(\dfrac{\omega_0^2}{\omega_0^2} - \dfrac{\omega^2}{\omega_0^2}\right)^2 + \left(\dfrac{2\delta}{\omega_0} \cdot \dfrac{\omega}{\omega_0}\right)^2}} = \frac{1}{\sqrt{(1-\lambda^2)^2 + (d\lambda)^2}} \qquad (583.2)$$

Diese Funktion wird in Abschn. 7.1.6 diskutiert. Das Ergebnis wird in Bild **584.**1a gezeigt. Das Maximum der Resonanzfunktion liegt bei der **Resonanzkreisfrequenz**

$$\lambda_{1r} = \sqrt{1 - \frac{d^2}{2}} \qquad \omega_{1r} = \lambda_{1r}\omega_0 = \sqrt{\omega_0^2 - 2\delta^2} < \omega_0 \qquad (583.3)$$

also einer Frequenz, die kleiner als die Eigenfrequenz des ungestörten Systems ist. Nur für geringe Dämpfung stimmt sie näherungsweise mit dieser überein. Die Resonanzamplitude beträgt

$$f_1(\lambda_{1r}) = \frac{1}{d\sqrt{1 - \dfrac{d^2}{4}}} \qquad (583.4)$$

Ein Maximum ergibt sich nur für eine kleine Dämpfung mit $d^2 < 2$ und rückt mit wachsender Dämpfung zu kleineren Frequenzen. Für größere Dämpfung ($d^2 \geq 2$) beginnt der Graph des Frequenzganges mit waagerechter Tangente bei $\lambda = 0$ mit $f_1(0) = 1$ und fällt dann gegen Null ab.

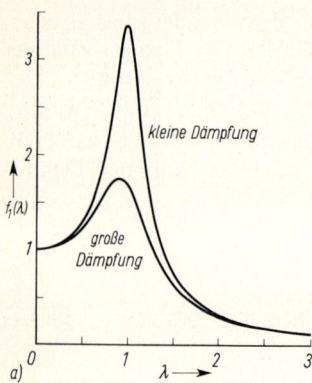

a)

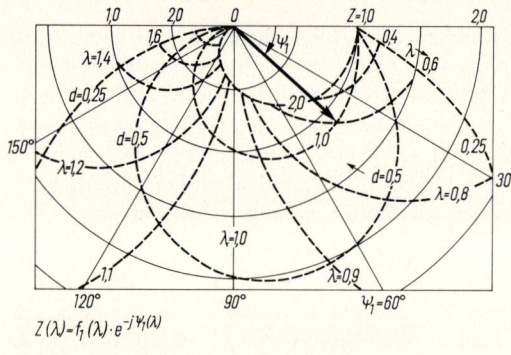

584.2

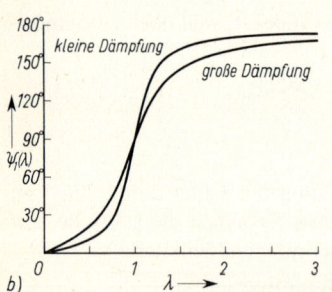

b) 584.1

Die Funktionsgleichung für den normierten Phasenwinkel ergibt sich durch Dividieren von Zähler und Nenner in der zweiten Gl. (582.3) durch ω_0^2

$$\psi_1 = \arctan \frac{2\delta\omega}{\omega_0^2 - \omega^2} = \arctan \frac{\dfrac{2\delta}{\omega_0} \cdot \dfrac{\omega}{\omega_0}}{1 - \dfrac{\omega^2}{\omega_0^2}}$$

$$= \arctan \frac{d\lambda}{1 - \lambda^2} \qquad (584.1)$$

Auch diese Funktion wird in Abschn. 7.1.6 diskutiert (s. Gl. (366.1)). Wie man aus Bild **584.**1 b erkennt, wird für $\omega = 0$ auch λ und damit $\psi_1 = 0$; für $\omega = \omega_0$, $\lambda = 1$ ist für alle Dämpfungen d der Phasenwinkel $\psi_1 = \pi/2$. Aus der Kurvendiskussion ergibt sich, daß dies nicht ein Wendepunkt des Graphen ist. Für große Erregerfrequenzen $\omega \gg \omega_0$ strebt ψ_1 gegen π. Die Schwingung erfolgt dann in Gegenphase zur Erregung. Die beiden Funktionen aus Gl. (583.2) und Gl. (584.1) können nun zusammengefaßt werden, wenn man $f_1(\lambda)$ und $\psi_1(\lambda)$ als Betrag und Phasenwinkel einer komplexen Funktion z der reellen Variablen $\lambda = \omega/\omega_0$ auffaßt. Dabei ist $\psi_1(0) = 0$.

$$z(\lambda) = \frac{x(t, \lambda)}{x(t, 0)} = \frac{x_m(\lambda) e^{j[\omega t - \psi_1(\lambda)]}}{x_m(0) e^{j[\omega t - \psi_1(0)]}} = f_1(\lambda) e^{-j\psi_1(\lambda)} \qquad (584.2)$$

Bild **584.**2 zeigt eine Netztafel dieser Funktion für verschiedene Werte der Dämpfung d. Im Bild ist der Zeiger für $\lambda = \omega/\omega_0 = 0,6$ und $d = 2\delta/\omega_0 = 1$ eingetragen.
Es liegt nun nahe, neben der Vergrößerungsfunktion $f_1(\lambda) = c \, x_m/F_m$ die Vergrößerungsfunktionen

$$f_2(\lambda) = \frac{b \, \dot{x}_m}{F_m} \qquad \text{und} \qquad f_3(\lambda) = \frac{a \, \ddot{x}_m}{F_m}$$

zu untersuchen. In der Mechanik wird $f_2(\lambda)$ Geschwindigkeitsresonanz und $f_3(\lambda)$ Beschleunigungsresonanz genannt. Die physikalischen Bedeutungen für elektrische Schwingkreise ergeben sich aus Tafel **585.1**.

Differenziert man Gl. (582.2) nach der Zeit, so erhält man

$$\dot{x}(t) = j\,\omega\,x(t) \qquad \ddot{x}(t) = j^2\,\omega^2\,x(t)$$

Der Faktor j bedeutet jeweils eine Drehung um 90° und damit physikalisch eine Phasenverschiebung der abgeleiteten Größe gegen die Ausgangsgröße; daher gilt $\psi_1 = \psi_2 - \pi/2 = \psi_3 - \pi$. Mit den Formelzeichen aus der Tafel auf S. 577 lassen sich die normierten Resonanzfunktionen dann folgendermaßen schreiben:

$$f_2(\lambda) = \frac{b\,\dot{x}_m}{F_m} = \frac{b\,\omega\,x_m}{F_m} = \frac{b\sqrt{\frac{c}{a}}}{c\,\omega_0}\,\omega\,\frac{c\,x_m}{F_m} = \frac{b}{\sqrt{a\,c}}\,\frac{\omega}{\omega_0}\cdot\frac{c\,x_m}{F_m}$$

$$= d\,\lambda\,f_1(\lambda) = \frac{d\,\lambda}{\sqrt{(1-\lambda^2)^2 + (d\,\lambda)^2}} \qquad (585.1)$$

Tafel **585.1**

	mechanische Schwingung	elektrischer Reihenschwingkreis	elektrischer Parallelschwingkreis
$\lambda^2 = \left(\dfrac{\omega}{\omega_0}\right)^2$	$\dfrac{m}{c}\omega^2$	$L\,C\,\omega^2$	$L\,C\,\omega^2$
$d^2 = \left(\dfrac{2\,\delta}{\omega_0}\right)^2$	$\dfrac{b^2}{m\,c}$	$\dfrac{R^2\,C}{L}$	$\dfrac{L}{R^2\,C}$
Amplitude F_m der Störfunktion	F_m	u_m	i_m
$f_1(\lambda) = \dfrac{x_m(\omega)}{x_m(0)}$	$\dfrac{c\,x_m}{F_m} = \dfrac{F_{\text{Feder}}}{F_m}$	$\dfrac{\frac{1}{C}q_m}{u_m} = \dfrac{u_C}{u_m}$	$\dfrac{\frac{1}{L}\int u_m\,dt}{i_m} = \dfrac{i_L}{i_m}$
$f_2(\lambda) = \dfrac{b\,\dot{x}_m}{F_m}$ $= \dfrac{b\,\omega\,x_m}{F_m}$	$\dfrac{b\,\dot{x}_m}{F_m} = \dfrac{F_{\text{Dämpf}}}{F_m}$	$\dfrac{R\,\omega\,q_m}{u_m} = \dfrac{R\,i_m}{u_m}$ $= \dfrac{u_R}{u_m}$	$\dfrac{\frac{1}{R}\omega\int u_m\,dt}{i_m} = \dfrac{\frac{1}{R}u_m}{i_m}$ $= \dfrac{i_R}{i_m}$
$f_3(\lambda) = \dfrac{a\,\ddot{x}_m}{F_m}$ $= \dfrac{a\,\omega^2\,x_m}{F_m}$	$\dfrac{m\,\ddot{x}}{F_m} = \dfrac{F_{\text{Träg}}}{F_m}$	$\dfrac{L\,\omega^2\,q_m}{u_m} = \dfrac{L\,\frac{di_m}{dt}}{u_m}$ $= \dfrac{u_L}{u_m}$	$\dfrac{C\,\omega^2\int u_m\,dt}{i_m} = \dfrac{C\,\frac{du_m}{dt}}{i_m}$ $= \dfrac{i_C}{i_m}$

$$f_3(\lambda) = \frac{a\,\ddot{x}_m}{F_m} = \frac{a\,\omega^2\,x_m}{F_m} = a \cdot \frac{(c/a)}{\omega_0^2} \omega^2 \frac{x_m}{F_m} = \frac{\omega^2}{\omega_0^2} \cdot \frac{c\,x_m}{F_m}$$

$$= \lambda^2 \cdot f_1(\lambda) = \frac{\lambda^2}{\sqrt{(1-\lambda^2)^2 + (d\lambda)^2}} \tag{586.1}$$

Die Extremwerte dieser Funktionen fallen für $d \neq 0$ nicht mit den Extremwerten der Funktion $f_1(\lambda)$ zusammen:

$$\begin{aligned} \lambda_{2r} &= 1 & f_{2\max} &= 1 \\ \lambda_{3r} &= \frac{1}{\sqrt{1-\dfrac{d^2}{2}}} & f_{3\max} &= \frac{1}{d\sqrt{1-\dfrac{d^2}{4}}} \end{aligned} \tag{586.2}$$

Diese Funktionen werden in Abschn. 7.1.6 diskutiert. In Beispiel 4 und Bild **587.1** sind sie für einen elektrischen Reihenschwingkreis dargestellt.

Deutung in der Technik Aus den normierten Resonanzfunktionen können die technischen Bedeutungen abgelesen werden, wenn man die zugehörigen Größen von S. 576/77 einsetzt. Die Differentialgleichungen lauteten mit Störfunktionen:

$$\begin{aligned} \text{Formal} &\quad a\,\ddot{x} + b\,\dot{x} + c\,x = F_m\,e^{j\omega t} \\ \text{Mechanik} &\quad m\,\ddot{x} + b\,\dot{x} + c\,x = F_m\,e^{j\omega t} \\ \text{Reihenkreis} &\quad L\,\ddot{q} + R\,\dot{q} + \frac{1}{C}q = u_m\,e^{j\omega t} \\ \text{Parallelkreis} &\quad C\,\dot{u} + \frac{1}{R}u + \frac{1}{L}\int u\,dt = i_m\,e^{j\omega t} \end{aligned} \tag{586.3}$$

Die formal einander zugeordneten Größen sind in Gl. (586.3) und in Tafel **585.1** zusammengestellt. Man entnimmt daraus mit Gl. (583.2) und (584.1) z. B. für die Funktion $f_1(\lambda)$ für den

mechanischen Schwingkreis

$$\frac{c\,x_m}{F_m} = \frac{F_{\text{Feder}}}{F_m} = \frac{1}{\sqrt{\left(1-\dfrac{m}{c}\omega^2\right)^2 + \dfrac{b^2}{c^2}\omega^2}} \qquad \tan\psi = \frac{\dfrac{b}{c}\omega}{1-\dfrac{m}{c}\omega^2} \tag{586.4}$$

elektrischen Reihenschwingkreis

$$\frac{q_m}{C\,u_m} = \frac{u_C}{u_m} = \frac{1}{\sqrt{(1-LC\omega^2)^2 + R^2 C^2 \omega^2}} \qquad \tan\psi = \frac{RC\omega}{1-LC\omega^2} \tag{586.5}$$

elektrischen Parallelschwingkreis

$$\frac{\dfrac{1}{L}\int u\,dt}{i_m} = \frac{i_L}{i_m} = \frac{1}{\sqrt{(1-LC\omega^2)^2 + \dfrac{L^2}{R^2}\omega^2}} \qquad \tan\psi = \frac{\dfrac{L}{R}\omega}{1-LC\omega^2} \tag{586.6}$$

Beispiel 4 In einem elektrischen Reihenschwingkreis (576.1 b) wirkt eine cosinusförmige Erreger-Wechselspannung mit $u_m = 220\sqrt{2}$ V. Der Schwingkreis hat einen Ohmschen Widerstand $R = 80\,\Omega$, eine Kapazität $C = 30\,\mu\text{F}$ und eine Induktivität $L = 0{,}2$ H. Man berechne die Resonanzkreisfrequenzen $\omega_{Cr}, \omega_{Rr}, \omega_{Lr}$ und für jede dieser Frequenzen die Spannungen u_C, u_L, u_R.

Aus der Tafel auf S. 577 berechnet man $\omega_0 = \sqrt{1/LC} = 408{,}2\,\text{s}^{-1}$ und aus Tafel **585.1** $d = R\sqrt{C/L} = 0{,}9798$. Nach Gl. (583.3) ist $\lambda_{1r} = 0{,}7211$; damit wird $\omega_{1r} = \omega_{Cr} = \lambda_{1r}\omega_0 = 294{,}4\,\text{s}^{-1}$. Dementsprechend erhält man aus Gl. (586.2) $\omega_{2r} = \omega_{Rr} = \lambda_{2r}\omega_0 = 408{,}2\,\text{s}^{-1}$ und $\omega_{3r} = \omega_{Lr} = \lambda_{3r}\omega_0 = 1{,}3868 \cdot 408{,}2\,\text{s}^{-1} = 566{,}1\,\text{s}^{-1}$.

Die Spannungen ergeben sich durch Einsetzen der λ-Werte in Gl. (583.2) $u_C = u_m f_1(\lambda_r)$, Gl. (585.1) $u_R = u_m f_2(\lambda_r)$ und Gl. (586.1) $u_L = u_m f_3(\lambda_r)$. In der nachstehenden Tafel sind alle Werte zusammengestellt; Bild **587.1** zeigt ein qualitatives Diagramm. Man beachte, daß die Spannungen um jeweils 90° gegeneinander phasenverschoben sind.

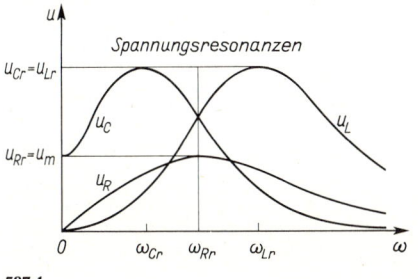

587.1

	$\dfrac{\omega}{\text{s}^{-1}}$	$\dfrac{u_C}{\text{V}}$	$\dfrac{u_R}{\text{V}}$	$\dfrac{u_L}{\text{V}}$
ω_{Cr}	294	364	257	189
ω_{Rr}	408	318	311	318
ω_{Lr}	566	189	257	364

13.3.3 Scheibe unter Zentrifugalkräften

Aufstellen der Dgl. Eine zentrisch durchbohrte Scheibe konstanter Dicke s mit dem Innenradius r und dem Außenradius R rotiert mit konstanter Winkelgeschwindigkeit ω um die senkrecht zur Scheibe stehende Mittelachse. Dabei treten infolge der Zentrifugalkräfte Radial- und Tangentialspannungen in der Scheibe auf (z.B. in Laufrädern von Strömungsmaschinen).

Die Gleichgewichtsbedingungen für ein herausgeschnittenes Scheibenelement (587.2a) ergeben eine Dgl. zwischen den gesuchten Radialspannungen σ_x und Tangentialspannungen σ_φ. Multipliziert man nämlich die senkrecht zu den Schnittflächen wirkenden Spannungen mit den dazugehörigen Schnittflächen, so ergeben sich die an diesen wirkenden Kräfte, für die man die Gleichgewichtsbedingungen ansetzen kann (587.2b).

Zwischen den Tangentialkräften F_T in den Radialschnitten ist die Gleichgewichtsbedingung wegen der Symmetrie von selbst erfüllt und liefert keine Aussage. In Radialrichtung (Tangentialschnitte) wirken nach außen die Zentrifugalkraft

$$\Delta F_Z = \left(x + \frac{\Delta x}{2}\right)\omega^2 \Delta m = \left(x + \frac{\Delta x}{2}\right)\omega^2 \varrho\, s\, x\, \Delta\varphi\, \Delta x$$

587.2

mit ϱ als Dichte und im Schnitt die Kraft $F_{x+\Delta x} = (\sigma_x + \Delta\sigma_x)(x + \Delta x)\, s\, \Delta\varphi$. Nach innen gerichtet sind die Kraft $F_x = \sigma_x\, x\, s\, \Delta\varphi$ und die Radialkomponenten der aus den Tangentialspannungen resultierenden Kräfte $2\sigma_\varphi \sin(\Delta\varphi/2)\, s\, \Delta x \approx \sigma_\varphi\, s\, \Delta\varphi\, \Delta x$. Zwi-

13.3 Anwendungen in der Technik

schen diesen Kräften besteht die Gleichung

$$\left(x + \frac{\Delta x}{2}\right)\omega^2 \varrho\, s\, x\, \Delta x\, \Delta\varphi + (\sigma_x + \Delta\sigma_x)(x + \Delta x)\, s\, \Delta\varphi = \sigma_x\, x\, s\, \Delta\varphi + \sigma_\varphi\, s\, \Delta x\, \Delta\varphi \qquad (588.1)$$

Sie kann durch den Faktor $s \cdot \Delta\varphi \cdot \Delta x$ dividiert werden

$$\left(x + \frac{\Delta x}{2}\right)\omega^2 \varrho\, x + \frac{\sigma_x + \Delta\sigma_x}{\Delta x}(x + \Delta x) = \frac{\sigma_x \cdot x}{\Delta x} + \sigma_\varphi$$

Multipliziert man in dieser Gleichung die Klammern aus, so hebt sich $x\,\sigma_x/\Delta x$ heraus. Bildet man nun den Grenzwert $\Delta x \to 0$ und setzt $\lim\limits_{\Delta x \to 0} \Delta\sigma_x/\Delta x = \sigma_x'$, so erhält man als erste Dgl. für die beiden Funktionen σ_x und σ_φ

$$x\,\sigma_x' + \sigma_x - \sigma_\varphi = -\varrho\,\omega^2\,x^2 \qquad (588.2)$$

Eine zweite Dgl. ergibt sich aus dem Zusammenhang zwischen Radial- und Tangentialdehnung. Ist u die nach außen gerichtete Radialverschiebung, so ist Δu deren Änderung zwischen Innenrand und Außenrand des herausgeschnittenen Teilchens und $\lim\limits_{\Delta x \to 0} \Delta u/\Delta x = \varepsilon_x$ die Radialdehnung. Bei gleichmäßiger Verschiebung von Innen- und Außenrand ist $\Delta u = 0$, und es tritt weder Dehnung noch Stauchung auf. Bei der Verschiebung u vergrößert sich der Umfang eines schmalen Kreisringes im Abstand x von der Mittelachse von $2\pi x$ auf $2\pi(x + u)$. Dividiert man den Zuwachs durch den ursprünglichen Umfang, so erhält man die Tangentialdehnung

$$\varepsilon_\varphi = \frac{2\pi(x+u) - 2\pi x}{2\pi x} = \frac{u}{x}$$

Löst man diese Gleichung nach u auf und differenziert nach x, so ergibt sich der gesuchte Zusammenhang

$$\varepsilon_x = \frac{du}{dx} = \frac{d(x\,\varepsilon_\varphi)}{dx} = \varepsilon_\varphi + x\,\frac{d\varepsilon_\varphi}{dx} \qquad (588.3)$$

In diese Gleichung setzt man nun für ε_φ und ε_x die sich aus dem Hookeschen Gesetz ergebenden Ausdrücke für die Spannungen

$$\varepsilon_x = \frac{1}{E}(\sigma_x - \nu\,\sigma_\varphi) \qquad \text{und} \qquad \varepsilon_\varphi = \frac{1}{E}(\sigma_\varphi - \nu\,\sigma_x)$$

ein. Hierin ist ν die Querkontraktionszahl – sie hat für Metalle den Wert 0,3 – und E der Elastizitätsmodul; für Stahl ist $E = 2{,}06 \cdot 10^5 \cdot \text{N/mm}^2$. Man erhält dann nach Multiplizieren mit E

$$\sigma_x - \nu\,\sigma_\varphi = \sigma_\varphi - \nu\,\sigma_x + x\,(\sigma_\varphi' - \nu\,\sigma_x')$$

und daraus nach Ordnen die zweite Dgl. für σ_x und σ_φ

$$x\,(\sigma_\varphi' - \nu\,\sigma_x') + (1 + \nu)(\sigma_\varphi - \sigma_x) = 0 \qquad (588.4)$$

Lösen des Systems von Dgl. Bei einem System von Dgl. kann man versuchen, wie auf S. 558 gezeigt, eine der unbekannten Funktionen zu eliminieren. Bei dem aus Gl. (588.2) und (588.4) bestehenden System empfiehlt sich folgender Weg: In Gl. (588.4) sind σ_x und σ_φ sowie deren Ableitungen vorhanden, während in Gl. (588.2) die Ableitung von σ_φ fehlt. Es ist deshalb zweckmäßig, Gl. (588.2) nach σ_φ aufzulösen, nach x zu differenzieren und σ_φ und σ_φ' in Gl. (588.4) einzusetzen

$$\sigma_\varphi = x\,\sigma_x' + \sigma_x + \varrho\,\omega^2\,x^2 \qquad \sigma_\varphi' = \sigma_x' + x\,\sigma_x'' + \sigma_x' + 2\varrho\,\omega^2\,x \qquad (588.5)$$

13.3.3 Scheibe unter Zentrifugalkräften

$$x(x\sigma_x'' + 2\sigma_x' + 2\varrho\omega^2 x - \nu\sigma_x') + (1+\nu)(x\sigma_x' + \sigma_x + \varrho\omega^2 x^2 - \sigma_x) = 0 \quad (589.1)$$

Ordnet man Gl. (589.1) nach der Höhe der Ableitungen, so ergibt sich die lineare Dgl. 2. Ordnung für σ_x allein

$$x^2 \sigma_x'' + 3x\sigma_x' = -\varrho\omega^2 (3+\nu) x^2 \quad (589.2)$$

Zur allgemeinen Lösung der **verkürzten Gleichung**

$$x^2 \sigma_x'' + 3x\sigma_x' = 0 \quad (589.3)$$

kann man zwei Wege beschreiten.

a) **Potenzansatz** $\sigma_x = C x^n$. Dieser Ansatz ist plausibel, weil beim Differenzieren der Exponent jeweils um Eins abnimmt, andererseits aber der Faktor vor der zweiten Ableitung einen um Eins größeren Exponenten als der Faktor vor der ersten Ableitung hat, so daß sich gleich hohe Exponenten in beiden Summanden von Gl. (589.3) ergeben. Man führt diesen Ansatz in Gl. (589.3) ein und untersucht, für welche Werte von C und n diese erfüllt ist. Die Gleichung

$$x^2 C n(n-1) x^{n-2} + 3x C n x^{n-1} = 0 \qquad \text{oder} \qquad n(n-1+3) C x^n = 0$$

ist für $n = 0$ und $n = -2$ und beliebiges C erfüllt. Es sind also $\sigma_x = C_1$ und $\sigma_x = C_2 x^{-2}$ und, da die Differentialgleichung linear ist, auch deren Summe

$$\sigma_{x(h)} = C_1 + \frac{C_2}{x^2}$$

Lösungen von Gl. (589.3).

b) **Trennung der Veränderlichen.** Da in Gl. (589.3) die Funktion σ_x nicht explizit vorkommt, wird deren Ableitung $\sigma_x' = y$ als neue Variable eingeführt. Dadurch wird die Dgl. (589.3) auf eine lineare Dgl. 1. Ordnung

$$x^2 y' + 3xy = 0 \quad (589.4)$$

zurückgeführt, die durch Trennung der Veränderlichen gelöst werden kann. Die Gleichung

$$\frac{y'}{y} = -\frac{3}{x}$$

läßt sich sofort integrieren. Ist für $x = x_0$ die Größe $y = y_0$, so erhält man mit $C = y_0 x_0^3$

$$\ln \frac{y}{y_0} = -3 \ln \frac{x}{x_0} \qquad y = \frac{d\sigma_x}{dx} = y_0 \left(\frac{x_0}{x}\right)^3 = \frac{C}{x^3}$$

Nochmaliges Integrieren führt auf

$$\sigma_x = -\frac{1}{2} \frac{C}{x^2} + C_1$$

Hieraus folgt durch Umbenennen der Konstanten $C_2 = -C/2$ die auf dem ersten Wege gefundene Lösung

$$\sigma_{x(h)} = C_1 + \frac{C_2}{x^2} \quad (589.5)$$

Spezielle Lösung der vollständigen Gleichung. Gl. (589.2) kann sicher nur dann für jeden Wert x erfüllt sein, wenn auch auf der linken Seite nur quadratische Funktionen von x stehen. Ist nun $\sigma_{x(s)} = Bx^2$, so ist $\sigma'_{x(s)} = 2Bx$ und $\sigma''_{x(s)} = 2B$. Die Konstante B muß nun noch so bestimmt werden, daß die Koeffizienten von x^2 auf beiden Seiten der Gleichung übereinstimmen

$$2Bx^2 + 3x \cdot 2Bx = -\varrho\omega^2(3+\nu)x^2 \qquad B = -\frac{3+\nu}{8}\varrho\omega^2$$

Damit lautet die spezielle Lösung

$$\sigma_{x(s)} = -\frac{3+\nu}{8}\varrho\omega^2 x^2 \tag{590.1}$$

Durch Addieren von Gl. (589.5) und (590.1) ergibt sich die **vollständige Lösung** von Gl. (589.2)

$$\sigma_x = C_1 + \frac{C_2}{x^2} - \frac{3+\nu}{8}\varrho\omega^2 x^2 \tag{590.2}$$

Die Tangentialspannung σ_φ erhält man, wenn man aus Gl. (590.2) die Radialspannung σ_x und deren Ableitung in Gl. (588.5) einsetzt

$$\sigma_\varphi = C_1 - \frac{C_2}{x^2} - \frac{1+3\nu}{8}\varrho\omega^2 x^2 \tag{590.3}$$

Die Integrationskonstanten sind durch die Randbedingungen festzulegen.

Erfüllen der Randbedingungen Bei unbelasteten Scheibenrändern sind die Radialspannungen am Innen- und Außenrand Null. Für $x = r$ und $x = R$ ist $\sigma_x = 0$. Man erhält für C_1 und C_2 das Gleichungssystem

$$C_1 + \frac{1}{r^2}C_2 = \frac{3+\nu}{8}\varrho\omega^2 r^2 \qquad C_1 + \frac{1}{R^2}C_2 = \frac{3+\nu}{8}\varrho\omega^2 R^2$$

mit den Lösungen

$$C_1 = \frac{3+\nu}{8}\varrho\omega^2(R^2+r^2) \qquad C_2 = -\frac{3+\nu}{8}\varrho\omega^2 R^2 r^2 \tag{590.4}$$

Spannungen Die Spannungen σ_x und σ_φ ergeben sich dann durch Einsetzen der Konstanten C_1 und C_2 aus Gl. (590.4) in Gl. (590.2) und (590.3)

$$\sigma_x = \frac{3+\nu}{8}\varrho\omega^2\left(R^2 + r^2 - \frac{R^2 r^2}{x^2} - x^2\right) \tag{590.5}$$

$$\sigma_\varphi = \frac{3+\nu}{8}\varrho\omega^2\left(R^2 + r^2 + \frac{R^2 r^2}{x^2} - \frac{1+3\nu}{3+\nu}x^2\right) \tag{590.6}$$

Durch Differenzieren weist man nach, daß die Radialspannung im Abstand $x = \sqrt{Rr}$ von der Drehachse ihr Maximum

$$\sigma_{xm} = \frac{3+\nu}{8}\varrho\omega^2(R-r)^2 \tag{590.7}$$

hat, während die absolut größte Spannung am Innenrand $x = r$ durch die Tangentialspannung

$$\sigma_{\varphi m} = \frac{3+\nu}{4} \varrho \omega^2 \left(R^2 + \frac{1-\nu}{3+\nu} r^2 \right) \tag{591.1}$$

gegeben ist. Die Sonderfälle der Vollscheibe ($r = 0$) und des schmalen Kreisringes ($R \approx r$) sind in den allgemeinen Gl. (590.5) und (590.6) enthalten.

Verschiebung Außer den Spannungen sind noch die durch die Dehnungen verursachten Verschiebungen der Ränder wegen der Einpassungsbedingungen interessant. Die Radialverschiebung u kann durch Integration aus $du/dx = \varepsilon_x$ oder direkt aus $u = x \varepsilon_\varphi = (x/E)(\sigma_\varphi - \nu \sigma_x)$ gewonnen werden, indem die Dehnung durch die Spannungen in Gl. (590.5) und (590.6) ausgedrückt wird

$$u = \varrho \omega^2 \frac{1-\nu^2}{8E} \left[\frac{3+\nu}{1+\nu}(R^2 + r^2)x + \frac{3+\nu}{1-\nu}\frac{R^2 r^2}{x} - x^3 \right] \tag{591.2}$$

Setzt man für x speziell die Koordinaten des Innenrandes ($x = r$) bzw. des Außenrandes ($x = R$) ein, so findet man (591.3)

$$u_r = \varrho \omega^2 \frac{r^3}{4E}\left[(1-\nu) + (3+\nu)\frac{R^2}{r^2}\right] \qquad u_R = \varrho \omega^2 \frac{R^3}{4E}\left[(1-\nu) + (3+\nu)\frac{r^2}{R^2}\right]$$

Man beachte, daß die Spannungen und Verschiebungen von der Scheibendicke unabhängig sind.

Beispiel 5 Man berechne die Spannungen in der Laufradscheibe einer Turbine.
Gl. (590.5) und (590.6) sind nicht anwendbar, wenn die Randspannungen in Radialrichtung nicht Null sind. In einer Turbinenscheibe treten am Außenrand infolge der Zentrifugalkräfte von Radkranz und Turbinenschaufeln Zugspannungen auf, während am Innenrand durch das Aufschrumpfen der Scheibe auf die Welle Druckspannungen entstehen. Stellt man Welle und Scheibe aus **einem** Stück her, so kann man mit einer Vollscheibe rechnen. In diesem Falle lauten die Randbedingungen:

a) die Spannungen σ_x und σ_φ müssen auch für $x = 0$ endlich sein, da sonst die Scheibe zerstört würde. Also ist $C_2 = 0$. (Bei aufgeschrumpfter Scheibe ist $\sigma_x = \sigma_{Schr}$ für $x = r$ und damit $C_2 \neq 0$.)

b) Für $x = R$ ist $\sigma_x = \sigma_R$. Damit ergibt sich aus Gl. (590.2) $\sigma_R = C_1 - [(3+\nu)/8]\varrho(\omega R)^2$, also $C_1 = \sigma_R + [(3+\nu)/8]\varrho(\omega R)^2$. Die Spannungsfunktionen lauten dann

$$\sigma_x = \sigma_R + \frac{3+\nu}{8}\varrho(\omega R)^2 \left[1 - \left(\frac{x}{R}\right)^2\right]$$

$$\sigma_\varphi = \sigma_R + \frac{3+\nu}{8}\varrho(\omega R)^2 \left[1 - \frac{1+3\nu}{3+\nu}\left(\frac{x}{R}\right)^2\right] \tag{591.4}$$

Ihr Maximum liegt bei $x = 0$, also in der Mitte der Scheibe. Die Radialverschiebung am Außenrand beträgt

$$u_R = R \varepsilon_\varphi = \frac{R}{E}(\sigma_\varphi - \nu \sigma_x)_{x=R} = R\frac{1-\nu}{E}\left[\sigma_R + \varrho\frac{(\omega R)^2}{4}\right]$$

Bei einer Turbine von 1200 mm Scheibendurchmesser und einer Umfangsgeschwindigkeit $v_U = \omega R = 200$ m/s betrage die Spannung am Außenrand $\sigma_R = 5$ kN/cm². Weiterhin sind $\nu = 0{,}3$, $\varrho = 7{,}85 \cdot 10^{-3}$ kg/cm³ und $E = 2{,}06 \cdot 10^7$ N/cm². Dann ist die Maximalspannung

$$\sigma_{xm} = \sigma_{\varphi m} = \sigma_R + \varrho\,[(3+\nu)/8]\,(\omega R)^2 = (5 + 1{,}295)\text{ kN/cm}^2$$

und die Radialverschiebung beträgt $u_R = 0{,}26$ mm.

13.3.4 Aufgaben zu Abschnitt 13.3

1. Man berechne die **Knickkräfte** für die beiden folgenden oben nicht behandelten Euler-Fälle.
a) Der Stab ist einseitig eingespannt und am anderen Ende frei (**592.**1 a). Hinweis: $EIy'' = -Fy$.
b) Der Stab ist beiderseits fest eingespannt (**592.**1 b). Hinweis: $EIy'' = -Fy + M_E$.

2. An einem Draht hängt eine Scheibe (**592.**2) und vollführt ungedämpfte Drehschwingungen. Man stelle die Dgl. dieser Schwingung auf und berechne mit der Masse m und dem Radius R die Periode T_0.

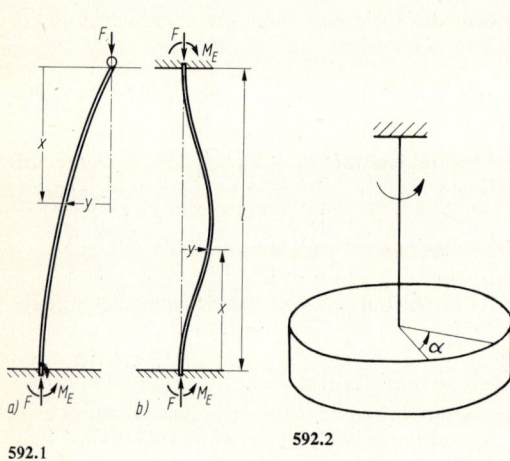

592.1   592.2

Hinweise: Durch die Verdrillung um den Winkel α aus der Ruhelage entsteht im Draht ein Drehmoment $M = \bar{c}\alpha$. Dabei ist $\bar{c} = \pi G r^4/(2l)$ die „Federkonstante" mit dem Gleitmodul G (für Stahl $G = 80\,\text{kN/mm}^2$), dem Drahtradius r und der Länge l des Drahtes. Das Trägheitsmoment einer Scheibe ist $J = 0{,}5\,mR^2$, s. Gl. (374.5).

3. Ein mechanischer Schwinger, der Gl. (580.1) genügt, hat eine Masse $m = 5{,}00$ kg. Es wurden folgende Werte gemessen

	t/s	x/cm
	0,00	6,53
1. Maximum	0,15	8,00
2. Maximum	1,75	3,00

Wie groß sind seine Federkonstante c, seine Dämpfungskonstante b und die Anfangsgeschwindigkeit $\dot{x}(0)$?
Hinweis: Man berechne zunächst die Koeffizienten von Gl. (580.1), dabei benutze man $\tan(\omega_d t_E + \varphi) = -\delta/\omega_d$ zur Bestimmung der Extremwerte der Weg-Zeit-Kurve nach Gl. (362.2).

4. Der in Beispiel 2, S. 580, behandelte elektrische Parallelschwingkreis hat, mit Ausnahme des Widerstandes R, die gleichen Werte wie dort. Man berechne die Schwingungsgleichung und diskutiere die Funktionskurve für
a) $R = 16{,}4845\,\Omega$ b) $R = 10\,\Omega$.

5. Bei einem gedämpften **mechanischen Schwinger** ist die Masse $m = 2{,}00$ kg, die Federkonstante $c = 300$ N/m und die Dämpfungskonstante $b = 60{,}0$ kg/s. Der Anfangsausschlag beträgt $x(0) = 0{,}50$ m. Wie groß darf die nach unten gerichtete Anfangsgeschwindigkeit $v(0)$ höchstens sein, damit kein Nulldurchgang eintritt?
Man untersuche den Bewegungsverlauf (Nullstellen, Extrema, Wendepunkte, Diagramm) für $v(0) = -15{,}0$ m/s.

6. Bei einem gedämpften **mechanischen Schwinger** ist die Dämpfungskonstante $b = 34{,}64$ kg/s. Die anderen Konstanten sowie die Anfangsbedingungen sind die gleichen wie bei der vorstehenden Aufgabe. Man untersuche den Bewegungsverlauf.
Hinweis: Zunächst sind die Amplitude A und der Nullphasenwinkel φ zu berechnen.

14 Laplace-Transformation

14.1 Begriffe der Laplace-Transformation

Unter der Transformation einer Gleichung versteht man die Anwendung einer Rechenoperation auf die gesamte Gleichung.

Eine spezielle Transformation ist z. B. das Logarithmieren einer Gleichung. Mit Hilfe der Logarithmus-Transformation bildet man die Menge der positiven reellen Zahlen (Originalbereich) in die Menge der Logarithmen dieser Zahlen, also in die Menge aller reellen Zahlen (Bildbereich), ab und führt damit die Operation des Multiplizierens im Originalbereich auf die einfachere Operation des Addierens im Bildbereich zurück.

Gegebene Gleichung	$a \cdot b = c$	(Originalbereich)
Transformierte Gleichung	$\ln(a \cdot b) = \ln a + \ln b = \ln c$	(Bildbereich)
Einzeltransformation	$u = \ln a \qquad v = \ln b$	
Rechnung im Bildbereich	$u + v = w$	
Rücktransformation in den Originalbereich	$c = e^w$	

Zur Durchführung dieser Rechnung benötigt man eine Tafel (Logarithmentafel), aus der man zu jeder Zahl a und b die Logarithmen $u = \ln a$ und $v = \ln b$ und aus der man umgekehrt zum Logarithmus w der Zahl c diese selbst wieder entnehmen kann.

Bei der Lösung von inhomogenen linearen Dgl. mit konstanten Koeffizienten hat sich eine andere Transformation bewährt, die es gestattet, das Lösen von Dgl. im Originalbereich auf das Lösen von algebraischen Gleichungen im Bildbereich zurückzuführen. Auch hierzu benutzt man eine Tafel, die sog. Korrespondenztafel (s. F 42 ff.).

Definition Ordnet man einer Funktion $f(t)$ mit den nachfolgend genannten Eigenschaften das Integral

$$F(p) = \int_0^\infty f(t)\, e^{-pt}\, dt \qquad (593.1)$$

zu, so heißt $F(p)$ die Laplace-Transformierte von $f(t)$ und Gl. (593.1) die Laplace-Transformation[1]) (vgl. auch S. 496 und S. 515).

---

[1]) Anstatt p wird auch der Buchstabe s benutzt (DIN 5487).

14.1 Begriffe der Laplace-Transformation

Die Transformation ist nur dann sinnvoll, wenn das durch Gl. (593.1) definierte uneigentliche Integral (s. Abschn. 6.2.5) existiert.

Für die Funktion $f(t)$ werden deshalb folgende Eigenschaften vorausgesetzt:

$f(t) = 0 \quad$ für $t < 0$

$f(0) = \lim\limits_{t \to 0} f(t) \quad$ (Grenzwert von rechts, $t > 0$)

$\int\limits_0^\infty |f(t)| \cdot e^{-pt}\, dt$ konvergiert mit geeignetem $p \in \mathbb{C}$ gegen einen Grenzwert.

$f(t)$ ist in jedem endlichen Intervall in endlich viele stetige und monotone Stücke zerlegbar.

p ist im allgemeinen eine komplexe Größe, deren Realteil positiv sein muß, weil sonst e^{-pt} für $t \to \infty$ über alle Grenzen wächst und das Integral (593.1) dann im allgemeinen keinen Grenzwert hat.

Man nennt die Originalfunktion $f(t)$ auch die Oberfunktion und die Bildfunktion $F(p)$ die Unterfunktion.

Gl. (593.1) wird häufig in der verkürzten Form

$$F(p) = \mathfrak{L}\{f(t)\}$$

dargestellt. Hierin ist $\mathfrak{L}$ als Operator anzusehen, d. h. eine Vorschrift, die durch Gl. (593.1) angegebene Operation auszuführen. Gelegentlich findet man auch die als Korrespondenz bezeichnete Kurzschreibweise für die einander zugeordneten Funktionen

$$F(p) \bullet\!\!-\!\!\!-\!\!\circ f(t)$$

Die Rücktransformation aus dem Bildbereich in den Originalbereich (meistens den Zeitbereich) wird symbolisch durch

$$\mathfrak{L}^{-1}\{F(p)\} = f(t)$$

angegeben und kann durch das Integral

$$f(t) = \frac{1}{2\pi j} \int\limits_{x-j\infty}^{x+j\infty} e^{pt} F(p)\, dp \qquad \text{mit } t > 0 \tag{594.1}$$

vorgenommen werden (s. S. 515). Die Integration über die komplexe Variable $p = x + jy$ ist bei festem Realteil x entlang einer Parallele zur imaginären Achse in der Gaußschen Zahlenebene zu erstrecken.

Die Berechnung des Integrals in Gl. (594.1) erfordert für beliebige $F(p)$ Kenntnisse in der Funktionentheorie, die über den Rahmen dieses Buches hinausgehen. Hier wird deshalb nur zu einigen Funktionen die Laplace-Transformierte hergeleitet. Die Korrespondenzen werden dann in einer Korrespondenztafel (s. F 42 ff.) zusammengestellt, die dann ähnlich wie eine Logarithmentafel oder eine Integraltafel einmal zum Aufsuchen der Laplace-Transformation (Unterfunktion) und nach erfolgter Rechnung im Unterbereich zur Umkehr der Transformation und damit zur Bestimmung der Oberfunktion benutzt werden kann.

Laplace-Transformierte der Sprungfunktion (595.1)

$$f(t) = \begin{cases} 0 & \text{für } t < 0 \\ 1 & \text{für } t \geq 0 \end{cases}$$

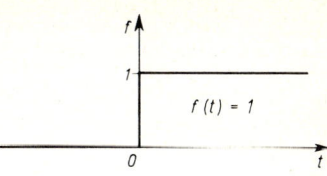

595.1

Für die Laplace-Transformation ist nach den Voraussetzungen von S. 594 als Anfangswert der Rechtslimes 1 für $t = 0$ einzusetzen.

Es ist nach Gl. (593.1)

$$F(p) = \mathfrak{L}\{1\} = \int_0^\infty 1 \cdot e^{-pt} \, dt = \frac{e^{-pt}}{-p}\bigg|_0^\infty = \frac{1}{p} \qquad \text{für Re } p > 0$$

Damit gilt die Korrespondenz

$$\mathfrak{L}\{1\} = \frac{1}{p} \qquad \mathfrak{L}^{-1}\left\{\frac{1}{p}\right\} = 1 \tag{595.1}$$

Laplace-Transformierte der Linearfunktion (595.2)

$$f(t) = \begin{cases} 0 & \text{für } t < 0 \\ t & \text{für } t \geq 0 \end{cases}$$

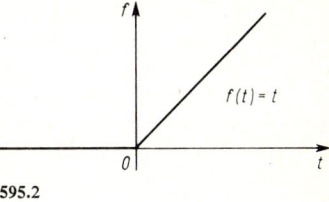

595.2

Man setzt die gegebene Oberfunktion in Gl. (593.1) ein und erhält mit partieller Integration (Gl. (325.2)) für Re $p > 0$

$$f_1 = t \qquad f_2' = e^{-pt}$$

$$f_1' = 1 \qquad f_2 = -\frac{e^{-pt}}{p}$$

$$\mathfrak{L}\{t\} = \int_0^\infty t \, e^{-pt} \, dt = t \cdot \frac{e^{-pt}}{-p}\bigg|_0^\infty + \frac{1}{p}\int_0^\infty e^{-pt} \, dt = -\frac{1}{p^2} e^{-pt}\bigg|_0^\infty = \frac{1}{p^2}$$

Die Korrespondenz lautet

$$\mathfrak{L}\{t\} = \frac{1}{p^2} \qquad \mathfrak{L}^{-1}\left\{\frac{1}{p^2}\right\} = t \qquad \text{Re } p > 0 \tag{595.2}$$

Unterfunktion zur Potenzfunktion

$$f(t) = \begin{cases} 0 & \text{für } t < 0 \\ t^n & \text{für } t \geq 0 \end{cases} \qquad n \in \mathbb{N}$$

Die Unterfunktion lautet

$$\mathfrak{L}\{t^n\} = \frac{n!}{p^{n+1}}$$

14.2 Eigenschaften der Laplace-Transformation

Beweis. Der Beweis erfolgt durch vollständige Induktion. Für $n = 1$ ist die Behauptung wegen Gl. (595.2) richtig. Die Induktionsannahme lautet $\mathfrak{L}\{t^n\} = n!/p^{n+1}$. Für $f(t) = t^{n+1}$ gilt mit partieller Integration

$$f_1 = t^{n+1} \qquad f_2' = e^{-pt}$$

$$f_1' = (n+1)t^n \qquad f_2 = -\frac{e^{-pt}}{p}$$

$$\mathfrak{L}\{t^{n+1}\} = \int_0^\infty t^{n+1} e^{-pt}\,dt = t^{n+1} \cdot \frac{e^{-pt}}{-p}\bigg|_0^\infty + \frac{(n+1)}{p} \int_0^\infty t^n e^{-pt}\,dt$$

$$= \frac{(n+1)}{p} \mathfrak{L}\{t^n\} = \frac{(n+1)}{p} \cdot \frac{n!}{p^{n+1}} = \frac{(n+1)!}{p^{n+2}} \qquad \square$$

Damit lautet die Korrespondenz

$$\mathfrak{L}\{t^n\} = \frac{n!}{p^{n+1}} \qquad \mathfrak{L}^{-1}\left\{\frac{n!}{p^{n+1}}\right\} = t^n \tag{596.1}$$

Unterfunktion der Exponentialfunktion

$$f(t) = \begin{cases} 0 & \text{für } t < 0 \\ e^{at} & \text{für } t \geq 0 \end{cases} \qquad a \in \mathbb{C}$$

Die Anwendung von Gl. (593.1) auf die Exponentialfunktion ergibt

$$\mathfrak{L}\{e^{at}\} = \int_0^\infty e^{at} e^{-pt}\,dt = \int_0^\infty e^{(a-p)t}\,dt = \frac{e^{(a-p)t}}{a-p}\bigg|_0^\infty = \frac{1}{p-a}$$

Das Integral konvergiert nur dann, wenn $\mathrm{Re}\,a < \mathrm{Re}\,p$ ist, weil nur dann die Exponentialfunktion im Zähler bei $t \to \infty$ verschwindet. Es gilt also

$$\mathfrak{L}\{e^{at}\} = \frac{1}{p-a} \qquad \mathfrak{L}^{-1}\left\{\frac{1}{p-a}\right\} = e^{at} \qquad \mathrm{Re}\,a < \mathrm{Re}\,p \tag{596.2}$$

Weitere Korrespondenzen können mit Hilfe von Gl. (593.1) hergeleitet werden. Das soll in den folgenden Übungsaufgaben geschehen. Eine andere Möglichkeit, neue Korrespondenzen zu finden, ergibt sich aus den allgemeinen Eigenschaften der Laplace-Transformation. Dies wird im folgenden Abschnitt gezeigt.

14.1.1 Aufgaben zu Abschnitt 14.1

1. Man leite mit Hilfe von Gl. (593.1) die Laplace-Transformierten der folgenden Funktionen her:

a) $f(t) = \sin \omega t$ c) $f(t) = \sinh kt$ e) $f(t) = t\,e^{at}$
b) $f(t) = \cos \omega t$ d) $f(t) = \cosh kt$ f) $f(t) = t^2\,e^{at}$

2. Wie lauten die Oberfunktionen zu den folgenden Unterfunktionen? Man benutze die Korrespondenztafel, F 42ff.

a) $F(p) = \dfrac{1}{p-5}$ c) $F(p) = \dfrac{1}{p+2}$ e) $F(p) = \dfrac{24}{p^5}$

b) $F(p) = \dfrac{1}{p-3-j4}$ d) $F(p) = \dfrac{1}{p+4+j7}$

3. Welche Bedingung muß p außer der gegebenen Bedingung $\operatorname{Re} p > 0$ bei den in Aufgabe 2 zu berechnenden Korrespondenzen zusätzlich erfüllen?

14.2 Eigenschaften der Laplace-Transformation

Zur Anwendung der Laplace-Transformation auf technische Probleme reichen die bisher berechneten Korrespondenzen nicht aus. Mit Hilfe der Kenntnis einiger allgemeiner Eigenschaften der Transformation kann man weitere Probleme behandeln.

14.2.1 Linearität

Die Laplace-Transformation ist eine lineare Transformation. Nach Gl. (293.1) ist das Integral über eine Summe gleich der Summe der Integrale über die einzelnen Summanden. Deshalb gilt

$$\mathfrak{L}\{f_1 + f_2\} = \mathfrak{L}\{f_1\} + \mathfrak{L}\{f_2\} \tag{597.1}$$

Beweis.

$$\mathfrak{L}\{f_1 + f_2\} = \int_0^\infty [f_1(t) + f_2(t)] e^{-pt} \, dt$$

$$= \int_0^\infty f_1(t) e^{-pt} \, dt + \int_0^\infty f_2(t) e^{-pt} \, dt = \mathfrak{L}\{f_1\} + \mathfrak{L}\{f_2\} \quad \square$$

Da ferner bei einem bestimmten Integral ein konstanter Faktor vorgezogen werden darf, ergibt sich aus Gl. (593.1) ebenso

$$\mathfrak{L}\{c \cdot f(t)\} = c \cdot \mathfrak{L}\{f(t)\} \tag{597.2}$$

Aus Gl. (597.1) und (597.2) folgt durch vollständige Induktion

$$\mathfrak{L}\left\{\sum_{i=1}^n c_i f_i(t)\right\} = \sum_{i=1}^n c_i \, \mathfrak{L}\{f_i(t)\} \tag{597.3}$$

Ebenso gilt

$$\mathfrak{L}^{-1}\left\{\sum_{i=1}^n a_i F_i(p)\right\} = \sum_{i=1}^n a_i \, \mathfrak{L}^{-1}\{F_i(p)\} \tag{597.4}$$

Beispiel 1 Man berechne die Laplace-Transformierten der folgenden Funktionen:

a) $\qquad f(t) = a_0 + a_1 t + a_2 t^2$

14.2 Eigenschaften der Laplace-Transformation

Nach Gl. (597.3) in Verbindung mit Gl. (596.1) ergibt sich

$$\mathfrak{L}\{f(t)\} = a_0 \mathfrak{L}\{1\} + a_1 \mathfrak{L}\{t\} + a_2 \mathfrak{L}\{t^2\} = \frac{a_0}{p} + \frac{a_1}{p^2} + \frac{2a_2}{p^3}$$

b) $\quad f(t) = U(1 - e^{-t/\tau})$

Man wendet Gl. (597.3), (596.2) und (595.1) an und findet

$$\mathfrak{L}\{f(t)\} = U[\mathfrak{L}\{1\} - \mathfrak{L}\{e^{-t/\tau}\}] = U\left[\frac{1}{p} - \frac{1}{p + (1/\tau)}\right] = \frac{U}{p(p\tau + 1)}$$

c) $\quad f(t) = \cos \omega t$

Man kann die Cosinusfunktion als Summe zweier Exponentialfunktionen schreiben und dann Gl. (596.2) und (597.3) anwenden, s. Gl. (510.3).

$$\mathfrak{L}\{\cos \omega t\} = \mathfrak{L}\left\{\frac{e^{j\omega t} + e^{-j\omega t}}{2}\right\} = \frac{1}{2}[\mathfrak{L}\{e^{j\omega t}\} + \mathfrak{L}\{e^{-j\omega t}\}]$$

$$= \frac{1}{2}\left[\frac{1}{p - j\omega} + \frac{1}{p + j\omega}\right] = \frac{p}{p^2 + \omega^2}$$

$$\mathfrak{L}\{\cos \omega t\} = \frac{p}{p^2 + \omega^2} \tag{598.1}$$

Beispiel 2 Man bestimme die Oberfunktionen zu den folgenden Unterfunktionen:

a) $\quad F(p) = \dfrac{1}{p^2} - \dfrac{1}{p^4}$

Nach Gl. (596.1) und (597.4) ist

$$\mathfrak{L}^{-1}\{F(p)\} = \mathfrak{L}^{-1}\left\{\frac{1}{p^2}\right\} - \mathfrak{L}^{-1}\left\{\frac{1}{p^4}\right\} = t - \frac{t^3}{6}$$

b) $\quad F(p) = \dfrac{1}{p+1} + \dfrac{1}{p-1}$

Nach Gl. (596.2) und (597.4) ist

$$\mathfrak{L}^{-1}\{F(p)\} = \mathfrak{L}^{-1}\left\{\frac{1}{p+1}\right\} + \mathfrak{L}^{-1}\left\{\frac{1}{p-1}\right\} = e^{-t} + e^{t} = 2 \cosh t$$

c) $\quad F(p) = \dfrac{3}{p + j2} + \dfrac{4}{2p - j6}$

Wie in Beispiel 1 gilt

$$\mathfrak{L}^{-1}\{F(p)\} = 3\,\mathfrak{L}^{-1}\left\{\frac{1}{p + j2}\right\} + 2\,\mathfrak{L}^{-1}\left\{\frac{1}{p - j3}\right\} = 3\,e^{-j2t} + 2\,e^{j3t}$$

14.2.2 Lineare Substitution (Verschiebungssatz. Ähnlichkeitssatz)

Bisher wurden Funktionen im Bereich $0 \leq t < \infty$ betrachtet. Der Beginn des zu beschreibenden Vorganges (das Einschalten) fällt also mit $t = 0$ zusammen (**599.1**a). Das Einschalten kann aber auch zu einem anderen Zeitpunkt erfolgen (**599.1**b). Außerdem kann auch die Zeitachse einen anderen Maßstab erhalten. Beide Effekte können durch

14.2.2 Lineare Substitution (Verschiebungssatz. Ähnlichkeitssatz)

eine lineare Substitution beschrieben werden. Es gilt für

$a_1 > 0$ und $f(a_1 t - a_0) = 0$ für $t < a_0/a_1$

$$\mathfrak{L}\{f(a_1 t - a_0)\} = \begin{cases} \dfrac{1}{a_1} e^{-\frac{a_0 p}{a_1}} F\left(\dfrac{p}{a_1}\right) & a_0 > 0 \\ \dfrac{1}{a_1} F\left(\dfrac{p}{a_1}\right) & a_0 = 0 \\ \dfrac{1}{a_1} e^{-\frac{a_0 p}{a_1}} \left[F\left(\dfrac{p}{a_1}\right) - \int\limits_0^{-a_0} f(\tau) e^{-\frac{p\tau}{a_1}} d\tau\right] & a_0 < 0 \end{cases} \quad (599.1)$$

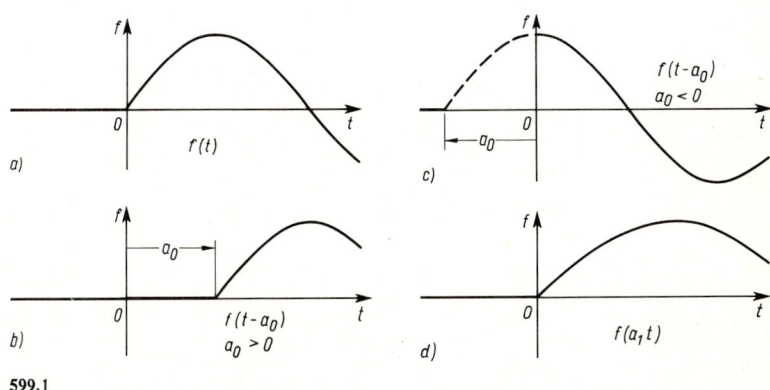

599.1

Beweis. Die Laplace-Transformation Gl. (593.1)

$$\mathfrak{L}\{f(a_1 t - a_0)\} = \int\limits_0^\infty f(a_1 t - a_0) e^{-pt} dt$$

ergibt durch Einführung der neuen Variablen $\tau = a_1 t - a_0$ (lineare Substitution) mit $e^{-pt} = e^{-p(\tau+a_0)/a_1}$ und $dt = d\tau/a_1$

$$\mathfrak{L}\{f(a_1 t - a_0)\} = \frac{1}{a_1} \int\limits_{-a_0}^\infty f(\tau) e^{-\frac{p}{a_1}(\tau+a_0)} d\tau = \frac{1}{a_1} e^{-\frac{p a_0}{a_1}} \int\limits_{-a_0}^\infty f(\tau) e^{-\frac{p\tau}{a_1}} d\tau$$

$$= \frac{1}{a_1} e^{-\frac{p a_0}{a_1}} \left[\int\limits_0^\infty f(\tau) e^{-\frac{p}{a_1}\tau} d\tau + \int\limits_{-a_0}^0 f(\tau) e^{-\frac{p}{a_1}\tau} d\tau\right]$$

$$= \frac{1}{a_1} e^{-\frac{p a_0}{a_1}} \left[F\left(\frac{p}{a_1}\right) - \int\limits_0^{-a_0} f(\tau) e^{-\frac{p}{a_1}\tau} d\tau\right]$$

Für $a_0 < 0$ steht hier die Behauptung. Für $a_0 = 0$ ist das Integral auf der rechten Seite gleich Null, weil obere und untere Grenze gleich sind, und der Exponent im Faktor vor der eckigen Klammer ist ebenfalls Null. Das ist die Behauptung. Für $a_0 > 0$ liegen die

Grenzen des letzten Integrals beide im Bereich $\tau \leq 0$ d.h. $t \leq a_0/a_1$. Für $a_1 t - a_0 = \tau < 0$ ist aber nach Voraussetzung $f(a_1 t - a_0) = f(\tau) = 0$, also das Integral ebenfalls, und es folgt die Behauptung. □

Die erste und die letzte Zeile von Gl. (599.1) werden **Verschiebungssatz**, die mittlere Zeile **Ähnlichkeitssatz** genannt. Wird nämlich durch die Gleichung $z = f(t)$ der in Bild **599.**1a gezeichnete Graph beschrieben, so beschreibt die Gleichung $z = f(t - a_0)$ mit $a_0 > 0$ den gegenüber $z = f(t)$ nach rechts (**599.**1b) und mit $a_0 < 0$ den nach links verschobenen Graphen (**599.**1c), während $z = f(a_1 t)$ den Maßstab der t-Achse verändert (Dehnung oder Stauchung des Graphen) (**599.**1d). Die allgemeine Form $z = f(a_1 t - a_0)$ bedeutet geometrisch sowohl Verschiebung als auch Dehnung oder Stauchung, also eine Ähnlichkeitstransformation.

Dabei ist zu beachten, daß das in Bild **599.**1c gestrichelt gezeichnete Stück der Funktionskurve bei der Rücktransformation nicht auftritt, weil $f(t) = 0$ für $t < 0$ vorausgesetzt wird.

Beispiel 3 Man bestimme die Laplace-Transformierte zur Funktion $f(t) = (2t)^7$.

Nach dem Ähnlichkeitssatz (599.1) ist mit Gl. (596.1)

$$\mathfrak{L}\{(2t)^7\} = \frac{1}{2} \cdot \frac{7!}{\left(\frac{p}{2}\right)^8} = 2^7 \cdot \frac{7!}{p^8}$$

Das gleiche Ergebnis erhält man hier durch die Trennung $(2t)^7 = 2^7 \cdot t^7$ und Anwendung von Gl. (596.1) und (597.2) $\mathfrak{L}\{(2t)^7\} = 2^7 \cdot \mathfrak{L}\{t^7\} = 2^7 \cdot (7!/p^8)$.

Bei nichtrationalen Funktionen ist die Abtrennung des Faktors a_1 nicht oder nicht so leicht möglich, und der Nutzen von Gl. (599.1) ist besser zu erkennen.

Beispiel 4 Man bestimme die Laplace-Transformierte zu der in Bild **600.**1 dargestellten Rechteckimpulsfunktion mit $0 < t_0 < t_1$

$$f(t) = \begin{cases} A & \text{für } k \cdot t_1 \leq t \leq k \cdot t_1 + t_0 \\ 0 & \text{für } k \cdot t_1 + t_0 < t < (k+1) t_1 \end{cases} \quad \text{für } k = 0, 1, 2, \ldots$$

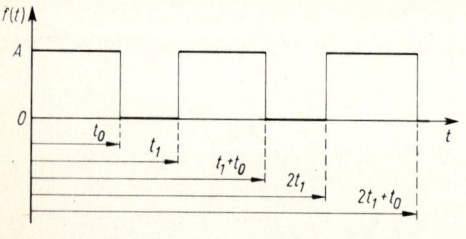

600.1

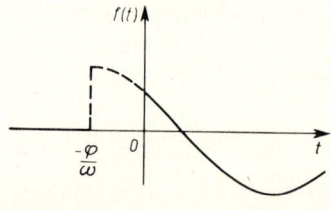

600.2

Zunächst wird die Transformierte des ersten Impulses

$$g(t) = \begin{cases} A & \text{für } 0 \leq t \leq t_0 \\ 0 & \text{sonst} \end{cases}$$

nach Gl. (593.1) berechnet. Dann werden nach dem Verschiebungssatz (599.1) und dem Überlagerungssatz (597.3) die Transformierten der übrigen Impulse berechnet und zum ersten addiert.

14.2.2 Lineare Substitution (Verschiebungssatz. Ähnlichkeitssatz)

Es gilt

$$\mathfrak{L}\{g(t)\} = \int_0^{t_0} A \cdot e^{-pt}\, dt + \int_{t_0}^{\infty} 0 \cdot e^{-pt}\, dt = \frac{A e^{-pt}}{-p}\bigg|_0^{t_0} = \frac{1 - e^{-pt_0}}{p} \cdot A$$

Für die um $k \cdot t_1$ nach rechts verschobene Funktion ergibt sich nach Gl. (599.1) mit $a_1 = 1$ und $a_0 = kt_1$

$$\mathfrak{L}\{g(t - kt_1)\} = e^{-kt_1 p} \mathfrak{L}\{g(t)\} = e^{-kt_1 p} \cdot \frac{1 - e^{-pt_0}}{p} \cdot A$$

Die Überlagerung sämtlicher Anteile liefert eine geometrische Reihe mit $q = e^{-pt_1}$

$$F(p) = A \cdot \frac{1 - e^{-pt_0}}{p} \sum_{k=0}^{\infty} (e^{-pt_1})^k = \frac{A}{p} \frac{1 - e^{-pt_0}}{1 - e^{-pt_1}} \qquad (601.1)$$

Beispiel 5 Man bestimme die Transformierte der Funktion (600.2)

$$f(t) = \begin{cases} 0 & \text{für } t < -\varphi/\omega \\ \cos(\omega t + \varphi) & \text{für } t \geq -\varphi/\omega \end{cases} \qquad \varphi > 0$$

Mit der dritten Gl. (599.1) und mit Gl. (598.1) erhält man mit $a_0 = -\varphi$ und $a_1 = \omega$

$$\mathfrak{L}\{\cos(\omega t + \varphi)\} = \frac{1}{\omega} e^{(\varphi/\omega)p} \left[\frac{p/\omega}{(p/\omega)^2 + 1} - \int_0^{\varphi} \cos\tau\, e^{-p\tau/\omega}\, d\tau \right]$$

$$= e^{(\varphi/\omega)p} \left[\frac{p}{p^2 + \omega^2} - \frac{1}{\omega} \int_0^{\varphi} \cos\tau\, e^{-p\tau/\omega}\, d\tau \right]$$

Die Auswertung des Integrals ergibt, s. Aufgabe 1d, S. 344,

$$\frac{1}{\omega} \int_0^{\varphi} \cos\tau\, e^{-p\tau/\omega}\, d\tau = e^{-(\varphi/\omega)p} \frac{\omega \sin\varphi - p \cos\varphi}{p^2 + \omega^2} + \frac{p}{p^2 + \omega^2}$$

Setzt man dieses Ergebnis in die vorangegangene Gleichung ein, so erhält man

$$\mathfrak{L}\{\cos(\omega t + \varphi)\} = \frac{p \cos\varphi - \omega \sin\varphi}{p^2 + \omega^2} \qquad (601.2)$$

Beispiel 6 Wie lautet die Oberfunktion zu

$$F(p) = \frac{3p - 5}{p^2 + 16}$$

Die Unterfunktion ist vom Typ Gl. (601.2). Es ist $\omega = 4$, womit der Zähler in der Form $3p - 5 = 3p - 4 \cdot 1{,}25 = K(p \cos\varphi - 4 \sin\varphi)$ geschrieben werden kann. Koeffizientenvergleich liefert die Bestimmungsgleichungen

$$3 = K \cos\varphi \qquad 1{,}25 = K \sin\varphi$$

mit der Lösung $\varphi = 0{,}3948$ und $K = 3{,}25$. Die gesuchte Funktion lautet demnach mit $\varphi/\omega = 0{,}0987$

$$f(t) = \begin{cases} 3{,}25 \cos(4t + 0{,}3948) & \text{für } t \geq 0 \\ 0 & \text{für } t < 0 \end{cases}$$

Eine andere Lösungsmöglichkeit ergibt sich durch Aufteilung in zwei Summanden

$$F(p) = \frac{3p-5}{p^2+16} = 3\frac{p}{p^2+4^2} - \frac{5}{4}\frac{4}{p^2+4^2}$$

Die Transformation in den t-Bereich erfolgt nach der Korrespondenzentafel F 42

$$f(t) = \begin{cases} 3\cos 4t - 1{,}25 \sin 4t = 3{,}25 \cos(4t + 0{,}3948) & \text{für } t \geqq 0 \\ 0 & \text{für } t < 0 \end{cases}$$

14.2.3 Dämpfungssatz

Der Dämpfungssatz gibt die Transformierte einer mit der Dämpfungsfunktion $e^{-\delta t}$ multiplizierten Funktion an, deren Transformation schon bekannt ist. Da sich herausstellt, daß diese Operation einer Verschiebung im Bildraum gleichkommt, wird der Dämpfungssatz gelegentlich auch noch zu den Verschiebungssätzen gezählt. Es gilt

$$\mathfrak{L}\{e^{-\delta t} f(t)\} = F(p + \delta) \tag{602.1}$$

Beweis.

$$\mathfrak{L}\{e^{-\delta t} f(t)\} = \int_0^\infty e^{-\delta t} f(t) e^{-pt} \, dt = \int_0^\infty f(t) e^{-(p+\delta)t} \, dt = F(p+\delta) \qquad \square$$

Beispiel 7 Man bestimme zu den folgenden Funktionen, deren Laplace-Transformierte gegeben sind, die Unterfunktionen der mit $e^{-\delta t}$ multiplizierten Funktionen.

a) Gegeben

$$\mathfrak{L}\{\sin \omega t\} = \frac{\omega}{p^2 + \omega^2} = F(p)$$

Gesucht $\mathfrak{L}\{e^{-\delta t} \sin \omega t\}$

Die Anwendung von Gl. (602.1) ergibt

$$\mathfrak{L}\{e^{-\delta t} \sin \omega t\} = \frac{\omega}{(p+\delta)^2 + \omega^2} \tag{602.2}$$

b) Gegeben

$$\mathfrak{L}\{\cos \omega t\} = \frac{p}{p^2 + \omega^2} = F(p)$$

Gesucht $\mathfrak{L}\{e^{-\delta t} \cos \omega t\}$

Mit Gl. (602.1) erhält man wie vorher

$$\mathfrak{L}\{e^{-\delta t} \cos \omega t\} = \frac{p+\delta}{(p+\delta)^2 + \omega^2} \tag{602.3}$$

c) Gegeben

$$\mathfrak{L}\{t\} = \frac{1}{p^2}$$

Gesucht $\mathfrak{L}\{t\, e^{-\delta t}\}$

Auch hier ergibt sich nach Gl. (602.1)

$$\mathfrak{L}\{t\, e^{-\delta t}\} = \frac{1}{(p+\delta)^2} \tag{602.4}$$

14.2.4 Differenzieren und Integrieren im Originalraum

Bei der Anwendung der Laplace-Transformation auf die Ableitung einer Funktion findet man, daß der Differentiation im Originalraum die Multiplikation mit einem Faktor im Bildraum entspricht. Es gilt unter den auf S. 594 getroffenen Voraussetzungen

$$\mathfrak{L}\{f'(t)\} = p\,\mathfrak{L}\{f(t)\} - f(0) \tag{603.1}$$

Beweis. Das Integral

$$\mathfrak{L}\{f'(t)\} = \int_0^\infty f'(t)\,e^{-pt}\,dt$$

kann durch partielle Integration umgeformt werden. Setzt man nämlich

$$f_1 = e^{-pt} \quad f_1' = -p\,e^{-pt} \quad f_2' = f'(t) \quad f_2 = f(t)$$

so erhält man die Behauptung

$$\int_0^\infty f'(t)\,e^{-pt}\,dt = f(t)\,e^{-pt}\big|_0^\infty + p\int_0^\infty f(t)\,e^{-pt}\,dt = -f(0) + p\,\mathfrak{L}\{f(t)\} \quad \square$$

Für die zweite Ableitung erhält man bei Anwendung von Gl. (603.1) auf $f''(t)$

$$\mathfrak{L}\{f''(t)\} = p\,\mathfrak{L}\{f'(t)\} - f'(0)$$

Ersetzt man auf der rechten Seite der vorstehenden Gleichung $\mathfrak{L}\{f'(t)\}$ nach Gl. (603.1), so erhält man

$$\mathfrak{L}\{f''(t)\} = p^2\,\mathfrak{L}\{f(t)\} - p\cdot f(0) - f'(0) \tag{603.2}$$

Fährt man in gleicher Weise auch für die höheren Ableitungen fort, so erhält man als Gleichung für die n-te Ableitung einer Originalfunktion ($n \geq 1$)

$$\mathfrak{L}\{f^{(n)}(t)\} = p^n\,\mathfrak{L}\{f(t)\} - \sum_{i=0}^{n-1} p^{n-1-i}\,f^{(i)}(0) \tag{603.3}$$

Mit Hilfe von Gl. (603.3) kann man die Laplace-Transformierte der Ableitungen einer Funktion auf die Laplace-Transformierte der Funktion selbst zurückführen. Dabei gehen auch die Anfangswerte der einzelnen Ableitungen in die Formel ein.

Durch eine Laplace-Transformation geht eine Differentialgleichung in eine algebraische Gleichung für die Transformierte der gesuchten Funktion über, die auch schon die Anfangswerte enthält.

Beispiel 8 Man schreibe die Laplace-Transformierte der Dgl. $y'' + 2y' + 3y = \cos\omega t$ und gebe die Laplace-Transformierte der Lösungsfunktion y an. Die Anfangsbedingungen lauten $y(0) = 2$, $y'(0) = 1$.

Die Anwendung von Gl. (603.3) auf die Ausdrücke der linken Seite und Gl. (598.1) auf die rechte Seite der gegebenen Dgl. ergibt

$$p^2\,\mathfrak{L}\{y\} - p\cdot 2 - 1 + 2(p\,\mathfrak{L}\{y\} - 2) + 3\,\mathfrak{L}\{y\} = \frac{p}{p^2 + \omega^2}$$

Man löst nach der gesuchten Größe $\mathfrak{L}\{y\}$ auf und erhält

$$(p^2 + 2p + 3)\,\mathfrak{L}\{y\} - 2p - 5 = \frac{p}{p^2 + \omega^2} \qquad \mathfrak{L}\{y\} = \frac{\dfrac{p}{p^2 + \omega^2} + 2p + 5}{p^2 + 2p + 3}$$

Bei den Anwendungen der Laplace-Transformation ist es ebenfalls nützlich, die Transformierte eines Integrals über eine Funktion auf die Transformierte der Funktion selbst zurückzuführen. Es gilt

$$\mathfrak{L}\left\{\int_0^t f(\tau)\,d\tau\right\} = \frac{1}{p}\mathfrak{L}\{f(t)\} \tag{604.1}$$

Beweis. Die Funktion $g(t)$ habe die stückweise stetige Ableitung $g'(t) = f(t)$. Im übrigen sollen für sie die auf S. 594 genannten Voraussetzungen gelten. Dann ist nach Gl. (603.1) $\mathfrak{L}\{g'(t)\} = p[\mathfrak{L}\{g(t)\}] - g(0)$. Setzt man hierin

$$g(t) = \int_0^t g'(\tau)\,d\tau + g(0) \text{ ein, so erhält man } \mathfrak{L}\{g'(t)\} = p\left[\mathfrak{L}\left\{\int_0^t g'(\tau)\,d\tau + g(0)\right\}\right] - g(0).$$

Mit $\mathfrak{L}\{g(0)\} = g(0)/p$ nach Gl. (595.1) hebt sich $g(0)$ heraus und mit $g' = f$ ergibt sich nach Division durch p die Behauptung. □

14.2.5 Differenzieren im Bildraum

Die Gleichung

$$\mathfrak{L}\{f(t)\} = \int_0^\infty f(t)\,e^{-pt}\,dt = F(p) \tag{604.2}$$

ist nach der Variablen p des Bildraumes, dem Parameter des Integrals, zu differenzieren (s. Abschn. 10.2.3)

$$\frac{dF(p)}{dp} = \int_0^\infty f(t)\cdot\frac{d}{dp}(e^{-pt})\,dt = \int_0^\infty f(t)\cdot(-t)\cdot e^{-pt}\,dt = -\int_0^\infty [tf(t)]e^{-pt}\,dt = -\mathfrak{L}\{tf(t)\}$$

Das Ergebnis

$$\frac{dF(p)}{dp} = -\mathfrak{L}\{tf(t)\} \tag{604.3}$$

läßt sich auch als Transformationsgleichung auffassen, mit deren Hilfe man aus der Kenntnis der Laplace-Transformierten der Funktion $f(t)$ auf die Transformierte der Funktion $t\cdot f(t)$ schließen kann.
Jede weitere Ableitung von Gl. (604.2) ergibt nach der Kettenregel der Differentialrechnung einen Faktor $(-t)$ in das Integral. Demnach gilt für die höheren Ableitungen der Bildfunktion

$$\frac{d^{(n)}F(p)}{dp^n} = (-1)^n\,\mathfrak{L}\{t^n f(t)\} \tag{604.4}$$

oder umgekehrt als Transformationsgleichung

$$\mathfrak{L}\{t^n f(t)\} = (-1)^n\,\frac{d^{(n)}F(p)}{dp^n} \tag{604.5}$$

Beispiel 9 Man bestimme aus der gegebenen Transformationsgleichung für die Funktion $f(t) = \cos\omega t$ nach Gl. (598.1) die Transformationsgleichung für die Funktion $g(t) = t\cdot\cos\omega t$. Nach Gl. (604.5) ist

$$\mathfrak{L}\{t\cdot\cos\omega t\} = -\frac{d}{dp}\left(\frac{p}{p^2+\omega^2}\right) = \frac{p^2-\omega^2}{(p^2+\omega^2)^2}$$

Beispiel 10 Man bestimme die Transformierte der Funktion $f(t) = t^3 \, e^{-\delta t}$ aus Gl. (602.4) mit Hilfe von Gl. (604.5).

Mit $f(t) = t \, e^{-\delta t}$ und $\mathfrak{L}\{f(t)\} = \dfrac{1}{(p+\delta)^2}$ erhält man

$$\mathfrak{L}\{t^3 \, e^{-\delta t}\} = \mathfrak{L}\{t^2 (t \, e^{-\delta t})\} = (-1)^2 \frac{d^2}{dp^2}\left(\frac{1}{(p+\delta)^2}\right) = \frac{6}{(p+\delta)^4}$$

14.2.6 Faltung und Produkt

Neben der Summe von Einzelfunktionen treten im Bildraum häufig auch Produkte auf, für deren Rücktransformation hier ein Satz hergeleitet werden soll. Dazu benötigt man den Begriff der Faltung.

Definition Das Faltungsprodukt der Funktion $f_1(t) * f_2(t)$ (gesprochen: f_1 gefaltet mit f_2) ist durch das Integral

$$f_1(t) * f_2(t) = \int_0^t f_1(\tau) \cdot f_2(t - \tau) \, d\tau \tag{605.1}$$

gegeben.

Satz. Das Faltungsprodukt ist kommutativ

$$f_1 * f_2 = f_2 * f_1$$

Beweis. Durch die Substitution $\tau = t - \vartheta$ erhält man

$$f_1 * f_2 = \int_t^0 f_1(t - \vartheta) \cdot f_2(\vartheta)(-d\vartheta) = \int_0^t f_1(t - \vartheta) \cdot f_2(\vartheta) \, d\vartheta = f_2 * f_1 \quad \square$$

Satz. Die Laplace-Transformierte des Faltungsproduktes der Funktionen f_1 und f_2 ist gleich dem Produkt der Bildfunktionen $F_1(p) \cdot F_2(p)$

$$\mathfrak{L}\{f_1 * f_2\} = F_1(p) \cdot F_2(p) \tag{605.2}$$

Beweis. Die Anwendung der Laplace-Transformation auf das Faltungsprodukt liefert das Doppelintegral

$$\mathfrak{L}\{f_1 * f_2\} = \int_0^\infty e^{-pt} \left[\int_0^t f_1(\tau) f_2(t - \tau) \, d\tau\right] dt$$

Bei absoluter Konvergenz des Integrals kann die Reihenfolge der Integrationen vertauscht werden. Nach Bild **605.1** ist es gleichgültig, ob man zuerst über τ in den Grenzen 0 bis t integriert (waagerechter Streifen) und dann alle waagerechten Streifen von $t = 0$ bis $t = \infty$ summiert oder zunächst einen senkrechten Streifen (t von τ bis ∞) berechnet und dann alle senkrechten Streifen von $\tau = 0$ bis $\tau = \infty$ addiert

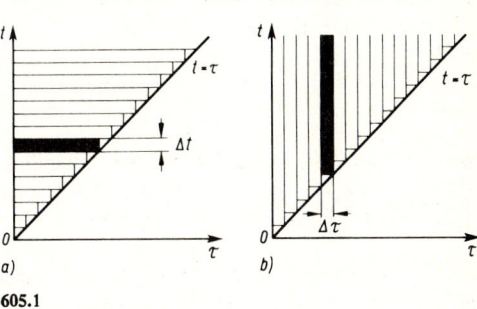

605.1

$$\mathfrak{L}\{f_1 * f_2\} = \int_0^\infty \left[\int_\tau^\infty e^{-pt} f_1(\tau) f_2(t - \tau) \, dt\right] d\tau = \int_0^\infty f_1(\tau) \left[\int_\tau^\infty e^{-pt} f_2(t - \tau) \, dt\right] d\tau$$

14.2 Eigenschaften der Laplace-Transformation

Substituiert man im jetzt inneren Integral $t - \tau = \vartheta$, so ergibt sich mit

$$e^{-pt} = e^{-p(\tau+\vartheta)} = e^{-p\tau} e^{-p\vartheta}$$

$$\mathfrak{L}\{f_1 * f_2\} = \int_0^\infty f_1(\tau) e^{-p\tau} d\tau \int_0^\infty e^{-p\vartheta} f_2(\vartheta) d\vartheta = \mathfrak{L}\{f_1\} \cdot \mathfrak{L}\{f_2\} = F_1(p) \cdot F_2(p) \quad \Box$$

Beispiel 11 Man bestimme die Oberfunktion zur Funktion $F(p) = 1/[p(p-a)]$ mit Hilfe des Faltungssatzes.

Man schreibt die Unterfunktion in der Form eines Produktes

$$F(p) = \frac{1}{p} \cdot \frac{1}{p-a}$$

und wendet Gl. (595.1) und (596.2) an

$$\mathfrak{L}^{-1}\left\{\frac{1}{p}\right\} = 1 \qquad \mathfrak{L}^{-1}\left\{\frac{1}{p-a}\right\} = e^{at}$$

Damit ist nach Gl. (605.2)

$$\mathfrak{L}^{-1}\left\{\frac{1}{p} \cdot \frac{1}{p-a}\right\} = 1 * e^{at} = \int_0^t e^{a(t-\tau)} d\tau = e^{at} \int_0^t e^{-a\tau} d\tau = \frac{e^{at}-1}{a}$$

Beispiel 12 Man bestimme die Oberfunktion zur Funktion $F(p) = 1/[(p^2+4)p]$ einmal mit dem Faltungssatz und einmal mit Hilfe der Partialbruchzerlegung.

Man schreibt die gegebene Funktion in der Form eines Produktes

$$F(p) = \frac{1}{p} \cdot \frac{1}{p^2+4}$$

Mit den Einzelrücktransformationen

$$\mathfrak{L}^{-1}\left\{\frac{1}{p}\right\} = 1 \quad \text{und} \quad \mathfrak{L}^{-1}\left\{\frac{1}{p^2+4}\right\} = \frac{1}{2} \cdot \mathfrak{L}^{-1}\left\{\frac{2}{p^2+2^2}\right\} = \frac{1}{2} \sin 2t$$

erhält man

$$\mathfrak{L}^{-1}\left\{\frac{1}{p} \cdot \frac{1}{p^2+4}\right\} = 1 * \frac{1}{2} \sin 2t = \int_0^t \frac{1}{2} \sin 2(t-\tau) d\tau$$

$$= \frac{1}{2} \sin 2t * 1 = \int_0^t \frac{1}{2} \sin 2\tau \, d\tau = \frac{1}{4}(1 - \cos 2t)$$

Bei der Partialbruchzerlegung wird das Produkt der beiden Funktionen in zwei Summanden zerlegt, für die dann die Rücktransformationen einzeln durchgeführt werden. Nach den in Abschn. 6.3.3 gezeigten Verfahren erhält man

$$F(p) = \frac{1}{p(p^2+4)} = \frac{1}{4}\left(\frac{1}{p} - \frac{p}{p^2+4}\right) = F_1(p) + F_2(p)$$

Die Rücktransformation liefert

$$\mathfrak{L}^{-1}\{F(p)\} = \mathfrak{L}^{-1}\{F_1(p)\} + \mathfrak{L}^{-1}\{F_2(p)\} = \frac{1}{4}(1 - \cos 2t)$$

Die Partialbruchzerlegung ist immer dann von Vorteil, wenn es sich um ein Produkt von mehr als zwei gebrochenen rationalen Teilfunktionen handelt.

Beispiel 13 Man bestimme die Oberfunktion zur Funktion $F(p) = 1/[(p-1)(p-2)(p-3)]$. Nach dem Verfahren von Abschn. 6.3.3 ergibt die Partialbruchzerlegung

$$F(p) = \frac{1}{(p-1)(p-2)(p-3)} = \frac{1}{2}\left(\frac{1}{p-1} - \frac{2}{p-2} + \frac{1}{p-3}\right)$$

Von der Richtigkeit kann man sich hier durch Zusammenfassen der Teile der rechten Seite überzeugen. Die Rücktransformation der einzelnen Summanden ergibt nach Gl. (596.2)

$$f(t) = \mathcal{L}^{-1}\{F(p)\} = \frac{1}{2}(e^t - 2e^{2t} + e^{3t})$$

14.2.7 Aufgaben zu Abschnitt 14.2

1. Man bestimme die Laplace-Transformierte zu den folgenden Funktionen

   a) $f(t) = e^{at} - e^{-at}$ b) $f(t) = 3t^2 + 2t + 1$ c) $f(t) = 3\sin 4t + 5\cos 2t$

2. Wie lauten die Oberfunktionen zu folgenden Funktionen?

   a) $F(p) = \frac{1}{p} + \frac{1}{p^2}$ b) $F(p) = \frac{1}{p+2} + \frac{1}{p-3}$ c) $F(p) = \frac{2}{p^2+9} + \frac{3p}{p^2+9}$

3. Wie lautet die Laplace-Transformierte zu den Funktionen

   a) $f(t) = \begin{cases} 0 & \text{für } t < 2/3 \\ \sin(3t-2) & \text{für } t \geq 2/3 \end{cases}$

   b) $f(t) = \begin{cases} 0 & \text{für } t < 2 \\ (t-2)^3 & \text{für } t \geq 2 \end{cases}$

   c) $f(t) = \begin{cases} 0 & \text{für } t < \varphi/\omega \\ \sin(\omega t - \varphi) & \text{für } t \geq \varphi/\omega \end{cases}$

   d) $f(t) = \begin{cases} 0 & \text{für } t < -\varphi/\omega \\ \sin(\omega t + \varphi) & \text{für } t \geq -\varphi/\omega \end{cases}$

4. Man gebe die Oberfunktionen zu den folgenden Funktionen an

   a) $F(p) = \frac{1}{(p+2)^2}$ b) $F(p) = \frac{1}{p^2+2^2}$

   c) $F(p) = \frac{p+2}{p^2+2p+5}$ d) $F(p) = \frac{1}{p^2-2p+2}$

5. Wie lautet die Laplace-Transformierte der folgenden Differentialgleichungen?

   a) $4y'' + 3y = f_1(t)$ b) $5y''' + 6y' + y = f_2(t)$ c) $y^{(4)} - 16y = f_3(t)$

6. Man berechne für folgende Unterfunktionen die Oberfunktionen einmal nach dem Faltungssatz und einmal mit Hilfe der Partialbruchzerlegung.

   a) $F(p) = \frac{1}{(p+2)(p-1)}$ b) $F(p) = \frac{1}{p(p^2+1)}$ c) $F(p) = \frac{1}{(p^2+1)(p^2+4)}$

14.3 Anwendungen

14.3.1 Lineare Differentialgleichungen mit konstanten Koeffizienten

Die Anwendung der Laplace-Transformation auf die *n*-te Ableitung einer Funktion ergibt nach Gl. (603.3) die mit einem Faktor p^n multiplizierte Laplace-Transformierte der Funktion selbst. Überdies enthält sie die Anfangsbedingungen des Problems. Das macht die Anwendung der Transformation besonders zur Lösung von inhomogenen linearen Dgl. geeignet, weil die genannte Eigenschaft die Dgl. für die Funktion $f(t)$ auf eine lineare algebraische Gleichung für die Laplace-Transformierte $F(p)$ der gesuchten Funktion $f(t)$ zurückführt (s. Beispiel 8, S. 603). Die Hauptarbeit zur Lösung der Dgl. liegt in der Rücktransformation der Funktion $F(p)$ in den Originalraum.

Bei der herkömmlichen Methode (s. Abschn. 13.1.4) muß dagegen zunächst die Lösung der homogenen Gleichung bestimmt, dann eine spezielle Lösung der inhomogenen Dgl. überlagert werden, und zum Schluß müssen noch die Anfangsbedingungen berücksichtigt werden.

Die Anwendung der Laplace-Transformation auf die lineare Dgl. mit konstanten Koeffizienten mit der Störfunktion $g(t)$

$$\sum_{i=0}^{n} c_i y^{(i)} = g(t)$$

ergibt wegen der Linearität der Transformation Gl. (597.3) und mit Gl. (603.3)

$$\mathfrak{L}\left\{\sum_{i=0}^{n} c_i y^{(i)}\right\} = c_0 \mathfrak{L}\{y\} + \sum_{i=1}^{n} c_i \left[p^i \mathfrak{L}\{y\} - \sum_{k=0}^{i-1} p^{i-1-k} y^{(k)}(0)\right] = \mathfrak{L}\{g(t)\}$$

Hier ist $\mathfrak{L}\{y\}$ vom Summationsindex *i* unabhängig und kann vor das Summationszeichen gezogen werden

$$\mathfrak{L}\{y\} \sum_{i=0}^{n} c_i p^i - \sum_{i=1}^{n} c_i \sum_{k=0}^{i-1} p^{i-1-k} y^{(k)}(0) = \mathfrak{L}\{g(t)\}$$

Diese Gleichung kann nach $\mathfrak{L}\{y\}$ aufgelöst werden und liefert die Transformierte der gesuchten Funktion $y(t)$

$$F(p) = \mathfrak{L}\{y\} = \frac{\mathfrak{L}\{g(t)\} + \sum_{i=1}^{n} c_i \sum_{k=0}^{i-1} p^{i-1-k} y^{(k)}(0)}{\sum_{i=0}^{n} c_i p^i} \tag{608.1}$$

Diese Gleichung muß in den Originalraum zurücktransformiert werden. Man erhält die symbolische Gleichung

$$y(t) = \mathfrak{L}^{-1}\left\{\frac{\mathfrak{L}\{g(t)\} + \sum_{i=1}^{n} c_i \sum_{k=0}^{i-1} p^{i-1-k} y^{(k)}(0)}{\sum_{i=0}^{n} c_i p^i}\right\} \tag{608.2}$$

14.3.1 Lineare Differentialgleichungen mit konstanten Koeffizienten

Beispiel 1 Man löse die Dgl. $y' + 5y = 4 \sin 3t$ mit $y(0) = 1$ (s. Beispiel 14, S. 557) mit Hilfe der Laplace-Transformation.

Die Anwendung der Laplace-Transformation auf die gegebene Dgl. ergibt mit Gl. (603.1) und der Korrespondenztafel F 42ff.

$$\mathfrak{L}\{y' + 5y\} = \mathfrak{L}\{4 \sin 3t\} \qquad \mathfrak{L}\{y'\} + 5\mathfrak{L}\{y\} = 4\mathfrak{L}\{\sin 3t\}$$

$$p\mathfrak{L}\{y\} - 1 + 5\mathfrak{L}\{y\} = 4 \frac{3}{p^2 + 9}$$

Man löst nach $\mathfrak{L}\{y\}$ auf und erhält

$$\mathfrak{L}\{y\} = \frac{p^2 + 21}{(p^2 + 9)(p + 5)} = F(p)$$

Zur Rücktransformation zerlegt man die Funktion $F(p)$ zweckmäßig in Partialbrüche

$$\frac{p^2 + 21}{(p^2 + 9)(p + 5)} = \frac{Ap + B}{p^2 + 9} + \frac{C}{p + 5}$$

Bringt man die rechte Seite vorstehender Gleichung wieder auf einen Hauptnenner und vergleicht dann die Koeffizienten gleicher Potenzen von p der Zähler auf beiden Seiten der Gleichung, so erhält man für die unbestimmten Koeffizienten A, B und C die drei Bestimmungsgleichungen

$$1 = A + C \qquad 0 = 5A + B \qquad 21 = 5B + 9C$$

mit der Lösung $A = -6/17$, $B = 30/17$, $C = 23/17$.

Die Laplace-Transformierte der Lösungsfunktion lautet demnach

$$\mathfrak{L}\{y\} = \frac{1}{17}\left[\frac{-6p + 30}{p^2 + 9} + \frac{23}{p + 5}\right] = \frac{1}{17}\left[-6\frac{p}{p^2 + 9} + 10\frac{3}{p^2 + 9} + 23\frac{1}{p + 5}\right]$$

Nach der Korrespondenztafel F 42ff. erhält man bei Rücktransformation der einzelnen Summanden die Lösung der Dgl.

$$y(t) = \frac{1}{17}[-6 \cos 3t + 10 \sin 3t + 23 e^{-5t}]$$

in Übereinstimmung mit Beispiel 14, S. 557. Für $t < 0$ ist $y = 0$.

Beispiel 2 Man löse die Differentialgleichung

$$y'' + 4y' + 3y = \begin{cases} 0 & \text{für } t < 0 \\ 1 & \text{für } t \geqq 0 \end{cases}$$

mit Hilfe der Laplace-Transformation. Die Anfangsbedingungen lauten $y(0) = 0$, $y'(0) = 2$. Mit Hilfe von Gl. (603.2) und (595.1) wird

$$\mathfrak{L}\{y'' + 4y' + 3y\} = \mathfrak{L}\{1\}$$

$$p^2 \mathfrak{L}\{y\} - 2 + 4p\mathfrak{L}\{y\} + 3\mathfrak{L}\{y\} = \frac{1}{p}$$

Die Auflösung dieser Gleichung nach $\mathfrak{L}\{y\}$ liefert

$$\mathfrak{L}\{y\} = \frac{2p + 1}{p(p^2 + 4p + 3)} = \frac{2p + 1}{p(p + 1)(p + 3)}$$

Die Zerlegung des Nenners in Linearfaktoren ergibt sich aus den Nullstellen der quadratischen Nennerfunktion. Zur einfacheren Rücktransformation zerlegt man die Funktion $F(p)$ am besten wieder in Partialbrüche (s. Abschn. 6.3.3)

$$\frac{2p+1}{p(p+1)(p+3)} = \frac{1/3}{p} + \frac{1/2}{p+1} - \frac{5/6}{p+3}$$

Rücktransformation nach der Korrespondenztafel F 42 ff. liefert die Lösungsfunktion

$$y(t) = \frac{1}{3} + \frac{1}{2}e^{-t} - \frac{5}{6}e^{-3t} = \frac{1}{6}(2 + 3e^{-t} - 5e^{-3t})$$

14.3.2 Mechanische Schwingung

Die Nickbewegung eines Kraftfahrzeuges unmittelbar nach dem Stillstand beim Bremsen kann in grober Näherung als gedämpfte Drehschwingung des Fahrzeuges um seinen Schwerpunkt angesehen werden. Mit den in Bild **610.**1 gezeichneten Größen sowie dem Trägheitsmoment J und dem Drehmoment M lautet die Differentialgleichung der Schwingung (s. auch Holzmann, G.; Meyer, H.; Schumpich, G.: Technische Mechanik Tl. 2, 5. Aufl. Stuttgart 1983)

$$J\ddot{\varphi} = M = -(F_1 + F_{D1})l_1 - (F_2 + F_{D2})l_2 \tag{610.1}$$

Hierin bedeuten F_1 und F_2 die bei Auslenkung aus der statischen Gleichgewichtslage von den Federn einer Achse auf den Wagenkasten ausgeübten Kräfte und F_{D1} und F_{D2} die von den Schwingungsdämpfern (sog. Stoßdämpfern) einer Achse auf den Wagen ausgeübten Kräfte. Erstere werden der Federverlängerung z_i und zweite der Einfederungsgeschwindigkeit v_i proportional angenommen. Mit zwei Federn je Achse ist

$$F_i = 2c_i z_i = 2c_i l_i \varphi$$
$$F_{Di} = 2k_i v_i = 2k_i l_i \dot{\varphi}$$

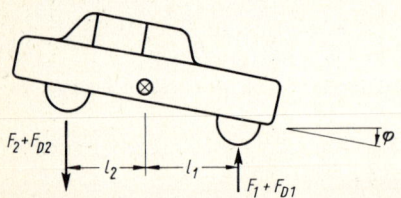

610.1

Hierin sind c_i Federkonstanten je einer Feder und k_i Dämpfungsfaktoren je eines Dämpfers. Damit wird aus Gl. (610.1) nach Division durch J

$$\ddot{\varphi} + 2\frac{k_1 l_1^2 + k_2 l_2^2}{J}\dot{\varphi} + 2\frac{c_1 l_1^2 + c_2 l_2^2}{J}\varphi = 0 \tag{610.2}$$

Das ist die Normalform der Schwingungsgleichung. Nach dem Bremsen seien $\varphi_0 = 0{,}1$ und $\dot{\varphi}_0 = 0$ als Anfangsbedingungen vorausgesetzt. Die in Gl. (610.2) auftretenden Größen seien $J = 2000$ kg m², $l_1 = l_2 = 1{,}3$ m, $c_1 = c_2 = 200$ N/cm $= 2 \cdot 10^4$ kg/s² und $k_1 = k_2 = 1538$ N/(m/s) $= 1538$ kg/s. Damit erhält man

$$\ddot{\varphi} + 5{,}20\,\text{s}^{-1}\,\dot{\varphi} + 67{,}6\,\text{s}^{-2}\,\varphi = 0 \tag{610.3}$$

Auf diese Dgl. soll nun die Laplace-Transformation angewandt und damit die Lösung gefunden werden.

$$\mathfrak{L}\{\ddot{\varphi}\} + 5{,}20\,\text{s}^{-1}\,\mathfrak{L}\{\dot{\varphi}\} + 67{,}6\,\text{s}^{-2}\,\mathfrak{L}\{\varphi\} = 0$$

$$p^2 \mathfrak{L}\{\varphi\} - 0{,}1\, p + \frac{5{,}20}{\mathrm{s}}(p\, \mathfrak{L}\{\varphi\} - 0{,}1) + \frac{67{,}6}{\mathrm{s}^2}\mathfrak{L}\{\varphi\} = 0$$

$$\left(p^2 + \frac{5{,}20}{\mathrm{s}}p + \frac{67{,}6}{\mathrm{s}^2}\right) \cdot \mathfrak{L}\{\varphi\} = 0{,}1\left(p + \frac{5{,}20}{\mathrm{s}}\right)$$

$$\mathfrak{L}\{\varphi\} = \frac{0{,}1\left(p + \dfrac{5{,}20}{\mathrm{s}}\right)}{p^2 + \dfrac{5{,}20}{\mathrm{s}}p + \dfrac{67{,}6}{\mathrm{s}^2}}$$

Zur Rücktransformation prüft man, ob der Nenner reelle Nullstellen hat. Das ist hier nicht der Fall. Man kann den Nenner deshalb auf eine quadratische Form bringen, wie er in der Korrespondenzentafel F 42 ff. zu finden ist

$$\mathfrak{L}\{\varphi\} = 0{,}1\, \frac{p + \dfrac{5{,}20}{\mathrm{s}}}{\left(p + \dfrac{2{,}60}{\mathrm{s}}\right)^2 + \left(\dfrac{7{,}80}{\mathrm{s}}\right)^2}$$

$$= 0{,}1\, \frac{p + \dfrac{2{,}60}{\mathrm{s}}}{\left(p + \dfrac{2{,}60}{\mathrm{s}}\right)^2 + \left(\dfrac{7{,}80}{\mathrm{s}}\right)^2} + 0{,}1 \cdot 0{,}333\, \frac{\dfrac{7{,}80}{\mathrm{s}}}{\left(p + \dfrac{2{,}60}{\mathrm{s}}\right)^2 + \left(\dfrac{7{,}80}{\mathrm{s}}\right)^2}$$

Dann lautet die Lösungsfunktion

$$\varphi = 0{,}1 \cdot \mathrm{e}^{-\frac{2{,}60}{\mathrm{s}}t}\left[\cos\left(\frac{7{,}80}{\mathrm{s}}t\right) + 0{,}333 \cdot \sin\left(\frac{7{,}80}{\mathrm{s}}t\right)\right]$$

Die Schwingungsdauer beträgt $T = 2\pi/\omega = 0{,}806$ s, und die Amplitude ist nach einer Schwingung auf 12% des Anfangswertes abgeklungen.

14.3.3 Elektrisches Netzwerk

In dem in Bild **611**.1 dargestellten zweimaschigen elektrischen Netzwerk ist der zeitliche Verlauf der Ströme i_1 und i_2 nach dem Einschalten gesucht.

Gegeben sind die Ohmschen Widerstände $R_1 = 1\text{ k}\Omega$, $R_2 = 0{,}5\text{ k}\Omega$, die Kapazität $C = 10^{-5}$ F und die Induktivität $L = 1$ H. Die Spannungsquelle erzeugt eine Wechselspannung

$$u = u_\mathrm{m} \cos \omega t \quad \text{mit} \quad \omega = 100\,\pi/\mathrm{s} \quad \text{und} \quad u_\mathrm{m} = 220\sqrt{2}\text{ V} = 311\text{ V}$$

Die Anfangsbedingungen lauten

$$i_1(0) = \frac{u_\mathrm{m}}{R_1} \qquad i_2(0) = 0$$

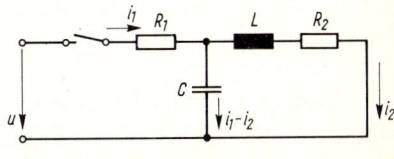

611.1

14.3 Anwendungen

Nach dem zweiten Kirchhoffschen Gesetz ist die Summe aller Spannungen in jeder Masche gleich Null. Das führt auf die beiden Gleichungen

$$R_1 i_1 + \frac{1}{C} \int (i_1 - i_2) \, dt - u_m \cos \omega t = 0 \qquad (612.1)$$

$$L \frac{di_2}{dt} + R_2 i_2 + \frac{1}{C} \int (i_2 - i_1) \, dt = 0$$

Wendet man auf dieses Gleichungssystem die Laplace-Transformation an, so erhält man unter Beachtung von Gl. (604.1)

$$R_1 \mathfrak{L}\{i_1\} + \frac{1}{Cp}(\mathfrak{L}\{i_1\} - \mathfrak{L}\{i_2\}) - u_m \frac{p}{p^2 + \omega^2} = 0 \qquad (612.2)$$

$$Lp \mathfrak{L}\{i_2\} + R_2 \mathfrak{L}\{i_2\} + \frac{1}{Cp}(\mathfrak{L}\{i_2\} - \mathfrak{L}\{i_1\}) = 0$$

Durch Umordnen und Multiplizieren mit Cp ergibt sich das Gleichungssystem

$$(R_1 Cp + 1) \mathfrak{L}\{i_1\} - \mathfrak{L}\{i_2\} = \frac{u_m C p^2}{p^2 + \omega^2}$$

$$- \mathfrak{L}\{i_1\} + (LCp^2 + R_2 Cp + 1) \mathfrak{L}\{i_2\} = 0$$

mit der Lösung

$$\mathfrak{L}\{i_1\} = \frac{u_m p \, [LCp^2 + R_2 Cp + 1]}{(p^2 + \omega^2)[LCR_1 p^2 + (L + R_1 R_2 C)p + (R_1 + R_2)]} \qquad (612.3)$$

$$\mathfrak{L}\{i_2\} = \frac{u_m p}{(p^2 + \omega^2)[LCR_1 p^2 + (L + R_1 R_2 C)p + (R_1 + R_2)]} \qquad (612.4)$$

Die Rücktransformation kann durch Partialbruchzerlegung in allgemeiner Form erfolgen. Wegen der umfangreichen Ausdrücke soll hier aber mit den gegebenen Werten des Netzwerkes gerechnet werden. Überdies wird zur Vereinfachung der Zahlenrechnung vorübergehend die einheitenfreie Größe $x = p/(10^3 \, \text{s}^{-1})$ eingeführt. Dann lauten Gl. (612.3) und (612.4)

$$\mathfrak{L}\{i_1\} = \frac{2{,}2 \cdot \sqrt{2} \cdot 10^{-5} \, \text{As} \cdot x \, (10 \, x^2 + 5 \, x + 1)}{\left(x^2 + \dfrac{\pi^2}{100}\right)(x^2 + 0{,}6 \, x + 0{,}15)}$$

$$= 2{,}2 \cdot \sqrt{2} \cdot 10^{-5} \, \text{As} \left[\frac{A_1 + B_1 \, x}{x^2 + \dfrac{\pi^2}{100}} + \frac{C_1 + D_1 \, x}{x^2 + 0{,}6 \, x + 0{,}15} \right]$$

$$\mathfrak{L}\{i_2\} = \frac{2{,}2 \cdot \sqrt{2} \cdot 10^{-5} \, \text{As} \cdot x}{\left(x^2 + \dfrac{\pi^2}{100}\right)(x^2 + 0{,}6 \, x + 0{,}15)}$$

$$= 2{,}2 \sqrt{2} \cdot 10^{-5} \, \text{As} \left[\frac{A_2 + B_2 \, x}{x^2 + \dfrac{\pi^2}{100}} + \frac{C_2 + D_2 \, x}{x^2 + 0{,}6 \, x + 0{,}15} \right]$$

14.3.3 Elektrisches Netzwerk

Durch Koeffizientenvergleich oder durch Einsetzen von vier verschiedenen x-Werten erhält man jeweils ein Gleichungssystem für die vier Koeffizienten A, B, C und D. Die Auflösung erfolgt z.B. nach dem verkürzten Gauß-Algorithmus, weil hier zweimal das gleiche System mit verschiedenen rechten Seiten zu lösen ist (s. Abschn. 4.4.5). Man erhält

$$A_1 = -0{,}6432 \quad B_1 = 7{,}7761 \quad C_1 = 0{,}9775 \quad D_1 = 2{,}2239$$
$$A_2 = 1{,}5517 \quad B_2 = 1{,}3444 \quad C_2 = -2{,}3583 \quad D_2 = -1{,}3444$$

Nach Wiedereinsetzung von $p = 10^3\, x/\text{s}$ und Erweitern mit 10^6 ergibt sich endlich

$$\mathfrak{L}\{i_1\} = 22 \cdot \sqrt{2}\,\text{As} \left[\frac{-0{,}6432 + 7{,}7761 \cdot 10^{-3} \frac{p}{\text{s}^{-1}}}{\frac{p^2}{\text{s}^{-2}} + 10^4 \pi^2} + \frac{0{,}9775 + 2{,}2239 \cdot 10^{-3} \frac{p}{\text{s}^{-1}}}{\frac{p^2}{\text{s}^{-2}} + 600 \frac{p}{\text{s}^{-1}} + 150000} \right]$$

$$\mathfrak{L}\{i_2\} = 22 \cdot \sqrt{2}\,\text{As} \left[\frac{1{,}5517 + 1{,}3444 \cdot 10^{-3} \frac{p}{\text{s}^{-1}}}{\frac{p^2}{\text{s}^{-2}} + 10^4 \pi^2} - \frac{2{,}3583 + 1{,}3444 \cdot 10^{-3} \frac{p}{\text{s}^{-1}}}{\frac{p^2}{\text{s}^{-2}} + 600 \frac{p}{\text{s}^{-1}} + 150000} \right]$$

Schreibt man nun noch den zweiten Term in $\mathfrak{L}\{i_1\}$ in der Form

$$\frac{0{,}3103 + 2{,}2239 \cdot 10^{-3} \left(\frac{p}{\text{s}^{-1}} + 300 \right)}{\left(\frac{p}{\text{s}^{-1}} + 300 \right)^2 + 6 \cdot 10^4}$$

und den zweiten Term in $\mathfrak{L}\{i_2\}$ in der Form

$$\frac{1{,}9550 + 1{,}3444 \cdot 10^{-3} \left(\frac{p}{\text{s}^{-1}} + 300 \right)}{\left(\frac{p}{\text{s}^{-1}} + 300 \right)^2 + 6 \cdot 10^4}$$

so kann man die Rücktransformation direkt nach den Formeln der Korrespondenztafel F 42 ff. vornehmen und erhält

$$i_1 = 22 \cdot \sqrt{2}\,\text{A} \left[-\frac{0{,}6432}{100} \sin\left(\frac{100}{\text{s}}t\right) + 7{,}7761 \cdot 10^{-3} \cos\left(\frac{100}{\text{s}}t\right) \right.$$
$$\left. + e^{-\frac{300}{\text{s}}t} \left\{ \frac{0{,}3103}{244{,}95} \sin\left(\frac{244{,}95}{\text{s}}t\right) + 2{,}2239 \cdot 10^{-3} \cos\left(\frac{244{,}95}{\text{s}}t\right) \right\} \right]$$

und nach Zusammenfassen der Sinus- und Cosinusanteile gleicher Frequenz nach Gl. (149.2) und Runden

$$\frac{i_1}{\text{mA}} = 250{,}2 \cos\left(\frac{0{,}314}{\text{ms}}t + 0{,}257\right) + 79{,}6\, e^{-\frac{0{,}3}{\text{ms}}t} \cos\left(\frac{0{,}245}{\text{ms}}t - 0{,}518\right)$$

Ebenso erhält man

$$\frac{i_2}{\text{mA}} = 159{,}3 \cos\left(\frac{0{,}314}{\text{ms}}t - 1{,}305\right) - 251{,}8\, e^{-\frac{0{,}3}{\text{ms}}t} \cos\left(\frac{0{,}245}{\text{ms}}t - 1{,}404\right)$$

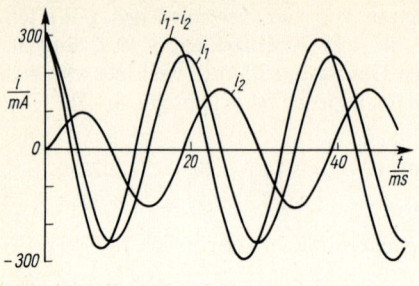

Das erste Glied jeder Gleichung beschreibt den stationären Strom in den bezeichneten Teilen der Schaltung in Bild **611**.1, das jeweils letzte Glied beschreibt den Einschwingvorgang, der wegen des Exponentialfaktors schnell abklingt.

Die Funktionen i_1, i_2 und $i_1 - i_2$ sind in Bild **614**.1 dargestellt.

614.1

14.3.4 Aufgaben zu Abschnitt 14.3

Man löse folgende Dgl. mit Hilfe der Laplace-Transformation ($y \equiv 0$ für $t < 0$).

1. $y' + 3y = \sin 10t \qquad y(0) = 0$

2. $y'' + 2y' + 5y = 3 \qquad y(0) = 0 \qquad y'(0) = 0$

3. $y^{(4)} + 4y''' + 6y'' + 4y' + y = 0 \qquad y(0) = 1 \qquad y^{(k)}(0) = 0 \qquad$ für $k = 1, 2, 3$

4. $y' + 6z + y = 0 \qquad y(0) = 1$
$z' + 5z + 2y = 0 \qquad z(0) = 0$

5. $y'' + 4z' + 3y = 0 \qquad z'' + 5y' + 2z = 0$
$y(0) = 1 \qquad y'(0) = 0 \qquad z(0) = 0 \qquad z'(0) = 0$

15 Statistik. Wahrscheinlichkeitsrechnung

Es gibt viele Vorgänge, bei denen eine interessierende Größe von so vielen Ursachen abhängt, daß diese nicht im einzelnen erfaßt werden können und es nicht gelingt, den Zusammenhang zwischen den einzelnen Einflüssen durch die in Abschn. 3.6 und 10 behandelten Funktionsgleichungen zu beschreiben. So sollen z.B. bei Artikeln einer Serienfertigung bestimmte Größen einen Sollwert erhalten. Bei jedem einzelnen Stück sind aber diese Größen von den verschiedensten Ursachen, wie dem jeweiligen Zustand der Werkzeuge, dem nicht völlig homogenen Material oder der Aufmerksamkeit eines Arbeiters abhängig. Trotzdem schwanken die Größen nicht regellos, sondern streuen um den Soll-Wert. In der Meßtechnik hängt der Meßwert ebenfalls von vielen unkontrollierbaren Einflüssen wie Lagerreibung im Meßinstrument oder mechanischer Trägheit von Schreibstiften ab. Auch hier streuen die Werte von Wiederholungsmessungen um einen Mittelwert (s. Abschn. 16.1). In der Kernphysik lassen sich die Beziehungen zwischen einzelnen Größen prinzipiell nicht mehr durch die Begriffe Ursache-Wirkung beschreiben, sondern nur noch durch die hier behandelten statistischen Gesetzmäßigkeiten.

Definition Die Statistik befaßt sich mit den Gesetzmäßigkeiten von Größen oder Ereignissen, die von vielen, im einzelnen nicht erfaßbaren Ursachen abhängen.

Die Statistik wurde im 18. Jahrhundert durch Bernoulli, Poisson und Gauß begründet. Sie baut auf der Wahrscheinlichkeitsrechnung auf. Leider besteht in der Literatur wenig Einheitlichkeit in bezug auf die Benennung von Formelzeichen und Größen. Hier wird in enger Anlehnung an DIN 55302, Statistische Auswertungsverfahren, und DIN 13303, Stochastik, vorgegangen. Bei Abweichungen wird in Klammern der entsprechende Ausdruck dieser DIN-Norm angegeben.

Aus den vorstehenden Anwendungsbeispielen der Statistik ergeben sich folgende Voraussetzungen: Es existiert eine beliebig große Anzahl von Elementen, die alle dem gleichen Ursachenkomplex unterliegen. Sie bilden die Grundgesamtheit. Die Forderung „beliebig groß" ist in der Praxis nicht streng erfüllbar und durch „sehr groß" zu ersetzen. Beispiele für Grundgesamtheiten sind: die Einwohner einer Großstadt, die Monatsproduktion eines Massenartikels, die Atome eines Milligramms Radium. Aus dieser Grundgesamtheit von N Elementen wird eine wesentlich kleinere Anzahl von n Elementen entnommen. Sie bilden die Stichprobe. Die tatsächliche Durchführung einer Stichprobenentnahme bietet bereits manche Probleme, auf die hier nicht eingegangen werden kann. Im Prinzip muß jedes Element der Grundgesamtheit die gleiche, von Null verschiedene Wahrscheinlichkeit (s. Abschn. 15.2) haben, in die Stichprobe aufgenommen zu werden. Bei jedem Element wird nun im einfachsten Falle eine Größe oder eine Eigenschaft, das Merkmal, festgestellt. Dieses Merkmal muß eindeutig durch eine Zahl oder eine Größe, den Beobachtungswert x_i, erfaßbar sein. Im Bereich der Technik, wo die

Merkmale meist physikalische Größen sind, ist diese Forderung unproblematisch. In anderen Anwendungsgebieten der Statistik (Medizin, Sozialwissenschaft, Psychologie) bildet die Zuordnung von Zahlenwerten zu Beobachtungen oft eine ernsthafte Schwierigkeit. Grundsätzliche Zweifel an der Statistik („Mit Statistik läßt sich alles beweisen.") haben ihre Ursache oft in einer fehlerhaft durchgeführten Zuordnung. Dies ist aber kein mathematisches Problem und wird deshalb hier nicht weiter behandelt.

In Abschn. 15.1 wird die Auswertung einer Stichprobenentnahme geschildert. Dieser erste Schritt wird als beschreibende (deskriptive) Statistik bezeichnet. Schwieriger ist der dann folgende Rückschluß von der Stichprobe auf die entsprechende Grundgesamtheit, die sog. analytische Statistik. Eine einfache Dreisatzrechnung darf hier keinesfalls angewandt werden. Schon eine intuitive Überlegung sagt, daß aus der Stichprobe keine sicheren Aussagen über die Grundgesamtheit möglich sind, sondern nur solche mit einer gewissen Wahrscheinlichkeit. Dieser Begriff wird in Abschn. 15.2 erklärt. Darauf aufbauend werden in Abschn. 15.3 einige theoretische Modelle von Grundgesamtheiten entwickelt. Bei diesen Modellen können die Eigenschaften der zugehörigen Stichproben exakt hergeleitet werden. Aus den tatsächlichen Stichproben wird nun umgekehrt auf Eigenschaften der Grundgesamtheit geschlossen. (Abschn. 15.4).

In Abschn. 15 wird nur ein zeitlich **konstantes** Merkmal betrachtet. Oft interessiert aber auch die Abhängigkeit eines Merkmals von der Zeit oder die Abhängigkeit zweier Merkmale voneinander. Diese Gebiete werden als **Trendanalyse** und **Regressionsanalyse** bezeichnet und in ihren Anfängen in Abschn. 16.3 behandelt.

15.1 Auswertung einer Stichprobe

15.1.1 Häufigkeitsverteilung. Häufigkeitssumme

Die bei den einzelnen Elementen festgestellten Beobachtungswerte x_i werden zunächst in einer **Urliste** zusammengestellt. Darin sind in beliebiger Reihenfolge die einzelnen Elemente mit einem Namen oder einer sonstigen Bezeichnung aufgeführt, neben jedes Element wird der betreffende Beobachtungswert geschrieben. Ist die Anzahl der Elemente größer als etwa 50, wird oft die **Häufigkeit** der einzelnen Beobachtungswerte festgestellt. Es wird abgezählt, wie oft jeder Beobachtungswert in der Stichprobe vorkommt. Dabei zeigt sich, daß es zwei prinzipiell verschiedene Arten von Merkmalen gibt. Bei den einen können nur diskrete, meist ganzzahlige Beobachtungswerte vorkommen, z.B. beim Merkmal „Anzahl der Kinder". Ein wichtiger Sonderfall dieser Gruppe sind Merkmale, die nur entweder vorhanden oder nicht vorhanden sind. Entweder ist ein Stück einer Lieferung Ausschuß oder nicht. Die Beobachtungswerte sind dann die beiden Zahlen 1 und 0. Bei der zweiten Art von Merkmalen sind die Beobachtungswerte stetig veränderlich, es können also beliebige reelle Zahlen auftreten. Zu dieser Gruppe gehören alle (klassischen) physikalischen Größen.

Wenn sich die Beobachtungswerte stetig ändern können, ist man gezwungen, alle Zahlen eines Intervalls zu einer Klasse zusammenzufassen. Die Wahl der geeigneten Anzahl k solcher Klassen ist nicht leicht. Ist k zu groß, so fallen in viele Klassen keine oder nur wenige Beobachtungswerte. Dadurch wird das anschließend zu zeichnende Diagramm sehr unruhig. Sind hingegen zu wenig Klassen vorhanden, gehen wertvolle Einzelheiten im Diagramm verloren. Im Extremfall nur einer Klasse erhält man als Diagramm ein Rechteck. Man benutzt folgende Faustformel zur Bestimmung der **Anzahl k der Klassen in einer Stichprobe** von n Elementen:

$$k \approx \sqrt{n} \qquad \text{wenn } 50 < n < 500 \qquad (617.1)$$

Für $n < 50$ ist das Feststellen von Häufigkeiten wenig sinnvoll. Für $n > 500$ wächst die Anzahl der Klassen langsamer, man wählt selten mehr als 30 Klassen. In DIN 55302, Statistische Auswertungsverfahren, Blatt 1, sind in einer Tafel Mindestzahlen von Klassen für verschiedene Stichprobenumfänge angegeben. Die einzelnen Klassen werden durch ihre **Klassenmitten** $\bar{x}_i$ (manchmal auch durch die Klassengrenzen) gekennzeichnet. Hierfür wählt man nach Möglichkeit glatte Zahlenwerte. Die meist konstante Differenz $\Delta x = \bar{x}_{i+1} - \bar{x}_i$ heißt die **Klassenbreite**. Sie kann aus der Anzahl k der Klassen und der Differenz zwischen dem größten und dem kleinsten Beobachtungswert $x_{\max} - x_{\min}$ berechnet werden

$$\Delta x = \frac{x_{\max} - x_{\min}}{k} \qquad (617.2)$$

In DIN 55302 wird als Faustformel $\Delta x < 0{,}6\,s$ angegeben. Dabei ist s die in Abschn. 15.1.2 erläuterte Standardabweichung. Diese Beziehung kann als Kontrolle von Gl. (617.2) benutzt werden, wenn der Verdacht besteht, daß $x_{\max}$ oder $x_{\min}$ sog. Ausreißer sind, d. h. Werte, die ungewöhnlich weit außerhalb der sonstigen Werte der Stichprobe liegen.

Das Ergebnis der Stichprobenuntersuchung wird nun durch eine der folgenden Funktionen dargestellt.

Definition Die Abszissenwerte der **Häufigkeitsverteilung** sind die Klassenmitten $\bar{x}_i$, die Ordinate eine der folgenden Größen.

a) die **absolute Häufigkeit** (Besetzungszahl) n_i ist die Anzahl der Beobachtungswerte, die in die i-te Klasse fallen. Die n_i-Werte werden zweckmäßig mit einer **Strichliste** gewonnen. Dazu werden die Klassenmitten $\bar{x}_i$ aufgeschrieben, die Beobachtungswerte der Reihe nach betrachtet und bei jedem Wert in der betreffenden Klasse ein Strich gemacht. Werte, die genau auf Klassengrenzen fallen, werden je zur Hälfte der oberen und unteren Klasse zugeordnet.

b) die **absolute Häufigkeitsdichte** (Besetzungsdichte)

$$g_i = \frac{n_i}{\Delta x} \qquad (617.3)$$

Manchmal wählt man die Klassenbreite an den Rändern der Verteilung größer als in der Mitte. Dann sind nur die g_i-Werte vergleichbar.

c) die **relative Häufigkeit**

$$h_i = \frac{n_i}{n} \qquad (617.4)$$

Diese auf den Stichprobenumfang n bezogene Größe wird meist in Prozenten angegeben und ist besonders anschaulich.

15.1 Auswertung einer Stichprobe

d) die relative Häufigkeitsdichte

$$\varphi_i = \frac{g_i}{n} = \frac{h_i}{\Delta x} = \frac{n_i}{n\,\Delta x} \qquad (618.1)$$

Diese Größe wird beim Vergleich verschiedener Stichproben und bei den Modellen der Grundgesamtheit in Abschn. 15.3 verwendet und heißt dort **Wahrscheinlichkeitsdichte**.

Definition Die Abszissenwerte der Häufigkeitssummen sind ebenfalls die Klassenmitten $\bar{x}_i$, die Ordinate eine der folgenden Größen.

a) die absolute Häufigkeitssumme (aufsummierte Besetzungszahl)

$$G_i = \sum_{j=1}^{i} n_j = \sum_{j=1}^{i} g_j\, \Delta x \qquad (618.2)$$

Eine Ordinate G_i gibt die Anzahl derjenigen Beobachtungswerte an, die nicht größer als die betreffende Abszisse x_i sind. Es ist $G_{\max} = n$.

b) die relative Häufigkeitssumme

$$\Phi_i = \sum_{j=1}^{i} h_j = \sum_{j=1}^{i} \varphi_j\, \Delta x \qquad (618.3)$$

Diese Größe wird wieder vorwiegend bei Betrachtung der Grundgesamtheit verwendet und heißt dort **Verteilungsfunktion**. Es ist $\Phi_{\max} = 1 = 100\%$.

Beispiel 1 In einer hier nicht aufgeführten Urliste stehen als Beobachtungswerte x_l die Durchmesser von 150 Wellen. Der Solldurchmesser beträgt 2,000 mm, der kleinste Beobachtungswert $x_{\min} = 1{,}966$ mm, der größte $x_{\max} = 2{,}022$ mm. Es sind eine Tafel und ein Diagramm der Häufigkeitsverteilung und der Häufigkeitssumme mit den in Gl. (617.3) bis (618.3) definierten Größen herzustellen.

Zunächst ist mit Gl. (617.1) und (617.2) die Klassenbreite Δx festzulegen. Man erhält $\Delta x = 5$ µm; als Klassenmitten wählt man $\bar{x}_i = 1{,}965$ mm; $1{,}970$ mm; …; $2{,}015$ mm; $2{,}020$ mm. Nun sind mit

Tafel 618.1

$\bar{x}_i$ mm	n_i	g_i µm^{-1}	h_i %	φ_i 10^{-2} µm^{-1}	G_i	Φ_i %
1,965	1	0,2	0,67	0,13	1	0,67
1,970	2	0,4	1,33	0,27	3	2,00
1,975	1	0,2	0,67	0,13	4	2,67
1,980	6	1,2	4,00	0,80	10	6,67
1,985	14	2,8	9,33	1,87	24	16,00
1,990	23	4,6	15,33	3,07	47	31,33
1,995	28	5,6	18,67	3,73	75	50,00
2,000	37	7,4	24,67	4,93	112	74,67
2,005	22	4,4	14,67	2,93	134	89,34
2,010	11	2,2	7,33	1,47	145	96,67
2,015	4	0,8	2,67	0,53	149	99,34
2,020	1	0,2	0,67	0,13	150	100,01

der Urliste die absoluten Häufigkeiten n_i in den einzelnen Klassen festzustellen. Dabei fallen z. B. in die Klasse $\bar{x}_i = 2{,}000$ mm alle Beobachtungswerte 1,998 mm $\leq x_i \leq$ 2,002 mm. Wenn Beobachtungswerte exakt mit Klassengrenzen zusammenfallen, werden sie je zur Hälfte der oberen und unteren Klasse zugezählt.

Tafel **618**.1 zeigt die n_i-Werte und die daraus berechneten Größen beider Funktionen. Aus den Tafelwerten erhält man in den Diagrammen diskrete Punkte. Es ist üblich, die Häufigkeitsverteilung in der in Bild **619**.1 a gezeigten Säulenform (Histogramm) darzustellen. Dadurch wird die Zusammenfassung der Beobachtungswerte in Klassen, die ja mit einer gewissen Willkür behaftet ist, graphisch zum Ausdruck gebracht. Je kleiner die Klassenbreite ist, um so mehr nähert sich die Säulendarstellung einem stetigen Graphen. Bei der Häufigkeitssumme (**619**.1 b) ist zu beachten,

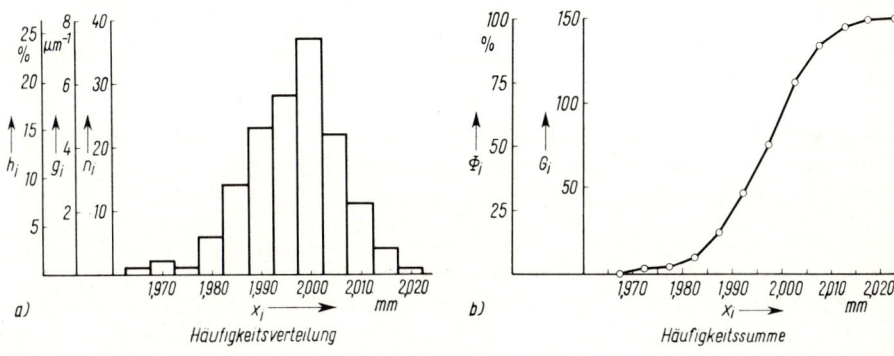

619.1

daß die Funktionswerte nicht über den Klassenmitten, sondern den **rechten Klassengrenzen** aufzutragen sind, da erst dort der jeweilige Wert der Summe erreicht ist. Wird für die Häufigkeitsverteilung die Säulendarstellung gewählt, so werden die Punkte der Häufigkeitssumme durch Strecken verbunden. Durch Wahl verschiedener Einheitslängen auf der Ordinate kann erreicht werden, daß sich in zwei Diagrammen jeweils nur ein Graph für g_i, h_i und φ_i bzw. G_i und Φ_i ergibt. Dies ist möglich, weil sich die verschiedenen Größen nur durch konstante Faktoren unterscheiden. Alle Ordinaten sind stets mit glatten Zahlenwerten zu beschriften. Im allgemeinen genügt eine dieser Funktionen zur Beschreibung der Stichprobe.

15.1.2 Kennwerte der Stichprobe

Durch die Häufigkeitsverteilung oder die Häufigkeitssumme wird die Stichprobe vollständig beschrieben. Oft genügen knappere Angaben, die Kennwerte. Das Berechnen dieser Kennwerte ist auch bei kleinem Stichprobenumfang nützlich ($5 < n < 50$), wenn die Ermittlung einer der Funktionen wenig sinnvoll ist. Ein wichtiges Beispiel hierfür sind die in Abschn. 16.1 behandelten mehrfachen Messungen einer konstanten Größe.

Meist werden zwei Kennwerte angegeben. Der eine kennzeichnet die „Mitte" der Verteilung, der andere ihre „Streuung", d. h., er gibt an, wie weit die einzelnen Werte von der Mitte entfernt sind. Es gibt verschiedene Möglichkeiten, Kennwerte zu definieren. Zwischen den verschiedenen Definitionen bestehen keine mathematischen Beziehungen.

15.1 Auswertung einer Stichprobe

Definition Der **häufigste Wert** H (Modalwert) ist die Merkmalzahl, die am häufigsten auftritt. Die **Spannbreite** R ist die Differenz zwischen größter und kleinster Merkmalzahl.

Der Vorteil dieses Zahlenpaars liegt in der Möglichkeit der sehr einfachen Ermittlung. Deshalb wird es z. B. bei Qualitätskontrollen verwendet, die während der laufenden Produktion durchgeführt werden.

Definition Der **Medianwert** M ist die Merkmalzahl, die einer relativen Häufigkeitssumme von 50% entspricht. Die **wahrscheinlichen Grenzen** sind die Merkmalzahlen bei den Häufigkeitssummen von 25% und 75%.

Innerhalb der wahrscheinlichen Grenzen liegen also laut Definition 50% der Elemente. Diese Kennwerte werden vorwiegend bei nicht-technischen Anwendungen der Statistik benutzt, bei denen es oft nicht möglich ist, den Beobachtungswerten absolute Zahlenwerte zuzuordnen. Man kann sie aber ordnen, d. h., von jedem Wert sagen, ob er größer oder kleiner als ein anderer ist. Bei einer ungeraden Anzahl von Elementen entspricht der Medianwert demjenigen Element, bei dem die Anzahl der größeren und der kleineren Elemente gleich groß sind.

Beispiel 2 Bei der Stichprobe von Beispiel 1, S. 618, beträgt der **häufigste Wert** $H = 2,000$ mm und die **Spannbreite** $R = 2,020$ mm $- 1,965$ mm $= 0,055$ mm.
Der **Medianwert** ist $M = 1,995$ mm. Für die wahrscheinlichen Grenzen erhält man durch Interpolation zwischen den benachbarten Klassen $x_{25} = 1,9879$ mm und $x_{75} = 2,0001$ mm.

In Naturwissenschaft und Technik werden vorwiegend die beiden folgenden Kennwerte benutzt. Sie entsprechen den auf S. 637 behandelten Parametern der Grundgesamtheit.

Definition Der **Mittelwert** $\bar{x}$ ist das arithmetische Mittel der Beobachtungswerte[1])

$$\bar{x} = \frac{1}{n} \sum_{i=1}^{n} x_i = \frac{1}{n} \sum x_i \tag{620.1}$$

Diese Gleichung ist für eine Zahlenrechnung nur bei kleinem Stichprobenumfang zweckmäßig, wenn unmittelbar die Urliste benutzt wird. Verwendet man zur Berechnung von $\bar{x}$ die Häufigkeitstafel, so ist die Summe der Beobachtungswerte der i-ten Klasse angenähert $n_i \bar{x}_i$. Damit erhält man mit Gl. (617.4) für den Mittelwert aus Klassenmitten

$$\bar{x} \approx \frac{1}{n} \sum n_i \bar{x}_i = \sum h_i \bar{x}_i \tag{620.2}$$

Definition Die Streuung der Beobachtungswerte um den Mittelwert wird durch die **Standardabweichung** s oder deren Quadrat, die **Varianz**, zum Ausdruck gebracht

$$s^2 = \frac{1}{n-1} \sum (x_i - \bar{x})^2 \tag{620.3}$$

---

[1]) Die Grenzen des Summenzeichens werden im folgenden weggelassen, da stets über alle Beobachtungswerte bzw. alle Klassen zu summieren ist.

15.1.2 Kennwerte der Stichprobe

Der Grundgedanke dieser Definition ist, einen „Mittelwert" aus den Abweichungen $(x_i - \bar{x})$ zu bilden. Nun ist aber die Summe dieser Abweichungen stets Null und deshalb als Kennwert nicht geeignet

$$\sum (x_i - \bar{x}) = \sum x_i - \sum \bar{x} = \sum x_i - n \frac{\sum x_i}{n} = 0$$

Zur Vermeidung dieser Schwierigkeit könnte man z.B. die Summe der Absolutwerte dieser Differenzen bilden. (Bei der Auswertung von Messungen wird dies auch manchmal getan). Nach einem Vorschlag von Gauß wird aber meist die Summe der Quadrate der Differenzen benutzt. Anders als in Gl. (620.1) wird nun diese Summe nicht durch n, sondern durch $n-1$ dividiert. Der Grund hierfür wird in Abschn. 15.4.1 erläutert. Bei großem Stichprobenumfang setzt man oft $(n-1) \approx n$.

Gl. (620.3) wird nun in eine Form gebracht, aus der s^2 numerisch in einem Rechnungsgang zusammen mit $\bar{x}$ berechnet werden kann. Wird die Klammer ausquadriert und werden die Summen einzeln gebildet, erhält man mit $\sum \bar{x}^2 = n\bar{x}^2$ und Gl. (620.1)

$$(n-1)s^2 = \sum x_i^2 - 2\bar{x} \sum x_i + n\bar{x}^2 = \sum x_i^2 - \frac{1}{n}[\sum x_i]^2$$

Damit ergibt sich für die Berechnung von s aus einzelnen Beobachtungswerten

$$s^2 = \frac{1}{n(n-1)} [n \sum x_i^2 - (\sum x_i)^2] \tag{621.1}$$

Soll s aus einer Häufigkeitstafel berechnet werden, benutzt man auch hier die Klassenmitten $\bar{x}_i$. Jede Differenz $(\bar{x}_i - \bar{x})$ und somit auch jedes Quadrat in der Summe von Gl. (620.3) kommt n_i-mal (und nicht etwa n_i^2-mal) vor. Mit der Näherung $(n-1) \approx n$ erhält man für die Berechnung von s aus Klassenmitten

$$s^2 \approx \frac{1}{n-1} \sum (\bar{x}_i - \bar{x})^2 n_i \approx \frac{1}{n^2} [n \sum (n_i \bar{x}_i^2) - (\sum n_i \bar{x}_i)^2] \tag{621.2}$$

Für die Gl. (620.1) und (621.1) sind auf vielen Taschenrechnern feste Programme vorhanden. Ein Zahlenbeispiel findet sich in Beispiel 1, S. 656. Das folgende Beispiel zeigt die Anwendung der Gl. (620.2) und (621.2).

Beispiel 3 Aus der Häufigkeitstafel 618.1 sind Mittelwert und Standardabweichung zu berechnen. Es ist $\sum n_i \bar{x}_i = 299{,}48000$ mm und $\sum n_i \bar{x}_i^2 = 597{,}93515$ mm^2.
Damit wird mit Gl. (620.2)

$$\bar{x} = 299{,}48000 \text{ mm}/150 = 1{,}9965 \text{ mm}$$

und mit Gl. (621.2)

$$s^2 = (89\,690{,}2725 \text{ mm}^2 - 89\,688{,}2704 \text{ mm}^2)/22\,500 = 8{,}898 \cdot 10^{-5} \text{ mm}^2$$

Damit ist $s = 9{,}43\,\mu\text{m}$.
Die beiden Summen in Gl. (621.2) ergeben meist sehr nahe beieinanderliegende Werte. Deshalb ist stets mit voller Stellenzahl zu rechnen.

15.1.3 Aufgaben zu Abschnitt 15.1

1. Aus den nachstehenden Tafeln sind die Tafeln der relativen Häufigkeitsdichte und der relativen Häufigkeitssumme zu berechnen.
a) Tafel **622**.1 zeigt eine Stichprobe elektrischer Widerstände,
b) Tafel **622**.2 zeigt eine Stichprobe von Durchmessern von Schrauben.

Tafel **622**.1
Widerstände

$\dfrac{\bar{x}_i}{\Omega}$	n_i
840	2
844	4
848	21
852	45
856	58
860	44
864	20
868	5
872	1

Tafel **622**.2
Durchmesser

$\dfrac{\bar{x}_i}{\text{mm}}$	$\dfrac{h_i}{\%}$
5,63	3
5,64	13
5,65	32
5,66	23
5,67	14
5,68	8
5,69	4
5,70	2
5,71	1

2. Für die Stichproben von Aufgabe 1 sind zu bestimmen:
a) Medianwert und wahrscheinliche Grenzen,
b) Mittelwert und Standardabweichung.

15.2 Wahrscheinlichkeitsrechnung

Wird der Umfang n einer Stichprobe vergrößert, so nähern sich in vielen Fällen die relativen Häufigkeiten h_i der Beobachtungswerte bzw. der Klassenmitten konstanten Werten. Die Möglichkeit der beliebigen Annäherung an diese konstanten Werte ist in umfangreichen Versuchsreihen nachgewiesen worden. Wenn die Existenz derartiger Grenzwerte vermutet werden kann, spricht man von einem Zufallsversuch und nennt diesen Grenzwert die Wahrscheinlichkeit p_i für das Auftreten des betr. Beobachtungswertes

$$p_i = \lim_{n \to \infty} h_i \tag{622.1}$$

Klassische Beispiele für Zufallsversuche sind das Würfeln (bei einem „echten" Würfel besteht für jede Augenzahl die gleiche Wahrscheinlichkeit $p = 1/6 = 16,67\%$) und das Ziehen von Kugeln aus einer verdeckten Urne. Viele Probleme der Statistik lassen sich auf diesen Urnenversuch zurückführen. Die Menge der Kugeln in der Urne kann als Grundgesamtheit, die Menge der gezogenen Kugeln als Stichprobe betrachtet werden.
Wie in anderen Zweigen der Mathematik abstrahiert man auch in der Wahrscheinlichkeitsrechnung von den eben beschriebenen Erfahrungstatsachen und beginnt mit der

Aufstellung von Axiomen, die durch die Versuche mit hinreichender Genauigkeit realisiert werden können. Aus den Axiomen werden Folgerungen gezogen. Eine ist z.B. die der Existenz der Gl. (622.1). Die exakte mathematische Formulierung dieser Aussage ist das oft zitierte **Gesetz der großen Zahlen**.

15.2.1 Grundbegriffe und Definitionen

Definition Ein **Stichprobenraum** (Ergebnismenge) Ω ist eine Menge mit den r Elementen $\omega_1, \omega_2, \omega_3, \ldots, \omega_r$, den **Elementarereignissen** (Ergebnissen). Ein **Ereignis** A ist eine Teilmenge von Ω mit $a \leq r$ Elementen.

Der Menge Ω wird ein beliebiges Element ω_i entnommen. Ist

$\quad \omega_i \in A,$ so ist das Ereignis eingetreten,

$\quad \omega_i \notin A,$ so ist das Ereignis nicht eingetreten.

Es handelt sich um einen **Zufallsversuch**, wenn folgende Axiome erfüllt sind:

1. Jedem $\omega_i \in \Omega$ kann eine Zahl p_i mit $0 \leq p_i \leq 1$ zugeordnet werden. Sie heißt die **Wahrscheinlichkeit** [1]) für das Eintreten von ω_i.
2. Es gilt

$$p(\Omega) = \sum_{i=1}^{r} p_i = 1 \qquad (623.1)$$

r wird zunächst als endlich angenommen. Axiom 2 gilt aber auch für $r \to \infty$.

3. Die Wahrscheinlichkeit für das Eintreten des Ereignisses A ist

$$p(A) = \sum_{i=j}^{l} p_i \qquad (623.2)$$

Es sind die Wahrscheinlichkeiten aller zu A gehörigen Elementarereignisse zu summieren.

Dieses Axiomensystem bietet keine Möglichkeit, die Wahrscheinlichkeiten p_i in einem konkreten Fall zu bestimmen. Wie die folgenden Beispiele zeigen, werden sie in der Wahrscheinlichkeitsrechnung i. allg. vorgegeben, und die Aufgabe besteht in der Berechnung der Wahrscheinlichkeit von komplizierteren Ereignissen. In der Statistik hingegen will man aus empirischen Beobachtungen die p_i der Elemente des Stichprobenraums schätzen.

Bei einem Würfel besteht z.B. der Stichprobenraum aus den Augenzahlen 1 bis 6. In der Wahrscheinlichkeitsrechnung setzt man voraus, daß bei einem echten Würfel $p_i = p = 1/6$ für alle Augenzahlen ist. Dann fragt man z.B. nach der Wahrscheinlichkeit, mit zwei echten Würfeln bei 24 Würfen mindestens eine Doppelsechs zu werfen (s. Beispiel 3, S. 627). Die vorstehenden Axiome können aber auch bei einem falschen Würfel erfüllt sein, bei dem die p_i der einzelnen Augenzahlen verschieden sind. Eine Aufgabe der Statistik wäre es z.B., durch mehrfaches Werfen festzustellen, ob ein Würfel echt ist (s. Beispiel 8, S. 644).

---

[1]) Nach DIN 13 303, Stochastik, wird die Wahrscheinlichkeit mit P bezeichnet.

15.2 Wahrscheinlichkeitsrechnung

Der Spezialfall, daß alle Elementarereignisse die gleiche Wahrscheinlichkeit $p_i = p$ haben, tritt häufig auf. Man nennt dann den Stichprobenraum einen **Laplace-Raum**. In diesem Fall gilt

$$p(A) = \frac{a}{r} \qquad (624.1)$$

Beweis. Aus Gl. (623.2) folgt $p(A) = a\,p$. Aus Gl. (623.1) ergibt sich $r\,p = 1$ und daraus mit $p = 1/r$ Gl. (624.1). □

Die Anzahl a wird oft die Anzahl der günstigen und die Anzahl r die der möglichen Fälle genannt. Die Berechnung dieser Zahlen führt in das Gebiet der Kombinatorik, Abschn. 1.2.3.

Mehrstufenversuch Bisher wurde stillschweigend vorausgesetzt, daß jedes Elementarereignis ω_i durch einen Zahlenwert (z.B. seinen Index) beschrieben wird. Dies ist im Prinzip zwar stets möglich, aber oft ist, von ganz einfachen Fällen abgesehen, eine andere Beschreibung zweckmäßiger. Die meisten Aufgaben der Wahrscheinlichkeitsrechnung und Statistik beziehen sich nämlich auf Mehrstufenversuche. Eine allgemeine Definition dieses Begriffs ist bereits sehr abstrakt, deshalb wird er nur an Beispielen erklärt. Beim Würfeln liegt ein Mehrstufenversuch vor, wenn mehrfach mit einem Würfel oder mit mehreren Würfeln gleichzeitig geworfen wird. Beim Urnenbeispiel werden mehrere Kugeln gezogen.

Es ist nun zweckmäßig, die Elementarereignisse eines Versuches mit n Stufen durch n-Tupel zu beschreiben, wobei die einzelnen Komponenten jedes Tupels Aussagen über das Ergebnis der betr. Stufe machen. So sind z.B. die Elementarereignisse zweier Würfe mit einem Würfel

$$\omega_1 = (1, 1);\ \omega_2 = (1, 2);\ \omega_3 = (1, 3);\ \ldots;\ \omega_{36} = (6, 6)$$

Bezeichnet man die Wahrscheinlichkeiten der Ergebnisse in den einzelnen Stufen mit p'_j, so gilt als weiteres Axiom

4. Die Wahrscheinlichkeit p_i eines Elementarereignisses (n-Tupels) eines Mehrstufenversuches ist

$$p_i = \prod_{j=1}^{n} p'_j \qquad (624.2)$$

Je nach der Art der Durchführung des Versuchs sind die folgenden Unterscheidungen erforderlich.

Definition Bei **geordneten Stichproben** gelten zwei n-Tupel als verschieden, wenn sie die gleichen Komponenten in verschiedener Reihenfolge haben. Werden diese n-Tupel als ein Elementarereignis betrachtet, so handelt es sich um eine **ungeordnete Stichprobe**.

Wirft man zweimal mit einem Würfel oder einmal mit zwei Würfeln verschiedener Farbe, so sind z.B. die Würfe 1, 2 und 2, 1 zu unterscheiden: die Stichprobe ist geordnet. Wirft man hingegen gleichzeitig mit zwei gleichen Würfeln, können die Würfe 1, 2 und 2, 1 nicht unterschieden werden: die Stichprobe ist ungeordnet. Auch beim Ziehen von numerierten Kugeln aus einer Urne kann die Reihenfolge der Zahlen eine Rolle spielen oder belanglos sein (Zahlen-Lotto, s. Beispiel 11, S. 42).

Definition Die einzelnen Stufen eines Versuches sind voneinander unabhängig, wenn die Wahrscheinlichkeit p'_j für ein bestimmtes Ergebnis stets gleich und unabhängig von der Stufe ist, in welcher es eintritt.

Beim Würfeln ist die Ausgangssituation stets gleich, deshalb sind die Stufen stets voneinander unabhängig. Beim Ziehen von Kugeln aus einer Urne ist die Ausgangssituation nur dann gleich, wenn jede gezogene Kugel vor der nächsten Ziehung zurückgelegt wird. Werden die Kugeln nicht zurückgelegt oder werden mehrere Kugeln mit einem Griff gezogen, so sind die Stufen nicht mehr voneinander unabhängig (s. Beispiel 13, S. 43 und Beispiel 16, S. 43). Wenn die n-Tupel eines Mehrstufenversuches alle die gleiche Wahrscheinlichkeit haben, kann Gl. (624.1) angewandt werden. Die Anzahl r der Elemente von Ω kann aus der Anzahl m der Möglichkeiten in jeder Stufe und der Anzahl n der Stufen mit den in Abschn. 1.2.3 hergeleiteten Gleichungen berechnet werden. Der Buchstabe m hat in Abschn. 1.2.3 und hier die gleiche Bedeutung, die Anzahl n entspricht in der Kombinatorik der Anzahl der Klassen und wird deshalb dort allgemein mit k bezeichnet. Man erhält mit den vorstehend erläuterten Begriffen für die Anzahl r der Elemente in Ω Tafel **625.1**.

Tafel **625.1**

	geordnete Stichproben	ungeordnete Stichproben
ohne Zurücklegen, abhängige Stufen	$\dfrac{m!}{(m-n)!}$	$\binom{m}{n}$
mit Zurücklegen, unabhängige Stufen	m^n	$\binom{m+n-1}{n}$

Für die Anzahl a der Elemente in A lassen sich keine allgemeinen Formeln angeben. Oft wird a durch Abzählen bestimmt.

Ob die Elementarereignisse alle die gleiche Wahrscheinlichkeit haben, hängt davon ab, wie man den Stichprobenraum definiert. Eine zweckmäßige Definition ist für die Lösung gegebener Aufgaben oft von entscheidender Bedeutung. In den folgenden beiden Beispielen werden jeweils zwei Lösungswege gezeigt, die sich aus unterschiedlichen Definitionen des Stichprobenraums ergeben.

Beispiel 1 In einer Urne befinden sich zwei weiße und drei rote Kugeln. Es werden mit Zurücklegen jeder Kugel zwei Kugeln gezogen. Wie groß ist die Wahrscheinlichkeit, zwei Kugeln verschiedener Farbe zu ziehen?
Zunächst wird der Stichprobenraum so definiert, daß man gleichwahrscheinliche Elementarereignisse erhält (Laplace-Raum). Hierzu muß man sich vorstellen, daß die Kugeln numeriert sind. Kugel 1 und 2 seien weiß, die anderen rot. Der Stichprobenraum besteht dann aus den geordneten Paaren der Zahlen 1 bis 5. Nach Tafel **625.1** ist

$r = 5^2 = 25$

Das Ereignis ist $A = \{(1, 3); (1, 4); (1, 5); (2, 3); (2,4); (2,5); (3,1); (3,2); (4,1); (4,2); (5,1); (5,2)\}$. Damit ist $a = 12$, und nach Gl. (624.1) erhält man $p(A) = 12/25 = 48\%$.

Eine elegantere Lösung ergibt sich beim Verzicht auf einen Laplace-Raum. Mit w für weiß und r für rot definiert man auf Grund der möglichen Ergebnissen der beiden Ziehungen

$$\Omega = \{\text{ww}; \text{wr}; \text{rw}; \text{rr}\}$$

Die Wahrscheinlichkeiten dieser Elementarereignisse lassen sich mit dem in Bild **626**.1 gezeigten **Wahrscheinlichkeitsbaum** berechnen. Die waagerechten Zeilen entsprechen den Stufen. In jede Zeile werden die Symbole für die möglichen Ergebnisse geschrieben. Die Elemente der Zeilen werden durch die schrägen Äste verbunden. An jeden Ast werden die betr. Wahrscheinlichkeiten p_i' geschrieben. Die Wahrscheinlichkeiten p_i ergeben sich nach Gl. (624.2) durch Multiplikation entlang der Äste. Dieses Verfahren empfiehlt sich insbesondere bei abhängigen Stufen. Hier erhält man folgende Tafel

Ω	ww	wr	rw	rr
p_i	$\dfrac{4}{25}$	$\dfrac{6}{25}$	$\dfrac{6}{25}$	$\dfrac{9}{25}$

Das Ereignis ist $A = \{\text{wr}; \text{rw}\}$. Mit Gl. (623.2) erhält man $p(A) = 6/25 + 6/25 = 12/25 = 48\%$.

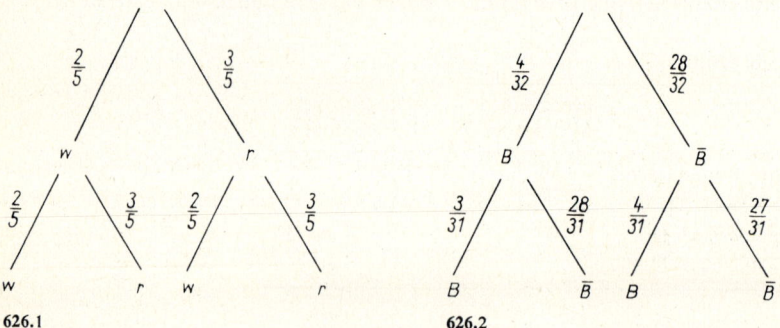

626.1   626.2

Beispiel 2 Wie groß ist die Wahrscheinlichkeit, beim Skatspiel (32 Karten) im Skat zwei Buben zu finden?

Hier handelt es sich um Ziehen ohne Zurücklegen (abhängige Stufen). Da die Reihenfolge der Buben keine Rolle spielt, ist es eine ungeordnete Stichprobe. Für einen Laplace-Raum erhält man aus Tafel **625**.1 $r = \binom{32}{2} = 496$. Die Anzahl der Elemente in A ist $a = \binom{4}{2} = 6$. Damit wird nach Gl. (624.1) $p(A) = 6/496 = 1{,}21\%$.

Auch hier kann mit einem Wahrscheinlichkeitsbaum gearbeitet werden (**626**.2) B bedeutet Ziehen eines Buben, $\bar{B}$ kein Bube. Man erhält die folgende Tafel, aus der sich für $p(BB)$ das gleiche Ergebnis wie eben ergibt

Ω	BB	B$\bar{B}$	$\bar{B}$B	$\bar{B}\bar{B}$
p_i	$\dfrac{6}{496}$	$\dfrac{56}{496}$	$\dfrac{56}{496}$	$\dfrac{348}{496}$

Beispiel 3 Ist es wahrscheinlicher, bei 4 Würfen mit einem Würfel mindestens eine Sechs oder bei 24 Würfen mit zwei Würfeln mindestens eine Doppelsechs zu werfen?

Die erstmalige Beantwortung dieser Frage stellt den historischen Anfang der Wahrscheinlichkeitsrechnung dar. Beim Würfeln sind die Stufen stets voneinander unabhängig. Bei dieser Aufgabe ist es zweckmäßig, den Stichprobenraum als Laplace-Raum zu definieren. Im ersten Fall haben die verschiedenen 4-Tupel nur dann die gleiche Wahrscheinlichkeit, wenn man sie als geordnete Tupel auffaßt. Aus Tafel 625.1 erhält man $r = 6^4$. Von diesen Zahlenfolgen enthalten 5^4 keine Sechs, also $a = 6^4 - 5^4$ mindestens eine Sechs. Damit wird nach Gl. (624.1)

$$p_1 = \frac{6^4 - 5^4}{6^4} = 51{,}8\,\%$$

Mit zwei Würfeln gibt es bereits bei einem Wurf $6^2 = 36$ Möglichkeiten. Der Laplace-Raum hat also bei 24 Würfen 36^{24} Elemente. Davon enthalten 35^{24} keine Doppelsechs. Damit wird

$$p_2 = \frac{36^{24} - 35^{24}}{36^{24}} = 49{,}1\,\%$$

Bei dieser Aufgabe ist die Aufstellung eines Wahrscheinlichkeitsbaumes unzweckmäßig.

15.2.2 Zusammengesetzte Wahrscheinlichkeiten

In einem Stichprobenraum kann mehr als ein Ereignis definiert werden. Mit Ausnahme einiger Spezialfälle beschränken sich die folgenden Betrachtungen auf zwei Ereignisse A und B. Die Erweiterung auf mehr als zwei Ereignisse findet man z.B. in [23].

Definition Sind A und B Ereignisse in Ω, so sind $A \cup B$ sowie $A \cap B$ ebenfalls Ereignisse. Die Wahrscheinlichkeiten $p(A \cup B)$ sowie $p(A \cap B)$ heißen zusammengesetzte Wahrscheinlichkeiten.

Für die Elemente ω_j der Vereinigungsmenge $A \cup B$ gilt

$$\{\omega_j | \omega_j \in A \cup B\} = \{\omega_j | \omega_j \in A \vee \omega_j \in B\}$$

In der rechten Seite dieser Gleichung tritt das logische Symbol „oder" auf. Deshalb nennt man $p(A \cup B)$ die Wahrscheinlichkeit „entweder – oder". Für die Elemente ω_k der Durchschnittsmenge $A \cap B$ gilt

$$\{\omega_k | \omega_k \in A \cap B\} = \{\omega_k | \omega_k \in A \wedge \omega_k \in B\}$$

In der rechten Seite dieser Gleichung tritt das logische Symbol „und" auf. Es ist üblich, $p(A \cap B)$ die Wahrscheinlichkeit „sowohl als auch" zu nennen. Aus den gegebenen Wahrscheinlichkeiten $p(A)$ und $p(B)$ sollen die zusammengesetzten Wahrscheinlichkeiten berechnet werden.

Wahrscheinlichkeit „entweder – oder" Hier gilt

$$p(A \cup B) = p(A) + p(B) - p(A \cap B) \tag{627.1}$$

Beweis. Wegen der Definition der Ereignisse als Mengen dürfen auch die entsprechenden Wahrscheinlichkeiten als Flächen im Venn-Diagramm veranschaulicht werden.

628 15.2 Wahrscheinlichkeitsrechnung

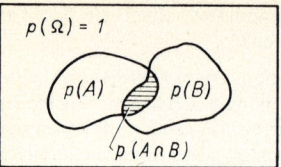

Gl. (627.1) ergibt sich damit unmittelbar aus Bild **628.1**. Die der Wahrscheinlichkeit $p(A \cap B)$ entsprechende Fläche muß einmal abgezogen werden, weil diese schon bei $p(A)$ und $p(B)$, also zweimal, mitgezählt wurde. □

628.1

Die Wahrscheinlichkeit $p(A \cap B)$ wird im folgenden Beispiel unmittelbar berechnet. Eine ausführliche Behandlung erfolgt anschließend.

Beispiel 4 Wie groß ist die Wahrscheinlichkeit mit einem Wurf eines Würfels entweder eine gerade Zahl oder eine Zahl größer als 4 zu werfen?

$A = \{2; 4; 6\}$ $\quad p(A) = 1/2$
$B = \{5; 6\}$ $\quad p(B) = 1/3$
$A \cap B = \{6\}$ $\quad p(A \cap B) = 1/6$

Damit erhält man nach Gl. (627.1) $p(A \cup B) = 1/2 + 1/3 - 1/6 = 2/3$. Diese Wahrscheinlichkeit kann in diesem einfachen Beispiel natürlich unmittelbar aus $A \cup B = \{2; 4; 5; 6\}$ bestimmt werden.

Definition Ist $A \cap B = \emptyset$, so heißen die Ereignisse A und B **unvereinbar** (fremd).

In diesem Falle ist $p(A \cap B) = 0$, und Gl. (627.1) vereinfacht sich: für unvereinbare Ereignisse ist die Wahrscheinlichkeit „entweder – oder"

$$p(A \cup B) = p(A) + p(B) \tag{628.1}$$

Gl. (628.1) folgt auch unmittelbar aus den Axiomen auf S. 623. Deshalb dürfen in diesem Fall auch die Wahrscheinlichkeiten von mehr als zwei Ereignissen addiert werden. Ein in der Statistik wichtiger Spezialfall der unvereinbaren Ereignisse ist $B = A^*$ (Komplementärereignis). Beispiel: A ist Ausschuß, A^* ist kein Ausschuß. Wegen $A \cup A^* = \Omega$ und $p(\Omega) = 1$ erhält man aus Gl. (628.1) die Wahrscheinlichkeit für das Komplementärereignis

$$p(A^*) = 1 - p(A) \tag{628.2}$$

Wahrscheinlichkeit „sowohl als auch" Hierfür muß zunächst ein weiterer Begriff eingeführt werden, der in Verbindung mit einer in der Praxis häufigen Darstellungsart statistischer Ergebnisse erklärt wird. Die Wahrscheinlichkeiten zweier Ereignisse A und B sowie die ihrer Komplemente können in folgender Weise in einer sog. **Vierfeldertafel 629**.1 dargestellt werden. Die Randreihen sind die Summen der entsprechenden Zeilen und Spalten.

Tafel **629**.2 zeigt ein Zahlenbeispiel aus der Fertigungstechnik. Ein Gerät kann mechanische und/oder elektrische Defekte haben. Der oberen Zeile entnimmt man, daß 90% der Geräte elektrisch, der linken Spalte, daß 80% mechanisch in Ordnung sind. Der Leiter der mechanischen Fertigung wird aber gegen diese Aussage protestieren und ein-

Tafel 629.1

	A	A^*	
B	$p(A \cap B)$	$p(A^* \cap B)$	$p(B)$
B^*	$p(A \cap B^*)$	$p(A^* \cap B^*)$	$p(B^*)$
	$p(A)$	$p(A^*)$	1

Tafel 629.2

	mechanisch in Ordnung	defekt	
in Ordnung elektrisch	0,75	0,15	0,90
defekt	0,05	0,05	0,10
	0,80	0,20	1,00

wenden: für die elektrischen Defekte bin ich nicht verantwortlich. Ein Gerät darf also nur unter der Voraussetzung, daß es elektrisch in Ordnung ist, auf mechanische Tauglichkeit untersucht werden. Die Qualität meiner Fertigung ergibt sich also aus $0,75/0,90 = 83,3\%$. Ausgehend von diesem Beispiel gelangt man zu folgender

Definition Die **bedingte Wahrscheinlichkeit** von A unter der Voraussetzung, daß B eingetreten ist, lautet

$$p(A/B) = \frac{p(A \cap B)}{p(B)} \qquad (629.1)$$

Entsprechend ist die bedingte Wahrscheinlichkeit von B unter der Voraussetzung, daß A eingetreten ist

$$p(B/A) = \frac{p(A \cap B)}{p(A)} \qquad (629.2)$$

Mit diesem Begriff erhält man aus Gl. (629.1) und (629.2) für die Wahrscheinlichkeit „sowohl als auch"

$$p(A \cap B) = p(A)\, p(B/A) = p(A/B)\, p(B) \qquad (629.3)$$

Wie bei der Wahrscheinlichkeit „entweder – oder" gibt es auch hier einen wichtigen Spezialfall:

Definition Gilt

$$p(A \cap B) = p(A)\, p(B) \qquad (629.4)$$

so nennt man die Ereignisse A und B voneinander **unabhängig**.

Bei Vergleich von Gl. (629.3) und (629.4) erkennt man, daß in diesem Fall $p(B) = p(B/A)$ ist. Die Wahrscheinlichkeit von B ist also unabhängig davon, ob A eingetreten ist oder nicht. Ebenso gilt bei Unabhängigkeit $p(A) = p(A/B)$. Bei Unabhängigkeit kann die Wahrscheinlichkeit „sowohl als auch" bei mehr als zwei Ereignissen ebenfalls durch Multiplikation der Einzelwahrscheinlichkeiten berechnet werden.

Man beachte, daß sich unabhängige und unvereinbare Ereignisse gegenseitig ausschließen. Bei letzteren ist laut Definition $p(A \cap B) = 0$. Gl. (629.3) und (629.4) entsprechen Gl. (624.2) für einen Zwei-Stufen-Versuch. Deutet man A als Ergebnis der 1. und B als das der 2. Stufe, so ist bei Abhängigkeit der Stufen $p(B/A)$ die Wahrscheinlichkeit der 2. Stufe unter der Voraussetzung, daß das Ergebnis der 1. Stufe eingetreten ist. Bei Unabhängigkeit der Stufen gilt Gl. (629.4).

15.2 Wahrscheinlichkeitsrechnung

Ist die Vierfeldertafel bekannt, so kann mittels Gl.(629.4) geprüft werden, ob die beiden Ereignisse voneinander unabhängig sind. In Tafel **629**.2 ist dies nicht der Fall. Die dann manchmal gezogene Schlußfolgerung, daß zwischen beiden Ereignissen ein Kausalzusammenhang besteht, ist i. allg. nicht zulässig. Andererseits folgt die Unabhängigkeit von Ereignissen bei technischen Problemen oft unmittelbar aus der Problemstellung.

Bei den folgenden Beispielen wird entsprechend den Gepflogenheiten des jeweiligen Anwendungsgebietes der Begriff „Wahrscheinlichkeit" manchmal durch die synonymen Begriffe „Zuverlässigkeit" oder „Sicherheit" ersetzt. Die exakte Definition des Begriffs „statistische Sicherheit" erfolgt auf S. 636.

Beispiel 5 Die Zuverlässigkeit P eines Gerätes ist die Wahrscheinlichkeit, daß es funktioniert. Es besteht aus n Einzelteilen, die unabhängig voneinander arbeiten und alle die gleiche Zuverlässigkeit p haben. (Häufig wird stattdessen der sog. Ausschußanteil $q = 1 - p$ angegeben.)
Bei einer **Serienschaltung** arbeitet das Gerät nur, wenn alle Einzelteile arbeiten. Wegen der Erläuterung im Anschluß an Gl. (629.4) erhält man für die Gesamtzuverlässigkeit

$$P_{\text{ser}} = p^n$$

Tafel **630**.1
P_{ser} für $p = 99{,}9\%$

n	P_{ser} in %
50	95,1
100	90,4
500	60,6
1000	36,8

Aus Tafel **630**.1 sieht man, daß trotz einer hohen Einzelzuverlässigkeit $p = 99{,}9\%$ die Gesamtzuverlässigkeit mit wachsendem n rasch sinkt. Vor allem zeigt diese Tafel, daß folgende „Dreisatzrechnung" falsch ist: 1/1000 der Einzelteile sind defekt. Wenn das Gerät aus 1000 Teilen besteht, muß es bestimmt defekt sein. Der Fehlschluß beruht darauf, daß $p = 99{,}9\%$ eine Wahrscheinlichkeit angibt und nicht bedeutet, daß in jeder Stichprobe von $n = 1000$ Einzelteilen genau eins defekt ist.

Bei einer **Parallelschaltung** arbeitet das Gerät, wenn mindestens ein Einzelteil arbeitet. Die Wahrscheinlichkeit, daß n Einzelteile defekt sind, ist nach Gl. (628.2) und (629.4) $(1-p)^n$ und damit die Gesamtzuverlässigkeit

$$P_{\text{par}} = 1 - (1-p)^n$$

Beispiel 6 Ein Gerät besteht aus zwei in Serie geschalteten unabhängigen Teilen der gleichen Zuverlässigkeit p. Zur Erhöhung der Gesamtzuverlässigkeit werden folgende Möglichkeiten untersucht:

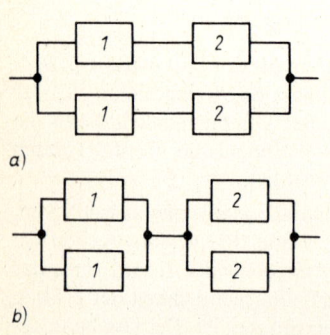
630.2

a) es werden zwei Geräte parallel geschaltet (**630**.2a),

b) je zwei Einzelteile werden parallel geschaltet (**630**.2b).

Sind beide Methoden gleichwertig?

Mit den Ergebnissen des vorigen Beispiels erhält man für Fall a) die Wahrscheinlichkeit, daß

ein Zweig arbeitet

$$p^2$$

ein Zweig defekt ist

$$1 - p^2$$

das Gerät arbeitet

$$P_{\text{a}} = 1 - (1-p^2)^2 = 2p^2 - p^4$$

15.2.2 Zusammengesetzte Wahrscheinlichkeiten

Fall b) die Wahrscheinlichkeit, daß

eine Hälfte arbeitet $\quad 1 - (1 - p)^2$

das Gerät arbeitet $\quad P_b = (1 - (1 - p)^2)^2 = 4p^2 - 4p^3 + p^4$

Es ist $P_b - P_a = 2p^2 - 4p^3 + 2p^4 = 2p^2(1 - p)^2 > 0$, wenn $p \neq 0$ und $p \neq 1$. Also ist die Methode b besser. Es kann gezeigt werden, daß dieses Ergebnis auch für mehr als zwei Einzelteile gilt.

In Gl. (629.1) und (629.2) wurden die bedingten Wahrscheinlichkeiten $p(A/B)$ und $p(B/A)$ definiert. Wenn eine der beiden bedingten Wahrscheinlichkeiten sowie eine Einzelwahrscheinlichkeit bekannt ist, kann die andere bedingte Wahrscheinlichkeit mit dem **Satz von Bayes** berechnet werden

$$p(B/A) = \frac{p(B)\,p(A/B)}{p(B)\,p(A/B) + p(B^*)\,p(A/B^*)} \qquad (631.1)$$

Beweis. Nach Gl. (629.2) ist

$$p(B/A) = \frac{p(A \cap B)}{p(A)} \qquad (631.2)$$

Der Zähler dieser Gleichung ist nach Gl. (629.3) $p(A \cap B) = p(B)\,p(A/B)$ und stimmt damit mit dem Zähler von Gl. (631.1) überein. Im Nenner von Gl. (631.2) wird das Ereignis A in die unvereinbaren Ereignisse $(A \cap B)$ und $(A \cap B^*)$ zerlegt. Mit Gl. (628.1) wird dann

$$p(A) = p((A \cap B) \cup (A \cap B^*)) = p(A \cap B) + p(A \cap B^*)$$

Wird auf die Summanden der rechten Seite dieser Gleichung Gl. (629.3) angewandt, erhält man den **Satz der vollständigen Wahrscheinlichkeit**

$$p(A) = p(B)\,p(A/B) + p(B^*)\,p(A/B^*) \qquad (631.3)$$

Dies ist aber der Nenner von Gl. (631.1). □

Sind nach Anwendung von Gl. (631.1) beide bedingte Wahrscheinlichkeiten bekannt, so kann man mit Gl. (629.3) die andere Einzelwahrscheinlichkeit berechnen und damit z.B. die fehlenden Angaben einer Vierfeldertafel ergänzen.

Beispiel 7 Qualitätskontrolle. Ein Betrieb erhält 60% seiner Rohteile vom Lieferanten I, sie enthalten 5% Ausschuß. 40% der Rohteile stammen vom Lieferanten II, er liefert mit 10% Ausschuß. Ein zufällig entnommenes Rohteil ist Ausschuß. Mit welcher Wahrscheinlichkeit stammt es vom Lieferanten I? Ferner ist eine Vierfeldertafel zu berechnen.

Die Hauptschwierigkeit dieser Aufgaben besteht in der Erkenntnis, daß es sich hier um bedingte Wahrscheinlichkeiten handelt. Entspricht der Ausschuß dem Ereignis A und Lieferant I dem Ereignis B, so ist nach $p(B/A)$ gefragt. Gegeben ist der Ausschußanteil unter der Voraussetzung daß I geliefert hat, also $p(A/B) = 0{,}05$. Für den Lieferanten II gilt entsprechend $p(A/B^*) = 0{,}10$. Die gegebenen Einzelwahrscheinlichkeiten sind $p(B) = 0{,}60$ und $p(B^*) = 0{,}40$. Damit ist nach Gl. (631.1)

$$p(B/A) = \frac{0{,}60 \cdot 0{,}05}{0{,}60 \cdot 0{,}05 + 0{,}40 \cdot 0{,}10} = \frac{3}{7} = 42{,}9\%$$

15.3 Verteilungsfunktionen

Für die Vierfeldertafel erhält man aus Gl. (629.3)

Tafel **632.**1

	A	A*	
B	0,03	0,57	0,60
B*	0,04	0,36	0,40
	0,07	0,93	1,00

$$p(A) = p(B)\frac{p\,(A/B)}{p\,(B/A)} = 0{,}60\,\frac{0{,}05}{0{,}429} = 0{,}07$$

Nach Gl. (628.2) ist dann $p(A^*) = 0{,}93$. Damit sind die Randreihen der Vierfeldertafel bekannt. Für die linke obere Ecke ist nach Gl. (629.3) $p(A \cap B) = p(B)\,p(A/B) = 0{,}60 \cdot 0{,}05 = 0{,}03$. Die nun noch fehlenden Angaben erhält man durch Differenzbildung zu den Randreihen. Tafel 632.1 zeigt das Ergebnis.

Beispiel 8 Diagnose von seltenen Krankheiten. 0,1% der Bevölkerung leiden an einer Krankheit. Es gibt einen Test, durch den diese vorhandene Krankheit mit einer Wahrscheinlichkeit von 95% nachgewiesen werden kann. Bei einem Gesunden ist der Test fälschlich mit 2% Wahrscheinlichkeit positiv. Herr Jemand läßt sich untersuchen und der Test ist positiv. Mit welcher Wahrscheinlichkeit hat er die Krankheit?

Bezeichnet man das positive Testergebnis als Ereignis T und das Vorhandensein der Krankheit als Ereignis K, so ist nach $p(K/T)$ gefragt. Gegeben ist $p(K) = 0{,}001$, $p(K^*) = 0{,}999$, $p(T/K) = 0{,}95$ und $p(T/K^*) = 0{,}02$. Damit erhält man nach Gl. (631.1)

$$p(K/T) = \frac{0{,}001 \cdot 0{,}95}{0{,}001 \cdot 0{,}95 + 0{,}999 \cdot 0{,}02} = \frac{95}{2093} = 4{,}54\,\%$$

Die einmalige Anwendung des Tests ist also wenig aussagekräftig! Immerhin weiß Herr Jemand, daß die Krankheit bei ihm etwa 45mal wahrscheinlicher ist, als in der Gesamtbevölkerung. Wird der Test bei der Gruppe, bei der er positiv war, noch einmal durchgeführt, darf jetzt mit einiger Plausibilität $p(K) = 4{,}54\,\%$ gesetzt werden. Ist er wieder positiv, liefert die Bayes-Formel bereits $p(K/T) = 69{,}3\,\%$. Wird bei den positiven Kandidaten ein drittes Mal getestet, erhält man schließlich bei nochmals positivem Testergebnis

$$p(K/T) = 99\,\%$$

15.2.3 Aufgaben zu Abschnitt 15.2

1. In einer Urne befinden sich 2 weiße und 3 rote Kugeln. Wie groß ist die Wahrscheinlichkeit, mit drei Zügen drei rote Kugeln zu ziehen

a) mit Zurücklegen,

b) ohne Zurücklegen?

2. Ein Skatspieler findet in seinen 10 Karten keinen Buben und will „ohne Vier" spielen. Wie groß ist die Wahrscheinlichkeit, daß im Skat keine Buben sind (Schlußfolgerungen aus dem „Reizen" sollen unbeachtet bleiben)?

3. Beim Fußballtoto werden für 12 Spiele je drei Möglichkeiten getippt. Wie groß ist die Wahrscheinlichkeit, einen Tipzettel so auszufüllen, daß kein Tip richtig ist?

4. Beim Zahlenlotto werden aus 49 Zahlen 6 „Richtige" und eine „Zusatzzahl" gezogen.

a) Man berechne die Wahrscheinlichkeit, r „Richtige" zu wählen.

b) Man berechne diese Wahrscheinlichkeit numerisch für $r = 3, 4, 5, 6$.
Hinweis: Ziehung aus einer Urne mit 43 weißen und 6 roten Kugeln.

c) Wie groß ist die Wahrscheinlichkeit für „5 Richtige plus Zusatzzahl"?

5. Wie groß ist die Zuverlässigkeit des in Bild **633**.1 gezeigten Gerätes mit den unabhängig arbeitenden Einzelteilen der Zuverlässigkeit p_1, p_2, p_3, p_4?

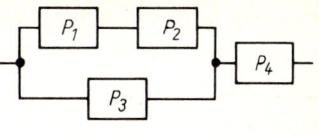

633.1

6. Ein Flugzeug hat n unabhängig arbeitende Triebwerke der gleichen Zuverlässigkeit p. Es fliegt, wenn mindestens die Hälfte arbeitet. Ist das Flugzeug für $n = 2$ oder $n = 4$ zuverlässiger?

Hinweise: Grundsätzlich kann auch hier ein Diagramm entsprechend Bild **633**.1 hergestellt werden. Die Auswertung ist für $n = 4$ aber recht mühsam. Statt dessen berechne man für $n = 2$ die Zuverlässigkeit P_2 aus der Wahrscheinlichkeit, daß entweder ein oder zwei Triebwerke arbeiten und entsprechend P_4, daß entweder vier, drei oder zwei Triebwerke arbeiten. Dann bilde man die Differenz $P_4 - P_2$ und untersuche, für welche Werte von p dieser Ausdruck positiv bzw. negativ wird.

7. Bei einer Meinungsumfrage wurden 70% Raucher und 30% Nichtraucher festgestellt. Von den Rauchern treiben 20% Sport, bei den Nichtrauchern sind es 30%.

a) Wie groß ist der Anteil der Sportler in der Gesamtgruppe?

b) Ein zufällig Befragter ist Sportler. Mit welcher Wahrscheinlichkeit ist er Nichtraucher?

Hinweis: Man berechne eine Vierfeldertafel.

8. Jemand unterzieht sich dem in Beispiel 8, S. 632, geschilderten Test. Der Test ist negativ. Mit welcher Wahrscheinlichkeit ist er gesund?

15.3 Verteilungsfunktionen

15.3.1 Grundbegriffe. Definitionen

Definition Werden die Elementarereignisse $\omega_i \in \Omega$ auf eine Menge X mit $x_i \in X$ abgebildet, so schreibt man

$$x_i = f(\omega_i) \tag{633.1}$$

und nennt x_i eine **Zufallsvariable** oder **Zufallsgröße**.

In der Spezialliteratur der Statistik ist es üblich, Gl. (633.1) $x_i = X(\omega_i)$ zu schreiben und nicht die x_i, sondern die Abbildungsvorschrift als Zufallsgröße zu bezeichnen. Die x_i werden die „Realisationen von X" genannt. Diese sonst nicht übliche Schreibweise und Terminologie wird in diesem Buch nicht verwendet.

Beispiele für Zufallsvariable:

1. x_i sind die Augenzahlen eines Würfels. In diesem einfachsten Fall lautet die Abbildungsvorschrift $x_i = i$.

2. x_i sind die Gewinne beim Zahlenlotto. Die ω_i sind die ungeordneten 6-Tupel der Zahlen von 1 bis 49. Die Abbildungsvorschrift sind die Regeln zur Berechnung der Gewinne in den einzelnen Rängen. Verschiedene ω_i werden auf das gleiche x_i abgebildet.

3. x_i ist die Anzahl der Ausschuß-Stücke in einer Stichprobe vom Umfang n. Bezeichnet man Ausschuß mit 0 und kein Ausschuß mit 1, so sind die ω_i alle n-Tupel aus den Ziffern 0 und 1.

4. Jede Größe der klassischen Physik ist als Zufallsgröße zu behandeln, wenn berücksichtigt werden soll, daß ihre Herstellung (z.B. Durchmesser einer Lagerwelle) und/oder ihre Messung vielen unkontrollierbaren Einflüssen unterliegt. Dieser Gedanke ist in den einführenden Absätzen von Abschn. 15 und 16 näher ausgeführt. Viele Größen der Quantenmechanik und Kernphysik sind aus Gründen, die hier nicht erläutert werden können, ebenfalls Zufallsgrößen.

Die vorstehenden Beispiele führen zu folgendem Unterschied:

Definition Eine Zufallsvariable, die nur endlich viele Werte annehmen kann, heißt eine diskrete Variable. Kann sie jeden beliebigen reellen Wert annehmen, heißt sie stetig.

Es ist nicht üblich, diese beiden Typen durch verschiedene Formelzeichen zu unterscheiden. Nach Möglichkeit werden hier diskrete Variable mit x_i bezeichnet und stetige mit x. Wenn bei stetigen Variablen ein bestimmter Wert gemeint ist, ist aber auch ein Index unvermeidlich. Wenn nichts anderes erwähnt wird, gilt eine Aussage für beide Typen.

In Abschn. 15.2 wurden den Elementarereignissen Wahrscheinlichkeiten zugeordnet. Jetzt werden den x_i Wahrscheinlichkeiten zugeordnet. Die Bildmenge X der Abbildung $\Omega \to X$ wird damit zur Definitionsmenge von weiteren Abbildungen.

Definition Ist bei einer diskreten Variablen für jeden Wert x_i die zugehörige Wahrscheinlichkeit p_i gegeben, so heißt die Abbildung

$$p_i = p(x_i) \tag{634.1}$$

die Wahrscheinlichkeitsverteilung.

Bei stetigen Variablen ist die Wahrscheinlichkeit für einen bestimmten x-Wert gleich Null. Sie nimmt erst für ein endliches Intervall $x \pm \Delta x$ endliche Werte an. Z.B. kann bei physikalischen Größen ein bestimmter Wert x nur innerhalb endlicher Fehlerschranken, also in der Form $x \pm \Delta x$ angegeben werden. Aus dieser Schwierigkeit hilft die folgende

Definition Bei stetigen Variablen heißt der Grenzwert

$$\lim_{\Delta x \to 0} \frac{p(x - \Delta x \leq u \leq x + \Delta x)}{2 \cdot \Delta x} = f(x) \tag{634.2}$$

die Wahrscheinlichkeitsdichte.

Gl. (634.2) ergibt in Verbindung mit Gl. (623.1)

$$\int_{-\infty}^{+\infty} f(x)\, dx = 1 \tag{634.3}$$

Gl. (634.1) und (634.2) entsprechen Gl. (617.4) für die relative Häufigkeit und Gl. (618.1) für die relative Häufigkeitsdichte der Stichprobe. In Abschn. 15.3.2 werden die wichtigsten Dichtefunktionen beschrieben. Die folgende Definition gilt für diskrete und stetige Variable, sie entspricht Gl. (618.3) für die relative Häufigkeitssumme in der Stichprobe.

Definition Der Wert der Verteilungsfunktion $F(x)$ an der Stelle x_i ist gleich der Wahrscheinlichkeit, daß die Variable x kleiner oder gleich x_i ist. Man schreibt

$$F(x_i) = p(x \leq x_i) \tag{634.4}$$

15.3.1 Grundbegriffe. Definitionen

Aus Gl. (634.1), (634.2), (634.4) sowie den Axiomen auf S. 623 ergeben sich folgende Eigenschaften von $F(x)$:

$F(x)$ ist monoton wachsend mit $0 \leq F(x) \leq 1$. Für diskrete Variable ist $F(x)$ eine Treppenfunktion, für stetige Variable eine stetige Funktion.

diskrete Variable	stetige Variable	
$F(x_i) = \sum_{j=0}^{i} p_j$	$F(x) = \int_{-\infty}^{x} f(u)\,du$	(635.1)
$p(x_i < x_j \leq x_k)$ $= F(x_k) - F(x_i) = \sum_{j=i+1}^{k} p_j$	$p(x_1 \leq x \leq x_2)$ $= F(x_2) - F(x_1) = \int_{x_1}^{x_2} f(x)\,dx$	(635.2)
Die vorstehende Summe ist über die Wahrscheinlichkeiten aller x_j des abgeschlossenen Intervalls $[x_{i+1}, x_k]$ zu bilden.	Aus dem Mittelwertsatz der Integralrechnung ergibt sich	
$p(x_i \leq x_j \leq x_k)$ $= F(x_k) - F(x_i) + p_i = \sum_{j=i}^{k} p_j$	$\int_{x_1}^{x_2} f(x)\,dx = f(x_m)(x_2 - x_1)$ mit $x_1 \leq x_m \leq x_2$	(635.3)

Weil bei diskreten Variablen die Verteilungsfunktion an den Stellen x_j Sprungstellen hat, ist eine Unterscheidung erforderlich, ob die untere Grenze x_i zum Intervall gehört, oder nicht. Bei stetigen Variablen besteht dieser Unterschied nicht.

Beispiel 1 In einer Urne befinden sich zwei weiße und drei rote Kugeln. Es werden drei Kugeln mit Zurücklegen gezogen. Die Zufallsvariable x_i sei die Anzahl der gezogenen roten Kugeln. Wie lauten Wahrscheinlichkeitsverteilung p_i und Verteilungsfunktion $F(x_i)$?

Die p_i werden in Beispiel 4, S. 639, berechnet. Die $F(x_i)$ erhält man aus Gl. (635.1). Tafel **635.1** und Bild **635.2** zeigen die Lösungen.

Die Wahrscheinlichkeit, mehr als eine rote Kugel zu ziehen, ist

$$p(1 < x_j \leq 3) = F(3) - F(1) = 1{,}000 - 0{,}352 = 0{,}648$$

Die Wahrscheinlichkeit, eine, zwei oder drei rote Kugeln zu ziehen, ist

$$p(1 \leq x_j \leq 3) = F(3) - F(1) + p_1 = 1{,}000 - 0{,}352 + 0{,}288 = 0{,}936$$

Tafel **635.1**

x_i	p_i	$F(x_i)$
0	0,064	0,064
1	0,288	0,352
2	0,432	0,784
3	0,216	1,000

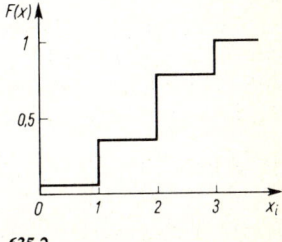

635.2

15.3 Verteilungsfunktionen

Beispiel 2 Für die Lebensdauer eines Bauelements gibt die folgende Wahrscheinlichkeitsdichte eine gute Beschreibung der Erfahrung

$f(u) = 0$ wenn $u < 0$

$f(u) = k\,e^{-ku}$ wenn $u \geq 0$

Wie lautet die Verteilungsfunktion? Wie groß ist die Wahrscheinlichkeit, daß die Lebensdauer größer als t_0 ist?
Nach Gl. (635.1) ist

$$F(t) = \int_{-\infty}^{0} 0\,du + \int_{0}^{t} k\,e^{-ku}\,du = 1 - e^{-kt}$$

Die gesuchte Wahrscheinlichkeit ist nach Gl. (634.4)

$$p(t > t_0) = 1 - p(t \leq t_0) = 1 - (1 - e^{-kt_0}) = e^{-kt_0}$$

Statistische Sicherheit. Schwellenwert

Definition Die statistische Sicherheit S ist die Wahrscheinlichkeit, daß der Wert einer Zufallsgröße unterhalb, oberhalb oder innerhalb bestimmter Schranken liegt. Diese Schranken heißen die **Schwellenwerte** oder **Fraktilen**. Die Komplementärwahrscheinlichkeit $\alpha = 1 - S$ heißt die **Irrtumswahrscheinlichkeit** oder das **Testniveau**.

Diese Bezeichnungen werden meist in Verbindung mit stetigen Variablen benutzt. Deshalb werden die folgenden Gleichungen nur für diese geschrieben. Für diskrete Variable sind anstelle der Integralzeichen gemäß Gl. (635.1) Summenzeichen zu schreiben. Aus Gl. (634.4), (635.1) und (635.2) ergeben sich mit $F(-\infty) = 0$ und $F(\infty) = 1$ die in den folgenden Gleichungen und Bildern dargestellten Beziehungen zwischen Wahrscheinlichkeiten, Flächen unter dem Graph der Wahrscheinlichkeitsdichte und Ordinaten der Verteilungsfunktion.

Abgrenzung nach oben (636.1)

$$S = p(x \leq x_0) = \int_{-\infty}^{x_0} f(x)\,dx = F(x_0) \tag{636.1}$$

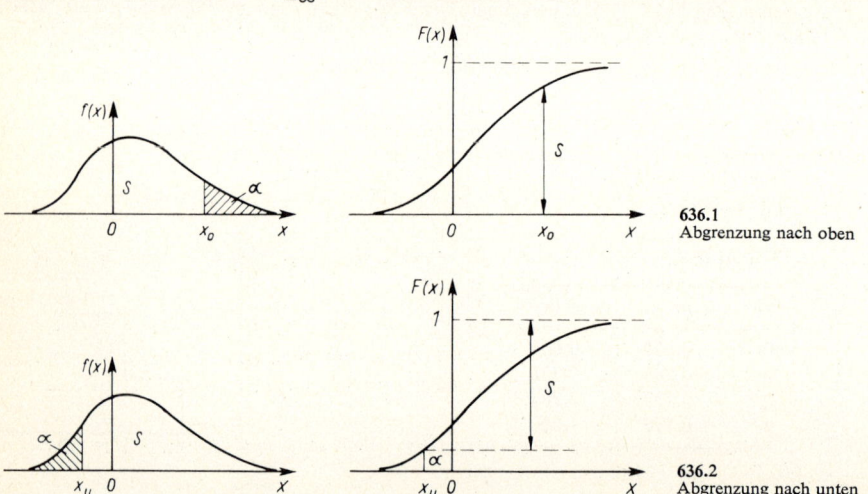

636.1 Abgrenzung nach oben

636.2 Abgrenzung nach unten

Abgrenzung nach unten (636.2)

$$S = p(x \geqq x_\mathrm{u}) = \int_{x_\mathrm{u}}^{\infty} f(x)\,\mathrm{d}x = 1 - F(x_\mathrm{u}) \tag{637.1}$$

zweiseitige Abgrenzung (637.1)

$$S = p(x_\mathrm{zu} \leqq x \leqq x_\mathrm{zo}) = \int_{x_\mathrm{zu}}^{x_\mathrm{zo}} f(x)\,\mathrm{d}x = F(x_\mathrm{zo}) - F(x_\mathrm{zu}) \tag{637.2}$$

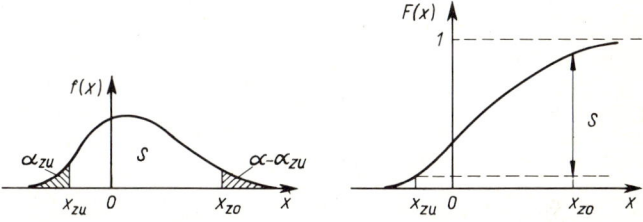

637.1 Zweiseitige Abgrenzung

Welcher der drei Fälle vorliegt, ergibt sich aus dem jeweiligen Problem. Für eine Bruchfestigkeit ist z. B. nur die Abgrenzung nach unten interessant. Wenn die Art der Abgrenzung nicht angegeben wird, ist im Zweifel die am häufigsten vorkommende zweiseitige Abgrenzung gemeint. Meistens ist die statistische Sicherheit vorgegeben, und es ist nach den entsprechenden Schwellenwerten gefragt. Entsprechende Tafeln dieser aufgelösten Funktion sind für die hier behandelten Verteilungsfunktionen auf S. 647 zusammengestellt. In der Praxis wird meist mit Sicherheiten von 95% oder 99% gearbeitet.

Parameter der Wahrscheinlichkeitsverteilung In Abschn. 15.1.2 wurde gezeigt, wie eine Stichprobe statt durch die Häufigkeitsverteilung kürzer durch Kennwerte beschrieben werden kann. Dieser Schritt wird nun auch für die Wahrscheinlichkeitsverteilung durchgeführt. Der nachstehend definierte Erwartungswert entspricht dem Mittelwert und die Varianz dem Quadrat der Standardabweichung. Zum Unterschied zur Stichprobe spricht man hier von Parametern und bezeichnet die Größen mit den entsprechenden griechischen Buchstaben.

Definition Der Erwartungswert (expectation) einer Zufallsgröße ist

bei diskreter Variabler   bei stetiger Variabler
mit r Elementen

$$E(x) = \mu = \sum_{i=1}^{r} x_i p_i \qquad E(x) = \mu = \int_{-\infty}^{+\infty} x f(x)\,\mathrm{d}x \tag{637.3}$$

Gl. (637.3) stimmt formal mit der linken Gl. (372.2), dem Moment 1. Grades überein. Wegen Gl. (623.1) bzw. (634.3) kann μ als Schwerpunktabszisse der Fläche unter dem Graphen der Wahrscheinlichkeitsverteilung bzw. Wahrscheinlichkeitsdichte gedeutet werden.

Man spricht auch dann vom Erwartungswert, wenn in Gl. (637.3) statt x eine Funktion $g(x)$ eingesetzt wird, und erhält

15.3 Verteilungsfunktionen

bei diskreter Variabler $\qquad$ bei stetiger Variabler

$$E(g(x)) = \sum_{i=1}^{r} g(x_i) p_i \qquad E(g(x)) = \int_{-\infty}^{+\infty} g(x) f(x)\, dx \qquad (638.1)$$

Eine in Abschn. 15.4.1 vorkommende Funktion ist $g(x) = a x + b$. Bei diskreter Variabler erhält man

$$E(a x_i + b) = \sum_{i=1}^{r} (a x_i + b) p_i = a \sum_{i=1}^{r} x_i p_i + b \sum_{i=1}^{r} p_i = a \mu + b \qquad (638.2)$$

Gl. (638.2) gilt auch für stetige Variable, weil die benutzten Rechenregeln für Summen auch für Integrale gelten.

Ist $g(x) = (x - \mu)^2$, nennt man den Erwartungswert Varianz.

Definition Die Varianz (dispersion) ist bei

diskreter Variabler $\qquad\qquad\qquad$ stetiger Variabler

$$\begin{aligned} E((x - \mu)^2) &= D^2(x) & E\{(x - \mu)^2\} &= D^2(x) \\ &= \sigma^2 = \sum_{i=1}^{r} (x_i - \mu)^2 p_i & &= \sigma^2 = \int_{-\infty}^{+\infty} (x - \mu)^2 f(x)\, dx \end{aligned} \qquad (638.3)$$

Diese Gleichung stimmt formal mit Gl. (380.5) für das Moment 2. Grades überein. Auch in Gl. (638.3) darf statt x eine Funktion $g(x)$ eingesetzt werden

$$D^2(g(x)) = E\{[g(x) - E(g(x))]^2\}$$

Für die lineare Funktion $g(x) = a x + b$ erhält man bei diskreter Variabler

$$D^2(a x_i + b) = \sum_{i=1}^{r} ((a x_i + b) - (a \mu + b))^2 p_i = a^2 \sum_{i=1}^{r} (x_i - \mu)^2 p_i = a^2 \sigma^2 \qquad (638.4)$$

Der Ausdruck $(a \mu + b)$ in der vorstehenden Gleichung ergibt sich aus Gl. (638.2). Gl. (638.4) gilt auch für stetige Variable.

Beispiel 3 Man berechne den Erwartungswert und die Varianz der Wahrscheinlichkeitsdichte aus Beispiel 2, S. 636.

Für diese Funktion haben die Integrale von $-\infty$ bis 0 stets den Wert Null und werden deshalb im folgenden nicht geschrieben. Aus Gl. (637.3) und (638.3) ergibt sich

$$\mu = k \int_0^\infty x\, e^{-kx}\, dx = \frac{1}{k} \qquad \sigma^2 = k \int_0^\infty \left(x - \frac{1}{k}\right)^2 e^{-kx}\, dx = \frac{1}{k^2}$$

Die Berechnung der Integrale erfolgt mit Produktintegration (Gl. (325.2)) und wird hier nicht im einzelnen vorgeführt.

15.3.2 Wahrscheinlichkeitsverteilungen einer Variablen

Binomialverteilung Diese Verteilung einer diskreten Variablen wurde von Bernoulli entwickelt. Sie bildet die Grundlage für die anschließend erläuterten Verteilungen.

15.3.2 Wahrscheinlichkeitsverteilungen einer Variablen

In der Praxis tritt sie bei der statistischen Qualitätskontrolle auf. Der Binomialverteilung liegt folgendes Versuchsschema zu Grunde: In einer Urne befinden sich zwei Sorten von Kugeln (z. B. Ausschuß, kein Ausschuß). Die Wahrscheinlichkeit, mit einem Zug eine Kugel der Sorte I zu ziehen, beträgt p. Für die Sorte II ist nach Gl. (628.2) $q = 1 - p$. Es werden n Kugeln mit Zurücklegen gezogen. Die Variable x_i ist die Anzahl der Kugeln der Sorte 1. Gesucht ist $p(x_i)$.

Jedes n-Tupel enthält x_i Kugeln der Sorte I und $n - x_i$ Kugeln der Sorte II. Die Reihenfolge spielt laut Aufgabenstellung keine Rolle. Für ein bestimmtes x_i bilden deshalb die n-Tupel Permutationen mit Wiederholung. Ihre Anzahl ist nach Gl. (41.1) und (43.3) $\frac{n!}{x_i!(n-x_i)!} = \binom{n}{x_i}$. Jedes dieser n-Tupel hat nach Gl. (629.4) die Wahrscheinlichkeit $p^{x_i} q^{n-x_i}$. Damit wird mit Gl. (623.2) die **Wahrscheinlichkeitsverteilung**

$$p(x_i) = \binom{n}{x_i} p^{x_i} q^{n-x_i} \qquad \text{mit } x_i, n \in \mathbb{N} \qquad (639.1)$$

Diese Verteilung hat folgende **Parameter**

$$\begin{aligned} \mu &= np \\ \sigma^2 &= npq \end{aligned} \qquad (639.2)$$

Ihre Werte erhält man durch Einsetzen von Gl. (639.1) in Gl. (637.3) und (638.3). Diese recht mühsame Rechnung wird hier nicht durchgeführt. Die Wahrscheinlichkeit $p(x_i)$ hängt bei dieser Verteilung von den drei unabhängigen Größen p, n und x_i ab. Bild 639.1 zeigt einige Graphen für $p = 3/5$ und verschiedene n.

Die **Verteilungsfunktion** lautet mit $x_j = j$

$$F(x_i) = \sum_{j=0}^{i} \binom{n}{j} p^j q^{n-j} \qquad (639.3)$$

Für $x_i = n$ erhält man mit dem binomischen Satz

$$F(n) = \sum_{j=0}^{n} \binom{n}{j} p^j q^{n-j} = (p+q)^n = 1$$

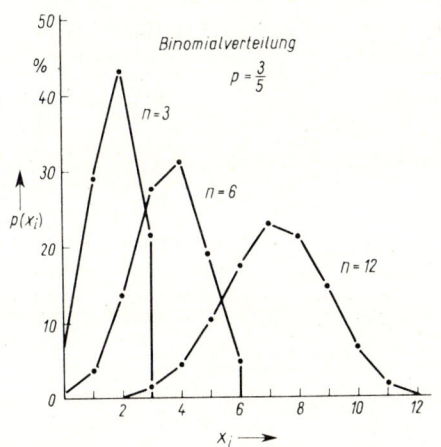

639.1

Die Werte der Verteilungsfunktion sind also Teilsummen einer binomischen Reihe. Daher hat die Verteilung ihren Namen.

Beispiel 4 In einer Urne befinden sich 2 weiße und 3 rote Kugeln. Es werden 3 Kugeln mit Zurücklegen gezogen. Wie groß sind die Wahrscheinlichkeiten, daß darunter 0, 1, 2, oder 3 rote Kugeln sind?

15.3 Verteilungsfunktionen

Hier wird die Berechnung der $p(x_i)$ gezeigt, in Beispiel 1, S. 635, findet man die Verteilungsfunktion. Für jeden x_i-Wert werden die möglichen Tripel hingeschrieben. Es ist $p = 3/5$ und $q = 2/5$.

x_i	Kugeln	$\binom{3}{x_i}$	p^{x_i}	q^{3-x_i}	$p(x_i)$
0	www	1	1	$\left(\frac{2}{5}\right)^3$	$\frac{8}{125} = 0{,}064$
1	rww, wrw, wwr	3	$\frac{3}{5}$	$\left(\frac{2}{5}\right)^2$	$\frac{36}{125} = 0{,}288$
2	rrw, rwr, wrr	3	$\left(\frac{3}{5}\right)^2$	$\frac{2}{5}$	$\frac{54}{125} = 0{,}432$
3	rrr	1	$\left(\frac{3}{5}\right)^3$	1	$\frac{27}{125} = 0{,}216$

Bei einer Stichprobenentnahme der statistischen Qualitätskontrolle werden die Probestücke i. allg. nicht zurückgelegt. Streng genommen müßte dann mit einer anderen, der sog. **hypergeometrischen Verteilung**, gerechnet werden (s. Aufgabe 1, S. 648). Das Zurücklegen spielt aber praktisch keine Rolle, wenn die Grundgesamtheit genügend groß ist, z. B. 200 weiße und 300 rote Kugeln im vorigen Beispiel. In der Praxis wird deshalb auch in diesen Fällen meist mit der Binomialverteilung gearbeitet.

Beispiel 5 Qualitätskontrolle. Eine Lieferung darf vereinbarungsgemäß höchstens 5% Ausschuß enthalten. Wie groß ist die Wahrscheinlichkeit, daß eine Stichprobe von $n = 6$ Stück höchstens ein Ausschußstück enthält?

Mit Gl. (634.4) und (639.3) erhält man

$$F(1) = \binom{6}{0} 0{,}05^0 \cdot 0{,}95^6 + \binom{6}{1} 0{,}05 \cdot 0{,}95^5 = 0{,}7351 + 0{,}2321 = 0{,}9672$$

Werden die Sendungen mit einem Ausschußstück in der Stichprobe noch angenommen, sagt man: Dieses Stichprobenschema ergibt bei 5% Ausschuß eine **Annahmewahrscheinlichkeit** von 96,7%. Diese Aussage bedeutet **nicht**, daß mit 96,7% Wahrscheinlichkeit der Ausschuß höchstens 5% beträgt! Sie bedeutet, daß bei $p = 5\%$ mehr Ausschußstücke so unwahrscheinlich sind, daß man bei mehr als einem Ausschußstück die Annahme der Lieferung mit einer Sicherheit (Wahrscheinlichkeit) von 96,7% verweigern darf. Die Annahme wird mit einer Wahrscheinlichkeit von 3,3% zu Unrecht verweigert. Man nennt diese Wahrscheinlichkeit deshalb auch das **Produzentenrisiko** oder **Fehler 1. Art**. Die Wahrscheinlichkeit, mit der zu Unrecht angenommen wurde, heißt das **Konsumentenrisiko** oder **Fehler 2. Art**. Seine Berechnung ist erheblich schwieriger und kann in diesem Buch nicht behandelt werden. Weiteres hierzu s. Abschn. 15.4.2.

Tafeln der Binomialverteilung findet man z. B. in [34]. Trotzdem sind numerische Berechnungen insbesondere für große Werte von n recht mühsam. Man benutzt deshalb in diesem Falle anstelle der Binomialverteilung eine der beiden folgenden als Näherung.

Poisson-Verteilung Diese Verteilung einer diskreten Variablen entsteht als Grenzfall aus der Binomialverteilung, wenn p klein und n groß wird. Sie wird deshalb die Verteilung

15.3.2 Wahrscheinlichkeitsverteilungen einer Variablen

für seltene Ereignisse genannt. Ferner wird vorausgesetzt, daß auch bei $n \to \infty$ der Erwartungswert $\mu = np$ konstant bleibt. Aus Gl. (639.1) erhält man für $x_i = 0$ mit $p = \mu/n$

$$p(0) = q^n = (1-p)^n = \left(1 - \frac{\mu}{n}\right)^n$$

Für große n ergibt dies entsprechend Gl. (263.2) den Grenzwert

$$p(0) = \lim_{n \to \infty} \left(1 - \frac{\mu}{n}\right)^n = e^{-\mu} \tag{641.1}$$

Der Quotient der Wahrscheinlichkeiten zweier aufeinanderfolgender x_i-Werte ist in der Binomialverteilung

$$\frac{p(x_i + 1)}{p(x_i)} = \frac{\binom{n}{x_i + 1} p^{x_i+1} q^{n-(x_i+1)}}{\binom{n}{x_i} p^{x_i} q^{n-x_i}} = \frac{(n - x_i)p}{(x_i + 1)q} = \left(\frac{\mu}{x_i + 1}\right)\left(1 - \frac{x_i}{n}\right)\frac{1}{q}$$

Für diesen Ausdruck ist wegen $q \to 1$ für $p \to 0$

$$\lim_{n \to \infty} \left(\frac{\mu}{x_i + 1}\right)\left(1 - \frac{x_i}{n}\right)\frac{1}{q} = \frac{\mu}{x_i + 1}$$

Für große n gilt also

$$p(x_i + 1) = \frac{\mu}{x_i + 1} p(x_i)$$

Damit können die $p(x_i)$ aus Gl. (641.1) induktiv berechnet werden. Man erhält

$$p(1) = \frac{\mu}{1} p(0) = \mu \, e^{-\mu}$$

$$p(2) = \frac{\mu}{2} p(1) = \frac{\mu^2}{2!} e^{-\mu}$$

$$p(3) = \frac{\mu}{3} p(2) = \frac{\mu^3}{3!} e^{-\mu}$$

...

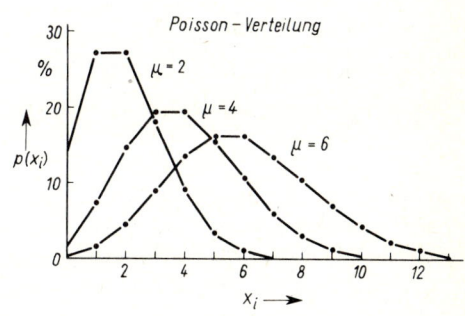

641.1

Durch vollständige Induktion ergibt sich für die **Wahrscheinlichkeitsverteilung**

$$p(x_i) = \frac{\mu^{x_i}}{x_i!} e^{-\mu} \qquad \text{mit } x_i \in \mathbb{N} \tag{641.2}$$

Für die Parameter erhält man wegen $q \approx 1$ aus Gl. (639.2)

$$\mu = \sigma^2 = np \tag{641.3}$$

In dieser Verteilung treten zwei unabhängige Größen μ und x_i auf. Bild **641.1** zeigt einige Graphen für verschiedene μ.

Die Binomialverteilung darf näherungsweise durch die Poisson-Verteilung ersetzt werden [23], wenn

$$n p < 10 \land n > 1500 p \tag{642.1}$$

Beispiel 6 Bei Platzreservierungen wurde festgestellt, daß im Durchschnitt 5% der Reservierungen nicht in Anspruch genommen werden. Es wird deshalb vorgeschlagen, für 95 Plätze 100 Reservierungen anzunehmen. Mit welcher Wahrscheinlichkeit erhalten alle Erschienenen einen Platz?

Die Variable x_i ist die Anzahl der nicht Erschienenen. Mit $p = 0{,}05$ und $n = 100$ sind die Bedingungen von Gl. (642.1) erfüllt. Statt der Binomialverteilung wird die Poisson-Verteilung benutzt. Aus Gl. (635.1) und (634.4) erhält man mit Gl. (641.2) für die Wahrscheinlichkeit, daß höchstens 4 Personen nicht erscheinen mit $\mu = 5$

$$p(x_i \leq 4) = F(4) = \left(\frac{5^0}{0!} + \frac{5^1}{1!} + \frac{5^2}{2!} + \frac{5^3}{3!} + \frac{5^4}{4!} \right) e^{-5} = 44{,}0\%$$

Die Wahrscheinlichkeit, daß alle Erschienenen Platz bekommen beträgt also nur 56%, und das vorgeschlagene Verfahren ist nicht zu empfehlen.

Normalverteilung Diese Verteilung für eine **stetige Variable** kommt insbesondere in Naturwissenschaft und Technik häufig vor. Sie wurde von Gauß aus folgenden Voraussetzungen (s. auch zentraler Grenzwertsatz, s. S. 645) hergeleitet, deren Kenntnis für die Frage der Anwendbarkeit der Verteilung wichtig ist:

Die verschiedenen x-Werte kommen dadurch zustande, daß auf die Elemente des Stichprobenraums viele, ungefähr gleichwahrscheinliche Ursachen einwirken, deren Wirkungen sich additiv überlagern und im Mittel wieder aufheben.

Die gleiche Verteilung entsteht aus der Binomialverteilung durch den Grenzübergang $npq \to \infty$. Für die Herleitung muß auf die Spezialliteratur verwiesen werden, z.B. [23]. Die Wahrscheinlichkeitsdichte beträgt

$$f(x) = \frac{1}{\sigma \sqrt{2\pi}} \exp\left(-\frac{1}{2}\left(\frac{x-\mu}{\sigma}\right)^2\right) \qquad \text{mit } x \in \mathbb{R} \tag{642.2}$$

Der Faktor $1/\sqrt{2\pi}$ entsteht wegen der Bedingung Gl. (634.3). Durch Einsetzen von Gl. (642.2) in Gl. (637.3) und (638.3) kann nachgewiesen werden, daß μ und σ^2 Erwartungswert und Varianz dieser Verteilung sind.

Eine Binomialverteilung darf näherungsweise durch die Normalverteilung ersetzt werden, wenn

$$npq > 10 \land p \approx q \tag{642.3}$$

ist.

In Bild **639.1** ist für $p = 3/5$ und $n = 12$ das Produkt $npq \approx 3$. Trotzdem hat dieser Graph der Binomialverteilung bereits Ähnlichkeit mit dem Graphen der Normalverteilung Bild **643.1**a. Auch die Poisson-Verteilung (**641.1**) nähert sich für große μ asymptotisch einer Normalverteilung.

Um in der Tafel für diese Verteilung unabhängig von bestimmten Zahlenwerten von μ und σ zu sein, werden neue Variable eingeführt. Mit

$$u = \frac{x - \mu}{\sigma} \qquad \text{und} \qquad \varphi(u) = \sigma \cdot f(x) \tag{642.4}$$

15.3.2 Wahrscheinlichkeitsverteilungen einer Variablen

erhält man die normierte Normalverteilung

$$\varphi(u) = \frac{1}{\sqrt{2\pi}} e^{-u^2/2} \tag{643.1}$$

die oft als N (0, 1)-Verteilung bezeichnet wird, da sie als Spezialfall von Gl. (642.2) mit $\mu = 0$ und $\sigma = 1$ gedeutet werden kann. Bild **643.1**a zeigt den Graphen, Tafel **644.1** eine Tafel dieser Funktion. In Beispiel 15, S. 359, wird eine Kurvendiskussion durchgeführt, aus der sich insbesondere ergibt, daß die Funktion gerade ist und die Wendepunkte des Graphen bei $u = \pm 1$ liegen.

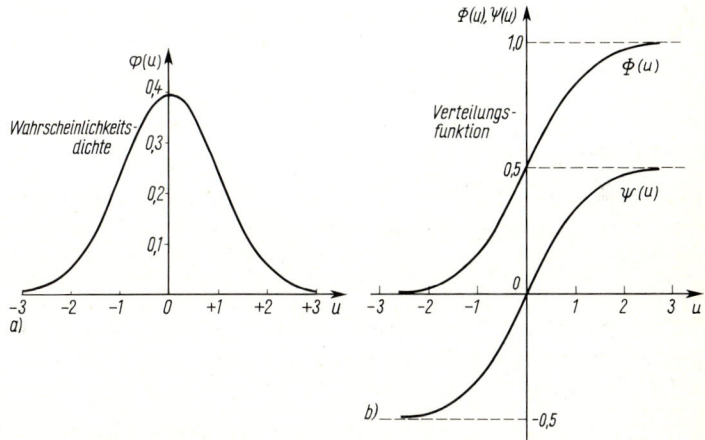

643.1 Normierte Normalverteilung

Die Verteilungsfunktion der N (0, 1)-Verteilung lautet

$$\Phi(u) = \frac{1}{\sqrt{2\pi}} \int_{-\infty}^{u} e^{-v^2/2} \, dv$$

Für die Berechnung einer Tafel ist die untere Grenze minus Unendlich störend, deshalb wird umgeformt

$$\Phi(u) = \frac{1}{\sqrt{2\pi}} \int_{-\infty}^{0} e^{-v^2/2} \, dv + \frac{1}{\sqrt{2\pi}} \int_{0}^{u} e^{-v^2/2} \, dv = \frac{1}{2} + \Psi(u) \tag{643.2}$$

Der Summand 1/2 ergibt sich aus Gl. (634.3) und weil $\varphi(u)$ eine gerade Funktion ist. Die Funktion $\Psi(u)$ wird in Beispiel 13, S. 445, durch Reihenentwicklung berechnet. Tafel **644.1** zeigt die Werte.
Die Funktion $\Psi(u)$ ist ungerade: $\Psi(-u) = -\Psi(u)$. Deshalb gilt

$$\Phi(\pm u) = \frac{1}{2} \pm \Psi(u) \tag{643.3}$$

15.3 Verteilungsfunktionen

Tafel **644**.1 Werte der normierten Normalverteilung $\varphi(u)$ und der Funktion $\Psi(u)$ nach [34]

u	$\varphi(u)$	$\Psi(u)$ %	u	$\varphi(u)$	$\Psi(u)$ %	u	$\varphi(u)$	$\Psi(u)$ %
0,0	0,39894	0,000						
0,1	0,39695	3,983	1,1	0,21785	36,433	2,1	0,04398	48,214
0,2	0,39104	7,926	1,2	0,19419	38,493	2,2	0,03547	48,610
0,3	0,38139	11,791	1,3	0,17137	40,320	2,3	0,02833	48,928
0,4	0,36827	15,542	1,4	0,14973	41,924	2,4	0,02239	49,180
0,5	0,35207	19,146	1,5	0,12952	43,319	2,5	0,01753	49,379
0,6	0,33322	22,575	1,6	0,11092	44,520	2,6	0,01358	49,534
0,7	0,31225	25,804	1,7	0,09405	45,543	2,7	0,01042	49,653
0,8	0,28969	28,814	1,8	0,07895	46,407	2,8	0,00792	49,744
0,9	0,26609	31,594	1,9	0,06562	47,128	2,9	0,00595	49,813
1,0	0,24197	34,134	2,0	0,05399	47,725	3,0	0,00443	49,865

Bild **643**.1 b zeigt diese Beziehung zwischen $\Phi(u)$ und $\Psi(u)$. Weil $\varphi(u)$ gerade ist, gilt für die auf S. 636 definierten Schwellenwerte

$$u_u = -u_o \quad \text{und} \quad u_{zu} = -u_{zo} \qquad (644.1)$$

Aus den Gl. (643.3) und (644.1) folgt für die auf S. 636 definierten **statistischen Sicherheiten** bei Weglassen der Indizes u und o für die

Abgrenzung nach oben $\qquad S = 0{,}5 + \Psi(u) \qquad (644.2)$

Abgrenzung nach unten $\qquad S = 0{,}5 - \Psi(u) \qquad (644.3)$

zweiseitige symmetrische Abgrenzung $\qquad S = 2\,\Psi(u_z) \qquad (644.4)$

Tafel **646**.2 gibt einige Werte der aufgelösten Funktion $u = G(S)$.
In Abschn. 15.4.1 wird gezeigt, daß die Parameter μ und σ einer Normalverteilung näherungsweise durch die Kennwerte $\bar{x}$ und s einer Stichprobe ersetzt werden können. In den folgenden Beispielen werden sie als bekannt vorausgesetzt.

Beispiel 7 Bei einer normal verteilten Variablen x ist $\mu = 45$ und $\sigma = 5$. Welcher Anteil der Elemente liegt zwischen $x_1 = 30$ und $x_2 = 50$?
Aus Gl. (642.4) erhält man $u_1 = -3$ und $u_2 = +1$. Damit wird mit Gl. (635.2), (643.3) und Tafel **644**.1

$$p(-3 \leq u \leq +1) = (0{,}5 + \Psi(1)) - (0{,}5 - \Psi(3)) = 34{,}13\,\% + 49{,}87\,\% = 84{,}00\,\%$$

Welche zweiseitigen Grenzen ergeben sich für $S = 95\,\%$?
Aus Tafel **646**.2 erhält man $u_z = 1{,}960$ und daraus mit Gl. (635.2) und (644.1)

$$x_{zu} = 45{,}0 - 9{,}8 = 35{,}2 \quad \text{und} \quad x_{zo} = 45{,}0 + 9{,}8 = 54{,}8.$$

Beispiel 8 Mit einem Würfel wurde bei 180 Würfen a) 30mal die Sechs, b) 41mal die Sechs geworfen. Welche Aussagen ergeben sich daraus über die „Echtheit" des Würfels?
Die Variable x_i ist die Anzahl der geworfenen Sechsen und genügt einer Binomialverteilung. Es ist $p = 1/6$ und nach Gl. (639.2) $\mu = np = 30$ und $\sigma^2 = npq = 25$. Die Binomialverteilung wird durch eine Normalverteilung ersetzt, wobei der rechte Teil von Gl. (642.3) sehr großzügig interpretiert wird.

Fragt man im Fall a) nach der Wahrscheinlichkeit, genau 30mal die Sechs zu werfen, so ist Gl. (635.3) zu benutzen. Für $x = 30$ wird nach Gl. (642.4) $u = 0$, für $\Delta x = 1$ ist $\Delta u = \Delta x/\sigma = 1/5$. Damit erhält man aus Tafel **644**.1 $p(0) = \varphi(0)/5 = 7{,}98\%$. Das „richtige" Ergebnis ist also recht unwahrscheinlich! Fragt man nach der Wahrscheinlichkeit höchstens 30mal die Sechs zu werfen, ergibt sich mit Gl. (634.4) und (643.3) wegen $\Psi(0) = 0$ für $p(u \leq 0) = 50\%$. Die überraschende Erkenntnis ist, daß bei einem „echten" Würfel mit den hier behandelten Methoden keine brauchbaren Aussagen gewonnen werden können!

Etwas günstiger sieht es im Fall b) aus. Wegen des eben erhaltenen Ergebnisses liefert die Berechnung der sehr geringen Wahrscheinlichkeit, genau 41mal die Sechs zu werfen keinen hinreichenden Grund für eine Ablehnung des Würfels. Es ist nach der Wahrscheinlichkeit zu fragen, höchstens 40mal die Sechs zu werfen. Mit den gleichen Umformungen wie im Fall a) erhält man $p(u \leq 2) = 50\% + \Psi(2) = 97{,}72\%$. Es ist also sehr unwahrscheinlich, mehr als 40mal die Sechs zu werfen. Der Würfel darf mit einer Irrtumswahrscheinlichkeit von 2,28% zurückgewiesen werden. Wie in Beispiel 5, S. 640, erläutert wurde, bedeutet dieses Ergebnis **nicht**, daß für diesen Würfel eine Schätzung $p_6 = 41/180$ eine Wahrscheinlichkeit von 97,72% besitzt. In Aufgabe 3, S. 653, ist das gleiche Problem mit einer anderen Methode zu lösen.

15.3.3 Wahrscheinlichkeitsverteilungen mehrerer Variablen

Wie in den anderen Bereichen der Mathematik treten auch in der Statistik Funktionen mehrerer unabhängiger Zufallsvariabler auf

$$y = f(x_1, x_2, x_3, \ldots, x_m) \tag{645.1}$$

Wie in Abschn. 10 bedeuten in Gl. (645.1) die Indizes verschiedene Variable und nicht verschiedene Werte einer Variablen. Gl. (645.1) hat meist eine einfache Form. Die Schwierigkeit besteht darin, aus den gegebenen Verteilungsfunktionen der x_i die „resultierende" Verteilungsfunktion der Zufallsgröße y zu ermitteln. Im folgenden kann nur ohne die recht aufwendigen Herleitungen ein kurzer Überblick über die in Abschn. 15.4 benötigten Funktionen gegeben werden. Dabei können nicht einmal die Gleichungen der Verteilungsfunktionen für y hingeschrieben werden, weil dabei die in diesem Buch nicht näher behandelte Gamma-Funktion auftritt (s. Beispiel 13, S. 461). Es werden deshalb nur die Voraussetzungen für bestimmte Verteilungen genannt. Auf S. 646 und 647 findet man Tafeln für die in Abschn. 15.4 benötigten Schwellenwerte. Ausführlichere Tafeln finden sich in [34], [36].

Der einfachste, aber wichtigste Fall ist

$$y = \sum_{i=1}^{m} x_i \tag{645.2}$$

Hier brauchen keine Voraussetzungen über die Art der Verteilungsfunktionen der Summanden gemacht zu werden. Es gilt der

Zentrale Grenzwertsatz. Die Verteilungsfunktion einer Summe von Zufallsvariablen konvergiert mit wachsender Anzahl der Summanden gegen eine Normalverteilung mit den Parametern

$$\mu = \sum_{i=1}^{m} \mu_i \qquad \sigma^2 = \sum_{i=1}^{m} \sigma_i^2 \tag{645.3}$$

15.3 Verteilungsfunktionen

Die μ_i und σ_i in Gl. (645.3) sind die Parameter der Summanden von Gl. (645.2). Sind die Summanden von Gl. (645.2) normal verteilt, so ist die Summe auch bei einer endlichen Anzahl von Summanden exakt normal verteilt.

Das folgende Beispiel zeigt, wie selbst im extremen Fall, daß jedes x_i eine Wahrscheinlichkeitsverteilung p = const besitzt, bereits die für nur drei Summanden entstehende Verteilung mit den in Abschn. 15.4 erläuterten Verfahren nicht mehr von einer Normalverteilung zu unterscheiden ist (Beispiel 3, S. 653).

Beispiel 9 Augensumme dreier Würfel. Die Augenzahlen der drei Würfel sind die unabhängigen Variablen x_i, die verschiedenen Summen die Werte der abhängigen Variablen y. Für jedes x_i gilt $p = 1/6$ für alle Werte. Um zur Berechnung der Wahrscheinlichkeiten Tafel 625.1 anwenden zu können, werden gleichwahrscheinliche Elementarereignisse definiert. Es sind die geordneten Tripel der Zahlen von 1 bis 6. Man erhält $r = 6^3 = 216$ Elemente im Stichprobenraum. Die verschiedenen Werte y_i sind die Ereignisse, deren Wahrscheinlichkeit bestimmt werden soll. Die Anzahl a_i der Elemente der einzelnen Ereignisse wird durch Auszählen bestimmt und ist in der 2. Spalte von Tafel **646**.1 angegeben. Die Augensumme 6 besteht z. B. aus folgenden 10 Elementarereignissen

114   141   411   123   132   213   231   312   321   222

Tafel **646**.1

y_i	a_i	p_i in %	$-u_i$	$\varphi(u)$	p_i^* in %
3	1	0,46	2,54	1,60	0,54
4	3	1,39	2,20	3,57	1,21
5	6	2,78	1,86	7,07	2,39
6	10	4,63	1,52	12,55	4,24
7	15	6,94	1,18	19,81	6,70
8	21	9,72	0,85	27,92	9,44
9	25	11,57	0,51	35,09	11,86
10	27	12,50	0,17	39,33	13,30

In der Tafel sind nur die Augensummen von 3 bis 10 aufgeführt, weil die Verteilung symmetrisch ist. Die 3. Spalte zeigt die nach Gl. (624.1) berechneten tatsächlichen Wahrscheinlichkeiten. Der rechte Teil der Tafel zeigt die Berechnung der p_i^* einer Normalverteilung mit gleichen Parametern. Nach Gl. (637.3) und (638.3) erhält man aus dem linken Teil der Tafel

$$\mu = 10{,}5 \qquad \sigma^2 = \frac{1890}{216} = 8{,}75$$

$$\sigma = 2{,}96$$

Aus Gl. (642.4) und (635.3) ergibt sich

$$u_i = \frac{y_i - \mu}{\sigma} \qquad \Delta u = \frac{\Delta y}{\sigma} = \frac{1}{2{,}96} \qquad p_i^* = \varphi(u_i)\,\Delta u$$

Bei den nun folgenden Verteilungen müssen Voraussetzungen über die Verteilungen der unabhängigen Variablen gemacht werden. Ferner wird aus historischen Gründen die abhängige Variable nicht mit y, sondern mit dem jeweils angegebenen Namen bezeichnet.

Tafel **646**.2 Normalverteilung

S in %	α in %	Abgrenzung einseitig	Abgrenzung zweiseitig
90	10	1,28155	1,64485
95	5	1,64485	1,95996
96	4	1,75069	2,05375
97	3	1,88079	2,17009
98	2	2,05375	2,32635
99	1	2,32635	2,57583
99,9	0,1	3,09023	3,29053

Die χ^2-Verteilung (gesprochen: Chi-Quadrat) entsteht bei der Funktion

$$\chi^2 = \sum_{i=1}^{f} x_i^2 \qquad (646.1)$$

Die x_i müssen normal verteilt sein. Die Anzahl f der Summanden ist endlich und wird der Freiheitsgrad der Verteilung genannt. Die Parameter sind

15.3.3 Wahrscheinlichkeitsverteilungen mehrerer Variablen

$$\mu = f \quad \text{und} \quad \sigma^2 = 2f$$

Für kleine f ähneln die Graphen der Wahrscheinlichkeitsdichte denen der Poisson-Verteilung, für große f denen einer parallelverschobenen Normalverteilung. Diese Funktion ist unsymmetrisch. In Tafel **647.1** werden nur die Schwellenwerte für die vorwiegend auftretende Abgrenzung nach oben gegeben. Für $f > 100$ verwendet man für die Schwellenwerte die Näherungsformel

$$\chi^2 \approx 0.5 \left(\sqrt{2f - 1} + u_N\right)^2 \tag{647.1}$$

u_N ist der Schwellenwert der Normalverteilung.

Die t-Verteilung entsteht bei der Funktion

$$t = \frac{x_1}{\sqrt{x_2/f}} \tag{647.2}$$

Dabei muß x_1 einer Normal- und x_2 einer χ^2-Verteilung vom Freiheitsgrad f genügen. Die Parameter sind

$$\mu = 0 \quad \text{und} \quad \sigma^2 = \frac{f}{f-2} \quad \text{für } f > 2$$

Bereits für kleine Werte von f ähnelt die Wahrscheinlichkeitsdichte der einer N(0, 1)-Verteilung und nähert sich ihr asymptotisch an. Die Funktion ist gerade, deshalb gilt für die Schwellenwerte

$$t_u = -t_o$$

Tafel **647.2** zeigt die Schwellenwerte für verschiedene f und S.

Tafel **647.1** χ^2-Verteilung

f	Abgrenzung nach oben $S = 95\%$	$= 99\%$
1	3,8415	6,6349
2	5,9915	9,2103
3	7,8147	11,345
4	9,4877	13,277
5	11,071	15,086
6	12,592	16,812
7	14,067	18,475
8	15,507	20,090
9	16,919	21,666
10	18,307	23,209
15	24,996	30,578
20	31,410	37,566
25	37,652	44,314
30	43,773	50,892
40	55,758	63,691
50	67,505	76,154
100	124,342	135,807

Tafel **647.2** t-Verteilung

f	Abgrenzung einseitig $S = 95\%$	$= 99\%$	f	zweiseitig $S = 95\%$	$= 99\%$
1	6,134	31,821	1	12,706	63,657
2	2,920	6,965	2	4,303	9,925
3	2,353	4,541	3	3,182	5,841
4	2,132	3,747	4	2,776	4,604
5	2,015	3,365	5	2,571	4,032
6	1,943	3,143	6	2,447	3,707
7	1,895	2,998	7	2,365	3,499
8	1,860	2,896	8	2,306	3,355
9	1,833	2,821	9	2,262	3,250
10	1,812	2,764	10	2,228	3,169
15	1,753	2,602	15	2,131	2,947
20	1,725	2,528	20	2,086	2,845
25	1,708	2,485	25	2,060	2,787
30	1,697	2,457	30	2,042	2,750
40	1,684	2,423	40	2,021	2,704
50	1,676	2,403	50	2,010	2,678
∞	1,645	2,326	∞	1,960	2,576

15.3.4 Aufgaben zu Abschnitt 15.3

1. In einer Urne befinden sich 2 weiße und 3 rote Kugeln. Man berechne die Wahrscheinlichkeitsverteilung und Verteilungsfunktion für die Anzahl der roten Kugeln bei 3 Zügen ohne Zurücklegen.

2. Wie groß sind Erwartungswert und Varianz der Verteilung in Aufgabe 1?

3. Man berechne die Werte der Binomialverteilung für $p = 1/6$ für
a) $n = 4$ b) $n = 8$

4. Eine Lieferung enthält 5% Ausschuß. Wie groß ist die Wahrscheinlichkeit, in einer Stichprobe von $n = 30$ höchstens 5 Stücke Ausschuß zu finden?
a) mit Binomialverteilung,   b) mit Poisson-Verteilung.

5. Die Zugfestigkeit eines Drahtes x sei eine normal verteilte Größe. Es ist $\mu = 400\ \text{N/mm}^2$, $\sigma = 20\ \text{N/mm}^2$. Welcher Wert der Zugfestigkeit ist für eine Sicherheit von 99% anzugeben?

6. Eine Münze wird 100mal geworfen. Wie groß ist die Wahrscheinlichkeit, daß höchstens 55mal „Zahl" auftritt?
Hinweis: Normalverteilung.

7. Bei Platzreservierungen werden im Durchschnitt 20% der Reservierungen nicht in Anspruch genommen. Wieviel Reservierungen dürfen für 100 Plätze höchstens angenommen werden, wenn mit 98% Sicherheit alle Erschienenen einen Platz erhalten sollen?
Hinweis: Normalverteilung.

8. Man berechne die Wahrscheinlichkeitsverteilung für die Augensummen zweier Würfel.

9. Man berechne die Werte der Normalverteilung mit den Zahlenwerten von μ und σ der Verteilung in Aufgabe 8.

15.4 Statistische Prüfverfahren

Von den zahlreichen Verfahren kann hier nur eine kleine Auswahl behandelt werden.

15.4.1 Schätzen von Parametern der Grundgesamtheit

Aus dem Mittelwert und der Standardabweichung der Stichprobe soll auf den Erwartungswert und die Varianz der Grundgesamtheit geschlossen werden (statistischer Induktionsschluß). Dabei sind zwei Fragen zu unterscheiden: 1. Bestimmung des Schätzwertes, 2. Sicherheit der Schätzung. Beides sind spezielle Anwendungen der Ausführungen von Abschn. 15.3.

Erwartungswert der Grundgesamtheit Der nach Gl. (620.1) berechnete Mittelwert

$$\bar{x} = \frac{1}{n} \sum_{i=1}^{n} x_i \tag{648.1}$$

ist ein Element einer Menge $\bar{X}$. Weitere Elemente dieser Menge können dadurch erhalten werden, daß der gleichen Grundgesamtheit weitere Stichproben entnommen und deren

15.4.1 Schätzen von Parametern der Grundgesamtheit

Mittelwerte berechnet werden. Es werden nun Erwartungswert $E(\bar{x})$ und Varianz $D^2(\bar{x})$ berechnet. Aus Gl. (645.2) und (645.3) folgt

$$E\left(\sum_{i=1}^{n} x_i\right) = \sum_{i=1}^{n} \mu_i = n\mu$$

Dabei ist μ der Erwartungswert der Grundgesamtheit. Die rechte Gleichung ergibt sich, weil alle x_i (auch die verschiedener Stichproben) der gleichen Grundgesamtheit entstammen. Gl. (648.1) kann als Spezialfall von Gl. (638.2) mit $a = 1/n$ und $b = 0$ betrachtet werden. Damit erhält man

$$E(\bar{x}) = \frac{n}{n}\mu = \mu \qquad (649.1)$$

Der Erwartungswert des Mittelwerts der Stichprobe ist also gleich dem der Grundgesamtheit. Die entsprechende Rechnung für die Standardabweichung zeigt, daß dies Ergebnis nicht selbstverständlich ist.

Wegen dieses Ergebnisses wird der Mittelwert als Schätzung für den Erwartungswert der Grundgesamtheit benutzt.

Für die Varianz des Mittelwertes ergibt sich mit den gleichen Überlegungen aus Gl. (638.4) und (645.3)

$$D^2(\bar{x}) = \frac{n}{n^2}\sigma^2 = \frac{\sigma^2}{n} \qquad (649.2)$$

Gl. (649.1) und (649.2) gelten ohne Voraussetzung einer speziellen Verteilung der Grundgesamtheit. Zur Bestimmung der Sicherheit der Schätzung muß vorausgesetzt werden, daß die Größe $\bar{x}$ normal verteilt ist. Nach dem zentralen Grenzwertsatz S. 645 ist dies mit guter Näherung auch dann der Fall, wenn die x_i nicht normal verteilt sind. Es sind zwei Fälle zu unterscheiden.

Varianz σ^2 der Grundgesamtheit ist bekannt Dies ist z.B. der Fall, wenn sie als Gerätekonstante vom Hersteller eines Meßinstruments angegeben wird oder mit guter Näherung bei Stichproben mit $n > 50$. Man bildet mit Gl. (642.4) und (649.2) die normierte Größe

$$u = \frac{\bar{x} - \mu}{\sigma/\sqrt{n}}$$

Weil $\bar{x}$ normal verteilt ist, und in dieser Gleichung sonst nur Konstante vorkommen, ist auch u normal verteilt. Für vorgegebene Sicherheiten, können die Schwellenwerte von u bestimmt werden. Welche Art der Abgrenzung gewählt wird, hängt vom Problem ab. Für die am häufigsten vorkommende zweiseitige Abgrenzung wird die vorstehende Gleichung nach μ aufgelöst, und man erhält die Vertrauensgrenzen für den Erwartungswert der Grundgesamtheit

$$\bar{x} - u\frac{\sigma}{\sqrt{n}} \leqq \mu \leqq \bar{x} + u\frac{\sigma}{\sqrt{n}} \qquad (649.3)$$

u sind die in Tafel **646.2** gegebenen Schwellenwerte der Normalverteilung.

15.4 Statistische Prüfverfahren

Varianz σ^2 der Grundgesamtheit ist nicht bekannt Wie anschließend gezeigt wird, darf als Schätzung von σ die Standardabweichung s der Stichprobe benutzt werden. Die Zufallsgröße

$$t = \frac{\bar{x} - \mu}{\sqrt{s^2/n}}$$

mit den unabhängigen Variablen $\bar{x}$ und s^2 ist vom Typ Gl. (647.2). Deshalb ist zur Berechnung der Schwellenwerte die t-Verteilung zu benutzen. Entsprechend Gl. (649.3) erhält man bei zweiseitiger Abgrenzung als Vertrauensgrenzen für den Erwartungswert der Grundgesamtheit

$$\bar{x} - t\frac{s}{\sqrt{n}} \leq \mu \leq \bar{x} + t\frac{s}{\sqrt{n}} \qquad (650.1)$$

t sind die in Tafel **647.2** gegebenen Schwellenwerte der t-Verteilung. Der Freiheitsgrad ist $f = n - 1$.

Der Erwartungswert μ liegt also mit der angegebenen Sicherheit (Wahrscheinlichkeit) irgendwo im Intervall von Gl. (649.3) bzw. (650.1).

Beispiel 1 Eine Länge l wurde viermal gemessen. Man erhielt $\bar{l} = 2{,}145$ mm und $s = 0{,}008$ mm. Wie groß sind die zweiseitigen Vertrauensgrenzen bei $S = 95\%$?
Aus Tafel **647.2** entnimmt man für $f = 3$ den Wert $t = 3{,}182$ und erhält nach Gl. (650.1)

$$(2{,}145 - 0{,}013) \text{ mm} \leq l \leq (2{,}145 + 0{,}013) \text{ mm}$$

$$2{,}132 \text{ mm} \leq l \leq 2{,}158 \text{ mm}$$

In der Meßtechnik ist es üblich, dieses Ergebnis kürzer als $l = (2{,}145 \pm 0{,}013)$ mm zu schreiben.

Varianz der Grundgesamtheit Das mit Gl. (620.4) berechnete Quadrat der Standardabweichung

$$s^2 = \frac{1}{n-1} \sum_{i=1}^{n} (x_i - \bar{x})^2 \qquad (650.2)$$

kann als Element einer Menge S^2 betrachtet werden. Es wird der Erwartungswert $E(s^2)$ berechnet. Dazu wird Gl. (650.2) umgeformt. Der Einfachheit halber werden die Grenzen des Summenzeichens weggelassen.

$$(n-1)s^2 = \sum ((x_i - \mu) - (\bar{x} - \mu))^2$$
$$= \sum (x_i - \mu)^2 - 2(\bar{x} - \mu) \sum (x_i - \mu) + n(\bar{x} - \mu)^2$$

Dabei ist

$$\sum (x_i - \mu) = \sum x_i - n\mu = n(\bar{x} - \mu)$$

Somit wird

$$s^2 = \frac{1}{n-1} \left[\sum (x_i - \mu)^2 - n(\bar{x} - \mu)^2 \right]$$

Das Bilden des Erwartungswertes besteht nach Gl. (638.2) im wesentlichen im Bilden einer Summe. Deshalb darf die Reihenfolge der Operationen „Erwartungswert bilden" und „Addition" vertauscht werden. Man erhält

$$E(s^2) = \frac{1}{n-1}[E(\sum(x_i - \mu)^2) - n E(\bar{x} - \mu)^2]$$

Dies ist nach Gl. (638.3) und (649.2)

$$E(s^2) = \frac{1}{n-1}\left[n\sigma^2 - \frac{n}{n}\sigma^2\right] = \sigma^2 \tag{651.1}$$

Der Erwartungswert des Quadrats der Standardabweichung ist also gleich der Varianz der Grundgesamtheit. Dieses Ergebnis wurde aber nur dadurch erhalten, daß in der Definitionsgleichung (650.2) im Nenner $n - 1$ statt des plausibleren Faktors n geschrieben wurde.

Wegen dieses Ergebnisses wird s^2 als Schätzung von σ^2 benutzt.

Für die Sicherheit der Schätzung ist die Varianz $D^2(s^2)$ zu bilden. Dies führt auf eine χ^2-Verteilung. Diese Funktion ist unsymmetrisch (s. S. 647). Für die Schwellenwerte der hier am meisten interessierenden zweiseitigen Abgrenzung sind wesentlich ausführlichere Tafeln erforderlich als Tafel **647.1**. Deshalb wird diese Sicherheit hier nicht berechnet.

15.4.2 Prüfen von Hypothesen

Das Idealziel einer statistischen Untersuchung ist es, über die Grundgesamtheit bestimmte positive Aussagen zu machen. Die bisherigen Erörterungen haben gezeigt, daß derartige Aussagen nur mit einer bestimmten Sicherheit möglich sind. Es zeigt sich nun aber, daß die Berechnung der Sicherheit einer positiven Aussage recht kompliziert ist. In diesem Buch und auch häufig in der Praxis beschränkt man sich deshalb auf die wesentlich einfachere Berechnung der Sicherheit für die entsprechende negative Aussage. Es wird also die Sicherheit berechnet, mit der eine Hypothese (Vermutung) über die Grundgesamtheit a b g e l e h n t werden kann. Dieses zunächst überraschende Ergebnis wurde bereits in Beispiel 5, S. 640, vorbereitet. Das Verfahren besteht in vier Schritten:

1. Für die Hypothese wird eine geeignete Prüfgröße z gebildet. Für die wichtigsten Fälle werden anschließend die Prüfgrößen angegeben. z ist eine Zufallsgröße mit einer bekannten Verteilungsfunktion.

2. Für eine vorgegebene Sicherheit S (s. S. 636) wird aus Tafeln der Schwellenwert z_S abgelesen. Die Art der Abgrenzung hängt vom Problem ab. Für S werden meist 95% oder 99% gewählt.

3. Der tatsächliche Wert z_i der Prüfgröße wird aus der Stichprobe berechnet.

4. Ist $z_i < z_S$, so wird die Hypothese mit unbekannter Wahrscheinlichkeit als richtig angenommen. Die ebenfalls unbekannte Komplementärwahrscheinlichkeit zu unrecht anzunehmen, heißt Fehler 2. Art oder im Hinblick auf die statistische Qualitätskontrolle das K o n s u m e n t e n r i s i k o.

Ist $z_i > z_S$, so wird die Hypothese mit der vorgegebenen Sicherheit verworfen. Man spricht von einer s i g n i f i k a n t e n A b w e i c h u n g. Die Wahrscheinlichkeit $\alpha = 1 - S$, mit der zu Unrecht verworfen wird, heißt Fehler 1. Art oder das P r o d u z e n t e n r i s i k o oder auch das T e s t n i v e a u.

Ist $z_i = z_S$, empfiehlt es sich, eine neue Stichprobe zu nehmen.

Prüfen von Parametern Hypothese: Eine Stichprobe mit dem Mittelwert $\bar{x}$ entstammt einer Grundgesamtheit mit dem Erwartungswert μ. Dieser Erwartungswert ist hier bekannt und wird deshalb meist als „Sollwert" bezeichnet. Je nachdem, ob die Varianz der Grundgesamtheit bekannt ist, oder durch die Standardabweichung der Stichprobe ersetzt werden muß, ist die Prüfgröße

σ bekannt	σ nicht bekannt	
$z = \dfrac{\bar{x} - \mu}{\sigma/\sqrt{n}}$	$z = \dfrac{\bar{x} - \mu}{s/\sqrt{n}}$	(652.1)
z ist normal verteilt	z ist t-verteilt $f = n - 1$	

Diese Prüfung unterscheidet sich also kaum von der in Abschn. 15.4.1 beschriebenen Berechnung des Vertrauensbereiches.

Hypothese: Eine Stichprobe mit der Standardabweichung s entstammt einer Grundgesamtheit mit der Varianz σ^2. Dieser Sollwert σ^2 ist bekannt.

$$z = \frac{f s^2}{\sigma^2} \qquad f = n - 1 \tag{652.2}$$

z ist χ^2-verteilt. Hier ist nur die Abgrenzung nach oben sinnvoll.

Hypothese: Zwei Stichproben entstammen zwei Grundgesamtheiten mit dem gleichen Erwartungswert. Die Kennwerte sowie die Umfänge der Stichproben sind bekannt und werden mit den Indizes 1 und 2 bezeichnet. s_d ist eine Rechengröße

$$z = \frac{|\bar{x}_1 - \bar{x}_2|}{s_d} \sqrt{\frac{n_1 n_2}{n_1 + n_2}} \tag{652.3}$$

$$s_d^2 = [s_1^2(n_1 - 1) + s_2^2(n_2 - 1)]/f \qquad f = n_1 + n_2 - 2$$

z ist t-verteilt mit Freiheitsgrad f. Wegen des Absolutwertes $|\bar{x}_1 - \bar{x}_2|$ ist die Abgrenzung nach oben zu wählen.

Beispiel 2 In zwei Stichproben ist $\bar{x}_1 = 18{,}0$, $\bar{x}_2 = 20{,}0$, $s_1 = s_2 = 2{,}0$ und $n_1 = n_2 = 21$. Entstammen sie zwei Grundgesamtheiten mit dem gleichen Erwartungswert; $S = 95\%$? In der Praxis wird diese Aufgabe so formuliert: Ist die vorstehende Differenz der Mittelwerte auf dem 5%-Niveau signifikant?
Aus Gl. (652.3) erhält man mit $s_d = 2{,}0$ den Wert $z_i = \sqrt{10{,}5} = 3{,}240$. Nach Tafel **647**.2 ist der Schwellenwert $z_S = 1{,}684$. Wegen $z_i > z_S$ ist dies eine signifikante Abweichung.

Prüfen von Verteilungen Hypothese: Eine beobachtete Häufigkeitsverteilung stimmt mit einer vorgegebenen „theoretischen" Verteilung überein. Zunächst sind mit den Kennwerten der Stichprobe die entsprechenden absoluten Häufigkeiten n_i^* (s. S. 617) der theoretischen Verteilung zu berechnen. Es sind die absoluten Häufigkeiten zu benutzen, weil sonst der Einfluß der Stichprobengröße nicht richtig erfaßt wird. Dann wird die Prüfgröße gebildet. Sie lautet

$$z = \sum_{i=1}^{k} \frac{(n_i - n_i^*)^2}{n_i^*} \qquad k \text{ ist die Anzahl der Klassen} \tag{652.4}$$

Die Prüfgröße ist χ^2-verteilt mit Abgrenzung nach oben und der Freiheitsgrad $f = k - 1$. Einzelne Summanden von Gl. (652.4) können sehr groß werden, wenn der Nenner n_i^* klein wird. Deshalb nennt [36] folgende Voraussetzungen für die Anwendung dieses Verfahrens: In höchstens 20% der Klassen darf $n_i^* < 5$ sein. Klassen, in denen $n_i^* < 1$ ist, werden als unwesentlich weggelassen. Die Anzahl der Klassen ist dabei natürlich entsprechend zu reduzieren.

Beispiel 3 Es ist zu prüfen, ob die Augensummen dreier Würfel normal verteilt sind.
Die tatsächlichen Wahrscheinlichkeiten und die der entsprechenden Normalverteilung wurden in Tafel 646.1 berechnet. Hier wird nur die Berechnung der Prüfgröße gezeigt. Weil in Gl. (652.4) absolute Häufigkeiten auftreten, muß die Gesamtzahl von Würfen vorgegeben werden. Für 1000 Würfe erhält man nach Tafel 646.1 nebenstehende Werte.

Hier muß mit allen 16 Klassen gerechnet werden, weil χ^2 nicht proportional f ist. Damit ergibt sich $z_i = 4{,}206$. Aus Tafel 647.1 erhält man $z_S = 24{,}996$ für $f = 15$. Bei 1000 Würfen muß also die (falsche) Hypothese noch als richtig angenommen werden. Erst bei 7000 Würfen ist mit $z_i = 29{,}44$ eine signifikante Abweichung vorhanden.

y_i	n_i	n_i^*	$\dfrac{(n_i - n_i^*)^2}{n_i^*}$
3	4,6	5,4	0,119
4	13,9	12,1	0,268
5	27,8	23,9	0,636
6	46,3	42,4	0,359
7	69,4	67,0	0,086
8	97,2	94,4	0,083
9	115,7	118,6	0,071
10	125,0	133,0	0,481
		$\sum$	2,103

15.4.3 Aufgaben zu Abschnitt 15.4

1. Für die Stichprobe von Beispiel 3, S. 621, prüfe man folgende Hypothesen.

a) Erwartungswert $\mu = 2{,}0000$ mm

b) Varianz $\sigma^2 = 64{,}0 \cdot (10^{-6}\text{ m})^2$ Hinweis: Gl. (647.1)

c) Die Grundgesamtheit ist normal verteilt.

2. a) Eine t-verteilte Prüfgröße ergibt für beiderseitige Abgrenzung und $f = 10$ den Wert $z_i = 2{,}7$. Welche Schlüsse folgen daraus hinsichtlich der Sicherheiten von 95% und 99%?

b) Eine t-verteilte Prüfgröße ergibt für eine Sicherheit $S = 95\%$ und $f = 10$ den Wert $z_i = 2{,}0$. Welche Schlüsse folgen daraus hinsichtlich einseitiger und zweiseitiger Abgrenzung?

3. Mit einem Würfel werden bei 180 Würfen die in Tafel 653.1 gegebenen Augenzahlen geworfen. Man prüfe für $S = 95\%$ die Hypothese: Der Würfel ist echt.

4. Bei 120 Stichproben aus je 8 Probestücken ergibt sich die in Tafel 653.2 gezeigte Verteilung der Anzahl x_i der Ausschußstücke. Man prüfe für $S = 95\%$ die Hypothesen:

a) Es handelt sich um eine Poisson-Verteilung.

b) Der Erwartungswert ist $\mu = 2{,}000$.

c) Welcher Schätzwert ergibt sich für den Ausschußprozentsatz, wenn beide Hypothesen zutreffen?

Tafel 653.1 Augenzahlen beim Würfeln

x_i	n_i
1	19
2	25
3	28
4	32
5	35
6	41

Tafel 653.2 Ausschußstücke

x_i	n_i
0	17
1	32
2	35
3	22
4	10
5	3
6	1
7	0
8	0

16 Fehler- und Ausgleichungsrechnung

Meßergebnisse und Zahlenrechnungen sind stets mit Fehlern behaftet, die durch eine wachsende Güte der verwendeten Instrumente zwar herabgedrückt, aber niemals ausgeschaltet werden können. In diesem Abschnitt werden Methoden behandelt, die ein zahlenmäßiges Schätzen dieser Fehler erlauben. Die Fehlerrechnung wurde um 1800 von Gauß begründet. In ihr verbinden sich Gedankengänge der Statistik, Differentialrechnung und linearen Algebra. Die Grundbegriffe der Fehlerrechnung werden in DIN 1319, Grundbegriffe der Meßtechnik, behandelt.

Nach ihrer Ursache unterscheidet man verschiedene Arten von Fehlern: Grobe Fehler sind falsche Ablesungen an Instrumenten oder in Tafeln sowie Rechenfehler. Systematische Fehler entstehen durch falsch geeichte oder falsch justierte Instrumente sowie durch gesetzmäßige Änderung der während der Messung konstant angenommenen Meßgröße (z. B. durch Temperatureinfluß); die sog. Einflußfehler der elektrischen Meßtechnik gehören zu den systematischen Fehlern. Statistische Fehler sind die unvermeidbaren Abweichungen, die man erhält, wenn man eine Größe mit dem gleichen Instrument mehrfach mißt, oder die Fehler, die beim Zahlenrechnen durch Runden der letzten Ziffer entstehen. Die sog. Herstellungsfehler bei der Fertigung elektrischer Meßgeräte sind statistische Fehler. Wie ihr Name sagt, gehorchen diese Fehler den Gesetzen der Statistik. Insbesondere wird vorausgesetzt, daß ihre Häufigkeitsverteilung eine Normal-Verteilung ist. (Abschn. 15.3.2). Wie die Erfahrung zeigt, ist diese Voraussetzung in der Meßtechnik weitgehend erfüllt, sofern man es nicht mit einer der beiden ersten Arten von Fehlern zu tun hat.

Die Fehlerrechnung kann nur die statistischen Fehler erfassen und behandeln. Vor ihrer Anwendung hat man sich also zu überzeugen, daß die betreffende Messung oder Rechnung keine groben oder systematischen Fehler enthält. Dies geschieht durch Kontrollmessungen oder Rechenproben.

16.1 Direkte Beobachtung einer Meßgröße

Zunächst wird der einfachste Fall behandelt, daß eine Größe mehrfach mit dem gleichen Instrument gemessen wird. Es sollen n derartige Messungen vorliegen, die theoretisch alle den gleichen Wert ergeben müssen. Infolge vieler unkontrollierbarer Ursachen wie Lagerreibung des Instrumentenzeigers, Parallaxe zwischen Zeiger und Skala oder Schätzfehler beim Interpolieren zwischen zwei Skalenteilen erhält man aber eine Reihe von streuenden Meßwerten, die mit $x_1, x_2, x_3, \ldots, x_n$ bezeichnet werden. Die mehrfache Messung des Durchmessers einer Welle ergibt z. B. folgende Werte in Millimetern

x_1	x_2	x_3	x_4	x_5	x_6
2,024	2,018	2,022	2,020	2,019	2,021

Für die mathematische Auswertung dieser Meßwerte ist es gleichgültig, ob diese Zahlen durch mehrfache Messung **einer** Welle zustande kommen, oder ob dies die Durchmesser **verschiedener** Wellen sind, die je einmal gemessen werden und den gleichen Soll-Wert haben. Es ist also mathematisch belanglos, ob diese Schwankungen von Ungenauigkeiten des Meßinstrumentes oder des gemessenen Gegenstandes herrühren. Die Meßwerte bilden also eine in Abschn. 15.1 behandelte **Stichprobe** aus der Grundgesamtheit sämtlicher denkbarer Messungen dieser Größe.

Definitionen Der in Gl. (620.1) definierte Mittelwert $\bar{x}$ wird hier als **Meßergebnis** bezeichnet. Der Erwartungswert μ der Grundgesamtheit heißt der **wahre Wert** der betreffenden Größe. Die in Gl. (620.3) definierte Standardabweichung s wird der **mittlere Fehler der Einzelmessung** genannt.

Der wahre Wert ist in Ausnahmefällen bekannt, wie z.B. bei der Messung der Winkelsumme im Dreieck, die in der Vermessungskunde oft vorkommt. Die Varianz σ^2 der Grundgesamtheit wird oft vom Hersteller des Meßinstrumentes durch viele Messungen mit einem Prototyp festgestellt und angegeben. Ein Beispiel sind die in Beispiel 2, S. 656, näher erläuterten Güteklassen elektrischer Meßinstrumente. Für Überschlagsrechnungen wird σ auch oft geschätzt. Für die Berechnung des Vertrauensbereiches (s. S. 649) von μ sind demnach zwei Fälle zu unterscheiden.

1. Varianz σ^2 der Grundgesamtheit ist bekannt, dann erhält man entsprechend Gl. (649.3)

$$\bar{x} - u\frac{\sigma}{\sqrt{n}} \leqq \mu \leqq \bar{x} + u\frac{\sigma}{\sqrt{n}}$$

mit den in Tafel **646**.2 angegebenen zweiseitigen Schwellenwerten u der Normalverteilung für eine vorgegebene Sicherheit. Für diesen Sachverhalt schreibt man in der Fehlerrechnung kürzer

$$x = \bar{x} \pm u\frac{\sigma}{\sqrt{n}} = \bar{x} \pm \Delta x \tag{655.1}$$

Wird in diesem Falle $\bar{x}$ aus vier Messungen bestimmt, so ist mit der in DIN 1319, Grundbegriffe der Meßtechnik, empfohlene Sicherheit $S = 95\%$ die Größe $\sqrt{n} \approx u$ und $\Delta x = \sigma$.

2. Wenn die Varianz der Grundgesamtheit nicht bekannt ist, rechnet man mit der Standardabweichung s der Stichprobe und erhält in der eben erläuterten abgekürzten Schreibweise

$$x = \bar{x} \pm t\frac{s}{\sqrt{n}} = \bar{x} \pm \Delta x \tag{655.2}$$

mit den in Tafel **647**.2 angegebenen zweiseitigen Schwellenwerten der t-Verteilung mit $f = n - 1$.

Definition Die mit Gl. (655.1) oder (655.2) berechnete Größe Δx heißt der **mittlere Fehler des Mittelwertes**.

In der älteren Literatur wird oft $s \approx \sigma$ und $t = u = 1$ gesetzt und die Größe $s/\sqrt{n}$ als mittlerer Fehler des Mittelwertes bezeichnet. Wenn diese Annahmen zutreffen (was i.allg. nur der Fall ist, wenn σ vom Hersteller angegeben wird), entspricht dies einer Sicherheit $S = 68,4\%$.

16.2 Fehlerfortpflanzungsgesetz

Die Größen Δx, s und σ werden die **absoluten Fehler** genannt. Sie haben die gleiche Einheit wie die Meßgröße x. Oft ist es zweckmäßig, mit den Verhältnissen $\Delta x/\bar{x}$, $s/\bar{x}$ oder $\sigma/\bar{x}$ zu rechnen. Sie heißen die **relativen Fehler** und werden meist in Prozenten angegeben.

Beispiel 1 Aus den nebenstehenden Meßwerten ist der Mittelwert $\bar{x}$ und der mittlere Fehler Δx für eine Sicherheit $S = 95\%$ zu berechnen.

x_i
mm
2,024
2,018
2,022
2,020
2,019
2,021

Nach Gl. (620.1) ist

$$\bar{x} = \frac{1}{n}\sum x_i = \frac{12,124 \text{ mm}}{6} = 2,0207 \text{ mm}$$

Nach Gl. (621.1) ist

$$s^2 = \frac{1}{n(n-1)}[n\sum x_i^2 - (\sum x_i)^2]$$

$$= \frac{1}{30}[6 \cdot 24{,}498586 \text{ mm}^2 - 146{,}991376 \text{ mm}^2] = 4{,}67 \cdot 10^{-6} \text{ mm}^2$$

$$s = 2{,}16 \cdot 10^{-3} \text{ mm}$$

Nach Gl. (655.2) ist $\Delta x = t\,(s/\sqrt{n})$. Mit $f = 5$ und $t = 2{,}571$ aus Tafel **647.2** erhält man

$$\Delta x = 2{,}27 \cdot 10^{-3} \text{ mm.}$$

Damit schreibt man $x = (2{,}0207 \pm 0{,}0023)$ mm.

Beispiel 2 Auf elektrischen Meßinstrumenten, die den Bestimmungen der VDE-Regel 0410 genügen, ist eine sog. **Güteklasse** angegeben. Güteklasse g bedeutet $\sigma/\bar{x} = g\,\%$ bei Vollausschlag des Zeigers. Daraus läßt sich σ berechnen. Dies ist notwendig, da bei kleineren Ausschlägen σ konstant bleibt und nicht etwa g. Eine Messung sollte deshalb stets so geplant werden, daß die Ablesung im letzten Drittel der Skala erfolgt.

Ein Instrument der Güteklasse 1,5 hat einen Vollausschlag von 200 V. Es wird einmal $U = 150$ V abgelesen. Wie groß ist der mittlere Fehler ΔU bei einer Sicherheit von $S = 95\%$?

$$\sigma = 200 \text{ V} \cdot 0{,}015 = 3{,}00 \text{ V}$$

Nach Gl. (655.1) ist $\Delta U = u\,(\sigma/\sqrt{n})$. Mit $n = 1$ und $u = 1{,}960$ aus Tafel **646.2** erhält man

$$\Delta U = 5{,}88 \text{ V} \quad \text{und} \quad \Delta U/U = 3{,}9\%$$

16.2 Fehlerfortpflanzungsgesetz

Häufig wird das Ergebnis u einer Untersuchung aus **mehreren** unmittelbar gemessenen Größen berechnet. Da alle Meßgrößen mit Fehlern behaftet sind, wird auch dieses Ergebnis einen entsprechenden Fehler haben. Den mathematischen Zusammenhang zwischen den Fehlern der unmittelbar gemessenen Größen und dem Fehler des daraus berechneten Ergebnisses erhält man mit Hilfe der Differentialrechnung als Fehlerfortpflanzungsgesetz.

Nach Gl. (457.2) kann man bei einer Funktion von mehreren unabhängigen Variablen $u = f(x_1, x_2, \ldots, x_k) = f(x)$ bei bekannten kleinen Änderungen der Werte der unabhängigen Variablen die daraus resultierende Änderung des Funktionswertes Δu näherungsweise durch das totale Differential ersetzen

$$\Delta u \approx \sum_{j=1}^{k} f_{x_j}(\bar{x}) \, \Delta x_j \qquad (657.1)$$

Die Funktion $u = f(x)$ ist hier das physikalische Gesetz, das die unmittelbar gemessenen Größen x_j mit dem Ergebnis u verbindet. Die $f_{x_j}(\bar{x})$ sind die partiellen Ableitungen erster Ordnung nach diesen Größen, wobei als Zahlenwerte die nach Gl. (620.1) berechneten Mittelwerte einzusetzen sind. Die Δx_j sind die nach Gl. (655.1) oder (655.2) berechneten mittleren Fehler. Da die Vorzeichen der mittleren Fehler nicht bekannt sind, muß Gl. (657.1) noch umgeformt werden. Für Überschlagsrechnungen bildet man manchmal die Summe der Absolutwerte der Summanden in Gl. (657.1). Da dies dem physikalisch ungünstigsten Fall entspricht, daß sich die Einflüsse sämtlicher Meßfehler in einer Richtung überlagern, heißt der so berechnete Fehler der **maximale Fehler** von u. Wird Gl. (657.1) quadriert, so erhält man eine Teilsumme von stets positiven Quadraten der einzelnen Summanden von Gl. (657.1) und eine zweite Teilsumme aus den gemischten Produkten dieser Summanden. Setzt man voraus, daß bei den Meßfehlern annähernd gleich viele positive wie negative Werte auftreten, so wird die zweite Teilsumme vernachlässigbar klein gegen die erste. Diese Überlegungen führen zu dem **Fehlerfortpflanzungsgesetz von Gauß**

$$\Delta u_\mathrm{m} = \sqrt{\sum_{j=1}^{k} [f_{x_j}(\bar{x}) \, \Delta x_j]^2} \qquad (657.2)$$

Definition Die nach Gl. (657.2) berechnete Größe Δu_m heißt der **mittlere absolute Fehler des Ergebnisses**. Auch hier wird oft der relative mittlere Fehler $\Delta u_\mathrm{m}/u$ gebildet.

Beispiel 3 In der Wärmelehre gehen in die Meßergebnisse häufig Temperaturdifferenzen ein. Gemessen werden $\vartheta_1 \pm \Delta\vartheta_1$ und $\vartheta_2 \pm \Delta\vartheta_2$. Gesucht ist der Fehler der Differenz $u = \vartheta_2 - \vartheta_1$. Die partiellen Ableitungen sind $\partial u/\partial \vartheta_2 = 1$ und $\partial u/\partial \vartheta_1 = -1$. Damit beträgt der mittlere absolute Fehler

$$\Delta u_\mathrm{m} = \sqrt{(\Delta\vartheta_2)^2 + (-\Delta\vartheta_1)^2}$$

der maximale absolute Fehler

$$\Delta u_\mathrm{max} = |\Delta\vartheta_2| + |\Delta\vartheta_1|$$

Für den häufigen Spezialfall $\Delta\vartheta_1 = \Delta\vartheta_2$ wird

$$\Delta u_\mathrm{m} = \sqrt{2}\,|\Delta\vartheta| \qquad \text{und} \qquad \Delta u_\mathrm{max} = 2 \cdot |\Delta\vartheta|$$

Sind $\vartheta_1 = 20{,}0\,°\mathrm{C}$, $\vartheta_2 = 25{,}0\,°\mathrm{C}$ und $|\Delta\vartheta| = 0{,}1\,\mathrm{K}$, so ist das Ergebnis mit seinem mittleren Fehler

$$u = \vartheta_2 - \vartheta_1 = (5{,}0 \pm 0{,}14)\,\mathrm{K}$$

maximalen Fehler

$$u = \vartheta_2 - \vartheta_1 = (5{,}0 \pm 0{,}2)\,\mathrm{K}$$

Man erhält ein bemerkenswertes Ergebnis, wenn man die relativen Fehler der Einzelmessungen mit denen des Ergebnisses vergleicht. Die relativen Fehler der Meßgrößen betragen etwa 0,5%, die des Ergebnisses 2,8% und 4%. Der relative Fehler ist also um rund eine Zehnerpotenz gestiegen.

Dieses unerfreuliche Resultat erhält man allgemein bei einer Differenzbildung von Zahlenwerten, die in der gleichen Größenordnung liegen. In der Meßtechnik werden oft erhebliche Mittel eingesetzt, um diesen Effekt zu vermeiden. Er tritt ebenfalls beim Lösen linearer Gleichungssysteme auf. Man führt deshalb dort stets einige zusätzliche Dezimalen als Schutzstellen durch die Rechnung mit, um wenigstens die Rundungsfehler herabzusetzen.

Hieraus folgt:

Der maximale absolute Fehler einer Summe oder einer Differenz ist gleich der Summe der absoluten Fehler der einzelnen Glieder. Der relative Fehler von Differenzen ist oft erheblich größer als der relative Fehler der einzelnen Glieder.

Beispiel 4 Durch Messung eines Gleichstromes $I \pm \Delta I$ und der zugehörigen Gleichspannung $U \pm \Delta U$ bei einem Verbraucher ist dessen Widerstand $R \pm \Delta R$ zu bestimmen. Nach dem Ohmschen Gesetz ist $R = U/I$. Mit den partiellen Ableitungen $\partial R/\partial U = 1/I$ und $\partial R/\partial I = -U/I^2$ wird der mittlere absolute Fehler

$$\Delta R_m = \sqrt{\left(\frac{\Delta U}{I}\right)^2 + \left(-\frac{U \cdot \Delta I}{I^2}\right)^2}$$

Dieses Ergebnis wird wesentlich einfacher, wenn man statt der absoluten die relativen Fehler einführt. Die letzte Gleichung wird links mit $1/R$ und rechts unter der Wurzel mit I^2/U^2 multipliziert; man erhält

$$\frac{\Delta R_m}{R} = \sqrt{\left(\frac{\Delta U}{U}\right)^2 + \left(-\frac{\Delta I}{I}\right)^2}$$

Der mittlere relative Fehler des Widerstandes ist also gleich der pythagoräischen Summe aus den relativen Fehlern von Strom- und Spannungsmessung. (Entsprechend ist der maximale relative Fehler gleich der Summe der Absolutwerte.)

Hieraus folgt:

Der maximale relative Fehler eines Produktes oder Quotienten ist gleich der Summe der Beträge der relativen Fehler der einzelnen Glieder.

Wichtige Spezialfälle dieser Regel sind Produkte der Meßgröße mit einem als fehlerfrei anzunehmenden konstanten Faktor (z. B. Faktoren zur Umrechnung in andere Einheiten, von Frequenz in Kreisfrequenz oder von Umfang in Durchmesser eines Kreises) oder auch Quotienten mit dem Zähler 1 (z. B. Umrechnung von Widerstand in Leitwert oder von Schwingungsdauer in Frequenz). In all diesen Fällen sind die relativen Fehler des Meßwertes und des Ergebnisses gleich.

Besteht die Funktionsgleichung zur Berechnung des Ergebnisses im wesentlichen aus Produkten und Quotienten, so empfiehlt es sich, zur Fehlerberechnung folgendermaßen vorzugehen: Vor dem Differenzieren wird die Gleichung logarithmiert. Da die erste Ableitung von $\ln z$ gleich $1/z$ ist, erhält man dadurch auf der linken Seite nach dem Differenzieren unmittelbar die relativen Fehler des Ergebnisses. Oft kann die rechte Seite dieser Gleichung nach dem Differenzieren so umgeformt werden, daß nur die relativen Fehler der einzelnen Meßgrößen auftreten, s. S. 280.

Beispiel 5 Die Knickkraft F_K eines runden Stabes mit dem Durchmesser d, der Länge l und dem Elastizitätsmodul E beträgt nach Abschnitt 13.3.1

$$F_K = \frac{\pi^3 \, E \, d^4}{64 \, l^2}$$

Zur Berechnung des relativen Fehlers von F_K wird die Gleichung logarithmiert und dann differenziert. Die partiellen Ableitungen werden anschließend mit den absoluten Fehlern der einzelnen Meßgrößen multipliziert. Der relative Fehler von F_K ergibt sich dann aus den relativen Fehlern der Einzelmessungen. Die Fehlergleichung ist daher von der Wahl bestimmter Einheiten unabhängig. Deshalb wird die Ausgangsgleichung in eine Gleichung der Zahlenwerte – nach DIN 1313, Physikalische Größen und Gleichungen, dargestellt durch in { } gestellte Formelzeichen – umgewandelt, da Logarithmen nur von Zahlen, nicht aber von Größen gebildet werden können. Diese Gleichung der Zahlenwerte erhält man, indem man die auftretenden Größen durch die Produkte aus Zahlenwert mal Einheit ersetzt und die Einheiten kürzt.

$$\ln\{F_K\} = \ln\frac{\pi^3}{64} + \ln\{E\} + 4\ln\{d\} - 2\ln\{l\}$$

Mit den partiellen Ableitungen

$$\frac{\partial \ln\{F_K\}}{\partial \{E\}} = \frac{1}{\{E\}} \qquad \frac{\partial \ln\{F_K\}}{\partial \{d\}} = \frac{4}{\{d\}} \qquad \frac{\partial \ln\{F_K\}}{\partial \{l\}} = -\frac{2}{\{l\}}$$

erhält man für den mittleren relativen Fehler von F_K

$$\frac{\Delta F_{Km}}{F_K} = \sqrt{\left(\frac{\Delta E}{E}\right)^2 + 4^2\left(\frac{\Delta d}{d}\right)^2 + 2^2\left(-\frac{\Delta l}{l}\right)^2}$$

Betragen die relativen Fehler der einzelnen Größen $\Delta E/E = 2\%$, $\Delta d/d = 1\%$ und $\Delta l/l = 0{,}5\%$, so ist der mittlere relative Fehler von F_K gleich $4{,}6\%$.

Beispiel 6 Bei einer gedämpften Schwingung gilt nach Gl. (580.2) $x_0/x_n = e^{n\delta T_d}$ mit den Größen: x_n Amplitude der n-ten Schwingung, x_0 Ausgangsamplitude, T_d Schwingungsdauer und n Anzahl der Schwingungen. Gesucht ist die Abklingkonstante δ mit ihrem Fehler. Zunächst wird die Gleichung nach δ aufgelöst

$$\delta = \frac{1}{n\,T_d}\ln\frac{x_0}{x_n}$$

Auch hier ist es zweckmäßig, direkt den relativen Fehler zu berechnen, also die Gleichung nochmals zu logarithmieren

$$\ln\{\delta\} = \ln\ln\frac{x_0}{x_n} - \ln\{T_d\} - \ln n$$

Der doppelte Logarithmus ist nach der Kettenregel zu differenzieren, die partiellen Ableitungen betragen

$$\frac{\partial \ln\{\delta\}}{\partial x_0} = \frac{x_n}{\ln(x_0/x_n)\,x_0\,x_n} = \frac{1}{x_0 \ln(x_0/x_n)}$$

$$\frac{\partial \ln\{\delta\}}{\partial x_n} = -\frac{x_n\,x_0}{\ln(x_0/x_n)\,x_0\,x_n^2} = -\frac{1}{x_n \ln(x_0/x_n)} \qquad \frac{\partial \ln\{\delta\}}{\partial \{T_d\}} = -\frac{1}{\{T_d\}}$$

Nach n braucht man nicht zu differenzieren, da ein Fehler in der Anzahl der Schwingungen ein grober Fehler wäre, n also als richtig angenommen werden darf. Als maximalen relativen Fehler für δ erhält man

$$\frac{\Delta\delta_{max}}{\delta} = \frac{1}{\ln\dfrac{x_0}{x_n}}\left(\frac{\Delta x_0}{x_0} + \frac{\Delta x_n}{x_n}\right) + \frac{\Delta T_d}{T_d}$$

16.3 Ausgleichungsrechnung

Im Beispiel 4, S. 658, wird der Fehler eines elektrischen Widerstandes aus den Fehlern einer Strom- und einer Spannungsmessung bestimmt. Für Präzisionsmessungen nimmt man nicht nur je eine Strom- und Spannungsmessung vor, sondern mißt für verschiedene Stromstärken die entsprechenden Spannungen. Werden die zusammengehörigen Meßwerte in einem (I, U)-Diagramm eingetragen, so müßten die Meßpunkte nach dem Ohmschen Gesetz auf einer Geraden liegen, aus deren Anstieg der Widerstand bestimmt werden kann. Wegen der unvermeidlichen statistischen Fehler der Messungen liegen die Punkte in Wirklichkeit aber nicht genau auf einer Geraden. Aus starken Abweichungen einzelner Punkte von der Geraden kann man grobe Fehler erkennen. Man zieht durch die Meßpunkte die „beste Gerade" und bestimmt aus deren Anstieg den Widerstand. Die rechnerische Behandlung derartiger Aufgaben erfolgt mit der Ausgleichungsrechnung. Sie macht es möglich, auch den mittleren Fehler des Widerstandes zu erhalten, und zwar ohne Kenntnis der Fehler der Strom- und Spannungsmessungen nur aus der Streuung der Meßpunkte. Gerade diese letzte Möglichkeit ist häufig von großem physikalischem Interesse.

Die Ausgleichungsrechnung kann auch in der Statistik angewandt werden. Bei der Regressionsanalyse wird die Abhängigkeit zweier Merkmale untersucht (z.B. Bruchfestigkeit und Kohlenstoffgehalt von Stahl, s. Aufgabe 9, S. 670). Bei der Trendanalyse interessiert die zeitliche Veränderung eines Merkmals.

Mathematisch liegt bei der Ausgleichungsrechnung die Aufgabe vor, aus einer gegebenen Wertetafel die Koeffizienten einer Funktionsgleichung zu bestimmen, deren Typ (Funktionsklasse) vorgegeben ist. Dabei ist zu berücksichtigen, daß die gegebenen Werte in der Meßtechnik mit Meßfehlern behaftet sind und in der Statistik aus den verschiedensten Gründen „streuen", so daß die entsprechenden Punkte im Diagramm nicht genau auf dem Graphen der Funktion zu liegen brauchen. Das Ausgleichen von Funktionen wird hier vorwiegend für Polynome gezeigt. Es kann bewiesen werden, daß jede stetige und differenzierbare Funktion nicht nur in der Umgebung eines Punktes (Abschn. 9), sondern auch innerhalb eines endlichen abgeschlossenen Intervalls mit einem beliebig kleinen Fehler durch Polynome angenähert werden kann. Zahlreiche einfache Funktionen der Technik mit nur zwei unbekannten Koeffizienten lassen sich außerdem durch geeignete Substitutionen exakt in eine lineare Funktion überführen (s. Abschn. 16.3.3). Die im folgenden für Polynome hergeleiteten Normalgleichungen können aber auch für andere Funktionsklassen aufgestellt werden.

16.3.1 Aufstellen der Normalgleichungen

Die Funktionsgleichung lautet

$$y = P_m(x) = a_0 + a_1 x + a_2 x^2 + \cdots + a_m x^m \tag{661.1}$$

Der Grad des Polynoms wird mit m bezeichnet, weil es in der Ausgleichungsrechnung üblich ist, die Anzahl der Wertepaare mit n zu bezeichnen. Aus diesen Wertepaaren sind die $m+1$ Koeffizienten der Funktionsgleichung zu bestimmen.

Wenn $n = m + 1$ ist, handelt es sich um eine sog. Interpolation. Die den Wertepaaren entsprechenden Punkte liegen dann genau auf dem Graphen der Funktion. Hier wird $n > m + 1$ vorausgesetzt. Nur dann können auch die Fehler der Koeffizienten bestimmt werden.

Weil die einzelnen Wertepaare aus den oben erwähnten Gründen „streuen", erfüllen sie nach erfolgter Berechnung der Koeffizienten die Funktionsgleichung nicht exakt, sondern man erhält beim Einsetzen die scheinbaren Fehler v_i

$$\begin{aligned} a_0 + a_1 x_1 + a_2 x_1^2 + \cdots + a_m x_1^m - y_1 &= v_1 \\ a_0 + a_1 x_2 + a_2 x_2^2 + \cdots + a_m x_2^m - y_2 &= v_2 \\ &\vdots \\ a_0 + a_1 x_n + a_2 x_n^2 + \cdots + a_m x_n^m - y_n &= v_n \end{aligned} \tag{661.2}$$

Im Diagramm sind die scheinbaren Fehler die Ordinatendifferenzen zwischen dem ausgeglichenen Graphen und den Meßpunkten (**661.1**). Es wäre sicher besser, den scheinbaren Fehler als Abstand zwischen dem Meßpunkt und dem Graphen zu definieren. Dies würde aber einen erheblich größeren Rechenaufwand erfordern. Es kann ferner gezeigt werden, daß sich der Unterschied zwischen diesen beiden Definitionen auf die letztlich interessierenden Fehler der Koeffizienten kaum auswirkt.

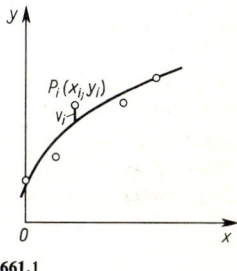

661.1

Es ist der Grundgedanke der folgenden Herleitung, die Koeffizienten so zu bestimmen, daß die scheinbaren Fehler möglichst klein werden. Der zunächst naheliegende Ansatz, die Summe der scheinbaren Fehler zum Minimum zu machen, scheitert, weil diese Summe eine lineare Funktion der Koeffizienten ist, also kein Minimum besitzt. Man benutzt deshalb den von Gauß eingeführten Ansatz:

Die Koeffizienten sind so zu bestimmen, daß die Summe der Quadrate der scheinbaren Fehler zum Minimum wird.

Dieser Ansatz ist ein Spezialfall der Approximationstheorie, deren Grundgedanken am Anfang von Abschn. 9 geschildert sind. Als Gleichung lautet dieser Ansatz

$$\sum_{i=1}^{n} [P_m(x_i) - y_i]^2 \to \min$$

Der gleiche Ansatz wird auch in Abschn. 11 für stetige Funktionen benutzt und lautet

16.3 Ausgleichungsrechnung

dort entsprechend

$$\int_a^b [f(x) - g(x, a_0, a_1, \ldots)]^2 \, dx \to \min$$

Durch diesen Ansatz gelingt es, das Gleichungssystem Gl. (661.2) in ein System mit einer quadratischen Matrix zu überführen. Um die folgenden Umformungen übersichtlich darzustellen, wird die Matrizenschreibweise (Abschn. 4.3) benutzt. Damit wird das System Gl. (661.2)

$$Xa - y = v \tag{662.1}$$

a, y und v sind Spaltenvektoren, die Matrix X besteht aus den Potenzen der x-Werte. Es gilt

$$x_{ik} = x_i^{k-1} \qquad i = 1, \ldots, n; \; k = 1, \ldots, m+1 \tag{662.2}$$

Gl. (662.2) wird nur für die folgende Herleitung benutzt, deshalb ist eine Verwechslung von x als Matrixelement und als Meßwert nicht möglich.

Der Wert der Summe der Fehlerquadrate, die zum Minimum gemacht werden soll, hängt nun ausschließlich von den zu bestimmenden Koeffizienten (und nicht etwa von den gemessenen Wertepaaren x_i, y_i) ab. Dies ist auch geometrisch leicht einzusehen: legt man den Graph anders durch die Meßpunkte (andere Koeffizienten), ändern sich die scheinbaren Fehler und damit auch die Quadratsumme. Es gilt also

$$\sum_{i=1}^n v_i^2 = f(a) \tag{662.3}$$

Nach Abschn. 10.2.1 ist eine notwendige Bedingung für ein Minimum, daß sämtliche partielle Ableitungen nach den a_i zu Null werden. Auf den Nachweis, daß diese Bedingung hier auch hinreichend ist, wird verzichtet. Die Grenzen des Summenzeichens werden im folgenden nicht geschrieben. Es ist stets über alle Meßwerte zu summieren. Die Fehlerquadratsumme lautet ausführlich

$$\sum v_i^2 = v_1^2 + v_2^2 + v_3^2 + \cdots + v_n^2 \tag{662.4}$$

Für die partiellen Ableitungen ergibt sich mit der Kettenregel

$$\begin{aligned}
\frac{\partial (\sum v_i^2)}{\partial a_0} &= 2v_1 \frac{\partial v_1}{\partial a_0} + 2v_2 \frac{\partial v_2}{\partial a_0} + \cdots + 2v_n \frac{\partial v_n}{\partial a_0} = 0 \\
\frac{\partial (\sum v_i^2)}{\partial a_1} &= 2v_1 \frac{\partial v_1}{\partial a_1} + 2v_2 \frac{\partial v_2}{\partial a_1} + \cdots + 2v_n \frac{\partial v_n}{\partial a_1} = 0 \\
&\vdots \\
\frac{\partial (\sum v_i^2)}{\partial a_m} &= 2v_1 \frac{\partial v_1}{\partial a_m} + 2v_2 \frac{\partial v_2}{\partial a_m} + \cdots + 2v_n \frac{\partial v_n}{\partial a_m} = 0
\end{aligned} \tag{662.5}$$

Aus Gl. (661.2) erhält man

$$\frac{\partial v_i}{\partial a_{k-1}} = x_{ik} = x_i^{k-1} \tag{662.6}$$

16.3.1 Aufstellen der Normalgleichungen

Werden diese Werte in Gl. (662.5) eingesetzt, ergibt sich nach Kürzen des Faktors 2

$$\begin{aligned}
v_1 + v_2 + v_3 + \cdots + v_n &= 0 \\
v_1 x_1 + v_2 x_2 + v_3 x_3 + \cdots + v_n x_n &= 0 \\
v_1 x_1^2 + v_2 x_2^2 + v_3 x_3^2 + \cdots + v_n x_n^2 &= 0 \\
\vdots \vdots & \\
v_1 x_1^m + v_2 x_2^m + v_3 x_3^m + \cdots + v_n x_n^m &= 0
\end{aligned} \tag{663.1}$$

Die erste dieser Gleichungen ist eine wichtige Rechenkontrolle. In diesem Gleichungssystem ist der Faktor des Vektors v die zu X transponierte Matrix X'. Deshalb kann Gl. (663.1) auch in Matrixform

$$X' v = o \tag{663.2}$$

geschrieben werden. Multipliziert man nun Gl. (662.1) von links mit X' und beachtet Gl. (663.2), so erhält man

$$X'X a - X' y = X' v = o$$

Das Produkt $X' X$ wird N genannt und muß numerisch berechnet werden. Das Produkt einer Matrix mit ihrer Transponierten ist quadratisch und symmetrisch. Dies ist für die nun folgende Lösung des Gleichungssystems vorteilhaft. Mit der weiteren Abkürzung $X' y = b$ erhält man das System der Normalgleichungen

$$N a = b \tag{663.3}$$

Für die Elemente von N und b gilt mit der Anzahl n der Messungen und dem Grad m des Polynoms

$$n_{jk} = n_{kj} = \sum_{i=1}^{n} x_i^{j+k-2} \qquad b_j = \sum_{i=1}^{n} y_i x_i^{j-1} \tag{663.4}$$

$$j, k = 1, 2, \ldots, m + 1$$

Die ausführliche Schreibweise von Gl. (663.3) lautet also

$$\begin{aligned}
n a_0 + (\sum x_i) \; a_1 + (\sum x_i^2) \; a_2 + \cdots + (\sum x_i^m) \; a_m &= \sum y_i \\
(\sum x_i) a_0 + (\sum x_i^2) \; a_1 + (\sum x_i^3) \; a_2 + \cdots + (\sum x_i^{m+1}) a_m &= \sum x_i y_i \\
(\sum x_i^2) a_0 + (\sum x_i^3) \; a_1 + (\sum x_i^4) \; a_2 + \cdots + (\sum x_i^{m+2}) a_m &= \sum x_i^2 y_i \\
\vdots \vdots & \\
(\sum x_i^m) a_0 + (\sum x_i^{m+1}) a_1 + (\sum x_i^{m+2}) a_2 + \cdots + (\sum x_i^{2m}) \; a_m &= \sum x_i^m y_i
\end{aligned} \tag{663.5}$$

Für $m > 1$ wird dieses System mit einem der in Abschn. 4.4 beschriebenen numerischen Verfahren gelöst. Für $m = 1$ läßt sich die Lösung allgemein angeben, man erhält für die Koeffizienten einer linearen Funktion

$$a_0 = \frac{\sum x_i^2 \sum y_i - \sum x_i \sum x_i y_i}{n \sum x_i^2 - [\sum x_i]^2} \qquad a_1 = \frac{n \sum x_i y_i - \sum x_i \sum y_i}{n \sum x_i^2 - [\sum x_i]^2} \tag{663.6}$$

Beispiel 9, S. 667, zeigt ein ausführliches Rechenschema für eine lineare Funktion. Bei den folgenden Beispielen werden die mit einem Taschenrechner durchführbaren Zwischenrechnungen nicht aufgeführt.

Tafel **664.1**

$\vartheta - 20\,°C \over K$	$R \over \Omega$	$\bar{y} \over \Omega$	$v_i \over \Omega$
300	114	113,92	$-0,08$
400	138	137,85	$-0,15$
500	163	162,68	$-0,32$
600	187	188,42	1,42
700	215	215,06	0,06
800	244	242,61	$-1,39$
900	271	271,06	0,06
1000	300	300,42	0,42
		$\sum v_i$	$= 0,02$

Beispiel 7 Für die Temperaturabhängigkeit des elektrischen Widerstandes gilt

$$R = R_{20}\,(1 + \alpha_{20}\,(\vartheta - 20\,°C) + \beta_{20}\,(\vartheta - 20\,°C)^2)$$

Aus den Meßwerten der beiden ersten Spalten von Tafel **664.1** sind die Temperaturkoeffizienten α_{20} und β_{20} in bezug auf eine Raumtemperatur von 20 °C zu bestimmen (s. Beispiel 2, S. 99).

Hier ist ein Polynom 2. Grades vorgegeben. Zunächst sind die Koeffizienten $a_0 = R_{20}$, $a_1 = R_{20}\,\alpha_{20}$ und $a_2 = R_{20}\,\beta_{20}$ zu berechnen. Hieraus erhält man die Temperaturkoeffizienten α_{20} und β_{20}.

Die beiden ersten Spalten der Tafel **664.1** zeigen die gemessenen Werte. Daraus erhält man mit Gl. (663.5) die folgenden Normalgleichungen

$$8,0000\ a_0 + 5,2000 \cdot 10^3\ a_1 + 3,8000 \cdot 10^6\ a_2 = 1,6320 \cdot 10^3$$
$$5,2000 \cdot 10^3\ a_0 + 3,8000 \cdot 10^6\ a_1 + 3,0160 \cdot 10^9\ a_2 = 1,1727 \cdot 10^6$$
$$3,8000 \cdot 10^6\ a_0 + 3,0160 \cdot 10^9\ a_1 + 2,5316 \cdot 10^{12}\ a_2 = 9,2143 \cdot 10^8$$

Sie haben die Lösungen

$$a_0 = 47,56 \qquad a_1 = 0,2076 \qquad a_2 = 4,524 \cdot 10^{-3}$$

Daraus erhält man

$$R_{20} = 47,56\ \Omega \qquad \alpha_{20} = 4,365 \cdot 10^{-3}\ K^{-1} \qquad \beta_{20} = 9,512 \cdot 10^{-7}\ K^{-2}$$

Mit diesen Koeffizienten werden die Werte $\bar{y}$ des ausgeglichenen Polynoms in der dritten Spalte von Tafel **664.1** berechnet und daraus mit Gl. (661.2) die scheinbaren Fehler der vierten Spalte. Diese werden zu der im folgenden Abschnitt gezeigten Berechnung der Fehler der Koeffizienten benötigt.

16.3.2 Fehler der Koeffizienten

Betrachtet man die Meßwerte x_i, y_i und damit auch die Koeffizienten a_i als Zufallsgrößen im Sinne von Abschn. 15.4.1, so kann gezeigt werden, daß die Lösungen der Gl. (663.3) die Schätzungen für die Erwartungswerte der Koeffizienten sind. Um die Standardabweichungen zu berechnen, stellt man sich vor, daß Gl. (663.3) nach den a_i aufgelöst wird. Mit $b = X'\,y$ erhält man

$$a = N^{-1}\,X'\,y \qquad (664.1)$$

Die Matrix N^{-1} existiert, weil $\det N \neq 0$ ist. Bezeichnet man die Elemente der Produktmatrix $N^{-1}\,X'$ (die nicht berechnet zu werden braucht) mit α_{ik}, so lautet diese Gleichung ausführlich

$$\begin{aligned}
a_0 &= \alpha_{11}\,y_1 + \alpha_{12}\,y_2 + \cdots + \alpha_{1n}\,y_n \\
a_1 &= \alpha_{21}\,y_1 + \alpha_{22}\,y_2 + \cdots + \alpha_{2n}\,y_n \\
&\vdots \\
a_m &= \alpha_{m1}\,y_1 + \alpha_{m2}\,y_2 + \cdots + \alpha_{mn}\,y_n
\end{aligned} \qquad (664.2)$$

16.3.2 Fehler der Koeffizienten

Nimmt man nun an, daß alle y_i der gleichen Grundgesamtheit entstammen und damit die gleiche Varianz σ_y^2 mit dem Schätzwert s_y^2 haben, so ergibt sich nach dem Fehlerfortpflanzungsgesetz Gl. (657.2) für die Standardabweichung des Koeffizienten a_{i-1}

$$s_{a_{i-1}}^2 = (\alpha_{i\,1}^2 + \alpha_{i\,2}^2 + \cdots + \alpha_{i\,n}^2)\, s_y^2 = \left(\sum_{k=1}^{n} \alpha_{i\,k}^2\right) s_y^2 \tag{665.1}$$

Die in dieser Gleichung auftretende Quadratsumme $\sum \alpha_{ik}^2$ ist das Diagonalelement $(n^{-1})_{ii}$ der Kehrmatrix N^{-1}.

Beweis. Wird die α_{ik}-Matrix von Gl. (664.2) mit ihrer Transponierten multipliziert, ergeben sich die Quadratsummen als Diagonalelemente dieser Produktmatrix. Diese lautet mit Gl. (664.1)

$$(N^{-1} X')\, (N^{-1} X')'$$

Nach Gl. (207.3) gilt: $(B\,C)' = C'\,B'$, ferner ist $(B')' = B$. Damit wird

$$(N^{-1} X')\, (N^{-1} X')' = N^{-1} X' X (N^{-1})' = N^{-1}$$

weil $X'X = N$ und $N^{-1} N = E$ ist. Die Matrix N ist symmetrisch, deshalb ist auch N^{-1} nach Gl. (209.2) symmetrisch: $(N^{-1})' = N^{-1}$.

Mit den Überlegungen von Abschn. 15.4.1 gilt für die Standardabweichungen der y_i-Werte

$$s_y^2 = \frac{\sum v_i^2}{n - (m+1)} \tag{665.2}$$

Die Summe der Fehlerquadrate wird mit Gl. (661.2) berechnet. Als Kontrolle empfiehlt sich $\sum v_i = 0$. Der Nenner $n - (m+1)$ hat die anschauliche Bedeutung der „Anzahl der überschüssigen Messungen". Die mit Gl. (620.3) berechnete Standardabweichung einer konstanten Meßgröße kann in diesem Zusammenhang als Standardabweichung eines Polynoms nullten Grades betrachtet werden. Im Sinne der Statistik ist $n - (m+1)$ der Freiheitsgrad f der Verteilung.

Als letzter Schritt wird nun entsprechend den auf S. 655 für den Mittelwert $\bar{x}$ einer Meßgröße durchgeführten Überlegungen mit den Schwellenwerten der t-Verteilung der Vertrauensbereich für eine gegebene Sicherheit berechnet, und man erhält für den **mittleren Fehler des Koeffizienten a_{i-1}**

$$\Delta a_{i-1} = t\, s_y\, \sqrt{(n^{-1})_{ii}} \qquad i = 1, 2, \ldots, m+1;\; f = n - (m+1) \tag{665.3}$$

Zusammenfassung der Rechenschritte:
1. Mit Gl. (661.2) $\sum v_i^2$ berechnen. Kontrolle $\sum v_i = 0$.
2. Mit Gl. (665.2) s_y berechnen.
3. Kehrmatrix N^{-1} ergibt die Diagonalelemente $(n^{-1})_{ii}$.
4. Aus Tafel **647.2** für beiderseitige Abgrenzung Schwellenwert t für Freiheitsgrad $f = n - (m+1)$ ablesen.
5. Gl. (665.3) ergibt die mittleren Fehler der Koeffizienten.

16.3 Ausgleichungsrechnung

Wie das folgende Beispiel zeigt, sind die Koeffizienten des Polynoms nicht immer die endgültig gesuchten physikalischen Größen. In diesem Falle ist noch das Fehlerfortpflanzungsgesetz Gl. (657.2) anzuwenden.

Für die lineare Funktion können die $(n^{-1})_{ii}$ allgemein angegeben werden. Man erhält für die **mittleren Fehler der linearen Funktion**

$$\Delta a_0 = t\, s_y \sqrt{\frac{\sum x_i^2}{n \sum x_i^2 - [\sum x_i]^2}} \qquad \Delta a_1 = t\, s_y \sqrt{\frac{n}{n \sum x_i^2 - [\sum x_i]^2}} \tag{666.1}$$

mit $\quad s_y = \sqrt{\dfrac{\sum v_i^2}{n-2}}$

Die Nenner in Gl. (663.6) und (666.1) stimmen überein. Sie brauchen also nur einmal berechnet zu werden.

Beispiel 8 In Fortsetzung von Beispiel 7, S. 664, sind für $S = 95\%$ die Fehler der Koeffizienten zu berechnen.

Aus den scheinbaren Fehlern von Tafel **664**.1 erhält man mit $f = 5$ und Gl. (665.2) $s_y = \pm 0{,}9234$. Aus Tafel **647**.2 entnimmt man $t = 2{,}571$.

Die Kehrmatrix der Normalgleichungen lautet

$$N^{-1} = \begin{pmatrix} 9{,}280 & -3{,}018 \cdot 10^{-2} & 2{,}202 \cdot 10^{-5} \\ -3{,}018 \cdot 10^{-2} & 1{,}030 \cdot 10^{-4} & -7{,}738 \cdot 10^{-8} \\ 2{,}202 \cdot 10^{-5} & -7{,}738 \cdot 10^{-8} & 5{,}952 \cdot 10^{-11} \end{pmatrix}$$

Die Diagonalelemente werden nach Gl. (665.3) für die Fehler der Koeffizienten benötigt. Man erhält

$$\Delta a_0 = \pm\, 7{,}23 \qquad \Delta a_1 = \pm\, 0{,}0241 \qquad \Delta a_2 = \pm\, 0{,}183 \cdot 10^{-4}$$

Für die Fehler von α_{20} und β_{20} ist noch das Fehlerfortpflanzungsgesetz anzuwenden. Wegen $\alpha_{20} = a_1/a_0$ und $\beta_{20} = a_2/a_0$ ist

$$\frac{\Delta \alpha_{20}}{\alpha_{20}} = \sqrt{\left(\frac{\Delta a_0}{a_0}\right)^2 + \left(\frac{\Delta a_1}{a_1}\right)^2} \qquad \frac{\Delta \beta_{20}}{\beta_{20}} = \sqrt{\left(\frac{\Delta a_0}{a_0}\right)^2 + \left(\frac{\Delta a_2}{a_2}\right)^2}$$

Damit erhält man

$$R_{20} = (47{,}6 \pm 7{,}2)\, \Omega \qquad \alpha_{20} = (4{,}37 \pm 0{,}84) \cdot 10^{-3}\, \text{K}^{-1}$$
$$\beta_{20} = (9{,}51 \pm 4{,}11) \cdot 10^{-7}\, \text{K}^{-2}$$

Bestimmung des Grades m des Polynoms Bislang wurde vorausgesetzt, daß m bekannt ist. Insbesondere bei Anwendungen aus der Statistik ist das selten der Fall. Mit den folgenden Verfahren kann der optimale Grad geschätzt werden. Sie erfordern allerdings einen Rechenaufwand, der den Einsatz einer Rechenanlage unerläßlich macht. Das erste Verfahren ist theoretisch zu begründen, das zweite nicht, wird aber häufiger angewandt.

1. Für die Werte $m = 1, 2, 3, \ldots$ werden jeweils die Koeffizienten und s_y berechnet. Das „richtige" m ist erreicht, wenn s_y von oben gegen einen konstanten Wert konvergiert.

2. Der Grad des Polynoms wird zunächst aus einem Diagramm geschätzt. Für die Rechnung setzt man ein Polynom um einige Grade höher an. Man begrenzt das Polynom dadurch, daß diejenigen Koeffizienten höherer Potenzen gleich Null gesetzt werden, die

gegenüber den Koeffizienten niedrigerer Potenzen vernachlässigbar klein sind (mindestens drei Zehnerpotenzen). Die Rechnung muß dann noch einmal mit dem „richtigen" Grad wiederholt werden.

16.3.3 Linearisierung von Funktionen

Sind nur zwei Koeffizienten zu bestimmen, so können in vielen Fällen Funktionsgleichungen durch eine geeignete Substitution in die Form einer linearen Funktion überführt werden. Dies ist möglich, wenn die ursprüngliche Gleichung

$$F(u,v) = 0$$

in die Form

$$f_2(v) = a_0 + a_1 f_1(u) \tag{667.1}$$

gebracht werden kann. Die Funktionen $f_1(u)$ und $f_2(v)$ dürfen keine unbekannten Koeffizienten enthalten. Aus den gegebenen u_i und v_i werden diese Funktionswerte berechnet. Man setzt $x_i = f_1(u_i)$ und $y_i = f_2(v_i)$ und führt die weitere Ausgleichung im (x, y)-System durch. Am Schluß müssen häufig die Koeffizienten a_0 und a_1 umgerechnet werden. Für die Fehler ist das Fehlerfortpflanzungsgesetz anzuwenden.
Die beiden folgenden Funktionen treten in der Technik sehr häufig auf. Die **Potenzfunktion**

$$v = c\, u^n \tag{667.2}$$

wird durch Logarithmieren zu

$$\lg v = \lg c + n \lg u \tag{667.3}$$

Man setzt $y = \lg v$ und $x = \lg u$, dann ist $a_0 = \lg c$ und $a_1 = n$.
Bei der **Exponentialfunktion**

$$v = A\, e^{ku} \tag{667.4}$$

logarithmiert man zur Basis e und erhält

$$\ln v = \ln A + k u \tag{667.5}$$

Man setzt $y = \ln v$ und $x = u$, dann ist $a_0 = \ln A$ und $a_1 = k$.
Diese beiden Funktionen können mit entsprechendem Funktionspapier (s. Abschn. 3.5.3) auch in einfacher Weise graphisch als Gerade dargestellt werden. Dies empfiehlt sich vor allem zur Kontrolle auf grobe Fehler.

Beispiel 9 Bei adiabatischer Kompression von idealen Gasen gilt

$$p = c\, V^{-\varkappa}$$

Es ist der Exponent $\varkappa$ mit seinem mittleren Fehler für $S = 95\%$ zu berechnen.
Die beiden ersten Spalten von Tafel 668.1 zeigen die gemessenen Werte. Diese sind gemäß Gl. (667.3) zu logarithmieren. Hier werden Zehnerlogarithmen benutzt. Der rechte Teil der Tafel zeigt das Rechenschema für die Ausgleichungsrechnung.

Tafel **668**.1

$\dfrac{V}{\text{dm}^3}$	$\dfrac{p}{\text{bar}}$	x	y	x^2	$x\,y$	$a_0 + a_1 x$	$\dfrac{v_i}{10^{-5}}$	$\dfrac{v_i^2}{10^{-10}}$
0,25	42,1	− 0,60206	1,62428	0,36248	− 0,97791	1,62473	45	2025
0,50	18,4	− 0,30103	1,26482	0,09062	− 0,38075	1,26405	− 77	5929
1,00	8,0	0,00000	0,90309	0,00000	0,00000	0,90337	28	784
2,00	3,49	0,30103	0,54283	0,09062	0,16341	0,54269	− 14	196
4,00	1,52	0,60206	0,18184	0,36248	0,10948	0,18201	17	289
		0,00000	4,51686	0,90620	− 1,08577		− 1	9223

Da $\sum x_i = 0$ ist, vereinfachen sich Gl. (663.6) und (666.1) erheblich. (Dies kann durch eine entsprechende Koordinatentransformation stets erreicht werden).

$$a_0 = \frac{\sum y_i}{n} = \frac{4{,}51686}{5} = 0{,}90337$$

$$a_1 = \frac{\sum x_i y_i}{\sum x_i^2} = \frac{-1{,}08577}{0{,}90620} = -1{,}19816 = -\varkappa$$

$$s_y^2 = \frac{\sum v_i^2}{n-2} = \frac{9223 \cdot 10^{-10}}{3} = 3074 \cdot 10^{-10}$$

$$\Delta a_1 = \frac{s_y \cdot t}{\sqrt{\sum x_i^2}} = \frac{55{,}45 \cdot 10^{-5} \cdot 2{,}353}{0{,}9519} = 1{,}37 \cdot 10^{-3}$$

Damit wird $\varkappa = 1{,}1982 \pm 0{,}0014$. Durch Anwendung der Ausgleichungsrechnung erhält man hier ein Ergebnis, das um etwa eine Dezimalstelle genauer ist als die Meßwerte. Dieses Resultat gilt als allgemeine Faustregel.

Beispiel 10 Aus einer Meßreihe von Stromstärken I und verschiedenen Außenwiderständen R_a ist die Quellenspannung U_q und der **innere Widerstand** R_i **einer Gleichspannungsquelle** zu bestimmen. Nach dem Ohmschen Gesetz ist

$$U_q = (R_a + R_i)\,I$$

Wegen der Summe auf der rechten Seite nützt es nichts, diese Gleichung zu logarithmieren. Da beide Variable R_a und I auf **einer** Seite der Gleichung stehen, schreibt man

$$\frac{1}{I} = \frac{R_i}{U_q} + \frac{R_a}{U_q}$$

Man setzt $1/I = y$ und $R_i/U_q = a_0$, dann ist $1/U_q = a_1$ und $R_a = x$.
In Aufgabe 12, S. 671, ist eine numerische Rechnung durchzuführen.

16.4 Aufgaben zu Abschnitt 16

Bei allen Aufgaben ist eine statistische Sicherheit $S = 95\%$ anzunehmen.

1. Zur **Dichtebestimmung** wird ein Körper mehrfach in Luft (Gewichtskraft F_{GL}) und Wasser (Gewichtskraft F_{GW}) gewogen (Tafel 669.1). Man berechne die Dichte ϱ mit ihrem mittleren relativen Fehler und vergleiche mit den relativen Fehlern der unmittelbar gemessenen Größen.

Hinweis: $\varrho = \varrho_W F_{GL}/(F_{GL} - F_{GW})$. Die Dichte des Wassers $\varrho_W = 1{,}000$ g/cm³ kann als fehlerfrei angenommen werden.

2. Aus den mehrfachen Messungen der Länge l und der Schwingungsdauer T eines **Pendels** Tafel (**669.2**) ist die Fallbeschleunigung g und ihr mittlerer absoluter Fehler zu bestimmen. Es gilt $T = 2\pi \sqrt{l/g}$.

Tafel **669.1**
Dichtebestimmung

F_{GL}	F_{GW}
N	N
1,8566	1,6144
1,8523	1,6132
1,8575	1,6178
1,8590	1,6152
1,8561	1,6128

Tafel **669.2**
Fallbeschleunigung

l	50 T
cm	s
24,88	50,03
24,82	49,95
24,78	50,01
24,85	50,00
24,79	50,04
24,83	49,97

Tafel **669.3**
Rohrdurchmesser

Masse Hg	
mg	
148	144
143	142
150	149
145	144

3. Zur Bestimmung des **Innendurchmessers** d eines dünnen **Glasrohres** wird dieses mehrfach mit Quecksilber gefüllt und die Füllung gewogen (Tafel **669.3**). Die Rohrlänge beträgt $l = (50{,}00 \pm 0{,}02)$ cm, die Dichte von Quecksilber $\varrho = (13{,}6 \pm 0{,}1)$ g/cm³. Man berechne d und seinen mittleren absoluten Fehler.

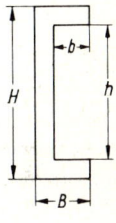

669.4

4. Ein **U-Eisen** (**669.4**) hat die ungefähren Abmessungen $H = 300$ mm, $B = 100$ mm, $h = 268$ mm und $b = 90$ mm. Mit welchem maximalen absoluten Fehler müssen die einzelnen Längen eingehalten werden, wenn der mittlere Fehler des Flächenmomentes I kleiner als 1 % sein soll?

Hinweise: $I = (B H^3 - b h^3)/12$. Der absolute Fehler aller Längen kann als gleich angenommen werden.

5. Zwei **Widerstände** R_1 und R_2 sind hintereinander geschaltet. Mit Instrumenten der Güteklasse 1,5 werden je einmal die Spannungen $U_1 = 80$ V und $U_2 = 140$ V sowie ein Strom $I = 0{,}25$ A gemessen. Wie groß ist der mittlere absolute Fehler des errechneten Gesamtwiderstandes, wenn beide Widerstände parallel geschaltet werden?[1]

6. Zur Bestimmung der **Induktivität** L einer **Spule** werden folgende Messungen mit Instrumenten der Güteklasse 0,5 ausgeführt: Bei einer Gleichspannung $U = 90{,}0$ V erhält man eine

---

[1] Es kann der Einfachheit halber angenommen werden, daß die Messungen ungefähr bei Vollausschlag durchgeführt werden (s. Beispiel 2, S. 656).

Stromstärke $I = 0{,}450$ A. Bei einer effektiven Wechselspannung $U = 90{,}0$ V erhält man eine effektive Stromstärke $I = 0{,}354$ A. Die Frequenz beträgt $f = (50 \pm 1)$ Hz. Man berechne die Induktivität L und ihren mittleren relativen Fehler. Warum ist er wesentlich größer als der relative Fehler der Einzelmessungen?

Hinweis: $(U/I)^2 = R^2 + (\omega L)^2$.[1]

7. Zur Bestimmung der Geschwindigkeit v einer gleichförmigen Bewegung werden die in Tafel 670.1 dargestellten Wege s und Zeiten t gemessen. Wie groß ist die Geschwindigkeit und ihr mittlerer Fehler?

Hinweis: Man nehme den Weg als Abszisse und berechne zunächst den Kehrwert der Geschwindigkeit.

Tafel 670.1
Geschwindigkeit

$\dfrac{s}{m}$	$\dfrac{t}{s}$
2,00	0,53
4,00	0,92
6,00	1,45
8,00	1,93
10,00	2,48
12,00	3,05

Tafel 670.2
Temperaturkoeffizient

$\dfrac{\vartheta - 20°C}{K}$	$\dfrac{R}{\Omega}$
20	50,3
30	52,2
40	54,6
50	56,6
60	58,9
70	61,1
80	63,0
90	65,2
100	67,8

Tafel 670.3
Freier Fall

$\dfrac{s}{m}$	$\dfrac{t}{ms}$
0,200	202
0,400	285
0,600	350
0,800	404
1,000	451
1,200	495

8. Zur Bestimmung des Temperaturkoeffizienten α_{20} eines elektrischen Widerstandes R wird die in Tafel 670.2 dargestellte Meßreihe erhalten. Man berechne α_{20} und seinen mittleren Fehler.

Hinweis: $R = R_{20}(1 + \alpha_{20}(\vartheta - 20\,°C))$.

9. Für die Bruchfestigkeit σ von Stahl in Abhängigkeit vom Kohlenstoffgehalt wurden die Werte in Tafel 671.1 gemessen. Diese Funktion ist durch

a) ein Polynom 2. Grades,

b) ein Polynom 4. Grades anzunähern.

10. Zur Bestimmung der Fallbeschleunigung g werden im luftleeren Raum die in Tafel 670.3 dargestellten Wege und Zeiten gemessen. Man berechne mittels Ausgleichungsrechnung die Fallbeschleunigung g und den mittleren Fehler.

Hinweis: Man wähle den Weg als Abszisse und linearisiere.

11. Bei einer freien gedämpften Schwingung gilt

$$x_n = x_0\, e^{-n\delta T_d}$$

Dabei ist x_n Maximalausschlag nach n Schwingungen, n Anzahl der Schwingungen, δ die Abklingkonstante, $T_d = (0{,}456 \pm 0{,}005)$ s die Schwingungsdauer.

---

[1] Es kann der Einfachheit halber angenommen werden, daß die Messungen ungefähr bei Vollausschlag durchgeführt werden (s. Beispiel 2, S. 656).

Tafel **671**.2 zeigt gemessene Werte. Man bestimme daraus die Abklingkonstante und ihren mittleren Fehler.

12. Aus Tafel **671**.3 ist der Innenwiderstand R_i einer Gleichspannungsquelle zu bestimmen. Es gilt

$$U_q = (R_a + R_i) I$$

Hinweis: s. Beispiel 10, S. 668.

Tafel **671**.1
Bruchfestigkeit

C-Gehalt in %	$\sigma/(N/mm^2)$
0,0	300
0,2	390
0,4	500
0,6	640
0,8	800
1,0	880
1,2	790
1,4	660
1,6	600
1,8	550

Tafel **671**.2
Schwingung

n	x_n/mm
5	33,5
10	22,4
15	15,0
20	9,6

Tafel **671**.3
Innenwiderstand

R_a/Ω	I/A
2,00	0,665
3,00	0,462
4,00	0,354
5,00	0,285
6,00	0,240
7,00	0,206
8,00	0,182

17 Interpolation

17.1 Interpolationsaufgabe

Häufig sind funktionale Zusammenhänge physikalischer Größen durch Tafeln gegeben (s. Abschn. 2.5.2), die entweder aus Meßwerten oder aus einzeln berechneten Werten komplizierter Funktionen hervorgegangen sind (z. B. Dampftafeln).

Falls die für die spezielle Aufgabe benötigten Funktionswerte nicht in der Tafel enthalten sind, müssen Zwischenwerte durch Berechnung eingefügt, es muß interpoliert werden. Dazu ist es erforderlich, eine Ersatzfunktion, die Interpolationsfunktion, zu finden, die an den Stützstellen $x_0, x_1, \ldots, x_m$ vorgeschriebene Funktionswerte $y_0, y_1, \ldots, y_m$, die Stützwerte, annimmt und den zwischen den Stützstellen gelegenen Werten x Funktionswerte y zuordnet (**672.1**).

Bei der Interpolation zwischen physikalischen Meßwerten oder in Funktionstafeln mit feiner Unterteilung genügt oft eine einfache Funktion (lineares oder quadratisches Polynom) als Ersatzfunktion, um Zwischenwerte mit genügender Genauigkeit zu berechnen.

Größere Genauigkeit erfordert z. B. das „Straken" von Flugzeug- oder Schiffsrümpfen. Dabei soll durch bestimmte Punkte eine möglichst glatte Kurve gelegt werden. Graphisch erfolgt die Festlegung der Rumpfbegrenzungskurven mit biegsamen Linealen, den Straklatten. Beim rechnergestützten Schiffsentwurf sind genaue Interpolationsfunktionen erforderlich.

Auch bei der numerischen Integration (s. Abschn. 6.1.4) werden komplizierte oder numerisch gegebene Integranden durch Interpolationsfunktionen ersetzt und diese dann integriert. In der Trapezregel Gl. (303.3) sind die Interpolationsfunktionen stückweise linear, in der Simpson-Regel Gl. (306.3) stückweise quadratisch. Solche Integrationen sind z. B. bei der Berechnung des für die Trimmrechnung eines Schiffes erforderlichen Flächenmomentes der Schnittfläche von Schiffsrumpf und Wasseroberfläche erforderlich.

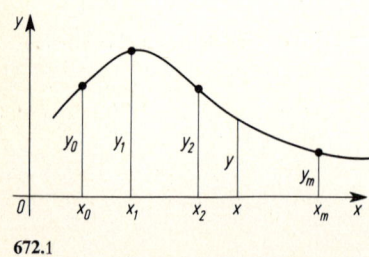

672.1

Als Interpolationsfunktionen werden vorzugsweise ganze rationale Funktionen (Polynome) benutzt, weil sich deren Funktionswerte leicht berechnen lassen (s. Abschn. 3.1).

In dem Interpolationspolynom

$$y = a_0 + a_1 x + a_2 x^2 + \ldots + a_m x^m \quad (672.1)$$

müssen die $m+1$ Koeffizienten $a_0, a_1, a_2, \ldots, a_m$ aus den Bedingungen berechnet werden, daß an den Stützstellen $x_0, x_1, x_2, \ldots, x_m$ mit $x_i < x_{i+1}$

($i = 0, \ldots, m - 1$) die gegebenen Funktionswerte $y_0, y_1, y_2, \ldots, y_m$ mit den Werten des Polynoms übereinstimmen. Setzt man also die Stützstellen x_i in das Polynom Gl. (672.1) ein, so müssen sich als y-Werte die zugehörigen Stützwerte y_i ergeben. Das führt auf ein lineares Gleichungssystems für die $m + 1$ unbekannten Koeffizienten $a_0, a_1, a_2, \ldots, a_m$

$$\begin{aligned} a_0 + a_1 x_0 + a_2 x_0^2 + \ldots + a_m x_0^m &= y_0 \\ a_0 + a_1 x_1 + a_2 x_1^2 + \ldots + a_m x_1^m &= y_1 \\ &\vdots \\ a_0 + a_1 x_m + a_2 x_m^2 + \ldots + a_m x_m^m &= y_m \end{aligned} \qquad (673.1)$$

das prinzipiell nach den Methoden des Abschn. 4.4, besser aber wie in Abschn. 17.2, gelöst werden kann. Die so bestimmten Koeffizienten a_i werden in Gl. (672.1) eingesetzt, und man ist in der Lage, jedem Argument x aus $x_0 \leq x \leq x_m$ einen Funktionswert zuzuordnen.

Für die lineare Interpolation zwischen zwei Stützstellen (x_0, y_0) und (x_1, y_1) liest man aus Bild **673.1** die Beziehung

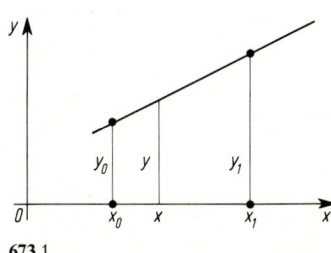

673.1

$$\frac{y_1 - y_0}{x_1 - x_0} = \frac{y - y_0}{x - x_0}$$

direkt ab und gewinnt daraus

$$\begin{aligned} y &= \frac{y_1 - y_0}{x_1 - x_0}(x - x_0) + y_0 \\ &= \frac{x_1 y_0 - x_0 y_1}{x_1 - x_0} + \frac{y_1 - y_0}{x_1 - x_0} x = a_0 + a_1 x \end{aligned} \qquad (673.2)$$

Für Interpolationspolynome zweiten und höheren Grades wird es mühsam, geschlossene Ausdrücke für die a_i direkt hinzuschreiben.

Polynome höheren Grades eignen sich nicht besonders gut zur Interpolation, weil sie im allgemeinen mehrere Extremwerte haben und deshalb zu einer gewissen Welligkeit des Funktionsbildes neigen.

17.2 Newton-Interpolationsverfahren

Die numerische Lösung größerer vollbesetzter Gleichungssysteme wie Gl. (673.1) erfordert großen Rechenaufwand. Schon Newton hat deshalb ein Verfahren angegeben, bei dem die Koeffizientenmatrix des Gleichungssystems Dreiecksform hat, die Polynomkoeffizienten also nacheinander berechnet werden können.

Mit den Stützstellen $x_0, x_1, x_2, \ldots, x_m$ lautet der Ansatz des Interpolationspolynoms

$$\begin{aligned} P_m(x) = c_0 &+ c_1 (x - x_0) + c_2 (x - x_0)(x - x_1) \\ &+ c_3 (x - x_0)(x - x_1)(x - x_2) \\ &+ \ldots + c_m (x - x_0)(x - x_1) \ldots (x - x_{m-2})(x - x_{m-1}) \end{aligned} \qquad (673.3)$$

Für $x = x_0$ werden die Faktoren von c_1 bis c_m gleich Null, und es bleibt

$$P_m(x_0) = y_0 = c_0$$

17.2 Newton-Interpolationsverfahren

Setzt man nun $x = x_1$ in Gl. (673.3) ein, so verschwinden die Faktoren von c_2 bis c_m. Man erhält die Bestimmungsgleichung für c_1

$$P_m(x_1) = y_1 = c_0 + c_1(x_1 - x_0)$$

Da $c_0 = y_0$ schon bekannt ist, kann man

$$c_1 = \frac{y_1 - c_0}{x_1 - x_0} = \frac{y_1 - y_0}{x_1 - x_0} \tag{674.1}$$

berechnen. Auf gleichem Wege findet man aus der Gleichung

$$P_m(x_2) = y_2 = c_0 + c_1(x_2 - x_0) + c_2(x_2 - x_0)(x_2 - x_1)$$

den Koeffizienten

$$c_2 = \frac{y_2 - c_0 - c_1(x_2 - x_0)}{(x_2 - x_0)(x_2 - x_1)} \tag{674.2}$$

In Gl. (674.2) führt man nun die bekannten Ausdrücke für c_0 und c_1 ein und setzt das Verfahren für die übrigen Koeffizienten c_3 bis c_m in gleicher Weise fort.

Für die numerische Rechnung muß die Koeffizientenbestimmung schematisiert werden. Der Koeffizient c_1 in Gl. (674.1) ist ein Quotient zweier Differenzen, der als **Differenzenquotient** oder auch als **dividierte Differenz** bezeichnet wird.

Man formt nun Gl. (674.2) für den Koeffizienten c_2 so um, daß auch in ihm dividierte Differenzen oder Quotienten solcher Differenzen auftreten, die aus benachbarten Stützstellen gebildet werden. Durch Einsetzen der Ausdrücke für c_0 und c_1 in Gl. (674.2) erhält man

$$c_2 = \frac{y_2 - y_0 - \dfrac{y_1 - y_0}{x_1 - x_0}(x_2 - x_0)}{(x_2 - x_0)(x_2 - x_1)} = \frac{\dfrac{y_2 - y_0}{x_2 - x_1} - \dfrac{y_1 - y_0}{x_1 - x_0} \cdot \dfrac{x_2 - x_0}{x_2 - x_1}}{x_2 - x_0}$$

Da man möglichst die Differenzen benachbarter Stützstellen haben möchte, ergänzt man im Zähler des ersten Differenzenquotienten des vorstehenden Bruches den Ausdruck $0 = y_1 - y_1$, faßt y_1 mit $-y_0$ und $-y_1$ mit y_2 zusammen und zerlegt den Bruch in zwei Summanden.

$$c_2 = \frac{\dfrac{(y_2 - y_1) + (y_1 - y_0)}{x_2 - x_1} - \dfrac{y_1 - y_0}{x_1 - x_0} \cdot \dfrac{x_2 - x_0}{x_2 - x_1}}{x_2 - x_0}$$

$$= \frac{\dfrac{y_2 - y_1}{x_2 - x_1} + \dfrac{y_1 - y_0}{x_2 - x_1} - \dfrac{y_1 - y_0}{x_1 - x_0} \cdot \dfrac{x_2 - x_0}{x_2 - x_1}}{x_2 - x_0}$$

Im Zähler dieses Bruches stehen drei Summanden mit Differenzenquotienten. Erweitert man den zweiten Summanden mit dem Faktor $1 = (x_1 - x_0)/(x_1 - x_0)$ und zieht dann aus dem zweiten und dritten Summanden den Differenzenquotienten $(y_1 - y_0)/(x_1 - x_0)$ heraus, so ergibt sich schließlich

17.2 Newton-Interpolationsverfahren

$$c_2 = \frac{\dfrac{y_2 - y_1}{x_2 - x_1} - \dfrac{y_1 - y_0}{x_1 - x_0}}{x_2 - x_0} \tag{675.1}$$

Die Berechnung läßt sich in gleicher Weise für die übrigen Koeffizienten des Interpolationspolynoms fortsetzen. In allen Formeln treten Quotienten von Differenzen der Stützwerte und Differenzen der Stützstellen auf. Dafür benutzt man folgende Abkürzungen:

$$[x_0 \,;\, x_1] = \frac{y_1 - y_0}{x_1 - x_0} \ldots \quad \text{allgemein} \quad [x_k \,;\, x_{k+1}] = \frac{y_{k+1} - y_k}{x_{k+1} - x_k}$$

Bei der Berechnung von c_2 treten die Differenzenquotienten solcher Differenzenquotienten auf. Sinngemäß definiert man für die Quotienten, die sich auf die Stellen x_0, x_1 und x_2 stützen, den Ausdruck

$$[x_0 \,;\, x_1 \,;\, x_2] = \frac{[x_1 \,;\, x_2] - [x_0 \,;\, x_1]}{x_2 - x_0}$$

und für die Differenzen dieser Differenzen, die sich auf vier Stützwerte beziehen

$$[x_0 \,;\, x_1 \,;\, x_2 \,;\, x_3] = \frac{[x_1 \,;\, x_2 \,;\, x_3] - [x_0 \,;\, x_1 \,;\, x_2]}{x_3 - x_0}$$

Rückt der Index der benutzten Stützstellen um Eins weiter, so erhöht sich auch jeder Index in den Differenzenausdrücken um Eins.

Die auf diese Weise zu berechnenden Koeffizienten des Newtonschen Interpolationspolynoms kann man direkt aus dem folgenden Schema entnehmen.

Differenzenschema Im Differenzenschema schreibt man die gegebenen Stützstellen x_i untereinander und die zugehörigen Stützwerte rechts daneben. In die Zwischenzeilen schreibt man links die benötigten x-Differenzen und rechts neben die y_i die mit diesen x-Differenzen und den y-Differenzen gebildeten dividierten Differenzen.

Tafel **675.1**

			x	y			
			x_0	y_0			
		$x_1 - x_0$			$[x_0 \,;\, x_1]$		
	$x_2 - x_0$		x_1	y_1		$[x_0 \,;\, x_1 \,;\, x_2]$	
$x_3 - x_0$		$x_2 - x_1$			$[x_1 \,;\, x_2]$		$[x_0 \,;\, x_1 \,;\, x_2 \,;\, x_3]$
	$x_3 - x_1$		x_2	y_2		$[x_1 \,;\, x_2 \,;\, x_3]$	
		$x_3 - x_2$			$[x_2 \,;\, x_3]$		
			x_3	y_3			
			$\vdots$	$\vdots$			
			x_m	y_m			

Die erste diagonal absteigende Differenzenreihe ergibt direkt die Koeffizienten des Newtonschen Interpolationspolynoms.

17.2 Newton-Interpolationsverfahren

$$\begin{aligned} c_0 &= y_0 \\ c_1 &= [x_0; x_1] \\ c_2 &= [x_0; x_1; x_2] \\ c_3 &= [x_0; x_1; x_2; x_3] \\ c_4 &= [x_0; x_1; x_2; x_3; x_4] \\ &\vdots \\ c_m &= [x_0; x_1; \cdots x_m] \end{aligned}$$
(676.1)

Beispiel 1 Von der Funktion $y = \lg(1 + x)$ sind folgende Stützstellen gegeben:

x	y
1	0,30103
2	0,47712
4	0,69897
8	0,95424

Man bestimme die Funktionswerte an den Stellen $x = 1{,}5;\ 3;\ 5;\ 6;\ 7$ mit Hilfe eines Newtonschen Interpolationspolynoms.

Man schreibt die Stützwerte, Differenzen und dividierten Differenzen nach dem vorstehenden Schema auf

			x	y			
		1	1	0,30103	0,17609		
	3		2	0,47712		−0,02172	
7		2			0,11093		0,00198
	6		4	0,69897		−0,00785	
		4			0,06382		
			8	0,95424			

Aus der oberen abfallenden Reihe der dividierten Differenzen liest man die Koeffizienten des Interpolationspolynoms ab.

$$\begin{aligned} c_0 &= 0{,}30103 & c_1 &= 0{,}17609 \\ c_2 &= -0{,}02172 & c_3 &= 0{,}00198 \end{aligned}$$

Man erhält

$$\begin{aligned} P_3(x) = &\ 0{,}30103 + 0{,}17609\,(x-1) \\ &- 0{,}02172\,(x-1)(x-2) \\ &+ 0{,}00198\,(x-1)(x-2)(x-4) \end{aligned}$$

In der folgenden Tafel sind die mit dem Interpolationspolynom berechneten Werte den (in diesem Beispiel bekannten) richtigen Funktionswerten gegenübergestellt. Dabei ist auf vier Ziffern hinter dem Komma gerundet.

17.2 Newton-Interpolationsverfahren

x	$P_3(x)$	$y = \lg(1+x)$
1	0,3010	0,3010
1,5	0,3957	0,3979
2	0,4771	0,4771
3	0,6058	0,6021
4	0,6990	0,6990
5	0,7685	0,7782
6	0,8263	0,8451
7	0,8843	0,9031
8	0,9542	0,9542

Formel von Gregory-Newton Falls die Abstände (Differenzen) $\Delta x = x_{k+1} - x_k$ der Stützstellen konstant sind, kann man in den Gleichungen für die Koeffizienten des Interpolationspolynoms den Faktor Δx jeweils herausziehen und braucht im Differenzschema Tafel **675**.1 nur die Differenzen der Stützwerte anstatt der dividierten Differenzen einzutragen. Mit den Abkürzungen

$$\Delta y_0 = y_1 - y_0 \qquad \Delta y_1 = y_2 - y_1 \qquad \Delta y_k = y_{k+1} - y_k$$
$$\Delta^2 y_k = \Delta y_{k+1} - \Delta y_k$$
$$\Delta^3 y_k = \Delta^2 y_{k+1} - \Delta^2 y_k$$
$$\Delta^i y_k = \Delta^{i-1} y_{k+1} - \Delta^{i-1} y_k$$

erhält man das einfachere Differenzenschema

x_0	y_0				
		Δy_0			
x_1	y_1		$\Delta^2 y_0$		
		Δy_1		$\Delta^3 y_0$	
x_2	y_2		$\Delta^2 y_1$		$\Delta^4 y_0$
		Δy_2		$\Delta^3 y_1$	
x_3	y_3		$\Delta^2 y_2$		
		Δy_3			
x_4	y_4				

Die Formeln für die Koeffizienten werden vereinfacht.

$$c_0 = y_0$$

$$c_1 = \frac{\Delta y_0}{\Delta x}$$

$$c_2 = \frac{\dfrac{\Delta y_1}{\Delta x} - \dfrac{\Delta y_0}{\Delta x}}{2\Delta x} = \frac{\Delta y_1 - \Delta y_0}{2(\Delta x)^2} = \frac{\Delta^2 y_0}{2!(\Delta x)^2}$$

$$c_3 = \frac{\dfrac{\Delta^2 y_1}{2(\Delta x)^2} - \dfrac{\Delta^2 y_0}{2(\Delta x)^2}}{3\Delta x} = \frac{\Delta^2 y_1 - \Delta^2 y_0}{3!(\Delta x)^3} = \frac{\Delta^3 y_0}{3!(\Delta x)^3}$$

17.2 Newton-Interpolationsverfahren

Allgemein ergibt sich für die Koeffizienten bei Stützstellen mit gleichen Abständen

$$c_k = \frac{\Delta^k y_0}{k!\,(\Delta x)^k} \tag{678.1}$$

Das Interpolationspolynom erhält dann die Form

$$P_m(x) = y_0 + \frac{\Delta y_0}{\Delta x}(x-x_0) + \frac{\Delta^2 y_0}{2!\,(\Delta x)^2}(x-x_0)(x-x_1)$$
$$+ \ldots + \frac{\Delta^m y_0}{m!\,(\Delta x)^m}(x-x_0)(x-x_1)\ldots(x-x_{m-1}) \tag{678.2}$$

Durch Normierung (s. Abschn. 2.5.1) kann die Gleichung weiter vereinfacht werden. Setzt man nämlich

$$u = \frac{x-x_0}{\Delta x}$$

dann wird

$$\frac{x-x_1}{\Delta x} = \frac{x-(x_0+\Delta x)}{\Delta x} = \frac{x-x_0}{\Delta x} - \frac{\Delta x}{\Delta x} = u-1 \qquad \frac{x-x_k}{\Delta x} = u-k$$

und aus Gl. (678.2) wird das normierte Interpolationspolynom

$$P_m(u) = y_0 + \Delta y_0 u + \frac{\Delta^2 y_0}{2!}u(u-1) + \ldots + \frac{\Delta^m y_0}{m!}u(u-1)\ldots(u-(m-1)) \tag{678.3}$$

Beispiel 2 Man interpoliere die Funktion $y = \lg(1+x)$ durch ein Polynom 4. Grades zwischen den Stützstellen

x	y
0	0
2	0,47712
4	0,69897
6	0,84510
8	0,95424

Man stellt zunächst das Differenzenschema auf und liest aus diesem die für Gl. (678.2) benötigten Differenzen ab.

x	y	Δy	$\Delta^2 y$	$\Delta^3 y$	$\Delta^4 y$
0	0				
		0,47712			
2	0,47712		−0,25527		
		0,22185		0,17955	
4	0,69897		−0,07572		−0,14081
		0,14613		0,03874	
6	0,84510		−0,03698		
		0,10914			
8	0,95424				

Die Differenzen in der ersten absteigenden Reihe werden zur Bildung der Koeffizienten des Polynoms nach Gl. (678.2) benötigt. Mit $\Delta x = 2$ erhält man

$$P_4(x) = 0{,}23856x - 0{,}03191x(x-2)$$
$$+ 0{,}00374x(x-2)(x-4)$$
$$- 0{,}00037x(x-2)(x-4)(x-6)$$

Die normierte Form nach Gl. (678.3) lautet mit $u = x/2$

$$P_4(u) = 0{,}47712u - 0{,}12764u(u-1)$$
$$+ 0{,}02993u(u-1)(u-2)$$
$$- 0{,}00587u(u-1)(u-2)(u-3)$$

In Tafel 679.1 sind einige Polynomwerte den richtigen Funktionswerten gegenübergestellt. Außerdem ist der absolute Fehler angegeben.

Tafel 679.1

x	u	P_4	$\lg(1+x)$	$P_4 - \lg(1+x)$
0	0	0	0	0
0,25	0,125	0,08320	0,09691	$-0{,}01371$
0,50	0,25	0,15833	0,17609	$-0{,}01776$
0,75	0,375	0,22610	0,24304	$-0{,}01694$
1	0,5	0,28719	0,30103	$-0{,}01384$
1,5	0,75	0,39188	0,39794	$-0{,}00606$
2	1	0,47712	0,47712	0
3	1,5	0,60543	0,60206	0,00337
4	2	0,69897	0,69897	0
5	2,5	0,77578	0,77815	$-0{,}00237$
6	3	0,84510	0,84510	0
7	3,5	0,90737	0,90309	0,00428
8	4	0,95424	0,95424	0

Die Fehlerangaben in dieser Tafel sind nur deshalb möglich, weil die „richtige" Funktion bekannt ist. Auch die in der Literatur (z. B. [33]) genannten Fehlerformeln setzen die Existenz und Kenntnis der $(m+1)$-ten Ableitung der zu interpolierenden Funktion an einer Zwischenstelle voraus. Selbst wenn die Ableitung bekannt ist, hängt die geschätzte Fehlergrenze von der Stelle ab, an der die benötigte Ableitung benutzt wird.

In der Praxis sind Interpolationspolynome bei großem Stützstellenabstand häufig sehr ungenau.

Beispiel 3 Man interpoliere die Funktion $y = \sqrt[3]{x}$ mit einem Polynom 4. Grades und den zur Demonstration absichtlich weit auseinandergezogenen Stützstellen

x	y
0	0
1	1
8	2
27	3
64	4

17.3 Kubische Splines

Man erhält nach Gl. (673.3) und (676.1) das Polynom

$$P_4(x) = 1{,}15066\,x - 0{,}15657\,x^2 + 0{,}005972\,x^3 - 0{,}00005924\,x^4$$

das in Bild **680.**1 dargestellt ist und für das einige Funktionswerte mit den (hier bekannten) richtigen Werten verglichen werden, s. [17].

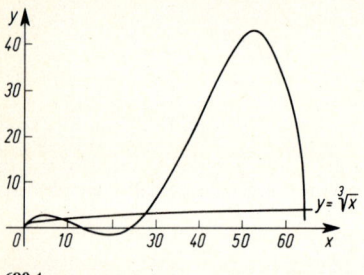

x	$P_4(x)$	$y = \sqrt[3]{x}$
10	1,23	2,15
20	−1,32	2,71
30	6,87	3,11
40	26,07	3,42
50	42,36	3,68
60	27,59	3,91

680.1

Zur Vermeidung solcher Schwierigkeiten empfiehlt es sich, mit den im folgenden Abschnitt beschriebenen Spline-Funktionen zu interpolieren.

17.3 Kubische Splines

Interpolationen von Funktionen mit vielen Stützstellen sind bei der Ermittlung von Oberflächenkurven gekrümmter Körper, wie z.B. bei Schiffsrümpfen, erforderlich. Würde man Interpolationpolynome benutzen, so müßten diese einen hohen Grad haben und können deshalb zwischen den Stützstellen viele Extremwerte annehmen (s. Beispiel 3, S. 679), so daß eine wellige Kurve entsteht.

In der Konstruktionspraxis wird aber eine glatte Kurve benötigt. Sie wird durch „Straken" erzeugt. Man legt eine lange biegsame Latte (Straklatte) an einzelnen Punkten, den Stützstellen, durch Strakgewichte fest und zeichnet die Körperbegrenzungskurve entlang der sich so einstellenden Biegelinie der Straklatte. Die Straklatte wird also in der Zeichenebene durch „punktförmige Lasten", die Haftkräfte infolge der Strakgewichte, belastet. Dabei entsteht ein linear verteiltes Biegemoment M_b ohne Sprungstellen (stetige Kurve). Bei konstantem Querschnitt der Straklatte erhält man aus $w'' = -M_b/EI$ (s. Abschn. 7.2.3) durch zweimalige Integration als Biegelinie eine ganze rationale Funktion dritten Grades.

Will man das Strakverfahren numerisch verwenden, so liegt es nahe, je ein Polynom dritten Grades zwischen zwei Stützstellen anzusetzen. Die Graphen der Polynome gehen an den Stützstellen mit gleichem Funktionswert, gleicher Steigung und, wegen der Stetigkeit des Biegemomentes, auch mit gleicher Krümmung ineinander über.

Die kubische Spline-Funktion (Strakfunktion) wird im k-ten Intervall durch folgende Gleichung beschrieben

$$P_k(x) = a_k + b_k(x - x_k) + c_k(x - x_k)^2 + d_k(x - x_k)^3 \tag{680.1}$$

$$x_k \leq x \leq x_{k+1}$$

Die Ableitungen dieser Funktion lauten

17.3 Kubische Splines

$$P'_k(x) = b_k + 2c_k(x - x_k) + 3d_k(x - x_k)^2 \tag{681.1}$$

$$P''_k(x) = 2c_k + 6d_k(x - x_k) \tag{681.2}$$

Die gesuchte Stützstellenfunktion $F(x)$ hat also bei m Intervallen und $m+1$ Stützstellen folgende Form

$$F(x) = \begin{cases} P_0(x) & \text{für } x_0 \leqq x \leqq x_1 \\ P_1(x) & \text{für } x_1 \leqq x \leqq x_2 \\ \vdots & \vdots \\ P_k(x) & \text{für } x_k \leqq x \leqq x_{k+1} \\ \vdots & \vdots \\ P_{m-1}(x) & \text{für } x_{m-1} \leqq x \leqq x_m \end{cases} \tag{681.3}$$

und es gilt für die Stützstellen

$$\begin{aligned} F(x_k) &= y_k = P_k(x_k) \qquad k = 0, 1, 2, \ldots, m-1 \\ F(x_m) &= y_m = P_{m-1}(x_m) \end{aligned} \tag{681.4}$$

Die oben genannten Übergangsbedingungen lauten

$$\begin{aligned} P_k(x_k) &= P_{k-1}(x_k) \\ P'_k(x_k) &= P'_{k-1}(x_k) \qquad k = 1, 2, \ldots, m-1 \\ P''_k(x_k) &= P''_{k-1}(x_k) \end{aligned} \tag{681.5}$$

Für die „Enden der Straklatte" muß man gesondert Randbedingungen für die Ableitungen angeben. Sind die Enden frei drehbar, so ist dort das Biegemoment und damit die Krümmung gleich Null. Dann gilt

$$P''_0(x_0) = 0 \qquad P''_{m-1}(x_m) = 0 \tag{681.6}$$

Funktionen mit dieser Eigenschaft heißen **natürliche Spline-Funktionen**. Man kann auch Spline-Funktionen konstruieren, bei denen an den beiden Enden x_0 und x_m anstatt Gl. (681.6) von Null verschiedene Krümmungen oder die Steigungen $P'_0(x_0)$ und $P'_{m-1}(x_m)$ vorgeschrieben sind.

Die kubische Spline-Funktion Gl. (681.3) hat in jedem Intervall vier unbekannte Koeffizienten, bei m Intervallen also insgesamt $4m$ unbekannte Koeffizienten. Zu deren eindeutiger Bestimmung benötigt man $4m$ voneinander unabhängige Bedingungen. Das sind

3 Übergangsbedingungen für jede der $m-1$ inneren Stützstellen, insgesamt	$3(m-1)$
$m+1$ gegebene Funktionswerte	$m+1$
2 Randbedingungen	2
Summe	$4m$

Die Gl. (681.4), (681.5) und (681.6) liefern zusammen ein lineares Gleichungssystem für die $4m$ Koeffizienten.

Da $P_k(x_k) = a_k = y_k$ ist, sind die m Koeffizienten a_k schon bekannt. Durch geschicktes Eliminieren der b_k und d_k kann man ein Gleichungssystem für die c_k allein finden, das wegen der Bandstruktur seiner Matrix mit erträglichem numerischen Rechenaufwand zu lösen ist.

17.3 Kubische Splines

In [17] ist der folgende Algorithmus für die Lösung des Interpolationsproblems mit natürlichen kubischen Spline-Funktionen in m Intervallen, also mit $m+1$ Stützstellen, angegeben:

Man setzt

$$c_0 = 0 \qquad c_m = 0$$
$$a_k = y_k \qquad \text{mit} \qquad k = 0, 1, 2, \ldots, m$$
$$h_k = x_{k+1} - x_k \qquad \text{mit} \qquad k = 0, 1, 2, \ldots, m-1$$

Dann löst man das Gleichungssystem

$$h_{k-1} c_{k-1} + 2(h_{k-1} + h_k) c_k + h_k c_{k+1} \qquad (682.1)$$

$$= 3 \left(\frac{a_{k+1} - a_k}{h_k} - \frac{a_k - a_{k-1}}{h_{k-1}} \right) \qquad k = 1, 2, \ldots, m-1$$

für die c_k und berechnet anschließend die vorher eliminierten Größen

$$b_k = \frac{a_{k+1} - a_k}{h_k} - \frac{2 c_k + c_{k+1}}{3} h_k \qquad (682.2)$$

$$d_k = \frac{c_{k+1} - c_k}{3 h_k} \qquad k = 0, 1, 2, \ldots, m-1$$

Damit sind die interpolierenden Splinefunktionen bestimmt.
Bei konstanter Intervallbreite h vereinfachen sich die Ausdrücke in Gl. (682.1)

$$c_{k-1} + 4 c_k + c_{k+1} = \frac{3}{h^2} (a_{k+1} - 2 a_k + a_{k-1}) \qquad (682.3)$$

Beispiel 4 Man interpoliere die Funktion $y = \lg(1+x)$ zwischen den Stützstellen

k	x	$\lg(1+x)$
0	0	0
1	2	0,47712
2	4	0,69897
3	6	0,84510

Mit $h_k = h = 2$ und $c_0 = c_3 = 0$ erhält man aus Gl. (682.3)

$$4 c_1 + c_2 = \frac{3}{4} (0{,}69897 - 2 \cdot 0{,}47712 + 0) = -0{,}19145$$

$$c_1 + 4 c_2 = \frac{3}{4} (0{,}84510 - 2 \cdot 0{,}69897 + 0{,}47712) = -0{,}05679$$

Das Gleichungssystem hat die Lösung

$$c_1 = -0{,}047268 \qquad c_2 = -0{,}002381$$

Damit berechnet man aus Gl. (682.2)

$$b_0 = 0{,}27007 \quad d_0 = -0{,}007878$$
$$b_1 = 0{,}17554 \quad d_1 = 0{,}007481$$
$$b_2 = 0{,}07624 \quad d_2 = 0{,}000397$$

Die Interpolationspolynome für die drei Intervalle lauten

$$P_0 = 0{,}27007\,x - 0{,}007878\,x^3 \quad \text{für } 0 \leqq x \leqq 2$$
$$P_1 = 0{,}47712 + 0{,}17554\,(x-2) - 0{,}047268\,(x-2)^2 + 0{,}007481\,(x-2)^3 \quad \text{für } 2 \leqq x \leqq 4$$
$$P_2 = 0{,}69897 + 0{,}07624\,(x-4) - 0{,}002381\,(x-4)^2 + 0{,}000397\,(x-4)^3 \quad \text{für } 4 \leqq x \leqq 6$$

Zum Vergleich mit den Werten aus Tafel 679.1 werden hier die Splinewerte für die gleichen Stützstellen angegeben.

x	P_0	$\lg(1+x)$
0,25	0,0674	0,0969
0,5	0,1341	0,1761
0,75	0,1992	0,2430
1	0,2622	0,3010
1,5	0,3785	0,3979

$$P_1(3) = 0{,}6129 \quad \lg 4 = 0{,}6021$$
$$P_2(5) = 0{,}7732 \quad \lg 6 = 0{,}7782$$

Berechnet man den Wert für $x = 3$ mit den Spline-Funktionen der Nachbarintervalle (Extrapolation), so erhält man

$$P_0(3) = 0{,}5975 \quad P_2(3) = 0{,}6200$$

Ein Vergleich mit der Tafel 679.1 zeigt, daß der Fehler im ersten Intervall besonders groß ist. Das hängt damit zusammen, daß bei den natürlichen Spline-Funktionen am Anfangspunkt die Krümmung gleich Null gesetzt wird, während bei der hier gegebenen Funktion die Krümmung an der Stelle $x = 0$ nicht gleich Null ist. Der Fehler kann besonders groß werden, wenn die zu interpolierende Funktion am Anfang oder am Ende des Intervalls eine starke Krümmung aufweist, wie z.B. die Funktion $y = \sqrt[3]{x}$ in Beispiel 1, S. 679 bei $x \to 0$.

Beispiel 5 Man interpoliere die Funktion $y = \cos x$ zwischen den Stützstellen

x	y
0	1
$\pi/3$	0,5
$\pi/2$	0

durch kubische Spline-Funktionen.
Aus der Tafel liest man ab:

$$a_0 = 1 \quad a_1 = 0{,}5 \quad a_2 = 0$$
$$h_0 = \pi/3 = 1{,}04720 \quad h_1 = \pi/6 = 0{,}52360$$

Mit $c_0 = c_2 = 0$ ergibt sich die Gleichung für c_1 nach Gl. (682.1)

$$2\left(\frac{\pi}{3} + \frac{\pi}{6}\right)c_1 = 3\left(\frac{0 - 0{,}5}{\pi/6} - \frac{0{,}5 - 1}{\pi/3}\right)$$

$$c_1 = -\frac{9}{2\pi^2} = -0{,}45595$$

Aus Gl. (682.2) folgt

$$b_0 = -\frac{1}{\pi} = -0{,}31831 \qquad d_0 = -\frac{9}{2\pi^3} = -0{,}14513$$

$$b_1 = -\frac{5}{2\pi} = -0{,}79577 \qquad d_1 = \frac{9}{\pi^3} = 0{,}29026$$

Die Spline-Funktionen lauten

$$P_0 = 1 - 0{,}31831\, x - 0{,}14513\, x^3$$

$$P_1 = 0{,}5 - 0{,}79577\left(x - \frac{\pi}{3}\right) - 0{,}45595\left(x - \frac{\pi}{3}\right)^2 + 0{,}29026\left(x - \frac{\pi}{3}\right)^3$$

Mit diesen Funktionen kann man z.B. die folgenden Zwischenwerte berechnen.

x in Radiant	x in Grad	$P(x)$	$\cos x$
$\pi/12$	15	0,91406	0,96593
$\pi/6$	30	0,81250	0,86603
$\pi/4$	45	0,67969	0,70711
1	57,3	0,53656	0,54030
$5\pi/12$	75	0,26563	0,25882

17.4 Aufgaben zu Abschnitt 17

Alle Aufgaben sind sowohl mit dem Newton-Interpolationsverfahren als auch mit Spline-Funktionen zu lösen.

1. Von einer Funktion sind vier Stützstellen gegeben. Man bestimme die Funktionswerte für $x = 0{,}5$; 1,5; 2,5;

x	y
0	1
1	1,6487
2	2,0281
3	2,3774

2. Man interpoliere die Funktion $y = \cos x$ mit den gegenüber Beispiel 5, S. 683 engeren Stützstellen

x	y
0	1
$\pi/6$	$\sqrt{3}/2$
$\pi/4$	$\sqrt{2}/2$
$\pi/3$	$1/2$
$\pi/2$	0

und berechne die Zwischenwerte für

$$x = \pi/12 = 15°; \quad x = 1; \quad x = 5\pi/12 = 75°$$

auf fünf Ziffern hinter dem Komma. Man vergleiche diese Werte mit den Ergebnissen aus Beispiel 5 und den richtigen Funktionswerten.

3. Man interpoliere die Funktion $y = \sqrt{x}$ mit den Stützstellen

a)		b)		c)		d)	
x	y	x	y	x	y	x	y
0	0	0,01	0,1	0,04	0,2	1	1
1	1	1	1	1	1	4	2
4	2	4	2	4	2	9	3

und berechne mit diesen die Näherungswerte für $\sqrt{2}$ und $\sqrt{3}$ auf 4 Ziffern hinter dem Komma.

Anhang

Lösungen zu den Aufgaben

Abschnitt 1.1

1. a) Der Wahrheitsgehalt läßt sich spätestens im Jahre 2100 eindeutig feststellen, deshalb ist dieser Satz eine Aussage.

b) Es gibt keine allgemeingültigen Kriterien, wann etwas „liebenswert" ist, deshalb ist dieser Satz keine Aussage.

c) Dieser Satz ist eindeutig falsch, deshalb ist er eine Aussage. (Aus $y'(x) = 0$ folgt nicht immer, daß an der Stelle x ein Extremwert liegt.)

2. A_3 ist keine allgemeingültige Aussage, denn sie beruht auf der unzulässigen Vertauschung von Vorder- und Hinterglied einer Implikation. Exakt kann dies wie folgt begründet werden: Die Aussage A_1 besteht in der Implikation $A_3 \to A_2$. A_3 wäre richtig, wenn $[(A_3 \to A_2) \land A_2] \to A_3$ ein aussagenlogisches Gesetz wäre. Dies ist aber nicht der Fall. Der vorliegende Ausdruck darf nicht mit der (hier trivialen) Abtrennung $[(A_3 \to A_2) \land A_3] \to A_2 = W$ verwechselt werden.

3. a) $z = (x_1 \land x_2) \lor x_3$

x_1	x_2	x_3	$x_1 \land x_2$	z
F	F	F	F	F
F	F	W	F	W
F	W	F	F	F
F	W	W	F	W
W	F	F	F	F
W	F	W	F	W
W	W	F	W	W
W	W	W	W	W

b) $z = x_1 \land (x_2 \lor x_3)$

x_1	$x_2 \lor x_3$	z
F	F	F
F	W	F
F	W	F
F	W	F
W	F	F
W	W	W
W	W	W
W	W	W

Werte von x_2 und x_3 wie in Aufgabe 3a

4. a) $z = [(x_1 \to x_2) \land \neg x_2)] \to \neg x_1$

x_1	x_2	( )	$\neg x_2$	[ ]	$\neg x_1$	z
F	F	W	W	W	W	W
F	W	W	F	F	W	W
W	F	F	W	F	F	W
W	W	W	F	F	F	W

b) $z = [(x_1 \to x_2) \land (x_2 \to x_3)] \to (x_1 \to x_3)$

x_1	x_2	x_3	$x_1 \to x_2$	$x_2 \to x_3$	[ ]	$x_1 \to x_3$	z
F	F	F	W	W	W	W	W
F	F	W	W	W	W	W	W
F	W	F	W	F	F	W	W
F	W	W	W	W	W	W	W
W	F	F	F	W	F	F	W
W	F	W	F	W	F	W	W
W	W	F	W	F	F	F	W
W	W	W	W	W	W	W	W

5. a) (z gerade → z = 2n) ∧
(z = 2n → z² = 4n²) ∧
(z² = 4n² → z² ist durch 2 teilbar) ∧
(z² ist durch 2 teilbar → z² ist gerade)
b) x_1: Die Quadratzahl ist gerade
x_2: Die Zahl ist gerade   ¬x_2: z = 2n + 1
Kontraposition: (¬x_2 → ¬x_1) ⇒ (x_1 → x_2)
[(z = 2n + 1) → (z² = 4n² + 4n + 1 = 2(2n² + 2n) + 1)] ∧
[(z² = 2(2n² + 2n) + 1) → (z² ist ungerade)] ∧
(z² ungerade) → (¬x_1)
Damit ist die linke Seite der Implikation bewiesen. Durch logischen Schluß folgt die Richtigkeit der rechten Seite.
Die Lösungen von 5a) und b) ergeben $x_1 \Leftrightarrow x_2$.

6. Das Komplement der Vereinigungsmenge entspricht der nicht schraffierten Fläche in Bild **687.1**. Für ein Element m gilt
$(m \in [\cup M_i]^* \to m \notin \cup M_i) \wedge$
$(m \notin \cup M_i \to m \in M_i^*$ für jedes $i) \wedge$
$(m \in M_i^*$ für jedes $i \to m \in \cap (M_i^*))$
Damit ist die Implikation $[\cup M_i]^* \Rightarrow \cap (M_i^*)$ bewiesen. Für die Umkehrung kann hier die Beweiskette Schritt für Schritt rückwärts durchlaufen werden.

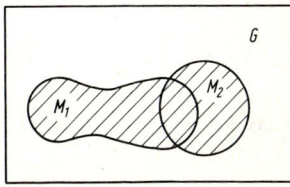

687.1

7. Für $n = 1$ und $n = 2$ ergibt sich die Richtigkeit durch Ausrechnen. Für $n + 1$ gilt

$$\sum_{i=1}^{n+1} i = \frac{n(n+1)}{2} + (n+1) = \frac{n(n+1) + 2(n+1)}{2}$$

$$= \frac{(n+1)((n+1)+1)}{2} = \frac{n'(n'+1)}{2} \quad \text{mit } n' = n + 1$$

Abschnitt 1.2

1. a) gebrochene Zahlen, b) irrationale Zahlen

2. a) Mit dem kommutativen Gesetz gilt
$[a \cdot a^{-1} = a^{-1} \cdot a = 1] \Rightarrow $ „a ist das inverse Element zu a^{-1}"; d.h. als Formel: $a = (a^{-1})^{-1}$.
b) $a \cdot 0 = \underline{a \cdot 0 + 0}$, Null ist neutrales Element, $(0 = 0 + 0), (a \cdot 0 = a \cdot (0 + 0)) = \underline{a \cdot 0 + a \cdot 0}$.
Die erste Umformung erfolgt mit dem Monotoniegesetz, die zweite mit dem Distributivgesetz. Die unterstrichenen Ausdrücke werden gleichgesetzt und liefern mit Gl. (35.1)
$[a \cdot 0 + 0 = a \cdot 0 + a \cdot 0] \Rightarrow [0 = a \cdot 0]$

3. a) 8,0625   b) 7,875   c) 36,5   d) 68,25

4. a) $(88,8)_{10} = (1011000,\overline{1100})_2 = (58,\overline{C})_{16}$ b) $(33,\overline{3})_{10} = (100001,\overline{01})_2 = (21,\overline{5})_{16}$
c) $(3,14159)_{10} = (11,0010010000111111)_2 = (3,243 F 3 E 0)_{16}$

5. Permutationen ohne Wiederholung $P_m = m!$

6. Kombinationen ohne Wiederholung $C_{49,6} = \binom{49}{6} = 1,3984 \cdot 10^7$

7. Variationen mit Wiederholung $\bar{V}_{3,12} = 3^{12} = 5{,}3144 \cdot 10^5$

8. Kombinationen ohne Wiederholung $\binom{12}{0} + \binom{12}{1} + \binom{12}{2} + \binom{12}{3}$
$= 1 + 12 + 66 + 220 = 299$

9. Variationen mit Wiederholung $\bar{V}_{2,12} = 2^{12} = 4096$

10. Variationen ohne Wiederholung $V_{6,3} = \dfrac{6!}{(6-3)!} = 120$

11. Kombinationen ohne Wiederholung $C_{9,3} = \binom{9}{3} = 84$

Abschnitt 2.1

1. Keine Abbildung, weil nicht jedem x ein y eindeutig zugeordnet ist, z. B. gehören zu $x = 4$ die Bilder $y = 2$ und $y = -2$.

2. Keine Abbildung, weil jedem x ein positives und ein negatives y zugeordnet ist.

3. Bijektive Abbildung   4. Abbildung   5. Injektive Abbildung

6. $D = B = \mathbb{R}$ 7. $D = B = \mathbb{R}$

8. Entweder $D = \{x \mid -\sqrt{3} \leq x \leq 0 \wedge x \in \mathbb{R}\}$ $B = \{y \mid 0 \leq y \leq 3 \wedge y \in \mathbb{R}\}$
   oder $D = \{x \mid 0 \leq x \leq \sqrt{3} \wedge x \in \mathbb{R}\}$ $B = \{y \mid 0 \leq y \leq 3 \wedge y \in \mathbb{R}\}$

9. $D = \{x \mid x \geq 0 \wedge x \in \mathbb{R}\}$ $B = \{y \mid -1 \leq y \wedge y \in \mathbb{R}\}$

10. $D = \mathbb{R}$ $B = \{y \mid y > 0 \wedge y \in \mathbb{R}\}$

11. $D = \left\{x \mid x < 0 \vee x \geq \dfrac{1}{\sqrt[3]{3}} \wedge x \in \mathbb{R}\right\}$ $B = \{y \mid y \geq 0 \wedge y \neq \sqrt{3} \wedge y \in \mathbb{R}\}$

12. Bijektiv

Abschnitt 2.2

1. a) $\operatorname{sgn}[x(x+1)] = \begin{cases} -1 & \text{für } x \in (-1, 0) \\ 0 & \text{für } x = 0 \vee x = -1 \\ +1 & \text{für } x \in (-\infty, -1) \vee x \in (0, +\infty) \end{cases}$

b) $\operatorname{sgn}[x^2 - 3x + 2] = \operatorname{sgn}[(x-1)(x-2)] = \begin{cases} -1 & \text{für } x \in (1, 2) \\ 0 & \text{für } x = 1 \vee x = 2 \\ +1 & \text{für } x \in (-\infty, 1) \vee x \in (2, +\infty) \end{cases}$

c) $\operatorname{sgn} \dfrac{x-1}{x+3} = \begin{cases} -1 & \text{für } x \in (-3, 1) \\ 0 & \text{für } x = 1 \\ +1 & \text{für } x \in (-\infty, -3) \cup (1, +\infty) \end{cases}$

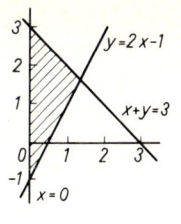

689.1

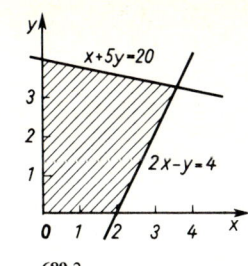

689.2

2. {2}   3. $-1/3 \leq r \leq 1$
4. $x < -2{,}1$ und $x > -1{,}9$
5. $-1{,}5 < x < -1{,}25$ 6. $n \geq 2$
7. Alle Punkte des schraffierten Dreiecks in Bild **689**.1
8. Alle Punkte des schraffierten Vierecks in Bild **689**.2.

Abschnitt 2.3

1. a) $\dfrac{1}{3}$ b) 2   c) divergent   d) 1   e) 2   f) $\dfrac{2-\sqrt{2}}{\sqrt{3}-1} = 0{,}800$

2. a) 4   b) $\dfrac{3}{5}$ c) 0 für $a \neq 0$; 1 für $a = 0$ d) $\dfrac{1}{7x^{6/7}}$

3. beschränkt, nicht monoton, konvergent mit Grenzwert -1
4. a) $\mathbb{R} \setminus \{0\}$ b) $\mathbb{R} \setminus \{0\}$, auf $\mathbb{R}$ stetig, falls $f(0) = 0$.
c) $\mathbb{R} \setminus \{0\}$, auf $\mathbb{R}$ stetig, falls $f(0) = 0$.   d) $\mathbb{R} \setminus \{2\}$, auf $\mathbb{R}$ stetig, falls $f(2) = \dfrac{112}{3}$.
e) $\mathbb{R} \setminus \{1\}$ f) $\mathbb{R} \setminus \{0, 2, -2\}$

Abschnitt 2.4

1. $s_1 = 1$; $s_2 = 1{,}2$; $s_3 = 1{,}24$; $s_4 = 1{,}248$; $s_5 = 1{,}2496$; $s_6 = 1{,}24992$
2. 0,467   3. a) $n = 39$ b) $n = 31$
4. a) Nach dem Quotientenkriterium Gl. (76.2) ist

$$\frac{a_{i+1}}{a_i} = \left(\frac{i}{i+1}\right)^i = p(i)$$

nach der Bernoullischen Ungleichung F3

$$\frac{1}{p(i)} = \left(1 + \frac{1}{i}\right)^i > 1 + i \cdot \frac{1}{i} = 2$$

Also ist $p(i) < 1/2 = q$; damit konvergiert die Reihe.
b) Nach Wurzelkriterium Gl. (77.1) ist $1/(\ln i) \leq 1/(\ln 3) = q < 1$ für alle $i \geq 3$, also konvergent.
c) Nach dem Quotientenkriterium ist

$$\frac{a_{i+1}}{a_i} = \frac{(i+1)(i+1)}{(2i+1)(2i+2)} < \frac{1}{2} = q \qquad \text{für alle } i \in \mathbb{N},$$

also konvergent.
d) Nach dem Quotientenkriterium ist

$$\frac{a_{i+1}}{a_i} = \frac{(i+1)^2}{2^{i+1}} \cdot \frac{2^i}{i^2} = \left(\frac{i+1}{i}\right)^2 \cdot \frac{1}{2} = \left(1 + \frac{2}{i} + \frac{1}{i^2}\right) \cdot \frac{1}{2} \leq \frac{7}{8} = q$$

für $i \geq 4$, also konvergiert die Reihe.

5. Es können beliebig viele Differenzen von Teilsummen gefunden werden, die größer als 0,5 sind. Also ist die Summe unbeschränkt:

Es ist nämlich $s_2 = 1{,}5$; $\quad s_4 - s_2 = \dfrac{1}{3} + \dfrac{1}{4} > \dfrac{2}{4} = \dfrac{1}{2}$;

$s_8 - s_4 = \dfrac{1}{5} + \dfrac{1}{6} + \dfrac{1}{7} + \dfrac{1}{8} > \dfrac{4}{8} = \dfrac{1}{2}$; $\cdots$ also ist $s > 1{,}5 + \dfrac{1}{2} + \dfrac{1}{2} + \cdots$, daher divergent.

6. a) $\varrho = 1$ \quad b) $\varrho = 1$ \quad c) $\varrho = 1$ \quad d) $\varrho = 2$

Abschnitt 2.5

1. a) $y = x \left(\dfrac{a-x}{a+x}\right)^{1/2}$

b) $y = -\,[(Cx + E) \pm ((C^2 - 4AB)\,x^2 + (2EC - 4BD)\,x + (E^2 - 4BF))^{1/2}]/2B$

c) $y = [(-x^2 + x + 0{,}5) + 0{,}5\,(4x + 1)^{1/2}]^{1/2}$

2. a) Ausströmgeschwindigkeit

x	y
0,0	2,2361
0,1	1,5525
0,2	1,3576
0,3	1,2064
0,4	1,0732
0,5	0,9478
0,6	0,8240
0,7	0,6960
0,8	0,5557
0,9	0,3851
1,0	0,0000

s. Bild **690**.1

b) freie gedämpfte Schwingung

t/ms	y/V	t/ms	y/V
0	5,00	11	−2,47
1	6,72	12	−2,75
2	7,48	13	−2,71
3	7,37	14	−2,41
4	6,56	15	−1,93
5	5,25	16	−1,35
6	3,67	17	−0,74
7	2,02	18	−0,17
8	0,47	19	0,31
9	−0,85	20	0,68
10	−1,84		

s. Bild **690**.2

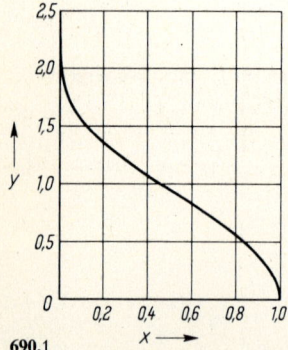

690.1

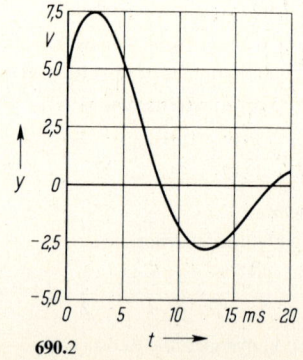

690.2

c) Kreisevolvente

φ	x/cm	y/cm
0,0	2,00	0,00
0,2	2,04	0,00
0,4	2,15	0,04
0,6	2,33	0,14
0,8	2,54	0,32
1,0	2,76	0,60
1,2	2,96	0,99
1,4	3,10	1,49
1,6	3,14	2,09
1,8	3,05	2,77
2,0	2,80	3,48
2,2	2,38	4,20
2,4	1,77	4,89
2,6	0,97	5,49
2,8	0,00	5,95
3,0	$-$ 1,13	6,22
3,2	$-$ 2,37	6,27
3,4	$-$ 3,67	6,06
3,6	$-$ 4,98	5,57
3,8	$-$ 6,23	4,79
4,0	$-$ 7,36	3,73

s. Bild **691.1**

d) Ellipse

φ/Grad	r/cm
0	9,00
15	7,92
30	5,86
45	4,14
60	3,00
75	2,27
90	1,80
105	1,49
120	1,29
135	1,15
150	1,06
165	1,02
180	1,00
195	1,02
210	1,06
225	1,15
240	1,29
255	1,49
270	1,80
285	2,27
300	3,00
315	4,14
330	5,86
345	7,92
360	9,00

s. Bild **691.2**

e) Hyperbel

φ/Grad	r/cm
0	$-$ 9,00
15	$-$ 10,85
30	$-$ 27,26
45	19,38
60	6,00
75	3,33
90	2,25
105	1,70
120	1,38
135	1,19
150	1,08
165	1,02
180	1,00
195	1,02
210	1,08
225	1,19
240	1,38
255	1,70
270	2,25
285	3,33
300	6,00
315	19,38
330	$-$ 27,26
345	$-$ 10,85
360	$-$ 9,00

s. Bild **691.3**

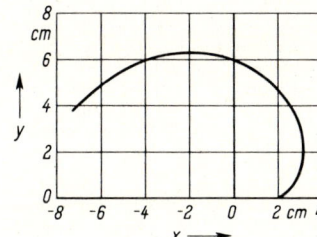

691.1

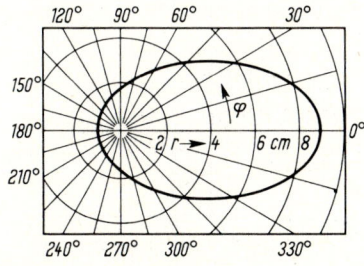

691.2

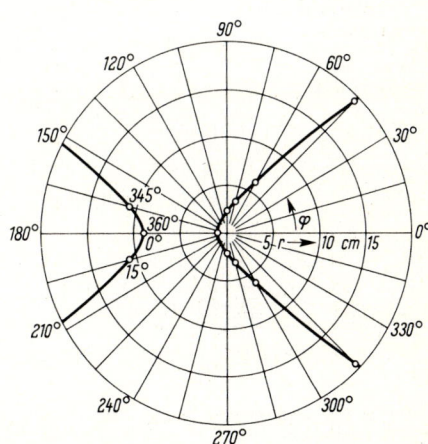

691.3

3. a) Länge eines Stabes

$\vartheta/°C$	l/cm
50	50,0625
60	50,0750
70	50,0875
80	50,1000
90	50,1125
100	50,1250

siehe Bild **692.1**

b) Strömungsgeschwindigkeit

x	y	x	y
0,900000	0,8825	0,999900	0,3296
0,950000	0,8008	0,999950	0,2985
0,990000	0,6362	0,999990	0,2372
0,995000	0,5763	0,999995	0,2148
0,999000	0,4579	0,999999	0,1707
0,999500	0,4148	1,000000	0,0000

s. Bild **692.2**

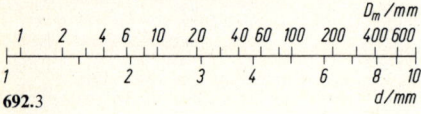

692.1

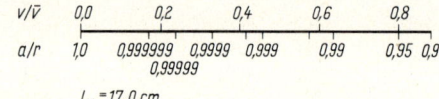

692.2

c) Schraubenfelder, s. Bild **692.3**

692.3

Abschnitt 2.6

1. a) $x = [1 - (y/c)^7]^{4/5}$

b) $x = [-a_1 + (4a_2 y + a_1^2 - 4a_0 a_2)^{1/2}]/(2a_2)$ 　　c) $x = \exp(10^y)$

2.

x	y
0,86	1,0357
0,88	1,0764
0,90	1,1204
0,92	1,1688

3. a) $v = 0{,}2\,(81 + 72u - 9u^2)^{1/2}$

b) $13{,}0\,u^2 + 13{,}86\,uv + 21{,}0\,v^2 = 225$

4. a) $z = 1 + \sin\left(\alpha + \dfrac{\pi}{2}\right)$ 　　$s = -1 + \sin\left(\beta + \dfrac{\pi}{2}\right)$

b) $z = 1 + \cos\alpha$ 　　$s = -1 + \cos\beta$

5. $\alpha = 43{,}0°$ 　　**6.** a) und d) sind ungerade Funktionen, b) und c) sind gerade Funktionen

Abschnitt 3.1

1. Bild **692.4** 　　**2.** $v = 12\,\text{m/s}$ 　　$\alpha = 36{,}9°$

3. $y = \pm 0{,}075\,x$ für $0 \leq x \leq 0{,}4\,\text{m}$ 　　$y = \pm(0{,}0455x - 0{,}0482\,\text{m})$ für $0{,}4\,\text{m} \leq x \leq 1{,}06\,\text{m}$

4. Bild **692.5** 　　$l_W = 0{,}1\,\text{cm/kWh}$; 　$l_K = 0{,}26\,\text{cm/DM}$ (Lösungsbild ist 1:4 verkleinert); 　$W = 58{,}8\,\text{kWh}$

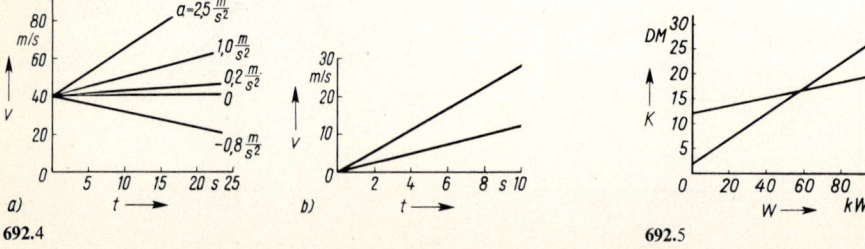

692.4　　**692.5**

5. a) Scheitel: $(-1; -7)$; Nullstellen: $x_1 = 0{,}871$; $x_2 = -2{,}871$; Schnittpunkt mit der y-Achse: $y_0 = -5$
b) Scheitel $(1{,}5; 0)$; Nullstellen: $x = 1{,}5$ doppelt; Schnittpunkt mit der y-Achse: $y_0 = 1{,}125$
c) Scheitel: $(0{,}285; -0{,}744)$; Nullstellen: keine; Parabel nach unten geöffnet; Schnittpunkt mit der y-Achse: $y_0 = -0{,}775$

6. $y = 0{,}0571\,x^2 + 0{,}543\,x + 4{,}857$ **7.** $x = -0{,}1333\,y^2 + 3{,}13\,y - 12{,}40$

8. Scheitel $[(v_0^2/2g)\sin 2\alpha;\ (v_0^2/2g)\sin^2\alpha]$; Wurfweite $x_W = (v_0^2/g)\sin 2\alpha$

9. $y = x^2/(150\,\text{m}) - 0{,}4\,x;$ $y = -x^2/(150\,\text{m}) + 0{,}4\,x;$
Stablängen (Zählung von links) $l_1 = 6{,}67\,\text{m};$ $l_2 = 13{,}23\,\text{m};$ $l_3 = 10{,}67\,\text{m};$ $l_4 = 15{,}11\,\text{m};$
$l_5 = 12{,}00\,\text{m}$
Schnittpunkte der Fahrbahn $x_1 \doteq 42{,}25\,\text{m};\ x_2 \doteq 17{,}75\,\text{m}$

10. $\lambda = -\dfrac{R}{2L} \pm \sqrt{\dfrac{R^2}{4L^2} - \dfrac{1}{LC}};$ $C = \dfrac{4L}{R^2};$ $\lambda = -\dfrac{R}{2L}$

11. a) 0,586; 2,000; 3,414   b) 0,198; 0,753; 1,555; 2,445; 3,247; 3,802

12. $y = 2(x+2)(x+0{,}8)(x-1{,}5)(x-4)$

13. 47,1 cm   **14.** $d = 2{,}87\,\text{cm}$

Abschnitt 3.2

1. Nullstellen 1; -1; -3;   Unstetigkeitsstellen $-2;\ +1{,}5;$
Asymptoten $y = x + 2{,}5;\ x = -2;\ x = +1{,}5;$ Bild **693.1**

2. $p = c/V$; Bild **693.2**

3. $h = 5{,}32\,\text{km}$; Bild **693.3**

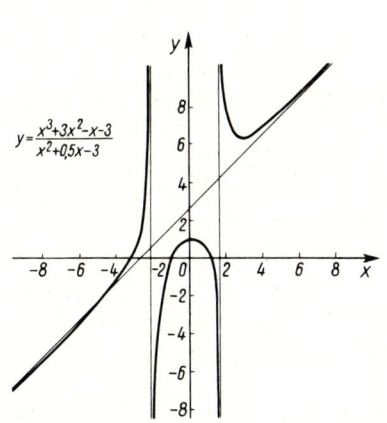

693.1

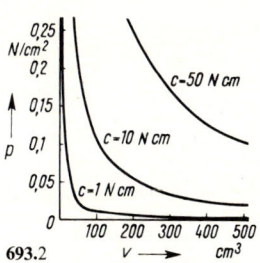

693.2

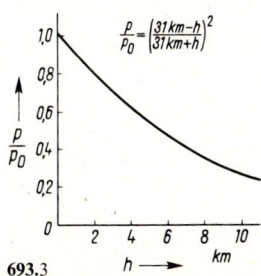

693.3

4. $\lambda_p = 102$ $\sigma = -0.0785 \dfrac{\text{kN}}{\text{cm}^2} \cdot \lambda + 27 \dfrac{\text{kN}}{\text{cm}^2}$

5. $\dfrac{A_K}{A} = \dfrac{0.5\,x}{1+x}$

H/km	%
20	0,1565
200	1,522
2000	11,95
384 000	49,2

6. a) $y = \dfrac{(\varkappa + 1)\,x - (\varkappa - 1)}{(\varkappa + 1) - (\varkappa - 1)\,x}$ b) eine   c) $x = \dfrac{\varkappa + 1}{\varkappa - 1}$ d) 6

Abschnitt 3.3

1. Bild **694.1**   **2.** 0; 0,187; 0,430; 0,767; 1,049; 1,292 und Bild **694.2**

3. $\dfrac{p}{p_0} = \left(1 - 0{,}0226\,\dfrac{h}{\text{km}}\right)^{5{,}26}$, $h = 5{,}47$ km,   Bild **694.3**

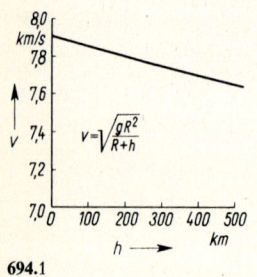
694.1

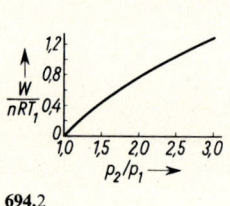
694.2

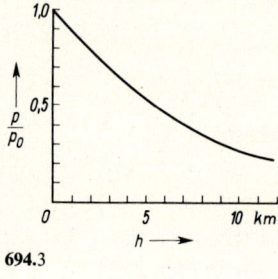
694.3

4. $p/p_0 = 0{,}743$

5. In $M_2^2 = \dfrac{1 + 0{,}2\,M_1^2}{1{,}4\,M_1^2 - 0{,}2} = \dfrac{0{,}2 + 1/M_1^2}{1{,}4 - 0{,}2/M_1^2}$

ist der Zähler wegen $M_1 > 1$ kleiner als 1,2 und der Nenner größer als 1,2, der Bruch also kleiner als Eins.

Asymptote für $M_1 \to \infty$: $M_2 = \sqrt{\dfrac{0{,}2}{1{,}4}} = 0{,}378$

Bild **694.4**

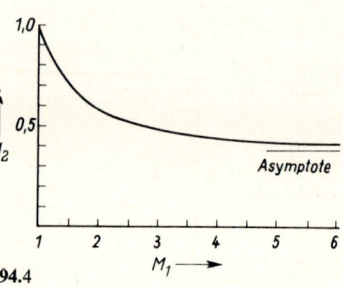
694.4

6. Mittelpunkte $(1{,}5;\ -2)$ cm; $(-2{,}5;\ -4)$ cm   Schnittpunkte $(1{,}746;\ -5{,}491)$ cm; $(-1{,}146;\ 0{,}291)$ cm   Schnittwinkel $\delta = 1{,}163 = 66{,}6°$

7. $y = -0{,}354\,x + 0{,}536$ $y = +0{,}354\,x - 6{,}536$

8. $y = 4{,}52\,x - 23{,}1$ cm $y = 0{,}818\,x + 6{,}46$ cm   **9.** $P_S\,(-108{,}0$ cm; $+36{,}0$ cm$)$

10. $x_{1,2} = \pm 3{,}23$ $y_{1,2} = \pm 3{,}81$ **11.** $\varphi = 45°$; $u^2 - v^2 = 8$

12. $D = -2{,}25$; $D_{33} = 1{,}75$; Ellipse, $\varphi = 22{,}5°$, $(w/1{,}594)^2 + (z/1{,}159)^2 = 1$
Hauptachsen $a = 1{,}594$, $b = 1{,}159$
Mittelpunkt $u = -0{,}965$, $v = -1{,}232$, $x = -0{,}420$, $y = -1{,}507$

13. $D = -16$; $D_{33} = 0$. Parabel, $\varphi = 33{,}7°$, $z = -5{,}859\,w^2$

Abschnitt 3.4

1. 0,591;   − 0,231;   0,161;   1,654;   1,471;   − 0,935
2. Bild 695.1   3. $\varphi = 0°$;   180°;   146,4°;   213,6°; $\lambda = 0,25$
4. $y = 0,8 \sin(3x + 0,351)$;
$y = 2,4 \cos(0,2x + 1,839)$
5. a) $i = (5,14 \text{ A}) \cos(\omega t + 0,379)$
b) $i = (3,10 \text{ A}) \cos(\omega t + 0,00128)$
6. $A = 0,5$; $B = 0,5$; $a = 2$; $b = 3\pi/2$
7. Bild 695.2
8. $u = 261 \text{ V} \cdot \cos\left(\dfrac{2,62}{\text{s}} t - 1,378\right)$
9. a) $y = 97,6$ mm
b) $y = -0,0579$ cm
10. $x = 0,266 + n\pi$
11. $x = 1,030$
12. $\alpha = 134,1° \pm n \cdot 180°$
$n \in \mathbb{Z}$
13. $\alpha = 0,322 \pm n\pi$
$n \in \mathbb{Z}$
14. $x = 1,099$
15. $\varphi = 75,7°$
16. 55,1 cm
17. $\alpha = 62,62° = 1,093$

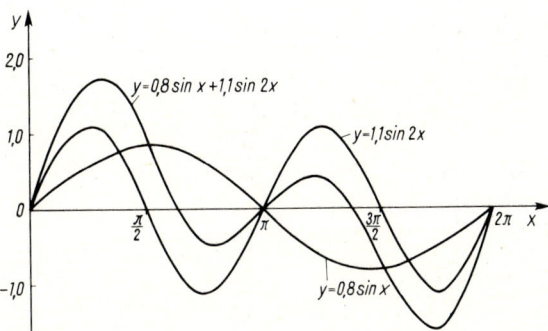

695.1

695.2

Abschnitt 3.5

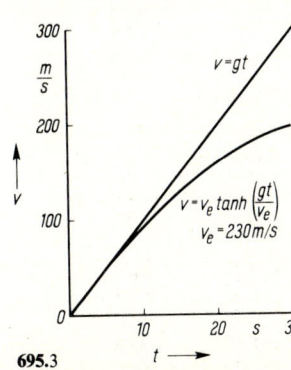

695.3

1. $y = 0,775 \, e^{0,1277x}$
2. 1,443
3. $t = 0,1498$ s
4. $\vartheta_0 = 164,5\,°C$ 5. $Q = 16,3$
6. $\vartheta_a = 282\,°C$ $\vartheta_m = 319\,°C$
7. $v_B = 2,75$ km/s   75,6 %
8. Folgt aus der Aufgabe
9. 40,2; 69,3; 97,2; 100,0 (99,96)   Bild 695.3
10. $a = 106,1$ m

Abschnitt 3.6

1. a) $F_G = c(ds - s^2)$ $\qquad d = \dfrac{F_G}{cs} + s \qquad s = \dfrac{d}{2} - \sqrt{\left(\dfrac{d}{2}\right)^2 - \dfrac{F_G}{c}}$

b) $b = a \tan \varphi \qquad \varphi = \arctan(b/a) \qquad a = b/\tan \varphi$

c) $z = y^{-x} \qquad x = -\dfrac{\ln z}{\ln y} \qquad y = z^{(-1/x)}$

2. a)

Tafel **696.1** $F_G = f(s, d)$

s/mm\\d/mm	4,00	6,00	8,00	10,00
50,0	44,5	63,9	81,3	96,8
60,0	54,2	78,4	100,7	121,0
70,0	63,9	92,9	120,0	145,2
80,0	73,6	107,4	139,4	169,4
90,0	83,2	122,0	158,8	193,6
100,0	92,9	136,5	178,1	217,8

Tafel **696.2** $d = f(F_G, s)$

F_G/N\\s/mm	50,0	100,0	150,0	200,0	250,0
4,00	55,6	107,3	159,0	210,6	262,3
6,00	40,4	74,9	109,3	143,7	178,2
8,00	33,8	59,6	85,5	111,3	137,1
10,00	30,7	51,3	72,0	92,6	113,3

Tafel **696.3** $s = f(d, F_G)$

d/mm\\F_G/N	50,0	60,0	70,0	80,0	90,0	100,0
50,00	4,55	3,67	3,09	2,67	2,36	2,11
100,00	10,45	7,94	6,51	5,55	4,85	4,32
150,00	22,73	13,26	10,40	8,69	7,51	6,64
200,00	—	21,42	15,04	12,19	10,38	9,09
250,00	—	—	21,15	16,19	13,50	11,70

b) Tafel **696.4** $b = f(a, \varphi)$

a\\φ/Grad	4,00	4,20	4,40	4,60	4,80	5,00
20	1,46	1,53	1,60	1,67	1,75	1,82
30	2,31	2,42	2,54	2,66	2,77	2,89
40	3,36	3,52	3,69	3,86	4,03	4,20
50	4,77	5,01	5,24	5,48	5,72	5,96
60	6,93	7,27	7,62	7,97	8,31	8,66
70	10,99	11,54	12,09	12,64	13,19	13,74

Tafel **697.1** $\varphi = f(b, a)$

a \ b	2	4	6	8	10
4,00	26,57	45,00	56,31	63,43	68,20
4,20	25,46	43,60	55,01	62,30	67,22
4,40	24,44	42,27	53,75	61,19	66,25
4,60	23,50	41,01	52,52	60,10	65,30
4,80	22,62	39,81	51,34	59,04	64,36
5,00	21,80	38,66	50,19	57,99	63,43

Tafel **697.2** $a = f(\varphi, b)$

b \ φ/Grad	20	30	40	50	60	70
2	5,49	3,46	2,38	1,68	1,15	0,73
4	10,99	6,93	4,77	3,36	2,31	1,46
6	16,48	10,39	7,15	5,03	3,46	2,18
8	21,98	13,86	9,53	6,71	4,62	2,91
10	27,47	17,32	11,92	8,39	5,77	3,64

Tafel **697.3** $z = f(y, x)$

c)

x \ y	0,2000	0,5000	1,0000	2,0000	5,0000
1,00	5,0000	2,0000	1,0000	0,5000	0,2000
1,20	6,8986	2,2974	1,0000	0,4353	0,1450
1,40	9,5183	2,6390	1,0000	0,3789	0,1051
1,60	13,1326	3,0314	1,0000	0,3299	0,0761
1,80	18,1195	3,4822	1,0000	0,2872	0,0552
2,00	25,0000	4,0000	1,0000	0,2500	0,0400

Tafel **697.4** $x = f(z, y)$

y \ z	0,2000	0,5000	1,0000	2,0000	5,0000
0,20	−1,0000	−0,4307	0,0000	0,4307	1,0000
0,50	−2,3219	−1,0000	0,0000	1,0000	2,3219
1,00	∞	∞	—	∞	∞
2,00	2,3219	1,0000	0,0000	−1,0000	−2,3219
5,00	1,0000	0,4307	0,0000	−0,4307	−1,0000

Tafel **697.5** $y = f(x, z)$

z \ x	1,0000	1,2000	1,4000	1,6000	1,8000	2,0000
0,20	5,0000	3,8236	3,1569	2,7344	2,4452	2,2361
0,50	2,0000	1,7818	1,6407	1,5422	1,4697	1,4142
1,00	1,0000	1,0000	1,0000	1,0000	1,0000	1,0000
2,00	0,5000	0,5612	0,6095	0,6484	0,6804	0,7071
5,00	0,2000	0,2615	0,3168	0,3657	0,4090	0,4472

698 Anhang

3. s. Bilder **698.**1 bis **698.**9

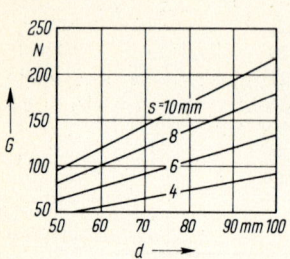
698.1

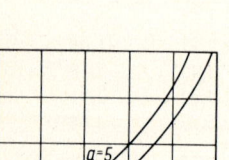
698.2

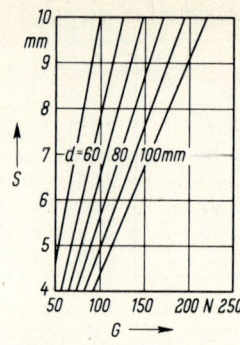
698.3

698.4

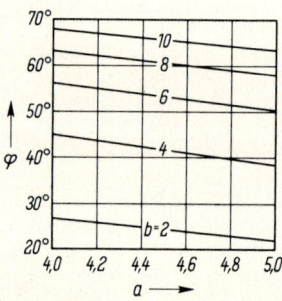
698.5

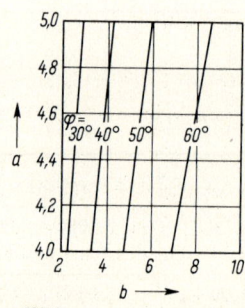
698.6

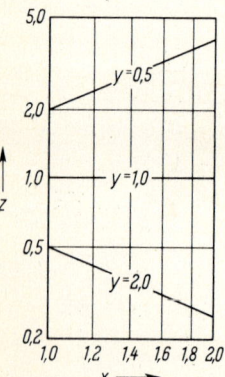
698.7

698.8

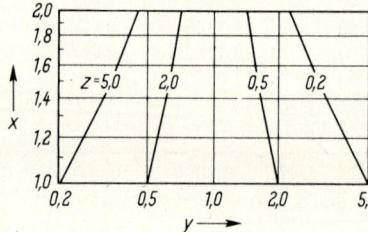

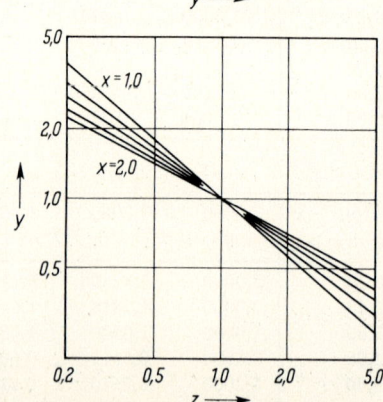
698.9

4. a) $f = 793$ kHz
b) $C = 12{,}12$ pF
c) $L = 3{,}30$ mH

Abschnitt 4.1

1. a) $D = 348$ b) $D = -101{,}44$ **2.** $D = a_{11} a_{22} a_{33} \cdots a_{nn} = \prod_{i=1}^{n} a_{ii}$

3. $D = U(R_1 R_3 - R_2 R_4)$

4. Nach Satz 4 kann die Determinante in zwei Determinanten zerlegt werden, bei denen in der betreffenden Reihe jeweils ein Summand der Summe steht. Diese beiden Determinanten haben dann aber je zwei gleiche Reihen und sind damit nach Satz 5 gleich Null.

5. $A = 22 \text{ cm}^2$

6. $D = \begin{vmatrix} 1 & -1 & 0 \\ 1 & -2 & 1 \\ 2 & -2 & 1 \end{vmatrix} = -1$, damit ist das System möglich.

Abschnitt 4.2

1. $F_3 = 172{,}7 \text{ N}$; $\quad \alpha = 127{,}0°$; $\quad \beta = 80{,}9°$; $\quad \gamma = 141{,}5°$

2. $\varphi = 69{,}3°$ **3.** $W = 163{,}3 \text{ J}$

4. $\alpha = 90°$; $\quad \beta_1 = 35{,}5°$; $\quad \gamma_1 = 54{,}5°$; $\quad \beta_2 = 144{,}5°$; $\quad \gamma_2 = 125{,}5°$

5. $a^2 + 2ab \cos(\vec{a}, \vec{b}) + b^2 = c^2 \qquad \cos(\vec{a}, \vec{b}) = -\cos \gamma$

6. $a = b$. Das bedeutet, daß die Richtungen von $\vec{a}$ und $\vec{b}$ beliebig sind. Dies ist der vektorielle Beweis für den Satz, daß in jedem Rhombus die Diagonalen senkrecht aufeinander stehen.

7. $b_x = 0 \qquad b_y = a/(2\sqrt{1 + (a_y/a_z)^2}) \qquad b_z = a/(2\sqrt{1 + (a_z/a_y)^2})$

8. a) $\vec{a} \cdot (\vec{b} + \vec{c}) = \vec{a} \cdot \vec{b} + \vec{a} \cdot \vec{c} = -35$

b) $\vec{a} \times (\vec{b} + \vec{c}) = \vec{a} \times \vec{b} + \vec{a} \times \vec{c} = -10\vec{i} - 7\vec{j} + 2\vec{k}$

9. Die skalaren Produkte des Produkt-Vektors mit den Faktoren lauten

$$a_x a_y b_z - a_x a_z b_y + a_y a_z b_x - a_x a_y b_z + a_x a_z b_y - a_y a_z b_x = 0$$
$$a_y b_x b_z - a_z b_x b_y + a_z b_x b_y - a_x b_y b_z + a_x b_y b_z - a_y b_x b_z = 0$$

10. $F_H = 106{,}7 \text{ N}$; $\quad F_D = 133{,}3 \text{ N}$ **11.** $F_a = 3{,}25 \text{ N}$; $\quad F_b = 5{,}75 \text{ N}$

12. $F_C = 5{,}69 \text{ N}$ **13.** $\alpha = 65{,}2°$; $\beta = 41{,}0°$; $\gamma = 120{,}2°$ **14.** $v = 2\pi n a \sqrt{2/3}$

15. Wählt man den Punkt A als Koordinatenursprung, so erhält man die Determinante

$$D = \begin{vmatrix} -1 & 3 & 3 \\ 0 & 4 & 2 \\ 3 & 1 & -4 \end{vmatrix} = 0 \qquad \textbf{16. } D = \begin{vmatrix} 1 & 0 & 0 \\ 0 & 1 & 0 \\ 0 & 0 & 1 \end{vmatrix} = 1$$

also liegen die Punkte in einer Ebene.

17. a) $\vec{i} = \vec{b}_1 + 0{,}5 \vec{b}_2 - 2\vec{b}_3 \qquad \vec{j} = -2\vec{b}_1 + 0{,}5 \vec{b}_2 \qquad \vec{k} = -\vec{b}_1 + \vec{b}_3$

b) $\vec{v} = (v_x - 2v_y - v_z)\vec{b}_1 + 0{,}5(v_x + v_y)\vec{b}_2 + (-2v_x + v_z)\vec{b}_3$

Abschnitt 4.3

1. a) $A(B + C) = AB + AC = \begin{pmatrix} a_{11}(b_{11} + c_{11}) + a_{12}(b_{21} + c_{21}) + a_{13}(b_{31} + c_{31}) \\ a_{21}(b_{11} + c_{11}) + a_{22}(b_{21} + c_{21}) + a_{23}(b_{31} + c_{31}) \end{pmatrix}$

b) $(A\,B)' = B'\,A' = \begin{pmatrix} -7 & 3 & -2 \\ 4 & 2 & 16 \\ -4 & 0 & -8 \end{pmatrix}$ c) $(A')^{-1} = (A^{-1})' = \begin{pmatrix} 0{,}18 & 0{,}06 & -0{,}20 \\ 0{,}12 & 0{,}04 & 0{,}20 \\ 0{,}22 & -0{,}26 & 0{,}20 \end{pmatrix}$

2. $A\,B = \begin{pmatrix} 1 & 0 \\ 0 & -1 \end{pmatrix}$ $B\,A = \begin{pmatrix} \cos 2\alpha & \sin 2\alpha \\ \sin 2\alpha & -\cos 2\alpha \end{pmatrix}$

$A\,B = B\,A$ wenn $\alpha = n\pi,\ n \in \mathbb{N}_0$

3. $(R_1 + R_2 + R_3)\,I_1^* \qquad\qquad\qquad - R_1\,I_2^* + R_2\,I_3^* + 0 \qquad = U_{q1} + U_{q2} + U_{q3}$
$ - R_1\,I_1^* + (R_1 + R_4 + R_5 + R_7)\,I_2^* + R_5\,I_3^* + R_7\,I_4^* = -U_{q1}$
$ R_2\,I_1^* + R_5\,I_2^* + (R_2 + R_5 + R_6 + R_9)\,I_3^* - R_9\,I_4^* = U_{q2}$
$ 0 + R_7\,I_2^* - R_9\,I_3^* + (R_7 + R_8 + R_9)\,I_4^* = 0$

4. $A^{-1} = \begin{pmatrix} -0{,}333 & 1{,}667 & 0{,}0833 \\ 2{,}000 & 0 & -0{,}5000 \\ 0{,}167 & -0{,}833 & 1{,}208 \end{pmatrix} 10^4$ N/cm 5. $f = 381\,F\,l^3/(384\,E\,I)$

Abschnitt 4.4

1. $x_1 = 0{,}549893;$ $\qquad x_2 = 0{,}356423;$ $\qquad x_3 = 0{,}450193$

2. $x_1 = -5{,}30359 \cdot 10^{-2};$ $\quad x_2 = 7{,}51999 \cdot 10^{-2};$ $\quad x_3 = 5{,}62396 \cdot 10^{-2}$

3. $x_1 = -1{,}08118;$ $\qquad x_2 = 0{,}329715;$ $\qquad x_3 = -0{,}469409$

4. $x_1 = 0{,}718919;$ $\qquad x_2 = 0{,}327909;$ $\qquad x_3 = -0{,}0913586;$ $\qquad x_4 = 0{,}867518$

5. $x_1 = 3{,}63117;$ $\qquad x_2 = -2{,}69704;$ $\qquad x_3 = 1{,}10581;$ $\qquad x_4 = -1{,}68644;$ $\qquad x_5 = 2{,}56471$

6. $x_1 = \dfrac{a_{22}}{a_{11}a_{22} - a_{12}a_{21}} y_1 + \dfrac{-a_{12}}{a_{11}a_{22} - a_{12}a_{21}} y_2$

$ x_2 = \dfrac{-a_{21}}{a_{11}a_{22} - a_{12}a_{21}} y_1 + \dfrac{a_{11}}{a_{11}a_{22} - a_{12}a_{21}} y_2$

7. $A^{-1} = \dfrac{1}{55}\begin{pmatrix} 1 & 7 & 10 \\ -15 & 5 & 15 \\ -8 & -1 & 30 \end{pmatrix}$ $B^{-1} = -\dfrac{1}{17}\begin{pmatrix} 4 & 10 & 1 \\ 23 & 32 & 10 \\ 11 & 19 & 7 \end{pmatrix}$

8. $\sin x \approx 1{,}018\,x - 0{,}061\,x^2 - 0{,}116\,x^3$

9. $M_1 = 67{,}7428$ Nm; $M_2 = 474{,}191$ Nm; $M_3 = 308{,}270$ Nm; $M_4 = 244{,}519$ Nm

10. $R_1 = \dfrac{2}{199}\Omega = 0{,}01005\,\Omega$ $\qquad R_2 = R_1$ $\qquad R_3 = \dfrac{6}{199}\Omega = 0{,}03015\,\Omega$

$ R_4 = \dfrac{10}{199}\Omega = 0{,}05025\,\Omega$

11. $\det A = -283$

12. $a = 59/52 = 1{,}135$ $\qquad x_1 = -23\lambda$ $\qquad x_2 = 52\lambda$ $\qquad x_3 = 5\lambda$

Abschnitt 5.1

1. a) $1/e$ b) $1/e$ c) 1

2. a) 1 b) $1/2$ c) $1/2$ d) 1

3. a) $y' = 20\,x^4 - \dfrac{7}{3\sqrt[3]{x^2}} - \dfrac{4}{3\sqrt[3]{x^4}} - \dfrac{1}{5\sqrt[5]{x^4}}$ b) $y' = \dfrac{10}{x\ln 7}$

c) $y' = 3\cos x + 5\sin x$; $y'(\pi/4) = 5{,}66$

4. a) $\alpha_1 = -83{,}66°$ b) $x_2 = 1$ $y_2 = -1$ c) $x_3 = 0{,}762$ $y_3 = -0{,}830$

5. $x_0 = -4$ $y_0 = -64$ **6.** $\delta = 6{,}91°$

7. a) $y'' = -3\sin x$ $y''' = -3\cos x$ $y^{(4)} = 3\sin x$

b) $y'' = -\dfrac{4}{9\sqrt[3]{x^5}}$ $y''' = \dfrac{20}{27\sqrt[3]{x^8}}$ $y^{(4)} = -\dfrac{160}{81\sqrt[3]{x^{11}}}$

c) $y'' = \dfrac{24}{25\sqrt[5]{x^{11}}}$ $y''' = -\dfrac{264}{125\sqrt[5]{x^{16}}}$ $y^{(4)} = \dfrac{4224}{625\sqrt[5]{x^{21}}}$

8. $v = 40\text{ m/s} - 3\text{ (m/s}^2)\,t$ $a = -3\text{ m/s}^2$ $v(0) = 40\text{ m/s} = 144\text{ km/h}$
Stillstand für $t_1 = 13{,}3$ s $s(t_1) = 267$ m

9. $a = \sqrt{(\tan\delta)^{2/3} - 1}$ **10.** $\bar v = \dfrac{a}{2}\cdot\dfrac{t_2^2 - t_1^2}{t_2 - t_1} = \dfrac{a}{2}(t_1 + t_2) = a\cdot t_m = v(t_m)$

11. $f = y(l) = q\,l^4/(8\,E\,I)$
$\tan\alpha = y'(l) = q\,l^3/(6\,E\,I) = f/(0{,}75\,l)$ Bild **701.1**

12. $V = (1{,}848 \pm 0{,}023)\text{ m}^3$ $dV/V = 1{,}24\%$

701.1

Abschnitt 5.2

1. a) $y' = -\dfrac{2\sin x}{(1 - \cos x)^2}$ b) $y' = \dfrac{1}{x\ln x}$ c) $y' = \dfrac{1}{\sin x}$

d) $y' = \dfrac{1}{\sqrt{x^2 + 1}}$ e) $y' = \dfrac{1}{\sqrt{(a x + b)(x + d)}}$ f) $y' = -12(x-1)\dfrac{(2x-1)^{1/2}}{(6x-1)^{7/2}}$

g) $y' = \dfrac{1}{\sqrt{x^2 + a x}}$ h) $y' = \arcsin x$ i) $y' = \dfrac{2}{x} + \dfrac{1}{1 + e^{-2x}} + 3$

j) $y' = x\sqrt{8x - x^2}$ k) $y' = \sin(\ln x)$ l) $y' = \dfrac{\sqrt{a^2 - b^2}}{2(a + b\cos x)}$

m) $y' = \dfrac{\sqrt{x+1}}{x}$ n) $y' = \dfrac{2ab(1 + \tan^2 x)}{a^2 - b^2\tan^2 x}$ o) $y' = \sqrt{5 - x^2}$ p) $y' = \sqrt{x^2 + 6}$

q) $y' = \dfrac{2}{1 + \sin 2x}$ r) $y' = \dfrac{1}{\cos^4 x}$ s) $y' = \dfrac{1}{\cos x}$ t) $y' = \dfrac{\sqrt{b}}{x\sqrt{ax + b}}$

2. $y' = \dfrac{x(x-2)}{(x^2-x+1)^2}$ $\quad y' = 0$ für $x = 0$ und $x = 2$ $\quad y(0) = 1 \quad y(2) = -1/3$

3. Schnittwinkel mit y-Achse $\alpha = 90°$; Schnittwinkel mit x-Achse $\alpha = \pm 62{,}1°$ bei $x_0 = \pm 0{,}707$

4. $37{,}2°$ $\quad$ 5. $73{,}8°$ $\quad$ 6. $y' = \dfrac{e^x + 2xy}{2y - x^2 - e^{2-y}}$; $\quad y'(1;1) = -2{,}746$

7. Folgt aus der Aufgabe

8. a) $\ln a - 1$ $\quad$ b) $1/2$ $\quad$ c) 1 $\quad$ d) $(-1)^{m+n}\dfrac{m}{n}$ $\quad$ e) 0 $\quad$ f) 0

g) $-1/2$ $\quad$ h) $1/2$ $\quad$ i) $\ln A = \lim\limits_{x \to 0}(x \cdot \ln x) \lim\limits_{x \to 0}\dfrac{\ln(1+x)}{x} = 0;$ $\quad A = e^0 = 1$

Abschnitt 6.1

1. $I = c(b^4 - a^4)/4$ $\quad$ 2. $I = \dfrac{1}{\omega}\sin \omega t_0$

3. $A = \int\limits_{-8\,\text{cm}}^{24\,\text{cm}} \left[-\dfrac{y^2}{16\,\text{cm}} + y + 12\,\text{cm}\right] dy = 341\,\text{cm}^2$ $\quad$ 4. $W = F^2 l^3/(6EI)$

5. $z = \dfrac{m}{m+1}\dfrac{b^{m+1} - a^{m+1}}{b^m - a^m}$

für $m = 1$ ist $z = \dfrac{b+a}{2}$; für $m = 2$ ist $z = \dfrac{2}{3}\dfrac{b^2 + ba + a^2}{b+a}$

6. $I = i_m/\sqrt{3}$

7.

M_k	$R_{k,1}$	$R_{k,2}$	$R_{k,3}$	$R_{k,4}$
0,353553	0,353553			
		0,287933		
0,255122	0,304338		0,286680	
		0,286758		0,286653
0,277968	0,291153		0,286653	
		0,286660		
0,284413	0,287783			

$I = 0{,}28665$

8. Mit $y = \int\limits_{0,12}^{0,28} \dfrac{dx}{x^5(e^{1/x} - 1)}$ ergibt sich

$f(x)$				M_k
$f(0{,}12) = 9{,}6622$	$f(0{,}28) = 16{,}8091$			2,1177
$f(0{,}20) = 21{,}1989$				3,3918
$f(0{,}16) = 18{,}4459$	$f(0{,}24) = 19{,}7774$			3,0579
$f(0{,}14) = 14{,}7096$	$f(0{,}18) = 20{,}5387$	$f(0{,}22) = 20{,}8188$	$f(0{,}26) = 18{,}3716$	2,9775

M_k	$R_{k,1}$	$R_{k,2}$	$R_{k,3}$	$R_{k,4}$
2,1177	2,1177			
		2,9671		
3,3918	2,7548		2,9561	
		2,9568		2,9536
3,0579	2,9063		2,9536	
		2,9538		
2,9775	2,9419			

$$L = \frac{k^4 T^4}{c^2 h^3} \cdot 2{,}954 = 6{,}56 \cdot 10^4 \text{ Wm}^{-2} \qquad \Phi = 206 \text{ W}$$

Abschnitt 6.2

1. $f_1' = f_2' = \dfrac{1}{1+x^2}$ $\arctan \dfrac{1+x}{1-x} = \arctan x + \arctan 1$

2. Bild 703.1, $I(\pi) = 2\pi$

3. a) $I = -0{,}347$ b) $I = 0{,}755$ c) $I = 0{,}344$

4. $x_0/\text{cm} = 1{,}111$; $A = 0{,}1039 \text{ cm}^2$

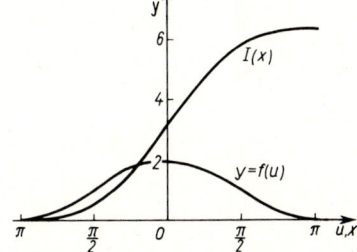

703.1

5. $\tan x - x$

6. Mittelwert des Sinus ist $2/\pi = 0{,}63662$. Man vergleiche Beispiel 6, S. 297

7. $v(t) = 5 \dfrac{\text{m}}{\text{s}^2} t - 1 \dfrac{\text{m}}{\text{s}^3} t^2 + 3 \dfrac{\text{m}}{\text{s}}$ für $t \leq 2{,}5 \text{ s}$

$v(t) = 9{,}25 \dfrac{\text{m}}{\text{s}}$ für $t \geq 2{,}5 \text{ s}$

$s(t) = 2{,}5 \dfrac{\text{m}}{\text{s}^2} t^2 - 0{,}333 \dfrac{\text{m}}{\text{s}^3} t^3 + 3 \dfrac{\text{m}}{\text{s}} t$ für $t \leq 2{,}5 \text{ s}$

$s(t) = 9{,}25 \dfrac{\text{m}}{\text{s}} t - 5{,}21 \text{ m}$ für $t \geq 2{,}5 \text{ s}$

s. Bild 703.2

8. a) $F(x) = \ln\left(x + \sqrt{x^2 - 1}\right)$. Das Integral existiert an der unteren Grenze wegen $F(1) = 0$, aber nicht an der oberen Grenze.

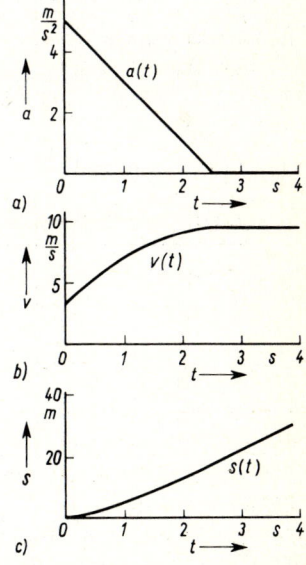

703.2

b) $F(x) = \frac{5}{4}\sqrt[5]{x^4}$. Das Integral existiert an der unteren, nicht aber an der oberen Grenze.

9. $m = 150 \cdot 10^3$ kg $- 833$ (kg/s) t \qquad für \qquad $t < 150$ s

$\quad\;\, m = 31,9 \cdot 10^3$ kg $- 79,5$ (kg/s) t \qquad für \qquad $t > 150$ s \qquad $t = 362$ s, Bild **704.1**

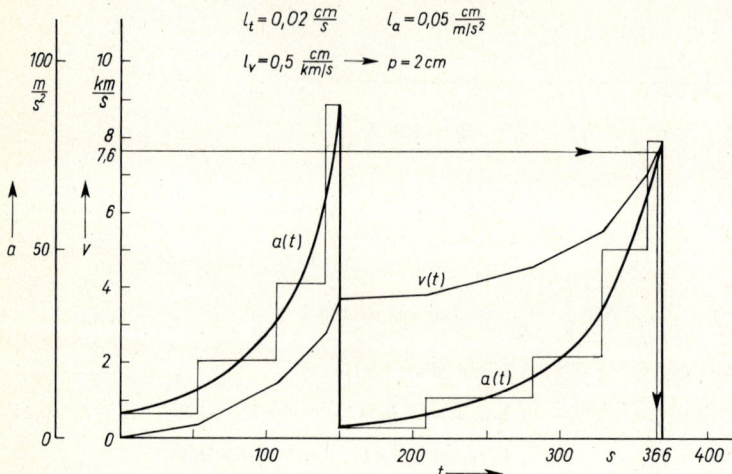

704.1

Abschnitt 6.3

1. a) $I(x) = x \arcsin x + \sqrt{1 - x^2}$

b) $I(x) = \dfrac{x^2}{2} \arctan x - \dfrac{x}{2} + \dfrac{1}{2} \arctan x$

c) $I = \left[\dfrac{2x^3 - 3x}{4} \sin 2x + \dfrac{6x^2 - 3}{8} \cos 2x \right]_0^{\pi/2} = -1{,}1006$

d) $I = \dfrac{p}{\omega^2 + p^2}$ \qquad e) $I = 1{,}3767$

f) $I(x) = \dfrac{1}{4} \left[\ln\left|x^2 - \dfrac{x}{4} + \dfrac{1}{4}\right| - \dfrac{54}{\sqrt{15}} \arctan \dfrac{8x - 1}{\sqrt{15}} \right]$

g) $I(x) = \dfrac{1}{2} \left\{ \dfrac{x^2}{2} + 2x - \dfrac{1}{2} \ln|x - 1| + \dfrac{1}{6} \ln|x + 1| + \dfrac{16}{3} \ln|x - 2| \right\}$

h) $I(x) = x - \dfrac{1}{12} \ln|x^2 + x + 4| + \dfrac{1}{6} \ln|x - 1| - \dfrac{13}{2\sqrt{15}} \arctan \dfrac{2x + 1}{\sqrt{15}}$

i) $I(x) = \dfrac{2}{(x + 2)^2} - \dfrac{1}{x + 2}$

j) $I(x) = \dfrac{r^2}{2} \arcsin \dfrac{x}{r} + \dfrac{x}{2} \sqrt{r^2 - x^2}$ \qquad $A = 4[I(r) - I(0)] = \pi r^2$

k) $I(x) = \dfrac{x}{2}\sqrt{x^2-1} - \dfrac{1}{2}\ln[x+\sqrt{x^2-1}] = \dfrac{1}{2}[x\sqrt{x^2-1} - \text{arcosh } x]$

l) $I(x) = \ln[x-2+\sqrt{x^2-4x+5}] = \text{arsinh}(x-2)$

m) $I(x) = \dfrac{11}{8}\arcsin\dfrac{2x-1}{3} - \dfrac{1}{4}(2x+3)\sqrt{x+2-x^2}$

n) $I = \left[\dfrac{\sqrt{3}}{2}\cosh u - \dfrac{u}{2}\right]_{0{,}549}^{1{,}317} = 0{,}348$ o) $I(x) = \dfrac{x}{2}[\sin(\ln x) - \cos(\ln x)]$

p) $I(x) = \ln\left|\dfrac{1+\tan\dfrac{x}{2}}{1-\tan\dfrac{x}{2}}\right| = \ln\left|\dfrac{\cos x}{1-\sin x}\right| = 2\,\text{artanh}\left(\tan\dfrac{x}{2}\right)$

2. $A = \pi a b$ **3.** $A = \dfrac{2a\omega}{\delta^2+\omega^2}\,e^{\frac{\delta\varphi}{\omega}}\cosh\dfrac{\delta\pi}{2\omega}$

4. $y = -\dfrac{c_a t}{4\pi}\left[\left(1-\dfrac{x}{t}\right)\ln\left(1-\dfrac{x}{t}\right) + \dfrac{x}{t}\ln\dfrac{x}{t}\right]$ $f = \dfrac{c_a t}{4\pi}\ln 2$

5. $\bar{\sigma} = 2c\left(\coth a - \dfrac{1}{a}\right)$

Abschnitt 7.1

1. a) Für $x > 1$: $\varphi = \sqrt{2+\ln x}$ $\varphi' = \dfrac{1}{2x\sqrt{2+\ln x}} < \dfrac{1}{4}$ $x_{01} = 1{,}5645$

für $x < 1$: $\varphi = e^{x^2-2}$ $\varphi' = 2x\,e^{x^2-2} < \dfrac{2}{e} < 1$ $x_{02} = 0{,}1379$

b) $\varphi = \arctan(2-\arctan x)$

$|\varphi'| = \left|\dfrac{-1}{(1+x^2)[1+(2-\arctan x)^2]}\right| < 1$ $x_0 = 0{,}9022$

2. a) $x_1 = 5{,}6185$ $x_2 = 0{,}6027$ b) $x_1 = 0{,}3709$ $x_2 = -1{,}1961$

3. $x_1 = 0{,}355567$; $x_2 = 1{,}456088$; $x_3 = 2{,}543912$; $x_4 = 3{,}644433$
$y_1 = 3{,}631432$; $y_2 = -1{,}418699$; $y_3 = 1{,}418699$; $y_4 = -3{,}631432$

4. $x = \left(\dfrac{2}{\varkappa+1}\right)^{\varkappa/(\varkappa-1)}$

5. $I(x) = \dfrac{\dfrac{n}{x}U_q}{R_a + \dfrac{n}{x}\dfrac{R_i}{x}}$ $x = \sqrt{n\dfrac{R_i}{R_a}}$ $I_{max} = \dfrac{\sqrt{n}}{2}\dfrac{U_q}{\sqrt{R_a R_i}}$

6. $\cos\alpha_0 = \dfrac{1}{\sqrt{2-\varkappa}}$ $\tan\alpha_0 = \sqrt{1-\varkappa} \approx 1 - \dfrac{\varkappa}{2}$

$\tan\dfrac{\beta_{max}}{2} = \dfrac{\varkappa}{2\sqrt{1-\varkappa}}$ $e_{max} = 2R\arctan\dfrac{\varkappa}{2\sqrt{1-\varkappa}} \approx v_0^2\left(1+\dfrac{\varkappa}{2}\right)\bigg/g$

7. a) $b = d/\sqrt{3}$; $h = \sqrt{2/3}\, d$ $W_{max} = d^3/(9\sqrt{3})$ b) $b = d/2$ $h = \sqrt{3}\, d/2$ $I = \sqrt{3}\, d^4/64$

8. a)

	x	y
	−1,000	17,000
Achsenabschnitt	0,000	0,250
Minimum	0,271	0,007
Wendepunkt	0,375	0,019
Maximum	0,482	0,032
Nullstelle	0,603	0,000
Wendepunkt	3,000	−47,000
Minimum	4,310	−79,413
Nullstelle	5,618	0,000
	6,000	67,750

b) Keine Nullstellen, Unendlichkeitsstelle $x = 1{,}5$

Asymptote $y = x/2 - 3/4$

Extremwerte $x_1 = 2{,}823$ $y_1 = 1{,}323$

$x_2 = 0{,}1771$ $y_2 = -1{,}323$ Bild **706.1**

c) $y = \dfrac{(x+1)(x+3)}{(x+4)^2}$

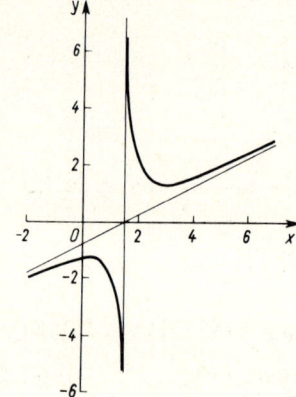

706.1

Asymptote $y = 1$

Nullstellen $x_1 = -1$ $x_2 = -3$

Unendlichkeitsstelle $x = -4$

Extremwert $x_3 = -2{,}5$ $y_3 = -1/3$

Wendepunkt $x_4 = -1{,}75$

$y_4 = -0{,}1852$ Bild **706.2**

d) $y = \dfrac{2x\sqrt{(x-3)(x-1)}}{(x-4)(x+5)}$

Für $1 < x < 3$ nicht definiert

Asymptoten $y = 2$ für $x > 0$
$y = -2$ für $x < 0$

Unendlichkeitsstellen $x_1 = 4$

$x_2 = -5$

Nullstellen $x_3 = 0$ $x_4 = 1$

$x_5 = 3$

Extremwerte $x_6 = 0{,}653$

$y_6 = -0{,}0623$ $x_7 = 11{,}74$

$y_7 = 1{,}756$ Bild **706.3**

e) $y = \dfrac{\sqrt[3]{x^2 - 1}}{\sqrt[6]{x + 2}}$

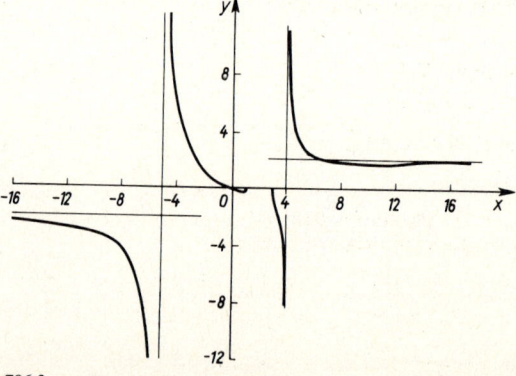

706.2

706.3

Für $x \leq -2$ nicht definiert   Unendlichkeitsstelle $x = -2$
Nullstelle $x_1 = -1$ $x_2 = 1$ (in diesen Punkten senkrechte Tangenten)
Extremwert $x_3 = -0{,}1315$ $y_3 = -0{,}896$ $y(0) = -0{,}891$
Wendepunkte $x_1 = -1$ $y_1 = 0$ $x_2 = 1$ $y_2 = 0$ $x_4 = -1{,}415$ $y_4 = 1{,}095$
Für $x \to \infty$ strebt die Kurve gegen $y = \sqrt[6]{(x^2+2)(x-2)}$
Bild 707.1

f) Gerade Funktion, keine Nullstelle, $\lim\limits_{x\to\infty} y = 0$

	x	y
Minimum	0	0
Wendepunkt	0,4682	0,3973
Maximum	1	0,8302
Wendepunkt	1,5102	0,5261

707.1

g) $\dot{y} = (B_2 - \delta B_1 - \delta B_2 t) e^{-\delta t}$ $\ddot{y} = -\delta(2B_2 - \delta B_1 - \delta B_2 t) e^{-\delta t}$

Nullstelle: $t_0 = -\dfrac{B_1}{B_2} = -1{,}292$ s $y(0) = B_1 = 5{,}00$ mm

Extremwert: $t_E = \dfrac{B_2 - \delta B_1}{\delta B_2} = 1{,}708$ s $y(t_E) = 6{,}570$ mm

Wendepunkt: $t_W = \dfrac{2B_2 - \delta B_1}{\delta B_2} = 4{,}708$ s $y(t_W) = 4{,}834$ mm

h) $y = \cos x \cdot \cos(x + \varphi)$ $y' = -\sin(2x + \varphi)$ $y'' = -2\cos(2x + \varphi)$
$y(x + \pi) = y(x)$, daher braucht nur $0 \leq x \leq \pi$ betrachtet zu werden.

Nullstellen: $x = \dfrac{\pi}{2} - \varphi,\ \dfrac{\pi}{2},\ \dfrac{3\pi}{2} - \varphi,\ \dfrac{3\pi}{2}$

Extremwerte: $x_1 = \dfrac{\pi}{2} - \dfrac{\varphi}{2}$; $x_2 = \pi - \dfrac{\varphi}{2}$ $y_1 = -\sin^2\dfrac{\varphi}{2};\ y_2 = \cos^2\dfrac{\varphi}{2}$

Wendepunkte: $x_3 = \dfrac{\pi}{4} - \dfrac{\varphi}{2}$; $x_4 = \dfrac{3\pi}{4} - \dfrac{\varphi}{2}$ $y_3 = y_4 = \dfrac{1}{2}\cos\varphi$

Bild 707.2 zeigt den Graphen für $\varphi = 20°$.

9. Folgt aus der Aufgabe.

Abschnitt 7.2

1. $y = 10\text{ mm} - \dfrac{1{,}5\,x^2}{196\text{ mm}}$

a) $V = 7{,}96\text{ cm}^3$ b) $V = 7{,}98\text{ cm}^3$
Da die Querschnittfunktion vom 4. Grade ist, liefert die Kepler-Regel nur eine Näherung.

2. a) $V = 0{,}603\text{ m}^3$ b) $V = 0{,}612\text{ m}^3$

3. $V = 2011\text{ mm}^3$ **4.** $x_S = 4{,}21$ cm

5. $V = \pi p a^2$ $x_S = \dfrac{2}{3} a$

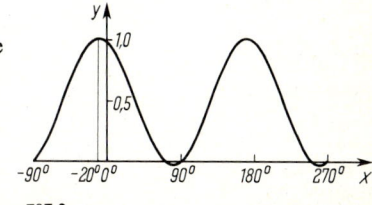

707.2

6. a) $x_S = \dfrac{3}{8} r$ b) $x_S = \dfrac{3}{8} \dfrac{R^4 - r^4}{R^3 - r^3}$ c) $x_S = \dfrac{R}{2}$

7. $x_S = \dfrac{2}{\pi} r$

8. a) $y_S = 3a/4$ $z_S = 3ca^2/10$ $y_S = 3a/5$ $z_S = 3\sqrt{2pa}/8$
   b) $I_y = c^3 a^7/21$ $I_z = ca^5/5$ $I_y = 4pa^2\sqrt{2pa}/15$ $I_z = 2a^3\sqrt{2pa}/7$

9. $I_{yz} = r^4/8$ 10. $y_S = \dfrac{\pi}{2} a$ $z_S = \dfrac{\pi}{8} a$ $I_y = 4a^4/9$

11. $m = 66{,}34$ kg $J = 8{,}073$ kg m²

12. $M = 156\pi = 490{,}1$ $x_S = 6{,}877$ 13. $s = 4{,}874$

14. a) Kettenlinie $s_K(x_0) = a \sinh \dfrac{x_0}{a}$

    b) Parabel $s_P(x_0) = \dfrac{a}{2} \left\{ \dfrac{x_0}{a} \sqrt{1 + \left(\dfrac{x_0}{a}\right)^2} + \ln\left[\dfrac{x_0}{a} + \sqrt{1 + \left(\dfrac{x_0}{a}\right)^2}\right] \right\}$

    c) $s_K(a) = 1{,}175\,a$ $s_P(a) = 1{,}148\,a$ $\dfrac{s_K - s_P}{s_K} = 2{,}3\%$

15. $s = 19{,}528$

16. $f = Fl^3/(15\,EI)$ $\tan\alpha = 5f/(4l)$

    $w = \dfrac{f}{4} \left[10\left(\dfrac{x}{l}\right)^2 - 10\left(\dfrac{x}{l}\right)^3 + 5\left(\dfrac{x}{l}\right)^4 - \left(\dfrac{x}{l}\right)^5\right]$ $M(x) = \dfrac{Fl}{3}\left(\dfrac{x}{l} - 1\right)^3$

17. Größte Durchbiegung $f = 0{,}260\,Fl^3/(48\,EI)$ für $x = 0{,}578\,l$; größtes Moment $M(0) = -Fl/8$
    $M(5l/8) = 9Fl/128$ $M(l/4) = M(l) = 0$

    $w = 3{,}85 f \left[2\left(\dfrac{x}{l}\right)^4 - 5\left(\dfrac{x}{l}\right)^3 + 3\left(\dfrac{x}{l}\right)^2\right]$ $M(x) = -\dfrac{Fl}{8}\left[4\left(\dfrac{x}{l}\right)^2 - 5\left(\dfrac{x}{l}\right) + 1\right]$

18. $f = Fl^3/(384\,EI) = 0{,}595$ cm $M(0{,}211\,l) = M(0{,}789\,l) = 0$

    $w = 16 f \left[\left(\dfrac{x}{l}\right)^4 - 2\left(\dfrac{x}{l}\right)^3 + \left(\dfrac{x}{l}\right)^2\right]$ $M(x) = -\dfrac{Fl}{12}\left[6\left(\dfrac{x}{l}\right)^2 - 6\dfrac{x}{l} + 1\right]$

19. $y = \dfrac{1}{1 + e^{-c(x - x_0)}}$ $\lim\limits_{x \to -\infty} y = 0$ $\lim\limits_{x \to \infty} y = 1$

Abschnitt 8.1

1. a) s. Bild **708.1**

	λ	x	y
Nullstellen	keine		
Ordinatenschnittpunkte	0	0	1
waagerechte Tangenten	0	0	1
senkrechte Tangenten	$+\infty$	1	$+\infty$
Wendepunkt	-1	$-1{,}718$	2,000

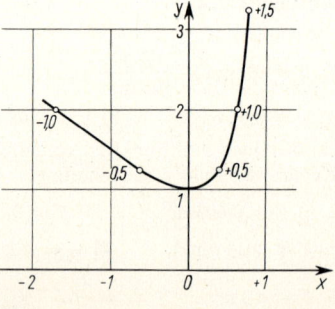

708.1

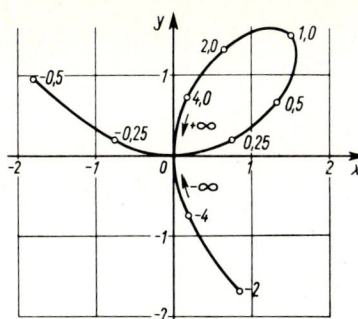

b) Blatt des Descartes (**709.1**)

	λ	x	y
Nullstellen	0	0	0
Ordinatenschnittpunkte	0	0	0
waagerechte Tangenten	0	0	0
	1,260	1,260	1,587
senkrechte Tangenten	0,794	1,587	1,260

709.1

c) Hyperbel (**709.2**)

Nullstellen $\varphi_1 = 0° \pm n \cdot 360°$ $x = +4$ $\varphi_2 = 180° \pm n \cdot 360°$ $x = -4$
Ordinatenschnittpunkte keine
waagerechte Tangenten keine
senkrechte Tangenten wie Nullstellen

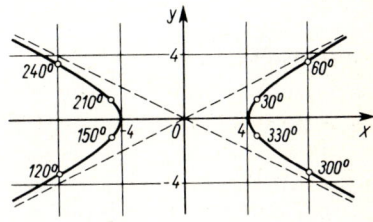

2. a) $V_y = \pi \int_{\lambda_1}^{\lambda_2} x^2 \, \dot{y} \, d\lambda$ b) $I_z = \int_{\lambda_1}^{\lambda_2} y^2 \, z \, \dot{y} \, d\lambda$

3. Kardioide (**709.2**) **709.2**

Nullstellen

$\psi_1 = 0° \pm n \cdot 360°$ $x = r$ doppelte Nullstellen
$\psi_2 = 180° \pm n \cdot 360°$ $x = -3r$ einfache Nullstellen

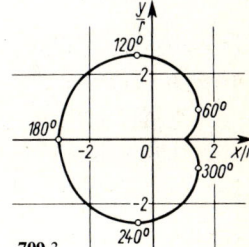

Ordinatenschnittpunkt

$\psi_1 = 111,5° \pm n \cdot 360°$ $y = 2,542 \, r$
$\psi_2 = 248,5° \pm n \cdot 360°$ $y = -2,542 \, r$

waagerechte Tangenten

ψ_1 wie doppelte Nullstellen
$\psi_2 = 120° \pm n \cdot 360°$ $x = -0,5 \, r$ $y = 2,598 \, r$
$\psi_3 = 240° \pm n \cdot 360°$ $x = -0,5 \, r$ $y = -2,598 \, r$

senkrechte Tangenten

ψ_1 wie doppelte Nullstelle, also dort Spitze
ψ_2 wie einfache Nullstellen
$\psi_3 = 60° \pm n \cdot 360°$ $x = 1,5 \, r$ $y = 0,866 \, r$
$\psi_4 = 300° \pm n \cdot 360°$ $x = 1,5 \, r$ $y = -0,866 \, r$
Fläche $A = 6 r^2 \pi$ Umfang $s = 16 r$

4. Fläche $A = 3,651 \text{ cm}^2$ Bogenlänge $s = 3,914 \text{ cm}$

Abschnitt 8.2

1. a) Spirale des Archimedes (**710.1**)

waagerechte Tangenten
$\varphi_1 = 0 \qquad \varphi_2 = 2{,}029 \qquad \varphi_3 = 4{,}913$

senkrechte Tangenten
$\varphi_1 = 0{,}860 \qquad \varphi_2 = 3{,}426$

Es gibt noch unendlich viele weitere Lösungen

b) Kardioide (**710.2**)

waagerechte Tangenten

$\varphi_1 = 0° \pm n \cdot 360° \qquad r = 0$
$\varphi_2 = 120° \pm n \cdot 360° \qquad r = 3{,}00 \text{ cm}$
$\varphi_3 = 240° \pm n \cdot 360° \qquad r = 3{,}00 \text{ cm}$

senkrechte Tangenten

$\varphi_1 = 0° \pm n \cdot 360° \qquad r = 0 \quad \text{Spitze}$
$\varphi_2 = 180° \pm n \cdot 360° \qquad r = 4{,}0 \text{ cm}$
$\varphi_3 = 60° \pm n \cdot 360° \qquad r = 1 \text{ cm}$
$\varphi_4 = 300° \pm n \cdot 360° \qquad r = 1 \text{ cm}$

c) Lemniskate (**710.3**)

Definitionsbereich

$-45° \pm n \cdot 180° \leq \varphi \leq +45° \pm n \cdot 180°$

waagerechte Tangenten

$\varphi = 30° \pm n \cdot 180° \qquad r = 1{,}414 \text{ cm}$

senkrechte Tangenten

$\varphi = 0° \pm n \cdot 180° \qquad r = 2{,}000 \text{ cm}$

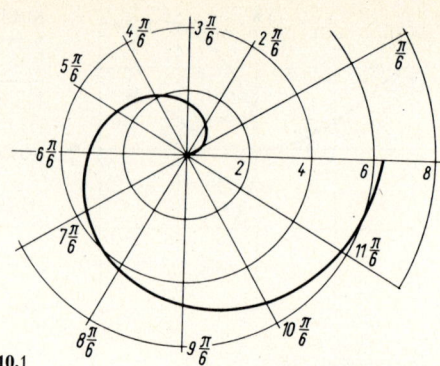

710.1

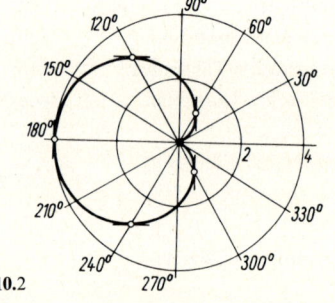

710.2

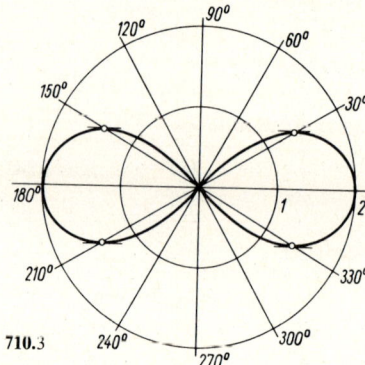

710.3

2. a) $A = a^2 \pi^3 / 192 = 0{,}6460 \text{ cm}^2$

$s = 2{,}079 \text{ cm}$

b) $A = 3 a^2 \pi / 2 = 18{,}850 \text{ cm}^2$

$s = 8a = 16 \text{ cm}$

c) $A = a^2 = 4 \text{ cm}^2 \qquad s = a \int_0^{\pi/4} \frac{d\varphi}{\sqrt{\cos 2\varphi}} = \frac{a}{\sqrt{2}} \int_0^{\pi/2} \frac{d\psi}{\sqrt{1 - \frac{1}{2} \sin^2 \psi}}$

Abschnitt 8.3

1. a) $\varrho = -2{,}507$ \qquad b) $\varrho = -4r$ \qquad c) $\varrho = \dfrac{a}{3}$

2. $x = 1/\sqrt{2} \qquad y = -0{,}347 \qquad \varrho = -2{,}60$

3. a) $X = 2x + \dfrac{1}{x}$ $\qquad Y = \ln x - (1 + x^2)$ $\qquad$ (Bild **711**.1)

b) $X = \dfrac{a^2 - b^2}{a} \cos^3 \varphi$ $\qquad Y = \dfrac{b^2 - a^2}{b} \sin^3 \varphi$ $\qquad$ (Bild **711**.2) Astroide

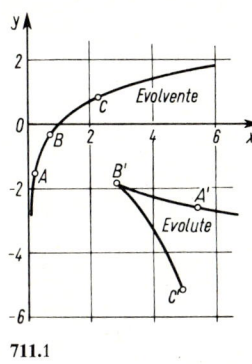

711.1

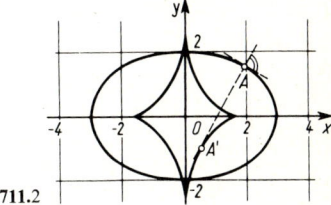

711.2

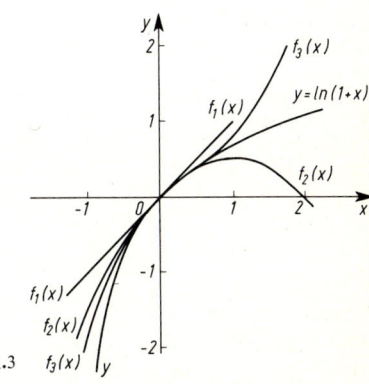

711.3

Abschnitt 8.4

1. a) $\vec{v} = v_0(1 - \cos \omega_0 t)\vec{i} + (v_0 \sin \omega_0 t)\vec{j}$ $\qquad v = v_0 \sqrt{2(1 - \cos \omega_0 t)}$
$\vec{a} = (v_0 \omega_0 \sin \omega_0 t)\vec{i} + (v_0 \omega_0 \cos \omega_0 t)\vec{j}$ $\qquad a = v_0 \omega_0$

b) $\vec{a} = v_0 \omega_0 \dfrac{\sin \omega_0 t}{\sqrt{2(1 - \cos \omega_0 t)}} \vec{e}_v + 0{,}5\, v_0 \omega_0 \sqrt{2(1 - \cos \omega_0 t)}\, \vec{e}_n$ $\qquad a = v_0 \omega_0$

2. a) $s_x = 50{,}30$ m $\qquad$ **b)** $v = 27{,}16$ m/s

3. $\ddot{r} = \dfrac{(\dot{x}^2 + \dot{y}^2 + x\ddot{x} + y\ddot{y})(x^2 + y^2) - (x\dot{x} + y\dot{y})^2}{(x^2 + y^2)^{3/2}}$

$\ddot{\varphi} = \dfrac{(x\ddot{y} - \ddot{x}y)(x^2 + y^2) - 2(x\dot{y} - \dot{x}y)(x\dot{x} + y\dot{y})}{(x^2 + y^2)^2}$

4. $\vec{v} = r_0 \omega_0^2 t\, \vec{e}_r$ $\qquad \vec{a} = r_0 \omega_0^2 \vec{e}_r + r_0 \omega_0^3 t\, \vec{e}_\varphi$ $\qquad a = r_0 \omega_0^2 \sqrt{1 + \omega_0^2 t^2}$

Abschnitt 9

1. a) $\dfrac{1 + x}{1 - x} = 2\left[\dfrac{1}{2} + x + x^2 + x^3 + \cdots + \dfrac{x^{n+1}}{(1 - x_m)^{n+2}}\right] = 1 + 2 \sum\limits_{i=1}^{\infty} x^i$

Die Reihe konvergiert für $-1 < x < +1$

b) $\dfrac{1}{x} = 1 - (x-1) + (x-1)^2 - (x-1)^3 + \cdots + (-1)^n \dfrac{(x-1)^n}{x_m^{n+1}} = 1 + \sum_{i=1}^{\infty} (-1)^i (x-1)^i$

Die Reihe konvergiert für $0 < x < 2$ c) s. Gl. (439.1)

2. s. Bild (711.3)

3. $\left(1+\dfrac{h}{R}\right)^{-2} = 1 - 2\left(\dfrac{h}{R}\right) + 3\left(\dfrac{h}{R}\right)^2 - 4\left(\dfrac{h}{R}\right)^3 + \cdots = \sum_{i=0}^{\infty} (-1)^i (i+1) \left(\dfrac{h}{R}\right)^i$

Der Fehler in 300 km Höhe ist 0,69 %.

4. $\varphi = \dfrac{1}{2}\left[\dfrac{x}{l} - \dfrac{1}{3}\left(\dfrac{x}{l}\right)^3 + \dfrac{1}{5}\left(\dfrac{x}{l}\right)^5 - \cdots\right] = \dfrac{1}{2}\sum_{i=0}^{\infty} (-1)^i \dfrac{(x/l)^{2i+1}}{2i+1}$

5. a) s. Gl. (440.1)

b) $\arcsin x = x + \dfrac{1}{2}\dfrac{x^3}{3} + \dfrac{3 \cdot x^5}{2 \cdot 4 \cdot 5} + \dfrac{3 \cdot 5 \cdot x^7}{2 \cdot 4 \cdot 6 \cdot 7} + \cdots = x + \sum_{i=1}^{\infty} \left(\dfrac{\prod_{k=0}^{i-1}(2k+1)}{\prod_{k=0}^{i-1}(2k+2)}\right) \dfrac{x^{2i+1}}{(2i+1)}$

6. $\pi = 6 \cdot \left[\dfrac{1}{2} + \dfrac{1}{2 \cdot 3 \cdot 2^3} + \dfrac{3}{2 \cdot 4 \cdot 5 \cdot 2^5} + \dfrac{3 \cdot 5}{2 \cdot 4 \cdot 6 \cdot 7 \cdot 2^7} + \cdots\right]$

$= 6 \cdot \left[\dfrac{1}{2} + \sum_{i=1}^{\infty} \left(\dfrac{\prod_{k=0}^{i-1}(2k+1)}{\prod_{k=0}^{i-1}(2k+2)}\right) \dfrac{1}{(2i+1)2^{2i+1}}\right]$

7. $s = l\left[1 + \dfrac{2}{3}\left(\dfrac{h}{l}\right)^2 - \dfrac{2}{5}\left(\dfrac{h}{l}\right)^4 + \dfrac{4}{7}\left(\dfrac{h}{l}\right)^6 - \cdots\right]$

8. a) $\displaystyle\int_0^x \dfrac{\sin \xi}{\xi} d\xi = x - \dfrac{x^3}{3 \cdot 3!} + \dfrac{x^5}{5 \cdot 5!} - \dfrac{x^7}{7 \cdot 7!} + \cdots = \sum_{i=0}^{\infty} (-1)^i \dfrac{x^{2i+1}}{(2i+1)(2i+1)!}$

b) $\displaystyle\int_0^x \sqrt{1+\xi^3}\, d\xi = x + \dfrac{x^4}{8} - \dfrac{x^7}{56} + \dfrac{x^{10}}{160} - \cdots$

c) $\displaystyle\int_0^x \cos\sqrt{\xi}\, d\xi = x - \dfrac{x^2}{2 \cdot 2!} + \dfrac{x^3}{3 \cdot 4!} - \dfrac{x^4}{4 \cdot 6!} + \cdots = \sum_{i=1}^{\infty} (-1)^{i+1} \dfrac{x^i}{i(2i-2)!}$

d) $\displaystyle\int_{1/2\pi}^{1/\pi} \sin\left(\dfrac{1}{x}\right) dx = \ln x + \dfrac{1}{3!\, 2x^2} - \dfrac{1}{5!\, 4x^4} + \dfrac{1}{7!\, 6x^6} - \cdots \Big|_{0,1592}^{0,3183} = -0,4964 + 0,4002$

$= -0,0962$

Abschnitt 10.2

1. a) $f_x = 2zx/y$ $f_y = -zx^2/y^2$ $f_z = x^2/y$

$f_{xx} = 2z/y$ $f_{yy} = 2zx^2/y^3$ $f_{zz} = 0$

$f_{xy} = f_{yx} = -2zx/y^2$ $f_{yz} = f_{zy} = -x^2/y^2$ $f_{zx} = f_{xz} = 2x/y$

Lösungen zu den Aufgaben   713

b) $f_x = \sin(x-y) + (x+y)\cos(x-y)$ $f_y = \sin(x-y) - (x+y)\cos(x-y)$

$f_{xx} = 2\cos(x-y) - (x+y)\sin(x-y)$ $f_{yy} = -2\cos(x-y) - (x+y)\sin(x-y)$

$f_{xy} = f_{yx} = (x+y)\sin(x-y)$

c) $f_x = \dfrac{z}{y} e^{x/y}$ $f_y = \dfrac{-zx}{y^2} e^{x/y}$ $f_z = e^{x/y}$

$f_{xx} = \dfrac{z}{y^2} e^{x/y}$ $f_{yy} = \dfrac{zx}{y^3}\left(2 + \dfrac{x}{y}\right) e^{x/y}$ $f_{zz} = 0$

$f_{xy} = f_{yx} = -\dfrac{z}{y^2}\left(1 + \dfrac{x}{y}\right) e^{x/y}$ $f_{yz} = f_{zy} = -\dfrac{x}{y^2} e^{x/y}$ $f_{zx} = f_{xz} = \dfrac{e^{x/y}}{y}$

2. $x_1 = x_2 = x_3 = A/3$

3. a) $\Delta u = m\,\Delta x + 2ny\,\Delta y + n(\Delta y)^2$ $du = m\,dx + 2ny\,dy$

b) $\Delta u = 0,16445$ $du = 0,15533$

4. a) $du = (\sin \omega t)\,du_m + u_m \cos \omega t\,(t\,d\omega + \omega\,dt)$

b) $d\varphi = \dfrac{R}{R^2 + (\omega L)^2}\left(L\,d\omega + \omega\,dL - \dfrac{\omega L}{R}\,dR\right)$

5. Richtung des maximalen Anstiegs 36,87°   maximaler Anstieg − 36,37°

6. a) $y' = -\dfrac{2y\sqrt{x+y} + \sqrt{1-(xy)^2}}{2x\sqrt{x+y} + \sqrt{1-(xy)^2}}$ b) $y' = \dfrac{y \cdot \cos y - y^2 \cos x \cdot \cos^2(x/y)}{y^2 \sin x \cdot \tan y \cdot \cos^2(x/y) + x\cos y}$

7. Ordinatenabschnitte $y_1 = y_2 = 0;\ y_3 = a;\ y_4 = -a$

Abszissenabschnitte $x_1 = x_2 = x_3 = 0;\ x_4 = -2a$

waagerechte Tangenten $x_1 = x_2 = 0;\ x_3 = -\dfrac{3}{4}a;\ y_3 = \pm\sqrt{27\,a/4}$

senkrechte Tangenten $x_1 = a/4;\ y_1 = \pm\sqrt{3}\,a/4;\ x_2 = -2a$

Graph s. Bild **710.2**

Abschnitt 10.3

1. a) $\dfrac{x^2}{2}(\ln y)\,e^z + C_1 xy + C_2 x + C_3$

b) $-0,5\,[\cos x + 2x \sin x - (x^2 - 2)\cos x]_0^1 = -1,38177 + 1,5 = 0,11823$

2. a) $V = abc/6$ b) $V = 40,5\,\pi\,\text{cm}^3 = 127,2\,\text{cm}^3$

3. $M_y = (2/3)\,\text{cm}^3$ $M_x = (4/5)\,\text{cm}^3$ **4.** $J_z = \varrho\,l\,r^4\,\pi/2$

Abschnitt 10.4

1. a) $\operatorname{grad} r = \vec{r}/r = \vec{r}^{\,0}$ b) $\operatorname{div} \vec{r} = 3$ c) $\operatorname{rot} \vec{r} = \vec{o}$

2. $\operatorname{grad}(\operatorname{div} \vec{v}) = \left(\dfrac{\partial^2 v_x}{\partial x^2} + \dfrac{\partial^2 v_y}{\partial x\,\partial y} + \dfrac{\partial^2 v_z}{\partial x\,\partial z}\right)\vec{i} +$

$+ \left(\dfrac{\partial^2 v_x}{\partial x\,\partial y} + \dfrac{\partial^2 v_y}{\partial y^2} + \dfrac{\partial^2 v_z}{\partial y\,\partial z}\right)\vec{j} + \left(\dfrac{\partial^2 v_x}{\partial x\,\partial z} + \dfrac{\partial^2 v_y}{\partial y\,\partial z} + \dfrac{\partial^2 v_z}{\partial z^2}\right)\vec{k}$

3. Zwischenergebnis

$$\text{rot}(\text{rot }\vec{v}) = \begin{vmatrix} \vec{i} & \vec{j} & \vec{k} \\ \dfrac{\partial}{\partial x} & \dfrac{\partial}{\partial y} & \dfrac{\partial}{\partial z} \\ \left(\dfrac{\partial v_z}{\partial y} - \dfrac{\partial v_y}{\partial z}\right) & \left(\dfrac{\partial v_x}{\partial z} - \dfrac{\partial v_z}{\partial x}\right) & \left(\dfrac{\partial v_y}{\partial x} - \dfrac{\partial v_x}{\partial y}\right) \end{vmatrix}$$

Endergebnis s. Aufgabe.

4. a) Weg 1 $W = (0{,}667\, a^2 b + 0{,}333\, b^3 + c^3)\text{ N/m}^2$
    Weg 2 $W = (0{,}5\ \ a^2 b + 0{,}333\, b^3 + c^3)\text{ N/m}^2$
    Weg 3 $W = (0{,}333\, b^3 + c^3)\text{ N/m}^2$
b) alle Wege $W = (a b^2 + c^3)\text{ N/m}^2$

5. Mit $r^2 = x^2 + y^2 + z^2$ wird

a) $F_x = \dfrac{c\,x}{r^2}$ $F_y = \dfrac{c\,y}{r^2}$ $F_z = \dfrac{c\,z}{r^2}$

b) $\dfrac{\partial F_z}{\partial y} = \dfrac{\partial F_y}{\partial z} = -2\,\dfrac{c\,z\,y}{r^4}$ $\dfrac{\partial F_x}{\partial z} = \dfrac{\partial F_z}{\partial x} = -2\,\dfrac{c\,x\,z}{r^4}$ $\dfrac{\partial F_y}{\partial x} = \dfrac{\partial F_x}{\partial y} = -2\,\dfrac{c\,x\,y}{r^4}$

c) $c\ln(r_2/r_1)$. Wegen dieses Ergebnisses spricht man in der Physik hier vom logarithmischen Potential.

Abschnitt 11

1. a) $y = \dfrac{8A}{\pi^2}\left(\sin x - \dfrac{1}{9}\sin 3x + \dfrac{1}{25}\sin 5x - \cdots\right) = \dfrac{8A}{\pi^2}\sum\limits_{m=1}^{\infty}(-1)^{m+1}\dfrac{\sin(2m-1)x}{(2m-1)^2}$

b) $y = \dfrac{6A}{\pi^2}\left(\cos x - \dfrac{1}{4}\cos 2x + \dfrac{1}{9}\cos 3x - \cdots\right) = \dfrac{6A}{\pi^2}\sum\limits_{m=1}^{\infty}(-1)^{m+1}\dfrac{\cos mx}{m^2}$

c) $y = \dfrac{2A}{\pi}\left(\dfrac{1}{2} + \dfrac{\pi}{4}\cos x + \dfrac{1}{1\cdot 3}\cos 2x - \dfrac{1}{3\cdot 5}\cos 4x + \right.$
$\left. + \dfrac{1}{5\cdot 7}\cos 6x - \dfrac{1}{7\cdot 9}\cos 8x + \cdots\right)$
$= \dfrac{2A}{\pi}\left[\dfrac{1}{2} + \dfrac{\pi}{4}\cos x + \sum\limits_{m=1}^{\infty}(-1)^{m+1}\dfrac{\cos 2mx}{(2m+1)(2m-1)}\right]$

d) $y = \dfrac{4A}{\pi}\left(\dfrac{1}{2} + \dfrac{1}{1\cdot 3}\cos 2x - \dfrac{1}{3\cdot 5}\cos 4x + \cdots\right)$
$= \dfrac{4A}{\pi}\left[\dfrac{1}{2} + \sum\limits_{m=1}^{\infty}(-1)^{m+1}\dfrac{\cos 2mx}{(2m+1)(2m-1)}\right]$

2. $y = \dfrac{8A}{\pi}\left(\dfrac{1}{1\cdot 3}\sin x + \dfrac{2}{3\cdot 5}\sin 2x + \cdots\right)$
$= \dfrac{8A}{\pi}\sum\limits_{m=1}^{\infty}\dfrac{m}{4m^2 - 1}\sin mx$

3. $f(x) = 0$ für $x = 0$ und für $x = \pm\pi$;
Extremwerte $f(\pm\pi/\sqrt{3}) = \pm 0{,}995\,A$, Bild **714.1**

714.1

Lösungen zu den Aufgaben   715

$$f(x) = A\left[\sin x - \frac{1}{8}\sin 2x + \frac{1}{27}\sin 3x - \cdots\right]$$

4. a) $f(x) = \frac{4}{\pi}A\left(\sin x + \frac{1}{3}\sin 3x + \frac{1}{5}\sin 5x + \cdots\right)$

$ = A(1{,}273\sin x + 0{,}424\sin 3x + 0{,}255\sin 5x + \cdots)$

$g(x) = A(1{,}244\sin x + 0{,}333\sin 3x + 0{,}089\sin 5x)$

b) $f(x) = \frac{2}{\pi}A\left(\sin x - \frac{1}{2}\sin 2x + \frac{1}{3}\sin 3x - \cdots\right)$

$ = A(0{,}637\sin x - 0{,}318\sin 2x + 0{,}212\sin 3x - 0{,}159\sin 4x + 0{,}127\sin 5x - \cdots)$

$g(x) = A(0{,}622\sin x - 0{,}289\sin 2x + 0{,}167\sin 3x - 0{,}096\sin 4x + 0{,}045\sin 5x)$

5. $f(t) = \frac{2a}{\pi}\int\limits_0^\infty \frac{1}{\omega}\sin\left(\omega\frac{t_2-t_1}{2}\right)\cdot\cos\left(\omega t - \omega\frac{t_2+t_1}{2}\right)d\omega$

mit der Spektralfunktion Bild **715.1**

$\varphi(\omega) = \sqrt{\frac{2}{\pi}}\frac{a}{\omega}\sin\left(\omega\frac{t_2-t_1}{2}\right)$

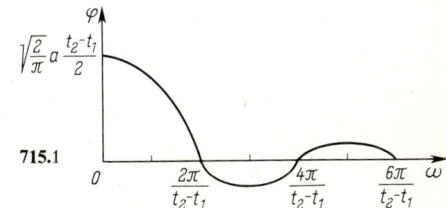

715.1

Abschnitt 12.2

1. a) $z = 24{,}45\,e^{j209{,}2°}$ b) $z = 2{,}27\,e^{j72{,}8°}$ c) $z = 8{,}98\,e^{j87{,}6°}$
d) $z = 6{,}34\,e^{j91{,}8°}$ e) $z = 3{,}37\,e^{-j36{,}0°}$ f) $z = 19{,}84\,e^{j112{,}4°}$

2. a) $z = -10{,}32 - j\,33{,}5$ b) $z = 17{,}71 - j\,23{,}8$ c) $z = 0{,}0945 + j\,9{,}02$
d) $z = 2{,}96 - j\,2{,}17$ e) $z = -1{,}473 + j\,1{,}983$

3. $\cos 4\alpha = \cos^4\alpha - 6\cos^2\alpha\sin^2\alpha + \sin^4\alpha = 1 - 8\cos^2\alpha\sin^2\alpha$
$\sin 4\alpha = 4\cos^3\alpha\sin\alpha - 4\cos\alpha\sin^3\alpha = 4\sin\alpha\cos\alpha(\cos^2\alpha - \sin^2\alpha)$

4. $z = 3{,}93\,e^{j213{,}8°} = -3{,}27 - j\,2{,}19$ **5.** $z = 0{,}00758\,e^{j91{,}69°} = -0{,}000224 + j\,0{,}00758$

6. $z_1 = 0{,}932\,e^{j24{,}0°} = 0{,}852 + j\,0{,}379$ $z_2 = -0{,}0969 + j\,0{,}927$
$z_3 = -0{,}912 + j\,0{,}1943$ $z_4 = -0{,}466 - j\,0{,}807$ $z_5 = 0{,}623 - j\,0{,}693$

7. $z_1 = 2{,}16 - j\,1{,}237$ $z_2 = -0{,}00720 + j\,2{,}49$ $z_3 = -2{,}15 - j\,1{,}249$

8. $w = -j\,20{,}42$ **9.** $w = 1{,}282 + j\,489{,}5 = 489{,}5\,e^{j89{,}85°}$

10. $w = -j\ln\left(z \pm \sqrt{z^2 - 1}\right)$ **11.** $\tan(a + jb) = \dfrac{\sin 2a + j\sinh 2b}{\cos 2a + \cosh 2b}$

12. $w = 0{,}238 - j\,0{,}496 = 0{,}551\,e^{-j64{,}3°}$ **13.** $z = \left(2k + \dfrac{1}{2}\right)\pi \pm j\,1{,}317;\ z_0 = \dfrac{\pi}{2} + j\,1{,}317$

Abschnitt 12.3

1. $\underline{U}_1 = 330\,e^{j72{,}3°}\text{ mV} = (100 + j\,314)\text{ mV}$ $\underline{U}_2 = 630\,e^{j85{,}45°}\text{ mV} = (50 + j\,628)\text{ mV}$
$\underline{U} = 954\,e^{j80{,}96°}\text{ mV} = (150 + j\,942)\text{ mV}$

2. $\underline{I} = 1{,}792\,e^{-j63{,}3°}\,A = (0{,}805 - j\,1{,}601)\,A;\quad \underline{I}_2 = 0{,}0599\,e^{j77{,}1°}\,A = (0{,}0134 + j\,0{,}0584)\,A$
$\underline{I}_3 = 1{,}060\,e^{-j12{,}9°}\,A = (1{,}033 - j\,0{,}236)\,A;\quad \underline{I}_4 = 1{,}443\,e^{-j99{,}6°}\,A = (-0{,}241 - j\,1{,}423)\,A$
$\underline{U}_1 = 100{,}1\,e^{j16{,}4°}\,V = (96{,}0 + j\,28{,}2)\,V$
$\underline{U}_p = 127{,}1\,e^{-j12{,}9°}\,V = (123{,}9 - j\,28{,}3)\,V$

3. $\operatorname{Re}\underline{Z} = \dfrac{R}{N}$

$\operatorname{Im}\underline{Z} = \dfrac{\omega}{N}(L - \omega^2\,C\,L^2 - C\,R^2)$ mit $N = (1 - \omega^2\,C\,L)^2 + \omega^2\,C^2\,R^2$

4. Die kreisförmige Ortskurve $\underline{Y}(L)$ hat den Radius $2\,\text{mS}$ und den Mittelpunkt $(2\,\text{mS};0)$. Es ist (s. Bild **716.1**)
$\underline{Y}(0) = 4\,\text{mS} \qquad \underline{Y}(\infty) = (0{,}961 + j\,1{,}709)\,\text{mS}$

Abschnitt 12.4

1. s. Bild **716.2**
2. $\operatorname{Re} w = u = x^2 - y^2$
$\operatorname{Im} w = v = 2xy$
Für $x = 0 \Rightarrow v = 0$
$\quad x = 2 \Rightarrow v = 4\sqrt{4 - u}$
Für $y = 0 \Rightarrow v = 0$
$\quad y = 1 \Rightarrow v = 2\sqrt{u + 1}$
s. Bild **716.3**

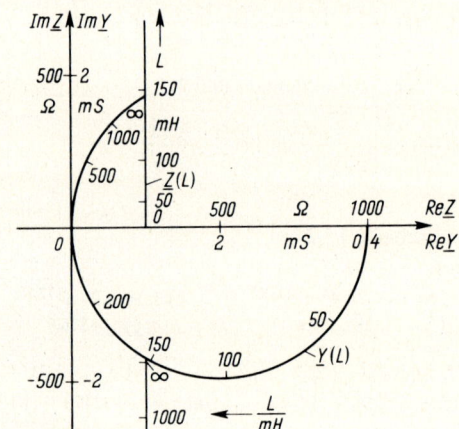

716.1

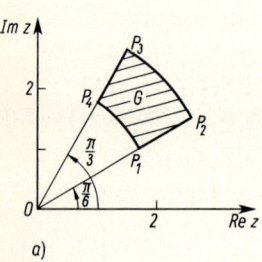

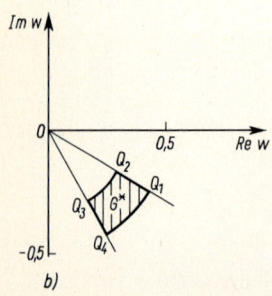

716.2

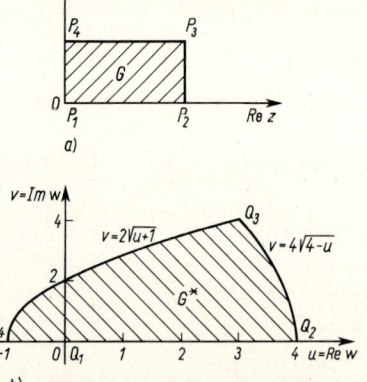

716.3

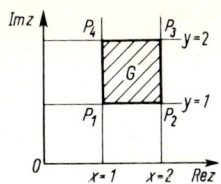

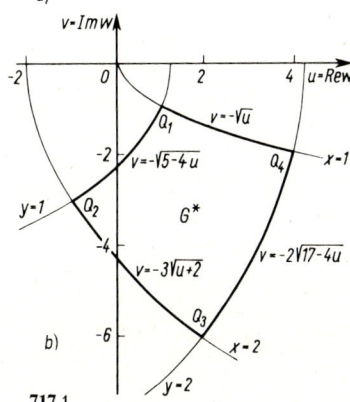

b)

717.1

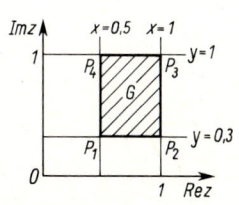

a)

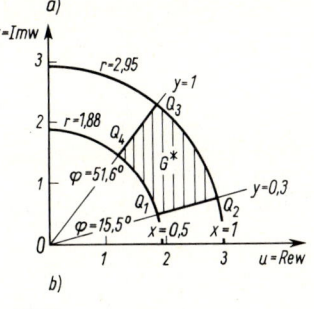

b)

717.2

3. $u = x - x^2 + y^2 \qquad v = y - 2xy$

Für $x = $ const erhält man Parabeln
$$v = (1 - 2x)\sqrt{u - x + x^2}$$
Für $y = $ const ergeben sich Parabeln
$$v = -y\sqrt{(1 + 4y^2) - 4u}$$
Beide Parabelscharen haben die Scheitel auf der u-Achse, s. Bild **717.1**

4. $u = A\,e^{kx}\cos ky \qquad v = A\,e^{kx}\sin ky$
$|w| = |A|\,e^{kx} \qquad \text{arc } w = ky$

Das kartesische Gitter geht in konzentrische Kreise und Strahlen vom Nullpunkt über, s. Bild **717.2**.

Abschnitt 13.1

1. a) Trennung der Veränderlichen
$$y = \frac{1}{\sqrt{x^2 - 2C}} \qquad y = \frac{1}{\sqrt{x^2 + 1}}$$

b) Lineare Dgl., Trennung der Veränderlichen
$$y = C\sqrt{1 + x^2} \qquad y = \sqrt{1 + x^2}$$

c) Lineare Dgl., Trennung der Veränderlichen
$$y = C\,e^{\arctan x} \qquad y = e^{\arctan x}$$

d) Trennung der Veränderlichen
$$y = \frac{1}{\cos x - C} \qquad y = \frac{1}{\cos x}$$

e) Trennung der Veränderlichen
$$y = (x + C)^2 \qquad y = (x + 1)^2$$

f) Lineare Dgl., Trennung der Veränderlichen
$$y = C\sqrt{\frac{1 - \sin x}{1 + \sin x}} = \frac{C}{\tan\left(\dfrac{x}{2} + \dfrac{\pi}{4}\right)}$$

$$y = \sqrt{\frac{1 - \sin x}{1 + \sin x}} = \frac{1}{\tan\left(\dfrac{x}{2} + \dfrac{\pi}{4}\right)}$$

g) Trennung der Veränderlichen
$$y = \sqrt{1 - \frac{1}{C^2}(1 - x^2)}$$

Die Anfangsbedingung ist nicht erfüllbar, weil die Lösungsmenge eine Hyperbelschar darstellt.

h) Lineare Dgl.

$y = C e^{-2x} + 0{,}5\,x + 0{,}25$ $\qquad y = \dfrac{1}{4}(3\,e^{-2x} + 2\,x + 1)$

i) Lineare Dgl., Variation der Konstanten

$y = \dfrac{x}{2} + \dfrac{C}{x}$

Die Anfangsbedingung ist nicht erfüllbar, weil $y(0)$ für $C \ne 0$ nicht existiert und für $C = 0$ den Wert 0 hat.

j) Lineare Dgl., Polynomansatz

$y = C e^{x} - x^3 - 3x^2 - 6x - 6$ $\qquad y = 7 e^{x} - x^3 - 3x^2 - 6x - 6$

k) Lineare Dgl., Ansatz für die spezielle Lösung $y_{(s)} = K e^{-3x}$

$y = C e^{-0{,}5x} - 1{,}6\,e^{-3x}$ $\qquad y = 2{,}6\,e^{-0{,}5x} - 1{,}6\,e^{-3x}$

2. a) $y = C_1 e^{kx} + C_2 e^{-kx} = D_1 \sinh kx + D_2 \cosh kx$
   b) $y = C_1 \sin kx + C_2 \cos kx$

3. Bild **718.1**
   a) $y = C_1 \cos 2x + C_2 \sin 2x$ $\qquad y = 0{,}5 \sin 2x$
   b) $y = e^{-x}(C_1 \cos 1{,}732\,x + C_2 \sin 1{,}732\,x)$ $\qquad y = 0{,}577\,e^{-x} \sin 1{,}732\,x$
   c) $y = (C_1 + C_2 x) e^{-2x}$ $\qquad y = x e^{-2x}$
   d) $y = C_1 e^{-0{,}764x} + C_2 e^{-5{,}236x}$ $\qquad y = 0{,}2236\,(e^{-0{,}764x} - e^{-5{,}236x})$

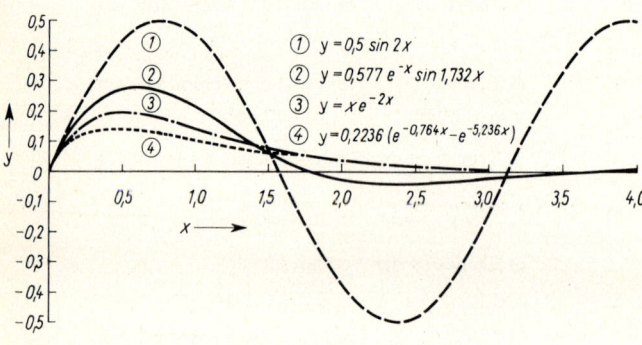

718.1

4. a) $y = C_1 \cos 3x + C_2 \sin 3x + (9x^2 + 36x - 11)/81$
   b) $y = e^{-x}(C_1 \cos x + C_2 \sin x) + (6 \sin 3x - 7 \cos 3x)/85$
   c) $y = (C_1 + C_2 x) e^{x} + C_3 e^{-x} + C_4 e^{2x}$
   d) $y = C_1 e^{-2x} + e^{-x}(C_2 \cos x + C_3 \sin x)$
   e) $y = C_1 e^{-3x} + C_2 x^2 + C_3 x + C_4$

5. $v = \dfrac{g}{k}(1 - e^{-kt})$ $\qquad s = \dfrac{g}{k}\left[t - \dfrac{1}{k}(1 - e^{-kt})\right]$

6. $w'' = -\dfrac{M}{EI} = -\dfrac{F(e + w)}{EI}$

$w = e\left[\cos\!\left(\sqrt{\dfrac{F}{EI}}\,x\right) - 1 + \tan\!\left(\sqrt{\dfrac{F}{EI}}\,\dfrac{l}{2}\right) \sin\!\left(\sqrt{\dfrac{F}{EI}}\,x\right)\right]$

Lösungen zu den Aufgaben 719

$$w\left(\frac{l}{2}\right) = e\left[\frac{1}{\cos\left(\sqrt{\frac{F}{EI}} \cdot \frac{l}{2}\right)} - 1\right]$$

7. $y_1 = C_1 e^{8,446x} + C_2 e^{-5,446x}$

$y_2 = \frac{1}{2} y_1' - 4 y_1 = 0,223 C_1 e^{8,446x} - 6,723 C_2 e^{-5,446x}$

8. $y_1 = C_1 e^{1,235x} + C_2 e^{-1,235x} + C_3 e^{j0,724x} + C_4 e^{-j0,724x}$
$= B_1 \sinh 1,235 x + B_2 \cosh 1,235 x + B_3 \sin 0,724 x + B_4 \cos 0,724 x$

$y_2 = 2 y_1 - 2,5 y_1'' = -1,812 (B_1 \sinh 1,235 x + B_2 \cosh 1,235 x)$
$+ 3,312 (B_3 \sin 0,724 x + B_4 \cos 0,724 x)$

Abschnitt 13.2

1.

x	y
0	1,000 000
0,2	1,240 049
0,4	1,561 498
0,6	1,969 800
0,8	2,475 770
1	3,095 706

2. a) $y = \frac{5}{3} \sin x - \frac{1}{3} \sin 2x \qquad y' = z_1 = \frac{5}{3} \cos x - \frac{2}{3} \cos 2x$

$y(0,5) = 0,518\,552 \qquad y'(0,5) = 1,102\,436$
$y(1) \;\; = 1,099\,352 \qquad y'(1) \;\; = 1,177\,935$

b)

x	$y = z_0$	$y' = z_1$
0	0	1
0,5	0,519 119	1,102 541
1	1,099 876	1,178 090

c)

x	$y = z_0$	$y' = z_1$
0	0	1
0,25	0,252 550	1,029 801
0,50	0,518 584	1,102 439
0,75	0,803 601	1,172 328
1	1,099 376	1,177 944

d) $h = 0,5$

$x = 0,5 \qquad \dfrac{\Delta y}{y} = 0,001\,093 = 0,11\,\% \qquad \dfrac{\Delta y'}{y'} = 0,000\,095 = 0,0095\,\%$

$x = 1 \qquad \dfrac{\Delta y}{y} = 0,000\,477 = 0,048\,\% \qquad \dfrac{\Delta y'}{y'} = 0,000\,132 = 0,013\,\%$

$h = 0,25$

$x = 0,5 \qquad \dfrac{\Delta y}{y} = 0,000\,062 = 0,0062\,\% \qquad \dfrac{\Delta y'}{y'} = 0,000\,003 = 0,0003\,\%$

$x = 1 \qquad \dfrac{\Delta y}{y} = 0,000\,021 = 0,0021\,\% \qquad \dfrac{\Delta y'}{y'} = 0,000\,007 = 0,0007\,\%$

3. $y_1 = 19\,Fl^3/(2048\,EI)$ $y_2 = 28\,Fl^3/(2048\,EI)$ $y_3 = 21\,Fl^3/(2048\,EI)$

4. Numerische Lösung $y_1 = -0{,}355$ $y_2 = -0{,}673$ $y_3 = -0{,}910$

Analytische Lösung $y = \dfrac{\sinh x}{\sinh 2} - x$

$y_1 = -0{,}356$ $y_2 = -0{,}676$ $y_3 = -0{,}913$

5. 2 Stützstellen: $F_K = 9\,EI/l^2$ $\Delta F/F = -0{,}088 = -8{,}8\%$
   3 Stützstellen: $F_K = 9{,}37\,EI/l^2$ $\Delta F/F = -5{,}0\%$

6. $F = q\,l = 16{,}87\,EI/l^2$

Abschnitt 13.3

1. a) $F_K = \pi^2 EI/(4l^2)$ b) $F_K = 4\pi^2 EI/l^2$ 2. $J\ddot{\alpha} + \bar{c}\alpha = 0$ $T_0 = \dfrac{2R}{r^2}\sqrt{\dfrac{l\,m\,\pi}{G}}$

3. $\omega_d^2 = 15{,}42\,\text{s}^{-2}$ $\delta = 0{,}613\,\text{s}^{-1}$ $c = 79{,}0\,\text{N/m}$
   $b = 6{,}13\,\text{kg/s}$ $\dot{x}(0) = 19{,}6\,\text{cm/s}$

4. a) $u = (5{,}00\,\text{V} + 3{,}87\,(\text{V/ms})\,t)\,e^{-0{,}330\,t/\text{ms}}$
Nullstellen für $t \geqq 0$:   keine
Extremwert
$t_E = 1{,}741$ ms $u_E = 6{,}61$ V
Wendepunkt
$t_W = 4{,}77$ ms $u_W = 4{,}86$ V
Wert für $t = 10$ ms $u = 1{,}616$ V
b) $u = 8{,}21\,\text{V} \cdot e^{-(0{,}1114/\text{ms})t} - 3{,}21\,\text{V} \cdot e^{-(0{,}976/\text{ms})t}$
Keine Nullstellen für $t \geqq 0$
Extremwert
$t_E = 1{,}425$ ms $u_E = 6{,}21$ V
Wendepunkt
$t_W = 3{,}94$ ms $u_W = 5{,}22$ V
Wert für $t = 10$ ms $u = 2{,}70$ V

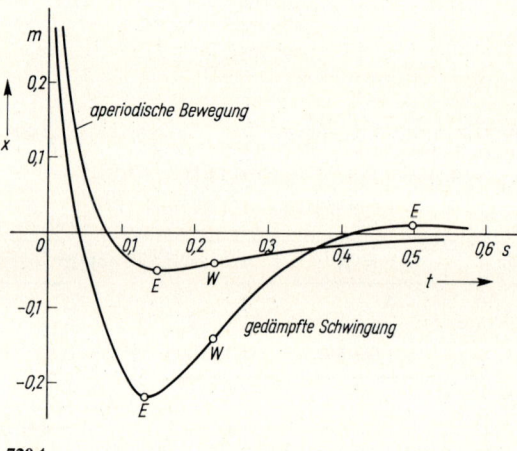

720.1

5. Aperiodische Bewegung. Damit kein Nulldurchgang eintritt, muß $|v(0)| < x_0\left(\delta + \sqrt{\delta^2 - \omega_0^2}\right)$ $= 11{,}83$ m/s sein. Dabei ist $\delta = b/(2m)$ und $\omega_0^2 = c/m$. Mit $v(0) = -15$ m/s erhält man
$x = -0{,}1830\,\text{m}\,e^{-(6{,}34/\text{s})t} + 0{,}683\,\text{m}\,e^{-(23{,}7/\text{s})t}$
Bild **720.1**

6. Gedämpfte Schwingung mit Gleichung

$$x = 1{,}330\,\text{m}\,e^{-(8{,}66/\text{s})t}\cos\left(\dfrac{8{,}66}{\text{s}}t + 67{,}9°\right)$$

Bild **720.1**

Abschnitt 14.1

1. a) $F(p) = \dfrac{\omega}{p^2 + \omega^2}$ b) $F(p) = \dfrac{p}{p^2 + \omega^2}$ c) $F(p) = \dfrac{k}{p^2 - k^2}$
   d) $F(p) = \dfrac{p}{p^2 - k^2}$ e) $F(p) = \dfrac{1}{(p-a)^2}$ f) $F(p) = \dfrac{2}{(p-a)^3}$

2. a) $f(t) = e^{5t}$ b) $f(t) = e^{3t}(\cos 4t + j \sin 4t)$ c) $f(t) = e^{-2t}$
   d) $f(t) = e^{-4t}(\cos 7t - j \sin 7t)$ e) $f(t) = t^4$

3. Zu 2a) $\operatorname{Re} p > 5$, zu 2b) $\operatorname{Re} p > 3$; zu 2c), 2d) und 2e) keine weiteren Bedingungen

Abschnitt 14.2

1. a) $F(p) = \dfrac{1}{p-a} - \dfrac{1}{p+a} = \dfrac{2a}{p^2 - a^2}$ $\operatorname{Re} p > \operatorname{Re} a$

   b) $F(p) = \dfrac{6}{p^3} + \dfrac{2}{p^2} + \dfrac{1}{p} = \dfrac{6 + 2p + p^2}{p^3}$ $\operatorname{Re} p > 0$

   c) $F(p) = \dfrac{12}{p^2 + 16} + \dfrac{5p}{p^2 + 4}$

2. a) $f(t) = 1 + t$ b) $f(t) = e^{-2t} + e^{3t}$ c) $f(t) = \dfrac{2}{3} \sin 3t + 3 \cos 3t$

3. a) $\mathfrak{L}\{\sin(3t - 2)\} = \mathfrak{L}\left\{\sin 3\left(t - \dfrac{2}{3}\right)\right\} = e^{-2p/3} \mathfrak{L}\{\sin 3t\} = \dfrac{3}{p^2 + 9} e^{-2p/3}$

   b) $\mathfrak{L}\{(t-2)^3\} = e^{-2p} \mathfrak{L}\{t^3\} = \dfrac{6}{p^4} e^{-2p}$

   c) $\mathfrak{L}\{\sin(\omega t - \varphi)\} = e^{-\frac{\varphi}{\omega}p} \mathfrak{L}\{\sin \omega t\} = \dfrac{\omega}{p^2 + \omega^2} e^{-\frac{\varphi}{\omega}p}$

   d) $\mathfrak{L}\{\sin(\omega t + \varphi)\} = \dfrac{p \sin \varphi + \omega \cos \varphi}{p^2 + \omega^2}$

4. a) $f(t) = t e^{-2t}$ b) $f(t) = \dfrac{1}{2} \sin 2t$
   c) $f(t) = e^{-t}\left(\cos 2t + \dfrac{1}{2} \sin 2t\right)$ d) $f(t) = e^t \sin t$

5. a) $\mathfrak{L}\{y\} = \dfrac{\mathfrak{L}\{f_1(t)\} + 4(y_0' + p y_0)}{4p^2 + 3}$

   b) $\mathfrak{L}\{y\} = \dfrac{\mathfrak{L}\{f_2(t)\} + 5(y_0'' + p y_0' + p^2 y_0) + 6 y_0}{5p^3 + 6p + 1}$

   c) $\mathfrak{L}\{y\} = \dfrac{\mathfrak{L}\{f_3(t)\} + y_0''' + p y_0'' + p^2 y_0' + p^3 y_0}{p^4 - 16}$

6. a) $f(t) = \dfrac{1}{3}(e^t - e^{-2t})$ b) $f(t) = 1 - \cos t$ c) $f(t) = \dfrac{1}{6}(2 \sin t - \sin 2t)$

Abschnitt 14.3

1. $y = \dfrac{10}{109}(-\cos 10t + 0{,}3 \sin 10t + e^{-3t})$ **2.** $y = \dfrac{3}{5}\left[1 - e^{-t}\left(\cos 2t + \dfrac{1}{2}\sin 2t\right)\right]$

3. $y = e^{-t}\left[1 + t + \dfrac{t^2}{2!} + \dfrac{t^3}{3!}\right]$ **4.** $y = \dfrac{1}{4}(e^{-7t} + 3e^t)$ $z = \dfrac{1}{4}(e^{-7t} - e^t)$

5. $y = -0{,}241 \cosh 3{,}82\,t + 1{,}241 \cosh 0{,}641\,t$
$z = 0{,}277 \sinh 3{,}82\,t - 1{,}650 \sinh 0{,}641\,t$

Abschnitt 15.1

1. a)

$\bar{x}_i/\Omega$	φ_i	Φ_i in %	b) d/mm	φ_i	Φ_i in %
840	0,250	1,0	5,63	300	3
844	0,500	3,0	5,64	1300	16
848	2,625	13,5	5,65	3200	48
852	5,625	36,0	5,66	2300	71
856	7,250	65,0	5,67	1400	85
860	5,500	87,0	5,68	800	93
864	2,500	97,0	5,69	400	97
868	0,625	99,5	5,70	200	99
872	0,125	100,0	5,71	100	100

2. a) Widerstände $M = 853{,}93\,\Omega$ $850{,}04\,\Omega \leqq w \leqq 857{,}82\,\Omega$

Durchmesser $M = 5{,}6509$ mm $5{,}6428$ mm $\leqq w \leqq 5{,}6629$ mm

b) Widerstände $\bar{x} = 855{,}92\,\Omega$ $s = 5{,}53\,\Omega$

Durchmesser $\bar{x} = 5{,}6588$ mm $s = 0{,}0158$ mm

Abschnitt 15.2

1. a) 21,6 %   b) 10 %

2. $\dfrac{\binom{18}{2}}{\binom{22}{2}} = 66{,}2\,\%$ **3.** $\dfrac{2^{12}}{3^{12}} = 0{,}77\,\%$ **4.** a) $\dfrac{\binom{6}{r}\binom{43}{6-r}}{\binom{49}{6}}$

b)

r	3	4	5	6
p	$1{,}77 \cdot 10^{-2}$	$9{,}69 \cdot 10^{-4}$	$1{,}84 \cdot 10^{-5}$	$7{,}15 \cdot 10^{-8}$

c) p für 5 Richtige mal p für eine Richtige aus 43 Restkugeln

$$\dfrac{\binom{6}{5}\binom{43}{1}}{\binom{49}{6}} \cdot \dfrac{6}{43} = \dfrac{6}{\binom{49}{6}} = 4{,}29 \cdot 10^{-7}$$

5. $P = (p_1 p_2 + p_3 - p_1 p_2 p_3) p_4$

6. $P_2 = p^2 + 2p(1-p)$ $P_4 = p^4 + 4p^3(1-p) + 6p^2(1-p)^2$
$P_4 - P_2 = 3p^4 - 8p^3 + 7p^2 - 2p$
Dieser Ausdruck ist Null für $p = 0, 2/3, 1$
bei diesen Werten gleiche Zuverlässigkeit

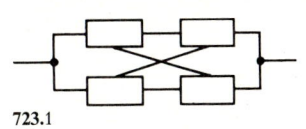

723.1

für $0 < p < 2/3$
ist $P_4 - P_2 < 0$, also 2 Triebwerke zuverlässiger
für $2/3 < p < 1$
ist $P_4 - P_2 > 0$, also 4 Triebwerke zuverlässiger
s. Bild **723.1**

7.

	S	$\bar{S}$	
R	0,14	0,56	0,70
$\bar{R}$	0,09	0,21	0,30
	0,23	0,77	1,00

a) $p(S) = 23\%$
b) $p(\bar{R}/S) = 0,09/0,23 = 39,1\%$

8. Mit $p(T^*/K^*) = 98\%$, $p(T^*/K) = 5\%$ wird $p(K^*/T^*) = 99,9949\%$.

Abschnitt 15.3

1.

x_i	p_i	F_i
0	0,0	0,0
1	0,3	0,3
2	0,6	0,9
3	0,1	1,0

2. $\mu = 1,8$ $\sigma^2 = 0,36$

3. a)

x_i	p_i in %
0	48,23
1	38,58
2	11,57
3	1,54
4	0,08

b)

x_i	p_i in %
0	23,26
1	37,21
2	26,05
3	10,42
4	2,60
5	0,42
6	0,04
7	0,00
8	0,00

4. a) $p(x \leq 5) = (21,46 + 33,89 + 25,86 + 12,71 + 4,51 + 1,24)\% = 99,67\%$

b) $p(x \leq 5) = e^{-1,5}\left(1 + 1,5 + \dfrac{1,5^2}{2!} + \dfrac{1,5^3}{3!} + \dfrac{1,5^4}{4!} + \dfrac{1,5^5}{5!}\right) = 99,55\%$

Man beachte, daß das Ergebnis nicht mit dem von Beispiel 5, S. 640, übereinstimmt.

5. einseitige Abgrenzung nach unten $x = 353$ N/mm^2

6. $\mu = np = 50$ $\sigma = \sqrt{npq} = 5,0$
$u = 1,0$
$\Phi(u) = 50\% + 34,13\% = 84,13\%$

7. $\mu + \sigma u \leq 100$ $\mu = np$
$\sigma = \sqrt{npq}$ $p = 0,8$
$q = 0,2$
$u = 2,05375$ ergibt $n < 114$

8.

x_i	p_i in %
2	2,78
3	5,56
4	8,33
5	11,11
6	13,89
7	16,67

$\mu = 7$ $\sigma = 2,415$

9.

x_i	p_i in %
2	1,94
3	4,20
4	7,64
5	11,72
6	15,15
7	16,52

Abschnitt 15.4

1. a) $z_i = 4{,}55 > z_s = 1{,}96$; Hypothese ablehnen
   b) $z_i = 207 > z_s = 178$; Hypothese ablehnen
   c) Tafel **724.1** ergibt $z_i = 3{,}53 < z_s = 16{,}92$ mit $f = 9$

2. a) Für $S = 95\%$ darf die Hypothese abgelehnt werden. Will man hingegen die Irrtumswahrscheinlichkeit verkleinern ($S = 99\%$), so muß die Hypothese angenommen werden.
   b) Bei Abgrenzung nach oben darf abgelehnt werden. Bei beiderseitiger Abgrenzung (die oft eine größere „eigene" Unsicherheit bedeutet), muß angenommen werden.

3. $z_i = 10{,}0 < z_S = 11{,}1$ also muß angenommen werden!
   (Erklärung: zu wenig Würfe, s. Beispiel 8, S. 644)

4. a) Tafel **724.2** ergibt $z_i = 0{,}663 < z_s = 14{,}06$
   b) $x = 1{,}9083$; $s = 1{,}3814$ ergibt $z_i = 4{,}387 \cdot 10^{-3} < z_s = 1{,}98$
   c) $p = \mu/n = 1{,}67\%$

Tafel **724.1**

$\bar{x}_i$	n_i^*
1,965	(0,1)
1,970	(0,6)
1,975	2,3
1,980	6,8
1,985	15,0
1,990	25,0
1,995	31,3
2,000	29,6
2,005	21,2
2,010	11,4
2,015	4,7
2,020	1,4

Tafel **724.2**

x_i	n_i^*
0	17,8
1	34,0
2	32,4
3	20,6
4	9,8
5	3,8
6	1,2
7	0,3
8	0,1

Abschnitt 16

1. $\Delta G_L/G_L = 0{,}167\%$ $\Delta G_W/G_W = 0{,}153\%$ $\varrho = 7{,}683\ \text{g/cm}^3$ $\Delta\varrho/\varrho = 1{,}512\%$

2. $g = (9{,}801 \pm 0{,}021)\ \text{m/s}^2$ 3. $d = (0{,}1651 \pm 0{,}0015)\ \text{mm}$

4. $\Delta l \leq 0{,}21\ \text{mm}$ 5. $R_p = (203{,}6 \pm 6{,}2)\ \Omega$

6. $\Delta L/L = 4{,}72\%$, weil Differenz etwa gleich großer Werte   7. $v = (3{,}94 \pm 0{,}30)\ \text{m/s}$

8. $a_0 = (45{,}83 \pm 0{,}33)\ \Omega$ $a_1 = (0{,}2172 \pm 0{,}0051)\ \Omega/\text{K}$

   $\alpha = \dfrac{a_1}{a_0} = (4{,}74 \pm 0{,}12)\ 10^{-3}/\text{K}$

9. a) $\sum v_i^2 = 3{,}146 \cdot 10^4$ $f = 7$ $s_y = 67{,}04$ $t = 2{,}365$
   $(n^{-1})_{11} = 0{,}618$ $(n^{-1})_{22} = 4{,}138$ $(n^{-1})_{33} = 1{,}184$
   $a_0 = 242 \pm 125$ $a_1 = 1021 \pm 322$ $a_2 = -482 \pm 173$
   b) $\sum v_i^2 = 5{,}722 \cdot 10^3$ $f = 5$ $s_y = 33{,}82$ $t = 2{,}571$
   $(n^{-1})_{11} = 0{,}9371$ $(n^{-1})_{22} = 70{,}51$ $(n^{-1})_{33} = 425{,}1$
   $(n^{-1})_{44} = 312{,}4$ $(n^{-1})_{55} = 23{,}71$
   $a_0 = 312 \pm 84$ $a_1 = -234 \pm 730$ $a_2 = 2821 \pm 1793$
   $a_3 = -2819 \pm 1537$ $a_4 = 758 \pm 424$

10. $g = (9{,}802 \pm 0{,}056)\ \text{m/s}^2$ 11. $\delta = (0{,}1820 \pm 0{,}015)\ \text{s}^{-1}$

12. $R_i = (0{,}246 \pm 0{,}042)\ \Omega$ $U_0 = (1{,}498 \pm 0{,}012)\ \text{V}$

Abschnitt 17

1. a) $P_3(x) = 1 + 0{,}6487x - 0{,}1346x(x-1) + 0{,}0399x(x-1)(x-2)$
$P_3(0{,}5) = 1{,}373$; $P_3(1{,}5) = 1{,}857$; $P_3(2{,}5) = 2{,}192$

b) $P_0 = 1 + 0{,}7185x - 0{,}0698x^3$; $P_0(0{,}5) = 1{,}351$
$P_1 = 1{,}6487 + 0{,}5091(x-1) - 0{,}2094(x-1)^2 + 0{,}0797(x-1)^3$; $P_1(1{,}5) = 1{,}861$
$P_2 = 2{,}0281 + 0{,}3294(x-2) + 0{,}0298(x-2)^2 - 0{,}0099(x-2)^3$; $P_2(2{,}5) = 2{,}199$

2. a) $P_4(x) = 1 - 0{,}25587x - 0{,}44710x\left(x - \frac{\pi}{6}\right) + 0{,}09125x\left(x - \frac{\pi}{6}\right)\left(x - \frac{\pi}{4}\right)$
$\qquad + 0{,}02880x\left(x - \frac{\pi}{6}\right)\left(x - \frac{\pi}{4}\right)\left(x - \frac{\pi}{3}\right)$
$= 1 + 0{,}00335x - 0{,}51524x^2 + 0{,}02340x^3 + 0{,}02880x^4$

b) $P_0 = 1 - 0{,}14775x - 0{,}39438x^3$
$P_1 = 0{,}86603 - 0{,}47211\left(x - \frac{\pi}{6}\right) - 0{,}61948\left(x - \frac{\pi}{6}\right)^2 + 0{,}39787\left(x - \frac{\pi}{6}\right)^3$
$P_2 = 0{,}70711 - 0{,}71467\left(x - \frac{\pi}{4}\right) - 0{,}30700\left(x - \frac{\pi}{4}\right)^2 + 0{,}05762\left(x - \frac{\pi}{4}\right)^3$
$P_3 = 0{,}50000 - 0{,}86356\left(x - \frac{\pi}{3}\right) - 0{,}26174\left(x - \frac{\pi}{3}\right)^2 + 0{,}16663\left(x - \frac{\pi}{3}\right)^3$

x	Newton	Spline	Beispiel 5	$\cos x$
$\frac{\pi}{12}$	0,96612	0,95424	0,91406	0,96593
1	0,54032	0,54017	0,53656	0,54030
$\frac{5\pi}{12}$	0,25859	0,25897	0,26563	0,25882

3. a) N $P_2(x) = x - \frac{1}{6}x(x-1)$

   SP $P_0 = \frac{13}{12}x - \frac{1}{12}x^3$

   $P_1 = 1 - \frac{5}{6}(x-1) - \frac{1}{4}(x-1)^2 + \frac{1}{36}(x-1)^3$

b)   N $P_2(x) = 0{,}1 + 0{,}90909(x - 0{,}01) - 0{,}14430(x - 0{,}01)(x - 1)$
   SP $P_0 = 0{,}1 + 0{,}98052(x - 0{,}01) - 0{,}07288(x - 0{,}01)^3$
   $P_1 = 1 + 0{,}76623(x - 1) - 0{,}21645(x - 1)^2 + 0{,}02405(x - 1)^3$

c)   N $P_2(x) = 0{,}2 + 0{,}83333(x - 0{,}04) - 0{,}12626(x - 0{,}04)(x - 1)$
   SP $P_0 = 0{,}2 + 0{,}89394(x - 0{,}04) - 0{,}065676(x - 0{,}04)^3$
   $P_1 = 1 + 0{,}71212(x - 1) - 0{,}18939(x - 1)^2 + 0{,}02104(x - 1)^3$

d)   N $P_2(x) = 1 + 0{,}33333\,(x-1) - 0{,}16667\,(x-1)\,(x-4)$

       SP $P_0 = 1 + 0{,}35833\,(x-1) - 0{,}00278\,(x-1)^3$

            $P_1 = 2 + 0{,}28333\,(x-4) - 0{,}02500\,(x-4)^2 + 0{,}00167\,(x-4)^3$

x		a)	b)	c)	d)	$\sqrt{x}$
2	N	1,6667	1,6219	1,5859	1,3667	1,4142
	SP	1,6111	1,5738	1,5438	1,3556	
3	N	2,0000	1,9553	1,9192	1,7000	1,7321
	SP	1,8889	1,8591	1,8350	1,6944	

Bemerkung: Bei d) ist der Bereich um Null, der die stärkste Krümmung aufweist, ausgespart. Die Ergebnisse sind am besten.

Weiterführende Literatur

Allgemeine höhere Mathematik

[1] Böhme, G.: Einstieg in die mathematische Logik. München-Wien 1981
[2] Bronstein, I. N.; Semendjajew, K. A.: Taschenbuch der Mathematik. 21. Aufl. Frankfurt 1984
[3] Collatz, L.: Differentialgleichungen. 6. Aufl. Stuttgart 1981
[4] Doetsch, G.: Anleitung zum praktischen Gebrauch der Laplace-Transformation und der Z-Transformation. 4. Aufl. München 1981
[5] Großmann, S.: Mathematischer Einführungskurs in die Physik. 4. Aufl. Stuttgart 1984
[6] Hainzl, J.: Mathematik für Naturwissenschaftler. 3. Aufl. Stuttgart 1981
[7] Heuser, H.: Lehrbuch der Analysis Teil 1, 3. Auf. 1984. Teil 2, 2. Aufl. 1983. Stuttgart
[8] Kamke, E.: Differentialgleichungen. Lösungen und Lösungsmethoden. I: Gewöhnliche Differentialgleichungen. 10. Aufl. Stuttgart 1984
[9] Knobloch, H. W.; Kappel, F.: Gewöhnliche Differentialgleichungen. Stuttgart 1974
[10] Kowalsky, H.-J.: Vektoranalysis Bd. 1, 1974. Bd. 2, 1976. Berlin
[11] Laugwitz, D.: Ingenieurmathematik. Bd. 1, 2. Aufl. 1983. Bd. 2, 1964. Bd. 3, 1964. Bd. 4, 1967. Bd. 5, 1965. Mannheim
[12] Myschkis, A. D.: Angewandte Mathematik für Physiker und Ingenieure. Thun-Frankfurt 1981
[13] Sauer, R.; Szabó, I.: Mathematische Hilfsmittel für Ingenieure. 1. Tl., 1967. 2. Tl., 1968. 3. Tl., 1969. 4. Tl., 1970. Berlin-Heidelberg-New York
[14] Wagner, R.: Grundzüge der linearen Algebra. Stuttgart 1981
[15] Weber, H.: Laplace-Transformation für Ingenieure der Elektrotechnik. 3. Aufl. Stuttgart 1981
[16] Zurmühl, R.: Matrizen und ihre technischen Anwendungen. 4. Aufl. Berlin-Heidelberg-New York 1964

Angewandte und numerische Mathematik

[17] Becker, J.; Dreyer, H.-J.; Haacke, W.; Nabert, R.: Numerische Mathematik für Ingenieure. Stuttgart 1977
[18] Bliefert, C.; Dehms, G.; Morawietz, G.: Praktische Nomographie. Weinheim 1977
[19] Böhmer, K.: Spline-Funktionen. Stuttgart 1974
[20] Eisberg, R. M.: Mathematische Physik für Benutzer programmierbarer Taschenrechner. 2. Aufl. München 1982
[21] Gloistehn, H. H.: Programmieren von Taschenrechnern I, II, III. Braunschweig-Wiesbaden 1978
[22] Hainer, K.: Numerik mit BASIC-Taschenrechnern. Stuttgart 1983
[23] Heinhold, J.; Gaede, K.-W.: Ingenieur-Statistik. 4. Aufl. München-Wien 1979
[24] Isaacson, I.; Keller, H. B.: Analyse numerischer Verfahren. Zürich-Frankfurt 1973
[25] Ralston, A.; Wilf, H.: Mathematische Methoden für Digitalrechner. Bd. 1, 2. Aufl. 1972. Bd. 2, 2. Aufl. 1979. München
[26] Sachs, L.: Angewandte Statistik. 4. Aufl. Berlin-Heidelberg-New York 1974
[27] Stiefel, E.: Einführung in die numerische Mathematik. 5. Aufl. Stuttgart 1976
[28] Stoer, J.: Einführung in die numerische Mathematik I. 4. Aufl. Berlin-Heidelberg-New York 1983
[29] Stoer, J.; Bulirsch, R.: Einführung in die numerische Mathematik II. 2. Aufl. Berlin-Heidelberg-New York 1978
[30] Stummel, F.: Hainer, K.: Praktische Mathematik. 2. Aufl. Stuttgart 1982
[31] Törnig, W.: Numerische Mathematik für Ingenieure und Physiker. I, II. Berlin-Heidelberg-New York 1979
[32] Weber, H.: Einführung in die Wahrscheinlichkeitsrechnung und Statistik für Ingenieure. Stuttgart 1983. Teubner – Studienskriptum Nr. 97
[33] Werner, H.; Werner, I.; Janßen, P.; Arndt, H.: Probleme der praktischen Mathematik I, II. 2. Aufl. Mannheim-Wien-Zürich 1980

Tafeln

[34] Abramowitz, M.; Stegun, I. A.: Handbook of Mathematical Functions. New York 1965
[35] Gradstein; Ryshik, I.: Summen-, Produkt- und Integraltafeln I, II. Thun-Frankfurt 1981
[36] Graf, U.; Henning, H.; Stange, K.: Formeln und Tabellen der mathematischen Statistik. 2. Aufl. Berlin-Göttingen-Heidelberg 1966
[37] Gröbner, W.; Hofreiter, N.: Integraltafeln. I: Unbestimmte Integrale. 5. Aufl. Wien 1975
[38] Szabó, I.; Wellnitz, K.; Zander, W.: Hütte Mathematik. 2. Aufl. Berlin-Heidelberg-New York 1974

Sachverzeichnis

Abbildung 46 ff., F 14
—, bijektive 47, F 14
—, ein-eindeutige 47, F 14
—, injektive 47, F 14
—, konforme 538 f.
—, surjektive 47, F 14
—, umkehrbar eindeutige 47, F 14
Abhängigkeit, lineare 183
Abklingkonstante 361, 578
Ableitung 249 ff.
—, partielle 450 ff.
Ableitungen, höhere 272
absolute Konvergenz 77
Abstand 449
Abszisse 90
Abszissenachse 90
Abweichung, signifikante 651
abzählbare Mengen 49
Achsenabschnittsform F 15
Additionstheoreme 142 f., F 7
Adjunkte 180
Ähnlichkeitssatz 599 ff.
algebraische Funktion 127 ff.
alternierende Folgen 60
— Reihe 75
Amplitude 147
Anfangs|bedingung 311
—wert 104
—— aufgabe 562 ff., F 41
Annahmewahrscheinlichkeit 640
Anstieg 108, 249
aperiodische Bewegung 578
aperiodischer Grenzfall 579
Approximation 480
Äquivalenz 20, F 13
Arcus der komplexen Zahl 501
—funktionen 151 ff., 512, F 18, F 31
——, Ableitung 282
——, Reihen 444

Areafunktionen 168 ff., F 18, F 32
—, Ableitung 284
Argument 82
—schritt 86
arithmetisches Mittel 57
Assoziativgesetz für Maschinenzahlen 36
—— reelle Zahlen 34
Asymptote 102, 104, 124 f., 132
aufgelöste Form 96
Ausdehnungsarbeit von Gasen 391 f.
Ausdruck 14 ff., 20 ff.
—, unbestimmter 284 ff.
Ausflußgeschwindigkeit 301
Ausgleichungsrechnung 660 ff., F 49
Aussage 14 ff.
Aussagenlogik 17
aussagenlogisches Gesetz 24
Ausströmungsgeschwindigkeit 95
Austausch|regeln 229, F 12
—verfahren 227, F 11
——, verkürztes 233 ff.
Axiom 15 ff.

Bandmatrizen 241, 246
barometrische Höhenformel 393
Basiszahl 37
— des Vektorraumes 199
Bayes, Satz von 631
Bedingung, hinreichende 26
—, notwendige 26
Bernoulli-Ungleichung 31, F 3
Bernoullische Zahlen F 30
Beschleunigung 254
Beschleunigungsresonanz 586
Beschränktheit einer Zahlenfolge 59
bestimmtes Integral 289 ff., 312
——, Rechenregeln 291 f.

Bestimmungsgleichung 50
Betrag 53, F 3
— der komplexen Zahl 501
— des Vektors 187, 190
Bewegung, gleichmäßig beschleunigte 108
Beweis, direkter 26
—, indirekter 26
—verfahren 26 ff.
Bezugssystem 98
Biegelinie 387 ff., 573 f.
Biegung 387 ff.
bijektive Abbildung 47
Bijunktion 20, F 13
Bildungsgesetz 59
Binomial|koeffizient 34 ff., F 2
—verteilung 638 ff., F 46
binomische Reihe 442 ff., F 30
binomischer Satz 30
Blindwiderstand 125, 520
Bogenmaß 139
Bogenlänge 383, F 28
—, Parameterform 405, F 33
—, Polarkoordinaten 411, F 34
Bolzano, Satz von 71
Brennpunkt 135 f.

Cantor 48
Cauchy-Riemannsche Differentialgleichungen 538
Cauchysches Konvergenzkriterium 62
charakteristische Gleichung 554
——, komplexe Nullstellen 555 f.
——, mehrfache Nullstellen 555
chi-Quadrat-Verteilung 646
Coriolisbeschleunigung 425
Cosinus 139
—, Ableitung 260, 277
—-Reihe 437
Cotangens, Ableitung 277
Cramersche Regel 216

Dämpfungs|faktor 364
— satz 602
Dedekind 34
Definitionsgleichung 51
Dekrement, logarithmisches 363
Determinante 178 ff., F 9
—, Entwicklungssatz 181, F 9
Determinanten, Rechenregeln 182 f., F 10
Diagonalmatrix 205
Diagramm 89 ff.
Differential 251, 432
— geometrie 402 ff., F 33 f.
Differentialgleichung 394, 544 ff., F 40 f.
—, allgemeine Lösung 545
—, gewöhnliche 544 ff.
—, homogene 549, F 40
—, lineare 548 ff.
—, —, 1. Ordnung 551
—, —, mit konstanten Koeffizienten 553 ff., 608 ff., F 40
—, numerische Verfahren 562 ff., F 41
—, Ordnung 544
—, Systeme 558 ff., 588 f.
—, verkürzte 549
Differential|quotient 250 f.
— rechnung 249 ff., F 20 f.
— —, Hauptsatz 315
—, totales 457
Differentiation der aufgelösten Funktion 281 f.
— des unbestimmten Integrals 314
—, logarithmische 280
Differenzen, dividierte 674 f.
— folge 88
— quotient 675
— schema 675
— verfahren 568 ff.
Differenzierbarkeit komplexer Funktionen 537
Differenzieren, Laplace-Transformation 603 f.
—, Parameterform 402
—, Polarkoordinaten 409
Dimension 185
—, Vektorraum 199
direkter Beweis 27
Disjunktion 18, F 12
Distributivgesetz 34, 189, 194, 196, 199, 207

divergente Reihe 73
Divergenz 61, 471, F 36
Doppel|integral 464
— skala 92
Doppler-Effekt 125
Drehung 100
Drehzeiger 519
Dreieck F 4
—, schiefwinkliges F 9
Dreiecks|matrix 205
— ungleichung 57
Dual|brüche 38
— zahlen 38 ff.

effektive Spannung 398
Effektivwert 308
—, komplexer 519
Eigen|flächenmoment 381
— kreisfrequenz 361, 579
— wertaufgabe 570 ff.
Einheitslänge 90, F 15
Einschaltvorgang 397
Einschrittverfahren 345
Einschwingvorgang 581
Eins|matrix 205
— vektor 189
— —, Ableitung 422
Elementarereignis 623
Elemente einer Menge, Wahrscheinlichkeitsmenge 615
Eliminationsverfahren 218, F 12 ff.
Ellipse 95, 131 f., 405, 415, F 17
Entwicklungs|satz von Laplace 181
— stelle 78, 429
Epizykloide 407 f.
Ereignis 623
—, unabhängiges 629
—, unvereinbares 628
Erfüllungsmenge 22 f.
Ersatzfunktion 429, 480, 672
Erwartungswert 637
erzwungene Schwingung 364 ff.
Euler-Cauchy-Verfahren 562 f., F 41
— -Fouriersche Integrale 484
— -Gleichung 503
— -Knickgleichung 570 ff., 573 ff.
— -Zahl e 263
Evolute 416, F 34

Evolvente 416, F 34
explizite Form 83
Exponential|ansatz 554
— funktion 157 ff., 506, 667
— —, Periode 503 f.
— —, Reihe 439, F 30
— papier 164
Extremwert 104, 351, F 21
—, relativer 269
— von Funktionen mehrerer Variabler 453

Fakultät F 2
Faltung 605
Fehler, absoluter 271, 656
— fortpflanzung 271 f.
— fortpflanzungsgesetz 656 ff.
— funktion 481
—, mittlerer 655
—, — absoluter 657
— rechnung 280, 654 ff., F 49
—, relativer 271, 656
—, scheinbarer 661
—, statistischer 654
Feld, skalares 469 ff.
—, vektorielles 471 ff.
Filterschaltung 125
Flächen|berechnung 289 f., F 33 f.
— moment 378 f.
— schwerpunkt 371
Folge 59 ff., F 19
—, alternierende 60
Fourier-Cosinus-Integral 495
— -Integral 493 ff., F 28
— -Integralsatz 495, 514
— -Reihen 480 ff., F 32
— —, numerische Entwicklung F 33
— —, Rechenregeln 485 f.
— -Satz 485
— -Sinus-Integral 496
Fraktile 636
freier Fall mit Luftwiderstand 547
freie Schwingung 361 ff.
Freiheitsgrad 646
Frequenz 145
— gang 364 ff., 583 f.
Führungsgeschwindigkeit 425
Fundamentalsatz der Algebra 332

Funktion 46, F 14 ff.
–, algebraische 127 ff., F 17
–, alternierende 487
–, Darstellung 81 ff.
–, ganze rationale 107 ff., F 15
–, gebrochene rationale 122 ff., F 17
–, gerade 485
–, Grenzwert 67, 70
–, hyperbolische mit komplexem Argument 510 ff., F 38
–, implizite Form, Ableitung 279 f., 459 f.
–, komplexe 536 ff., F 37 ff.
–, lineare 107 ff.
–, linearer Anteil 251, 271, 458
– mehrerer Variabler 170 ff., 448 ff., F 35 f.
–, periodische 139
–, quadratische 110 ff.
–, spezielle 107 ff.
–, transzendente 107
–, trigonometrische 138 ff.
–, –, mit komplexem Argument 510 ff., F 38
–, ungerade 486
–, verkettete 277
Funktionenfolgen 67 ff.
Funktions|diagramm 89 ff.
– gleichung 50, 82 ff.
– leiter 92
– papier, logarithmisches 162 ff., 667
– tafel 85 ff.
– –, zwei unabhängige Variable 171 f.
– wert 82

Gammafunktion 461
Gangpolbahn 406
Gasgesetze 391 f.
Gauß 229, 332, 657
– -Algorithmus, verketteter 222 ff., F 12
– -Seidel-Verfahren 241 ff.
– -Verteilung 359, 642 ff.
Gaußsche Zahlenebene 501 f.
Gebiet 449
gebrochene rationale Funktion 122 ff.
Geometrie der Ebene F 4
– des Raumes F 6
geometrische Ortskurve 130 f.

geometrische Reihe 73 f., F 29
geometrisches Mittel 57
gerade Funktion 103
Geradengleichung 108 f., F 16
Geschwindigkeit 253 f.
Geschwindigkeitsresonanz 585
gleichmäßige Konvergenz 78
Gleichung 50
–, charakteristische 554, F 40
–, goniometrische 153 ff.
–, quadratische 111
Gleichungssystem, gestaffeltes 214
–, inhomogenes 214
–, Korrekturen 226 f.
–, lineares 213 ff.
goniometrische Gleichungen 153 ff.
Grad eines Polynoms 107
Gradient 469, F 36
Graph 90
graphische Integration 320 ff.
Gregory-Newton 677
Grenzen, wahrscheinliche 620
Grenzwert 61 ff., F 19
– einer Funktion 67, 70
–, partieller 449
–, Rechnen mit 65 ff.
– satz, zentraler 645, F 47
Größengleichung 83
Grund|gesamtheit 615
– integrale 316 f., F 23
Guldin-Regeln 386 f., F 28
Güte 364

harmonische Analyse 490 ff.
Häufigkeit 616 ff.
Häufigkeits|dichte 617
– summe 618
– verteilung 617
häufigster Wert 620
Häufungspunkt 61
Haupt|achsentransformation 135
– diagonale 179
– form 503
– satz der Differential- und Integralrechnung 315
hinreichende Bedingung 62
Histogramm 619
Höhenformel, barometrische 393
holomorphe Funktion 537

homogene Differentialgleichung 549
homogenes Gleichungssystem 214, 237 ff.
horizontaler Wurf 85
Horner-Schema 14, 138 ff., 348 f., F 15
de l'Hospital, Regel von 284, F 19
Hyperbel 95, 122, 132 f., F 17
– funktion 165, F 18, F 31
– –, Ableitung 283
– –, Reihen 437
hypergeometrische Verteilung 640
Hypozykloide 407

Identitätsgleichung 50
Imaginärteil 498
Implikation 19, F 13
implizite Form 84
indirekter Beweis 26
Induktion, vollständige 29
inhomogenes Gleichungssystem 214
injektive Abbildung 47
Integral, bestimmtes 289 ff., F 22, F 36
–, –, bei Funktionen mehrerer Variabler 463 ff.
–, Rechenregeln 291 f.
–, Riemannsches 290
–, Umrechnen der Einheiten 291
–, unbestimmtes 309 ff., F 22
–, –, bei Funktionen mehrerer Variabler 466 ff.
–, uneigentliches 318 f., F 23
Integralrechnung 289 ff., F 22 ff.
–, Anwendungen 368 ff., F 27
–, Hauptsatz 315, F 22
–, Mittelwertsatz 296 f.
Integrand 291
Integration, graphische 320 ff.
– irrationaler Integranden F 24 f.
–, logarithmische 330, F 22
–, numerische 302 ff., F 28
–, partielle 325 f.
–, Potenzfunktion 297 f.
– rationaler Integranden 331 ff., F 24
–, Substitution 327 ff., F 22

Integration transzendenter Integranden F 25 ff.
Integrations|grenzen 291
— konstante 310
— veränderliche 291
— weg 291
Integrieren mit Reihen 445
—, Parameterform 404
—, Polarkoordinaten 410 f.
Interpolation 172, 429, 661, 672 ff.
—, lineare 87, 116, 673
Interpolations|formel 677 f.
— funktion 672 f.
— polynom 673 ff.
— —, normiertes 678
— verfahren 672 f.
— —, Newton- 673
Intervall, abgeschlossenes 53
—, offenes 53
Intervallschachtelung 61 f.
Inversion 40, 527, F 39
—, Gerade 527
—, Kreis 531
Irrtumswahrscheinlichkeit 636
Iteration 241 ff., 345 f., F 21

Joukowski-Profil 543

Kardinalzahl 32
Kardioide 95
kartesisches Produkt 20 f.
Kegelschnitte 129 ff.
—, geometrischer Ort 130 f.
Kehrmatrix 208
Kellerzeile 229
Kenn|kreisfrequenz 364, 578
— werte 619 f., F 48
— ziffer 160
Kepler-Faßregel 306, F 29
Ketten|linie 401, 437, 445
— regel 277 f., F 20
— — für Funktionen mehrerer Variabler 455
Klasse 617
Klassen|breite 617
— mitte 617
Knick|gleichung, Eulersche 570 ff., 573 ff.
— kraft 156, 573
Koeffizient 82, 89, 107
Kombinationen (mit/ohne Wiederholung) 43 f., F 45

Kombinatorik 39 ff., F 45
Kommutativgesetz 17, 187, 189, 194 f., 198, 206 f.
Komplementär|ereignis 628
komplexe Zahlen 498 ff., F 37
— —, Division 505
— —, Multiplikation 504
— —, Rechenregeln 499 ff.
Komponente des Vektors 190
Kondensator|entladung 397
— ladung 159, 162
Kondition 244 f.
konforme Abbildung 538 f.
konjugiert komplexe Zahl 500
Konjunktion 18, F 12
Konsumentenrisiko 640, 651
Konvergenz 61
—, absolute 77
— einer Reihe 73
Konvergenz, gleichmäßige 78
— radius 79, 432
Koordinate 90
— eines Vektors 190, F 34
—, natürliche 424, F 35
Koordinatentransformation 98 ff., F 15
Korrespondenz 594
— tafel 712 ff., F 42 ff.
Kreis 130 f., 134, F 5, F 17
— evolvente 95, 406, 419
— frequenz 146
— gleichung 85
— kegel F 6
— tangente 130
— zylinder F 6
Kriechvorgang 578
Krümmung 413 ff., F 21, F 34
Krümmungs|kreis 416
— mittelpunkt 416
— radius 414
Kugel F 6
Kurbelbetrieb 141
Kurvendiskussion 355 ff.

Laplace-Differentialgleichung 538
— -Entwicklungssatz 181, F 9
— -Raum 624
— -Transformation 593 ff., F 41
— —, Differenzieren 603 f.
— —, Eigenschaften 597 ff.
— —, lineare Substitution 599 f.
— —, Linearität 597

Laplace-Transformierte 593
Leibniz 251, F 20, F 33
Leistungs|anpassung 354
— faktor 399
Leit|linie 130 f., 361
— wert 521
lexikographische Anordnung 41
Limes superior 79
lineare Algebra 178 ff., F 9
— Funktion 107 ff.
— Interpolation 87
— Unabhängigkeit 199 f.
lineares Gleichungssystem 213 ff., F 11
Linearfaktor, Abspalten 117 f.
Linearisierung von Funktionen 667
Linien|integral 475 ff., F 37
— spektrum 493
Linkskrümmung 350
Lipschitz-Konstante 564
Lissajous-Figur 148
Logarithmen F 1
—, Briggssche 160
—, natürliche 161
—, Zweier- 161
logarithmische Differentiation 280, F 20
— Integration 330, F 22
logarithmisches Dekrement 363, 580
Logarithmus 506
—, Ableitung 263
— funktion 159 ff.
— —, Reihe 441, F 31
logische Symbole 18 ff.
— Verknüpfungen F 12
Lösung einer Differentialgleichung 544
— — — 1. Ordnung 551
— — —, partikuläre 545
— — —, spezielle 545
— — —, Stabilität 556 f.

Mächtigkeit 48 f.
MacLaurin-Formel 431, F 30
magnetisches Feld 423
Majorante 76
Mantisse 160
Maschinenzahl 27
Massenträgheitsmoment 374 f., F 27

Sachverzeichnis

Maßstab 91
Maßstabsfaktor 91, F 15
Matrix 204 ff., F 11
—, inverse 208
—, Rechenregeln 206 f.
—, reguläre 206
—, singuläre 206
—, transponierte 205
Matrizen|inversion 218 ff.
— norm 244 f.
Maximum 104, 351, F 21
—, relatives 269
Medianwert 620
Mehrstufenversuch 624
Menge, abzählbare 49
—, äquivalente 48
—, unendliche 48 f.
Mengenlehre 18, F 13
Merkmal 615
Meßergebnis 655
Minimum 104, 351, F 21
—, relatives 269
Minorante 76
Mittelwert 620
Mittelwerte der Wechselstromtechnik 398 f.
Mittelwertsatz der Differentialrechnung 270 f., F 20
— — Integralrechnung 296 f., F 22
mittlere Ordinate 296
Mohrscher Spannungskreis 132
Moivresche Gleichung 508
Moment, statisches 370, 637
— 2. Grades 374 ff., 638, F 27
Monotonie einer Zahlenfolge 60
de Morgan, Regeln von 24

Nabla, Vektor 472
—, —, Differenzieren mit 475
Nebendiagonale 179
Nebenform 503
Negation 18
Netz|tafel 174 f.
— werk 209 f., 611 ff.
Newton 254
—, Interpolationsverfahren 673 ff., F 16
— -Verfahren 347 f., F 21
Niveauflächen 469
Normal|beschleunigung 427
— gleichung 661

Normal|parabel 112
— verteilung 359, 642 ff.
Normale 268, F 20
Normieren 83
notwendige Bedingung 62
Null|folge 62
— linie 378
— phasenwinkel 146, 156, 361
— punktkreis 130
— stellen 103, 111, 116 ff., 123
— — der quadratischen Gleichung 111
— — von Polynomen, Berechnung 117 f.
numerische Integration 302 ff.
— Lösung von Differentialgleichungen 562 ff.

Oberfläche 384
Oberfunktion 594 f.
Objektfunktion 242
Ordinate 90
—, mittlere 296
Ordinalzahl 32
Ordinatenachse 90
Ordnungsrelationen 51 ff.
Orthogonalität F 16
Ortskurve 516 ff., 524 ff., 583 f., F 39
—, allgemeine 533 f.
—, Gerade 524 f.
—, Kreis 527 f.
—, Parabel 531 f.
Ortsvektor 409, 420

Parabel 111 ff., 128 ff., 136, 417, F 17
Parallel|koordinaten 92
— schwingkreis 577
— verschiebung 99
Parameter 516
—, Differenzieren eines Integrals 461
— form 84, 402 ff., F 33
— regel 402
Partial|bruchzerlegung 331 f., F 23
— summe 73
partielle Integration 325 f.
partikuläre Lösung 545
Peano, Axiome von 22
Periode 139

periodische Funktion 139 ff.
— Vorgänge 145
Permanenzprinzip 33
Permutation 40, F 45
—, gerade, ungerade 40
— mit Wiederholung 40
Phasenwinkel 519
Pivot 229
Planetengetriebe 133
Poisson-Verteilung 640 ff., F 47
Pol 320
Polarkoordinaten 93, 409 ff., F 33 f.
Polynom 107
Potentialfeld 474, 477
Potenzen F 1
— funktion 128 ff., 667, F 17
— —, Ableitung 258
— —, Integration 297 f.
— komplexer Zahlen 507 f.
Potenz|papier 162
— reihen 78 ff., F 29
Prädikatenlogik 17
Prisma F 6
Produkt, äußeres 195
—, inneres 193
— integration 325 f., F 22
— menge F 14
— regel der Differentialrechnung 274, F 20
—, skalares 193, F 10
—, vektorielles 195, F 10
Produzentenrisiko 640, 651
Prüfverfahren, statistisches 648 ff.
Punkt-Richtungsform F 15
Pyramide F 6

quadratische Funktion 110 ff., 120
Quellenfeld 472
Quotienten|kriterium 76, F 29
— regel der Differentialrechnung 276, F 20

radioaktiver Zerfall 394
Rand|bedingung 311, 570 f., 590 f.
— extremwert 105, 351
— wertaufgabe 569 ff., F 41
Rang einer Matrix 206
Rastpolbahn 406

Raumkurve 420
Realteil 498
Rechts|krümmung 350
— system 174
rechtwinklige Koordinaten 90
Regressionsanalyse 660
Regula falsi 110, 116
Reihe 73 ff., F 29 ff.
—, alternierende 75
—, Konvergenzkriterien 74 ff., F 29
Reihen, Rechnen mit 432 f.
— schwingkreis 576 f., 585 f.
Rekursion 30
Relation 46, F 14
Relativgeschwindigkeit 425
Relaxation 243 f.
Residuum 226
Resonanz 583 f.
— funktion 364, 583
— -Kreisfrequenz 364
Restglied 431
Richtungswinkel 190
Riemannsches Integral 290
Rolle, Satz von 270
Rollkurve 406
Romberg-Verfahren 304, F 28
Rotation 473, F 36
$\mathbb{R}^n$-Raum 448
Rücktransformation 594, 611
Rundungsfehler 36
Runge-Kutta-Verfahren 564 ff., F 41

Sarrus-Regel 180
Sattelpunkt 352
Schaltalgebra 22 f.
Scheibe unter Zentrifugalkraft 587 ff.
Scheitel 414
— der Parabel 111
Schraubenlinie 421
Schrittweite 562 f.
Schubkurbelgetriebe 359 ff.
Schwarz, Satz von 455, F 35
Schwebung 150
Schwellenwert 636
Schwer|achse 378
— kraftfeld 422
— punktberechnung 370 f., F 27
— punkt des Bogens 383, F 28
— — einer Oberfläche 384, F 28

Schwingung 145 ff., 576 ff., F 17, F 41
—, erzwungene 364 ff., 581 ff.
—, freie 361 ff., 576
—, — gedämpfte 95, 361 ff., 579 f.
—, mechanische 576, 610 f.
—, Überlagerung 148 f.
Schwingungsdauer 145
Seilreibung 395 f.
Sektorenformel 404
Sicherheit 630
—, statistische 636
Signum 52
Simpson-Regel 306, F 29
Sinus 139
— funktion 139
— —, Ableitung 260
— reihe 435
Skalar 186
skalares Produkt 193, F 10
Spaltenvektor 190, 205
Spannung, effektive 398
Spannungsteilerschaltung 124
Spannbreite 620
Spatprodukt 197 f.
Spektralfunktion 495 f., 515
Spektrum 493
—, kontinuierliches 494
Spirale, logarithmische 410, 412, 416
Spline-Funktion 680 ff., F 16
— —, kubische 680 ff.
— —, natürliche 681 ff.
Spule, Einschaltvorgang 397
Stabilität einer Lösung 556 f.
Stammfunktion 310 f., 314, F 22
Standardabweichung 620
stationäre Lösung 582
Statistik 615 ff.
—, analytische 616
—, beschreibende 616
Steigung 108
Steiner-Satz 381, F 27
Stellenwertsysteme 37
Stetigkeit 70 f., F 19
— auf Intervall 71
— der komplexen Funktion 537
—, einseitige 70
Stichprobe 615 ff., 655, F 47 f.
—, Auswertung 616 ff.
—, geordnete 625
—, ungeordnete 625

Stichprobenraum 623
Stiefel-Verfahren 227
Stirling-Formel F 2
Störfunktion 548 ff., 582
Straken 672, 680
Strömung von Gasen 392
Stütz|stelle 303, 672 ff.
— wert 304, 672 ff.
Stufen, unabhängige 625
Subjunktion 19, F 13
Substitution 327 ff., F 22
surjektive Abbildung 47
symbolische Rechnung der Wechselstromtechnik 518 ff.
Symmetrieeigenschaften eines Graphen 102 f.
System, formales 15
Systeme von Differentialgleichungen 558 ff., 588

Tafel, Berechnung aus einer Gleichung 86 ff.
Tangens 139
—, Ableitung 277
— funktion 140
— reihe 438 f.
Tangente 264 f., F 20
Tangentenpolygon 320 f.
Tangentialbeschleunigung 426
Taylor-Formel 431, F 29
— -Reihe 429 ff.
— — für Funktionen mehrerer Variabler 457, F 35
Teil|folge 64
— integration 325 f.
— schwerpunktsatz 371
— summe 73
Testniveau 636, 651
totales Differential 457
Transponieren einer Matrix 205, 207
Trapez|regel 303, F 28
— summe 295
Trendanalyse 660
Trennung der Veränderlichen 546 ff.
trigonometrische Funktionen 138 ff., F 7, F 17, F 31
t-Verteilung 647

Umgebung 53
—, punktierte 249

Umkehr|abbildung 48, 96
—funktion 48, 96
Unabhängigkeit, lineare 199 f.
unbestimmte Ausdrücke 70, 284 ff.
unbestimmtes Integral 309 ff.
— —, Differentiation 314
uneigentliche Integrale 318 f.
Unendlichkeitsstelle 71
ungerade Funktion 103
Ungleichung 51 ff., F 3
—, Rechnen mit 53 ff.
Unstetigkeit 71
—, behebbare 71
Unstetigkeitsstelle 104, 123 ff.
Unterdeterminante 180
Unterfunktion 594 f.
Urliste 616

Varianz 620, 638
Variation der Konstanten 550 f.
Variationen mit/ohne Wiederholung 42 f.
Vektor 186 ff., F 10
—analysis 420
—funktion 420 ff., F 34 f.
—raum 198 ff.
vektorielles Produkt 195, F 10
verketteter Gauß-Algorithmus 222 ff.
Verschiebungssatz 381, 599 ff.
Verstimmung 527

Verteilung, hypergeometrische 640
Verteilungsfunktion 633 ff., F 46
Vertrauensgrenzen 649
Vielfachmeßgerät 248
Vierfeldertafel 628
Vieta, Wurzelsatz von 111
vollständige Induktion 29
Volumenberechnung 368 f.

van der **W**aalssche Zustandsgleichung 356
Wahrheitstafel 17 ff.
Wahrscheinlichkeit 623
—, bedingte 629
—, vollständige 631
—, zusammengesetzte 627, F 45
Wahrscheinlichkeits|dichte 634
—rechnung 623 ff., F 45 ff.
—verteilung 634, F 46
Wechselstromtechnik, symbolische Rechnung 518 ff.
Weierstraß, Satz von 26
Wendepunkt 351, F 21
Wert, wahrer 655
Widerstand, komplexer 520
Widerstandsebene 520
Winkel|funktionen 138, F 7
— —, Reihen 434 ff.
—geschwindigkeit 145
Wirbelfeld 474
Wirk|leistung 399
—widerstand 520

Wurfparabel 121, 258
Wurzel F 1
—kriterium 77, F 29
Wurzeln komplexer Zahlen 508

Zahl 32 ff.
—, ganze 33
—, imaginäre 37
—, irrationale 33
—, komplexe 37, 498 ff., F 37 f.
—, natürliche 32
—, rationale 33
—, reelle 34 ff.
Zahlen|folgen 58 ff.
—systeme 37 ff.
Zeichnungseinheit 93
Zeiger 139, 502, 519
—diagramm 149
Zeilenvektor 205
Zeit|konstante 159, 397
—zeiger 519
Zerlegen von Vektoren 192
Zissoide 95
Zufalls|variable 633
—versuch 623
Zustandsgleichung, van der Waalssche 356
Zuverlässigkeit 630
Zwei-Punkte-Form 113
Zwischenwertsatz 72
Zykloide 87, 285, 403, 405 ff., 417

Formelsammlung

1 Arithmetik .... F 1
2 Geometrie .... F 4
3 Trigonometrie .... F 7
4 Lineare Algebra .... F 9
5 Logik. Mengen. Funktionen. Interpolation .... F 12
6 Folgen. Grenzwerte. Stetigkeit .... F 19
7 Differentialrechnung .... F 20
8 Integralrechnung .... F 22
9 Reihen .... F 29
10 Differentialgeometrie .... F 33
11 Funktionen von mehreren Variablen .... F 35
12 Komplexe Funktionen .... F 37
13 Differentialgleichungen .... F 40
14 Laplace-Transformation .... F 41
15 Kombinatorik. Wahrscheinlichkeitsrechnung. Statistik .... F 45
16 Fehler- und Ausgleichsrechnung .... F 49

1 Arithmetik

$\mathbb{N}$ Menge der natürlichen Zahlen
$\mathbb{N}_0$ Menge der nicht negativen ganzen Zahlen
$\mathbb{Z}$ Menge der ganzen Zahlen
$\mathbb{Q}$ Menge der rationalen Zahlen
$\mathbb{R}$ Menge der reellen Zahlen
$\mathbb{C}$ Menge der komplexen Zahlen

Potenzen. Wurzeln. Logarithmen

Definitionen

$$a \cdot a \cdot a \cdot \ldots \cdot a = a^n \qquad n \text{ Faktoren}$$

$$a^1 = a \qquad a^0 = 1 \quad (a \neq 0) \qquad a^{-n} = \frac{1}{a^n}$$

Rechenregeln

$$a^m \cdot a^n = a^{m+n} \qquad \frac{a^m}{a^n} = a^{m-n} \qquad (a^m)^n = a^{nm} \qquad m, n, a \in \mathbb{R}$$

Definitionen

$$b = \sqrt[m]{a} = a^{1/m} \quad \text{wenn} \quad b^m = a \quad \text{und} \quad a > 0, m \in \mathbb{N} \qquad \sqrt[2]{a} = \sqrt{a}$$

Rechenregeln

$$\sqrt[m]{ab} = \sqrt[m]{a} \cdot \sqrt[m]{b} \qquad \sqrt[m]{\frac{a}{b}} = \frac{\sqrt[m]{a}}{\sqrt[m]{b}} \qquad \sqrt[m]{a^n} = \left(\sqrt[m]{a}\right)^n = a^{n/m}$$

$$\sqrt[m]{\sqrt[n]{a}} = \sqrt[mn]{a} = \sqrt[n]{\sqrt[m]{a}} = a^{1/mn} \qquad a \cdot \sqrt[n]{b} = \sqrt[n]{a^n b} \qquad \sqrt[2n+1]{-a} = -\sqrt[2n+1]{a}$$

mit $a, b \in \mathbb{R}$, $n, m \in \mathbb{N}$, $a > 0$

Definition

$$r = \log_a b \qquad \text{wenn } a^r = b \text{ und } a, b > 0 \wedge a \neq 1$$

mit a Basis, r Exponent = Logarithmus, b Numerus und $a, b, r \in \mathbb{R}$

Rechenregeln

$$\log_a 1 = 0 \qquad \log_a a = 1 \qquad \log_a(bc) = \log_a b + \log_a c$$

$$\log_a \frac{b}{c} = \log_a b - \log_a c \qquad \log_a b^n = n \log_a b \qquad \log_a \sqrt[m]{b} = \frac{1}{m} \log_a b$$

$$a^{\log_a b} = a^r = b \qquad e^{\ln a} = a$$

Umrechnung der Logarithmen zweier verschiedener Basen a und s

$$\log_a b = \frac{\log_s b}{\log_s a} \qquad \log_a b = \frac{1}{\log_b a}$$

Spezielle Basen 10 und e = 2,718 281 828 5

$$\log_{10} b = \lg b \qquad \log_e b = \ln b$$

$$\lg b = \frac{\ln b}{\ln 10} = \frac{\ln b}{2{,}302\,585\,093\,0} = 0{,}434\,294\,482 \ln b$$

$$\lg(b \cdot 10^n) = \lg b + \lg 10^n = \lg b + n$$

$$\lg(b \cdot 10^{-m}) = \lg b + \lg 10^{-m} = \lg b - m$$

Binomialkoeffizient. Binomischer Satz (Kombinatorik s. Abschn. 15)

Fakultät

$$k! = 1 \cdot 2 \cdot 3 \cdot \ldots \cdot k \qquad k \in \mathbb{N}$$

Für große k gilt die Stirlingformel

$$k! \approx \left(\frac{k}{e}\right)^k \cdot \sqrt{2\pi k}$$

Binomialkoeffizient

$$\frac{n(n-1)(n-2) \cdot \ldots \cdot (n-k+1)}{k!} = \binom{n}{k}, \quad \text{gelesen } \text{„}n \text{ über } k\text{''}, \text{ mit } k \in \mathbb{N}, \quad n \in \mathbb{R}$$

$$\binom{n}{0} = 1 \qquad \binom{n}{n} = 1 \qquad \binom{n}{k} = 0 \quad \text{für } k > n \wedge k, n \in \mathbb{N}$$

$$\binom{n}{1} = \binom{n}{n-1} = n \qquad \binom{n}{k} = \binom{n}{n-k} = \frac{n!}{(n-k)!\,k!}$$

$$\binom{n}{k+1} = \binom{n}{k} \frac{n-k}{k+1} \qquad \binom{n+1}{k} = \binom{n}{k} + \binom{n}{k-1} = \binom{n}{k} \frac{n+1}{n+1-k}$$

Binomischer Satz

$$(a+b)^n = \binom{n}{0}a^n + \binom{n}{1}a^{n-1}b + \binom{n}{2}a^{n-2}b^2 + \binom{n}{3}a^{n-3}b^3 +$$

$$+ \ldots + \binom{n}{n-1}ab^{n-1} + \binom{n}{n}b^n = \sum_{i=0}^{n}\binom{n}{i}a^{n-i}b^i$$

$$(a+b)^3 = a^3 + 3a^2b + 3ab^2 + b^3 \qquad (a-b)^3 = a^3 - 3a^2b + 3ab^2 - b^3$$

Näherungsformeln

$(1+x)^n \approx 1 + nx \qquad$ wenn $|nx| \ll 1$

$\left. \begin{array}{l} \sqrt{1+x} \approx 1 + x/2 \\[4pt] \dfrac{1}{\sqrt{1+x}} \approx 1 - x/2 \\[4pt] \dfrac{1}{1+x} \approx 1 - x \end{array} \right\} \qquad$ wenn $|x| \ll 1$

$(a+b)^n \approx a^n \left(1 + n\dfrac{b}{a}\right) \qquad$ wenn $|nb| \ll |a|$

Bernoullische Ungleichung

$(1+a)^n > 1 + an \qquad$ für $a > -1, a \neq 0, \; n \in \mathbb{N} \setminus \{1\}$

Teilbarkeit

$$\frac{a^n - b^n}{a - b} = a^{n-1} + a^{n-2}b + a^{n-3}b^2 + \cdots + ab^{n-2} + b^{n-1} \qquad n \in \mathbb{N}$$

$$\frac{a^2 - b^2}{a - b} = a + b \qquad \frac{a^3 - b^3}{a - b} = a^2 + ab + b^2$$

Betrag. Ungleichungen

$n > m \qquad n$ ist größer als m

$n \geqq m \qquad n$ ist nicht kleiner als m (größer oder gleich)

$m < n \qquad m$ ist kleiner als n

$m \leqq n \qquad m$ ist nicht größer als n (kleiner oder gleich)

$|a| = a$ für $a \geqq 0 \qquad |a| = -a$ für $a < 0$

(Erklärung der logischen Symbole s. Abschn. 5)

$$\operatorname{sgn} a = \begin{cases} +1 & \text{für } a > 0 \\ 0 & \text{für } a = 0 \\ -1 & \text{für } a < 0 \end{cases}$$

$a > b \Rightarrow a + x > b + x$

$a > b \wedge n > 0 \Rightarrow na > nb$

$a > b \wedge n < 0 \Rightarrow na < nb \qquad a, b, x, n \in \mathbb{R}$

$a > b \wedge \operatorname{sgn} a = \operatorname{sgn} b \Rightarrow \dfrac{1}{a} < \dfrac{1}{b} \qquad a > b \wedge \operatorname{sgn} a = -\operatorname{sgn} b \Rightarrow \dfrac{1}{a} > \dfrac{1}{b}$

F4 Formelsammlung

Beziehung zwischen arithmetischem und geometrischem Mittel

$$\frac{a+b}{2} > \sqrt{ab} \qquad a \neq b, \; a, b > 0$$

Dreiecksungleichung

$$|a+b| \leq |a| + |b|$$

2 Geometrie

Geometrie der Ebene

Dreieck (F 4.1)

Fläche $\quad A = \dfrac{1}{2} a h_a = \dfrac{1}{2} b h_b = \dfrac{1}{2} c h_c = \dfrac{1}{2} a b \sin \gamma$

F 4.1

Heronische Formel

$$A = \sqrt{s(s-a)(s-b)(s-c)} \qquad \text{mit} \qquad s = \frac{1}{2}(a+b+c)$$

Die drei **Höhen** schneiden sich in einem Punkt H. Die Höhen verhalten sich wie die Kehrwerte der entsprechenden Seiten.

Die drei **Seitenhalbierenden** schneiden sich in einem Punkt S. Er ist der Schwerpunkt des Dreiecks und teilt jede Seitenhalbierende im Verhältnis 2 : 1.

Die drei **Mittelsenkrechten** schneiden sich in einem Punkt M. Er ist der Mittelpunkt des Umkreises mit dem Radius

$$r = \frac{abc}{4A}$$

Die drei Punkte H, S und M liegen auf einer Geraden: $\overline{HS} : \overline{SM} = 2 : 1$.

Die drei **Winkelhalbierenden** schneiden sich in einem Punkt W. Er ist der Mittelpunkt des Inkreises mit dem Radius

$$\varrho = \frac{2A}{a+b+c}$$

Jede Winkelhalbierende teilt die Gegenseite im Verhältnis der anliegenden Seiten.

Rechtwinkliges Dreieck (F 4.2)

Fläche $\quad A = \dfrac{1}{2} a b$

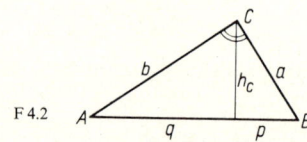

F 4.2

Pythagoras $\quad c^2 = a^2 + b^2$

Euklid $\quad a^2 = cp \qquad b^2 = cq$

Höhensatz $\quad h_c^2 = pq$

Viereck (F 4.3)

Fläche $\quad A = \dfrac{1}{2} e (h_1 + h_2)$

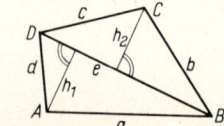

F 4.3

Ein Sehnenviereck hat einen Umkreis. Dann gilt
$$\alpha + \gamma = \beta + \delta = 180°$$
Rechteck und Quadrat sind stets Sehnenvierecke.
Ein Tangentenviereck hat einen Inkreis. Dann gilt
$$a + c = b + d = \varrho \pi$$
Rhombus und Quadrat sind stets Tangentenvierecke.

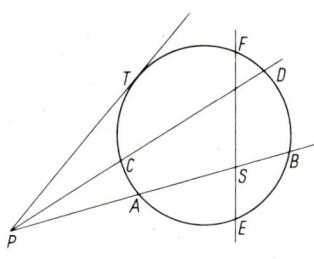

F 5.1

Kreis (F 5.1)

Fläche $\qquad A = r^2 \pi = \dfrac{\pi}{4} d^2,$

Umfang $\qquad u = 2r\pi = d\pi$

Sekantensatz $\qquad \overline{PA} \cdot \overline{PB} = \overline{PC} \cdot \overline{PD} = (\overline{PT})^2$

Sehnensatz $\qquad \overline{AS} \cdot \overline{SB} = \overline{ES} \cdot \overline{SF}$

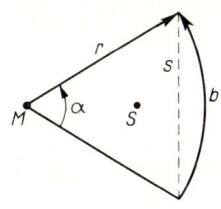

F 5.2

Kreisring (F 5.2)

$$A = (r_2^2 - r_1^2)\pi = \frac{\pi}{4}(d_2^2 - d_1^2) = 2\pi r_m s$$

$$d_2 = 2r_2 \qquad d_1 = 2r_1 \qquad r_m = \frac{1}{2}(r_2 + r_1)$$

$$s = r_2 - r_1$$

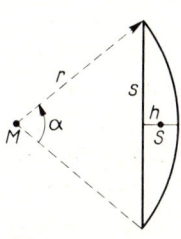

F 5.3

Kreissektor (F 5.3)

$$A = \frac{1}{2} r^2 \alpha = \frac{1}{2} b r \qquad b = r\alpha \qquad s = 2r \sin\frac{\alpha}{2}$$

Schwerpunktabstand

$$\overline{MS} = \frac{4r}{3\alpha} \sin\frac{\alpha}{2} = \frac{2r s}{3 b}$$

F 5.4

Kreissegment (F 5.4)

$$A = \frac{r^2}{2}(\alpha - \sin\alpha) \approx \frac{2}{3} s h + \frac{h^3}{2s}$$

$$h = r\left(1 - \cos\frac{\alpha}{2}\right) = \frac{s}{2} \tan\frac{\alpha}{4}$$

Schwerpunktabstand

$$\overline{MS} = \frac{s^3}{12A}$$

F6 Formelsammlung

Geometrie des Raumes

A Grundfläche, O Oberfläche, M Mantelfläche, V Volumen, h Höhe senkrecht auf der Grundfläche.

Prisma (F 6.1) Grund- und Deckfläche sind zwei parallele und kongruente n-Ecke. Die Seitenflächen sind n Rechtecke.

$$V = A h \qquad M = u h \qquad O = M + 2A \qquad (u = \text{Umfang der Grundfläche})$$

Pyramide (F 6.2) Grundfläche ist ein n-Eck, die Seitenflächen Dreiecke mit gemeinsamer Spitze. Eine Pyramide mit dreieckiger Grundfläche heißt Tetraeder.

$$V = \frac{1}{3} A h$$

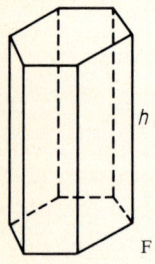
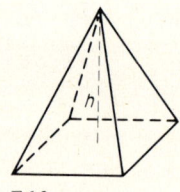
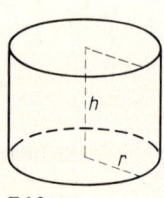

F 6.1 F 6.2 F 6.3

Kreiszylinder (F 6.3)

$$V = r^2 \pi h \qquad M = 2 r \pi h \qquad O = 2 r \pi (h + r)$$

Kreiskegel (F 6.4)

$$V = \frac{\pi}{3} r^2 h \qquad M = r \pi s \qquad O = r \pi (s + r) \qquad s = \sqrt{r^2 + h^2}$$

Schwerpunktabstand von der Grundfläche $h/4$

Kegelstumpf (F 6.5)

$$V = \frac{\pi}{3} h (r_1^2 + r_1 r_2 + r_2^2)$$

$$M = \pi (r_1 + r_2) s$$

$$s = \sqrt{(r_2 - r_1)^2 + h^2}$$

Schwerpunktabstand von der Grundfläche

$$\frac{h}{4} \cdot \frac{3 r_1^2 + 2 r_1 r_2 + r_2^2}{r_1^2 + r_1 r_2 + r_2^2}$$

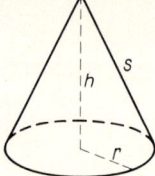
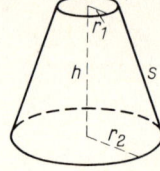

F 6.4 F 6.5

Kugel $\quad V = \frac{4}{3} \pi r^3 \qquad O = 4 r^2 \pi$

Kugelsektor (F 6.6)

$$V = \frac{2}{3} \pi r^2 h \qquad O = r \pi (2h + \varrho) \qquad \varrho = \sqrt{h (2r - h)}$$

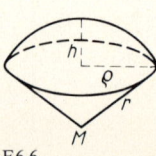

F 6.6

Kugelsegment

$$V = \frac{\pi}{6} h (3 \varrho^2 + h^2) = \frac{\pi}{3} h^2 (3r - h) \qquad O = \pi (2rh + \varrho^2) = \pi (2\varrho^2 + h^2)$$

3 Trigonometrie

Definition der Winkelfunktionen im rechtwinkligen Dreieck (F 7.1)

$\dfrac{y}{r} = \sin \alpha \qquad \dfrac{y}{x} = \tan \alpha$

$\dfrac{x}{r} = \cos \alpha \qquad \dfrac{x}{y} = \cot \alpha$

Komplementwinkel

$\dfrac{y}{r} = \sin \alpha = \cos \beta = \cos (90° - \alpha)$

$\dfrac{x}{r} = \cos \alpha = \sin \beta = \sin (90° - \alpha)$

$\dfrac{y}{x} = \tan \alpha = \cot \beta = \cot (90° - \alpha) \qquad \dfrac{x}{y} = \cot \alpha = \tan \beta = \tan (90° - \alpha)$

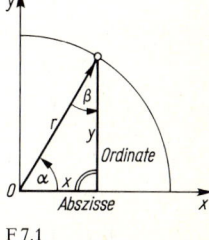

F 7.1

Spezielle Werte der Winkelfunktionen

α	$\widehat{\alpha}$	$\sin \alpha$	$\cos \alpha$	$\tan \alpha$	$\cot \alpha$
0°	0	0	1	0	—
30°	$\pi/6$	$\dfrac{1}{2}$	$\dfrac{1}{2}\sqrt{3}$	$\dfrac{1}{3}\sqrt{3}$	$\sqrt{3}$
45°	$\pi/4$	$\dfrac{1}{2}\sqrt{2}$	$\dfrac{1}{2}\sqrt{2}$	1	1
60°	$\pi/3$	$\dfrac{1}{2}\sqrt{3}$	$\dfrac{1}{2}$	$\sqrt{3}$	$\dfrac{1}{3}\sqrt{3}$
90°	$\pi/2$	1	0	—	0

Winkel größer als $\dfrac{\pi}{2}$

φ	$\sin \varphi$	$\cos \varphi$	$\tan \varphi$	$\cot \varphi$
$\dfrac{\pi}{2} \pm \alpha$	$\cos \alpha$	$\mp \sin \alpha$	$\mp \cot \alpha$	$\mp \tan \alpha$
$\pi \pm \alpha$	$\mp \sin \alpha$	$- \cos \alpha$	$\pm \tan \alpha$	$\pm \cot \alpha$
$\dfrac{3}{2}\pi \pm \alpha$	$- \cos \alpha$	$\pm \sin \alpha$	$\mp \cot \alpha$	$\mp \tan \alpha$
$2\pi \pm \alpha$	$\pm \sin \alpha$	$\cos \alpha$	$\pm \tan \alpha$	$\pm \cot \alpha$

F 8 Formelsammlung

Beziehungen zwischen den Winkelfunktionen

$$\sin^2 \alpha + \cos^2 \alpha = 1 \qquad \tan \alpha = \frac{\sin \alpha}{\cos \alpha} = \frac{1}{\cot \alpha}$$

$$1 + \tan^2 \alpha = \frac{1}{\cos^2 \alpha} \qquad 1 + \cot^2 \alpha = \frac{1}{\sin^2 \alpha}$$

	$\sin \alpha$	$\cos \alpha$	$\tan \alpha$	$\cot \alpha$
$\sin \alpha =$	$\sin \alpha$	$\sqrt{1 - \cos^2 \alpha}$	$\dfrac{\tan \alpha}{\sqrt{1 + \tan^2 \alpha}}$	$\dfrac{1}{\sqrt{1 + \cot^2 \alpha}}$
$\cos \alpha =$	$\sqrt{1 - \sin^2 \alpha}$	$\cos \alpha$	$\dfrac{1}{\sqrt{1 + \tan^2 \alpha}}$	$\dfrac{\cot \alpha}{\sqrt{1 + \cot^2 \alpha}}$
$\tan \alpha =$	$\dfrac{\sin \alpha}{\sqrt{1 - \sin^2 \alpha}}$	$\dfrac{\sqrt{1 - \cos^2 \alpha}}{\cos \alpha}$	$\tan \alpha$	$\dfrac{1}{\cot \alpha}$
$\cot \alpha =$	$\dfrac{\sqrt{1 - \sin^2 \alpha}}{\sin \alpha}$	$\dfrac{\cos \alpha}{\sqrt{1 - \cos^2 \alpha}}$	$\dfrac{1}{\tan \alpha}$	$\cot \alpha$

Additionstheoreme

$$\sin (\alpha \pm \beta) = \sin \alpha \cos \beta \pm \cos \alpha \sin \beta$$

$$\cos (\alpha \pm \beta) = \cos \alpha \cos \beta \mp \sin \alpha \sin \beta$$

$$\tan (\alpha \pm \beta) = \frac{\tan \alpha \pm \tan \beta}{1 \mp \tan \alpha \tan \beta} \qquad \cot (\alpha \pm \beta) = \frac{\cot \alpha \cot \beta \mp 1}{\cot \beta \pm \cot \alpha}$$

$$\sin 2\alpha = 2 \sin \alpha \cos \alpha$$

$$\cos 2\alpha = \cos^2 \alpha - \sin^2 \alpha = 2 \cos^2 \alpha - 1 = 1 - 2 \sin^2 \alpha$$

$$\tan 2\alpha = \frac{2 \tan \alpha}{1 - \tan^2 \alpha} \qquad \cot 2\alpha = \frac{\cot^2 \alpha - 1}{2 \cot \alpha}$$

$$\sin 3\alpha = 3 \sin \alpha - 4 \sin^3 \alpha \qquad \cos 3\alpha = 4 \cos^3 \alpha - 3 \cos \alpha$$

$$\tan 3\alpha = \frac{3 \tan \alpha - \tan^3 \alpha}{1 - 3 \tan^2 \alpha} \qquad \cot 3\alpha = \frac{\cot^3 \alpha - 3 \cot \alpha}{3 \cot^2 \alpha - 1}$$

$$\sin \alpha = \frac{2 \tan (\alpha/2)}{1 + \tan^2 (\alpha/2)} \qquad \cos \alpha = \frac{1 - \tan^2 (\alpha/2)}{1 + \tan^2 (\alpha/2)}$$

$$\sin \frac{\alpha}{2} = \sqrt{\frac{1 - \cos \alpha}{2}} \qquad \cos \frac{\alpha}{2} = \sqrt{\frac{1 + \cos \alpha}{2}}$$

$$\sin \alpha + \sin \beta = 2 \sin \frac{\alpha + \beta}{2} \cos \frac{\alpha - \beta}{2} \qquad \cos \alpha + \cos \beta = 2 \cos \frac{\alpha + \beta}{2} \cos \frac{\alpha - \beta}{2}$$

$$\sin \alpha - \sin \beta = 2 \cos \frac{\alpha + \beta}{2} \sin \frac{\alpha - \beta}{2} \qquad \cos \alpha - \cos \beta = -2 \sin \frac{\alpha + \beta}{2} \sin \frac{\alpha - \beta}{2}$$

$$\cos \alpha + \sin \alpha = \sqrt{2} \sin \left(\frac{\pi}{4} + \alpha \right) \qquad \cos \alpha - \sin \alpha = \sqrt{2} \cos \left(\frac{\pi}{4} + \alpha \right)$$

$$\sin\alpha + \sin 2\alpha + \sin 3\alpha + \cdots + \sin n\alpha = \frac{\sin\left(\frac{n+1}{2}\alpha\right)\sin\left(\frac{n}{2}\alpha\right)}{\sin\left(\frac{\alpha}{2}\right)}$$

$$\cos\alpha + \cos 2\alpha + \cos 3\alpha + \cdots + \cos n\alpha = \frac{\cos\left(\frac{n+1}{2}\alpha\right)\sin\left(\frac{n}{2}\alpha\right)}{\sin\left(\frac{\alpha}{2}\right)}$$

Berechnung schiefwinkliger Dreiecke (F 9.1)

Sinussatz $\quad \dfrac{a}{\sin\alpha} = \dfrac{b}{\sin\beta} = \dfrac{c}{\sin\gamma}$

Cosinussatz $\quad a^2 = b^2 + c^2 - 2bc\cos\alpha$

Tangenssatz $\quad \dfrac{a+b}{a-b} = \dfrac{\tan\dfrac{\alpha+\beta}{2}}{\tan\dfrac{\alpha-\beta}{2}}$

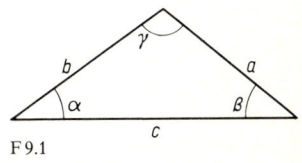

F 9.1

a, b, c und α, β, γ können zyklisch vertauscht werden.

4 Lineare Algebra

Determinanten

Satz von Laplace Der Wert einer n-reihigen Determinante ist gleich der Summe der Produkte aus den Elementen einer beliebigen Reihe und den zugehörigen Adjunkten

$$D = \sum_{\substack{i=1 \\ k=\text{const}}}^{n} a_{ik} A_{ik} = \sum_{\substack{k=1 \\ i=\text{const}}}^{n} a_{ik} A_{ik}$$

Spezialfälle:
zweireihig

$$D = \begin{vmatrix} a_{11} & a_{12} \\ a_{21} & a_{22} \end{vmatrix} = a_{11}a_{22} - a_{12}a_{21}$$

dreireihig: Sarrusregel. Die 1. und 2. Spalte werden neben die 3. Spalte geschrieben. In Richtung der Pfeile des folgenden Schemas werden 6 Produkte zu je drei Faktoren gebildet und addiert bzw. subtrahiert.

$$\begin{vmatrix} a_{11} & a_{12} & a_{13} \\ a_{21} & a_{22} & a_{23} \\ a_{31} & a_{32} & a_{33} \end{vmatrix} \begin{matrix} a_{11} & a_{12} \\ a_{21} & a_{22} \\ a_{31} & a_{32} \end{matrix}$$

$$D = a_{11}a_{22}a_{33} + a_{12}a_{23}a_{31} + a_{13}a_{21}a_{32} - a_{31}a_{22}a_{13} - a_{32}a_{23}a_{11} - a_{33}a_{21}a_{12}$$

Rechenregeln

1. Spiegeln an der Hauptdiagonale. Der Wert einer Determinante bleibt erhalten, wenn man die Zeilen als Spalten und die Spalten als Zeilen schreibt.

2. Vertauschen zweier paralleler Reihen bewirkt eine Vorzeichenänderung.

3. Eine Determinante wird mit einem Faktor multipliziert, indem alle Elemente einer Reihe mit diesem Faktor multipliziert werden.

4. Zerlegen in Summanden. Bestehen alle Elemente einer Reihe aus m Summanden, so ist der Wert der Determinante die Summe aus m Determinanten, bei denen in der betr. Reihe jeweils einer der m Summanden als Element steht.

5. Die Determinante hat den Wert Null, wenn sie zwei zueinander proportionale (linear abhängige) Reihen hat.

6. Die Summe der Produkte der Elemente einer beliebigen Reihe mit den Adjunkten einer anderen parallelen Reihe ist Null.

7. Addiert man zu einer Reihe ein beliebiges Vielfaches einer anderen Reihe, so bleibt der Wert der Determinante erhalten.

Vektoren (Vektoranalysis s. Abschn. 10 und 11)

Betrag

$$|\vec{v}| = v = + \sqrt{v_x^2 + v_y^2 + v_z^2}$$

Richtungscosinus

$$\cos \alpha = \frac{v_x}{v} \qquad \cos \beta = \frac{v_y}{v} \qquad \cos \gamma = \frac{v_z}{v}$$

Addition

$$\vec{v}_3 = \vec{v}_1 + \vec{v}_2 \qquad \begin{aligned} v_{3x} &= v_{1x} + v_{2x} \\ v_{3y} &= v_{1y} + v_{2y} \\ v_{3z} &= v_{1z} + v_{2z} \end{aligned}$$

Skalares Produkt
$$\vec{v}_1 \cdot \vec{v}_2 = v_1 v_2 \cos(\vec{v}_1, \vec{v}_2) = v_{1x} v_{2x} + v_{1y} v_{2y} + v_{1z} v_{2z}$$

Es gilt das kommutative Gesetz
$$\vec{v}_1 \cdot \vec{v}_2 = \vec{v}_2 \cdot \vec{v}_1$$

Es gilt das distributive Gesetz
$$\vec{v}_1 \cdot (\vec{v}_2 + \vec{v}_3) = \vec{v}_1 \cdot \vec{v}_2 + \vec{v}_1 \cdot \vec{v}_3$$

Winkel zwischen zwei Vektoren
$$\cos(\vec{v}_1, \vec{v}_2) = \frac{\vec{v}_1 \cdot \vec{v}_2}{v_1 v_2}$$

Projektion von $\vec{v}_1$ auf $\vec{v}_2$
$$\vec{v}_{1(v_2)} = \frac{\vec{v}_1 \cdot \vec{v}_2}{v_2^2} \vec{v}_2$$

Vektorielles Produkt

$$\vec{v}_1 \times \vec{v}_2 = \begin{vmatrix} \vec{i} & \vec{j} & \vec{k} \\ v_{1x} & v_{1y} & v_{1z} \\ v_{2x} & v_{2y} & v_{2z} \end{vmatrix} \qquad |\vec{v}_1 \times \vec{v}_2| = v_1 v_2 \sin(\vec{v}_1, \vec{v}_2)$$

Das kommutative Gesetz gilt nicht, sondern
$$\vec{v}_1 \times \vec{v}_2 = -(\vec{v}_2 \times \vec{v}_1)$$

Es gilt das distributive Gesetz
$$\vec{v}_1 \times (\vec{v}_2 + \vec{v}_3) = \vec{v}_1 \times \vec{v}_2 + \vec{v}_1 \times \vec{v}_3$$

Mehrfache Produkte

$$\vec{v}_1 \cdot (\vec{v}_2 \times \vec{v}_3) = \begin{vmatrix} v_{1x} & v_{1y} & v_{1z} \\ v_{2x} & v_{2y} & v_{2z} \\ v_{3x} & v_{3y} & v_{3z} \end{vmatrix}$$

$$\vec{v}_1 \times (\vec{v}_2 \times \vec{v}_3) = (\vec{v}_1 \cdot \vec{v}_3)\,\vec{v}_2 - (\vec{v}_1 \cdot \vec{v}_2)\,\vec{v}_3$$

$$(\vec{v}_1 \times \vec{v}_2) \cdot (\vec{v}_3 \times \vec{v}_4) = (\vec{v}_1 \cdot \vec{v}_3)(\vec{v}_2 \cdot \vec{v}_4) - (\vec{v}_2 \cdot \vec{v}_3)(\vec{v}_1 \cdot \vec{v}_4)$$

$$(\vec{v}_1 \times \vec{v}_2) \times (\vec{v}_3 \times \vec{v}_4) = (\vec{v}_1 \cdot (\vec{v}_2 \times \vec{v}_4))\,\vec{v}_3 - (\vec{v}_1 \cdot (\vec{v}_2 \times \vec{v}_3))\,\vec{v}_4$$

Hinweis: Der Multiplikationspunkt bedeutet das skalare Produkt zweier Vektoren. Kein Operationszeichen bedeutet das Produkt zweier Skalare bzw. eines Vektors mit einem Skalar.

Matrizen

Gleichheit. Zwei Matrizen A und B sind gleich, wenn sie vom gleichen Typ sind und $a_{ik} = b_{ik}$ für alle i und k gilt.

Addition. A und B müssen vom gleichen Typ sein.

$$C = A + B \qquad c_{ik} = a_{ik} + b_{ik} \quad \text{für alle } i, k$$

Multiplikation einer Matrix A mit einem konstanten Faktor k. Jedes Element von A wird mit k multipliziert.

Multiplikation zweier Matrizen. Es muß die Spaltenanzahl n_A gleich der Zeilenanzahl m_B sein

$$C = AB \qquad c_{ik} = \sum_{j=1}^{n} a_{ij} b_{jk}$$

$$A(B+C) = AB + AC \qquad (AB)C = A(BC)$$

Kehrmatrix (inverse Matrix) A^{-1}

$$AA^{-1} = A^{-1}A = E$$

Transponierte Matrix A'

$$(AB)' = B'A' \qquad (A')^{-1} = (A^{-1})'$$

Determinante einer Matrix $\det(A)$

$$\det(AB) = \det(A)\det(B)$$

Lineare Gleichungssysteme In der Gleichung $Ax = b$ sind die Matrix A und der Spaltenvektor b gegeben. Der Spaltenvektor x ist gesucht.

Austauschverfahren von Stiefel Die Gleichung $y = Ax - b$ wird als Rechenschema geschrieben

	x_1	...	x_n	1
y_1	a_{11}	...	a_{1n}	$-b_1$
⋮	⋮		⋮	⋮
y_n	a_{n1}	...	a_{nn}	$-b_n$
	Kellerzeile			

In n Schritten werden alle y_i mit den x_k vertauscht.

Dadurch wird $x = A^{-1}(y + b) = A^{-1}y + c$. Mit $y = 0$ erhält man $x = c$. Oft interessiert nur die inverse Matrix A^{-1}. Die i-te Zeile heißt Pivotzeile, die k-te Spalte Pivotspalte, das Element a_{ik} der Pivot. Man wähle als Pivot jeweils denjenigen mit dem größten Absolutwert.

Austauschregeln

1. Unter die alte Matrix wird die Kellerzeile geschrieben: jedes ihrer Elemente ist gleich dem entsprechenden Element der Pivotzeile dividiert durch den mit (-1) multiplizierten Pivot. In der Pivotspalte steht kein Element in der Kellerzeile. Die Elemente der neuen Matrix ergeben sich wie folgt:

2. Vom Pivot wird der Kehrwert gebildet.

3. Die übrigen Elemente der Pivotzeile sind die Elemente der Kellerzeile der alten Matrix.

4. Die übrigen Elemente der Pivotspalte sind die entsprechenden Elemente der alten Matrix dividiert durch den Pivot.

5. Die restlichen Elemente der neuen Matrix sind gleich den entsprechenden Elementen der alten Matrix plus dem Produkt aus dem darunterstehenden Element der Kellerzeile und dem danebenstehenden Element der alten Pivotspalte.

Abgekürztes Verfahren, wenn nur x aber nicht A^{-1} gesucht ist: Auf die jeweilige Pivotzeile und -spalte wird verzichtet. Es werden nur die Regeln 1 und 5 angewandt. Aus den Kellerzeilen erhält man eine Dreieckmatrix, aus der von unten nach oben zeilenweise die x_i berechnet werden.

Eliminationsverfahren von Gauß Durch Zeilenkombination wird $A\,x = b$ in ein System mit oberer Dreieckmatrix U transformiert: $U\,x = d$ und dieses dann zeilenweise von unten nach oben gelöst.

Verketteter Gauß-Algorithmus Die Matrix A wird in eine obere Dreieckmatrix U und eine untere Dreieckmatrix L mit $l_{ii} = 1$ zerlegt. Aus $A\,x = b$ wird $L\,U\,x = b$. Mit $b = L\,d$ erhält man $U\,x = d$. Hieraus wird x berechnet. Die Elemente dieser Matrizen bzw. Spaltenvektoren sind

$$u_{1j} = a_{1j} \qquad j = 1, \ldots, n$$

$$u_{ij} = a_{ij} - \sum_{k=1}^{i-1} l_{ik}\, u_{kj} \qquad i = 2, \ldots, j$$

$$l_{ij} = \frac{1}{u_{jj}}\left[a_{ij} - \sum_{k=1}^{j-1} l_{ik}\, u_{kj}\right] \qquad i = (j+1), \ldots, n$$

$$d_i = b_i - \sum_{k=1}^{i-1} l_{ik}\, d_k \qquad i = 1, 2, \ldots, n$$

$$x_n = \frac{d_n}{u_{nn}} \qquad x_i = \frac{1}{u_{ii}}\left[d_i - \sum_{k=i+1}^{n} u_{ik}\, x_k\right] \qquad i = (n-1), (n-2), \ldots, 1$$

5 Logik. Mengen. Funktionen. Interpolation

Logische Verknüpfungen

Konjunktion

$z = x_1 \wedge x_2$
(sowohl – als auch)

x_1	x_2	z
F	F	F
F	W	F
W	F	F
W	W	W

Disjunktion

$z = x_1 \vee x_2$
(entweder – oder)

x_1	x_2	z
F	F	F
F	W	W
W	F	W
W	W	W

Implikation (Subjunktion)
$z = x_1 \rightarrow x_2$
(wenn – dann)

x_1	x_2	z
F	F	W
F	W	W
W	F	F
W	W	W

Äquivalenz (Bijunktion)
$z = x_1 \leftrightarrow x_2$
(genau dann – wenn)

x_1	x_2	z
F	F	W
F	W	F
W	F	F
W	W	W

Vergleich von logischen Ausdrücken

E ist die Erfüllungsmenge eines Ausdrucks.

$$z_1 \Rightarrow z_2 \quad \text{wenn } E(z_1) \subset E(z_2)$$
$$z_1 \Leftrightarrow z_2 \quad \text{wenn } E(z_1) = E(z_2)$$

Aussagenlogische Gesetze s. Tafel 24.1

Mengenlehre (Mengensymbole spezieller Zahlenmengen s. Abschn. 1.2)

Teilmenge
$$A \subset B, \quad \text{wenn } x \in A \Rightarrow x \in B$$

Differenzmenge
$$A \setminus B = \{x \mid x \in A \land x \notin B\}$$

Komplementärmenge
$$B^* = A \setminus B = \{x \mid x \in A \land x \notin B \subset A\}$$

Durchschnitt
$$A \cap B = \{x \mid x \in A \land x \in B\}$$
Kommutativgesetz $\quad A \cap B = B \cap A$
Assoziativgesetz $\quad (A \cap B) \cap C = A \cap (B \cap C)$

Vereinigungsmenge
$$A \cup B = \{x \mid x \in A \lor x \in B\}$$
Kommutativgesetz $\quad A \cup B = B \cup A$
Assoziativgesetz $\quad (A \cup B) \cup C = A \cup (B \cup C)$

Distributive Gesetze
$$A \cap (B \cup C) = (A \cap B) \cup (A \cap C)$$
$$A \cup (B \cap C) = (A \cup B) \cap (A \cup C)$$

1. Regel von de Morgan
$$(A \cap B)^* = A^* \cup B^* \Leftrightarrow A \cap B = (A^* \cup B^*)^*$$

2. Regel von de Morgan
$$(A \cup B)^* = A^* \cap B^* \Leftrightarrow A \cup B = (A^* \cap B^*)^*$$

Formelsammlung

Produktmenge
$$A \times B = \{(a,b) \mid a \in A \land b \in B\}$$

Teilmengen von $\mathbb{R}$

Umgebung	$U(x_0) = \{x \mid \lvert x - x_0 \rvert < \varepsilon \land \varepsilon > 0\}$
Punktierte Umgebung	$U^*(x_0) = U(x_0) \setminus \{x_0\}$
Offenes Intervall	$I = (a,b) = \{x \mid a < x < b\}$
Abgeschlossenes Intervall	$I = [a,b] = \{x \mid a \leq x \leq b\}$
Halboffenes Intervall	$I = (a,b] = \{x \mid a < x \leq b\}$
	$I = [a,b) = \{x \mid a \leq x < b\}$

Abbildung. Funktion

Relation ist eine Teilmenge K der Produktmenge $D \times B$, die irgendeine Beziehung zwischen den Elementen $x \in D$ und $y \in B$ beschreibt.

Abbildung oder **Funktion** einer Menge D (Definitionsmenge) in eine Menge B (Bildmenge) ist eine Relation, die jedem Element aus D genau ein Element aus B zuordnet. Das dem Element $x \in D$ zugeordnete Element $y \in B$ heißt Bild von x.

Surjektive Abbildung: Jedes Element von B ist Bild eines Elementes aus D.

Injektive Abbildung: Zu verschiedenen Elemente von D gehören verschiedene Elemente von B.

Bijektive Abbildung: Abbildung ist surjektiv und injektiv.

Umkehrabbildung Vertauschen von Definitionsmenge und Bildmenge. Eine bijektive Abbildung ist eine umkehrbare Abbildung.

Darstellung von Funktionen

Funktion
$$y = f(x) \Leftrightarrow \{(x,y) \mid x \in D \land y \in B \land y = f(x)\}$$

Nach x aufgelöste Funktion
$$x = f^{-1}(y) \Leftrightarrow \{(x,y) \mid x \in D \land y \in B \land x = f^{-1}(y)\}$$

Umkehrfunktion
$$y = f^{-1}(x) \Leftrightarrow \{(x,y) \mid x \in B \land y \in D \land y = f^{-1}(x)\}$$

Explizite Darstellung der Funktion
$$y = f(x)$$

Implizite Darstellung der Funktion
$$F(x,y) = 0$$

Parameterdarstellung
$$x = u(\lambda) \qquad y = v(\lambda)$$

Polarkoordinaten
$$r = f(\varphi) \qquad F(r,\varphi) = 0$$

Umrechnung zwischen rechtwinkligen geradlinigen und Polarkoordinaten
$$x = r \cos \varphi \qquad y = r \sin \varphi \qquad r = \sqrt{x^2 + y^2} \qquad \varphi = \arctan \frac{y}{x}$$

Parallelverschiebung des Koordinatensystems (F 15.1)

$$u = x - a \qquad v = y - b \qquad x = u + a \qquad y = v + b$$

Drehung des Koordinatensystems (F 15.2)

$$u = y \sin \varphi + x \cos \varphi \qquad x = u \cos \varphi - v \sin \varphi$$
$$v = y \cos \varphi - x \sin \varphi \qquad y = u \sin \varphi + v \cos \varphi$$

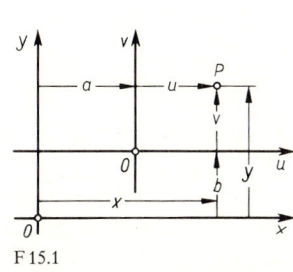

F 15.1

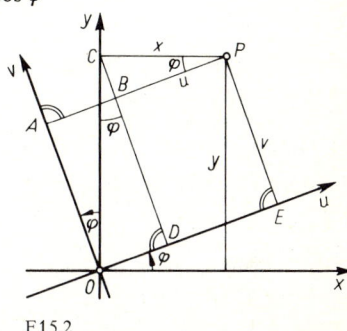

F 15.2

Einheitslänge

$$l_x = \frac{\Delta \xi}{\Delta x} = \frac{\text{Streckendifferenz des Bildes}}{\text{Größendifferenz}}$$

Maßstabfaktor

$$m_x = \frac{\Delta x}{\Delta \xi} = \frac{\text{Größendifferenz}}{\text{Streckendifferenz des Bildes}}$$

Symmetrieeigenschaften des Graphen

    Spiegelsymmetrie zur Ordinatenachse

$$F_2(x, y) = F_1(-x, y) \qquad \text{oder} \qquad f(x) = f(-x)$$

    Spiegelsymmetrie zur Abszissenachse

$$F_2(x, y) = F_1(x, -y)$$

    Punktspiegelung am Achsenschnittpunkt

$$F_2(x, y) = F_1(-x, -y) \qquad \text{oder} \qquad f(x) = -f(-x)$$

Ganze rationale Funktion

$$y = a_0 + a_1 x + a_2 x^2 + \cdots + a_n x^n = \sum_{i=0}^{n} a_i x^i$$

$$\sum_{i=0}^{n} a_i x^i = a_n (x - x_{01})(x - x_{02}) \ldots (x - x_{0n})$$

wenn $x_{01}, x_{02}, \ldots, x_{0n}$ Nullstellen der Funktion sind.

Hornerschema zur Berechnung des Funktionswertes an der Stelle $x = x_0$ (für $n = 3$)

a_3	a_2	a_1	a_0
	$a_3 x_0$	$(a_2 + a_3 x_0) x_0$	$(a_1 + a_2 x_0 + a_3 x_0^2) x_0$
a_3	$a_2 + a_3 x_0$	$a_1 + a_2 x_0 + a_3 x_0^2$	$a_0 + a_1 x_0 + a_2 x_0^2 + a_3 x_0^3 = f(x_0)$

F 16 Formelsammlung

Geradengleichungen

allgemeine Form $\quad y = a_0 + a_1 x$

Punktrichtungsform
für Punkt $(x_1; y_1)$ $\quad \dfrac{y - y_1}{x - x_1} = a_1$

Zweipunkteform $\quad \dfrac{y - y_1}{x - x_1} = \dfrac{y_1 - y_2}{x_1 - x_2}$

Achsenabschnittform $\quad \dfrac{x}{a} + \dfrac{y}{b} = 1$

implizite Form $\quad \alpha x + \beta y + \gamma = 0$

Schnittpunkt der Geraden

$\begin{Bmatrix} y = a'_0 + a'_1 x \\ y = a_0 + a_1 x \end{Bmatrix} : \quad x_s = \dfrac{a'_0 - a_0}{a_1 - a'_1} \qquad y_s = \dfrac{a'_0 a_1 - a_0 a'_1}{a_1 - a'_1}$

Orthogonalitätsbedingung $\quad a_1 = -\dfrac{1}{a'_1}$

Parabel mit vertikaler Achse

allgemeine Form $\quad y = a_0 + a_1 x + a_2 x^2$

Scheitel $\quad x_{\text{Sch}} = -\dfrac{a_1}{2 a_2}$

$y_{\text{Sch}} = a_0 - \dfrac{a_1^2}{4 a_2}$

Nullstellen $\quad x_{01} = -\dfrac{a_1}{2 a_2} + \sqrt{\left(\dfrac{a_1}{2 a_2}\right)^2 - \dfrac{a_0}{a_2}}$

$x_{02} = -\dfrac{a_1}{2 a_2} - \sqrt{\left(\dfrac{a_1}{2 a_2}\right)^2 - \dfrac{a_0}{a_2}}$

Newtonsches Interpolationspolynom

$$P_m(x) = y_0 + \dfrac{\Delta y_0}{\Delta x}(x - x_0) + \dfrac{\Delta^2 y_0}{2!(\Delta x)^2}(x - x_0)(x - x_1) + \ldots$$

$$+ \dfrac{\Delta^m y_0}{m!(\Delta x)^m}(x - x_0)(x - x_1) \ldots (x - x_{m-1})$$

mit $\quad \Delta y_k = y_{k+1} - y_k \qquad \Delta^i y_k = \Delta^{i-1} y_{k+1} - \Delta^{i-1} y_k$

Kubische Spline-Funktion

$$P_k(x) = a_k + b_k(x - x_k) + c_k(x - x_k)^2 + d_k(x - x_k)^3 \qquad x_k \leqq x \leqq x_{k+1}$$

Man setzt

$c_0 = 0 \qquad\qquad c_m = 0$

$a_k = y_k \qquad\qquad k = 0, 1, 2, \ldots, m$

$h_k = x_{k+1} - x_k \qquad k = 0, 1, 2, \ldots, m - 1$

löst das Gleichungssystem für die c_k

$$h_{k-1}c_{k-1} + 2(h_{k-1}+h_k)c_k + h_k c_{k+1} = 3\left(\frac{a_{k+1}-a_k}{h_k} - \frac{a_k-a_{k-1}}{h_{k-1}}\right)$$

$$k = 1, 2, \ldots, m-1$$

und berechnet daraus

$$b_k = \frac{a_{k+1}-a_k}{h_k} - \frac{2c_k + c_{k+1}}{3} h_k \qquad d_k = \frac{c_{k+1}-c_k}{3h_k}$$

$$k = 0, 1, 2, \ldots, m-1$$

Gebrochene rationale Funktion

$$y = \frac{a_0 + a_1 x + a_2 x^2 + \cdots + a_n x^n}{b_0 + b_1 x + b_2 x^2 + \cdots + b_m x^m}$$

Nullstellen: Nullstellen des Zählers, Nenner $\neq 0$; Unstetigkeitsstellen: Nullstellen des Nenners, Zähler $\neq 0$

Algebraische Funktion

$$P_0(x) + P_1(x)y + P_2(x)y^2 + \cdots + P_n(x)y^n = 0$$

$P_i(x)$ sind ganze rationale Funktionen

Potenzfunktion	$y = C x^{m/n}$	$m, n \in \mathbb{Z}$
Parabel	$y = \sqrt{2px}$	
Kreis mit Mittelpunkt $(0; 0)$	$x^2 + y^2 = r^2$	
Kreis mit Mittelpunkt $(a; b)$	$(x-a)^2 + (y-b)^2 = r^2$	
Ellipse mit den Halbachsen a und b	$\frac{x^2}{a^2} + \frac{y^2}{b^2} = 1$	
Hyperbel mit den Halbachsen a und b	$\frac{x^2}{a^2} - \frac{y^2}{b^2} = 1$	

Trigonometrische Funktionen

Allgemeine Form einer harmonischen Schwingung

$$y = A \cos(\omega t + \varphi)$$

(A Amplitude, ω Kreisfrequenz, φ Nullphasenwinkel)

Zusammensetzung gleichfrequenter Schwingungen

$$\sum_{i=1}^{n} A_i \cos(\omega t + \varphi_i) = A \cos(\omega t + \varphi)$$

$$U = \sum_{i=1}^{n} A_i \cos \varphi_i \qquad V = \sum_{i=1}^{n} A_i \sin \varphi_i$$

$$A = \sqrt{U^2 + V^2} \qquad \tan \varphi = \frac{V}{U}$$

Zusammensetzung zweier Schwingungen verschiedener Frequenz

$$y = A_1 \cos \omega_1 t + A_2 \cos \omega_2 t = (A_1 + A_2) \cos\left(\frac{\omega_1 + \omega_2}{2} t\right) \cos\left(\frac{\omega_1 - \omega_2}{2} t\right) +$$

$$+ (A_2 - A_1) \sin\left(\frac{\omega_1 + \omega_2}{2} t\right) \sin\left(\frac{\omega_1 - \omega_2}{2} t\right)$$

$$y = A_1 \sin \omega_1 t + A_2 \sin \omega_2 t = (A_1 + A_2) \sin\left(\frac{\omega_1 + \omega_2}{2} t\right) \cos\left(\frac{\omega_1 - \omega_2}{2} t\right) +$$

$$+ (A_1 - A_2) \cos\left(\frac{\omega_1 + \omega_2}{2} t\right) \sin\left(\frac{\omega_1 - \omega_2}{2} t\right)$$

Umkehrfunktionen der trigonometrischen Funktionen

$y = \arcsin x \Leftrightarrow x = \sin y \qquad\qquad \arcsin x + \arccos x = \pi/2$

$y = \arccos x \Leftrightarrow x = \cos y \qquad\qquad \arcsin x = \arccos \sqrt{1 - x^2}$

$y = \arctan x \Leftrightarrow x = \tan y \qquad\qquad \arccos x = \arcsin \sqrt{1 - x^2}$

$y = \text{arccot } x \Leftrightarrow x = \cot y \qquad\qquad \arctan x + \text{arccot } x = \pi/2$

$\arcsin x = \arctan \left(x / \sqrt{1 - x^2}\right) \qquad \arccos x = \arctan \left(\sqrt{1 - x^2}/x\right)$

$\qquad\qquad\qquad\qquad\qquad\qquad\qquad \arctan x = \arcsin \left(x / \sqrt{1 + x^2}\right)$

Hyperbelfunktionen

$\sinh x = \dfrac{e^x - e^{-x}}{2} \qquad\qquad \cosh x = \dfrac{e^x + e^{-x}}{2}$

$\tanh x = \dfrac{\sinh x}{\cosh x} = \dfrac{e^x - e^{-x}}{e^x + e^{-x}} \qquad \coth x = \dfrac{1}{\tanh x} = \dfrac{e^x + e^{-x}}{e^x - e^{-x}}$

$\sinh(-x) = -\sinh x \qquad\qquad \cosh(-x) = \cosh x$

$\tanh(-x) = -\tanh x \qquad\qquad \coth(-x) = -\coth x$

$\cosh^2 x - \sinh^2 x = 1 \qquad\qquad \sinh x \approx \cosh x \approx 0{,}5\, e^x \qquad$ für große x

$\sinh(x \pm y) = \sinh x \cosh y \pm \cosh x \sinh y$

$\cosh(x \pm y) = \cosh x \cosh y \pm \sinh x \sinh y$

$\tanh(x \pm y) = \dfrac{\tanh x \pm \tanh y}{1 \pm \tanh x \tanh y}$

$\sinh 2x = 2 \sinh x \cosh x$

$\cosh 2x = \cosh^2 x + \sinh^2 x = 2 \cosh^2 x - 1 = 2 \sinh^2 x + 1$

Umkehrfunktionen der Hyperbelfunktionen

$y = \text{arsinh } x \Leftrightarrow x = \sinh y \qquad\qquad \text{arsinh } x = \ln\left(x + \sqrt{x^2 + 1}\right)$

$y = \text{arcosh } x \Leftrightarrow x = \cosh y \qquad\qquad \text{arcosh } x = \ln\left(x + \sqrt{x^2 - 1}\right) \qquad$ für $x \geq 1$

$y = \text{artanh } x \Leftrightarrow x = \tanh y \qquad\qquad \text{artanh } x = \dfrac{1}{2} \ln \dfrac{1 + x}{1 - x} \qquad$ für $|x| < 1$

$y = \text{arcoth } x \Leftrightarrow x = \coth y \qquad\qquad \text{arcoth } x = \dfrac{1}{2} \ln \dfrac{x + 1}{x - 1} \qquad$ für $|x| > 1$

6 Folgen. Grenzwerte. Stetigkeit

Eine Folge ist beschränkt, wenn $a_i \in [c, d]$ für alle $i \in \mathbb{N}$, c und $d \in \mathbb{R}$,

monoton steigend, wenn $a_{i+1} \geq a_i$, fallend, wenn $a_{i+1} \leq a_i$,

alternierend, wenn $\operatorname{sgn} a_i = -\operatorname{sgn} a_{i+1}$.

Konvergenz: $\lim\limits_{i \to \infty} a_i = a$ Nullfolge: $\lim\limits_{i \to \infty} a_i = 0$

Rechenregeln Existiert $\lim\limits_{i \to \infty} a_i = a$ und $\lim\limits_{i \to \infty} b_i = b$, dann gilt

$$\lim_{i \to \infty} (c\, a_i) = c \lim_{i \to \infty} a_i$$

$$\lim_{i \to \infty} (a_i \pm b_i) = \lim_{i \to \infty} a_i \pm \lim_{i \to \infty} b_i$$

$$\lim_{i \to \infty} (a_i\, b_i) = \lim_{i \to \infty} a_i \cdot \lim_{i \to \infty} b_i$$

$$\lim_{i \to \infty} \left(\frac{a_i}{b_i}\right) = \frac{\lim\limits_{i \to \infty} a_i}{\lim\limits_{i \to \infty} b_i} = \frac{a}{b} \qquad b \neq 0, b_i \neq 0$$

Spezielle Grenzwerte

$$\lim_{i \to \infty} \sqrt[i]{r} = 1 \qquad\qquad \lim_{\alpha \to 0} \frac{\sin \alpha}{\alpha} = 1$$

$$\lim_{i \to \infty} \sqrt[i]{i} = 1 \qquad\qquad \lim_{\alpha \to 0} \frac{\tan \alpha}{\alpha} = 1$$

$$\lim_{i \to \infty} \frac{1}{\sqrt[i]{i!}} = 0 \qquad\qquad \lim_{\alpha \to 0} \frac{1 - \cos \alpha}{\alpha^2} = \frac{1}{2}$$

$$\lim_{i \to \infty} \left(1 + \frac{1}{i}\right)^i = e \qquad\qquad \left.\lim_{x \to \infty} \frac{x^r}{e^x} = 0 \right.$$

$$\lim_{i \to \infty} \left(\frac{i}{i+1}\right)^i = \frac{1}{e} \qquad\qquad \lim_{x \to \infty} \frac{\ln x}{x^r} = 0 \quad\Bigg\} \; r \in \mathbb{R}, r > 0$$

$$\lim_{x \to r} \frac{x^n - r^n}{x - r} = n\, r^{n-1} \quad n \in \mathbb{Q} \qquad \lim_{x \to 0} (x^r \cdot \ln x) = 0$$

Regel von de l'Hospital Ist $f, g \in C^1(U_\varepsilon^*(a))$ und $f(a) = g(a) = 0$ oder $f(x) \to \infty$, $g(x) \to \infty$ für $x \to a$, so gilt bei $U_\varepsilon^*(a) = \{x \,|\, 0 < x - a < \varepsilon \lor 0 < a - x < \varepsilon\}$

$$\lim_{x \to a} \frac{f(x)}{g(x)} = \lim_{x \to a} \frac{f'(x)}{g'(x)}$$

Stetigkeit f ist in x_0 stetig, falls für alle Nullfolgen $(x - x_0)$

$$\lim_{x \to x_0} f(x) = f(x_0)$$

Ist f für alle $x \in [a, b]$ stetig, so schreibt man $f \in C[a, b]$.

7 Differentialrechnung

f ist in x_0 differenzierbar, wenn für alle Nullfolgen $(x - x_0)$ mit $x \in \{x \mid |x - x_0| < \varepsilon\} \setminus \{x_0\}$ der Grenzwert

$$\lim_{x \to x_0} \frac{f(x) - f(x_0)}{x - x_0} = f'(x_0)$$

existiert.

Rechenregeln

$$c' = 0 \qquad (cf)' = cf' \qquad (f_1 \pm f_2)' = f_1' \pm f_2'$$

Produktregel
$$(f_1 f_2)' = f_1' f_2 + f_1 f_2' = f_1 f_2 \left(\frac{f_1'}{f_1} + \frac{f_2'}{f_2}\right)$$

Regel von Leibniz
$$\left(\prod_{i=1}^{n} f_i\right)' = \left(\prod_{i=1}^{n} f_i\right) \cdot \sum_{i=1}^{n} \frac{f_i'}{f_i}$$

Quotientenregel
$$\left(\frac{f_1}{f_2}\right)' = \frac{f_1' f_2 - f_1 f_2'}{f_2^2}$$

Kettenregel
$$\frac{dy}{dx} = \frac{dy}{du} \frac{du}{dx} \qquad \text{wenn } y = f(x) = g(h(x)) \text{ mit } u = h(x)$$

allgemeiner auch
$$\frac{dy}{dx} = \frac{dy}{du} \frac{du}{dv} \cdots \frac{dw}{dx}$$

Implizit gegebene Funktion
$$\frac{dh(y)}{dx} = \frac{dh}{dy} \cdot y'$$

Logarithmische Differentiation. Ist

$$f_1(x) > 0 \wedge y = f_1(x)^{f_2(x)} \Rightarrow y' = f_1(x)^{f_2(x)} \left[\frac{f_1'(x)}{f_1(x)} f_2(x) + f_2'(x) \ln f_1(x)\right]$$

Aufgelöste Funktion

$$x = g(y) \Leftrightarrow y = f(x) \Rightarrow \frac{df(x)}{dx} = \frac{1}{\frac{dg(y)}{dy}}$$

Tangente im Punkt $(x_0; y_0)$
$$y = y_0 + f'(x_0) \cdot (x - x_0)$$

Normale im Punkt $(x_0; y_0)$
$$y = y_0 - \frac{x - x_0}{f'(x_0)}$$

Mittelwertsatz
$$\frac{f(b) - f(a)}{b - a} = f'(x_m) \qquad x_m \in (a, b)$$

Eigenschaften der Graphen

Maximum: $y' = 0 \land y'' < 0$ Minimum: $y' = 0 \land y'' > 0$

Rechtskrümmung: $y'' < 0$ Linkskrümmung: $y'' > 0$

Wendepunkt: y'' ändert das Vorzeichen

Nullstellen einer Funktion $y = f(x)$: Ist $f(x) = \varphi(x) - x = 0$, so konvergiert das Iterationsverfahren

$$x_{k+1} = \varphi(x_k) \qquad k = 1, 2, \ldots$$

falls $|\varphi'(x)| < 1$ für die Anfangswerte x_1, x_2 und die Nullstelle x_0 gilt.

Newton-Verfahren: $x_{k+1} = x_k - \dfrac{f(x_k)}{f'(x_k)}$ konvergiert, falls $\left|\dfrac{ff''}{f'^2}\right| < 1$ für die Anfangswerte x_1, x_2 und die Nullstelle x_0 gilt.

Regula falsi: Ist $\operatorname{sgn} f(x_1) = -\operatorname{sgn} f(x_2)$, so ergibt

$$x_3 = x_1 - \frac{x_2 - x_1}{f(x_2) - f(x_1)} f(x_1)$$

eine verbesserte Näherung.

Ableitungen elementarer Funktionen

$(x^n)' = n\, x^{n-1} \qquad n \in \mathbb{R}$ $(\arccos x)' = \dfrac{-1}{\sqrt{1-x^2}}$

$(e^x)' = e^x$ $(\arctan x)' = \dfrac{1}{1+x^2}$

$(a^x)' = a^x \cdot \ln a \qquad a > 0$ $(\operatorname{arccot} x)' = \dfrac{-1}{1+x^2}$

$(x^x)' = x^x (1 + \ln x)$ $(\sinh x)' = \cosh x$

$(\ln x)' = \dfrac{1}{x}$ $(\cosh x)' = \sinh x$

$(\log_a x)' = \dfrac{1}{x \ln a}$ $(\tanh x)' = 1 - \tanh^2 x = \dfrac{1}{\cosh^2 x}$

$(\sin x)' = \cos x$ $(\coth x)' = 1 - \coth^2 x = -\dfrac{1}{\sinh^2 x}$

$(\cos x)' = -\sin x$ $(\operatorname{arsinh} x)' = \dfrac{1}{\sqrt{x^2+1}}$

$(\tan x)' = 1 + \tan^2 x = \dfrac{1}{\cos^2 x}$ $(\operatorname{arcosh} x)' = \dfrac{1}{\sqrt{x^2-1}}$

$(\cot x)' = -(1 + \cot^2 x) = -\dfrac{1}{\sin^2 x}$ $(\operatorname{artanh} x)' = \dfrac{1}{1-x^2} \qquad |x| < 1$

$(\arcsin x)' = \dfrac{1}{\sqrt{1-x^2}}$ $(\operatorname{arcoth} x)' = \dfrac{-1}{x^2-1} \qquad |x| > 1$

$$\coth x = \frac{1}{x} + \frac{x}{3} - \frac{x^3}{45} + \frac{2}{945} x^5 -$$
$$- \cdots + \frac{2^{2i}}{(2i)!} B_{2i} x^{2i-1} + \cdots \qquad 0 < |x| < \pi$$

$$\operatorname{arsinh} x = x - \frac{1}{2} \frac{x^3}{3} + \frac{1 \cdot 3}{2 \cdot 4} \frac{x^5}{5} - \frac{1 \cdot 3 \cdot 5}{2 \cdot 4 \cdot 6} \frac{x^7}{7} + \cdots \qquad |x| < 1$$

$$\operatorname{arcosh}(1 + x^2) = \sqrt{2}\, |x| \left(1 - \frac{x^2}{12} + \frac{3}{160} x^4 - \cdots \right) \qquad |x| < \sqrt{2}$$

$$\operatorname{artanh} x = \sum_{i=0}^{\infty} \frac{x^{2i+1}}{2i+1} = x + \frac{x^3}{3} + \frac{x^5}{5} + \frac{x^7}{7} + \cdots \qquad |x| < 1$$

Fourier-Reihen

$$F(t) = F(t + T)$$

Mit $x = \frac{2\pi}{T} t$ wird $F(t) = F\left(\frac{T}{2\pi} x\right) = f(x) = f(x + 2\pi)$

$$f(x) = \frac{a_0}{2} + \sum_{m=1}^{\infty} (a_m \cos mx + b_m \sin mx) = \sum_{m=-\infty}^{\infty} c_m e^{j m x}$$

mit $\quad a_k = \frac{1}{\pi} \int_0^{2\pi} f(x) \cos kx \, dx \qquad k = 0, 1, \ldots$

$$b_k = \frac{1}{\pi} \int_0^{2\pi} f(x) \sin kx \, dx \qquad k = 1, 2, \ldots$$

$$a_0 = 2 c_0 \qquad a_k = c_k + c_{-k} \qquad b_k = j (c_k - c_{-k})$$

$f(x) = f(-x)$ gerade

$$a_k = \frac{2}{\pi} \int_0^{\pi} f(x) \cos kx \, dx \qquad b_k = 0$$

$f(x) = -f(-x)$ ungerade

$$a_k = 0 \qquad b_k = \frac{2}{\pi} \int_0^{\pi} f(x) \sin kx \, dx$$

$f(x) = -f(x + \pi)$ alternierend

$$a_{2k+1} = \frac{2}{\pi} \int_0^{\pi} f(x) \cos (2k+1) x \, dx \qquad a_{2k} = a_0 = 0$$

$$b_{2k+1} = \frac{2}{\pi} \int_0^{\pi} f(x) \sin (2k+1) x \, dx \qquad b_{2k} = 0$$

$f(x)$ alternierend und gerade

$$a_{2k+1} = \frac{4}{\pi} \int_0^{\pi/2} f(x) \cos (2k+1) x \, dx \qquad a_{2k} = a_0 = 0 \qquad b_k = 0$$

$f(x)$ alternierend und ungerade

$$a_k = 0 \qquad b_{2k} = 0 \qquad b_{2k+1} = \frac{4}{\pi} \int_0^{\pi/2} f(x) \sin (2k+1) x \, dx$$

Numerische Entwicklung

Es sei $f(x) = f(x+2\pi)$. Bekannt seien für die Stützstellen $x_m = 2\pi \dfrac{m}{n}$ die n Stützwerte

$$y_i = y(x_i) \quad \text{mit } i = 0, 1, \ldots, n-1 \qquad \text{und} \qquad y_n = y_0$$

Dann ist mit $k = (n-2)/2$ für gerade und $k = (n-1)/2$ für ungerade n

$$g(x) = \frac{A_0}{2} + \sum_{m=1}^{k} (A_m \cos mx + B_m \sin mx)$$

eine Näherung für $f(x)$, wenn

$$A_0 = \frac{2}{n} \sum_{j=0}^{n-1} y_j \qquad \text{sowie } A_m \text{ und } B_m \qquad \text{für } m = 1, \ldots, k$$

aus dem Algorithmus bestimmt wird:

$$U_n = U_{n+1} = 0 \qquad U_i = y_i + 2 \cos x_m \cdot U_{i+1} - U_{i+2} \qquad i = n-1, \ldots, 1$$

$$A_m = \frac{2}{n}(y_0 + U_1 \cdot \cos x_m - U_2) \qquad B_m = \frac{2}{n} U_1 \sin x_m$$

10 Differentialgeometrie

Parameterform

$$x = u(\lambda) \qquad y = v(\lambda)$$

$$\dot{x} = \frac{dx}{d\lambda} \qquad \dot{y} = \frac{dy}{d\lambda} \qquad y' = \frac{\dot{y}}{\dot{x}}$$

$$\ddot{x} = \frac{d\dot{x}}{d\lambda} \qquad \ddot{y} = \frac{d\dot{y}}{d\lambda} \qquad y'' = \frac{\dot{x}\ddot{y} - \dot{y}\ddot{x}}{\dot{x}^3}$$

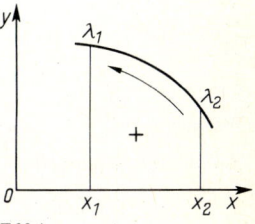

F 33.1

Fläche zwischen Graph und Abszissenachse (F 33.1)

$$A = \int_{\lambda_1}^{\lambda_2} y \dot{x} \, d\lambda$$

Bogenlänge

$$s = \int_{\lambda_1}^{\lambda_2} \sqrt{\dot{x}^2 + \dot{y}^2} \, d\lambda$$

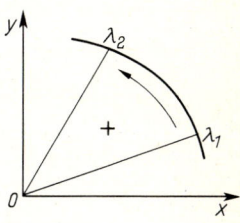

F 33.2

Sektorenformel von Leibniz (F 33.2)

$$A = \frac{1}{2} \int_{\lambda_1}^{\lambda_2} (x\dot{y} - y\dot{x}) \, d\lambda$$

Polarkoordinaten (F 33.3)

$$r = f(\varphi) \qquad r' = \frac{dr}{d\varphi} \qquad r'' = \frac{dr'}{d\varphi}$$

$$y' = \frac{r' \sin\varphi + r \cos\varphi}{r' \cos\varphi - r \sin\varphi} \qquad y'' = \frac{r^2 + 2r'^2 - r r''}{(r' \cos\varphi - r \sin\varphi)^3}$$

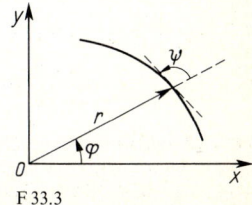

F 33.3

Winkel zwischen Ortsvektor und Tangente
$$\tan \psi = r/r'$$

Fläche

$$A = \frac{1}{2} \int_{\varphi_1}^{\varphi_2} r^2 \, d\varphi$$

Bogenlänge

$$s = \int_{\varphi_1}^{\varphi_2} \sqrt{r^2 + r'^2} \, d\varphi$$

Krümmung

Rechtwinklige geradlinige Koordinaten

$$\varkappa = \frac{y''}{+(1+y'^2)^{3/2}}$$

Polarkoordinaten

$$\varkappa = [\operatorname{sgn}(r' \cos \varphi - r \sin \varphi)] \frac{r^2 + 2r'^2 - r r''}{+(r^2 + r'^2)^{3/2}}$$

Parameterform

$$\varkappa = (\operatorname{sgn} \dot{x}) \frac{\dot{x} \ddot{y} - \dot{y} \ddot{x}}{+(\dot{x}^2 + \dot{y}^2)^{3/2}}$$

Krümmungsradius

$$\varrho = \frac{1}{\varkappa}$$

Evolute (F 34.1)

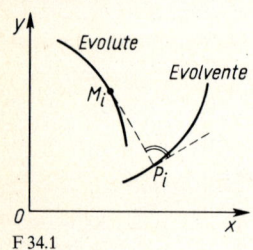

F 34.1

Rechtwinklige geradlinige Koordinaten

$$X = x - y' \frac{1+y'^2}{y''} \qquad Y = y + \frac{1+y'^2}{y''}$$

Parameterform

$$X = x - \dot{y} \frac{\dot{x}^2 + \dot{y}^2}{\dot{x} \ddot{y} - \dot{y} \ddot{x}} \qquad Y = y + \dot{x} \frac{\dot{x}^2 + \dot{y}^2}{\dot{x} \ddot{y} - \dot{y} \ddot{x}}$$

Evolvente (F 34.1)

$$x = X - s(\lambda) \frac{\dot{X}}{\sqrt{\dot{X}^2 + \dot{Y}^2}}$$

$$y = Y - s(\lambda) \frac{\dot{Y}}{\sqrt{\dot{X}^2 + \dot{Y}^2}} \qquad s(\lambda) = \int_{\lambda_0}^{\lambda} \sqrt{\dot{X}^2 + \dot{Y}^2} \, d\lambda$$

λ_0 ist Parameterwert des Anfangspunktes der Evolvente

Vektorfunktionen

Sind die Koordinaten eines Vektors $\vec{r}$ Funktionen einer skalaren Größe t, so liegt eine Vektorfunktion vor. Skalare und vektorielle Felder sowie das Linienintegral werden in Abschn. 11 behandelt.

Rechtwinklige geradlinige Koordinaten

$$\vec{r}(t) = x(t)\,\vec{i} + y(t)\,\vec{j} + z(t)\,\vec{k}$$
$$\dot{\vec{r}}(t) = \dot{x}(t)\,\vec{i} + \dot{y}(t)\,\vec{j} + \dot{z}(t)\,\vec{k}$$
$$\ddot{\vec{r}}(t) = \ddot{x}(t)\,\vec{i} + \ddot{y}(t)\,\vec{j} + \ddot{z}(t)\,\vec{k}$$

Für den zeitlich veränderlichen Betrag und die zeitlich veränderliche Richtung von $\vec{r}$ gelten die Regeln von Abschn. 4. Die Regeln der Differentialrechnung von Vektorfunktionen entsprechen denen der skalaren Funktionen.

$$\frac{d}{dt}(\vec{r}_1 + \vec{r}_2) = \dot{\vec{r}}_1 + \dot{\vec{r}}_2 \qquad \frac{d}{dt}(c\,\vec{r}) = c\,\dot{\vec{r}}$$

$$\frac{d}{dt}(\vec{r}_1 \cdot \vec{r}_2) = \dot{\vec{r}}_1 \cdot \vec{r}_2 + \vec{r}_1 \cdot \dot{\vec{r}}_2 \qquad \frac{d}{dt}(\vec{r}_1 \times \vec{r}_2) = \dot{\vec{r}}_1 \times \vec{r}_2 + \vec{r}_1 \times \dot{\vec{r}}_2$$

Natürliche Koordinaten Die beiden Einsvektoren heißen $\vec{e}_r$ und $\vec{e}_\varphi$.

$$\vec{r} = r\,\vec{e}_r \qquad \dot{\vec{r}} = \dot{r}\,\vec{e}_r + r\,\dot{\varphi}\,\vec{e}_\varphi \qquad \ddot{\vec{r}} = (\ddot{r} - r\,\dot{\varphi}^2)\,\vec{e}_r + (2\,\dot{r}\,\dot{\varphi} + r\,\ddot{\varphi})\,\vec{e}_\varphi$$

Ist der Vektor $\vec{r}$ in rechtwinkligen Koordinaten gegeben, so gilt

$$r = \sqrt{x^2 + y^2} \qquad \dot{r} = \frac{x\,\dot{x} + y\,\dot{y}}{\sqrt{x^2 + y^2}} \qquad \varphi = \arctan\frac{y}{x} \qquad \dot{\varphi} = \frac{x\,\dot{y} - \dot{x}\,y}{x^2 + y^2}$$

$$\ddot{r} = \frac{(\dot{x}^2 + \dot{y}^2 + x\,\ddot{x} + y\,\ddot{y})(x^2 + y^2) - (x\,\dot{x} + y\,\dot{y})^2}{(x^2 + y^2)^{3/2}}$$

$$\ddot{\varphi} = \frac{(x\,\ddot{y} - \ddot{x}\,y)(x^2 + y^2) - 2(x\,\dot{y} - \dot{x}\,y)(x\,\dot{x} + y\,\dot{y})}{(x^2 + y^2)^2}$$

Zerlegt man den Vektor $\vec{v}$ der Geschwindigkeit in die natürlichen Koordinaten mit dem Tangenteneinsvektor $\vec{e}_v$ und dem zum Krümmungsmittelpunkt der Bahnkurve gerichteten Normaleneinsvektor $\vec{e}_n$, so ist mit dem Krümmungsradius ϱ

$$\vec{v} = v\,\vec{e}_v \qquad \dot{\vec{v}} = \dot{v}\,\vec{e}_v + \frac{v^2}{\varrho}\,\vec{e}_n$$

11 Funktionen von mehreren Variablen

Differentialrechnung Die partielle Ableitung 1. Ordnung nach der Variablen x_j ist der Grenzwert

$$\lim_{\Delta x_j \to 0} \frac{f(x_1, x_2, \ldots, (x_j + \Delta x_j), \ldots, x_n) - f(x_1, x_2, \ldots, x_j, \ldots, x_n)}{\Delta x_j} = \frac{\partial u}{\partial x_j} = \frac{\partial f}{\partial x_j} = f_{x_j}$$

Satz von Schwarz Ist eine Funktion von mehreren Variablen m-mal stetig differenzierbar, so sind die gemischten partiellen Ableitungen m-ter Ordnung unabhängig von der Reihenfolge des Differenzierens.

Extremwerte einer Funktion zweier unabhängiger Variabler $f_x = 0 \wedge f_y = 0$. Die Lösungen dieser Bestimmungsgleichungen werden in den folgenden Ausdruck eingesetzt.

Wenn $\quad f_{xx} f_{yy} - f_{xy}^2 \begin{array}{l} > 0 \\ = 0 \\ < 0 \end{array} \quad \begin{array}{l}\text{Extremwert}\\ \text{unbestimmt} \\ \text{Sattelpunkt} \end{array}$

Taylor-Reihe

$$f(\pmb{x}) = f(\pmb{x}_0) + \sum_{j=1}^{n} (x_j - x_{j0}) \frac{\partial f(\pmb{x}_0)}{\partial x_j} + \frac{1}{2!}\left[\sum_{j=1}^{n} (x_j - x_{j0}) \frac{\partial}{\partial x_j}\right]^2 f(\pmb{x}_0) +$$

$$+ \cdots + \frac{1}{(r+1)!}\left[\sum_{j=1}^{n} (x_j - x_{j0}) \frac{\partial}{\partial x_j}\right]^{r+1} f(\pmb{x}_m)$$

Die eckigen Klammern werden nach dem binomischen Satz entwickelt. Die Produkte des Differentialoperators $\partial/\partial x_j$ mit $f(x_0)$ sind Ableitungen. Gemischte Produkte bedeuten gemischte Ableitungen, höhere Potenzen die entsprechenden Ableitungen höherer Ordnung.

Totales Differential

$$\Delta u = \sum_{j=1}^{n} f_{x_j}(x_0) \Delta x_j$$

Richtungsableitung einer Funktion $z = f(x, y)$ nach einer Richtung φ mit der positiven x-Achse

$$z'_\varphi = f_x \cos \varphi + f_y \sin \varphi$$

Differenzieren von Funktionen in impliziter Form $f(x, y) = 0$ mittels partieller Ableitungen

$$y' = -f_x/f_y \qquad y'' = -(f_{xx}f_y^2 - 2f_x f_y f_{xy} + f_{yy} f_x^2)/f_y^3$$

Differenzieren eines Integrals nach einem Parameter

$$F(x) = \int_{y_1}^{y_2} f(x, y)\, dy \qquad \frac{dF(x)}{dx} = \int_{y_1}^{y_2} \frac{\partial f(x, y)}{\partial x}\, dy$$

Integralrechnung

Doppelintegral

$$\iint_G f(x_1, x_2)\, dx_2\, dx_1 = \int_{x_{11}}^{x_{12}} \left[\int_{\varphi_1(x_1)}^{\varphi_2(x_1)} f(x_1, x_2)\, dx_2 \right] dx_1$$

Mehrfache bestimmte Integrale werden entsprechend einfachen Integralen gelöst: Es wird eine Stammfunktion gesucht und die Differenz der Funktionswerte für die obere und untere Grenze gebildet.

Der Integrand $f(x_1, x_2, \ldots, x_n)$ eines n-fachen unbestimmten Integrals ist die gemischte partielle Ableitung n-ter Ordnung der gesuchten Stammfunktion $F(x_1, x_2, \ldots, x_n)$

$$f(x_1, x_2, \ldots, x_n) = \frac{\partial^n F(x_1, x_2, \ldots, x_n)}{\partial x_1\, \partial x_2 \cdots \partial x_n}$$

Skalare und vektorielle Felder Der Gradient eines skalaren Feldes $u = f(x, y, z)$ ist ein Vektor

$$\operatorname{grad} u = \frac{\partial u}{\partial x} \vec{i} + \frac{\partial u}{\partial y} \vec{j} + \frac{\partial u}{\partial z} \vec{k} \qquad du = d\vec{r} \cdot \operatorname{grad} u$$

Der Betrag von grad u ist dem Abstand benachbarter Niveauflächen umgekehrt proportional. Die Richtung steht senkrecht auf den Niveauflächen.

Die Divergenz eines Vektorfeldes $\vec{v}(\vec{r}) = v_x(\vec{r}) \vec{i} + v_y(\vec{r}) \vec{j} + v_z(\vec{r}) \vec{k}$ ist ein skalares Feld

$$\operatorname{div} \vec{v} = \frac{\partial v_x}{\partial x} + \frac{\partial v_y}{\partial y} + \frac{\partial v_z}{\partial z} = f(x, y, z)$$

Die Divergenz bedeutet physikalisch die Quellstärke pro Volumeneinheit.

Die Rotation eines Vektorfeldes $\vec{v}(\vec{r})$ ist ein Vektor

$$\operatorname{rot} \vec{v} = \begin{vmatrix} \vec{i} & \vec{j} & \vec{k} \\ \dfrac{\partial}{\partial x} & \dfrac{\partial}{\partial y} & \dfrac{\partial}{\partial z} \\ v_x & v_y & v_z \end{vmatrix}$$

Die Rotation ist proportional der Winkelgeschwindigkeit einer Drehbewegung.
Mit dem Differentialoperator Vektor Nabla

$$\nabla = \frac{\partial}{\partial x}\vec{i} + \frac{\partial}{\partial y}\vec{j} + \frac{\partial}{\partial z}\vec{k} \qquad \nabla^2 = \frac{\partial^2}{\partial x^2} + \frac{\partial^2}{\partial y^2} + \frac{\partial^2}{\partial z^2}$$

wird $\qquad$ grad $u = \nabla u \qquad$ div $\vec{v} = \nabla \cdot \vec{v} \qquad$ rot $\vec{v} = \nabla \times \vec{v}$

$$\nabla \cdot \nabla u = \text{div (grad } u) = \nabla^2 u = \frac{\partial^2 u}{\partial x^2} + \frac{\partial^2 u}{\partial y^2} + \frac{\partial^2 u}{\partial z^2}$$

$$\nabla \times \nabla u = \text{rot (grad } u) = \vec{o} \qquad \nabla \cdot (\nabla \times \vec{v}) = \text{div (rot } \vec{v}) = 0$$

$$\nabla \times (\nabla \times \vec{v}) = \text{rot (rot } \vec{v}) = \text{grad (div } \vec{v}) - \nabla^2 \vec{v}$$

Linienintegral

$$\lim_{n \to \infty} \sum_{i=1}^{n} \vec{F}(\vec{r}_i)\, \Delta \vec{r}_i = \int_{\vec{r}_1, C}^{\vec{r}_2} \vec{F}(\vec{r})\, d\vec{r}$$

Es ist entlang einer räumlichen Kurve C zu bilden.
Mit $\vec{F}(\vec{r}) = F_x(x,y,z)\,\vec{i} + F_y(x,y,z)\,\vec{j} + F_z(x,y,z)\,\vec{k}$ und $\vec{r}(\lambda) = x(\lambda)\,\vec{i} + y(\lambda)\,\vec{j} + z(\lambda)\,\vec{k}$
wird

$$\int_{\vec{r}_1, C}^{\vec{r}_2} \vec{F}(\vec{r})\, d\vec{r} = \int_{\lambda_1}^{\lambda_2} (F_x \dot{x} + F_y \dot{y} + F_z \dot{z})\, d\lambda$$

Im wichtigen Spezialfall

$$F_x = \frac{\partial u}{\partial x} \qquad F_y = \frac{\partial u}{\partial y} \qquad F_z = \frac{\partial u}{\partial z} \qquad \text{mit } u(x,y,z)$$

ist der Wert des Linienintegrals unabhängig vom Integrationsweg C. Die Funktion $u(x,y,z)$ heißt dann Potentialfunktion, das Feld ein Potentialfeld, und es gilt

$$\int_{\vec{r}_1}^{\vec{r}_2} \vec{F}(\vec{r})\, d\vec{r} = \int_{x_1}^{x_2} F_x(x, y_1, z_1)\, dx + \int_{y_1}^{y_2} F_y(x_2, y, z_1)\, dy + \int_{z_1}^{z_2} F_z(x_2, y_2, z)\, dz$$

Im Potentialfeld ist der Wert des Linienintegrals auf einer geschlossenen Kurve gleich Null

$$\oint \vec{F}(\vec{r})\, d\vec{r} = 0 \Leftrightarrow \vec{F} = \text{grad } u$$

Im Potentialfeld bestehen folgende Beziehungen

$$\frac{\partial F_z}{\partial y} = \frac{\partial F_y}{\partial z} \wedge \frac{\partial F_x}{\partial z} = \frac{\partial F_z}{\partial x} \wedge \frac{\partial F_y}{\partial x} = \frac{\partial F_x}{\partial y}$$

Damit wird geprüft, ob eine gegebene Funktion $\vec{F}(\vec{r})$ ein Potentialfeld ist.

12 Komplexe Funktionen

Komplexe Zahlen

$$j^2 = -1 \qquad \frac{1}{j} = -j = j^3 \qquad z = a + jb = r\,e^{j\varphi} = r(\cos\varphi + j\sin\varphi)$$

mit $\qquad a = r\cos\varphi \qquad b = r\sin\varphi \qquad r = \sqrt{a^2 + b^2} \qquad \varphi = \arctan\dfrac{b}{a}$

$\bar{z} = a - jb = r\,e^{-j\varphi}$ ist zu z konjugiert komplex. Es gilt $z\,\bar{z} = r^2 = a^2 + b^2$.
Es sei $z_i = a_i + jb_i$, $i = 1, 2$. Dann gilt

$$z_1 \pm z_2 = (a_1 \pm a_2) + j(b_1 \pm b_2)$$

$$z_1 z_2 = (a_1 a_2 - b_1 b_2) + j(a_2 b_1 + a_1 b_2) = r_1 r_2\, e^{j(\varphi_1 + \varphi_2)}$$

$$\frac{z_1}{z_2} = \frac{a_1 a_2 + b_1 b_2}{a_2^2 + b_2^2} + j\frac{a_2 b_1 - a_1 b_2}{a_2^2 + b_2^2} = \frac{r_1}{r_2}\,e^{j(\varphi_1 - \varphi_2)}$$

$$e^{j\frac{\pi}{2}} = j \qquad e^{j\pi} = -1 \qquad e^{j\frac{3\pi}{2}} = -j$$

$$e^{j\varphi} = e^{j(\varphi + 2\pi k)} \qquad k \in \mathbb{Z}$$

Exponentialfunktion. Logarithmus. Potenzen

$$e^z = e^a \cos b + j\,e^a \sin b \qquad \ln z = \ln r + j(\varphi + 2\pi k)$$

Moivresche Gleichungen

$$z^n = r^n \cos n\varphi + jr^n \sin n\varphi \qquad n \in \mathbb{N}$$

$$z^{1/n} = \sqrt[n]{r} \cos\left(\frac{\varphi}{n} + \frac{2\pi k}{n}\right) + j\sqrt[n]{r} \sin\left(\frac{\varphi}{n} + \frac{2\pi k}{n}\right) \qquad k = 0, 1, \ldots, n-1$$

$$z^{a+jb} = e^{(a\ln r - b\varphi - 2\pi kb)} \cos(b \ln r + a\varphi + 2\pi ak) +$$
$$+ j\,e^{(a\ln r - b\varphi - 2\pi kb)} \sin(b \ln r + a\varphi + 2\pi ak) \qquad k \in \mathbb{Z}$$

Trigonometrische und hyperbolische Funktionen

$$\sin z = \frac{e^{jz} - e^{-jz}}{j2} \qquad\qquad \sinh z = \frac{e^z - e^{-z}}{2}$$

$$\cos z = \frac{e^{jz} + e^{-jz}}{2} \qquad\qquad \cosh z = \frac{e^z + e^{-z}}{2}$$

$$\tan z = \frac{\sin z}{\cos z} \qquad\qquad \tanh z = \frac{\sinh z}{\cosh z}$$

$\sin jb = j \sinh b \qquad\qquad \sinh jb = j \sin b$

$\cos jb = \cosh b \qquad\qquad \cosh jb = \cos b$

$\tan jb = j \tanh b \qquad\qquad \tanh jb = j \tan b$

$\sin(a + jb) = \sin a \cosh b + j \cos a \sinh b \qquad \sinh(a + jb) = \sinh a \cos b + j \cosh a \sin b$

$\cos(a + jb) = \cos a \cosh b - j \sin a \sinh b \qquad \cosh(a + jb) = \cosh a \cos b + j \sinh a \sin b$

$$\tan(a + jb) = \frac{\sin 2a + j \sinh 2b}{\cos 2a + \cosh 2b} \qquad \tanh(a + jb) = \frac{\sinh 2a + j \sin 2b}{\cosh 2a + \cos 2b}$$

Aus $\tanh(a + jb) = r\,e^{j\varphi}$ folgt $\tanh 2a = \dfrac{2r \cos \varphi}{1 + r^2}$ und $\tan 2b = \dfrac{2r \sin \varphi}{1 - r^2}$.

$$\arcsin z = -\mathrm{j}\ln\left(\mathrm{j}z \pm \sqrt{1-z^2}\right) \qquad \operatorname{arsinh} z = \ln\left(z \pm \sqrt{1+z^2}\right)$$

$$\arccos z = -\mathrm{j}\ln\left(z \pm \sqrt{z^2-1}\right) \qquad \operatorname{arcosh} z = \ln\left(z \pm \sqrt{z^2-1}\right)$$

$$\arctan z = \frac{\mathrm{j}}{2}\ln\frac{1-\mathrm{j}z}{1+\mathrm{j}z} \qquad \operatorname{artanh} z = \frac{1}{2}\ln\frac{1+z}{1-z} = -\operatorname{arcoth} z$$

Komplexe Funktion einer reellen Veränderlichen (Ortskurven)

$$w = f(\lambda) = u(\lambda) + \mathrm{j}v(\lambda) = r(\lambda)\,\mathrm{e}^{\mathrm{j}\varphi(\lambda)}$$

$$\frac{\mathrm{d}f}{\mathrm{d}\lambda} = \frac{\mathrm{d}u}{\mathrm{d}\lambda} + \mathrm{j}\frac{\mathrm{d}v}{\mathrm{d}\lambda} \qquad \int f(\lambda)\,\mathrm{d}\lambda = \int u(\lambda)\,\mathrm{d}\lambda + \mathrm{j}\int v(\lambda)\,\mathrm{d}\lambda$$

Spezialfälle

Horizontale   Vertikale

$$w = u(\lambda) + \mathrm{j}v \qquad\qquad w = u + \mathrm{j}v(\lambda)$$

Kreis um Ursprung   Strahl von Ursprung

$$w = r\,\mathrm{e}^{\mathrm{j}\varphi(\lambda)} \qquad\qquad w = r(\lambda)\,\mathrm{e}^{\mathrm{j}\varphi}$$

Es sei $z_i = a_i + \mathrm{j}b_i$ mit $i = 1, 2, 3, 4 \wedge a_i, b_i \in \mathbb{R}$

Gerade

$$w = z_1 + g(\lambda)\,z_2 \qquad \text{oder} \qquad b_2 x - a_2 y + (a_2 b_1 - a_1 b_2) = 0$$

$g(\lambda) = \lambda$ lineare Beschriftung, $z_1 = 0$ Gerade durch Ursprung.

Inversion Die Gerade mit der Gleichung $\alpha x + \beta y + \gamma = 0$ bei $\alpha = b_2$, $\beta = -a_2$ und $\gamma = a_2 b_1 - a_1 b_2$ hat als Inverse für $\gamma = 0$ die Gerade $\alpha x - \beta y = 0$, für $\gamma \neq 0$ den Kreis, dessen Umfang durch den Ursprung geht, mit

$$r = \frac{\sqrt{\alpha^2 + \beta^2}}{2\,|\gamma|} \qquad M = \left(-\frac{\alpha}{2\gamma}, \frac{\beta}{2\gamma}\right)$$

Die Ortskurve $w = (z_1 + \lambda z_2)/(z_3 + \lambda z_4)$ ist ein Kreis.
Ist $(x_{M1}; y_{M1})$ der Mittelpunkt und ϱ_1 der Radius von $1/(z_3 + \lambda z_4)$ und gilt

$$r_0\,\mathrm{e}^{\mathrm{j}\varphi_0} = z_1 - (z_2 z_3 / z_4)$$

so hat w den Mittelpunkt

$$z_M = (x_{M1} + \mathrm{j}y_{M1})\,r_0\,\mathrm{e}^{\mathrm{j}\varphi_0} + \frac{z_2}{z_4}$$

und den Radius $\varrho = r_0 \cdot \varrho_1$.

Komplexe Funktion einer komplexen Veränderlichen   Es sei $w = f(z) = u(x, y) + \mathrm{j}v(x, y)$ mit $z = x + \mathrm{j}y$

$$w' = f'(z_0) = \lim_{z \to z_0} \frac{f(z) - f(z_0)}{z - z_0}$$

für jede Nullfolge $(z - z_0)$ mit $z \in U^*(z_0)$.

Ist w in $G \subset \mathbb{C}^* = \mathbb{C} \cap \{\infty\}$ differenzierbar, so heißt w dort holomorph. Dann gelten die Cauchy-Riemannschen Differentialgleichungen

$$\frac{\partial u}{\partial x} = \frac{\partial v}{\partial y} \qquad \frac{\partial u}{\partial y} = -\frac{\partial v}{\partial x}$$

Real- und Imaginärteil genügen der Laplace-Differentialgleichung

$$\frac{\partial^2 u}{\partial x^2} + \frac{\partial^2 u}{\partial y^2} = 0 \qquad \frac{\partial^2 v}{\partial x^2} + \frac{\partial^2 v}{\partial y^2} = 0$$

Ist w in G holomorph und $w' \neq 0$ in G, so ist die Abbildung $f: z \to f(z)$ konform (winkeltreu).

13 Differentialgleichungen

Lineare Differentialgleichung (Dgl.) erster Ordnung

$$f_1(x) y' + f_0(x) y = g(x)$$

$$\frac{f_0(x)}{f_1(x)} = s(x) \qquad \frac{g(x)}{f_1(x)} = r(x) \qquad \text{Lösung} \quad y = \left[\int r(x) \cdot e^{\int s(x) dx} dx + C\right] e^{-\int s(x) dx}$$

Lineare Dgl. mit konstanten Koeffizienten

$$\sum_{i=0}^{n} a_i y^{(i)} = g(x) \qquad \text{Lösung} \quad y = y_{(h)} + y_{(s)}$$

Homogene Dgl.

$$\sum_{i=0}^{n} a_i y^{(i)} = 0 \qquad \text{Lösung} \quad y_{(h)} = \sum_{i=1}^{n} C_i e^{p_i x}$$

p_i sind die Nullstellen der charakteristischen Gleichung

$$\sum_{i=0}^{n} a_i p^i = 0 \qquad \text{wobei } p_1 \neq p_2 \neq \cdots \neq p_n$$

Mehrfache Nullstelle: $p_1 = p_2 = p_3 = \cdots = p_k$

$$y_{(h)} = (B_0 + B_1 x + B_2 x^2 + \cdots + B_{k-1} x^{k-1}) e^{p_1 x} + \sum_{i=k+1}^{n} C_i e^{p_i x}$$

Spezielle (partielle) Lösung der inhomogenen Dgl.: Der Ansatz wird in der allgemeinen Form der Störfunktion gemacht

	Störfunktion	Ansatz
	$g(x) = b\, e^{ax}$	$y_{(s)} = B\, e^{ax}$
	$g(x) = b_0 + b_1 x + \cdots + b_m x^m$	$y_{(s)} = B_0 + B_1 x + \cdots + B_m x^m$
	$g(x) = A \sin ax$	$y_{(s)} = B_1 \sin ax + B_2 \cos ax$
oder	$g(x) = A \cos ax$	
	$g(x) = A\, e^{ax} \sin bx$	$y_{(s)} = e^{ax} (B_1 \sin bx + B_2 \cos bx)$
oder	$g(x) = A\, e^{ax} \cos bx$	

Ist die Störfunktion in der Lösung der homogenen Dgl. enthalten, werden die Größen B im Ansatz durch $B \cdot x^r$ ersetzt; r ist die Vielfachheit der Nullstelle der charakteristischen Gleichung.

Schwingungsdifferentialgleichung

$$a\ddot{x} + b\dot{x} + cx = F(t) \qquad a, b, c > 0$$

Kennkreisfrequenz Abklingkonstante Eigenkreisfrequenz

$$\omega_0 = \sqrt{\frac{c}{a}} \qquad\qquad \delta = \frac{b}{2a} \qquad\qquad \omega_d = \sqrt{\omega_0^2 - \delta^2}$$

Lösung der homogenen Dgl.

$\delta > \omega_0 \qquad x_{(h)} = B_1 e^{p_1 t} + B_2 e^{p_2 t} \qquad p_{1,2} = -\delta \pm \sqrt{\delta^2 - \omega_0^2} \qquad p_1, p_2 < 0$

$\delta = \omega_0 \qquad x_{(h)} = (B_1 + B_2 t) e^{-\delta t}$

$\delta < \omega_0 \qquad x_{(h)} = e^{-\delta t}(B_1 \sin \omega_d t + B_2 \cos \omega_d t) = A e^{-\delta t}\cos(\omega_d t + \varphi)$

Spezielle (partikuläre) Lösung der inhomogenen Dgl. mit $F(t) = F_m e^{j\omega t}$ für $\delta < \omega_0$

$$x_{(s)} = x_m \cos(\omega t - \psi)$$

Amplitude Phasenwinkel

$$x_m = \frac{F_m}{a\sqrt{(\omega_0^2 - \omega^2)^2 + (2\delta\omega)^2}} \qquad\qquad \psi = \arctan\frac{2\delta\omega}{\omega_0^2 - \omega^2}$$

Numerische Verfahren

Randwertaufgabe

$$y_i' \approx \frac{y_{i+1} - y_{i-1}}{2(\Delta x)} \qquad\qquad y_i''' \approx \frac{y_{i+2} - 2y_{i+1} + 2y_{i-1} - y_{i-2}}{2(\Delta x)^3}$$

$$y_i'' \approx \frac{y_{i+1} - 2y_i + y_{i-1}}{(\Delta x)^2} \qquad\qquad y_i^{(4)} \approx \frac{y_{i+2} - 4y_{i+1} + 6y_i - 4y_{i-1} + y_{i-2}}{(\Delta x)^4}$$

Anfangswertaufgabe Polygonzugverfahren (Euler)

$$y' = f(x, y) \qquad y(x_0) = y_0 \qquad\qquad y_1 = y_0 + hf(x_0, y_0)$$

Runge-Kutta-Verfahren

$$k_1 = hf(x_0, y_0) \qquad\qquad k_3 = hf\left(x_0 + \frac{h}{2}, y_0 + \frac{k_2}{2}\right)$$

$$k_2 = hf\left(x_0 + \frac{h}{2}, y_0 + \frac{k_1}{2}\right) \qquad k_4 = hf(x_0 + h, y_0 + k_3) \qquad h = \Delta x$$

Dann ist $\quad y_1 = y(x_0 + h) = y_0 + \dfrac{1}{6}(k_1 + 2k_2 + 2k_3 + k_4)$

14 Laplace-Transformation

Definition

$$F(p) = \int_0^\infty e^{-pt} f(t)\, dt$$

Korrespondenzen

$F(p)$	$f(t)$
$F(ap)\quad a>0$	$\dfrac{1}{a} f\left(\dfrac{t}{a}\right)$
$F(p-a)$	$e^{at} f(t)$
$F(p+a)$	$e^{-at} f(t)$
$F(ap-c)\quad a>0,\ c\in\mathbb{C}$	$\dfrac{1}{a} e^{\frac{c}{a} t} f\left(\dfrac{t}{a}\right)$
$\dfrac{1}{2\mathrm{j}}[F(p-\mathrm{j}a) - F(p+\mathrm{j}a)]$	$f(t)\sin at$
$\dfrac{1}{2}[F(p-\mathrm{j}a) + F(p+\mathrm{j}a)]$	$f(t)\cos at$
$\dfrac{1}{2}[F(p-a) - F(p+a)]$	$f(t)\sinh at$
$\dfrac{1}{2}[F(p-a) + F(p+a)]$	$f(t)\cosh at$
$\dfrac{1}{a} e^{-\frac{b}{a} t} F\left(\dfrac{p}{a}\right)\quad (a,b>0)$	$\begin{cases} f(at-b) & \text{für } t>b/a \\ 0 & \text{für } t<b/a \end{cases}$
$e^{ap}\left[F(p) - \int\limits_0^a e^{-pr} f(r)\,\mathrm{d}r\right]$	$f(t+a)\quad (a\geq 0)$
$\dfrac{\mathrm{d}F(p)}{\mathrm{d}p}$	$-t f(t)$
$\dfrac{\mathrm{d}^n F(p)}{\mathrm{d}p}$	$(-t)^n f(t)$
$p F(p) - f(+0)$	$\dfrac{\mathrm{d}f(t)}{\mathrm{d}t}$
$p^n F(p) - \sum\limits_{k=0}^{n-1} f^{(k)}(+0) p^{n-k-1}$	$\dfrac{\mathrm{d}^n f(t)}{\mathrm{d}t^n}$
$\int\limits_p^\infty F(r)\,\mathrm{d}r$	$\dfrac{f(t)}{t}$
$\dfrac{1}{p}\int\limits_p^\infty F(r)\,\mathrm{d}r$	$\int\limits_0^t \dfrac{f(\tau)}{\tau}\,\mathrm{d}\tau$
$F_1(p)\cdot F_2(p)$	$f_1(t) * f_2(t) = \int\limits_0^t f_1(\tau) f_2(t-\tau)\,\mathrm{d}\tau = \int\limits_0^t f_1(t-\tau) f_2(\tau)\,\mathrm{d}\tau$
$\dfrac{1}{2\pi\mathrm{j}}\int\limits_{x-\mathrm{j}\infty}^{x+\mathrm{j}\infty} F_1(r) F_2(p-r)\,\mathrm{d}r$	$f_1(t)\cdot f_2(t)$
$\dfrac{1}{p} F(p)$	$\int\limits_0^t f(\tau)\,\mathrm{d}\tau = f(t) * 1$
$\dfrac{1}{p}$	1
$\dfrac{1}{p-a}$	e^{at}

$F(p)$	$f(t)$
$\dfrac{1}{1+ap}$	$\dfrac{1}{a}\,\mathrm{e}^{-t/a}$
$\dfrac{1}{p^2}$	t
$\dfrac{a}{p^2+a^2}$	$\sin at$
$\dfrac{p}{p^2+a^2}$	$\cos at$
$\dfrac{\omega}{(p+\delta)^2+\omega^2}$	$\mathrm{e}^{-\delta t}\sin\omega t$
$\dfrac{p+\delta}{(p+\delta)^2+\omega^2}$	$\mathrm{e}^{-\delta t}\cos\omega t$
$\dfrac{a}{p^2-a^2}$	$\sinh at$
$\dfrac{p}{p^2-a^2}$	$\cosh at$
$\dfrac{1}{p(p-a)}$	$\dfrac{1}{a}(\mathrm{e}^{at}-1)$
$\dfrac{1}{p(1+ap)}$	$1-\mathrm{e}^{-t/a}$
$\dfrac{1}{(p-a)^2}$	$t\,\mathrm{e}^{at}$
$\dfrac{1}{(1+ap)^2}$	$\dfrac{1}{a^2}\,t\,\mathrm{e}^{-t/a}$
$\dfrac{1}{(p-a)(p-b)}$	$\dfrac{\mathrm{e}^{at}-\mathrm{e}^{bt}}{a-b}$
$\dfrac{1}{p^2+c_1 p+c_0}$ $\left(D=c_0-\dfrac{c_1^2}{4}\right)$	$\begin{cases}\dfrac{1}{\sqrt{-D}}\,\mathrm{e}^{-c_1 t/2}\sinh(\sqrt{-D}\,t) & (D<0)\\ \dfrac{1}{\omega}\,\mathrm{e}^{-c_1 t/2}\sin\omega t & (D>0,\ \sqrt{-D}=\mathrm{j}\omega)\end{cases}$
$\dfrac{p}{(p-a)^2}$	$(1+at)\,\mathrm{e}^{at}$
$\dfrac{p}{(p-a)(p-b)}$	$\dfrac{a\,\mathrm{e}^{at}-b\,\mathrm{e}^{bt}}{a-b}$
$\dfrac{1}{p^2(p-a)}$	$\dfrac{1}{a^2}(\mathrm{e}^{at}-1-at)$
$\dfrac{1}{p(p-a)^2}$	$\dfrac{1}{a^2}[1+(at-1)\,\mathrm{e}^{at}]$
$\dfrac{1}{(p-a_1)(p-a_2)(p-a_3)}$	$\dfrac{(a_3-a_2)\,\mathrm{e}^{a_1 t}+(a_1-a_3)\,\mathrm{e}^{a_2 t}+(a_2-a_1)\,\mathrm{e}^{a_3 t}}{(a_1-a_2)(a_2-a_3)(a_3-a_1)}$

F 44 Formelsammlung

$F(p)$	$f(t)$
$\dfrac{1}{(p-a_1)(p-a_2)^2}$	$\dfrac{e^{a_1 t} - [1 + (a_1 - a_2) t] e^{a_2 t}}{(a_1 - a_2)^2}$
$\dfrac{1}{(p-a)^3}$	$\dfrac{1}{2} t^2 e^{at}$
$\dfrac{p}{(p-a_1)(p-a_2)(p-a_3)}$	$\dfrac{(a_3 - a_2) a_1 e^{a_1 t} + (a_1 - a_3) a_2 e^{a_2 t} + (a_2 - a_1) a_3 e^{a_3 t}}{(a_1 - a_2)(a_2 - a_3)(a_3 - a_1)}$
$\dfrac{p}{(p-a)^3}$	$\left(t + \dfrac{1}{2} a t^2\right) e^{at}$
$\dfrac{p^2}{(p-a)^3}$	$\left(1 + 2 a t + \dfrac{1}{2} a^2 t^2\right) e^{at}$
$\dfrac{a^3}{(p^2 + a^2)^2}$	$\dfrac{1}{2} (\sin a t - a t \cos a t)$
$\dfrac{a p}{(p^2 + a^2)^2}$	$\dfrac{t}{2} \sin a t$
$\dfrac{a p^2}{(p^2 + a^2)^2}$	$\dfrac{1}{2} (\sin a t + a t \cos a t)$
$\dfrac{p^3}{(p^2 + a^2)^2}$	$\cos a t - \dfrac{a t}{2} \sin a t$
$\dfrac{a^2}{p^2 (p^2 + a^2)}$	$t - \dfrac{1}{a} \sin a t$
$\dfrac{a^2}{p^2 (p^2 - a^2)}$	$\dfrac{1}{a} \sinh a t - t$
$\dfrac{1}{p^n} \quad (n \in \mathbb{N})$	$\dfrac{t^{n-1}}{(n-1)!}$
$\dfrac{p \sin a_2 + a_1 \cos a_2}{p^2 + a_1^2}$	$\sin (a_1 t + a_2)$
$\dfrac{p \cos a_2 - a_1 \sin a_2}{p^2 + a_1^2}$	$\cos (a_1 t + a_2)$
$\dfrac{1}{\sqrt{p}}$	$\dfrac{1}{\sqrt{\pi t}}$
$\dfrac{1}{p \sqrt{p}}$	$2 \sqrt{\dfrac{t}{\pi}}$
$\dfrac{1}{\sqrt{p} + a}$	$\dfrac{e^{-at}}{\sqrt{\pi t}}$
$\ln \dfrac{p - a_1}{p - a_2}$	$\dfrac{e^{a_2 t} - e^{a_1 t}}{t}$
$\ln \dfrac{p^2 + a_1^2}{p^2 + a_2^2}$	$\dfrac{2}{t} (\cos a_2 t - \cos a_1 t)$

15 Kombinatorik. Wahrscheinlichkeitsrechnung. Statistik

Kombinatorik

Permutationen

$$P_m = m!$$

Permutationen mit Wiederholung

$$\bar{P} = \frac{(m_1 + m_2 + m_3 + \cdots + m_r)!}{m_1! \, m_2! \, m_3! \cdots m_r!} = \frac{m!}{m_1! \, m_2! \cdots m_r!}$$

	Variationen geordnete Stichproben	Kombinationen ungeordnete Stichproben
ohne Wiederholung Zurücklegen	$\dfrac{m!}{(m-k)!}$	$\dbinom{m}{k}$
mit	m^k	$\dbinom{m+k-1}{k}$

Wahrscheinlichkeitsrechnung

Wahrscheinlichkeit für das Eintreten des Ereignisses Ω

$$p(\Omega) = \sum_{i=1}^{r} p_i = 1$$

Wahrscheinlichkeit für das Eintreten des Ereignisses A

$$p(A) = \sum_{i=j}^{l} p_i$$

Es sind die Wahrscheinlichkeiten aller zu A gehörigen Elementarereignisse zu addieren.

Wahrscheinlichkeit eines Elementarereignisses eines Mehrstufenversuches mit n Stufen

$$p_i = \prod_{j=1}^{n} p'_j$$

Die p'_j sind die Wahrscheinlichkeiten der Ergebnisse in den einzelnen Stufen.

Wahrscheinlichkeit für das Eintreten von A im Laplace-Raum

$$p(A) = a/r$$

Im Laplace-Raum kann r mit einer der im Abschnitt Kombinatorik angegebenen Formeln berechnet werden. Dabei ist $k = n$ die Anzahl der Stufen eines Mehrstufenversuches, m die Anzahl der Möglichkeiten in einer Stufe. Zur Bestimmung von a gibt es kein allgemeines Verfahren.

Zusammengesetzte Wahrscheinlichkeiten Die Wahrscheinlichkeit, daß von zwei Ereignissen A und B entweder das eine oder das andere eintritt, beträgt

$$p(A \cup B) = p(A) + p(B) - p(A \cap B)$$

Im Spezialfall $p(A \cap B) = 0$ nennt man die Ereignisse unvereinbar.
Die Wahrscheinlichkeit, daß sowohl A als auch B eintritt ist

$$p(A \cap B) = p(A) \, p(B/A) = p(A/B) \, p(B)$$

Dabei ist $p(B/A)$ die bedingte Wahrscheinlichkeit von B unter der Voraussetzung, daß A eingetreten ist. Entsprechend ist $p(A/B)$ die bedingte Wahrscheinlichkeit von A unter der Voraussetzung, daß B eingetreten ist.

Im Spezialfall $p(A \cap B) = p(A) p(B)$ nennt man die Ereignisse voneinander unabhängig.

Satz von Bayes $\qquad\qquad\qquad\qquad$ Satz der vollständigen Wahrscheinlichkeit

$$p(B/A) = \frac{p(B) p(A/B)}{p(B) p(A/B) + p(B^*) p(A/B^*)} \qquad p(A) = p(B) p(A/B) + p(B^*) p(A/B^*)$$

Verteilungsfunktion Den Elementarereignissen $\omega_i \in \Omega$ werden Zahlenwerte $x_i \in X$ zugeordnet. Man schreibt

$$x_i = f(\omega_i)$$

und nennt x eine Zufallsvariable. x kann entweder jeden Zahlenwert annehmen, also stetig sein, oder aber nur diskrete Werte annehmen.

Bei stetigen Variablen ist die Wahrscheinlichkeitsdichte

$$f(x) = \lim_{\Delta x \to 0} \frac{p(x)}{\Delta x}$$

Allgemein ist die Verteilungsfunktion

$$F(x_i) = p(x \leq x_i)$$

diskrete Variable $\qquad\qquad\qquad\qquad$ stetige Variable

$$F(x_i) = \sum_{j=0}^{i} p_j \qquad\qquad F(x) = \int_{-\infty}^{x} f(u) \, du$$

$$p(x_1 < x \leq x_2) = F(x_2) - F(x_1)$$

Die statistische Sicherheit S ist die Wahrscheinlichkeit, daß der Wert der Zufallsvariablen x unterhalb, oberhalb oder innerhalb bestimmter Schranken x_i liegt. Diese Schranken heißen Schwellenwerte (Fraktilen). Die Komplementärwahrscheinlichkeit $\alpha = 1 - S$ heißt Irrtumswahrscheinlichkeit oder Testniveau.

Abgrenzung nach oben $\qquad$ Abgrenzung nach unten $\qquad$ Zweiseitige Abgrenzung

$$S = F(x_o) \qquad\qquad S = 1 - F(x_u) \qquad\qquad S = F(x_o) - F(x_u)$$

Parameter Der Erwartungswert einer Zufallsvariablen ist bei

diskreter Variabler $\qquad\qquad\qquad\qquad$ stetiger Variabler

$$E(x) = \mu = \sum_{i=0}^{n} x_i p_i \qquad\qquad E(x) = \mu = \int_{-\infty}^{+\infty} x f(x) \, dx$$

Die Varianz einer Zufallsvariablen ist

$$E((x_i - \mu)^2) = D^2(x) = \sigma^2 = \sum_{i=0}^{r} (x_i - \mu)^2 p_i$$

$$E((x - \mu)^2) = D^2(x) = \sigma^2 = \int_{-\infty}^{+\infty} (x - \mu)^2 f(x) \, dx$$

Spezielle Verteilungen
Binomialverteilung für eine diskrete Variable

$$p(x_i) = \binom{n}{x_i} p^{x_i} q^{n - x_i} \qquad q = 1 - p \quad \mu = np \quad \sigma^2 = npq$$

p ist die Wahrscheinlichkeit mit einem Zug ein Element der Sorte I zu ziehen, q die Wahrscheinlichkeit für ein Element der Sorte II. Es werden n Elemente mit Zurücklegen gezogen, x_i ist die Anzahl der Elemente der Sorte I.

Poisson-Verteilung Grenzfall der Binomialverteilung für kleine p und große n, wobei $\mu = np$ konstant bleibt

$$p(x_i) = \frac{\mu^{x_i}}{x_i!} e^{-\mu} \qquad \mu = \sigma^2 = np \quad q \approx 1$$

Die Binomialverteilung kann durch die Poisson-Verteilung ersetzt werden, wenn

$$np < 10 \quad \wedge \quad n > 1500\, p$$

Normierte Normalverteilung für eine stetige Variable. Sie entsteht aus der Binomialverteilung durch den Grenzübergang $npq \to \infty$. Mit den Variablen $u = (x - \mu)/\sigma$ und $\varphi(u) = \sigma \cdot f(x)$ ist die

Wahrscheinlichkeitsdichte   Verteilungsfunktion

$$\varphi(u) = \frac{1}{\sqrt{2\pi}} e^{-u^2/2} \qquad \Phi(u) = \frac{1}{2} + \frac{1}{\sqrt{2\pi}} \int_0^u e^{-v^2/2}\, dv = \frac{1}{2} + \Psi(u)$$

s. Tafel **644**.1.

Die Binomialverteilung kann durch die Normalverteilung ersetzt werden, wenn

$$npq > 10 \quad \wedge \quad p \approx q.$$

Statistische Sicherheiten bei Normalverteilung

Abgrenzung nach oben	Abgrenzung nach unten	Zweiseitige Abgrenzung
$S = 0{,}5 + \Psi(u)$	$S = 0{,}5 - \Psi(u)$	$S = 2\Psi(u)$

Schwellenwerte s. Tafel **646**.2.

Zentraler Grenzwertsatz Die Verteilungsfunktion einer Summe von m Zufallsvariablen konvergiert mit wachsender Anzahl der Summanden gegen eine Normal-Verteilung mit den Parametern

$$\bar{\mu} = \sum_{i=1}^{m} \mu_i \qquad \bar{\sigma}^2 = \sum_{i=1}^{m} \sigma_i^2$$

Sind alle Summanden normal verteilt, ist die Summe auch bei endlicher Anzahl der Summanden exakt normal verteilt.

Stichprobe Die Ordinate der Häufigkeitsverteilung ist eine der folgenden Größen

absolute Häufigkeit   relative Häufigkeit

$$n_i \qquad\qquad h_i = \frac{n_i}{n}$$

absolute Häufigkeitsdichte   relative Häufigkeitsdichte

$$g_i = \frac{n_i}{\Delta x} \qquad\qquad \varphi_i = \frac{g_i}{n} = \frac{h_i}{\Delta x} = \frac{n_i}{n\,\Delta x}$$

Mit wachsendem n nähert sich h_i der Wahrscheinlichkeit und φ_i der Wahrscheinlichkeitsdichte für den betreffenden x-Wert.

Die Ordinate der Häufigkeitssumme ist eine der beiden folgenden Größen

absolute Häufigkeitssumme	relative Häufigkeitssumme
$G_i = \sum_{j=1}^{i} n_j = \sum_{j=1}^{i} g_j \, \Delta x$	$\Phi_i = \sum_{j=1}^{i} h_j = \sum_{j=1}^{i} \varphi_j \, \Delta x$

Mit wachsendem n nähert sich Φ_i der Verteilungsfunktion.

Kennwerte Der Mittelwert $\bar{x}$ und das Quadrat der Standardabweichung s sind Schätzwerte für die Parameter Erwartungswert und Varianz. Im folgenden ist stets über alle Beobachtungswerte zu summieren, deshalb werden die Grenzen des Summenzeichens weggelassen. Mit einem geschätzten Näherungswert a und den Differenzen $z_i = x_i - a$ ist

$$\bar{x} = \frac{1}{n} \sum x_i = a + \frac{1}{n} \sum z_i \approx \frac{1}{n} \sum n_i \bar{x}_i = \sum h_i \bar{x}_i = a + \frac{1}{n} \sum n_i \bar{z}_i$$

$$s^2 = \frac{1}{n-1} \sum (x_i - \bar{x})^2 = \frac{1}{n(n-1)} [n \sum z_i^2 - (\sum z_i)^2]$$

$$\approx \frac{1}{n-1} \sum (\bar{x}_i - \bar{x})^2 n_i \approx \frac{1}{n^2} [n \sum (\bar{z}_i^2 n_i) - (\sum \bar{z}_i n_i)^2]$$

Statistische Prüfverfahren Vertrauensbereich für den Erwartungswert μ der Grundgesamtheit. Die Varianz der Grundgesamtheit ist

bekannt	nicht bekannt
$\bar{x} - u\sigma/\sqrt{n} \leq \mu \leq \bar{x} + u\sigma/\sqrt{n}$	$\bar{x} - ts/\sqrt{n} \leq \mu \leq \bar{x} + ts/\sqrt{n}$

u ist der Schwellenwert für zweiseitige Abgrenzung und eine gegebene Sicherheit S der Normal-Verteilung, t der entsprechende Schwellenwert der t-Verteilung. Der Erwartungswert liegt mit der angegebenen Sicherheit irgendwo im vorstehend bezeichneten Intervall, s. Tafel **646.2**, **647.1** und 2.

Prüfen von Hypothesen

Hypothese: Die Grundgesamtheit hat den Erwartungswert μ. Die Varianz der Grundgesamtheit ist

bekannt	nicht bekannt
$z = \dfrac{\bar{x} - \mu}{\sigma/\sqrt{n}}$	$z = \dfrac{\bar{x} - \mu}{s/\sqrt{n}}$
z ist normal-verteilt	z ist t-verteilt, $f = n - 1$

Hypothese: Die Grundgesamtheit hat die Varianz σ^2.

$$z = \frac{fs^2}{\sigma^2} \qquad z \text{ ist } \chi^2\text{-verteilt mit} \quad f = n - 1$$

Hypothese: Zwei Stichproben stammen aus zwei Grundgesamtheiten mit dem gleichen Erwartungswert.

$$z = \frac{|\bar{x}_1 - \bar{x}_2|}{s_d} \sqrt{\frac{n_1 n_2}{n_1 + n_2}} \qquad s_d^2 = [s_1^2 (n_1 - 1) + s_2^2 (n_2 - 1)]/f$$

z ist t-verteilt, $f = n_1 + n_2 - 2$.

Hypothese: Die Grundgesamtheit hat eine gegebene Verteilungsfunktion

$$z = \sum_{i=1}^{k} \frac{(n_i - n_i^*)^2}{n_i^*}$$

n_l ist die absolute Häufigkeit in der Stichprobe, n_i^* die entsprechende Häufigkeit der erwarteten Verteilung, k ist die Anzahl der Klassen. z ist χ^2-verteilt mit $f = k - 1$.

16 Fehler- und Ausgleichungsrechnung

Fehlerrechnung

Fehlerfortpflanzungsgesetz

$$\Delta u_m = \sqrt{\sum_{j=1}^{k} [f_{x_j}(\bar{x}) \, \Delta x_j]^2}$$

Ausgleichungsrechnung Aus einer Wertetafel mit n Werten sind die $m + 1$ Koeffizienten des Polynoms m-ten Grades

$$y = a_0 + a_1 x + a_2 x^2 + \cdots + a_m x^m$$

zu berechnen. Es ist $n > m + 1$.

Normalgleichungen

$$n a_0 + (\sum x_i) a_1 + (\sum x_i^2) a_2 + \cdots + (\sum x_i^m) a_m = \sum y_i$$
$$(\sum x_i) a_0 + (\sum x_i^2) a_1 + (\sum x_i^3) a_2 + \cdots + (\sum x_i^{m+1}) a_m = \sum x_i y_i$$
$$(\sum x_i^2) a_0 + (\sum x_i^3) a_1 + (\sum x_i^4) a_2 + \cdots + (\sum x_i^{m+2}) a_m = \sum x_i^2 y_i$$
$$\vdots$$
$$(\sum x_i^m) a_0 + (\sum x_i^{m+1}) a_1 + (\sum x_i^{m+2}) a_2 + \cdots + (\sum x_i^{2m}) a_m = \sum x_i^m y_i$$

in Matrizenform

$$\mathbf{N a = b}$$

Für die lineare Funktion sind die Lösungen

$$a_0 = \frac{[\sum x_i^2 \sum y_i - \sum x_i \sum x_i y_i]}{D} \qquad a_1 = \frac{[n \sum x_i y_i - \sum x_i \sum y_i]}{D}$$

$$D = n \sum x_i^2 - [\sum x_i]^2$$

Scheinbarer Fehler v_i

$$v_i = a_0 + a_1 x_i + a_2 x_i^2 + \cdots + a_m x_i^m - y_i$$

Standardabweichung der y_i-Werte

$$s_y^2 = \frac{\sum v_i^2}{n - (m + 1)}$$

Mittlerer Fehler des Koeffizienten a_{i-1}

$$\Delta a_{i-1} = t \, s_y \sqrt{(n^{-1})_{ii}} \qquad i = 1, 2, \ldots, m + 1$$

t ist der Schwellenwert der t-Verteilung mit $f = n - (m + 1)$ für eine vorgegebene Sicherheit S. Die $(n^{-1})_{ii}$ sind die Diagonalelemente der Kehrmatrix $\mathbf{N}^{-1}$ der Matrix der Normalgleichungen. Für die lineare Funktion sind diese Elemente

$$(n^{-1})_{11} = \sum x_i^2 / D \qquad (n^{-1})_{22} = n / D$$

Weitere grundlegende Lehrbücher für das Ingenieurstudium

Becker/Dreyer/Haacke/Nabert
Numerische Mathematik für Ingenieure

349 Seiten mit 112 Bildern, 108 Beispielen und 52 Aufgaben. Kart. DM 46,–

Dobrinski/Krakau/Vogel
Physik für Ingenieure

6., neubearbeitete und erweiterte Auflage. XII, 587 Seiten mit 509 Bildern, 50 Tafeln, 145 Versuchen, 54 Beispielen, 307 Aufgaben, einem ausklappbaren Periodensystem der Elemente und einer mehrfarbigen Spektraltafel. Geb. DM 48,–

Holzmann/Meyer/Schumpich
Technische Mechanik

Teil 1: Statik
6., durchgesehene Auflage. VIII, 182 Seiten mit 262 Bildern, 64 Beispielen und 81 Aufgaben. Kart. DM 34,–

Teil 2: Kinematik und Kinetik
5., durchgesehene Auflage. X, 365 Seiten mit 373 Bildern, 147 Beispielen und 179 Aufgaben. Kart. DM 46,–

Teil 3: Festigkeitslehre
5., durchgesehene Auflage. XII, 336 Seiten mit 297 Bildern, 139 Beispielen und 108 Aufgaben. Kart. DM 46,–

Linse
Elektrotechnik für Maschinenbauer

7., neubearbeitete und erweiterte Auflage. IX, 410 Seiten mit 380 Bildern und 26 Tafeln. Kart. DM 48,–

Preisänderungen vorbehalten

B. G. Teubner Stuttgart